Deepen Your Mind

前言

行動通訊系統十年一代，從 1G 到 4G，歷經了「模擬、數位、資料、寬頻」四次技術變革，為全世界的億萬使用者帶來了「前所未有」的嶄新感受。尤其是 4G 技術開啟了行動網際網路時代，深刻改變了人們的生活方式。正當大家滿足於臉書 IG、視訊抖音、點餐購物、行動支付、手機遊戲等 4G 帶來的豐富的行動網際網路應用和便利生活時，行動通訊產業已經將目標從 "2C"（針對使用者）轉向 "2B"（針對企業），試圖用 5G NR（新空中介面）技術推動千行百業向「數位化、行動化、自動化」發展。因此，相較 4G「吃喝玩樂神器」的定位，5G 技術由於著重增加了對「行動物聯網」的支援，在更大廣度和更多維度上獲得了更廣泛的關注，其意義甚至上升到了國家間高科技競爭主要主導地位的高度，一定程度上也超出了 5G 技術的開發者們的預料。5G 技術的核心是什麼？ 5G 引入了哪些創新？和 4G 技術上有什麼區別？ 5G 能達到什麼樣的技術能力？相信這些問題是讀者們都很關心的。在筆者看來，5G 並不是什麼神奇的、無所不能的技術，它很大程度上繼承了 3G、4G 的系統設計理念，引入了一系列必要的創新技術，針對各種垂直應用作了一系列專門的最佳化。這些創新和最佳化絕大多數並不是幾個詞、幾句話就能説明白了的「大概念」，而是由很多細緻、精巧的工程改進組成的。本書的目的，就是將這些 5G 的創新點和最佳化點剖析開，講解給讀者。

某些「唯技術論」的觀點可能認為 5G 照搬了 4G 的核心技術，不過是「寬頻版 4G」。誠然，從理論基礎上講，5G 沿用了 4G LTE 的 OFDMA（正交分頻多址）+MIMO（多輸入多輸出）核心技術架構。但相比 LTE 的「簡化版」OFDMA，5G 系統設計在時域和頻域上都實現了更大靈活性，能夠充分發揮 OFDMA 系統的技術潛力，有效支援 eMBB（增強行動寬頻）、URLLC（高可靠低延遲通訊）、mMTC（大規模物聯網）等豐富的 5G 應用場景。同時，5G 系統設計也遠比 4G 要精細、複雜，在 LTE 設計的基礎上做了很多修改、增強和擴充。所以，本書是以 LTE 標準為基礎，假設讀者已經了解 LTE 的基礎知識，著重介紹在 5G NR 採用的全新和增強的系統設計，解讀 5G NR 相對 4G LTE 的「增量」。

與大部分 5G 書籍不同，本書採用了「剖析 5G 標準化過程」的寫法。本書的核心作者曾撰寫了《3GPP 長期演進（LTE）技術原理與系統設計》一書。該書的特色，使不僅介紹了 LTE 標準，而且介紹了「從無到有、從粗到細」的 4G 系統設計和標準起草過程，出版後受到讀者們的歡迎，被稱為「4G 紅寶書」。這說明讀者們對這種寫法的認可。時隔多年，本書再次採用了這種寫法。本書的四十幾位作者都是 OPPO 公司的 3GPP 標準代表，在第一線深入參與、推動了絕大部分 5G 技術設計的形成，他們提出的很多技術方案也被接受，成為 5G 標準的一部分。由他們說明各個方向的技術遴選、特性取捨、系統設計的全過程，對讀者是最好的選擇。5G 作為一個複雜的系統，每個環節上的技術方案選擇都不是孤立的，單點技術上的最佳方案不一定是對整體系統性能貢獻最大的方案，系統設計的目標是選擇互相轉換、整體最佳的均衡的技術組合。本書在大部分章節中回顧了 5G 標準化中出現的多種技術選項，介紹各種選項的優缺點，儘量解讀 3GPP 從中篩選出最終方案的原因和考慮。這不僅包括性能因素，也包括裝置實現的複雜度、訊號設計的簡潔性、對現有標準的影響程度等。如果只是「照本宣科」的對英文技術規範的最終版本進行翻譯和解讀，其實是大可不必非如此周章的。但筆者希望透過說明這一推理、選擇的過程，幫助讀者「既至其然，也知其所以然」，一窺無線通訊系統設計的原則、方法和手段。

從另一個角度說，今天我們為 5G 選擇的這些技術選項，只是在特定的時間、針對特定的業務需求、考慮近期的產品研發能力，作出的選擇。未來業務需求變了，裝置能力更強了，今天被淘汰的「次優」選項就有可能變成「最佳」，重新回到我們的視野，成為我們新的選擇。3GPP 標準只是指導產品研發的「工具性檔案」，並不具備解讀技術原理和設計思想的功能。如果只把標準化的最終結果展示給讀者，讓讀者誤以為這些設計都是「天經地義的唯一選擇」，彷彿過程中的「優劣比較，糾結取捨」都不曾發生過，呈現給讀者的就只能是一個「片面的 5G」。讀者在很多境況下也會感到費解——為什麼偏偏設計成這樣？難道沒有別的選擇嗎？這麼設計有什麼好處呢？。如果是這樣，作為經過了這一過程的標準化親歷者，筆者也覺得是一個很大的遺憾。相反，如果今天的年輕讀者能夠透過這些技術選擇過程批判的、客觀的看待 5G 標準，在他們設計下一代系統（如 6G）的時候，充分汲取 5G 標準化中的經驗教訓，有機會構思出更好的設計，筆者在本書中的這些回顧、分析和複習工作就是很有意義的了。由於具備這個特色，相信本書不僅可以作為 5G 研發人員在工作中查閱的一本工具書，也可以成為對廣大通訊專業的大專院校老師學生學習 5G 的較好的參考書。

本書分為 20 章，除第 1 章概述之外，第 2 至第 14 章可以看作是對 5G 標準的基礎、核心部分的介紹，這些內容主要是在 3GPP R15 版本中定義的，其核心還是針對 eMBB 應用場景，並為物聯網業務提供了可擴充的技術基礎。而從第 15 章到第 19 章，我們介紹了在 R16 版本中定義的「5G 增強」技術特性，包括 URLLC、NR V2X、非授權頻譜通訊、終端節能等，很多是 5G 技術不可分割的必要部分。這也是本書沒有在 R15 5G 標準完成的 2019 年出版，而是等到 R16 版本也完成後再出版的原因。正如前面提到的，5G 相對 4G 等以前的行動通訊系統的最大不同，是增加了對各種物聯網和垂直產業應用的支援。如果只介紹支援 eMBB 的 R15，缺失了 R16 中的 URLLC、V2X、非授權頻段通訊等重要垂直技術，無疑是無法表現 5G 技術的全貌的。在最後的第 20 章中，我們還簡單介紹了 R17 版本中 5G 將要進一步增強的方向，以及我們對 B5G 和 6G 發展趨勢的粗淺看法。

寫在本書每一章開頭的作者，都是筆者在 OPPO 標準研究部的同事，他們都是各個技術領域的 5G 標準專家，其中很多也都曾參加了 4G LTE 的標準化。在這裡感謝他們為 5G 國際標準化作出的貢獻。當讀者們使用 5G 手機的時候，其中有一部分硬體或軟體設計（雖然可能只是很小一部分）也是基於他們的創新和付出。同時也感謝 OPPO 產學研交易部的秦征、陳義旋為本書的出版作出的貢獻。最後，還要感謝北京清華大學出版社的大力支援和高效工作，使本書能儘早與讀者見面。

本書是基於作者的主觀角度和有限學識對標準化討論過程和結果的了解，觀點難免有欠周全之處，敬請讀者諒解，並提出寶貴意見。聯繫電子郵件：sj@oppo.com。

作者

目錄

01 概述

02 5G 系統的業務需求與應用場景

03 5G 系統架構

04 頻寬分段（BWP）

05 5G 靈活排程設計

06 NR 初始連線

07 通道編碼

08 多天線增強和波束管理

09 5G 射頻設計

10 使用者面協定設計

11 控制面協定設計

12 網路切片

13 QoS 控制

14 5G 語音

15 超高可靠低延遲通訊（URLLC）

16 超高可靠低延遲通訊（URLLC）-- 高層

17 5G V2X

18 5G 非授權頻譜通訊

19 5G 終端節能技術（Power Saving）

20 R17 與 B5G/6G 展望

Chapter

01 概述

蘇進喜、沈嘉 著

行動通訊基本保持著每十年出現一代新技術的規律。從 1979 年第一代模擬蜂巢行動電話系統的試驗成功至今，行動通訊已經經歷了四個時代並已經邁進了第五代。每一代行動通訊系統的誕生都具有其特定應用需求，並且不斷採用創新的系統設計和技術方案來推動行動通訊的整體性能地快速提升。

第一代行動通訊技術（1G）出現在 20 世紀 80 年代，第一次採用蜂巢網路拓樸方式，能夠提供給使用者模擬語音業務，但其業務能力和系統容量都十分有限，而且價格昂貴。大約十年之後，第二代行動通訊技術（2G）誕生，2G 第一次採用了窄頻數位行動通訊技術，不僅能夠提供高品質的移動通話，還能夠同時支援簡訊和低速資料業務，並使得行動通訊成本大幅下降，成為可以全球大規模商用的技術。90 年代末，在網際網路浪潮的推動下，第三代行動通訊（3G）應運而生。3G 最終產生了三種通訊制式，分別為歐洲主導的 WCDMA 技術方案，美國主導的 CDMA2000 和中國自主提出的 TD-SCDMA 技術方案。3G 的資料傳輸能力可達至數十 Mbps，增強了語音使用者的系統容量同時也能夠較好地支援行動多媒體業務。但行動通訊技術發展的腳步並沒有放緩，隨著行動網際網路和智慧終端機的爆發式增長，3G 的傳輸能力越來越不能滿足需求。2010 年左右第四代行動通訊（4G）技術出現，採用正交分頻多址重複使用（Orthogonal

Frequency Division Multiplexing，OFDM）和多天線的多輸入多輸出（Multiple Input Multiple Output，MIMO）等空中介面關鍵技術，使得傳輸速率可達到 100Mbps 至 1Gbps，能夠支援各種行動寬頻資料業務，可以極佳地滿足了當前行動網際網路發展的需求。

總之，經過近四十年的高速發展，行動通訊已經融入至社會生活的每個角落，深刻地改變了人們的溝通、交流和整個生活方式。但通訊的新需求仍然是不斷湧現的，通訊技術也是在不斷創新和持續演進。2020 年全球迎來了第五代行動通訊（5G）的大規模商用網路的部署。5G 給人的整體印象是大頻寬，低延遲，廣連接，實現萬物互聯。那 5G 具體是什麼樣子，解決了哪些問題，支援了哪些業務和需求，做了哪些技術增強和演進，本書會在下面內容中多作說明。

在第四代行動通訊技術剛剛啟動商用之初，全球主流電信企業和研究機構就開始積極投入到第五代行動通訊（5G）技術的研究方向了。5G 技術的產生有多個驅動力，包括新的應用場景出現，技術創新、標準競爭、業務驅動、產業升級等多方面因素。

當然，5G 技術演進和發展除了國家戰略和產業競爭這個巨觀的驅動力外，還有技術本身的持續最佳化和增強，向著更高更強的技術指標和系統目標演進的必然結果。5G 技術採用了新空中介面（New Radio，NR）設計[2][4][6][18-26]，基於 LTE 的 OFDM + MIMO 底層空中介面技術框架，從系統方案設計上相比 LTE 做了大量技術增強和改進，包括支援了更高的頻段範圍和更大的載體頻寬、靈活的訊框結構、多樣化的參數集、最佳化參考訊號設計、新型編碼、符號等級的資源排程、MIMO 增強、延遲降低、覆蓋增強、行動性增強、終端節能、訊號設計最佳化、全新的網路架構、業務 QoS（Quality of Service）保障增強、網路切片、車聯網（Vehicle to everything，V2X）、工業網際網路（Industry Internet of Things，IIoT）、非授權頻譜設計（New Radio-unlicensed，NR-U）、對多種垂直產業的良好支援等。這些更加先進合理的技術方案使得 5G 可以在未來產品開發和商業部署時，真正地滿足人與人、人與物、物與物之間的無處不在連接和智慧互聯的 5G 願景。

1.1 NR 相比 LTE 的增強演進

行動通訊已經深刻的改變了人們的生活，而且正在滲入到社會的各個領域。儘管第四代行動通訊（4G）是一代非常成功的行動通訊系統[1]，極佳地滿足了行動網際網路的發展需求，給人們之間的資訊溝通帶來了極大的便捷，使得全社會和諸多產業盡享行動通訊產業發展帶來的紅利。但 4G 採用的 LTE 技術仍然存在著一些不足，同時 LTE 在商用網路部署中也發現有一些未能解決的問題。任何技術演進和產業的升級換代，都是由於具有了業務和應用需求的強大驅動力才得以快速成熟和發展。行動網際網路和行動物聯網作為 5G 發展的兩大主要驅動力，並為未來行動通訊的發展提供了廣闊的前景。5G 定義了三大應用場景[3][5]，分別是增強行動寬頻（Enhanced Mobile Broadband，eMBB）、高可靠低延遲（Ultra-reliable and low latency communications，URLLC）和大規模物聯網（Massive machine type communications，mMTC）。其中 eMBB 主要是針對行動網際網路，而 URLLC 和 mMTC 則是針對行動物聯網。行動網際網路將以使用者為中心建構全方位的資訊生態系統，近些年來超高畫質視訊、虛擬實境（Virtual Reality，VR）、擴增實境（Augmented Reality，AR）、遠端教育、遠端辦公、遠端醫療、無線家庭娛樂等這些圍繞著以人為中心的需求正變得越來越普及，這些蓬勃出現的新業務需求必然會對行動通訊的傳輸頻寬和傳輸速率提出了更高的要求。同時，行動物聯網、工業網際網路、車聯網、智慧電網、智慧城市等垂直產業也在快速向資訊化和數位化轉型。除了智慧型手機外，可穿戴式裝置、攝影機、無人機、機器人、車載船載等終端模組、產業訂製終端等，行動終端的形態也更加豐富多樣。可見，基於 5G 的願景和不斷誕生各種新業務需求和新的應用場景，4G 技術已很難滿足，4G 向 5G 技術演進和發展是必然趨勢。下面就 LTE 技術存在的主要不足，以及 5G NR（New Radio）做了哪些對應的增強和最佳化介紹。

▩ NR 支援了更高的頻段範圍

LTE 支援的頻段範圍主要為低頻段，可支援的最高頻段為 TDD 的 Band42 和 Band43，在 3400-3800MHz 範圍內。而從全球 LTE 實際商用部署網路情況看，基本都是部署在 3GHz 以下的頻段範圍內。對行動通訊而言，頻譜是最珍貴最缺乏資源，低頻段可用範圍小，而且會被已有行動通訊系統長期佔用。而隨著後續行動通訊網際網路業務的蓬勃發展，無線通訊的需求和傳輸速率要求越來越高，高容量區域 4G 網路出現已經出現業務壅塞，因此急需採擷出更多的頻段來支援未來行動通訊的發展。

結合全球無線電頻譜使用情況看，6GHz 以上的頻段範圍內還有很廣闊的頻段未被利用，因此 5G 支援了 FR2（Frequency Range 2）頻率範圍（24.25GHz-52.6GHz）內的毫米波頻段，以更進一步地滿足和解決無線頻段不足問題。同時，為了解決毫米波傳播特性不理想、傳播損耗大、訊號易受遮擋而阻塞等問題，NR 協定引入了波束掃描、波束管理、波束失敗恢復、數位+模擬混合波束成形等一系列的技術方案，來保證毫米波傳輸的正常通訊。支援廣闊的毫米波頻段是 5G NR 相比 LTE 的巨大增強點，它可以使得未來 5G 部署和業務應用釋放出巨大的潛能。

▩ NR 支援更大系統頻寬

LTE 標準定義單載體頻寬最大為 20MHz，如果系統頻寬超過這個範圍，則需要透過多載體聚合（Carrier Aggregation，CA）方式來支援。載體聚合由於在空中介面存在輔載體增加和啟動過程，以及多載體之間的聯合排程，會帶來協定複雜度和實現複雜度。同時，多載體聚合存在著載體之間的預留一定的保護間隔（Guard Period，GP），會浪費有效頻譜效率。此外，LTE 載體有效訊號的發射頻寬僅為載體頻寬的 90%左右，頻譜使用率也有一定損失。經過近十年半導體產業和製程水準的發展，半導體晶片和關鍵的數位訊號處理元件的處理能力都大幅增強，加之射頻功率放大器以及濾波器等半導體新材料新元件的應用，使得 5G 裝置處理更大的載體頻寬成為可能。目前 5G NR 最終定義低於 6GHz 頻段的最大載體頻寬為 100MHz，毫米波頻段的最大載體頻寬為 400MHz，相比 LTE 的載體頻寬提升了一個數量級，為 NR 系統支援大頻寬超高輸送量奠定了更好的基礎。

相比 LTE，NR 還大幅提高了系統頻寬的有效頻譜效率，透過施加數位濾波器的方式，使得載體的有效頻寬由 LTE 的 90%提高到了 98%，等效提升了系統容量。

▩ NR 支援了更加靈活的訊框結構

LTE 支援 FDD 和 TDD 兩種訊框結構，分別為訊框結構類型 1 和訊框結構類型 2。而對於 TDD 訊框結構，是透過設定和調整上下行時間槽配比來決定上下產業務容量的。LTE 對 TDD 的訊框結構是定義了 7 種固定的上下行時間槽配比的訊框結構，社區建立過程中就確定了。儘管 LTE 後續演進版本也進行了動態 TDD 訊框結構做了設計，但對傳統 UE 有限制，且整體方案不夠靈活，LTE 商用網路中都一直未得到實際應用。

NR 從設計之初就是考慮了訊框結構的靈活性，首先是不再區分 FDD 和 TDD 訊框結構，而是採用將時間槽中 OFDM 符號設定為上行或下行來實現 FDD 的效果。其次 TDD 頻段的上下行設定週期可以靈活設定，比如可以透過訊號設定為 0.5ms/0.625ms/1ms/1.25ms /2ms/2.5ms/5ms/10ms 等各種週期長度。此外，在一個時間槽內的每個符號除了固定設定為上行符號和下行符號外，還可以設定為靈活（flexible）屬性的符號，flexible 符號可以基於物理層控制通道地動態指示，即時生效為下行符號還是上行符號，從而達到靈活支援業務多樣性的效果。可見，5G NR 對 TDD 訊框結構和上下行資源設定提供了巨大的靈活性。

▩ NR 支援了靈活的參數集

LTE 標準中定義 OFDM 波形的子載體間隔（Subcarrier Spacing，SCS）固定為 15kHz，基於 OFDM 系統基本原理，OFDM 符號時域長度與 SCS 成反比，因此 LTE 的空中介面參數是固定的，沒有靈活性。LTE 支援的業務主要還是傳統的行動網際網路業務，拓展支援其他類型業務則會受限於固定的底層參數。

NR 為了更進一步地滿足多樣化的業務的需求，支援了多種子載體間隔。SCS 是以 15KHz 為基準並以 2 的整次冪為倍數進行擴充，包含 15kHz/30kHz /60kHz /120kHz /240kHz 等多種子載體間隔的設定值，伴隨著 SCS 增加，對應的 OFDM 符號長度也等比例縮短。由於採用了靈活的子載體間隔，可以轉換不同的業務需求。比如 URLLC 的低延遲業務需要較大的子載體間隔縮短符號長度進行傳輸，以降低傳輸空中介面延遲。而大連結的物聯網類 mMTC 業務則需要縮小子載體間隔，透過增大符號傳輸時長和功率譜密度來提升覆蓋距離。

NR 支援的毫米波頻段的載體頻寬往往比較大，且都卜勒頻偏也相對較大，因此高頻段載體適合採用較大的子載體間隔 SCS，抵抗都卜勒頻移。同理，針對高速移動場景，也適合採用較大的子載體間隔。

可見，NR 透過支援靈活的參數集和高低頻統一的新空中介面框架，為後續 5G 多種業務的靈活部署和多業務共存奠定了良好的技術支撐。

▩ NR 對空中介面的低延遲的增強

LTE 協定中定義的資料排程和傳輸的時間間隔是 1ms 子訊框為基本單位，正是這種固有設計導致一次空中介面資料傳輸無法突破 1ms 的時間單位限制。再考慮到 LTE 的 HARQ 重傳的至少 N+4 時序定時關係，使得 LTE 的空中介面延遲很難滿足低延遲的業務要求。儘管 LTE 在後續演進的協定版本中引入了縮短傳輸時間間隔（Transmission Time Interval，TTI）技術方案，但受限於 LTE 整個產業進度、開發成本以及部署需求不強烈等實際因素，縮短 TTI 技術在 LTE 商用網路中實際應用和部署的機率極低。

針對解決空中介面延遲問題，5G NR 在設計之初就在多個技術維度上進行了考慮和最佳化。首先，NR 採用了靈活的子載體間隔（Subcarrier Spacing，SCS），針對低延遲業務可以透過採用大子載體間隔來直接縮短 OFDM 符號長度，從而降低了一個時間槽的時間長度。

其次，NR 支援了符號等級（symbol-level）的資源設定和排程方式，下行資料通道的時域資源設定粒度可以支援 2/4/7 個符號長度，上行則可以支援任意符號（1-14 個）長度的資源排程。採用符號級排程，可以在資料封包到達物理層時，不用等到下一訊框邊界或下一個時間槽邊界，而是可以在當前時間槽的任何符號位置進行傳輸，這樣可以充分減低資料封包在空中介面的等待延遲。

除了採用增大子載體間隔和符號級排程機制來降低空中介面延遲外，NR 還透過自包含（self-contained）時間槽的方式來降低混合自動重傳 HARQ（Hybrid Automatic Repeat Request）的回饋延遲。自包含時間槽概念就是在一個時間槽內包含下行符號、保護間隔符號和上行符號三種不同方向屬性的符號，也即同一個時間槽內包含下行資料通道（PDSCH）傳輸、保護時間間隔（Guard Period，GP）和下行確認回饋（ACK/NACK）傳輸，使得 UE 可以在同一個時間槽內完成對下行資料接收解碼並快速地完成對應的 ACK/NACK 回饋，從而大幅降低 HARQ 的回饋延遲。當然，實現自包含時間槽對 UE 處理能力也提出了很高的要求，非常適合低延遲高可靠（URLLC）的場景。

▩ NR 對參考訊號的增強設計

參考訊號設計是行動通訊系統設計中最重要的技術點，因為接收端對無線通道估計就是透過參考訊號來獲得的，參考訊號設計好壞會直接影響接收端對空中介面訊號的解調性能。在 4G 系統中，LTE 協定定義的社區級公共參考訊號（Cell-specific Reference Signal，CRS），可用於社區內所有使用者的下行同步保持和頻率追蹤，同時也用於 LTE 使用者在空頻區塊編碼（Space Frequency Block Code，SFBC）和空分重複使用（Spatial Division Multiplexing，SDM）等多種傳輸模式下的解調參考訊號，即使用者基於 CRS 獲得的通道估計用於下產業務通道（PDSCH）資料的解調和接收。CRS 在頻域上是佔滿整個載體頻寬的，社區建立後基地台就恒定發送，與社區內是否存在使用者以及是否有資料傳輸無關，是一種 always-on 訊號。這種 always-on 參考訊號 CRS 由於滿頻寬發送，不但佔用較大的下行資源負擔，而且還會帶來網路中小區間交疊區域的同頻干擾。恒定參考訊號發送也會導致基地台裝置在社區無業務發送時，無法採用射頻關斷等技術手段而實現有效節能。

針對 LTE 的公共參考訊號 CRS 存在的這些問題，5G NR 在導頻設計上做了根本性改進，儘量避免了社區級公共訊號，例如在 NR 系統中社區級的公共訊號僅保留了同步訊號，其餘參考訊號都是使用者級（UE-specific）的。這樣可以降低社區級公共訊號固定佔用的系統負擔，提高了頻譜使用率。舉例來説，基地台有資料發送給 UE 時，在排程使用者業務資料的頻寬內才會發送 UE-specific 的解調參考訊號 DMRS（Demodulation Reference Signal）。另外，考慮到 5G 基地台系統會普遍採用大規模天線（Massive MIMO）的波束成形技術來進行資料傳輸，資料符號和解調導頻採用相同的預編碼方式，有資料傳輸時才發送領航訊號，波束成形發送也會有效降低系統中的干擾。

同時，NR 在 DMRS 導頻設計採用前置導頻（front loaded DMRS）結合附加導頻（additional DMRS）的設計方案。前置 DMRS 有利於接收端快速獲得通道估計，降低解調解碼延遲。而引入附加 DMRS 的目的是為了滿足高速移動場景下對 DMRS 時域密度的需求。使用者在不同移動速度下，基地台可以設定時間槽內附加導頻的數目，以匹配使用者的移動速度，為使用者獲得精準通道估計提供保證。

▩ NR 對 MIMO 能力的增強

LTE 的空中介面技術就是 OFDM+MIMO，且對 MIMO 的支援一直在不斷演進和增強，LTE 的後期版本引入的全維度 MIMO（full dimension MIMO，FD-MIMO），在水平維度和垂直維度都做到空間的窄波束成形，可以更進一步地支援使用者的空間區分度。但 MIMO 技術作為提升無線通訊空中介面頻譜效率和系統容量的最重要的技術手段，一直是一個持續追求極致性能的重要方向。

伴隨著大規模天線（Massive MIMO）陣列的關鍵元件的成熟以及裝置逐漸具備工程化應用和商業化部署的要求，從 5G 需求場景定義和系統設計之初，就把 Massive MIMO 視為 NR 重要的技術手段和 5G 商用網路大量部署的主流產品形態。因此 5G NR 在標準化過程中對 MIMO 技術又做了大量的最佳化和增強。

首先，NR 針對解調導頻（DMRS）進行了增強，基於頻分和分碼的方式使得 DMRS 可以支援最大 12 個正交通訊埠，相比 LTE 可以更進一步地滿足多使用者 MIMO（MU-MIMO）的性能。其次，NR 相比 LTE 新引入了更高性能的類型 2 編碼簿（type2 codebook），基於 CSI-RS 的 type2 編碼簿可以最佳地回饋空間通道的匹配程度。基地台獲得 UE 回饋的高精度編碼簿後，可以更好實現空間波束指向性和成形精準度，大幅提升多使用者多流空分重複使用的性能。

NR 相比 LTE 一個巨大優勢，就是增加了對毫米波頻段的支援。毫米波具有頻段高、波長短、空間傳播損耗大，繞射能力弱、穿透損耗大等特點，因此毫米波通訊必須要透過極窄的波束對準傳輸才能保證通訊鏈路的品質。為了解決這些問題，NR 採用了數位加模擬混合波形成形的技術。為了增強覆蓋，NR 支援了對廣播通道和公共通道的窄波束掃描機制（beam sweeping）。針對控制通道和業務通道，NR 引入了波束管理（beam management）的機制，包含多波束掃描、波束追蹤、波束恢復等技術手段和過程，目的就是為了使得通訊雙方的波束對準，自我調整追蹤使用者的移動。在此基礎上，NR 又進一步支援了多天線面板（multi-panel）的設計，來提升傳輸的可靠性和容量。

可見，5G 針對 MIMO 技術引入的一系列的增強方案，再結合大規模天線裝置本身能力的提升，必然會使得 Massive MIMO 在 5G 行動通訊系統中釋放出巨大的技術優勢和經濟效益。

▩ NR 對終端節能技術的增強

LTE 在對終端節電方面的技術設計考慮並不多，主要是非連續接收（DRX）技術。而由於 5G 系統的工作頻寬增大、天線數增加、傳輸速率增加等因素，會導致終端上的射頻模組和基頻訊號處理晶片的功耗大幅增加，手機工作過程中發熱發燙或待機時間短會嚴重影響使用者體驗。

5G 針對終端面臨的功耗問題，設計了多種技術方案。從時域節能角度，5G 針對連接態使用者在設定了非連續接收（DRX）情況下，新引入了喚醒訊號（wakeup signal）。由網路側根據對業務量傳輸需求來判斷是否在 DRX 啟動週期到來前喚醒 UE 進行資料接收監聽。這樣可以避免使用者在沒有資料傳輸的情況下，進入 DRX 啟動狀態進行額外的業務監聽，從而帶來不必要的 PDCCH 檢測功耗。另外，5G 還引入了跨時間槽排程的機制，可以在業務資料不連續和偶發性業務傳輸情況下，減少 UE 在解碼出 PDCCH 之前對 PDSCH 通道資料不必要的接收和處理，從時域也上降低射頻電路的啟動時長。

從頻域節能角度，5G 引入了頻寬分段（bandwidth part，BWP）的功能。如前文所述，NR 的載體頻寬相比 LTE 增大很多，很多核心頻段都可以支援典型的 100MHz 載體頻寬，大頻寬的優勢就是可以獲得高的傳輸速率。但如果業務模式是小資料量傳輸或是業務不連續的情況下，UE 工作在大頻寬模式下，是非常不經濟的。BWP 的核心就是定義一個比社區的載體頻寬和終端頻寬能力都小的頻寬，當空中介面傳輸的資料量比較低時，終端在網路側的動態設定下工作在一個較小的頻寬內進行收發操作，這樣終端的射頻前端元件、射頻收發器以及基頻訊號處理模組都可以在一個較小處理頻寬和較低的處理時鐘的條件下工作，從而工作在一個耗電更低的狀態。

另一個在頻域上節能的技術手段，是針對 MR-DC（Multi-RAT Dual Connectivity）和 NR CA 場景下引入的輔載體（Scell）休眠機制。處於啟動態的 Scell，在無資料傳輸時可以進入休眠模式（Dormant Scell）。UE 在 Dormant Scell 上可以不用監聽 PDCCH（Physical Downlink Control Channel），只進行通道狀態資訊（Channel Status Information，CSI）測量，有資料傳輸時再快速切換到正常狀態進行排程資訊監聽，從而在不去啟動輔載體的情況下造成降低 UE 功耗的效果。

從頻域和天線域角度，5G 引入了 MIMO 層數自我調整的功能，網路側結合對終端資料量傳輸需求，結合 BWP 的設定可以降低空間傳輸的層數，使得 UE 可以降低 MIMO 處理能力和吞吐速率，來達到降低終端功耗的效果。

除了上述幾種終端節能的技術外，5G 還支援放鬆對 UE 的無線資源管理（Radio Resource Management，RRM）測量的要求來降低功耗。比如 UE 處於靜止或低速移動時，可以在不影響 UE 行動性性能情況下，採用加大 RRM 測量週期等方式適當放鬆測量要求，來減少 UE 耗電；或當 UE 處於空閒態（IDLE）和非啟動態（INACTIVE）時，或未處於社區邊緣時，都可以進行適當的 RRM 測量放鬆，從而減少 UE 耗電。

▩ NR 對行動性的增強

LTE 的行動性管理主要基於 UE 的測量上報，由來源基地台觸發切換請求，並將切換請求發送給目標基地台。當收到目標基地台的確認回覆之後，來源基地台發起切換流程，並將目標基地台的設定資訊發送給終端。終端收到該設定訊息之後，向目標基地台發起隨機連線流程，當隨機連線過程成功時，則完成切換過程。可見，LTE 系統中的社區切換過程，UE

需要先在目標社區完成隨機連線後，才能進產業務傳輸，不可避免地會存在短暫的業務中斷過程。

為了滿足 0 毫秒中斷要求以及提高切換的堅固性，5G NR 針對行動性做了兩個方面的主要增強：基於雙啟動協定層的切換機制以及條件切換機制。

雙啟動協定層的切換機制與 LTE 切換流程類似，終端基於收到的切換命令判斷所要執行的切換類型。如果該切換類型為基於雙啟動協定層的切換，終端在釋放來源社區之前會保持與來源社區的資料收發直到終端成功完成與目標社區的隨機連線流程。只有當終端成功連線到目標基地台後，終端才會基於網路側的顯示訊號去釋放來源社區的連接並停止與來源社區的資料收發。可見，終端在切換過程中會存在與來源社區和目標社區同時保持連接和資料傳輸的狀態。透過雙啟動協定層設計，使得 NR 可以滿足切換過程中 0ms 中斷延遲的指標，極大提升了使用者在移動過程中的業務感知。

條件切換的目標主要是為了提高使用者切換的可靠性及堅固性，用以解決在切換過程中由於切換準備時間過長導致切換過晚的問題或是切換過程中來源社區通道品質急劇下降而導致的切換失敗的問題。條件切換的核心思想是提前將切換命令內容預設定給 UE，當特定條件滿足時，UE 就可以自主地執行切換命令中的設定，直接向滿足條件的目標社區發起切換連線。由於切換條件滿足時 UE 不再觸發測量上報，且 UE 已經提前獲取了切換命令中的設定，因而解決了前面提到的測量上報和切換命令不能被正確接收的問題。特別是針對高速移動場景或是在切換帶出現訊號快速衰落的場景，條件切換能極大提高切換成功率。

▩ NR 對協定層的增強

5G NR 的協定層大框架是基於 LTE 的協定層來設計的，然而 LTE 主要以行動寬頻業務作為典型應用場景，基本未考慮低延遲高可靠等垂直產業的新業務。5G NR 的高層協定層相對於 LTE 做了大量增強和最佳化，從而更好的支援低延遲高可靠業務，主要包括以下幾個方面：

第一：5G NR 的媒體連線控制層（Medium Access Control，MAC）增強了 MAC PDU 的格式。在 LTE MAC 中，MAC PDU 的所有子封包表頭都位於 MAC PDU 的表頭，而在 NR MAC 中，子封包表頭與相對應的 SDU 緊鄰。換句話說，NR 中的 MAC PDU 包含了一個或多個 MAC 子 PDU，每個子 PDU 包含子封包表頭和 SDU。基於這樣的設計，收發端在處理 MAC PDU 時可以利用類似「管線」的方式處理 MAC PDU，從而提高處理速度，降低延遲。

第二：5G NR 的無線鏈路控制層（Radio Link Control，RLC）最佳化了資料封包的處理流程，採用了前置處理機制。在 LTE RLC 中，其在生成 RLC PDU 時，需要收到底層傳輸資源的指示，也就是說只有當獲得了物理層傳輸資源時才能產生 RLC PDU。而對於 NR RLC，其在設計之初就去掉了資料封包串聯功能，支援在沒有收到底層資源指示時，就可以提前將 RLC PDU 準備好，這樣可以有效減少在收到物理層資源時即時生成 RLC PDU 的延遲。

第三：5G NR 的分組資料匯集協定（Packet Data Convergence Protocol，PDCP）層支援了資料封包的亂數遞交模式。該功能透過網路側的設定，PDCP 層可以支援將 RLC 層遞交過來的完整資料封包以亂數模式遞交到上層，換句話說，PDCP 層在這種遞交模式下可以不用等所有資料封包都按序到達後再執行向上層遞交地操作，從而可以減少資料封包的等待延遲。

第四：為了提高資料封包的傳輸可靠性，5G NR 的 PDCP 層還支援資料封包的複製傳輸模式。該功能透過網路側設定，PDCP 層可以將 PDCP PDU 複製為兩份相同的資料封包，透過將相同的 PDCP PDU 遞交到連結的兩個 RLC 實體，並最終在空中介面不同的物理載體上或不同的無線鏈路上容錯傳輸，從而提高傳輸可靠性。

▩ NR 對業務服務品質（QoS）保障的增強

LTE 系統中透過 EPS 承載的概念進行 QoS（Quality of Service）控制，是 QoS 處理的最小粒度，單一 UE 在空中介面最多支援 8 個無線承載，對應最多支援 8 個演進分組系統（Evolved Packet System，EPS）承載進行差異化的 QoS 保障，無法滿足更精細的 QoS 控制需求。基地台對於無線承載的操作和 QoS 參數設定完全依照核心網路的指令進行，對於來自核心網路的承載管理請求，基地台只有接受或拒絕兩種選項，不能自行建立無線承載或進行參數調整。LTE 定義的標準化 QCI（QoS Class Identifier）只有有限的幾個設定值，對於不同於當前電信業者網路已經預配的 QCI 或標準化 QCI 的業務需求，則無法進行精確的 QoS 保障。隨著網際網路上各種新業務的蓬勃發展，以及各種專網、工業網際網路、車聯網、機器通訊等新興業務的產生，5G 網路中需要支援的業務種類，以及業務的 QoS 保障需求遠超 4G 網路中所能提供的 QoS 控制能力。

為了給 5G 多種多樣業務提供更好的差異化 QoS 保證，5G 網路對 QoS 模型和種類進行了更加精細化調整。在核心網路側取消了承載的概念，以 QoS Flow（QoS 流）進行代替，每個 PDU 階段可以有最多 64 條 QoS 流，大大提高了差異化 QoS 區分度，從而進行更精細的 QoS 管理。基地台自行決定 QoS 流與無線承載之間的映射關係，負責無線承載的建立、修改、刪除，以及 QoS 參數設定，從而對無線資源進行更靈活的使用。5G 網路中還增加了動態的 5QI 設定，延遲敏感的資源類型，以及反向映射、QoS 狀態通知、候選 QoS 設定等特性，從而可以對種類繁多的業務提供更好的差異化 QoS 保證。

▩ NR 對核心網路架構演進的增強

在 LTE 網路中，採用控制平面和使用者平面不分離的網路架構方式，終端的階段管理和終端的行動性管理透過同一個網路實體處理，導致網路演進的不靈活性和不可演進性。

到了 5G 時代，5G 行動通訊目標是實現萬物互聯，支援豐富的行動網際網路業務和物聯網業務，4G 的網路架構主要滿足語音要求和傳統的行動寬頻（MBB）業務，已經不能高效的支援豐富多樣的業務。

為了能夠更好更高效的滿足上述需求，同時，為了支援電信業者更好實現服務的快速創新、快速上線、隨選部署等，3GPP 採納控制平面和使用者平面完全分離的網路架構方式。此種設計方式有利於不同網路裝置獨立的擴充、最佳化和技術演進。使用者面可以集中部署也可以分散式部署，在分散式部署時可以將使用者面下沉到更接近使用者的網路實體，提升對使用者請求的回應速度；而控制面集中管理、統一叢集部署，提升可維護性和可靠性。

同時, 行動網路需要一種開放的網路架構，透過開放網路架構的更改支援不斷擴充的網路能力，透過介面開放支援業務存取所提供的網路能力。基於此，3GPP 採納 5G 服務化網路架構（Serviced Based Architecture，SBA）。基於 5G 核心網路進行了重構，以網路功能（Network Function, NF）的方式重新定義了網路實體，各 NF 對外按獨立的功能（服務）提供功能實現並可互相呼叫，從而實現了從傳統的剛性網路（網路裝置固定功能、網路裝置間固定連接、固化訊號互動等），向基於服務的柔性網路的轉變。基於服務化的網路架構（Service Based Architecture，SBA）解決了點到點架構緊耦合的問題，實現了網路靈活演進，滿足了各種業務靈活部署的需求。

1.2 NR 對新技術的取捨

透過上節內容可以看出，NR 在標準化過程中相比 LTE 技術做了大量增強和最佳化。為了滿足未來行動通訊網路大頻寬、低延遲、高速率的基本目標，以及能更靈活支援垂直產業多樣化業務的需求，NR 從標準研究和技術方案設計之初的目標就是採用新架構、新空中介面、新參數、新波形、新編碼、新多址等多項全新的關鍵技術。在正式的標準化制定階段，每項關鍵技術都是經過很多公司提交的大量的方案研究報告和技術建議提案，經過多輪的討論和評估，綜合考慮多方面的因素做出了一定取捨和權衡，最終形成的標準化結論。從最終的 NR 標準化結果我們可以看到，有些新技術如新參數、新編碼等最終形成了標準化方案，但也有一些在標準化過程中被充分討論的關鍵技術，並沒有最終在已經完成的 R15 和 R16 的版本中被標準化，比如新波形和新多址這兩項技術。下面對 NR 在標準化過程中對新技術的取捨做一些簡單的探討和複習。

1.2.1 NR 對新參數集的選擇

NR 需要設計靈活的參數集的背景和出發點，是因為 NR 需要更進一步地支援多樣化的業務需求。LTE 標準中定義 OFDM 波形的子載體間隔（Subcarrier Space，SCS）為固定的 15kHz，這種單一的子載體間隔的參數不能滿足 5G 的系統需求。5G 典型的三種業務 eMBB、URLLC、mMTC 對傳輸速率、空中介面延遲、覆蓋能力的指標要求是不同的，因此不同的業務需要採用不同的參數集（子載體間隔、循環字首 CP 長度等）進行部署。相對於傳統的 eMBB 業務，URLLC 的低延遲業務需要較大的子載體間隔縮短符號長度進行傳輸，以降低傳輸空中介面延遲。而大連接的物聯網 mMTC 業務往往需要縮小子載體間隔，透過增大符號傳輸時長和功率譜密度來提升覆蓋距離。而且 NR 需要不同參數集的業務在空中介面能夠良好共存，互不干擾。

基於 OFDM 系統基本原理，OFDM 波形的子載體間隔與 OFDM 符號長度成反比。由於改變子載體間隔可以對應改變 OFDM 符號長度，從而可以直接決定一個時間槽在空中介面傳輸的時間長度。考慮到 NR 要更進一步地支援不同的空中介面傳輸延遲，同時也要支援大的載體頻寬，因此 NR 最終支援了多種子載體間隔，SCS 是以 15KHz 為基準並以 2 的整次冪為倍數進行擴充，包含 15kHz/30kHz /60kHz /120kHz /240kHz/480kHz 等多種子載體間隔的設定值，伴隨著 SCS 增加，對應的 OFDM 符號長度也等比例縮短。這樣設計的目的是能夠使得不同的子載體間隔的 OFDM 符號之間能夠實現邊界對齊，便於實現不同子載體間隔的業務頻分重複使用時的資源排程和干擾控制。當然，NR 討論之初，也考慮過如 17.5KHz 為基準的子載體間隔，但經過評估以 15KHz 為基準的子載體間隔，能更進一步地支援和相容 LTE 與 NR 的共存場景和頻譜共用的場景，其他 SCS 參數集的方案也就沒有被採納了。

採用了靈活可變的子載體間隔，可以轉換不同的業務需求。比如採用較大的 SCS，可以使符號長度縮短，從而降低空中介面傳輸延遲。另一方面，OFDM 調解器的 FFT size 和 SCS 共同決定了通道頻寬。對於指定頻段，相位雜訊和都卜勒頻移決定了最小的子載體間隔 SCS。高頻段的載體頻寬往往比較大，且都卜勒頻偏也相對較大，因此高頻段載體適合採用較大的子載體間隔 SCS，既可以滿足 FFT 變換點數的限制，同時也可以更進一步地抵抗都卜勒頻移。同理，針對高速移動場景，也適合採用較大的子載體間隔來抵抗都卜勒頻偏的影響。

基於如上分析，NR 支援了多種子載體間隔，從而具有很好的擴充性，靈活的參數集能極佳地滿足不同的業務延遲、不同的覆蓋距離、不同的載體頻寬、不同的頻段範圍、不同的移動速度等各種場景需求。可見，NR 透過支援靈活的參數集和高低頻統一的新空中介面框架，為 5G 多種業務的靈活部署和多業務共存奠定了良好的技術基礎。

1.2.2 NR 對新波形技術的選擇

關於 NR 對新波形的需求，與前面討論的靈活的參數集有相同的出發點，即 NR 需要支援多樣化的業務需求。當不同的業務在空中介面透過不同的參數集（子載體間隔、符號長度、CP 長度等）進行傳輸時，需要能良好共存，互不干擾。因此，新波形的設計目標是具有更高的頻率效率，良好的載體間抵抗頻偏和時間同步偏差的能力，更低的頻外輻射干擾，優良的峰均比（Peak to Average Power Ratio，PAPR）指標，同時也能滿足使用者之間的非同步傳輸和非正交傳輸。

如大家所了解，LTE 下行方向採用的 CP-OFDM（Cyclic Prefix-Orthogonal Frequency Division Multiplexing）波形具有一些固有的優勢，如抵抗符號間干擾和頻率選擇性衰落效果好，頻域均衡接收機簡單、易與 MIMO 技術相結合、支援靈活的資源設定。但 CP-OFDM 波形也有固有的劣勢，比如有較高的訊號峰均比，CP 的存在會有一定的頻譜效率負擔，對時間同步和頻率偏差比較敏感，頻外輻射較大，載體間干擾會導致性能下降。基於 NR 需要滿足支援多種新業務的需求，空中介面新波形設計的目標是需要根據業務場景和業務類型靈活地選擇和設定適合的波形式參數。比如將系統頻寬劃分許多子頻承載不同的業務類型，選擇不同的波形式參數，子頻之間只存在極低的保護頻帶或完全不需要保護頻帶，各子頻可以採用數位濾波器進行濾波處理，來消除各子頻之間的相關干擾，實現不同子頻的波形解耦，滿足不同業務之間的靈活共存。

在 NR 新波形的標準討論過程中，以 CP-OFDM 波形為基礎，提出了多種最佳化的或全新的波形方案[7-17]。以下表 1-1 所示，有十多種新波形的建議方案被提交，主要可以分為時域加窗處理、時域濾波處理、不做加窗或濾波處理的三大類波形。

表 1-1 NR 候選新波形

	time domain windowing（時域取窗）	time domain filtering（時域濾波）	without windowing/filtering（不做取窗和濾波）
multi-carrier (多載體)	FBMC-OQAM FB-OFDM FC-OFDM GFDM W-OFDM OTFS*	F-OFDM FCP-OFDM UF-OFDM OTFS*	CP-OFDM OTFS

	time domain windowing（時域取窗）	time domain filtering（時域濾波）	without windowing/filtering（不做取窗和濾波）
single-carrier (單載體)	DFT spreading + TDW MC candidates	DFT spreading + TDF MC candidates	DFT-s-OFDM ZT-s-OFDM UW DFT-s-OFDM GI DFT-s-OFDM

多載體時域加窗類候選新波形有以下幾種：

- FB-OFDM：Filter-Bank OFDM，濾波器組的 OFDM。
- FBMC-OQAM：Filter-Bank Multi-Carrier offset-QAM，濾波器組多載體。
- GFDM：Generalized Frequency Division Multiplexing，廣義頻分重複使用。
- FC-OFDM：Flexibly Configured OFDM，靈活設定的 OFDM。
- OTFS：Orthogonal Time Frequency Space，正交時頻空間。

多載體時域濾波類候選新波形有以下幾種：

- F-OFDM：Filtered-OFDM，濾波的 OFDM。
- UF-OFDM：Universal-Filtered OFDM，通用濾波 OFDM。
- FCP-OFDM：Flexible CP-OFDM，靈活的 CP-OFDM。
- OTFS：Orthogonal Time Frequency Space，正交時頻空間。

單載體波形除了時域加窗和時域濾波方案外，後續新波形還有以下幾種：

- DFT-S-OFDM :DFT-spread OFDM，DFT 序列擴頻的 OFDM。
- ZT-S-OFDM : Zero-Tail spread DFT-OFDM，零尾擴頻 DFT-OFDM。
- UW DFT-S-OFDM: Unique Word DFT-S-OFDM，單字 DFT-S-OFDM。
- GI DFT-S-OFDM: Guard Interval DFT-s-OFDM，保護間隔 DFT-OFDM。

3GPP 對提交的多種候選新波形方案進行評估和討論，其中幾種重點討論的候選波形有 F-OFDM、FBMC、UF-OFDM 等。新波形在子頻或子載體間正交性、頻率效率、頻外輻射性能、抵抗時頻同步誤差等方面確實有一定優勢，但也都存在著一些問題，比如性能增益不夠顯著、不能與 CP-OFDM 波形良好相容、與 MIMO 結合的實現複雜度偏高、對碎片頻譜利用不足等。標準制定的最終結論是並沒有定義新的波形，而僅是在標準上定義了 NR 的有效載體頻寬、鄰道洩露、頻外輻射等具體的指標要求。為了保證這些技術指標要求，NR 波形處理中可能用到的如時域取窗、時域濾波等技術方案，留給廠商作為自有的實現方案。最終 NR 維持了下行仍採用 LTE 的 CP-OFDM 波形，上行除了支援 LTE 的單載體 DFT-s-OFDM 波形外，也新增支援了 CP-OFDM 波形，這個主要是考慮到 CP-OFDM 波形的均衡和檢測處理會相對簡單，更加適合 MIMO 傳輸，而且上下行採用相同的調解波形，也利於 TDD 系統上下行之間統一的干擾測量和干擾消除。

1.2.3 NR 對新編碼方案的選擇

由於無線通訊的空間傳播通道會經歷大尺度衰落和小尺度衰落，以及系統內和系統間也可能存在同頻或鄰頻干擾，因此無線通訊系統通常都會採用前向改錯碼，保證資料傳輸可靠性。通道編碼作為歷代無線通訊系統中最重要的關鍵技術之一，被通訊領域技術人員持續研究和探索。早期的行動通訊系統如 GSM、IS-95 CDMA 等一般都採用卷積編碼，採用維特比（Viterbi）解碼。後續 3G 和 4G 為了支援高速率多媒體業務和行動網際網路業務，資料通道分別採用了 Turbo 編碼方案，控制通道採用的仍是卷積編碼和去尾迴旋碼（Tail-bit Convolutional Code，TBCC）。5G 需要滿足大頻寬、高速率、低延遲、高可靠性的業務需求，使得業界對 5G 的新編碼充滿了期待。

在標準化過程中，5G 的資料通道編碼選擇主要聚焦在 Turbo 碼和低密度同位碼碼（Low-Density Parity-Check code，LDPC）兩者之間進行選擇。由於 5G 要承載的 eMBB 業務相比 4G 在系統輸送量方面大幅提高，下行需要滿足 20Gbps 的峰值吞吐量，上行需求需要滿足 10Gbps 的峰值吞吐量。因此儘管 Turbo 碼在 4G 被成熟應用，且在交織器方面做了平行處理的最佳化，但其在大碼塊解碼性能、超高吞吐量解碼延遲等方面還是不能滿足未來 5G 大頻寬高輸送量的業務需求。LDPC 編碼雖然一直未在 3GPP 的前幾代行動通訊系統中使用，但這種編碼方案已經被提出幾十年了，且已經被廣泛用於數位視訊廣播（Digital Video Broadcasting，DVB）、無線區域網（WLAN）等通訊領域中。LPDC 具有的解碼複雜度低、非常適合平行解碼、大碼塊高串流速率的解碼性能好、具有逼近香農限的優異性能，使得 LDPC 天然適合於 5G 的大頻寬高吞吐量的業務需求。從實際產品化和產業化角度，LDPC 最終晶片化後在解碼延遲、晶片效率面積比、晶片功耗、元件成本等方面也都有明顯的優勢。3GPP 經過幾輪會議討論，最終確定 LDPC 編碼作為 NR 的資料通道的編碼方案。

相比資料通道，控制通道編碼的主要特徵差別是可靠性要求更高，且編碼的資料區塊長度較小。由於 LPDC 在短碼性能上沒有優勢，因此 NR 的控制通道編碼主要是聚焦在 4G 的去尾迴旋碼（TBCC）和 Polar 碼兩者之間進行取捨。Polar 編碼作為 2008 年才被提出的一種全新的編碼方案，短碼的優勢非常明顯。Polar 碼能夠獲得任意低的串流速率，任意的編碼長度，中低串流速率的性能優異，且理論分析沒有誤碼平層。經過充分評估，Polar 碼在控制通道傳輸方面的性能要更優於 TBCC 碼，最終確定了 Polar 碼作為 NR 的控制通道的編碼方案。

可以説，NR 採用了全新的通道編碼方案替代了原有 4G 的通道編碼方案，一方面是由於 5G 新業務新需求的驅動力，必須採用新的技術才能支援更高的性能需求。而從另外一個方面看，也是由於通道編碼在整個無線通訊底層的系統方案和系統框架中的功能相比較較獨立，通道編碼方案本身的替換不會對其他功能模組產生影響。總之，5G 採用全新的通道編碼方案，為 5G 支援全新業務和打造強大的空中介面能力提供了有力的底層關鍵技術的支撐。

1.2.4 NR 對新多址技術的選擇

在 NR 定義關鍵技術指標和選取關鍵技術之初，除了新波形、新編碼等，還以一項被業界深入研究和探討的關鍵技術就是非正交多址連線技術。為了提高空中介面的頻譜效率和使用者的連線容量，無線通訊系統從 2G 到 4G，已經支援了分時、分碼、頻分、空分這幾個維度的多使用者重複使用技術。隨著 5G 萬物互聯時代的到來，針對大規模物聯網的 mMTC 場景，需要在單位覆蓋面積內能容納超高使用者容量的連線，而非正交多址技術相比正交多址技術可以提供多達數倍的使用者容量，是非常適合應用在大連接場景下的關鍵技術。國內外的很多企業都提出了自己的非正交多址技術方案，但在標準化過程中，非正交多址技術在 R16 版本僅作為一個研究項目開展了對應的討論，並沒有完成最終的標準化工作，即將開展的 R17 版本的項目範圍中也沒有被包含。非正交多址技術會在本書中的 URLLC 物理層章節中進行相關的介紹，這裡就不做展開性討論。

整體來說，NR 標準相比 LTE 做了大量的增強、最佳化和升級，是不相容 LTE 的全新的設計。但客觀分析，NR 空中介面上更多是針對系統設計方案的全面最佳化，比如頻寬增大、MIMO 層數增多、參數集多樣化、靈活的訊框結構、靈活的資源設定方式、靈活的排程等等。從無線通訊關鍵技術和訊號處理角度，NR 仍然沿用了 OFDM+MIMO 的大的技術框架，採用的核心關鍵技術並沒有本質性的突破和變革。當然這並不否定 NR 技術的創新性，這是整個產業基於現有技術和需求做出的客觀合理的選擇。

行動通訊技術的目標和定位是要在工業界大規模商業部署和應用，為整個社會、為個人以及多個產業提供更好的資訊化服務。行動通訊產業鏈中各個環節包括電信業者、網路裝置製造商、終端裝置製造商、晶片製造商等，也都需要能伴隨著產業的發展和升級換代獲得一定的商業價值和利益。透過 NR 標準化過程中對關鍵技術的選取，可以看出從產品化、工程化和商業化的角度，更加看重技術的實用性。裝置開發實現的複雜度、開發成本、開發難度和開發週期等因素，都會是新技術選擇的重要影響因素。另外，新技術引入還要充分考慮系統性，某個方向技術升級或增強要能與已有的系統良好相容，避免對現有技術框架造成較大影響，不會對產業現狀造成較大的衝擊。當然，創新性的新技術永遠都是令人期待的，不斷探索和研究新技術、持續提升系統性能、創新性解決問題，是所有的通訊從業人員和整個產業界不斷追求的目標。

1.3 5G 技術、元件和裝置成熟度

在 4G 產業化和商用化的處理程序剛剛進入起步階段，業內對 5G 技術的研究就如火如荼的展開了。基於全球的許多企業、科學研究機構、大專院校等近十年對 5G 技術的研究成果，使得 5G 技術和標準快速成熟，如本書 1.1 中介紹的內容，5G 在標準化方面相比 4G 做了大量的增強和演進，支援了毫米波頻段範圍、靈活的訊框結構、靈活參數集、導頻最佳化設計、靈活的排程方式、新型編碼、MIMO 增強、延遲降低、行動性增強、終端節能、訊號最佳化、全新的網路架構、非授權頻譜（NR-U）、車聯網（NR-V2X）、工業網際網路（IIoT）等多種不同特性。從技術方案上確保了 5G 技術先進性和未來 5G 商業部署對新場景新業務需求的良好滿足。5G 整個產業能夠在第一個版本（R15）標準化後迅速開展全球商業部署，也是受益於整個行動通訊產業在元件、晶片、裝置等產業化方面的累積。

▩ 數位元件和晶片的發展和成熟良好地支撐了 5G 裝置研發需求

與 4G 行動通訊系統相比，5G 需要滿足更加多樣化的場景和極致的性能指標，因此對裝置的處理能力也提出了更高要求。5G 需要支援 1Gbps 的使用者體驗速率，數 Gbps 的使用者峰值速率，數十 Gbps 系統峰值輸送量，相比 4G 系統的 10 倍頻譜效率提升等。5G 還需要支援毫秒級的點對點延

遲，達到 99.999%資料傳輸正確率的高可靠性，以及巨量連接的物聯網終端。所有這些 5G 的超高性能的技術指標的滿足，都是需要 5G 商用裝置具有強大的計算、處理平台才得以保證。以 5G 商用網路部署最主流的 Massive MIMO 宏基地台為例，eMBB 場景下的基頻處理單元（Baseband Unit，BBU）的處理功能需要滿足以下技術指標：單載體 100MHz 頻寬 64T64R 數位通道，上行 8 流下行 16 流的 MIMO 處理能力，20Gbps 的系統峰值速率，4ms 的空中介面延遲，單社區支援幾千個使用者同時線上連接。這些性能指標都需要 5G 基地台平台的處理能力大幅提升，包括如基頻處理 ASIC（Application Specific Integrated Circuit）晶片、SoC（System on Chip）晶片、多核心 CPU、多核心 DSP、大容量現場可程式化陣列（FPGA）、高速的傳輸交換晶片等。同樣，5G 單使用者峰值速率提高到幾個 Gbps，終端裝置的通訊晶片的處理性能相比 4G 終端也要大幅提升。可見，5G 對通訊元件、半導體晶片都提出了更高的要求。

伴隨著行動通訊技術的不斷演進，半導體產業也一直是在高速發展的。特別是近些年在通訊需求巨大的驅動力下，半導體材料以及積體電路的製程也在快速地完成技術創新和升級換代。數位積體電路（Integrated Circuit，IC）製程從幾年前的 14nm，已經升級為主流的 10nm 和 7nm 製程。未來一兩年全球領先的晶片設計公司和半導體製造企業有望向更先進的 5nm 和 3nm 製程的邁進。先進的半導體晶片的製程水準成熟和發展，滿足了 5G 網路裝置和終端裝置的通訊和運算能力需求，使其具備了 5G 商用化的條件。

▩ 5G 主動大規模天線裝置已滿足工程化和商用化條件

除了數位元件和晶片已經可以極佳地滿足 5G 裝置通訊需求外，作為 5G 最具代表性的大規模天線（Massive MIMO）技術的裝置工程化問題也獲得了有效突破。我們都知道，LTE 網路中的遠端射頻單元（Remote Radio Unit，RRU）裝置一般都是 4 天線（FDD 制式）或 8 天線（TDD 制式），RRU 的體積、重量、功耗等裝置實現和工程化都沒有技術瓶頸。而 5G 的

Massive MIMO 需要水平維度和垂直維度都具有波束掃描能力和更高的空間解析度，支援多達幾十個流的空分重複使用傳輸能力，因此天線陣列的規模和數量都需要大幅提高。5G 大規模天線的典型設定是 64 數位通道 192 天線陣元，200MHz 工作頻寬，相比 4G RRU 裝置工作頻寬增加了 5-10 倍，射頻通道數增加了 8 倍。由於射頻通道數目太多，4G 之前行動通訊採用的 RRU 與天線陣分離的傳統的工程應用方式已經無法適用。5G 需要把射頻單元和被動天線整合在一起，裝置形態演變為射頻和天線一體化的主動天線陣列 AAU（Active Antenna Unit）。另外，商用網路部署的要求是 5G 基地台能與 4G 網路共用站址建設，由於 5G 的工作頻段相比 4G 要高，工作頻寬相比 4G 寬，這就需要 5G AAU 裝置能支援更大發送功率，才能滿足與 4G 相同的覆蓋距離。

從 LTE 網路建網的後期，為了滿足日益增長的使用者容量需求，系統廠商就已經針對 LTE 的 TDD 頻段裝置進行大規模主動天線陣列的工程樣機的研製，並一直在持續改進和最佳化。近些年，伴隨著射頻元件製程改進和新材料的應用，功率放大器（Power Amplifier，PA）支援的工作頻寬和效率不斷提升，射頻收發器（RF transceiver）的取樣速率、介面頻寬以及整合度不斷提高，關鍵元件和核心晶片的能力和指標有了巨大突破，逐步滿足了商用化和工程化的需求。但 5G AAU 的裝置功耗和裝置工程化問題仍舊面臨著較大挑戰。一方面，由於 5G 大規模天線裝置的射頻通道數和工作頻寬都數倍於 4G，導致的裝置功耗也是數倍於 4G 裝置。另一方面，從節能環保和降低基礎營運成本的角度出發，電信業者對裝置具有低功耗要求的同時，也會對裝置工程參數如體積、重量、迎風面積等有嚴格的限制性要求。因此，在一定的工程限制條件下，5G AAU 裝置所要滿足的功率需求、功耗需求，散熱需求是網路裝置廠商近幾年一直努力解決的難題。為此裝置商透過最佳化射頻電路設計，提高功放效率和功放線性度，選用高整合度的收發信機，以及對中射頻演算法進行最佳化、降低峰均比（PAPR）和誤差向量幅度（Error Vector Magnitude，EVM）指標等技術手段，來提高整機效率降低裝置功耗。其次，針對裝置散熱問題，一方面從裝置研製角度採用先進的散熱方案、合理的結構設計、以及元件小型化等手段來解決；另一方面，結合工作場景和業務負荷情況，採用自我調整地關載體、關通道、關時間槽、關符號等軟體技術方案來節能降耗，最終來滿足裝置的商用化和工程化要求。

▩ 毫米波技術、元件和裝置日漸成熟

5G 相比 4G 的顯著增強點之一，就是支援了 FR2（24.25GHz-52.6GHz）範圍的毫米波頻段，由於高頻段範圍內可用頻譜非常廣闊，從而為 5G 的未來部署和業務應用提供更大的潛能和靈活性。

儘管毫米波頻段的頻譜廣闊可用頻寬大，但由於毫米波所處的頻段高，應用於行動通訊系統中，相比低頻段存在著以下這些問題：

- 傳播路徑損耗大，覆蓋能力弱。
- 穿透損耗大、訊號易受遮擋，適合直視徑（LOS）傳輸。
- 毫米波工作頻段高，功放元件效率低。
- 毫米波工作頻寬大，需要的 ADC/DAC 等射頻元件取樣速率和工作時鐘高。
- 毫米波元件相位雜訊大，相比低頻元件 EVM 指標要差。
- 毫米波元件成本高、價格昂貴，產業鏈不成熟。

業界針對毫米波存在的問題，多年來一直在進行研究和突破。為了解決毫米波傳播特性不理想、傳播損耗大、訊號易受遮擋等問題，首先從技術方案上，5G NR 協定引入了多波束（multi-beam）的機制，包含波束掃描、波束管理、波束對齊、波束恢復等技術方案，在空中介面通訊機制上來保證無線鏈路的傳輸品質。其次，從裝置形態上，由於毫米波頻段相比 sub-6GHz 波長短、天線陣尺寸小，毫米波功放（PA）出口功率低，因此毫米波的天線陣都是設計成在射頻前端具有調相能力的相控陣天線面板（panel），由一組天線單元合成一個高增益的窄波束，透過移相器來調整模擬波束（Analog beam）的方向對準接收端，提高空中介面傳輸鏈路的

訊號品質。另外，為了避免分立元件連接導致的能量損耗，毫米波的裝置研製都是採用射頻前端與天線單元整合一體化（Antenna in Package）的形式，以最大化提高效率。為了滿足 NR 的 MIMO 傳輸的功能需求，同時降低對基頻處理能力的要求，毫米波裝置都是採用數位+模擬混合波束成形的方案，即一路數位通道訊號在射頻前端是擴充到一組天線單元後透過模擬波束成形發送，在通訊過程中基地台與終端基於 NR 協定的波束管理（beam management）機制，不斷進行波束方向的調整與對齊，確保通訊雙方的波束能準確指向對方。

可見，毫米波用於行動通訊中，無論是對技術方案還是對裝置性能要求都是巨大的挑戰。但經過業內專家多年來的不懈努力，毫米波通訊的技術方案已經在 5G 引入並被標準化，毫米波元件和裝置研製也都獲得了巨大突破。近 2-3 年已經有一些裝置製造商、電信業者、晶片製造商等對外展示了一些基於毫米波樣機的演示和測試結果。北美、韓國、日本等國家由於 5G 商用頻譜短缺，在 2020 年啟動了毫米波預商用網路的部署，為未來的 5G 毫米波商用網路的部署提供技術方案支撐和和測試資料參考。

1.4 R16 增強技術

前文對 5G 關鍵技術的演進和增強以及 5G 裝置和產品的現狀做了整體性介紹，接下來本節對 5G 的標準化進展情況進行概述性介紹。3GPP 對 NR 的標準化工作有明確的時間計畫，R15 協定版本作為 NR 的第一個基礎版本，於 2018 年 6 月完成並發佈，支援了增強行動寬頻（eMBB）業務和基本的 URLLC 業務。截止到本書撰寫的時間，3GPP R16 協定版本的標準化工作已經接近尾聲，R16 版本對 eMBB 業務又進行了增強，同時也完整支援了 URLLC 業務。R16 協定版本完成的項目支援的新功能主要有以下大的方面：

1.4.1 MIMO 增強

R16 的 MIMO 增強是在 R15 的 MIMO 基礎上進行增強和演進，主要增強的內容包含：

▩ eType II 編碼簿（eType II codebook）

為了解決 R15 Type II 編碼簿回饋負擔太大的問題，R16 進一步引進了 eType II 編碼簿。不同於 Type II 編碼簿將寬頻或子頻上的通道分解成多個波束的幅度和相位，eType II 編碼簿將子頻上的通道進行等效的時域變換，透過回饋各個波束的多徑延遲和加權係數，大大降低了回饋訊號的負擔。同時，eType II 編碼簿還支援更精細化的通道量化以及更高的空間秩（Rank），從而能夠進一步提高基於編碼簿的傳輸性能，在 MU-MIMO 場景下性能提升更為顯著。

▩ 多傳輸點（Multi-TRP）增強

為了進一步提高社區邊緣 UE 的輸送量和傳輸可靠性，R16 引入了基於多個發送接收點（Transmission and Recepetion Point，TRP）傳輸的 MIMO 增強。基於單一下行控制資訊（Downlink Control Information，DCI）和多個下行控制資訊（DCI）的非相關聯合傳輸（Non Coherent-Joint Transmission，NC-JT），典型目標場景是 eMBB。基於單一 DCI 的 Multi-TRP 分集傳輸，典型目標場景是 URLLC。其中，基於單一 DCI 的 NC-JT 傳輸可以在不增加 DCI 負擔的情況下，支援兩個 TRP 在相同時頻資源上同時傳輸資料，從而在理想回傳（ideal backhaul）場景下提高邊緣 UE 的傳輸速率。基於多個 DCI 的 NC-JT 傳輸支援兩個 TRP 獨立對同一個 UE 進行排程和資料傳輸，在提高輸送量的同時也保證了排程的靈活性，可以用於各種回傳的假設。基於多 TRP 的分集傳輸則支援兩個 TRP 透過空分、頻分或分時的方式傳輸相同的資料，提高了邊緣 UE 的傳輸可靠性，從而更好的滿足 URLLC 業務的需求。

▩ 多波束（Multi-Beam）傳輸增強

R15 引入的基於模擬波束成形的波束管理和波束失敗恢復機制，使毫米波頻段的高速率傳輸成為可能。R16 在這些機制基礎上進一步做了最佳化和增強，具體表現在：透過同時啟動一組上行訊號或下行訊號（如多個資源或多個載體上的訊號）的波束資訊、引入預設的上行波束等方案，降低了設定或指示波束資訊的訊號負擔；透過引入基於 L1-SINR 的波束測量機制，為網路提供多樣化的波束測量和上報資訊；透過將波束失敗恢復機制擴充到輔小區，提高了輔小區上的模擬波束傳輸的可靠性。

▩ 上行滿功率發送（Uplink Full Power Tx）

基於 Rel-15 的上行發送功率控制機制，如果基於編碼簿的物理上行共用通道（Physical Uplink Shared Channel，PUSCH）傳輸的通訊埠數大於 1 且小於終端的發送天線數，此時不能以滿功率傳輸 PUSCH。為了避免由此帶來的性能損失，R16 引入了全功率發送的增強，即不同 PA 架構的 UE 可以透過 UE 能力上報，使得網路側能夠排程滿功率的物理上行共用通道（Physical Uplink Shared Channel，PUSCH）傳輸。具體的，R16 引入了三種滿功率發送模式：UE 的單一 PA 支援滿功率發送（不需要使用 power scaling 方式）、透過全相關預編碼向量支援滿功率發送（即滿通訊埠傳輸）以及 UE 上報支援滿功率發送的預編碼向量。實際是否採用滿功率發送以及採用哪種方式取決於 UE 能力上報及網路側設定。

1.4.2 URLLC 增強 -- 物理層

R15 協定對 URLLC 功能的支援比較有限，在 NR 靈活框架的基礎上針對 URLLC，增強了處理能力，引入了新的調解編碼方式（Modulation and Coding Scheme，MCS）和通道品質指示（Channel Quality Indicator，CQI）對應表格，引入了免排程傳輸和下行先佔技術。R16 針對 URLLC 成立了增強型專案，進一步突破了延遲和可靠性瓶頸。R16 的 URLLC 增強主要包含以下方向：

下行控制通道增強，包括壓縮 DCI 格式和下行控制通道監聽能力增強。

上行控制資訊增強，包括支援一個時間槽內的多 HARQ-ACK 傳輸，同時建構 2 個 HARQ-ACK 編碼簿和使用者內不同優先順序業務的上行控制資訊先佔機制。

- 上行資料通道增強，支援連續和跨時間槽邊界的重複傳輸。
- 免排程傳輸技術增強，支援多個免排程（Configured grant）傳輸。
- 半持續傳輸技術增強，支援多個半持續傳輸設定和短週期半持續傳輸。
- 不同使用者間的優先傳輸和上行功率控制增強。

1.4.3 高可靠低延遲通訊（URLLC）--高層

為了能更進一步地支援垂直產業的應用，如工業網際網路（Industry Internet of Things，IIoT）、智慧電網等，R16 在物理層增強建立專案的同時，也成立了高可靠低延遲的高層增強專案，設計目標是能支援 1us 的時間同步精度、0.5ms 的空中介面延遲，以及 99.999%的可靠性傳輸。該項目主要的技術增強包括以下幾個方面：

▩ 支援時間敏感性通訊（Time Sensitive Communication，TSC）

為了支援如工業自動化類業務的傳輸，對以下幾個方面進行研究，包括：乙太訊框表頭壓縮，排程增強和高精度時間同步。具體的，乙太訊框表頭的壓縮是為了支援 Ethernet frame 在空中介面的傳輸以提高空中介面的傳輸效率。排程增強是為了保證 TSC 業務傳輸的延遲。高精度時間同步則是為了保證 TSC 業務傳輸的精準延遲要求。

▩ 資料複製和多連接增強

R15 協定版本已經支援了空中介面鏈路上資料複製傳輸的機制。R16 則支援了多達四個 RLC 實體的資料複製傳輸功能，進一步提高了業務傳輸的可靠性。

▩ 使用者內優先順序/重複使用增強

在 R15 中支援的資源衝突場景是動態授權（Dynamic Grant，DG）和資源預設定授權（Configured Grant，CG）衝突的場景，且 DG 優先順序是高於 CG 傳輸。在 R16 協定版本中，需要支援 URLLC 業務和 eMBB 業務共存的場景，且 URLLC 業務傳輸可以使用 DG 資源，也可以使用 CG 資源。為了保證 URLLC 業務的傳輸延遲，R16 需要對 R15 中的衝突解決機制進行增強。

1.4.4 UE 節能增強

R15 協定版本的針對終端節能的主要功能是非連續接收（DRX）技術和頻寬分段（BWP）的功能，分別從時域角度和頻域角度降低終端的處理。R16 又在以下幾個方面進行了終端節能增強：

- 引入了喚醒訊號（wakeup signal, WUS），由網路側決定是否需要在 DRX 啟動週期到來前喚醒 UE 來進行資料的監聽接收，UE 喚醒機制透過新增控制資訊格式（DCI format 2-6）實現。
- 增強了跨時間槽排程的機制，可以在業務資料不連續傳輸情況下，避免 UE 對 PDSCH 通道資料進行不必要的接收和處理。
- MIMO 層數自我調整的功能，網路側結合 BWP 的設定可以通知 UE 降低空間傳輸的層數，從而降低 UE 處理能力要求。
- 支援 RRM 測量機制放鬆。
- 支援終端優選的節能設定上報。

1.4.5 兩步 RACH 連線

為了縮短初始連線延遲，早在 R15 標準化早期就討論過兩步 RACH（2-step RACH）過程，但 R15 僅完成了傳統的 4-step RACH 過程標準化。由於 2-step RACH 對於縮短隨機連線延遲、減少 NR-U 的 LBT 操作等方面有明顯的增益，因此在 R16 版本中對 2-step RACH 進行了正式的標準化，隨機連線過程從普通的 msg1 到 msg4 的四步過程最佳化 msgA 和 msgB 的兩步過程。

1.4.6 上行頻段切換發送

從電信業者的 5G 實際頻譜分配和可用性情況看，TDD 中頻段（如 3.5GHz/4.9GHz）是全球最主流的 5G 商用頻譜。TDD 頻段相對較高，頻寬大，但覆蓋能力不足。FDD 頻段低，覆蓋好，但頻寬小。UE 可在 TDD 頻段上支援兩天線的發送能力，但在 FDD 頻段上僅有單天線發送能力。R16 引入了上行頻段切換發送的技術，即終端在上行發送鏈路以分時重複使用方式工作在 TDD 載體和 FDD 載體，同時利於 TDD 上行大頻寬和 FDD 上行覆蓋好的優勢來提升上行性能。上行頻段切換發送可以提高使用者的上行吞吐量和上行覆蓋性能，同時也能獲得更低的空中介面延遲。

上行載體間切換發送方案的前提是 UE 僅有兩路射頻發送通路，其中 FDD 的發送通路與 TDD 雙路發射中的一路共用 1 套 RF 發射機。終端支援透過基地台排程，可以動態地在以下兩種工作狀態下切換：

- FDD 載體 1 路發射+ TDD 載體 1 路發射（1T + 1T）。
- FDD 載體 0 路發射+ TDD 載體 2 路發射（0T + 2T）。

上行載體間切換發送機制可以工作在 EN-DC、上行 CA、SUL 三種模式下。當 UE 處於社區近點位置時，基地台可以排程使用者工作在 TDD 載體的雙發狀態（0T + 2T）下，使得使用者獲得 TDD 載體上行 MIMO 模式下高速率；基地台也可以對近點使用者排程在 FDD+TDD 載體聚合狀態

（1T+1T）下，使得使用者獲得上行 CA 模式下的高速率。當 UE 處於社區邊緣位置時，基地台可以排程使用者工作在 FDD 低頻載體上單發，提升邊緣使用者的覆蓋性能。

1.4.7 行動性增強

R16 協定版本針對行動性增強主要引入了以下兩個新功能：

▩ 雙啟動協定層切換增強

對於支援雙啟動協定層（Dual Active Protocol Stack，DAPS）能力終端的切換過程，終端並不先斷開與來源社區的空中介面連結，而是成功連線到目標社區後，終端才會基於網路側的顯示訊號去釋放來源社區的連接並停止與來源社區的資料收發。可見，終端在切換過程中可以與來源社區和目標社區同時保持連接和同時進行資料傳輸的狀態，從而滿足切換過程中的 0ms 業務中斷延遲的指標。

▩ 條件切換

條件切換（Conditional Handover）的核心思想是網路側提前將候選的目標社區以及切換命令資訊預設定給 UE，當特定條件滿足時，UE 就可以自主地執行切換命令中的設定，直接向滿足條件的目標社區發起切換連線。由於切換條件滿足時 UE 不再觸發測量上報，且 UE 已經提前獲取了切換命令中的設定，因而可以避免了切換過程中的可能的測量上報或切換命令不能被正確接收的情況，從而提高切換成功率。

1.4.8 MR-DC 增強

在 R16 MR-DC 增強課題中，為了提升在 MR-DC 模式下的業務性能，支援了快速建立 SCell/SCG 的功能。即允許 UE 在 idle 狀態或 inactive 狀態下就執行測量，在進入 RRC 連接狀態後立即把測量結果上報網路側，使得網路側可以快速設定並建立 SCell/SCG。

R16 引入了 SCell 休眠（SCell dormancy）功能。在啟動了 SCell/SCG 但無資料傳輸情況下，透過 RRC 設定專用的 dormant BWP，即 UE 在該 BWP 上不監聽 PDCCH，僅執行 CSI 測量及上報，便於 UE 節電。而當有資料傳輸時可透過動態指示快速切換到啟動狀態，快速恢復業務。

為了降低無線鏈路失敗帶來的業務中斷，R16 中引入了快速 MCG 恢復功能。當 MCG 發生無線鏈路失敗，透過 SCG 鏈路向網路發送指示，觸發網路側快速恢復 MCG 鏈路。

在網路架構方面，R16 也進行了增強，支援了非同步 NR-DC 和非同步 CA，為 5G 網路的部署提供了靈活的選擇。

1.4.9 NR-V2X

3GPP 在 R12 中開始了終端裝置到終端裝置（Device-to-Device，D2D）通訊技術的標準化工作，主要是用於公共安全（Public Safety）的場景。D2D 技術是基於側行鏈路（sidelink）進行資料傳輸，實現終端到終端直接通訊。與傳統的蜂巢通訊系統相比，終端在側行鏈路鏈路上通訊的資料不需要透過網路裝置的轉發，因此具有更高的頻譜效率、更低的傳輸延遲。在 R14 中，將 D2D 技術應用到基於 LTE 技術的車聯網（Vehicle to Everything，V2X），即 LTE-V2X。LTE-V2X 可以實現輔助駕駛，即為駕駛員提供其他車輛的資訊或告警資訊，輔助駕駛員判斷路況和車輛的安全。LTE-V2X 的通訊需求指標並不高，如需要支援的通訊延遲指標為 100ms。隨著人們對自動駕駛需求的提高，LTE-V2X 不能滿足自動駕駛的高通訊性能的要求，R16 正式開展了基於 NR 技術的車聯網（NR-V2X）的專案工作。NR-V2X 的通訊延遲需要達到 3-5ms，資料傳輸的可靠性要達到 99.999%，來滿足自動駕駛的需求。

R16 NR-V2X 定義了側行鏈路的訊框結構、物理通道、物理層過程，側行鏈路完整的協定層等功能。NR-V2X 支援了側行鏈路的資源設定機制，包括基於網路分配側行傳輸資源和終端自主選取傳輸資源的兩種方式。NR-V2X 支援了單一傳播、多點傳輸、廣播等多種通訊方式，最佳化增強了感知、排程、重傳以及 sidelink 鏈路的連接品質控制等，為後續車聯網多種業務的靈活和可靠部署提供了良好的標準支撐。

1.4.10 NR 非授權頻譜連線

R15 協定版本的 NR 技術是應用於授權頻譜的通訊技術，可以實現蜂巢網路的無縫覆蓋、高頻譜效率、高可靠性等特性。非授權頻譜是一種共用頻譜，多個不同的通訊系統在滿足一定要求的情況下可以友善地共用非授權頻譜上的資源來進行無線通訊。R16 協定版本的 NR 技術也可以應用於非授權頻譜，稱為基於 NR 系統的非授權頻譜連線（NR-based access to unlicensed spectrum），簡稱為 NR-U 技術。

NR-U 技術支援兩種網路拓樸方式：授權頻譜輔助連線和非授權頻譜獨立連線。前者使用者需要借助授權頻譜連線網路，非授權頻譜上的載體為輔載體，作為授權頻譜的補充頻段提供給使用者大數據業務傳輸；後者可以透過非授權頻譜獨立網路拓樸，使用者可以直接透過非授權頻譜連線網路。

除了上述列出的十項的 R16 協定版本增強的新功能，R16 還完成了連線和回傳整合（Integrated Access and Backhaul，IAB）、NR 定位（NR Positioning）、UE 無線能力上報最佳化、網路切片增強、應對大氣波導的遠端干擾消除（Remote Interference Management，RIM）、交換鏈路干擾測量（Cross Link Interference，CLI）、自我組織網路（Self Organization，SON）等項目。同時，R16 也開展了如非陸地通訊網路（Non-Terrestrial Network，NTN）、非正交多址（Non-Orthogonal Multiple Access，NOMA）等研究項目（Study Item）。總之，R16 協定版本標準化的新功

能和新特性，為電信業者以及產業客戶的 5G 行動通訊網路的網路功能部署、網路性能提升、網路升級演進，以及拓展新業務營運提供了強大的功能選擇和技術保障。

1.5 小結

本章作為全書的開篇概述，先是重點介紹了 5G NR 的技術和標準相比 LTE 主要有哪些方面的增強和演進，同時對 NR 在標準制定過程中對新技術的取捨進行了複習和分析。接下來介紹了 5G 關鍵元件和裝置的成熟度，這是促進 5G 標準化處理程序的重要因素。最後本章針對 3GPP 剛剛標準化完成的 R16 版本中的主要功能特性進行了概述，便於讀者對後續各章節中 R16 技術內容先有一個基本了解。

參考文獻

[1] 《3GPP 長期演進（LTE）技術原理與系統設計》，沈嘉、索士強、全海洋、趙訓威、胡海靜、姜怡華著，人民郵電出版社，2008 年出版

[2] 《5G 無線系統設計與國際標準》，劉曉峰，孫韶輝，杜忠達，沈祖康，徐曉東，宋興華著，人民郵電出版社，2019 年出版

[3] 3GPP TS 22.261 V15.6.0 (2019-06), NR; Service requirements for the 5G system; Stage1(Release 15)

[4] 3GPP TS 38.300 V15.6.0 (2019-06), NR; NR and NG-RAN Overall Description；Stage2(Release 15)

[5] 3GPP TS 38.913 V15.0.0 (2018-06), Study on Scenarios and Requirements for Next Generation Access Technologies (Release 15)

[6] 3GPP TS 21.915 V15.0.0 (2019-06), NR; Summary of Rel-15 Work Items (Release 15)

[7] R1-165666, Way forward on categorization of IFFT-based waveform candidates, Orange, 3GPP RAN1 #85, May 23 –27, 2016, Nanjing, China

[8] R1-162200, Waveform Evaluation Proposals, Qualcomm Incorporated, 3GPP RAN1#84bis, Busan, Korea, 11th - 15th April 2016

[9] R1-162225, Discussion on New Waveform for new radio, ZTE, 3GPP RAN1#84bis, Busan, Korea, 11th - 15th April 2016

[10] R1-162199, Waveform Candidates, Qualcomm Incorporated, 3GPP RAN1#84bis, Busan, Korea, 11th - 15th April 2016

[11] R1-162152, OFDM based flexible waveform for 5G , Huawei, HiSilicon, 3GPP RAN1#84bis, Busan, Korea, 11th - 15th April 2016

[12] R1-162516, Flexible CP-OFDM with variable ZP, LG Electronics, 3GPP RAN1#84bis, Busan, Korea, 11th - 15th April 2016

[13] R1-162750, Link-level performance evaluation on waveforms for new RAT, Spreadtrum Communications, 3GPP RAN1#84bis, Busan, Korea, 11th - 15th April 2016

[14] R1-162890, 5G Waveforms for the Multi-Service Air Interface below 6 GHz, Nokia, Alcatel-Lucent Shanghai Bell, 3GPP RAN1#84bis, Busan, Korea, 11th - 15th April 2016

[15] R1-162925, Design considerations on waveform in UL for New Radio systems , InterDigital Communications, 3GPP RAN1#84bis, Busan, Korea, 11th - 15th April 2016

[16] R1-164176, Discussion on waveform for high frequency bands, Intel Corporation, 3GPP RAN1 #85, May 23 –27, 2016, Nanjing, China

[17] R1-162930, OTFS Modulation Waveform and Reference Signals for New RAT, Cohere Technologies, AT&T, CMCC, Deutsche Telekom, Telefonica, Telstra, 3GPP RAN1#84bis, Busan, Korea, 11th - 15th April 2016

[18] 3GPP TS 38.211 V15.6.0 (2019-06), NR; Physical channels and modulation (Release 15)

[19] 3GPP TS 38.212 V15.6.0 (2019-06), NR; Multiplexing and channel coding (Release 15)

[20] 3GPP TS 38.213 V15.6.0 (2019-06), NR; Physical layer procedures for control (Release 15)

[21] 3GPP TS 38.214 V15.6.0 (2019-06), NR; Physical layer procedures for data (Release 15)

[22] 3GPP TS 38.101-1 V15.8.2 (2019-12), NR; UE radio transmission and reception; Part 1: Range 1 Standalone (Release 15)

[23] 3GPP TS 38.321 V16.0.0 (2020-03),NR; Medium Access Control (MAC) protocol specification(Release 16)

[24] 3GPP TS 38.323 V16.0.0 (2020-03), NR; Packet Data Convergence Protocol (PDCP) specification (Release 16)

[25] 3GPP TS 38.331 V16.0.0 (2020-03), NR; Radio Resource Control (RRC) protocol specification(Release 16)

[26] 3GPP TS 38.300 V16.1.0 (2020-03), NR; NR and NG-RAN Overall Description; Stage2(Release 16)

Chapter

02

5G 系統的業務需求與應用場景

田文強 著

近幾十年來，行動通訊的演進極大地推動了社會的發展。從模擬通訊到數位通訊，從 3G 時代到 4G 時代，人們在日常生產生活中對行動通訊的需求和依賴程度日益增加，從未止步。2010 年前後，面對可預見的爆發式資料增長，以及許多垂直產業的個性化通訊需求，從國家層面、各個標準化組織、至公司與大專院校等機構均相繼啟動了針對下一代無線通訊系統的需求分析與討論[1-8]，第五代行動通訊系統研究隨即拉開大幕。

2.1 業務需求與驅動力

每一代的通訊系統都與其時代背景息息相關。「大哥大」的年代滿足了人們對無線通訊體驗的渴望，GSM 為代表的第二代通訊系統則讓更多人享受到了無線通訊服務所帶來的便利，3G、4G 的快速發展適應了無線多媒體業務傳輸的需求，也鋪平了行動網際網路發展的道路。到了 5G 這樣一個新的階段，新的需求和驅動力又將是什麼？首先毫無疑問應該將更優質的寬頻通訊服務納入 5G 討論的範圍，讓更多人在更廣的區域獲得更好的通訊體驗，這是行動通訊發展的一條亙古不變的道路。除此之外，還有哪些新的特徵會在 5G 時代呈現？重新檢查通訊系統的設計藍圖，垂直產業所帶來的專業化通訊需求有望為未來無線通訊系統的建構打開全新空間，其對社會發展的貢獻也將更加深入、廣泛。本節將圍繞上述兩個層面，具體分析 5G 時代的業務需求和驅動力特徵。

2.1.1 永恆不變的高速率需求

速率一直以來是通訊系統的核心，我們通常把無線通訊系統比喻成一筆資訊公路，通訊速率其實就是這筆資訊公路的基本運力。近年來，隨著新業務形態不斷出現，一方面，激增的業務量已讓 4G 這條「道路」略顯擁擠，另一方面，10 年前設計的有限的「道路通行能力」已經成為了諸多新興業務應用落地的瓶頸。面對這種情況，通訊產業的技術人員在努力透過資源設定、合理排程等方法對 4G 系統進行最佳化，儘量避免「堵車塞車」情況的發生。但不容否認的是，這類最佳化型的工作並不是解決問題的根本方法，建設新一代無線通訊系統的需求逐步提上議事日程，且迫在眉睫，一些比較典型的速率提升需求來自以下幾類業務[3-5]：

1. 增強型多媒體業務

我們常説的多媒體業務一般是指多種媒體資訊的綜合，包括文字、聲音、圖型、視訊等形式。通訊系統的一代代演進實際上也就是在不斷地滿足人們對於多媒體類業務互動傳輸的更高需求。當行動通訊系統能夠提供語音互動時，新的需求來自圖型；當圖型傳輸能夠實現後，新需求又來自視訊；當基本的視訊傳輸需求得到支援後，新興的多媒體業務需求又在不斷湧現。這其中首先表現在對於影像清晰程度的要求在不斷提升，從普通的高畫質視訊到 4K 視訊、8K 視訊的傳輸，都在不斷對無線通訊系統的傳輸性能提出挑戰，可以説，人們對於感官體驗的極致追求不止步，人們對於「更清晰更豐富」的多媒體業務的新生需求也就永不會止步。

2. 沉浸式互動多媒體業務

如果説以清晰程度提升為代表的增強型多媒體業務還只是「量」的累積的話，以擴增實境（AR）、虛擬實境（VR）以及全息通訊為代表的沉浸式互動多媒體業務則可以說是帶來了「質」的改變。在沉浸式的多媒體業務中，以 AR、VR 觀賽為例，為了保證使用者體驗的細膩性與臨場感，多角度全方位擷取的多路超高畫質視訊資料流程需要及時傳輸至終端，並在繪製等綜合處理後輸出，上述過程所需的無線傳輸能力與資源將遠遠超出原有通訊系統的使用者需求設定。更進一步地，當人們開始考慮全息通訊的場景時發現只有當更大數量級的傳輸速率得到滿足後，真正的全息業務才能得以支撐和實現。

3. 熱點高容量通訊業務

在為單使用者提供高速率通訊服務的同時，還需要由點到面地考慮特定熱點區域的多使用者高容量通訊需求。在一些存在大量併發使用者的場景中，例如在一些大型體育賽事、演出等場合中，如果聚集人集群中爆發出諸如視訊分享、即時高畫質直播等需求時，這類高密度高流量特徵的通訊業務很難被現有通訊系統所支援。因此，在商場、大型集會、節日慶典等熱點區域或事件中，單位區域內通訊裝置許多且流量密度需求較高的情況下，如何保障大量使用者同時獲得其所期望的通訊體驗是有待分析和解決的問題。

面對上述變化與需求，新一代的通訊技術的賦能勢在必行。

2.1.2 垂直產業帶來的新變化

長久以來，如何建構良好的通訊環境來滿足人與人之間的通訊需求是無線通訊系統設計的一條主線。但近年來，人們在不斷追求自身感官所需的資訊傳輸體驗的同時，也開始逐漸思考如何讓無線通訊系統更廣泛地應用於日常生產生活當中，針對許多垂直產業的個性化通訊需求為今後無線通訊系統的演進方向帶來了新的變化[3-5]。

1. 低延遲的通訊

通訊系統設計在滿足傳輸速率需求的基礎上，還需要考慮業務啟動的即時性。用賽跑打比方，新的系統不僅要「跑得快」，還必須「起跑快」。一方面，人們期望獲得「即時連接」的極致感受，在這種體驗中，等待時間需要被儘量壓縮，甚至需實現「零」等待時間，例如在雲端辦公、雲端遊戲、虛擬實境和擴增實境等應用中，即時的傳輸與回應是上述業務成功的關鍵因素。可以預見，如果在雲端辦公過程中每一步點擊操作都伴隨著極大延遲，這所帶來的使用者體驗一定是糟糕的。另一方面，以智慧交通、遠端醫療為代表的諸多產業應用中，較大的傳輸延遲也將直接影響特定業務的實現，甚至還會帶來安全隱憂

2. 高可靠的通訊

除了上述「延遲」需求以外，來自「可靠性」的資訊傳輸需求也同樣重要。以無人駕駛、工業控制等為代表的許多場景均需要高可靠性的連接作為基本通訊保障。這些需求是顯而易見的，比如在無人駕駛的環境中，行駛車輛需要準確獲取週邊車輛、道路、行人的動態資訊以調控自身駕駛行為，此時如果無法可靠獲取上述資訊，延後的操控判斷或錯誤的指令指示都將有可能造成難以預計的嚴重後果。

3. 物聯通訊

為了在千行百業中應用行動通訊技術，使萬事萬物都享受「無線連接」帶來的便利，未來社會連接的規模和程度都將迅速增長。可以預期的是，「物聯網」的普及所帶來的連接總量、連接深度將遠遠超過現在人類使用者的規模及水準。這些連接的「物」可以是一個簡單的裝置，例如感測器、開關，也可以是一個高性能的裝置，例如我們常用的智慧型手機、車輛、工業機床等，還可以是一個更加複雜的系統，比如智慧城市、環境監測系統、森林防火系統等。不同的場景、應用下，這些裝置將建構起不同層次的物聯通訊系統，並表現出不同的連接規模、功耗、延遲、可靠性、輸送量、成本等特徵，用於滿足來自家居、醫療、交通、工業、農業等不同產業的特徵化需求。

「物」的互連，相比於以往來看，是通訊領域的又一突破。傳統的通訊系統針對於滿足人的感官需求，旨在拓展人的視聽範圍；而物的互連從根本上擴充了通訊系統的服務空間，來自「萬物互聯」的需求將遠遠超過以往「人際通訊」的需求，並且這種突破將觸發未來通訊系統的全方面性能擴充。

4. 高速移動

對行動性的支援是無線通訊系統的基本特徵之一。通常我們會考慮到人的移動，考慮到車輛的移動，並在通訊系統設計時做出針對性的設計以支援上述移動場景下的通訊服務。然而，隨著社會的發展，以高鐵為代表的高速移動場景日益增多，高峰時期的高鐵單日客流量可破千萬人次，高速移動下的通訊保障已不再是個小眾場景。如何同時為靜態使用者、動態使用者、高速使用者提供最佳使用者體驗已成為新的難題，也正因為如此，下一代通訊系統有必要在設計之初就考慮這一問題、解決這一問題。

5. 高精度定位

除了上述的基本通訊場景以外，一些加值業務需求也在逐漸呈現出來，這其中就包括高精度定位的需求。準確的定位能力對當前許多產業應用來說都十分重要，例如基於位置的服務（Location-based service）、無人機控制、自動化工廠建設等都需要利用高精度的定位資訊來支撐對應業務。以往的通訊系統並不能夠完全支援上述定位需求，特別是很難滿足一些高精度定位的需求，能不能改善這種情況、擴充精度定位能力是下一代通訊系統需要考慮和解決的又一問題。

2.2 5G 系統的應用場景

基於不同類型的 5G 通訊場景、應用及服務需求，透過提取其共通性特徵，國際電聯（ITU）最終將 5G 的典型應用場景劃分為三個大類，分別是增強型行動寬頻通訊（eMBB），超高可靠低延遲通訊（URLLC），以及大規模機器類通訊（mMTC），基本的業務與場景劃分情況如圖 2-1 所示[3]。

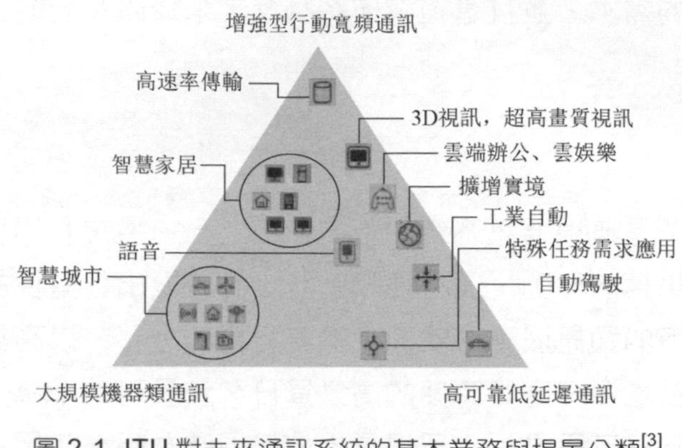

圖 2-1 ITU 對未來通訊系統的基本業務與場景分類[3]

2.2.1 增強型行動寬頻通訊

行動寬頻通訊旨在滿足人們對多媒體業務、服務、資料的獲取及互動需求，這些需求隨著社會的發展也在不斷演進更新，對應地也需要進一步建構增強型行動寬頻通訊系統加以轉換，從而滿足來自各個應用領域的最新通訊支撐要求，以及來自不同使用者的個性化服務需求。具體來說，目前增強型行動寬頻業務可細分為兩類，分別是：熱點覆蓋通訊以及廣域覆蓋通訊。

對熱點覆蓋通訊來說，其特徵是在一些使用者密集的區域或事件中，往往存在極高的資料輸送量需求以及使用者容量需求，而與此同時，該場景下使用者對行動性的期望相比廣域覆蓋場景有所降低，比如在大型體育賽事中，聚集的觀眾可能存在極高的資料傳輸需求，但使用者有可能長時間處於同一位置，且周圍環境相對穩定。

對廣域覆蓋通訊來說，業務的無縫覆蓋以及對中高速行動性的支援將是必須考慮的因素，任何使用者都不期望業務服務時斷時續，當然使用者資料速率的提升也必不可少，但是相比於局部熱點覆蓋業務來說，廣域覆蓋場景下的使用者資料速率要求可以稍作放鬆。因為在保證廣覆蓋、中高速行動性的前提下，同時要求極高傳輸速率對通訊系統的設計、建構、營運來說都將是極大的挑戰。

增強型行動寬頻業務的特點是將上一代行動通訊系統的性能進行全面升級，並進一步細分廣覆蓋和熱點高速率需求，從而有針對性地建構出下一代無線通訊系統的基本框架和能力。

2.2.2 超高可靠低延遲通訊

超高可靠低延遲通訊是 5G 系統三大典型場景的重要支撐部分，主要針對一些特殊部署及應用領域，而這些應用中對於系統的輸送量、延遲、可靠性都會有極高的要求。典型的實例包括工業生產過程的無線控制、遠端醫療手術、自動車輛駕駛、運輸安全保障等，可以看出這些應用中任何差錯、延遲帶來的後果都將非常嚴重，所以相比於普通的寬頻傳輸業務，這些需求將在延遲和可靠性方面帶來額外的極端性能指標要求，以及很高的資源負擔與成本代價。考慮到上述各方面的因素，有必要在 5G 系統建構過程中將超高可靠低延遲通訊與普通的增強型行動寬頻通訊加以區分，開展專門研究、設計和部署。

2.2.3 大規模機器類通訊

大規模機器類通訊是另一類極具特點的 5G 場景，其標識性應用是以智慧水網、環境監測等為代表的大規模物聯網部署與應用，這類通訊系統首要特徵表現在終端規模及其龐大，此外，對應伴隨的特點是這些大規模連接的裝置所需傳輸的資料量往往較小、延遲敏感性也較弱，同時還要兼顧低成本、低功耗的要求，以滿足大規模機器裝置能夠實際部署的市場條件。

綜上所述，增強型行動寬頻通訊，超高可靠低延遲通訊，以及大規模機器類通訊建構出了 5G 時代的三大典型場景。圖 2-2 從場景與特徵指標對應的角度出發，再次詮釋了這三大場景的不同與聯繫。可以看到，eMBB 業務是 5G 時代的基礎通訊場景，其在各項 5G 關鍵性能上都有較高的需求，只是不對超大規模連接數、極端低延遲高可靠傳輸做要求。mMTC 和 URLLC 類業務分別對應了兩類不同特徵的特殊通訊需求場景，各自強調了大連接數以及低延遲高可靠傳輸的特徵，以補充 eMBB 自身設定的不足。

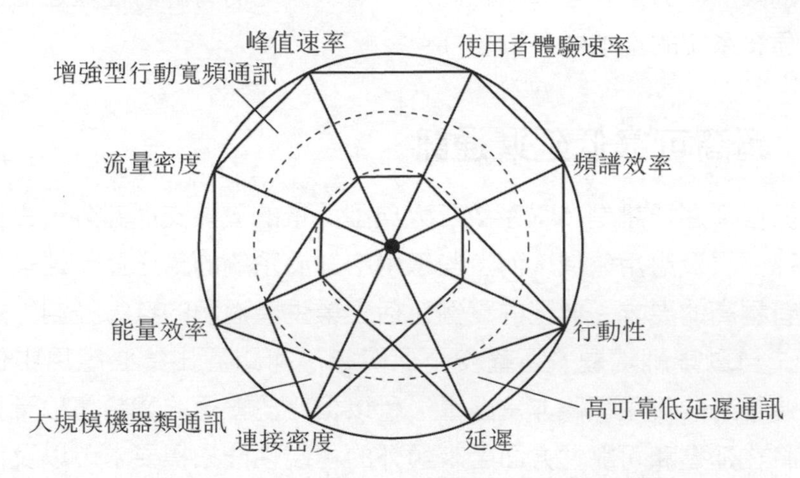

圖 2-2 ITU 對 5G 三大場景的關鍵指標分類[3]

2.3 5G 系統的性能指標

未來社會對無線通訊系統的需求持續提升，並將依靠三大典型應用場景呈現出專業化、多樣化兩個層面的需求形態。圍繞著上述基本設定，ITU 經過多次討論和意見徵集，最終擬定了 5G 通訊系統的八個基本指標[3][7][8]，包括：峰值速率、使用者體驗速率、延遲、行動性、連接密度、流量密度、頻譜效率、以及能量效率，如表 2-1 所示。

表 2-1 5G 系統關鍵能力指標

指標	基本描述
峰值速率	理想條件下，終端的最大可達資料速率
使用者體驗速率	覆蓋區域內，行動終端普遍可以達到的資料速率
延遲	網路從發送端傳輸資料封包至接收端正確接收後的單向空中介面延遲
行動性	在保證服務品質的條件下，能夠支援的收發雙方最大相對速度
連接密度	單位區域內的總連接數及可連線數
流量密度	單位區域內所能支援的總輸送量
頻譜效率	每社區內單位頻譜資源提供的輸送量
能量效率	網路端/使用者端的每焦耳能量所能傳輸的位元數量

峰值速率是一個通訊系統的最高能力表現，ITU 對 5G 通訊系統峰值速率的基本定義是在理想條件下，終端可以達到的最高資料傳輸速率。這裡的峰值資料速率是最高的理論傳輸速率，其基本假設是所有可設定的無線資源都分配給了一個使用者，且不考慮傳輸錯誤、重傳等影響因素時，該使用者可以達到的資料傳輸性能。對 5G 通訊系統來説，峰值速率較以往通訊系統將有大幅提升，下行 20Gbps、上行 10Gbps 是 5G 系統設計需要達到的峰值速率指標。但這並不表示人人都能暢享如此高的傳輸速率，當考慮到多使用者場景以及實際可用無線資源受限等具體限定條件後，系統峰值速率並不是人人可達的速率體驗。

鑑於系統峰值速率並不能夠用於表徵普通使用者的實際通訊服務感受，5G 系統設計時將使用者體驗速率作為專項指標引入到了 5G 性能評價系統當中。該指標重點考慮特定區域內的普遍可達速率，並考慮有限覆蓋和行動性對使用者體驗速率的影響。對普通使用者來説，使用者體驗速率的高低具有十分重要的參考意義。從具體目標數值上看，100Mbps 的速率將是 5G 通訊系統中使用者體驗速率的基本參考值。

在延遲方面，每一代通訊系統都盡可能降低延遲以提供更好的使用者體驗。在下一代通訊系統中，由於既要考慮人對通訊延遲的感受，又要考慮來自機器通訊的低延遲需求，所以延遲這一指標的重要性顯得更為突出，以低延遲高可靠為代表的 URLLC 類業務將組成 5G 通訊系統的重要支撐內容。在 4G 時代，我們考慮的最小延遲要求是 10 毫秒量級，到了 5G 時代，對一些延遲敏感應用來說，這一指標顯得有些捉襟見肘。在考慮新的延遲指標設定時，ITU 將 5G 系統的點對點延遲進一步壓縮至 1 毫秒等級，這一壓縮可以說給整個 5G 通訊系統設計帶來了極大的挑戰，即使是只考慮物理層的點對點 1 毫秒延遲都是極具難度的課題，更何況是高層、應用層的低延遲點對點傳輸。面對這一難題，可以說需求與挑戰並存，在後續章節中大家可以看到在全世界通訊工作者的共同努力下，許多的針對性設計方案被引入 5G 通訊系統當中，以期盡可能達到上述低延遲目標。

行動性是通訊系統的另一特徵指標。基本的行動性需求來自行人的移動和車載使用者的移動，而隨著社會的快速發展，目前最具挑戰的行動性需求已轉變為來自於高鐵等特殊高速場景的行動性需求。對 5G 通訊系統來說，500km/h 的時速被作為行動性的關鍵指標，也就是說當人們坐在高鐵上高速穿行於山川大河之間時，5G 通訊系統需要保障車廂內使用者的高品質通訊需求，而如何做到這點，如何在高速移動場景中持續保證使用者服務品質將是行動性指標背後相關技術方案設計的關鍵。

連接密度是通訊系統在單位區域內能夠滿足特定服務需求的總連接數。進一步地，上述特定服務需求可簡化為在 10 秒鐘內成功傳輸一個 32Byte 的小包資料。可以看出，該指標對速率、延遲的要求相對較低，這主要是考慮到環境監測、智慧城市等大規模物聯網場景的實際資料特徵。對連接規模的定義，當前 ITU 的基本預期是「百萬連接」。但是，如果只說明百萬連接這個數值對詮釋連接密度指標來說還是不夠，究竟是一個城市還是一個社區就需要支援這樣的規模？也就是說基本定義中的單位區域如何界定也是需要明確的，針對這個問題，ITU 同樣列出了對應描述，既需要在 1 平方公里的範圍內支援上述百萬連接。

流量密度是指單位區域內可以支援的總業務輸送量，可以用於評估一個通訊網路的區域業務支撐能力，具體來說流量密度透過每平方公尺區域內網路輸送量作為評估標準，其與特定區域內基地台部署、頻寬設定、頻譜效率等網路特徵均直接相關。ITU 提出的流量密度參考指標是每平方公尺區域內需支援 10Mbit/s 資料傳輸的量級。那麼是否對各個應用場景都需要這樣一個相對較強的流量密度指標呢？答案是否定的。比如物聯網或大範圍覆蓋通訊場景中也要求達到這樣的高流量密度指標顯然是不必要的。一般來說只有當我們考慮一些熱點覆蓋類的業務需求時，才需要特別注意網路流量密度的特徵，並利用對應的技術方案來滿足熱點區域內大輸送量的需求。如果說速率、延遲等指標是單兵作戰能力的評估標準的話，流量密度更像是一個團隊在特定任務中整體戰鬥力的表現。

頻譜效率的基本定義是單位頻譜資源上所能提供的輸送量，這是一項非常重要的通訊指標，在有限頻寬內透過各種技術手段不斷提升輸送量水準，是行動通訊產業幾十年來不斷努力的目標。從分時、頻分、分碼的演進，到 MIMO 技術的不斷迭代，其出發點都是讓有限頻譜資源得到更加充分的利用。對 5G 通訊系統來說，怎樣更進一步地利用其頻譜資源，實現頻譜效率相比以往通訊系統的較大提升，是擺在通訊工作者面前的又一挑戰。以大規模 MIMO 為特徵的方案設計與實現將是新階段提升頻譜效率的重要途徑，也是 5G 通訊系統的重要技術支撐。此外，對於非授權頻譜的有效利用，雖然不能直接提高頻譜效率，但能降低頻譜的使用成本，將是充分利用頻譜資源的另一條道路；對於非正交多址技術的研究與探索，則是提升頻譜效率的又一重要嘗試。這部分內容也將在後續章節中對應介紹。

綠色通訊是未來通訊發展的方向，在有效提升通訊系統各項指標性能的同時，兼顧功耗影響對通訊產業的健康發展和社會資源的合理利用來說，都具有長遠的意義。舉例來說，從網路側來看，基地台等裝置的耗電已成為網路營運的重要成本支出之一。從終端側來看，在以電池為主的供電方式下，過高的功耗帶來的電池壽命縮短等問題勢必會帶來不佳的使用者體驗。此外，通訊系統在整個社會生產生活中所消耗的能源比例不斷提升，也是一個不可忽視的問題。基於這些實際問題，5G 網路的設計與建設從一開始就關注功耗問題，並將能量效率作為了基本指標之一。在後續章節我們可以看到，許多用於降低功耗、提高效率相關的技術方案已被引入 5G 通訊系統之中，以期建構出針對未來的綠色通訊系統。

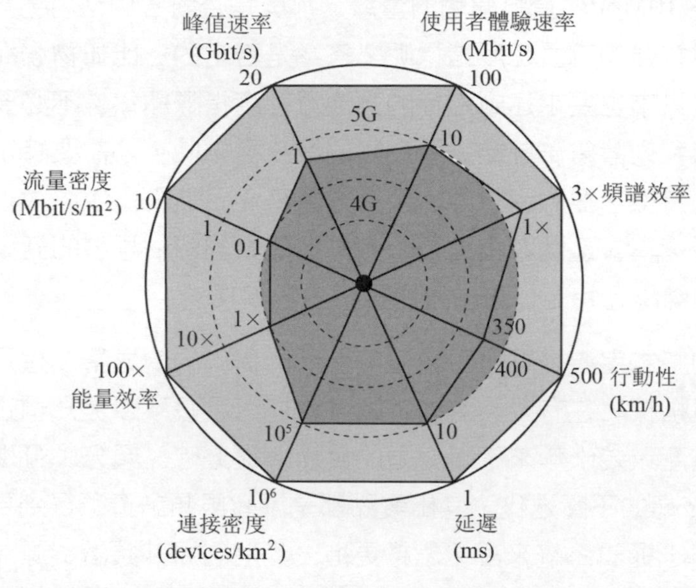

圖 2-3 5G 整體性能指標增強[3]

如圖 2-3 所示，針對上述各項指標所建構出來的下一代行動通訊網路將相比現有通訊網路在各方面都有明顯的提升，5G 網路將是一張靈活支援不同使用者需求的網路，同時也將是一張高效支撐「人與人、人與物、物與物相連」的綠色網路。

2.4 小結

本章從業務需求、應用場景、性能指標三個方面對 5G 系統進行了分析和說明，有助讀者了解 5G 系統設計所面臨的需求與挑戰。具體來看，持續的高速率擴充與垂直產業帶來的新變化是推動 5G 系統建構的核心驅動力，以 eMBB、URLLC、mMTC 為代表的三大應用場景從產業的高度對 5G 系統的服務物件進行了提煉和複習，對於峰值速率、使用者體驗速率、延遲、行動性、連接密度、流量密度、頻譜效率、以及能量效率等指標的明確定義與場景對應則為 5G 系統設計提供了基本方向與目標指引。

參考文獻

[1] IMT-2020(5G)推進組, 5G 願景與需求白皮書, 2014

[2] IMT-2020(5G)推進組, 5G 概念白皮書, 2015

[3] Recommendation ITU-R M. 2083-0 (2015-09), IMT Vision-Framework and Overall Objectives of the Future Development of IMT for 2020 and Beyond

[4] Report ITU-R M.2320-0 (2014-11), Future technology trends of terrestrial IMT systems

[5] Report ITU-R M.2370-0 (2015-07), IMT Traffic estimates for the years 2020 to 2030

[6] Report ITU-R M.2376-0 (2015-07), Technical feasibility of IMT in bands above 6 GHz

[7] 3GPP TR 37.910 V16.1.0 (2019-09), Study on self evaluation towards IMT-2020 submission (Release 16)

[8] 3GPP TR 38.913 V15.0.0 (2018-06), Study on Scenarios and Requirements for Next Generation Access Technologies(Release 15)

Chapter

03

5G 系統架構

劉建華、楊寧 著

3.1 5G 系統側網路架構

3.1.1 5G 網路架構演進

在 LTE 網路中，採用控制平面和使用者平面不分離的網路架構方式，終端的階段管理和終端的行動性管理透過同一個網路實體處理，導致網路演進的不靈活性和不可擴充性。

到了 5G 時代，5G 行動通訊目標是實現萬物互聯，支援豐富的行動網際網路業務和物聯網業務，4G 的網路架構主要滿足語音要求和傳統的行動寬頻（Mobile Broadband，MBB）業務，已經不能高效的支援豐富多樣的業務。

在制定 5G 網路架構之前，3GPP 首先對 5G 系統及網路架構提出以下需求[1]：

- 能夠支援新的 RAT 類型，E-UTRA，non-3GPP 連線類型；不支援 GERAN 和 UTRAN 連線；其中在 non-3GPP 連線類型中，WLAN 和固網連線應該支援；衛星無線連線應該支援。
- 針對不同的連線系統支援統一的驗證架構。

- 支援終端同時透過多個連線技術的同時連接。
- 允許連線網和核心網路獨立演進，最大化解耦連線網和核心網路。
- 支援控制平面和使用者平面功能分離。
- 支援 IP 封包，非 IP 封包，Ethernet 封包的資料傳輸。
- 有效支援不同程度的終端行動性，包括業務連續性。
- 滿足終端和資料網路之間不同業務的延遲需求；
- 支援網路切片功能。
- 支援針對垂直產業的網路架構增強。
- 支援網路能力開放等。

為了能夠更好更高效的滿足上述需求，同時，為了支援電信業者更好實現服務的快速創新、快速上線、隨選部署等，3GPP 在 TSG SA#73 次會議採納了控制平面和使用者平面完全分離的網路架構方式。這種架構完全分離的設計方式，有利於不同網路裝置獨立的擴充、最佳化和技術演進。使用者面可以集中部署也可分散式部署，在分散式部署時可以將使用者面下沉到更接近使用者的位置，提升對使用者請求的回應速度；而控制面則進行集中管理與集中部署，提升可維護性和可靠性。

同時, 行動網路需要一種開放的網路架構，透過網路架構的開放支援不斷擴充的網路能力，透過介面開放支援業務存取提供的網路能力。基於以上考慮，3GPP 在 TSG SA#73 次會議採納了 5G 服務化網路架構（Service Based Architecture，SBA）。針對 5G 核心網路功能進行了重構，以網路功能（Network Function, NF）的方式重新定義了網路實體，各 NF 對外按獨立的功能（服務）進行實現並可互相呼叫，從而實現了從傳統的剛性網路（網路裝置固定功能、網路裝置間固定連接、固化訊號互動等），向基於服務的柔性網路的轉變。基於服務化的網路架構解決了點到點架構緊耦合的問題，實現了網路靈活演進，確保了各種業務需求。

此外 5G 網路引入了網路切片架構。網路切片架構是在網路功能虛擬化、軟體化的基礎上，把網路切成多個虛擬且相互隔離的子網路，分別應對有不同業務品質要求的服務，再將網路功能進一步細粒度模組化，實現靈活組裝業務應用和業務客戶化訂製功能。

3.1.2 5G 網路架構和功能實體

5G 網路架構設計採用針對服務的設計想法，網路功能間的互動採用兩種不同的方式呈現[2]：

- 基於服務化的呈現方式。在此種方式中，控制平面的網路功能允許其他授權的網路功能獲取此網路功能的服務。
- 基於參考點的呈現方式。在此種方式中，任意兩個網路功能之間採用點到點的參考點進行描述，兩個網路功能之間透過參考點進行互動。

圖 3-1 列出了基於服務化呈現方式的非漫遊參考架構。

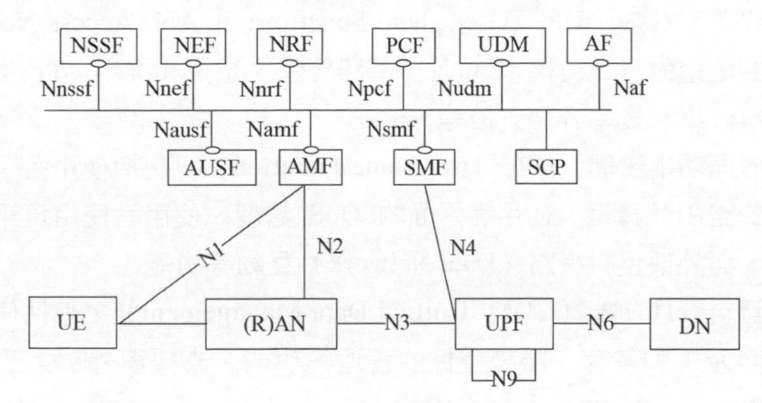

圖 3-1 基於服務化呈現方式的非漫遊網路架構（引自[1]中圖 4.2.3-1）

圖 3-2 列出了基於參考點呈現方式的非漫遊架構。

5G 系統架構包含以下網路功能，具體功能介紹如下所示：

- 連線及行動性管理功能（AMF: Access and Mobility Management Function），AMF 處理所有終端與連接和行動性管理有關的任務，如註冊管理、連接管理、行動性管理等。

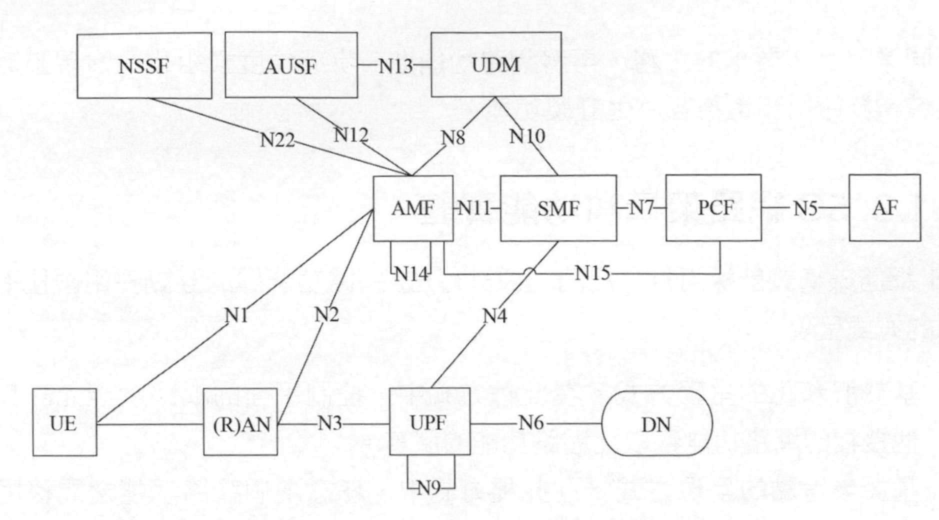

圖 3-2 基於參考點呈現方式的非漫遊架構（引自[1]中圖 4.2.3-2）

- 階段管理功能（SMF: Session Management Function），包括階段的建立、修改和釋放，UPF (User plane Function) 和 AN (Access Node)節點之間的隧道維護、終端 IP 位址分配和管理、選擇和控制 UPF 功能、費率資料收集和費率介面支援等。
- 使用者面功能實體（UPF: User plane Function），包括使用者平面資料封包的路由和轉發、使用者平面的 QoS 處理、使用者使用資訊統計並上報、與外部資料網路（Data Network）互動等功能。
- 統一資料管理功能（UDM: Unified Data Management），包括使用者簽約資料產生和儲存、驗證重據的管理等功能，支援與外部第三方伺服器互動。
- 驗證服務功能（AUSF: Authentication Server Function），AUSF 用於接收 AMF 對終端進行身份驗證的請求，透過向 UDM 請求金鑰，再將下發的金鑰轉發給 AMF 進行驗證處理。
- 策略控制功能（PCF: Policy Control function），支援統一的策略框架去管理網路行為，並向其他網路裝置和終端提供電信業者網路控制策略。
- 網路儲存功能（NRF: NF Repository Function），用來進行 NF 登記、

管理、狀態檢測，實現所有 NF 的自動化管理。每個 NF 啟動時，必須要到 NRF 進行註冊登記才能提供服務，登記資訊包括 NF 的類型、位址、服務清單等。

- 應用功能（AF: Application Function），可以是電信業者內部的應用，例如 IMS，也可以是第三方的服務，例如網頁服務，視訊，遊戲等。如果是電信業者內部的 AF，與其他 NF 在一個可信域內，直接與其他 NF 互動存取；如果 AF 則不在可信域內，需要 NEF 存取其他 NF。
- 網路開放功能（NEF: Network Exposure Function），負責管理 5G 網路裝置對外開放網路資料，外部非可信應用需要透過 NEF 存取 5G 核心網路內部資料，以保證 3GPP 網路的安全。NEF 提供外部應用 QoS 能力開放、事件訂閱、AF 請求分發等功能。
- 網路切片選擇功能（NSSF: Network Slice Selection Function），主要使用者網路切片的選擇。
- 資料網路（DN: Data Network），在這裡包括電信業者業務，第三方業務視訊、遊戲業務等。

整體來說，5G SBA 網路架構中的核心網路具有以下關鍵特性：

- 網路裝置功能鬆散耦合及服務化

  傳統核心網路網路裝置由一組彼此緊密耦合的功能組成。為了支援新的業務需求，傳統網路的功能或能力可能要發生較大變化。採用基於服務化的網路架構，組成核心網路的各網路功能實體（NF：Network Function）在功能等級上解耦/拆分，網路功能實體拆分出許多個自包含、自管理、可重用的網路功能服務(NF Service，NFS)。網路功能服務可獨立升級、獨立擴充，在此過程中，網路功能服務提供標準化的服務介面，便於與其他網路功能服務通訊。

- 網路介面輕量化

  不同網路功能實體之間的介面採用成熟的標準化協定，例如 http 協定，便於快速的實現網路介面開發和網路功能實體的快速升級。同時，採用輕量化的網路介面實現了向業務應用開放網路的能力。

- 網路管理和部署統一化

  5G 核心網路新引入了網路儲存功能實體（NRF: NF Repository Function），用於提供網路功能實體的服務註冊管理以及服務發現機制等功能，核心網路透過這種服務化的機制實現了自動化運行。

- 隨選網路切片和 QoS（Quality of Service）保障

  核心網路中的網路功能實體可以為不同切片服務，根據切片設定，核心網路組成不同的切片網路。不同的應用可根據業務的要求使用不同的網路切片資源。5G 網路實現了基於不同階段設定不同 QoS 的策略，增加了獨立的網路資料分析功能，可以根據階段、終端、網路的狀態即時調整 QoS 策略。

3.1.3 5G 點對點協定層

在終端與網路通訊過程中，終端和網路會遵循對等協定層原則，即在每一個介面上都有對等協定功能進行對應。本節介紹了 5G 系統中點對點協定層，此處只列出了主要介面的對等協定層以供參考。

▩ 5G 控制平面點對點協定層

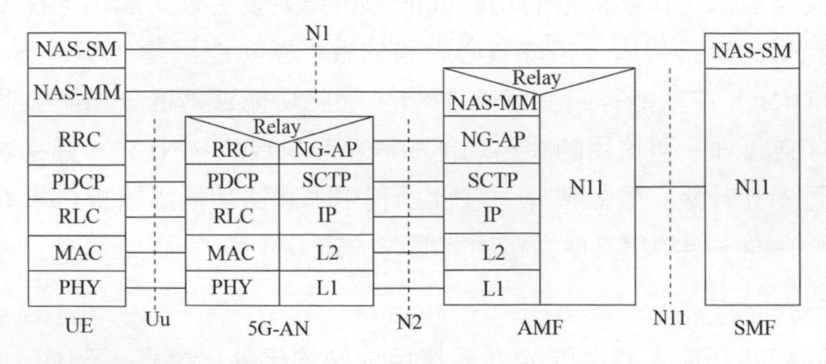

圖 3-3 終端和核心網路之間點對點控制平面協定層（引自[1]中圖 8.2.2.3-1）

控制平面用來承載終端與網路側的互動訊號，控制平面資料傳遞是透過 Uu 介面-N2 介面-N11 介面實現的，不同網路裝置之間的訊號採用對端協定層的方式實現。如圖 3-3 中所述，NAS-SM 和 NAS-MM 都屬於 N1 介面的 NAS 層協定；其中，NAS-SM 支援終端和 SMF 之間的階段管理功能，NAS-MM 支援終端和 AMF 之間的行動性管理功能，例如註冊管理，連接管理。NAS 層協定在 Uu 介面透過終端和連線網之間的 RRC 協定層承載。N2 介面是連線網和和核心網路之間的介面，其中 NG-AP 協定層用於處理核心網路和連線網之間的訊號連接，透過 SCTP（Stream Control Transmission Protocol）協定承載。

▩ 5G 使用者平面點對點協定層

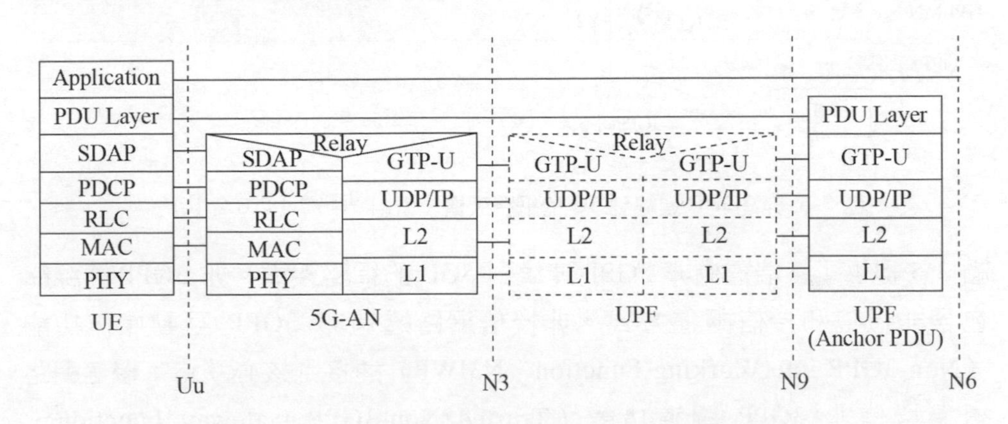

圖 3-4 終端和核心網路之間點對點控制平面協定層

使用者平面用來承載終端與應用層的資料，使用者平面資料傳遞是透過 Uu 介面-N3 介面-N9 介面-N6 介面路徑進行傳輸的。其中 N6 介面是 5G 網路與外部資料網路（Data Network）之間的介面，是資料在網路側的進出口。在 5G 中，針對不同的應用層採用不同類型的 PDU 承載。目前支援的 PDU 類型有 IPv4，IPv6，IPv4v6，乙太網，無結構等。不同 PDU 類型的協定層對應各自的協定層。使用者的 PDU 資料在 Uu 介面透過連線協定層承載，在骨幹網（N9、N3 介面）中採用 GTP-U 協定承載。

3.1.4 支援非 3GPP 連線 5G

在 TSG SA#73 次會議上，3GPP 同意支援終端能夠透過 3GPP 以外的連線技術（例如 WLAN 網路）連線到 5GC 網路，實現電信業者能夠控制和管理透過非 3GPP 技術連線的終端，同時也給終端連線到電信業者網路提供了多種方式。

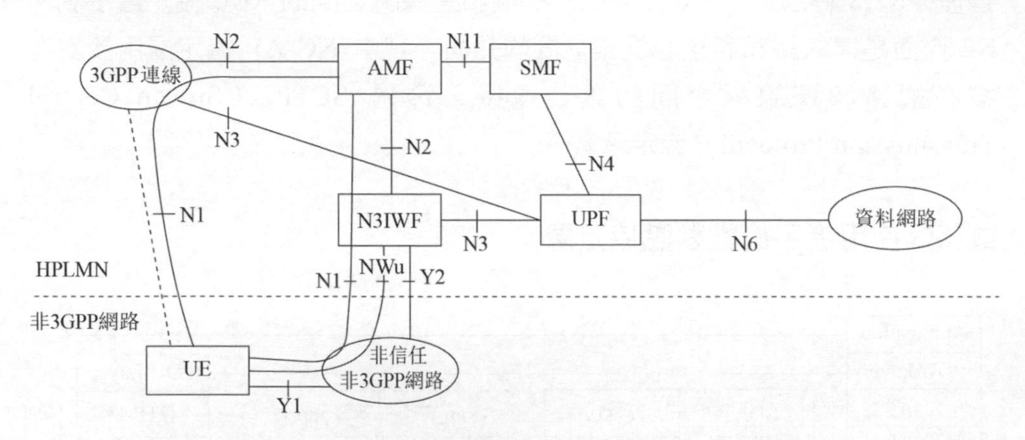

圖 3-5 非 3GPP 連線到 5G 的網路架構（引自[1]中圖 4.2.8.2.1-1）

圖 3-5 提供了終端透過非 3GPP 連線到 5GC 的網路架構。非 3GPP 連線網包含非授信和授信兩種方式。非授信網路透過非 3GPP 互動操作功能（Non-3GPP InterWorking Function，N3IWF）連接到核心網路；授信網路透過授信非 3GPP 閘道功能（Trusted Non-3GPP Gateway Function，TNGF）連接到核心網路。N3IWF 和 TNGF 分別透過 N2 和 N3 介面連接到核心網路的控制片面和使用者平面。在此過程中，終端決定採用授信還是非授信非 3GPP 網路連線到 5G 核心網路。

- 當終端決定採用非授信的非 3GPP 連線到 5G 核心網路時，
  - 終端首先選擇並連接一個非 3GPP 網路；
  - 終端選擇一個 PLMN 和此 PLMN 中的 N3IWF。PLMN 選擇和非 3GPP 連線網選擇是獨立過程。
- 當終端決定採用授信的非 3GPP 連線到 5G 核心網路時，

- 終端首先選擇 PLMN；
- 終端選擇一個能可靠連接到 PLMN 的 TNAN；TNAN 選擇受 PLMN 選擇影響。

當終端透過 3GPP 連線網和非 3GPP 連線網同時連線到網路時，針對 3GPP 連線和非 3GPP 連線分別存在 N1 連接。終端可以透過 3GPP 和非 3GPP 連線到不同的 PLMN；終端也可以透過 3GPP 連線網和非 3GPP 連線網同時註冊到兩個不同的 AMF。

3.1.5 5G 和 4G 網路互動操作

5G 網路引入之後，在一些場景中，為了保證使用者的業務體驗，需要支援 5G 網路和 4G 網路的無縫互動操作，例如 5G 網路沒有做到全覆蓋或部分業務無法獲得 5G 網路支援或電信業者需要將部分終端負載平衡到 4G 網路。因此，5G 的商用部署處理程序將是一個基於 4G 系統進行的長期的替換、升級、迭代的過程，4G 系統也是在 5G 覆蓋不完整的情況下，作為保障使用者業務連續性體驗的最好補充。

基於 3GPP 現階段的結論，本文僅討論 5G 同 4G 直接的融合網路拓樸及互動操作技術，暫不涉及 5G 同 2G/3G 直接的互動操作。

4G 和 5G 融合網路拓樸表示網路、業務均需要進行一體化的融合演進。為了實現這一目標，在 4G 網路到 5G 網路的演進過程中，使用者簽約資料融合、網路策略融合、資料融合以及業務連續性是最主要考慮的問題。基於此網路演進需求，4G 和 5G 網路部分網路裝置需要進行合設，例如 HSS+UDM、PGW-C+SMF 和 PGW-U+UPF，如圖 3-6 所示。其中 N26 介面為可選介面，根據電信業者的部署策略和業務需求決定是否設定。

同時，4G 和 5G 網路網路裝置合設除了資料和使用者狀態的統一管理外，大部分 4G 和 5G 網路間的互動透過網路裝置內部介面實現，不需要單獨定義標準化介面，簡化了互動操作處理流程，減少了互動延遲。

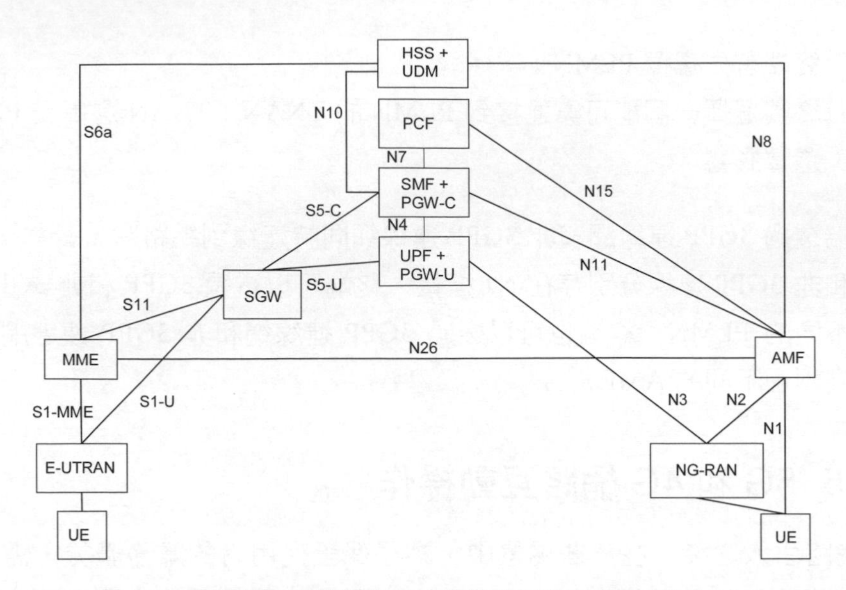

圖 3-6 4G 和 5G 互動操作系統架構（引自[1]中圖 4.3.1-1）

PGW-C 與 SMF 合設以及 PGW-U 與 UPF 合設，能夠支援 4G/5G 切換過程中的業務連續性，保證使用者的無縫切換體驗；使用者面網路裝置合設使得切換過程中不需要變更使用者面錨點，當終端在 5G 和 4G 網路之間進行移動時，終端的位址保留；終端的上下文在 MME 和 AMF 之間傳遞，實現了業務連續性和使用者對於行動性的無感知，同時節省了業務處理資源。

3.2 無線側網路架構

在 5G 網路架構的討論中，各個電信業者根據自身網路演進需求提出了多種可能的網路架構，希望能夠盡可能在繼承現有網路節點資源的基礎上，使用 5G 關鍵技術提升性能。因此由於對於 4G 網路的存續時間的了解不同以及演進路徑的不同，演化出了很多不同版本的網路架構。

有關 5G 網路架構的討論最早是從 2016 年 4 月的 RAN3#91bis 會議開始，並且在此次會議上確定後續將由 TR38.801 來負責描述相關內容[4]。在本次會議中，不同公司針對 5G 無線網路場景、功能分割以及架構提出了建議[5-8]，最終認為無線網路架構可能由於連線網與無線網路之間不同的組合，從而導致不同的形態，並將其初步描述在[9]中。

在 2016 年 5 月的 RAN2#94 次會議討論中，基於前期的郵件討論[14]，初步形成了討論檔案[14]，其中重點形成了 4G 連線網/5G 連線網與 4G 核心網路/5G 核心網路的組合方式，並初步確定了在後續研究中將針對 4G-5G 耦合的三種方式（如圖 3-7）與 5G 獨立工作的兩種方式（如圖 3-8）繼續進行研究。

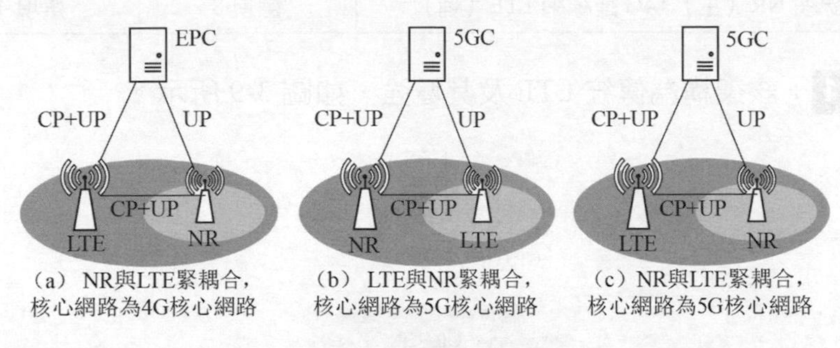

圖 3-7 4G-5G 耦合的三種方式

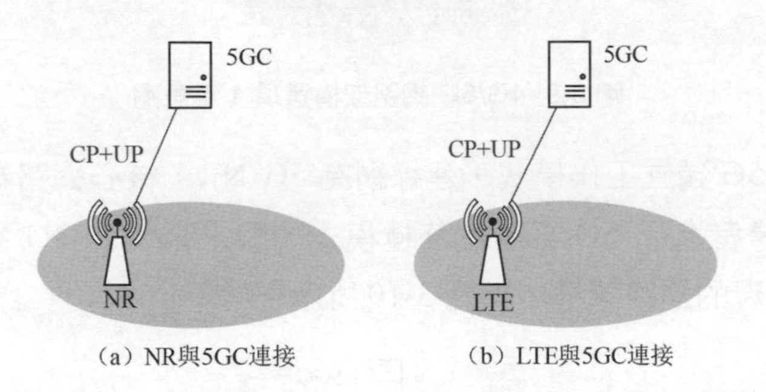

圖 3-8 5G 獨立工作的兩種方式

該文稿在同周的 RAN2、RAN3 與 SA2 舉行的聯合會議進行了討論，但是未能達成任何結論，僅是在後續 RAN2 的討論中，將部分場景描述在 TR38.804 中[15]。

2016 年 6 月韓國釜山舉行的 RAN#72 次全會上，針對該問題再次進行了討論[17]。在該文稿中，將 4G/5G 連線網與 4G/5G 核心網路的組合列出（如表 3-1 所示）。

表 3-1 4G/5G 連線網與 4G/5G 核心網路的組合

組合	4G 核心網	5G 核心網
4G 連線網 LTE	選項 1	選項 5
4G 連線網 LTE（主）+5G 連線網 NR（輔）	選項 3	選項 7
5G 連線網 NR	選項 6	選項 2
5G 連線網 NR（主）+4G 連線網 LTE（輔）	選項 8	選項 4

★選項 1：該架構為傳統 LTE 及其增強，如圖 3-9 所示。

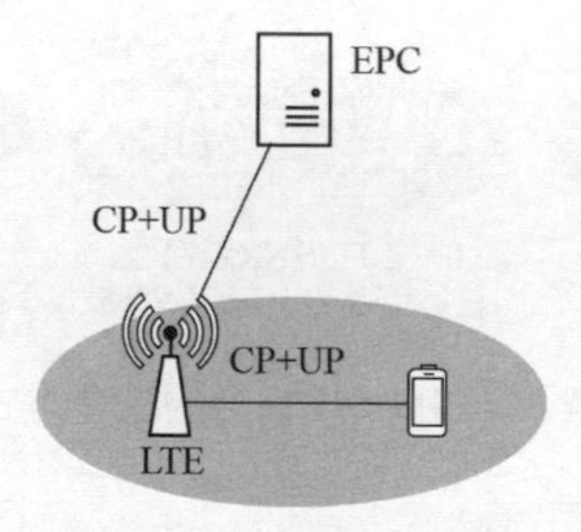

圖 3-9 4G/5G 網路架構選項 1 示意圖

★選項 2：5G 獨立工作模式，連線網為 5G NR，核心網路為 5GC，該架構應為電信業者進行 5G 部署的終極模式，即未來所有 4G 網路均演進為 5G 網路時呈現的網路架構，如圖 3-10 所示。

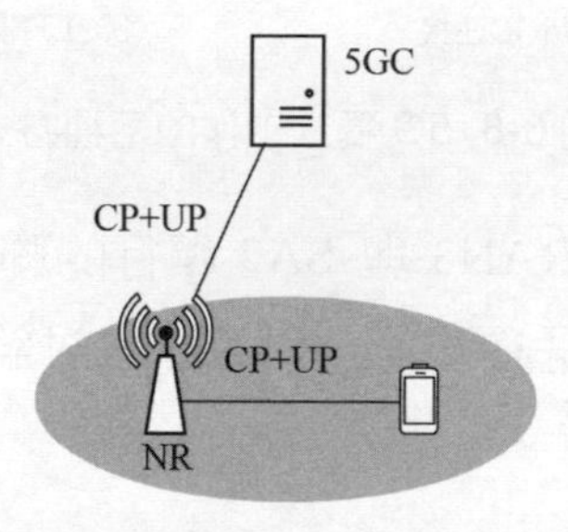

圖 3-10 4G/5G 網路架構選項 2 示意圖

★選項 3：EN-DC 模式，連線網以 4G LTE 為主，5G NR 為輔，核心網路為 4G EPC，該架構的提出主要由於電信業者希望能夠盡可能重用現有 4G 連線網與核心網路投資，同時又能使用 5G 節點的傳輸技術提升網路性能。此外也需要注意儘管在此架構中輔節點也具備控制面功能，但與主節點相比，其僅能夠支援就是部分控制面功能，主要控制面功能及其對應訊號仍然由主節點承載。如圖 3-11 所示。

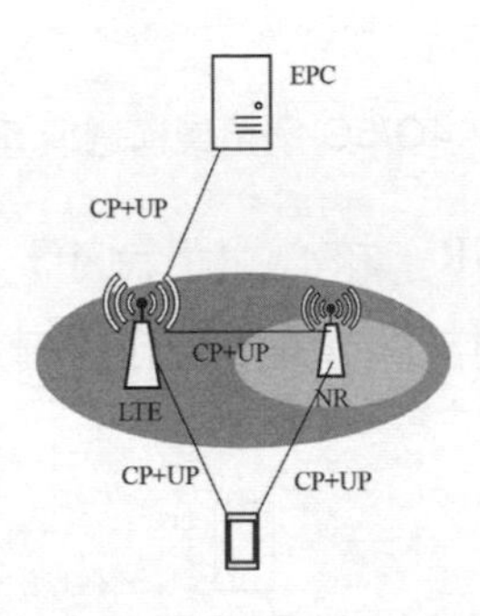

圖 3-11 4G/5G 網路架構選項 3 示意圖

★選項 4：NE-DC 模式，連線網以 5G NR 為主，4G LTE 為輔，核心網路為 5GC，該架構的提出主要由於電信業者考慮 5G 網路大量部署的情況下，4G LTE 網路未能完全演進完成，且網路中也存在少量 LTE 終端時，可以靈活使用 4G LTE 網路資源，如圖 3-12 所示。

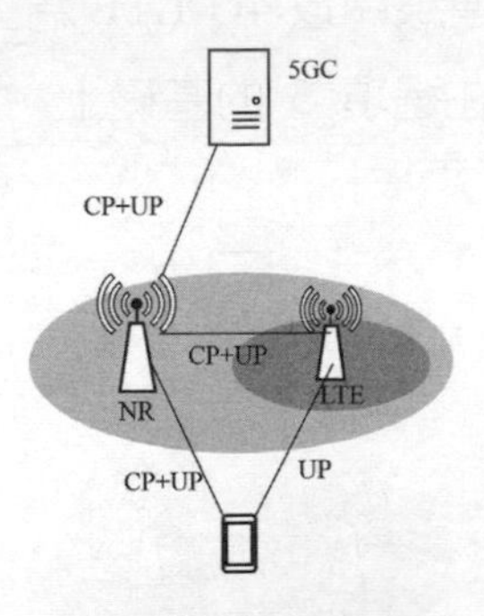

圖 3-12 4G/5G 網路架構選項 4 示意圖

★選項 5：eLTE 模式，連線網為 4G LTE 增強，核心網路為 5GC，該網路架構的提出主要在於部分電信業者僅考慮核心網路升級以支援新的 5G

特性，例如新的 QoS 架構，但是仍然重用 4G 無線網路的能力，如圖 3-13 所示。

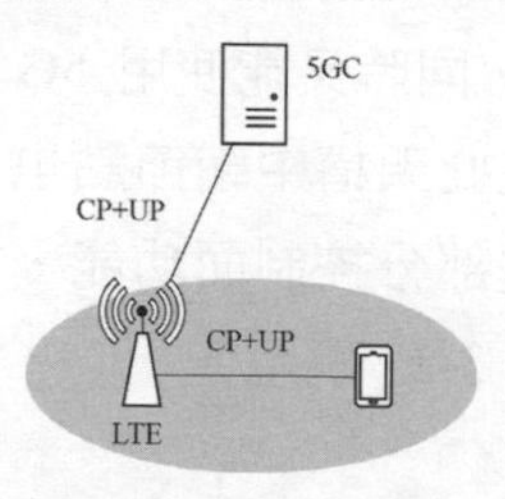

圖 3-13 4G/5G 網路架構選項 5 示意圖

★選項 6：連線網為 5G NR，核心網路為 4G EPC，該網路架構在討論中並未有電信業者提出較強的部署預期，因此在較早階段即被排除，如圖 3-14 所示。

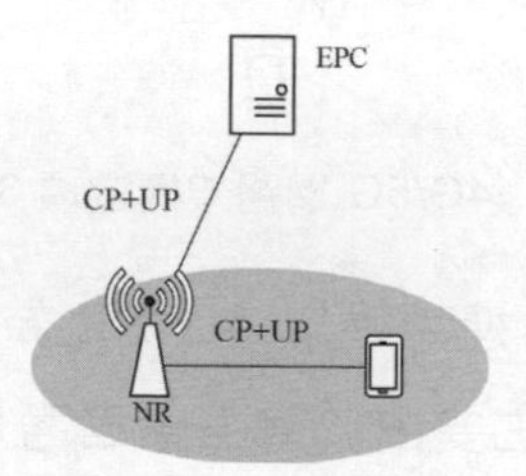

圖 3-14 4G/5G 網路架構選項 6 示意圖

★選項 7：NG EN-DC，連線網以 4G LTE 為主，5G NR 為輔，核心網路為 5GC，該網路架構考慮在選項 3 的基礎上，升級核心網路為 5GC 時的場景，如圖 3-15 所示。

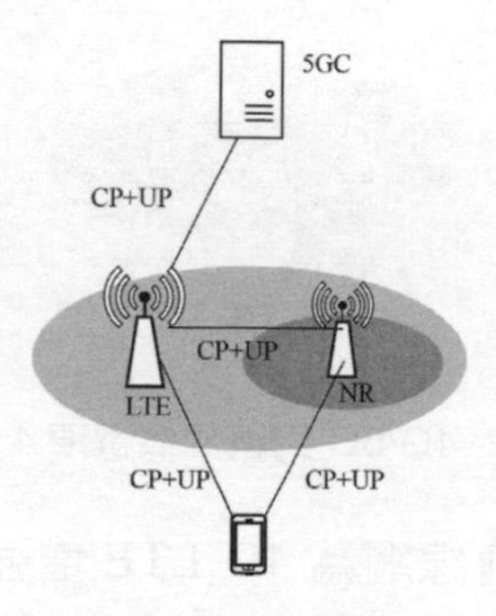

圖 3-15 4G/5G 網路架構選項 7 示意圖

★選項 8：連線網以 5G NR 為主，4G LTE 為輔，核心網路為 EPC，該網路架構在討論中並未有電信業者提出較強的部署預期，因此在較早階段即被排除，如圖 3-16 所示。

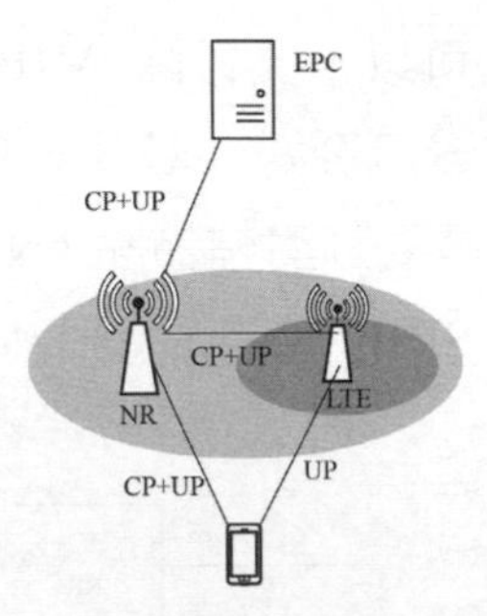

圖 3-16 4G/5G 網路架構選項 8 示意圖

經過討論，電信業者普遍認同選項 6 和選項 8 並不在其演進的路徑上，因此需求較弱，全會首先將這兩個選項刪除。此外由於選項 3 以 4G LTE 部署為主，以 5G NR 為輔，可以盡可能重用現有 4G 網路投資，從而作為 5G 標準較高優先順序進行研究和標準化；同時也會針對其他選項（選項 2/4/5/7）同步進行研究和標準化[17]。

在 2016 年 9 月美國新奧爾良舉行的 RAN#73 次會議上，由於部分電信業者希望能夠加速 5G 標準化的進度，從而快速推動 5G 商用處理程序，討論是否可以將選項 3 EN-DC 加速完成。最終經過數輪討論，在 2017 年 3 月的 RAN#75 次全會中最終決定選項 3 EN-DC 將在 2017 年 12 月完成，而其他選項（選項 2/4/5/7）將在 2018 年 6 月完成。受限於時間的限制以及電信業者的關注度，最終選項 4/7 於 2018 年 12 月才真正完成。後續篇幅我們將著重介紹電信業者最為關注的選項 3 EN-DC 架構以及選項 2 SA 架構。

在最受電信業者關注的選項 3 EN-DC 架構中，又分為選項 3/3a/3x 三類。其主要的區別在於使用者面的聚合節點不同[19-20]。從控制面角度來說，選項 3/3a/3x 的架構均是相同，如圖 3-17 所示。由圖可知，選項 3 的控制面以 4G LTE 基地台為主，5G NR 基地台為輔。在這個過程中，主節點負責輔節點的增加、修改、變更、釋放，而輔節點也可以觸發自身的修改、變更、釋放，但是大部分控制訊號都是以主節點為主。而從終端的角度來看，終端會與主節點 eNB 建立 SRB0、SRB1 與 SRB2 的訊號連接；同時也可以與輔節點 gNB 建立 SRB3 的訊號連接。此時輔節點 gNB 由於可以不具備獨立連線功能，因此可以不支援除 MIB（ANR 情況下需要支援部分 SIB1 發送）之外的系統資訊發送、尋呼訊息發送、連接建立流程、重建立流程等過程，終端也不需要針對輔節點 gNB 進行社區搜尋、駐留等操作，但是終端可以支援透過 SRB3 進行 gNB 設定、測量設定與測量上報。

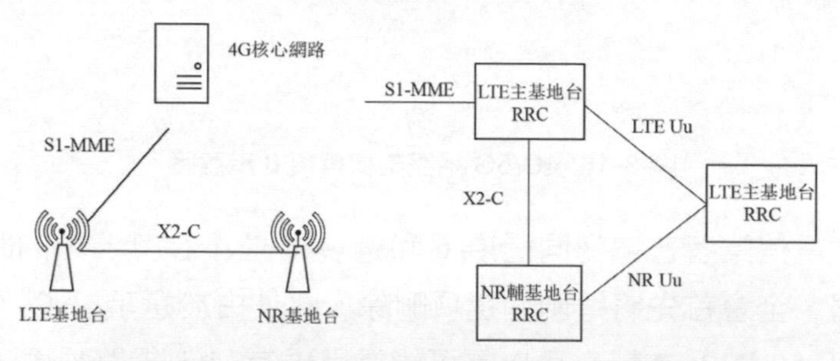

圖 3-17 選項 3/3a/3x 控制面連接與控制面協定層

而從使用者面角度來說，按照 SCG 終結的位置不同，可以分為選項 3、選項 3a 和選項 3x，如圖 3-18 所示。由三種架構的使用者面協定層可知，選項 3 為主節點控制使用者面資料流程的分流，即 MCG 承載分離（MCG Split Bearer）；選項 3a 為核心網路控制使用者面資料流程的分流，即 MCG 承載（MCG Bearer）+SCG 承載（SCG Bearer）；選項 3x 為輔節點控制使用者面資料流程的分流，即 SCG 承載分離（SCG Split Bearer）。

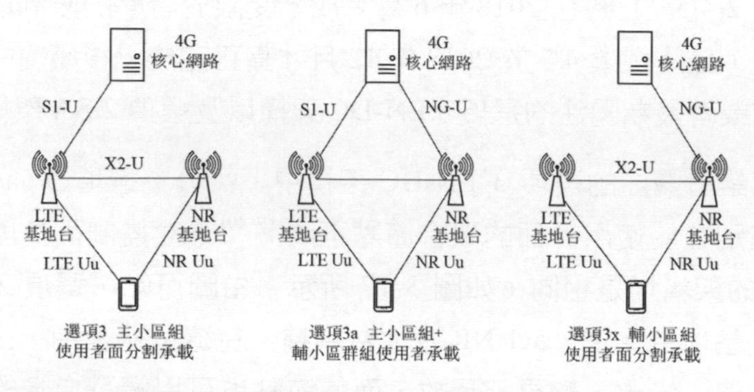

圖 3-18 選項 3/3a/3x 使用者面協定層

而對於選項 2 SA 架構就屬於與 4G LTE 類似的獨立工作架構，如圖 3-19 所示，整體無線架構與 4G LTE 區別不大，但是與 4G LTE 初期相比，可以支援載體聚合（CA）、雙連接（DC）以及補充上行的機制（SUL）。

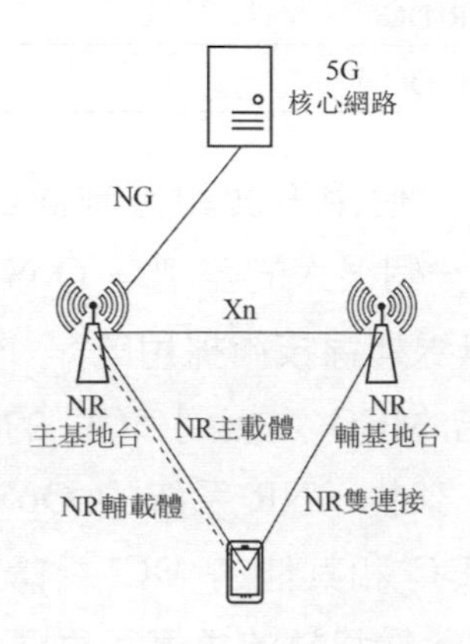

圖 3-19　選項 2 網路架構

其控制面與使用者面協定層如圖 3-20 所示，有關選項 2 的詳細功能描述見第 11 章。

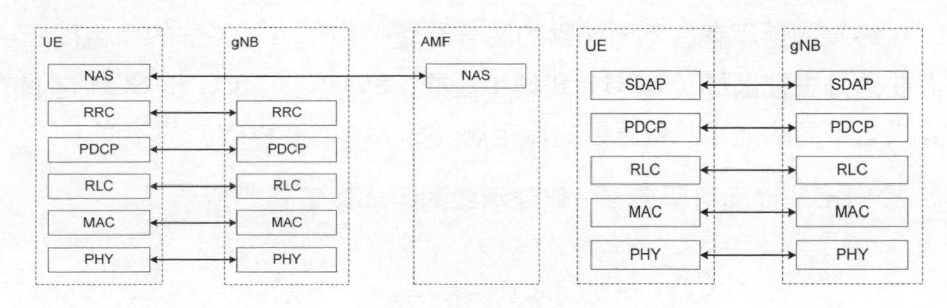

圖 3-20　選項 2 控制面與使用者面協定層

這些系統架構中在 3GPP 標準協定中對這些標準化的選項取了各自的術語，如表格 3-2 所示：

表 3-2　系統架構術語

系統架構	標準化名稱	標準化版本
選項 3/3a/3X	EN-DC	Rel15, early drop
選項 5	E-UTRA connected to EPC	Rel15, late drop

系統架構	標準化名稱	標準化版本
選項 7	NGEN-DC	Rel15, late drop
選項 2	SA（Stand alone）	Rel15
選項 2+DC	NR-DC	Rel15, late drop
選項 4	NE-DC	Rel15, late drop

在有雙連接架構的情況下，使用者面和控制面的協定層相對來說比較複雜。4G 和 5G 系統之間有一個很大的差別是 QoS 架構的差別。當 MCG 連接到 EPC 的時候，即使無線連線技術採用的是 NR，建立的無線承載採用 LTE 系統的 QoS 架構。當 MCG 連接到 5GC 的時候，建立的無線承載則需要採用 NR 系統的 QoS 架構。NR 系統的 QoS 的詳細介紹可以參考 13 章。因此無線承載在 EN-DC 和其他的 DC 架構上，即 NG EN-DC，NE-DC 和 NR-DC，是不同的。從終端的角度和從基地台角度來看，無線承載的協定層組成也是不同的。在雙連接架構下，網路節點是由兩個節點組成，即 MN（主節點）和 SN（輔節點）。PDCP 和 SDAP 協定層和對應的 PDCP 以下的協定層（即 RLC，MAC 和 PHY）可能位於不同的網路節點。在終端內部不存在不同節點的區分問題，但是有社區群的角色問題，即需要區分主社區群（MCG）和輔小區群（SCG）。MCG 和 SCG 之間的差異來自不同的無線承載匯聚的協定層（即 MAC 和 PHY）的不同。

對於 EN-DC，從網路側來看，無線承載的組成以下圖[18]所示：

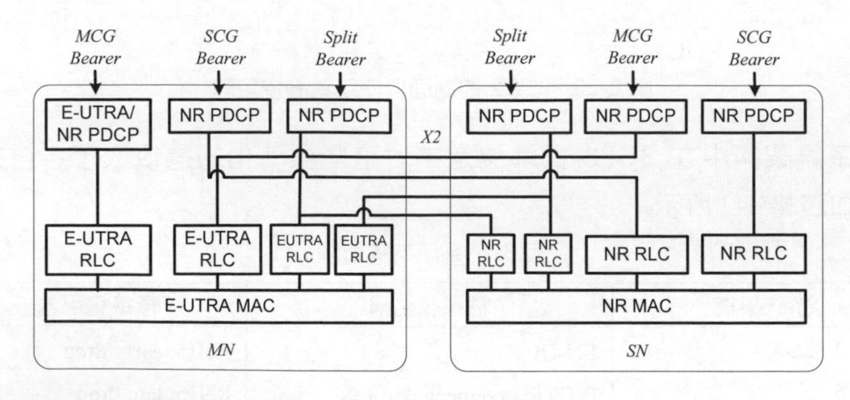

圖 3-21 EN-DC 網路側協定層

當一個無線承載的 RLC、MAC 和 PHY 協定層位於 MN 的時候，這樣的無線承載稱為 MCG Bearer，反之稱為 SCG bearer。SCG bearer 的引入目的很簡單，就是為了充分利用 NR 的無線連線流量。當 SCG bearer 的 PDCP 協定層在 SN 上的時候，SN 和核心網路之間建立直接的使用者平面資料 GTP-U 通道，這樣 SN 可以分擔 PDCP 協定的處理負荷。當 PDCP 協定層在 MN 上時，處理負荷分擔的好處沒有了，而且還增加了使用者面的延遲。MCG bearer 的 PDCP 協定層在 SN 的時候，無線承載有類似的問題。但是這種類型的無線承載在某些異常情況下，可以減少使用者面性能的損失。比如從終端的角度來說，如果 SN 上發生了無線鏈路失敗（RLF），那麼網路可以選擇把分離承載（split bearer）在 SN 分支上 PDCP 以下的協定層釋放掉，但是可以保留在 SN 上的 PDCP 協定層和 MN 上的協定層，從而讓這個無線承載繼續工作。否則的話，網路不是選擇釋放 SN 上所有的無線承載，就是把這些無線承載轉移到 MN 上。這些操作都會導致使用者面協定層（包括 PDCP）的重建過程。而釋放 PDCP 以下協定層的操作只會導致和這個無線承載相關的 RLC 的重建和 MAC 層對應的 HARQ process 的重置操作，使用者面的損失要小的多。基於此在 Rel-16 的時候，引入了 MCG 快速恢復的技術特徵，用來處理 MN 上發生的 RLF（在 SN 還在正常執行的時候）。同樣的道理 PDCP 在 MN 上的 SCG bearer 也可以作為臨時的過度方案減少使用者面的損失。

前面提到的分離承載在 MN 和 SN 上都有無線鏈路，但是只有一個 PDCP 協定層。這個 PDCP 協定層可能在 MN 上，也可能在 SN 上。分離承載的目的是為了提高無線介面的流量。當 PDCP 層允許對 PDCP 資料封包在不同鏈路之間進行重發的時候，分離承載還可以提高無線承載的可靠性。基於上段落中提到的類似的原因，工程上更多的是採用 PDCP 協定層在 SN 上的方案。對 EN-DC 架構來說分離承載的 PDCP 採用的是 NR 系統的 PDCP 協定。這樣做的原因是為了減少終端的複雜度。假如分離承載的 PDCP 根據所在位置分別採用 LTE PDCP 和 NR PDCP 協定層的話，那麼從終端的角度來說實際上會有兩種分離承載。如果只採用 NR PDCP 協定層的話，那麼從終端的角度來說在 PDCP 協定層只有一種分離承載。這個差異在下圖 3-22 中可以明顯看出來：

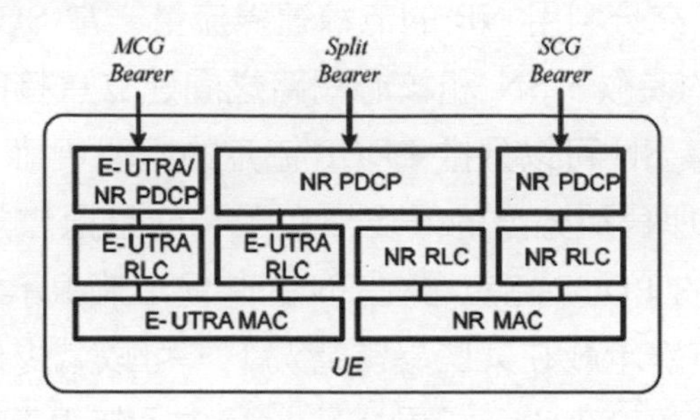

圖 3-22 EN-DC 終端側協定層（引自[18]中圖 4.2.2-1）

在網路側採用了 CU 和 DU 分離的架構以後，這種合併對網路來說也是有意義的，因為只要在 CU 中實現 NR PDCP 就可以了，如圖 3-23 所示。對於其他的 DC 架構，網路側和終端側的協定層如圖 3-23、圖 3-24 所示：

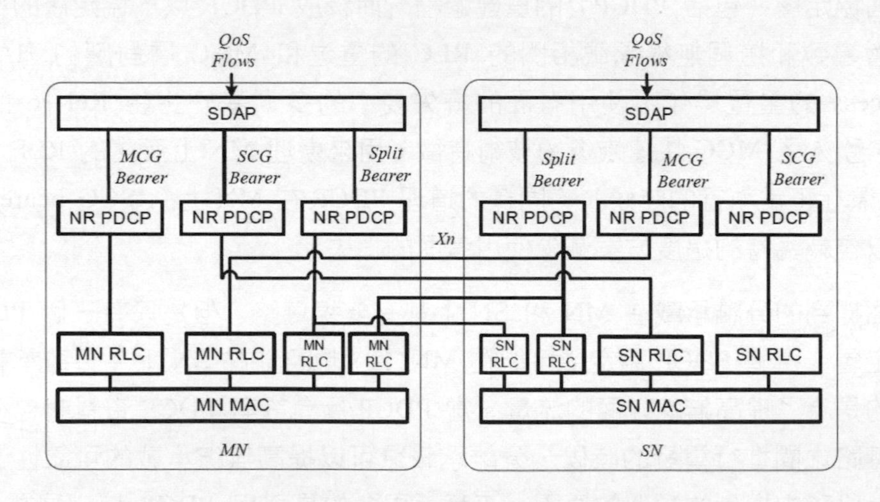

圖 3-23 MR-DC 網路側協定層（引自[18]中圖 4.2.2-4）

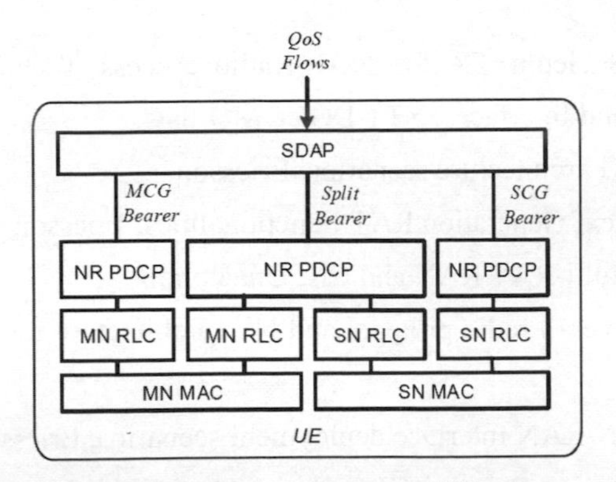

圖 3-24 MR-DC 終端側協定層（引自[18]中圖 4.2.2-2）

和 EN-DC 架構相比，在 PDCP 協定層上多了 SDAP 協定層。這是由 NR 系統的 QoS 架構決定的。從終端的角度 SDAP 只有一個實體。另外 PDCP 協定層都統一成了 NR PDCP 協定層。RLC 和 MAC 的協定層沒有明確區分 LTE 和 NR 的協定層是因為兩種協定層在 MN 和 SN 上都有可能。在 Stage3 的協定規範中，這些協定層則會做詳細的區分。其中 LTE 的協定層需要參考 TS 36 系列的協定規範，而 NR 的協定層需要參考 TS 38 系列的協定規範。TS 38 系列協定規範中使用者面的詳細介紹可以參考第 10 章，控制面的詳細介紹可以參考第 11 章。

3.3 小結

本章從系統側和無線側分別介紹了 5G 網路架構的基本概念、演進緣由和演進過程。其中主要説明了 5G 基本網路架構，以及由 4G 到 5G 網路架構演進過程中，如何滿足新的場景和業務需求，同時考慮 4G 網路的平滑演進和共存共生。本章幫助讀者對 5G 形成一個整體的認識，對 5G 架構的演進過程有一個初步的了解。

參考文獻

[1] TS 22.261, Service requirements for the 5G system; Stage 1

[2] TS 23.501, System architecture for the 5G System (5GS); Stage 2

[3] R3-160947, Skeleton TR for New Radio Access Technology: Radio Access Architecture and Interfaces, NTT DOCOMO INC.

[4] R3-160842, 5G architecture scenarios, Ericsson

[5] R3-161008, Next Generation RAT Functionalities, Ericsson

[6] R3-160823, Multi-RAT RAN and CN, Qualcomm

[7] R3-160829, Overall radio protocol and NW architecture for NR, NTT DOCOMO, INC.

[8] R3-161010, CN/RAN Interface deployment scenarios, Ericsson

[9] R2-162365, Dual connectivity between LTE and the New RAT, Nokia, Alcatel-Lucent Shanghai Bell

[10] R2-162707, NR architectural discussion for tight integration, Intel Corporation

[11] R2-162536, Discussion on DC between NR and LTE, CMCC discussion

[12] R2-164306, Summary of email discussion [93bis#23][NR] Deployment scenarios , NTT DOCOMO, INC.

[13] R2-164502, RAN2 status on NR study - Rapporteur input to SA2/RAN3 joint session, NTT DOCOMO, INC.

[14] R2-163969, Text Proposal to TR 38.804 on NR deployment scenarios, NTT DOCOMO, INC.

[15] RP-161266, Architecture configuration options for NR, Deutsche Telekom

[16] RP-161269, Tasks from joint RAN-SA session on 5G architecture options, RAN chair, SA chair

[17] RP-170741, Way Forward on the overall 5G-NR eMBB workplan, Alcatel-Lucent Shanghai-Bell, Alibaba, Apple, AT&T, British Telecom, Broadcom, CATT, China Telecom, China Unicom, Cisco, CMCC, Convida Wireless, Deutsche Telekom, DOCOMO, Ericsson, Etisalat, Fujitsu, Huawei, Intel, Interdigital, KDDI, KT, LG Electronics, LGU+, MediaTek, NEC, Nokia, Ooredoo, OPPO, Qualcomm, Samsung, Sierra Wireless, SK Telecom, Sony, Sprint, Swisscom, TCL, Telecom Italia, Telefonica, TeliaSonera, Telstra, Tmobile USA, Verizon, vivo, Vodafone, Xiaomi, ZTE

[17] TR38.801, Study on new radio access technology: Radio access architecture and interfaces

[18] TS 37.340, Multi-connectivity, Stage 2

Chapter

04

頻寬分段（BWP）

沈嘉 著

Bandwidth Part（BWP，本書稱為頻寬分段）是 5G NR 引入的最重要的新概念之一，幾乎對資源設定、上下行控制通道、初始連線、MIMO、MAC/RRC 層協定等 NR 標準的各方面都產生了深遠的影響，不能正確了解 BWP，也無法正確了解 NR 標準。

在 NR 標準化的早期，多家公司從不同角度提出了「子頻操作」的初始想法，經過反覆探索和融合，共同定義了 BWP 概念，而後又幾經波折，不斷修改完善，最終形成的了一個複雜度超出所有人預期、具有強大潛在能力的系統工具。

直到 R15、R16 NR 標準凍結，也只能説定義了 BWP 的基本能力，產業界將在 5G 的第一波商業部署中逐步摸索 BWP 的優勢和問題，在後續的 5G 增強標準版本（如 R17、R18）中，BWP 概念還有可能進一步擴充和演進，在 5G 增強技術中發揮更大的作用。

BWP 採用「RRC 設定+DCI（下行控制資訊）/計時器啟動」的兩層訊號機制，大量設計問題都是在標準化過程中逐步解決的，包括：BWP 如何設定；BWP 設定與參數集的關係；TDD 和 FDD 系統的 BWP 設定是否不同；BWP 的啟動/去啟動機制；在 RRC 連接之前的初始連線過程中如何使用 BWP；BWP 與載體聚合的關係等。本章將對這些問題進行一一解讀。

4.1 BWP（頻寬分段）的基本概念

BWP 的核心概念是定義一個比社區系統頻寬和終端頻寬能力都小的連線頻寬，終端的所有收發操作都可以在這個較小的頻寬內進行，從而在 5G 大頻寬系統中實現更靈活、更高效、耗電更低的終端操作。LTE 的最大單載體系統頻寬為 20MHz，終端的單載體頻寬能力也為 20MHz，所以不存在終端能力小於社區系統頻寬的情況。而在 5G NR 系統中，最大載體頻寬將大幅提高（如 400MHz），而終端頻寬能力的提升幅度明顯趕不上網路側（如 100MHz）。另外，終端也並不需要總以最大頻寬能力工作，為了節省耗電和更高效的頻域操作，可以工作在一個更小的頻寬下，這就是 BWP（如圖 4-1 所示）。

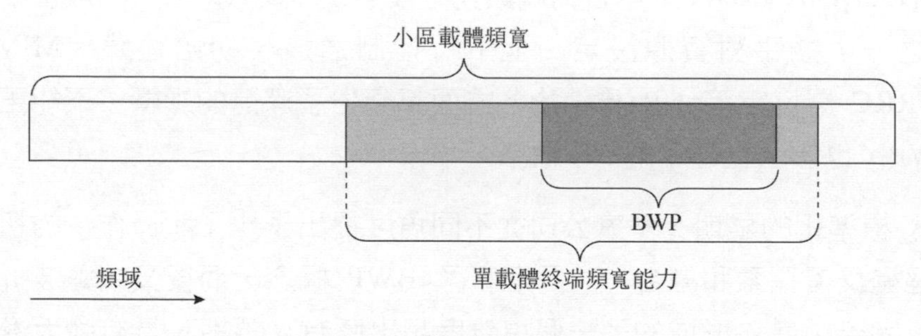

圖 4-1 BWP 的基本概念

但在 BWP 概念明確之前，不同公司從不同角度出發提出了類似的概念，但主要的考慮來自資源設定和終端省電兩個方面。另外，BWP 客觀上也可以用來實現「前向相容」（forward compatibility）等效果[36]。當然，BWP 作為 NR 中定義的靈活的「標準工具」，其用途是不會寫在 3GPP 標準中的。

4.1.1 從多子載體間隔資源設定角度引入 BWP 概念的想法

BWP 的概念首先是從資源設定角度考慮的提出的。NR 的重要創新是支援多種子載體間隔的傳輸，但不同子載體間隔的物理資源區塊（PRB）大小不同，資源設定的顆粒度也不同，如何實現多種子載體間隔的頻域資源的有效排程，是一個需要解決的問題。在 2016 年底、2017 年初的 3GPP 會議中，一些公司[2-3]提出了多子載體間隔的資源設定方案，其中核心的方法是採用「先粗後細」的兩步法資源設定。

如表 4-1 所示，以 20MHz 頻寬（實際可用頻寬為 18MHz）為例，不同子載體間隔對應的 PRB 大小和 20MHz 頻寬內包含的 PRB 數量均不同，資源設定的顆粒度和 PRB 索引（PRB indexing）也不同，無法直接套用 LTE 的資源設定方法。

表 4-1 不同子載體間隔對應的 PRB 大小和 20MHz 頻寬內的 PRB 數量

子載體間隔	PRB 大小	20MHz 頻寬內包含的 PRB 數量
15kHz	180kHz	100
30kHz	360kHz	50
60kHz	720kHz	25

在 2016 年 10 月的 RAN1#86bis 會議上，[1]提出了兩種多子載體間隔（subcarrier spacing，SCS）的 PRB indexing 方法：

- 第一種方法是各種 SCS 的 PRB 均在整個系統頻寬內索引，如圖 4-2 所示，三種 SCS 分別在不同的子頻（subband）內使用，但 PRB indexing 的起點（PRB#0）均起始於系統頻寬起點，終止於系統頻寬終點。這種方法可以實現 PRB 的「一步法」直接指示，並可以將各種 SCS 的 PRB 動態排程在系統頻寬內的任意頻域位置（當然，不同 SCS 的頻域資源之間要留有一兩個 PRB 避免干擾），不受限於 subband 的邊界。但是這種方法需要定義多套 PRB indexing，且每個 PRB indexing 都在整個系統頻寬內定義，造成排程頻域資源的 DCI 負擔過大。如果要降低 DCI 負擔，就需要新設計一套比較複雜的資源指示方法。
- 第二種方法是各種 SCS 的 PRB 分別獨立索引，如圖 4-2 所示，PRB indexing 的起點（PRB#0）起始於 subband 起點，終止於 subband 終點。這種方法首先需要指示某種 SCS 的 subband 的大小和位置，才能獲得這種 SCS 的 PRB indexing，而後再在 subband 內採用對應的 PRB indexing 指示資源。可以看到，這種方法的優點是可以在 subband 內部直接套用 LTE 成熟的 OFDM 資源設定方法。但需要採用 subband→PRB「兩步法」指示。

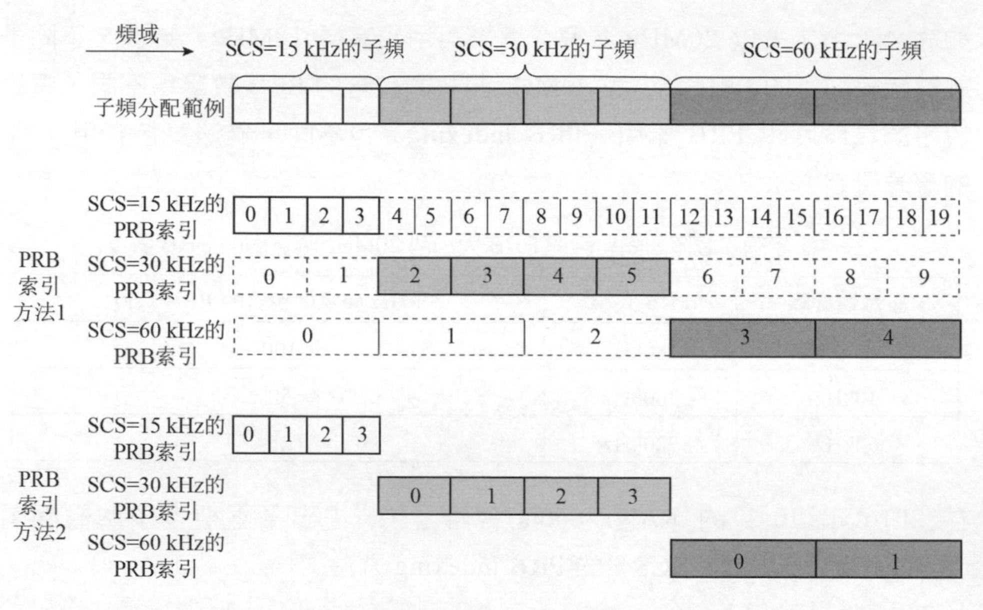

圖 4-2 實現多子載體間隔 PRB indexing 的兩種方法

經過討論和融合，在 RAN1#88 會議上，最終決定採用類似上述方法二的先粗後細的「兩步法」資源設定[4-5]，但在命名第一層分配物件時，為了避免既有概念對未來的設計造成「先入為主」的限制，沒有採用 subband 等熟知的名詞，而現場討論命名了一個新的概念——bandwidth part，後續明確縮寫為 BWP。而且由於存在不同意見，暫時沒有將 BWP 與子載體間隔之間進行連結，只是強調可以將這種方法用於終端頻寬能力小於系統頻寬的場景。這是「bandwidth part」概念第一次出現在 5G NR 的討論中，但其內涵還很不清晰，隨著後續研究的展開，這個概念不斷變化、擴充，這個概念才逐漸變得清晰、完整起來。

4.1.2 從終端能力和省電角度引入 BWP 概念的想法

如上節所述，在 RAN1#88 會議形成「bandwidth part」概念的討論中，之所以有公司將 bandwidth part 與終端頻寬能力聯繫起來，是因為這些公司想將這個概念用於描述小於系統頻寬的終端頻寬能力及用於終端省電的「頻寬自我調整」（bandwidth adaptation）操作。

首先，由於 5G NR 的載體頻寬變得更大（單載體可達到 400MHz），要求所有等級的終端都支援這麼大的射頻帶寬是不合理的，需要支援終端在某個更小的的頻寬（如 100MHz）中工作。另一方面，雖然 5G 的峰值速率會進一步提高，但終端在大部分時間仍然只會傳輸低速率的資料。即使終端具有 100MHz 射頻能力，終端也可以在沒有被排程高資料率資料時僅工作在較小頻寬，以實現終端省電操作。

2016 年 10 月至 2017 年 4 月的 RAN1#86bis、RAN1#87、RAN1#88bis 等會議陸續通過了 5G NR 支援的 bandwidth adaptation 功能的基本概念 [6,7,12,13,21,22]，即 UE 可以在不同的射頻帶寬內監測下行控制通道和接收下行資料。如圖 4-3 所示，UE 可以在一個較窄的射頻帶寬 W_1 內監測下行控制通道，而在一個較寬的射頻帶寬 W_2 內接收下行資料。

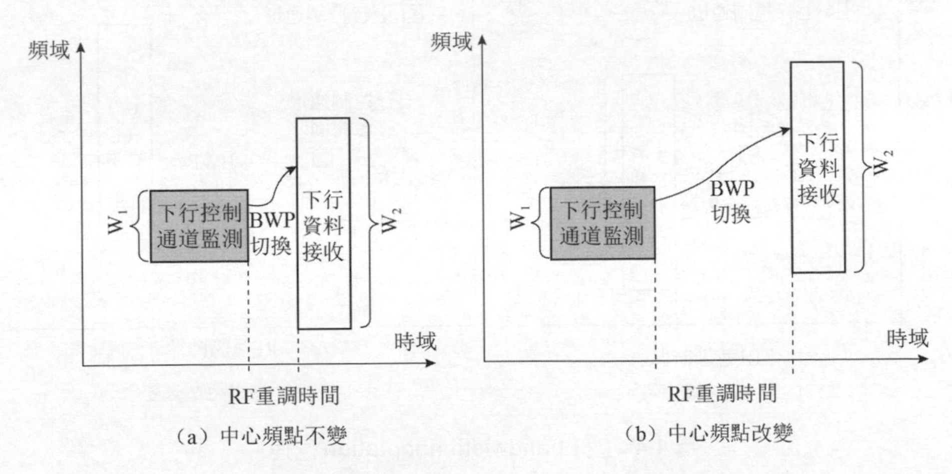

圖 4-3 下行 bandwidth adaptation 原理

這一問題在 LTE 系統中是不存在的，因為 UE 總是在整個系統頻寬內監測 PDCCH 的（如 20MHz）。但在 5G NR 系統中，為了獲得更高資料率，接收資料的頻寬會大幅提升（如 100MHz），而 PDCCH 的監測頻寬並不需要大幅提升（如 20MHz 甚至更小），因此在不同的時刻，根據不同的用途調整 UE 的射頻帶寬就變得有必要了，這就是 bandwidth adaptation 的初衷。此外，W_1和 W_2的中心頻點也不一定要重合，即 W_1和 W_2的頻域位置不需要綁定在一起。從 W_1轉換到 W_2時，可以在原有中心頻點不變情況下只擴充頻寬（如圖 4-3（a）所示），也可以轉移到一個新的中心頻點（如圖 4-3（b）所示），以實現整個系統頻寬內的負載平衡，充分利用頻域資源。

上行的情形與下行類似，在沒有大資料量業務需要發送時，gNB（5G 基地台的代稱，g 沒有什麼明確含義，因為 4G 基地台稱為 eNodeB，按序排列，fNodeB 不好看不好讀，因此 5G 基地台稱為 gNodeB，簡稱 gNB）可以在保證頻率分集增益的條件下，將 PUCCH 的頻域排程範圍限制在一個較小的頻寬 W_3 內，節省終端耗電。當有較大資料量業務需要發送時，再在一個較大的頻寬 W_4內排程 PUSCH 的頻域資源，如圖 4-4 所示。

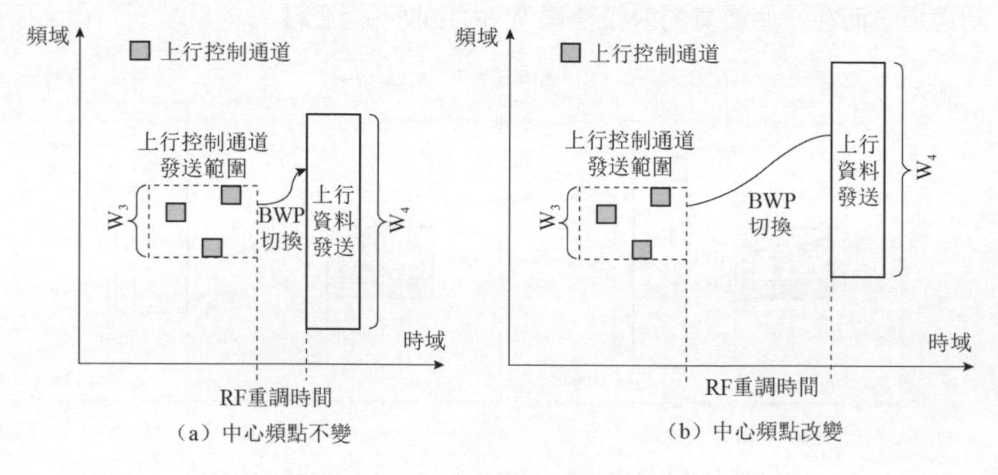

圖 4-4 上行 bandwidth adaptation 原理

3GPP 各公司對 bandwidth adaptation 帶來的終端省電效果進行了研究[4-8][4-9][4-10]。一般來講，下行控制資訊的容量遠沒有下行資料那麼大，而 UE 需要長期監測下行控制通道，卻只是偶爾接收下行資料。因此如果 UE 始終工作在一個固定的射頻帶寬（為了滿足資料接收要求，只能是 W_2），在大部分時間裡 UE 的射頻帶寬都超出了所需的大小，可能帶來不必要的終端耗電（模數轉換（ADC 和 DAC）的耗電與工作頻寬（直接影響是取樣速率）成正比，基頻操作耗電與處理的時頻資源數量成正比）[8-9]。[9]估計在 LTE 系統中，有 60%的終端耗電來自 PDCCH 解調、同步追蹤和小資料率業務。儘管在實際能節省的耗電量上有不同的分析結果[9-10]，但 bandwidth adaptation 可以在寬頻操作中顯著降低終端耗電，這一點是有共識的。

需要注意的是，bandwidth adaptation 由於涉及射頻元件的參數調整，並不能瞬間完成，而需要一定的時間，即射頻重調時間（RF retuning time），這一時間包括接收 bandwidth adaptation 指令的時間、用來重調頻點和射頻帶寬的時間以及 ADC、DAC、AGC（自動增益追蹤）等元件調整需要的時間[9]。對 BWP 切換延遲（BWP switching delay）的研究由 3GPP RAN4（負責射頻和性能指標的工作群組）負責，這項研究和 RAN1（負責物理層設計的工作群組）對 BWP 的研究是平行開展的。2017 年初 RAN4 列出的初步研究結果如表 4-2 [11]，其中列出了 RF retuning time 的研究結果，沒有列出基頻部分的研究結果。3GPP RAN1 基於這一結果開展了 bandwidth adaptation 和 BWP 研究。RAN4 對 RF retuning time 的完整研究結果是在 2018 年初列出的，我們將在第 4.3.4 節具體介紹。

從表 4-2 可以看到，RF retuning time 是一個不可忽略的過渡期，可能長達幾個或十幾個 OFDM 符號，而包含基頻參數重設定在內的 BWP switching delay 更大，在此期間 UE 無法進行正常的收發操作。這對後續 BWP 的設計也產生了很大影響，因為在 BWP 切換（BWP switching）過程中 UE 是無法傳輸的，很多通道、訊號的時序（timeline）設計必需考慮到這一點。

表 4-2 不同條件下的 RF retuning time

類別		RF retuning time	對應的符號數量（正常 CP）	
			30kHz 子載體間隔	60kHz 子載體間隔
頻帶內操作	中心頻點不變，只改變頻寬	20 μs	約 1 個符號	約 2 個符號
	中心頻點改變	50-200 μs	約 2-6 個符號	約 3-12 個符號
跨頻帶操作（Inter-band operation）		900 μs	約 26 個符號	約 51 個符號

4.1.3 BWP 基本概念的形成

雖然各公司是基於上述兩種技術考慮中的一種提出 BWP 概念的，但隨著這兩種考慮的碰撞和融合，大多數公司覺得可以用一個 BWP 概念實現上述兩種效果[33]。在 2017 年 4 月和 5 月的 3GPP RAN1#88bis 和 RAN1#89 會議上陸續通過了一系列定義 BWP 基本概念的提案[21,23-26]，其中確定的 BWP 重要特徵包括：

- gNB 可以半靜態的設定給 UE 一個或多個 BWP，分成上行 BWP 和下行 BWP。
- BWP 頻寬等於或小於終端的射頻帶寬能力，但大於 SS/PBCH block（同步訊號區塊，包含 SS（同步訊號）和 PBCH（廣播通道），具體見第 6 章）的頻寬。
- 每個 BWP 內至少包含一個 CORESET（控制資源集，具體見第 5.4 節）。
- BWP 可以包含 SS/PBCH block，也可以不包含 SS/PBCH block。
- BWP 由一定數量的 PRB 組成，且綁定一種參數集（包括一個子載體間隔和一個循環字首（CP）），BWP 的設定參數包括頻寬（如 PRB 數量）、頻域位置（如中心頻點）和參數集（包括子載體間隔和 CP）。
- 在一個時刻，一個終端只有一個啟動的 BWP（active BWP），對同時多個啟動 BWP 的情況需要繼續研究。

- 終端只執行在啟動 BWP 內，不在啟動 BWP 之外的頻域範圍內收發訊號。
- PDSCH、PDCCH 都在下行啟動 BWP 中傳輸，PUSCH、PUCCH 都在啟動的上行 BWP 中傳輸。

4.1.4 BWP 的應用範圍

在 BWP 概念形成的早期階段，這個概念的適用範圍是比較有限的，主要用於控制通道和資料通道，但在後續的標準化過程中逐漸擴充，最後形成了一個幾乎覆蓋 5G NR 物理層各方面的普適概念。

首先，上述 BWP 的基本概念既吸收了從「資源設定角度」的考慮也吸收了從「終端省電角度」的考慮。從「資源設定角度」出發設計的 BWP 方案只考慮對資料通道採用 BWP，且 BWP 與子載體間隔有密切關係，並未考慮對控制通道也採用 BWP；從「終端省電角度」出發設計的 BWP 方案只考慮對控制通道採用 BWP，並未考慮與子載體間隔的關係，也未考慮對資料通道也採用 BWP（資料通道仍在終端頻寬能力範圍內排程即可）。而最後形成的 BWP 不僅作用於資料通道、控制通道，而且作用於各種參考訊號和初始連線過程，形成了一個 5G NR 標準最基礎的概念之一，這是從上述兩個角度提出 BWP 概念的人們都始料未及的。

在對資料通道排程是否引入 BWP 的問題上，至少有一個共識是終端頻寬能力可能小於社區系統頻寬，這種情況下無論如何需要指示終端的工作頻寬在系統頻寬中的位置或相對某個參考點的位置（這一問題在 4.2 節中介紹）。而只要將 BWP 用於資料通道資源設定，採用圖 4.2 所示的 PRB indexing 方法二，就需要將 BWP 與一種子載體間隔連結，這樣才能表現方法二的優勢，即在 BWP 內可以重用 LTE 的資源指示方式。

在是否針對控制通道引入 BWP 概念的問題上，也是存在一定爭議的。理論上，在控制通道收發階段的終端省電完全可以由其他物理層概念來實現。比如對 PDCCH 監測的頻域範圍，可以直接設定 PDCCH 資源集

（CORESET），對 PUCCH 發送的頻域範圍，可以直接設定 PUCCH 資源集（PUCCH resource set），只要將這兩個資源集的頻域範圍設定的明顯小於資料通道收發的頻域範圍，一樣可以實現終端省電的效果。但不可否認，引入一個單獨的 BWP 概念是更為直觀、清晰、結構化的方法，統一基於 BWP 指示 CORESET 和 PUCCH resource set 等各個通道、訊號的資源也更高效、更具有可擴充性。採用 BWP 來定義 PDCCH 監測過程中的工作頻寬的另一個好處，是可以設定一個比 CORESET 更寬一點的 BWP，從而使 UE 在監測 PDCCH 的同時也可以接收少量下行資料（如圖 4-5 所示）。5G NR 系統強調低延遲的資料傳輸，希望在任何時刻都可以傳輸資料，這種設計可以有效地支援 PDCCH 和 PDSCH 在任何時刻的同時接收（關於 PDCCH 和 PDSCH 的重複使用問題將在第 5 章中詳細介紹）。

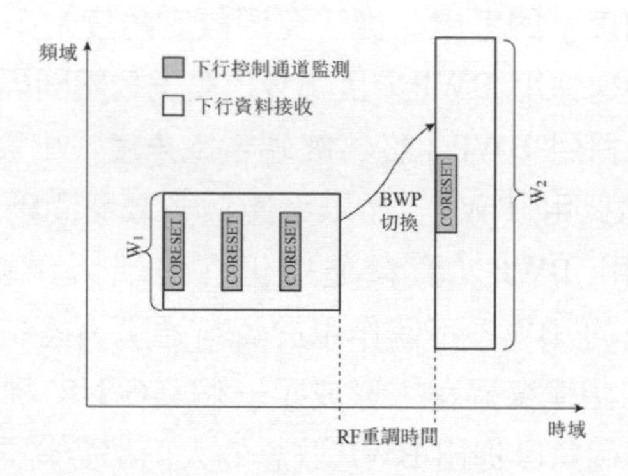

圖 4-5 針對 PDCCH 監測階段設定 BWP 可以支援 PDSCH 的隨時傳輸

另外，在上述初步確定的 BWP 基本概念中，BWP 只用於 RRC 連接（RRC connected）狀態，BWP 是透過 UE 特定的（UE-specific）RRC 訊號來設定的。但在後續的研究中，BWP 的使用擴充到了初始連線過程，此階段內 BWP 的確定遵循另外的方法，具體見 4.4 節。

4.1.5 BWP 是否包含 SS/PBCH block？

在是否每個 BWP 都應該包含 SS/PBCH block（簡稱同步訊號區塊，SSB）的問題上，有過兩種不同的觀點。每個 BWP 都包含 SSB 的好處是 UE 可以在不切換 BWP 的情況下進行基於 SSB 的行動性測量和基於 PBCH 的系統資訊更新[15]，但缺點是會對 BWP 設定的靈活性帶來很多限制[16]。如圖 4-6（a）所示，如果每個 BWP 都必須包含 SSB，所有 BWP 都只能被設定在 SSB 的兩側，遠離 SSB 的頻域範圍很難被充分利用。只有允許不包含 SSB 的 BWP 設定（如圖 4-6（b）所示），才能充分利用所有頻域資源以及實現靈活的資源設定。

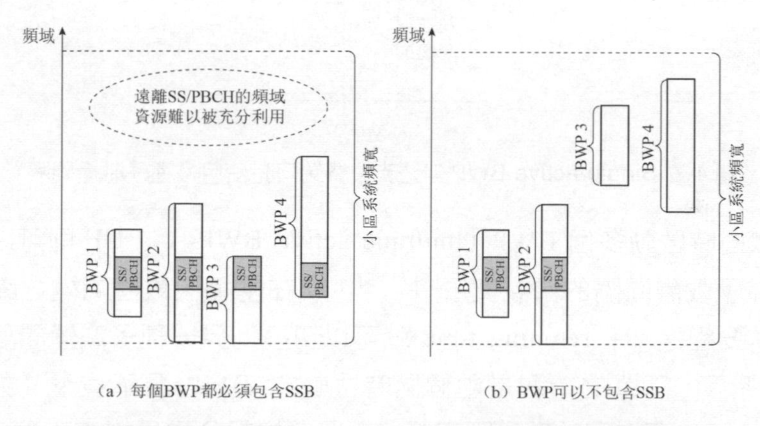

圖 4-6 是否強制 BWP 包含 SSB 對頻域負載平衡的影響

4.1.6 同時啟動的 BWP 的數量

一個具有爭議的問題是是否支援 UE 同時啟動多個 BWP。啟動多個 BWP 的初衷是支援 UE 同時傳輸多種子載體間隔的業務，如 SCS=30kHz 的 eMBB 業務和 SCS=60kHz 的 URLLC 業務，由於每個 BWP 只綁定一種 SCS，這樣就必須同時啟動兩個 BWP。

如圖 4-7 所示，如果某一時刻在一個載體內只能啟動一個下行 BWP 和一個上行 BWP（即 single active BWP），則 UE 只能在兩種子載體間隔之間切換，且還要經過 RF retuning time 才能切換到另一種子載體間隔（雖然從理論上說，只改變參數集不改變頻寬和中心頻點，不需要 RF retuning，但目前的 5G NR 標準對所有 BWP switching 都假設要留出 RF retuning time），因此 UE 既不可能在一個符號內同時支援兩種子載體間隔，也不可能在兩種子載體間隔快速切換。

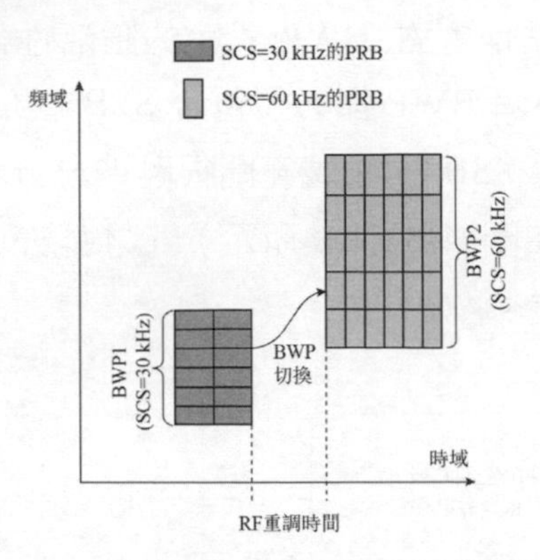

圖 4-7 Single active BWP 無法支援終端同時使用多種子載體間隔

如果可以同時啟動多個 BWP（multiple active BWPs），UE 則可以同時被分配多種子載體間隔的頻域資源[44,51,52]，或在兩種子載體間隔之間快速切換（不需要經過 RF retuning time 就可以切換到另一種子載體間隔），如圖 4-8 所示。簡單的情況是兩個同時啟動的 BWP 互不重疊（如圖 4-8（a）），但也可以同時啟動兩個頻域上全部或部分重疊的 BWP（如圖 4-8（b））。在重疊部分，gNB 可以基於兩種子載體間隔中的任何一種為 UE 排程資源，只是在兩種 PRB 之間要留有一定的頻域保護，以防止子載體間隔之間的干擾。

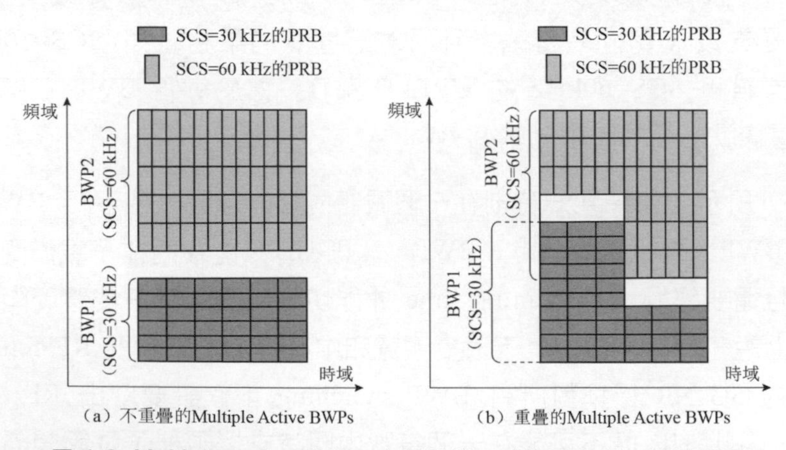

圖 4-8 Multiple active BWPs 支援終端同時使用多種子載體間隔

綜上説述，是否支援 multiple active BWPs 主要取決於是否有一個 5G UE 同時支援多種子載體間隔的需求。經過討論，大部分公司認為對於 R15 5G NR，UE 同時執行兩種子載體間隔還是過高要求，例如一個 UE 要同時執行兩個不同的 FFT（快速傅立葉轉換）模組，這可能增加終端基頻的複雜度和計算量。另外，同時啟動多個 BWP 會使 UE 的省電操作變得複雜，UE 需要計算多個 BWP 的包絡來確定射頻元件的工作頻寬，如果多個啟動 BWP 的相對位置不合理，可能無法達到終端省電的效果。所以，最終確定在 R15 NR 中只支援 single active BWP 的設計[57]，R16 NR 中也未作擴充，multiple active BWPs 是否在未來的版本支援，還要看未來的研究情況。

4.1.7 BWP 與載體聚合的關係

載體聚合（Carrier Aggregation，CA）是從 LTE-Advanced 標準就開始支援的一種頻寬擴充技術，可以將多個成員載體（component carrier，CC）聚合在一起，由一個 UE 同時接收或發送。按照聚合的載體的範圍分，CA 又可以分為頻帶內 CA（intra-band CA）和跨頻帶 CA（inter-band CA）。Intra-band CA 的主要用途是用於社區載體頻寬大於 UE 的單一載體頻寬能力的場景，這種情況下，UE 可以用 CA 方式來實現在「寬載體」（wide carrier）中的操作。例如基地台支援 300MHz 一個載體，而 UE 只支援最大 100MHz 的載體，此時 UE 可以用 CA 方式實現大於 100MHz 的寬頻操作，聚合的載體可以是相鄰的載體，也可以是不相鄰的載體。eNB 直接對載體進行啟動/去啟動操作，如圖 4-9 所示，3 個載體中，載體 1 和載體 2 被啟動，載體 3 沒有被啟動，此時 UE 進行的是 2 個 CC（200MHz）的載體聚合。

在 NR CA 和 BWP 的研究中，一種考慮是將這兩種設計合併。因為 carrier 和 BWP 的設定參數有一定的相似性，都包括頻寬和頻率位置。即既然 NR 引入了 BWP 這種比 carrier 更靈活的概念，可以用 BWP 操作代替 carrier

操作，用 multiple BWPs 來代替 CA 操作，即可以採用 multiple BWPs 方式統一實現 CA（為了實現大頻寬操作）和/或 BWP（為了實現終端省電和多子載體間隔資源設定）的設定與啟動。如圖 4-10 所示，啟動了 2 個 BWP，分別為 100MHz 和 50MHz，則相當於啟動了 2 個載體，此時 UE 進行的是 2 個 CC 的載體聚合（100MHz+50MHz=150MHz），在沒有啟動 BWP 的頻域範圍則沒有啟動載體。這相當於透過啟動 BWP 來啟動 CC。

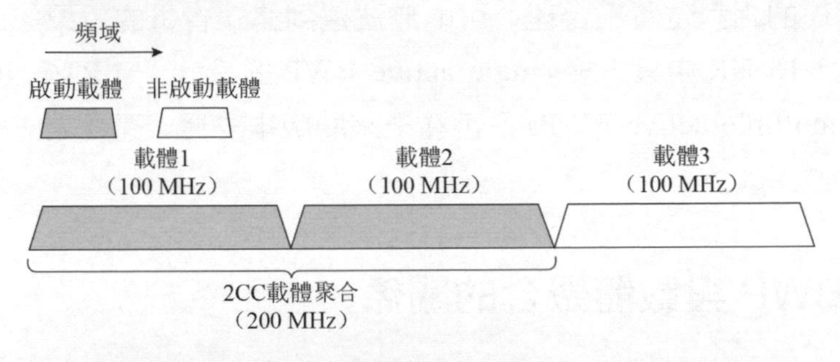

圖 4-9 採用 CA 方式實現 UE 在 wide carrier 中的操作

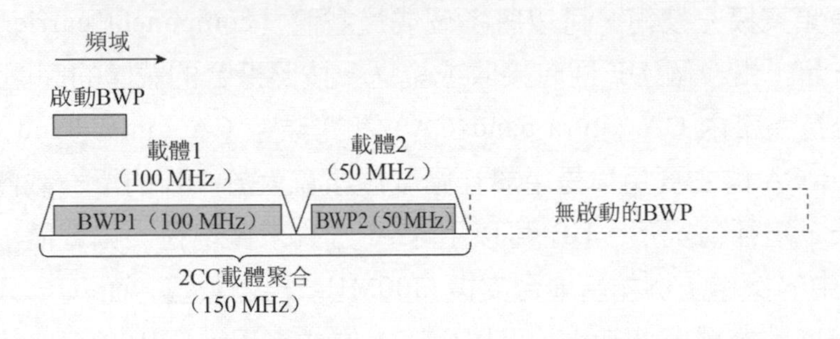

圖 4-10 採用 multiple BWP 方式統一實現 CA 和載體內的 BWP 操作

用 BWP 替代描述 CA 過程的理由，是 BWP 可以採用 DCI 啟動，相對 CA 中的載體用 MAC CE（媒體連線控制層控制單元）啟動，啟動/去啟動的速度更快[46]。但是這種方法必然要支援 multiple active BWPs，而如上所述，R15 NR 決定暫不支援 multiple active BWPs。

NR 最終確定採用「載體+BWP 兩層設定與啟動」的方法，BWP 只是一個載體內的概念，載體的設定與啟動/去啟動和 BWP 的設定與啟動/去啟動分開設計。載體的啟動仍採用傳統方法，每個啟動載體內可以啟動一個

BWP，即要首先要啟動載體才能啟動這個載體內的 BWP。如果一個載體去啟動了，這個載體內的啟動 BWP 也同時被去啟動。如圖 4-11 所示，3 個載體中，載體 1 和載體 2 被啟動，即 UE 進行 2 個 CC（200MHz）的載體聚合，CC 1 中啟動了一個 100MHz 的 BWP，CC 2 啟動了一個 50MHz 的 BWP。載體 3 沒有被啟動，因此載體 3 內不能啟動 BWP。當一個 CC 被去啟動時，很自然的，這個 CC 中的所有 BWP 都同時被去啟動。

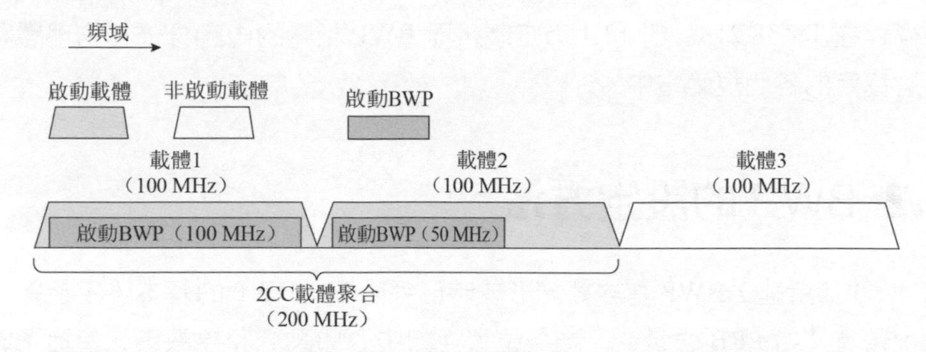

圖 4-11 採用 multiple BWP 方式統一實現 CA 和載體內的 BWP 操作

反過來的問題是：是否能用 BWP 的去啟動來觸發 CC 的去啟動？一些觀點認為，CC 的啟動與 BWP 的啟動固然應該是各自獨立的機制，但 BWP 的去啟動和 CC 的去啟動卻可以連結起來。如果一個 CC 中的唯一啟動 BWP 被去啟動時，這個 CC 也應該同時被去啟動，這有利於進一步節省終端耗電。但是在用於動態排程的資料傳輸的 BWP 被去啟動後，不表示 CC 中不再需要任何收發操作，如 PDCCH 監測、SPS（半持續排程）資料收發等收發行為仍可能存在。正如在 4.3 節我們將介紹的，實際上，由於始終要有一個 BWP 處於啟動狀態，不需要設計專門的 BWP 去啟動機制。也就是説，只要一個 CC 處於啟動狀態，就始終會有 BWP 處於啟動狀態，不存在「啟動的 CC 中不存在啟動 BWP」的情況。

NR 的 CA 設計仍基本沿用 LTE CA 的設計，包括載體啟動仍採用 MAC CE 啟動方式，基於 DCI 的載體啟動方式在 R15 NR 中沒有支援。如上所述，在 R15 NR 系統中，每個載體內只能啟動一個 BWP，但在進行 N 個

CC 的載體聚合時，實際上可以同時啟動 N 個 BWP。

至此，本節介紹了 BWP 概念形成的過程，BWP 設計中還有很多細節將在本章後半部分逐步介紹。BWP 的頻域特性是由 BWP 的 RRC 設定定義的，BWP 的時域特性是由 BWP 的啟動/去啟動程序定義的，分別在 4.2 節和 4.3 節中介紹。在 4.4 節、4.5 節中，我們將分別介紹初始連線過程中的 BWP 和 BWP 對其他物理層設計的影響。在 3GPP 規範中，BWP 的核心物理過程在 TS 38.213[1] 的 13.1 節定義，而 BWP 相關的內容分佈在物理層和高層協定的各個規範當中。

4.2 BWP 的設定方法

如 4.1.3 節所述，BWP 基本概念形成時已經明確，BWP 的基本設定參數包括：頻寬（如 PRB 數量）、頻域位置（如中心頻點）和參數集（包括子載體間隔和 CP）。BWP 一個重要的功能是定義了具體資源設定（即 4.1.1 節所述的「先粗後細」兩步法的第二步）的 PRB indexing。在 LTE 系統內，PRB 是在載體內定義的。而在 5G NR 系統中，幾乎所有單載體內的物理過程都是基於 BWP 來描述的，因此 PRB 也是定義在 BWP 內的。只要知道了 BWP 的頻域大小和頻域位置，就可以基於 BWP 內的 PRB indexing，採用類似 LTE 的方式來描述各種頻域操作了。但 BWP 本身的頻寬和頻域位置又如何確定呢？BWP 內的 PRB 又是如何映射到絕對頻域位置的呢？這是一個 NR BWP 標準化中重點研究的問題。

4.2.1 Common RB 的引入

首先，由於 BWP 的大小和頻域位置可以採用 RRC 訊號靈活的設定給各個 UE，因此 BWP 的頻寬和頻域位置需要基於一個 UE 已知的 RB 光柵（RB grid）來設定，即指示 BWP 從這個 RB grid 的哪個位置開始，到哪個位置終止，這個 RB grid 需要在 UE 建立 RRC 連接時就能告知 UE。由於 BWP

的設定已經足夠靈活，且是 UE-specific 的設定，這個 RB grid 最好設計成一個簡單的 UE-common（終端公共）尺規。

在 RAN1#89 和 RAN1#AH NR2 會議上，確定了將引入一個公共 RB（common RB，CRB）的基本概念[24,27,34,37]，即不同載體頻寬的 UE 以及採用載體聚合的 UE 都採用統一的 RB indexing。因此這個 common RB 相當於是一個能夠覆蓋一個或多個載體頻域範圍的絕對頻域尺規，common RB 的主要用途就是設定 BWP。而 BWP 內的 PRB indexing 是 UE-specific 的 PRB indexing，主要用於 BWP 內的資源排程[37]。BWP 內的 PRB indexing 與 common RB indexing（公共 RB 索引）的映射關係可以簡單表示為（如 TS 38.211[30]第 4.4.4.4 節所述）：

$$n_{\mathrm{CRB}} = n_{\mathrm{PRB}} + N_{\mathrm{BWP},i}^{\mathrm{start}} \tag{4.1}$$

當然，設定 BWP 並不是引入 PRB indexing 的唯一目的，另一個重要的考慮是很多類型的參考訊號（reference signal，RS）採用的序列設計需要基於一個統一的起點，不隨 BWP 發生變化。

4.2.2 Common RB 的顆粒度

如上所述，為了確定這個 common RB 的基本特性，首先要確定 common RB 的頻域顆粒度（即指示單位）及子載體間隔。

關於 common RB 的顆粒度，曾有兩種建議：一是直接採用 RB（即最小頻域分配單元）來定義 common RB；二是採用一個 subband（包含許多個 RB）來定義 common RB。方法一可以實現最靈活的 BWP 設定，但會帶來較大的 RRC 訊號負擔，方法二的優點是可以壓縮 RRC 訊號負擔，BWP 的設定只是「粗分配」，原則上不需要過細，如果按預先定義將整個載體分成許多個 subband，只需要指示 BWP 包含哪些 subband 即可[28]。但經過討論，認為 RRC 訊號在 PDSCH 傳輸，不需要這麼嚴格的控制負擔。因此最終決定仍採用單一 RB 作為設定 BWP 的 common RB 的顆粒度。

不同 BWP 可能採用不同的子載體間隔，所以 common RB 採用的子載體間隔可以有兩種選擇：

★方法 1：不同子載體間隔的 BWP 採用各自的 common RB 定義，即每種子載體間隔都有各自的 common RB，如圖 4-12 所示，15kHz、30kHz、60kHz 三種子載體間隔各有各的 common RB，分別基於 SCS=15kHz、SCS=30kHz、SCS=60kHz 的 RB 來定義。在圖 4-12 中的範例中，SCS=15kHz 的 BWP 起始於 SCS=15kHz common RB 的 RB#8，SCS=30kHz 的 BWP 起始於 SCS=30kHz common RB 的 RB#4，SCS=60kHz 的 BWP 起始於 SCS=60kHz common RB 的 RB#2。

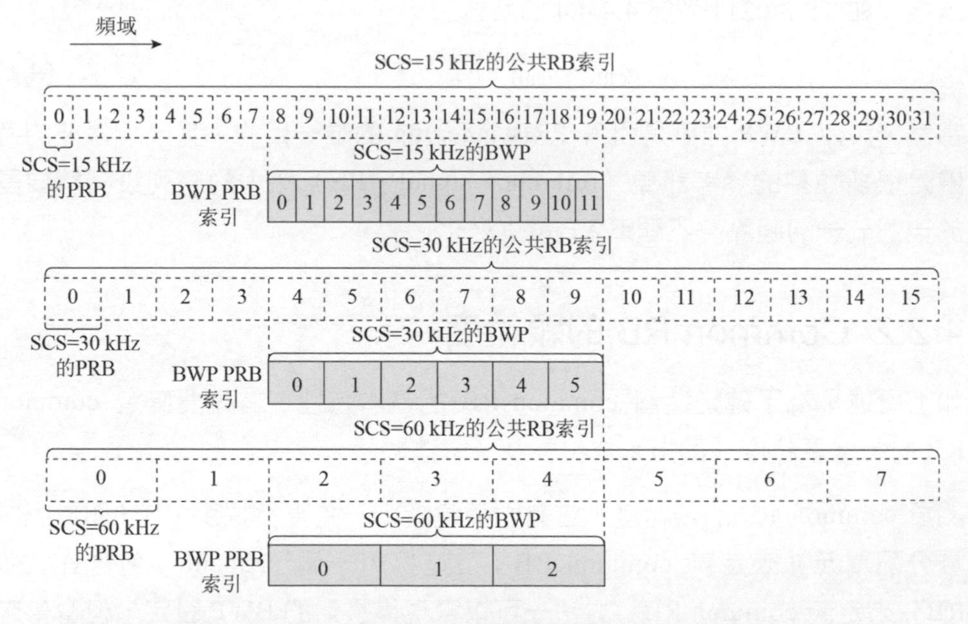

圖 4-12 方法一：各種子載體間隔採用各自的 PRB grid

★方法 2：採用一個統一的參考子載體間隔（reference SCS）定義一個載體內的 common RB，這個載體內各種子載體間隔的 BWP 均採用這個統一的 common RB 設定。如圖 4-13 所示，統一採用 SCS=60kHz 的 common RB。採用最大的 SCS 的 common RB，也可以實現降低 RRC 訊號負擔的作用[29,51]。

可以說，上述兩種方法都是可行的。相對而言，第一種方法更為簡單直觀，如上所述，RRC 訊號對負擔也並不敏感，因此最後決定採用第一種方法，即每種子載體間隔採用各自的 common RB。

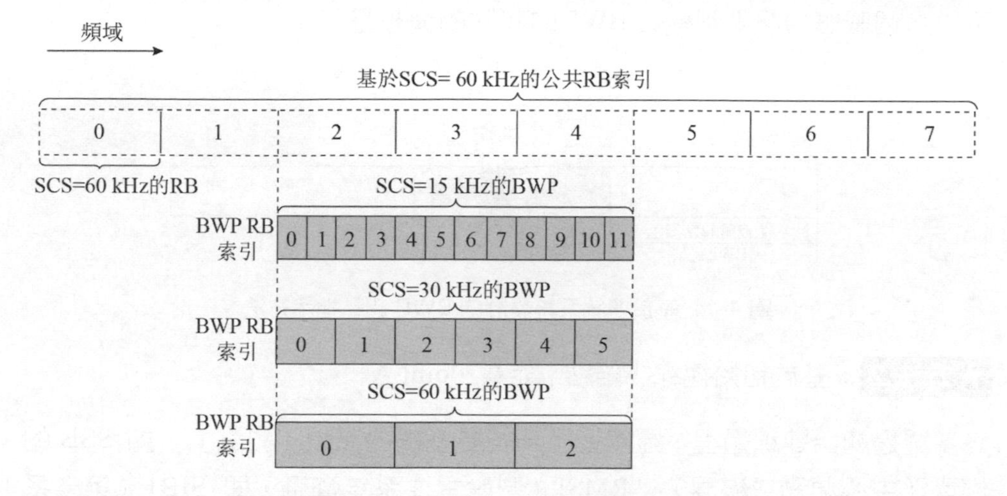

圖 4-13 方法二：採用統一的 common RB indexing

4.2.3 參考點 Point A

Common RB 是一個可用於任何載體、BWP 的「絕對頻域尺規」，common RB indexing 的起點[37]即 common RB 0。在 common RB 的顆粒度確定後，接下來的問題是如何確定 common RB 0 的位置。確定了 common RB 0 的位置後，才能用 common RB 0 的編號指示載體和 BWP 的位置、大小。假設 common RB 0 位於"Point A"，從直觀上講，有兩種定義 Point A 的方法[34,38,39]：

★方法 1：基於載體的位置定義 Point A

由於 BWP 是載體的一部分，一種直觀的方法是基於載體的位置（如載體的中心頻點或載體邊界）定義 Point A，然後就可以用 $N_{\mathrm{BWP},i}^{\mathrm{start}}$ 從 Common RB 0 直接指示 BWP 的位置（如圖 4-14 所示）。第一種參考點設計是基於傳統的系統設計，即同步訊號總是位於載體的中央（如 LTE 系統），因此

UE 在社區搜尋完成後就已經知道載體的位置和大小了，且從 gNB 角度和 UE 角度，載體是完全一致的概念。這樣 gNB 如果想在某個載體中為 UE 設定一個 BWP，就可以直接基於這個載體的位置指示 BWP 的位置，如指示從這個載體的起點到這個 BWP 的起點的偏移量。

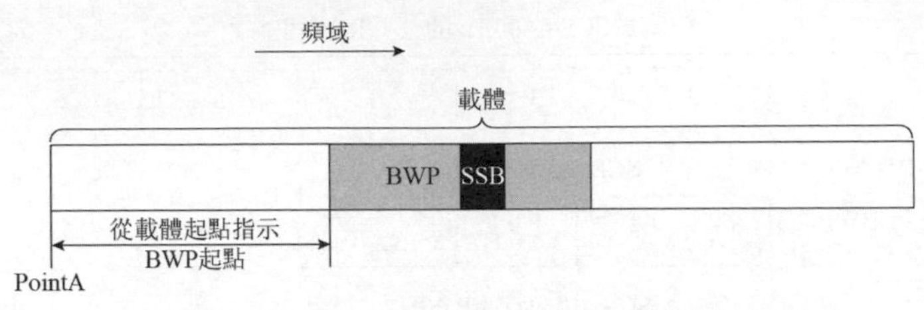

圖 4-14 基於傳統系統設計的 BWP 起點指示方法

★方法 2：基於初始連線「錨點」定義 Point A

終端透過初始連線過程，還掌握了一些更基礎的頻域「錨點」，如 SSB 的位置（中心頻點或邊界）、RMSI（剩餘主要系統資訊，即 SIB1（第一系統區塊））的位置（中心頻點或邊界）等，這實際上提供了更靈活的 Point A 定義方法。

NR 系統的設計目標是支援更靈活的載體概念，即：SSB 不一定位於載體中央，一個載體裡可能包含多個 SSB（這種設計可以用於實現很大頻寬的載體），也可能根本不包含任何 SSB（這種設計可以實現更靈活的載體聚合系統）[34,40]。而且從 UE 角度看到的載體可以設定，即從理論上來說，從 UE 角度看到的載體可以不同於從 gNB 角度看到的載體。

一個載體裡包含多個 SSB 的場景如圖 4-15（a）所示，UE 從 SSB 1 連線，可以只工作於包含 SSB 1 的「虛擬載體」裡，這個 UE 看到的載體可以不同於 gNB 側看到的「物理載體」，且可以不包含物理載體中的其他 SSB（如 SSB 2）。

無 SSB 載體的場景如圖 4-15（b）所示，UE 從載體 1 中的 SSB 1 連線，卻工作於不包含 SSB 的載體 2。這種情況下，與其從載體 2 的位置指示 BWP 的位置，不如直接從 SSB 1 指示。

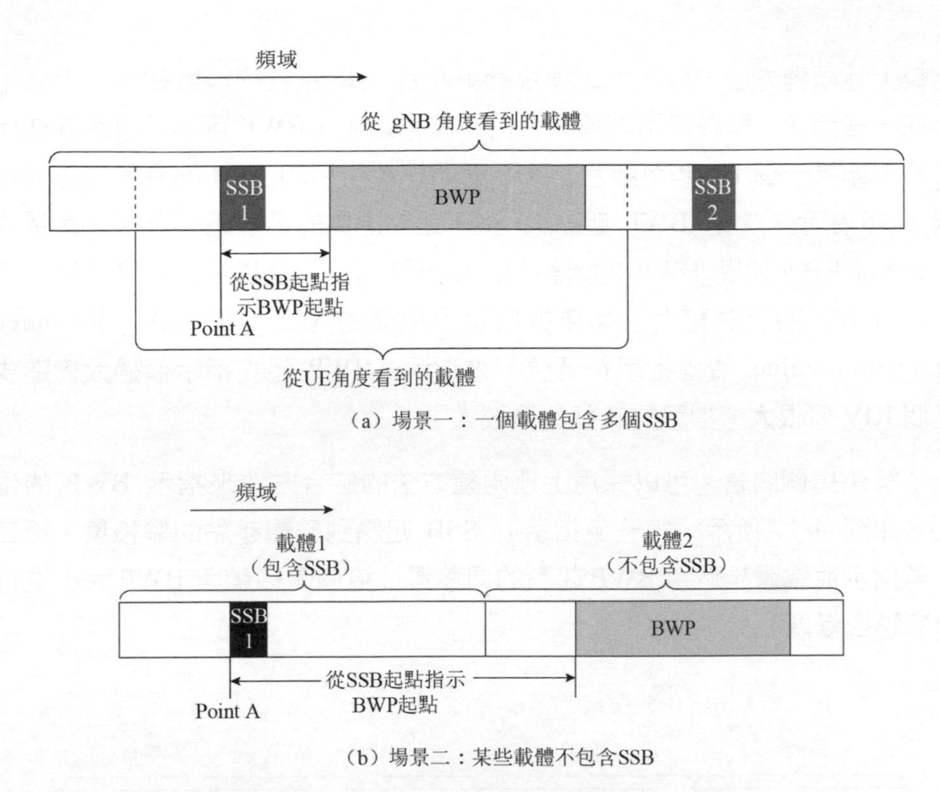

圖 4-15 基於 NR 新系統設計的 BWP 起點指示方法

為了實現上述這兩種更靈活的部署場景，可以基於上述某個「錨點」定義 Point A。舉例來說，UE 從某個 SSB 連線，就以這個 SSB 作為「錨點」作為 Point A，匯出後續各通道的頻域資源位置。這樣，就不需要終端知道 gNB 側的物理載體的範圍和其他 SSB 的位置。如圖 4-16 中所示，假如以 SSB 1 的起點定義 Point A，指示某個 BWP 的起點相對此 Point A 的偏移量，則終端不需要知道載體位置資訊，也可以指示 BWP 的位置和大小。

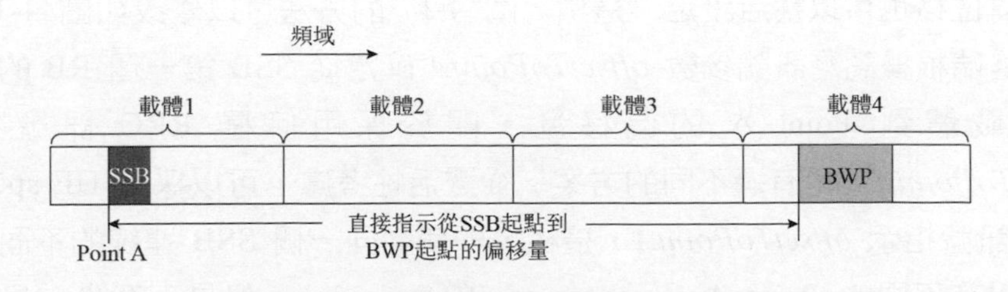

圖 4-16 相對 SSB 直接指示 BWP 位置的方法

比較上述兩種方法，顯然第二種設計更符合 NR 系統的設計初衷，但它也存在一些問題。即在採用載體聚合的 NR 系統中，BWP 可能被設定在任何載體。如果一個 BWP 距離包含 UE 初始連線所用的 SSB 的載體較遠（如圖 4-16 所示），則 BWP 起點與 SSB 起點之間的偏移量包含很大數量的 common RB。如果 BWP 的起點和大小分開指示，這也沒有什麼問題，但由於 BWP 的起點和大小需要採用聯合編碼的方式（即 RIV，Resource Indication Value, 資源指示符號值）來指示，BWP 起點指示值過大會造成整個 RIV 值很大，指示的訊號負擔較大。

為了解決這個問題，可以採用上述兩種方法的結合方法來指示 BWP 的位置。如圖 4-17 所示，第一步指示從 SSB 起點到載體起點的偏移量，第二步再指示從載體起點到 BWP 起點的偏移量（這個偏移量與 BWP 大小進行 RIV 聯合編碼）。

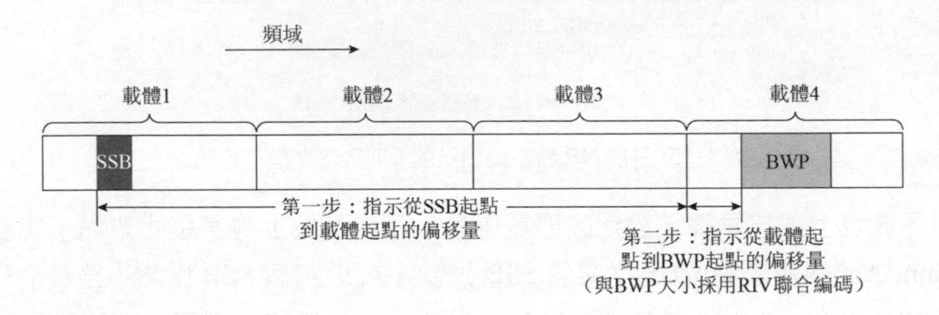

圖 4-17 「兩步法」指示 BWP 位置

如圖 4-17 所示是直接將 SSB 的起點作為 Point A。一種可以進一步引入靈活性的方法是允許 Point A 與 SSB 有一定位移，即從 SSB 起點到 Point A 的相對位移也可以靈活設定。這樣，圖 4-17 的方法可以修改如圖 4-18 所示，終端根據高層訊號參數 *offsetToPointA* 確定從 SSB 第一個 RB 的第一個子載體到 Point A 的偏移量。關於採用何種 RRC 訊號指示 *offsetToPointA*，也有過不同的方案。從靈活性考慮，可以採用 UE-specific RRC 訊號指示 *offsetToPointA*，這樣，即使從同一個 SSB 連線的不同終端也可以有不同的 Point A 和 common RB indexing。但是，至少在目前看來，這種靈活性的必要性不是很清晰，Point A 可以作為從同一個 SSB 連線的所有終端共同的 common RB 起點。這樣，*offsetToPointA* 就可以攜帶在 RMSI 訊號（SIB1）中，避免採用 UE-specific 訊號給每個 UE 分別設定造成的負擔浪費。

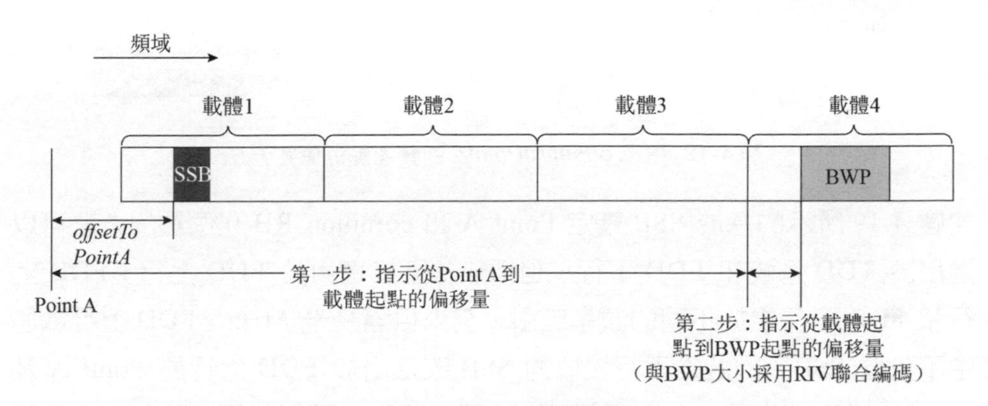

圖 4-18 加入 *offsetToPointA* 的 BWP 指示方法

圖 4-18 顯示了基於 SSB 起點指示 Point A 位置的基本方法，但具體到「SSB 起點」的定義，還有一些細節需要確定。因為從現實的訊號負擔考慮，*offsetToPointA* 需要以 RB 為單位來指示。而由於射頻的原因，初始搜尋所用的頻率光柵和 common RB 的頻率光柵可能不同，造成 SSB 的子載體、RB 可能無法與 common RB 的子載體光柵、RB 光柵對齊，因此無法直接將 SSB 的起點作為 *offsetToPointA* 的參考點，而需要以 common RB 中的某個 RB 作為 SSB 的起點。最終確定採用如圖 4-19 所示的方法確定指示 *offsetToPointA* 的參考點：首先，使用以 *subCarrierSpacingCommon* 指示的子載體間隔定義的 common RB 光柵。然後，找到和 SSB 發生重疊的第一個 common RB（稱為 $N_{\mathrm{CRB}}^{\mathrm{SSB}}$），與 SSB 之間的具體偏差由高層參數 k_{SSB} 列出。以 $N_{\mathrm{CRB}}^{\mathrm{SSB}}$ 的第一個子載體的中心作為參考點指示 *offsetToPointA*，指示 *offsetToPointA* 的子載體間隔為 15kHz（針對 FR1，Frequency Range 1，即 6GHz 以下頻段）或 60kHz（針對 FR2，Frequency Range 1，即 6GHz 以上頻段）。

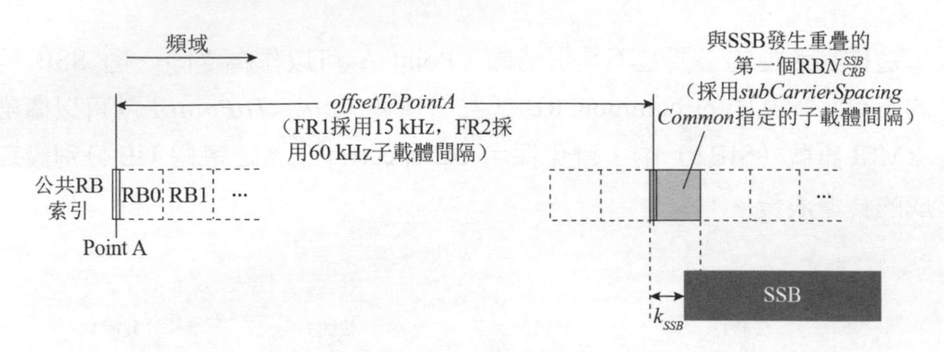

圖 4-19 指示 *offsetToPointA* 的參考點的確定方法

如圖 4-19 所示的基於 SSB 確定 Point A 和 common RB 0 位置的方法可以適用於 TDD 系統和 FDD 下行，但卻無法直接適用於 FDD 上行。FDD 上行和 FDD 下行處於不同的頻率範圍，至少相隔幾十 MHz，FDD 上行載體中不包含 SSB。因此從下行接收的 SSB 確定用於 FDD 上行的 Point A 及 common RB 0 位置，有一定困難。這種情況下，可以使用一種從 2G 時代延續下來的傳統方法來代替 SSB 作為指示 Point A 的基點，也就是基於絕對無線頻道編號（ARFCN）確定[59]。如圖 4-20 所示，不依賴 SSB，終端可以根據高層訊號參數 *absoluteFrequencyPointA* 基於 ARFCN 確定用於 FDD 上行的 Point A 的位置。

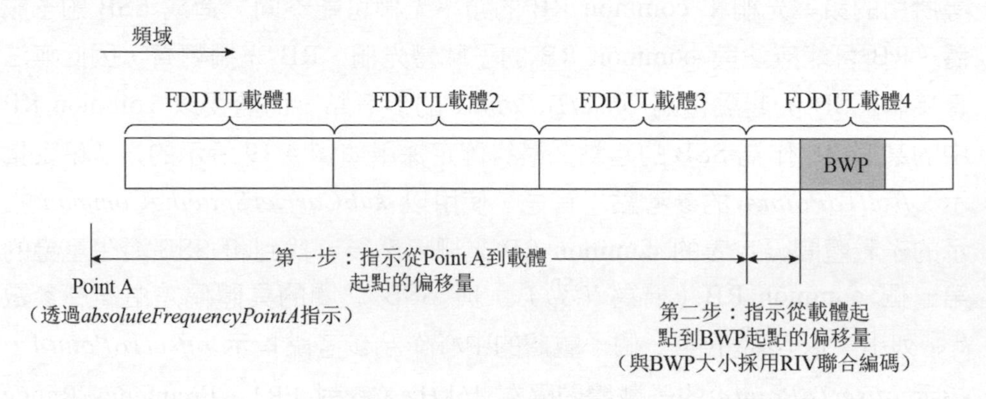

圖 4-20 FDD 上行 BWP 指示方法

4.2.4 Common RB 的起點 RB 0

如 4.2.3 節所述，基於 SSB 或 ARFCN 就可以確定 Point A 的位置，而 Point A 就是 common RB 0 所在的位置。但 Point A 是頻域上的點，而 common RB 0 具有一定頻域寬度，如何從 Point A 確定 common RB 0 的位置，還有一個細節問題需要解決。

如上 4.2.2 節所述，各個子載體間隔 μ 有不同的 common RB indexing，但不同 μ 的 common RB 0 位置都由 Point A 確定，即 common RB 0 的第一個子載體（即子載體 0）的中心頻點位於 Point A，基於 Point A 就可以確定 common RB 0 的位置（如 TS 38.211 第 4.4.3 節[30]所述）。不同 μ 的 common RB 0 的子載體 0 的中心頻點都位於 Point A，如圖 4-21 所示。因此，不同 μ 的 common RB 0 的低端邊界實際上是不完全對齊的。

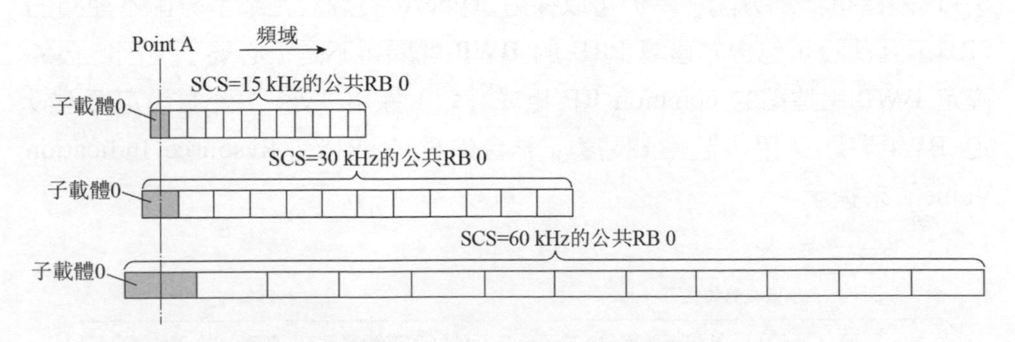

圖 4-21 從 Point A 確定 common RB 0 的子載體 0

4.2.5 載體起點的指示方法

回顧 4.2.1-4.2.4 節所述的方法：由 SSB 或 ARFCN 確定 Point A，由 Point A 確定 common RB 0，再從 common RB 0 指示載體起點，最後從載體起點指示 BWP 的位置和大小。確定了 common RB 0 後，載體起點相對 common RB 0 的偏移量 $N_{\text{grid}}^{\text{start},\mu}$ 可由高層訊號 *SCS-SpecificCarrier* 中的 *offsetToCarrier* 來指示，在初始連線過程中有 SIB 資訊攜帶，或在切換過

程中由 RRC 訊號攜帶。*offsetToCarrier* 的設定值範圍為 0~2199（見 TS 38.331[31]）。5G NR 中的 RB indexing 最多包含 275 個 RB，因此 *offsetToCarrier* 最少可以指示 8 個相鄰載體的頻域位置，以支援載體聚合操作。

4.2.6 BWP 指示方法

5G NR 採用了兩種和 LTE 類似的頻域資源設定方式，即連續（contiguous）資源設定和非連續（non-contiguous）資源設定（在 NR 中分別稱為 Type 1 和 Type 0 資源設定類型，請見第 5.2 節）。BWP 的頻域設定原則上也可以採用連續資源設定（如圖 4-22（a））或非連續資源設定（圖 4-22（b）），但由於 BWP 的頻域資源只是一種「粗分配」，在 BWP 內進行「細分配」時仍可以採用 Type 0 資源設定類型分配不連續的 PRB，因此設定包含非連續 PRB 的 BWP 就顯得不是很必要了。因此最終確定 BWP 由連續的 common RB 組成[21,23]，採用 Type 1 資源設定類型設定 BWP，即採用「起點+長度」聯合編碼的 RIV（Resource Indication Value）來指示。

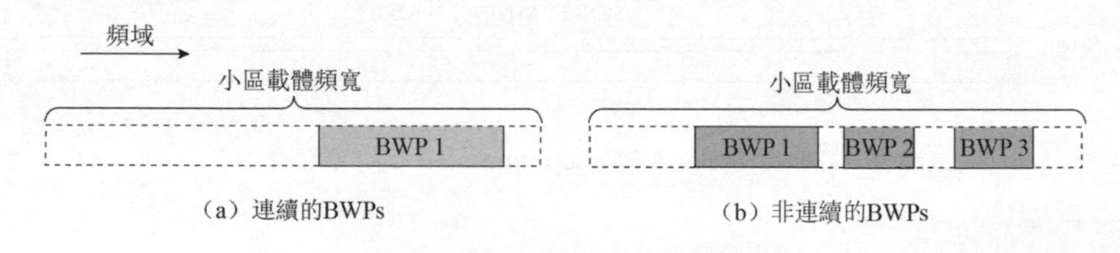

圖 4-22 連續 BWP 與非連續 BWP

因此，從載體起點指示 BWP 起點的方法可表示為：

$$N_{\mathrm{BWP},i}^{\mathrm{start}} = N_{\mathrm{grid},i}^{\mathrm{start}} + RB_{\mathrm{BWP},i}^{\mathrm{start}} \tag{4.2}$$

其中 $N_{\mathrm{grid}}^{\mathrm{start},\mu}$ 為載體起點所在的 common RB 編號，$RB_{\mathrm{BWP},i}^{\mathrm{start}}$ 為從 RIV 值根據公式(4.2)得出的起點 common RB 編號。

這個 RIV 值由設定 BWP 的高層訊號 *locationAndBandwidth* 指示，採用以

下公式（見 TS 38.214[32]第 5.1.2.2.2 節）可以從 RIV 反推出 BWP 的起點和大小。

$$\begin{aligned}&\text{如果}\left(L_{RBs}-1\right)\le\left\lfloor N_{BWP}^{size}/2\right\rfloor,\ RIV=N_{BWP}^{size}\left(L_{RBs}-1\right)+RB_{start}\\&\text{不然}\ RIV=N_{BWP}^{size}\left(N_{BWP}^{size}-L_{RBs}+1\right)+\left(N_{BWP}^{size}-1-RB_{start}\right)\end{aligned}\tag{4.3}$$

在採用此公式進行計算時，需要注意的是，這個公式本來是用來指示 BWP 內的 PRB 分配的，現在被借用來指示 BWP 自己的起點和大小，此時公式中的 RB_{start} 和 L_{RBs} 分別指示 BWP 的起點和大小，而公式中的 $N_{\mathrm{BWP}}^{\mathrm{size}}$ 是被指示的 BWP 的大小。因為公式要用來指示各種可能大小的 BWP，所以 $N_{\mathrm{BWP}}^{\mathrm{size}}$ 必須是 BWP 的尺寸上限。由於 R15 NR 最大的可指示的 RB 數量是 275（見第 3 章），因此在將此公式用於 BWP 設定時，$N_{\mathrm{BWP}}^{\mathrm{size}}$ 被固定為 275（見 TS 38.213 [1]的第 12 章）。舉例來說，當 $N_{\mathrm{BWP}}^{\mathrm{size}}$ =275、RB_{start} =274、L_{RBs}=138 時，RIV 達到最大值 37949，因此 *locationAndBandwidth* 的數值範圍為 0 ~ 37949。

各個 BWP 是完全獨立設定的，如圖 4-8 所示，不同的 BWP 可以包含重疊的頻域資源，在這方面，標準不作限制。

4.2.7 BWP 的基本設定方法小結

綜上所述，BWP 的頻域設定方法及 PRB→common RB 的映射方法如圖 4-23 所示，整個過程可以複習如下：

- 確定與 SSB 發生重疊的第一個 common RB $N_{\mathrm{CRB}}^{\mathrm{SSB}}$。
- 從 $N_{\mathrm{CRB}}^{\mathrm{SSB}}$ 的第一個子載體確定下行 Point A，或從 ARFCN 確定上行 Point A。
- 從 Point A 確定各個子載體間隔 μ 的 common RB 0 的位置及 common RB indexing。
- 根據 common RB 0 的位置和 *offsetToCarrier* 確定載體起點位置 $N_{\mathrm{grid}}^{\mathrm{start},\mu}$。

- 根據 *locationAndBandwidth* 指示的 RIV 值確定 BWP 起點相對 $N_{\text{grid}}^{\text{start},\mu}$ 的偏移量及 BWP 的頻寬，從而確定以 common RB 計算的 BWP 起點 $N_{\text{BWP},i}^{\text{start}}$ 和大小 $N_{\text{BWP},i}^{\text{size}}$。
- BWP 內的 PRB indexing 與 common RB indexing 的映射關係為 $n_{\text{CRB}} = n_{\text{PRB}} + N_{\text{BWP},i}^{\text{start}}$。

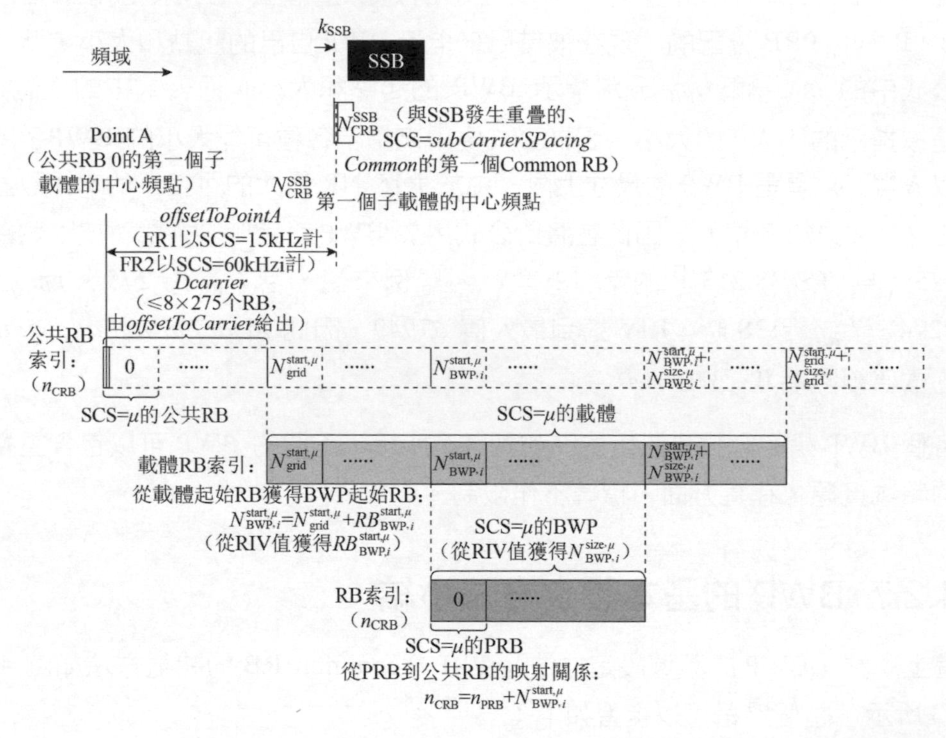

圖 4-23 BWP 內的 PRB indexing 的確定過程（以基於 SSB 確定 Point A 為例）

從上述過程可以看到，UE 確定 BWP 的頻域範圍和 PRB→common RB 映射過程只需要用到載體起點 $N_{\text{grid}}^{\text{start},\mu}$，而不需要知道載體的大小 $N_{\text{grid}}^{\text{size},\mu}$（出於對終端發射時的射頻要求，終端還是需要知道系統載體的位置，但從設定 BWP 和 common RB 的角度，以及各種通道的資源設定的角度，這個資訊是不需要的）。因此上述過程只保證了 BWP 的起點位於載體範圍內，但無法保證 BWP 的終點也在載體範圍內。為了確保 gNB 為 UE 設定的 BWP 的頻域範圍是被限制在載體範圍內的，TS 38.211 第 4.4.5 節[30]引入了以下公式。

$$
\begin{gathered}
N_{\mathrm{grid},x}^{\mathrm{start},\mu} \le N_{\mathrm{BWP},i}^{\mathrm{start},\mu} < N_{\mathrm{grid},x}^{\mathrm{start},\mu} + N_{\mathrm{grid},x}^{\mathrm{size},\mu} \\
N_{\mathrm{grid},x}^{\mathrm{start},\mu} < N_{\mathrm{BWP},i}^{\mathrm{size},\mu} + N_{\mathrm{BWP},i}^{\mathrm{start},\mu} \le N_{\mathrm{grid},x}^{\mathrm{start},\mu} + N_{\mathrm{grid},x}^{\mathrm{size},\mu}
\end{gathered}
\tag{4.4}
$$

綜上所述，BWP 的基本設定參數值包括 BWP 的頻域位置、大小（對應的高層訊號參數為 *locationAndBandwidth*）和基礎參數集（numerology）設定。因基礎參數集中的子載體間隔由參數 μ 表徵，在 μ=2（即 SCS=60kHz）時的兩種 CP 需要另一個參數來指示，因此 BWP 的基本設定包括 *locationAndBandwidth*、*subcarrierSpacing* 和 *cyclicPrefix* 三個參數（見 TS 38.331[31]）。由於引入 BWP 的初衷是終端省電及資源設定，因此正常情況下 BWP 是採用 UE-specific RRC 訊號來設定的。但初始 BWP（initial BWP）作為一個特殊的 BWP，有自己的確定方法，詳見第 4.4 節所述。

可以看到，每個 BWP 的三個參數都是分別獨立設定的，為 BWP 的設定提供了極大的靈活性。和傳統的 subband 概念完全不同，兩個 BWP 在頻域上可一部分重疊甚至完全重疊，重疊的兩個 BWP 可以採用不同的子載體間隔[33]，使頻域資源可以靈活用於不同的業務類型。

4.2.8 BWP 設定的數量

關於可設定的 BWP 數量，既不需要過多，也不能過少。從終端省電角度考慮，下行和上行分別設定 2 個 BWP 也就夠用了（如圖 4-3、圖 4-4 所示）：一個較大的 BWP 用於下行或上行資料傳輸（如分別等於 UE 的下行或下行頻寬能力）；一個較小的 BWP 用於在傳輸下行或上行控制訊號的同時節省 UE 耗電。但如果從資源設定角度考慮，2 個 BWP 就不夠了。以下行為例，如圖 4-24 所示，以下行為例，不同子載體間隔的頻域資源可能位於載體的不同區域，如果要支援 2-3 種子載體間隔的下行資料接收，至少需要設定 2-3 個用於 PDSCH 接收的 DL BWP，加上用於 PDCCH 監測的 BWP 1（如 4.3.6 節將要介紹的，這個 BWP 被稱為預設 BWP），共需要設定 3-4 個 DL BWP。由於 3 或 4 個 BWP 終歸都需要在 DCI 中攜帶 2bit 的指示符號來指示（具體將在 4.3.5 節介紹），設定 4 個 BWP 是比較合理的。

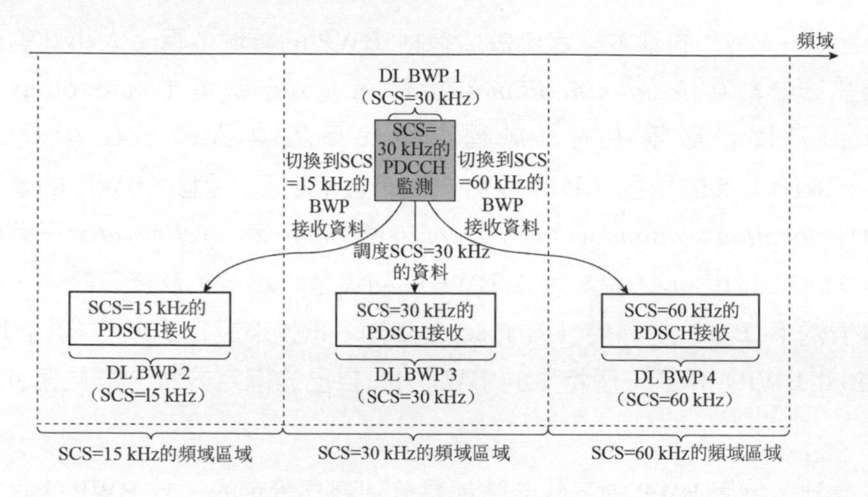

圖 4-24 設定 4 個 DL BWP 的一種典型場景

另外，還有建議設定更多的 BWP，如 8 個。在採用 DCI 指示 BWP 切換時，4 個 BWP 需要 2bit 的 BWP 指示符號指示，8 個 BWP 則需要 3 個 bit。經過討論，認為至少對於 R15 NR 系統，上行和下行各設定 4 個 BWP 就夠用了。如果未來需要設定更多 BWP，可以在後續版本中再作擴充。

但是需要說明的是，所謂最多設定 4 個 BWP 是指用 UE-specific RRC 訊號設定的 BWP（又稱為 UE-dedicated BWP），另外 UE 還自然會擁有一個下行初始 BWP（initial DL BWP）和一個上行初始 BWP（initial UL BWP）。這樣，實際上一個 UE 可以在上行和下行分別擁有 5 個高層訊號設定的 BWP，只不過 initial DL BWP 和 initial UL BWP 不是由 RRC 專用訊號設定的 UE-dedicated BWP（4.4 節將詳細介紹 initial BWP 概念），由 RRC 專用訊號設定的 UE-dedicated BWP 仍然是上行最多 4 個、下行最多 4 個。因此，TS 38.331[31]中定義的最大 BWP 數量 maxNrofBWPs=4。但

BWP 的編號 *BWP-Id* 的設定值為[0, ..., 4]，即支援 5 個 BWP 編號，其中 *BWP-Id*=0 指示 initial DL BWP 或 initial UL BWP，*BWP-Id*=1~4 指示 RRC 訊號設定的 4 個 UE-dedicated BWP。

關於 BWP 的具體指示方法，在 4.3.3 節還將詳細介紹。

4.2.9 TDD 系統的 BWP 設定

早在 BWP 概念出現之前的 RAN1#87 會議上就形成了共識，下行和上行的 bandwidth adaptation 不是必須連結在一起的[12,13]。但是在後續的 BWP 研究過程中，逐漸發現對 TDD 系統，如果不加限制的分別切換 DL BWP 和 UL BWP 可能會帶來問題。在 TDD 系統的設定方面，有三種可能的方案：

★方案 1：上行 BWP 和下行 BWP 分別設定，各自獨立啟動（即與 FDD 完全相同）。

★方案 2：上行、下行共用同一個 BWP 設定。

★方案 3：上行 BWP 和下行 BWP 成對設定，成對啟動。

在 2017 年 6 月的 RAN1#AH NR2 及 10 月的 RAN1#90bis 會議上確定，FDD 系統的 UL BWP 和 DL BWP 是分別獨立切換的[64]。但在 TDD 系統中進行 BWP switching 時，DL BWP 和 UL BWP 的中心頻點應該保持一致[34,41]（雖然頻寬可以不同）。而 BWP 的切換可能會導致終端操作的中心頻點發生變化，因此如果 TDD 系統的上行 BWP 和下行 BWP 的切換各自獨立，可能造成上行中心頻點和下行中心頻點不同。如圖 4-25 所示，假設第一時刻 TDD 終端的下行啟動 BWP 和上行啟動 BWP 分別為 DL BWP 1 和 UL BWP 1，中心頻點一致。在第二時刻，該終端的下行啟動 BWP 切換到 DL BWP 2，而上行啟動 BWP 仍保持在 UL BWP 1，不能保證 DL BWP 2 和 UL BWP 1 的中心頻點一致。因此方案 1 不甚合理。

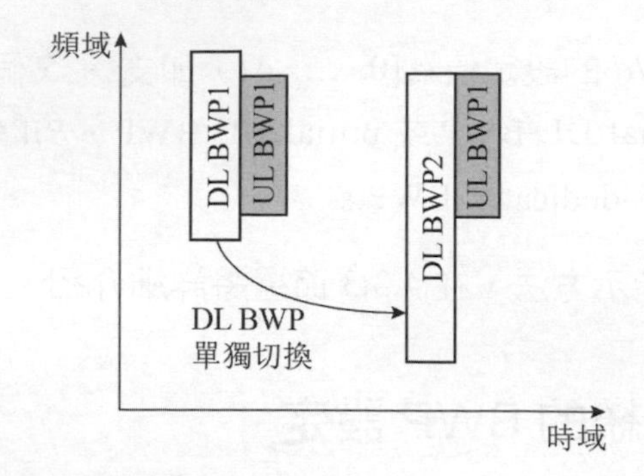

圖 4-25 TDD 系統上行 BWP 和下行 BWP 分別設定的問題

而另一方面，方案 2[55]又過於死板。強制 TDD 系統在上行和下行使用相同大小的 BWP（如圖 4-26 所示），對於 5G NR 這樣下行頻寬可能很大（如 100MHz）的系統，同時要求上產業工作在相同大小的頻寬，也是不合理的。

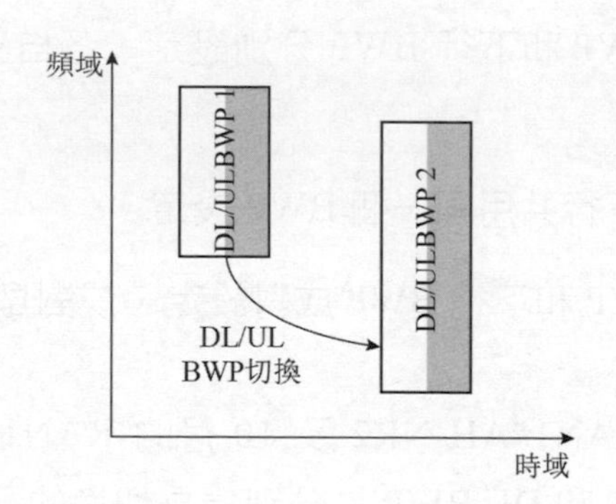

圖 4-26 TDD 系統上、下行共用一套 BWP 設定的問題

因此最終決定採用方案 3，即下行 BWP 和上行 BWP 需要成對設定、成對切換[64]，即 BWP Index 相同的上行 BWP 和下行 BWP 配成一對，中心頻點仍保持一致。如圖 4-27，在第一時刻，上行 BWP 1 和下行 BWP 1 處於啟動狀態，中心頻點一致。在第二時刻，終端的啟動 DL BWP 和啟動 UL BWP 同時切換到上行 BWP 2 和下行 BWP 2，中心頻點仍保持一致。方案 3 既避免了啟動 DL BWP 和啟動 UL BWP 的中心頻點不同，又可以允許下行 BWP 和上行 BWP 的大小不同[20]。因此，最終採用方案 3 作為 TDD 系統 BWP 設定方法。

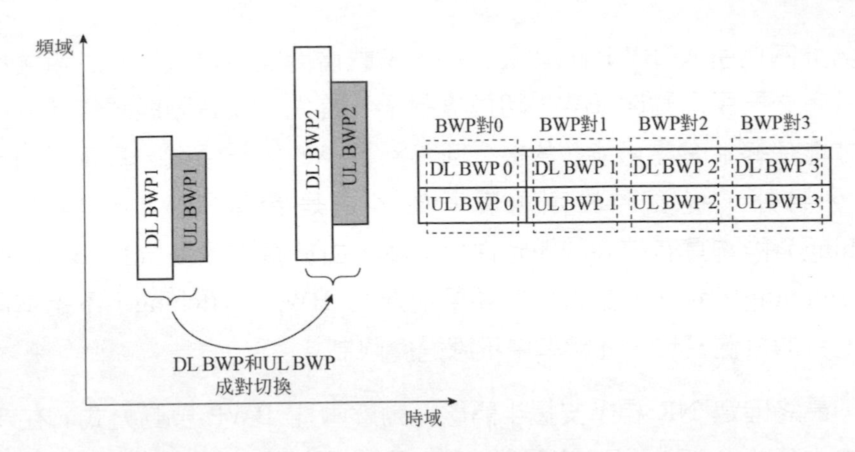

圖 4-27 TDD 系統上行 BWP 和下行 BWP 成對設定方法

4.3 BWP 切換

4.3.1 動態切換 vs 半靜態切換

由於 R15/R16 NR 標準只支援 single active BWP，所以啟動一個 BWP 的同時必須去啟動原有的 BWP，所以 BWP 的啟動/去啟動也可稱為 BWP 切換（BWP switching）。

關於如何從已經設定的多個 BWP 中啟動一個 BWP 的問題，早在 BWP 概念形成之前已經在 bandwidth adaptation 研究中得到討論。動態啟動和半靜態啟動是兩種被考慮的方案[11,17]，半靜態啟動可以採用 RRC 重配或類似 DRX 的方式實現。RRC 訊號啟動 BWP 身為比較基本的啟動方式，至少可以達到「實現比系統頻寬更小的終端頻寬能力」這一 BWP 的基本功能。因為終端的頻寬能力相對固定，如果只是為了把終端的工作頻寬限制在其能力範圍內，只要能夠半靜態的調整終端頻寬在系統頻寬中的頻域位置即可。畢竟從社區負載平衡的角度考慮，半靜態的調整各終端的頻寬在系統頻寬中的位置就夠了，動態調整必要性不大[63]。半靜態 BWP 切換可以節省 DCI 負擔，簡化網路和終端的操作。

但從另外兩個引入 BWP 的初衷——多子載體間隔資源設定和省電角度考慮，就有必要引入動態 BWP 切換機制了。首先，只有動態調整 BWP 大小，才能使終端有盡可能多的機會回落到較小的操作頻寬，真正達到省電效果。另外，從資源設定角度考慮，更是希望 BWP 切換（BWP switching）能夠具有較高的即時性。當然，由於每次改變啟動 BWP 都會帶來 retuning time，不應該過於頻繁地進行 BWP switching，不過這取決於基地台的具體實現，在標準中不應過度限制。

因此，最終確定 NR 標準支援半靜態、動態兩種 BWP 啟動方式。在 R15 標準中，基於 RRC 訊號的半靜態 BWP 啟動是必選的 UE 特性，動態 BWP 啟動是可選的 UE 特性。基於 RRC 訊號的半靜態 BWP 啟動可以用於初始連線過程內的 BWP 啟動、CA 輔載體啟動後的 BWP 啟動等特殊場景（具體見 4.4 節）。另外，動態啟動 BWP 在 R15 標準中是一種可選的 UE 特性，對於不支援動態 BWP 啟動的 UE，RRC 啟動也可以身為預設的 BWP 啟動機制。RRC 啟動由於無法實現 UE 傳輸頻寬的快速收縮，因此無法獲得 UE 省電的效果，但至少能實現 UE 頻寬能力小於網路頻寬時的正常操作。

4.3.2 基於 DCI 的 BWP 啟動方式的引入

在考慮 BWP 的動態啟動方式時，有兩種候選啟動方案——MAC CE 啟動和 DCI 啟動[26]。

MAC CE 在 LTE 載體聚合（CA）系統中被用來啟動輔載體（SCell），採用 MAC CE 的優點是更可靠（因為 MAC CE 可以使用 HARQ 回饋而 DCI 沒有回饋機制）[15]，而且可以避免增加 DCI 的訊號負擔（MAC CE 作為高層訊號，可以承受更大的負擔），缺點是需要一段時間才能生效（如數個時間槽），即時性較差。而作為物理層訊號，DCI 可以在幾個符號週期內生效[14]，更有利於實現 BWP 的快速切換。雖然從終端節電角度考慮，過於頻繁的切換 BWP 也不一定有必要[53]，但 NR 系統中的 BWP switching

並不僅是用於終端節電，還有很多別的用途，所以相對 SCell，BWP 需要更快速的啟動機制。

DCI 的缺點是存在漏檢（mis-detection）和誤報（false alarm）問題，尤其是如果終端漏檢了指示下行 BWP switching 的 DCI，當 gNB 已經在新的 DL BWP 上發送 DCI 時，UE 仍停留在舊的 DL BWP 監測 PDCCH，在正常情況下（兩個 BWP 的 CORESET 和搜尋空間不重疊），終端就始終無法收到 DCI 了。為了解決 DCI 漏檢造成的 gNB/UE 對下行啟動 BWP 不同了解問題，NR 標準最終也採用了基於 timer 的 BWP switching，可以實現在 DCI 漏檢時回落到預設下行 BWP（具體見 4.3.3 節），一定程度上彌補了 DCI 相對 MAC CE 的可靠性劣勢。另外 gNB 實現上也可以透過一些容錯傳輸的方式（如在新、舊 BWP 上都進行下行發送和上行接收，直到收到終端的 HARQ-ACK 回饋）來回避 DCI 誤檢的影響[54]。最後，NR 肯定會支援基於 RRC 訊號這種可靠的 BWP 啟動方式，採用 RRC 訊號加 DCI 的組合，已經可以兼顧可靠性和低延遲，再引入基於 MAC CE 的 BWP 啟動方式的必要性不大。因此 NR 最終決定採用基於 DCI 的動態 BWP 啟動方法[45]，不採用基於 MAC CE 的 BWP 啟動。

如 4.2.9 節所述，在 FDD 系統中，DL BWP 和 UL BWP 是分別獨立切換的，即 DL BWP 切換時 UL BWP 可保持不動，UL BWP 切換時 DL BWP 可保持不動。但在 TDD 系統中，DL BWP 和 UL BWP 必須成對切換，即總是 BWP 指示符號（BWP indicator，BWPI）相同的 DL BWP 和 UL BWP 同時處於啟動狀態[64]。DCI 中具體的 BWP 指示方法見 4.3.5 節。

需要說明的是，在 NR CA 的技術討論中，也有建議對載體（CC）啟動機制進行增強，支援基於物理層訊號（主要是 DCI）的 CC 啟動/去啟動，但在 R15 NR 標準化中沒有被接受。因此，DCI 啟動在 R15 中成為 BWP 機制相對 CA 的明顯的優勢，使 BWP 啟動/去啟動明顯比 CC 啟動/去啟動更快速更高效，也是 BWP 成為明顯不同於 CA 的新的系統工具的原因之一。

最後，在設計 BWP 的 DCI 啟動的同時，也明確了：只定義了 BWP 的「啟動」，而不定義 BWP 的「去啟動」。這個問題的關鍵是：是否始終有一個 BWP 處於啟動狀態？如果始終有一個 BWP 處於啟動狀態，那麼啟動新的 BWP 自然就會去啟動原有的 BWP，不需要專門的 BWP「去啟動」機制。但如果是「用時啟動 BWP，不用時可以不存在任何啟動 BWP」的話，則既需要 BWP 啟動機制，也需要 BWP 去啟動機制。隨著對 BWP 研究的深入，BWP 的概念逐步變大，不僅用於資料通道的排程，還用於 PDCCH 的控制通道以及測量參考訊號等的的接收，顯然 BWP 已經成為一個「隨時必備」的普適概念了，因此「隨時都有一個啟動的 BWP」已成為必然，BWP「去啟動」也就沒有必要設計了。

4.3.3 觸發 BWP switching 的 DCI 設計--DCI 格式

首先要回答的問題，是採用何種 DCI 格式（DCI format）來傳輸 BWP 切換指令，在這個問題上曾有不同的方案，一種方案是利用排程資料通道的 DCI（scheduling DCI）觸發 BWP switching [44]，另一種方案是新增一種專用於 BWP switching 的 DCI format。

在 R15 5G NR 中，除了 scheduling DCI（Format 0_0、0_1、1_0、1_1，詳見第 5.4 節）之外，也引入了幾種專門傳輸某種物理層設定參數的 DCI format（即 Format 2_0、Format 2_1、Format 2_2、Format 2_3），分別用於時間槽格式（見第 5.6 節）、URLLC 預清空指示（見第 15 章）和功率控制指令的傳輸。採用單獨的 DCI format 指示 BWP 切換的優點包括[62]：

- 在不需要排程資料的時候也可以觸發 BWP switching（比如可以切換到另一個 BWP 進行 CSI 測量）。
- 具有比 scheduling DCI 更小的負載大小（payload），有利於提高 PDCCH 傳輸可靠性。
- 不用像 scheduling DCI 那樣區分上行、下行，可以用一個 DCI 同時切換 DL BWP 和 UL BWP。

- 如果未來要支援同時啟動多個 BWP，採用單獨的 DCI 比 scheduling DCI 更適合。

但同時，引入一種新的 DCI format 也會帶來一些問題：會增加 PDCCH 負擔和 UE 檢測 PDCCH 的複雜度，佔用有限的盲檢測次數。如果採用基於序列的 DCI 設計、固定 DCI 資源位置等方法降低 PDCCH 檢測複雜度，也會帶來一系列缺點和問題[49]。而上述幾種專用 DCI format 或是向一組 UE 發送的組公共 DCI（group-common DCI），用於和資料排程關係不大的控制指令。

應該說，BWP switching 操作和資料通道排程還是比較相關的。從較小的 BWP 切換到較大的 BWP 通常是由於要排程資料，在 scheduling DCI 中指示 BWP switching，可以在啟動新的 BWP 的同時在新的 BWP 內排程資料（即跨 BWP 排程），節省了 DCI 負擔和延遲。從較大的 BWP 切換到較小的 BWP，不一定是排程資料引起的，但可以透過基於 timer 的 BWP 回落機制來實現（見 4.3.6 節）。綜上所述，R15 作為 5G NR 的基礎版本，採用 scheduling DCI 實現 BWP switching 指示是比較合理穩妥的。當然，從理論上講，觸發 BWP switching 的 DCI 不一定真的包含 PDSCH、PUSCH 的排程資訊，如果其中並沒有有效的指示任何 PRB，則這個 DCI 就只用於觸發 BWP switching，而不用於實際的資料排程。

什麼是跨 BWP 排程呢？如 4.1 節所述，BWP 既可以應用於 PDCCH 接收，也可以應用於 PDSCH 接收，且每個 BWP 都包含 CORESET。這樣在不發生 BWP switching 的情況下，一個 BWP 中的 PDCCH 就可以用來排程同一 BWP 內的 PDSCH，PDCCH 和被排程的 PDSCH 的子載體間隔也是一致的。但也有可能出現另一種情況：在一個 DCI 之後、在被它排程的 PDSCH 之前發生了 BWP switching（一種典型情況是該 DCI 包含一個觸發 BWP switching 的 BWPI），這樣該 PDCCH 和被其排程的 PDSCH 就將處於不同的 BWP 中，這種操作可被稱為跨 BWP 排程（cross-BWP scheduling）。跨 BWP 排程會帶來一系列問題，因此在是否支援跨 BWP

排程上，也曾有過不同意見。但如果不允許跨 BWP 排程，會造成在 BWP switching 時的時域排程的靈活性受限，增大 PDSCH 的排程延遲，因此 3GPP 決定支援跨 BWP 排程，只不過要經過 RF retuning time 之後才能排程[24,26]。

如圖 4-28（a）所示，如果允許跨 BWP 排程，在 BWP 1 內觸發 BWP switching 的 DCI 可以直接排程完成 BWP switching 之後在 BWP 2 內的 PDSCH，這樣 UE 的 active BWP 切換到 BWP 2 後馬上就可以在被排程的 PDSCH 裡接收資料。當然，採用 scheduling DCI 中指示 BWP switching 是實現「跨 BWP 排程」的最高效的方式。

而如果不允許跨 BWP 排程，採用專用的 BWP switching 的 DCI format 也是可以的，但實現快速排程有一定困難。如圖 4-28（b）所示，BWP 1 內的最後一個 DCI 只觸發 BWP switching，但不用於排程 PDSCH，要等待 BWP switching 完成後，UE 在 BWP 2 內檢測到第一個排程 PDSCH 的 DCI，獲得 PDSCH 的排程資訊，並在更晚的時間在被排程的 PDSCH 裡接收資料。

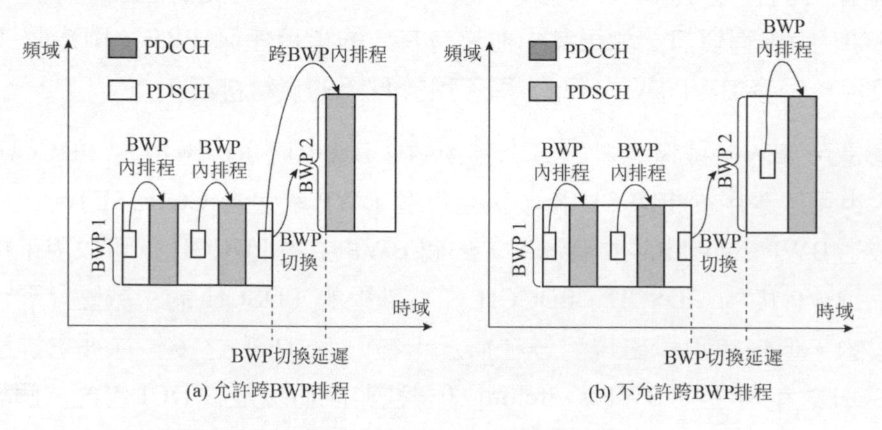

圖 4-28 允許跨 BWP 排程有利於實現低延遲的下行排程

需要說明的是，對跨 BWP 快速排程的優勢，也並非沒有爭議。其中一個擔心是：跨 BWP 排程無法預先獲得新的 BWP 的 CSI（通道狀態資訊），只能進行低效的排程。在很多場景下，高效的頻域和空域資源排程基於即時的 CSI 和 CQI（通道品質指示）資訊，但根據 R15 NR 的設計，終端只能啟動一個 DL BWP 且 CSI 測量只發生在啟動 DL BWP 中，尚未啟動的 BWP 的 CSI 資訊是無法預選獲得的。因此即使進行跨 BWP 排程，由於不了解目標 BWP 裡的 CSI 和 CQI，gNB 也只能作比較低效的保守排程[61]。當然，即使有效率損失，跨 BWP 排程仍然是實現快速排程的重要手段。

上述分析都是針對 PDSCH 排程，PUSCH 排程的情況類似，即如果排程 PUSCH 的 DCI 中的 BWPI 指示了一個和當前啟動 UL BWP 不同的 UL BWP，則此次排程是 cross-BWP scheduling，對應的處理方式和下行相同，這裡不再重述。

所以最終確定，在 R15 NR 標準中首先支援利用完整格式的 scheduling DCI 觸發 BWP switching，即由負責上行排程的 DCI format（Format 0_1）可觸發上行 BWP switching，負責下行排程的 DCI format（Format 1_1）可觸發下行 BWP switching。而回落 DCI（fallback DCI）格式（即 Format 0_0、1_0）由於只包含基本的 DCI 功能，不支援 BWP switching 功能，其它的組公共（group-common）DCI 格式（Format 2_0、2_1、2_2、2_3）也不支援 BWP switching 功能。當然，新增額外的專門用於 BWP switching 的 DCI format，也可能能帶來一些最佳化的空間，如在不排程資料通道的時候，可以用一個簡短的 DCI format 觸發 BWP switching，對另一個 BWP 進行通道估計等。是否支援 BWP switching 專用的 DCI format，還可以在後續的 NR 增強版本中再作研究。

4.3.4 觸發 BWP switching 的 DCI 設計--「顯性觸發」vs.「隱性觸發」

利用「排程 DCI」觸發 BWP switching，仍可以有「顯性觸發」和「隱性觸發」兩種方法：顯性觸發即在 DCI 中有一個顯性的域指示 BWPI[44]；隱性觸發即 DCI 中不包含 BWPI，但透過 DCI 本身的存在性或 DCI 中的其他內容觸發 BWP 切換。一種方法是當 UE 接收到排程自己資料傳輸的排程 DCI（scheduling DCI）時自動切換到較大的 BWP[33]；另一種方法是如果 UE 發現 scheduling DCI 實際排程的頻域範圍超過了當前的 BWP，則切換到較大的 BWP[18]。

第一種「隱性觸發」方法存在一些缺點：一是只能在「一大一小」兩個 BWP 之間切換，如圖 4-29 所示，沒有檢測到排程自己的 DCI 時保持在較小的 BWP 中，當 UE 檢測到排程自己的 DCI 時就切換到較大的 BWP。而如 4.2.7 節所述，下行和上行分別需要支援最多 4 個 BWP 之間的切換，因此這種無法滿足要求。

二是對於很小資料量的資料傳輸，終端不一定要切換到寬頻的 BWP，完全可以停留在窄頻的 BWP，從而保持省電效果。如果採用「隱性觸發」，無論排程的資料量大小，都必須切換到寬頻 BWP，這是不盡合理的。

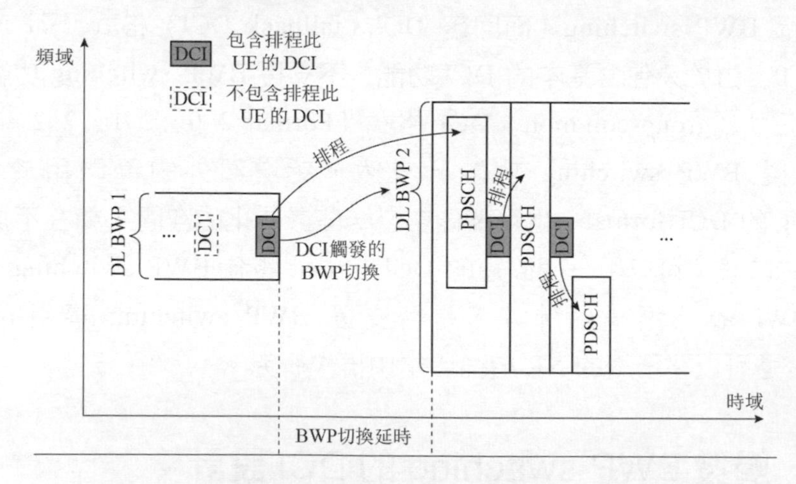

圖 4-29 根據排程 DCI 的存在性「隱性觸發」BWP 切換

第二種「隱性觸發」方法可以避免上述「盲目切換到寬頻 BWP」的問題，但它具有和 4.1.1 節中第一種多 SCS PRB indexing 類似的問題，即需要一個在整個系統頻寬內定義的 PRB indexing，造成排程頻域資源的 DCI

負擔過大，不如在 BWP 內進行資源指示的方法高效、簡潔。由於 PRB indexing 只定義在 BWP 內部（如 4.2.1 節所述），這種方法也不適用。

而「顯性觸發」方法可以透過在 DCI 中包含 2bit BWPI，實現在 4 個 BWP 之間的自由切換。如圖 4-30 所示的例子，除了用來以省電模式監測 PDCCH 的較小的 BWP（DL BWP 1），還可以在不同的頻域範圍為 UE 設定不同的用於接收 PDSCH 的較大的 BWP（DL BWP 2、DL BWP 3），透過 BWPI 的指示，可以讓 UE 切換到 DL BWP 2 或 DL BWP 3。

如 4.1.6 節所述，在 NR 系統中，載體聚合和 BWP 操作是不同層面的概念，因此在 DCI 中，BWPI 和 CIF（載體指示符號域，Carrier Indicator Field）是兩個不同的域（field）[57]。

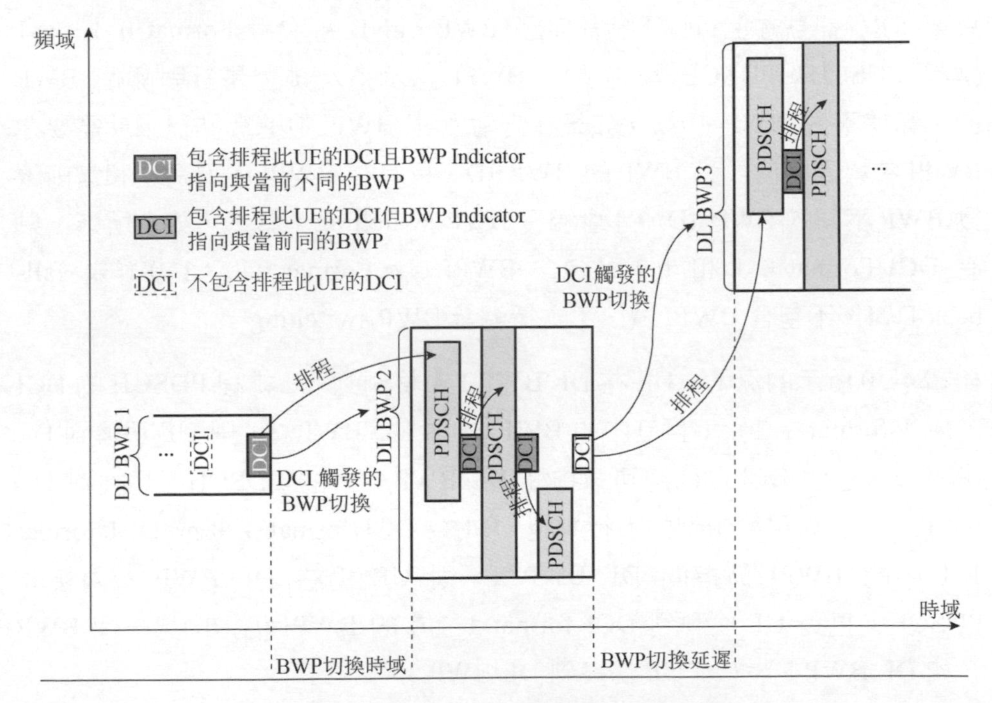

圖 4-30 根據 BWPI「顯性觸發」BWP 切換

4.3.5 觸發 BWP switching 的 DCI 設計--BWP 指示符號

DCI 中的 BWPI 有兩種設計方法：一是只有在需要 BWP switching 時，DCI 中才包含 BWPI；二是無論是否 BWP switching，DCI 中總是包含 BWPI。第一種方法可以在大部分情況下略微降低 DCI 負擔，但卻會造成 DCI 長度動態變化，提高 PDCCH 盲檢測的複雜度。因此最終確定採用第二種方法，即只要 RRC 訊號在上行或下行設定了 BWP，Format 0_1 或 Format 1_1 中的 BWPI 域總是存在的。如果 RRC 訊號沒有設定 BWP，則唯一可用的 BWP 是 initial BWP，也就不需要基於 DCI 的 BWP switching（以及基於 timer 的 DL BWP switching），這種情況下 BWPI 的長度=0。只要 RRC 訊號在上行或下行設定了 BWP，gNB 每次用 Format 0_1、1_1 排程 PUSCH、PDSCH 都必須用 BWPI 指示這次排程是針對哪個 BWP 的，即使不做 BWP 切換。如果在當前啟動 BWP 中進行排程，就需要在 BWPI 中填寫當前啟動 BWP 的 BWP ID，只有在 BWPI 中填寫了和當前啟動 BWP 不同的 BWP ID，才會觸發 BWP switching。當然，如上所述，只有 DCI Format 0_1 和 1_1 才包含 BWPI 域。Format 0_0、1_0 作為 fall-back DCI，不包含 BWPI 域，不支援觸發 BWP switching。

如圖 4-30 所示的例子，UE 在 DL BWP 1 中檢測到 UE 排程 PDSCH 的 DCI（DCI format 1_1），且其中的 BWPI 指向 DL BWP 2，則 UE 切換到 DL BWP 2，這個 DCI 同時也可以排程 DL BWP 2 內的 PDSCH。切換到 DL BWP 2 後，如果檢測到的下行排程 DCI 為 DCI format 1_0 或 DCI format 1_1 中的 BWPI 仍指向 DL BWP 2，則 UE 仍在 DL BWP 2 內接收 PDSCH。直到 UE 檢測到 DCI format 1_1 中的 BWPI 仍指向另一個 BWP（如 DL BWP 3），則 UE 切換到 DL BWP 3。

BWPI 與 BWP ID 之間的映射關係，原本是很簡單的，用 2bit 的 BWPI 指示 4 個設定的 BWP 正好夠用。但後續考慮了 initial BWP 之後，又不想擴充 BWPI 的位元數，問題就略微複雜一點，需要分為兩種情況。

如 4.2.7 節所述，一個 UE 在上行和下行可以分別擁有 5 個設定的 BWP，包括 4 個 RRC 設定的 UE-dedicated BWP 和一個 initial BWP。如上所述，DCI 中的 BWPI 的長度為 2bit，是根據 4 個 UE-dedicated BWP 的數量確定的，最初只考慮到這 4 個 BWP 之間的切換，沒有考慮向 initial BWP 的切換。但如 4.4 節所述，UE-dedicated BWP 和 initial BWP 之間的切換在某些場景下也是需要的，而 2bit 的 BWPI 無法從 5 個 BWP 中任意指示一個，如果將 BWPI 擴充到 3bit 又顯得沒有必要。因此最終決定只在設定的 UE-dedicated BWP 不大於 3 個的情況下支援向 initial BWP 的切換。

設定的 UE-dedicated BWP 不多於 3 個時，BWPI 與 *BWP-Id* 的對應關係如表 4-3 所示，以設定 3 個 UE-dedicated BWP 為例，BWPI 的值與 *BWP-Id* 的值是對應的，BWPI=00 對應 *BWP-Id*=0，DCI 可以透過 BWPI=00 指示 UE 切換到 initial BWP。當然，如果只設定了一個 UE-dedicated BWP，BWPI 只有 1bit，值為 0 或 1，BWPI=0 對應 *BWP-Id*=0。

而當設定的 UE-dedicated BWP 多於 3 個（即 4 個）時，BWPI 與 *BWP-Id* 的對應關係如表 4-4 所示，此時 BWPI 只對應 4 個 UE-dedicated BWP，因此無法透過 BWPI 指示 initial BWP。也就是說，當設定 4 個 UE-dedicated BWP 時，不支援透過 DCI 切換到 initial BWP。

可以看到，表 4-3 中的 BWPI-*BWP-Id* 對應關係和表 4-4 中的不同，UE 需要根據 RRC 訊號中設定的 UE-dedicated BWP 的數量判斷採用兩種對應關係中的哪一種。

表 4-3 BWPI 與 BWP-Id 的對應關係（設定 3 個 UE-dedicated BWP）

類別	BWP-Id	BWPI
Initial BWP	0	00
UE-dedicated BWP 1	1	01
UE-dedicated BWP 2	2	10
UE-dedicated BWP 3	3	11

表 4-4 BWPI 與 BWP-Id 的對應關係（設定 4 個 UE-dedicated BWP）

類別	BWP-Id	BWPI
UE-dedicated BWP 1	1	00
UE-dedicated BWP 2	2	01
UE-dedicated BWP 3	3	10
UE-dedicated BWP 4	4	11

NR 系統相對 LTE 系統的重要增強，是可以在時間槽中任何位置檢測 DCI（雖然這是一個可選的終端特性），大大提高了 PDCCH 監測的靈活性，降低了延遲（具體見 5.4 節）。但是指示 BWP switching 的 DCI 的時域位置是否也需要這麼靈活呢？如 4.3.4 節所述，最終標準中規定的 BWP 切換延遲定義是以時間槽為單位定義的，即只要發生 BWP switching，UE 就可以有數個時間槽的收發中斷。因此在時間槽任何位置都能傳輸指示 BWP switching 的 DCI，也是沒有必要的。最終確定，指示 BWP switching 的 DCI 只在一個時間槽的頭三個符號中出現，即指示 BWP switching 的 DCI 採用類似 LTE 的基於時間槽的 PDCCH 檢測機制，而不採用基於符號的 PDCCH 檢測機制（在 R15 NR 標準中，終端僅在時間槽頭三個符號監測 PDCCH 是必選特性，終端可以在時間槽中任意符號監測 PDCCH 是可選特性）。如圖 4-31 所示，位於時間槽前三個符號中的 DCI（Format 0_1、1_1）既可以排程資料通道（PDSCH、PUSCH），也可以用於觸發 BWP switching，但位於時間槽其他符號中的 DCI 只能用於排程資料通道，不能用於觸發 BWP switching。

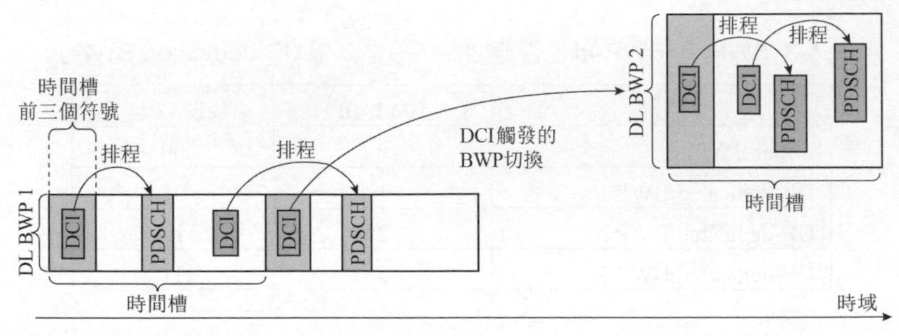

圖 4-31 指示 BWP switching 的 DCI 只會出現在時間槽的前三個符號中

4.3.6 基於 timer 的 BWP 回落的引入

基於 DCI 的 BWP 啟動是一種最靈活的 BWP 啟動方式，gNB 可以在任何時刻啟動任意一個 BWP。但是基於 DCI 的 BWP 啟動也有缺點，即每次接收 BWP switching 指令都需要 UE 讀取 DCI，會消耗 UE 有限的 PDCCH 盲檢測能力。對於啟動用於資料傳輸的 BWP，採用 DCI 指示 BWP switching 是順理成章的，因為 UE 本來就需要接收排程 PDSCH 或 PUSCH 的 DCI，在這個 DCI 中同時接收 BWP switching 指令並不會導致額外的 PDCCH 盲檢測。但對其他用途的 BWP switching，如果仍採用 DCI 指示就會造成 DCI 訊號負擔的浪費，因此此時 DCI 不需要排程資料通道，除了 BWPI，DCI 中其他域基本都是無用的。

典型的「非資料排程」的 BWP switching 場景，一是資料傳輸完成後的 DL BWP 回落，二是為了接收週期性通道導致的 DL BWP 切換。針對這兩種場景，在研究 BWP 啟動方法的過程中，除了 DCI 啟動，還考慮了計時器（timer）啟動方法和時間圖案（time pattern）兩種方法[34,45]。本節將介紹基於 timer 的下行預設 BWP 回落，基於 timer pattern 的 BWP 啟動方法的取捨將在 4.3.10 介紹。

如圖 4-3、4-4 所示，當 gNB 為 UE 排程了下行或上行資料時，可透過 DCI 從利於省電的較小 BWP 切換到較大的 BWP。當資料傳輸完之後，UE 需要回落到較小的 BWP 以節省耗電。如果仍需要 DCI 觸發這種 BWP switching，會帶來額外的 DCI 負擔，因此可以考慮用一個 timer 觸發 DL BWP 的回落[33]。

這種基於 timer 的 DL BWP 回落過程可以借鏡在 LTE 系統中成熟的 DRX（Dis-continous Reception，非連續接收）機制，即根據非啟動 timer（DRX inactivity timer）控制從啟動狀態向 DRX 狀態的回落，當 UE 收到排程資料的 DCI 時，Inactivity Timer 會重置，延緩回落的時間，基於 timer 的 DL BWP 回落完全可以採用和基於 DRX inactivity timer 的 DRX 相似的機制。

實際上可以把下行 BWP 操作看作一種「頻域 DRX」操作，這兩種機制都是用於終端省電的，用一個 timer 控制從「工作狀態」向「省電狀態」的回落。區別只不過是：DRX 操作的工作狀態是監測 PDCCH，省電狀態是不監測 PDCCH；下行 BWP 操作的工作狀態是接收大頻寬的 PDSCH，省電狀態是只監測 PDCCH 不接收 PDSCH，或只接收小頻寬的 PDSCH。在 eMBB 場景下，大部分時間 UE 都是在監測 PDCCH，並沒有 PDSCH 排程，因此在小 BWP 內工作應作為「預設狀態」，這個較小的 DL BWP 作為「預設下行 BWP」（default DL BWP）。

下行 BWP 操作和 DRX 操作的共同點是：既要在需要該回落時及時回落，節省耗電，又要避免過於頻繁的回落。相對而言，由於 DL BWP switching 會造成較長時間 UE 不能接收下行資料，頻繁回落的負面效應更為嚴重。如果剛剛完成一次 PDSCH 接收就匆匆讓 UE 回落到 default DL BWP，如果馬上又有下產業務到達，卻無法立即排程 PDSCH 了。因此用一個 timer 來控制回落的時機是非常合適的，即在 BWP inactivity timer 到期（expire）時再回落到 default DL BWP，而在 BWP inactivity timer expire 之前仍停留在較大的 DL BWP，避免不必要的頻繁回落。

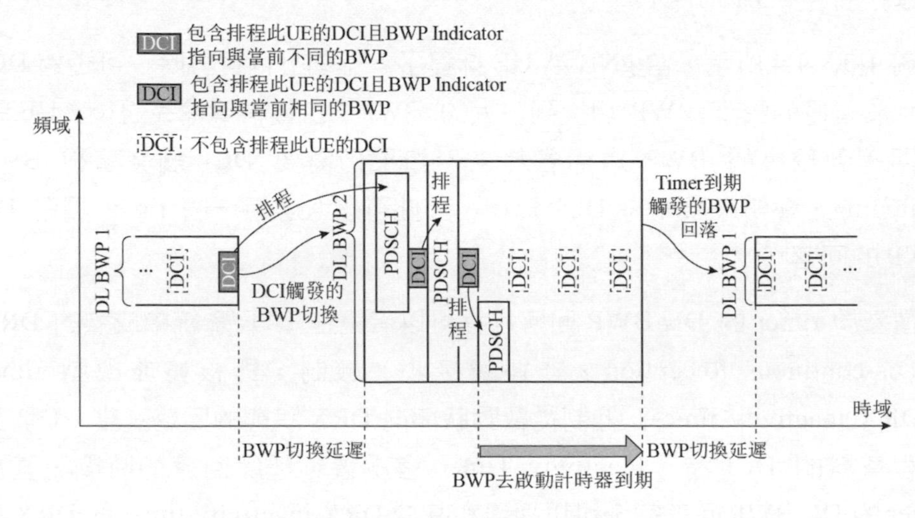

圖 4-32 基於 timer 的下行 BWP 回落

如圖 4-32 所示的例子，在 UE 處於一個非 default DL BWP（如 DL BWP 2）中時，根據 PDCCH 監測和 PDSCH 排程的情況執行 BWP inactivity timer，如果 UE 連續一段時間沒有監測到排程 PDSCH 的 DCI，BWP inactivity timer 到達 expire 時間，才觸發 BWP 回落動作，UE 回落到 default DL BWP（DL BWP 1）。

需要說明的是，default DL BWP 的設定並不是一個獨立的 BWP 的設定，它是透過 *defaultDownlinkBWP-Id* 從已經設定的 DL BWP 中選擇一個，如 RRC 訊號為 UE 設定了 4 個 DL BWP，*BWP-Id* 分別為 1，2，3，4（如 4.2.7 所述，initial DL BWP 的 *BWP-Id*=0），則 *defaultDownlinkBWP-Id* 可以從 1，2，3，4 中選擇一個。如 *defaultDownlinkBWP-Id*=2，則 *BWP-Id*=2 的 BWP 作為 default DL BWP[31]。

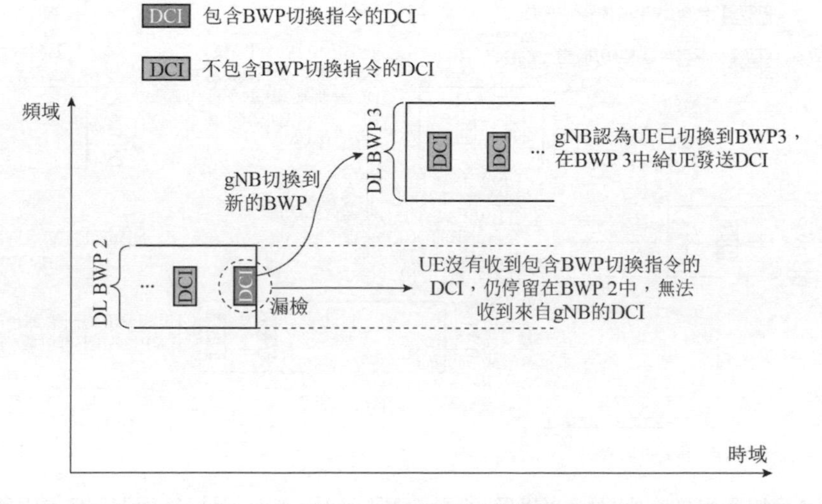

圖 4-33 缺乏 BWP 回落機制，DCI 漏檢可能導致 UE 和 gNB 失去聯繫

基於 timer 的 BWP 回落的另一個優點是提供了 DCI 漏檢（DCI mis-detection）的回落機制。DCI 有一定的漏檢機率而且缺乏 HARQ-ACK 等直接確認機制，當發生了 DCI 漏檢時，UE 無法根據 DCI 的指示切換到正確的 BWP，這種情況下，gNB 和 UE 可能停留在不同的 DL BWP 中，導致 UE 和 gNB 之間失去聯繫。如圖 4-33 所示，如果 gNB 發送的將 UE 從

DL BWP 2 切換到從 DL BWP 3 的 DCI 沒有被 UE 檢測到，gNB 將如期切換到 DL BWP 3 但 UE 仍將停留在 DL BWP 2 中。這種情況下，gNB 在 DL BWP 3 中發送給 UE 的 DCI 將無法被 UE 收到，造成 gNB 與 UE 失去聯繫。

如果有了基於 timer 的 DL BWP 回落機制，如圖 4-34 所示，在出現指示 BWP 切換的 DCI 被漏檢後，gNB 切換到 DL BWP 3 而 UE 停留在 DL BWP 2，UE 無法收到 gNB 在 DL BWP 3 中發送的 DCI，因此去啟動 timer 將持續執行直到到期，隨後，UE 自動回落到 default DL BWP。gNB 在 DL BWP 3 向 UE 發送 DCI 沒有反應，也可以回到 default DL BWP 向 UE 發送的 DCI，與 UE 恢復正常聯繫。之後，gNB 可以在 default DL BWP 中向 UE 重新發送 DCI，將 UE 切換到 DL BWP 3。

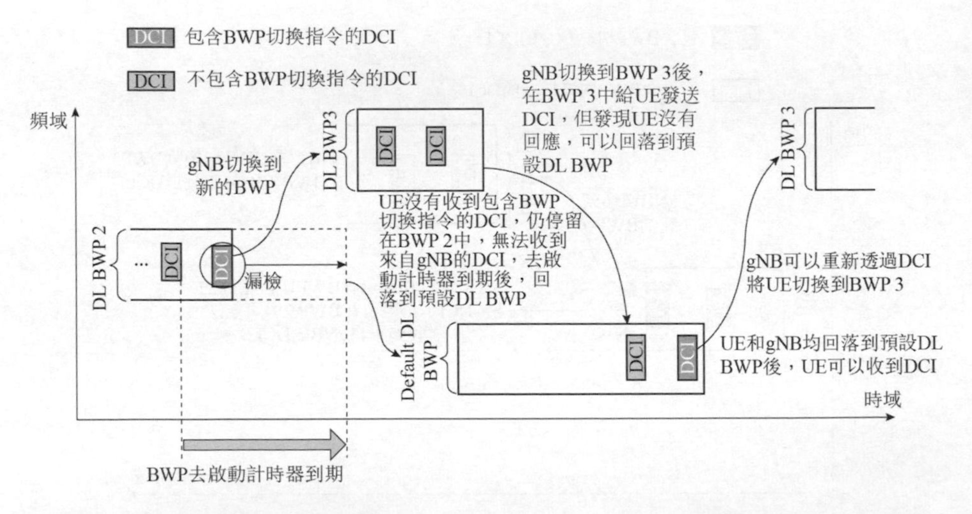

圖 4-34 利用基於 timer 的 BWP 回落，gNB 可以在 DCI 漏檢後與 UE 恢復聯繫

4.3.7 是否重用 DRX timer 實現 BWP 回落？

具體到 timer 的設計，有兩個問題需要考慮：一是是否重用一個原有的 timer；二是 timer 的觸發條件。關於第一個問題，存在兩種觀點：一是沿用 DRX timer，二是設計新的 timer。

1. DRX timer

由於某些業務的資料封包是突發性的，通常只集中少數時間段，在大部分時間內並不需要傳輸資料。但在正常操作中，即使基地台一段時間內不排程終端的資料傳輸，終端也需要週期性監測 PDCCH，不利於終端節電。因此從 LTE 開始，引入了 DRX 操作，即基地台可以透過設定 DRX，以在沒有資料傳輸的時候，可以允許終端暫時停止監測 PDCCH，降低功耗。

DRX 透過在一定週期（DRX cycle）內設定一定的啟動時段（On duration），終端只在 On duration 內監測 PDCCH，DRX cycle 內除 On duration 之外的時段為 DRX 視窗（DRX opportunity），在 DRX opportunity 內終端可以進行 DRX 操作，如圖 4-35 所示。

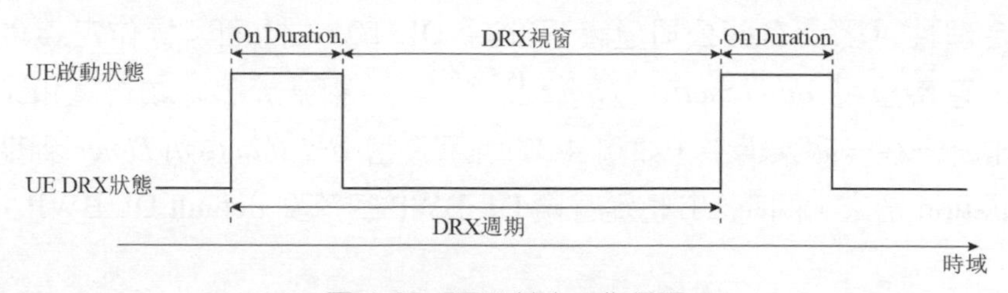

圖 4-35 DRX 基本工作原理

但是如果在 On duration 的末期基地台仍需要為終端排程資料，則需要在 On duration 結束之後一段時間內繼續讓終端監測 PDCCH。大致上講，就是透過一個計時器 *drx-InactivityTimer* 來實現的，即當終端被排程初傳資料時，就會啟動（或重新啟動）*drx-InactivityTimer*，直到 *drx-InactivityTimer* 逾時後再停止監測 PDCCH（實際的 DRX 設計還包括另一個可設定的計時器 Short DRX Timer，這裡從簡化起見，不做展開），轉入 DRX 狀態。如圖 4-36 所示，如果終端在 On duration 期間收到排程自己的 PDCCH，則啟動 *drx-InactivityTimer*，直到該 timer 到期（expire）才讓終端進入 DRX 狀態。如果在 *drx-InactivityTimer 執行*期間終端收到新的排程自己的 PDCCH，*drx-InactivityTimer* 會重置重新啟動（re-start），進一步保持終端處於啟動狀態。因此終端何時切換到 DRX 狀態取決於終端收到的最後一個排程它的 PDCCH 的時刻和 *drx-InactivityTimer* 的長度。

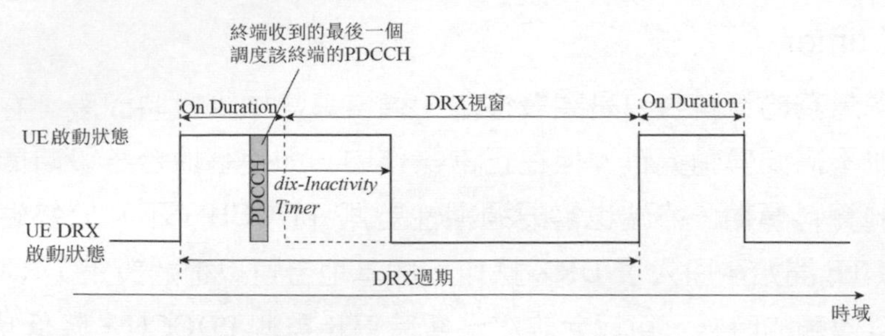

圖 4-36 DRX inactivity timer 工作機制

2. BWP 回落 timer 是否重用 DRX timer？

如 4.3.3 所述，DL BWP 切換可以看作一種「頻域 DRX」操作，這兩種機制都是用於終端省電的，重用 *drx-InactivityTimer* 實現 DL BWP 的回落也有一定的合理性，因此有些公司建議不針對 DL BWP 的回落操作定義專門的 timer，直接重用 *drx-InactivityTimer* [55,56,61]。這相當於將時域省電和頻域省電操作統一在一個架構中，如圖 4-37 所示，當 *drx-InactivityTimer* 到期後，On duration 結束，同時 UE 也從寬頻 DL BWP 回落到 default DL BWP。

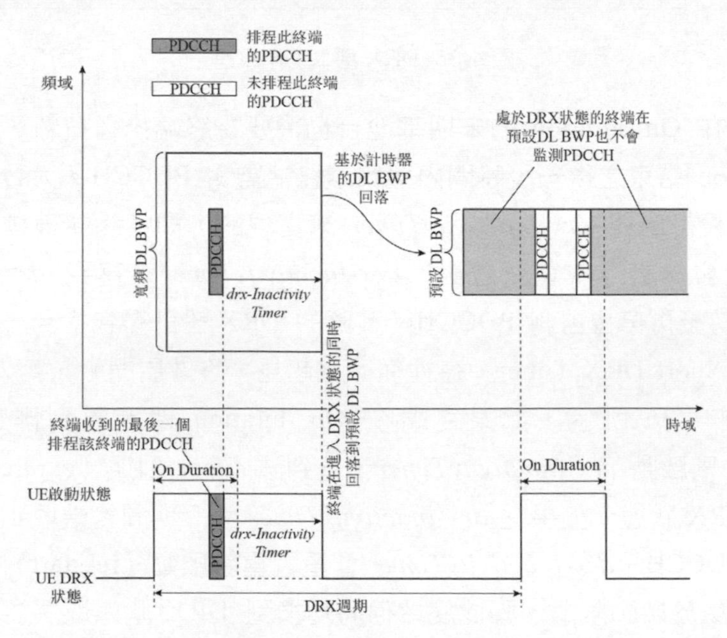

圖 4-37 重用 DRX inactivity timer 實現 DL BWP 回落

這種方案的優點是可以避免定義一種新的 timer，但將「時域省電操作」和「頻域省電操作」強相關在一起也未必合理。處於 DRX 狀態的終端行為和處於 default DL BWP 的終端行為是不同的，處於 DRX 狀態的終端完全中止 PDCCH 監測，而回落到 default DL BWP 的終端並非完全中止 PDCCH 檢測，仍可以在 default DL BWP 中監測 PDCCH，只是由於縮小 BWP 獲得省電效果。

從這個角度說，DL BWP 回落操作比 DRX 操作更靈活，如果對這兩種操作強制使用相同的 timer 設定，則終端回落到 default DL BWP 也沒有太大意義了。如圖 4-37 所示，當 *drx-InactivityTimer* 到期後，雖然從 BWP 操作角度，終端可以回落到 default DL BWP 以較省電的方式繼續監測 PDCCH，但由於終端同時進入了 DRX 狀態，實際上不會繼續監測任何 PDCCH。

如果 DL BWP 回落和 DRX 採用不同的 timer，則可以充分發揮 DL BWP 切換的潛力，即 BWP 切換操作是巢狀結構在 DRX 操作內，終端先根據 DRX 設定和 DRX timer 的執行確定是否監測 PDCCH，而在終端未處於 DRX 狀態時，則按照 BWP 設定和 BWP timer 的執行確定在哪個 DL BWP 裡監測 PDCCH。

最後，正如 4.3.6 節所述，DL BWP 回落機制的另一個功能是在 DCI 漏檢的時候可以確保終端能夠恢復正常的 PDCCH 監測，不像 DRX 機制那樣僅是終端省電，timer 的設計目標也會不盡相同。

因此，最終確定，定義一個不同於 drx-InactivityTimer 的新的 timer，用於 DL BWP 回落操作，稱為 bwp-InactivityTimer。一種典型的設定方法是：設定一個較長的 drx-InactivityTimer 和一個相對較短的 bwp-InactivityTimer，如圖 4-38 所示，終端收到最後一個排程該終端的 PDCCH 後，啟動 drx-InactivityTimer 和 bwp-InactivityTimer，bwp-InactivityTimer 首先到期，終端回落到 default DL BWP 繼續監測 PDCCH，如果到 drx-InactivityTimer 到期前未再收到排程該終端的 PDCCH，則終端進入 DRX

狀態，完全中止 PDCCH 監測。

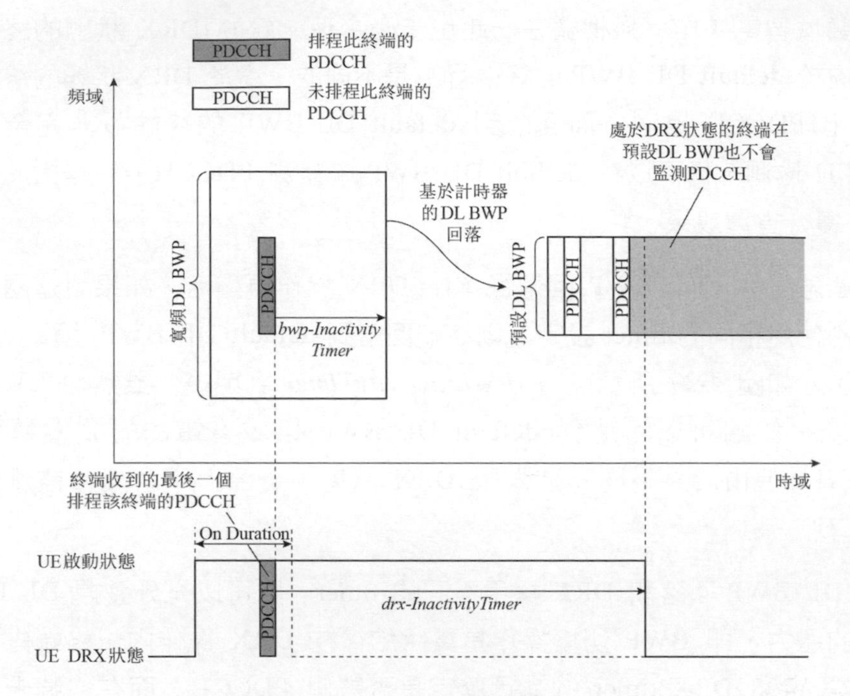

圖 4-38 DRX 和 DL BWP 回落採用不同的 inactivity timer

4.3.8 BWP Inactivity Timer 的設計

與其他 timer 類似，*bwp-InactivityTimer* 的具體設計包括如何設定這個 timer，以及它的啟動、重新啟動、中止條件等問題。

1. *bwp-InactivityTimer* 的設定方法

第一個問題是設定計時器的單位。MAC 層運行的 timer 一般以 ms 為單位，如 *drx-InactivityTimer* 就是以 ms 為單位設定的。*bwp-InactivityTimer* 是否需要採用更小的單位進行設定呢？如 4.3.9 節所述，BWP switching 延遲是以「時間槽」為單位計的，因此 *bwp-InactivityTimer* 採用過小的設定顆粒度（如符號等級）的必要性不大，因此 *bwp-InactivityTimer* 仍然是以 ms 為單位設定的，且最小值為 2ms。*bwp-InactivityTimer* 的最大設定值可達 2560ms，與 *drx-InactivityTimer* 的最大值一致。可以看到，透過設定不同的 *bwp-InactivityTimer* 長度，基地台可以控制 DL BWP switching 的頻度，如果希望透過較頻繁的 DL BWP 回落獲得更好的終端省電效果，則可以設定較短的 *bwp-InactivityTimer*，如果希望避免頻繁的 DL BWP switching，實現比較簡單的 BWP 操作，則可以設定較長的 *bwp-InactivityTimer*。

需要說明的是，如果設定了多個 DL BWP，這個 *bwp-InactivityTimer* 是適用於各個 DL BWP 的，不能針對不同 DL BWP 設定不同的 *bwp-InactivityTimer*。這是一種簡化的設計。如果所有的 DL BWP 具有相同的子載體間隔，採用相同的 *bwp-InactivityTimer* 完全合理。但如果具有不同子載體間隔的 DL BWP，由於其時間槽長度不同，1ms 內包含的時間槽數量不同，如果想使不同 DL BWP 的持續時間包含相同數量的時間槽，似乎應該允許為不同 DL BWP 設定不同的 *bwp-InactivityTimer*（以 ms 為單位）。但從簡單設計考慮，最終採用了 BWP-common（BWP 公共）的 *bwp-InactivityTimer* 設定方法。

另外，*bwp-InactivityTimer* 不適用於 default DL BWP，因為這個 timer 本身就是用來控制回落到 default DL BWP 的時間的，如果終端本身正處在 default DL BWP，不存在回落到到 default DL BWP 的問題。

2. *bwp-InactivityTimer* 的啟動/重新啟動條件

顯而易見，*bwp-InactivityTimer* 的啟動條件應該是 DL BWP 的啟動。如圖 4-39 所示，當一個 DL BWP（除 default DL BWP）被啟動後，馬上啟動 *bwp-InactivityTimer*。

bwp-InactivityTimer 的重新啟動主要受資料排程的情況影響。如 4.3.4、4.3.5 節所述，*bwp-InactivityTimer* 的主要功能是在終端長時間沒有資料排程的情況下回落到 default DL BWP，以取得省電效果。和 DRX 操作相似，當終端收到排程其資料的 PDCCH 時，應該預計可能還有後續的資料

排程，因此無論現在正在運行的 *bwp-InactivityTimer* 的運行情況，應該回到零點，從頭開始 timer 的運行，即重新啟動 *bwp-InactivityTimer*。如圖 4-39 所示，當收到一個新的 PDCCH 時，*bwp-InactivityTimer* 被重新啟動，重新開始計時，實際上延長了終端停留在寬頻 DL BWP 的時間，如果在 *bwp-InactivityTimer* expire 之前，終端沒有收到新的排程資料的 PDCCH，終端就回落到 default DL BWP。

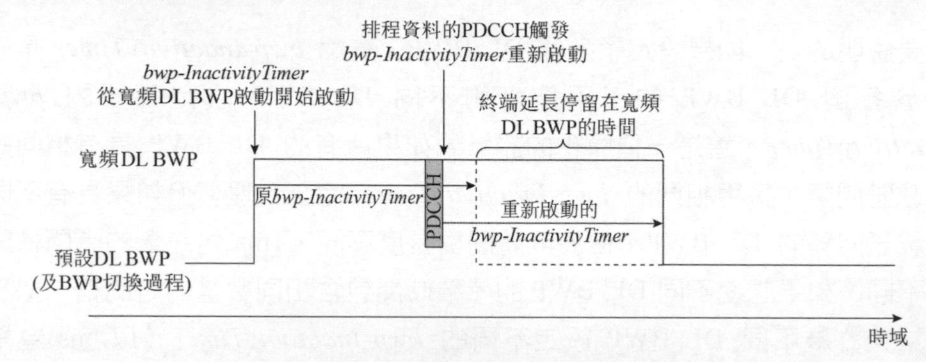

圖 4-39 *bwp-InactivityTimer* 的啟動與重新啟動

3. *bwp-InactivityTimer* 的中止條件

如上所述，由於收到排程資料的 PDCCH 可能預示著後續有更多的資料將被排程，所以應該重新啟動 *bwp-InactivityTimer*。但還有一些其它的物理過程，並不預示有後續資料排程，但需要保證在該過程中不發生 DL BWP switching，則 *bwp-InactivityTimer* 需要暫時中止，等該過程結束後再繼續運行完剩下的時間。在 NR 標準的研究中，主要討論了兩種可能需要中止 *bwp-InactivityTimer* 的過程。一是 PDSCH 接收，二是隨機連線。

如果終端被 PDCCH 排程了一個長度較長的 PDSCH（比如多時間槽 PDSCH（multi-slot PDSCH）），距離 PDCCH 距離又較遠，而設定的 *bwp-InactivityTimer* 長度卻較小，可能出現終端尚未完成 PDSCH 的接收，*bwp-InactivityTimer* 就已經過期的情況，如圖 4-40 所示。在這種情況下，根據 *bwp-InactivityTimer* 的運行規則，終端就會中止在啟動 DL BWP 中的 PDSCH 接收，回落到 default DL BWP，這顯然是不合理的操作。

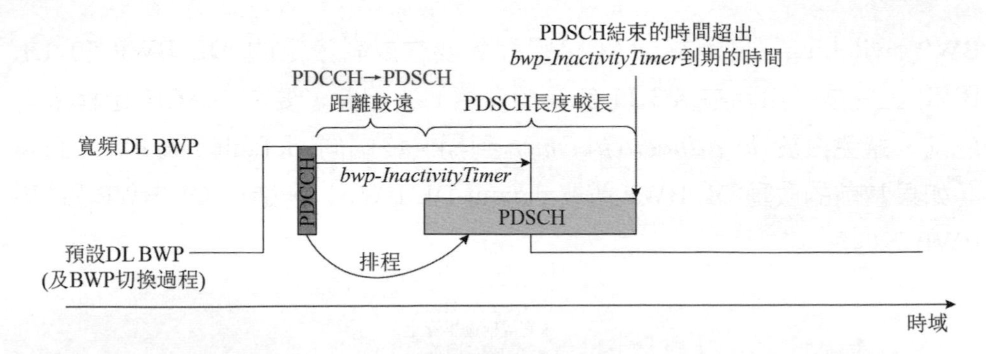

圖 4-40 由於 PDSCH 持續接收造成的 *bwp-InactivityTimer* 過早到期的情況

對於這種場景，一種解決方案是在開始接收 PDSCH 時暫時中止 *bwp-InactivityTimer* 的運行，如圖 4-41 所示，在完成 PDSCH 接收後恢復 *bwp-InactivityTimer* 的運行，直到 *bwp-InactivityTimer* 到期。

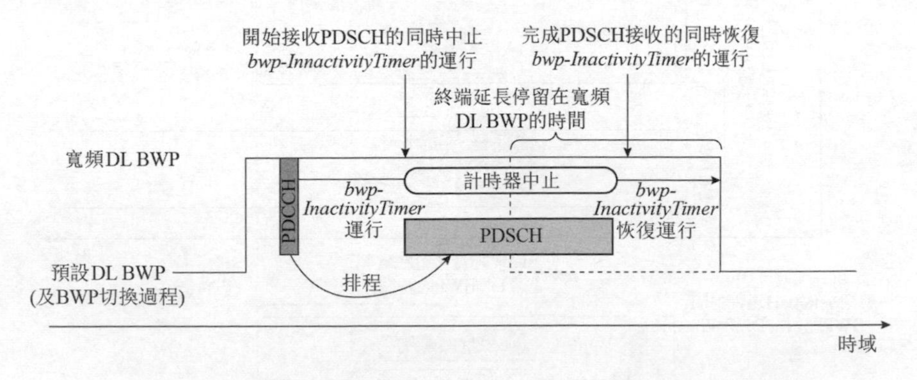

圖 4-41 在 PDSCH 接收過程中中止 *bwp-InactivityTimer* 的方案

但是經過研究，認為上述方案的應用場景（即 *bwp-InactivityTimer* 設定的較短，而 PDSCH 結束接收的時間點距離 PDCCH 較遠）是一種不常見的場景，gNB 可以比較容易的避免這種情況的發生，因此最終 R15 NR *bwp-InactivityTimer* 的中止條件沒有採納這種方案。

R15 NR *bwp-InactivityTimer* 採用的中止條件主要是和隨機連線（RACH）過程有關。如圖 4-42 所示，當終端啟動 RACH 過程時暫時中止 *bwp-InactivityTimer* 的運行，在完成 RACH 過程後恢復 *bwp-InactivityTimer* 的運行，直到 *bwp-InactivityTimer* 到期。之所以要在 RACH 過程中避免 DL

BWP switching，是因為 RACH 過程需要在成對設定的 DL BWP 和 UL BWP 上完成（原因在 4.3.11 節具體介紹）。因此，要在 RACH 過程未完成前，避免由於 *bwp-InactivityTimer* 到期，終端向 default DL BWP 回落（如果當前的啟動 DL BWP 並非 default DL BWP），造成 DL BWP 和 UL BWP 不匹配。

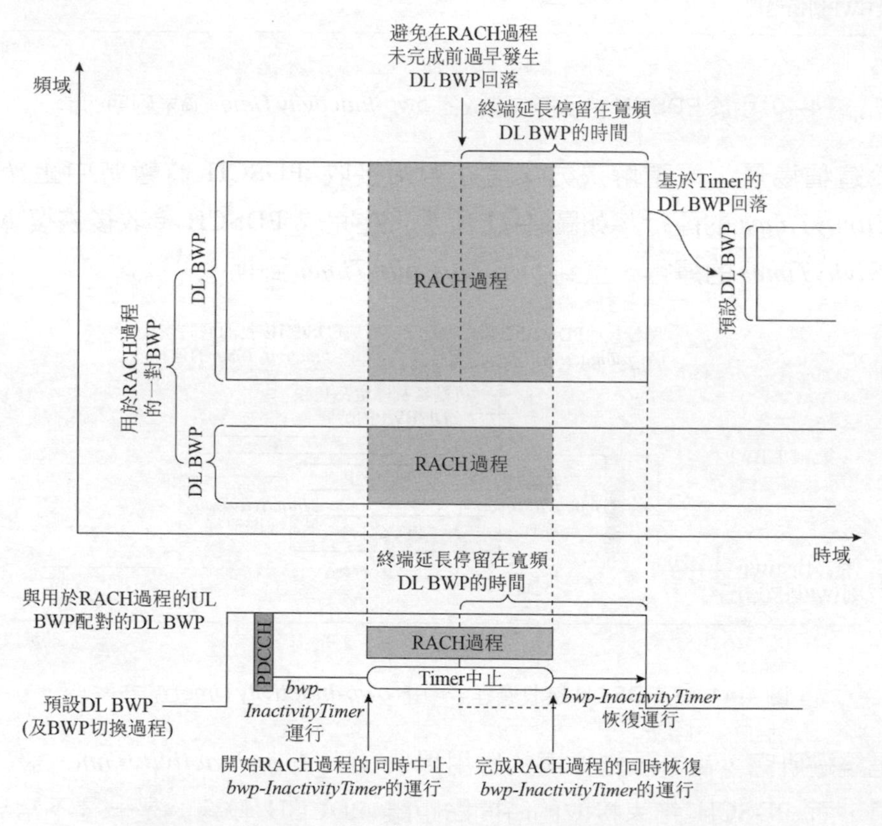

圖 4-42 在 RACH 過程中中止 *bwp-InactivityTimer* 的方案

4.3.9 Timer-based 上行 BWP 切換

4.3.4 節-4.3.6 節所述都是關於基於 timer 的下行 BWP 切換，實際上，也曾有建議將 timer-based BWP switching 用在上行，即透過 inactivity timer 控制 UL BWP 的啟動/去啟動，例如在需要在上行發送 HARQ-ACK 時終止

timer，延長 UL BWP 的啟動狀態[60]。但相對下行，在上行引入 default BWP 的必要性不大。在下行，即使沒有資料排程，也需要在 DL default BWP 中監測 PDCCH，以取得省電效果。但在上行並沒有像 PDCCH 監測這樣的週期性的操作，只要沒有資料排程，終端就可以採取省電操作，沒有必要定義 UL default BWP。因此，NR 也沒有引入專門的 timer-based UL BWP switching。

但需要注意的是，UL BWP 有可能在 timer-based DL BWP switching 時發生連帶切換。如 4.2.9 節所述，在 FDD 系統中，DL BWP 和 UL BWP 是分別獨立切換的，即 DL BWP 切換時 UL BWP 可保持不動，因此也就不存在 timer-based UL BWP switching。但在 TDD 系統中，DL BWP 和 UL BWP 必須成對切換，當發生 timer-based DL BWP switching 時，上行也必須連帶切換到具有相同 BWPI 的 UL BWP[64]。所以由於 *bwp-InactivityTimer* 到期造成 UL BWP 切換的現象，在 TDD 系統中是存在的。

4.3.10 基於 time pattern 的 BWP 切換的取捨

1. 基於 time pattern 的 BWP 切換的原理

在 BWP 研究的早期階段，基於 time pattern 的 BWP 切換也是一種被重點考慮的 BWP switching 方法[34,45,49,58]。基於 time pattern 的 BWP switching 的原理，是 UE 可以根據一個預先確定的 time pattern 在兩個或多個 BWP 之間切換，而並不是透過顯性的切換訊號進行 BWP switching。如圖 4-43 所示，在一定週期內定義一個 time pattern，在指定的時間點從當前的 active BWP（如 BWP 1）切換到另一個 BWP（如 BWP 2）完成指定的操作，完成操作後在指定的時間點切換回 BWP 1。如圖所示是按 time pattern 進行 BWP switching 完成系統資訊更新的範例。與基於 timer 的 BWP switching 一樣，基於 time pattern 的 BWP switching 和 DRX、SPS 操作也有相似之處，也可以借鏡 DRX、SPS 等既有機制的設計。

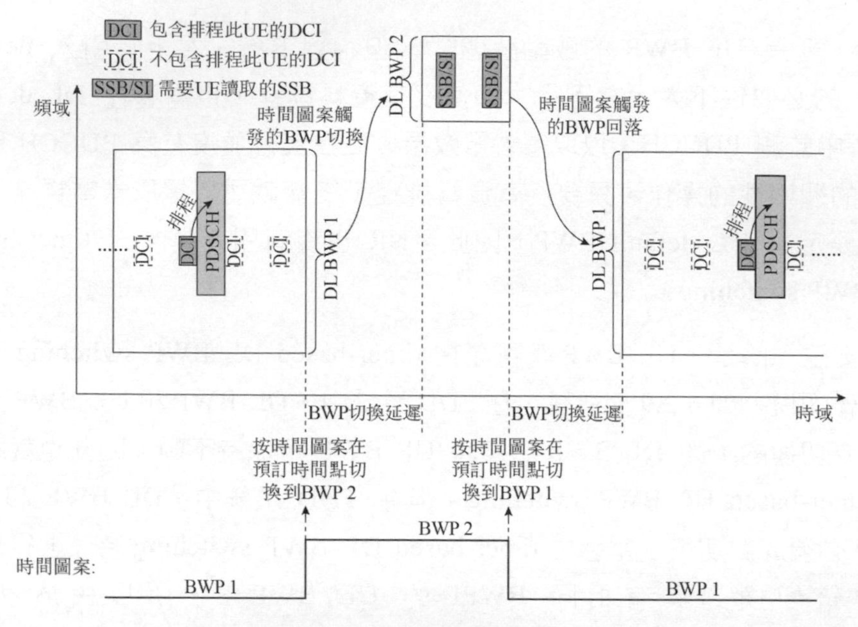

圖 4-43 基於 time pattern 的 BWP switching

2. 基於 time pattern 的 BWP 切換和基於 timer 的 BWP 切換的關係

基於 time pattern 的 BWP 切換適合的場景，是 UE 在 BWP 2 中有明確的預定操作（在預定的時間點發生，持續預定的時長），如系統資訊（SI）的更新（如圖 4-43 所示）、跨 BWP 的通道探測、跨頻帶的行動性測量等。因此，按照某種 time pattern 進行 BWP switching 總是需要的，但問題是是否需要標準化專門的 time pattern 設定方法和 BWP switching 過程。一種觀點是，基於 DCI 和 timer 的 BWP switching 也可以在某種場景下等效的實現按照 time pattern 進行 BWP switching 的類似效果。所以也可以考慮不定義專門的基於 time pattern 的 BWP switching 方法，採用"DCI+timer"等效的實現。但是，基於"DCI+timer"的切換方法也有一些明顯的問題，包括：

- 基於 DCI 的 BWP switching 會帶來額外的 PDCCH 負擔，因此這個 DCI 很可能並不需要排程資料，是一個「額外的」DCI，而且按照 4.2.7 節所述，當設定 4 個 UE-dedicated BWP 時，不支援透過 DCI 切換到 initial BWP。

- 基於 timer 的 BWP switching 的功能是非常單一的，主要是針對「從接收 PDSCH 的較大的 DL BWP 回落到僅監測 PDCCH 的 DL BWP（即 default DL BWP）」，不能用於上行 BWP switching，也不能用於向其他 DL BWP 的切換。而且 timer 的設計主要考慮到 DCI 接收的不確定性（即 gNB 也無法準確預計何時要用 DCI 排程 UE），UE 需要在每次收到 DCI 後一段時間內保持在較大的 DL BWP，準備接收來自 gNB 的進一步排程，因此可以用 timer 實現在一段時間內穩定停留在較大 BWP 內，避免頻繁的 BWP switching。但是對於系統資訊更新、跨 BWP 的通道探測等資訊，其結束的時間點是確知的，可以在明確的時間切換到目標 BWP，完成操作後可以馬上返回原 BWP，沒有必要透過 timer 延續在某個 BWP 內的停留，採用 timer 反而耽誤了返回的時間，造成效率降低。而 timer 的設定顆粒度是較粗的（1ms 或 0.5ms），難以實現快速的 BWP 切換。

3. 基於 time pattern 的 BWP 切換的取捨

第一個適合採用 time pattern 的 BWP switching 場景是系統資訊更新。當 UE 的啟動 BWP 主要是用來收發 UE 特定的（UE-specific）上下行資料或控制通道的，這個 BWP 未必包含一些公共控制通道和訊號。舉例來說，一個 DL BWP 可能包含 SSB 或 RMSI，也可能不包含（如 4.1.3 節所述）。假設只有 initial DL BWP 中包含 SSB 和 RMSI 而當前的 DL active BWP 不包含，當 UE 需要更新社區系統資訊（MIB、SIB1 等）時，UE 需要切換回 initial DL BWP 做系統資訊更新，等完成系統資訊更新後再返回之前的 DL active BWP。由於 SSB 和 RMSI 的時域位置是相對固定的，UE 可以根據高層設定確知需要切換到 initial DL BWP 的時間視窗，因此可以採用 time pattern 方式進行 BWP switching。採用 DCI 實現這種 BWP switching，需要 gNB 發送兩次 DCI 才能完成。採用 timer 方法，只有當網路沒有設定 default DL BWP 時，在 timer 到期後才能切換到 initial DL BWP。但是，類似系統資訊更新這樣的 UE 行為發生的機率較低，偶爾發生時採用基於 DCI 的 BWP switching 也就夠了，對整體 DCI 負擔的影響很小（但如上所述，當設定 4 個 UE-dedicated BWP 時可能存在問題）。

另一種可能週期性發生的 UE 行為是行動性管理測量（RRM measurement），這是一種相對發生頻率較高的 UE 行為。按照 BWP 的設計初衷，當一個 DL BWP 被啟動後，所有的下行訊號都應在這個 active DL BWP 中接收。如果 UE 需要基於某個通道或訊號（如 SSB 或 CSI-RS（通道狀態資訊參考訊號））進行 RRM measurement，而當前啟動 BWP 不包含這一訊號，則 UE 需要切換到包含這一訊號的 BWP 中進行 RRM measurement，這樣就需要 BWP switching。經過研究，決定 RRM measurement 作為例外，可以在 active DL BWP 之外進行。也就是說，RRM measurement 的頻寬可以單獨設定，不算做另外一個 BWP。這個決定也有一定合理性，因為無論如何異頻測量（inter-frequency measurement）肯定不在當前的 active DL BWP 之內。

最後，跨 BWP 的通道探測也是一種比較適合採用基於 time pattern 的 BWP switching 的場景。如果給 UE 設定的兩個 BWP 並不重疊，在 UE 工作在 BWP 1 時，可以定期對 BWP 2 中的通道狀態資訊（Channel State Information，CSI）進行估計，預先了解 BWP 2 的通道情況，以便切換到 BWP 2 後可以快速進入高效的工作狀態。由於 CSI 估計只能在 active BWP 中進行，做跨 BWP 的 CSI 估計必須要先切換到 BWP 2。由於跨 BWP CSI 估計的時間點和持續時長都是確知的，根據預先設定的 time pattern 在兩個 BWP 之間切換比基於 timer 切換更為合適。但跨 BWP 通道探測在 R15 中被視為一種不是必須實現的特性。

綜上所述，基於 time pattern 和基於 timer 的 BWP switching 具有一定的相互可替代性，time pattern 的優勢是處理週期性 BWP switching 效率高、負擔小，timer 的優勢是更靈活、可以避免不必要的 BWP switching 延遲[49]。R15 NR 標準中最後只定義了基於 DCI 和 timer 的 BWP switching，沒有定義專門的基於 time pattern 的 BWP switching。

4.3.11 BWP 的自動切換

除了基於 RRC 訊號的 BWP 切換（如 4.3.1 節所述）、基於 DCI 的 BWP 切換（如 4.3.2-4.3.3 節所述）、基於 timer 的 DL BWP 切換（如 4.3.4-4.3.6 節所述），還有一些其它場景會觸發 BWP 的自動切換，將在本節介紹。

1. TDD 系統的 DL BWP 與 UL BWP 成對切換

如 4.2.8 節所述，TDD 系統的上行 BWP 和下行 BWP 是成對設定、成對啟動的。那麼如何用一個 DCI 啟動「一對 BWP」呢？一種方法是定義一種可以指示「一對 BWP」的 DCI 或 BWPI，專門用於 TDD 系統的 BWP 啟動。

正如 4.3.3 節所述，如果引入一種「既非上行、也非下行」的專門用於 BWP switching 的 DCI Format，其自然可以實現一次啟動一對 DL BWP 和 UL BWP，但考慮到新 DCI format 的額外複雜度，沒有採用這種設計。

另一種成對啟動的方法是在 DCI 中定義一種新的專門啟動「BWP 對」的 BWPI，但這仍然會造成 TDD 的 BWP 切換訊號與 FDD 不同。因此，最終確定採用一種更合理的方法，即重用 FDD 的 BWPI 設計，仍然是「負責下行排程的 DCI 觸發 DL BWP」、「負責上行排程的 DCI 觸發 UL BWP」。所不同的是，DL BWP 的切換會連帶觸發與之配對的 UL BWP 切換，UL BWP 的切換會連帶觸發與之配對的 DL BWP 切換[6-64]。如圖 4-44 所示，如果 DCI Format 1_1 中的 BWPI=0，則同時啟動 DL BWP 0 和 UL BWP 0，如果 DCI Format 0_1 中的 BWPI=0，則也可以同時啟動 DL BWP 0 和 UL BWP 0。

最後需要説明的是，和 DCI 觸發的 BWP 切換一樣，在基於 timer 的 BWP switching 中，TDD 系統的上行 BWP 和下行 BWP 仍然需要同時回落。當 timer 到期、終端的下行啟動 BWP 回落到 default DL BWP 的同時，其上行啟動 BWP 也會同時切換到和 default DL BWP 配對的 UL BWP（即與

default DL BWP 有相同 BWPI 的那個 UL BWP）。

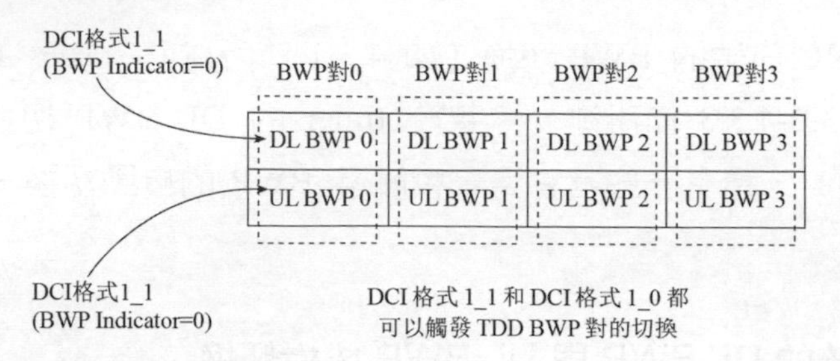

圖 4-44 下行排程 DCI 和上行排程 DCI 均可觸發一對 BWP 的同時切換

2. 由於隨機連線引起的 DL BWP 切換

如 4.3.6 節所示，為了避免在隨機連線（RACH）過程中發生 DL BWP switching，*bwp-InactivityTimer* 會在 RACH 過程中中止，其原因是：用於 RACH 的 UL BWP 和 DL BWP 需要成對啟動。為什麼要限制成對啟動呢？

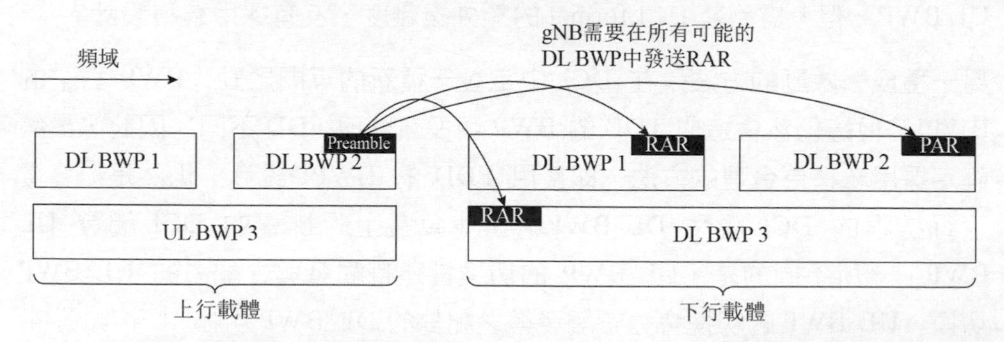

圖 4-45 在 FDD 系統中，如果獨立設定的 DL BWP，RAR 需要在多個 DL BWP 中發送

如 4.2.8 節所示，TDD 系統的 DL BWP 和 UL BWP 需要成對設定、成對啟動，但 FDD 系統並無此限制，DL BWP 和 UL BWP 是獨立設定、獨立啟動的。但在競爭性隨機連線過程中，由於 gNB 尚未完全辨識終端，可能會帶來一些問題。如圖 4-45 所示，假設在上行和下行各有兩個 BWP，終端在 UL BWP 2 發送隨機連線前導（preamble，即 Msg.1），發起隨機連線。根據隨機連線流程，gNB 在下發隨機連線回饋（RAR，即 Msg.2）時

還不能判斷這個 Msg.1 是來自哪個終端發送的，因此需要在所有可能的 DL BWP 都下發 Msg.2，從而造成很大的資源浪費。

為了避免這個問題，最後確定，RACH 過程必須基於成對的 DL BWP 和 UL BWP。和 TDD 系統的 BWP 配對相同，採用基於 BWPI 的配對方法，即具有相同 BWPI 的 DL BWP 和 UL BWP 配成一對，用於 RACH 過程。如圖 4-46 所示，如果終端在 UL BWP 1 上發送 preamble，則必須在 DL BWP 1 上接收 RAR。這樣 gNB 就只需要在 DL BWP 1 上下發 RAR，不需要在其他 DL BWP 下發了。

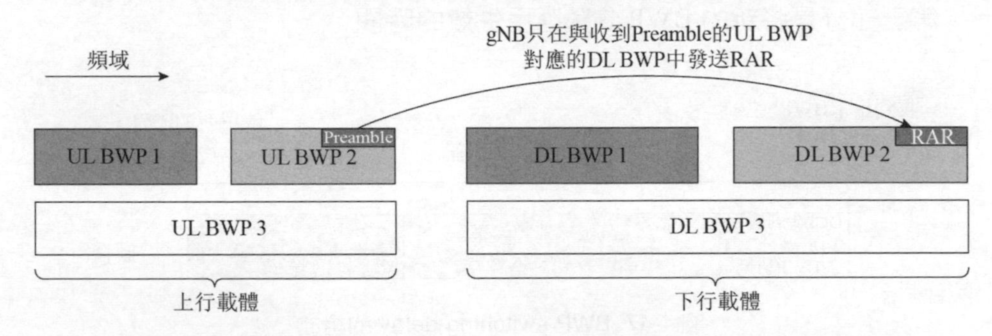

圖 4-46 基於配對的 UL BWP 和 DL BWP，只需在一個 DL BWP 中發送 RAR

基於上述設計，當終端在上行啟動 BWP 中發送 preamble、啟動 RACH 過程時，如果啟動的 DL BWP 和 UL BWP 具有不同的 BWPI，需要將下行啟動 BWP 切換到與 UL 啟動 BWP 具有相同 BWPI 的 DL BWP。

4.3.12 BWP 切換延遲

如 4.1.2 節所述 BWP switching delay 中，UE 是不能進行正常的訊號發送或接收的，因此 gNB 需要注意，不能把上下行資料排程在 BWP switching delay 中。如果 UE 發現被排程的 PDSCH 或 PUSCH 的起始時間落在 BWP switching delay 過程內，UE 可以將此視為錯誤情況（error case），不按照排程接收 PDSCH 或發送 PUSCH。

關於跨 BWP 排程問題，我們將在 4.5.2 節詳細介紹，本節僅介紹 BWP switching delay 的相關標準化情況。由於 BWP switching delay 主要取決於終端產品實現，由 3GPP RAN4 負責此項研究。BWP switching delay 可由三部分組成（如圖 4-47 所示）：

- 第一部分是 UE 解調包含 BWP switching 指令的 DCI 的時間。如果是由其他方式（如基於 timer 或 RRC 設定）觸發的 BWP switching，這部分時間可以忽略。
- 第二部分是 UE 針對新的 BWP 參數進行計算和載入的時間。
- 第三部分是將新的 BWP 參數應用生效的時間。

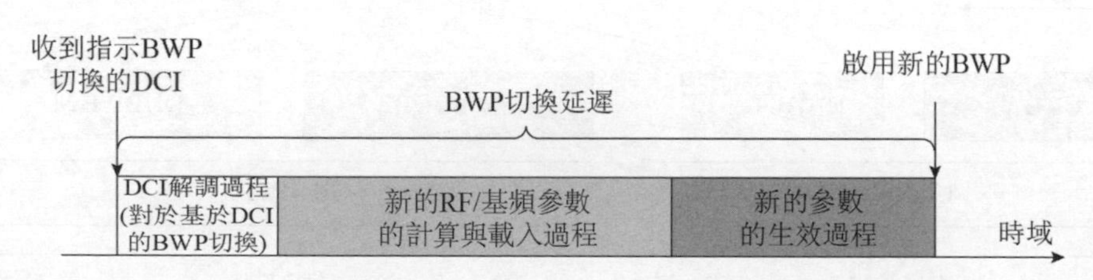

圖 4-47 BWP switching delay 的組成

如 4.1.2 節所述，RAN4 對 BWP 切換時間（BWP switching delay）的研究延續了一年多時間，2017 年初 RAN4 只列出了 RF 部分的初步研究結果（見表 4-2[11]），直到 2018 年 2 月才列出 RF、基頻的完整研究結果[42]。

BWP switching 可以分為四種場景，如圖 4-48 所示，包括：

場景 1：改變中心頻點但不改變頻寬（無論子載體間隔改不改變）。

場景 2：不改變中心頻點但改變頻寬（無論子載體間隔改不改變）。

場景 3：既改變中心頻點也改變頻寬（無論子載體間隔改不改變）。

場景 4：中心頻點和頻寬都不改變，只改變子載體間隔。

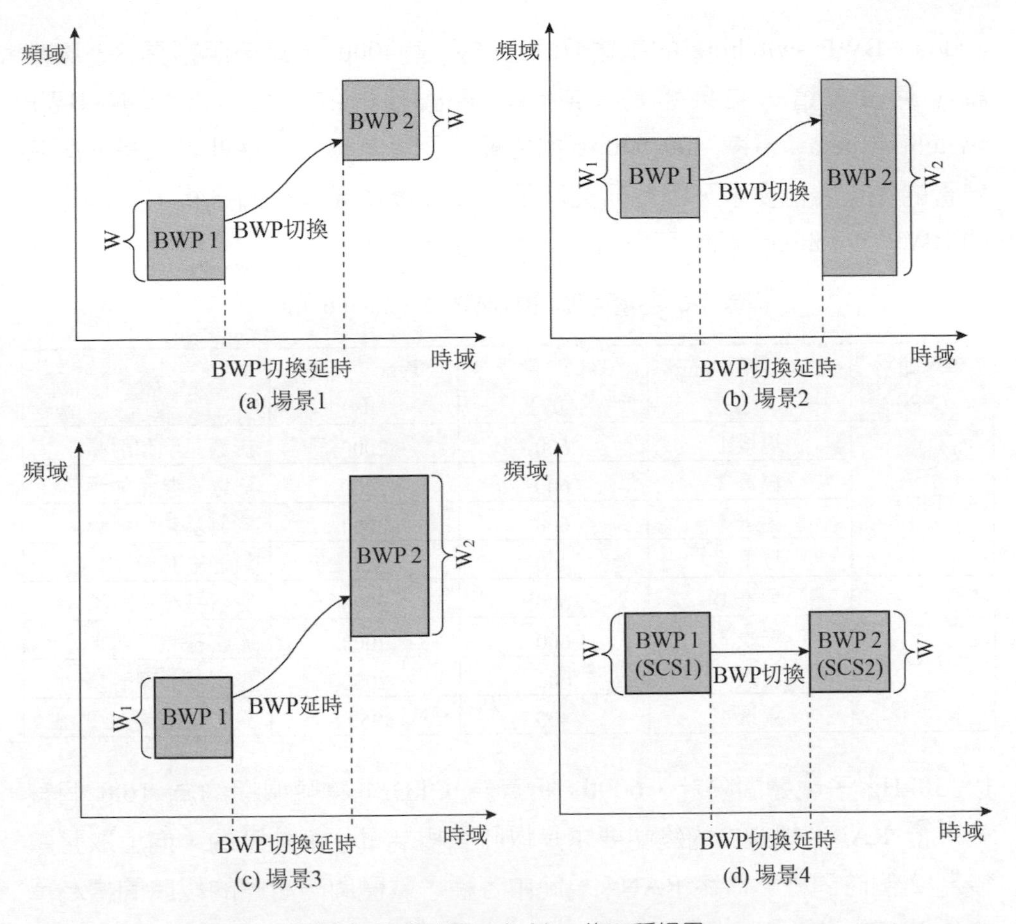

圖 4-48 BWP switching 的四種場景

對如上四種場景的研究結果如表 4-5，Type 1 和 Type 2 對應兩種終端能力，即具有較強能力的終端需要滿足表中第三列的要求，具有基本能力的終端需要滿足表中第四列的要求，兩種終端能力對應的 BWP switching delay 要求有較大差異。但 FR1（頻率範圍 1，即<6GHz）和 FR2（頻率範圍 2，即>6GHz）的要求是完全相同的。以 Type 1 終端能力為例，可以看到，BWP switching 如果涉及終端射頻的重調，會帶來 200μs 延遲，基頻模組的參數重配和生效需要 400μs。由於場景 1、2、3 改變了頻寬或中心頻點，既涉及射頻重調又涉及基頻重配，共帶來 600μs 延遲。而場景 4 只改變了子載體間隔，不涉及射頻重調，只涉及基頻重配，因此只帶來

400μs。BWP switching 的基頻重配延遲長達 400μs，甚至明顯長於射頻重調，應該説這一結果還是有點超出直觀預期的，這也是造成 BWP switching delay 長達 400-600μs 的主要原因。當然由於這些數值是對所有裝置的最低性能要求，因此研究時是基於最壞情況進行的分析，實際產品的 BWP switching delay 可能可以做到更小。

表 4-5 各種場景下的 BWP switching delay

頻率範圍（FR）	BWP switching 場景	Type 1 延遲（μs）	Type 2 延遲（μs）	備註
FR1	場景 1	600	2000	影響基頻和射頻
	場景 2	600	2000	影響基頻和射頻
	場景 3	600	2000	影響基頻和射頻
	場景 4	400	950	只影響基頻
FR2	場景 1	600	2000	影響基頻和射頻
	場景 2	600	2000	影響基頻和射頻
	場景 3	600	2000	影響基頻和射頻
	場景 4	400	950	只影響基頻

以 30kHz 子載體間隔計，600μs 折算為 OFDM 符號週期約為 16.8 個符號，但 RAN4 規範中的終端要求是以時間槽為單位來計算的，向上取整數後為 2 個時間槽。最終 RAN4 規範中各種子載體間隔對應的以時間槽為單位的 BWP switching delay 指標如表 4-6 所示[43]。需要説明的是，由於不同子載體間隔的時間槽長度不同，如果 BWP switching 前後的子載體間隔不同，則表 4-6 中的時間槽是以其中較大的子載體間隔長度對應的時間槽長度來計算的。

表 4-6 以時間槽為單位的 BWP switching delay

子載體間隔	時間槽長度(ms)	BWP switching delay（時間槽）	
		Type 1 延遲	Type 2 延遲
15kHz	1	1 個時間槽	3 個時間槽
30kHz	0.5	2 個時間槽	5 個時間槽
60kHz	0.25	3 個時間槽	9 個時間槽
120kHz	0.125	6 個時間槽	17 個時間槽

4.4 初始連線過程中的 BWP

4.4.1 下行初始 BWP 的引入

如 4.1 節所述，引入 BWP 的初衷是在 RRC 連接狀態下，實現終端省電和多種子載體間隔的資源排程，尚未考慮將其用於 RRC 連接建立之前的初始連線過程。在 RRC 連接之後，終端就可以從 RRC 設定中獲得 BWP 設定，然後透過 DCI 指示從中啟動一個 BWP。但是在 RRC 連接建立之前，終端尚無法從 RRC 訊號中獲得各個 BWP 的設定。同時，由於 CORESET 是設定在 BWP 內的，在啟動使用者特定的 DL BWP 之前，終端無法確定使用者特定搜尋空間（UE-specific search space）的設定，也就無法監測針對該使用者的 DCI，無法接受指示啟動 BWP 的 DCI。因此這是一個「雞生蛋、蛋生雞」的問題，要解決這個問題，必須設計一種在初始過程中自動確定工作頻寬的方法。

假設有這樣一個終端連線後自動確定的工作頻寬，姑且稱其為「初始 BWP」，則 BWP 的操作過程以下圖 4-49 所示（以下行為例）。終端從初始連線過程中自動確定初始 DL BWP，這個初始 DL BWP 從 SSB 的檢測中確定，所以可能在 SSB 所在的頻域位置周圍（具體見 4.4.3 節所述）。在初始連線過程完成、RRC 建立之後，就可以透過 RRC 訊號設定多個終端特定（UE-specific）BWP，並透過 DCI 啟動用於寬頻操作的 DL BWP。為了實現在頻域的負載平衡（load balancing），這個寬頻工作的 DL BWP 可能包含 SSB，也可能不包含。如 4.1 節所述，引入 BWP 的初衷是實現更靈活的資源排程和終端工作頻寬，基地台也可以利用 BWP 在較大的 5G 系統頻寬內的實現負載平衡，最終標準並不限制 BWP 設定是否包含同步訊號和廣播通道。在資料通道傳輸完成、timer 到期後，啟動 DL BWP 會回落到頻寬較小的 default DL BWP，這個 default DL BWP 也可能包含 SSB，也可能不包含。

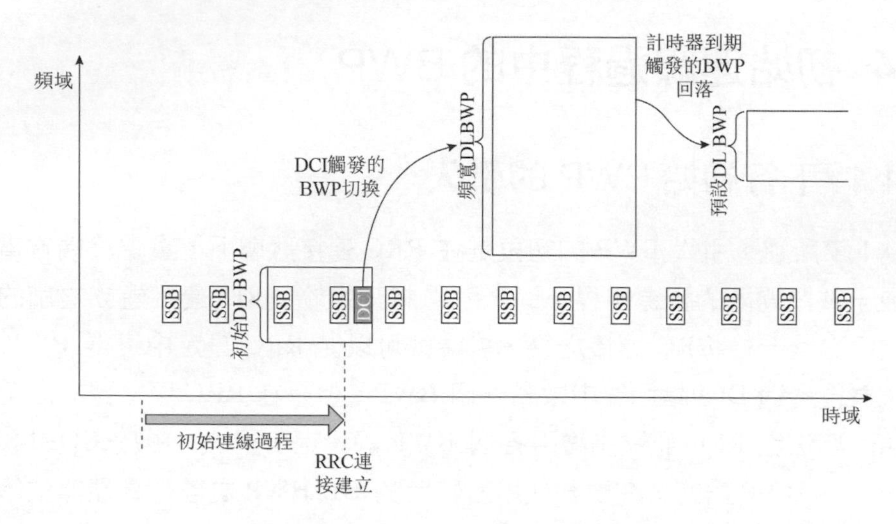

圖 4-49 初始連線過程中的 BWP 操作

可以看到，在 RRC 連接建立之前，終端在下行和上行都需要確定一個初始的工作頻寬。在引入 BWP 概念的初始階段，主要是考慮將其用於資料通道和控制通道，尚未考慮將其用於初始連線過程。因此，當考慮用來描述初始連線（initial access）過程的頻寬概念的時候，需要回答的問題是：應該新增一個「初始 BWP」（initial BWP）概念？還是可以利用現有的頻寬概念就行了？終端經過社區搜尋後，至少是知道 PBCH 或 SS/PBCH block（SSB）的頻寬的，如果終端只需在 PBCH 或 SSB 所在的頻寬內完成初始連線的各項下行操作，這樣就不需要增加新的概念了[50]。

針對這個問題，在 2017 年 5 月的 RAN1#89 上提出了三種可能的方案[24]：

★方案 1： CORESET#0（標準中的正式名稱為「連結於 Type0-PDCCH 公共搜尋空間集的 CORESET」（CORESET for Type0-PDCCH CSS set）和 RMSI 的頻寬都限制在 SSB 頻寬內（如圖 4-50（a）所示）。

★方案 2： CORESET#0 的頻寬限制在 SSB 頻寬內，RMSI 的頻寬不限制在 SSB 頻寬內（如圖 4-50（b）所示）。

★方案 3： CORESET#0 和 RMSI 的頻寬都不限制在 SSB 頻寬內（如圖 4-50（c）所示）。

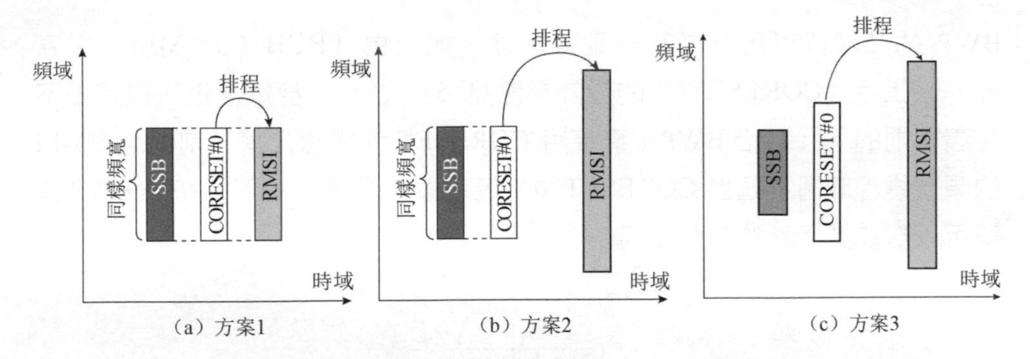

圖 4-50 初始連線過程中的 3 種可能的下行頻寬設定方案

隨著研究的深入，越來越多發現初始連線操作的下行頻寬不應該被限制在 SSB 頻寬內和頻域位置上，有必要為初始連線程序定義單獨的 BWP，即需要定義「下行初始 BWP」概念。

首先，下行初始 BWP（initial DL BWP）需要包括初始連線過程的 PDCCH CORESET（後來被稱為 CORESET#0，下面為了敘述方面，還是簡稱為 CORESET#0）。在 BWP 的研究過程中，考慮 CORESET#0 可能用來排程諸多類型的資訊，包括 RMSI（剩餘系統資訊，即 SIB1（第一系統區塊））、OSI（其他系統資訊，即 SIB2（第二系統區塊）以下的 SIB）或 Msg.2、Msg.4（隨機連線過程的第 2 資訊、第 4 資訊）等初始連線過程中的 PDSCH 資訊[28]等，需要較大的排程靈活性和 PDCCH 容量，而 SSB 頻寬（最終確定為 20 個 PRB）內能容納的 CCE（控制通道粒子）的數量甚至少於 LTE PDCCH 公共搜尋空間中的 CCE 數量（時域上統一以 3 個 OFDM 符號計）。顯然，這對 NR 系統是嚴重不足的，包含 NR PDCCH 的公共搜尋空間的 CORESET#0 需要承載在比 SSB 更大的頻寬內。

同時，CORESET#0 和 SS/PBCH block 的頻域位置也可能不同，如 CORESET#0 需要和 SS/PBCH block 進行 FDM（頻分重複使用），以實現 CORESET#0 與 SS/PBCH block 在相同的時域資源裡同時傳輸（如考慮毫米波系統中多波束輪掃（beam sweeping）的需要，需要在盡可能短的時間內完成社區搜尋和系統資訊的讀取），如圖 4-51 所示。這樣，initial DL

BWP 的頻域位置應該具有一定靈活性，如可由 PBCH（即 MIB，主區塊）來指示（CORESET#0 的設計具體見 5.4 節）。當然，也可以選擇不定義專門的下行初始 BWP，直接用 CORESET#0 概念代替，前提是 RMSI 的頻域排程範圍不超過 CORESET#0。但定義一個單獨的下行初始 BWP 無疑可以形成更清晰的訊號結構。

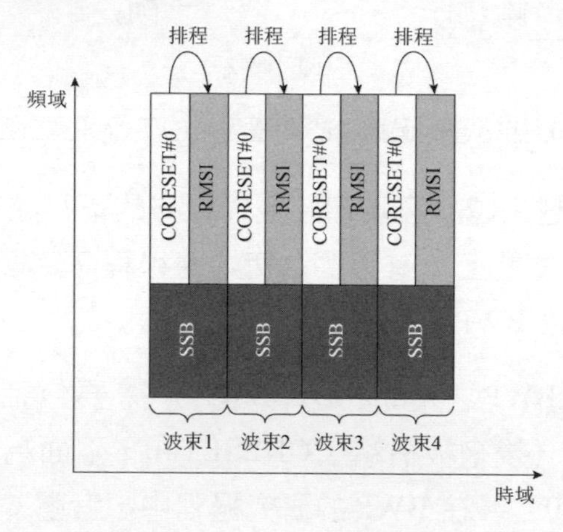

圖 4-51 CORESET#0、RMSI 與 SSB 頻分重複使用

相似的，傳輸 RMSI 所需的頻寬也更有可能超過 SSB，且在高頻段多波束 NR 系統中，RMSI 也可能需要和 SSB 頻分重複使用，如圖 4-51 所示。從前向相容的角度考慮，RMSI 在未來的 5G 增強版本中還有可能需要擴充，因此將 RMSI 限制在很窄的頻寬內也是不明智的。

基於如上原因，至少需要定義下行 initial BWP，用來傳輸 CORESET#0 或 RMSI。

4.4.2 上行初始 BWP 的引入

在初始連線過程中，終端確定的第一個上行頻寬是用於發送 PRACH（物理隨機連線通道）的頻寬（即 Msg.1 所在的頻寬）的大小和位置。需要研究的問題主要是：終端的第二次上行發送（即第 3 筆訊息，Msg.3）是在哪個頻寬內排程的？與下行類似，這個頻寬的設定也可以考慮多種方案：

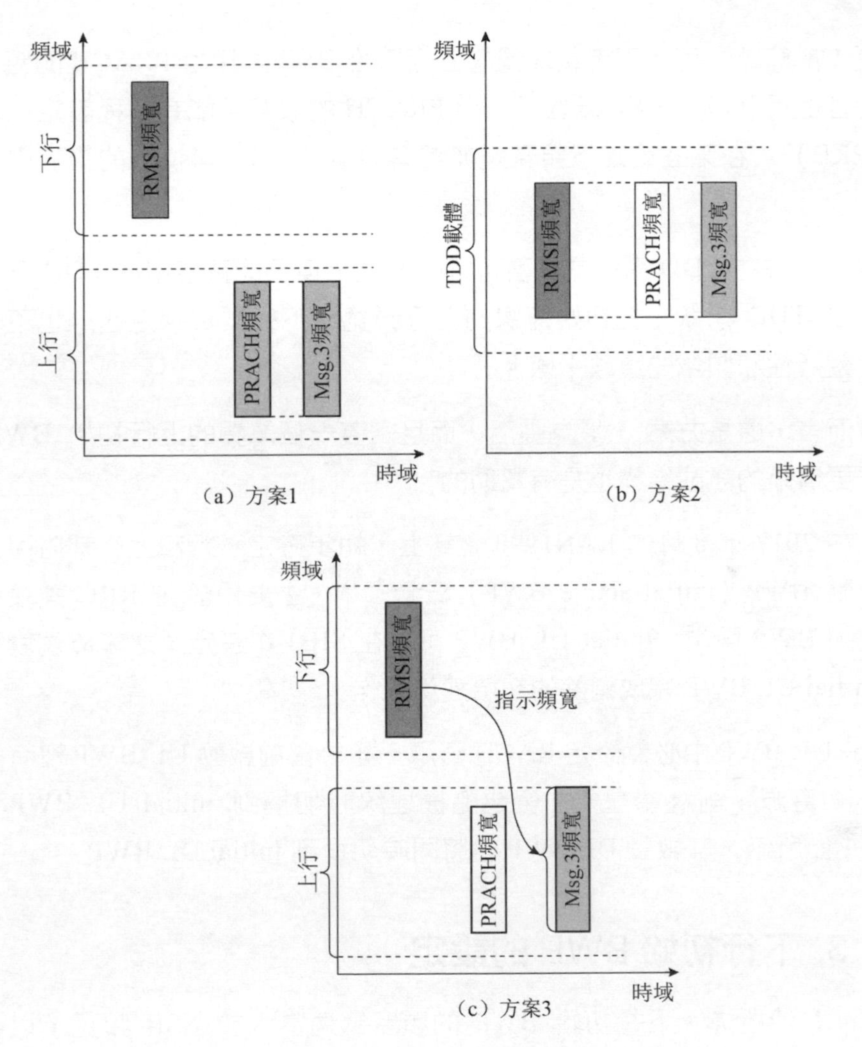

圖 4-52 初始連線過程中的 3 種可能的上行頻寬設定方案

★方案 1：Msg.3 的排程限制在 PRACH 頻寬內（如圖 4-52（a）所示）。

★方案 2：Msg.3 的排程限制在某種已知的下行頻寬（如 RMSI 頻寬）內（如圖 4-52（b）所示）。

★方案 3：Msg.3 的排程頻寬不限制在已知的頻寬內，而由 RMSI 靈活設定（如圖 4-52（c）所示）。

方案 1 最簡單，可以不定義單獨的上行初始 BWP、採用 PRACH 的頻域範圍代替上行 initial BWP 概念[49]，但 PRACH 的頻寬可能有多種設定（2~24 個 PRB），在某些設定下頻寬是非常有限的的，對 Msg.3 的排程限制過大。

方案 2 也許在 TDD 系統是一種可行的方案，但不能直接用於 FDD 系統。即使對 TDD 系統，把初始連線的上行頻寬和下行頻寬綁定起來也不利於排程靈活性和頻域的負載平衡。

相對而言，還是方案 3 最為靈活，而且定義一個單獨的上行初始 BWP 對形成更清晰的訊號結構也是有幫助的。

因此在 2017 年 8 月的 RAN1#90 會議上，初步確定下行和上行都將引入初始啟動 BWP（initial active BWP）概念[47,48]，主要用於在 RRC 連接建立之前的 BWP 操作。Initial UL BWP 可以在 SIB1 中設定，之後終端就可以在 Initial UL BWP 完成剩餘的初始連線操作。

Initial UL BWP 中必然設定 RACH 資源。如果當前啟動 UL BWP 沒有設定 RACH 資源，則終端需要在發起隨機連線時切換到 initial UL BWP。如 4.3.11 節所示，其啟動 DL BWP 也將同時切換到 initial DL BWP。

4.4.3 下行初始 BWP 的設定

如 4.4.1 節所述，下行初始 BWP 的頻寬應適當大於 SSB 頻寬，以容納 CORESET#0 和 RMSI、OSI、隨機連線 Msg.2、Msg.4、尋呼資訊等 PDSCH 內傳輸的下行初始資訊。具體而言，還有兩種選擇：一是定義一個下行初始 BWP（即 CORESET#0 所在的 BWP 和 RMSI 等下行資訊共用同一個 DL BWP），如圖 4-53（a）；二是定義兩個下行初始 BWP（即 CORESET#0 和 RMSI 等下行資訊所在的 BWP 是不同的 BWP），如圖 4-53（b）。

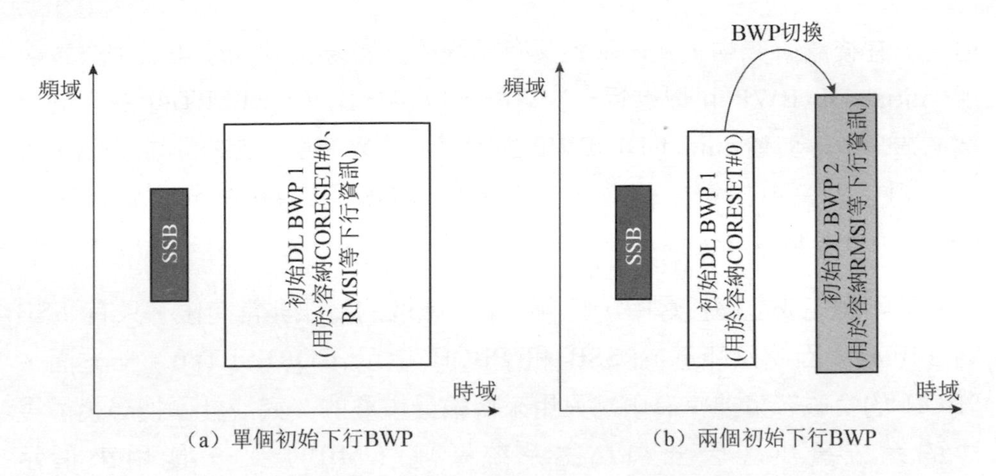

圖 4-53 初始下行 BWP 設定的 2 種方案

單純從初始連線過程的需要考慮，下行初始 BWP 的設定應該兼顧「靈活性」、「簡易性」、「即時性」和「通用性」，即：

- 位置緊鄰 SSB 但具有一定靈活性，即可與 SSB 呈 TDM 或 FDM 重複使用關係。
- 設定訊號簡單，使終端可以在下行初始連線過程中快速、可靠的獲知。
- 終端在接收第一次資源設定之前就能確定下行初始 BWP。
- Initial DL BWP 要對各種能力的終端都適用，即要限制在最小能力的 UE 的 RF 頻寬內。

從如上要求考慮，2017 年 5 月、6 月的 RAN1#89 和 RAN1#AH NR2 會議上，提出了根據 CORESET#0 的頻域範圍來指示 initial DL BWP 的方案。因為 CORESET#0 可以透過初始連線過程獲知的（如基於 SSB 頻寬和 PBCH 的指示獲知），直接將 CORESET#0 的頻域範圍作為 initial DL BWP 是最簡單直接的解決方案，而且這個方案可以適用於任何 RF 能力的終端，又可以避免一次 BWP switching。因此，經過初步研究，首先確認了 NR 採用此方案確定 initial DL BWP。

但是，在後續研究中，這一決定又有所修改，實際上轉向了第二個方案，即 initial DL BWP 可以進行一次重配，以包含比 CORESET#0 更大的頻寬。這一改變與對 initial DL BWP 的定位的改變有關，將在下面介紹，這裡我們首先集中於第一個方案，即基於 CORESET#0 的頻域範圍確定 initial DL BWP 的方法。

在終端剛剛完成社區搜尋時，終端從網路獲取的資訊非常有限，只有 SSB 和 PBCH，因此只能基於 SSB 和 PBCH 指示 CORESET#0。一方面，PBCH 的負載容量非常有限、只用來傳輸最重要的、完成社區搜尋後最重要的系統資訊（因此稱為主系統區塊（MIB）），能用來指示 CORESET#0 的欄位必須控制在很少幾個 bit 之內。因此，採用如 4.2.6 節的「起點+長度」的正常 BWP 頻域設定方法，既不現實也無必要。另一方面，在完成社區搜尋後，SSB 這一「錨點」的時頻域大小和位置均已確知，自然就可以圍繞 SSB，在上、下、後預先定義幾種可能的 BWP「圖案」（pattern），然後用少量 bit 做選擇性指示即可，具體見 6.2.2 所述。

基於此方法，終端已經可以順利在初始連線過程中根據 CORESET#0 的頻域範圍確定自己的 initial DL BWP。但是在隨後的標準化工作中，RAN2 工作群組發現對某些應用場景（如服務社區增加（P/SCell addition）和社區切換）來說，以 CORESET#0 的頻域範圍作為頻寬可能還是過小（最大 96 個 RB），希望能有機會重新設定一個更大一點的 initial DL BWP[66]。RAN1 經過研究，於 2018 年 8 月的 RAN1#94 會議上決定支援 RAN2 的這一改進設計，將 initial DL BWP 與 CORESET#0 的頻域範圍「解綁」：基地台可以為終端另外設定一個 initial DL BWP，如果基地台不設定，則終端以 CORESET#0 作為 initial DL BWP[67]。

顯然，單獨設定 initial DL BWP 的意義，在於可以定義一個明顯比 CORESET#0 更寬的 initial DL BWP。這種方法除了可以更好支援服務社區增加和社區切換等操作外，實際上為終端採用簡單的「單 BWP」操作提供了可能。

如 4.1 節所述，BWP 是 5G NR 在頻域引入的最重要的創新概念，可以有效支援多種子載體間隔資源設定和終端省電操作，但對於追求簡單、低成本的 NR 終端，如果只想回到類似 LTE 的「固定系統頻寬、單一子載體間隔」的簡化工作模式，該如何設定呢？如果以 CORESET#0 不大的頻域範圍為 initial DL BWP，則為了實現 NR 較大的工作頻寬，就必須至少給 UE 設定一個較大的下行 UE-dedicated BWP，加上 initial DL BWP（4.4.4 中將要介紹，當不設定單獨的 default DL BWP 時，initial DL BWP 就相當於 default DL BWP），最少也需要支援 2 個 DL BWP 和這兩個 DL BWP 之間的動態切換。而如果可以另外設定一個具有較大頻寬的 initial DL BWP，就可以透過這個 initial DL BWP 滿足終端所有的大頻寬操作，從而不需要一定要設定 UE-dedicated BWP 了。當基地台沒有給 UE 設定 UE-dedicated BWP 時，UE 就可以一直工作在 initial DL BWP 中，實現簡單的「單 BWP」操作，不支援 BWP switching 操作也沒有關係。

因此，NR 標準最終支援了兩種 initial DL BWP 的確定方式：一、如果高層訊號未設定 initial DL BWP，則根據 CORESET#0 的頻域範圍作為 initial DL BWP 的頻寬，採用 CORESET#0 的參數集（子載體間隔和 CP）作為 initial DL BWP 的參數集。二、如果高層訊號設定了 initial DL BWP，則根據高層訊號設定確定 initial DL BWP。顯然，第二種方式更加靈活，既可以用於確定 PCell 中的 initial DL BWP，也可以用於確定輔小區（SCell）中的 initial DL BWP，即可以支援多種 BWP 設定之間的動態切換（透過另外設定 UE-dedicated BWP、default DL BWP 來實現），也可以支援簡單的「單 BWP」模式（不設定 UE-dedicated BWP、default DL BWP 就行了）。第一種方式只用於確定主社區（Pcell）中的 initial DL BWP，且只能有效的支援「多 BWP 動態切換」模式。NR 標準同時支援這兩種 initial DL BWP 確定方式，為不同需求的電信業者和不同類型的終端提供了不同的產品實現方案。

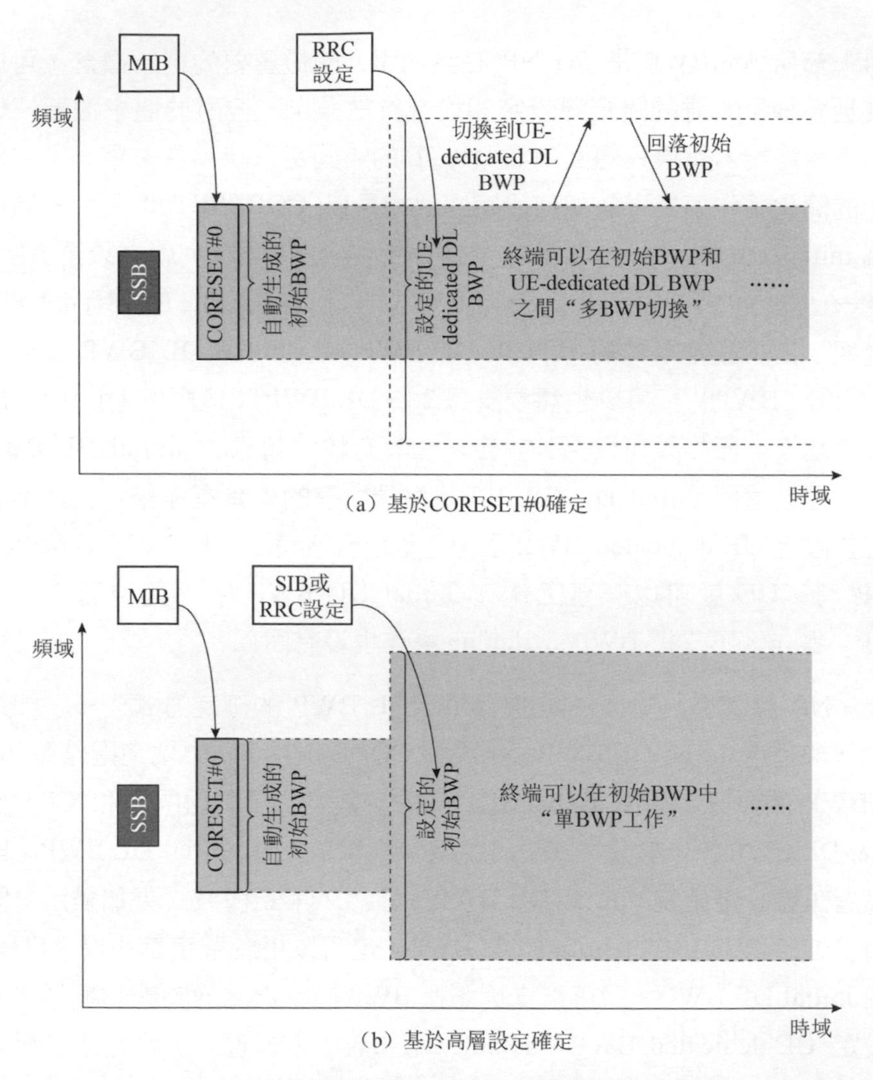

圖 4-54 Initial DL BWP 的兩種確定方式

第一種方式如圖 4-54（a）所示，即基地台沒有設定更寬的 initial DL BWP，則終端始終沿用根據 CORESET#0 頻域範圍確定的 initial DL BWP。基地台如果另外設定了 UE-dedicated DL BWP，則終端可以在 UE-dedicated DL BWP 與 initial DL BWP（在未設定 default DL BWP 的情況下作為 default DL BWP）之間動態切換，適用於支援「多 BWP 切換」功能的終端。第二種方式如圖 4-54（b）所示），即基地台透過 SIB1 為終端設定了更寬的 initial DL BWP，替換了根據 CORESET#0 頻域範圍確定的 initial DL BWP，則基地台完全可以不再設定 UE-dedicated DL BWP，允許終端始終工作在這個 initial DL BWP 內，適用於只支援「單 BWP 工作」功能的終端。

4.4.4 下行初始 BWP 與下行預設 BWP 的關係

下行預設 BWP 和下行初始 BWP 的基本用途是不同的，但也具有一些相似的特性，如通常都具有比較小的頻寬，可以支援終端的省電操作。在經歷了初始連線過程後，一個終端總是擁有一個下行初始 BWP，從這個角度說，下行初始 BWP 其實也可以承擔下行預設 BWP 的功能。在 BWP 的研究中，也有建議直接採用下行初始 BWP 代替下行預設 BWP 的方案。但是正如 4.4.1 節所述，如果將 default DL BWP 限制在 initial DL BWP 的頻域位置，所有處於省電狀態的終端都將集中在一個狹窄的 initial DL BWP 中，不利於實現頻域的負載平衡，如圖 4-55（a）所示。如圖 4-55（b）所示，如果可以給不同的終端設定不同的 default DL BWP，則可以實現頻域負載平衡。

另外，initial DL BWP 只採用一種特定的子載體間隔，而 UE 可能更適合工作於另一種子載體間隔。如果所有 UE 都需要統一回落到 initial DL BWP，則有些 UE 需要切換到 initial DL BWP 的子載體間隔。而如果針對 UE 設定各自的 DL default BWP，則可以避免 UE 在回落到 DL default BWP 改變自己的適合使用的子載體間隔。

因此最後 NR 標準中規定，下行預設 BWP 可以單獨設定，如果在 RRC 連接建立後，gNB 沒有為終端設定下行預設 BWP，終端就把下行初始 BWP 作為下行預設 BWP[47,48]。這種機制使 gNB 可以靈活選擇下行預設 BWP 的設定方式，例如在頻寬比較小的載體裡，如果 gNB 覺得所有終端的下行預設 BWP 都集中在一起也沒有問題，可以將下行初始 BWP 作為所有終端的下行預設 BWP 使用。

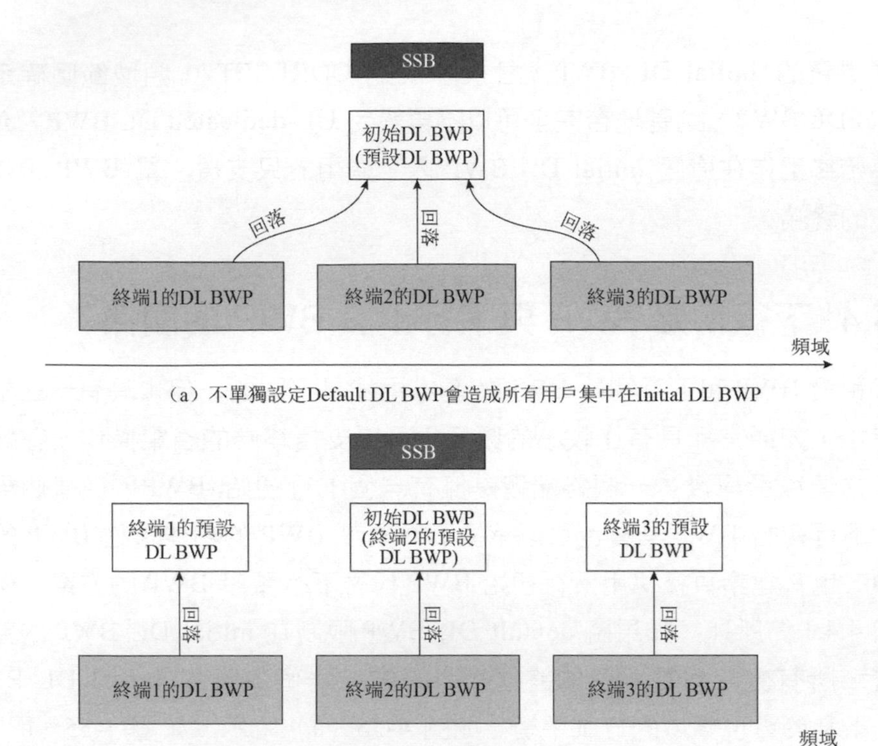

(a) 不單獨設定Default DL BWP會造成所有用戶集中在Initial DL BWP

(b) 單獨設定Default DL BWP可實現更好的頻域負載均衡

圖 4-55 是否可以獨立設定 DL default BWP 的影響

4.4.5 載體聚合中的初始 BWP

如 4.1.7 節所述，經過研究，NR 最終決定採用「載體+BWP 兩層設定與啟動」的方法，即 carrier 的設定與啟動/去啟動和 BWP 的設定與啟動/去啟動分開設計。因此當一個 carrier 處於啟動狀態時，也需要確定這個 carrier 中的啟動 BWP。在自載體排程（self-carrier scheduling）情況下，需要等待終端在這個 carrier 中接收了第一個 DCI，才能確定第一個啟動 BWP，但由於 CORESET 是設定在 BWP 內的，在啟動 DL BWP 之前，終端無法確定 CORESET 和搜尋空間的設定，也就無法監測 PDCCH。因此這又是一個「雞生蛋、蛋生雞」的問題，和單載體在初始連線過程中如何確定「初始 DL BWP」的情況是類似的。

所以在輔載體（SCell）啟動過程中也需要與主載體（PCell）初始連線過程中類似的「初始 BWP」，以便在 DCI 啟動 UE-specific BWP 之前使終端有工作頻寬可用。為了區別主載體的 initial BWP，這個 SCell 的「初始 BWP」稱為第一啟動 BWP（first active BWP）。如圖 4-56 所示，在 CA 系統中，RRC 除了可以設定 PCell 的 BWP 之外，還可以設定 SCell 的 first active BWP。當透過 PCell 中的 MAC CE 啟動某個 SCell 時，將同時啟動對應的 first active DL BWP，終端就可以立即在這個 first active DL BWP 中設定的 CORESET 中監測 PDCCH，接收到指示 BWP switching 的 DCI，就可以切換到更大頻寬的 BWP，隨後的 BWP switching 方法與 PCell 中的方法相同。

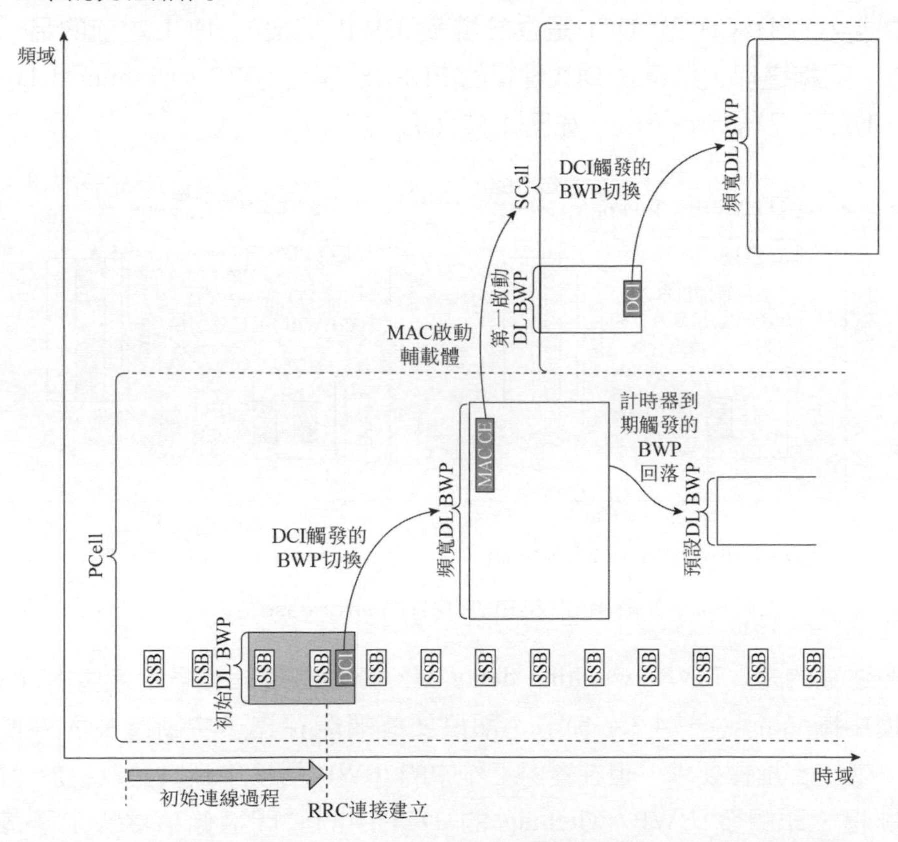

圖 4-56 透過 first active BWP 啟動輔載體 BWP 操作

4.5 BWP 對其他物理層設計的影響

4.5.1 BWP 切換延遲的影響

當然，正如 4.1.2、4.3.4 節所述，gNB 在跨 BWP 排程需要注意，不能把上下行資料排程在 BWP switching delay 中。以下行排程為例，如果觸發 BWP 切換的 DCI 排程的 PDSCH 是在 BWP switching delay 之後到達，UE 是可以正常接收的。但如果該 DCI 排程的 PDSCH 落在 BWP switching delay 之內，UE 可以將此視為錯誤情況（error case），不按照排程接收 PDSCH，如圖 4-57（a）所示。

如果排程 PDSCH 的 DCI 是位於觸發 BWP 切換的 DCI 之前的另一個 DCI，同樣道理，如果該 DCI 排程的 PDSCH 落在 BWP switching delay 之內，UE 可視為 error case，如圖 4-57（b）所示。

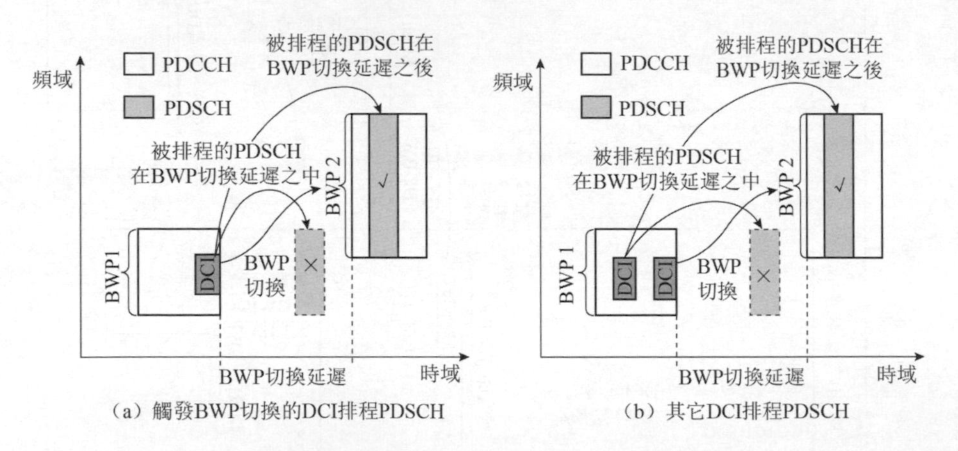

圖 4-57 跨 BWP 排程的 error case

需要注意的是，BWP switching delay 是從終端性能指標角度定義的 BWP 切換中斷時長（見 4.3.4 節），即只要終端能在這一中斷時長內恢復工作，就符合指標要求。但在實際工作中的 BWP 切換中斷時長取決於 gNB 的排程，即觸發 BWP switching 的 DCI 中的時間槽偏移域決定了這次 BWP 切換中斷時長。

4.5.2 BWP-dedicated 與 BWP-common 參數設定

在 BWP 概念形成的初期，它和其他物理層參數是什麼關係，還很不清楚。大部分 3GPP 研究人員可能並沒有想到 BWP 最終會成為如此「基礎」的物理層概念，以至於大部分物理層參數都是在 BWP 的框架下設定的，即這些物理層參數是「BWP 特定」（BWP-dedicated）參數。BWP-dedicated 參數可以「逐 BWP」設定，如果為一個 UE 設定了 4 個 BWP，BWP-dedicated 參數也需要在每個 BWP 之下設定 4 套，這 4 套參數的數值可以設定的不同，當 BWP 切換時，這些參數的設定也可能發生變化。而不隨 BWP 切換發生設定變化的參數是 BWP-common 參數，也稱為 cell-specific 參數。在訊號結構中，BWP-common 參數也需要在每個 BWP 下分別設定，但每個 BWP 下的 BWP-common 參數都只能設定相同的數值。

在 BWP 的相關標準化過程中，一個重要的研究內容是：哪些物理層參數應該是 BWP-dedicated 參數？哪些應該是 BWP-common 的？一個典型的 BWP-dedicated 物理層參數是 CORESET（控制資源集），在 2017 年 6 月的 RAN1#AH NR2 會議上確定[34,41]，每個 DL BWP 都應設定至少一個包含 UE-specific 搜尋空間的 CORESET，以在每個 DL BWP 都支援正常的 PDCCH 監測。但包含公共搜尋空間（common search space，CSS）的 CORESET 只需要在一個 DL BWP 中設定就可以，這和載體聚合（CA）系統中至少要在一個啟動載體（CC）中設定包含 CSS 的 CORESET 類似。

可以看到，在最終的 NR 系統中，RRC 連接狀態下的絕大部分物理層參數都是 BWP-dedicated 參數，BWP-common 參數主要包括那些在初始連線過程中使用的參數，未建立 RRC 連接的 UE 尚無法獲得 BWP-dedicated 參數，但可以從 SIB 中讀取 BWP-common 參數設定。

4.6 小結

BWP 是 5G NR 引入的最重要的創新概念之一，可以更有效的實現大頻寬下的終端省電和多參數集資源設定，其關鍵設計環節包括 BWP 的設定方法、BWP 切換方法、初始連線過程中的 BWP 操作等。雖然 BWP 的完整設計可能需要在 5G 週期內逐步商用，但 BWP 幾乎已成為整個 NR 頻域操作的基礎，從初始連線、控制通道、資源設定到各類物理過程，都是以 BWP 為基本概念來說明的，因此準確的把握 BWP 概念對深入了解現有 5G 標準和未來的 5G 增強版本，都是不可或缺的。

參考文獻

[1] 3GPP TS 38.213 V15.3.0 (2018-09), NR; Physical layer procedures for control (Release 15)

[2] R1-1609429, Discussion on resource block for NR, Huawei, HiSilicon, 3GPP RAN1#86bis, Lisbon, Portugal, Oct 10-14, 2016

[3] R1-1600570, DL resource allocation and indication for NR, OPPO, 3GPP RAN1 NR Ad Hoc#1701, Spokane, USA, 16th –20th January 2017

[4] Report of 3GPP TSG RAN WG1#88, Athens, Greece, 13th –17th February 2017

[5] R1-1703781, Resource allocation for data transmission, Huawei, HiSilicon, OPPO, InterDigital, Panasonic, ETRI, 3GPP RAN1#88, Athens, Greece 13th –17th February 2017

[6] Report of 3GPP TSG RAN WG1#86bis, Lisbon, Portugal, 10th –14th October 2016

[7] R1-1611041, Way Forward on bandwidth adaptation in NR, MediaTek, Acer, CHTTL, III, Panasonic, Ericsson, Nokia, ASB, Samsung, LG, Intel, 3GPP RAN1#86bis, Lisbon, Portugal, 10th –14th October 2016

[8] R1-1611655, Mechanisms of bandwidth adaptation for control and data reception in single carrier and multi-carrier cases, Huawei, HiSilicon, 3GPP RAN1#87, Reno, USA, November 14 –18, 2016

[9] R1-1700158, UE-specific RF Bandwidth Adaptation for Single Component Carrier Operation, MediaTek Inc, 3GPP RAN1 NR Ad Hoc#1701, Spokane, USA, 16th – 20th January 2017

[10] R1-1612439, Bandwidth Adaptation for UE Power Savings, Samsung, 3GPP RAN1#87, Reno, USA, November 14 –18, 2016

[11] R1-1704091, Reply LS on UE RF Bandwidth Adaptation in NR, RAN4, MediaTek, 3GPP RAN1#88, Athens, Greece, 13 –17 February 2017

[12] Report of 3GPP TSG RAN WG1#87, Reno, USA, 14th –18th November 2016

[13] R1-1613218, WF on UE bandwidth adaptation in NR, MediaTek, Acer, AT&T, CHTTL, Ericsson, III, InterDigital, ITRI, NTT Docomo, Qualcomm, Samsung, Verizon, 3GPP RAN1#87, Reno, USA, 14th –18th November 2016

[14] R1-1700011, Mechanisms of bandwidth adaptation, Huawei, HiSilicon, 3GPP RAN1 NR Ad Hoc#1701, Spokane, USA, 16th –20th January 2017

[15] R1-1700362, On the bandwidth adaptation for NR, Intel Corporation, 3GPP RAN1 NR Ad Hoc#1701, Spokane, USA, 16th –20th January 2017

[16] R1-1707719, On bandwidth part configuration, OPPO, 3GPP TSG RAN WG1#89, Hangzhou, P.R. China 15th –19th May 2017

[17] R1-1700497, Further discussion on bandwidth adaptation, LG Electronics, 3GPP RAN1 NR Ad Hoc#1701, Spokane, USA, 16th –20th January 2017

[18] R1-1700709, Bandwidth adaptation in NR, InterDigital Communications, 3GPP RAN1 NR Ad Hoc#1701, Spokane, USA, 16th –20th January 2017

[19] R1-1701491, WF on Resource Allocation, Huawei, HiSilicon, OPPO, Nokia, Panasonic, NTT DoCoMo, InterDigital, Fujitsu, 3GPP RAN1 NR Ad Hoc#1701, Spokane, USA, 16th –20th January 2017

[20] R1-1700371, Scheduling and bandwidth configuration in wide channel bandwidth, Intel Corporation, 3GPP RAN1 NR Ad Hoc#1701, Spokane, USA, 16th –20th January 2017

[21] Report of 3GPP TSG RAN WG1#88bis, Spokane, USA, 3rd –7th April 2017

[22] R1-1706427, Way Forward on UE-specific RF bandwidth adaptation in NR, MediaTek, AT&T, ITRI, 3GPP RAN1#88bis, Spokane, USA, 3rd –7th April 2017

[23] R1-1706745, Way Forward on bandwidth part in NR, MediaTek, Huawei, HiSilicon, Ericsson, Nokia, 3GPP RAN1#88bis, Spokane, USA, 3rd –7th April 2017

[24] Report of 3GPP TSG RAN WG1#89, Hangzhou, China, 15th –19th May 2017

[25] R1-1709519, WF on bandwidth part configuration, OPPO, Ericsson, Huawei, HiSilicon, MediaTek, Intel, DOCOMO, LGE, ETRI, CATR, NEC, ZTE, CATT, Samsung, 3GPP RAN1#89, Hangzhou, China, 15th –19th May 2017

[26] R1-1709802, Way Forward on bandwidth part for efficient wideband operation in NR, Ericsson, 3GPP RAN1#89, Hangzhou, China, 15th –19th May 2017
[27] R1-1709625, WF on PRB grid structure for wider bandwidth operation, LG Electronics, OPPO, ASUSTEK, Ericsson, Intel, DOCOMO, Huawei, HiSilicon, 3GPP RAN1#89, Hangzhou, China, 15th –19th May 2017
[28] R1-1706900, On bandwidth part and bandwidth adaptation, Huawei, HiSilicon, 3GPP TSG RAN WG1 Meeting #89, Hangzhou, China, 15 –19 May 2017
[29] R1-1704625, Resource indication for UL control channel, OPPO, 3GPP RAN1#88bis, Spokane, USA, 3rd –7th April 2017
[30] 3GPP TS 38.211 V15.3.0 (2018-09), NR; Physical channels and modulation (Release 15)
[31] 3GPP TS 38.331 V15.3.0 (2018-06), NR; Radio Resource Control (RRC) protocol specification (Release 15)
[32] 3GPP TS 38.214 V15.3.0 (2018-09), NR; Physical layer procedures for data (Release 15)
[33] R1-1709054, On bandwidth parts, Ericsson, 3GPP RAN1#89, Hangzhou, China, 15th –19th May 2017
[34] Report of 3GPP TSG RAN WG1#AH NR2, Qingdao, China, 27th –30th June 2017
[35] R1-1711788, Way forward on further details of bandwidth part operation, Intel, AT&T, Huawei, HiSilicon, 3GPP TSG RAN WG1#AH NR2, Qingdao, China, 27th –30th June 2017
[36] R1-1711795, On bandwidth parts and "RF" requirements, Ericsson, 3GPP TSG RAN WG1#AH NR2, Qingdao, China, 27th –30th June 2017
[37] R1-1711855, Way forward on PRB indexing, Intel, Sharp, Ericsson, MediaTek, NTT DOCOMO, Panasonic, Nokia, ASB, NEC, KT, ETRI, 3GPP TSG RAN WG1#AH NR2, Qingdao, China, 27th –30th June 2017
[38] R1-1711812, WF on configuration of a BWP in wider bandwidth operation, LG Electronics, MediaTek, 3GPP TSG RAN WG1#AH NR2, Qingdao, China, 27th –30th June 2017
[39] R1-1710352, Remaining details on wider bandwith operation, LG Electronics, 3GPP TSG RAN WG1#AH NR2, Qingdao, China, 27th –30th June 2017

[40] R1-1711795, On bandwidth parts and "RF" requirements Ericsson, 3GPP TSG RAN WG1#AH NR2, Qingdao, China, 27th –30th June 2017

[41] R1-1711802, Way Forward on Further Details for Bandwidth Part, MediaTek, Huawei, HiSilicon, 3GPP TSG RAN WG1#AH NR2, Qingdao, China, 27th –30th June 2017

[42] R1-1803602, LS on BWP switching delay, RAN4, Intel, 3GPP TSG RAN WG1#93, Sanya, China, 16th –20th April 2018

[43] 3GPP TS 38.133 V15.3.0 (2018-09), NR; Requirements for support of radio resource management (Release 15)

[44] R1-1710164, Bandwidth part configuration and frequency resource allocation, OPPO, 3GPP TSG RAN WG1#AH NR2, Qingdao, China, 27th –30th June 2017

[45] R1-1711853, Activation/deactivation of bandwidth part, Ericsson, 3GPP TSG RAN WG1#AH NR2, Qingdao, China, 27th –30th June 2017

[46] R1-1710416, Design considerations for NR operation with wide bandwidths, AT&T, 3GPP TSG RAN WG1#AH NR2, Qingdao, China, 27th –30th June 2017

[47] Report of 3GPP TSG RAN WG1 #90 v1.0.0, Prague, Czech Rep, 21st –25th August 2017

[48] R1-1715307, Way Forward on Bandwidth Part Operation MediaTek, Intel, Panasonic, LGE, Nokia, Ericsson, InterDigital, 3GPP TSG RAN WG1#90, Prague, Czech Rep, 21st –25th August 2017

[49] R1-1713654, Wider Bandwidth Operations, Samsung, 3GPP TSG RAN WG1#90, Prague, Czech Rep, 21st –25th August 2017

[50] R1-1712728, Remaining details of bandwidth parts, AT&T, 3GPP TSG RAN WG1#90, Prague, Czech Rep, 21st –25th August 2017

[51] R1-1712669, Resource allocation for wideband operation, ZTE, 3GPP TSG RAN WG1#90, Prague, Czech Rep, 21st –25th August 2017

[52] R1-1709972, Overview of wider bandwidth operations, Huawei, HiSilicon, 3GPP TSG RAN WG1#AH NR2, Qingdao, China, 27th –30th June 2017

[53] R1-1713978, Further details on bandwidth part operation, MediaTek Inc., 3GPP TSG RAN WG1#90, Prague, Czech Rep, 21st –25th August 2017

[54] R1-1714094, On the remaining wider-band aspects of NR, Nokia, Nokia Shanghai Bell, 3GPP TSG RAN WG1#90, Prague, Czech Rep, 21st –25th August 2017

[55] R1-1715755, On remaining aspects of NR CA/DC and BWPs, Nokia, Nokia Shanghai Bell, 3GPP TSG-RAN WG1 Meeting NRAH#3, Nagoya, Japan, 18th -21st September 2017

[56] R1-1716019, On Bandwidth Part Operation, Samsung, 3GPP TSG-RAN WG1 Meeting NRAH#3, Nagoya, Japan, 18th -21st September 2017

[57] Report of 3GPP TSG RAN WG1 #AH_NR3 v1.0.0, Nagoya, Japan, 18th –21st September 2017

[58] R1-1715892, Discussion on carrier aggregation and bandwidth parts, LG Electronics, 3GPP TSG-RAN WG1 Meeting NRAH#3, Nagoya, Japan, 18th -21st September 2017

[59] R1-1716019, On Bandwidth Part Operation, Samsung, 3GPP TSG-RAN WG1 Meeting NRAH#3, Nagoya, Japan, 18th -21st September 2017

[60] R1-1716109, Remaing issues on bandwidth parts for NR, NTT DOCOMO, INC., 3GPP TSG-RAN WG1 Meeting NRAH#3, Nagoya, Japan, 18th -21st September 2017

[61] R1-1716258, Remaining details of BWP , InterDigital, Inc., 3GPP TSG-RAN WG1 Meeting NRAH#3, Nagoya, Japan, 18th -21st September 2017

[62] R1-1716327, Remaining aspects for carrier aggregation and bandwidth parts, Intel Corporation, 3GPP TSG-RAN WG1 Meeting NRAH#3, Nagoya, Japan, 18th -21st September 2017

[63] R1-1716601, On CA related aspects and BWP related aspects, Ericsson, 3GPP TSG-RAN WG1 Meeting NRAH#3, Nagoya, Japan, 18th -21st September 2017

[64] Report of 3GPP TSG RAN WG1 #90bis v1.0.0, Prague, Czech Rep, 9th –13th October 2017

[65] R1-1717077, Remaining issues on bandwidth part, Huawei, HiSilicon, 3GPP TSG RAN WG1 #90bis, Prague, Czech Rep, 9th –13th October 2017

[66] R1-1807731, LS on Bandwidth configuration for initial BWP, RAN2, 3GPP TSG RAN WG1 #93, Busan, Korea, 21st –25th May 2018

[67] R1-1810002, LS on bandwidth configuration for initial BWP, RAN1, 3GPP TSG RAN WG1 #94, Gothenburg, Sweden, August 20th –August 24th, 2018

Chapter

05

5G 靈活排程設計

林亞男、沈嘉、趙振山 著

5G NR 與 LTE 一樣，都是基於 OFDMA（正交分頻多址）的無線通訊系統，時頻資源的分配與排程是系統設計的核心問題。如第一章所述，LTE 由於採用相對粗獷的資源設定顆粒度和相對簡單的排程方法，並沒有充分發揮 OFDMA 系統的設計潛力，尤其難以支援低延遲的訊號傳輸。在 5G NR 系統設計中，首要的目標就是引入更靈活的排程方法，充分發揮 OFDMA 的多維資源劃分和重複使用的潛力，適應 5G 三大應用場景需求。

5.1 靈活排程的基本思想

5.1.1 LTE 系統排程設計的限制

LTE 系統的最小資源設定顆粒度為 PRB（物理資源區塊），即 12 個子載體×1 個時間槽（slot），其中一個時間槽包含 7 個符號（採用正常循環字首（normal CP，NCP））或 6 個符號（採用擴充循環字首（extended CP），ECP）。LTE 的資源排程方法大致如圖 5-1 所示，時域資源設定的基本單位為一個子訊框，包含 2 個時間槽（14 個採用 NCP 的符號或 12 個採用 ECP 的符號）。每次至少要排程給物理下行共用通道（PDSCH）、物理上行共用通道（PUSCH）和物理上行控制通道（PUCCH）12 個子載體×1 個子訊框（即 2 個 PRB）的時頻資源。每個下行子訊框的表頭幾個符號（非 1.4 MHz 載體頻寬時最多三個符號）組成「控制區」，用於傳輸物理下行控制通道（PDCCH），其餘符號用於傳輸物理下行共用通道（PDSCH）。

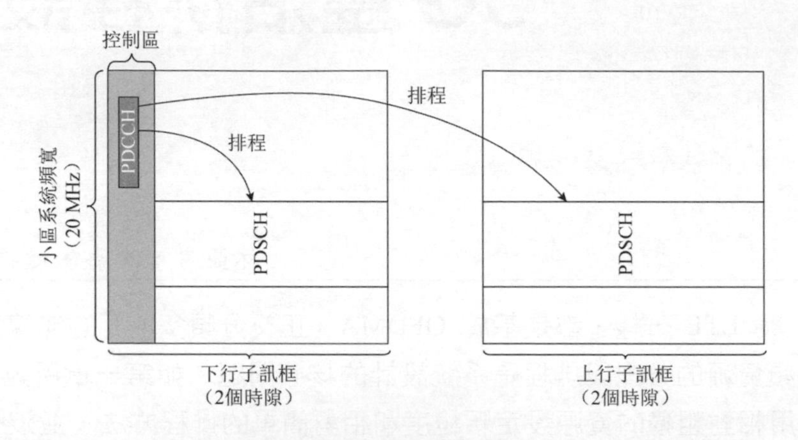

圖 5-1 LTE 排程方法示意圖

這個排程方法具有以下幾個限制：

- LTE 資料通道（PDSCH、PUSCH）的最小時域分配顆粒度為 1 個子訊框，難以進行快速的資料傳輸，即使 5G NR 的單載體排程頻寬已增大到 100MHz 以上，也無法縮短傳輸的時長（duration）。
- LTE PDSCH、PUSCH 在一定頻寬內必須一次佔滿 1 個子訊框的時域資源，無法實現在時間槽內的兩個使用者之間的分時重複使用（TDM）。
- LTE PDSCH、PUSCH 的頻域排程方法對於 20MHz 及以下的載體頻寬還算適用。但難以滿足 100MHz 大頻寬操作的需要。
- LTE PDCCH 只能在一個子訊框的表頭傳輸，限制了 PDCCH 的時域密度和位置靈活性，無法在需要時快速下發下行控制訊號（DCI）。
- LTE PDCCH 控制區域必須佔滿整個系統頻寬（20MHz），即使需要快速傳輸 PDSCH 也無法使用子訊框頭幾個符號。即使 PDCCH 控制區域的容量容錯，也不支援 PDSCH 和 PDCCH 透過頻分重複使用（FDM）

的方式同時傳輸，在 5G NR 較大的載體頻寬（如 100MHz）下，將造成很大的頻譜資源浪費。

實際上，OFDM 訊號的最小頻域和時域單位分別為子載體（subcarrier）和 OFDM 符號（symbol）[1]，LTE 的資源設定顆粒度明顯過粗。這不是 OFDM 原理造成的，而是人為選擇的簡化設計。這是與 4G 時代的產品軟硬體能力和業務需求是轉換的，但針對 5G 時代大頻寬、低延遲、多業務重複使用的設計需求，就顯得過於僵化，不夠靈活了。

5.1.2 引入頻域靈活排程的考慮

5G NR 系統在頻域上引入更靈活的資源排程，首先是為了更好的支援大頻寬操作。5G NR 為一個使用者排程的時頻資源與 LTE 相比，可以簡單歸結為「頻域上變寬，時域上變短」。典型的 NR 資源排程如圖 5-2 所示，即充分利用增大的頻寬，進行大頻寬傳輸，從而提高資料率，並縮短時域排程時長。

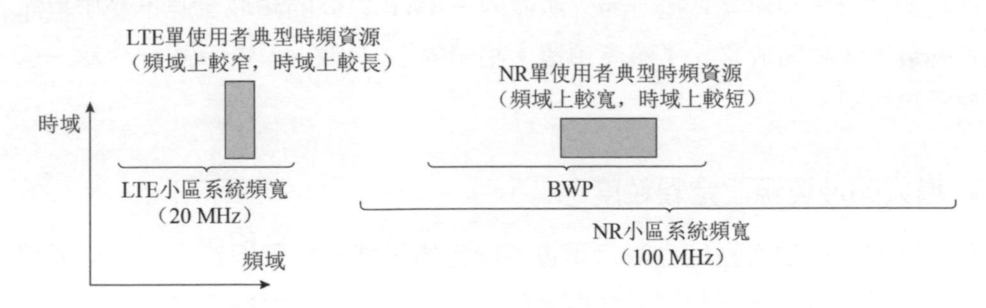

圖 5-2 LTE 與 5G NR 資料通道典型排程場景比較

「頻域上變寬」在標準層面主要要解決的問題，是控制大頻寬帶來的複雜度增加和控制訊號負擔提高。在 4G LTE 系統中，一個載體的系統頻寬為 20MHz，超過 20MHz 頻寬採用載體聚合技術實現，對於資料通道和控制通道的資源設定，都是一個比較適中的頻寬範圍，基於 20MHz 範圍進行 PDCCH 檢測和 PDSCH/PUSCH 資源排程，終端的複雜度和控制訊號負擔都是可以承受的。但 5G NR 系統的單載體頻寬擴充到 100MHz 甚至更大，在如此之大的頻寬內照搬 LTE 的設計操作，將大幅提升 PDCCH 檢測的複雜度和 PDSCH/PUSCH 的排程訊號負擔。

5G NR 的頻域靈活排程的另一個用途是實現前向相容操作，即在分配資源時，可以靈活的將載體內一部分時頻資源保留下來，預留給未知的新業務新技術。關於資源預留技術的具體設計，將在 5.7.2 節具體介紹。

為了能在不明顯增加複雜度和訊號負擔的前提下支援更大頻寬的資源設定和前向相容的資源預留，提高頻域排程靈活性，5G NR 主要採用了以下三個方法：

1. 基於頻寬分段（BWP）進行資源設定

LTE 系統中，資源設定範圍是整個載體，即系統頻寬。5G NR 載體頻寬比 LTE 大幅增加，一個使用者不一定始終需要在如此大的頻寬中傳輸，因此可以透過設定一個較小的 BWP 來限制頻域資源設定範圍的大小，以降低排程的複雜度和訊號負擔。另外載體內、BWP 之外的頻域資源不受排程訊號的分配，相當於實現了資源預留。相關內容已經在第 4 章詳細介紹，這裡不再贅述。

2. 增大頻域資源設定顆粒度

顆粒度的大小很大程度上決定了資源設定的訊號負擔和複雜度，可以採用更大的顆粒度來緩解頻寬增大帶來的資源粒度數量的大幅增加。一方面，5G NR 採用的更大子載體頻寬可以增大 PRB 的絕對尺寸，如 5G NR 系統和 LTE 系統的 PRB 同樣由 12 個子載體組成，但 5G NR 可採用 30kHz 子載體間隔，一個 PRB 的大小為 360kHz，相對 LTE 系統 15kHz 子載體間隔的 PRB，尺寸增大了一倍。另一方面，5G NR 可以採用更大的 RBG（資源區塊組）來實現更多數量的 PRB 一起排程，這方面的內容將在 5.2.3 節介紹。

這裡需要説明的是，5G NR 標準中的 PRB 的概念和 LTE 有所不同。LTE 標準中，PRB 是時頻二維概念，1 個 PRB 等於 12 個子載體×7 個符號（以 normal CP 為例），包含 84 個資源粒子（Resource Element，RE），1 個 RE 等於 1 個子載體×1 個符號。描述一個時頻資源的數量，只要列出 PRB 的數量就行了。但在 NR 標準中，由於引入了基於符號的靈活時域資源指示方法（詳見 5.2.5 所述），將頻域資源單位和時域資源單位綁定在一起定義就不合適了，因此 NR 標準中的 PRB 只是純頻域概念，包含 12 個子載體，不帶有時域含義，時頻資源數量不能只用 PRB 描述，而需要用「PRB 的數量+時間槽/符號的數量」來描述。這是 5G NR 和 LTE 在基本概念上的很大的差異，需要特別注意。

3. 採用更動態的資源指示訊號

在採用上述方法時，為了兼顧大頻寬排程和小顆粒度精細排程的需要，5G NR 採用了比 LTE 更靈活的訊號結構，很多原來預先定義的固定設定調整為半靜態設定，原來的半靜態設定調整為動態指示，如表 5-1 所示。這些內容將在本章陸續介紹。

表 5-1 LTE 於 5G NR 資源設定訊號結構比較

指標	4G LTE	5G NR
PDSCH/PUSCH 頻域排程	• 排程範圍固定為載體，資源設定顆粒度與載體寬度綁定 • 排程類型由半靜態設定 • 具體資源設定由 DCI 直接指示	• 排程範圍固定為可配的 BWP，資源設定顆粒度與 BWP 大小綁定，且綁定關係可設定 • 排程類型由半靜態設定或動態切換 • 具體資源設定由 DCI 直接指示
PDSCH/PUSCH 時域排程	• 長度固定，位置為子訊框級排程 • 資源由 DCI 直接指示	• 長度、位置均靈活可變，子訊框+符號級排程 • 候選資源表格半靜態設定，再由 DCI 從中選擇
PDCCH 資源設定	• 頻域監測範圍固定為載體寬度 • 時域控制區位於子訊框表頭，長度 1~3 個符號動態可變	• 頻域監測範圍為半靜態可設定 • 時域監測範圍可位於時間槽任何位置，長度、位置半靜態可設定
PUCCH	• 長度固定，與 PDSCH 相對位	• 長度、位置均靈活可變，子訊框

指標	4G LTE	5G NR
資源排程	置固定	+符號級排程 • 候選資源集半靜態設定，具體資源由 DCI 從中選擇
資源預留	• 可透過在訊框結構中設定 MBMS 子訊框預留 • 頻域顆粒度為整個載體，時域顆粒度為整個子訊框	• 候選預留資源集半靜態設定，具體預留資源由 DCI 從中選擇 • 頻域顆粒度為 PRB，時域顆粒度為符號

5.1.3 引入時域靈活排程的考慮

在時域上，在 5G NR 研究階段（Study Item）引入的重要創新概念是微時間槽（mini-slot）。之所以稱為 mini-slot，是因為這是一個明顯小於時間槽（slot）的排程單元。

在現有 LTE 系統中，時域資源排程是基於 slot 的排程，每次排程的單位是 slot 或 subframe（即 2 個 slot），即 14 個符號。這雖然有助節省下行控制訊號負擔，但大大限制了排程的靈活性。那麼，5G NR 為什麼要追求比 LTE 更高的時域排程靈活性呢？採用 mini-slot 主要考慮以下應用場景：

1. 低延遲傳輸

如第 1 章所述，5G NR 與 LTE 很大一個不同，是除了 eMBB 業務，還要支援超高可靠低延遲（URLLC）業務。要想實現低延遲傳輸，一個可行的方法是採用更小的時域資源設定顆粒度。下行控制通道（PDCCH）採用更小的時域資源設定顆粒度有助實現更快的下行訊號傳輸和資源排程，資料通道（PDSCH 和 PUSCH）採用更小的時域資源設定顆粒度有助實現更快的上下行資料傳輸，上行控制通道（PUCCH）採用更小的時域資源設定顆粒度有助實現更快的上行訊號傳輸和 HARQ-ACK（混合自動重傳回饋資訊）回饋。

與圖 5-1 所示的子訊框級資源設定相比，採用 mini-slot 作為資源設定顆粒度可以大幅縮短各個物理過程的處理延遲。如圖 5-3 所示，採用 mini-slot

可以將一個時間槽的時域資源進行進一步劃分。

- 如圖 5-3(a) 所示，位於時間槽表頭的 PDCCH 既可以排程位於同一時間槽內的 PDSCH（以 mini-slot 1 作為資源單位），也可以排程位於時間槽尾部的 PUSCH（以 mini-slot 2 作為資源單位），從而可以在一個時間槽內對上下行資料進行快速排程；
- 如圖 5-3(b) 所示，包含 PDCCH 的 mini-slot 1 可以位於時間槽的任何位置，這樣當在時間槽中後部需要緊急排程資料通道傳輸時，也可以隨時發送 PDCCH，利用時間槽尾部的剩餘時域資源，排程一個包含 PDSCH 的 mini-slot2；
- 如圖 5-3(c) 所示，在 mini-slot 1 傳輸完 PDSCH 後，只要還有足夠的時域資源，就可以在時間槽尾部排程一個傳輸 PUCCH 的 mini-slot2，承載 PDSCH 的 HARQ-ACK 資訊，從而實現在一個時間槽內的快速 HARQ-ACK 回饋。

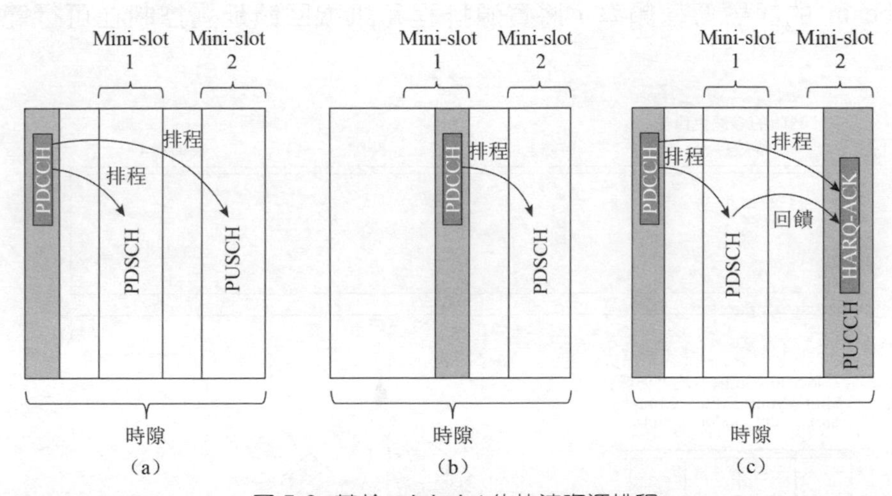

圖 5-3 基於 mini-slot 的快速資源排程

實現左圖效果的資料通道資源設定將在 5.2 節介紹；實現中圖效果的 PDCCH 資源設定將在 5.4 節介紹；實現右圖效果的 PUCCH 資源設定將在 5.5 節介紹。另外，如果要在 TDD 系統中實現左圖和右圖的效果，還需要支援在一個時間槽內先後傳輸下行和上行訊號，即自包含時間槽（self-contained slot）結構（TD-LTE 特殊子訊框可以視為一種特例），這一結構將在 5.6 節介紹。

2. 多波束傳輸

在毫米波頻段（頻率範圍 2，FR2）部署 5G NR 系統時，裝置一般採用模擬波束成形（Analog Beamforming）技術在空間上聚焦功率，克服高頻段的覆蓋缺陷，即在某個時刻整個社區只能向一個方向進行波束成形。如果要支援多使用者連線，則需要在多個方向進行波束掃描（Beam Sweeping）。如圖 5-4 所示，如果基於 slot 進行 beam sweeping，每個 beam 都需要佔用至少一個 slot，當使用者數量較大時，每個使用者的訊號傳輸間隔過大，造成資源排程和訊號回饋延遲大到無法接受。如果採用基於 mini-slot 的 beam sweeping，每個 beam 佔用的時間顆粒度縮小為 mini-slot，在一個時間槽內就可以完成多個 beam 的訊號傳輸，可以大幅提高每個 beam 的訊號傳輸頻率，將資源排程和訊號回饋延遲控制在可行範圍內。

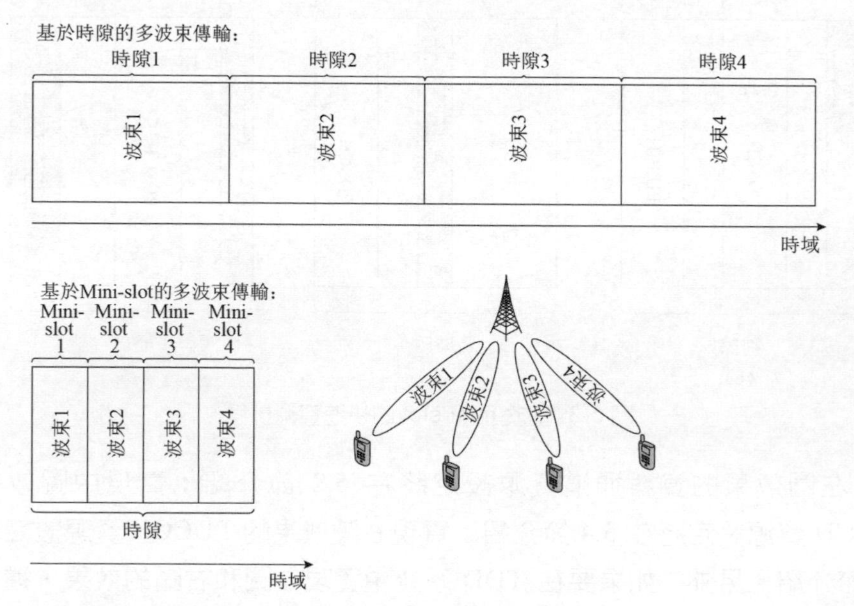

圖 5-4 基於 slot 的 Beam sweeping 與基於 mini-slot 的 Beam sweeping 的比較

3. 靈活的通道間重複使用

如前所述，基於 mini-slot 的靈活時域排程可以實現 self-contained slot 結構，即「先下後上」地將 PDSCH 與 PUCCH、PDSCH 與 PUSCH 重複使用在一個時間槽內傳輸，這是靈活的通道間重複使用的例子。Mini-slot 結構同樣可以實現同一傳輸方向下的通道重複使用，包括在一個時間槽內傳輸 PDCCH 與 PDSCH、PDSCH 與 CSI-RS（通道狀態資訊參考訊號）、PUSCH 與 PUCCH。

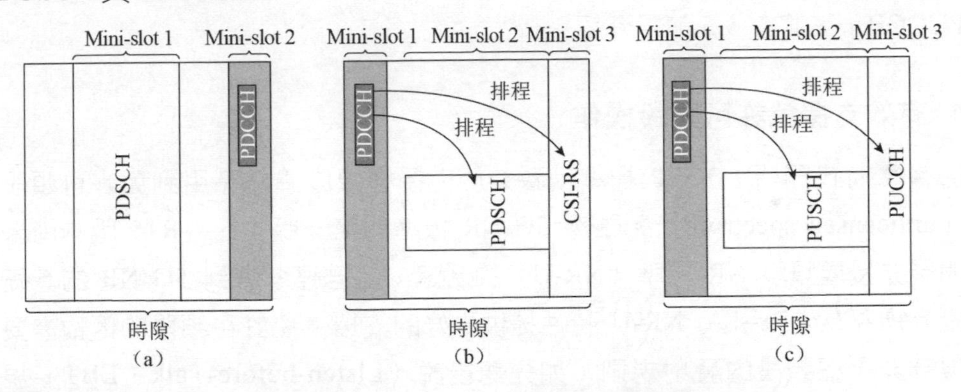

圖 5-5 多個通道在一個 slot 內的重複使用

首先，mini-slot 結構可以更靈活的重複使用 PDCCH 與 PDSCH，在一個時間槽內，終端甚至可以在接收完 PDSCH 之後再接收 PDCCH（如圖 5-5（a）所示），可以實現對下行控制訊號的隨時接收，並可以更有效的利用碎片資源。

CSI-RS 可以用於探測下行通道狀態資訊（CSI）的變化，以便進行更高效的 PDSCH 排程。如果在一個時間槽內不能同時排程 PDSCH 和 CSI-RS，終端在接收 PDSCH 的時間槽就無法接收 CSI-RS。允許 PDSCH 和 CSI-RS 重複使用在一個時間槽裡，終端就可以在一個下行時間槽的大部分符號接收 PDSCH 之後，在剩餘的符號接收 CSI-RS（如圖 5-5（b）所示），使基地台及時獲取最新的下行 CSI。雖然 LTE 可以透過速率匹配的方式將 PDSCH 與 CSI-RS 重複使用在一個子訊框中，但基於 min-slot 實現重複使用是一種更靈活的方式，如可以支援兩者採用不同的波束。

PUCCH 除了用於傳輸 PDSCH 的 HARQ-ACK 回饋，還用於傳輸上行排程請求（SR）、CSI 報告等上行控制訊號（UCI）。如果在一個時間槽內不能同時排程 PUSCH 和 PUCCH，終端在發送 PUSCH 的時間槽，就需要將 UCI 重複使用到 PUSCH 中。允許 PUSCH 和 PUCCH 重複使用在一個時間槽裡，終端就可以在一個上行時間槽的大部分符號發送 PUSCH 之後，在剩餘的符號發送 PUCCH（如圖 5-5（c）所示），使終端可以及時回饋 HARQ-ACK 或發起業務請求。這種只佔有少量符號的 PUCCH 稱為「短 PUCCH」，將在 5.5 節中介紹。

4. 有效支援免許可頻段操作

從 4G 時代開始，3GPP 標準就致力於從授權頻段擴充應用到免許可頻段（unlicensed spectrum）。雖然 5G NR 標準的第一版本——R15 版本尚未開展非授權頻段 NR 標準（NR-U）的制定，但已經考慮到 5G NR 的基礎設計需要為未來引入 NR-U 特性提供更好的支援。免許可頻段的傳輸需要遵守非授權頻段的發射規則，如先聽後説（Listen-before-Talk，LBT）規則。經過 LBT 探測後獲取的發射視窗可能是非常短暫的，需要在盡可能短的時間內完成傳輸。理論上講，mini-slot 結構比時間槽結構更有利於抓住 LBT 發射視窗，進行有效的 NR-U 傳輸。NR-U 系統是在 3GPP R16 版本標準中定義的，具體見 18 章所述。

5.2 5G NR 的資源設定設計

如 5.1 節所述，5G NR 的靈活排程設計表現在各種資料通道和控制通道的資源設定上，本節主要介紹針對資料通道的資源設定，針對控制通道的資源設定在 5.4 節和 5.5 節中介紹。在頻域資源設定方面，5G NR 主要在分配類型的選擇和分配顆粒度的確定方面提高了靈活性，將在 5.2.1 至 5.2.3 節中介紹。而時域排程靈活性的提升更為顯著，針對基於符號的靈活排程重新設計了資源設定方法和訊號結構，將在 5.2.4 至 5.2.7 節中介紹。

5.2.1 頻域資源設定類型的最佳化

5G NR 資料通道的頻域資源設定方法是在 LTE 基礎上最佳化設計的。LTE 系統下行採用 OFDMA 技術，上行採用基於 DFT-S-OFDM（離散傅立葉轉換擴充正交分頻重複使用）的 SC-FDMA（單載體頻分多址）技術。DFT-S-OFDM 雖然是 OFDM 的變形技術，但為了保持 SC-FDMA 的單載體特性，LTE PUSCH 只能採用連續資源設定（具體見[1]），即只能佔用連續的 PRB。PDSCH 可以採用連續或非連續（即可以佔用不連續的 PRB）的頻域資源設定。在 LTE 標準中共定義了三種下行頻域資源設定類型：

- 類型 0（Type 0）資源設定：採用位元映射（bitmap）指示的資源區塊組（RBG）進行頻域分配，可實現連續或不連續資源設定；
- 類型 1（Type 1）資源設定：是 Type 0 的一種擴充，強制在離散的 RBG 中透過 bitmap 資源指示，可以保證資源的頻率選擇性，這種類型只能實現不連續資源設定；
- 類型 2（Type 2）資源設定：採用「起點+長度」方式指示一段連續的 PRB，這種類型只能實現連續資源設定。

可以看到，上述三種資源設定類型的功能有一定重疊和容錯，經過研究，5G NR 捨棄了 Type 1，只沿用了 Type 0 和 Type 2，將 Type 2 重新命名為 Type 1。因此 5G NR 的 Type 0、Type 1 資源設定類型和 LTE 的 Type 0、Type 2 資源設定類型的工作機制是大致相同的，本書不再作系統性的介紹，讀者可參考 LTE 書籍（如[1]）了解。5G NR 做出的主要修改包括：

- 5G NR 的上行傳輸也引入了 OFDMA，因此 PDSCH 和 PUSCH 完全採用相同的資源設定方法（LTE 早期版本 PUSCH 不支援非連續資源設定）；
- 將頻域資源設定範圍從系統頻寬調整為 BWP，這一點已在第 4 章介紹，不再贅述；
- 引入了 Type 0、Type 1 的動態切換機制，將在本小節介紹；

- 對 Type 0 的 RBG 大小確定方法進行了調整，將在 5.2.2 節介紹。

如上所述，Type 0 和 Type 1（即 LTE Type 2）各有優勢和問題：

- 如圖 5-6（a）所示，Type 0 採用一個 bitmap 指示選中的 RBG，1 代表將這個 RBG 分配給終端，0 代表不將這個 RBG 分配給終端，可以實現頻域資源在 BWP 內的靈活分佈，支援不連續資源設定，可以用離散的頻域傳輸對抗頻率選擇型衰落。但缺點是：（1）bitmap 的位元數量比 Type 1 的 RIV（Resource Indicator Value，資源指示符號值）大，造成採用 Type 0 頻域資源設定類型的 DCI 的訊號負擔大於採用 Type 1 的 DCI；（2）資源設定顆粒度較粗，因為一個 RBG 包含 2 ~ 16 個 RB，並不能逐 RB 的選擇資源；（3）Type 0 對基地台排程演算法的要求較高，演算法實現相對複雜。可見，Type 0 比較適合利用零散的離散頻域資源，尤其是當基地台排程器採用 Type 1 將整塊連續的資源設定給部分終端後，可以用 Type 0 將剩下的碎片資源設定給剩下的終端，充分利用所有頻譜資源。

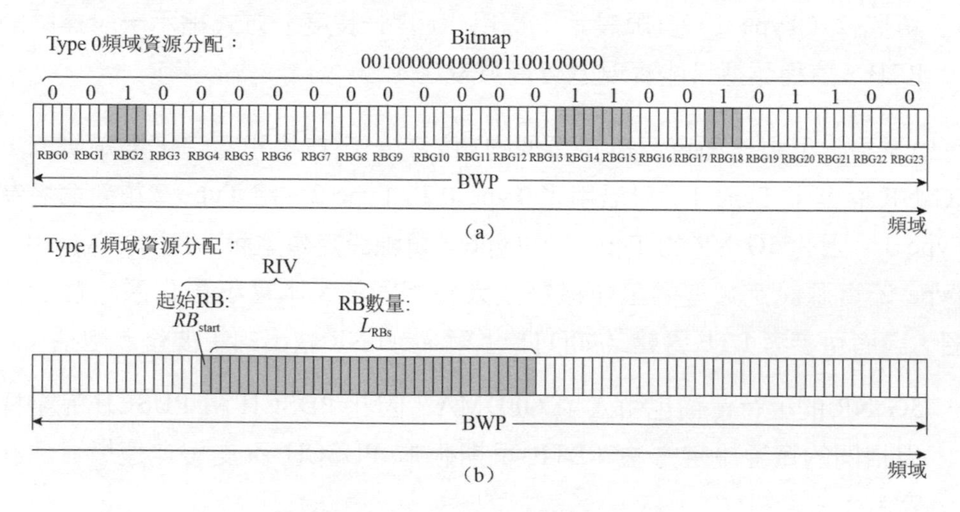

圖 5-6 Type 0 與 Type 1 頻域資源設定

- 如圖 5-6（b）所示，Type 1 採用一個 RIV 對起始 RB（RB_{start}）和 RB 數量（L_{RBs}）進行聯合編碼（基於 RB_{start} 和 L_{RBs} 計算 RIV 的方法和

LTE 基本一致，只是用 BWP 代替了系統頻寬，這裡不再贅述）。Type 1 的優點是可以用較少的位元數量指示 RB 等級的資源，且基地台排程器演算法簡單，但缺點只能分配連續的頻域資源，當資源數量較少時，頻率分集有限，容易受到頻率選擇型衰落的影響。如果資源設定數量較多，則 Type 1 是一種簡單高效的資源設定方式，尤其適用於為正在運行高資料率業務的終端分配資源。

如上所述，Type 0 和 Type 1 資源設定類型分別適用於不同的應用場景，而一個終端的資料量和業務類型有可能是快速變化的。在 LTE 標準中，資源設定類型是 RRC 設定的，即只能半靜態的調整，因此在一定時間內只能固定是用一種資源設定類型。5G NR 提出了動態指示資源設定類型的方法，即可以基於 DCI 中的 1 個 bit 指示資源設定類型，從而可以在 Type 0 和 Type 1 之間動態切換。如圖 5-7 所示，基地台可以透過 RRC 訊號將某個終端的頻域資源設定類型設定為：

- Type 0：當 RRC 設定了 Type 0 時，DCI 中的頻域資源設定（Frequency domain resource assignment，FDRA）域中包含的是一個 Type 0 的 bitmap，進行 Type 0 頻譜資源設定。FDRA 域包含 N_{RBG} 個 bit，其中 N_{RBG} 為當前啟動 BWP 包含的 RBG 數量；
- Type 1：當 RRC 設定了 Type 1 時，DCI 中的 FDRA 域中包含的是一個 Type 1 的 RIV 值，進行 Type 1 頻譜資源設定。根據 RIV 的計算方法，FDRA 域包含 $\left\lceil log_2\left(N_{\mathrm{RB}}^{\mathrm{BWP}}\left(N_{\mathrm{RB}}^{\mathrm{BWP}}+1\right)/2\right)\right\rceil$ 個 bit，其中 $N_{\mathrm{RB}}^{\mathrm{BWP}}$ 為當前啟動 BWP 包含的 RB 數量。
- Type 0 和 Type 1 動態切換：當 RRC 同時設定了 Type 0 和 Type 1 時，FDRA 域中的第一個 bit 是資源設定類型的指示符號，當這個 bit 的值 =0 時，FDRA 域的剩餘 bit 包含的是一個 Type 0 的 bitmap，進行 Type 0 頻譜資源設定；當這個 bit 的值=1 時，FDRA 域的剩餘 bit 包含的是一個 Type 1 的 RIV 值，進行 Type 1 頻譜資源設定，如圖 5-7 所示。需要説明的是，由於 Type 0 bitmap 和 Type 1 RIV 可能需要不同數量的

bit，而 FDRA 域的大小取決於 RRC 設定，因此在採用為了在 Type 0 和 Type 1 動態切換模式時，FDRA 域的大小要按照兩種類型中 bit 數較多的那種考慮，即 $max\left(\left\lceil log_2\left(N_{RB}^{BWP}\left(N_{RB}^{BWP}+1\right)/2\right)\right\rceil, N_{RBG}\right)+1$ 。如圖 5-7 的範例，假設 $N_{RBG} > \left\lceil log_2\left(N_{RB}^{BWP}\left(N_{RB}^{BWP}+1\right)/2\right)\right\rceil$，當切換到 Type 1 時，RIV 只佔用 FDRA 域的後面 $\left\lceil log_2\left(N_{RB}^{BWP}\left(N_{RB}^{BWP}+1\right)/2\right)\right\rceil$ 個 bit。

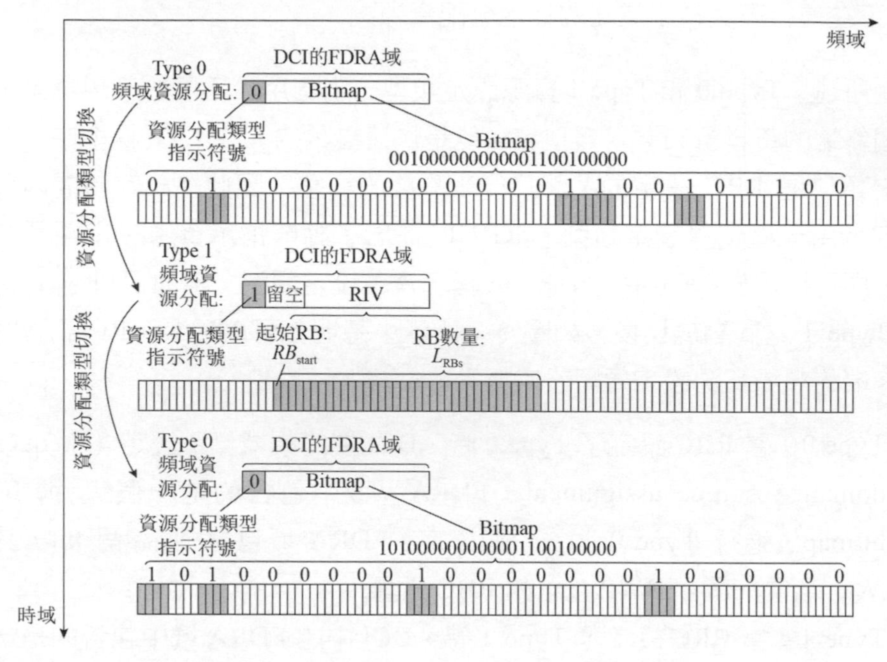

圖 5-7 基於 DCI 指示的頻域資源設定類型的動態切換

5.2.2 頻域資源設定顆粒度

如上節所述，5G NR PDSCH 和 PUSCH 的頻域資源設定 Type 0 和 Type 1 主要沿用了 LTE PDSCH 頻域資源設定 Type 0 和 Type 2。在 NR 資源設定研究的早期，BWP 概念的應用範圍尚未明確，仍有「在整個載體內分配資源、基於載體頻寬確定 RBG 大小」的方案[2]。但當 BWP 的功能逐漸清晰，明確了所有訊號傳輸均被限制在 BWP 內之後，「以 BWP 作為頻域資源設定範圍、基於 BWP 大小確定 RBG 大小」就成為順理成章的選擇了。

如圖 5-6 所示，Type 0 排程模式下 DCI 的 FDRA 域的 bit 數量取決於啟動 BWP 內包含的 RBG 的數量，為了控制 FDRA 域的 DCI 訊號負擔，隨著 BWP 的增大，RBG 大小（即 RBG 包含的 RB 數量 P）也必須對應增大。在 LTE 標準中，RBG 大小與系統頻寬的對應關係透過一個表格定義，如表 5-2。

表 5-2 LTE 標準中 RBG 與系統頻寬的對應關係

系統頻寬（RB 數量）	RBG 大小（RB 數量）
≤10	1
11 - 26	2
27 - 63	3
64 - 100	4

從上表可以看到，LTE 標準中的 RBG 大小是小幅度變化的，最大只有 4，bitmap 最大 25 個 bit。5G NR 的排程頻寬比 LTE 有明顯增大，LTE 最大排程頻寬為 100 個 RB（即一個載體最多包含 100 個 PRB），而 5G NR 為 275 個（即一個 BWP 最多包含 275 個 PRB）。如果維持 25 bit 的 FDRA 域，最大 RBG 大小要增大到 11，但支援 1 –11 共 11 種 RBG 大小過於複雜，沒有必要，因此最終決定支援 2^n 的 RBG 大小，即 RBG 大小=2，4，8，16。需要説明的是，在 NR 研究階段也曾提出 3、6 等其他 RBG 大小的選項[2]，主要是考慮和 PDCCH 資源設定單元 CCE（Control Channel Element，控制通道粒子）的大小能更好相容，當 PDSCH 和 PDCCH 重複使用時，可以減少兩個通道間隙的資源碎片。但最後為了簡化設計考慮，同時 PDSCH 和 PDCCH 重複使用問題採用了更靈活的速率匹配（rate matching）方式解決（具體 5.7 節所述），沒有接受 3、6 作為 RBG 大小的可能設定值，只支援 2，4，8，16 四種 RBG 大小。

下一個問題是：如何實現 RBG 大小隨 BWP 變化？針對這個問題，在 5G NR 的研究過程中提出了幾種方法[4]：

★方法 1：RBG 大小由 RRC 直接設定甚至由 DCI 直接指示[5]，然後再根據 RBG 大小確定 RBG 數量；

★方法 2：按照一個映射關係，從 BWP 大小計算出 RBG 大小，然後再根據 RBG 大小確定 RBG 數量；

★方法 3：首先設定 RBG 數量目標，然後再根據 RBG 數量和 BWP 大小確定 RBG 大小[3]。

採用方法 1 可以實現更靈活的 RBG 設定，除了將 RBG 數量（也即 Type 0 bitmap 的 bit 數量）控制在預定目標之內，還可以進一步縮小 RBG 數量，實現進一步壓縮的 DCI 負擔。壓縮 DCI 訊號負擔是 5G NR 在研究階段的願望，希望在獲得更大的系統靈活性的同時，DCI 的 bit 數量能比 LTE 有所降低（雖然最終的結果也沒有顯著降低）。降低 DCI 的 bit 數量也有利於提高 DCI 的傳輸可靠性，在同等通道條件下，DCI 負載越小，就可以使用越低的通道編碼串流速率，實現更低的 DCI 傳輸錯誤區塊率（BLER）。透過壓縮 DCI 大小提高 PDCCH 傳輸可靠性的工作是在 R16 URLLC 專案中完成的，具體請見 15.1 節所述。但在 R15 NR 基礎版本的研究中，已經提出了透過 RRC 設定進一步 DCI 中壓縮 FDRA 域的方法，即透過設定更大的 RBG 大小來減少 RBG 數量，壓縮 Type 0 bitmap 的大小。如圖 5-8 所示，對同一個 BWP 大小（如並未發生 BWP 切換），基地台在第一時刻將終端的 RBG 大小設定為 4，DCI 中的 FDRA 域包含 24 個 bit，在第二時刻，基地台可以透過 RRC 訊號將終端的 RBG 大小重配為 16，將 DCI 中的 FDRA 域縮小為 6 個 bit，從而降低 DCI 訊號負擔，有助獲得更高的 PDCCH 傳輸可靠性。但方法 1 的問題是：BWP 和 RBG 大小分成兩個 RRC 設定，相互之間沒有綁定關係，基地台需要自行保證兩個設定相互轉換，BWP 大小除以 RBG 大小不會超過預定的 FDRA 域最大長度。

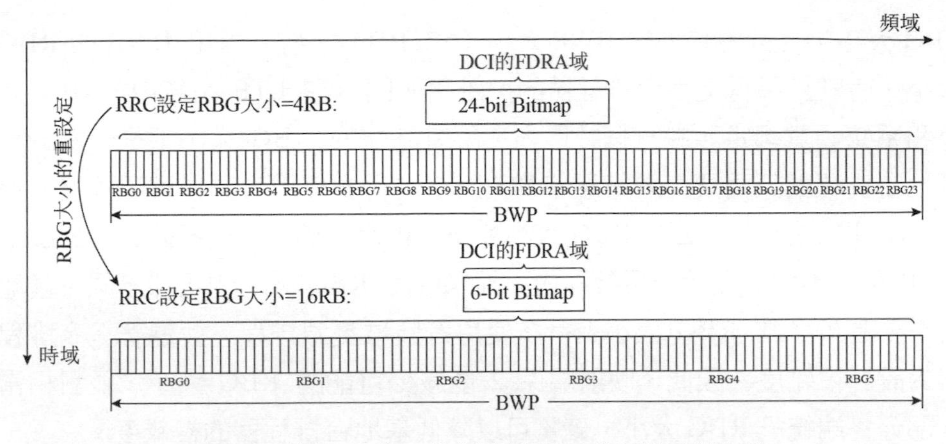

圖 5-8 基於 DCI 指示的頻域資源設定類型的動態切換

方法 2 基本沿用 LTE 方法，只是將系統頻寬替換為 BWP 大小，優點是簡單可靠，缺點是沒有任何設定靈活性。

方法 3 和方法 2 相似，區別只是「先確定 RBG 數量再確定 RBG 大小」和「先確定 RBG 大小再確定 RBG 數量」。方法 3 也沒有引入設定靈活性，但相對方法 2 的優點是可以儘量固定 FDRA 域的大小。由於 LTE 的 DCI 大小非常多變，造成 PDCCH 盲檢測複雜度較高。因此在 NR PDCCH 研究的早期就提出，希望能使 DCI 負載大小盡可能固定，降低 PDCCH 盲檢測複雜度。方法 3 是先設定一個 Type 0 bitmap 的位數（也即 BWP 內 RBG 數量的上限），然後根據 BWP 大小/RBG 數量上限，確定應該採用 2，4，8，16 中哪種 RBG 大小，bitmap 中未使用的 bit 可以做補零（zero padding）處理。缺點是在某些情況下的 FDRA 域負擔較大。

經過研究，最終決定在方法 2 的基礎上做一點增強，即透過 RRC 設定在兩套 BWP 大小與 RBG 大小之間的映射關係中選定一套使用。如表 5-3，第一套映射關係針對不同的 BWP 大小，分別採用 RBG 大小=2、4、8、16 個 RB；第二套映射關係針對不同的 BWP 大小，分別採用 RBG 大小=4、8、16、16 個 RB，基地台可以透過 RRC 訊號設定終端選擇使用這兩種映射關係的其中一種。可以看到，相對映射關係 1，映射關係 2 採用更大的 RBG 大小，有利於縮小 FDRA 域的大小。同時，映射關係 2 只包含 3 種

RBG 大小，且針對較大的 BWP 大小（>72RB），統一採用 16RB 的 RBG 大小，有利於降低基地台排程器的複雜度。因為在 LTE 系統中，RBG 大小和系統頻寬綁定，在一個社區內，所有終端的 RBG 大小都是一樣的，基地台排程器只需要基於一種 RBG 大小進行多使用者頻域資源排程。但在 5G NR 系統中，由於 RBG 大小和 BWP 大小綁定，而不同終端的啟動 BWP 可能不同，因此一個社區內不同終端的 RBG 大小也可能不同，基地台需要基於多種 RBG 大小進行多使用者頻域資源排程，會顯著提高排程器的設計複雜度。因此，映射關係 2 能減少可能的 RBG 大小，並對相當一部分終端統一 RBG 大小，確實可以降低基地台排程器的複雜度。

表 5-3 5G NR 標準中 RBG 與系統頻寬的對應關係

BWP 大小（RB 數量）	RBG 大小 *P*（RB 數量）	
	映射關係 1	映射關係 2
1 –36	2	4
37 –72	4	8
73 –144	8	16
145 –275	16	16

根據 BWP 大小和表 5-3 確定了 RBG 大小 P 後，透過以下公式計算出 RBG 數量，可以看到，這個公式並沒有像上述方法 3 那樣透過 zero padding 來對齊 RBG 數量，N_{RBG} 是隨 BWP 大小而多變的，這也為 BWP 大小發生變化時留下了 bitmap 位數過多或位數不夠的問題。這個問題我們在下面 5.2.3 節介紹。

$$N_{RBG} = \left\lceil \left(N_{BWP,i}^{size} + \left(N_{BWP,i}^{start} \bmod P \right) \right) / P \right\rceil \tag{5-1}$$

在 5G NR 研究過程中，除了 Type 0 資源設定的 RBG 大小的確定，另一個經過討論的問題，是 Type 1 資源設定是否也應該支援較大資源設定顆粒度？Type 1 資源設定是採用「起點+長度」方式進行指示，LTE PDSCH Type 2 中的「起點」和「長度」都是以 RB 為單位定義的。由於 5G NR 載體頻寬明顯大於 LTE，原則上「起點」和「長度」的變化範圍都比 LTE 大，從而可能引起 RIV 的位數增大，造成 FDRA 域的負擔增大。但是經過分析，和 Type 0 bitmap 位數和 RBG 大小成反比不同，RIV 聯合編碼對「起點」、「長度」的變化範圍並不敏感，在 Type 1 資源設定中採用類似 RBG 這樣的比 RB 更大的資源顆粒度節省的位元數有限。因此，在 R15 階段沒有接受在 Type 1 資源設定中使用更大資源顆粒度的方案。在 R16 URLLC 項目中，考慮到嚴苛的 PDCCH 可靠性需求，對 DCI 位元需要進一步的壓縮。Type1 資源設定中採用更大資源顆粒度的方案被採納。

5.2.3 BWP 切換過程中的頻域資源指示問題

這個問題是由於「BWP 切換」和「跨 BWP 排程」同時發生而引起的。在 4.3 節中，我們在介紹 BWP 切換過程時指出，基地台可以透過一個 DCI 觸發「BWP 切換」並同時對資料通道進行資源設定，如圖 5-9 所示。在 4.3 中，我們主要關注為什麼要做 BWP 切換及如何觸發 BWP 切換，並沒有關注這個特殊的 DCI 中的資源設定和正常情況有什麼不同。問題的癥結在於，在決定採用何種 DCI 格式觸發 BWP 切換時，選擇了排程 DCI 而非專用 DCI，也即可以在同一個 DCI 裡既觸發「BWP 切換」又對資料通道進行資源設定，那麼這個資源設定肯定是針對切換後的「新 BWP」的。而 DCI 中 Type 0 FDRA 域的大小是和 BWP 大小綁定的（如表 5-3 所示），當前的 DCI 的 Type 0 FDRA 域大小是根據「當前 BWP」的大小確定的，當根據「新 BWP」算出的 FDRA 域大小和「原 BWP」算出的 FDRA 域大小不同時，就會造成當前 FDRA 域的 bit 數不夠或過多。如圖 5-9 中的範例，在第一時刻終端的下行啟動 BWP 是 BWP 1，包含 80 個 RB，根據表 5-3，假如採用映射關係 1，RBG 大小為 8 RB，Type 0 FDRA 域由 10-bit bitmap 組成。如果當前 DCI 中的 BWPI 指向與當前不同的 BWP（如 BWP 2），將觸發向 BWP 2 的切換。BWP 2 包含 120 個 RB，按表 5-3，RBG 大小仍為 8 RB，Type 0 FDRA 域由 15-bit bitmap 組成。因此以一個 10 bit 的 FDRA 域無法直接指示 15-bit bitmap 的值。反之，當 DCI 指示終端從 BWP 2 切換回 BWP 1 時，又需要以一個 15 bit 的 FDRA 域指示 10-bit bitmap 的值。

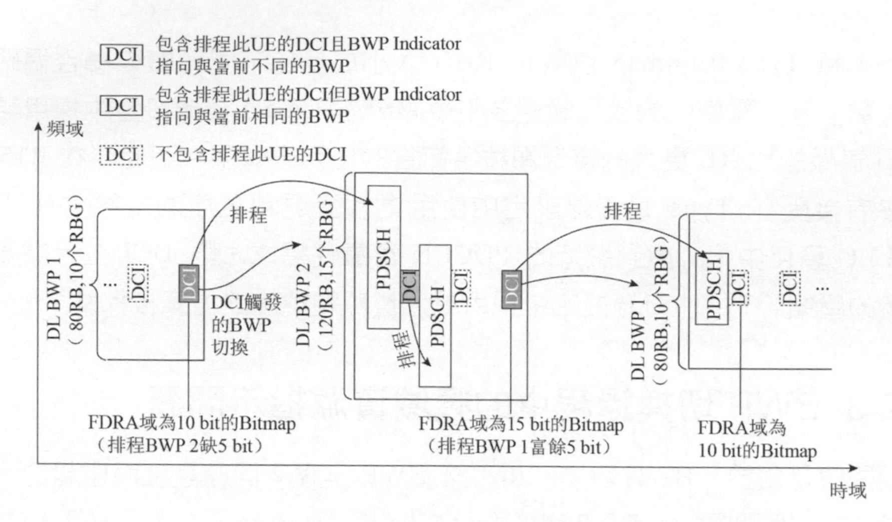

圖 5-9 BWP 切換帶來的 FDRA 域位數不夠或多餘的問題

為了解決上述「跨 BWP 排程」帶來的 DCI FDRA 域 bit 數不夠或多餘的問題，大致提出了兩種技術方案[6]：

★方案 1：考慮各種 BWP 大小可能形成的 FDRA 域大小，統一按照可能的最大 FDRA 域大小來預留 bit 數，即 FDRA 域不隨 BWP 切換而變化。如圖 5-9 所示，假設共設定了兩個 BWP，分別包含 80 個 RB 和 120 個 RB，對應的 FDRA 域分別需要 10 個 bit 和 15 個 bit。按方案 1，FDRA 域的大小統一確定為 15 bit，這樣 FDRA 域的大小和當前哪個 BWP 處於啟動狀態就沒有關係了，當 FDRA 域用於排程 BWP 1 時，有 5 bit 的容錯 bit 不用，當用於排程 BWP 2 時，FDRA 域的大小也能夠滿足需要。如圖所示，當 BWP 1 中的 DCI 跨 BWP 排程 BWP 2 中的頻域資源時，實際 Type 0 bitmap 由被排程的 BWP 2 的大小決定（即 15 bit），而非由包含 DCI 的 BWP 1 的大小決定。反之，當 BWP 2 中的 DCI 跨 BWP 排程 BWP 1 中的頻域資源時，Type 0 bitmap 由被排程的 BWP 1 的大小決定（即 10 bit）。

★方案 2：FDRA 域大小隨當前啟動 BWP 的大小變化，當 FDRA 域大小不足時，透過在 FDRA 域的高位（MSD，Most Significant Digit）補零；當 FDRA 域大小容錯時，終端將 FDRA 域高位的幾個 bit 剪除（truncate）

之後再用於資源設定。如圖 5-10 所示，當啟動 BWP 為 BWP 1 時，FDRA 域的大小為 10 bit，如果跨 BWP 用於排程 BWP 2 中的頻譜資源，需要在原有 10 bit 的高位補 5 bit 零，形成 15 bit 的 Type 0 bitmap；當啟動 BWP 為 BWP 2 時，FDRA 域的大小為 15 bit，如果跨 BWP 用於排程 BWP 1 中的頻譜資源，需要將原有 15 bit 從高位剪除 5 bit，形成 10 bit 的 Type 0 bitmap。

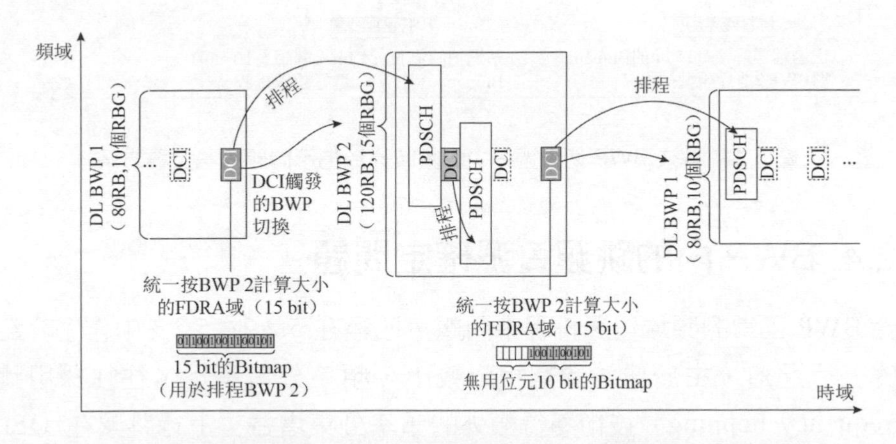

圖 5-10 解決 BWP 切換過程中的頻域資源指示問題的第一種方案

方案 1 的優點是可以避免 FDRA 域的大小變化，避免了因 bit 數不夠帶來的補零操作，可以獲得充分的排程靈活性，缺點是在某些情況下的 FDRA 域訊號負擔較大，這和 5.2.2 節的方案 3 的問題類似。方案 2 的優點是 FDRA 域訊號負擔較小，缺點是在 bit 數不夠時需要進行補零操作，且損失了部分排程靈活性。如圖 5-11 所示，補零操作只能讓終端正常解讀 FDRA 域，但高 5 bit 對應的頻域資源是無法實際分配的。對如圖所示的 Type 0 資源設定，這表示 BWP 內頻率較低的 5 個 RBG 是無法排程給終端使用的。

經過研究，最終還是決定採用方案 2，即 FDRA 域的大小根據當前啟動 BWP 確定，缺 bit 補零，多 bit 剪除。上述範例都是以 Type 0 資源設定類型為例，Type 1 資源設定類型也採用相同的方法處理。

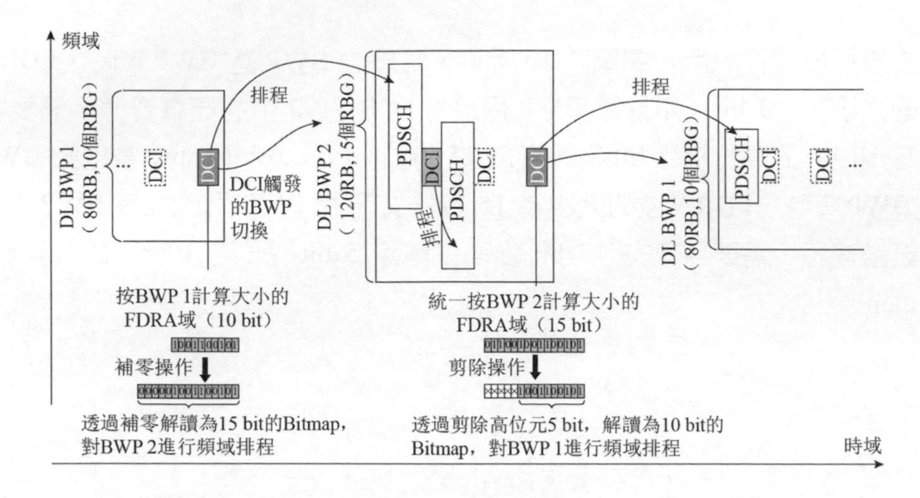

圖 5-11 解決 BWP 切換過程中的頻域資源指示問題的第二種方案

5.2.4 BWP 內的跳頻資源確定問題

對於 BWP 正常的頻域資源排程中問題，已經在 5.2.2、5.2.3 中作了介紹。對於上行通道，由於傳輸頻寬相對較小，頻率分集不足，往往採用跳頻（frequency hopping）技術獲得額外的頻率分集增益，上行跳頻在 OFDM 系統中得到廣泛應用，包括 LTE 系統。在 5G NR 標準中，很早就明確也要支援上行跳頻技術，但由於 BWP 概念的引入，任何上行訊號都需要限制在上行 BWP 內，如何保持跳頻資源不超出 BWP 範圍而又充分獲得跳頻增益？需要列出改進設計。

以 LTE PUCCH 通道的跳頻方法為例，如圖 5-12 所示，LTE PUCCH 跳頻的第一步和第二步是以系統頻寬的中心映像檔對稱的，第一步與系統頻寬下邊緣的距離和第二步與系統頻寬上邊緣的距離保持一致，均為 D，即將 PUCCH 分佈在系統頻寬兩側，而將系統頻寬的中央部分留給資料通道（如 PUSCH）。這種方法在 LTE 這樣採用固定系統頻寬的系統中，可以使 PUCCH 獲得盡可能大的跳頻步進值（hopping offset），從而最大限度實現跳頻增益。

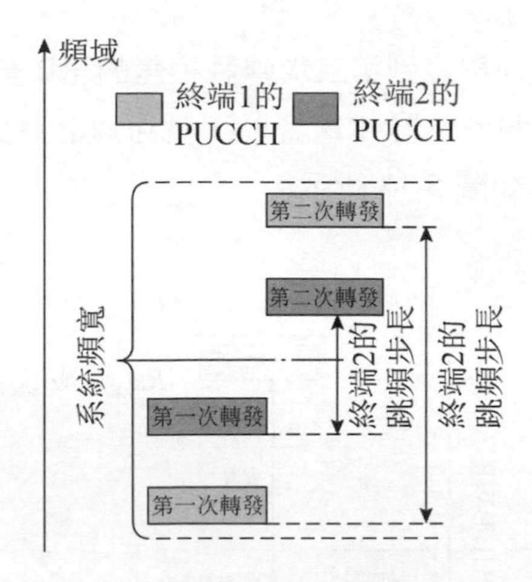

圖 5-12 LTE PUCCH 跳頻方法範例

但這種設計本身也有一些問題。首先是不同終端的 PUCCH 跳頻步進值不同，如圖 5-12 所示，一些終端的跳頻步進值較大，PUCCH 更接近系統頻寬邊緣，頻域分集效果更佳，傳輸性能更好；而另一些終端的跳頻步進值較小，PUCCH 更接近系統頻寬中央，頻域分集效果更差，傳輸性能較差。這在 LTE 通常採用 20MHz、10MHz 系統頻寬的系統裡問題並不突出，但在 5G NR 系統中，當啟動上行 BWP 較小時，位於中央的 PUCCH 的跳頻步進值會進一步縮小，影響 PUCCH 傳輸性能。

因此必須考慮透過 RRC 訊號對跳頻步進值進行靈活設定，以適應不同的 BWP 大小。可供選擇的方案有三種：

★方案 1：RRC 設定跳頻步進值的絕對值；

★方案 2：RRC 直接設定每跳的頻域位置；

★方案 3：基於 BWP 大小定義跳頻步進值。

有意思的是，這三種方案最終均被 5G NR 標準採納，分別用於不同通道、不同場景。方案 1 被用於 RRC 連接後的 PUSCH 跳頻資源指示；方案 2 被用於 RRC 連接後的 PUCCH 跳頻資源指示；方案 3 被用於 RRC 連接之前（即初始連線過程中）的 PUSCH 及 PUCCH 跳頻資源指示。

方案 1 是設定從第一次轉發到第二次轉發相差的 RB 數量 RB_{offset}，當 DCI 指示了第一次轉發的頻域位置 RB_{start} 時，就可以計算出第二次轉發的頻域位置 $RB_{start}+RB_{offset}$，如圖 5-13 所示。

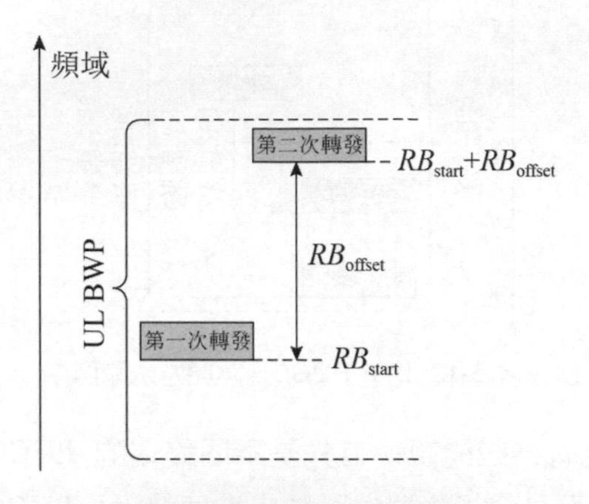

圖 5-13 NR PUSCH 跳頻指示

如圖 5-13 所示，如果第一次轉發的位置 RB_{start} 接近 UL BWP 的低端，第二次轉發的位置 $RB_{start}+RB_{offset}$ 不會超出 UL BWP 的高端。但是，如果 RB_{start} 接近 UL BWP 的高端，第二次轉發的位置就有可能超出 UL BWP 的高端，造成頻域資源指示錯誤。為了解決這個問題，最終 5G NR 標準採用「第二次轉發位置模 BWP」的方法來解決這個問題，如公式（5-2）。如圖 5-14 所示，如果第二次轉發位置 $RB_{start}+RB_{offset}$ 超出了 UL BWP，則對 UL BWP 大小取模，將第二次轉發的位置回復 UL BWP 內。

$$\mathrm{RB}_{\mathrm{start}} = \begin{cases} \mathrm{RB}_{\mathrm{start}} & i=0 \\ (\mathrm{RB}_{\mathrm{start}} + \mathrm{RB}_{\mathrm{offset}}) \bmod N_{BWP}^{size} & i=1 \end{cases} \tag{5-2}$$

細心的讀者可能發現，公式（5-2）實際上是存在一些問題的：公式（5-2）只保證了 PUSCH 第二次轉發的起點 RB 落在 UL BWP 範圍內，但當第二次轉發的頻域寬度較寬時，仍可能產生錯誤。假設每一次轉發的頻域資源包含 L_{RBs} 個 RB，如圖 5-15 所示範例，第二次轉發的起始位置在 UL BWP 之內，按公式（5-2）不會觸發取模操作，但第二次轉發又有一部分 RB 超出了 UL BWP 範圍，無法進行正確的跳頻操作。

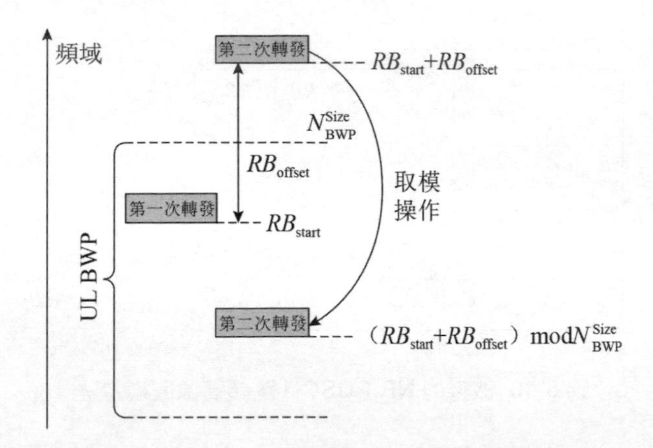

圖 5-14 保證不超出 UL BWP 範圍的 NR PUSCH 跳頻資源取模方法

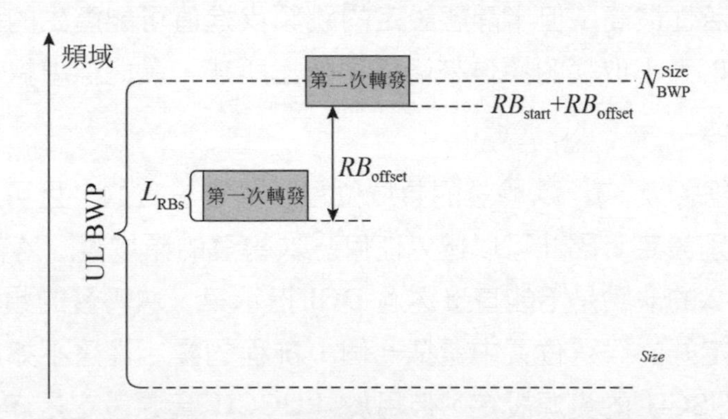

圖 5-15 第二次轉發部分超出 UL BWP 範圍的情況

一種改進方法，是將公式（5-2）修改為公式（5-3），即在取模操作中把第二次轉發的 RB 數量考慮進去。如圖 5-16，只要第二次轉發的一部分落在 UL BWP 外，也可以觸發取模操作，將第二次轉發回復 UL BWP 內[11]。這種改進方案提出的較晚，考慮到對 R15 NR 產品的研發影響，這個改進方案沒有被標準接收。這是 R15 NR 標準的瑕疵，要避免出現這個錯誤，會對 NR 基地台造成一定排程限制，即基地台的排程不能出現第二次轉發的一部分在 UL BWP 外的情況。

$$RB_{\text{start}} = \begin{cases} RB_{\text{start}} & i=0 \\ \left(RB_{\text{start}} + RB_{\text{offset}}\right) mod\left(N_{BWP}^{size} - L_{RBs}\right) & i=1 \end{cases}, \quad (5\text{-}3)$$

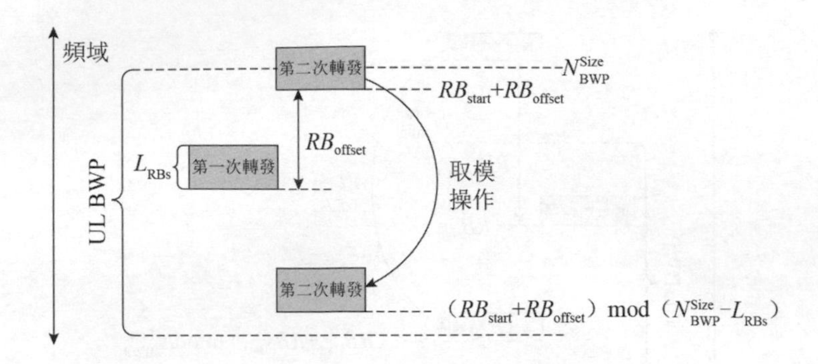

圖 5-16 改進的 NR PUSCH 跳頻資源取模方法

整體來說，方案 1 的優點是可以使用 DCI 直接指示第一次轉發的頻域位置，排程靈活性最高，但半靜態設定的跳頻步進值可能產生的錯誤，需要依靠對 BWP 大小取模的操作來修正（如上所述，最終標準採用的取模公式有一些瑕疵）。

方案 2 的優點，是每一次轉發的頻域位置是分別設定的，且可以針對不同 UL BWP 分別設定，因此可以避免任何一次轉發的頻域資源落在 UL BWP 之外。方案 2 的缺點是不能直接透過 DCI 指示第一次轉發的頻域位置，只能在幾個設定好的候選位置中選擇一個，排程的靈活性遠不如放案 1，因此不適於 PUSCH 的資源設定，但用於 PUCCH 資源設定是滿足要求的。因此，這種方案最終被用於 NR PUCCH 資源設定，具體介紹詳見 5.5.5 所述。

相對方案 1 和方案 2，方案 3 的優點是跳頻步進值與 BWP 大小綁定，不依賴於 RRC 設定。如圖 5-17 所示，可以將跳頻步進值定義為 BWP 大小的 1/2 或 1/4。如第 4 章所述，在任一時刻，終端都確知當前的啟動 UL BWP，因此可以自動算出應該使用的跳頻步進值。在 RRC 連接之後，雖然這個方案可以節省一點 RRC 訊號負擔，但遠沒有方案 1 和方案 2 靈活。但在 RRC 連接建立之前（如初始連線過程中），無法透過 RRC 訊號對跳頻步進值或每一次轉發的頻域位置進行設定，方案 3 就成為一個有吸引力的方案了。因此，在隨機連線過程中，第三步（Msg3）的 NR PUSCH 跳頻步進值就定義為$\lfloor N_{\mathrm{BWP}}^{\mathrm{size}}/2 \rfloor$、$\lfloor N_{\mathrm{BWP}}^{\mathrm{size}}/4 \rfloor$或$-\lfloor N_{\mathrm{BWP}}^{\mathrm{size}}/4 \rfloor$，具體由 RAR（隨機連線回饋）來指示選擇。

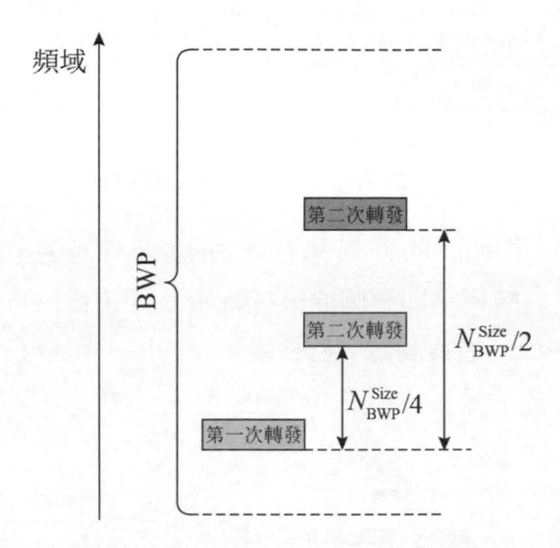

圖 5-17 基於 BWP 大小定義跳頻步進值

5.2.5 通道「起點+長度」排程方法的提出

如 5.1.3 節所述，在 5G NR Study Item 引入比時間槽更小的 mini-slot 時域排程顆粒度，但如何實現基於 mini-slot 的靈活時域排程，還需要依賴具體的系統設計。

一種比較保守的建議是沿用 LTE sTTI（short Transmission Time Interval，短髮送時間間隔）類似的設計，即將一個 slot 分割成幾個小的 mini-slot。如圖 5-18 所示的例子，可以將一個時間槽劃分為 4 個 mini-slot，如依次包含 4 個、3 個、3 個、4 個符號，然後基於 mini-slot 進行資源設定，如 PDSCH 1 包含第一個時間槽的 Mini-slot 0，PDSCH 2 包含第一個時間槽的 Mini-slot 2 和 3，PDSCH 3 包含第二個時間槽的 Mini-slot 1、2 和 3。這種方案只是透過較小的 mini-slot 長度，減小了 TTI（Transmission Time Interval，發送時間間隔），但並沒有實現 mini-slot 的長度和時域位置的任意靈活性，無法隨時開始傳輸資料，這是一種不徹底的創新。

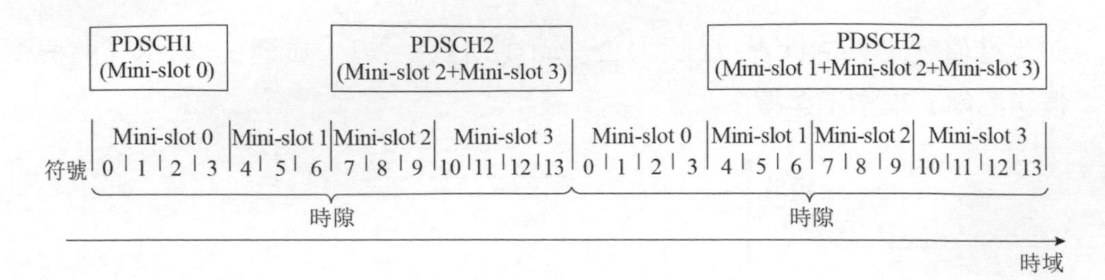

圖 5-18 類似 sTTI 的 mini-slot 結構

另一種方案基於更徹底的創新思想，即設計一種在時域上「浮動」（floating）的通道結構，即一個通道在時域上從任意位置起始、到任意位置終止，如圖 5-19，通道就像一個長度可變的船，可以在時間軸上隨意浮動。

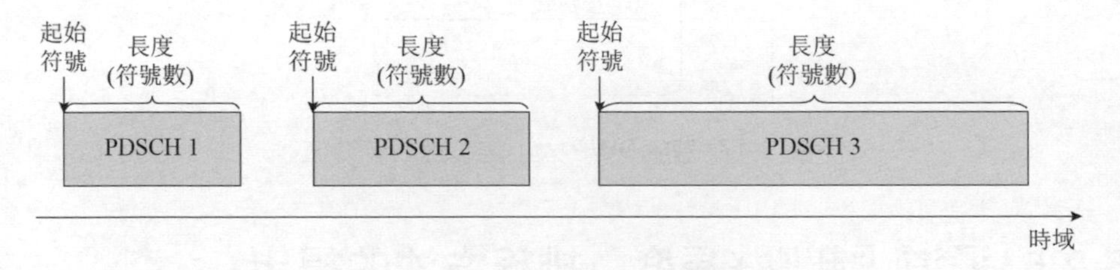

圖 5-19 「浮動」式的 mini-slot 結構

當然這種「浮動」通道是一種理想化的技術概念，多大程度實現這種「浮動」，具體如何實現這種「浮動」，還取決於是否能找到一種現實的系統設計，包括裝置軟硬體是否能實現如此靈活的操作，訊號系統是否能有效指示如此靈活的資源設定。

首先，「浮動」通道需要比如圖 5-18 所示的固定 mini-slot 網格更細的資源設定顆粒度，即直接用 OFDM 符號作為資源設定單位。3GPP 首先引入了這種「符號級排程」的設計思想[7]，比如指示通道的「起始符號+長度（即符號數量）」（如圖 5-19 所示）或指示通道的「起始符號+結束字元號」。理論上，這種「符號級排程」可以為通道分配一個任意長度、任意位置的時域資源，其功能不僅超出了 LTE 的「時間槽級排程」，也已經超越了早期的 mini-slot 概念，因此也就不需要再使用 mini-slot 這一概念，

NR R15 標準中也沒有使用這個概念。在 R16 URLLC 標準中，為了在一個時間槽內傳輸多個用於 HARQ-ACK 回饋的 PUCCH 且簡化多個 PUCCH 之間的衝突解決問題，才又引入了和 mini-slot 相似的 sub-slot（子時間槽）概念，我們將在第 15 章中具體介紹。

5.2.6 起始符號指示參考點的確定

如圖 5-19 的「符號級排程」首先要解決的問題是：如果通道是完全「浮動」的，那我們怎麼指示它的起始符號呢？就像一艘在河道中漂浮的船，需要一個「錨點」來確定他的相對位置。這個參考點（reference point）有兩種選擇：時間槽邊界或排程這個通道的 PDCCH。

★方法 1：相對時間槽邊界（slot boundary）來指示通道起點符號

如圖 5-20 所示，以通道起點所在的時間槽的邊界（Symbol 0）為參考點，指示通道的起始符號。如圖中範例，PDSCH 1 的起始符號是 Symbol 0，PDSCH 2 的起始符號是 Symbol 7，PDSCH 3 的起始符號是 Symbol 3。可以看到，PDSCH 的起始符號編號與排程它的 PDCCH 的位置無關。

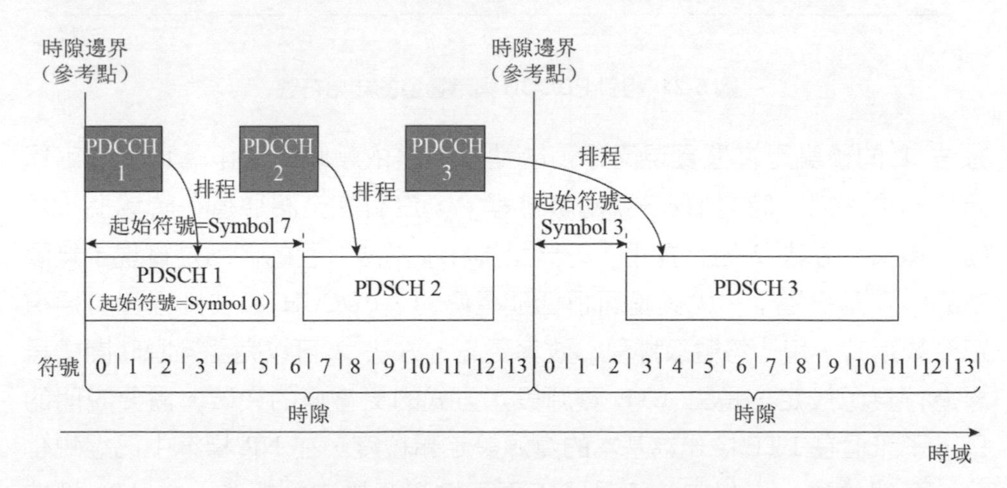

圖 5-20 相對時間槽邊界指示通道的起始符號

★方法 2：相對 PDCCH 來指示通道起點符號

如圖 5-21 所示，以排程資料通道的 PDCCH 的起點為參考點，指示資料通道起點相對 PDCCH 起點的偏差（offset），如圖中範例，PDSCH 1 和排程它的 PDCCH 同時開始，因此它的起始符號是 Symbol 0；PDSCH 2 在排程它的 PDCCH 之後 2 個符號開始，因此它的起始符號是 Symbol 2；PDSCH 3 在排程它的 PDCCH 之後 7 個符號開始，因此它的起始符號是 Symbol 7。可以看到，PDSCH 的起始符號編號與它所在的時間槽的位置無關，在圖 5-21 中時間槽的邊界都不用表現。

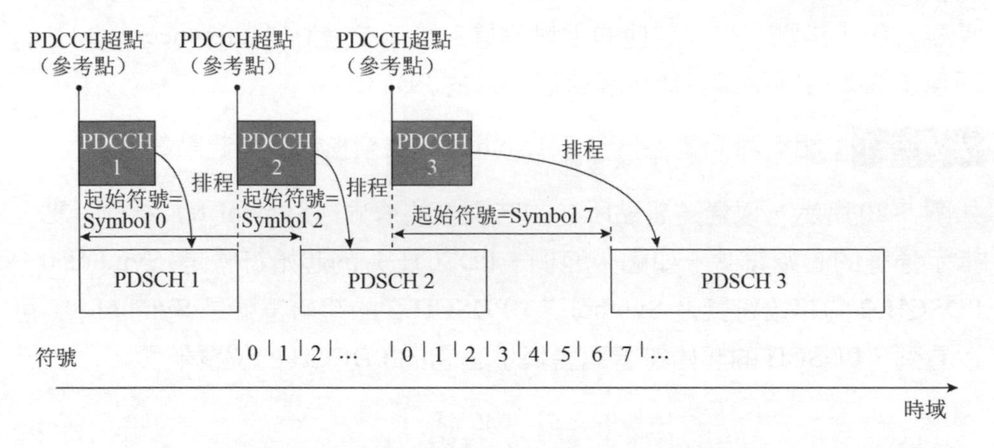

圖 5-21 相對 PDCCH 指示通道的起始符號

方法 1 的優點是裝置實現簡單，缺點是仍然依賴時間槽作為資源設定單元，即須採用「時間槽+符號兩級排程」，沒有完全讓通道在時域上「浮動」起來。方法 2 直接採用「符號級排程」兩級排程的優點是實現了無限制的「浮動通道」，尤其是面相低延遲傳輸，PDCCH 和被排程資料通道距離較近時，用「符號級排程」效率更高。方法 2 可以完全擺脫時間槽概念進行資源設定，是對 LTE 資源設定方式的更徹底的突破。需要說明的是，子訊框在 LTE 中作為基本的資源設定顆粒度，在 NR 標準中已經蛻化為一個單純的 ms 級定時工具，不再承擔資源設定的功能。在 NR 標準中，隨著 OFDM 子載體間隔的變化，OFDM 符號週期和時間槽長度都會隨之變化，子載體間隔越大，時域資源設定顆粒度越細。而子訊框長度不隨子載體間隔變化，始終保持 1ms，因為 NR 標準已經不再將其用於資源設定。如果採用方法 2，時間槽也可以不再用於資源設定，而只使用 OFDM 符號作為時域資源設定顆粒度。

有一種考慮是，方法 2 雖然在 PDCCH 和被排程的資料通道（如 PDSCH、PUSCH）距離較近時可以更高效的指示資料通道的位置，但當資料通道距離 PDCCH 較遠時，訊號的負擔就會很大，例如如果 PDCCH 和資料通道之間的 offset 是幾十個符號，直接用二進位表達就需要很多 bit，DCI 負擔過大。而方法 1 採用「時間槽+符號兩級指示」，相當於採用了 14 進位指示，即時相隔幾十個甚至幾百個符號也可以用較低的 DCI 負擔實現資源指示。但實際上，NR 標準的資源指示方法不存在這個差別，因為 NR 的時域排程採用「RRC 設定+DCI 指示」的兩級資源指示（具體方法將在下一小節介紹），DCI 中時域資源設定（Time-Domain Resource Allocation, TDRA）域的大小只取決於 RRC 設定的候選時域資源的數量，和這些候選時域資源的設定方法（如方法 1 的「時間槽+符號兩級設定」或如方法 2 的「符號級設定」）無關，區別可能只是 RRC 設定訊號的負擔不同，而 RRC 訊號對負擔相對不敏感。

經過研究，R15 NR 標準最終決定採用方法 1，即「時間槽+符號兩級排程」，主要原因還是從產品實現難度考慮的。以當前 5G 裝置的軟硬體能力，無論基地台還是終端，都還要依賴時間槽這樣的時域網格進行時序操作的參考週期，完全消除時間槽概念，進行靈活的「純符號級」操作，在近期內，裝置實現難度過高。

時間槽級指示資訊指示從 PDCCH 到資料通道的時間槽級偏移，具體的，從 PDCCH 到 PDSCH 的時間槽級偏移定義為 K_0，從 PDCCH 到 PUSCH 的時間槽級偏移定義為 K_2。如圖 5-22 所示，以 PDSCH 為例，首先用時間槽級指示符號 K_0 指示包含 PDCCH 的時間槽與包含被其排程的 PDSCH 的時間槽之間相差幾個時間槽，然後用符號級指示符號 S 指示從 PDSCH 所在時間槽的邊界到 PDSCH 的起始符號相差幾個符號。這樣終端透過參數組合(K_0, S) 就可以確定 PDSCH 的時域位置了。

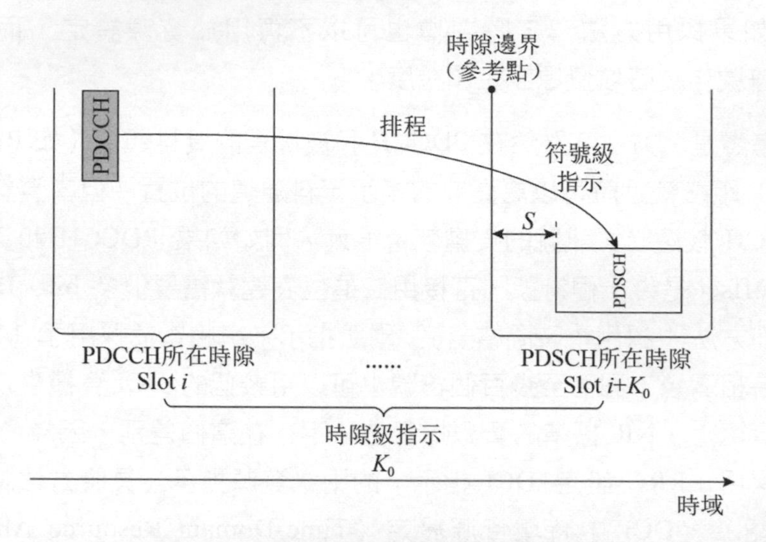

圖 5-22 「時間槽+符號」兩級時域資源指示

雖然 R15 NR 標準採用了方法 1 進行資料通道時域資源指示，但方法 2 在低延遲排程方面還是具有一定優勢的，尤其是考慮到「RRC 設定+DCI 指示」兩級指示訊號結構。相關內容在 5.2.9 節介紹。

5.2.7 指示 K0 與 K2 的參考子載體間隔問題

在 5.2.3 節中，我們介紹了在 BWP 切換過程中，由於新、舊 BWP 大小變化帶來的 DCI 中 FDRA 域的 bit 數變化問題。如果兩個 BWP 的子載體間隔不同，還需要解決 K_0、K_2 用哪個子載體間隔計算的問題。

如果 PDCCH 和被它排程的資料通道所處的 BWP 的子載體間隔不同（PDCCH 和 PUSCH 分別在 DL BWP 和 UL BWP 中傳輸，因此總是處於不同的 BWP，PDCCH 和 PDSCH 在「跨 BWP 排程」時處於不同的 DL BWP）。以 PDSCH 為例，如圖 5-23 所示，假設 PDCCH 所處的 BWP 的子載體間隔（SCS）=60kHz，PDSCH 所處的 BWP 的 SCS=30kHz，則 PDCCH 的時間槽長度為 PDSCH 時間槽長度的 1/2。如果按照 PDCCH 的

SCS 計算 K_0，K_0=4，按照 PDSCH 的 SCS 計算 K_0，K_0=2。經過研究，最終決定用被排程的資料通道的 SCS 計算，一個原因：符號級排程參數（如起始符號 S、符號數 L）肯定要以資料通道自己的 SCS 計算，因此 K_0、K_2 用資料通道的 SCS 計算也是比較合理的。

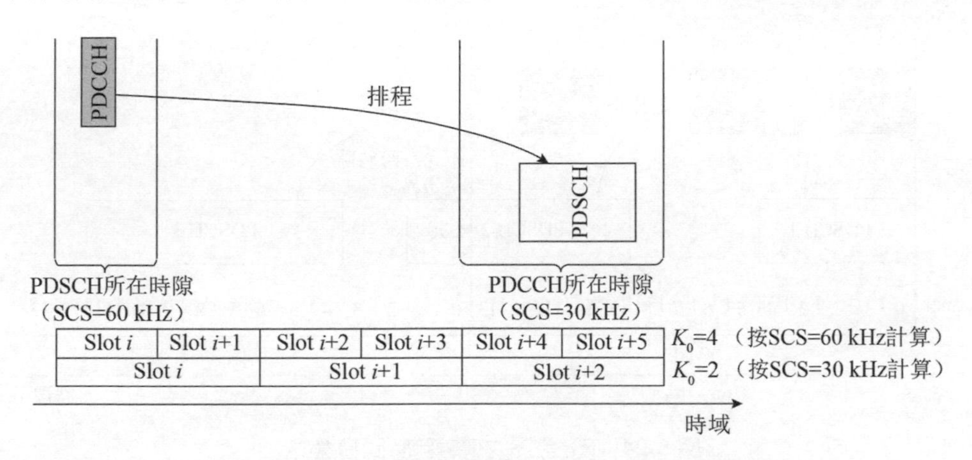

圖 5-23 採用 PDCCH 和 PDSCH 的子載體間隔計算

需要說明的是，按照最終傳輸的通道的 SCS 計算各種時域偏移量，不僅包括 K_0、K_2，還包括從 PDSCH 到對應的 HARQ-ACK 的時間偏移量 K_1，即當 PDSCH 所處的 DL BWP 和傳輸針對這個 PDSCH 的 HARQ-ACK 的 PUCCH 所處的 UL BWP 具有不同的 SCS 時，按照 PUCCH 的 SCS 計算 K_1。

5.2.8 Type A 與 Type B 映射類型

在 5.2.6 節中，我們討論了支援靈活是與排程的「浮動」通道結構，考慮到現實產品實現的難度，仍然保留了時間槽結構作為排程的參照，即通道可以在時間槽內部浮動，但不能跨時間槽邊界隨意浮動。如果一個通道的起始點比較接近一個時間槽的尾端，而通道的長度又比較長，其尾部就有可能進入下一個時間槽內。從排程訊號角度，這種跨時間槽邊界的時域資源設定也並沒有什麼難度，但這同樣會對裝置實現帶來額外複雜度，從裝置時序操作角度，還是需要在每個時間槽範圍內完成各種通道處理。因此，在 R15 階段，最終確定一次傳輸不能跨越時間槽邊界，如圖 5-24 所示。在 R16 URLLC 項目中，為了降低延遲，提高排程的靈活性，跨時間槽邊界的排程方式在上行資料傳輸中被支援。

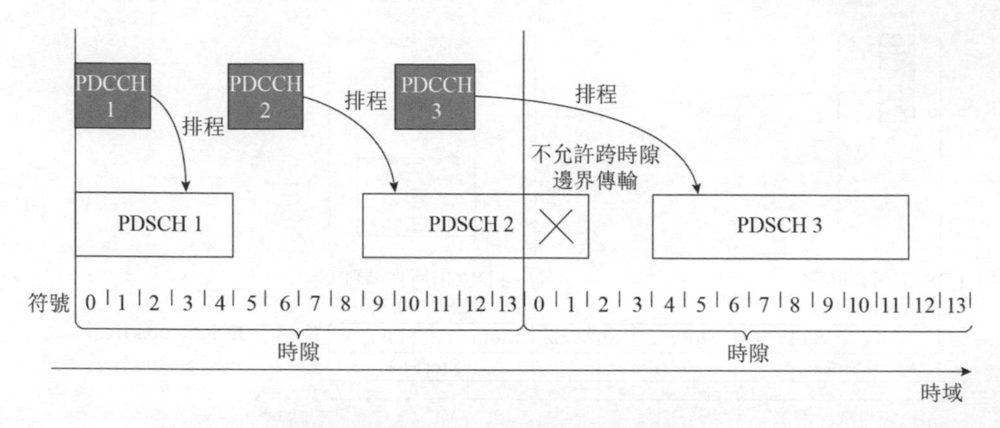

圖 5-24 不允許一次傳輸跨時間槽邊界

即使只允許通道在一個時間槽內「浮動」，這對裝置實現仍然是較高的要求，對所有 5G 終端均強制滿足這個要求是不盡合理的，雖然低延遲的 5G 業務（如 URLLC 業務）要求在時間槽內隨時開始傳輸 PDSCH、PUSCH，但大量普通 eMBB 業務並不需要這麼嚴格的延遲要求。因此，最終決定定義兩種排程模式：時間槽型排程（slot-based scheduling）和非時間槽型排程（non-slot-based scheduling）[8]。

slot-based scheduling 其實就是保持和 LTE 類似的時域結構，即除去時間槽表頭幾個符號為 PDCCH 以外（5G NR 系統的時間槽包含 14 個符號，長度相當於 LTE 系統中的子訊框），PDSCH 或 PUSCH 原則上佔滿一個時間槽（如圖 5-25（a）所示）。而 non-slot-based scheduling 則可以從時間槽內的任何位置開始，即基於 mini-slot 或基於符號的通道結構（如圖 5-25（b）所示）。從理論上說，non-slot-based scheduling 可以設計一套和 slot-based scheduling 截然不和的資源設定方法（如由 RRC 設定不同的可選資源表格、採用不同的起始符號指示參考點等），以使 non-slot-based scheduling 擺脱 LTE 設計的限制，獲取更大的靈活性。但最終出於簡化設計考慮，還是決定對兩種排程模型採用盡可能統一的設計，唯一的差別是 DMRS（解調參考符號）的時域位置的指示方法有所不同。

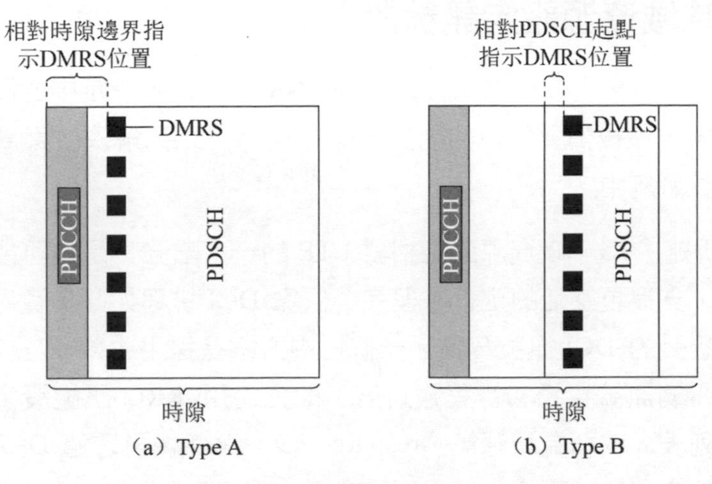

圖 5-25 5G NR 的兩種資料通道映射類型

如圖 5-25 所示的範例，假設 DMRS 位於 PDSCH 中的某個符號（圖中的 DMRS 圖案僅供示意性的説明 PDSCH 的時域資源結構，NR 系統的 DMRS 設計詳見 TS38.211），如果是 slot-based scheduling，由於 PDSCH 佔用一個時間槽的所有可用符號，DMRS 放在時間槽中相對固定的位置，可以相對時間槽邊界定義第一列 DMRS 的位置（如圖 5-25（a）所示），如「第一列 DMRS 位於時間槽的 Symbol 3」，這種 DMRS 映射類型被命名為 Type A。如果是 non-slot-based scheduling，由於 PDSCH 可能從時間槽的中間某個位置開始，DMRS 的位置會隨 PDSCH 的位置浮動，因此無法相對時間槽邊界定義第一列 DMRS 的位置，只能相對 PDSCH 的起始點定義第一列 DMRS 的位置（如圖 5-25（b）所示），如「第一列 DMRS 位於 PDSCH 的 Symbol 1」，這種 DMRS 映射類型被命名為 Type B。因此，5G NR 標準同時支援 PDSCH/PUSCH 映射 Type A 和映射 Type B，相當於支援 slot-based scheduling 和 non-slot-based scheduling 兩種資源排程模式，普通 eMBB 終端和業務可以只支援映射 Type A 和 slot-based scheduling，URLLC 等低延遲終端和業務還需要支援映射 Type B 和 non-slot-based scheduling。

5.2.9 時域資源設定訊號設計

在 5.2.5 到 5.2.8 中，我們依次介紹了 5G NR 時域資源設定中的關鍵問題及其解決方案，最後需要解決的問題，是如何將一系列解決方案統一到一個完整的訊號系統中。

如 5.1 節所述，5G NR 資源設定相對 LTE 的一大增強，是盡可能採用 DCI 動態指示，支援更靈活的排程。但完全依靠 DCI 排程如此多資源參數，將造成不可接受的 DCI 訊號負擔。一個折中方案是採用「RRC 設定+DCI 排程」方法平衡訊號負擔和排程靈活度，即先使用 RRC 訊號設定一個待排程的資源列表（或稱為資源集，resource set），然後再透過 DCI 從資源列表或資源集中選定一個資源。舉例來說，如果 RRC 設定一個包含 16 個資源的列表，DCI 只需要 4 bit 就可以完成指示。而表中每個資源可能需要十幾個 bit 來設定，但 RRC 訊號透過 PDSCH 承載，是可以承受較大訊號負擔的。

接下來的問題，是將哪些資源參數設定在資源清單中，哪些被 DCI 直接指示。在這個問題上兩類通道分別考慮：資料通道（PDSCH、PUSCH）和 PUCCH。PUCCH 資源設定問題將在 5.5.5 中專門介紹，這裡集中在 PDSCH 和 PUSCH 的資源設定。根據 5.2.5 到 5.2.8，需要由基地台指示給終端的 PDSCH 和 PUSCH 的資源參數包括：

- 時間槽級指示資訊：K_0（叢 PDCCH 到 PDSCH 的時間槽級偏移量）、K_2（叢 PDCCH 到 PUSCH 的時間槽級偏移量）；
- 符號級指示資訊：PDSCH、PUSCH 的起點符號和長度（符號數）；
- 映射類型：Type A 還是 Type B。

可能的訊號結構包括：

表 5-4 5G NR 標準中 RBG 與系統頻寬的對應關係

	映射類型（Type A 或 B）	時間槽級指示資訊（K_0、K_2）	符號級指示資訊（起點符號和長度）
方案 1	設定在 RRC 清單中	設定在 RRC 清單中	設定在 RRC 清單中
方案 2	DCI 直接指示	設定在 RRC 清單中	設定在 RRC 清單中
方案 3	DCI 直接指示	DCI 直接指示	設定在 RRC 清單中

方案 1 是將三個參數全部設定在資源清單中。這種方案可以大幅降低 DCI 負擔，並可以任意設定各種資源參數組合（4 bit 可以指示 16 種組合），缺點是三個參數都只能「在半靜態設定的基礎上動態指示」，如果發現想要使用的參數組合沒有設定在資源清單中，只能透過 RRC 訊號重配資源清單，但這需要較大延遲才能實現。

方案 2 是將時間槽級 K_0、K_2和符號級指示資訊 S（起始符號）、L 設定在資源清單中，而在 DCI 中留出 1 bit 單獨指示 PDSCH/PUSCH 的映射類型。這種方案可以更靈活的指示映射類型，對每種 K_0/K_2、S、L 的組合都可以靈活選擇採用 Type A 或 Type B，缺點是映射類型佔用了 DCI 中的 bit，如果 TDRA 域一共 4 bit，剩下 3 bit 只能設定 8 種 K_0/K_2、S、L 的組合。

方案 3 進一步將 K_0、K_2也用 DCI 直接指示，在完全動態指示 K_0、K_2的同時，可以設定的 S、L 的組合進一步減少。

經過研究，PDSCH、PUSCH 的時域資源設定最終採用方案 1。這種方案將可用時域資源的「設定權」完全交給了基地台，如果基地台能「聰明」的在清單中設定最最佳化的候選資源，則能夠獲得最佳的資源設定效果。但 PUCCH 時域資源則採用了類似方案 3 的方法，即從 PDSCH 到 HARQ-ACK 的時間槽級偏移量 K_1 在 DCI 直接指示，符號級資訊設定在 PUCCH 資源集中。可見上述方案 1、2、3 並沒有絕對的優劣之分，可以考慮基地台排程演算法複雜度和靈活性之間的平衡進行選擇。K_2 、K_1 的最小設定值還要受到終端處理能力的限制，相關內容將在 15.3 節介紹。

表 5-5 是一個典型的 PUSCH 時域資源列表的範例（摘選自 3GPP 規範 TS 38.214 [9]），我們這裡以 PUSCH 舉例，對 PDSCH 情況是類似的。可以看到，列表中包含 16 個候選 PUSCH 時域資源，每個資源由一個映射類型、K_2、S、L 的組合表達。

表 5-5 PUSCH 時域資源列表範例

資源編號	PUSCH 映射類型	時間槽級指示資訊 K_2	符號級指示資訊	
			起始符號 S	長度 L
1	Type A	0	0	14
2	Type A	0	0	12
3	Type A	0	0	10
4	Type B	0	2	10
5	Type B	0	4	10
6	Type B	0	4	8
7	Type B	0	4	6
8	Type A	1	0	14
9	Type A	1	0	12
10	Type A	1	0	10
11	Type A	2	0	14
12	Type A	2	0	12
13	Type A	2	0	10
14	Type B	0	8	6
15	Type A	3	0	14
16	Type A	3	0	10

如圖 5-26 所示，這 16 個資源包括分佈在 PDCCH 之後各個時間槽的不同位置、長度的資源。可以看到，Type B 資源（從時間槽中間開始）集中在 PDCCH 所在的時間槽（Slot i，即 K_2=0），這是因為，如果這些資源的目的是獲得低延遲，在時間槽 Slot i +1、Slot i +2、Slot i +3 的資源顯然不可能取得低延遲的效果了，所以在這些時間槽設定 Type B 資源沒有意義。

當然，標準並不限制在 $K_0\neq0$ 或 $K_2\neq0$ 的時間槽裡設定 Type B 資源，但如果那樣做，應該並不是為了實現低延遲，而是出於靈活的通道重複使用等其他考慮。

另外需要注意的是，在圖 5-26 所示的範例中，資源 1、2、3 顯然不能用於 TDD 系統，因為 PUSCH 不可能與 PDCCH 同時傳輸，資源 4 用於 TDD 系統也很困難。這些 $K_2\neq0$ 且起始於時間槽表頭的 PUSCH 資源只能用於 FDD 系統。

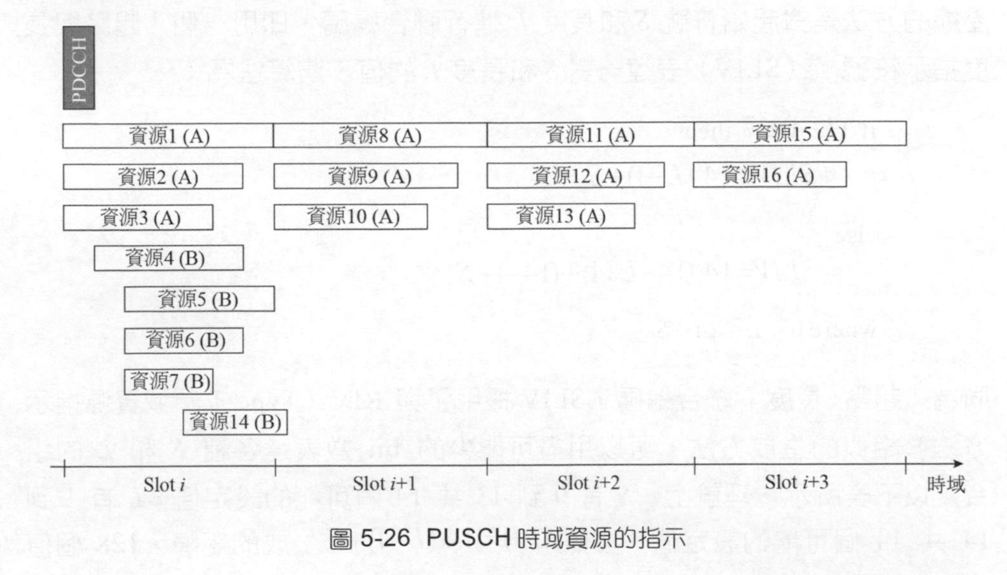

圖 5-26 PUSCH 時域資源的指示

在設定了包含 16 個資源的 PUSCH 資源列表後，透過 DCI 中 4 bit 的 TDRA 域就可以從這 16 個資源中動態指示一個資源，終端採用 DCI 指示的資源發送 PUSCH。PDSCH 的資源清單設定和指示方法與 PUSCH 大致相同，這裡不再贅述。

如上所述，5G NR 是採用「RRC 設定+DCI 排程」方法來盡可能獲取排程靈活性的。但是，表 5-5 所示的是「起始符號 S 和長度 L 分開設定」的方法不是用於 RRC 設定的資源清單的，這種方法主要用於預先定義的「預設時域資源設定列表」（即 Default PDSCH TDRA 和 Default PUSCH TDRA），這些預設資源列表列表往往用於初始連線過程或一些不需要很高靈活度的資源排程。如果是在初始連線過程中，RRC 連接尚未建立，還無法透過 RRC 訊號設定資源清單，因此只能使用預設資源列表，預設列表是在標準中直接定義的（見[9]的 5.1.2.1.1 節和 6.1.2.1.1 節），不需要考慮訊號負擔的問題。但要獲得更高的排程靈活性，資源清單還是需要採用 RRC 訊號隨選設定。如果是透過 RRC 訊號設定，「起始符號 S 和長度 L 分開設定」會帶來較大的訊號負擔，雖然 RRC 訊號對負擔不如 DCI 敏感，但也應該盡可能壓縮訊號負擔。

壓縮的方法是對起始符號 S 和長度 L 進行聯合編碼，即用一個「起點與長度指示符號」（SLIV）表達一對 S 和長度 L 的值，演算法為：

if $(L-1)\leq 7$ then

$$SLIV=14\cdot(L-1)+S$$

else

$$SLIV=14\cdot(14-L+1)+(14-1-S)$$

where $0 < L \leq 14-S$

同為「起點+長度」聯合編碼，SLIV 採用了與 RIV（Type 1 頻域資源指示方法）相似的生成方法，可以用盡可能少的 bit 數表達各種 S 和 L 的組合，以下表所示。理論上，S 有 0 到 13 共 14 個可能的設定值，L 有 1 到 14 共 14 個可能的設定值，按照 $SLIV=14\cdot(L-1)+S$ 生成的矩陣，128 個值（7 個 bit）最多只能表達 14 個 S 值與 9 個 L 值的組合。但是如 5.2.8 所述，由於 R15 NR 標準不允許 PDSCH、PUSCH 跨越時間槽邊界，因此 $S+L\leq 14$。有了這個限制，使我們可以把矩陣副對角線以下的一部分元素搬移到副對角線以上，從而可以用 7 個 bit 表達 14 個 S 值與 14 個 L 值的組合，以下表灰色的部分，這是 SLIV 公式針對 $S\leq 8$ 和 $S\geq 9$ 採用不同計算公式的原因。

表 5-6 以 SLIV 表達的「起始符號+長度」資訊

		長度 L（符號數）													
		1	2	3	4	5	6	7	8	9	10	11	12	13	14
SLIV 公式		$SLIV = 14 \cdot (L-1) + S$								$SLIV = 14 \cdot (14-L+1) + (14-1-S)$					
S（起始符號）	0	0	14	28	42	56	70	84	98	97	83	69	55	41	27
	1	1	15	29	43	57	71	85	99	96	82	68	54	40	26
	2	2	16	30	44	58	72	86	100	95	81	67	53	39	25
	3	3	17	45	45	59	73	87	101	94	80	66	52	38	24
	4	4	18	32	46	60	74	88	102	93	79	65	51	37	23
	5	5	19	33	47	61	75	89	103	92	78	64	50	36	22
	6	6	20	34	48	62	76	90	104	91	77	63	49	35	21
	7	7	21	35	49	63	77	91	105	90	76	62	48	34	20
	8	8	22	36	50	64	78	92	106	89	75	61	47	33	19
	9	9	23	37	51	65	79	93	107	88	74	60	46	32	18
	10	10	24	38	52	66	80	94	108	87	73	59	45	31	17
	11	11	25	39	53	67	81	95	109	86	72	58	44	30	16
	12	12	26	40	54	68	82	96	110	85	71	57	43	29	15
	13	13	27	41	55	69	83	97	111	84	70	56	42	28	14

需要說明的是，根據對排程靈活性、通道重複使用的不同要求，不同通道有不同的 S、L 設定值範圍。以下表所示，Type A 的 PDSCH 和 PDSCH 原則上從時間槽表頭開始，但由於下行時間槽表頭可能包含 PDCCH，Type A PDSCH 的起始符號 S 的設定值範圍為{0,1,2,3}，而 Type A PUSCH 只能從 Symbol 0 起始。如果要在一個時間槽內先後重複使用 PDCCH 和 PUSCH，可以採用 Type B PUSCH 進行資源指示。另外，Type B PUSCH 支援{1,…,14}各種長度，但 Type B PDSCH 只支援{2,4,7}三種長度，說明 PUSCH 具有比 PDSCH 更靈活的 mini-slot 排程能力，mini-slot PDSCH 的排程靈活性有待於在 NR 的後續版本中進一步增強。

表 5-7 不同通道的 S、L 設定值範圍（Normal CP）

通道	映射類型	S 設定值範圍	L 設定值範圍
PDSCH	Type A	{0,1,2,3}	{3,…,14}
	Type B	{0,…,12}	{2,4,7}
PUSCH	Type A	{0}	{4,…,14}
	Type B	{0,…,13}	{1,…,14}

從表 5-5 所示的例子可以看到，一個資源清單裡雖然可以設定 16 個資源，但需要覆蓋 K_0/K_2、S、L 等諸多參數的組合，在一個參數上也只能包含少數幾種選擇。如圖 5-26 範例，起始符號 S 只覆蓋了 0、2、4、8 四個數值。這就給實現「超低延遲」帶來了困難。

由於 RRC 設定的資源清單必須事先設定給終端，不可能動態改變，因此只能概略的預估幾種可能的起始位置。以 PDSCH 的資源排程為例，假設四個候選起始符號位置為 S=0、4、8、12，則只能每隔 4 個符號獲得一次傳輸 PDSCH 的機會。如果在兩次傳輸機會之間想要快速排程 PDSCH，也是無法做到的，雖然理論上 Type B PDSCH 的 S 設定值範圍為{0,…,12}，但真正能接收的 PDSCH 起始位置受限於設定在 PDSCH 資源清單中的少數幾個起始位置。如圖 5-27（a）所示，即使在 Symbol 5 檢測到 DCI，也無法在 Symbol 5、6、7，最早只能在 Symbol 8 開始接收 PDSCH。

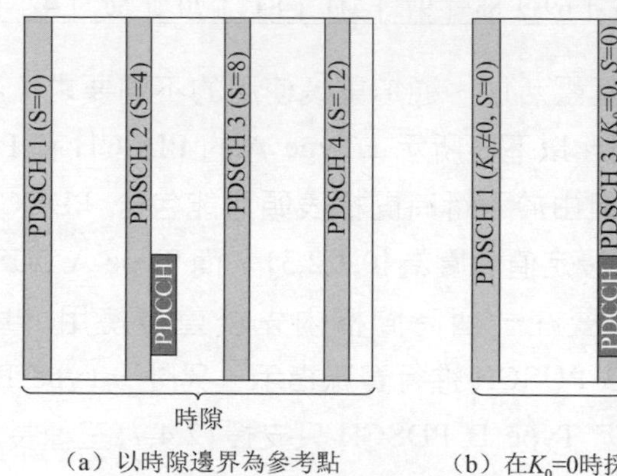

（a）以時隙邊界為參考點　（b）在K_0=0時採用PDCCH作為參考點

圖 5-27 在 K_0=0 時採用 PDCCH 作為參考點有利於快速排程 PDSCH

如果想解決這個問題，隨時快速排程 PDSCH，還是要回到 5.2.6 中的討論，以 PDCCH 為參考點指示 PDSCH。如圖 5-27（b）所示，如果 PDSCH 資源是相對 PDCCH 指示的，無論 PDCCH 出現在哪個符號，PDSCH 都可以緊緊跟隨在 PDCCH 之後傳輸，即 PDSCH 是隨 PDCCH「浮動」的，可以實現最即時的 PDSCH 傳輸。為了解決 5.2.6 中所述的「相對 PDCCH 指示 PDSCH 難以有效跨時間槽排程」的問題，可以考慮

僅在 K_0=0 的情況下採用 PDCCH 作為 PDSCH 排程參考點，在 $K_0 \neq 0$ 的情況下仍採用時間槽邊界作為 PDSCH 排程參考點[10]。可以在 PDSCH 資源清單中設定一部分 $K_0 \neq 0$、以時間槽邊界為參考點的 PDSCH 資源（如圖 5-27（b）中的 PDSCH 1、PDSCH 2）和一部分 K_0=0、以 PDCCH 為參考點的 PDSCH 資源（如圖 5-27（b）中的 PDSCH 3、PDSCH 4），如果需要低延遲的排程 PDSCH，可以採用 PDSCH 3、PDSCH 4 這樣隨 PDCCH 浮動的 PDSCH 資源。

由於 R15 NR 標準的重心還是 eMBB 業務，並未對低延遲性能進行專門最佳化，因此這種根據 K_0 的設定值確定 PDSCH 資源設定參考點的方案並未被接收，但在 R16 URLLC 增強項目中採用了這種方法，用於縮減 DCI 訊號負擔，見第 15 章所述。

5.2.10 多時間槽符號級排程

多時間槽排程（multi-slot scheduling）是 5G NR 採用的一種上行覆蓋增強技術，即一個 DCI 可以一次性排程多個 slot 的 PUSCH 或 PUCCH，這樣 gNB 可以對多個 slot 的 PUSCH 訊號進行合併解調，取得更好的等效 SINR。多時間槽排程在 LTE 等以前的 OFDM 無線通訊系統中就曾使用過，包括時間槽聚合（slot aggregation）和時間槽重複（slot repetition）兩種類型。Slot aggregation 是將在多個時間槽中傳輸的資料版本進行聯合編碼，已在接收端獲得解碼增益。Slot repetition 並不對多個時間槽的資料進行聯合編碼，只是簡單的將一個資料版本在多個時間槽中重複傳輸，實現能量累積，相當於重複編碼。R15 5G NR 對 PUSCH 和 PDSCH 採用了 slot aggregation，對 PUCCH 採用了 slot repetition，PUSCH 和 PUCCH 在 RRC 半靜態設定的 N 個連續的時間槽中重複傳輸。之所以採用半靜態設定而非 DCI 動態指示，是因為時間槽數量是由終端的通道路損決定的，而終端所處的覆蓋位置不會動態變化，因此半靜態調整也就夠了，可以節省 DCI 負擔。

在 LTE 中，由於是基於時間槽進行排程，multi-slot scheduling 只需要指示時間槽的數量即可。但在 5G NR 系統中，由於是採用符號級排程，且採用了靈活的上下行配比（DL/UL assignment）和時間槽結構（Slot format），造成在各個時間槽中給 PUSCH、PUCCH 分配符號級資源成為一個比較複雜的問題。

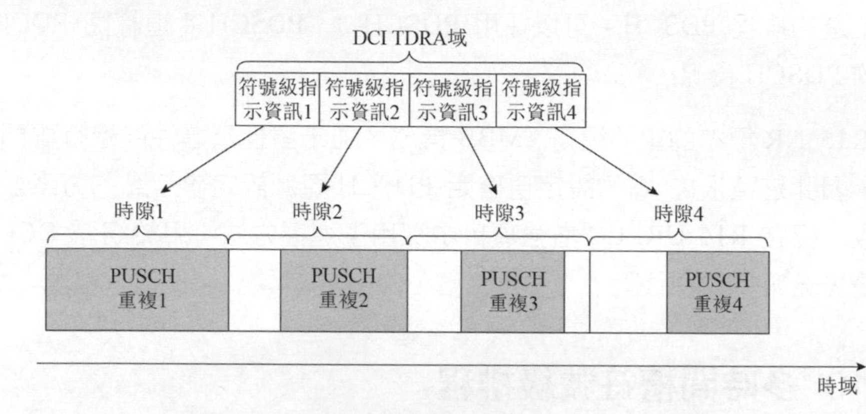

圖 5-28 針對不同時間槽分別指示不同的符號級資源

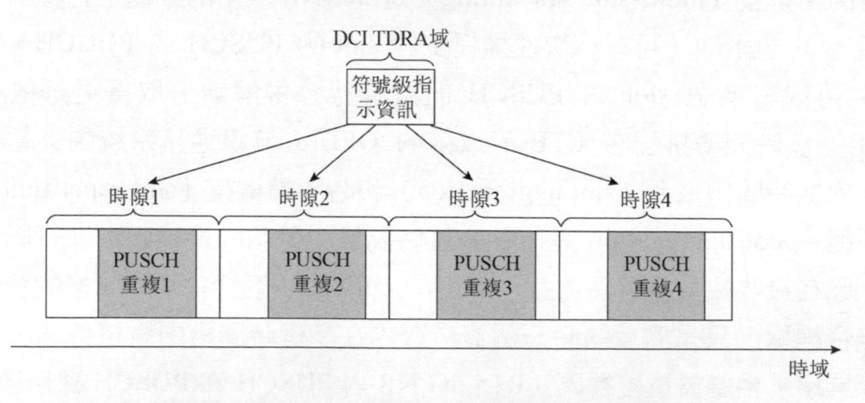

圖 5-29 針對不同時間槽指示相同的符號級資源

首先需要解決的問題是，是否允許在不同時間槽中排程不同的符號級資源？第一種選擇是在各個時間槽中分別分配不同的符號級資源，如圖 5-28 所示，假設排程給終端 4 個時間槽，可以在 4 個時間槽裡為 PUSCH 的 4 次重複（repetition）分別分配不同的符號級資源。這種方法雖然可以獲得最大的排程靈活性，但需要在 DCI 的 TDRA 域裡包含 4 個符號級指示資訊，原則上訊號負擔會增加 3 倍。第二種選擇是在各個時間槽中均分配相同的符號級資源，即如圖 5-29 所示，在 4 個時間槽裡為 PUSCH 的 4 次重複分配完全相同的符號級資源。這種方法的好處是不需要額外增加 TDRA 域負擔，但對排程靈活性影響很大。

最終，5G NR 標準決定採用第二種選擇，即犧牲排程靈活性，採用低負擔的「所有時間槽採用相同符號級分配」的排程方法。這種方法對基地台排程有較多限制，尤其是解決和上下行配比之間的衝突更為困難。

5G NR 系統支援靈活的 TDD（分時雙工）操作，即不像 LTE 那樣採用固定的 TDD 訊框結構，而是可以半靜態的設定或動態的指示哪些時間槽、符號用於上行，哪些時間槽、符號用於下行。5G NR 的靈活 TDD 設計詳見 5.6 節，這裡不作贅述。本節只討論多時間槽排程如何處理和上下行資源的衝突問題。由於在靈活 TDD 時間槽結構下，連續傳輸的 N 個時間槽中經常難以保證全部為上行資源，如果出現上下行資源衝突，原定分配給上行通道的部分符號是無法使用的。這種情況下，有兩種可能的解決方案：

★方案 1：捨棄掉衝突所在的時間槽，即在原定分配的 N 個時間槽中，能傳輸幾個時間槽就傳輸幾個時間槽；

★方案 2：將衝突的時間槽先後順延，即依次在無衝突的時間槽中傳輸，直到完成 N 個時間槽的重複傳輸；

有意思的是，這兩個方案在 R15 5G NR 標準中都獲得了採用，即 PUSCH 多時間槽傳輸採用了方案 1，PUCCH 多時間槽傳輸採用了方案 2。

方案 1 如圖 5-30 所示，基地台排程終端在連續 4 個時間槽內發送 PUSCH。假設 TDD 上下行分配（DL/UL allocation）如圖所示（實際 NR TDD 系統在下行和上行之間還有靈活（flexible）符號，這裡僅作示意，如何判斷一個符號是否可用於上行傳輸，詳見 5.6 節所述），在時間槽

1、2、4 與分配給 PUSCH 的符號級資源沒有衝突，但時間槽 3 的前半部分為下行，不能用於上行傳輸，存在資源衝突，因此時間槽 3 無法滿足 PUSCH repetition 3 的傳輸。按照方案 1，PUSCH 傳輸將捨棄 PUSCH repetition 3，僅在時間槽 1、2、4 中傳輸另外三個 repetition。這種方案實際上是一種「儘量而為」的多時間槽傳輸，比較適合 PUSCH 這種資料通道。

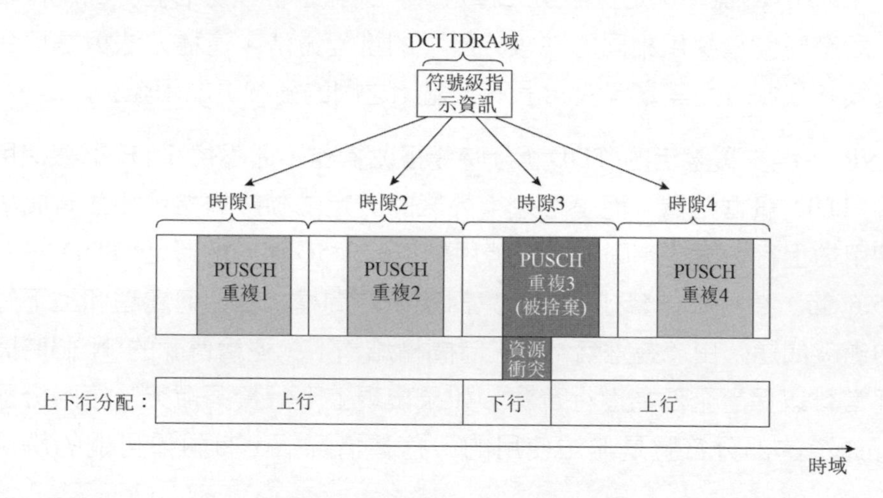

圖 5-30 NR PUSCH 採用方案 1 處理與上下行分配衝突的多時間槽排程

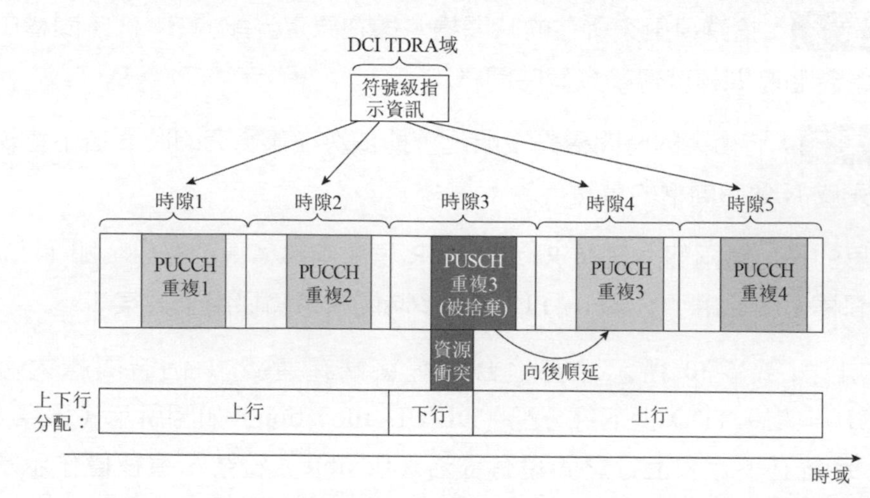

圖 5-31 NR PUCCH 採用方案 2 處理與上下行分配衝突的多時間槽排程

方案 2 如圖 5-31 所示，基地台排程終端在連續 4 個時間槽內發送 PUCCH。在時間槽 1、2、4 與分配給 PUCCH 的符號級資源沒有衝突，但時間槽 3 存在資源衝突，無法滿足 PUCCH repetition 3 的傳輸。按照方案 2，PUCCH repetition 3 將順延到下一個能滿足要求的時間槽中傳輸，按圖中範例，PUCCH repetition 3、4 分別在時間槽 4、5 中傳輸。這種方案可以保證設定的 PUCCH repetition 全部得以傳輸，比較適合 PUCCH 這種控制通道。

5.3 碼塊群組（CBG）傳輸

5.3.1 CBG 傳輸方式的引入

相較於 LTE 系統，5G 系統的資料傳輸頻寬顯著提高。因此當排程大頻寬進行資料傳輸時，傳輸區塊（Transport Block，TB）的大小將非常大。在實際應用中，為了降低實現複雜，編解碼器的輸入位元長度都是受限的。當一個 TB 包括的位元數量超過門限時，將對 TB 進行碼塊分割得到多個小的編碼塊（Code Block，CB，或稱為碼塊），而每個 CB 的大小不超過門限。對於 LTE 系統，Tubro 碼塊分割門限為 6144 位元。在 NR 系統中，LDPC 碼塊分割門限為 8448 位元或 3840 位元。當 TB 的大小增大後，一個 TB 內包含的 CB 的數量也會隨之增加。

LTE 系統採用 TB 級的 ACK/NACK 回饋，即一個 TB 中若任意一個 CB 解碼失敗，將重傳整個 TB。針對 10% BLER 進行統計後，發現由於 TB 內一個 CB 解碼失敗造成的錯誤接收佔所有錯誤接收中的 45%。因此在進行 TB 級的重傳時，大量的解碼正確的 CB 被重傳。對 NR 系統來說，由於 TB 內的 CB 數量顯著增加，因此重傳中會有更大量的無效傳輸，從而影響系統效率[12-14]。

NR 系統設計之初，為了提高大數據的重傳效率，確定採用更精細化的 ACK/NACK 回饋機制，即對一個 TB 回饋多位元 ACK/NACK 資訊。在

2017 年 1 月的 RAN1 Ad-Hoc 會議上，提出了三種實現對一個 TB 回饋多位元 ACK/NACK 資訊方法[16][17]：

★方法 1：基於 CB-group（CBG）重傳。將一個 TB 劃分成多個 CBG，CBG 的數量取決於 ACK/NACK 回饋所支援的最大位元數量。該方法的好處之一是有利於降低 URLLC 傳輸對 eMBB 傳輸的影響。如圖 5-32 所示，當一個 URLLC 佔用部分 eMBB 資源進行傳輸時，只需要對資源衝突的 CBG 進行重傳即可。

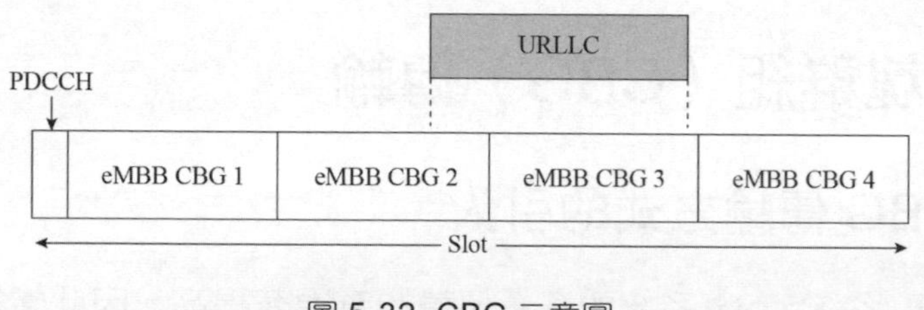

圖 5-32 CBG 示意圖

★方法 2：解碼狀態資訊（Decoder state information，DSI）回饋。DSI 資訊是在解碼過程中收集到的，發送端根據回饋的 DSI 資訊基於最佳化函數能夠確定需要進行重傳的編碼位元。

★方法 3：外糾刪碼（outer erasure code）[15]。使用外糾刪碼（例如 Reed-Solomon 碼，Raptor 碼），接收端不需要回饋解碼失敗的 CB 的精確位置，只需要上報需要重傳的 CB 數量即可。且外糾刪碼也可以以 CBG 為粒度進行回饋，因此回饋負擔小於方法 1。但是外糾刪碼的缺點之一是難以實現 HARQ 軟合併。

由於方法 2 和方法 3 的實際增益不明確，且從標準化及實現角度看都比較複雜，在 RAN1 #88bis 會議上，最終確定支援基於 CBG 的資料傳輸方式。

5.3.2 CBG 的劃分

確定採用基於 CBG 的傳輸方式後，首先達成了以下設計原則[18-20]：

- 針對一個 HARQ 處理程序內的 TB 進行 CBG 重傳；
- 一個 CBG 中可以包括一個 TB 中的所有 CB，即回復為基於 TB 的傳輸。換言之，CBG 傳輸是可設定的；
- 一個 CBG 中可以只包括一個 CB；
- CBG 的顆粒度是可設定的。

下一個需要解決的問題就是如何將一個 TB 劃分成多個 CBG。標準化討論過程中，主要提出了以下三種 CBG 劃分方法：

★方法 1：基地台設定 CBG 的數量，每個 CBG 中包括的 CB 數量根據 TBS 確定。

★方法 2：基地台設定每個 CBG 中的 CB 數量，CBG 的數量根據 TBS 確定。

★方法 3：CBG 的數量和/或每個 CBG 中包括的 CB 的數量根據 TBS 確定。

由於 CBG 的數量直接關係到 ACK/NACK 回饋資訊的位元數量，方法 1 能夠較好的控制上行訊號負擔。對於方法 2，由於 TBS 的設定值範圍很大，因此會造成回饋資訊位元數量有較大波動。另外，當 ACK/NACK 採用重複使用傳輸時，可能會造成基地台與 UE 直接 ACK/NACK 回饋資訊編碼簿的了解問題。方法 3，較為複雜且根據 TBS 同時調整 CBG 數量和每個 CBG 內包括的 CB 數量的意義不大。因此在 RAN1 #89 會議上，一致透過採用方法 1 確定一個 TB 中 CBG，並且要求每個 CBG 中包括的 CB 數量盡可能平均。

經過 RAN1 #90 及#90 bis 會議進一步討論，完整的 CBG 劃分方法得到透過。具體的，RRC 訊號設定每個 TB 包括的 CBG 數量。對於單代碼傳輸，一個 TB 包括的 CBG 最大數量為 2、4、6 或 8。對於雙代碼傳輸，一個 TB 包括的 CBG 最大數量為 2 或 4，且每個代碼包括的 CBG 最大數量相同。對於一個 TB，其中包括的 CBG 的數量 M 等於該 TB 包括的 CB 數量 C 和設定的最大 CBG 數量 N 二者中的最小值。而前$M_1 = mod(C, M)$個

CBG 中的每個 CBG 包括$K_1 = \lceil C/M \rceil$個 CB，後$M - M_1$個 CBG 中的每個 CBG 包括$K_2 = \lfloor C/M \rfloor$個 CB。以圖 5-33 為例，RRC 設定一個 TB 中包括的 CBG 的最大數量為 4，一個 TB 根據 TBS 劃分成 10 個 CB。CBG 1 和 CBG 2 各包括 3 個 CB，分別為 CB 1~3，CB 4~6。CBG 3 和 CBG 4 各包括 2 個 CB，分別為 CB 7~8，CB 9~10。

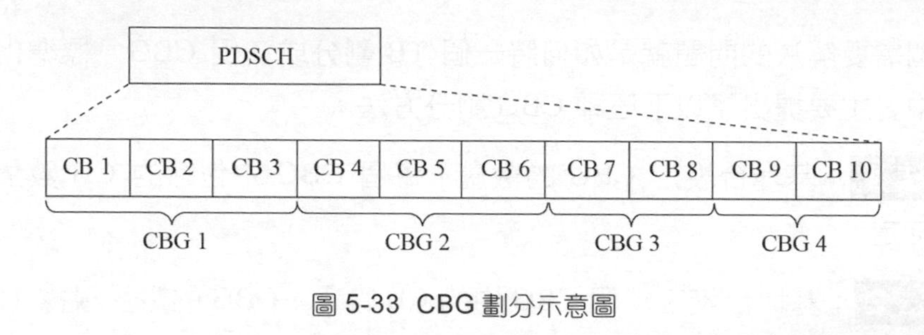

圖 5-33 CBG 劃分示意圖

5.3.3 重傳 CBG 確定方法

支援 CBG 傳輸的主要原因是為了提高重傳效率，完成 CBG 劃分後，如何實現高效重傳成為了設計重點。初始討論過程中，提出了兩類確定重傳 CBG 的方法：方法一、根據 CBG 級的 ACK/NACK 回饋確定重傳的 CBG。具體的，UE 總是期待基地台重傳最近一次 ACK/NACK 回饋中回饋資訊為 NACK 的 CBG。方法二、在 DCI 中顯性指示重傳的 CBG。方法一的好處在於不增加 DCI 負擔，但是缺點也比較突出。由於基地台必須全部傳輸所有回饋為 NACK 的 CBG，因此限制了排程靈活性。另外，若基地台沒有正確接收到 UE 回饋的 UCI，則終端與基地台對於重傳 TB 中包括的 CBG 將有不同了解，造成解碼失敗，反而降低重傳效率。最終，確定使用 DCI 指示重傳 CBG。而使用 DCI 指示 CBG 又進一步分化成兩種實現方式[21]：

★方法 1：DCI 中總是（包括初傳和重傳）包含 CBG 指示資訊域。一旦 CBG 傳輸模式開啟，則 DCI 中總是包括基於位元映射（bitmap）的 CBG 指示資訊，用於確定哪些 CBG 被傳輸。

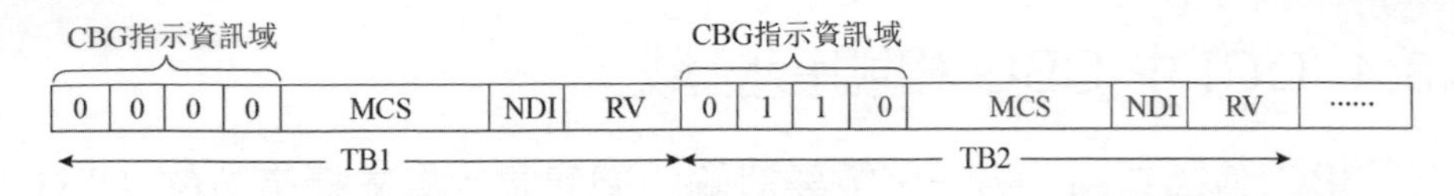

圖 5-34 DCI 中透過 bitmap 方式指示 CBG

★方法 2：重用 DCI 中的某些已有資訊域。該方法的設計前提是認為對於一個 TB，其初始傳輸總是包括所有 CBG，CBG 級傳輸只發生在重傳。因此對於初始傳輸其 DCI 中不需要指示 CBG。對於一個 TB 的重傳，由於 TBS（TB size）已經在初始傳輸中獲得，重傳時只需要從 MCS 資訊域中的得到調解階數即可。因此，重傳時 DCI 中的 MCS 資訊域存在容錯資訊。重用 MCS 資訊域指示重傳 CBG 可有效降低 DCI 負擔。方法 2 具體的實現方式為：透過顯示（引入 1 位元 CBG flag）或隱式（根據 NDI）的方式確定本次排程的是 TB 級傳輸（初始傳輸）還是 CBG 級傳輸（重傳）。若為 CBG 級傳輸，該 DCI 中的 MCS 資訊域中的部分位元用於指示重傳 CBG，剩餘部分位元用於指示調解階數，如圖 5-35 所示。

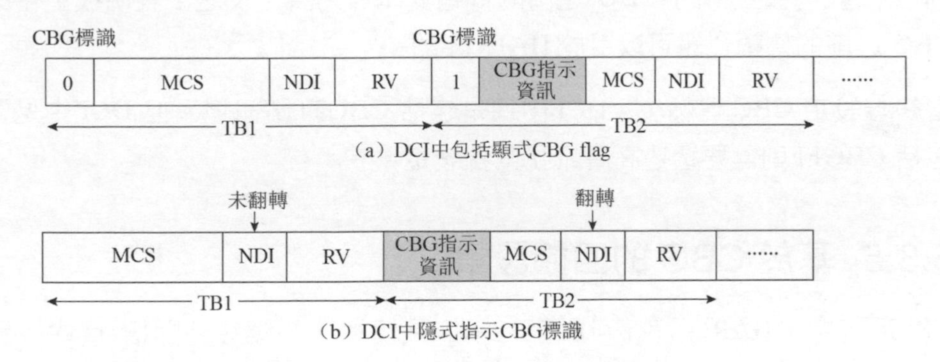

圖 5-35 重用 DCI 已有資訊域指示 CBG

方法 2 能夠明顯的降低 DCI 負擔，但 CBG 重傳的正確解碼要依賴於正確接收初始排程 DCI，即透過初始排程 DCI 確定 TBS。若終端若只收到 CBG 重傳則無法進行解碼。方法 1 的支援者認為使用方法 1 可以避免終端實現上的複雜度，另外 CBG 重傳可以保證自解碼。因此在 RAN1 #91 次會議上確定不支援使用 MCS/TBS 資訊域指示進行重傳的 CBG。

5.3.4 DCI 中 CBG 相關資訊域

對於 CBG 傳輸控制，另一個需要討論的問題是：為支援高效的 CBG 傳輸，DCI 中需要包括哪些指示資訊域？

首先，為了支援 CBG 顆粒度的重傳，DCI 中需要包括具體的 CBG 指示資訊（Code block group transmission information，CBGTI）。終端基於該資訊精確獲知哪些 CBG 被重傳。3GPP 確定，在 DCI 中使用 bitmap 方式指示 CBGTI，參見 5.3.3 節中方法 1。

其次，當 URLLC 佔用 eMBB 物理資源進行傳輸造成 eMBB CBG 解碼失敗後，若 UE 將該 CBG 的重傳資訊與之前被污染的資訊進行合併後再解碼，則極可能仍然無法解碼成功。為了避免 UE 將污染的資訊與重傳資訊進行合併，對於 CBG 重傳，DCI 中需要還加入了 CBG 清除資訊（CBG flushing out information，CBGFI）。CBGFI 為一位元資訊，若 CBGFI 置為"0"，表明被重傳的 CBG 之前的傳輸資訊被污染。反之，表明被重傳的 CBG 之前的傳輸資訊可以用於 HARQ 合併。

當終端設定 CBG 傳輸後，DCI 中總是包括 CBGTI 資訊域。但 DCI 中是否包括 CBGFI 則需要透過高層訊號單獨設定。

5.3.5 基於 CBG 的回饋設計

NR 系統中，HARQ 時序可動態指示。具體地，終端在時間槽 n 中收到 PDSCH 或指示 SPS 資源釋放的 DCI，則對應的 ACK/NACK 資訊在時間槽 n+k 中傳輸，其中 k 的設定值由 DCI 指示。若多個下行時間槽中傳輸的 PDSCH 或指示 SPS 資源釋放的 DCI 其對應的 HARQ 時序指向同一個時間槽時，對應的 ACK/NACK 資訊將透過一個 PUCCH 重複使用傳輸。NR R15 支援兩種 ACK/NACK 回饋方式：

Type 1 HARQ-ACK 編碼簿（codebook）：一個上行時間槽中承載的 ACK/NACK 資訊位元數量基於與該時間槽對應的一組潛在的 PDSCH 接收

資源數量確定，而潛在的 PDSCH 接收資源根據高層訊號設定參數（TDD 上下行設定、回饋延遲集合 K1、PDSCH 時域資源設定列表）確定。換言之，type 1 HARQ-ACK 編碼簿的大小半靜態確定。如圖 5-36 範例，其中載體 1 中支援 CBG 傳輸，一個 PDSCH 中最多包括 4 個 CBG；載體 2 中不支援 CBG 傳輸，一個 PDSCH 中最多支援 2 個 TB。載體 1 每個時間槽在編碼簿中對應 4 位元 ACK/NACK，載體 2 每個時間槽在編碼簿中對應 2 位元 ACK/NACK。

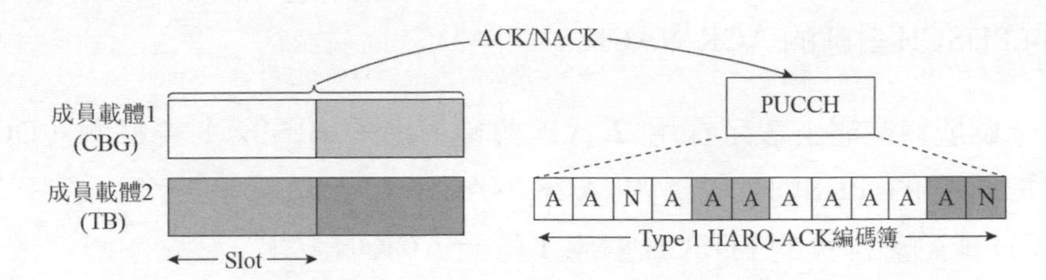

圖 5-36 Type 1 HARQ-ACK 編碼簿傳輸 CBG ACK/NACK 回饋資訊

Type 2 HARQ-ACK 編碼簿：一個上行時間槽中承載的 ACK/NACK 資訊位元數量根據排程的 PDSCH 數量確定。在標準化討論過程中，提出了以下方法實現使用 type 2 HARQ-ACK 編碼簿傳輸 CBG 回饋資訊[22]：

★方法 1：將載體分成 2 組，分別包括設定 CBG 傳輸的載體和未設定 CBG 傳輸的載體，對應得到子編碼簿 1 和子編碼簿 2。子編碼簿 1 包括 CBG 級 ACK/NACK 回饋資訊，其中 ACK/NACK 位元數量等於最大 CBG 數量，即子編碼簿 1 部分的位元數量是半靜態設定的。子編碼簿 2 包括的 TB 級 ACK/NACK 回饋資訊根據 DAI 確定。DAI 的依然基於 PDSCH 進行計數（LTE 系統中 DAI 是基於 PDSCH 計數的），而不需要引入 CBG 級 DAI。由於子編碼簿 1 採用半靜態設定，因此 UCI 負擔較大。

★方法 2：基於 CBG 級 DAI 生成一個編碼簿，其中 DAI 是指基於 CBG 的數量進行計數。該方法的優先在於 ACK/NACK 回饋負擔最小，但是在 DCI 中需要較多位元指示 DAI，而且即使對未設定 CBG 傳輸的載體中的 DCI 也需要增加 DAI 的負擔。

★方法 3：生成兩個子編碼簿，兩個子編碼簿經過串聯後得到一個編碼簿。子編碼簿 1 包括所有成員載體中對應的 TB 級 ACK/NACK 資訊，具體包括：

- 指示 SPS 資源釋放的 DCI 對應的 ACK/NACK；
- SPS PDSCH 對應的 ACK/NACK；
- 未設定 CBG 傳輸的成員載體中動態排程 PDSCH 對應的 ACK/NACK；
- 設定 CBG 傳輸的成員載體中，使用 DCI 格式 1_0 或 DCI 格式 1_2 排程的 PDSCH 對應的 ACK/NACK。

若任一個成員載體上設定採用 2 代碼傳輸，則子編碼簿 1 中每個 PDCCH 或動態排程的 PDSCH 對應的 ACK/NACK 位元數量等於 2；否則每個 PDCCH 或動態排程的 PDSCH 對應 1 位元 ACK/NACK。

子編碼簿 2 包括設定了 CBG 傳輸的成員載體中的 CBG 級 ACK/NACK 回饋資訊，即使用 DCI 格式 1_1 排程的 PDSCH 對應的 ACK/NACK 資訊。當多個成員載體設定 CBG 傳輸且各載體上所支援的最大 CBG 數量不同時，子編碼簿 2 中每個 PDSCH 對應的 ACK/NACK 的位元數量等於所有載體上所支援的 CBG 數量的最大值。針對子編碼簿 1、子編碼簿 2，DAI 獨立計數。

圖 5-37 列出了一個範例，載體 1 設定 CBG 傳輸且一個 PDSCH 最多支援 4 個 CBG，載體 2 設定 CBG 傳輸且一個 PDSCH 最多支援 6 個 CBG，則子編碼簿 2 中每個動態排程的 PDSCH 對應的 ACK/NACK 位元數目為 6。載體 3 未設定 CBG 傳輸且一個 PDSCH 最多支援 2 個 TB，則子編碼簿 1 中每個動態排程的 PDSCH 對應的 ACK/NACK 位元數目為 2。子編碼簿 1 中動態排程的 PDSCH 對應的 ACK/NACK 資訊在前，SPS PDSCH 對應的 ACK/NACK 資訊映射到子編碼簿 1 中的最後且一個 SPS PDSCH 對應 1 位元 ACK/NACK 資訊。圖中 $b_{i,j}$ 表示 PDSCH i 對應的第 j 位元 ACK/NACK 資訊。

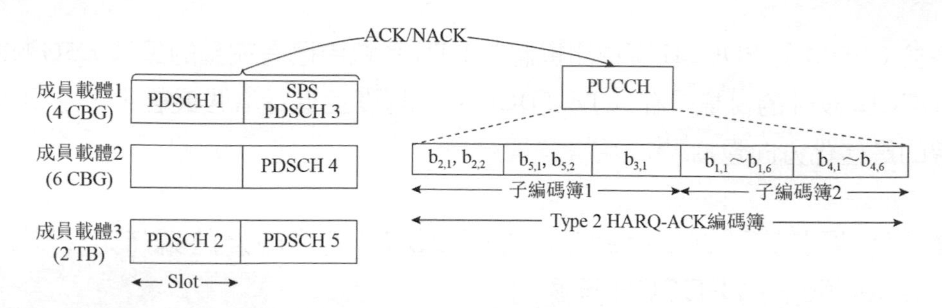

圖 5-37 Type 2 HARQ-ACK 編碼簿傳輸 CBG ACK/NACK 回饋資訊

★方法 4：對於所有成員載體生成 CBG 級 ACK/NACK 回饋資訊，一個 TB 對應的回饋資訊位元數量等於所有成員載體中設定的最大 CBG 數量。該方法回饋負擔最大。

上述方法中，方法 1 和方法 4 的 UCI 回饋資訊中存在大量的容錯資訊無法滿足 type 2 HARQ-ACK 編碼簿的設計初衷，即降低 UCI 回饋負擔。而方法 2 會增加 DCI 負擔。綜合考慮下了，方法 3 不會引入 DCI 負擔增加，而 UCI 回饋中只有少量容錯資訊。因此，在 3GPP RAN1#91 會議上確定採用方法 3 實現使用 Type 2 HARQ-ACK 編碼簿傳輸 CBG ACK/NACK 回饋資訊。

5.4 NR 下行控制通道（PDCCH）設計

5.4.1 NR PDCCH 的設計考慮

在 5.2 節中，我們介紹了 5G NR 系統基本的資源設定設計，主要適用於 PDSCH、PUSCH、PUCCH 這些需要基地台進行動態排程的通道，雖然 5G NR 廣泛採用「RRC 設定+DCI 指示」的訊號結構，但歸根結底還是有基地台直接指示通道具體的資源位置。但下行控制通道（PDCCH）的接收機制與上述幾個通道有本質的差異，由於 DCI 是在 PDCCH 中接收的，終端不可能事先獲知 DCI 傳輸的精確時頻位置，而只能在一個的大致資源範圍中對 DCI 進行搜尋（search），也稱為盲檢測（blind detection）。

基於 OFDM 的 PDCCH 盲檢測機制在 LTE 系統中已有完整的設計，5G NR PDCCH 設計的目標是在 LTE PDCCH 的基礎上進行增強最佳化，主要考慮的最佳化方向包括[11]：

▩ 將社區特定（cell-specific）的 PDCCH 資源改為終端特定（UE-specific）的 PDCCH 資源：

LTE 系統中，一個社區內的終端搜尋 DCI 的 PDCCH 資源範圍都是相同的，頻域上等於社區系統頻寬，時域上為下行子訊框的頭 1~3 個 OFDM 符號，具體符號數由 PCFICH（物理控制格式指示通道）動態指示。PCFICH 是對社區廣播的通道，因此社區內所有終端都在相同的控制區域（control region）內搜尋 DCI。這一設計沿用到 5G NR 系統中會有一系列的缺點：首先，5G NR 資料通道設計將採用更徹底的 UE-specific 結構，在資源設定、波束成形、參考訊號設計等各方面均是如此。如果 PDCCH 仍保持 cell-specific 結構（如圖 5-38 左所示），PDCCH 和 PDSCH 在鏈路性能、資源設定等方面均存在顯著差異，基地台需要針對 PDCCH 和 PDSCH 分別進行排程，排程器複雜度較高。

另外，無論需要發送 DCI 使用者數量多少，LTE 基地台均需要在整個系統頻寬發送 PDCCH，終端也需要在整個系統頻寬監測 PDCCH，不利於基地台和終端省電。如果將 PDCCH 也改為 UE-specific 結構（如圖 5-38 右所示），則 PDCCH 和 PDSCH 就均為 UE-specific 結構，可以支援 PDCCH 透過波束成形提高鏈路性能，最佳化 PDCCH 參考訊號設計，簡化基地台的排程，節省基地台和終端耗電。在資源設定方面，最顯著的改進方向是將一個終端的 PDCCH 監測範圍從系統頻寬集中到一個「控制子頻」（control subband）內，這個概念是控制資源集（CORESET）的雛形，具體將在 5.4.2 中介紹。

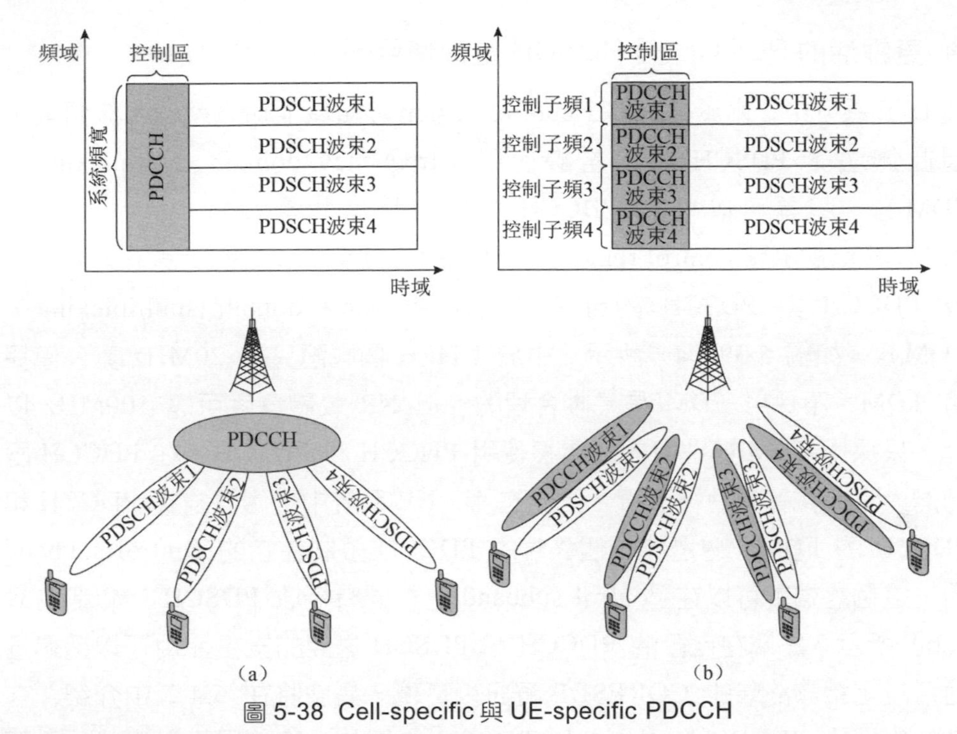

圖 5-38 Cell-specific 與 UE-specific PDCCH

▩ 在時域上「浮動」的 PDCCH

在 5.2 節中，我們介紹了 5G NR 為了實現低延遲而引入的 mini-slot 和「浮動」通道結構。在整個資源排程的物理過程中，除了 PDSCH、PUSCH、PUCCH 的快速傳輸，PDCCH 的快速的傳輸也是非常重要的，只有終端能夠隨時接收 DCI 排程訊號，才能實現 PDSCH、PUSCH、PUCCH 的快速排程，像 LTE PDCCH 那樣只能在子訊框開頭幾個符號傳輸 PDCCH 是無法滿足 URLLC 和低延遲 eMBB 業務的需求的。同時，LTE 終端需要在每個下行子訊框都監測 PDCCH，這使終端在不停的監測 PDCCH 過程中不必要的消耗了電能。對於對延遲不敏感的業務，如果能透過基地台設定終端每許多個時間槽監測一次 PDCCH，終端就可以透過微睡眠（micro-sleep）實現省電。因此 NR PDCCH 也需要在時域上「浮動」起來，以實現隨選的隨時傳輸，這種靈活性最終表現在 PDCCH 搜尋空間集（search space set）的設計上，具體將在 5.4.3 中介紹。

▩ 更靈活的 PDCCH 與 PDSCH 重複使用

在 LTE 系統中，由於 PDCCH control region 在頻域上佔滿整個系統頻寬，因此無法與 PDSCH 頻分重複使用（frequency domain multiplexing，FDM），只是可以根據 PDCCH 中的使用者數量和負載大小，透過 PCFICH 動態調整 control region 的時域長度（1 個、2 個或 3 個符號），實現 PDCCH 與 PDSCH 的分時重複使用（time domain multiplexing，TDM），如圖 5-39（a）所示。由於 LTE 一個載體只有 20MHz 寬，僅採用 TDM、不採用 FDM 是基本合理的。但 NR 載體寬度可達 100MHz 以上，只採用 TDM 無法有效的重複使用 PDCCH 和 PDSCH，在 PDCCH 兩側的大量頻域資源會被浪費。因此在 5G NR 系統中，應該支援 PDCCH 和 PDSCH 的 FDM。透過將一個終端的 PDCCH 限制在它的 control subband 內，這個終端就可以在 control subband 之外同時接收 PDSCH，如圖 5-39（b）所示。終端在自己的 PDCCH 和 PDSCH 之間的重複使用可以透過基地台設定給該終端的 CORESET 資訊來實現，具體將在 5.4.2 中介紹。在其他終端的 PDCCH 和本終端的 PDSCH 之間的重複使用更為複雜，需要獲取被其他終端佔用的 PDCCH 資源資訊，具體將在 5.7 節中介紹。

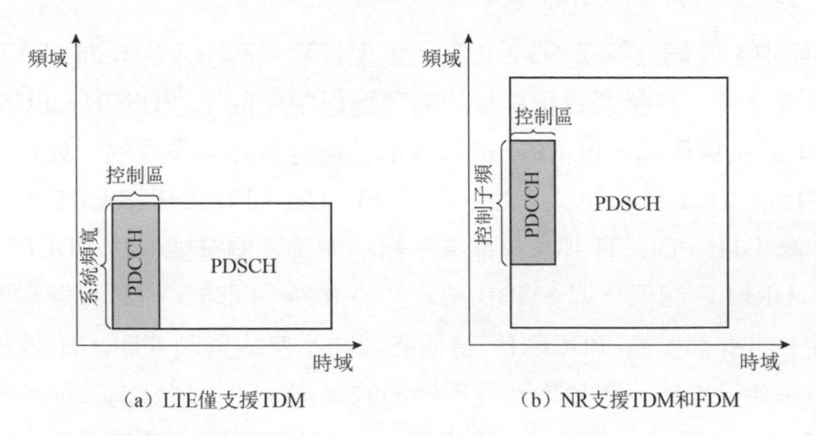

圖 5-39 LTE 與 NR 的 PDCCH 與 PDSCH 重複使用模式

▩ 降低 DCI 檢測複雜度

DCI 盲檢測的基本原理是在 PDCCH 搜尋空間中針對每種可能的 DCI 尺寸

（size）作嘗試性的解碼，直到找到屬於自己的 DCI。LTE 標準隨著不斷演進，定義的 DCI 格式（format）和 DCI 尺寸（size）越來越多，造成 DCI 盲檢測的複雜度越來越高。因此 5G NR 標準希望能控制 DCI format/size 的數量，同時針對一些「公共控制資訊」（common DCI），採用公共控制通道來傳輸，以降低終端的檢測複雜度，節省終端的電能，具體將在 5.4.4 中介紹。

另外，在 NR PDCCH 的設計中，也嘗試了其他的一些增強方向，如搜尋空間的改進設計、2 階段 DCI（2-stage DCI）等，但暫時未被 5G NR R15 標準接受，這裡不做重點介紹，本節內容主要集中在 NR PDCCH 的時頻資源設定和 DCI 設計方面。

5.4.2 控制資源集（CORESET）

控制資源集（CORESET）是 NR PDCCH 相對 LTE PDCCH 引入的主要創新之一。如 5.4.1 所述，從支援高效率的 UE-specific PDCCH 傳輸、PDCCH 與 PDSCH 之間 FDM 等角度考慮，5G NR 希望將針對一個終端的 PDCCH 傳輸限制在一個 control subband 內，而非在整個系統頻寬內傳輸。同時，為了支援基於 mini-slot 的「浮動」PDCCH。上述改進方向歸結為設計一個更靈活的搜尋 PDCCH 的「時頻區域」，這個時頻區域最終被定義為控制資源集（CORESET）。關於 CORESET 的設計，主要涉及以下一些問題：

- CORESET 的外部結構：CORESET 與 DL BWP 的關係？CORESET 的頻域範圍如何劃定？是否支援非連續的頻域資源設定？CORESET 的時域長度是否需要動態調整？CORESET 的時域位置如何描述？CORESET 與 search space 是什麼關係？
- CORESET 的內部結構：CORESET 內部採用幾級結構？採用多大頻域顆粒度？採用哪種映射順序？

1. CORESET 外部結構

- 如 5.4.1 所述，NR CORESET 概念是脫胎於 LTE 的 control region 概念，可以看作一個時頻域上更靈活的 control region，但 CORESET 是終端搜尋 PDCCH 的時頻範圍，這一點和 control region 的功能是一樣的。CORESET 與 LTE control region 主要的區別在於：
- 頻域上不需佔滿整個系統頻寬，可以只佔一個 subband；
- 時域上位置更靈活，不僅可以位於時間槽表頭幾個符號，也可以位於時間槽其他位置；
- 從 cell-specific 的統一設定，變為 UE-specific 的設定。

在頻域上，首先需要回答的問題是：CORESET 和 DL BWP 是什麼關係？可以不可以將 DL BWP 與 CORESET 的功能合二為一？客觀的說，在 5G NR 系統設計過程中，CORESET 和 BWP 是分別獨立形成的兩個概念，CORESET 概念的成型甚至早於 BWP。當 BWP 概念出現後，確實有將兩種概念合二為一的建議，原因是這兩個概念確實存在一些相似性：如都是小於載體頻寬的 subband（如第 4 章所述，BWP 在被正式命名之前，也曾被稱為 subband）；都是 UE-specific 的設定。但是隨著研究的深入，發現這兩個概念還是需要指定不同的內涵：首先，DL BWP 是所有下行通道、訊號所在的頻域範圍（包括控制通道、資料通道、參考訊號等），而 CORESET 只是用於描述 PDCCH 檢測範圍；其次，由於 NR 系統在下行資料量上遠高於 LTE，DL BWP 的典型大小是很可能大於 20MHz 的，而 NR PDCCH 的容量只是略高於 LTE，因此 CORESET 的典型大小是小於 20MHz 的，如 10MHz、5MHz 甚至 1.4MHz（如對於類似 NB-IoT 的 NR 物聯網系統）；最後，BWP 是純頻域概念，不能直接確定一個時頻資源範圍，而 CORESET 還是需要定義一個時頻二維區域，用於終端搜尋 PDCCH。因此，如果 CORESET 就等於 DL BWP，強制終端在整個 DL BWP 內搜尋 PDCCH，在大部分情況下也是沒有必要的，失去了引入 CORESET 概念的意義。

但也正是因為 CORESET 的典型頻寬不大，因此如果 CORESET 只能分配連續的頻域資源，可能頻率分集不足，影響 PDCCH 的傳輸性能。因此最終決定，CORESET 可以佔用連續的或非連續的頻域資源，即在 RRC 訊號中採用 bitmap 指示 CORESET 在 DL BWP 中佔用的 PRB，每個 bit 指示一個包含 6 個 RB 的 RB 組，可以透過 bitmap 任意選擇佔用 DL BWP 中的哪些 RB 組。對照 5.2 節可以看到，這個指示顆粒度與用於 PDSCH/PUSCH Type 0 頻域資源設定的 RBG 大小不同。RBG 只有 2、4、8、16 幾種大小，設定 CORESET 所用的 RB 組之所以包含 6 個 RB，是與組成 PDCCH 的內部資源顆粒度大小有關，在後面（2）中會介紹。如 4.2 節所述，BWP 只能由連續的 RB 組成，這一點和 CORESET 是不同的，BWP 主要影響的終端的射頻工作頻寬，因此只用連續的頻域範圍描述就行了。

最後一個問題是，CORESET 是否帶有時域特性？我們説過，NR 中的 CORESET 相當於時頻域上更靈活的 control region，而 control region 一個重要特性就是它的長度（1~3 個符號），這方面 CORESET 繼承了 LTE control region 的設計，也是由 1~3 個符號組成的，只是長度不再動態指示，而是與 CORESET 的頻域範圍一樣，採用 RRC 訊號半靜態設定。表面看，NR CORESET 長度的設定還不如 LTE control region 動態，但這是因為 CORESET 的頻域大小已經可以半靜態設定，遠比 LTE control region 只能等於載體頻寬要靈活得多，足以適應不同的 PDCCH 容量，在採用一個專用的物理通道（類似 LTE PCFICH）動態指示 CORESET 長度也就沒有必要了。5G NR 標準中沒有再定義類似 LTE PCFICH 的通道。

根據 CORESET 的設計需求，其時域上還需要能夠靈活行動位置，即基於 mini-slot 的「浮動」CORESET。有兩種方案可以考慮：

★方案 1：RRC 參數 CORESET 除了能描述其頻域特性和長度外，還可以描述其時域位置；

★方案 2：CORESET 的頻域特性和長度在 CORESET 參數中描述，但其時域位置透過搜尋空間（search space）進行描述。

方案 1 的優點是可以用一個 CORESET 設定參數完整的描述 PDCCH control region 的所有時頻域特性，search space 不須帶有物理含義，只是一個邏輯概念。方案 2 的優點是 CORESET 概念和 LTE control region 有較好的傳承性，即只具有頻域特性（對應於 LTE 中的系統頻寬）和時域長度（對應於 LTE 中 PCFICH 指示的 control region 符號數）。這兩個方案都可以工作，區別只在概念定義和訊號設計方面，最後 NR 標準選擇了方案 2，為了區別於邏輯概念 search space，描述 PDCCH 搜尋的時域位置的概念稱為搜尋空間集（search space set）。方案 2 雖然使 CORESET 延續了 LTE control region 的類似含義，但將一個完整的時頻域描述分在 CORESET 和 search space set 兩個概念裡描述，兩個概念各自都不能獨立描述一個完成的時頻區域，必須合在了解一起才行。這客觀上對標準的可讀性有一些影響，初讀 NR 標準的人可能不還好了解，這是方案 2 的不足。

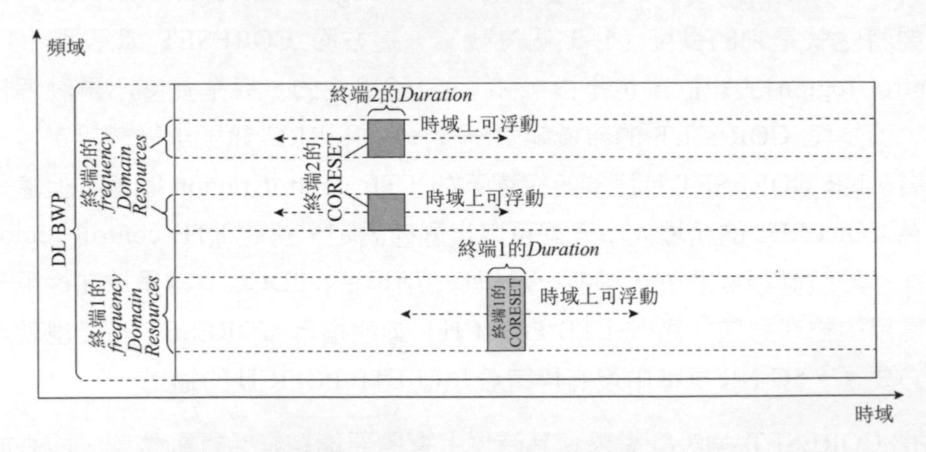

圖 5-40 CORESET 的外部結構範例

我們可以用圖 5-40 範例性的描述 CORESET 概念（假設終端 1 和終端 2 的 CORESET 是基於相同的 DL BWP 設定的）：RRC 參數 CORESET 中的「頻域資源」參數（即 *frequencyDomainResources*）用一個 bitmap 描述了 CORESET 的頻域範圍，它在頻域上佔有 DL BWP 的一部分 RB，可以是連續的 RB（如圖中終端 1 的 CORESET），也可以是不連續的 RB（如圖中終端 2 的 CORESET）。CORESET 中的「長度」參數（即 *duration*）描述了 CORESET 的時域長度，圖中假設 *duration*=2。但 CORESET 本身不帶有時域位置的資訊，所以 CORESET 描述的是一個在時域上位置不定、可以「浮動」的長度 2 個 OFDM 浮動的時域區域。它的位置要在時域上確定下來，還需要讀取 search space set 中的時域資訊，我們將在 5.4.3 中介紹。

另外，為兩個終端設定的 CORESET 在頻域上和時域上都是可以重疊，這一點和 BWP 類似。雖然 CORESET 是 UE-specific 的設定，但從基地台顯然不可能為每個終端分別設定不同的 CORESET。實際上可能基地台針對某個典型的 DL BWP 只設定了幾種典型的 CORESET，具有不同的頻域大小和位置，針對某個終端，只是在這幾種 CORESET 中為其指定一個而已。如圖 5-41 的範例（還是假設終端 1 和終端 2 的 CORESET 是基於相同的 DL BWP 設定的），基地台在 20MHz 的 DL BWP 中劃分了 5MHz、10MHz 的 CORESET，終端 1 被設定了一個 5MHz 的 CORESET，終端 2 被設定了一個 10MHz 的 CORESET，兩個終端的 CORESET 實際上有 5MHz 是重疊的。

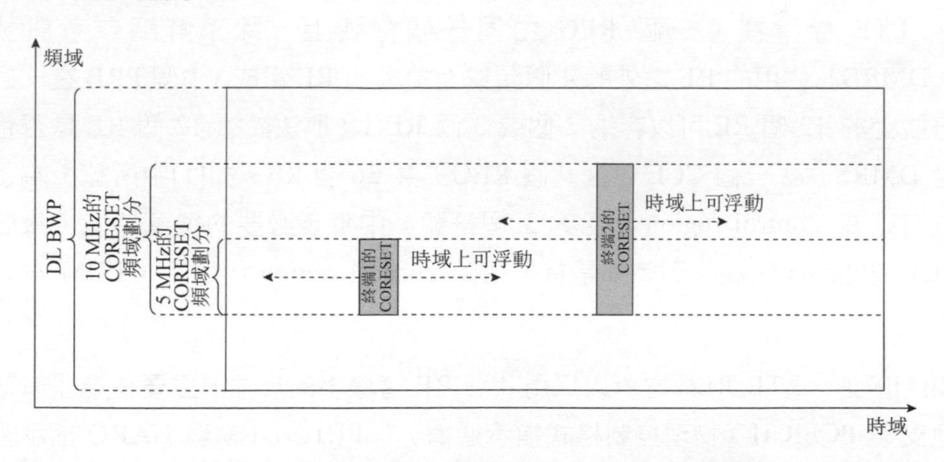

圖 5-41 不同終端的 CORESET 可以在頻域上重疊

2. CORESET 內部結構

在確定了 CORESET 的外部結構後，終端就知道在哪個時頻範圍內檢測

PDCCH 了，而 CORESET 內是由候選的 PDCCH（PDCCH candicate）組成，要想在 CORESET 內檢測 PDCCH，還必須知道 CORESET 的內部結構，CORESET 的內部結構也就是 PDCCH 的結構。整體說來，NR PDCCH 的時頻域結構基本沿用了 LTE PDCCH 的設計，NR PDCCH 仍採用 RE 組（RE Group，REG）、控制通道粒子（Control Channel Element，CCE）兩級資源設定顆粒度。即 REG 為基本頻域顆粒度，由許多個 RE 組成，一個 CCE 由許多個 REG 組成，一個 PDCCH 由許多個 CCE 組成。在 REG→CCE 映射方面，NR PDCCH 與 LTE PDCCH 是基本類似的，只是在 REG、CCE 的大小方面進行了一些最佳化。

在考慮 NR PDCCH 的資源顆粒度大小（即一個 REG 包含多少個 RE，一個 CCE 包含多少個 REG）時，主要考慮以下兩個因素：

- 由於 5G NR 需要實現更靈活的排程，NR DCI 的尺寸不可避免的會比 LTE DCI 大；
- LTE PDCCH 的部分資源設定方法過於複雜，沒有必要，可以簡化。

在 LTE 標準裡，一個 REG 由同一個符號上、除了解調參考訊號（DMRS）佔用的 RE 之外的 4 個頻域上連續的 RE 組成，1 個 PRB 在一個符號上的 12 個 RE 可以容納 2 個或 3 個 REG（取決於這 12 個 RE 是否包含 DMRS）。一個 CCE 包含 9 個 REG，共 36 個 RE。如[1]中所述，為了在有限長 control region（最多 3 個符號）中實現必要的覆蓋性能，每個 CCE 中的 REG 在排列時都是首先佔滿 control region 內所有 OFDM 符號的。

如[1]所述，LTE REG 之所以採用 4 個 RE 這樣小的尺寸，主要是為了有效地支援 PCFICH（物理控制格式指示通道）、PHICH（物理 HARQ 指示符號通道）等資料量很小（只有幾個 bit）的控制通道的資源設定。但在 R15 NR PDCCH 設計中，PCFICH 和 PHICH 都沒有保留下來，因此只針對 PDCCH 的數量（至少數十個 bit）考慮 REG 大小的話，4 個 RE 這麼小的尺寸就沒有必要了。由於 PDSCH 採用 PRB（12 個子載體）作為資源設定單位，如果採用比 PRB 更小的 REG，會在 PDCCH 和 PDSCH FDM 方面造成困難，留下無法利用的資源碎片。因此最終確定，組成 NR PDCCH 的 REG 在頻域上就等於 1 個 PRB，時域上仍為 1 個符號。

CCE 包含的 REG 數量取決於典型的 DCI 容量，一個 CCE 應該足以容納一個編碼後的 DCI（PDCCH 採用 QPSK（四相移相鍵控）調解方式）。考慮到 5G NR 需要支援比 LTE 更靈活的資源排程和更多的指示功能，從 field 的數量到每個 field 的 bit 數都有可能有所提升，造成 DCI 的整體容量不可避免的增大。因此最終確定一個 CCE 包含 6 個 REG，共 72 個 RE。但如上述，和 LTE 不同的是，這 72 個 RE 是包括 DMRS RE 的，實際可以使用的 RE 取決於將 DMRS RE 除去以後的數量。

與 LTE 相似，NR PDCCH 可以透過多個 CCE 重複來提高傳輸性能，一個 PDCCH candicate 包含的 CCE 的數量（即聚合等級，aggregation level）包括 1、2、4、8、16 五種。相對 LTE 只包括 1、2、4、8 四種，增加了一個 PDCCH candicate 包含 16 個 CCE 的聚合等級，以進一步增強 PDCCH 的鏈路性能。

接下來的問題是一個 CCE 中的 6 個 REG 映射到什麼位置，即 CCE 到 REG 映射問題。REG→CCE 映射主要涉及兩方面的問題：

- 是採用「先頻域後時域」映射順序（frequency-first mapping）還是「先時域後頻域」映射順序（time-first mapping）？
- 除了集中式映射（localized mapping），是否還要支援交織（interleaved mapping）式映射？

在選擇 REG→CCE 映射順序時，實際上還涉及 CCE→PDCCH 映射順序，因為這兩個層次的映射可以形成一定的互補。至少對於聚合等級比較大的 PDCCH，如果 time-first REG→CCE mapping 不能獲得足夠的頻域分集，還可以透過 frequency-first CCE→PDCCH mapping 獲得。反之，如果 frequency-first REG→CCE mapping 不能獲得足夠的時域分集，也可以透過 time-first CCE→PDCCH mapping 來彌補。理論上的組合方案包括：

★方案 1：Time-first REG→CCE mapping + time-first CCE→PDCCH mapping；

★方案 2：Frequency-first REG→CCE mapping + frequency-first CCE→PDCCH mapping；

★方案3：Time-first REG→CCE mapping + frequency-first CCE→PDCCH mapping；

★方案4：Frequency-first REG→CCE mapping + time-first CCE→PDCCH mapping。

首先，由於 CORESET 最長只有 3 個符號長，方案 1 是基本無法實現的。方案 2、3、4 各有優缺點。以 CORESET 長度為 3 個符號（*duration*=3）為例，方案 3、4 如圖 5-42 所示。Frequency-first mapping 的優點是整個 CCE 都集中在一個符號內，可以在最短時間內完成一個 PDCCH 的接收，理論上對低延遲、省電的檢測 PDCCH 有一些好處，且頻域上佔用 6 個連續的 RB，可以獲得最大的頻率分集。另外一個潛在的好處是當需要傳輸的 PDCCH 數量比較少時，可以把 CORESET 的最後 1、2 個符號節省下來，用於傳輸 PDSCH。但是這個好處只有在 CORESET 長度可以動態調整的條件下才成立，假如 NR 具有像 LTE PCFICH 那樣動態知識 CORESET 長度的能力，如果發現 2 個符號的 CORESET 已經足以容納要傳輸的所有 PDCCH，就可以通知終端不再在第 3 個符號裡搜尋 PDCCH，轉而從第 3 個符號開始接收 PDSCH。但是如上所述，NR 並沒有保留類似 PCFICH 的通道，只支援半靜態設定 CORESET 長度，frequency-first mapping 的這個優點就不存在了。

Time-first mapping 的優點是可以最大限度利用時域長度，獲得更好的覆蓋性能，而且還可以實現不同 CCE 之間的功率共用（power sharing），即當某些 CCE 沒有 PDCCH 傳輸時，可以將發送這個 CCE 的功率節省下來，集中在有 PDCCH 傳輸的 CCE 上。這種頻域上的 power sharing 在 time-first REG→CCE mapping 模式下才能實現。

當然也可以考慮同時支援 frequency-first 和 time-first 兩種 REG→CCE mapping 模式，透過 RRC 設定進行選擇。但是最終處於簡化設計的考慮，決定只支援 time-first REG→CCE mapping，不採用 frequency-first REG→CCE mapping，即如圖 5-42 上圖的映射方法。可以看到，這一選擇基本繼承了 LTE PDCCH 的設計，說明在最長只有 3 個符號長的 CORESET 外部結構下，使每個 CCE 都能擴充到 CORESET 的所有號，實現必要的覆蓋性能，仍是 NR PDCCH 設計的剛性需求。這一映射方式表現在 CORESET 中的 REG 編號是 time-first 排列的，如圖 5-42 上圖。

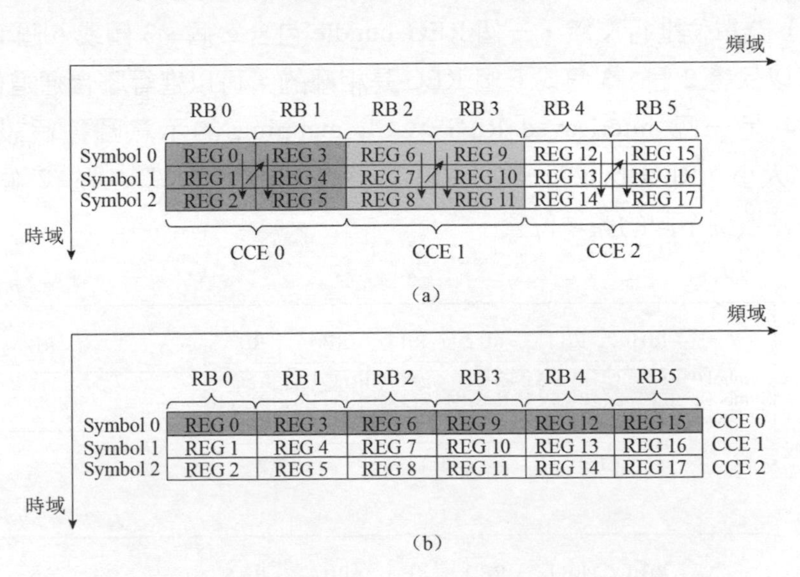

圖 5-42 Time-first 與 Frequency-first 兩種 CCE→REG 映射順序

以連續 RB 組成的 CORESET 為例，各種長度的 CORESET 的內部結構範例如圖 5-43 所示，當 *duration*=1 時，實際上是純粹的頻域 REG→CCE mapping。

圖 5-43 所示的 localized REG→CCE mapping，即一個 CCE 包含編號連續的 6 個 REG。為了解決 time-first mapping 頻率分集不足的問題，NR PDCCH 還支援 interleaved REG→CCE mapping，即可以將一個 CCE 中的 REG 打散到分散的 RB 中。但是如果將 6 個 REG 完全打散、互不相鄰，

會帶來另一個問題：PDCCH 通道估計性能受到影響。因為 NR PDCCH 和 LTE PDCCH 的重要的差異，是 NR PDCCH 可以採用 UE-specific 的預編碼（precoding），實現針對每個終端的波束成形，因此終端只能基於自己的 REG 中的 DMRS 進行通道估計，如果一個 CCE 中的 REG 互不相鄰，終端就只能在每個 REG 內部的 DMRS RE 之間進行通道估計內插，和無法在多個 REG 之間進行聯合通道估計，對通道估計的性能影響很大。因此為了保證通道估計性能，即使進行交織也不能把 CCE 中的 REG 完全打散，而要一定程度上保持 REG 的連續性。因此最終決定以 REG 組（REG bundle）為單位進行交織，一個 REG bundle 包含 2 個、3 個或 6 個 REG，這樣可以保證 2 個、3 個或 6 個 REG 是相鄰的，可以進行聯合通道估計。圖 5-44 是一個 interleaved REG→CCE mapping 的示意圖，假設 REG bundle 大小（REG bundle size）為 3，可以將每個 CCE 中的 2 個 REG bundle 打散到不同的頻域位置。

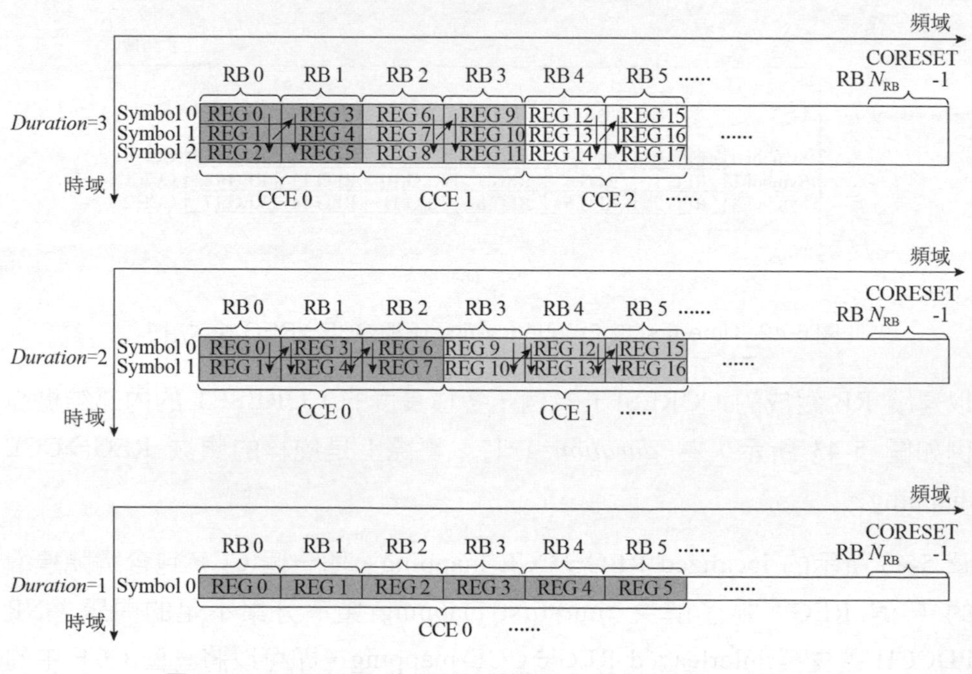

圖 5-43 CORESET 的內部結構範例（localized mapping）

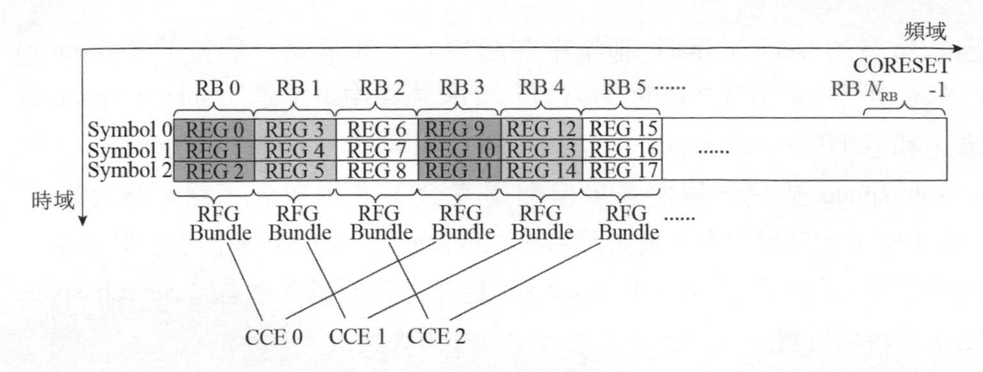

圖 5-44 Interleaved CCE→REG mapping（以 *duration*=3, REG bundle size=3 為例）

Interleaved REG→CCE mapping 採用簡單的區塊交織器（block interleaver），交織的相關參數 REG bundle size、交織器尺寸（interleaver size）、偏移量（shift index）均包括在 CORESET 設定內的 *cce-REG-MappingType* 參數內。為了簡單起見，一個 CORESET 只能採用一種單一的 REG→CCE mapping，即是否交織、REG bundle size、interleaver size、shift index 等在一個 CORESET 內必須統一，不能混合使用多種 REG→CCE mapping 方式。

基地台最多可以為每個 DL BWP 設定 3 個 CORESET，一個終端的 4 個 DL BWP 共可以設定 12 個 CORESET，不同 CORESET 可以採用不同的設定（頻域資源、長度、REG→CCE mapping 參數集等）。

5.4.3 搜尋空間集（search space set）

如圖 5-41 所示，CORESET 並沒有包含終端檢測 PDCCH 的時頻區域的完整資訊，只描述了頻域特性和 CORESET 的時域長度，但 CORESET 出現在哪個具體的時域位置，是不足以確定的。5G NR 標準引入了另一個時域概念搜尋空間集（search space set）來描述終端檢測 PDCCH 的時域位置。LTE 標準中的搜尋空間（search space）是一個單純的邏輯域概念，雖然透過一定的映射關係可以映射到 CCE 上，但 search space 本身並不描述一個有形的時頻資源。在 LTE 標準中是沒有 search space set 這個概念的，這是因為所有的 search space 都集中在起始於子訊框第一個符號的 control region 中，不會出現在別的時域位置。NR 標準中也定義了 search space 概念，和 LTE search space 的含義是完全相同的，而 search space set 和 search space 雖只一詞之差，但卻是完全不同的概念，用來描述每個 CORESET 的時域起點，這是因為 NR 的 search space 可能出現在時間槽的任何位置，因此需要 search space set 這樣一個新概念來描述 search space 出現的時域位置。

Search space set 的資源設定問題和符號級「浮動」的 PDSCH、PUSCH 很相似，也是要指示一個通道的「起點+長度」。從理論上說，search space set 的時域位置也可以不依賴時間槽，直接用「每隔許多個符號出現一次」的方式指示，使 PDCCH 的監測位置在時域上完全「浮動」起來。但正如 5.2 節所述，在討論 NR 的 PDSCH、PUSCH 時域資源設定方法時，為了兼顧排程靈活性與裝置複雜度，還是保留了時間槽概念，採用「時間槽+符號」兩級指示方法。同樣原因，search space set 的時域資源設定最終也採用了「時間槽+符號」兩級設定方法，但與資料通道的時域資源指示以下幾點不同：

- PDSCH、PUSCH 是「一次性」的排程，需要相對一個「參考點」（如 PDCCH）來指示時域位置。而 search space set 佔用的是一種類似半持續排程（SPS，semi-persistent）的週期性出現的時域資源，因此 search space set 的時間槽級時域位置不是相對某個「參考點」來指示，而是要用「週期+偏移量」的方法指示，由參數 *monitoringSlotPeriodicityAndOffset* 設定。週期 k_s 是指每隔多少個時間槽會出現一個 search space set，偏移量 O_s 是指在 k_s 個時間槽中從哪個時間槽開始出現 search space set。
- Search space set 的符號級資源設定不需要指示 search space set 的符號級長度，因為已經在 CORESET 的設定參數 *duration* 中指示了，search space set 只需要設定 search space set 的起始符號即可。因此 search space set 也沒有採用「起點+長度」聯合編碼的 SLIV 方式指示，而是採用 14bit 的 bitmap 直接指示以一個時間槽中的哪個符號作為 search space set 的起始符號，這個參數稱為 *monitoringSymbolsWithinSlot*。

- Search space set 的設定參數還引入了另外一個也稱為 *duration* 的參數 T_s，和 CORESET 的設定參數 *duration* 含義不同，它是用來指示 search space set 的時間槽級長度的，即終端「從一個包含 k_s 個時間槽的週期的第 O_s 個時間槽開始的 T_s 個連續的時間槽中監測 PDCCH」。可以看到這個參數類似於 5.2.10 中介紹的「多時間槽 PDSCH/PUSCH 傳輸」中的「時間槽數量」。後面我們會借助圖 5-45 來說明這兩個 *duration* 的關係。
- 最後，PDSCH、PUSCH 是採用 DCI 排程的，而 PDCCH 是在 CORESET 中盲檢測，CORESET 是由 RRC 訊號半靜態設定的。

綜上所述，終端需要聯合 CORESET 設定和 search space set 設定中的參數一起確定出搜尋 PDCCH 的時頻範圍，如表 5-8 所示。為了描述的更清楚，NR 標準又引入了 PDCCH 監測機會（PDCCH monitoring occasion）的概念，一個 PDCCH monitoring occasion 等於 search space set 中的一段連續時域資源，它的長度等於 CORESET 長度（1~3 個符號）。反之，search space set 是由週期性出現的許多 PDCCH monitoring occasion 組成的。

表 5-8 不同通道的 *S*、*L* 設定值範圍（Normal CP）

類別	參數	指示的內容	說明
CORESET 設定	*frequencyDomainResources*	搜尋 PDCCH 的頻域範圍	RB 組級 bitmap，可指示連續或不連續的 RB
	duration	PDCCH monitoring occasion 的長度	1-3 個符號，也即 1 個 monitoring occasion 的長度
Search space set 設定	*monitoringSlotPeriodicityAndOffset*	Search space set 每次出現的第一個時間槽	表達時間槽級週期 k_s 和在週期內的時間槽級偏移量 O_s
	duration	Search space set 每次出現包含的時間槽數量	一個時間槽中的 PDCCH monitoring occasion 在連續 T_s 個時間槽中重複出現
	monitoringSymbolsWithinSlot	一個時間槽內的 monitoring occasion 起始符號	14-bit 符號級 bitmap

我們借助圖 5-45 再完整的複習一下終端確定在哪裡監測 PDCCH 的過程：

- 終端根據基地台設定的兩套 RRC 參數 CORESET 和 search space set 來確定監測 PDCCH 的時頻位置，每個 DL BWP 可以設定 3 個 CORESET 和 10 個 search space set，這 10 個 search space set 和 3 個 CORESET 之間的連結組合關係可以靈活設定，一個終端最多可設定 4 個 DL BWP、12 個 CORESET、40 個 search space set。需要說明的是，物理層規範（如 TS 38.213）和 RRC 層規範（TS 38.331）中的名稱沒有統一，物理層規範中的 CORESET 設定在 RRC 層規範中稱為 *ControlResourceSet*，物理層規範中的 search space set 設定在 RRC 層規範中稱為 *SearchSpace*，不同規範中的命名差異是 RAN1 和 RAN2 工作群組各自撰寫標準過程中遺留的問題，對標準的可讀性帶來了一些影響，讀者需要注意。
- 終端在連續或不連續的 RB 中監測 PDCCH，這些 RB 的位置由 CORESET 設定中的 *frequencyDomainResources* 參數定義，這是一個 RB 組級的 bitmap，一個 RB 組包含 6 個 RB。圖 5-45 中以連續 RB 分配為例。
- 終端在時域上的一系列 PDCCH monitoring occasion 中監測 PDCCH，一個 PDCCH monitoring occasion 持續 1~3 個符號，其長度由 CORESET 設定中的 *duration* 參數定義。圖 5-45 中以 *duration*=3 為例，即一個 PDCCH monitoring occasion 持續 3 個符號。
- 一個時間槽內可以出現 1 個或多個 PDCCH monitoring occasion，其起始符號位置由 search space set 設定中的 *monitoringSymbolsWithinSlot* 參數定義，這是一個 14-bit 的符號級 bitmap。圖 5-45 中以一個時間槽只出現一個 PDCCH monitoring occasion 為例，bitmap 值為 00001000000000，即 PDCCH monitoring occasion 從時間槽的 Symbol 4 起始，連續 3 個符號。
- PDCCH monitoring occasion 可以出現在連續 T_s 個時間槽中，T_s 由 search space set 設定中的 *duration* 參數定義。圖 5-45 中以 T_s=2 為例，

即 PDCCH monitoring occasion 在連續 2 個時間槽中重複出現。

- 這連續 T_s 個時間槽又是以個 k_s 時間槽為週期重複出現的，從 T_s 個時間槽週期內第 O_s 個時間槽開始出現。圖 5-45 中以 k_s=5、為 O_s=2 例，即每 5 個時間槽出現 T_s=2 個包含 PDCCH monitoring occasion 的時間槽，分別是 5 個時間槽中的 Slot 2 和 Slot 3。
- 在每個 PDCCH monitoring occasion 中，終端根據 CORESET 設定中的 *cce-REG-MappingType* 參數集確定 REG→CCE 映射方式（是否交織、REG bundle size、interleaver size、shift index）及其它 CORESET 結構資訊，基於這些資訊對 PDCCH 進行搜尋。

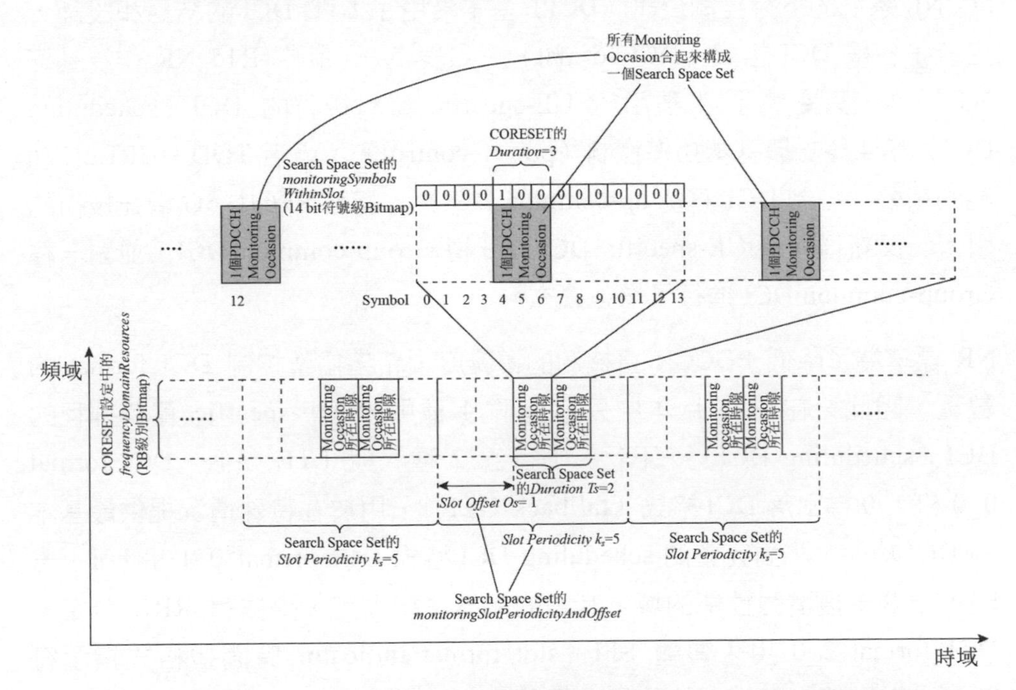

圖 5-45 透過 CORESET 和 search space set 共同確定 PDCCH 檢測時頻範圍

NR 終端在 PDCCH monitoring occasion 中搜尋 PDCCH candidate 的具體過程和 LTE 類似，這裡限於篇幅，就不再贅述了。在 NR 系統中，每種 PDCCH 聚合等級包含的 PDCCH candidate 的數量可以分別設定，包括在 search space set 設定中。某個聚合等級的 PDCCH candidate 映射到一個

search space set 的哪些 CCE 上，仍由與 LTE 類似的雜湊函數（Hash function）確定，在 NR 標準化中曾有對這個 Hash 函數進行改進的建議，但最終沒有被採納。終端採用設定給它的 RNTI（Radio Network Temporary Identifier，無線網路臨時標識）對根據雜湊函數確定的 CCE 中的 PDCCH candidate 進行解碼嘗試，如果能成功解出，就可以接收到基地台發來的 DCI 了。

5.4.4 下行控制資訊（DCI）設計的改進

5G NR 系統的下行控制資訊（DCI）基本沿用了 LTE DCI 的結構和設計，定義了各種 DCI 格式（DCI format），如表 5-9。其中 R15 NR 作為基礎 5G 版本，只定義了 4 種用於 UE-specific 資料排程的 DCI（scheduling DCI）和 4 種支援基本功率控制（power control）、靈活 TDD、URLLC 功能的組公共控制 DCI（Group-common DCI）。隨著 R16 中 5G 增強技術的引入，又新增 4 種 UE-specific DCI 和 3 種 Group-common DCI，並對一種 Group-common DCI 進行了增強擴充。

NR 標準為了降低 PDCCH 盲檢測的複雜度，希望儘量控制 DCI format 的數量。因此，在 R15 版本中只定義了 4 種用於 UE-specific 資料排程的 DCI（scheduling DCI），下行、上行各 2 種。與 LTE 類似，DCI format 0_0 和 1_0 為回落 DCI 格式（fallback DCI），用於在特殊情況提供最基本的 DCI 功能，相對完整的 scheduling DCI 格式 DCI format 0_1 和 1_1，省略了一些支援增強性能的域，其餘的域盡可能固定，少依賴 RRC 設定。DCI format 2_0 用來傳輸 SFI（slot format indicator 時間槽格式指示符號），以動態指示時間槽結構，具體將在 5.6 節中介紹。DCI format 2_1 用來傳輸下行預清空指示（Pre-emption indication），支援 URLLC 與 eMBB 業務的靈活重複使用，具體將在 15.6 節中介紹。DCI format 2_2 用來傳輸 PUSCH、PUCCH 的功率控制（TPC，Transmit power control）指令，DCI format 2_3 用來傳輸 SRS（Sounding Reference Signal，通道探測

參考訊號）的 TPC 指令。

R16 NR 標準中新增的 DCI format 主要是為了引入各種 5G 垂直產業增強技術。為了在增強 URLLC 技術中提高 PDCCH 的傳輸可靠性，新增了 DCI format 0_2 和 1_2 兩種壓縮 DCI（compact DCI）格式，具體將在 15.1 節中介紹。為了引入 NR V2X（車聯網）技術，新增了 DCI format 3_0 和 3_1 兩種 sidelink 排程 DCI 格式，具體將在第 17 章中介紹。為了引入 IAB（Integrated access-backhaul，整合連線與回傳）、NR-U（NR 非授權頻段，具體將在第 18 章中介紹）、雙啟動協定層切換等新特性擴充等技術，擴充了 DCI format 2_0，並新增了 DCI format 2_5。為了在增強 URLLC 技術中引入上行發送取消（UL cancallation）技術，新增了 DCI format 2_4，具體將在 15.7 節中介紹。為了引入終端節能訊號（UE power saving signal），新增了 DCI format 2_6，具體將在第 9 章中介紹。

表 5-9 5G NR R15、R16 版本定義的 DCI format

類別		DCI format	用途	說明
R15 NR 定義的 DCI format	UE-specific DCI	0_0	上行排程（fallback 格式）	只包含基本的功能域，域大小盡可能固定，少依賴 RRC 設定
		0_1	上行排程（正常格式）	包含實現靈活排程的完整功能域，域大小依靠 RRC 設定
		1_0	下行排程（fallback 格式）	只包含基本的功能域，域大小盡可能固定，少依賴 RRC 設定
		1_1	下行排程（正常格式）	包含實現靈活排程的完整功能域，域大小依靠 RRC 設定
	Group-common DCI	2_0	傳輸 SFI	為靈活 TDD 引入
		2_1	下行 pre-emption indication	為 URLLC 引入
		2_2	上行功率控制指令	
		2_3	SRS 功率控制指令	

類別		DCI format	用途	說明
R16 NR 新定義的 DCI format	UE-specific DCI	0_2	上行排程（Compact 格式）	為 R16 增強 URLLC 的 PDCCH 高可靠性引入
		1_2	下行排程（Compact 格式）	為 R16 增強 URLLC 的 PDCCH 高可靠性引入
		3_0	NR sidelink 排程	為 NR V2X 引入
		3_1	LTE sidelink 排程	為 NR V2X 引入
	Group-common DCI	2_0 增強	傳輸可用 RB 集、COT 和的 search space set 組切換資訊	為 IAB、NR-U、雙啟動協定層切換等新特性擴充
		2_4	上行 cancellation indication	為 R16 增強 URLLC 的上行發送取消引入
		2_5	指示 IAB 系統中的軟資源（soft resouce）	為 IAB 引入
		2_6	終端節能訊號	為 R16 UE power saving 引入

單純從 DCI 結構設計的角度，NR 標準主要研究了以下兩個方向的增強：

1. 兩階 DCI（2-stage DCI）的取捨

2-stage DCI 是一個在 NR 標準化早期得到廣泛研究的 DCI 增強設計。傳統的 PDCCH 工作機制在本章中已經作了詳細介紹，這種一步式（single-stage）PDCCH 已經在 3GPP 標準中應用了多代，即透過在搜尋空間內對 PDCCH candidate 進行盲檢測，一次性獲取 DCI 中的全部排程資訊。理論上講，這種 single-stage DCI 設計存在盲檢測複雜度較高、不完成整個 DCI 的解碼就無法獲取排程資訊、檢測延遲相對較大的問題。因此無論在 LTE 標準化的晚期（如 sTTI 項目中）還是 NR 研究階段，均有一些公司提出引入兩階 DCI（2-stage DCI）技術。

2-stage DCI 的基本原理是將一次排程的 DCI 至少分為兩個部分傳輸，具體由可以大致分為兩類：第一類 2-stage DCI 大致如圖 5-46 左圖，即兩步

（stage）均位於 PDCCH 內，但各自相互獨立編碼，典型設計是第 1 步（1st-stage）位於 PDCCH 的第 1 個符號，第 2 步（2nd-stage）位於第 2、第 3 個符號，終端可以不用等待整個 DCI 解碼完成，先用最快速度解出 1st-stage DCI，開始為解調 PDSCH 做準備，等解出 2nd-stage DCI 後，PDSCH 的解調工作可以更快的完成，有利於實現低延遲業務。1st-stage DCI 通常包含終端開始 PDSCH 解碼必須儘早知道的「快排程資訊」，如時頻資源設定、MIMO 傳輸模式、調解編碼階數（Modulation and Coding Scheme，MCS）等。即使基地台排程器還未對剩餘的「慢排程資訊」（如容錯版本（Redundancy Version，RV）、新資料指示符號（New Data Indicator，NDI））作出最後決定，仍可以先透過 1st-stage DCI 把「快排程資訊」發給終端，便於終端開始對 PDCCH 進行初步的解調處理。等基地台確定了「慢排程資訊」後，再透過 2nd-stage DCI 發給終端，用於對 PDSCH 進行完整的解碼。

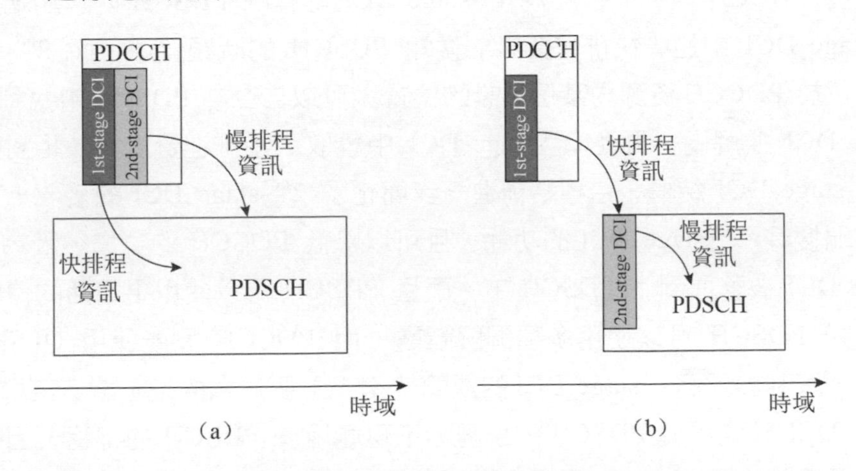

圖 5-46 2-stage DCI 原理示意

2-stage DCI 的典型應用場景是 HARQ 操作[33]，當 PDSCH 的初次傳輸已經發給終端後，基地台需要等待 PUCCH 中回饋的 HARQ-ACK 資訊，暫時還不知道傳輸是否成功。但此時已經可以用 1st-stage DCI 為下一次 PDSCH 傳輸排程時頻資源、MIMO 模式和 MCS 等（這些參數通常只取決於通道條件），等收到了 HARQ-ACK 資訊，如果是 NACK，則用 1st-stage DCI

排程的 PDSCH 資源傳輸上一次下行資料的重傳版本（透過 2nd-stage DCI 指示與重傳資料相匹配的 RV 和 NDI）；如果是 ACK，則用 1st-stage DCI 排程的 PDSCH 資源傳輸新的下行資料（透過 2nd-stage DCI 指示新資料相匹配的 RV 和 NDI）。這種方法對加快與 PDCCH 同一個時間槽內的 PDSCH 的接收能發揮一定作用，但對排程 PUCCH（即使和 PDCCH 同時間槽，一般也相隔數個符號）和後續時間槽中的 PDSCH 起不到加速作用，因為這些通道本身就給終端留有充分的接收時間。另外，分割成兩部分的 DCI 長度變短，可能有利於對齊各種 DCI 的尺寸，從而降低 PDCCH 盲檢測複雜度。

另一種略不相同的 2-stage DCI 結構如圖 5-46 右圖所示，即 1st-stage DCI 中包含 2nd-stage DCI 的資源位置資訊，可以使終端直接找到 2nd-stage DCI，避免對 2nd-stage DCI 進行盲檢測。一種典型的結構是 2nd-stage DCI 不位於 PDCCH 內，而位於被 1st-stage DCI 排程的 PDSCH 內。終端透過 1st-stage DCI 中的「快排程資訊」獲知 PDSCH 的時頻資源，而 2nd-stage DCI 位於 PDCCH 資源內某個預設的位置，可以自動在 PDSCH 中找到 2nd-stage DCI 並解碼，再從 2nd-stage DCI 中獲取「慢排程資訊」。相對第一種 2-stage DCI 結構，這種結構進一步簡化了 2nd-stage DCI 的接收，節省了終端搜尋 2nd-stage DCI 的功耗，且可以降低 PDCCH 的負擔，因為 2nd-stage DCI 被移除到了 PDSCH 中。而且 PDSCH 可以使用更靈活的傳輸格式（如 PDSCH 可以使用多種調解階數，而 PDCCH 只能使用 QPSK 調解），有利於提高 2-stage DCI 的傳輸效率。主要注意的是，這第二種 2nd-stage DCI 只能用於 PDSCH 的排程，不可能用於 PUSCH 的排程，因為終端需要提前獲得 PUSCH 的全部排程資訊來對 PUSCH 進行準備、編碼，不可能把 2nd-stage DCI 放在 PUSCH 內。

但是，2nd-stage DCI 也具有一系列的缺點[33][34]：

- 首先，將一個 DCI 分給成兩部分分開編碼，會降低 PDCCH 通道編碼的編碼效率，從而可能帶來 PDCCH 的傳輸性能損失；

- 其次，2nd-stage DCI 可能會降低 DCI 的可靠性，因為兩個部分都必須正確解碼才能獲得完整的排程資訊，只要有任何一部分誤檢就會造成排程資訊的錯誤。
- 再次，2nd-stage DCI 僅在對 PDCCH 解碼有很高延遲要求的場景（如上所述範例）有增益，而 single-stage DCI 作為成熟、可靠的方法，在 NR 標準裡肯定是要支援的（比如 fallback DCI 還是適合使用 single-stage DCI）。這樣 2nd-stage DCI 只能在 single-stage DCI 之外造成額外的輔助作用，不能替代 single-stage DCI，終端需要同時支援兩種 DCI 結構，這增加了終端的複雜度。
- 最後，2-stage DCI 還有可能增大 DCI 負擔，因為 2 個部分的 DCI 分別需要增加 CRC（Cyclic Redundancy Check，循環容錯驗證）。

經過研究，R15 NR 標準最終決定暫不採用 2-stage DCI，仍只採用傳統的 single-stage DCI。但在 R16 NR V2X 標準中，最終在側鏈路採用了兩步控制資訊結構，即 2-stage SCI（Sidelink Control Information，側鏈路控制資訊），具體見第 17 章。

2. 組公共控制 DCI（Group-common DCI）的引入

正常的 DCI 主要以終端的資源設定為中心（包括下行（downlink）、上行（uplink）和側行鏈路（sidelink）），但也有些和終端資源排程沒有直接聯繫的資訊需要動態的通知給終端。要在 DCI 中傳遞這些資訊，有兩個可選的方法：

★方案 1：在負責排程資料通道的 DCI（scheduling DCI）中插入一個域（field）將這些資訊順帶發送給終端；

★方案 2：設計一種單獨的 DCI format，專門傳輸這些資訊。

在 NR 標準中，這兩種方案都有所採用。方案 1 的典型的例子是 BWP 切換（BWP switching）的切換指令。如 4.3 節所述，這個指令是透過在 scheduling DCI 中插入了一個 BWP 指示符號（BWPI）來實現的，DL

BWP switching 透過下行 scheduling DCI（DCI format 1_1）中的 BWPI 觸發，UL BWP switching 透過上行 scheduling DCI（DCI format 0_1）中的 BWPI 觸發，雖然 BWP switching 其實和終端的資源排程並沒有直接的關係。這個方法的優點是避免了增加一種新的 DCI format。終端在單位時間裡能夠完成的 PDCCH 盲檢測（blind detection）的次數是有限的，需要搜尋的 DCI format 種類越多，每種 DCI format 能分到的檢測次數就越少。重用 scheduling DCI 傳輸一些物理層指令（PHY command）可以避免終端同時檢測過多的 DCI format，節省有限的終端 PDCCH 盲檢測次數。這種方法的缺點也是顯而易見的：通常只有和終端有業務往來時才會發送 scheduling DCI，沒有 PDSCH、PUSCH 排程時，是不需要發送 scheduling DCI 的。如果在沒有業務需要排程時發送 scheduling DCI，專門為了傳遞一筆 PHY command，就需要把資源排程相關的 field（如 TDRA、FDRA field）都置零，相當於是「空排程」，此時 DCI 中絕大部分 field 都是無效的，對 DCI 的容量浪費很大。好在類似 BWP switching 這樣的 PHY command 是 UE-specific 的，影響的只是一個終端的 DCI 負擔。但如果是影響諸多終端的 PHY command 也用 UE-specific 的 scheduling DCI 傳輸，那 DCI 負擔就浪費太多了。

因此，方案 2 也一直研究之中，首先關注的是針對社區級（cell-specific）公共資訊的公共控制訊號（Common DCI），其次也有容量很小的 UE-specific 指令。在 LTE 標準中的典型例子就是 PCFICH 通道，它通知的是整個社區的 PDCCH control region 的長度，因此用 UE-specific DCI 發送這個資訊是很浪費的，也完全沒有必要，因此專門設計了 PCFICH 通道。在 NR 研究階段，是否需要保留類似 LTE PDFICH 這樣通道（PCFICH-like channel），也是一個討論的焦點。這樣一個 common DCI 除了可以用來發送 control region 的長度（即 LTE 中的 CFI（Control Format Indicator，控制格式指示符號）），還可以考慮用來發送時間槽結構（Slot Format）、預留的資源（Reserved resource）針對非週期通道狀態資訊（Aperiodic CSI-RS）的設定資訊等。因此，5G NR 標準引入了組公共控制資訊

（Group-common DCI），和 UE-specific DCI 配合使用。經過研究，Reserved resource（在 5.7 節具體介紹）、Aperiodic CSI-RS 最終還是更適合在 UE-specific DCI 中傳輸，SFI 是 cell-specific 資訊，最適合用 Group-common DCI 傳輸，而下行 Pre-emption indication、上行 cancellation indication、TPC 指令等資訊雖然是 UE-specific 資訊，但經過平衡考慮，最終決定採用 Group-common DCI，其中一個原因是這些資訊的尺寸較小。有意思的是，用於 PUSCH/PUCCH 的 TPC 指令除了可以在 DCI format 2_2 這個 Group-common DCI 中傳輸，也可以分別在 DCI format 0_1、DCI format 1_1 這兩個 UE-specific DCI 中傳輸，可見小容量的 UE-specific 控制資訊在 UE-specific DCI 和 Group-common DCI 中都可以傳輸，基地台可以根據不同應用場景靈活選擇，如在有上下行資料排程時可以順便透過 DCI format 0_1、DCI format 1_1 發送 TPC 指令，在沒有上下行資料排程時可以透過 DCI format 2_2 發送 TPC 指令。

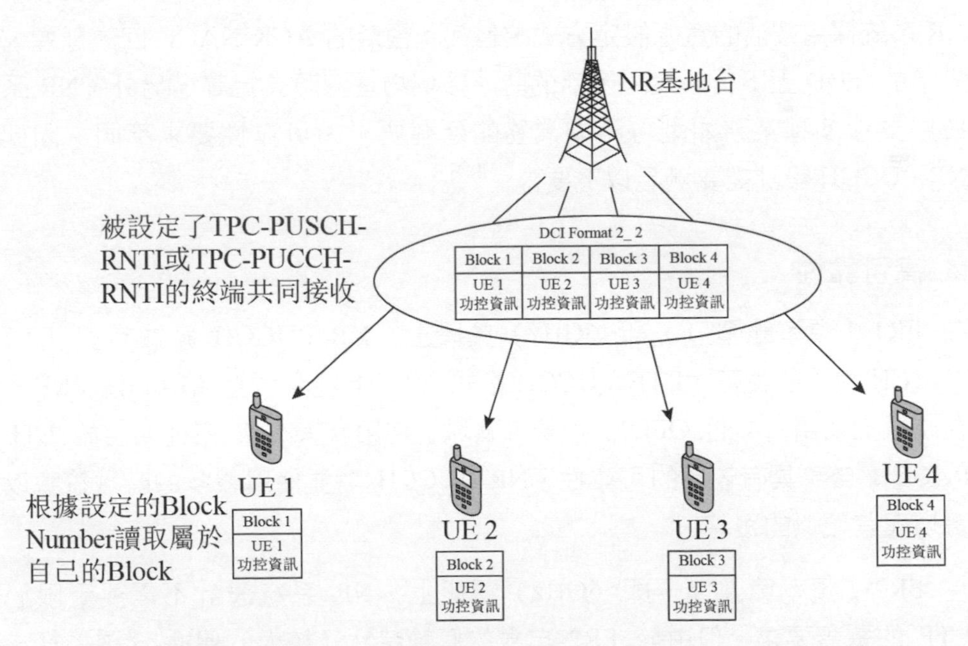

圖 5-47 透過 group-common DCI 傳輸 UE-specific 控制資訊

Group-common DCI 雖然由一組 UE 公共接收，但它實際上是一個攜帶多個 UE-specific 控制資訊的「公共容器」，由一個個的 UE-specific 區塊（block）組成的。以 DCI format 2_2 為例，被設定了 TPC-PUSCH-RNTI 或 TPC-PUCCH-RNTI 的終端均可以打開這個「公共容器」，然後再從這個「公共容器」找出屬於自己的 TPC 指令。如圖 5-47 所示。假設一個 DCI 用於給 4 個終端傳輸 TPC 指令，則這個 DCI 包含 4 個 block，這個終端組中的終端分別被設定對應一個 block，每個終端接收 DCI format 2_2 後，根據設定的 block 編號（block number）讀取對應的 block 中的 TPC 指令，並忽略其他 block 中的資訊。

5.5 上行控制通道（PUCCH）設計

5.5.1 長、短 PUCCH 格式的引入

NR 系統採用靈活的資源設定方式，包括：靈活的 ACK/NACK 回饋延遲、靈活的 TDD 上下行設定、靈活的時、頻域物理資源設定等。另外，NR 系統中支援多種業務類型，不同業務的延遲要求、可靠性要求不同。因此 NR PUCCH 設計需要滿足以下要求[23][24]：

▩ 高可靠性

在 FR1（頻率範圍 1，即<6GHz）頻段上，NR PUCCH 應該有與 LTE PUCCH 相同的覆蓋。LTE PUCCH 格式 1/1a/1b 在頻域上佔用一個 PRB，在時域上佔用 14 個 OFDM 符號，碼域上使用 CAZAC 序列。由於 LTE PUCCH 自身具有較高的可靠性，NR PUCCH 需要使用較多的時域符號以實現與其類似的覆蓋。

在 FR2（頻率範圍 2，即>6GHz）頻段上，NR 系統設計不需要受限於 LTE 的覆蓋要求。但由於 FR2 自身的傳輸特性（較大的傳播/穿透損耗、較大的相位雜訊、較低的功率譜密度等），NR PUCCH 也需要使用較多符號以提供足夠的覆蓋。

▩ 高靈活性

當通道條件較好，上行覆蓋不受限時，使用較少的時域資源傳輸 PUCCH，一方面可以降低 PUCCH 的佔用的物理資源數量。另一方面能夠充分利用系統中時域資源碎片，從而提高系統效率。另外對於 URLLC 業務，傳輸通道的時長也不能太長，否則將無法滿足其短延遲的性能需求。

▩ 高效率

在 LTE 系統中，ACK/NACK 重複使用傳輸只用於 TDD 系統或 FDD 載體聚合系統。從系統的角度來看，多個 PDSCH 對應的 ACK/NACK 資訊透過一個 PUCCH 重複使用傳輸，上行傳輸效率較高。在 NR 系統中，由於引入了靈活 ACK/NACK 回饋延遲，對於 TDD 載體和 FDD 載體 ACK/NACK 重複使用傳輸的情況都會出現。進一步的，對於不同上行時間槽，其承載的有效 ACK/NACK 負載差異可能很大。根據實際的負載調整 PUCCH 的傳輸時長，在保證其覆蓋的前提下，也有利於提高系統效率。

NR 系統為了兼顧高可靠性、高靈活性、高效率，在 RAN1#86bis 會議上確定支援兩種 PUCCH 類型，即長 PUCCH 和短 PUCCH。

5.5.2 短 PUCCH 結構設計

針對短 PUCCH 設計首先需要確定的是其支援的時域長度。2017 年 1 月 RAN1 #AH_NR 會議中討論了兩種方案：只支援 1 符號長度、支援多於 1 符號的長度。若短 PUCCH 只支援 1 符號長度，存在的主要問題是短 PUCCH 與長 PUCCH 的覆蓋差異較大，影響系統效率。後經討論確定 NR 短 PUCCH 的時域長度可設定為 1 符號或 2 符號。時域長度確定之後，3GPP RAN1#88 次會議上，提出了以下短 PUCCH 結構設計方案[25-28]：

★方案 1：RS 與 UCI 在每個時域符號內透過 FDM 方式重複使用。

★方案 2：RS 與 UCI 透過 TDM 方式重複使用。

★方案 3：RS 與 UCI 在一個時域符號內透過 FDM 方式重複使用，而其他時域符號上只映射 UCI。

★方案 4：對於小負載情況，使用序列傳輸方式，不使用 RS。

★方案 5：對於小負載情況，使用序列傳輸方式且使用 RS。

★方案 6：RS 與 UCI 透過 Pre-DFT 方式重複使用，如圖 5-49 所示。

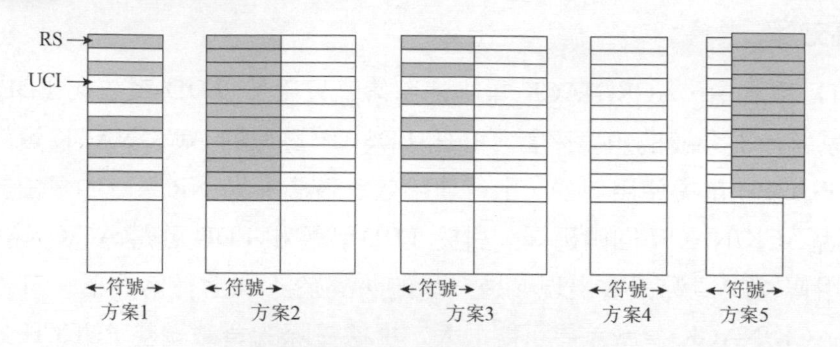

圖 5-48 短 PUCCH 結構方案示意圖

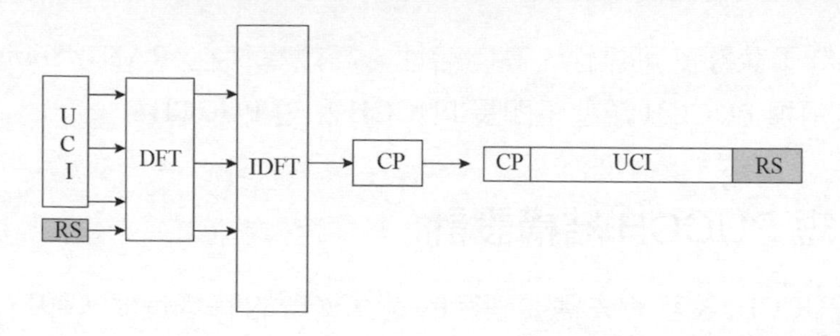

圖 5-49 Pre-DFT 重複使用示意圖

上述方案中，方案 1 最為靈活，可用於 1 符號或 2 符號 PUCCH。透過調整頻域資源設定可承載較多位元 UCI 資訊，且可實現不同的編碼速率，但該方案適用於 CP-OFDM 波形，PAPR 高。方案 2、3 可以認為是對方案 1 的擴充，但都受限應用於 2 符號 PUCCH。方案 2 能在相同 RS 負擔下實現單載體傳輸，而方案 3 可以降低 RS 負擔。方案 2、3 採用前置 RS 目的是為了降低解調延遲，但是由於 2 符號 PUCCH 自身時長很短，因此採用前置 RS 帶來的延遲增益並不明顯。另外，由於方案 2、3 的通道結構無法適用於單符號 PUCCH，若採用方案 2、3 將造成標準複雜，即需要針對不同的 PUCCH 時長定義不同的結構。方案 4、5 使用序列，好處在於 PAPR 低且可提供多使用者間的重複使用能力，但缺點為承載的 UCI 容量受限。從檢測性能來看[28]，針對不同的場景下，方案 1 與方案 4 可分別得到最佳檢測性能，而方案 1 與方案 6 的性能基本相當，但方案 6 的實現較為複雜。

隨著討論的推進，針對短 PUCCH 結構的討論逐步分化為：1 符號 PUCCH 設計、2 符號 PUCCH 設計。最早達成的結論是承載 2 位元以上 UCI 的 1 符號 PUCCH 採用方案 1 的結構（3GPP RAN1#88bis 次會議上），並在隨後的 RAN1 會議上確定 RS 負擔為 1/3，佔用的 PRB 數量可設定。而對於承載 1~2 位元 UCI 的 1 符號 PUCCH，在 RAN1#90 次會議上確定採用方案 4 的結構，且使用 12 長 ZC 序列。而對於 2 符號 PUCCH 設計，又考慮了以下兩類設計原則：

★方法 1：2 符號 PUCCH 由兩個 1 符號 PUCCH 組成，2 個符號傳輸相同的 UCI。

- **方法 1-1**：UCI 資訊在 2 個符號上重複傳輸。
- **方法 1-2**：UCI 資訊經編碼後分佈於 2 個符號上傳輸。

★方法 2：2 個符號上分別傳輸不同的 UCI，延遲敏感 UCI（如 ACK/NACK）透過第二個符號傳輸，以獲得更長的 UCI 準備時間。

由於方法 2 同等於獨立傳輸兩個 1 符號 PUCCH，因此沒必要單獨定義成為一個 PUCCH 格式。最終 RAN1#89 次會議確定載 1~2 位元 UCI 的 2 符號 PUCCH 使用方法 1-1，即在 2 個符號上分別傳輸 12 長 ZC 序列且承載相同的 UCI 資訊。承載 2 位元以上 UCI 的 2 符號 PUCCH，每個符號上的 RS 結構與 1 符號 PUCCH 相同，但 UCI 資訊編碼後映射到 2 個符號上傳輸（2017 年 9 月 RAN1#AH3）。

在 3GPP 協定中，承載 1~2 位元 UCI 的短 PUCCH 稱為 PUCCH 格式 0，承載 2 位元以上 UCI 的短 PUCCH 稱為 PUCCH 格式 2。PUCCH 格式 0 使用 12 長序列的不同循環移位表徵 ACK 或 NACK 資訊，如表 5-10 和表 5-

11 所示。PUCCH 格式 2 頻域可使用 1~16 個 PRB，結構如圖 5-50 所示。

表 5-10　1 位元 ACK/NACK 資訊與 PUCCH 格式 0 序列循環移位映射關係

ACK/NACK	NACK	ACK
序列循環移位	$m_{CS}=0$	$m_{CS}=6$

表 5-11　2 位元 ACK/NACK 資訊與 PUCCH 格式 0 序列循環移位映射關係

ACK/NACK	NACK，NACK	NACK，ACK	ACK，ACK	ACK，NACK
序列循環移位	$m_{CS}=0$	$m_{CS}=3$	$m_{CS}=6$	$m_{CS}=9$

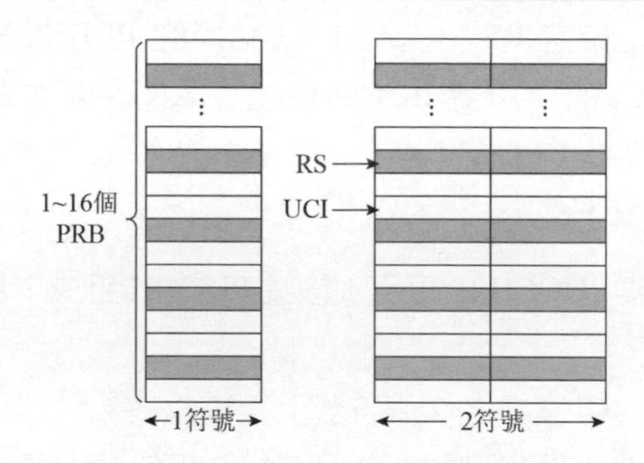

圖 5-50　PUCCH 格式 2 結構示意圖

5.5.3 長 PUCCH 結構設計

如 5.5.1 節所述，NR 支援長 PUCCH 的目的是為了保證上行控制通道有較好的覆蓋[29-31]。因此 3GPP 在討論長 PUCCH 設計的最初階段就定下了一個原則，即要求長 PUCCH 具有低 PAPR/CM。同時為了在時域上得到更多能量，長 PUCCH 還可以在多個時間槽上重複傳輸，而 NR 短 PUCCH 是不支援多時間槽傳輸的。另一方面，為了承載不同 UCI 負載以及滿足不同的覆蓋需求，在一個時間槽內，若長 PUCCH 支援多種時域長度，則能夠有效的提高上行頻譜效率，如圖 5-51 所示。經討論，RAN1 #88bis 次會議確定長 PUCCH 的時域長度為 4~14 個符號。在進行具體的 PUCCH 結構設計時，需要考慮 PUCCH 結構具有可伸縮性（scalability），避免引入過

多的 PUCCH 格式，即一種 PUCCH 格式可以應用於不同時域符號長度。

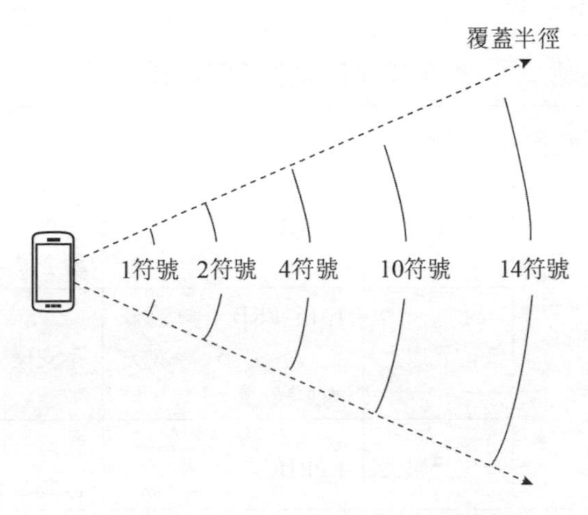

圖 5-51 PUCCH 覆蓋半徑示意圖

為了滿足長 PUCCH 低 PAPR 的設計原則，兩種直觀的設計包括：

- 使用類似 LTE PUCCH 格式 1a/1b 的結構，即頻域上使用 ZC 序列，在時域上使用 OCC 序列，RS 與 UCI 映射到不同的時域符號上。
- 使用類似 LTE PUSCH 結構，RS 與 UCI 映射到不同的時域符號上，採用 DFT-S-OFDM 波形。

第一種結構使用序列，因此只能適用於負載較小的情況，但檢測性能好，且支援多使用者重複使用。對 1~2 位元 UCI 負載場景來說是最佳的通道結構。第二種結構結合通道編碼，可承載較大量 UCI 資訊。如前所述上 PUCCH 設計的需求是大覆蓋和大容量。但是從一個終端的角度來看，這兩項需求又不一定是需要同時滿足的：

- 對於 UCI 負載中等但上行功率受限的場景，合理的做法是降低頻域資源數量，使用更多時域資源。此時若能夠支援多使用者重複使用，則更有利於提高系統效率。
- 對於 UCI 負載較大的場景，則勢必需要使用更多的物理資源（時域、頻域）傳輸 UCI。

NR 系統最終支援三種長 PUCCH 格式，即 PUCCH 格式 1、3、4，分別適用於上述三種應用場景。

表 5-12 NR 長 PUCCH 格式

	時域符號數量	UCI 負載	頻域資源區塊數量	多使用者重複使用能力
PUCCH 格式 1	4~14	1~2 位元	1 PRB	頻域 12 長 ZC 序列；時域 OCC 擴頻，擴頻係數 2~7。
PUCCH 格式 3		2 位元以上	1~16 PRB，數量滿足 2、3、5 冪次方的乘積	不支援
PUCCH 格式 4		2 位元以上	1 PRB	頻域 OCC 擴頻，擴頻係數為 2 或 4。

通道結構設計的另外一個主要問題為 RS 圖案。對於 PUCCH 格式 1，標準化討論過程中出現過以下兩種方案：

★方案 1：類似於 LTE PUCCH 格式 1/1a/1b，RS 佔用 PUCCH 中間連續多個符號。

★方案 2：RS 與 UCI 間隔分佈。

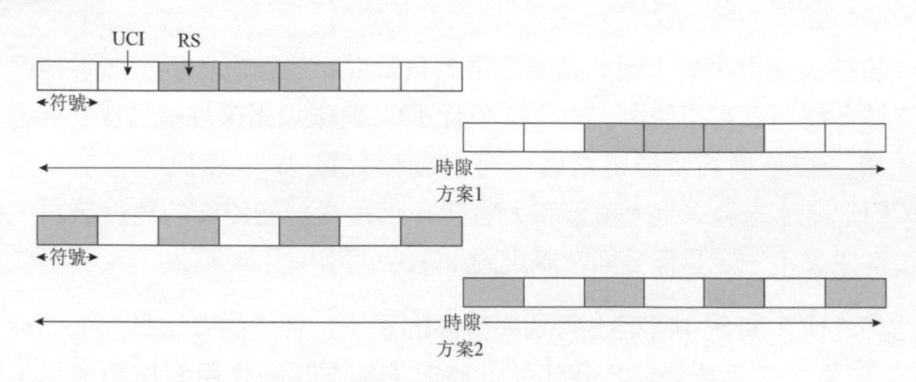

圖 5-52 PUCCH 格式 1 RS 圖案示意圖

RS 負擔相同時，低速場景中方案 1 與方案 2 的性能大致相同。但是高速場景中，方案 2 的性能要優於方案 1。因此，NR PUCCH 格式 1 採用 RS 與

UCI 間隔分佈的圖案，且 RS 佔用偶數字元號上（符號索引從 0 開始），即前置 RS，有利於降低解碼延遲。PUCCH 格式 1 的跳頻圖案中兩個跳頻部分包括時域符號儘量均勻。PUCCH 時域長度為偶數時，第一次轉發頻部分與第二次轉發頻部分中時域符號數相同。PUCCH 時域長度為奇數時，第二個跳頻部分比第一個跳頻部分多一個時域符號。

2017 年 6 月 RAN1 #AH2 中，對於 PUCCH 格式 3、4 提出以下兩種 RS 圖案方案：

★方案 1：每個跳頻部分中包括 1 列 RS，RS 位於每個跳頻部分的中間。

★方案 2：每個跳頻部分中包括 1 或 2 列 RS。

雖然 RS 越多，通道估計精確度越高，但是對應的傳輸 UCI 的物理資源數量減少，UCI 的編碼速率會上升。要想得到最佳的檢測性能，需要綜合考慮通道條件、PUCCH 時域長度和 UCI 的負載。經多次討論後，NR 系統確定基地台可透過高層訊號設定上行通道（適用於 PUSCH 和 PUCCH）是否使用額外 RS（Additional DM-RS）。未設定額外 RS 時，PUCCH 格式 3、4 每個跳頻部分中包括 1 列 RS。設定額外 RS 後，若每個跳頻部分包括的時域符號數量不大於 5，則包括 1 列 RS。若每個跳頻部分包括的時域符號數量大於或等於 5，則包括 2 列 RS。

表 5-13 PUCCH 格式 3、4 RS 圖案

PUCCH 長度	RS 時域符號位置（符號索引從 0 開始）			
	未設定額外 RS		設定額外 RS	
	無跳頻	跳頻	無跳頻	跳頻
4	1	0, 2	1	0, 2
5	0, 3		0, 3	
6	1, 4		1, 4	
7	1, 4		1, 4	
8	1, 5		1, 5	
9	1, 6		1, 6	
10	2, 7		1, 3, 6, 8	
11	2, 7		1, 3, 6, 9	

PUCCH 長度	RS 時域符號位置（符號索引從 0 開始）			
	未設定額外 RS		設定額外 RS	
	無跳頻	跳頻	無跳頻	跳頻
12	2, 8		1, 4, 7, 10	
13	2, 9		1, 4, 7, 11	
14	3, 10		1, 5, 8, 12	

5.5.4 PUCCH 資源設定

LTE 系統在未引入載體聚合之前，傳輸動態排程 PDSCH 對應的 ACK/NACK 資訊的 PUCCH 格式 1a/1b 的資源根據排程 PDSCH 傳輸的 DCI 佔用的 CCE 計算得到。引入載體聚合之後，傳輸動態排程 PDSCH 對應的 ACK/NACK 資訊的 PUCCH 格式 3/4/5 的資源則採用了半靜態設定加 DCI 動態指示的方式。在 NR 設計較早階段就確定了沿用了 LTE 的工作機制指示傳輸 ACK/NACK 資訊的 PUCCH，即首先由高層訊號設定 PUCCH 資源集，然後 DCI 指示資源集中的 PUCCH。

如前所述 NR PUCCH 可靈活設定，在標準化討論過程中，關於如何設定 PUCCH 資源集合提出了以下方案[32]：

★方案 1：設定 K 個 PUCCH 資源集合，每個資源集合承載的 UCI 位元數量範圍不同。每個集合中可以包括相同或不同的 PUCCH 格式。根據待傳輸的 UCI 位元數量從 K 個資源集合中確定一個資源集合。然後根據 DCI 的指示從該集合中確定一個 PUCCH 資源。

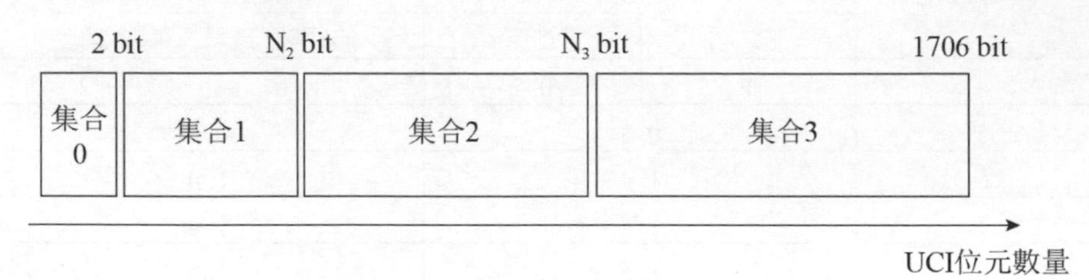

圖 5-53 PUCCH 資源集設定方案 1 示意圖

★方案 2：針對每種 PUCCH 格式設定 1 或多個 PUCCH 資源集合。

- **方案 2-1**：每種 PUCCH 格式設定多個資源集合。
- **方案 2-2**：多個資源集合分為兩組，第一組用於承載 1~2 位元 UCI，第二組用於承載 2 位元以上 UCI。首先，透過 MAC CE 指示每一組內的資源集合，得到兩個資源集合。然後，根據待傳輸 UCI 位元數量確定一個資源集合。最後根據 DCI 從資源集合中確定一個 PUCCH 資源。
- **方案 2-3**：每種 PUCCH 格式設定一個資源集合。對於短 PUCCH，重用 LTE PUCCH 格式 1a/1b 根據 DCI 佔用的資源隱式確定 PUCCH 資源的方法。
- **方案 2-4**：設定兩個 PUCCH 資源集合，分別包括短 PUCCH 和長 PUCCH，設定短 PUCCH 資源集合承載的 UCI 位元上限（如 100 位元），根據待傳輸 UCI 位元數量從兩個資源集合中選擇一個。

方案 1 的好處在於由於資源集合中同時包括短 PUCCH 和長 PUCCH，因此可以實現長短 PUCCH 格式的動態切換。半靜態設定的長、短 PUCCH 資源數量可以不均勻的，這給基地台設定提供了更多靈活性。以 DCI 中包括 3 位元 PUCCH 指示資訊為例，方案 1 的 PUCCH 集合中包括 8 個 PUCCH 資源，基地台可任意設定其中長 PUCCH 和短 PUCCH 的數量。而對於方案 2-1，首先 DCI 中需要 1 位元指示使用長 PUCCH 還是短 PUCCH，然後剩餘的 2 位元指示一個集合內的資源，即長 PUCCH 集合和短 PUCCH 集合都分別包含 4 個 PUCCH。另外，方案 1 可針對不同的 UCI 負載區間分別設定資源集合，能夠設定更多的資源，給排程帶來靈活性。經過討論後確定，NR PUCCH 資源設定採用方案 1。透過高層訊號可設定最多 4 個 PUCCH 資源集合，其中資源集合 0 用於承載 1~2 位元 UCI，資源集合 1、2 的負載透過高層訊號設定，而資源集合 3 的最大負載為 1706，該數值來自 Polar 編碼的限制。

另外，有公司提出在實際系統中大量的 UE 需要同時回饋 1 或 2 位元的

ACK/NACK 資訊，若 DCI 中 PUCCH 指示資訊域為 2 位元，即每個終端只能有 4 個備選的 PUCCH 資源傳輸 1 或 2 位元 ACK/NACK，則系統中資源衝突問題會比較嚴重。因此建議考慮使用隱式的資源指示方法，擴充備選 PUCCH 資源數量：

★方案 1：根據 CCE 索引確定 PUCCH 資源。

★方案 2：根據 RBG 索引確定 PUCCH 資源。

★方案 3：根據 TPC 隱式確定 PUCCH 資源。

★方案 4：根據 CORESET 或 search space 隱式確定 PUCCH 資源。

★方案 5：DCI 中使用 3 位元資訊顯示指示 PUCCH，不引入隱式資源確定方式。

經討論和融合，RAN1#92 次會議確定 DCI 中使用 3 位元指示 PUCCH 資源。對於 PUCCH 集合 0（承載 1~2 位元 UCI），高層訊號可設定最多 32 個 PUCCH 資源。當 PUCCH 資源數量不大於 8 時，直接根據 DCI 中的指示確定 PUCCH 資源。當 PUCCH 資源數量大於 8 時，則根據 CCE 索引和 DCI 中的 3 位元指示資訊確定一個 PUCCH 資源，具體方法為：

$$r_{\mathrm{PUCCH}} = \begin{cases} \left\lfloor \dfrac{n_{\mathrm{CCE},p} \cdot \lceil R_{\mathrm{PUCCH}}/8 \rceil}{N_{\mathrm{CCE},p}} \right\rfloor + \Delta_{\mathrm{PRI}} \cdot \left\lceil \dfrac{R_{\mathrm{PUCCH}}}{8} \right\rceil & \text{if} \quad \Delta_{\mathrm{PRI}} < R_{\mathrm{PUCCH}} \bmod 8 \\ \left\lfloor \dfrac{n_{\mathrm{CCE},p} \cdot \lfloor R_{\mathrm{PUCCH}}/8 \rfloor}{N_{\mathrm{CCE},p}} \right\rfloor + \Delta_{\mathrm{PRI}} \cdot \left\lfloor \dfrac{R_{\mathrm{PUCCH}}}{8} \right\rfloor + R_{\mathrm{PUCCH}} \bmod 8 & \text{if} \quad \Delta_{\mathrm{PRI}} \geq R_{\mathrm{PUCCH}} \bmod 8 \end{cases} \tag{5-4}$$

其中，r_{PUCCH} 為 PUCCH 資源索引號，$N_{\mathrm{CCE},p}$ 為 CORESET 中 CCE 的數量，$n_{\mathrm{CCE},p}$ 為 DCI 佔用的第一個 CCE 的索引號，Δ_{PRI} 為 DCI 中 3 位元指示資訊所指示的值。

對於 PUCCH 集合 1、2、3（承載 2 位元以上 UCI），高層訊號可設定最多 8 個 PUCCH 資源。終端根據 DCI 中的 3 位元指示資訊確定使用的 PUCCH 資源，而不使用隱式資源確定方法。

5.5.5 PUCCH 與其他上行通道衝突解決

在 LTE 系統中，為了保證上行單載體特性，當一個子訊框中同時需要傳輸多個通道時，UCI 將重複使用在一個物理通道中進行傳輸。另外，由於 LTE 系統中物理通道在時域上總是佔滿一個 TTI 中全部可用資源傳輸的，因此發生重疊的通道在時域上是對齊的。因此當 PUCCH 與其他上行通道發生時域衝突時，只要確定一個大容量通道傳輸上行資訊即可，例如使用 PUCCH 格式 2a/2b/3/4/5 重複使用傳輸 CSI 和 ACK/NACK 或使用 PUSCH 重複使用傳輸 UCI 和上行資料。

NR 系統限制在一個載體內不能同時傳輸多個上行通道。在標準化討論過程中，很快對重疊通道起始符號相同的情況達成結論，即透過一個通道重複使用傳輸 UCI 資訊。當重疊通道的起始符號不相同時，UCI 重複使用傳輸將涉及到一個全新的問題，即將多個通道中重複使用於一個通道中進行傳輸是否能滿足各通道對應的處理延遲。圖 5-54 和圖 5-55 列出兩個重疊通道對應的處理延遲範例。

- 圖 5-54 中，PDSCH 的結束位置到承載對應 ACK/NACK 的 PUCCH 起始位置之間滿足 PDSCH 處理延遲要求 $T_{proc,1}$（$T_{proc,1}$ 的設定值與終端能力有關，具體參見 TS 36.214 中 5.3 節），但是 PDSCH 的結束位置到 PUSCH 起始位置之間的時間間隔不滿足 PDSCH 處理延遲。此時若要求將 PDSCH 對應的 ACK/NACK 重複使用於 PUSCH 內進行傳輸，則終端實際上無法傳輸有效的 ACK/NACK 資訊。

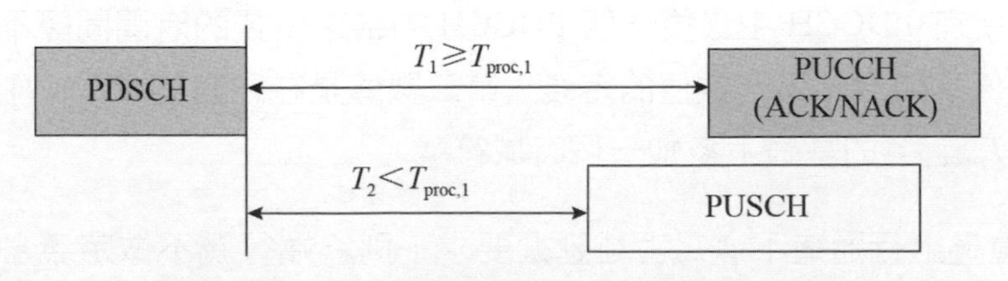

圖 5-54 上行通道重疊時，PDSCH 處理延遲

- 圖 5-55 中，承載 UL grant 的 PDCCH 的結束位置與其排程的 PUSCH 的起始位置之間滿足 PUSCH 準備延遲 $T_{proc,2}$（$T_{proc,2}$ 的設定值與終端能力有關，具體參見 TS 36.214 中 6.4 節），但是指示 SPS 資源釋放的 DCI 所在 PDCCH 的結束位置到 PUSCH 起始位置之間不滿足 $T_{proc,2}$。此時若要求將 SPS 資源釋放 DCI 對應的 ACK/NACK 重複使用於 PUSCH 內進行傳輸，則超出了終端的能力。

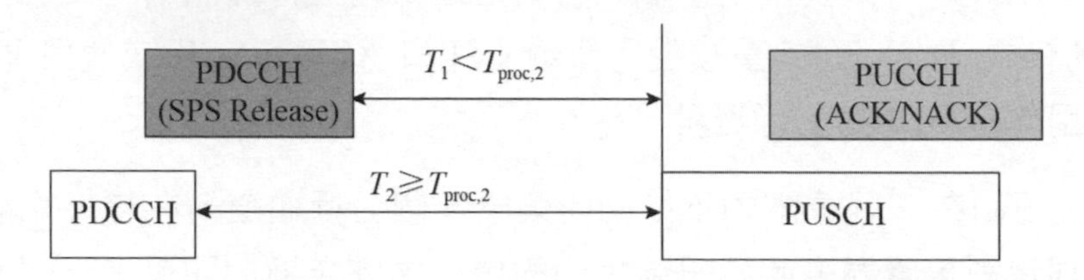

圖 5-55 上行通道重疊時，PUSCH 處理延遲

為了解決上述處理延遲問題，同時最大限度的降低對終端的影響，3GPP RAN1#92bis 會議達成工作假設，當重疊的上行通道滿足以下延遲要求，則將 UCI 重複使用於一個物理通道中進行傳輸，如圖 5-56 所示：

- 所有重疊通道中起始時間最早的上行通道到與重疊上行通道對應的所有 PDSCH 中最後一個 PDSCH 的結束位置的時間間隔不小於第一數值。考慮到 UCI 重複使用傳輸相比於獨立傳輸 UCI 需要額外的基頻處理過程，因此經後續討論確定第一數值在正常的 PDSCH 處理延遲（$T_{proc,1}$）的基礎上多加一個時域符號。
- 所有重疊的上行通道中起始時間最早的上行通道到與重疊上行通道對應的所有 PDCCH 中最後一個 PDCCH 的結束位置的時間間隔不小於第二數值。類似於第一數值的定義，第二數值是在正常的 PUSCH 準備時間（$T_{proc,2}$）的基礎上多加一個時域符號。

若多個重疊上行通道不滿足上述延遲要求，則終端行為不做定義，即隱含約束基地台在做排程時，若上述延遲無法得到滿足，那麼基地台應該放棄時間在後的排程。

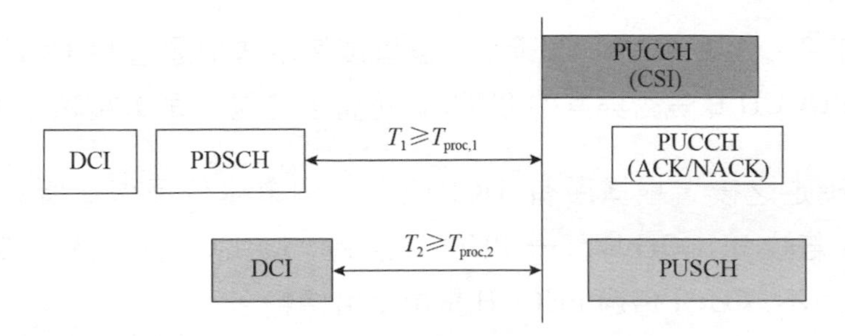

圖 5-56 NR UCI 重複使用傳輸延遲要求示意圖

上述重複使用傳輸工作機制確定後，另一個需要討論的問題是如何確定重疊通道集合。重疊通道集合的確定將直接影響參與重複使用傳輸的 UCI 數量及最終使用的重複使用傳輸方式。以圖 5-57 為例，終端在一個時間槽中有 4 個待發送通道，其中通道 4 與通道 1 不重疊，但通道 1 與通道 4 都與通道 3 重疊。在確定與通道 1 重疊的通道過程中，若不包括通道 4，則可能會引起二次通道重疊。例如確定通道 1、通道 2、通道 3 中承載的資訊透過通道 3 重複使用傳輸，則跟通道 4 再次碰撞。

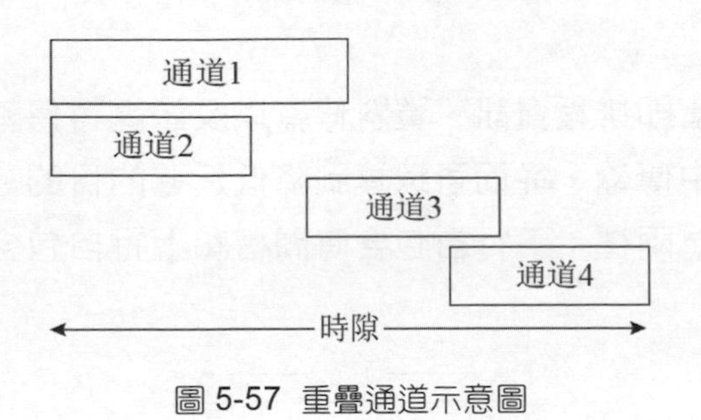

圖 5-57 重疊通道示意圖

為了避免上述情況的發生，RAN1 #93 次會議通過了以下重疊 PUCCH 集合 Q 確定方法：

- 確定 PUCCH A：所有重疊 PUCCH 中起始時間最早的 PUCCH。若存在多個起始相同的 PUCCH，選擇其中時長最長的。若多個 PUCCH 起始時間、時長都相同，任選其一作為 PUCCH A；
- 與 PUCCH A 重疊的 PUCCH 納入集合 Q；
- 與集合 Q 中任意 PUCCH 重疊的 PUCCH 納入集合 Q；

- 根據集合 Q 中所有的 UCI 確定一個重複使用傳輸通道 PUCCH B；
- 確定 PUCCH B 是否與其他 PUCCH 重疊。若是，則重複執行 1~4。

集合 Q 確定之後，根據所有 UCI 確定一個重複使用傳輸所有 UCI 的 PUCCH。若該 PUCCH 與任一 PUSCH 重疊，則 UCI 將透過 PUSCH 重複使用傳輸；不然 UCI 透過 PUCCH 重複使用傳輸。

5.6 靈活 TDD

5.6.1 靈活時間槽概念

在 NR 系統的設計之初，就要求 NR 系統相對於 LTE 系統在以下方面具有更優的性能指標：資料速率、頻譜使用率、延遲、連接密度、功耗等。另外，NR 系統需要具有良好的前向相容性，可以支援在未來引入其他的增強技術，或新的連線技術。因此，在 NR 系統中引入了自包含時間槽以及靈活時間槽的概念。

所謂自包含時間槽即排程資訊、資料傳輸以及該資料傳輸對應的回饋資訊都在一個時間槽中傳輸，從而可以達到降低延遲的目的。典型的自包含時間槽結構主要分為兩種：下行自包含時間槽和上行自包含時間槽，以下圖所示。

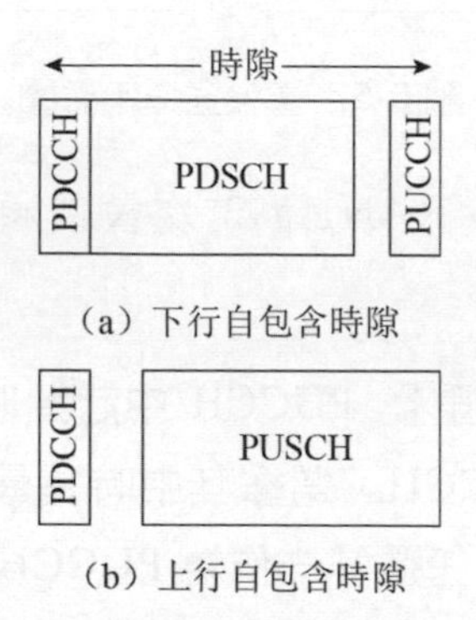

圖 5-58 自包含時間槽示意圖

如圖 5-58（a）所示，網路發送的 PDCCH 排程該時間槽中的 PDSCH，針對該 PDSCH 的 HARQ-ACK 資訊透過 PUCCH 回饋，PDCCH、PDSCH 和 PUCCH 在同一時間槽中，因此在一個時間槽中完成一次資料的排程、傳輸和回饋。如圖 5-58（b）所示，網路發送的 PDCCH 排程的 PUSCH 傳輸與該 PDCCH 在同一時間槽中。

在自包含時間槽中，要求終端接收到 PDSCH 後，在同一時間槽中完成 HARQ-ACK 回饋。而在 LTE 系統中，終端在子訊框 n 接收 PDSCH，在子訊框 n+4 發送 HARQ-ACK 回饋資訊，因此，NR 系統相對於 LTE 系統對終端的處理能力具有更高的要求。

自包含時間槽要求在一個時間槽中既包括下行符號，也包括上行符號，並且根據自包含時間槽類別的不同，一個時間槽中下行符號和上行符號的個數也不同，即能夠支援自包含時間槽的前提是能夠支援靈活的時間槽結構。

NR 系統中引入了靈活的時間槽結構，即在一個時間槽中包括下行符號（DL）、靈活符號（Flexible）和上行符號（UL）。其中，靈活符號具有下面的特徵：

- 靈活符號表示該符號的方向的未定的，可以透過其他訊號將其改變為下行符號或上行符號；
- 靈活符號也可以表示為了前向相容性，預留給將來用的符號；
- 靈活符號用於終端的收發轉換，類似於 LTE TDD 系統中的保護間隔（GP）符號，終端在該符號內完成收發轉換；

在 NR 系統中，定義了多種靈活時間槽結構，包括全下行時間槽、全上行時間槽、全靈活時間槽，以及不同下行符號、上行符號、靈活符號個數的時間槽結構，不同的時間槽結構分別對應一個時間槽格式索引。在一個時間槽中，可以包括一個或兩個上下行轉換點：

- 包括一個上下行轉換點的時間槽結構：即在一個時間槽中，任意兩個靈活符號之間不包括 DL 符號或 UL 符號。如圖 5-59（a）中，一個時間槽中包括 9 個 DL 符號、3 個靈活符號、2 個 UL 符號，3 個靈活符號的位置相鄰，在該 3 個靈活符號中存在一個上下行轉換點；如圖 5-59（b）中，一個時間槽中包括 2 個 DL 符號、3 個靈活符號、14 個 UL 符號，3 個靈活符號的位置相鄰，在該 3 個靈活符號中存在一個上下行轉換點；

- 包括兩個上下行轉換點的時間槽結構：即在一個時間槽中，存在兩個靈活符號之間包括 DL 符號和 UL 符號。如圖 5-59（c）中，一個時間槽包括 10 個 DL 符號、2 個靈活符號、2 個 UL 符號，在前半個時間槽和後半個時間槽中，分別包括 DL 符號、靈活符號和 UL 符號，即在前半個時間槽和後半個時間槽的靈活符號中分別存在一個上下行轉換點；如圖 5-59（d）中，一個時間槽包括 4 個 DL 符號、4 個靈活符號、6 個 UL 符號，在前半個時間槽和後半個時間槽中，分別包括 DL 符號、靈活符號和 UL 符號，即在前半個時間槽和後半個時間槽的靈活符號中分別存在一個上下行轉換點。

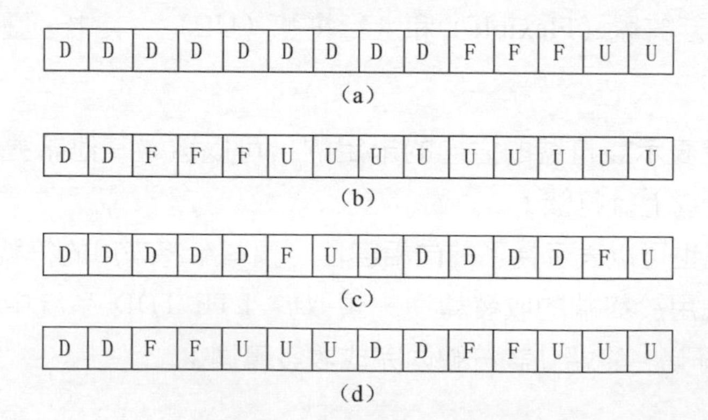

圖 5-59 時間槽結構示意圖

5.6.2 半靜態上下行設定

NR 系統支援多種方式設定時間槽結構，包括：通過半靜態上下行設定訊號設定時間槽結構和透過動態上下行指示訊號設定時間槽結構，其中，半靜態上下行設定訊號包括 *tdd-UL-DL-ConfigurationCommon* 和 *tdd-UL-DL-ConfigurationDedicated*，動態上下行指示訊號即 DCI 格式 2-0。本節介紹半靜態的上下行設定方式，下節介紹動態上下行設定方式。

網路透過發送 *tdd-UL-DL-ConfigurationCommon* 訊號設定公共的時間槽結構，即對於社區內的所有的終端都適用的時間槽結構，該訊號可以設定一個或兩個圖案（pattern），每個圖案對應一個週期。在每個圖案中，網路可以設定該圖案中的時間槽結構，主要包括以下參數：參考子載體間隔（μ_{ref}）、週期（P，即該圖案的週期參數，其單位為 ms）、下行時間槽數（d_{slots}）、下行符號數（d_{sym}）、上行時間槽數（u_{slots}）、上行符號數（u_{sym}）。

根據參考子載體間隔和週期可以確定該週期內包括的時間槽個數總數 S，該 S 個時間槽中的前 d_{slots} 個時間槽表示全下行時間槽，最後一個全下行時間槽的下一個時間槽中的前 d_{sym} 個符號表示下行符號；該 S 個時間槽中的最後 u_{slots} 個時間槽表示全上行時間槽，第一個全上行時間槽的前一個時間槽中的最後 u_{sym} 個符號表示上行符號；該週期中的其餘的符號表示靈活符號。因此，在一個圖案週期內，整體看來設定的訊框結構形式也是下行時間槽或符號在前，上行時間槽或符號在後，中間是靈活時間槽或符號。終端根據 *tdd-UL-DL-ConfigurationCommon* 可以確定一個週期內的時間槽結構，以週期 P 在時域上重複即可確定所有時間槽的時間槽結構。

如圖 5-60 所示，圖中示出了一個圖案的時間槽設定，該圖案的週期 P=5ms，對於 15kHz 子載體間隔，該圖案週期內包括 5 個時間槽，其中 d_{slots}=1，d_{sym}=2，u_{slot}=1，u_{sym}=6，即表示在 5ms 的週期內，第 1 個時間槽為全下行時間槽，第 2 個時間槽中的前 2 個符號是下行符號，最後一個時間槽是全上行時間槽，倒數第二個時間槽中的最後 6 個符號是上行符號，其餘的符號是靈活符號，該圖案在時域上以 5ms 週期性重複。

網路可以透過 *tdd-UL-DL-ConfigurationCommon* 訊號同時設定 2 個圖案，兩個圖案的週期為 P 和 P2，並且分別設定兩個圖案中的時間槽結構。當網路設定 2 個圖案時，兩個圖案的總週期（P+P2）能夠被 20ms 整除。兩個圖案的時間槽結構在時域上一同重複，即以週期 P+P2 在時域上週期性重複，從而確定所有時間槽的時間槽結構。

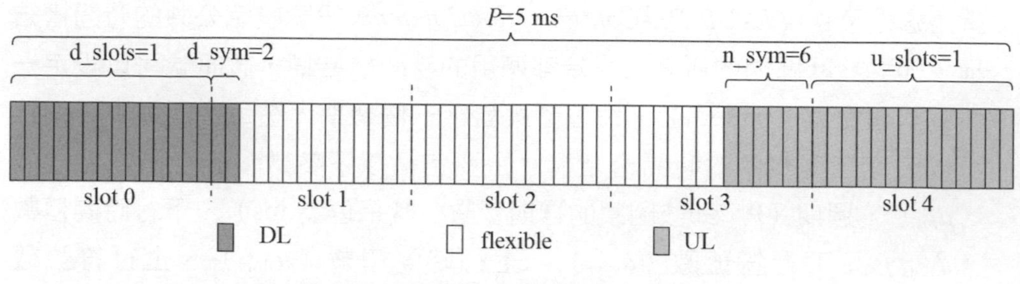

圖 5-60 TDD 上下行設定圖案示意 1

另外，網路可以透過 UE 專屬 RRC 訊號 *tdd-UL-DL-ConfigurationDedicated* 為終端設定時間槽結構。該訊號用於設定 *tdd-UL-DL-ConfigurationCommon* 設定的週期內的一組時間槽的時間槽結構，主要包括以下參數：

- 時間槽索引：該參數用於指示 tdd-UL-DL-ConfigurationCommon 設定的週期內的時間槽；
- 符號方向：該參數用於設定時間槽內的一組符號，可以設定該時間槽索引對應的時間槽是全下行符號，全上行符號，或下行符號個數和上行符號個數。

tdd-UL-DL-ConfigurationDedicated 訊號只能改變 *tdd-UL-DL-ConfigurationCommon* 設定為靈活符號的方向。如果 *tdd-UL-DL-ConfigurationCommon* 設定訊號已經設定為下行符號（或上行符號），不能透過 *tdd-UL-DL-ConfigurationDedicated* 訊號將其修改為上行符號（或下行符號）。

舉例來說，網路透過 *tdd-UL-DL-ConfigurationCommon* 設定訊號設定的圖案的時間槽結構如圖 5-60 所示，在此基礎上，網路透過 *tdd-UL-DL-ConfigurationDedicated* 訊號設定兩個時間槽的時間槽結構，如圖 5-61 所示，這兩個時間槽分別是 5ms 週期內的時間槽 1 和時間槽 2：

- 時間槽 1：*tdd-UL-DL-ConfigurationDedicated* 訊號設定時間槽 1 的下行符號個數是 4 個，上行符號個數是 2 個；
- 時間槽 2：*tdd-UL-DL-ConfigurationDedicated* 訊號設定時間槽 2 的下行符號個數是 3 個，上行符號個數是 2 個。

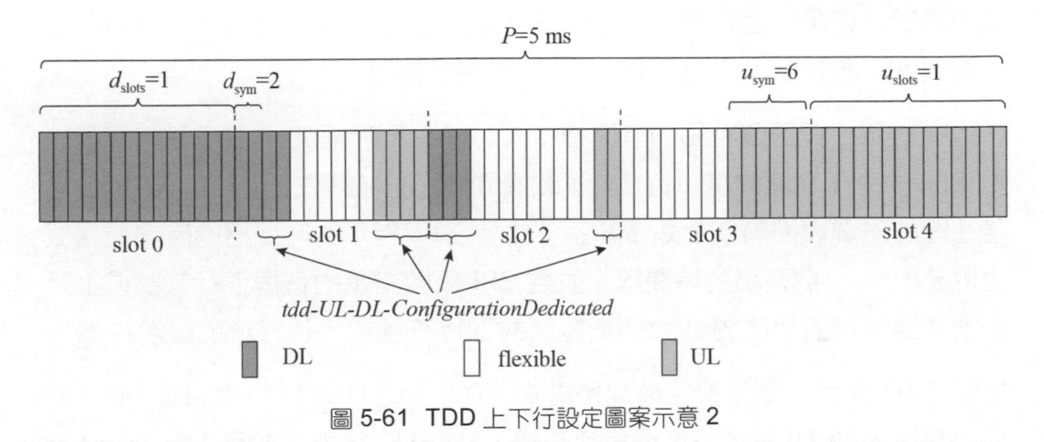

圖 5-61 TDD 上下行設定圖案示意 2

5.6.3 動態上下行指示（SFI）

在通過半靜態上下行設定資訊設定時間槽格式的基礎上，網路還可以透過時間槽格式指示資訊（Slot Format Indicator，SFI）動態設定每個時間槽的時間槽格式，該時間槽格式指示資訊即 DCI 格式 2-0，用 SFI-RNTI 加擾。動態時間槽格式指示訊號只能設定半靜態上下行設定資訊設定為靈活符號的方向，不能改變半靜態設定資訊設定為上行符號或下行符號的方向。

動態 SFI 時間槽格式指示可以同時設定多個服務社區的時間槽格式，網路透過 RRC 訊號設定社區索引，以及該社區索引對應的時間槽格式組合標識（*slotFormatCombinationId*）的起始位元在 DCI 格式 2-0 中的位置。網路設定多個時間槽格式組合（*slotFormatCombination*），每個時間槽格式組合對應一個標識資訊（*slotFormatCombinationId*）以及一組時間槽的時間槽格式設定，每個時間槽格式設定用於設定一個時間槽的時間槽格式。

SFI 指示資訊包括 SFI 索引（SFI-index），該 SFI-index 即對應於 *slotFormatCombinationId*，根據該索引即可確定一組時間槽格式。該 SFI 指示的時間槽格式適用於從承載該 SFI 訊號的時間槽開始的連續的多個時間槽中，並且 SFI 指示的時間槽個數大於或等於承載該 SFI 的 PDCCH 的監測週期。如果一個時間槽被兩個 SFI 訊號指示時間槽格式，這個時間槽被兩個 SFI 訊號指示的時間槽格式應該是相同的。

網路在設定一個服務社區的時間槽格式時，會同時設定一個子載體間隔，即 SFI 參考子載體間隔 μ_{SFI}，該子載體間隔小於或等於監測 SFI 訊號的服務社區的子載體間隔 μ，即 $\mu \geq \mu_{SFI}$，此時 SFI 指示的時間槽的時間槽格式適用於 $2^{(\mu-\mu_{SFI})}$ 個連續的時間槽，並且 SFI 訊號指示的每個下行符號或上行符號或靈活符號對應於 $2^{(\mu-\mu_{SFI})}$ 個連續的下行符號或上行符號或靈活符號。

如圖 5-62 所示：網路設定時間槽格式，DL: FL: UL=4: 7: 3，即一個時間槽中包括 4 個 DL 符號，7 個靈活符號，3 個 UL 符號，並且設定 $\mu_{SFI}=0$，即對應 15kHz 子載體間隔。該 SFI 用於指示 TDD 社區的時間槽格式，並且該社區對應的子載體間隔 $\mu=1$，即 30kHz 子載體間隔，則該 SFI 指示的時間槽格式適用於 2 個連續的時間槽中，並且 SFI 指示的 1 個 DL 符號、靈活符號、或上行符號分別對應該社區的時間槽中 2 個連續的 DL 符號、2 個連續的靈活符號或 2 個連續的上行符號。

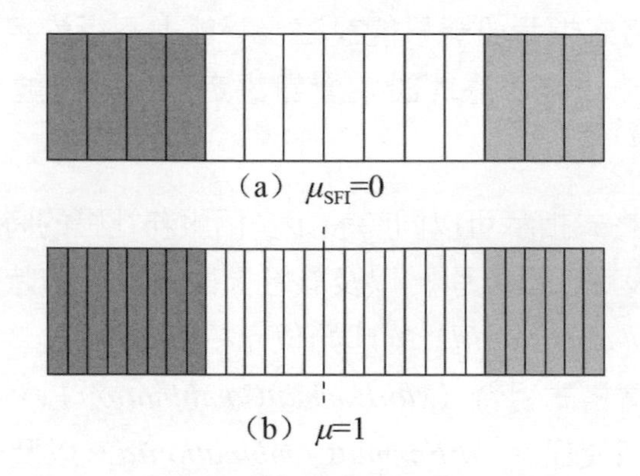

圖 5-62 動態時間槽指示示意

5.7 PDSCH 速率匹配（Rate Matching）

5.7.1 引入速率匹配的考慮

速率匹配（rate matching）是一個 LTE 系統中已經存在的技術，即當分配的資源和傳輸資料所需的資源有一點差距時，可以透過串流速率的小幅調整將資料轉換到分配的資源中。這種差距通常是由於分配給終端的時頻資源範圍中存在一些不能使用的「資源碎塊」造成的，常見的「資源碎塊」可以是參考訊號、同步訊號等，採用 rate matching 來避開這些「資源碎塊」是很好了解的，本節不作為重點介紹。但是 rate matching 在 5G NR 標準中最終被用於更廣泛的用途，包括：PDCCH 與 PDSCH 重複使用、資源預留（resource reservation）等，本節將重點圍繞這些應用場景來介紹。整體來說，之所以要採用 rate matching 處理，主要存在兩種情況：

- 第一種情況是：可能在基地台為資料通道（如 PDSCH）分配資源時，還不能準確地計算出這個被分配的資源範圍內哪些資源碎塊實際上是不能使用、必需避開的，因此只能先分配給終端一個概略的資源範圍，等不能使用的資源碎塊的位置和大小確定了以後，再由終端在資源映射的時候避開開這些資源碎塊，透過 rate matching，將原本落在這個資源碎塊內的資料外移到不受影響的資源中，如圖 5-63 所示。
- 第二種情況是：在基地台分配 PDSCH、PUSCH 資源時，已經知道這個被分配的資源範圍內哪些資源碎塊實際上是不能使用、必需避開的，但是為了控制資源設定訊號的負擔，只能對一個方形時頻區域進行分配（即方形分配，square allocation），在頻域上還支援基於 bitmap 的非連續分配（即 Type 0 頻域資源設定），而在時域上只支援「起點+長度」的連續指示，不支援非連續的時域資源設定，如果需要避開的資源出現在被分配的資源的時域中間位置，是無法透過主動指示來「避開」這塊資源的（在 NR 資源設定研究中，也曾有建議支援非連續時域資源設定（如基於 bitmap 指示），但沒有被接受），只能由終端透過 rate matching 來做「資源減法」，避開開不能使用的資源。

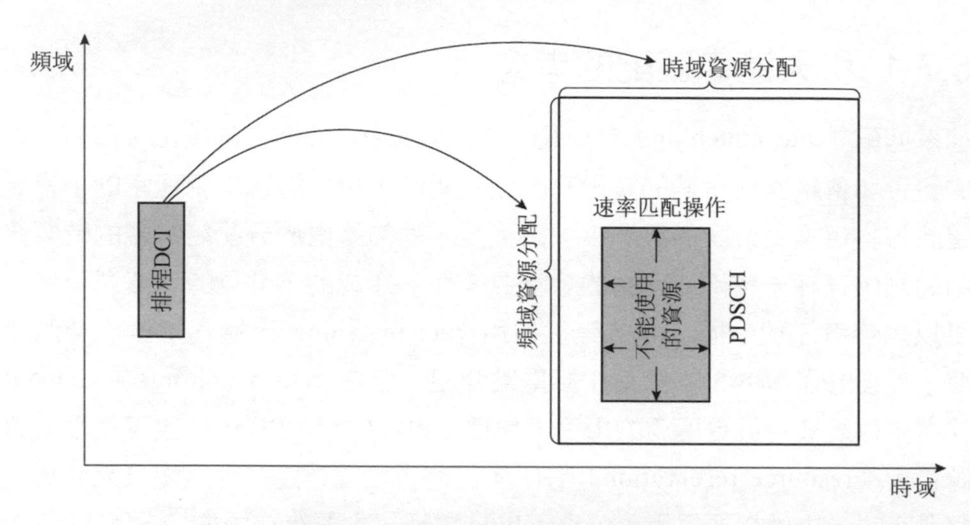

圖 5-63 Rate matching 基本原理示意

1. PDCCH 與 PDSCH 重複使用

如 5.4.1 所述，NR PDCCH 相對 LTE PDCCH 的一大差異，是 PDCCH 和 PDSCH 不僅可以 TDM、還可以 FDM 重複使用。這有助充分利用時頻資源，減少無法分配的資源碎片。但是，這同時也造成了更複雜的 PDCCH 和 PDSCH 重複使用關係，甚至 PDSCH 可以包圍在 CORESET 四周，如果採用 rate matching 技術來避開 CORESET 佔用的資源，就需要使終端獲知被 CORESET 佔用的資源範圍。這包括兩種情況：

情況 1：嵌入 PDSCH 資源的 CORESET 是設定給同一個終端的；

情況 2：嵌入 PDSCH 資源的還有設定給別的終端 CORESET。

情況 1 是比較簡單的情況，如圖 5-64（a）所示，因為分配給終端 1 的 PDSCH 的資源範圍內只存在設定給終端 1 的 CORESET，而這個 CORESET 的時頻範圍對於終端 1 是已知的，可以透過 CORESET 設定獲得，不需要額外的訊號通知，只需要定義終端的 rate matching 行為既可，即「與設定給終端的 CORESET 相重疊的 PDSCH 資源，不會用於 PDSCH 傳輸」，終端需要圍繞 CORESET 的時頻範圍進行 rate matching。

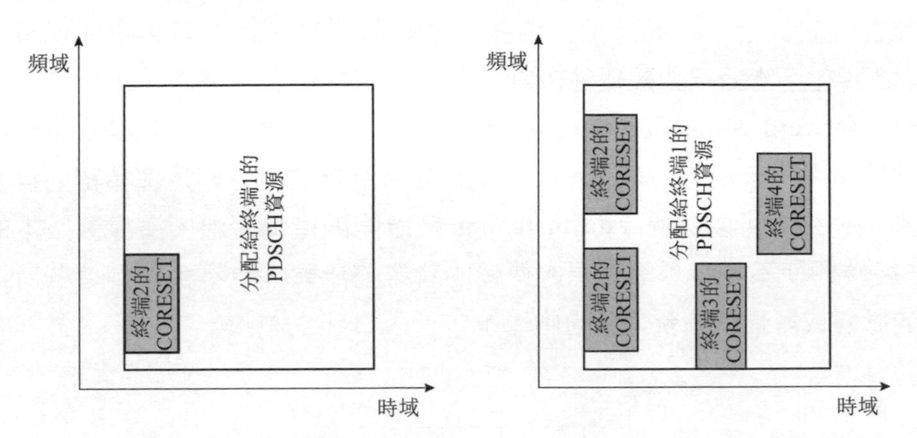

圖 5-64 PDCCH 和 PDSCH 重複使用的兩種情況

情況 2 是比較複雜的情況，如圖 5-64（b）所示，因為分配給終端 1 的 PDSCH 的資源範圍內還會有設定給終端 2、3、4 的 CORESET，而這些 CORESET 的時頻範圍對於終端 1 是未知的，無法透過它自己收到的 CORESET 設定獲得，而需要透過額外的訊號獲得。

2. 資源預留

資源預留（Resource Reservation）是 5G NR 引入的一項新的需求。行動通訊系統，在一代以內需要保證與舊版相容（backward compatibility），如保證較舊版本的 4G 終端可以連線較新版本的 4G 系統中，以使購買了 4G 終端的使用者在整個 4G 系統生命週期內不需要被迫購買新的終端。但是這個要求帶來一個缺點，就是在一代行動通訊系統在它的生命週期內（如 10 年）無法進行革命性的技術升級，因為在新版本系統中無論採用何種新的增強技術，都必須保證不能影響老的終端的正常執行。在 5G NR 標準化的早期階段，就提出了 fordward compatibility 的設計要求，從而在未來使能一些革命性的增強技術。增加這個需求，主要是因為 5G 系統可能要服務於「千行百業」的各種垂直（Vertical）業務，很多業務是我們現在很難預測的，可能不得不採用一些今天的 5G 終端不能「辨識」的新型技術和「顛覆性」設計。而如果要允許採用這些顛覆性設計，就必須使現有的 5G 終端在不辨識這些顛覆性設計的情況下，還能正常連線，即達到前向相容（forward compatibility）的效果。達到這個效果的方法就是預留一塊資源給這種「未知的未來業務」，當分配給終端的資源與這塊預留的資源重疊時，終端可以透過 rate matching 來避開開這塊資源。這樣舊版本的 5G 終端即使不辨識預留資源內傳輸的新業務訊號，也不會收到這些新業務的影響或影響這些新業務的傳輸。

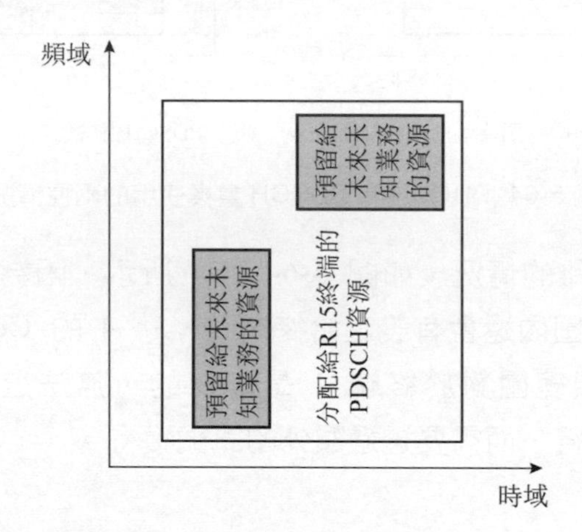

圖 5-65：資源預留基本原理示意

5.7.2 速率匹配設計

根據 5.7.1 的介紹可以看到，為了支援 PDCCH/PDSCH 重複使用和資源預留，需要引入一套新的訊號，通知終端需要 rate matching 的資源區域。從訊號的類型上看，應該主要依賴於 RRC 半靜態設定，輔助以少量的 DCI 指示，因為如果大量依賴 DCI 來動態指示，會造成 DCI 負擔的大量增加，對於 rate matching 這樣一個輔助性的增強技術，是不太適合的。

從頻域上看，預留資源可能出現在任何位置，且可能連續也可能不連續，資料通道和 PDCCH 採用資料通道 Type 0 類似的 bitmap 來指示即可。從顆粒度上講，如果只考慮 PDCCH/PDSCH 重複使用，由於 CORESET 是以 6 個 RB 為單位劃分的，似乎採用包含 6 個 RB 的 RB 組作為 bitmap 單位即可。但如果考慮資源預留的需求，則前向相容場景下可能出現的「未知新業務」的資源顆粒度不能確定，最好還是以 RB 為單位指示。如果要採用一套統一的資源指示方法指示 rate matching 資源，滿足各種 rate matching 應用場景，還是要在頻域上採用 RB 等級的 bitmap。

從時域上看，從 5.2 節和 5.4 節的介紹可以看到，NR 系統資料通道和控制通道都採用了可以出現在任意時域位置的符號級「浮動」結構，且可能存在多塊不連續的預留資源，因此用資料通道資源設定中採用的「起點+長度」的指示方式就不足夠了，必須要採用類似 search space set 那樣的符號級 bitmap 來指示。

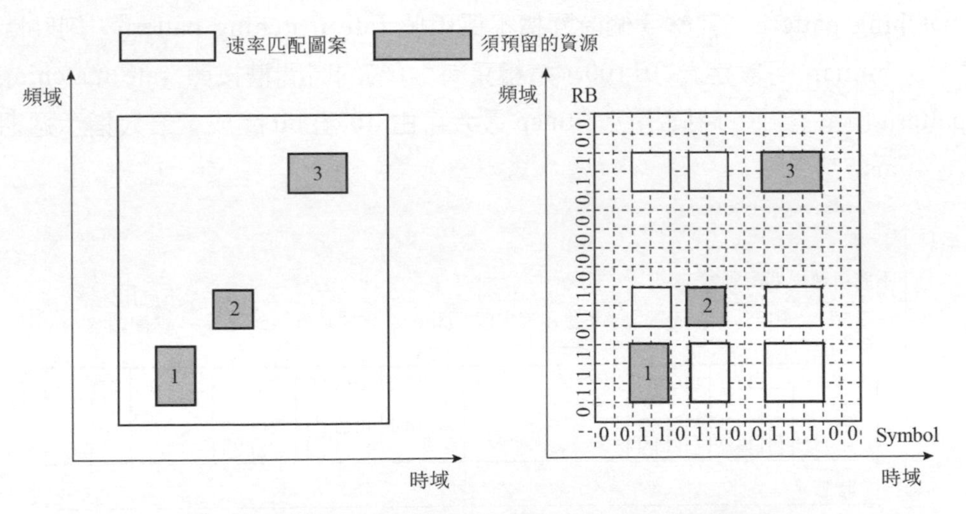

圖 5-66 根據預留資源設定的單一 rate matching pattern

這一對（pair）bitmap 的組合就形成了一些在時頻域上成矩陣排列的資源區塊，可以成為一個矩陣形的速率匹配圖案（rate matching pattern），矩陣節點上的資源區塊都不能傳輸 PDSCH。但單一 rate matching pattern 隨之帶來了「過度預留資源」的問題。如圖 5-66 所示，假設在一片資源範圍內有三塊需要預留的資源（如左圖），根據這些資源區塊的大小和位置，採用時頻二維 bitmap（時域 bitmap = 00110110011100，頻域 bitmap = 0111011000001100）形成的 rate matching pattern 則如右圖所示，有 9 塊資源被包含在 rate matching pattern 中，其中 6 塊並不包含須預留的資源，是不應該預留的。這會造成很多資源無法被充分利用。

圖 5-66 是針對 1 個時間槽定義的 rate matching pattern，NR 標準還支援長度為 2 個時間槽的 rate matching pattern，也就是時域上採用長度覆蓋 2 個時間槽的符號級 bitmap。另外，考慮到並不一定在每個時間槽都需要預留資源，可能每隔許多個時間槽才需要預留一次，因此標準還可以設定一個時間槽級的 bitmap，指示哪些時間槽應用這個 rate matching pattern，哪些時間槽不應用。如圖 5-67 所示，假設採用 1 個時間槽長的 rate matching pattern，且以 5 個時間槽為週期，每個週期的第 2、第 3 個時間槽採用 rate matching pattern，其餘 3 個時間槽不採用此 rate matching pattern，則時間槽級 bitmap 可設定為 01100，這樣只有 40%的時間槽按照 rate matching pattern 預留資源。時間槽級 bitmap 最大可由 40 個 bit 組成，最大指示週期為 40ms。

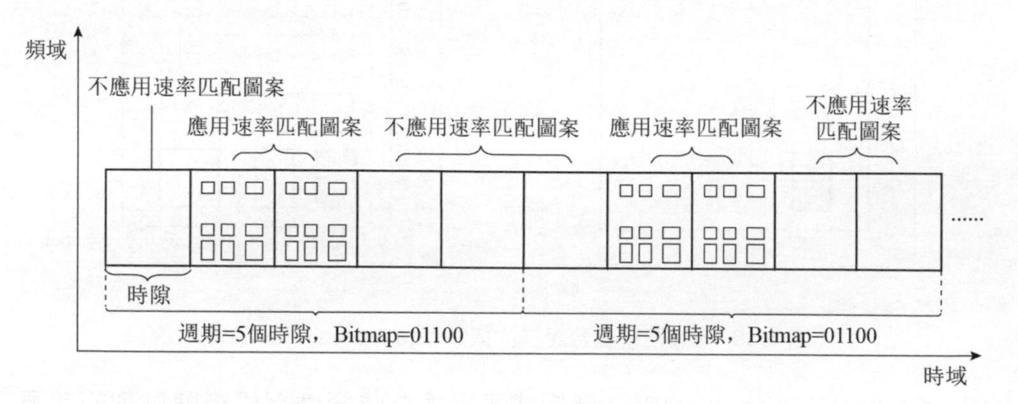

圖 5-67 採用時間槽級 bitmap 設定哪些時間槽採用 rate matching pattern

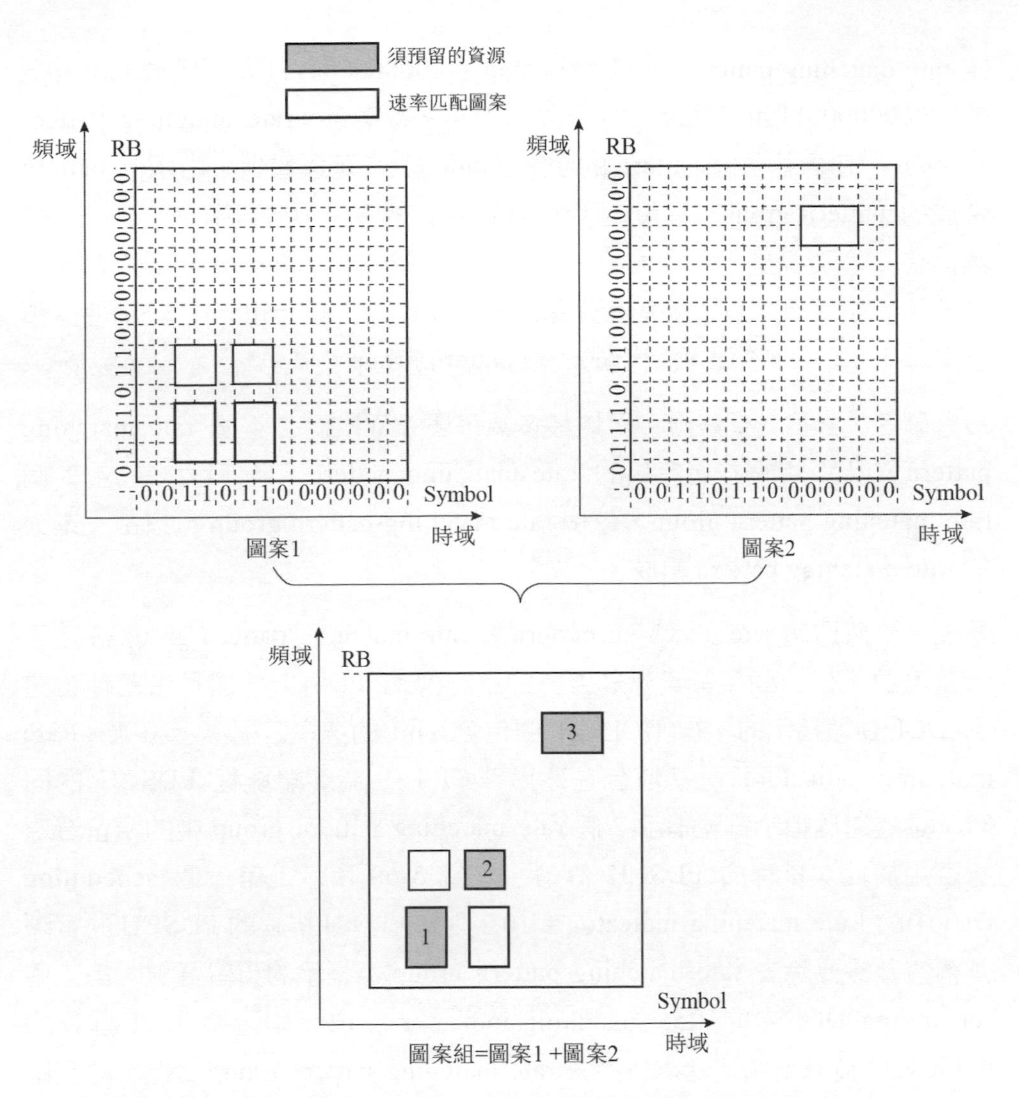

圖 5-68 多個 rate matching pattern 組合成的 rate matching pattern group

為了一定程度上解決單一 rate matching pattern 帶來的「過度預留資源」的問題，可以採用多個 rate matching pattern 組合的方式，比如仍是上面這個例子，我們可以設定兩個 rate matching pattern，然後再組合在一起。如圖 5-68，針對預留資源 1 和 2 設定 rate matching pattern 1，時域 bitmap = 00110110000000，頻域 bitmap = 0111011000000000，針對預留資源 3 設

定 rate matching pattern 2，時域 bitmap = 00000000011100，頻域 bitmap = 000000000001100。然後設定一個速率匹配圖案組（rate matching pattern group），包含著兩個 pattern 的合集（union）。可以看到，由兩個 pattern 合成的 pattern group，只設定了 5 塊資源就覆蓋了預留資源 1、2、3，雖然仍有 2 塊資源是「過度預留」，但相比採用一個 pattern，資源浪費要小得多了。如果想要完全沒有浪費資源，可以設定 3 個 pattern，分別覆蓋預留資源 1、2、3，然後再組合成一個 pattern group。

最終確定，針對一個終端，可以最多為每個 BWP 設定 4 個 rate matching pattern，以及 4 個社區等級的 rate matching pattern。另外可以設定 2 個 rate matching pattern group，每個 rate matching pattern group 可以由一系列的 rate matching pattern 組成。

最後，雖然透過 rate matching pattern 和 rate matching pattern group 設定了預留資源，但這些預留資源是否真的不能傳輸 PDSCH，還是由基地台透過 DCI 動態指示的。在 DCI 1_1 中包含 2bit 的速率匹配指示符號（Rate matching indicator），基地台在透過 DCI 1_1 為終端排程 PDSCH 的同時，透過這個指示符號指示 2 個 rate matching pattern group 中的預留資源能否用於此次排程的 PDSCH 傳輸。如圖 5-69 所示，第一個 scheduling DCI 中的 Rate matching indicator = 10，則這個 DCI 排程的 PDSCH 的實際傳輸資源需要除去 rate matching pattern group 1 指示的預留資源，第二個 scheduling DCI 中的 Rate matching indicator = 01，則這個 DCI 排程的 PDSCH 的實際傳輸資源需要除去 rate matching pattern group 2 指示的預留資源，第三個 scheduling DCI 中的 Rate matching indicator = 11，則這個 DCI 排程的 PDSCH 的實際傳輸資源需要除去 rate matching pattern group 1 和 2 的合集指示的預留資源，第四個 scheduling DCI 中的 Rate matching indicator = 00，則這個 DCI 排程的 PDSCH 的實際傳輸資源就等於 TDRA 和 FDRA 中分配的資源，不需要除去任何 rate matching pattern group 指示的預留資源。

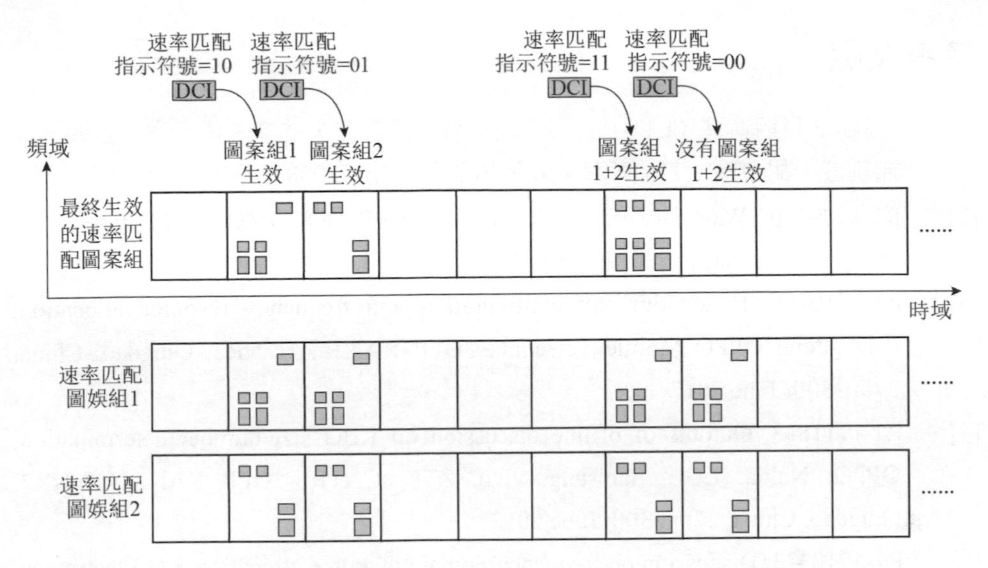

圖 5-69 用 DCI 動態指示 rate matching pattern group 中的資源是否真的不能用於 PDSCH

如上介紹的是 RB-符號等級的 rate matching 技術，NR 標準中還定義了 RE 等級的 rate matching 技術，主要解決圍繞 NR 和 LTE 參考訊號進行資源避開的問題，原理與 RB-符號等級的 rate matching 類似，這裡不再詳細介紹。

最後需要説明的是，從 PDCCH/PDSCH 重複使用的角度，只需要定義和 PDSCH 相關的 rate matching 機制，但從資源預留的角度，也可以定義和 PUSCH 相關的 rate matching 機制，但 NR R15 標準最終只定義了針對 PDSCH 的 rate matching 技術。

5.8 小結

本章介紹了 5G NR 採用的各種靈活排程技術，包括資料通道頻域與時域資源設定的基本方法、CBG 傳輸設計、PDCCH 檢測資源的設定、PUCCH 資源排程、靈活 TDD 和 PDSCH 速率匹配等。可以看到，NR 標準正是透過這一套靈活排程技術，比 LTE 更充分的發掘了 OFDMA 系統的技術潛力，也成為 NR 系統很多其他設計的基礎。

參考文獻

[1] 《3GPP 長期演進（LTE）技術原理與系統設計》，沈嘉、索士強、全海洋、趙訓威、胡海靜、姜怡華著，人民郵電出版社，2008 年出版

[2] R1-1709740, Way forward on RBG size, NTT DOCOMO, 3GPP RAN1#89, Hangzhou, China, 15th –19th May 2017

[3] R1-1710164, Bandwidth part configuration and frequency resource allocation, Guangdong OPPO Mobile Telecom., 3GPP RAN1#AH_NR2, Qingdao, China, 27th –30th June 2017

[4] R1-1711843, Outputs of offline discussion on RBG size/number determination, OPPO, Nokia, LGE, Samsung, vivo, ZTE, CATR, 3GPP RAN1#AH_NR2, Qingdao, China, 27th –30th June 2017

[5] R1-1710323, Discussion on frequency-domain resource allocation, LG Electronics, 3GPP RAN1#AH_NR2, Qingdao, China, 27th –30th June 2017

[6] R1-1801065, Outcome of offline discussion on 7.3.3.1 (resource allocation) –part I, Ericsson, RAN1#AdHoc1801, Vancouver, Canada, January 22 –26, 2018

[7] R1-1706559, Way Forward on Dynamic indication of transmission length on data channel, ZTE, Microelectronics, Ericsson, Nokia, AT&T, vivo, Panasonic, Convida Wireless, Intel, KT Corp, CATT, RAN1#88bis, Spokane, USA, 3rd –7th April 2017

[8] Final Report of 3GPP TSG RAN WG1 #AH_NR2 v1.0.0, Qingdao, China, 27th – 30th June 2017

[9] 3GPP TS 38.214 v15.6.0, NR; Physical layer procedures for data (Release 15)

[10] R1-1800488, Text proposal on DL/UL resource allocation, Guangdong OPPO Mobile Telecom., 3GPP TSG RAN WG1 Meeting AH 1801, Vancouver, Canada, January 22nd –26th, 2018

[11] R1-1610736, Summary of offline discussion on downlink control channels, Ericsson, 3GPP TSG RAN WG1 Meeting #86bis, Lisbon, Portugal, October 10 – 14, 2016

[12] R1-1810973, Text proposal for DL/UL data scheduling and HARQ procedure, Guangdong OPPO Mobile Telecom., 3GPP TSG RAN WG1 Meeting #94bis, Chengdu, China, October 8th –12th, 2018

[13] R1-1609744, HARQ operation for large transport block sizes, Nokia, Alcatel-Lucent Shanghai Bell, 3GPP RAN1 #86bis, Lisbon, Portugal 10th - 14th October 2016

[14] R1-1700958, TB/CB handling for eMBB, Samsung, 3GPP RAN1 NR Ad Hoc#1701, Spokane, USA, 16th - 20th January 2017

[15] R1-1701020, Enriched feedback for adaptive HARQ, Nokia, Alcatel-Lucent Shanghai Bell, 3GPP RAN1 NR Ad Hoc#1701, Spokane, USA, 16th - 20th January 2017

[16] R1-1702636, Multi-bit HARQ-ACK feedback, Qualcomm Incorporated, 3GPP RAN1 NR Ad Hoc#1701, Spokane, USA, 16th - 20th January 2017

[17] R1-1701874, On HARQ and its enhancements, Ericsson, 3GPP RAN1 #88, Athens, Greece 13th - 17th February 2017

[18] R1-1707725, Discussion on CBG-based transmission, Guangdong OPPO Mobile Telecom, 3GPP RAN1 #89, Hangzhou, P.R. China 15th - 19th May 2017

[19] R1-1706962 , Scheduling mechanisms for CBG-based re-transmission , Huawei, HiSilicon, 3GPP RAN1 #89, Hangzhou, China, 15th -19th May, 2017

[20] R1-1707661, Consideration on CB group based HARQ operation, 3GPP RAN1 #89, Hangzhou, P.R. China 15th - 19th May 2017

[21] R1-1721638, Offline discussion summary on CBG based retransmission, 3GPP RAN1 #91, Reno, USA, November 27th - December 1st, 2017

[22] R1-1721370, Summary on CA Aspects, Samsung, 3GPP RAN1#91, Reno, USA, Nov. 27th - Dec. 1st, 2017

[23] R1-1610083, Initial views on UL control channel design, NTT DOCOMO, INC, 3GPP RAN1 #86bis, Lisbon, Portugal 10th - 14th October 2016

[24] R1-1611698, Discussion on uplink control channel, Guangdong OPPO Mobile Telecom, 3GPP RAN1 #87, Reno, USA 14th - 18th November 2016

[25] R1-1700618, Summary of [87-32]: UL L1/L2 control channel design for NR, NTT DOCOMO, INC, 3GPP RAN1 AH_NR, Spokane, USA, 16th - 20th January 2017

[26] R1-1703318, On the short PUCCH for small UCI payloads, Nokia, Alcatel-Lucent Shanghai Bell, 3GPP RAN1#88, Athens, Greece, 13th - 17th February, 2017

[27] R1- 1706159, Short duration PUCCH structure, CATT, 3GPP RAN1 #88bis, Spokane, USA 3rd - 7th April 2017

[28] R1-1705389, Performance Evaluations for Short PUCCH Structures with 2 Symbols, Samsung, 3GPP RAN1 #88bis, Spokane, USA 3rd - 7th April 2017

[29] R1-1711677, Summary of the E-mail Discussion [89-21]: On Long PUCCH for NR, Ericsson, 3GPP RAN1 NR Ad-Hoc#2, Qingdao, P.R. China, 27th - 30th June 2017

[30] R1-1711490, On the Design of Long PUCCH for 1-2 UCI bits, Ericsson, 3GPP RAN1 NR Ad-Hoc#2, Qingdao, P.R. China, 27th - 30th June 2017

[31] R1-1715567, Long-PUCCH for UCI of more than 2 bits, Huawei, HiSilicon, 3GPP RAN1 AH_NR#3, Nagoya, Japan, 18 –21 September 2017

[32] R1-1719972, Summary of email discussion [90b-NR-29] on PUCCH resource set, 3GPP RAN1 #91 R1-1719972 Reno, USA, November 27th –December 1st, 2017

[33] R1-1612063, Single-part/Multi-part PDCCH, Qualcomm, 3GPP RAN1 #87, Reno, USA, 14th –18th November 2016

Chapter

06

NR 初始連線

徐偉傑、賀傳峰、田文強、胡榮貽 著

社區搜尋是 UE 獲取 5G 服務的第一步，UE 透過社區搜尋能夠搜尋並發現合適的社區，繼而連線該社區。社區搜尋過程涉及了掃頻、社區檢測、廣播資訊獲取。因此本章第 6.1 節對社區搜尋過程相關的同步光柵與通道光柵、SSB（Synchronization Signal/Physical Broadcast Channel Block，同步訊號/物理廣播通道區塊）的設計、SSB 的傳輸特徵、SSB 的實際發送位置、社區搜尋過程等方面進行了介紹。繼而在第 6.2 節對初始連線過程 SIB1 傳輸相關的 Type0（類型 0）PDCCH CORESET 和 Type0 PDCCH 搜尋空間進行了介紹。

社區搜尋完成之後，UE 選取合適的社區發起隨機連線，從而建立起與網路的 RRC 連結。本章第 6.3 節對 NR 隨機連線相關的較有特色的 PRACH 通道設計、PRACH 資源設定、SSB 與 RO（PRACH Occasion，PRACH 時機）的映射以及 RACH 過程的功率控制等方面進行了介紹。

RRM（Radio Resource Management，無線資源管理）測量是 UE 在發起隨機連線之前評估社區訊號品質、確定是否連線社區的基本依據。UE 連線社區之後，也需要對服務社區以及鄰社區進行持續的 RRM 測量以輔助網路進行排程決策和行動性管理等。因此本節第 6.4 節介紹 NR RRM 測量相關的內容，包括 RRM 測量參考訊號、NR 測量間隔、NR 的同頻測量和異頻測量以及 RRM 測量帶來的排程限制。

RLM（Radio Link Moniotring，無線鏈路監測）過程用於 UE 連線社區進入 RRC 連接狀態之後 UE 持續監測和評估服務社區的無線鏈路品質。正如初始連線過程一樣，作為 UE 監測和維持鏈路品質的重要手段，RLM 過程是 UE 與網路通訊的重要保障，因此，本章第 6.5 節介紹了 NR RLM 過程相關的內容，包括 RLM 參考訊號以及 RLM 過程。

6.1 社區搜尋

NR 支援更大的系統頻寬、靈活的子載體間隔以及波束掃描，這些方面對 NR 初始連線相關的設計帶來深刻的影響，也使得 NR 相關方面更有特色。本節介紹社區搜尋過程相關的同步光柵與通道光柵、SSB 的設計、SSB 的傳輸特徵、SSB 的實際發送位置、社區搜尋過程等方面。

6.1.1 同步光柵與通道光柵

社區搜尋的主要目的是發現社區，由於 UE 一般缺乏社區實際部署情況的先驗知識，所以在社區搜尋過程中，UE 需要在潛在的社區的可部署頻段範圍內透過掃頻等方式確定社區位置、繼而獲取社區資訊並嘗試發起社區連線。上述過程涉及一個關鍵問題，既在掃頻、社區搜尋過程中，UE 需要在哪些頻域位置嘗試檢測社區？盲目地在所有頻點上做社區搜尋並不可取，怎樣制定有效的限制條件和規範，指導社區部署行為，幫助 UE 在社區搜尋時有章可循，是 5G 系統社區搜尋方案設計的關鍵。

1. 同步光柵與通道光柵的基本功能與特徵

在討論 5G 社區搜尋前，首先需要明確兩個基本概念，其一是「同步光柵」，另一個是「通道光柵」，搞明白這兩個概念的存在意義，以及二者之間的關係是了解 5G 系統社區搜尋過程及方案設計的關鍵，也是本節的重點內容。

同步光柵是一系列可用於發送同步訊號的頻點。網路部署時需要建立社區，社區需要有特定的同步訊號，同步訊號的可設定位置即對應同步光柵位置。比如說頻域上 A 點是一個同步光柵中的頻點位置，那麼當某電信業者在 A 點附近部署社區時就可以將該社區的同步訊號中心位置設定在 A 點，當 UE 在頻率 A 點所在的頻段搜尋社區時，可以透過 A 點上的同步訊號發現該社區，從而連線該社區。

通道光柵是可用於部署社區的特定頻點，這些頻點是可作為社區中心頻點來建立社區。例如社區頻寬為 100MHz，其中心頻點可設定於通道光柵頻點 B 上，則該社區的頻域設定範圍是[B-50MHz, B+50MHz]這樣一個頻域範圍。

有了上述基本概念後，需要明確這兩個概念的區別是什麼。透過比較不難發現，同步光柵強調的是可以部署社區同步訊號的頻域位置，通道光柵強調的是可以設定社區中心頻點的頻域位置，看似二者區別不大，但實際上卻會產生完全不同的社區部署設計影響。

首先，同步光柵的主要作用在於讓 UE 執行社區搜尋過程時可在特定頻點位置做對應搜尋，避免盲目搜尋的不確定性導致過長的連線延遲及功耗損失。同步光柵的粒度設定越大，則單位頻域範圍內的同步光柵點個數越少，UE 搜尋社區所需遍歷的搜尋位置也越少，從而會整體縮短社區搜尋所需時間。但是，同步光柵的設計不能無限制地擴大同步光柵的部署粒度，其原因在於網路必須確定在社區頻域範圍內至少存在一個同步光柵用於發送同步訊號，比如當社區頻寬是 20MHz 時，如果同步光柵的粒度設計為 40MHz，則顯然有些頻域資源不能被利用於社區部署，這種問題在通訊系統設計過程中需要避免。

其次，通道光柵的作用主要是用來部署社區，從其定義可以看出，通道光柵是可用於部署社區中心頻點的一系列頻域位置。從網路部署的層面看，通道光柵的粒度越小越好，因為這樣能夠降低通道光柵粒度劃分對社區部署靈活性的影響。考慮一個簡單的例子：比如當電信業者在 900MHz 至

920MHz 範圍內部署社區時，若該電信業者希望部署一個佔滿該頻譜範圍的頻寬為 20MHz 的社區，則該電信業者會期望在 910MHz 位置存在一個通道光柵；而當電信業者獲得了 900.1MHz 至 920.1MHz 範圍內的頻段使用權時，則該電信業者期望在 910.1MHz 位置也存在一個通道光柵可用於部署 20MHz 的社區以充分利用頻寬資源。由此可見，如果通道光柵的粒度過大，將難以滿足不同的頻段分配導致的不同網路部署需求。因此在技術上需要儘量降低社區部署的限制因素，採用更小的通道光柵粒度是一個簡單易行的方法。

綜上可見，一方面，從 UE 社區搜尋的角度而言，同步光柵粒度在一定條件下越大越好，有利於加快社區搜尋過程；另一方面，從網路部署角度來看，通道光柵粒度越小越好，有利於網路的靈活部署。

2. LTE 系統中的光柵設計以及 5G NR 所面對的新變化

在 LTE 系統設計中，同步訊號的中心頻點固定在社區的中心頻點，即用於發現社區的同步光柵和用於部署社區的通道光柵被綁定在一起，對應的光柵大小約定為 100kHz。透過本節第一部分的分析，不難發現這是一個折中的方案，也是一個較為簡單的實現方案，100kHz 的通道光柵確保了網路部署的靈活性，同時由於 LTE 頻段頻寬一般在幾十 MB 赫茲，重複使用 100kHz 間隔的同步光柵帶來的社區搜尋的複雜度尚可以接受。

然而，5G NR 的社區部署時，考慮到 5G 系統特徵，同步光柵和通道光柵設計的影響因素發生了變化，主要表現在以下兩個方面：

首先，5G NR 的系統頻寬將大大超越 LTE 系統，例如低頻場景下典型的頻段寬度為數 100MB 赫茲，高頻場景典型的頻段寬度為數吉赫茲，如果 UE 執行社區初搜時如果依舊沿用 100kHz 的搜尋間隔，勢必會導致過長且不能接受的社區搜尋時間。此外，在後續具體的 5G 系統同步訊號設計章節可以看出，受 5G NR 同步訊號特徵約束，單頻點上的社區搜尋將需要 20 毫秒甚至更多的時間，當在頻域上又要密集搜尋更多同步光柵時，整體的社區搜尋時間將非常漫長。在 3GPP 的一些討論中，甚至有公司估算出不做針對性改善設計的話，社區初搜的時長可能長達十幾分鐘，將會是個完全不可接受的過程。所以，最佳化改進 5G 系統的同步光柵、通道光柵設計是保障 5G 系統使用者體驗的基本需求。

其次，由於 NR 系統的靈活特性，5G NR 的系統設計將同步訊號的位置不再約束在社區中心。對一個 5G 社區來說，其同步訊號只需要在社區系統頻寬之內即可。這一變化，一方面支援了網路設定同步訊號資源的靈活性，另一方面也是給予了重新設計 5G 系統同步光柵的可能性，因為如果依舊約束 5G 同步訊號位於社區中心頻點位置的話，那將只能以犧牲網路部署靈活性為代價去擴大同步光柵，而當同步光柵與通道光柵解綁定之後，上述布網靈活性與初搜複雜度的矛盾可以在一定程度上獨立解決。

3. 5G NR 的同步光柵及通道光柵設計

這裡我們說明了同步光柵和通道光柵的特徵，LTE 系統中的基本情況以及 5G NR 所面對的新變化，這些內容對於充分了解 5G NR 的同步光柵、通道光柵設計是有幫助的。在接下來的本節內容中，我們將具體說明在考慮上述因素後，5G NR 的同步光柵、通道光柵的設計特徵。

首先，關於通道光柵部分，5G NR 約定了「全球通道光柵」與「NR 通道光柵」兩個基本概念。其中，全球通道光柵作為基本的射頻參考頻率位置（F_{REF}），其光柵粒度定義為全球光柵粒度（ΔF_{Global}），這些位置是用於描述 NR 通道光柵的基礎。通常這組頻域參考點位置會與特定編號對應後以 NR-ARFCN（NR Absolute Radio Frequency Channel Number，NR 絕對通道編號）的方式呈現出來。如表 6-1 所示，在 0 到 3GHz 的頻域範圍內，全球通道光柵的基本頻域粒度 ΔF_{Global} 是 5kHz，其分別對應了 0 至 599999 的絕對通道編號；在 3GHz 到 24.25GHz 的範圍內，全球通道光柵的粒度 ΔF_{Global} 擴大為 15kHz，其分別對應了 600000 到 2016666 的絕對通道編號；在 24.25GHz 到 100GHz 的範圍內，全球通道光柵的基本頻域粒度 ΔF_{Global} 擴大為 60kHz，其分別對應了 2016667 到 3279165 的絕對通道編號。

表 6-1 全球通道光柵與絕對通道編號之間的對應關係

頻域範圍（MHz）	全球頻域通道光柵粒度（kHz）	起始頻率（MHz）	起始絕對通道編號	絕對通道編號範圍
0 –3000	5	0	0	0 –599999
3000 –24250	15	3000	600000	600000 –2016666
24250 –100000	60	24250.08	2016667	2016667 –3279165

以上述全球通道光柵為基礎，5G NR 通道光柵設計對每一個部署頻段都約束了各自對應的通道光柵粒度以及通道光柵的起始計算點和終止計算點。表 6-2 節選了部分頻段上的通道光柵設計結果，以頻段 n38 為例，100kHz 被作為通道光柵的基本粒度，該頻段上行鏈路內的第一個通道光柵點位於絕對通道編號 514000 所對應的頻點上，之後每相鄰兩個通道光柵頻點之間相距 20 個絕對通道編號，該頻段內的最後一個通道光柵位於絕對通道編號 524000 所對應的頻點之上。

表 6-2 不同 NR 頻段上的 NR 通道光柵設定情況（節選）

NR 頻段	通道光柵粒度（kHz）	上行鏈路中透過絕對通道編號定義的通道光柵(起始位置–<步進值>–終止位置)	下行鏈路中透過絕對通道編號定義的通道光柵（起始位置–<步進值>–終止位置）
n1	100	384000 –<20> –396000	422000 –<20> –434000
n3	100	342000 –<20> –357000	361000 –<20> –376000
n8	100	176000 –<20> –183000	185000 –<20> –192000
n34	100	402000 –<20> –405000	402000 –<20> –405000
n38	100	514000 –<20> –524000	514000 –<20> –524000
n39	100	376000 –<20> –384000	376000 –<20> –384000
n40	100	460000 –<20> –480000	460000 –<20> –480000
n41	15	499200 –<3> –537999	499200 –<3> –537999
	30	499200 –<6> –537996	499200 –<6> –537996
n77	15	620000 –<1> –680000	620000 –<1> –680000
	30	620000 –<2> –680000	620000 –<2> –680000
n78	15	620000 –<1> –653333	620000 –<1> –653333
	30	620000 –<2> –653332	620000 –<2> –653332

NR 頻段	通道光柵 粒度 （kHz）	上行鏈路中 透過絕對通道編號定義的通道光柵 (起始位置–<步進值>–終止位置)	下行鏈路中 透過絕對通道編號定義的通道光柵 （起始位置–<步進值>–終止位置）
n79	15	693334 –<1> –733333	693334 –<1> –733333
	30	693334 –<2> –733332	693334 –<2> –733332
n258	60	2016667 –<1> –2070832	2016667 –<1> –2070832
	120	2016667 –<2> –2070831	2016667 –<2> –2070831

透過表 6-2 可以看出，對於大多數低頻段，5G NR 都沿用了 100kHz 粒度的 NR 通道光柵設計，這主要是考慮了這些頻段大多都是 LTE 的重耕頻段，保持和 LTE 的統一設計有利於最小化重耕頻段上對網路部署規劃的影響。對於 5G NR 新定義的頻段（如 n77、n78、n79、n258），通道光柵設計時採用了與該頻段所用子載體間隔大小相對應的通道光柵粒度，如 15kHz，30kHz 以及 60kHz 和 120kHz，從而為這些全新 5G 頻段提供了更為靈活的網路部署支援。

對同步光柵來說，5G NR 的設計略顯複雜。首先類似於上述「全球通道光柵」與「NR 通道光柵」之間的關係，5G NR 定義了「全球同步光柵」作為基本頻域粒度用於建構實際的「NR 同步光柵」。每個全球同步光柵的頻域位置均對應一個特定的全球同步編號（GSCN，Global Synchronization Channel Number），其相互之間的對應關係如表 6-3 所示。

表 6-3 全球同步光柵與全球同步編號 GSCN 之間的對應關係

頻域範圍	全球同步光柵頻域位置	全球同步編號 計算方式	全球同步編 號範圍
0 –3000 MHz	N * 1200kHz + M * 50 kHz, N=1:2499, $M \epsilon \{1,3,5\}$	$3N + (M\text{-}3)/2$	2 –7498
3000 –24250 MHz	3000 MHz + N * 1.44 MHz N = 0:14756	$7499 + N$	7499 –22255
24250 –100000 MHz	24250.08 MHz + N * 17.28 MHz, N = 0:4383	$22256 + N$	22256 –26639

不同頻率範圍內全球同步光柵與全球同步編號之間的對應關係有所區別，

主要表現在兩點上：（1）0-3GHz 的範圍內全球同步光柵的基本粒度是 1.2MHz，3GHz 到 24.25GHz 之間的全球同步光柵基本粒度是 1.44MHz，24.25GHz 到 100GHz 之間的全球同步光柵基本粒度是 17.28 MHz。一般而言，頻段越高，網路使用的系統頻寬越大，因此上述設計一方面在越高頻段採用越大同步光柵間距以減小社區搜尋複雜度，同時保障所有可部署社區均可在系統頻寬內設定同步訊號；（2）0-3GHz 的範圍內額外增加了正負 100kHz 的偏移量，相當於每個間距為 1.2MHz 的全球同步光柵外還會有正負偏移 100kHz 的兩個全球同步光柵點與之共存，這部分修正的原因在於考慮到 3GHz 以下頻段需要與 LTE 頻段共存，當同步光柵和通道光柵解耦後，同步訊號中心頻點和社區中心頻點間的偏移與社區子載體間隔設定之間將不能保證子載體間隔整數倍的關係，所以需要增添正負偏移做微調以避開上述問題。

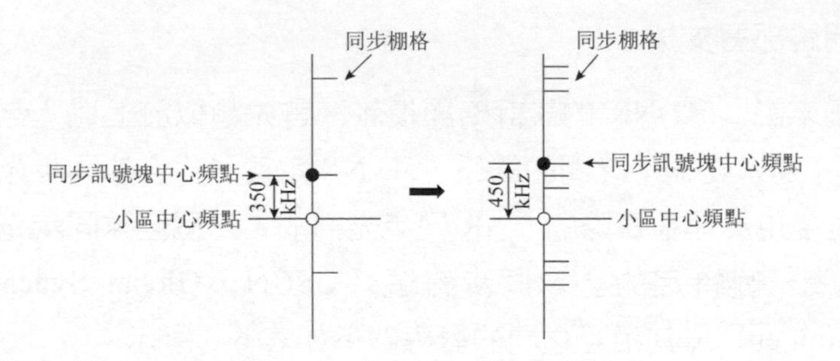

圖 6-1 同步光柵偏移設計範例

舉例來說，當在 n38 頻段部署一個子載體間隔為 15kHz 的社區時，當社區中心頻點部署在通道光柵頻點 2603.8MHz（ARFCN=520760）時，如果期望將同步訊號中心頻點部署在同步光柵 2604.15MHz（GSCN=6510，M=3，N=2170），則上述通道光柵頻點與同步光柵頻點之間的頻域偏移為 350kHz，如圖 6-1 所示，並不是 15kHz 子載體間隔的整數倍，這種情況將不利於對社區內的同步訊號及同步訊號所在符號上的資料通道做統一 FFT 處理，從而會引入額外的訊號生成、檢測複雜度。而當同步光柵設計引入正負 100kHz 的偏移後，上述問題將得以解決，例如本例中同步訊號區塊中心頻點可規劃在同步光柵 2604.25MHz（GSCN=6511，M=5，N=2170）處，此時通道光柵頻點與同步光柵頻點之間的頻域偏移為 450kHz，既組成子載體間隔 15kHz 的整數倍，從而避免了上述複雜度問題。

基於全球同步光柵的規劃，即可確定各個頻段上各自對應的 NR 同步光柵位置，如表 6-4 所示，絕大多數頻段內的 NR 同步光柵與該頻段內的全球同步光柵位置一一對應。當然也有一些頻段，如 n41、n79 等頻段，為了進一步減小社區搜尋的複雜度，在全球同步光柵基礎上，成倍數地擴大了該頻段 NR 同步通道光柵粒度。

表 6-4 不同 NR 頻段上的 NR 同步光柵設定情況（節選）

NR 頻段	同步訊號子載體間隔	透過 GSCN 定義的同步光柵 (起始位置–<步進值>–終止位置)
n1	15 kHz	5279 –<1> –5419
n3	15 kHz	4517 –<1> –4693
n8	15 kHz	2318 –<1> –2395
n34	15 kHz	5030 –<1> –5056
n38	15 kHz	6431 –<1> –6544
n39	15 kHz	4706 –<1> –4795
n40	15 kHz	5756 –<1> –5995
n41	15 kHz	6246 –<3> –6717
	30 kHz	6252 –<3> –6714
n77	30 kHz	7711 –<1> –8329
n78	30 kHz	7711 –<1> –8051
n79	30 kHz	8480 –<16> –8880
n258	120 kHz	22257 - <1> - 22443
	240 kHz	22258 - <2> - 22442

6.1.2 SSB 的設計

SSB 在初始連線過程中扮演基礎性的角色，承載非常重要的功能，例如攜帶社區 ID、時頻同步、指示符號級/時間槽級/訊框定時、社區/波束訊號強度/訊號品質的測量等。為支援這些功能，SSB 中包含 PSS（Primary Synchronization Signal，主同步訊號）、SSS（Secondary Synchronization Signal，輔同步訊號）、PBCH（Physical Broadcast Channel，物理廣播通道）及其參考訊號 DMRS（Demodulation Reference Symbol，解調參考符號）。其中，PSS 與 SSS 用於攜帶社區 ID（可攜帶 1008 個社區 ID）、完成時頻同步、獲取符號級定時；SSS 和 PBCH 的參考訊號 DMRS 可用於社區或波束訊號強度/訊號品質的測量；PBCH 用於指示時間槽/訊框定時等資訊。這裡需要說明的是，在標準化討論的初期，採用了 SSB（Synchronization Signal Block，同步訊號區塊）的說法。由於 SSB 也包含了 PBCH 通道，因此後期規範撰寫過程中，為了準確起見，改稱為 SS/PBCH Block（Synchronization Signal Block/PBCH Block，同步訊號廣播通道區塊）。在本書中二者等效，為簡單起見，我們一般稱之為 SSB。

鑑於 SSB 的在初始連線過程中的基礎性作用，因此在標準化過程中對其訊號和結構設計，進行了充分的討論。

NR 系統以波束掃描的方式發送時，在每一個下行波束中均需要發送 SSB，每一個 SSB 中均需要包含 PSS、SSS、PBCH。PSS、SSS 序列長度均為 127，佔用 12 個 PRB（含保護子載體）。為提供足夠資源使得 PBCH 以足夠低的串流速率發送，模擬評估確定在每一個符號上佔用的頻寬為 24 個 PRB 的情況下，PBCH 佔用 2 個符號即可滿足性能需求，因此 PBCH 的頻寬為 24 PRB。

SSB 的結構，尤其是 PSS、SSS、PBCH 符號在時間上的排列順序是標準化討論中的焦點。由於 UE 在接收和處理 SSB 時，PSS 的處理在 SSS 的處理之前，因此 PSS 若放置在 SSS 之後，UE 需要快取 SSS 以在處理 PSS 之後處理 SSS[1]，因此各公司首先達成一致，PSS 應放置 SSS 之前。然而，關於 SSB 內 PSS、SSS、PBCH 的具體時域映射順序，各公司提出不同的設計圖樣，典型的方案如下：

★選項 1：映射順序為 PSS-SSS-PBCH-PBCH，如圖 6-2 中選項 1 所示。

★選項 2：映射順序為 PSS-PBCH-SSS-PBCH，如圖 6-2 中選項 2 所示。

★選項 3：映射順序為 PBCH- PSS-SSS-PBCH，如圖 6-2 中選項 3 所示。

★選項 4：映射順序為 PSS-PBCH-PBCH-SSS，如圖 6-2 中選項 4 所示。

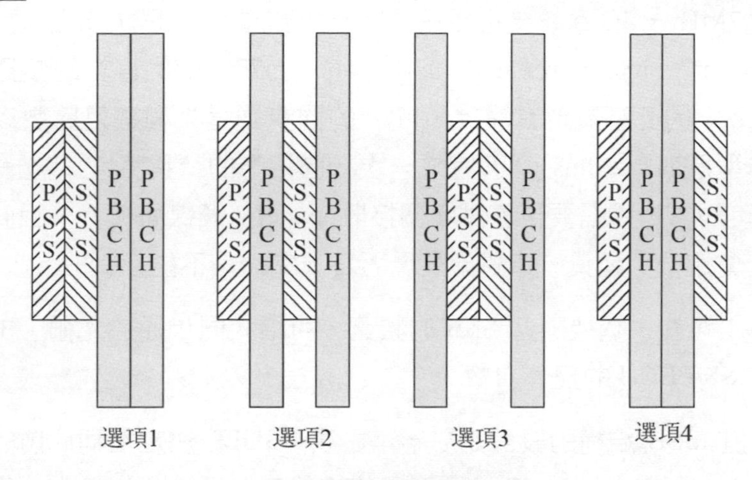

圖 6-2 NR SSB 結構設計

上述方案的主要區別在於 PSS、SSS 之間的符號間距，兩個 PBCH 符號之間的間距以及 PBCH 符號與 PSS、SSS 符號之間的相對關係。文獻[2]與文獻[3]等提出，SSS 可以輔助用於兩個 PBCH 符號的通道估計，提升 PBCH 的解調性能，因此 SSS 應位於兩個 PBCH 符號之間。文獻[4]透過模擬指出適當增大 PSS、SSS 之間的符號間隔有利於提升頻偏估計的精度。因此，選項 2 可以滿足這些要求，選項 2 所對應的時域映射順序被標準採納。

至此，3GPP 完成了 SSB 的結構設計。然而，在 2017 年 9 月份舉辦的小組會上，部分晶片廠商提出，由於在 RAN4#82bis 上同意 NR 支援的最小通道頻寬在 FR1 為 5MHZ、在 FR2 為 50MHz，基於目前的 SSB 結構，UE 在社區搜尋時，需要完成巨大的社區搜尋的工作量，所對應的社區搜尋延遲也將難以接受。具體分析如下（6.1）[5]：

同步通道的光柵由下述公式確定：

$$\text{同步通道光柵} = \text{最小通道頻寬} - \text{SSB 頻寬} + \text{通道光柵} \tag{6.1}$$

以 FR1 為例，由於 FR1 支援的最小通道頻寬為 5MHz，SSB 頻寬為 24 個 PRB（當 SCS 為 15KHz 時，對應的 4.32MHz 頻寬），可見同步通道光柵將不足 0.7MHz。5G 系統支援頻段頻寬一般較寬，在 FR1 典型的 5G 頻段（n1、n3、n7、n8、n26、n28、n41、n66、n77、n78 等）的頻寬之和接近 1.5GHz，因此基於現有設計，FR1 的同步通道光柵數目將數以千計。SSB 的典型週期為 20ms，UE 完成一次社區搜尋的時長將達 15 分鐘[5]，對於高頻而言，UE 還需要再嘗試多個接收 panel（天線面板），因此社區搜尋的延遲會進一步延長，這對於實現而言，顯然是不能接受的。

由公式 6-1 可知，透過降低 SSB 的頻寬，可增大同步通道光柵，由此降低頻率域上 SS/PBCH 的搜尋次數。

基於此，在 SSB 結構的設計完成半年之後，3GPP 決定推翻此前的設計，重設計 SSB 結構以降低 UE 社區搜尋的複雜度。標準化討論中，重設計的 SSB 的結構的典型方案如下：

★選項 1：降低 PBCH 符號的頻寬，舉例來說，降低到 18 個 PRB，不做其他設計修改

★選項 2：降低 PBCH 符號的頻寬，舉例來說，降低到 18 個 PRB，同時增加 PBCH 的符號數目

★選項 3：降低 PBCH 頻寬，同時在 SSS 符號兩側增加 PBCH 的頻寬

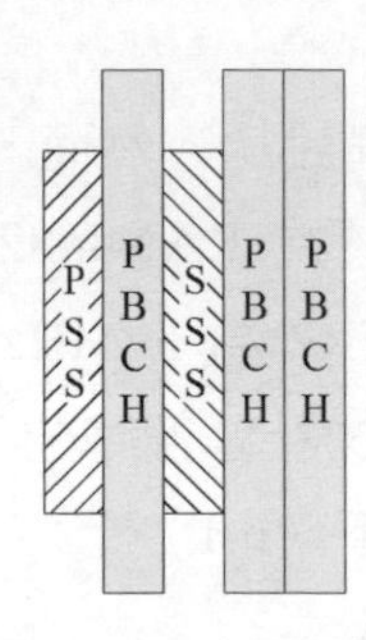

圖 6-3 增加 PBCH 符號的 SSB 重設計方案

選項 1 透過降低 PBCH 的符號，降低社區搜尋的複雜度，然而由於 PBCH 總資源變少，導致 PBCH 的解調性能下降，從而影響 PBCH 的覆蓋。

如圖 6-3 所示，選項 2 一方面降低 PBCH 的頻寬以降低社區搜尋的複雜度，另一方面增加 PBCH 的符號數目以彌補頻寬降低帶來的 PBCH 資源的減少，從而保證 PBCH 的解調性能。但另一方面，SSB 所佔用的符號數目的增加導致了原設計的時間槽內的 SSB 的候選位置不能使用，需要重設計 SSB 的候選位置的圖樣，這勢必增加了標準化的影響。

如圖 6-4（a）所示，選項 3 一方面降低了 SSB 佔用的總頻寬從而降低初始搜尋的複雜度，另一方面，巧妙地利用 SSB 的 SSS 兩側的剩餘資源，各增加 4 個 PRB 用於 PBCH 傳輸，彌補了由於頻寬下降導致的 PBCH 資源量減少，從而使得 PBCH 傳輸的總資源量與此前的設計保持一致，保證 PBCH 的覆蓋性能。值得説明的是，標準討論過程也提出了與選項 3 類似的方案，如圖 6-4（b）所示，在降低 PBCH 頻寬的同時，分別在 PSS、SSS 兩側增加 PBCH 傳輸的頻率資源，即該方案也同時利用了 PSS 兩側剩餘的頻率資源。採用該方案有以下獲益: 一方面可以進一步增加 PBCH 的總資源量從而提升 PBCH 的傳輸性能；另一方面，若保持 PBCH 的總資源與圖 6-4（a）所示方案一致，則可以進一步降低 SSB 的頻寬，從而進一步降低社區搜尋的複雜度。但該方案最終未採納，原因在於 UE 在接收 SSB 時，第一個符號 PSS 通常會用於 AGC（自動增益控制）調整，因此即使 PSS 兩側傳輸 PBCH，也有可能不能用於增強 PBCH 的解調性能，另一方面，圖 6-4（a）所示方案已經帶來足夠的社區搜尋複雜度降低的增益。

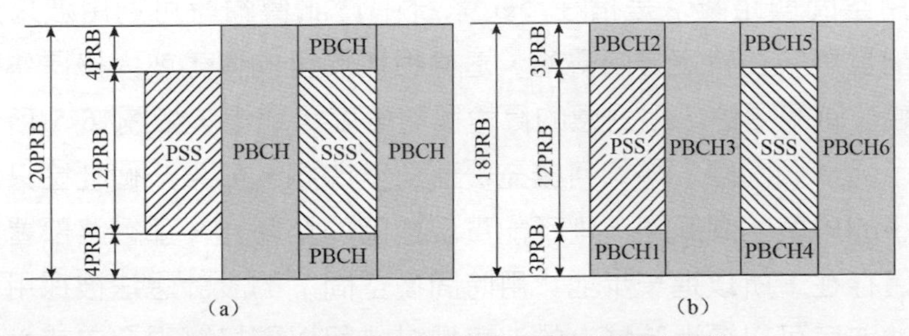

圖 6-4 增加 PBCH 符號的 SSB 重設計方案

最終標準採納了選項 3，如圖 6-4（a）所示的方案，需要指出的是，SSB 的頻寬從 24 個 PRB 降低為 20 個 PRB。

6.1.3 SSB 的傳輸特徵

上一節主要介紹了同步訊號區塊的基本設計，本節中將重點說明 5G NR 同步訊號區塊的傳輸特徵。

5G 系統相對 LTE 系統來說為了尋求更大的可利用頻寬以支援更快的傳輸速率，其在可用頻段上支援更高的頻率範圍，而高頻帶來的直接問題就是傳輸距離受限。一般來說頻率越高其訊號空間傳播時能量損失越大，對應地通訊距離也越短，這對廣域覆蓋無線通訊系統來說影響極大。面對這一難題，3GPP 經過多輪討論，最終決定採用集中能量傳輸，如圖 6-5 所示，用空間換距離，用時間換空間的方法處理上述高頻傳輸與覆蓋受限之間的矛盾。

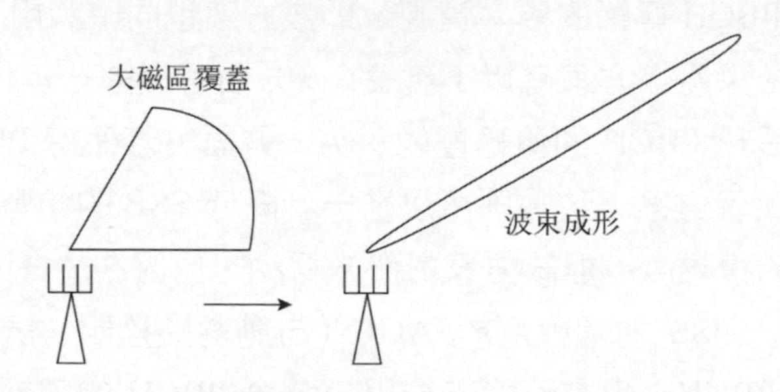

圖 6-5 採用波束成形的方式提升傳輸距離

這裡「用空間換距離」是指在 5G 系統中資訊傳輸時可利用波束成形技術，將能量集中在特定方向傳輸，這樣相比於全向傳輸或大磁區傳輸的方式，其通訊距離更遠，但對應的傳輸覆蓋角度會縮小，如圖 6-5 所示。這就帶來了另一個問題，即如何擴充覆蓋角度問題。如果一個社區只能覆蓋一個極小的角度空間範圍，則不能實現社區的全覆蓋，那網路部署與覆蓋問題依舊存在，所以進一步地「用時間換空間」的設計想法被採用。不同的方向性波束可以透過時域上的波束掃描過程以間接實現全向或大磁區覆蓋，如圖 6-6 所示。綜上，依靠波束成形技術和波束掃描方案，5G 系統的高頻遠距離全覆蓋網路拓樸得以實現。

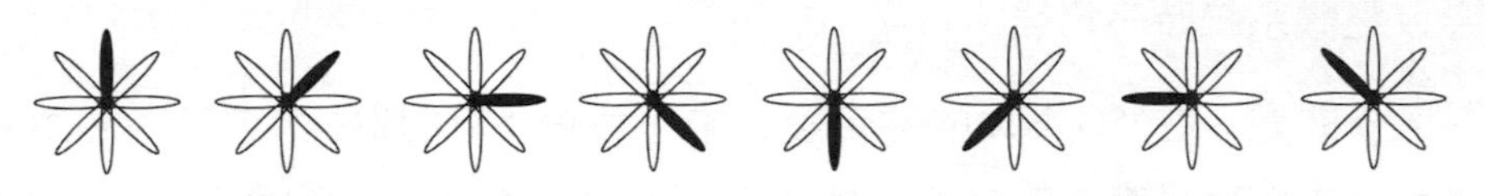

圖 6-6 採用波束掃描的方式擴充傳輸範圍

基於上述設計想法，5G NR 協定中對同步訊號區塊的傳輸方案相比 LTE 系統同步訊號傳輸做了對應改進，如圖 6-7 所示，同步訊號區塊承載於波束成形後的特定波束上傳輸，一組多個同步訊號區塊組成一組 SSB 突發集合，並在時域上以波束掃描的方式陸續發送，從而實現同步訊號的全社區覆蓋。

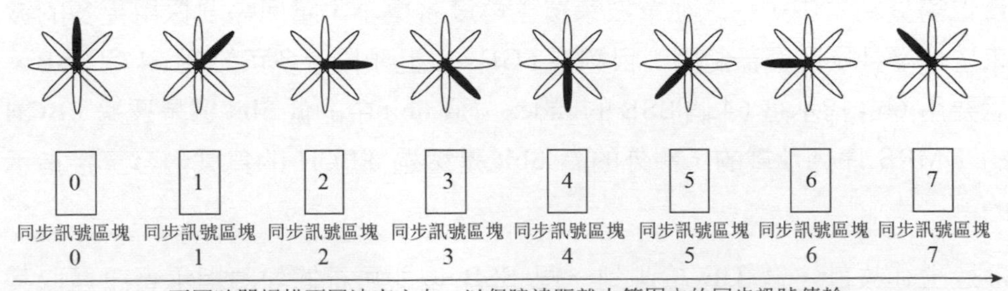

圖 6-7 採用波束掃描的方式傳輸 SSB

基於上面的描述，我們對於 5G NR 中同步訊號區塊發送的基本特徵及其原因有了整體了解，接下來我們來關注一些衍生出來的新問題及細節設計。

首先，SSB 突發集合中的這些 SSB 會被約束在一個系統半訊框之內，在一個 SSB 突發集合中，每個 SSB 上攜帶的社區資訊是一樣的。這裡會有一個問題，同步訊號區塊的主要功能之一是用來幫助 UE 確定系統時序，但如果 SSB 突發集合中的每個同步訊號都一樣，會不會存在 SSB 辨識上的混淆問題？比如當一個手機檢測到了上述第 4 個 SSB 後，該 UE 如何確定該 SSB 是第 4 個 SSB，而非第 8 個 SSB？由於每個 SSB 代表的時序資訊不一樣，如果在這點上 UE 對所檢測到的 SSB 時序做出了誤判，那麼勢必會導致整體系統時序錯誤。

針對這一問題，在 5G NR 的協定設計中，每個 SSB 都被指定了一個 SSB 突發集合內確定且唯一的索引，即 SSB index。當 UE 檢測到某一個 SSB 後，透過辨識其中的 SSB index 即可確定出該 SSB 在一個 SSB 突發集合中的位置資訊，從而也就確定了 SSB 在系統半訊框中的時序。在具體實現上，UE 可以透過讀取物理廣播通道 PBCH 的負載來獲得 SSB index。對於 6GHz 以下頻段，一個 SSB 突發集合中最多有 8 個 SSB，最多需要 3bit 指示這 8 個 SSB 的序號，這 3bit 透過 PBCH 的 DMRS 序列隱式承載，共有 8 個不同的 PBCH 的 DMRS 序列，分別對應 8 個不同的 SSB 序號。對於 6GHz 以上頻段，由於所處頻率更高，為了確保訊號長距離傳輸其波束能量也需更為集中，對應地單波束覆蓋角度將更小，繼而需要採用更多的波束以保證社區的覆蓋範圍。目前在 6GHz 以上頻段最多可設定 64 個 SSB，需要用 6bit 指示這 64 個 SSB 的 index，這 6bit 中的低 3bit 還是透過 PBCH 的 DMRS 序列承載的，額外的高 3bit 是透過 PBCH 的負載內容直接指示的。

透過上述設計，當 UE 檢測到一個 SSB 後即可根據對應指示資訊獲取其 SSB 序號資訊，接下來 UE 需要做的就是將該 SSB index 與具體的 SSB 時域位置對應起來。這裡主要是透過協定約定的方式，目前的 3GPP 協定明確約定了不同 SSB index 所對應的用於 SSB 傳輸的 SSB 時域候選位置。

在一個系統半訊框內，可用於傳輸同步訊號區塊的時間槽是有限定的。如圖 6-8 所示，當系統半訊框內允許最多傳輸 4 個 SSB 的時候，半訊框內的前 2 個時間槽內允許傳輸 SSB。當系統半訊框內最多允許傳輸 8 個 SSB 的時候，半訊框內前 4 個時間槽內允許傳輸 SSB。

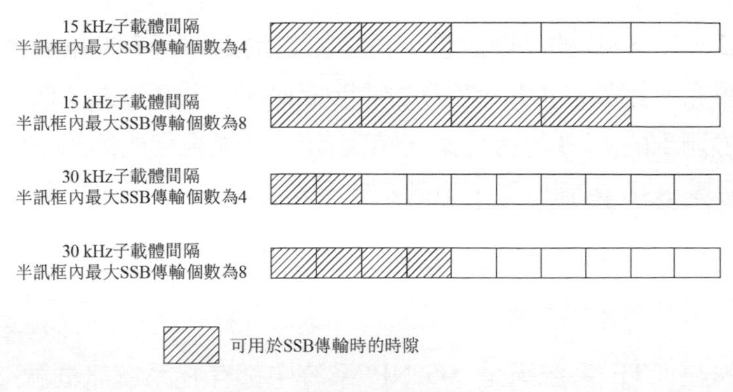

圖 6-8　SSB 傳輸時間槽設計

在一個時間槽內可用於傳輸同步訊號區塊的位置也是有限制的，協定具體約定了哪些符號上可以用於傳輸 SSB，哪些符號上不能用於傳輸 SSB。以 6GHz 以下頻段為例，共有三種傳輸模式，如圖 6-9 所示。同步訊號區塊傳輸位置限定的影響因素主要包括：（1）時間槽起始位置處的前兩個符號預留給控制通道資源備用，不用於同步訊號區塊傳輸。（2）時間槽結束位置的最後兩個符號預留作上行控制通道資源備用，不用於同步訊號區塊傳輸。（3）連續兩個同步訊號區塊之間保留一定的符號間隔用於支援系統上下行傳輸靈活轉換，用於支援 URLLC 業務業務。（4）考慮到重耕頻段上的 NR 部署，對於 30kHz 子載體間隔的同步訊號區塊傳輸增加模式方案 B，避開與 LTE 系統共存時同步訊號區塊的傳輸與 LTE 控制通道及社區專屬參考訊號資源的衝突。

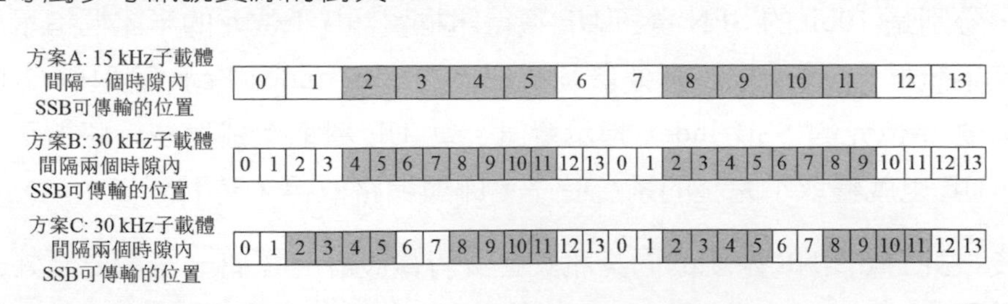

圖 6-9　SSB 傳輸符號設計

基於上述約定，對 SSB 的可傳輸位置依次排列即可得到系統半訊框內的所有 SSB 時序候選位置，且每一個候選位置都對應著一個特定的 SSB 序號。當 UE 確定 SSB 的序號之後，根據協定約定即可反推出具體的半訊框內的時序資訊。比如當 UE 確定所檢測到的 SSB 的序號為 3 時，該 UE 即可獲知所檢測到的 SSB 對應於某一特定 5ms 時間視窗內的第 2 個時間槽中的第 2 個候選 SSB 傳輸位置，也就確定了半訊框內的系統時序。

系統半訊框內的時序問題得到解決後，接下來則需要關注系統半訊框外的時序，這裡要分兩步來考慮：

首先，無論在 LTE 系統還是 5G NR 系統中都存在系統訊框號 SFN 的指示，也就是說 UE 獲得 SFN 後就可以知道系統訊框的資訊，對 5G 系統來說 UE 可以透過廣播通道獲取 SFN 資訊，但特殊的情況在於，SFN 總共有 10 個位元指示，其中高 6 位元是在 MIB 資訊中直接指示的，而低 4 位元是透過 PBCH 攜帶的物理層資訊部分直接承載的。

其次，當透過 SSB 序號確定半訊框內系統時序並透過系統訊框號確定訊框資訊後，還需確認所檢測到的 SSB 位於當前系統訊框的前半訊框還是後半訊框。針對這一問題，5G NR 系統透過引入 1 位元半訊框指示資訊直接指示當前半訊框時序，這 1 位元半訊框指示資訊 UE 透過 PBCH 的負載直接獲得。

這裡我們可以做個小結，對一個 5G NR 系統來說，UE 究竟需要知道多少資訊才可獲得完整系統時序？統計後可發現，總共需要 14（或 17）個位元，分別是 10bit 的 SFN 資訊 UE 獲得訊框資訊，1 位元的半訊框指示用於確定半訊框，6GHz 以下需要最多 3 位元的 SSB index 指示資訊，6GHz 以上需要 6 位元的 SSB index 指示資訊。當 UE 獲取上述這些時序指示資訊後，UE 也就獲取了完整的系統時序，即與網路取得了時間同步。

最後，針對 5G NR 系統的同步訊號區塊傳輸設計，還有一些需要額外說明的方面。

首先是 UE 如何確定 SSB 的 QCL 假設。SSB index 的一項主要功能是讓 UE 獲取系統時序資訊，除此之外，SSB index 還有另外一項功能，既用於指示 SSB 之間的 QCL 關係。訊號之間的 QCL 關係用於描述其大尺度參數特徵相似程度，QCL 的定義具體可以參考第 8 章。如果兩個訊號之間是 QCL 的關係，則可認為這兩個訊號的大尺度參數相似。具體到 SSB 來説，在 5G NR 系統中不同波束承載的 SSB 組成一個 SSB 突發集合，不同 SSB 索引對應了突發集合內不同 SSB 時域位置資訊的同時，也對應了特定的 SSB 傳輸波束資訊。具有同樣 SSB 索引的 SSB 之間可認為具有 QCL 關係，UE 可假設基地台採用了相同的波束用於傳輸這些 SSB；不同 SSB index 對應的 SSB 之間不認為存在 QCL 關係，因為它們可能來自不同的基地台傳輸波束，經歷了不同的通道傳輸特徵。

其次是 UE 如何確定 SSB 突發集合的週期。在時間上，SSB 突發集合是週期性傳輸的。SSB 的週期性傳輸的週期參數確定主要分為兩大類：第一，社區搜尋時，UE 未獲得 SSB 週期的設定，協定約定此時 UE 可以假設 SSB 週期是 20 毫秒，以方便 UE 按照固定的 20 毫秒的傳輸週期執行社區搜尋，從而降低社區搜尋和檢測的複雜度。第二種情況，當 UE 基於 SSB 執行其他操作如 RRM 測量時，SSB 的傳輸週期可由網路靈活設定。5G NR 目前支援了{ 5 ms,10ms,20ms,40ms,80ms,160ms}等多種週期，基地台可以隨選透過高層訊號設定給 UE。

6.1.4 SSB 的實際傳輸位置及其指示

如 6.1.2 節中所述，NR 定義了 SSB 突發集合傳輸的候選位置，不同頻段上部署的候選位置的數目不同。頻段越高，由於系統需要支援的波束數目越多，SSB 的候選位置越多。另一方面，在實際網路部署時，電信業者可根據社區半徑的大小、覆蓋的需求、基地台裝置的發射功率以及基地台裝置支援的波束數量等多個方面靈活確定社區中實際傳輸的 SSB 的數量。例如採用高頻段部署巨集社區時，為對抗較大的路徑傳播損耗，可採用較多的波束，以取得較高的單波束成形增益提升社區覆蓋；而使用低頻段部署，則可以使用較少的波束就可以完成較好的覆蓋。

對 UE 而言，獲知網路實際傳輸的 SSB 的位置是必要的。舉例來說，UE 在 PDSCH 的接收速率匹配時，在 SSB 所佔的符號和 PRB 上是不能傳輸 PDSCH 的。因此，標準上需要解決如何指示實際傳輸的 SSB 的位置的問題。

由於系統資訊、RAR 回應訊息以及尋呼訊息等均在 PDSCH 通道上承載，需要儘早通知實際傳輸 SSB 的位置以不影響上述資訊的接收。因此有必要在系統訊息中指示實際傳輸 SSB 的位置，由於系統訊息負載的限制，指示負擔是標準設計指示方法的重要考慮因素。

在 FR1，由於 SSB 的傳輸候選位置數量為 4 或 8 個，即使採用完整的位元映射指示，所需要的負擔僅為 4 個或 8 個位元，因此各公司同意 FR1 採用完整的位元映射指示實際傳輸 SSB 的位置，位元映射中一個位元對應一個 SSB 傳輸候選位置，若該位元設定值為"1"，表示該傳輸候選位置上實際發送了 SSB，若該位元設定值為"0"，表示該傳輸候選位置上未發送 SSB。

討論的焦點聚焦在 FR2，這是由於 FR2 的 SSB 的傳輸候選位置多達 64 個，若依然採用完整的位元映射指示，在廣播訊息中進行指示時，顯然 64 位元負擔是不能接受的。為此，各公司提出不同的最佳化方法，較為典型的方法如下：

★方法 1：指示分組位元映射和組內位元映射

該方法將 SSB 的傳輸候選位置進行分組，基於分組位元映射指示有實際 SSB 傳輸的分組。進一步地，基於組內位元映射指示每一個有實際 SSB 傳輸的分組內實際傳輸的 SSB 的位置，可以看出，每一個組的實際傳輸的 SSB 的位置相同。舉例來說，以下圖 6-10 所示，將 64 個 SSB 候選位置劃分為 8 組，則共需要使用 8 個位元指示分組，位元映射"10101010"表示第 1、3、5、7 分組有 SSB 的傳輸，進一步地，採用另外 8 個位元映射"11001100"指示每組內第 1、2、5、6 個位置有 SSB 發送。因此該方法總共需要 16 個指示位元。

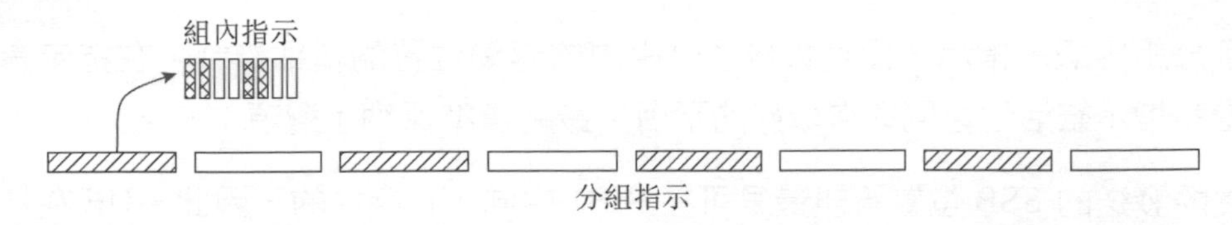

圖 6-10 實際傳輸的 SSB 位置指示

★方法 2：指示分組位元映射和組內實際傳輸的 SSB 的數量

該方法中，分組的方法與方法 1 中一樣，不同的是約定每一個分組均包含連續的 SSB 候選位置。在分組位元映射的基礎上，進一步指示每一個分組內實際連續傳輸的 SSB 的數量並約定傳輸的 SSB 的起始位置。

舉例來說，可以將 64 個 SSB 候選位置劃分為 8 組，則共需要使用 8 個位元指示分組。每組最多有 8 個實際傳輸的 SSB，因此需要 3 個位元指示組內實際傳輸的 SSB 的數量，因此該方法總共需要 11 個指示位元。如若三個位元設定值為"110"，表示組內從第 1 至第 6 個位置上有 SSB 發送。

★方法 3：指示實際傳輸的 SSB 的數量、SSB 的起始傳輸位置以及相鄰兩個 SSB 的間隔

該方法需要使用 6 個位元指示 SSB 的數量，6 個位元指示 SSB 的起始傳輸位置以及 6 個位元指示相鄰兩個 SSB 的間隔，因此需要 18 個位元。

★方法 4：分組位元映射

該方法僅使用分組位元映射，而每一個分組均對應連續的 SSB 的傳輸候選位置，若分組位元映射指示分組有 SSB 發送，則約定該分組所有的 SSB 位置上均發送 SSB。若將 64 個 SSB 的傳輸候選位置分為 8 組，則該方法僅需要 8 個指示位元。

可見前述不同的指示方法，所需要的指示負擔不同，但所指示的顆粒度和靈活性也有區別。例如方法 2 和 4 雖然位元負擔較小，但可能導致組內多個連續的 SSB 的傳輸候選位置上均有 SSB 的傳輸，使得實際傳輸的 SSB 分佈不均勻，且不利於小區間的協調以避免相互干擾。而方法 1 不僅實現了分組等級的指示，而且實現了分組內的傳輸位置的精細控制，在指示負擔和指示靈活性之間取得較好的平衡，最終標準採納了選項 1。

實際發送的 SSB 位置資訊最早可在 SIB1 中向 UE 發送的，因此，UE 在接收承載 SIB1 的 PDSCH 時還未獲得所述指示資訊，因此只能假設在 PDSCH 的資源設定位置上沒有 SSB 的傳輸。UE 接收其他系統資訊（OSI）、RAR 訊息以及尋呼訊息時，可基於 SIB1 指示的 SSB 的傳輸位置進行速率匹配。

此外，網路也可以在 RRC 訊號中指示服務社區的實際傳輸的 SSB 位置，例如指示輔小區或 SCG 社區的實際傳輸的 SSB 位置。此時由於沒有負載的限制，可以使用完整位元映射進行指示。

6.1.5 社區搜尋過程

在 6.1.1-6.1.3 節介紹了 SSB 的結構和時頻位置。UE 在初始連線過程中，透過定義的 SSB 的可能的時頻位置，嘗試搜尋 SSB，透過檢測到的 SSB 獲得時間和頻率同步、無線訊框定時以及物理社區 ID。進一步 UE 還可透過 PBCH 中攜帶的 MIB 資訊確定排程承載 SIB1 的 PDSCH 的 PDCCH 的搜尋空間資訊。

搜尋 SSB，除了根據系統定義的同步光柵進行搜尋，還要確定 SSB 的子載體間隔。在初始連線過程中，UE 根據進行社區搜尋所在的頻段確定 SSB 的子載體間隔。對於 FR1，大部分頻段僅支援一種 SSB 的子載體間隔，即標準約定了這些頻段所對應的 SSB 的子載體間隔為 15kHz 和 30kHz 中的一種子載體間隔。但是有部分頻段由於電信業者的不同需求，例如為了相容 LTE，會支援 15kHz 和 30kHz 兩種子載體間隔。對於 FR2，所有頻段均支援 120kHz 和 240kHz 兩種子載體間隔。對於支援兩種 SSB 的子載體間隔的頻段，需要 UE 根據兩種子載體間隔對 SSB 嘗試進行搜尋。在文獻[6-7]中定義了不同的頻段對應的 SSB 的子載體間隔。

為了根據檢測到的 SSB 完成訊框同步，需要根據 SSB 的索引，以及該索引對應的 SSB 在無線訊框中的位置，確定訊框同步。在 6.1.3 節介紹了 SSB 突發集合在半訊框中的位置。該位置與 SSB 的索引一一對應。SSB 的索引承載於 SSB 中，當 UE 檢測到 SSB 時，就可以根據其中攜帶的 SSB 索引以及半訊框指示確定該檢測到的 SSB 在無線訊框中的符號位置，從而確定無線訊框的訊框邊界，從而完成訊框同步。

為了提高 SSB 中的 PBCH 的接收性能，UE 可以對不同 SSB 中的 PBCH 進行合併接收。在 RAN1#88bis 會議上，通過了相關的結論，即 PBCH 的合併接收可以在相同 SSB 突發集合中的不同索引的 SSB 之間進行，也可以在不同 SSB 突發集合中的 SSB 之間進行。由於 SSB 突發集合的發送是週期性的，這就需要 UE 根據一定的週期對 PBCH 進行合併接收。如在 RAN1#88bis 會議上，通過了週期的設定值範圍為{5, 10, 20, 40, 80, 160} ms，該週期可以透過高層訊號進行設定。但是，對於初始社區搜尋的 UE，在搜尋 SSB 之前，並不能接收到關於 SSB 突發集合的發送週期的高層訊號，因此需要定義一個預設的週期，用於 UE 按照該週期對不同 SSB 突發集合中的 SSB 進行合併接收。NR 系統中定義，對於進行初始社區搜尋的 UE，預設的週期為 20ms。當 UE 接收的相關高層訊號中包含 SSB 突發集合的週期資訊時，可以透過該資訊確定 SSB 突發集合的週期；不然 UE 預設該服務社區的 SSB 突發集合的週期為 5ms。

在 NR 系統中，SSB 可以用於 UE 的初始連線，也可以作為測量參考訊號設定給 UE 用於測量。前者用於 UE 連線社區，其頻域位置位於同步光柵上，且連結了 SIB1 資訊；後者並沒有連結 SIB1 資訊，即使其頻域位置也位於同步光柵上，也不能用於 UE 連線社區。在標準討論過程中，將前者叫做社區定義 SSB （Cell-Defining SSB），後者叫做非社區定義 SSB （Non Cell-Defining SSB）。也就是說，UE 只有透過 Cell-Defining SSB 才能連線社區。由於 NR 系統設計的靈活性，Non Cell-Defining SSB 也可以設定在同步光柵的位置上。對於初始連線的 UE，在根據同步光柵進行 SSB 的搜尋時，可能搜尋到這兩類 SSB，當搜尋到 Non Cell-Defining SSB

時，由於該 SSB 並沒有連結 SIB1 資訊，UE 不能透過該 SSB 中的 PBCH 承載的 MIB 資訊獲得用於接收 SIB1 的控制資訊，UE 必須繼續搜尋 Cell-Defining SSB 連線社區。在 RAN1#92 會議上，部分公司提出了網路輔助的社區搜尋方案。基地台可以在 Non Cell-Defining SSB 中攜帶一個指示資訊，用於指示 Cell-Defining SSB 所在的全域同步通道號（Global synchronization channel number，GSCN）與當前的搜尋到的 Non Cell-Defining SSB 所在 GSCN 的之間的頻率偏移。這樣，UE 即使檢測到一個 Non Cell-Defining SSB，也可以透過其中攜帶的指示資訊，確定 Cell-Defining SSB 所在的 GSCN。UE 可以基於此輔助資訊直接在指向的目標 GSCN 位置搜尋 Cell-Defining SSB，從而避免 UE 對 Cell-Defining SSB 的盲搜尋，減少了社區搜尋的延遲和功耗。該 GSCN 偏移資訊透過 PBCH 承載的資訊進行指示。

PBCH 通道承載的資訊包括 MIB 資訊和物理層資訊中 8 位元資訊。物理層資訊括 SFN、半訊框指示、SSB 索引等。PBCH 承載的 MIB 資訊包括 SFN 資訊域 6 位元，子載體間隔資訊域 1 位元，SSB 的子載體偏移資訊域 4 位元和 pdcch-ConfigSIB1 資訊域 8 位元等。其中，pdcch-ConfigSIB1 資訊域 8 位元用於指示承載 SIB1 的 PDSCH 的排程資訊的 PDCCH 的搜尋空間資訊。SSB 的子載體偏移資訊域用於指示 SSB 與 CORESET#0 之間的子載體偏移的設定值 k_{SSB}，該偏移的範圍包括 0-23 和 0-11 個子載體，分別使用 5 位元（MIB 中的 SSB 的子載體偏移資訊域和 1 個物理層訊號位元）和 4 位元表示，並且分別對應頻移範圍為 FR1 和 FR2。當 k_{SSB}= 0-23（FR1）或 k_{SSB}= 0-11（FR2）時，表示當前 SSB 連結 SIB1。當 $k_{SSB}>23$（FR1）或 $k_{SSB}>11$（FR2），k_{SSB}的設定值被網路用於指示當前 SSB 不連結 SIB1。此時，網路可以指示 Cell-Defining SSB 的同步光柵的位置，具體是透過 k_{SSB} 和 pdcch-ConfigSIB1 資訊域中的位元聯合指示 Cell-Defining SSB 的 GSCN。由於 pdcch-ConfigSIB1 資訊域包含 8 位元，透過指示 Cell-Defining SSB 的 GSCN 和當前 Non Cell-Defining SSB 的 GSCN 的偏移，可以指示 256 個同步光柵的位置。結合 SSB 的子載體偏移資訊域中的不同設定值，可以進一步擴充指示範圍，從而指示 N*265 個同步光柵的位置。對於 FR1 和 FR2，分別根據表 6-5 和表 6-6，透過 k_{SSB}和 pdcch-ConfigSIB1 聯合指示 Cell-Defining SSB 對應的同步光柵的 GSCN 與當前檢測到的 Non Cell-Defining SSB 對應的同步光柵的 GSCN 之間的偏移，透過公式 $N_{GSCN}^{Reference}+N_{GSCN}^{Offset}$ 得到所指示的 Cell-Defining SSB 所在的同步光柵的 GSCN。表 1 指示的 GSCN 偏移範圍包括-768…-1,1…768，表 2 指示的 GSCN 偏移範圍包括-256…-1，1…256。其中，表 1 中 k_{SSB} =30 為保留值，表 2 中 k_{SSB} =14 為 Reserved（保留值）[14]。

表 6-5 k_{SSB} 和 pdcch-ConfigSIB1 與 N_{GSCN}^{Offset} 的映射關係（FR1）

k_{SSB}	*pdcch-ConfigSIB1*	N_{GSCN}^{Offset}
24	0, 1, …, 255	1, 2, …, 256
25	0, 1, …, 255	257, 258, …, 512
26	0, 1, …, 255	513, 514, …., 768
27	0, 1, …, 255	-1, -2, …, -256
28	0, 1, …, 255	-257, -258, …, -512
29	0, 1, …, 255	-513, -514, …., -768
30	0, 1, …, 255	Reserved, Reserved, …, Reserved

表 6-6 k_{SSB} 和 pdcch-ConfigSIB1 與 N_{GSCN}^{Offset} 的映射關係（FR2）

k_{SSB}	*pdcch-ConfigSIB1*	N_{GSCN}^{Offset}
12	0, 1, …, 255	1, 2, …, 256
13	0, 1, …, 255	-1, -2, …, -256
14	0, 1, …, 255	Reserved, Reserved, …, Reserved

基地台透過 Non Cell-Defining SSB 中攜帶的指示資訊指示 Cell-Defining SSB 所在的 GSCN 的示意圖如圖 6-11 所示。

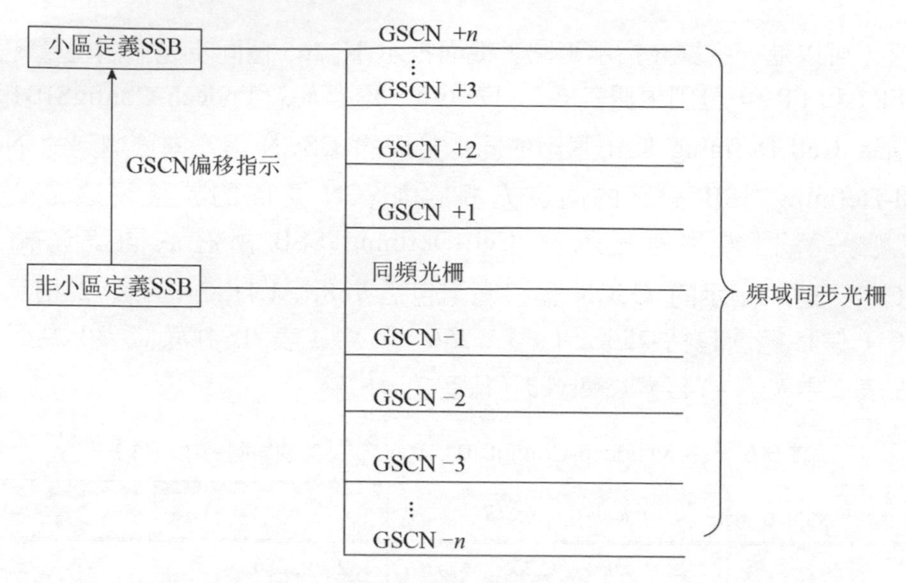

圖 6-11 網路輔助的社區搜尋示意圖（指示 Cell-Defining SSB 的 GSCN）

在標準討論過程中，還提出了社區搜尋的另一種場景，如文獻[9]中提出的，電信業者在某些載體（例如僅用作輔小區的載體）或頻段上可能並沒有部署 Cell-Defining SSB，例如只部署了不在同步光柵上的 SSB。在這種情況下，UE 實際上不需要在這些頻率範圍內進行社區搜尋。如果網路可以指示該頻率範圍給 UE，UE 可以不在該頻域範圍內進行社區搜尋，從而減少 UE 嘗試社區搜尋的延遲和功耗。由於這些潛在的好處，標準最終也採納了這個方案。同樣的，網路透過 k_{SSB}和 pdcch-ConfigSIB1 資訊域中的位元聯合指示該頻率範圍資訊。當 UE 收到 FR1 對應的 k_{SSB}=31 或 FR2 對應的 k_{SSB}=15 時，則 UE 認為在 GSCN 範圍 $[N_{GSCN}^{Reference}-N_{GSCN}^{Start}, N_{GSCN}^{Reference}+N_{GSCN}^{End}]$內，不存在 Cell-Defining SSB，其中，N_{GSCN}^{Start}和 N_{GSCN}^{End}分別由 pdcch-ConfigSIB1 資訊域的高位 4 位元和低位 4 位元指示。該網路輔助的社區搜尋方式如圖 6-12 所示。

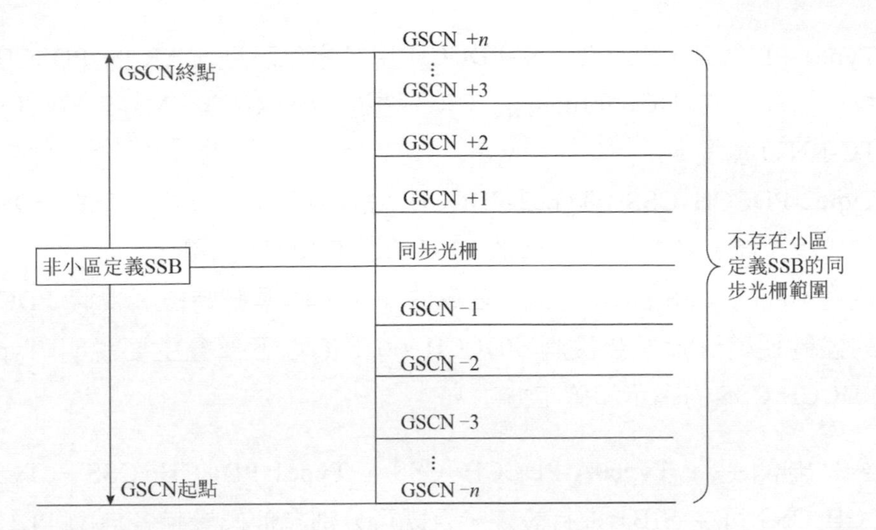

圖 6-12 網路輔助的社區搜尋示意圖（指示不存在 Cell-Defining SSB 的 GSCN 範圍）

6.2 初始連線相關的公共控制通道

在初始連線階段，UE 還未與網路建立 RRC 連接，UE 未被設定使用者特定的控制通道，而是需要透過公共控制通道接收社區內的公共控制資訊，從而完成後續的初始連線過程。UE 透過公共搜尋空間（CSS）接收公共控制通道。在 NR 系統中，與初始連線相關的公共搜尋空間主要包括以下幾種：

- Type0-PDCCH CSS：Type0-PDCCH 用於指示承載 SIB1 的 PDSCH 的排程資訊，其搜尋空間透過 MIB 資訊中的 pdcch-ConfigSIB1 資訊域指示，用於 UE 接收 SIB1。在 UE 進入 RRC 連接態之後，Type0-PDCCH CSS 還可以透過 RRC 訊號進行設定，用於終端在社區切換或 SCG（Secondary Cell group，輔小區組）增加等場景下讀取 SIB1。Type0-PDCCH 對應的 DCI format 的 CRC 透過 SI-RNTI 加擾。
- Type0A-PDCCH CSS：Type0A-PDCCH 用於指示承載 OtherSystem Information 的 PDSCH 的排程資訊，其 DCI format 的 CRC 透過 SI-RNTI 加擾。

- Type1-PDCCH CSS：Type1-PDCCH 用於指示承載 RAR 的 PDSCH 的排程資訊，其 DCI format 的 CRC 透過 RA-RNTI、MsgB-RNTI、或 TC-RNTI 加擾。
- Type2-PDCCH CSS：Type2-PDCCH 用於指示承載尋呼訊息的 PDSCH 的排程資訊，其 DCI format 的 CRC 透過 P-RNTI 加擾。
- 透過不同的 CSS，UE 可以在對應的 PDCCH 監聽時機，根據 PDCCH 的控制通道資源集合檢測 PDCCH。6.2 節以下部分主要說明 Type0-PDCCH CSS 的指示和確定方法。

需要指出的是，Type0A-PDCCH CSS，Type1-PDCCH CSS，Type2-PDCCH CSS 可在 SIB1 進行設定，且既可分別為他們設定各自的 PDCCH 搜尋空間，也可以將他們設定為 Type0-PDCCH CSS，即沿用 Type0-PDCCH CSS。在終端處於 RRC 連接態時，網路也可透過 RRC 訊號為終端設定當終端在非 initial DL BWP 上接收廣播、RAR 或尋呼時的前述 PDCCH 搜尋空間。

6.2.1 SSB 與 CORESET#0 的重複使用圖樣

在 6.1.5 節介紹了 UE 進行社區搜尋的過程，初始連線的 UE 需要接收 SSB，從而獲得 Type0-PDCCH 的 CORESET，即 CORESET#0。CORESET#0 與 SSB 的資源位置的重複使用需要考慮的因素包括 UE 的最小頻寬和載體最小頻寬。關於 CORESET#0 的確定，在 RAN1#90-91 會議上確定了 CORESET#0 不必與對應的 SSB 在相同的頻寬內，但是 CORESET#0 和承載 SIB1 的 PDSCH 的頻寬都需要限制在指定頻帶對應的 UE 最小頻寬內。並且，initial DL BWP 的頻寬定義為 CORESET#0 頻域位置和頻寬，承載 SIB1 的 PDSCH 的頻域資源也在該頻寬內。BWP 的定義和設定可參考第 4 章。具體的，在 RAN1#91 會議上對 CORESET#0 的設定做了以下要求：

- Type0-PDCCH 的 CORESET 的設定支援包含 SSB 和 CORESET#0（initial DL BWP）的總頻寬在載體的最小通道頻寬範圍內。
- Type0-PDCCH 的 CORESET 的設定支援包含 SSB 和 CORESET#0（initial DL BWP）的總頻寬在 UE 的最小頻寬範圍內。

以下圖 6-13 所示，包含 SSB 和 initial DL BWP 的總頻寬為 X，SSB 和 initial DL BWP 之間的 RB 偏移為 Y。

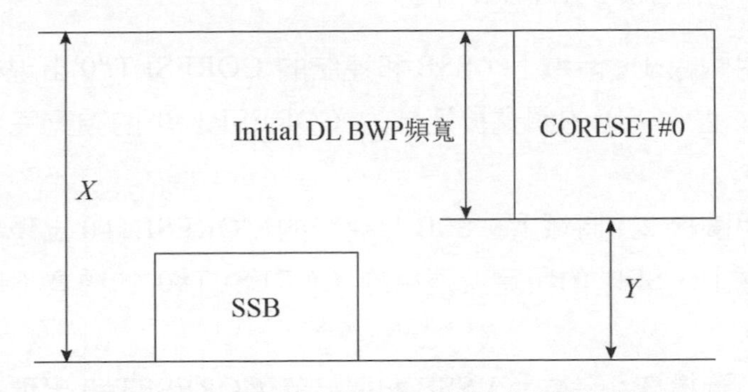

圖 6-13 SSB 和 initial DL BWP 的頻寬位置

關於 UE 的最小頻寬，其定義為所有 NR 正常 UE 必須支援的最大頻寬中的最小值。為了使 UE 能夠連線網路，CORESET#0 的頻寬必須不能超過 UE 的最小頻寬。根據文獻[10]，在設計 CORESET#0 的頻寬時，對於 FR1 假設 UE 的最小頻寬為 20MHz，對於 FR2 假設 UE 的最小頻寬為 100MHz。

關於最小通道頻寬，其定義為系統中某個頻段可以使用的最小通道頻寬。如在 FR1 的頻段中，最小通道頻寬為 5MHz[6]；在 FR2 的頻段中，最小通道頻寬為 50MHz[7]。實際上，NR 系統中實際部署時應用的通道頻寬往往大於最小通道頻寬。在 CORESET#0 的頻寬的設計中，也包括了大於最小通道頻寬的頻寬設定。

考慮到 UE 的最小頻寬和載體的最小通道頻寬的限制，標準首先在 RAN1#90 會議上確定 SSB 和 CORESET#0 的重複使用至少支援 TDM 方式，這樣可以分別考慮 SSB 和 CORESET#0 的頻寬是否滿足上述最小頻寬的限制。對於 SSB 和 CORESET#0 的重複使用方式為 FDM 時，需要考慮重複使用之後的總頻寬是否滿足上述最小頻寬的限制。由於這些最小頻寬與頻段有關，在 RAN1#91 會議上確定了 FR1 不支援 SSB 和 CORESET#0 二者 FDM 的重複使用方式。對於 FR2，TDM 和 FDM 的重複使用方式都是可以支援的。最終，NR 定義了三種 SSB 和 CORESET#0 的重複使用圖樣。其中，重複使用圖樣 1 是 TDM 方式，重複使用圖樣 2 為 TDM+FDM 方式，重複使用圖樣 3 為 FDM 方式。

- 重複使用圖樣 1：時域上，SSB 和連結的 CORESET#0 出現在不同的時刻；頻域上，SSB 的頻寬被連結的 CORESET#0 的頻寬完全或接近完全覆蓋。
- 重複使用圖樣 2：時域上，SSB 和連結的 CORESET#0 出現在不同的時刻；頻域上，SSB 的頻寬與連結的 CORESET#0 的頻寬不重疊，且儘量接近。
- 重複使用圖樣 3：時域上，SSB 和連結的 CORESET#0 出現在相同的時刻；頻域上，SSB 的頻寬與連結的 CORESET#0 的頻寬不重疊，且儘量接近。

三種重複使用圖樣的示意圖以下圖 6-14 所示：

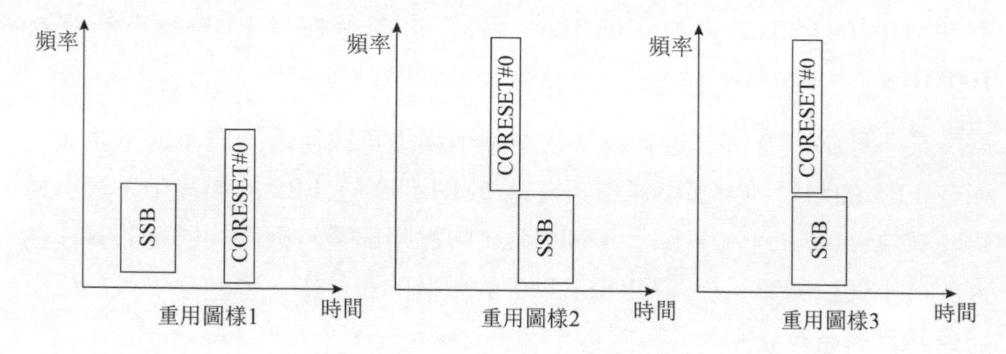

圖 6-14 SSB 和連結的 CORESET#0 的重複使用圖樣

針對定義的三種重複使用圖樣，6.2.3 節進一步介紹了 CORESET#0 的具體設定參數，包括包含的 RB 數、符號數以及頻域位置。還介紹了 CORESET#0 如何在 MIB 中進行指示。

6.2.2 CORESET#0 介紹

在 6.2.1 節中介紹了 NR 定義的 SSB 與 CORESET#0 的重複使用圖樣。針對不同的重複使用圖樣，和 SSB 與 CORESET#0 的子載體間隔的不同組合，在協定 38.213[14]中定義了用於指示 CORESET#0 的映射表格 13-1 至 13-10。映射表格對 CORESET#0 頻域位置、頻寬和符號數進行了聯合編碼，既考慮了靈活設定 CORESET#0 的大小，也考慮了 MIB 中 CORESET #0 資訊位元的負擔[11-13]。

關於 CORESET#0 的子載體間隔的確定，在標準化的過程中出現過不同的備選方案。如在 RAN1#88bis 會議上討論了傳輸 SIB1 相關的 PDCCH 和 PDSCH 通道的子載體間隔如何指示，並透過的以下備選方案：

★方案 1：PBCH 指示傳輸 SIB1 相關的通道的子載體間隔。

★方案 2：PBCH 傳輸和 SIB1 傳輸相關的通道採用的子載體間隔相同。

在 RAN1#89 會議上，各公司同意 CORESET#0 和承載 SIB1 的 PDSCH 採用相同的子載體間隔，並透過 PBCH 進行指示。進一步地，各公司在減少初始連線階段和 idle 狀態的子載體間隔的切換的目標上達成一致，即初始連線過程各通道應盡可能使用相同的子載體間隔。考慮到在 FR1 和 FR2 的頻段範圍內 SSBs 和 CORESET#0 的子載體間隔的可能設定值，標準討論了需要支援哪些子載體間隔的組合，最終在 RAN1#91 會議上通過了 SSB 和 CORESET#0 的不同子載體間隔的組合：

- {SSB,PDCCH} SCS = {{15,15}, {15,30}, {30,15}, {30,30}, {120,60}, {120,120},{240, 60}, {240,120}} kHz。

PBCH 承載的 pdcch-ConfigSIB1 資訊域的 4 位元 MSB，用於指示 CORESET#0 資訊，從而確定 CORESET#0。在協定 38.213[14]的第 13 章中定義了 CORESET#0 包含的頻寬、符號數以及頻域位置與 CORESET#0 資訊的映射表格，即表格 13-1 至 13-10。不同表格的確定與 SSB 和 PDCCH 的子載體間隔、頻帶的最小通道頻寬有關，以下表 6-7 所示。

表 6-7 CORESET#0 映射表格

映射表格	SSB 的 SCS	PDCCH 的 SCS	最小通道頻寬
13-1	15KHz	15KHz	5MHz/10MHz
13-2	15KHz	30KHz	5MHz/10MHz
13-3	30KHz	15KHz	5MHz/10MHz
13-4	30KHz	30KHz	5MHz/10MHz
13-5	30KHz	15KHz	40MHz
13-6	30KHz	30KHz	40MHz
13-7	120KHz	60KHz	-
13-8	120KHz	120KHz	-
13-9	240KHz	60KHz	-
13-10	240KHz	120KHz	-

UE 首先基於 SSB 和 PDCCH 的子載體間隔、頻帶的最小通道頻寬等因素確定所使用的映射表格，再根據 4 位元資訊確定該表格中對應的 CORESET#0 包含的 RB 和符號數。4 位元 CORESET#0 資訊指示表格中的其中一個行，該行對應設定 CORESET#0 包含的 RB 和符號數、重複使用圖樣以及 CORESET#0 的起始頻率位置相比 SSB 的起始頻率位置偏移的 RB 個數。表 6-8 複習了協定 38.213[14] 中表格 13-1 至 13-10 中定義的 CORESET#0 的設定參數，包括重複使用圖樣、頻寬、符號數以及 CORESET#0 的頻域位置相比 SSB 的頻域位置偏移的 RB 個數。

表 6-8 CORESET#0 的設定參數

映射表格	重複使用圖樣	CORESET#0 頻寬（RB）	CORESET#0 符號數	頻域偏移（RB）
13-1	1	24	2,3	0,2,4
		48	1,2,3	12,16
		96	1,2,3	38
13-2	1	24	2,3	5,6,7,8
		48	1,2,3	18,20
13-3	1	48	1,2,3	2,6
		96	1,2,3	28
13-4	1	24	2,3	0,1,2,3,4
		48	1,2	12,14,16
13-5	1	48	1,2,3	4
		96	1,2,3	0,56
13-6	1	24	2,3	0,4
		48	1,2,3	0,28
13-7	1	48	1,2,3	0,8
		96	1,2	28
	2	48	1	-41,-42,49
		96	1	-41,-42,97
13-8	1	24	2	0,4
		48	1,2	14
	3	24	2	-20,-21,24
		48	2	-20,-21,48
13-9	1	96	1,2	0,16
13-10	1	48	1,2	0,8
	2	24	1	-41,-42,25
		48	1	-41,-42,49

要確定 CORESET#0 的頻域位置，除了根據與 SSB 的頻域位置偏移的 RB 個數，還要確定 CORESET#0 的 RB 與 SSB 的 RB 之間的子載體偏移。在 6.1.1 節介紹了為了電信業者的靈活部署，NR 引入同步光柵和通道光柵的

設計。這種靈活性造成了 CORESET#0 的所在的公共資源區塊（Common Resource Block，CRB）與 SSB 的 RB 並不一定是對齊的，它們之間的子載體偏移 k_{SSB}透過 PBCH 承載的資訊進行指示。同時，考慮到 SSB 和 CORESET#0 採用的子載體間隔的不同組合，對於 FR1，k_{SSB}的範圍為 0-23，對於 FR2，k_{SSB}的範圍為 0-11。CORESET#0 與 SSB 的頻域位置偏移的 RB 數，定義為從 CORESET#0 的頻域上位置最低的 RB 到與 SSB 的頻域上位置最低的 RB 的子載體 0 重疊的、與 CORESET#0 的子載體間隔相同的 CRB 之間的偏移 RB 數。以 SSB 和 CORESET#0 的重複使用圖樣 1 為例，當 SSB 和 CORESET#0 的子載體間隔分別為 15kHz 和 30kHz 時，它們之間的頻域偏移如圖 6-15 所示。圖中，假設 SSB 和 CORESET#0 之間的 RB 偏移為 2，k_{SSB}為 23。

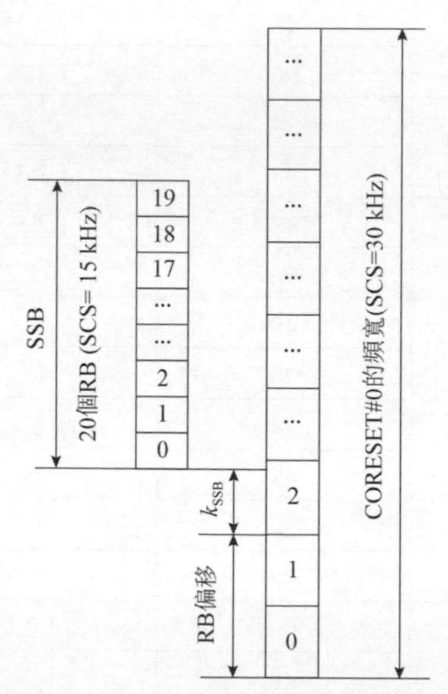

圖 6-15 CORESET#0 的頻域位置確定示意圖

6.2.3 Type0-PDCCH Search space

Type0-PDCCH 的 Search Space，即 SearchSpace#0，其設計主要考慮以下方面：

- Type0-PDCCH 監聽時機包含的監聽時間槽的個數。
- 監聽時機所在時間槽的位置。
- 監聽時機所在的符號位置。
- 監聽時機的週期。
- 監聽時機與 SSB 的連結。

這些方面的設計與 SSB 和 CORESET#0 重複使用圖樣、子載體間隔和頻帶範圍有關。舉例來說，在重複使用圖樣 1 的情況下，Type0-PDCCH 監聽時機要保證與 SSB 是 TDM 的，同時，也要保證不同 SSB 連結的 Type0-PDCCH 監聽時機儘量也是 TDM 的，盡可能減少監聽時機的重疊。

在協定 38.213[14] 的第 13 章中定義了 Type0-PDCCH 的監聽時機與 SearchSpace#0 資訊的映射表格，即表格 13-11 至 13-15。PBCH 承載的 pdcch-ConfigSIB1 資訊域的 4 位元 LSB，用於指示 SearchSpace#0 資訊，從而根據映射表格確定 Type0-PDCCH 監聽時機。不同表格的確定與重複使用圖樣、子載體間隔和頻帶範圍有關，如表 6-9 所示。UE 首先確定所使用的表格，再根據 4 位元資訊確定該表格中對應的 Type0-PDCCH 監聽時機的參數。

表 6-9 Type0-PDCCH 監聽時機與 SearchSpace#0 資訊的映射表格

Table	SSB 的 SCS	PDCCH 的 SCS	重複使用圖樣	頻帶範圍
13-11	-	-	1	FR1
13-12	-	-	1	FR2
13-13	120KHz	60KHz	2	-
13-14	240KHz	120KHz	2	-
13-15	120KHz	120KHz	3	-

Type0-PDCCH 的監聽時機透過以下方式確定。對於 SSB 和 CORESET#0 重複使用圖樣 1，UE 在兩個連續的時間槽監聽 Type0-PDCCH。兩個連續的時間槽作為一個包含 Type0-PDCCH 監聽時機的監聽視窗，其起始時間槽的編號為 n_0。該監聽視窗的設定是為了基地台發送 Type0-PDCCH 的靈活

性考慮，例如避免 RMSI 與突發的 URLLC 業務發生衝突。監聽視窗的週期為 20ms，在每個週期內，每個索引為 i 的 SSB 對應一個 Type0-PDCCH 的監聽視窗，該監聽視窗的起始時間槽的編號 n_0 透過以下公式確定：

$$n_0 = \left(O \cdot 2^{\mu} + \lfloor i \cdot M \rfloor\right) \bmod N_{\text{slot}}^{\text{frame},\mu} \tag{6.2}$$

其中，$N_{\text{slot}}^{\text{frame},\mu}$ 為一個無線訊框中的時間槽的個數。M 和 O 根據 SearchSpace#0 資訊和協定 38.213[14]的第 13 章中的 PDCCH 監聽時機與 SearchSpace#0 資訊的映射表格 13-11 至 13-12 確定。O 的設定值在 6GHz 以下頻域（FR1）時包括{0, 2, 5, 7}，在 6GHz 以上頻域（FR2）時包括{0, 2.5, 5, 7.5}。M 的設定值包括{1/2, 1, 2}。以協定 38.213[14]中的表格 13-11 為例，4 位元 SearchSpace#0 資訊指示表 6-10 中的 index，該 index 對應一組 PDCCH 監聽時機的參數。

表 6-10 Type0-PDCCH 監聽時機與 SearchSpace#0 資訊的映射表格：重複使用圖樣 1，FR1

Index	O	每個時間槽內監聽時機的個數	M	起始符號的編號
0	0	1	1	0
1	0	2	1/2	{0, 當 i 為偶數}, { $N_{\text{symb}}^{\text{CORESET}}$, 當 i 為奇數}
2	2	1	1	0
3	2	2	1/2	{0, 當 i 為偶數}, { $N_{\text{symb}}^{\text{CORESET}}$, 當 i 為奇數}
4	5	1	1	0
5	5	2	1/2	{0, 當 i 為偶數}, { $N_{\text{symb}}^{\text{CORESET}}$,當 i 為奇數}
6	7	1	1	0
7	7	2	1/2	{0, 當 i 為偶數}, { $N_{\text{symb}}^{\text{CORESET}}$, 當 i 為奇數}
8	0	1	2	0
9	5	1	2	0
10	0	1	1	1

Index	O	每個時間槽內監聽時機的個數	M	起始符號的編號
11	0	1	1	2
12	2	1	1	1
13	2	1	1	2
14	5	1	1	1
15	5	1	1	2

在確定時間槽編號 n_0 之後，還要確定監聽視窗所在的無線訊框編號 $\mathrm{SFN_C}$：

當 $\left\lfloor \left(O\cdot 2^{\mu}+\lfloor i\cdot M\rfloor\right)/N_{\mathrm{slot}}^{\mathrm{frame},\mu}\right\rfloor \bmod 2=0$，$\mathrm{SFN_C} \bmod 2=0$。

當 $\left\lfloor \left(O\cdot 2^{\mu}+\lfloor i\cdot M\rfloor\right)/N_{\mathrm{slot}}^{\mathrm{frame},\mu}\right\rfloor \bmod 2=1$，$\mathrm{SFN_C} \bmod 2=1$。

即根據 $\left(O\cdot 2^{\mu}+\lfloor i\cdot M\rfloor\right)$ 計算得到的時間槽個數小於一個無線訊框包含的時間槽個數時，$\mathrm{SFN_C}$ 為偶數無線訊框；當大於一個無線訊框包含的時間槽個數時，$\mathrm{SFN_C}$ 為奇數無線訊框。

對於 SSB 和 CORESET#0 重複使用圖樣 2、3，UE 在一個時間槽內監聽 Type0-PDCCH，而該監聽時間槽的週期與 SSB 的週期相等。在每個監聽週期內，索引為 i 的 SSB 對應監聽時間槽的編號 n_C 和所在的無線訊框號 $\mathrm{SFN_C}$，以及時間槽內的起始符號，透過 SearchSpace#0 資訊和協定 38.213[14]的第 13 章中的監聽時機與 SearchSpace#0 資訊的映射表格 13-13 至 13-15 確定。以協定 38.213[14]中的表格 13-11 為例，SearchSpace#0 指示資訊如表 6-11 所示：

表 6-11 Type0-PDCCH 監聽時機參數：
重複使用圖樣 2，{SSB, PDCCH} 的子載體間隔={120, 60} kHz

Index	PDCCH 監聽時機(SFN 和時間槽編號)	起始符號的編號(k = 0, 1, …15)
0	$\mathrm{SFN_C}=\mathrm{SFN}_{\mathrm{SSB},i}$ $n_{\mathrm{C}}=n_{\mathrm{SSB},i}$	0, 1, 6, 7 for $i=4k$，$i=4k+1$，$i=4k+2$，$i=4k+3$
1	Reserved	

Index	PDCCH 監聽時機(SFN 和時間槽編號)	起始符號的編號($k = 0, 1, \ldots 15$)
2	Reserved	
3	Reserved	
4	Reserved	
5	Reserved	
6	Reserved	
7	Reserved	
8	Reserved	
9	Reserved	
10	Reserved	
11	Reserved	
12	Reserved	
13	Reserved	
14	Reserved	
15	Reserved	

6.3 NR 隨機連線

隨機連線是初始連線過程中非常重要的過程，NR 隨機連線過程除了要完成建立 RRC 連接、維護上行同步、社區切換等傳統的功能之外，還承擔上下行波束初步對齊、系統訊息的請求等 NR 特色功能。

NR 系統鮮明的特點是支援靈活的時間槽結構、波束掃描、多種子載體間隔以及豐富的部署場景。因此，NR 隨機連線過程的設計需要適應上述系統特點和應用場景需求。

本節從 NR PRACH 通道設計、PRACH 資源的設定、SSB 與 PRACH 資源的映射以及 PRACH 功率控制等方面介紹 NR 隨機連線過程。

6.3.1 NR PRACH 通道的設計

1. NR preamble 格式

PRACH 通道設計首先要考慮 preamble 格式的設計。我們知道，LTE 系統中的 PRACH 通道中的 preamble 格式包含 CP（Cyclic Prefix，循環字首）、preamble 序列兩部分，不同的 preamble 格式中包含的 preamble 序列的數目不同，旨在獲得不同的覆蓋性能。為防止 UE 在初始連線因未獲得準確的上行定導致的 PRACH 對其他訊號的干擾，在 Preamble 之後通常還預留 GT（Guard time，保護間隔）。如圖 6-16 所示：

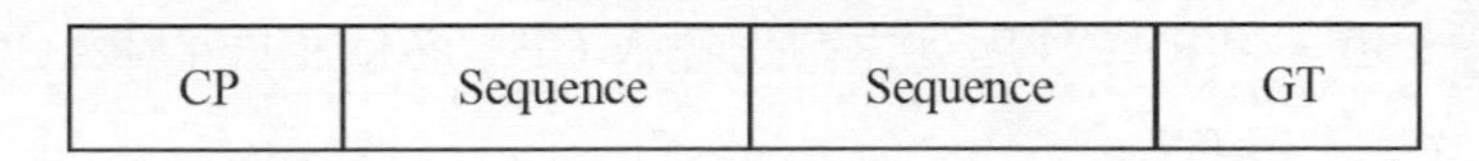

圖 6-16 LTE preamble 格式

為了支援不同的社區半徑，支援 NR 多樣的子載體間隔以及靈活的部署場景，3GPP 在討論 NR preamble 格式的設計之初，就達成以下的設計原則共識：

- NR 系統支援多種 preamble 格式，包含長 preamble 格式，短 preamble 格式。
- 在同一 RACH 資源上支援重複的 RACH preamble 以支援波束掃描和提升覆蓋。
- 不同頻段使用的 preamble 的子載體間隔可以不同。
- RACH preamble 與其他控制或資料通道的子載體間隔可以相同或不同。

對於 preamble 格式的具體設計，當 preamble 格式中僅包含單一序列時，可沿用 LTE 的 preamble 格式的設計，即 CP+序列+GT 的格式。但在 preamble 格式包含多個或重複的 preamble 時，3GPP 討論以下不同的設計選項，如圖 6-17 所示：

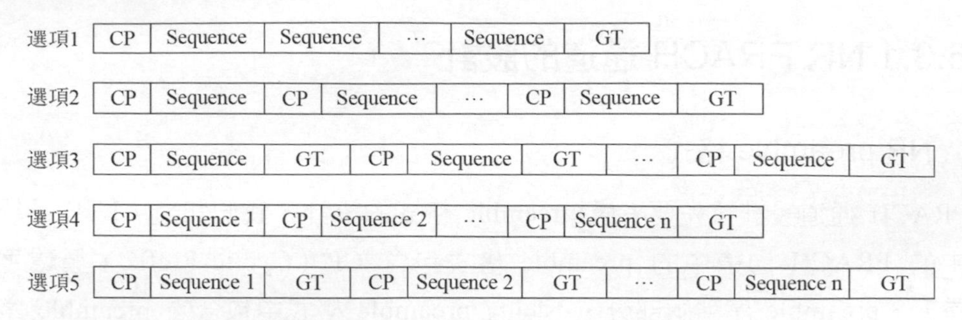

圖 6-17 不同的 preamble 格式設計選項

★選項 1：CP 在整個 preamble 格式之前部，GT 預留在 preamble 格式之後部，在 CP 和 GT 之間為連續的多個/重複的 RACH 序列。

★選項 2：每一個 RACH 序列之前均插入 CP；多個相同的 RACH 序列連續重複，之後預留 GT。

★選項 3：多個相同的前置 CP、後置 GT 的 RACH 序列連續重複。

★選項 4：每一個 RACH 序列之前均插入 CP；多個不同的 RACH 序列連續分佈，之後預留 GT。

★選項 5：多個不同的前置 CP、後置 GT 的 RACH 序列連續分佈。

這些選項中，選項 1 沿用了 LTE 的 preamble 格式的設計想法，因此具有良好的前向相容性。由於僅在 preamble 的表頭和尾部分別插入 CP 和 GT，因此在所有選項中具有最高的資源利用效率，因此相同長度 preamble 中可承載更多的 RACH 序列，從而有利於支援深遠覆蓋的場景或更好支援基地台以波束掃描方式接收 preamble。連續傳輸的 RACH 序列也有利於產生連續的 preamble 波形。較小的 CP 和 GT 負擔，更有利於採用較大的 CP 和 GT 從而支援超大社區覆蓋（如社區半徑 100km）的部署場景。另外，由於採用了重複的 RACH 序列，基地台在接收 RACH 序列時，與該序列相鄰的 RACH 序列可提供 CP 的功能。

選項 3 和選項 5 具有最低的資源使用率，由於 CP 已經提供了不同 RACH 序列之間的保護，不再需要進一步採用 GT 提供序列之間的干擾保護；選項 2 和 4 具有較小的 GT 負擔，但 CP 負擔依然較大，方案 2 和 4 的主要優勢是試圖透過在不同的 RACH 序列的基礎上應用 OCC，如圖 6-18 所示，不同 UE 使用相同的序列，但使用不同的隱藏，從而擴大可支援的 RACH 容量以支援更多的 UE 重複使用。然而 OCC 的方式在應用時會遇到潛在的挑戰，例如由於殘餘頻偏的存在或高頻段的相位雜訊使得產生通道產生時變特性，使得不同的隱藏之間的正交性變差導致性能損失。

使用者1	CP	+Sequence	CP	+Sequence	CP	+Sequence	CP	+Sequence	GT
使用者2	CP	+Sequence	CP	-Sequence	CP	+Sequence	CP	-Sequence	GT

圖 6-18 採用 OCC 提升 RACH 容量

綜合上述因素，選項 1 具有多方面明顯的優勢，因此 3GPP 最終選擇了選項 1。對於 RACH 容量的問題，透過採用在時域或頻域設定更多的 RACH 資源的方式解決。

在確定了 preamble 的基本格式後，透過調整 CP、GT、序列長度、序列重複次數等參數，NR 支援一系列的 preamble 格式以支援不同的應用場景，如超大社區、小社區覆蓋、高速場景、中低速場景等。

NR 支援 4 種長序列的 preamble 格式，以下表 6-12 所示，其中格式 0、1 沿用 LTE 的格式，格式 0 用於典型巨集社區的覆蓋，格式 1 用於超大社區覆蓋，格式 2 採用更多的序列重重用於覆蓋增強，格式 3 應用於高速移動場景，如高鐵。以下表 6-13 所示，NR 支援 A、B、C 三個系列的短 preamble 格式，適應於不同的應用場景。

表 6-12 NR 長序列 preamble 格式

格式	SCS（KHZ）	CP（Ts）	序列長度（Ts）	GT（Ts）	使用場景
0	1.25	3168	24576	2975	LTE refarming
1	1.25	21024	2*24576	21904	大社區，<=100km
2	1.25	4688	4*24576	4528	覆蓋增強
3	5	3168	4*6144	2976	高速

表 6-13 NR 短序列 preamble 格式

Preamble 格式		序列個數	CP（Ts）	序列長度（Ts）	GT（Ts）	最大社區半徑（米）	使用場景
A	1	2	288	4096	0	938	小社區
	2	4	576	8192	0	2,109	正常社區
	3	6	864	12288	0	3,516	正常社區
B	0	1	144	2048	0	469	TA 已知或非常小社區
	1	2	192	4096	96	469	小社區
	2	4	360	8192	216	1,055	正常社區
	3	6	504	12288	360	1,758	正常社區
	4	12	936	24576	792	3,867	正常社區
C	0	1	1240	2048	0	5300	正常社區
	1	2	1384	4096	0	6000	正常社區

2. NR preamble 序列的選擇

NR 標準化討論中，對 NR preamble 序列的類型也進行了討論。除 LTE 已經採用的 ZC（Zadoff-chu）序列外，也評估採用 m 序列、ZC 序列的變種（如隱藏 ZC 序列）等序列的可能性。由於 ZC 序列所具有的低峰均比（ZC 序列具有恆包絡的性質）、良好的互相關和自相關特性，且 ZC 序列的 preamble 根序列的選擇、邏輯根序列至物理根序列的映射等方面可以沿用 LTE 成熟的設計，減少標準化以及產品實現的影響，最終 NR preamble 序列最終依然採用了 ZC 序列。

3. NR preamble 的子載體間隔

Preamble 子載體間隔的選擇首要考慮的因素是對抗都卜勒頻偏，因此在高速場景需要支援較大的子載體間隔，例如在 FR1 5KHz 的 Preamble 子載體間隔可以支援 500Km/h 的 UE 移動速度。由於 FR2 載體的波長較短，使用的 preamble 子載體間隔需要大於 FR1 的 preamble 的子載體間隔。

其次，NR 支援波束掃描，在基地台不支援互易性的場景，基地台需要以波束掃描的方式接收 UE 發送的 Preamble 序列從而獲得最好的接收波束。

較大的子載體對應較短的 OFDM 符號，因此單位時間內可傳輸更多的 preamble 序列，可更好滿足波束掃描的需要。例如當採用 15KHz 的子載體間隔時，在 1ms 的子訊框內可以支援 12 個波束[15]。

再次，不同的社區半徑所需設定的子載體間隔也不同。例如小子載體間隔的 preamble 可以使得 PRACH 佔用的通道頻寬較小，從而保證較大 PRACH 發送的功率譜，從而保證較大的社區半徑的社區覆蓋；而較大的子載體間隔佔用較短的 preamble 符號，在適應小社區覆蓋的同時有效節省資源。

再次，較小的子載體間隔可以支援較長的 preamble 序列，從而提供更多的正交 preamble 數量，保證系統支援的 PRACH 容量。

另外，較大的子載體間隔結合較短的 preamble 序列，也更有利於支援延遲要求較高的場景；較短的訊號長度，使得 PRACH 與其他通道的重複使用也有更有利。

綜合上述因素，NR 在 FR1 支援 1.25KHz 和 5KHz 的長序列以及 15KHz 和 30KHz，而 FR2 支援 60KHz/120KHz 的子載體間隔。

4. NR preamble 的序列長度

3GPP 在標準化過程對於 Preamble 序列的長度也進行了深入的討論。對於 FR1 巨集社區覆蓋的場景，文獻[16]列出評估，即長序列（序列長度為 839）採用小子載體間隔與短序列（序列為 139）採用大子載體間隔相比，長序列的 preamble 具有更優的性能。文獻[17]也指出，FR1 應致力於提供與 LTE 類似的社區覆蓋和系統容量。因此，需要支援長序列以提供足夠的 Preamble 數量。因此，NR 支援與 LTE 相同的 839 長 preamble 序列。

對於 FR2，應採用較短的 preamble 序列以控制 PRACH 通道佔用的頻寬，至於 FR2 的 PRACH 容量，可以透過在頻率域設定 FDM 的多個 PRACH 資源的方式加以保證。標準化討論中，短序列的長度有兩個選擇，139 和 127。其中採用 127 的主要目的是在 ZC 序列的基礎上透過 M 序列隱藏提升系統 PRACH 容量。然而，由於 FR2 的 PRACH 容量可以透過多設定頻率資源的方式解決，且 ZC 序列上增加 M 序列的隱藏導致 PAPR（Peak to Average Power Ratio，峰均比）升高，因此最終 NR 選擇的短序列長度為 139[18]。

6.3.2 NR PRACH 資源的設定

1. PRACH 資源的週期

一方面，PRACH 資源的週期影響隨機連線延遲，較短的 PRACH 週期可以縮短隨機連線延遲；反之，較長的 PRACH 週期導致隨機連線延遲增大。另一方面，PRACH 資源的週期也影響 PRACH 所佔的資源負擔。NR 的鮮明特點是需要支援波束掃描，為支援分佈於在各個波束的 UE 的隨機連線請求，系統需要針對每一個波束方向設定對應的 PRACH 資源，因此相比 LTE，NR 的 PRACH 資源負擔顯著增大。

因此，NR 標準支援{10, 20, 40, 80, 160} ms 的 PRACH 週期，網路裝置可以權衡延遲、系統負擔等多方面因素，設定合適的 PRACH 週期。

2. PRACH 資源的時域設定

為了確定 PRACH 的時域資源，在確定 PRACH 週期的基礎上，還需要進一步確定在 PRACH 週期內 PRACH 資源的時域分佈。與 LTE 類似，如圖 6-19 所示，在 FR1，PRACH 資源設定資訊中指示 PRACH 資源所在的或多個子訊框的子訊框編號；而對於 FR2，為了指示資源的便利，以 60KHz 子載體間隔為參考時間槽指示 PRACH 資源所在的或多個參考時間槽的時間槽編號。在 FR1 的子訊框對應一個 15KHz 的 PRACH 時間槽，或兩個 30KHz 的 PRACH 時間槽；在 FR2 的參考 60KHz 的參考時間槽內對應一個 60KHz 的 PRACH 時間槽，或兩個 120KHz 的 PRACH 時間槽。

在每一個 PRACH 時間槽之內，如圖 6-19 所示，網路可以設定一個或多個 RO（PRACH Occasion，PRACH 時機），所謂 PRACH Occasion 即為承載

Preamble 傳輸的時頻資源。進一步地，由於 NR 支援 DL/UL 混合的時間槽結構，網路可設定在 PRACH 時間槽之內，第一個 PRACH occasion 所佔用的時域資源的起始符號，當在 PRACH 時間槽之內的靠前的符號需要傳輸下行控制資訊時，則可透過設定合適的起始符號預留對應的下行控制資訊傳輸所需要的資源。

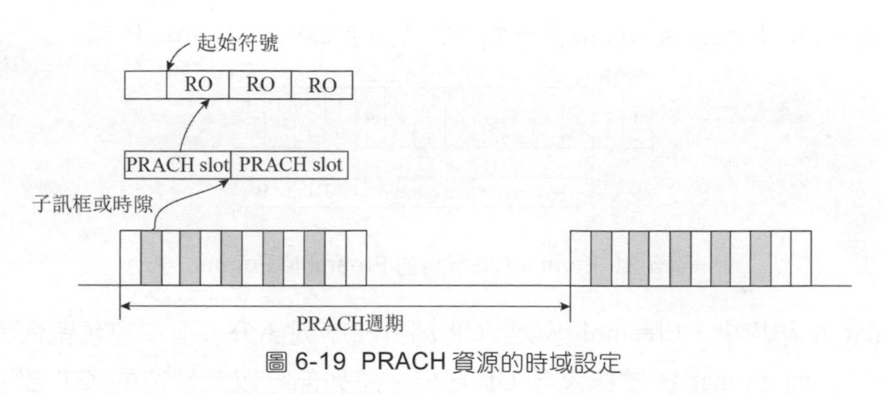

圖 6-19 PRACH 資源的時域設定

3. PRACH 頻率域的資源設定

如圖 6-20 所示，在頻率域上，NR 支援設定 1、2、4 或 8 個 FDM（Frequency-division multiplexing，頻分重複使用）的 PRACH 資源，以擴充 PRACH 容量，當在頻率域上設定的 PRACH 資源為 1 個以上時，這些 PRACH 資源在頻率域連續分佈。網路通知頻率域上第一個 RO 資源的起始 PRB 相對於 BWP 的起始 PRB 的偏移。

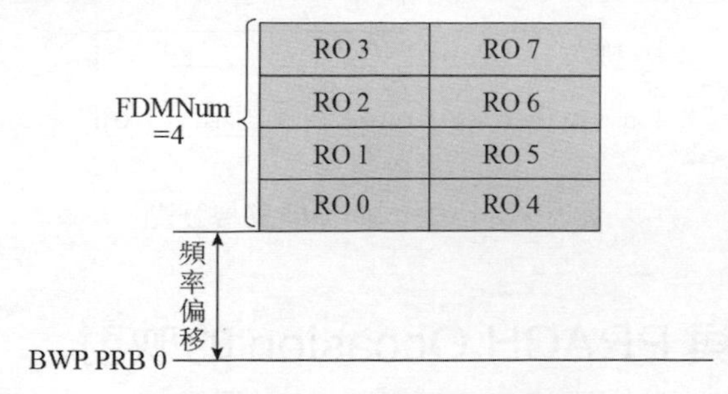

圖 6-20 PRACH 資源的頻域設定

4. PRACH 格式的設定

如前節 6.3.1 所述，NR 支援了靈活多樣的 preamble 格式以適應不同的部署場景。與 LTE 一樣，在同一個社區之內，網路一般僅會設定一種 Preamble 格式。唯一所不同的是，NR 支援將 format A 和 format B 打包的混合的 preamble 格式，如圖 6-21 所示，在 PRACH 時間槽中，靠前的 RO 為 preamble format A，而最後一個 RO 使用 preamble format B。

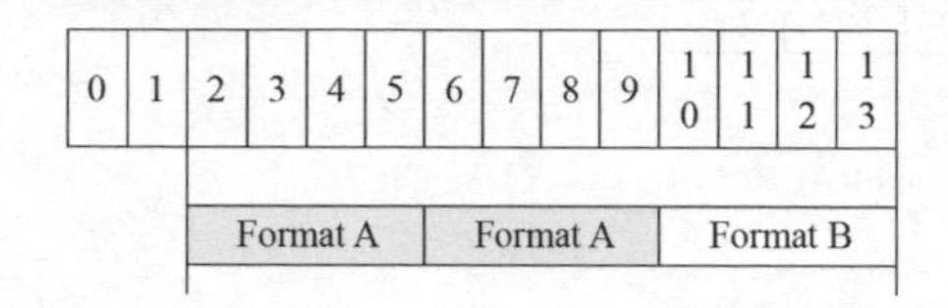

圖 6-21 Format A/B 混合的 Preamble Format

format A 結構中，Preamble 包含 CP 部分和序列部分，但沒有預留保護間隔 GT，而 format B 結構包含 CP 部分，序列部分以及預留的 GT 部分。Format A 可與其他上行通道共用 FFT 視窗，因此有利於簡化基地台實現，但可能帶來對時間上緊鄰其他通道的潛在干擾，如圖 6-22 所示。而 Format B 需要單獨的 FFT 視窗，但有利於避免干擾，因此將二者混合，可以大幅上充分發揮兩種格式的優點：靠前的 RO 上使用 Format A 簡化基地台實現，最後一個 RO 使用 Format B 從而避開對後面通道的符號間干擾。

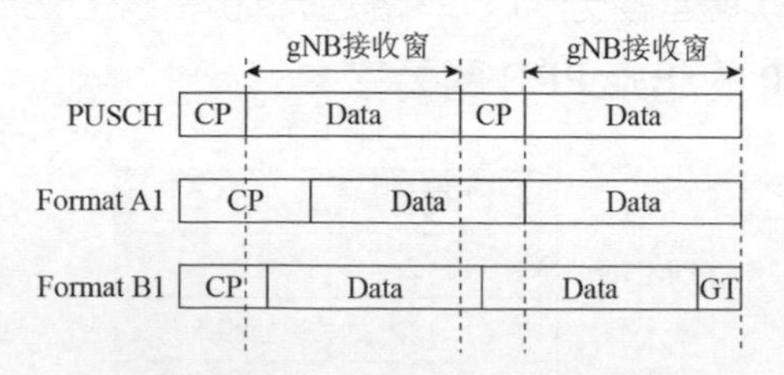

圖 6-22 Preamble A/B 的優缺點

6.3.3 SSB 與 PRACH Occasion 的映射

NR 社區的鮮明特點是支援下行多波束，在網路與 UE 通訊之前，網路需要知道 UE 所在的波束進而在後續的資料傳輸過程中設定合適的波束方向，由於隨機連線過程的 PRACH 是 UE 向網路發送的第一筆資訊且 msg2 的發送網路就需要已知 UE 的波束資訊，因此上報 UE 所在的波束的功能就自然地由 PRACH 承載。由於 preamble 為序列訊號，不能顯性攜帶資訊，但可使用 preamble 所佔用的時頻資源或不同的 preamble 代碼序列來隱式攜帶波束資訊。因此，NR 系統就需要建立 SSB 與 PRACH occasion 之間的映射關係。

在 UE 發起隨時連線之前，UE 對社區的訊號品質以及社區中的各個 SSB 的訊號強度會進行測量評估。在發起 PRACH 時，UE 在對應訊號最強或較強的 SSB 所對應的 PRACH occasion 上發送 preamble。網路若成功接收 preamble，就基於 preamble 所在 PRACH occasion 獲知 UE 的下行波束資訊，進而使用該波束資訊進行後續通訊，例如 msg2、msg4 等。

SSB 與 PRACH occasion 之間存在多種可能的比例關係：（1）一對一映射；（2）多對一映射；（3）一對多映射。考慮支援多樣化的場景，這三種比例關係在 NR 標準中均得到支援。舉例來說，在使用者較少的場景，可以支援多個 SSB 對應同一個 PRACH occasion 以節省 PRACH 資源，而多個 SSB 分享同一個 PRACH Occasion 內的 preamble，即不同的 SSB 對應同一個 PRACH Occasion 內的不同的 preamble 子集；在使用者較多的場景，可以支援一個 SSB 對應多個 PRACH occasion 以提供足夠的 PRACH 容量。

系統中有多個實際傳輸的 SSB 以及多個設定的 PRACH occasion 和對應的 preamble 資源，網路與 UE 均需要獲知每一個 SSB 與哪些 PRACH occasion 以及對應的 preamble 資源對應，因此，標準需要明確 SSB 與 PRACH occasion 以及對應的 preamble 資源的映射順序的規則。標準化討論過程中，主要有以下三種方案：

★選項 1：頻域優先的方案（如圖 6-23）

- 在每一個 PRACH occasion 之內依據 preamble 索引遞增的順序；然後，

- 依據 FDM 的 PRACH occasion 的編號遞增的順序；然後，
- 依據分時重複使用的 PRACH occasion 的編號遞增的順序。

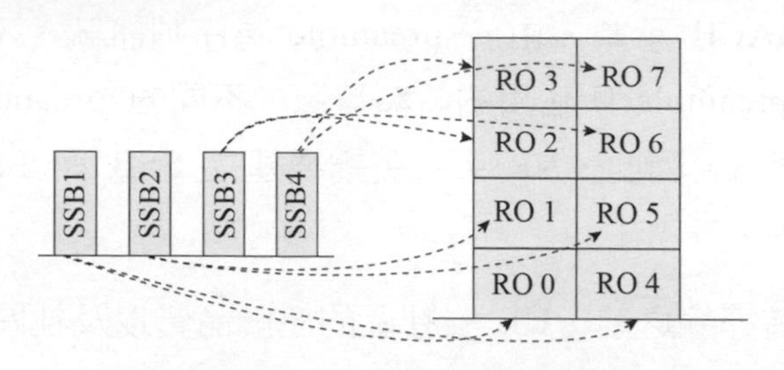

圖 6-23 頻域優先的映射方案

圖 6-23 為本方法的示意圖，其中 SSB 與 RO 按照 1:1 的比例映射。4 個 SSB 分別與第一個 RO 時間位置的 4 個 RO 按照頻率從低到高的順序進行映射；然而，在第二個 RO 時間位置的 4 個 RO 按照頻率從低到高的順序再次進行映射。

★選項 2：時域優先的方案（如圖 6-24）

- 在每一個 PRACH occasion 之內依據 preamble 索引遞增的順序；然後，
- 依據分時重複使用的 PRACH occasion 的編號遞增的順序；然後，
- 依據 FDM 的 PRACH occasion 的編號遞增的順序。

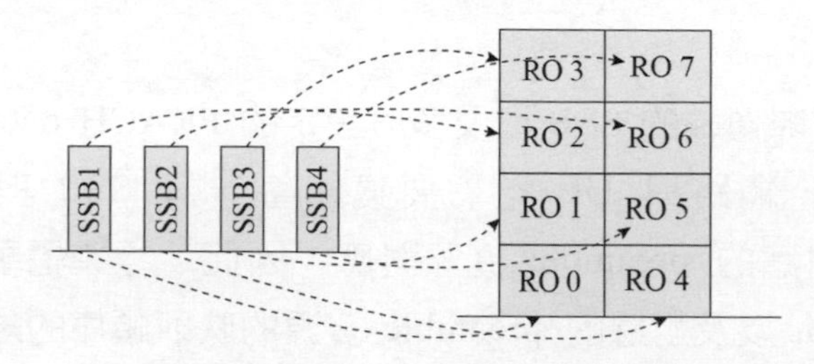

圖 6-24 時域優先的映射方案

圖 6-24 為本方法的示意圖，其中 SSB 與 RO 按照 1:1 的比例映射。4 個 SSB 在兩個 RO 時間位置上按照先時間遞增再頻率遞增的順序與 RO 進行映射。

★選項 3：網路設定時域優先或頻域優先

即網路設定採用上述選項 1 還是選項 2。

選項 1 和選項 2 在實際場景中均可能會有一些限制，例如選項 1 可能導致多個 SSB 對應的 PRACH occasion 位於相同的時間上，要求基地台具備同時接收多個波束方向的 PRACH 訊號的能力。而選項 2 會導致對應同一個 SSB 的兩個相鄰 PRACH Occasion 之間有較大的時間間隔，進而導致較大的 PRACH 發送延遲。選項 3 相對就是一種折中的方案。最終標準支援了選項 1，對於基地台僅能接收單一波束的場景，可將頻分重複使用的多個 PRACH occasion 設定為對應同一個 SSB。

6.3.4 RACH 過程的功率控制

PRACH 的功率控制採用開環功率控制的機制，UE 基於網路設定的期望接收功率以及由下行參考訊號測量得到的路徑損耗等因素設定 PRACH 的發送功率。在隨機連線過程中，若 UE 發送了 PRACH 但未接收到網路的 RAR（Random Access Reponse，隨機連線回應）或沒有成功接收到衝突解決訊息，UE 需要重發 PRACH。當 NR UE 支援多個發射波束時，當發射波束保持不變時，重傳的 PRACH 發射功率在上一次發送的 PRACH 功率基礎爬升，直到成功完成隨機連線過程。但在 UE 切換發射波束時，PRACH 的發射功率的是否爬升是一個需要解決的問題。切換波束時如果發射功率還持續增大，則可能對切換至的目標波束帶來較大的干擾水準變化，影響其他使用者的訊號傳輸，因此標準化討論中主要設計以下四種選項，如圖 6-25 所示：

★選項 1：功率爬升的計數器重置。

★選項 2：功率爬升的計數保持不變。

★選項 3：功率爬升的計數遞增。

★選項 4：每一個發送波束使用單獨的功率爬升的計數器[19]。

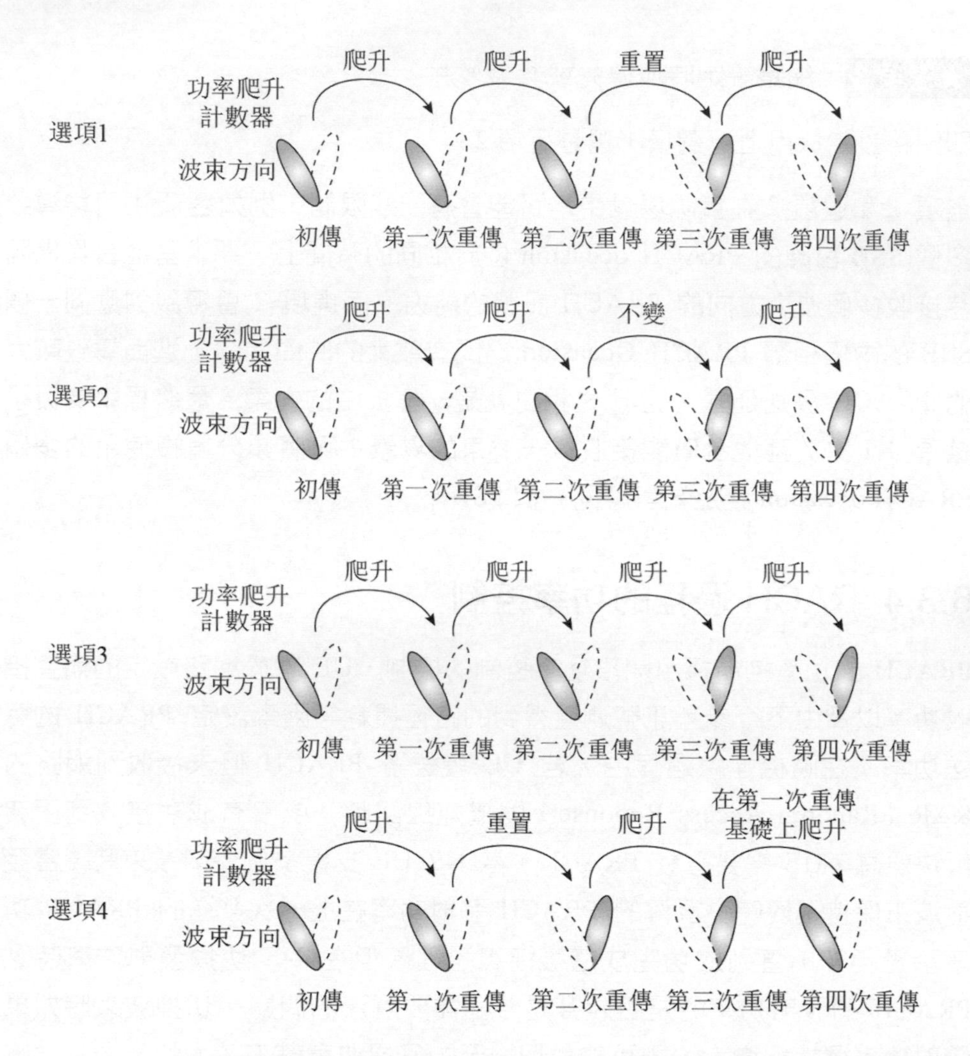

圖 6-25 發射波束切換時的 PRACH 功率控制

選項 1 是一種最保守的功率發射方法，可以大幅上減少波束後 PRACH 的發送對目標波束方向的干擾，但由於切換到目前波束後功率爬升的計數器重置，UE 可能還需要多次嘗試達到滿足 PRACH 成功接收的發射功率，因此導致隨機連線的延遲增大。選項 3 在切換波束後功率爬升的計數依然遞增，因此導致對目標波束較大的干擾。而選項 2 是選取 1 和選項 3 的折中方案，在切換後的第一次傳輸，功率爬升的計數保持不變，首先嘗試第一次傳輸，如果再次重傳，則遞增計數器，因此本方法兼顧了干擾水準控制和隨機連線的延遲。而選項 4 為每一個波束維護一個獨立的功率爬升的計數器，從而類似選項 1，在切換到新的目標波束時，如目標波束上位第一次發射，則重置計數器，大幅上減少波束後 PRACH 的發送對目標波束方向的干擾，但相比選項 1 的改進是每一次切換至此前曾經發送過 PRACH 的波束時，可以在該波束上的功率爬升的計數器的基礎上爬升功率，而非將功率爬升的計數器重置，所以該方法一定程度上有利於控制隨機連線的延遲。

最終，標準採納了選項 2，兼顧了波束切換時干擾的控制和隨機連線的延遲，且相比選項 4，選項 2 僅需維護一套功率計數器，也有利於降低標準化和實現的複雜度。

6.4 RRM 測量

本節介紹 NR RRM 測量相關的內容，包括 RRM 測量參考訊號、測量間隔、NR 同頻測量和 NR 異頻測量的定義以及 RRM 測量帶來的排程限制等方面。

6.4.1 RRM 測量參考訊號

對無線行動通訊系統來說，社區品質、波束品質的精準測量是其有效執行無線資源管理、行動性管理的基礎。對 5G NR 來說，目前主要考慮了兩大類參考訊號用來作為測量參考訊號，分別是 SSB 和 CSI-RS。

對基於 SSB 的測量來說，基地台透過高層訊號設定 SSB 的測量資源給 UE，以供 UE 執行對應的測量操作，一些具體的參數資訊及參數映射關係如圖 6-26 所示。

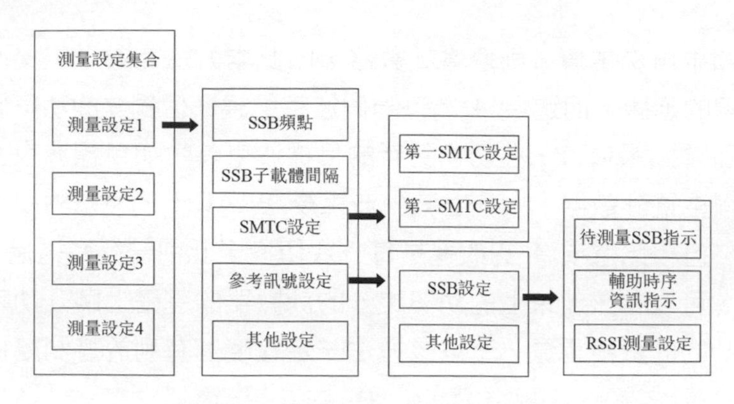

圖 6-26 基於 SSB 的測量設定資訊

其中，SSB 頻點是待測量 SSB 的中心頻點位置，SSB 子載體間隔是該 SSB 的子載體間隔資訊（例如是 15kHz、30kHz 等）。

SMTC（SSB Measurement Timing Configuration，SSB 測量時間設定）是 SSB 測量的時域資源設定資訊，也是 5G NR 測量設定新引入的重要概念，其主要用於設定基於 SSB 測量的一組測量時間視窗，可透過設定參數調節該視窗的大小、位置、週期等參數，一個例子如圖 6-27 所示。

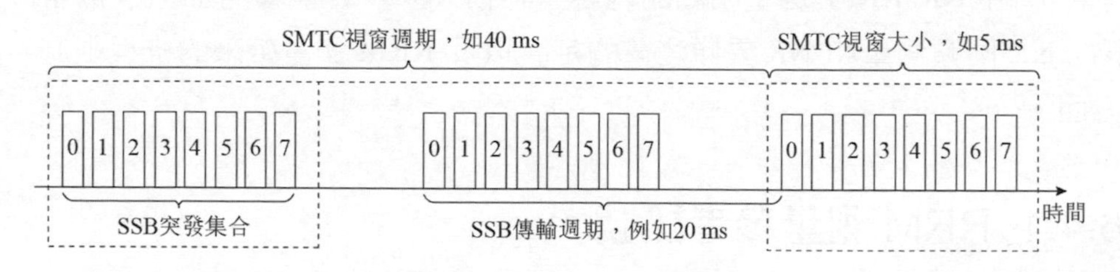

圖 6-27 SMTC 使用範例

需要特別說明的是，SMTC 為針對每一個頻點而分別設定。UE 在做測量時，其每個測量頻點上有一套 SMTC 設定用來指示該頻點上的可用測量視窗資訊。不過，這一限制條件在協定討論中也在逐漸放鬆，在 3GPP Release-15 階段，為了匹配不同的社區的不同的同步訊號區塊週期，允許連接態同頻測量時設定兩套 SMTC 參數用於指定社區測量，例如除了基本的 SMTC 設定外，還可以再設定一套較為密集的測量視窗供服務社區及特定社區清單內所指示的社區利用。隨後的 3GPP Release-16 階段，空閒態的測量也將各頻點上的最大 SMTC 設定數量擴增到了兩個，以進一步滿足網路營運的靈活性。

此外，高層訊號可透過參考訊號設定（ReferenceSignalConfig）參數來指示具體測量參考訊號的特定設定資訊。對基於 SSB 的測量來說，待測量 SSB 指示（ssb-ToMeasure）利用位元映射指示 SSB 突發集合中的實際發送的 SSB 的位置資訊，UE 可以透過 ssb-ToMeasure 明確知道哪些 SSB 候選位置實際發送了 SSB，哪些 SSB 候選位置沒有發送 SSB，在沒有發送 SSB 的位置 UE 不需要執行測量，從而實現了 UE 的節能。輔助時序資訊指示（DeriveSSB-IndexFromCell）參數設定主要用於指示 UE 是否可借助服務社區或特定社區的定時確定待測量社區的參考訊號的時序資訊，其好處在於 UE 可利用已知時序資訊確定鄰區時序，從而可在測量過程中省去大量鄰區同步工作，避免不必要的測量負擔。當前協定約定，在同頻測量時，輔助時序資訊指示 UE 是否可以直接利用本社區的時序來確定鄰區的 SSB 位置，在異頻測量時，該參數指示 UE 是否可以利用目標頻點上的任意一個社區的時序來確定異頻鄰區的 SSB 位置。RSSI 測量設定（ss-RSSI-Measuremen）用於設定 RSSI 的測量資源位置，具體可以指定 SMTC 視窗內的哪些時間槽以及時間槽內的哪些符號可以用來做 RSSI 測量。

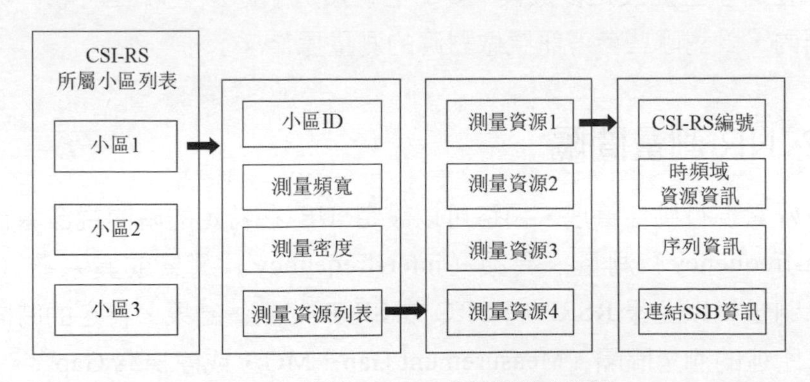

圖 6-28 基於 CSI-RS 的測量設定資訊

對基於 CSI-RS 的測量來說，基地台可透過高層訊號設定一個或多個 CSI-RS 資源供 UE 做測量。如圖 6-28 所示，首先以社區為單位，高層訊號可列出社區等級的 CSI-RS 設定參數，例如社區 ID、社區的測量頻寬、資源密度等資訊。此外，由於每個社區可設定多個 CSI-RS 資源，進一步地參數設定中還會列出各個 CSI-RS 資源等級的設定資訊，例如特定的 CSI-RS 索引，該 CSI-RS 資源所佔用的時域、頻域位置資訊，序列生成方式等，這部分設定實際上和 MIMO 當中的 CSI-RS 設定方式大致相同，詳細說明可參閱第 8 章詳細介紹。

需要額外說明的是在基於 CSI-RS 的測量方案設計中，引入了一項特殊的設定資訊，既 CSI-RS 所連結 SSB（associated SSB）的資訊指示。當這個參數域被設定時，UE 需要先檢測與這個 CSI-RS 連結的 SSB，透過該 SSB 確定目標社區，然後依據目標社區時序資訊確定目標 CSI-RS 資源位置，最後測量該目標 CSI-RS 得到對應測量結果。此外，如果 UE 無法檢測到某個 CSI-RS 資源所連結的 SSB，那該 CSI-RS 資源將不用再被測量，從而在一定程度上降低基於 CSI-RS 的測量複雜度。如果連結 SSB 的資訊指示域位元未被設定，則表示 UE 此時可直接利用測量設定中指示的參考服務社區（refServCellIndex）的時序確定 CSI-RS 資源的位置，繼而直接測量 CSI-RS 資源，不用再做額外的目標社區同步訊號檢測工作。

綜上，在有了上述設定參數後，UE 也就知道了應該在哪些時域、頻域資源範圍內，針對哪些參考訊號做對應的測量操作。

6.4.2 NR 測量間隔

為了更好實現行動性管理，網路可以設定 UE 在特定的時間視窗執行同頻（intra-frequency）測量、異頻（inter-freqeuncy）測量或異系統（inter-RAT）測量，以上報 RSRP，RSRQ 或 SINR 等測量結果，特定的時間視窗即本章所述的測量間隔（Measurement Gap，MG，或簡稱為 Gap[8]。

1. 測量間隔的類型

在 NR Rel-15，UE 的工作頻率範圍除了 6GHz 以下的 FR1，還包括 6GHz

以上的毫米波頻段 FR2。所以，根據 UE 是否支援 FR1/FR2 頻率範圍的能力，RAN4 定義了 per UE 和 per FR 的測量間隔，即 gapFR1, gapFR2 和 gapUE。同時，UE 還引入了 independent gap 的能力指示（independentGapConfig），用於指示是否可以設定 per FR1/2 的測量 gap。如果 UE 支援了 independent gap 能力，也即 FR1 和 FR2 的測量可以獨立進行、不受彼此影響。

2. 測量間隔的設定

測量間隔的參數設定一般包括：

- MGL（measurement gap length，測量間隔長度）。
- MGRP（measurement gap repetition period，測量間隔重複週期）。
- MGTA（measurement gap timing advance，測量間隔定時提前量）。
- gapOffset（測量間隔的時域偏置）。其中，gapOffset 設定值範圍為從 0 到 MGRP-1。

根據以上設定資訊，UE 可以計算得到每個 gap 的第一子訊框所在的 SFN 和子訊框號。其中，$SFN \bmod T = FLOOR(gapOffset/10)$；$subframe = gapOffset \bmod 10$；$T = MGRP/10$。而 UE 要求在該 gap 子訊框之前 MGTA 即啟動測量。

3. 測量間隔 Gap pattern

不同的測量間隔參數設定對應不同的測量間隔圖樣（gap patern），並採用不同的 ID 表示。LTE UE 只支援 per UE 的測量間隔，gap pattern 有 4 個，其中 gap Pattern ID 0 和 1 是必選支援的，在 R14 中引入了短測量間隔（shortMeasurementGap-r14）並增加了 gap Pattern ID 2 和 3，其間隔長度支援更短的 3ms。為支援更靈活的測量設定，NR 的測量間隔在 LTE 測量間隔的基礎上，引入了新的測量間隔長度（MGL）和測量間隔重複週期（MGRP）。

表 6-14 測量間隔的設定

Gap 參數設定	可選值（單位 ms）
MGL	1.5, 3, 3.5, 4, 5.5, 6
MGRP	20, 40, 80, 16
MGTA	0, 0.25, 0.5
gapOffset	0-159
註：gapoffset 的最大值不超過設定的 MGRP	

如表 6-15 可見，5G NR 對於 FR1 的測量間隔長度增加為{3,4,6}ms 等三種，還增加了專用於 FR2 測量的{1.5,3.5,5.5}ms。可以看出，FR2 的測量間隔比 FR1 對應短 0.5ms，這是由於測量間隔包含了 UE 射頻切換延遲（包含切換至目標測量頻率以及切換出目標測量頻率兩次切換延遲），而 UE 在 FR2 比在 FR1 的射頻鏈路切換更快，對應地，所需射頻切換時間（RF switching time）變短，一般假設 FR1 的 RF switching time 為 0.5ms，FR2 的 RF switching time 為 0.25ms，因此 FR2 的 gap 長度比 FR1 的對應地要短 0.5ms。

同時，NR 的測量間隔也隨之增加至 24 個 gap pattern：其中 0-11 用於 FR1 的測量間隔設定，12-23 用於 FR2 的測量間隔設定。具體見表 6-15。

表 6-15 NR gap 圖樣

Gap Pattern	MGL(ms)	MGRP(ms)
0	6	40
1	6	80
2	3	40
3	3	80
4	6	20
5	6	160
6	4	20
7	4	40
8	4	80
9	4	160
10	3	20

Gap Pattern	MGL(ms)	MGRP(ms)
11	3	160
12	5.5	20
13	5.5	40
14	5.5	80
15	5.5	160
16	3.5	20
17	3.5	40
18	3.5	80
19	3.5	160
20	1.5	20
21	1.5	40
22	1.5	80
23	1.5	160

R15 中，gap pattern 0 和 1 都是 UE 必須支援的，因此不需要向網路上報相關終端能力。而表 6-15 中的其他 gap pattern 是需要 UE 上報是否支援的。所以，只定義了 22 位元的 bit map 用於上報支援 gap pattern 2~23 中的 gap pattern，其中例外的 gap pattern 13、14 是 FR2 必選支援的，但也需要對應 bit 設定指示。

R16 新增了一些 UE 必選支援的測量間隔設定。在 R16 RRM 增強項目中，RAN4 同意引入了新增的必選支援的測量間隔（Additional Mandatory Gap）。這些新增的 gap 規定只適用於 NR（NR-only）測量。NR-only 測量是指在測量間隔內目標測量物件均為 NR 載體。

具體地，因 gap 週期 40ms 和 80ms 是實際網路部署中最常用的 gap 週期，所以 FR1 的 gap pattern 2 和 3 和 FR2 的 gap pattern 17 和 18 作為新增的必選支援的測量間隔得到幾乎所有公司的支援。而是否還需要引入其他 gap pattern 引起了激烈討論。考慮到增加 gap pattern 一定程度上會提高移動測量的靈活性，但同時會增加 UE 實現和測試的複雜程度，所以網路裝置商、電信業者以及 UE 晶片等公司在 RAN4 R16 最後一次會議（3GPP RAN4#95e）達成了妥協，決定 FR1 和 FR2 在 Rel-16 版本各新增必選 3 個

gap pattern，其中 FR2 必選支援 gap pattern 17、18 和 19，FR1 必選支援 gap pattern 2、3 和 11。

另外，為了更進一步地澄清 R16 UE 的相容性問題，避免新增 gap 在不同版本的 UE 和網路產生混淆，RAN4 還觸發了不同模式下 UE 行為或能力指示的討論。各公司首先達成共識，現有 R15 中關於測量間隔的設定和 UE 支援的測量間隔能力等，對於 R16 的 UE 都適用。而關於 R16 中新增的必選支援的測量間隔，考慮到不同網路模式的 UE 的 LTE 和 NR 晶片之間對話模式設計不同、網路設定測量 gap 的方式不同等因素，UE 能力指示如何定義，新增的測量間隔的適用範圍，以及如何影響 RAN2 的相關的訊號設計等，需要進一步在標準中澄清。各家公司也將 UE 工作模式分為 NR SA 和 LTE SA/EN-DC/NE-DC 兩類，進行了充分的討論。

具體地，對於支援 NR SA（包括 NR DC）模式的 UE，大家的觀點比較明確統一，每個新增的必選支援的測量間隔只用於 NR-only 測量，且均需要 UE 能力指示。而對於 LTE SA 和 EN-DC 或 NE-DC 雙連接模式下，是否需要對支援新必選 gap 的 UE 增加標識進行區分，以避免與現有 R15 網路的相容問題，網路與 UE 公司的觀點發生分歧。最後，RAN4 達成妥協，決定引入額外的 1 bit UE 能力指示表徵 UE 是否支援一組必選支援的 gap，這裡，這組 gap 即是上述 NR SA 和 NR-DC 模式下 UE 必選支援的 gap（如 gap pattern 2、3 和 11），而且這個新的能力對 UE 也是可選的 [21][22]。

4. 測量間隔適用範圍

根據服務社區和測量目標社區的不同，UE 可適用的 gap 設定（per-UE 或 per FR 的 gap）、gap pattern ID 也是有對應的要求，工作於 EN-DC/NE-DC 和 NR SA 模式下的適用範圍也不盡相同。

舉例來說，對於 NR SA 網路的 UE，如果服務社區只有 FR1 的社區或同時包括 FR1 和 FR2 的社區，測量目標社區只有 FR1（FR1 only）的社區，則網路可設定 per UE 的 gap pattern（gapUE）或 per FR 的 gap pattern（gapFR1）均為 gap 0-11。如果服務社區只有 FR1 的社區或同時包括 FR1 和 FR2 的社區，測量目標社區只有非 NR 系統（non-NR RAT）的社區，則網路可設定 per UE 的 gap pattern（gapUE）或 gapFR1 的 gap pattern 為 0、1、2、3，而 gapFR2 的 gap 不適用（如表中的"No gap"）。又或，如果服務社區只有 FR2（FR2 only）的社區，測量目標社區只有非 NR（如 LTE）的社區，那麼網路不用設定 gap 就可以去測量非 NR（如 LTE）的社區。

類似的，我們也可以從其他場景中發現，gapFR1 不適用於設定 FR2 only 的測量，gapFR2 不適用於 non-NR RAT 或 FR1 的測量。而由於 non-NR 的測量不支援週期 160ms 的 gap，同時測量 non-NR 和 FR1 為的可用 gap pattern 為 0、1、2、3、4、6、7、8、10。

下表 6-16 和 6-17 分別列出了 UE 在 EN-DC/NE-DC 和 NR SA 模式下不同的服務社區和測量目標社區設定下可用的 gap pattern。更詳細的關於適用範圍補充性描述可參見 TS 38.133 Table 9.1.2-2 和 Table 9.1.2-3 的備註。

表 6-16 EN-DC/NE-DC gap-pattern 設定要求

Gap 設定	服務社區	測量目標社區	可用的 Gap Pattern ID
Per UE 測量間隔	E-UTRA + FR1, 或 E-UTRA + FR2, 或 E-UTRA + FR1 + FR2	non-NR RAT	0,1,2,3
		FR1 和/或 FR2	0-11
		non-NR RAT 和 FR1 和/或 FR2	0, 1, 2, 3, 4, 6, 7, 8,10
Per FR 測量間隔	E-UTRA 和 FR1 (如果設定)	non-NR RAT	0,1,2,3
	FR2 (如果設定)		No gap
	E-UTRA 和 FR1 (如果設定)	FR1 only	0-11
	FR2 (如果設定)		No gap
	E-UTRA 和 FR1 (如果設定)	FR2 only	No gap
	FR2 (如果設定)		12-23

Gap 設定	服務社區	測量目標社區	可用的 Gap Pattern ID
	E-UTRA 和 FR1 (如果設定)	non-NR RAT 和 FR1	0, 1, 2, 3, 4, 6, 7, 8,10
	FR2 (如果設定)		No gap
	E-UTRA 和 FR1 (如果設定)	FR1 和 FR2	0-11
	FR2 (如果設定)		12-23
	E-UTRA 和 FR1 (如果設定)	non-NR RAT 和 FR2	0, 1, 2, 3, 4, 6, 7, 8,10
	FR2 (如果設定)		12-23
	E-UTRA 和 FR1 (如果設定)	non-NR RAT 和 FR1 和 FR2	0, 1, 2, 3, 4, 6, 7, 8,10
	FR2 (如果設定)		12-23

表 6-17 NR SA gap-pattern 設定要求

Gap 設定	服務社區	測量目標社區	可用的 Gap Pattern ID
Per UE 測量間隔	FR1 或 FR1 + FR2	non-NR RAT	0,1,2,3
		FR1 和/或 FR2	0-11
		non-NR RAT 和 FR1 和/或 FR2	0, 1, 2, 3, 4, 6, 7, 8,10
	FR2	non-NR RAT only	0,1,2,3
		FR1 only	0-11
		FR1 和 FR2	0-11
		non-NR RAT 和 FR1 和/或 FR2	0, 1, 2, 3, 4, 6, 7, 8,10
		non-NR RAT	12-23
Per FR 測量間隔	FR1 (如果設定)	non-NR RAT only	0,1,2,3
	FR2 (如果設定)		No gap
	FR1 (如果設定)	FR1 only	0-11
	FR2 (如果設定)		No gap
	FR1 (如果設定)	FR2 only	No gap
	FR2 (如果設定)		12-23
	FR1 (如果設定)	non-NR RAT 和 FR1	0, 1, 2, 3, 4, 6, 7, 8,10
	FR2 (如果設定)		No gap
	FR1 (如果設定)	FR1 和 FR2	0-11

Gap 設定	服務社區	測量目標社區	可用的 Gap Pattern ID
	FR2 (如果設定)		12-23
	FR1 (如果設定)	non-NR RAT 和 FR2	0, 1, 2, 3, 4, 6, 7, 8,10
	FR2 (如果設定)		12-23
	FR1 (如果設定)	non-NR RAT 和 FR1 和 FR2	0, 1, 2, 3, 4, 6, 7, 8,10
	FR2 (如果設定)		12-23

此外，網路給 UE 測量設定 per FR 或 per UE 的測量間隔，也會對 FR1 或 FR2 的服務社區造成傳輸中斷，一般中斷時間不會超過設定的 MGL，具體各種 SCS、MGTA 組合情況下不同的中斷要求可參見 TS 38.133 的 9.1.2 節。

5. 測量間隔共用

當在網路設定的同一個測量間隔內 UE 需同時執行同頻和異頻帶點的測量時，UE 需要在測量間隔內協呼叫於同頻測量和用於異頻測量的時間分配。NR 基本上沿用了 LTE 的測量間隔共用機制，透過參數 MeasGapSharingScheme 來指示。類似於測量間隔的設定，測量間隔共用（簡稱 gap sharing）包括 per UE 和 per FR 的設定，包括 gapSharingUE、gapSharingFR1 和 gapSharingFR2。

- 對於 EN-DC，以設定 per UE 的 gap sharing 為例（per FR1 或 per FR2 測量間隔類似），共用的兩方為：
  - 同頻場景的測量，包括:需要 gap 的 NR 同頻測量，或 SMTC 與測量 gap 完全重疊的不需要 gap 的同頻測量。
  - 異頻場景的測量，包括: NR 異頻測量，E-UTRA 異頻測量，UTRA 或 GSM 測量。
- 對於 SA，以 per UE 的 gap sharing 為例，共用的兩方為：
  - 同頻場景的測量，包括: 需要 gap 的 NR 同頻測量，或 SMTC 與測量 gap 完全重疊的同頻測量。

- 異頻場景的測量，包括: NR 異頻測量，E-UTRA 需要 gap 的異頻測量。不包括 3G 和 2G 的測量。

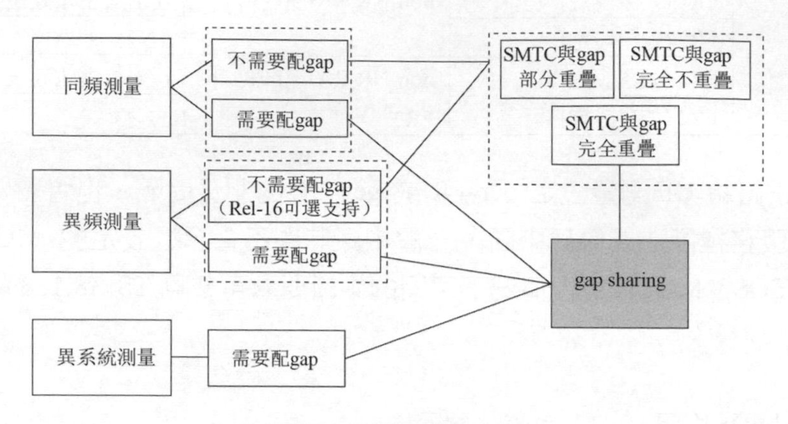

圖 6-29 測量間隔共用

R15 定義了不同類型的測量之間共用 gap，由網路透過訊號設定不同類型的測量的時間佔比，具體地，設定訊號為 2 位元。其中，當 2 位元設定值為"00"表徵所有的測量頻點（包括需要 MG 的同頻帶點）均分測量 gap 的時間；位元的設定值分別為"01", "10", "11"時，所對應 X 為 25、50、75、X 和 100-X 分別表徵同頻測量和異頻或其他類型測量所佔的比例，以下表 6-18 所示。

表 6-18 測量間隔共用方案

測量間隔共用方案	X (%)
‘00’	均分
‘01’	25
‘10’	50
‘11’	75
註：當 MeasGapSharingScheme 預設時，取決 UE 實現來選擇用哪種共用方案	

不同類型的測量之間共用測量間隔導致每一種測量在測量間隔內的測量時間變短，為了彌補時間縮短帶來的影響，對應地，採用 gap 共用後對兩類

測量所需要的測量時間也對應進行了縮放。縮放因數 $K_{intra} = 1 / X * 100$, $K_{inter} = 1 / (100 - X) * 100$。$K_{intra}$ 和 K_{inter} 為根據對應同頻和異頻類型測量 gap 折算後需要縮放的測量時間。

譬如，當共用方案指示為"01"，X=25，則同頻測量佔 25%，其他類型測量佔 75%，K_{intra}=4，K_{inter} =4/3，對應地同頻測量所需時間拉長 4 倍，異頻的測量時間拉長 4/3 倍。可見，透過縮放調整，保證了測量間隔共用時與測量間隔非共用時的每種類型的測量的實際的測量時間是一致的。

6.4.3 NR 的同頻測量與異頻測量

NR 的行動性測量包括基於 SSB 和 CSI-RS 兩種類型參考符號的測量。NR 在 3GPP R15 只完成了基於 SSB 的行動性測量的標準化工作，至 R16 RAN4 才開始標準化 CSI-RS 行動性測量相關的定義和要求制定等工作。

1. 基於 SSB 的行動性測量

(1) 同頻/異頻測量的定義

由於 NR SSB 佔用的頻域資源大小是固定的（如 20 個 RB），基於 SSB 的 NR 測量同頻和異頻的定義主要考慮：同頻測量與異頻測量的 SSB 的中心頻率以及 SSB 的子載體間隔（SCS）是否相同。同頻測量需滿足服務社區的用於測量的 SSB 的中心頻率和相鄰社區的 SSB 的中心頻率相同，並且兩個 SSB 的子載體間隔相同。不然不滿足上述條件的基於 SSB 的 NR 測量都是異頻測量。

(2) 同頻和異頻測量與測量間隔

不同於 LTE，NR 的同頻測量也分為設定測量間隔和不設定測量間隔兩種。當滿足同頻測量的鄰區 SSB 完全包含在 UE 啟動的 BWP 頻寬內、或啟動的下行 BWP 為初始 BWP 時，該同頻測量不需要設定測量間隔。不然該同頻測量需要設定測量間隔。

而 R15 所有的異頻測量均需要設定測量間隔。有電信業者指出一種特殊的需求，雖然異頻測量的鄰區 SSB 雖然中心頻點無法與服務社區對齊，但也可能會出現完全包含在 BWP 內的情況，這種情況 UE 不需要調整射頻。電信業者希望對這種場景在 Rel-16 標準化以增強異頻測量的性能。因此，在 R16 RRM 增強項目中，一個重要的議題是不需要 gap 的異頻測量增強。

所有公司均同意對於滿足鄰區 SSB 在 UE 啟動 BWP 頻寬內的異頻測量不設定 gap 進行測量。但仍有很多問題在討論中不斷湧現出來，包括如何解決支援不需要 gap 的異頻測量的 UE 的相容性問題（如能力指示）、UE 的測量行為的更新以及 R16 的「異頻測量不需要 gap」的能力與 RAN2 定義的"needforgap"（是否需要測量間隔）的關係等[23-26]。

關於 UE 舊版相容性問題，各公司基本達成一致意見，透過一個 R16 的設定標識顯性地指示 UE「異頻測量不需要 gap」的能力。電信業者希望這個能力是 UE 必選支援的，而大部分 UE 公司和晶片公司認為會增加實現的複雜度而建議可選。在經過多次 RAN4 小組會的討論後，該異頻測量的能力定義為可選的 UE 能力，且需要新的訊號指示。

關於 UE 的行為，因為引入了不需要 gap 的異頻測量，現有 R15 的 gap sharing 機制和排程限制等方案均需要做對應的最佳化。而參考不需要 gap 的同頻測量的 UE 行為定義對應的要求很容易就成為大家的共識。

舉例來說，gap sharing 機制，如上節中圖 6-18 所示，當 SMTC 和 MG 完全重疊時，不需要 gap 的異頻測量允許都在 gap 內執行，此時異頻不需要 gap 的測量可參與測量間隔共用。此外，對於異頻測量 SSB 的 SMTC 和網路設定的 MG 完全不重疊的情況，UE 的行為也有明確的定義，允許 UE 在 gap 之外執行不需要 gap 的異頻測量。而各公司的主要分歧點在於，當 MG 與 SMTC 部分重疊時，UE 如何定義這類異頻測量行為，以及是否可以沿用不需要 gap 的同頻測量的載體等級的測量時間縮放。經過 2 次會議的討論，大家最後達成了共識，UE 在 gap 外還是 gap 內執行測量取決於它是否支援載體聚合（Carrier Aggregation, CA）的能力，如果 UE 具備 CA 能力，當異頻測量不需要 gap 時，UE 可在 gap 之外執行異頻測量，並按照

gap 外的測試時間縮放要求定義測量時間的要求；反之，UE 應滿足在 gap 內異頻測量的測量時間要求。

關於 needforgap 和異頻測量不需要 gap 的關係的澄清，觸發討論的主要原因是 R16 討論中 RAN2 和 RAN4 對於測量是否需要 gap 分別定義了兩個判斷方法。RAN2 定義了 UE 基於 SSB 的同頻和異頻測量是否需要 gap 的設定資訊 needforgap，包括 UE 上報給網路的設定參數 needForGapsInfoNR 或網路指示給 UE 的設定參數 NeedForGapsConfigNR，來上報或指示 NR 社區或頻段列表上的同頻或異頻測量是否需要 gap；而 RAN4 規定了基於當前鄰區測量頻點的設定與 UE 啟動 BWP 的時頻位置關係（是否重疊），來判斷是否需要 gap，並且 R15 和 R16 先後支援了不需要 gap 的同頻和異頻測量，特別是為不需要 gap 異頻測量引入了額外的 1bit 的能力指示。

對於上述兩種判斷標準在 UE 測量中如何協作工作，在 R16 異頻測量討論中對 UE 的行為也做了對應的澄清。

- 如果 UE 上報或網路設定的當前的異頻帶點的 needforgap 資訊為需要 gap（"gap"），同時該 UE 支援異頻不需要 gap 的能力，則一旦目標 SSB 落在 UE 啟動 BWP 內時 UE 仍允許在 gap 之外執行不需要 gap 的測量。
- 如果 UE 上報或網路設定的當前的異頻帶點的 needforgap 資訊為不需要 gap（"no-gap"），有兩種可能的處理方式：方式一是直接判定該 UE 在對應頻點的測量均不需要 gap，不需要判斷該 UE 是否支援異頻不需要 gap 的能力；方式二是，仍需要結合 RAN4 定義的異頻測量不需要 gap 的條件，當該 UE 指示支援異頻不需要 gap 的能力時，該頻點的異頻測量才允許不需要 gap。最後，RAN4 在第一種方式上達成一致，RAN4 定義的 gap 判斷機制並不影響 RAN2 定義的"needforgap"對 gap 設定的指示。採用這種方式，將網路側的設定置於更高的判斷層級，UE 基於網路設定的測量行為更加簡單。

2. 基於 CSI-RS 的 L3 行動性測量

NR R15 版本完成了基於 SSB 的測量定義、測量要求和測量限制等協定內容，而由於時間原因或產品支援力度不夠強烈，基於 CSI-RS 的行動性測量並沒有在 3GPP RAN4 完成相關的需求指標定義等。儘管在 R15 RAN1 和 RAN2 分別在物理層和高層協定已經完成了 CSI-RS 測量的基本功能和流程，但由於 RAN4 標準工作的落後，並沒有實際的產品支援 CSI-RS 的行動性測量。直到 2020 年上半年，RAN4 還在仍在討論和制定 R16 版本基於 CSI-RS 的 L3 行動性測量的相關定義和要求。

(1) 同頻/異頻測量的定義

與 SSB 不同的是，用於行動性測量的 CSI-RS 資源區塊設定更加靈活。基於 SSB 的同頻和異頻測量的定義是否可以沿用、CSI-RS 在時域和頻域上是否要做一些限制、UE 最小支援測量頻點和社區的數目等議題成為標準化討論制定中的主要爭議點。

首先，關於 CSI-RS 同頻測量的定義，圍繞 CSI-RS 資源的中心頻點、和/或 SCS 和 CP 長度是否相同，以及與 active BWP 的位置關係等問題，不同公司的觀點鮮明而又分散[27][29]。從 3GPP 標準化會議的討論來看，滿足同頻測量的條件包括以下幾種：

- 服務社區和測量目標鄰區的 CSI-RS 資源的中心頻點相同。
- 服務社區和測量目標鄰區的 CSI-RS 的 SCS 和 CP 長度相同。
- 服務社區和測量目標鄰區的 CSI-RS 資源的頻寬相同（限制 CSI-RS 的頻寬來減少同頻測量的 MO 數目）。
- 目標鄰區的 CSI-RS 資源包含在 UE 啟動 BWP 的頻寬之內。
- 或同時滿足上述部分或所有條件。

各個方案背後的出發點和優缺點也不盡相同。其中(a)、(b)得到較多支援，而(c)和(d)的分歧最大。要求同頻測量的 CSI-RS 的頻寬相同，雖然減少了實現的複雜度，但會限制 CSI-RS 測量設定，又失去了 CSI-RS 資源可靈活設定的優勢。目標鄰區的 CSI-RS 資源包含在 UE 啟動 BWP 的頻寬之內，會簡化同頻測量的要求，但也帶來同頻或異頻測量物件（measurement object，MO）隨著 BWP 切換頻繁變化的問題。

歷時半年的討論，各公司終於在 RAN4#94-e-bis 會議基本完成了 CSI-RS 同頻測量和異頻測量的定義，以及測量要求的初步框架。

- 當服務社區的 CSI-RS 可用時，CSI-RS 同頻測量定義為：服務社區和鄰區的 CSI-RS 的 SCS 相同，CP 類型相同，目標社區設定用於測量的 CSI-RS 資源的中心頻點與用於測量的服務社區的 CSI-RS 資源的中心頻點相同。
- 否則為異頻測量。
- 當服務社區的 CSI-RS 資源不可用，不定義指標要求。

圖 6-30 列出了一個同頻 MO 設定的範例，該 MO 裡不同社區可支援不同的 CSI-RS 頻寬，而所有的 CSI-RS 資源均包含在服務社區的啟動 BWP 頻寬之中，那麼該同頻測量也就不需要設定測量間隔。但是由於 R16 凍結時間的限制，RAN4 決定縮減需要標準化的場景，只定義 CSI-RS 資源頻寬相同的同頻社區的測量要求（如社區 1），其他的不作指標要求（如社區 2 和 3）。

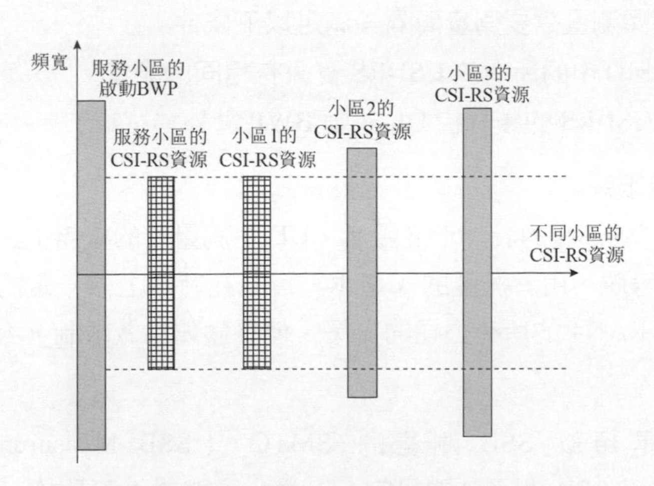

圖 6-30 一種 CSI-RS L3 同頻測量 MO 的示意圖

對於同一個測量物件 MO 中同時設定了 SSB 和 CSI-RS 測量的情況，二者是否是需要統一同頻或異頻的定義，一部分公司認為需要統一定義，使得 CSI-RS 和 SSB 的同頻測量共用相同的一部分 UE 頻寬，以節省 UE 在執行測量時的射頻調整時間（RF tuning time）；另一部分公司認為 CSI-RS 和 SSB 測量本身為兩種類型的測量，需要獨立的同頻和異頻的定義，且 CSI-RS 和 SSB 可支援的最低要求測量的頻點數、社區數、資源數等測量能力也完全獨立。這部分的討論截至 RAN4 95 次會議仍沒有達成結論[31]。

(2) 同頻/異頻測量與測量間隔

考慮到 CSI-RS 和啟動 BWP 的頻寬之間的關係，可能出現同頻或異頻需要或不需要 gap 等 4 種測量場景[28]。由於 Rel-16 標準時間的限制，各公司最後一致決定優先標準化以下場景：

場景 1：同頻測量不需要測量間隔，滿足以下條件：

- 同一 MO 中的所有的 CSI-RS 資源有相同的頻寬。
- 鄰區 CSI-RS 的頻寬包含在 UE 啟動 BWP 之內。
- 同頻 MO 中 CSI-RS 頻寬不同於服務社區的情況在 Rel-16 中沒有要求。

場景 2：異頻測量需要測量間隔，滿足以下條件：

- 同一 MO 中的所有的 CSI-RS 資源有相同的頻寬。
- 鄰區 CSI-RS 的頻寬在 UE 啟動 BWP 之外。

(3) 時域測量限制

由於週期性 CSI-RS 的設計十分靈活，UE 在測量時的複雜度比較高。基於簡化測量的考慮，用於測量的 CSI-RS 資源在時域上做一定的限制，獲得了幾乎參加 RAN4 的所有公司的支援。但具體如何做限制，大家的觀點不盡相同。

一種觀點是類似 SSB 測量的 SMTC（SSB Measurement Timing Configuration，SSB 測量時間設定）一樣，專門引入不長於 5ms、週期不長於 40ms 的時間窗 CMTC（CSI-RS Measurement Timing Configuration，

CSI-RS 測量時間設定）表徵可用於測量的 CSI-RS 資源，所有用於 L3 測量的 CSI-RS 資源應該被設定在 CMTC 視窗中。CMTC 最後是否會被同意引入，以及具體的參數設定仍在 3GPP RAN4 討論中。由於 CMTC 的定義會牽扯到新的訊號設計改動，對協定的影響較大，筆者看來，CMTC 暫不會在 R16 中出現，在後續版本是否引入還取決於 3GPP 的進一步討論。

還有一種觀點是，為避免在 R16 引入新的訊號，限制 CSI-RS 測量在 SMTC 中執行，這種方式一方面可以減小 UE 測量實現的複雜度，方便 UE 在同一時間窗內同時執行 CSI-RS 和 SSB 的測量，得到 UE 和晶片廠商的青睞；但另一方面又會限制網路對於 CSI-RS 測量的設定靈活性，得到網路廠商的強烈反對[30]。

筆者看來，上述兩個方案的爭議性較大，截止本書稿截止時還沒有結論。一個可能的簡單的妥協方案來約束 R16 CSI-RS 時域測量，如從原則上去限制規定每次測量設定在 5ms 內，CSI-RS 的週期小於 40ms 等，當然這還取決於標準的最終討論進展。

3. 測量時間的縮放

以基於 SSB 測量為例，縮放可分類兩種：一種是只適用於不需要測量間隔的測量時間縮放（用 Kp 表徵），另一種是適用於具備載體聚合能力的 UE 在 gap 內和 gap 外的多載體測量的時間縮放（carrier specific scaling factor，CSSF）。該因數施加於各種同頻或異頻測量的測量時間（包括社區辨識 Cell identification 和測量週期 Measurement period）的放鬆。

測量時間的縮放，是為了滿足一定的測量精度要求（如 RSRP、RSRQ 和 SINR 的測量精度），UE 同頻或異頻測量需要在單位測量時間內得到足夠的參考訊號取樣，並評估相關的測量結果後上報給網路。其中，UE 所設定的 SMTC 之外的 SSB 不考慮用於 RRM 測量。由於同頻或異頻測量可支援需要設定 gap 或不需要 gap 的測量，對應的 SMTC 和測量 gap 可能出現不完全重疊的情況。考慮到當前 SMTC 和網路設定的 per-UE 或 per-FR gap 的重疊關係，測量參考訊號的長度、週期與測量間隔的長度、週期之間會存在不重疊、完全重疊或部分重疊三種情況，因此測量週期需對應分別定義不同的縮放的要求，以滿足測量精度的要求。

具體地，適用於不需要 gap 同頻或異頻測量的測量時間縮放 Kp 的定義，滿足以下幾種情況：

- 若 SMTC 全在 gap 內或全在 gap 外的話，則不需要 gap 的同頻測量要麼全在 gap 內或 gap 外執行，不需要做額外放鬆，Kp=1。
- 若 SMTC 與 gap 有部分重疊且 SMTC period < MGRP 時，則不需要 gap 的同頻測量需拉長測量時間以保證足夠的測量參考訊號的取樣數量，拉長倍數 Kp =1/(1- (SMTC period /MGRP))。
- 若對於 SMTC 與 gap 有部分重疊且 SMTC period> MGRP 的情況，協定中並沒有明確定義 UE 測量的時間要求，屬於 UE 實現的範圍。

而適用於 gap 內和 gap 外的多載體測量的時間縮放，按照 gap 之外的測量和 gap 內的測量（這裡的測量包括同頻或異頻），可分為 $CSSF_{outside\_gap}$ 和 $CSSF_{within\_gap}$。

★ $CSSF_{outside\_gap}$

$CSSF_{outside\_gap}$，顧名思義，適用於允許 gap 外測量的 UE，當該 UE 不需要 gap 的測量所設定的 SMTC 與當前 UE 所設定的 gap 存在部分重疊或沒有重疊時，對 UE 測量時間所做的放鬆調整。

當 UE 具備 CA 能力時，認為該 UE 可最多同時處理兩個載體的測量，當 UE 需要同時測量多個載體 NR 的同頻、異頻或異系統頻點時，可根據測量的載體數目，定義縮放測量時間的因數，用於 NR 同頻或異頻測量時間的放鬆。以 SA 模式為例，下圖列出了 FR1 或 FR2 主載體或輔載體上對應的測量時間放鬆因數。其他模式下的要求可具體參見 TS 38.133 第 9.1.5.1 節。

表 6-19 SA 模式下 UE 的 $CSSF_{outside\_gap}$

$CSSF_{outside\_gap,i}$ 適用場景	FR1 主載體	FR1 輔載體	FR2 主載體	FR2 輔載體 (當設定 FR2 鄰區測量時)	FR2 輔載體 (當不需 FR2 鄰區測量時)
FR1 only CA	1	$N_{configuredFR1SCell}$	N/A	N/A	N/A
FR2 only 頻內 CA	N/A	N/A	1	N/A	$N_{configuredFR2SCell}$
FR1 +FR2 CA (FR1 PCell) [1]	1	$2\times(N_{configuredSCell}-1)$	N/A	2	$2\times(N_{configuredSCell}-1)$
注 1: FR1+FR2 帶間 CA 只有 1 個 FR1 和 1 個 FR2 頻段					

★ $CSSF_{within\_gap}$

$CSSF_{within\_gap}$ 適用於 UE 需設定 gap 的測量，或不需要 gap 的同頻或異頻帶點的測量所設定的 SMTC 與當前 per UE 或 per FR 設定的 gap 完全重疊的情況。對 UE 測量時間所做的放鬆調整。根據當前 UE 所設定的 gap 共用方案（measGapSharingScheme），和需要在 gap 內測量的同頻或異頻測量物件的數目，二者共同決定了 $CSSF_{within\_gap}$。

舉例來說，當 gap 共用方案為均分時，同頻和異頻測量的縮放因數相同，測量物件 i 所對應 $CSSF_{within\_gap,i}$ 表示 160ms 內與測量物件 i 同樣設定在相同 gap（最多有 {160/MGRP-1} 個 gap）中測量物件的最大數目 $\max(M_{tot,i,j})$，與 R_i 的乘積，其中 R_i 表示該測量物件 i 所設定的 gap 數量與去掉用於特定設定的定位測量的 gap 的數量的比值。這裡需要說明的是，這類定位測量的 gap 是被單獨考慮的（相關的特定設定要求可參考協定規範[8]第 9.1.5.2 節）。

同理，當設定其他的測量 gap 共用方案，可以得到對應同頻和異頻或異系統測量時間的縮放因數（具體見 6.4.4 節 K_{intra} 和 K_{inter}），然後分別計算得到同頻和異頻或異系統測量物件的在 gap 內的測量時間縮放 $CSSF_{within\_gap}$。

6.4.4 RRM 測量帶來的排程限制

前文中提到，排程限制只適用於對測量不需要設定 Gap 的情況。帶來排程限制的原因包括以下至少 1 種：UE 是否支援同時接收不同的 SCS 的資料和測量參考訊號（SSB 或 CSI-RS），是否支援接收波束掃描，測量頻段是否為 TDD 頻段等。

一般地，UE 在對應實際測量的 SSB 所佔的 OFDM 符號或 SMTC 視窗內的所有 OFDM 符號均不能發射或接收資料，甚至某些情況下考慮到接收訊號同步對齊等因素還會要求 SSB 符號前後的 1 個或多個符號也不能收發資料。

下面以基於 SSB 的不需要 gap 的同頻測量為例具體說明排程限制的要求。在 R15，同時接收不同 SCS 的資料和 SSB 被定義為一種 UE 的可選能力，從 UE 實現角度來看具備該能力的 UE 可以同時進行兩組 FFT 運算從而處理不同子載體間隔的資訊。如果 UE 不支援該能力那麼因無法同時處理這兩種 SCS 類型的訊號，UE 不期望在接收當前測量 SSB 的所有號上發送 PUCCH/PUSCH/SRS 或接收 PDCCH/PDSCH/TRS/用於 CQI 回饋的 CSI-RS 等訊號；此外由於同步等操作，這些連續的 SSB 符號之前的和之後緊鄰的 1 個符號也不允許做以上傳輸。

關於 FR1 TDD 頻段和 FR2 頻段的測量，因上下行傳輸的訊框結構、波束掃面等限制，也有類似的排程要求。值得一提的是，這些排程限制同樣適用於 R15 的 SSB 同頻不需要 gap 的測量和 R16 SSB 異頻不需要 gap 的測量。具體的限制要求了詳見協定規範[8]的第 9 章對應的同頻和異頻測量小節，不再贅述。

而對於截至 RAN4 95 次會議還沒完成討論的 R16 CSI-RS L3 測量，不需要 gap 的同頻測量的排程限制仍作為重要的議題，各家公司就是否保持與 SSB 測量的類似的排程限制持不同的觀點。筆者看來，因為 CSI-RS 測量同步的問題尚未徹底解決，不同場景下連續測量的 CSI-RS 符號前後應有多少個符號會受影響仍是個待定因素；由於 R16 時間限制等因素，該問題可能需在後續 R17 版本的標準討論中才有望得到清晰的解決。

6.5 RLM 測量

無線鏈路監測（RLM）是 RRC_CONNECTED 狀態的 UE 監測主社區的下行無線鏈路品質的過程。本節介紹在 NR 中定義的 RLM 參考訊號和 RLM 過程。

6.5.1 RLM 參考訊號

在 NR 中，用於 RLM 的參考訊號（RLM Reference Signal，RLM-RS）是透過高層訊號 *RadioLinkMonitoringRS* 設定的。可被設定的 RLM-RS 包括兩種：CSI-RS 和 SSB。一個 RLM-RS 的設定包括一個 CSI-RS 的資源索引，或一個 SSB 的索引。網路可以為 UE 在每個 BWP 上設定多個 RLM-RS，可設定的 RLM-RS 的最大數量與頻率範圍有關：在 3GHz 以下為 2；在 3GHz 至 6GHz 之間為 4；在 6GHz 以上為 8[8]。這一方面考慮到頻段越高，UE 所需要監測的波束數量越多，另一方面也考慮實現中 UE 的能力的限制，因此對 RLM-RS 的最大數量加以限制。RLM-RS 的測量結果用於評估假想 PDCCH 的 BLER。在設定的多個 RLM-RS 中，UE 假設 RLM-RS 與所評估的假想 PDCCH 具有相同的天線通訊埠。

對於 SSB，網路為 UE 設定一個或多個 SSB 的索引作為 RLM-RS。由於 NR 中的多波束傳輸，網路在設定 RLM-RS 時，需要根據在一段時間內為 UE 服務的波束設定對應的多個 SSB 作為 RLM-RS，用於根據這些 SSB 的訊號品質進行測量，確定同步 / 失步（In Synchronization/Out Of Synchronization，IS/OSS）的狀態。

對於 CSI-RS，由於其資源是 UE 特定的設定，網路可以更加靈活的為某個 UE 設定用於 RLM-RS 資源。網路同樣可以為 UE 設定一個或多個 CSI-RS

資源的索引作為 RLM-RS，也同樣支援多波束傳輸的通道品質的測量。並且，相比 SSB，CSI-RS 資源的設定在空間域和頻域上可以與 RLM 所評估的 PDCCH 更好的匹配。用於 RLM 的 CSI-RS 資源的設定有一定的限制，包括 cdm-Type 為"noCDM"，資源密度只能為 1 或 3，天線通訊埠數只能為單天線通訊埠[13]。

還有一種情況是，UE 沒有被設定 *RadioLinkMonitoringRS*，但是 UE 被設定了用於 PDCCH 接收的 TCI 狀態，這些 TCI 狀態包含了一個或多個 CSI-RS，那麼：

- 如果用於 PDCCH 接收的啟動的 TCI 狀態只包含一個 CSI-RS，則 UE 把該 CSI-RS 作為 RLM-RS。
- 如果用於 PDCCH 接收的啟動的 TCI 狀態包含兩個 CSI-RS，則 UE 把 QCL 資訊被設定為 QCL-TypeD 的 CSI-RS 作為 RLM-RS。UE 不期望兩個 CSI-RS 的 QCL 關係都設定為 QCL-TypeD。
- UE 不使用設定為非週期或半持續的 CSI-RS 作為 RLM-RS。
- 對於 $L_{max}=4$，UE 會從用於 PDCCH 接收的啟動的 TCI 狀態所包含的 CSI-RS 中選擇 2 個 CSI-RS 作為 RLM-RS。選擇的順序從 PDCCH 的 search space 中具有最小的監聽週期的 search space 開始。當多於一個 CORESET 連結具有相同的監聽週期的 search space，則選擇的順序從最高的 CORESET 的索引開始。

當一個 UE 的服務社區被設定了多個下行 BWP，UE 只在啟動的 BWP 上使用該 BWP 上設定的 RLM-RS 進行 RLM 測量；或在該啟動的 BWP 上沒有設定 RLM-RS 時，按照上述的方法，使用該啟動 BWP 上用於 PDCCH 接收的的 CORESET 對應的啟動的 TCI 狀態所對應的 CSI-RS，作為 RLM-RS 進行 RLM 測量。

6.5.2 RLM 過程

在設定了 RLM-RS 之後，UE 對 RLM-RS 進行測量，測量的結果與 IS/OOS 的設定值進行比較，從而獲得無線鏈路的 IS/OOS 狀態，並週期性的上報 IS/OOS 狀態的評估結果給高層。如果設定的所有 RLM-RS 中有任何一個 RLM-RS 的測量結果高於 IS 設定值，則物理層上報 IS 狀態給高層；如果設定的所有 RLM-RS 的測量結果都低於 OOS 設定值，則物理層上報 OOS 狀態給高層。可以看出，IS/OOS 狀態的上報並不基於社區內波束的數量，也就是設定的 RLM-RS 的數量。

在非 DRX 狀態下，IS/OOS 狀態的上報週期為設定的所有 RLM-RS 資源的週期中的最短週期和 10ms 之間的最大值。在 DRX 狀態下，IS/OOS 狀態的上報週期為設定的所有 RLM-RS 資源的週期中的最短週期和 DRX 週期之間的最大值。

與 LTE 類似，NR 的 RLM 中 IS/OOS 的設定值也是根據假想 PDCCH 的 BLER 確定的。所不同的是，NR 支援兩組假想 PDCCH 的 BLER。其中第一組設定值與 LTE 一致，IS 的設定值對應的假想 PDCCH 的 BLER 為 2%；OOS 的設定值對應的假想 PDCCH 的 BLER 為 10%[8]。引入另外一組設定值的目的是，該組門限對應更高的假想 PDCCH 的 BLER，便於在無線訊號差的位置也能夠保持無線鏈路的連接，避免觸發無線鏈路失敗而造成連接的失敗，從而有利於保持 VoIP 等業務的連續性。使用哪一組假想 PDCCH 的 BLER 由網路透過訊號 *rlmInSyncOutOfSyncThreshold* 進行設定[20]。IS/OOS 的 BLER 設定值所對應的 SINR 數值並不直接在 NR 標準中定義，各廠商根據假想 PDCCH 的 BLER，結合 UE 的接收機的性能，確定出自己生成的 UE 的 IS/OOS 的設定值。

6.6 小結

本章介紹了 NR 初始連線相關的社區搜尋、Type-0 PDCCH CORESET 和 Type-0 PDCCH 搜尋空間、NR 隨機連線過程、NR RRM 測量以及 NR RLM 測量等方面的內容。從以上章節的說明可見，NR 的初始連線的設計極佳地支援了 NR 的大頻寬、多波束傳輸以及靈活多樣的部署場景。

參考文獻

[1] R1-1708161, Discussion on SS block composition and SS burst set composition, Huawei, HiSilicon RAN1#89

[2] R1-1707337, SS block composition, Intel Corporation, RAN1#89

[3] R1-1708569,SS block and SS burst set composition consideration ,Qualcomm Incorporated ,RAN1#89

[4] R1-1708720 SS Block Composition and SS Burst Set Composition Ericsson

[5] R1-1718526, Remaining details on synchronization signal design, Qualcomm Incorporated, RAN1#90bis

[6] 3GPP TS 38.101-1, User Equipment (UE) radio transmission and reception;Part 1: Range 1 Standalone, V16.2.0 (2019-12)

[7] 3GPP TS 38.101-2, User Equipment (UE) radio transmission and reception;Part 2: Range 2 Standalone, V16.2.0 (2019-12)

[8] 3GPP TS 38.133, Requirements for support of radio resource management, V16.2.0 (2019-12)

[9] R1-1802892, On indication of valid locations of SS/PBCH with RMSI, Nokia, RAN1#92

[10] R1-1721643, Reply LS on Minimum Bandwidth, RAN4, 2017,CATT, NTT DOCOMO

[11] R1-1717799, Remaining details on RMSI，CATT，RAN1#90bis

[12] R1-1720169, Summary of Offline Discussion on Remaining Minimum System Information, CATT，RAN1#91

[13] 3GPP TS 38.214, Physical layer procedures for data, V16.1.0 (2020-03)

[14] 3GPP TS 38.213, Physical layer procedures for control, V16.1.0 (2020-03)

[15] R1-1700614, Discussion on 4-step random access procedure for NR, NTT DOCOMO, INC., RAN1Ad-hoc #1 2017

[16] R1-1704364, PRACH evaluation results and design, ZTE, ZTE Microelectronics, RAN1#88

[17] R1-1705711, Discussion and evaluation on NR PRACH design, NTT DOCOMO, INC., RAN1#88bis

[18] R1-1716073, Discussion on remaining details on PRACH formats, NTT DOCOMO, INC., RAN1Ad-hoc #3 2017

[19] R1-1706613, WF on Power Ramping Counter of RACH Msg.1 Retransmission, Mitsubishi Electric, RAN1#88bis

[20] 3GPP TS 38.331, Radio Resource Control (RRC) protocol specification, 16.0.0 (2020-03)

[21] R4-2008992,LS on mandatory of measurement gap patterns, RAN4(ZTE), 3GPP RAN4#95e,

[22] R4-2005846,LS on mandatory of measurement gap patterns, RAN4(ZTE), 3GPP RAN4#94e-bis,

[23] R4-1912739, WF on inter-frequency without MG, CMCC, 3GPP RAN4#92bis, Chongqing, China

[24] R4-1915853, WF on inter-frequency without MG, CMCC, 3GPP RAN4#93, Reno, USA

[25] R4-2002250, WF on inter-frequency without MG was agreed in RAN4#94e meeting, CMCC, 3GPP RAN4#94e

[26] R4-2005348, WF on R16 NR RRM enhancements –Inter-frequency measurement without MG, CMCC, 3GPP RAN4#94e-bis

[27] R4-2005355, WF on CSI-RS configuration and intra/inter-frequency measurements definition for CSI-RS based L3 measurement, CATT, 3GPP RAN4#94e-bis

[28] R4-2009256, WF on CSI-RS configuration and intra/inter-frequency measurements definition for CSI-RS based L3 measurement, CATT, 3GPP RAN4#95e

[29] R4-2009037, Email discussion summary for [95e][225] NR_CSIRS_L3meas_RRM_1, Moderator (CATT), 3GPP RAN4#95e

[30] R4-2009009, WF on CSI-RS based L3 measurement capability and requirements, OPPO, 3GPP RAN4#95e

[31] R4-2009038, Email discussion summary for [95e][226] NR_CSIRS_L3meas_RRM_2, Moderator (OPPO), 3GPP RAN4#95e

Chapter

07 通道編碼

陳文洪、黃瑩沛、崔勝江 著

進入數位通訊時代以來，通道編碼一直是通訊系統演化過程中最基本的技術。每一代通訊系統相對於前一代通訊系統在系統性能、可靠性、容量等方面的巨大提升，都離不開通道編碼方案的持續增強。4G 系統中，控制資訊採用了雷德-米勒（Reed-Muller，RM）碼、去尾迴旋碼（Tail-bit Convolutional Code，TBCC）等通道編碼方式，資料資訊採用了 Turbo 碼，以滿足不同碼塊大小和不同串流速率下的性能需求。針對資料和控制資訊，NR 在堅固性、性能、複雜度和可靠性等方面提出了更高的要求，目前的通道編碼方式已經難以滿足 NR 對更高傳輸速率的要求。因此，NR 中針對各種通道類型分別討論並引入了新的通道編碼方案。

7.1 NR 通道編碼方案概述

從 RAN1#84bis 會議（2018-04）開始，3GPP 組織經過 5 次會議的討論，確定了 NR 資料通道和控制通道採用的通道編碼方案。在這之後，從 2017 年的第一次 RAN1 AdHoc 會議開始，3GPP 組織經過 8 次 RAN1 會議（6 次正式會議和 2 次加會）的激烈討論，才最終確定了這些通道編碼方案的設計細節，從而完成了 NR 通道編碼的標準化工作。那麼，NR 中不同通道類型的通道編碼方案是如何確定下來的呢？為什麼要採用這樣的通道編碼方案？本節將一一揭曉這些答案。

7.1.1 通道編碼方案介紹

本節首先介紹幾種常見的通道編碼方案，包括 LTE 中使用的 RM 碼、TBCC 碼和 Turbo 碼，以及 NR 中新提出的外碼（Outer Code），低密度同位碼（Low-Density Parity-Check code，LDPC）和 Polar 碼。這些編碼方案也是 NR 中考慮的候選通道編碼方案。

RM 碼是 1954 年由 Reed 和 Muller 提出的一類能夠校正多個差錯的線性分組碼。這類碼構造簡單，結構特性豐富，可以採用軟判決或硬判決演算法的方式來進行解碼，在實際工程中獲得了廣泛的應用。LTE 中的通道品質指示(Channel Quality Indicator，CQI) 和混合自動重傳請求回應(Hybrid Automatic Repeat Request Acknowledgement，HARQ-ACK)均採用了 RM 編碼方式[1]。

Outer code 是指在主要的編碼方式之外，再加上一層其他的碼而組成的編碼方式。在無線行動通訊系統中，由於無線通道中存在多徑、都卜勒效應、障礙物等影響，資料在傳輸過程中往往會出現隨機錯誤（單一零散的錯誤）或突發錯誤（成片的大量錯誤），此時可以透過外碼來提高解碼性能。外分碼為顯性外碼和隱式外碼，常見的顯性外碼包括 CRC、RS（Reed-Solomon）碼、BCH（Bose Ray-Chaudhuri Hocquenghem）碼等，通常應用在主要編碼方案之外；隱式外碼是指內碼和外碼混為一體，在解碼時可以先對其中之一進行處理，也可以對兩者進行迭代處理。在實際應用中，外碼和內碼可以不在同一協定層，例如內碼工作在物理層，而外碼工作在 MAC 層。內碼和外碼也可以針對不同的資料，例如內碼針對每個編碼塊，外碼針對多個編碼塊[2]。

卷積碼最早由 MIT 的教授 Peter Elias 於 1955 年提出[3]，在 CDMA2000 中的專用控制通道[4]、WCDMA 中的業務通道[5]中獲得了廣泛的應用，且在 LTE 中也獲得了應用。早先的卷積編碼器開始工作時需要進行初始化，將所有暫存器單元進行歸零處理，在編碼結束時，使用尾位元進行歸零。相對於編碼位元而言，尾位元增加了編碼負擔，導致解碼器性能下降和串流速率損失。為了解決這一問題，研究人員提出了 TBCC 碼[6-7]，其基本原理是在開發過程中直接用代碼最後許多個位元初始化編碼暫存器，在編碼結束時編碼器無須再輸入額外的"0"，從而提高串流速率。

Turbo 碼是由 Claude Berrou 等人在 1993 年提出[8]的一種串聯碼，其基本思想是透過交織器將兩個分量卷積碼進行平行串聯，然後解碼器在兩個分量卷積碼解碼器之間進行迭代解碼。Turbo 碼的交織器一般採用確定性交織器，這樣交織和解交織的過程可以透過演算法匯出，不用儲存整個交織器表。憑藉優異的性能且工程上易於實現，Turbo 碼被廣泛應用在 WCDMA[9]、LTE[1]等通訊標準中。在交織器的選擇上，WCDMA 採用的是區塊交織器，LTE 採用的是二次項置換多項式（Quadratic Permutation Polynomials，QPP）交織器。

LDPC 碼是由 Gallager 在 1963 年發明的一種線性分組碼[10]，常用驗證矩陣或 Tanner 圖來描述。LDPC 碼的驗證矩陣一般是稀疏矩陣，透過驗證矩陣可以清晰的看到資訊位元和驗證位元之間的約束關係，同時驗證矩陣的稀疏特性能夠有效降低基於訊息傳遞演算法進行解碼的複雜度。Tanner 圖則是將驗證節點（驗證矩陣中的行，用來指示驗證方程式）和變數節點（驗證矩陣中的列，代指代碼中的編碼位元）分為兩個集合，然後透過驗證方程式的約束關係連接驗證節點和變數節點。如果變數節點位於驗證節點對應驗證矩陣中行約束方程式的非零位置，則對該變數節點和驗證節點進行連線。LDPC 碼的構造也即稀疏驗證矩陣的構造，其中基於 Raptor Like 結構的 LDPC 碼能夠極佳地支援多串流速率、多碼長以及增量容錯混合自動重傳請求（Incremental Redundancy Hybrid Automatic Repeat request，IR-HARQ），而準循環結構（Quasi-Cyclic，QC）則使低複雜度、高輸送量的編解碼器易於實現。LDPC 碼在 WiMAX、Wi-Fi、DVB-S2 等通訊系統中獲得了廣泛應用[11-13]，在 LTE 早期也作為候選方案參與討論[14]。

Polar 碼是由 Erdal Arikan 教授在 2008 年發明的一種通道編碼方法[15]，是目前唯一被證明在二進位刪除通道（Binary Reasure Channel，BEC）和二進位離散無記憶通道（Binary Discrete Memoryless Channel，B-DMC）下能夠達到香農極限的編碼方法，並於 2011 年在解碼演算法上獲得了突破性的進展。Polar 碼主要由通道合併、通道分離和通道極化三部分組成，其中通道合併和通道極化在編碼時完成，通道分離在解碼時完成。Polar 碼的編碼是選擇合適的承載資料的子通道和放置凍結位元的子通道，然後進行邏輯運算的過程。對子通道可靠度的評估和排序將直接影響資訊位元集合的選取，進而影響 Polar 碼的性能。Polar 碼的解碼通常使用連續刪除(Successive Cancellation，SC)解碼，在無窮碼長時可以透過 SC 解碼達到香農容量；在有限碼長時需要透過序列連續刪除（Successive Cancellation List，SCL）等解碼演算法改善解碼性能。對於短碼，可以直接採用搜尋的方法找到碼距最佳的串聯 Polar 碼；而對於長碼，可以採用增加 CRC 位元或同位位元的方法提升 Polar 碼性能。

7.1.2 資料通道的通道編碼方案

在上一節中，我們介紹了幾種常見的通道編碼方案，這些方案在 NR 標準化的初期作為候選方案被廣泛討論。在討論 NR 通道編碼的第一次 3GPP 會議（RAN1#84bis 會議）上，各公司基於自己的研究成果，從以上候選方案中列出了推薦的初步方案，包括 Polar 碼[16]、TBCC 碼[17]、外碼[18]、LDPC 碼[17]和 Turbo 碼[19]等。也有公司建議 RM 碼、TBCC 碼, Polar 碼作為廣播和控制通道的候選通道編碼方式，Turbo 碼、LDPC 碼和 Polar 碼作為資料通道的候選通道編碼方式[20]。同時，各公司的提案也討論了通道編碼的評估方法，即通道編碼方案的需求和性能指標。

基於各公司的觀點，一些公司共同提出了一項技術提案[21]，建議將 LDPC 碼，Polar 碼和 TBCC 碼作為 NR 資料通道的候選編碼技術，同時列出了建議的性能評估指標。基於該提案的討論結果，會議決定將 LDPC 碼，Polar 碼，卷積碼（LTE 的卷積碼或增強卷積碼）和 Turbo 碼（LTE 的 Turbo 碼或增強的 Turbo 碼）四種編碼方式作為 NR 資料通道的候選通道編碼方案，同時考慮性能、實現複雜度、編解碼的延遲和靈活性（例如支援的碼長、串流速率和 HARQ 方案等）作為方案選擇的考慮因素。其他通道編碼方案雖然暫時沒有排除，但已難以成為研究的重點。在之後的幾次 3GPP 會議中，圍繞這幾種通道編碼方案，各公司進行了大量的技術討論和模擬評估。

在 RAN1#85 會議中，各公司基於不同的業務類型（如 eMBB, URLLC, mMTC）和不同的串流速率（高/低串流速率），從複雜度、性能和靈活性等幾個方面，對幾種候選的通道編碼方案做了大量的性能評估和比較。

- 部分公司認為不同的通道編碼方案在不同的場景下性能相當，但 LTE Turbo 碼比 LDPC 碼的解碼複雜度高，因此 LDPC 碼在延遲和高資料輸送量方面優於 LTE Turbo 碼[22]。
- 一些其他公司認為小碼塊（例如小於 1000 位元）應該優先考慮 Polar 碼和 TBCC 碼以得到更好的性能[23]。
- 還有公司認為 TBCC 在小碼塊時相比 LDPC 和 Polar 具有一定性能優勢[24]。
- 基於 LTE 的 Turbo 碼，一些公司列出了增強的 Turbo 碼設計方案[25-27]並連署了一篇提案[28]，認為 Turbo 碼可以提供各種串流速率下的靈活性，支援 40-8192bits 的編碼。

由於各家公司的模擬結果差別較大，本次會議上統一了模擬結果的輸出格式，同時要求各公司提供所用演算法的複雜度分析。同時，各公司也紛紛給出了 Polar 碼，LDPC 碼，Turbo 碼，Outer 碼和 TBCC 碼的具體設計方案。其中，4G 時在與 Turbo 碼的競爭中落敗的 LDPC 碼是最受關注的通道編碼方案，其他編碼方式在通道編碼討論初期支援公司並不多。

在接下來的一次 RAN1 會議中，各家公司提供了更全面的結果，同時就 Turbo 碼、LDPC 碼和 Polar 碼的優缺點進行了長時間的討論，焦點在於各通道編碼方案能否滿足 NR 的性能要求。

- LDPC 碼是一種已經被深入研究數十年的廣為人知的通道編碼技術，24 家公司建議 LDPC 碼用於 eMBB 資料通道[29]，以在高串流速率和大數據區塊時提供更好的性能。幾乎所有的參與公司都提出了自己的 LDPC 設計方案，包括支援其他方案的公司。
- Polar 碼是一種近幾年才出現的新興通道編碼技術，越來越多的公司也參與到 Polar 碼的方案設計中。9 家公司連署的提案[30]建議 Polar 碼作為 NR 各種業務的通道編碼方式，並準備在性能、技術成熟度、穩定性、終端實現複雜度和功耗等方面進一步完善方案，以更好的與 LDPC 碼競爭。
- 同時，仍有一些公司建議 LTE 的 Turbo 碼作為 NR 低串流速率時的通道編碼方式[31]，但支援公司的增強方案各不相同，整體缺乏競爭力。
- 外碼的支援公司逐漸減少，基本退出了方案競爭。

考慮到通道編碼是整個 NR 標準的基礎，為了保證 NR 的其他設計工作能夠順利開展，3GPP 計畫在 RAN1#86bis 會議上首先確定 eMBB 資料通道的通道編碼方案，但 Turbo 碼、LDPC 碼和 Polar 碼三個方案在性能、靈活性、技術成熟度、可實現性等方面各有優勢與特色，經過長時間深入的技術討論，在 RAN1#86bis 會議上對這三個候選方案初步作出了較為客觀的複習性評價[32]：

- 從性能方面，很難得出哪個方案性能更好的結論（實際上這是由於各家公司的模擬假設並不完全一致，所用的實現演算法也各不相同）。
- 靈活性方面，LDPC 碼, Polar 碼和 Turbo 碼都能提供可接受的靈活性，即都能夠支援一定範圍的串流速率和碼塊大小。
- HARQ 支援方面，三種方式都能支援 CC 合併和 IR 合併，但是有公司認為 Turbo 碼的 HARQ 在 4G 已經被廣泛使用，而 LDPC 碼和 Polar 碼缺乏實際應用。
- 實現複雜度方面，幾種方案各有千秋：

- LDPC 碼已經在商業硬體（802.11n）中廣泛使用，能夠提供幾 Gbps 的輸送量，在一些情況下具備有吸引力的面積和能量效率，但能否實現低複雜度解碼器方面各家公司存在分歧。它的缺點在於，在低碼率時面積效率較低，且複雜度隨著靈活性增加。對於 LDPC，當同時滿足 NR 的峰值速率和靈活性要求時，如何達到一定面積和能源效率可能是實現中的一個挑戰。
- Polar 碼目前雖然沒有商業實現，但從理論上可以證明其可以實現無差錯編碼。主要問題在於：和 LDPC 類似，在小碼塊和低串流速率時面積效率會降低；列表解碼器的實現複雜度隨著列表大小的增加而增加，對大碼塊尤其明顯。雖然支援的公司認為實現最大 list-32 的解碼器是可行的，一些公司對其能達到的性能（包括面積效率、輸送量等）有顧慮，認為其解碼器不夠穩定且複雜度過高。基於能夠滿足延遲、性能和靈活性要求的解碼硬體，有的公司對 Polar 碼所能達到的效率有一些擔憂。
- Turbo 碼在 4G 中已經廣泛應用，支援 HARQ 和 NR 所需的靈活性，但不滿足 NR 要求的高速率或低延遲。支援公司認為透過一些 Turbo 碼的具體實現，可以滿足 NR 的靈活性要求，且具有可觀的能效，尤其是針對低碼率和小碼塊；其他公司則認為其延遲和能效不足以滿足 NR 的要求，並且能效在較小碼塊時較低。複雜度上，在給定的母碼速率下，其解碼複雜度隨碼塊大小線性增加。雖然有公司提出改進的 Turbo 碼以提高輸送量並在複雜性和性能之間進行折中，但並不被其他公司認可。舉例來說，支援者認為可以設計一個 Turbo 解碼器，能夠同時用於解碼 LTE 資料和 NR 的小碼塊（K<=6144），但其他公司認為這種重用有很多問題難以實現。

■ 時延方面，支援者認為他們各自的方案都可以滿足 NR 的延遲要求。Turbo 碼和 LDPC 碼的優勢在於智慧延遲、高度並行的解碼器有助減少延遲；Polar 碼雖然不是高度可平行的，但支援者認為可以採用其他設計來降低 Polar 解碼器的延遲。同時，支援者認為，如果不考慮解碼大碼塊的能力，Polar 碼可以在較小碼塊（約 1 Kbits）時實現較低的解碼延遲；反對的公司則認為 Polar 解碼器會產生比 Turbo 碼更長的解碼延遲。

- 其他方面，Turbo 碼和 LDPC 碼的設計已相對穩定，而 Polar 碼由於是三種方案中最新的技術，其工程實現還在逐步完善之中。為了滿足 NR 的要求，所有的方案都需要在標準設計方面做大量的工作。

同時，本次會議上很多公司也開始考慮一些兼顧多種技術的「組合方案」。7 家支援 Turbo 碼的公司提出將 LDPC 碼和 Turbo 碼一起用於 eMBB 資料通道[33]。29 家公司仍建議使用 LDPC 碼作為 eMBB 資料通道唯一的編碼方式[34]。但也有 28 家公司支援 Polar 碼作為 eMBB 資料的通道編碼方案[35]，和 LDPC 碼的支援公司數量相當。隨之，一些公司提出了"LDPC+Polar"的組合方案[36]，即小碼塊傳輸採用 Polar 碼，大碼塊傳輸採用 LDPC 碼。這一方案可以充分發揮兩種編碼技術各自的優勢，是一種很有吸引力的選擇。總體上看，研究的焦點已經集中到 LDPC 碼和 LDPC+Polar 兩種方案上。經過長時間的技術討論，終於達成初步結論：至少大碼塊的資料傳輸採用 LDPC 碼，小碼塊資料傳輸的編碼方案以及「大、小碼塊」的劃分門限將在 RAN1#87 會議再決定。

在決定 LDPC 碼用於 eMBB 的大碼塊資料之後，在關鍵的 RAN1#87 會議中，各公司繼續圍繞 eMBB 的小碼塊傳輸的編碼技術方案開展研究和討論。此時，Turbo 碼支援公司減少到 6 家，已經集中到 LDPC 碼和 Polar 碼兩種候選方案的對決。

- 一些公司仍然擔心 Polar 碼的 HARQ 機制（HARQ 的增量收斂方法以及後續提出的 IR HARQ 方法）的性能存在問題，建議把 LDPC 碼作為 NR eMBB 唯一的通道編碼技術，這一建議[37]獲得了 31 家公司的支援。
- 另一些公司建議把 Polar 碼作為 eMBB 資料通道小碼塊的通道編碼方式，這一建議[38]獲得了 56 家公司的支援。期間多次討論了「大、小碼塊」的劃分及門限 X 的設定值，即在門限值以上採用 LDPC 碼，門限值以下採用 Polar 碼，但未達成一致。

在最後一天的會議中，經過多輪長時間的技術討論，提出了一種廣泛能夠接受的新的組合技術方案：LDPC 碼作為資料通道唯一的編碼技術，而 Polar 碼則作為控制通道的編碼技術，並在次日淩晨，這場引人關注的技術選擇最終落下了序幕，為 5G 選出了替代 Turbo 碼的新一代通道編碼技術方案。NR 中使用的 Polar 碼和 LDPC 碼的具體設計方案將在後面的章節中描述。

7.1.3 控制通道的通道編碼方案

在上一節中，我們介紹了資料通道的通道編碼方案是如何選出的。相較於資料通道，控制通道的討論則相對緩和很多。

控制通道的通道編碼方案討論從 RAN1#86 會議開始，在 LTE 控制通道中已經廣泛使用的 TBCC 碼和 Polar 碼作為主要的候選方案被討論，LDPC 碼則由於小碼塊的性能和能效存在劣勢沒有成為主流方案。部分公司[39]建議採用 TBCC 碼作為控制通道的編碼方案，[40]還提出了一些 TBCC 碼的增強方案以提高性能。另一些公司則建議採用 Polar 碼[41]。由於本次會議主要討論資料通道，控制通道只通過了統一的模擬評估假設，並建議各公司繼續比較 TBCC 碼和 Polar 碼的性能。其中，控制通道的評估方案包括重複編碼（Repetition）、單純形編碼（Simplex）、TBCC 碼、Turbo 碼、LDPC 碼，RM 碼和 Polar 碼。同時，控制通道的通道編碼方案比較主要考慮解調性能，不像資料通道一樣考慮多種因素。

在 RAN1#87 會議中，控制通道的通道編碼方案和小碼區區塊資料的通道編碼方案作為 NR 的重點議題被討論，主要的競爭在 Polar 碼和 TBCC 碼之間進行。

- Polar 碼獲得了廣泛支援，58 家公司聯合建議[42]採用 Polar 碼作為

eMBB 上下行控制通道的通道編碼方案。

- 一些公司提出將 TBCC 碼用於上下行的控制信道，只獲得少數公司的支援[43]。
- 還有公司提出了折中的方案[44]，即 Polar 碼用於上行控制通道，TBCC 碼用於下行控制通道，獲得了二十多家公司的支援。
- 有的提案[45]建議控制通道的小碼塊採用 TBCC 碼，大碼塊考慮 LDPC 碼，但整體上 LDPC 的性能在碼塊較小的情況下沒有優勢，因此在控制通道採用 LDPC 一直是比較邊緣的方案。

和同時進行的資料通道的討論不同的是，多數公司的評估結果表明，Polar 碼在控制通道上的傳輸性能明顯好於 TBCC 碼和 LDPC 碼，支援的公司也更多。但一些公司堅持將控制通道和資料通道的編碼方案一起討論，即如果控制通道採用 Polar 碼，資料通道無論大、小碼塊應該採用統一的編碼技術。在討論過程中，資料通道採用 LDPC 碼，控制通道採用 Polar 碼的方案也多次被提出，但由於各公司對 eMBB 資料小碼塊編碼方案還會有分歧而被擱置，經過長時間的研究討論，直到會議的最後期限，這一組合方案才最終被各公司接受，即將 Polar 碼用於上下行控制通道，而資料通道只用 LDPC 碼。歸根結底，從技術和標準的角度，對一種通道的不同碼塊大小引入兩種複雜的通道編碼方式確實對裝置實現複雜度的影響較大，在兩種通道分別採用最佳化的編碼技術則是一種更合理的組合，這是最後各公司能夠達成一致的原因之一。

7.1.4 其他資訊的通道編碼方案

前面介紹了 NR 資料通道和控制通道的通道編碼方案，相關的討論佔用了通道編碼的大多數討論時間。在 RAN1#87 會議透過的工作假設中，雖然控制通道多數場景都同意使用 Polar 碼，但對於超短碼長（例如小於 12 位元的控制資訊），還需要進一步討論採用哪種通道編碼方式，比如是否使用 LTE 中的重複碼或區塊碼。

在 RAN1#88bis 會議中，各公司針對超短碼的編碼方式提供了大量的評估結果，主要用於大小為 3-X 位元的控制資訊，且集中在三個方案：Polar 碼[46-48]，LTE RM 碼和增強的區塊碼[49-50]。對於 1-2 位元的控制資訊，各公司對重用 LTE 的方案基本沒有異議，即 1 位元採用重複編碼（Repetition）、2 位元採用單純形編碼（Simplex）。雖然對 X 的設定值以及是否對 LTE RM 碼進行最佳化各公司仍有一定分歧，但整體上 RM 碼支援的公司佔多數，Polar 碼的支援公司較少。會上最終以多數支援通過了重用 LTE RM 碼作為 2 位元以上（3-11 位元）的控制資訊的通道編碼方式。具體的通道編碼方式參考 LTE 協定[51]。

另外，在 2017 年第一次 RAN1 AdHoc 會議中，澄清了下行控制通道中，Polar 碼只用於 PDCCH，PBCH 使用的通道編碼方案還需在後續會議上進一步討論。在 RAN1#88bis 會議中，各公司開始討論 PBCH 的通道編碼方案，並在本次會議統一了評估假設以及兩個主要的候選方案：

★方案 1：重用控制通道的 Polar 碼方案，最大碼長為 512 位元。

★方案 2：重用資料通道的 LDPC 碼方案，採用相同的解碼器，即沒有新的移位網路，但可以考慮新的基礎圖。

由於與 PBCH 性質類似的 PDCCH 已經選用 Polar 碼，最開始提出 Polar 碼方案的公司仍然支援 Polar 碼用於 PBCH，而最開始提出 LDPC 方案的公司只有少數仍然堅持 LDPC 碼用於 PBCH，其他公司則保持中立甚至轉而支援 Polar 碼，以避免在下行信號中引入兩種不同的通道編碼方案。同時，一些公司[52-53]還建議向終端指示 SSB 索引以獲得 PBCH 的合併增益，從而進一步提高 Polar 碼的解調性能。最終，在 RAN1#89 次會議上透過了將控制通道所用的 Polar 碼用於 PBCH 的編碼，自此，NR 所有通道的通道編碼方案都塵埃落定。

7.2 Polar 碼

7.2.1 Polar 碼的基本原理

Arikan 於 2008 年第一次提出了通道極化的方法[15]，由 2 個獨立通道構造出 2 個子通道，如圖 7-1，其中一個子通道性能得到改善（稱為進化通道），一個子通道性能變差（稱為退化通道[54]），並在此基礎上透過遞迴方式構造長度為 $N=2^m$ 的極化子通道。

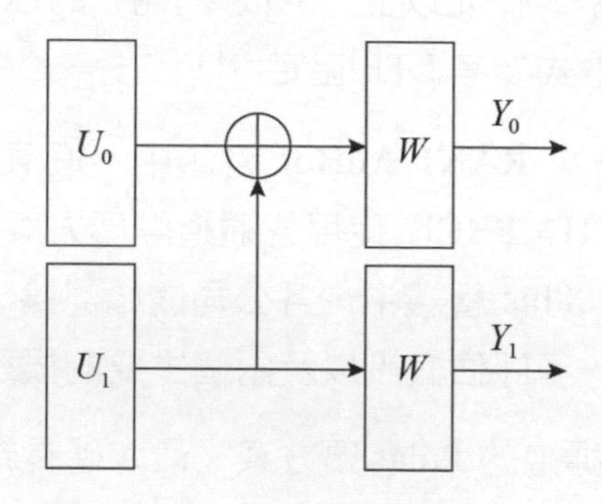

圖 7-1 通道極化過程

其遞迴形式可以表示為

$$G_2=\begin{bmatrix}1&0\\1&1\end{bmatrix}$$

$$G_N=\begin{bmatrix}G_{N/2}&0\\G_{N/2}&G_{N/2}\end{bmatrix} \tag{7.1}$$

$$x=uG_{\mathrm{N}}$$

其中 u 表示輸入符號，x 表示通道代碼。其中退化子通道可以表示為 $\mathrm{W}^-:\mathbf{U}_0\rightarrow(\mathbf{Y}_0,\mathbf{Y}_1)$，在已知 $\mathbf{U}_0$ 條件下進化子通道為 $\mathrm{W}^+:\mathbf{U}_1\rightarrow(\mathbf{Y}_0,\mathbf{Y}_1,\mathbf{U}_0)$，對於 W^-，由於 $\mathbf{Y}_0$ 來自 $\mathbf{U}_0$ 和 $\mathbf{U}_1$ 的同位，解 $\mathbf{U}_0$ 時受到來自 $\mathbf{U}_1$ 的干擾；對於 W^+ 考慮 $\mathbf{U}_0$ 的干擾消除，$\mathbf{Y}_0$ 和 $\mathbf{Y}_1$ 為 $\mathbf{U}_1$ 重複獨立發送兩次的結果。兩組構造子通道的通道容量滿足：

$$\begin{aligned} I\left(W^{-}\right) &\le I\left(W\right) \le I\left(W^{+}\right) \\ I\left(W^{-}\right)+I\left(W^{+}\right) &= 2I\left(W\right) \end{aligned} \tag{7.2}$$

通道極化在不損失通道總容量的前提下，構造出的通道 W^{+}相比原來通道 W 變好，而通道 W^{-} 相比原來通道 W 惡化。對於二元離散無記憶通道 W ，當 N 很大時，$I(W^{+})$ 近似為 1 的比例趨近於 I(W)，利用這些無噪通道可以無差錯傳輸；而剩下的 1-I(W) 的通道容量 $I(W^{-})$ 趨近於 0 即純雜訊通道，無法傳輸資料[15]。透過 2x2 極化核心構造的通道位元錯誤率指數項為 $2^{-N^{\beta}}, \beta \le 1/2$ [55]，透過設計更大轉換矩陣可以趨近於 1[56]。排序後的通道容量分佈如圖 7-2 所示。

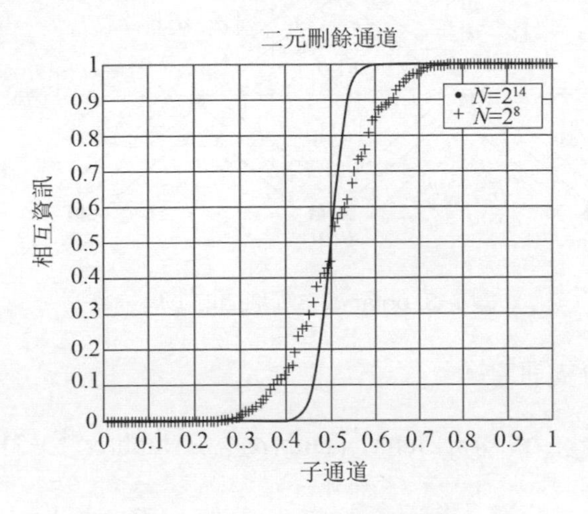

圖 7-2 極化子通道容量示意

為了保證 Polar 碼的性能，極化需要選擇通道品質好的子通道進行資料傳輸，發送資料的子通道為資訊位元，不發送資料的子通道為凍結位元，一般假設固定為 0。通常最佳子通道的位置隨通道變化，常用的構造方法根據位元錯誤率挑選最佳的子通道[15]，或沿用 LDPC 密度演進高斯近似（Density Evolution Guassian Approximation，DE/GA）估計子通道可靠性[58-60]。

Arikan 提出了一種簡單的 Polar 碼的 SC 解碼演算法，並證明該演算法下 polar 碼達到了香農通道容量[15]。其解碼演算法可以表示為深度優先遍歷完全二元樹，根節點輸入通道似然比，深度優先遍歷 2^N 個的葉子節點，依次估計構造通道似然比，如圖 7-3 所示。

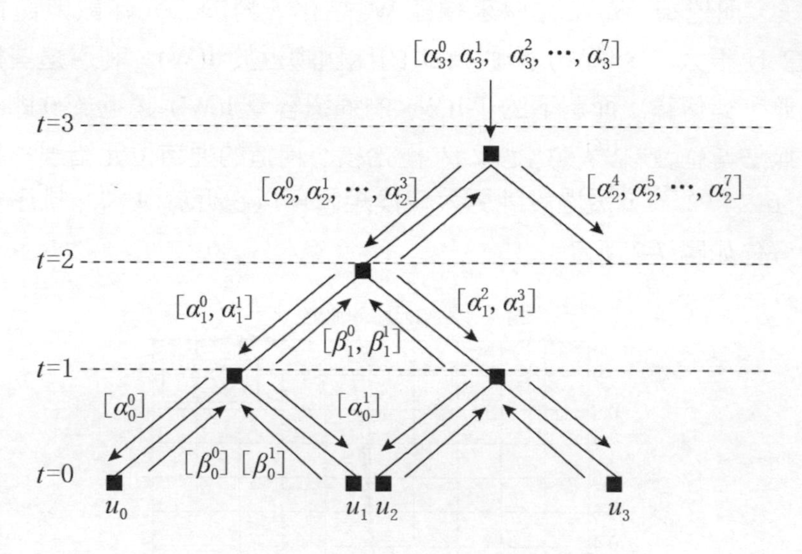

圖 7-3 polar 碼串列抵消解碼樹示意

其中，前向左分支訊息：

$$\alpha_t^i = f(\alpha_{t+1}^i, \alpha_{t+1}^{i+2^t}) = 2\tanh^{-1}\left(\tanh(\alpha_{t+1}^i / 2)\tanh(\alpha_{t+1}^{i+2^t} / 2)\right) \tag{7.3}$$

前向右分支訊息：

$$\alpha_t^{i+2^t} = g(\alpha_{t+1}^i, \alpha_{t+1}^{i+2^t}, \beta_t^i) = \alpha_{t+1}^{i+2^t} + (1-2\beta_t^i)\alpha_{t+1}^i \tag{7.4}$$

反向為開發過程，左分支和右分支分別為：

$$\begin{aligned} \beta_t^i &= \beta_{t-1}^i \oplus \beta_{t-1}^{i+2^t} \\ \beta_t^{i+2^t} &= \beta_{t-1}^{i+2^t} \end{aligned} \tag{7.5}$$

其中 $f(x,y)$ 可以類似 min-sum 化簡成[61]

$$f(x,y) = \text{sign}(x)\,\text{sign}(y)\min(|x|,|y|) \tag{7.6}$$

實現中考慮簡單的子樹結構減少遞迴分支，進一步簡化串列抵消演算法複雜度[62-63]，可以將 Polar 分碼解成許多類組成碼，例如全為凍結位元（零串流速率）或全為資訊位元（未編碼）的子樹、單同位碼或重複碼。這些子樹上可以直接停止前向遞迴，並直接計算反向訊息和判決位元。雖然理論上採用串列抵消解碼的 Polar 碼可以達到香農通道容量，但是碼長有限時單靠串列抵消解碼在性能上的優勢還不明顯。在串列抵消解碼的基礎上，一些文獻提出了 SCL 演算法[64-65]，解碼器同時搜尋許多筆路徑，並從多個倖存路徑中透過 CRC 進行判決。其解碼性能夠趨近最大似然，極大地提高了 Polar 碼的性能。

基於上述 Polar 碼的基本原理，NR 針對 Polar 碼的標準化方案進行了深入討論，並對 Polar 碼的構造，序列設計和速率匹配進行了對應標準化設計。

7.2.2 序列設計

前述 Polar 碼位元翻轉部分[15]只影響構造通道的順序，而對實際性能沒有影響，因此 NR 沒有對位元翻轉部分進行標準化，等於從右往左的 Arikan 編碼器。NR 中使用的 Polar 碼編碼器如圖 7-4 所示[83]：

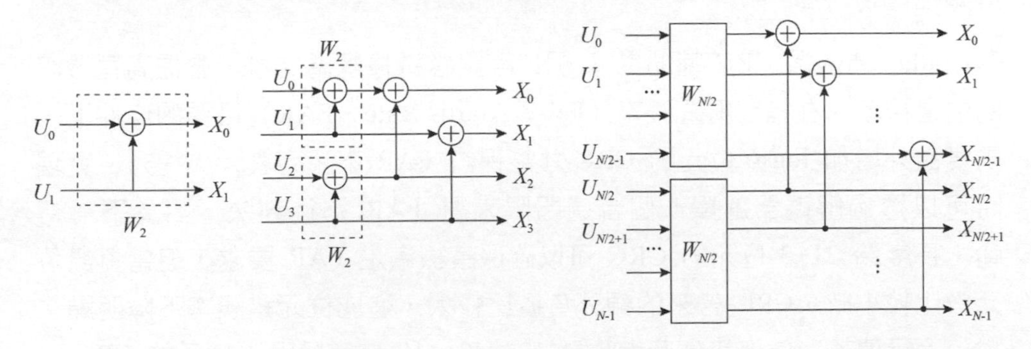

圖 7-4 NR polar 碼編碼器示意圖

Polar 碼在不同通道下的凍結位元的最佳位置不一樣，訊號雜訊比不同凍結位元的位置可能也變化很大。理論上需要根據通道狀態和速率匹配，編碼端即時計算 DE/GA 來確定各個子通道的可靠性，但會增加計算複雜度和延遲。考慮到實現複雜度，需要採用通道獨立的方式（而非凍結位元隨著通道、碼長等因素變化），以簡化 UE 儲存、計算構造的通道可靠性時帶來的負擔，UE 只用簡單的操作來獲得 Polar 碼的構造序列。

對於 Polar 碼的構造方法，討論了基於部分序列和分形構造等方法。對於串列抵消解碼，所有子通道中有一部分的子通道的可靠性順序是與通道獨立的[58][71]，這些子通道的可靠性順序組成部分序列。部分序列滿足內嵌性，短序列可以從長序列中獲得。對於與通道相關的剩下的序列，可以透過 DE/GA 來確定[72]。NR 採用的序列基本滿足部分序列條件，並透過大量模擬驗證其性能的穩定性。NR 設計母碼長度的序列來確定最長碼塊的子通道可靠性，對於小於母碼的代碼序列利用其內嵌性，從母碼序列中確定得到子序列的排序。

7.2.3 串聯碼

NR 主要考慮兩種串聯 Polar 碼，一類是透過 CRC 輔助驗證的 CA-Polar 碼[65]，一類是包含同位的 PC- Polar[66]，兩類串聯都可以用來輔助提高 SCL 解碼性能。

CA-polar 碼透過 CRC 輔助從 L 個倖存路徑選擇解碼結果，會提高盲檢時的虛警機率。在指定虛警機率（False Alarm Rate，FAR）目標的條件下，需要額外增加 $\log_2 L$ 位元的 CRC 才能保證 FAR 不隨列表大小提升。實現時可以透過解碼器選擇一個合適門限來對 FAR 進行判決。對於下行傳輸，長度為 21+3 位元的 CRC 可以確保盲檢滿足 FAR 要求，但當資訊位元數比較小時，CRC 帶來的額外負擔比較大，造成位元錯誤率下降明顯。對於上行傳輸，當資訊位元大小為 12<=K<=19 時，採用 6 位元的 CRC 可以滿足虛警機率小於 2^{-3} 的要求，當資訊位元大小 K>19 時，採用 11 位元

CRC 可以滿足虛警機率小於 2^{-8} 的要求。另外，如果 CRC 編碼的暫存器初始狀態為 0，盲檢時將無法確定資訊位元的長度，因此 NR 將 PDCCH 的 CRC 暫存器初始化成全 1[73]。

與 CA-polar 相比，PC-polar 在一些位置上引入同位位元，在搜尋路經的過程中可以透過裁剪不滿足驗證方程式的路經，提高解碼性能。NR 系統採用 3 位元驗證位元，其中 1 位元對應碼重最小的代碼，2 位元放在可靠性低的子通道，用來改善 SCL 解碼性能[74]。同時，由於驗證位元位於資訊位元中，解碼過程中能夠提前判決終止解碼。驗證方程式由長度為 5 的循環移位暫存器確定[75]。在 NR 系統各種，PC-polar 僅用於 PUCCH 的小區塊傳輸（資訊位元小於 19 位元）。

分散式 CRC-polar 類似 PC-polar，將 CRC 的生成矩陣進行行列交換初等變換後，驗證陣部分形成上三角形式。每一個驗證位元僅依賴前一段資訊位元，而非所有的資訊位元，形成內嵌結構。在搜尋路經的過程中，可以裁剪不滿足驗證方程式的路經，不需要等到解碼結束才能判決。當所有路經都不滿足驗證時，解碼器可以提前終止解碼，降低盲檢延遲，同時也降低了 Polar 碼的虛警機率[76]。NR 在 polar 編碼前加入交織器，使 CRC 每個檢驗位元放在其資訊位元之後，同時 CRC 順序不變。CRC 生成矩陣對不同碼長是內嵌的，交織器按照最大碼長定義。當前碼長小於最大碼長時，只需從生成矩陣自下向上得到實際碼長的交織順序即可[77]。

7.2.4 碼長和串流速率

大碼塊會帶來解碼複雜度、延遲、功耗的增加，碼長加倍時 SCL 解碼的延遲和複雜度幾乎成倍增長。對於控制通道，負載通常不大，高聚合等級時串流速率很低，最佳化大碼塊的構造帶來的額外的編碼增益相對簡單重複編碼不高。當串流速率較低時（或指定串流速率的碼長較大時），編碼增益較小，簡單對代碼重複就能獲得能量上的增益。因此，NR 系統中的 Polar 碼最大碼長設為 512（下行）和 1024（上行），最低設計串流速率為 1/8。同樣的，當通道位元數大於最大設計碼長時，速率匹配透過重複編碼獲得的能量增加。當負載較大導致母碼串流速率比較高，例如傳輸幾百位元的 CSI 時，重複編碼的效率較低。此時透過分段形成多個低串流速率代碼，相對於重複編碼能夠獲得更多的編碼增益。在 NR 系統中，當通道位元大於 1088 位元，並且負載大於 360 位元，以及資訊位元數超過最大母碼碼長 1024 時，將大碼塊分割成兩個小碼塊，並採用獨立的速率匹配和通道交織，最後簡單串聯[78]得到編碼後位元。

7.2.5 速率匹配與交織

實際系統中需要設定靈活的碼長，以匹配設定的物理資源。Polar 碼 G2 核心的碼長為 2 的冪次,當目的碼長與母碼碼長不匹配時，需要自我調整通道位元數，功能上分成位元選擇和子區塊交織兩部分。NR 中的速率匹配主要考慮了三種基本方式：打孔，縮短和簡單重複。

- 打孔(puncture)：資訊位元長度不變，透過減少驗證位元，縮短碼長，例如可以打孔前 n 個位元翻轉後的通道位元[67]。此時被刪除的通道的相互資訊為 0（純雜訊通道，解碼器輸入端似然比為 0），由於極化過程保持通道總容量不變同時一個通道退化，容量為 0 的打孔通道會上浮，最終在子通道形成一組容量為 0 的集合。接收機無法判決這些位置的原始資訊位元，導致出現誤碼[68]。打孔通道的個數等於無法解碼的子通道個數，需要凍結這些位置保證性能，最佳打孔圖樣可以透過窮舉得到[70]。
- 縮短(shortening)，驗證位元數不變，透過減少資訊位元來縮短碼長。對於代碼中的某些位元固定為 0 的位置，因為接收端已知這些位元在代碼中的位置，發送端不需要發送這些位元，對應的通道相互資訊為 1，對應的位置似然比為無限大。Polar 碼的編碼矩陣是一個下三角矩陣，如果輸入編碼器的最末 n 位元固定為 0，編碼器輸出的最後 n 位元也為 0[69]。由於尾端子通道可靠性較高，會犧牲一部分性能。

- 當通道位元數超過設計的碼長時，採用重複來做速率匹配，重複包括代碼位元以及中間節點位元的重複。

當串流速率比較低時（例如 R<7/16），採用打孔的方式能夠得到較好的性能。當串流速率比較高時，採用縮短方式性能較好。

考慮實現複雜度，NR 採用循環快取的方式來選擇通道位元[79]，如圖 7-5 所示。

- 打孔模式，從循環快取位置 N-M 到 N-1 選擇 M 通道位元。
- 縮短模式，從循環快取位置 0 到 M-1 選擇 M 通道位元。
- 重複模式，依次從循環快取中選擇 M 通道位元。

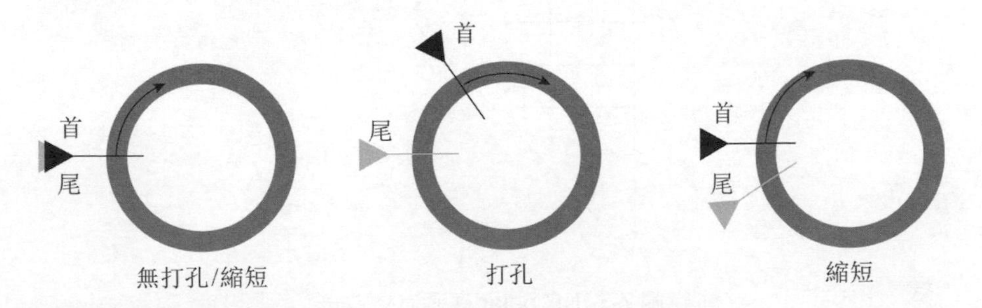

圖 7-5 NR polar 碼循環快取和速率匹配

代碼進入循環快取之前，NR 採用了子區塊交織器，調整位元選擇的順序，從而提高速率匹配後的校正能力[80]。具體的，將通道位元分成長度為 32 的子區塊，形成 4 組，中間兩組交替[81]，同時在打孔時對前部分資訊位元進行預凍結，如圖 7-6 所示。

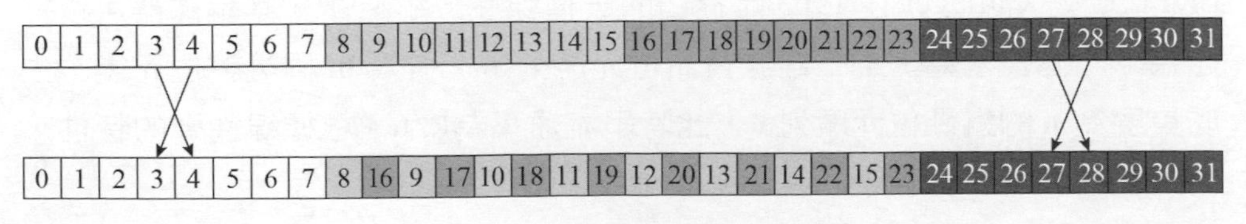

圖 7-6 NR polar 碼子區塊交織器

對於上行高階調解，不同符號位元通道的差錯保護不一致，相同的通道假設下 polar 碼性能下降明顯。一些公司提出透過位元交織編碼調解（Bit Interleaved Code Modulation，BICM）方式，引入交織器隨機化不同通道可靠性以改善 Polar 碼性能，候選方案包括長為質數的矩形交織器和等腰三角行交織器。最終 NR 採用了等腰三角行交織器[82]，如圖 7-7，基本達到隨機交織的性能。使用通道交織器對提升下行頻率選擇性通道下的性能的效果不明顯，因此 NR 在下行沒有使用通道交織器。

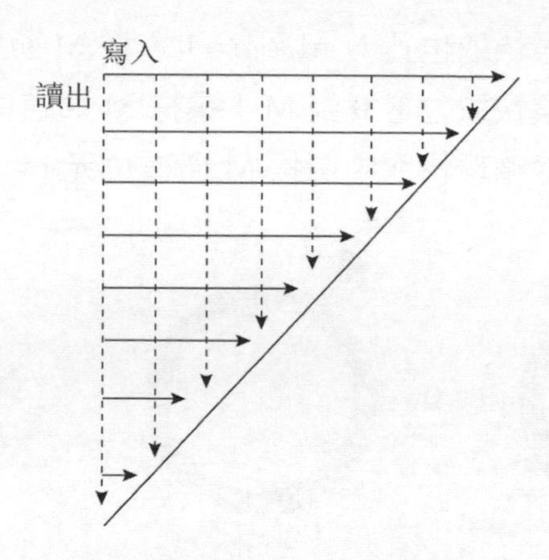

圖 7-7 NR polar 碼通道交織器

7.3 LDPC 碼

7.3.1 LDPC 碼的基本原理

LDPC 碼是 Gallager 在 1963 年提出的一種線性分組碼[10]，其編碼器可以描述為：一個長度為 k 的二詮譯資訊位元序列 $\boldsymbol{u}$，引入 m 個驗證位元後，生成長度為 n 的編碼位元序列 $\boldsymbol{c}$，此時串流速率為k/n。根據線性碼的特性，代碼 $\boldsymbol{c}$ 可以用生成矩陣$\mathbf{G}^T$乘 $\boldsymbol{u}$ 來表示：

$$\boldsymbol{c} = \mathbf{G}^T \cdot \boldsymbol{u} \tag{7.7}$$

生成矩陣$\mathbf{G}^T$可以分為兩部分：

$$\mathbf{G}^T = \begin{bmatrix} \mathbf{I}_{k\times k} \\ \mathbf{P}_{m\times k} \end{bmatrix} \tag{7.8}$$

其中，**I** 是對應資訊位元的單位矩陣，**P** 是對應 m 個驗證位元生成的子矩陣。對應的驗證矩陣 **H** 可以表示為：

$$\mathbf{H} = [\mathbf{P}_{m\times k}, \mathbf{I}_{m\times m}] \tag{7.9}$$

驗證矩陣 **H** 和編碼結果 $\boldsymbol{c}$ 滿足：

$$\mathbf{H}\cdot \boldsymbol{c} = \mathbf{0} \tag{7.10}$$

LDPC 碼一般用一個稀疏的同位矩陣（Parity check matrix，PCM）或 Tanner 圖來表示，驗證矩陣 **H** 與 Tanner 圖存在如圖 7-8 所示的映射關係：

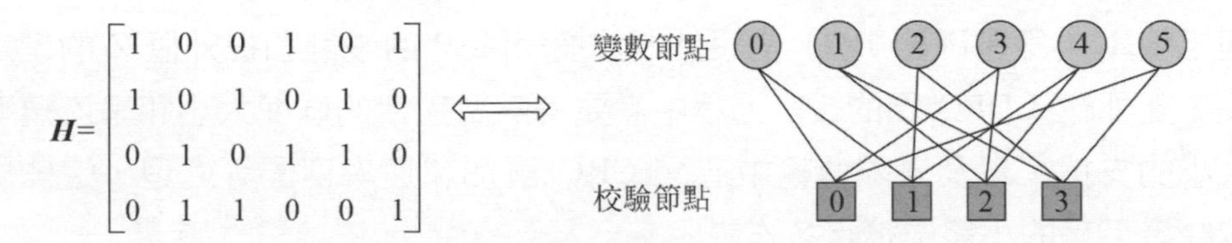

圖 7-8 LDPC 碼驗證矩陣與 Tanner 圖的映射

LDPC 碼需要支援多種區塊和串流速率大小，如果直接根據區塊和串流速率大小設計對應的驗證矩陣，則需要非常多個驗證矩陣來滿足 5G NR 排程的區塊顆粒度的需求，這對 LDPC 碼的描述和編程式碼實作來說都不可行，準循環 LDPC 碼（Quasi Cyclic Low-Density Parity-Check code，QC-LDPC）的提出使這個問題得以解決。QC-LDPC 碼透過大小為$m_b \times n_b$的基礎矩陣$\mathbf{H}_b$、提升值（也稱擴充因數）Z 和大小為$Z \times Z$的置換矩陣 **P** 來定義。透過對基礎矩陣$\mathbf{H}_b$中每個元素hb_{ij}用大小為$Z \times Z$的全零矩陣或循環移位矩陣$\mathbf{P}^{hb_{ij}}$（$\mathbf{P}^{hb_{ij}}$也可以稱為分塊矩陣）進行替換可以得到同位矩陣 **H**。基礎矩陣$\mathbf{H}_b$、驗證矩陣 **H** 和置換矩陣 **P** 如下所示：

$$\mathbf{H}_b = \begin{bmatrix} hb_{00} & hb_{01} & \cdots & hb_{0(n_b-1)} \\ hb_{10} & hb_{11} & \cdots & hb_{1(n_b-1)} \\ \cdots & \cdots & \cdots & \cdots \\ hb_{(m_b-1)0} & hb_{(m_b-1)1} & \cdots & hb_{(m_b-1)(n_b-1)} \end{bmatrix} \mathbf{H} = \begin{bmatrix} \mathbf{P}^{hb_{00}} & \mathbf{P}^{hb_{01}} & \cdots & \mathbf{P}^{hb_{0(n_b-1)}} \\ \mathbf{P}^{hb_{10}} & \mathbf{P}^{hb_{11}} & \cdots & \mathbf{P}^{hb_{1(n_b-1)}} \\ \cdots & \cdots & \cdots & \cdots \\ \mathbf{P}^{hb_{(m_b-1)0}} & \mathbf{P}^{hb_{(m_b-1)1}} & \cdots & \mathbf{P}^{hb_{(m_b-1)(n_b-1)}} \end{bmatrix} \mathbf{P} = \begin{bmatrix} 0 & 1 & 0 & \cdots & 0 \\ 0 & 0 & 1 & \cdots & 0 \\ \cdots & \cdots & \cdots & \cdots & \cdots \\ 0 & 0 & 0 & \cdots & 1 \\ 1 & 0 & 0 & \cdots & 0 \end{bmatrix} \tag{7.11}$$

在基礎矩陣$\mathbf{H}_b$中，hb_{ij}的設定值可以為-1、0 和正整數。當$hb_{ij} = -1$時，驗證矩陣 H 中的$\mathbf{P}^{hb_{ij}}$是一個大小為$Z \times Z$的零矩陣；當$hb_{ij} = 0$時，驗證矩陣 H 中的$\mathbf{P}^{hb_{ij}}$是一個大小為$Z \times Z$的單位矩陣（這裡考慮 P 的權重為 1）；當hb_{ij}是一個正整數時，驗證矩陣 H 中的$\mathbf{P}^{hb_{ij}}$是置換矩陣 P 的hb_{ij}冪次矩陣，也即 P0 向右移位hb_{ij}之後得到的矩陣。

考慮到 QC-LDPC 碼已廣泛應用於 IEEE802.11n，IEEE802.16e 和 IEEE802.11ad 等高輸送量系統中，RAN1#85 會議上[84]確定了 NR 採用 QC-LDPC 碼的結構化設計。5G NR 中 LDPC 碼的設計，主要可以分為基礎矩陣$\mathbf{H}_b$（即基礎圖 BG）的設計、置換矩陣 **P** 的設計和提升值 Z 的確定等，此外在 LDPC 碼的設計過程中需要考慮對靈活的碼塊大小和串流速率大小的支援，以及實際傳輸中進行 CRC 附加和速率匹配等處理，這些內容在接下來的小節中進行多作說明。

7.3.2 同位矩陣設計

LDPC 碼需要支援多串流速率和不同碼塊大小，初期的設計方案主要有 3 個方向：

★方案 1：針對不同串流速率和碼塊大小設計多個基礎 PCM，透過重用基礎 PCM 實現串流速率擴充[85]。對於較高的串流速率（高於 1/2，如 2/3、3/4、5/6 等），透過圖 7-9（a）所示的方式實現串流速率由 5/6 到 2/3 的擴充；對於較低的串流速率（如 1/2、1/3、1/6 等），透過圖 7-9（b）所示的方式實現串流速率由 1/6 到 1/2 的擴充。

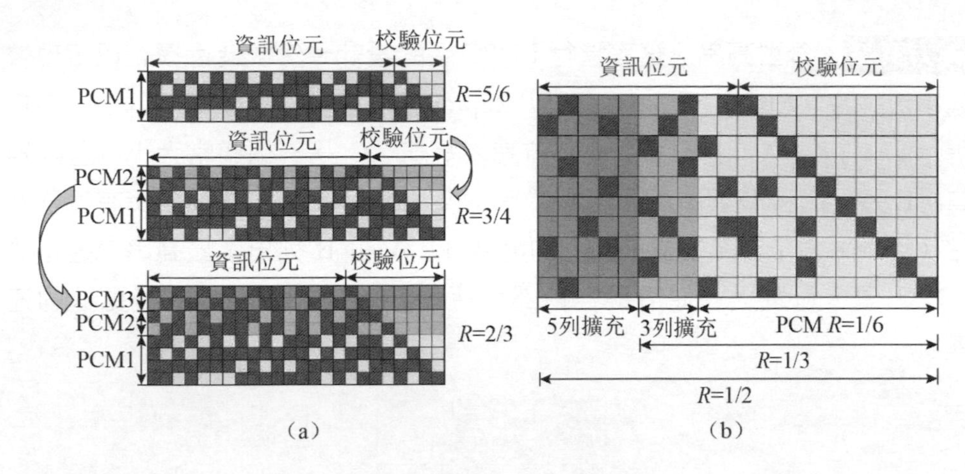

圖 7-9 重用 PCM 示意圖

★方案 2：針對低串流速率設計基礎 PCM，透過從低串流速率 PCM 中提取對應行和列[86]（即進行打孔處理）以支援不同的串流速率；透過更改提升值 Z 以支援不同的程式區塊大小。其中，不同串流速率（R_i和R_j）及不同的提升值大小（Z_s和Z_t）的範例如圖 7-10 所示。

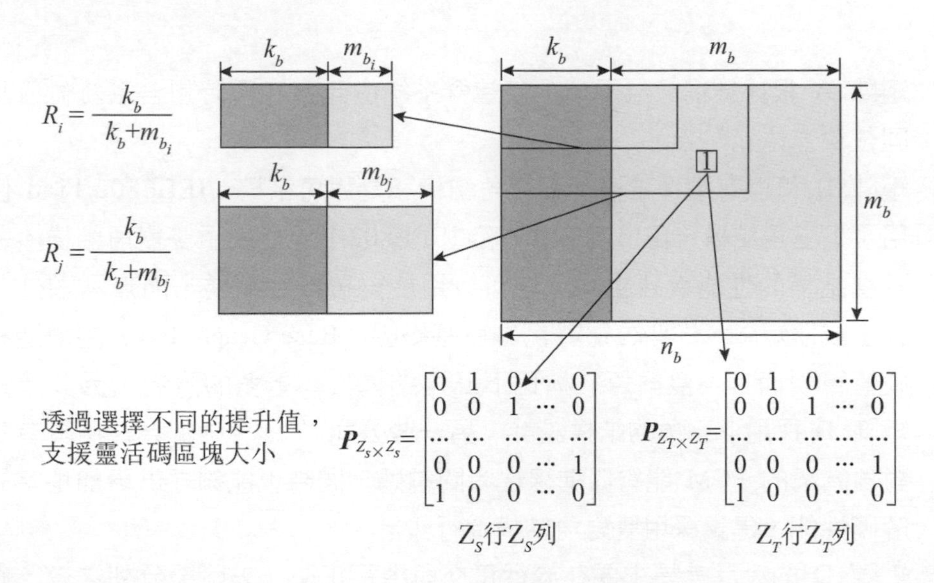

圖 7-10 不同串流速率和碼塊大小實現示意圖

★方案 3：針對高串流速率進行 LDPC 碼的設計，然後進行擴充以實現較低串流速率，LDPC 碼的矩陣採用"Raptor-Like"的結構[87-96]（如圖 7-11 所示）。其中 A 和 B 描述高串流速率矩陣，C 是一個適當大小的全零矩陣，E 是一個和 D 具有相同行數的單位陣。A 和 B 中未涉及的所有變數節點（也稱為增量容錯變數節點）的度為 1。A 和 B 列出了最高串流速率的 LDPC 碼，可以透過從增量容錯部分傳輸其他變數節點來支援更低的速率。

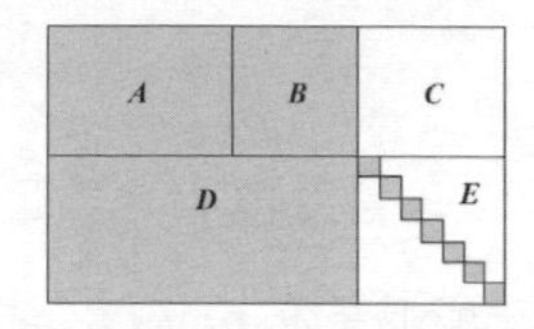

圖 7-11 LDPC 碼的結構示意圖

在上述 3 種候選方案中，方案 3 是主流設計想法，也是 NR 中最終採用的設計方案。根據矩陣 A、B 和 D 的不同設計，該方案可以分為不同的子方案：

- 矩陣 A 根據結構分為兩類：僅包含系統位元[87]和同時包含系統位元及同位檢查位元[93]。
- 矩陣 B 可以有兩種結構：下三角結構和雙對角結構。IEEE802.11ad 使用了下三角結構，IEEE802.16e 和 IEEE802.11n 使用了雙對角結構。這兩種結構的性能大致相同，均可以用於支援線性編碼，而無需額外儲存生成器矩陣。一些公司[86]認為就基礎圖（Base Graph, BG）的構造和硬體實現而言，雙對角結構比下三角結構具有更多的限制，因此建議矩陣 B 採用下三角的結構設計。另一些公司[87-88] [90]則認為採用具有雙對角結構的 PCM 能夠促進線性時間編碼，同時也能夠提供更加穩定的解碼性能，建議採用雙對角結構進行設計。
- 矩陣 D 的設計差異主要在於行正交與準行正交（去除部分列之後，滿足行正交）的設計上：一些公司認為採用正交特性能夠支援解碼器的高輸送量和低延遲[85] [93][95]；其他公司考慮大多數性能良好的 LDPC 碼存在變數節點的打孔處理，準行正交的 LDPC 碼也能保持良好的性能，同時採用適合行正交 PCM 的行平行解碼器存在高複雜度和大功耗的風險，建議採用準行正交的設計[90][96-97]。

綜合考慮串流速率和碼塊的靈活性、性能和實現複雜度等多種因素，在 RAN1#88 會議上確定了 NR 中的 PCM 具有如圖 7-11 所示的結構[98]。其中，矩陣 A 對應於系統位元部分（編碼後代碼中與未編碼的資訊位元相同的部分）；矩陣 B 是一個具有雙對角結構的方陣，對應於同位檢查位元部分；矩陣 C 是一個全零陣；矩陣 D 可以分為行正交部分和準行正交部分；矩陣 E 是一個單位陣。A 和 B 組成了 QC-LDPC 碼的高串流速率核心部分，D 和 E 共同組成單同位關係，可以和 C 組合實現低串流速率擴充。具有雙對角結構的矩陣 B 根據是否含有列重為 1 的列分為兩類參考設計（如圖 7-12 所示）：

- 如果存在列重為 1 的列，則非零值在最後一行，並且該行的行重為 1（指矩陣 B 中該行行重為 1）；其餘列組成一個方陣，方陣的首列列重為 3，其後的列具有雙對角結構，如圖 7-12（1a）（1b）所示。
- 如果不存在列重為 1 的列，則首列列重為 3，其後的列具有雙對角結構，如圖 7-12（2）所示。

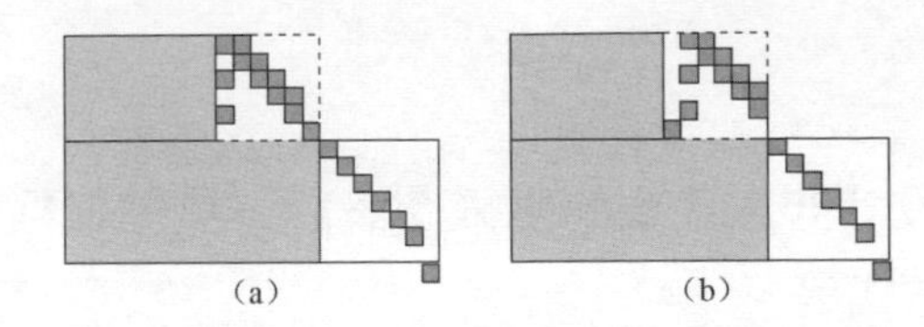

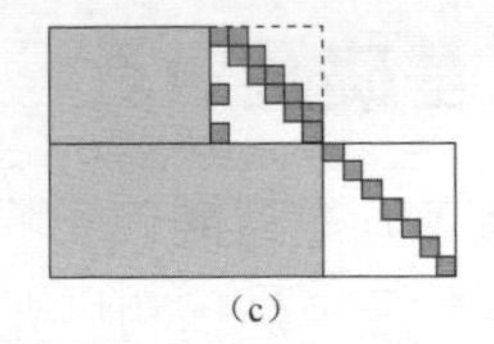

圖 7-12 LDPC 碼子矩陣 B 的兩類設計

7.3.3 置換矩陣設計

置換矩陣的循環權重是指置換矩陣疊加的循環移位單位陣的數量。在置換矩陣 **P** 的循環權重上，NR 討論了最大循環權重為 1 和 2 的兩種不同設計方案。部分公司[85] [91]考慮使用最大循環權重為 2 的 PCM 來改善中短塊長度 LDPC 碼的性能。此時，緊湊的基礎圖可以降低解碼器實現的複雜性。在循環權重為 2 情況下，當提升值為 5 時，置換矩陣 $\mathbf{P}^{2,4}$ (相當於 $\mathbf{P}^2$ 和 $\mathbf{P}^4$ 的疊加) 的範例矩陣如下所示：

$$\mathbf{P}^{2,4} = \begin{bmatrix} 0 & 0 & 1 & 0 & 1 \\ 1 & 0 & 0 & 1 & 0 \\ 0 & 1 & 0 & 0 & 1 \\ 1 & 0 & 1 & 0 & 0 \\ 0 & 1 & 0 & 1 & 0 \end{bmatrix} \tag{7.12}$$

此外，許多現有的 LDPC 碼（包括 802.11n / ac / ad 等）採用循環權重為 1 的設計。對於分層 LDPC 解碼演算法，當循環權重為 2 時，同一變數節點會參與一層內的兩個驗證方程式，這會導致在處理該層的對數似然比（Log Likelihood Ratio，LLR）更新時發生衝突。這些衝突需要特殊處理，例如將 LLR 記憶體分為兩個儲存區，這可能會使實現複雜化或導致平行度降低。而採用最大循環權重為 1 的設計則無需在子矩陣等級進行任何特殊處理。另外，研究表明最大循環權重為 1 的 LDPC 碼設計具有非常好的性能，可以滿足 eMBB 的要求[87] [99-100]。考慮到循環權重對性能、實現的複雜度和平行處理的影響，NR 最終採用最大循環權重為 1 的 LDPC 碼設計[101]。

7.3.4 基礎圖設計

本節將著重介紹對同位矩陣設計非常重要的基礎圖設計，具體包括基礎圖的大小、數量、結構和打孔方式等。

1. 基礎圖大小

基礎矩陣的列數越多，其平均行重（所有行中非-1 的個數的平均值）可能越大，從而導致較高的解碼器複雜度和更新同位節點 LLR 時較高的解碼延遲。同時，在相同的編串流速率下，總列數較大，則總行數也會較大，從而增加分層解碼器中的層數，導致解碼器具有較高的延遲。儘管可以透過降低系統列列數來減少總行數，但這樣可能會破壞基礎矩陣的統一性。因此，在應用 QC-LDPC 碼的系統中，如 IEEE 802.16e/11n/11ac，其系統列列數的最大設定值為 20。一些公司提出 NR LDPC 碼的基礎圖應該盡可能小[86] [89-91]，即採用緊湊型的基礎圖設計，以達到高輸送量和低複雜度的要求。與非緊湊矩陣相比，緊湊矩陣具有以下優點：

- 緊湊型矩陣的行平行解碼器更容易實現，更有效。
- 可用於提高塊平行解碼器潛在的最大平行度。
- 模擬結果表明[102]，緊湊矩陣的性能可與非緊湊矩陣媲美。
- 具有許多成熟的高輸送量的實現設計。
- 能支援更多的 MCS 等級實現 20Gbp 的峰值輸送量需求。
- 使用更少的 ROM 來儲存基本同位矩陣。
- 週期移位操作的運算式和控制電路更簡單。
- 在基於 CPU 或 DSP 的軟體模擬中，所需的時間明顯減少。

考慮以上幾個方面，NR 採用緊湊型的基礎矩陣設計，即採用具有較小的系統列列數（具體為 22 和 10）的基礎圖。

2. 基礎圖設計

LDPC 碼可以使用單一基礎圖[86] [89] [103]或多個基礎圖[85] [87] [104-105]來支援靈活的碼塊大小和串流速率。其中，使用單一基礎圖與使用多個基礎圖性能相當，且簡單統一，適用於平行解碼器，只需要較少的 ROM 進行儲存；相對的，多個基礎圖會導致更高的複雜度。但是，NR 支援的資料速率、區塊大小和編碼速率的範圍較大，對於不同的區塊大小和不同的編碼速率分別進行基礎圖的最佳化，即透過選擇不同的基礎圖支援不同的範圍，就無需將同位矩陣從非常高的串流速率擴充到非常低的串流速率。

考慮到 BG 設計對實現複雜度和性能的影響，在 RAN1#88bis 會議上確定了基於單一基礎圖和多個基礎圖的三個候選方案[106]：

★方案 1：使用一個 BG，覆蓋的串流速率範圍為：$\sim\frac{1}{5} \leq R \leq \sim\frac{8}{9}$。

★方案 2：使用一個由兩個 BG（BG1 和 BG2）巢狀結構組成的 BG，覆蓋碼塊大小的範圍為$K_{min} \le K \le K_{max}$，串流速率範圍為$\sim\frac{1}{5} \le R \le \sim\frac{8}{9}$。

- BG1 覆蓋的碼塊範圍為：$K_{min1} \le K \le K_{max1}$，其中$K_{min1} > K_{min}$，$K_{max1} = K_{max}$，覆蓋的串流速率範圍為$\sim\frac{1}{3} \le R \le \sim\frac{8}{9}$，即優先考慮支援大碼塊和較高串流速率，同時進一步確認串流速率是否可以支援到$\sim\frac{1}{5}$；
- BG2 需要巢狀結構在 BG1 中，覆蓋的碼塊範圍為：$K_{min2} \le K \le K_{max2}$，$K_{min2} = K_{min}$，$K_{max2} < K_{max}$，其中$512 \le K_{max2} \le 2560$，覆蓋的串流速率範圍為$\sim\frac{1}{5} \le R \le \sim\frac{2}{3}$，即優先考慮支援較小碼塊和較低串流速率。在設計 BG2 時，初始設計的最大系統列列數$K_{bmax} = 16$，允許$10 \le K_{bmax} < 16$。

★方案 3：使用兩個獨立的 BG，其中 BG1 和 BG2 覆蓋的碼塊大小和串流速率與方案 2 類似，但 BG2 不需要巢狀結構在 BG1 中。

上述 3 種方案均能實現對靈活串流速率和碼塊大小的支援，因此將 BLER 性能作為評判矩陣好壞的主要標準。各公司針對 BLER 和解碼延遲進行了模擬評估，最終根據性能確定了使用兩個獨立 BG 的方案。其中，BG1 大小為46×68，支援的最低串流速率為 1/3，主要用於輸送量要求較高、串流速率較高、碼塊較大的場景；BG2 大小為42×52，支援的最低串流速率為 1/5，主要用於輸送量要求不高、串流速率較低、碼塊較小的場景。BG2 透過刪除不同個數的系統列，對不同長度的碼塊做了進一步支援。具體的，當區塊小於等於 192 位元時，系統列列數為 6；當區塊大於 192 位元且小於等於 560 位元時，系統列列數為 8；當區塊大於 560 位元且小於等於 640 位元時，系統列列數為 9；當區塊大於 640 位元時，系統列列數為 10。

NR LDPC 碼使用的 BG1 和 BG2 矩陣結構分別如圖 7-13 和圖 7-14 所示，其中元素"0"表示置換矩陣為全零陣，元素"1"表示置換矩陣為循環移位矩陣（BG 的具體設定值查閱[107]表格可以得到）。BG 中的前兩列屬於大列重，即這兩列中 1 的數量明顯多於其他列。這樣做的好處是在解碼過程中加強訊息流動，增加驗證方程式之間的訊息傳遞效率。左下角的矩陣可以分為行正交設計和準行正交設計兩部分。右下角是對角陣，支援 IR-HARQ，每次重傳只需要發送更多的驗證位元即可。

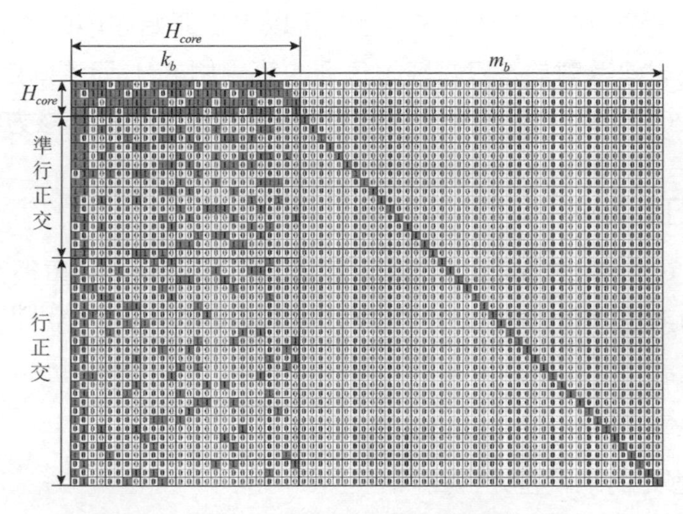

圖 7-13 LDPC 碼 BG1 示意圖

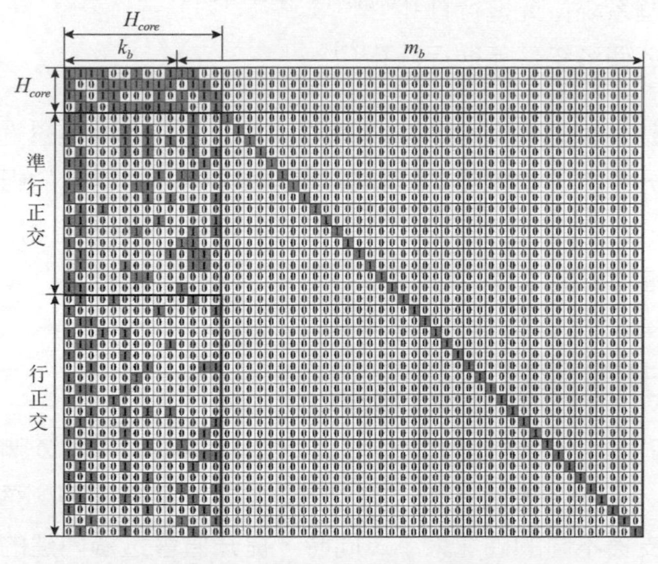

圖 7-14 LDPC 碼 BG2 示意圖

3. 基礎圖元素

在 LDPC 解碼器中，基礎矩陣中的每個元素（非-1）對應於循環移位，元素的值等於"0"表示不需要循環移位。因此，基礎矩陣中的"0"元素越多，LDPC 解碼器的複雜度越低。對於基礎矩陣中的任何列，如果每列的第一個非-1 元素等於"0"，在更新前兩行時可以得出原始順序的資訊位元。因此，部分公司建議對於基礎矩陣，每列的第一個非-1 元素固定為"0"[86]。考慮到 LDPC 碼的性能和實現的複雜度，NR 最終沒有採納該方案。

4. 基礎圖打孔方式

對 QC-LCPC 的系統位元進行適當打孔處理，即不傳輸列重很大的變數節點所對應的系統位元，QC-LDPC 碼的性能可以進一步提高[108]。對於基礎圖的打孔設計，不和設計方案的差別主要表現在打孔的數量和打孔的位置上，具體分為 4 種方案：

- 不考慮固定的系統位元打孔[96]。
- 對前 Z 個系統位元進行打孔[91]。
- 對前 2Z 個系統位元進行打孔[86-87] [90] [92-93] [95]。
- 對最後 2Z 個系統位元進行打孔[96]。

基於性能模擬和 LDPC 碼矩陣的結構設計考慮，為了保證透過與前幾個變數節點的充分連接，驗證節點能夠達到彼此之間的軟資訊的順暢流通，系統位元矩陣的最左邊列的列重設計的很大，最終 NR 確定對開始的前 2Z 個系統位元進行打孔處理。

7.3.5 提升值設計

對於每個基礎圖，透過使用對應的基礎矩陣，根據提升值 Z 將每個元素替換為對應的 Z×Z 循環移位矩陣，可以獲得特定的同位矩陣。透過更改提升值大小可以支援不同的碼塊大小，同時，提升值會透過內建的平行機制影響編碼器/解碼器的輸送量以及延遲，對 LDPC 的性能和實現都有影響，通常較大的提升值表示較低的延遲，也可以透過其他技術來進一步減少等待時間，例如平行處理多個驗證/變數節點或使用多個單獨的解碼器等。NR 考慮最大提升值從候選值集合｛256, 512, 1024｝、320 附近的值和 384 附近的值進行選取[101]。其中，較大設定值的 Z（例如$Z_{max}=1024$）可能會導致非常小的同位矩陣（行/列數），從而影響性能。在綜合考慮了輸送量、延遲、性能以及靈活性之後，NR 最終同意採用$Z_{max}=384$。

為了 LDPC 碼能夠支援靈活的碼塊大小，需要設計多個提升值。在提升值粒度的選取上，部分公司提出可以採用粒度為 1 的設計[94]，即$Z_{min}:1:Z_{max}$。還有一些公司從實現和資源使用率等方面考慮，不建議使用連續的提升值[99-100] [109]，可以透過不同的粒度在最小提升值和最大提升值之間進行取出，例如{1: 1: 8, 8: 1: 16, 16: 2: 32, 32:4:64, 64:8:128, 128:16:256, 256:32:512 }。其中提升值粒度為2^L，$L\geq 0$；對於較大的提升值範圍，支援的提升值粒度為2^L，$L\geq 3$。從硬體效率的角度，Z 為 2 的冪次是最理想的，因為平行度為 2 的冪次的 LDPC 碼可以非常有效地實現移位網路（例如 Banyan 網路）。並且，對於分層解碼器，當解碼器平行度小於 Z 時，Z 應等於解碼器平行度的整數倍。如果 Z 等於2^j的質數整數倍，將為平行性選擇提供更多的正整數因數。最終，NR 同意了提升值的形式為：$Z=a\times 2^j$，其中$a=\{2,3,5,7,9,11,13,15\}$, $j=\{0,1,2,3,4,5,6,7\}$。一方面，2^j形式的設定值可以盡可能的使用 Banyan 網路進行設計；另外，引入因數a 可以減少填充位元的數量。

針對每個提升值最佳化一組循環矩陣是最靈活的，透過為每個提升值選擇適當的偏移，可以消除性能曲線中的尖峰，並且不同碼塊長度的性能也可以非常平滑。但是，為了在 BLER 性能和硬體面積效率之間取得良好的折衷，需要減少偏移係數矩陣的個數。針對這個問題，各公司提出了不同的方案：

- 一些公司建議對提升值進行聚類或分組設計，每組由彼此接近的提升值組成，採用相同的偏移係數設計[93]。

- 也有部分公司建議按照a的設定值不同進行分組[96]，每組基於組內最大提升值$Z_{a,max}$進行移位係數設計，從而得到每組對應的移位係數表；組內其他提升值 Z 的移位係數根據$P_{a,Z}^{m,n} = P_{a}^{m,n} mod\ Z$得到，其中$P_{a}^{m,n}$表示該組移位係數表中的第（m, n）個移位係數。
- 還有公司建議構造一個基本的偏移係數矩陣，透過模或 div-floor 操作從中得到不同提升值的偏移係數矩陣[94]。

結合 BLER 性能和實現考慮，NR 根據不同a的設定值，一共構造了 8 個偏移係數表($i_{LS} = \{0,1,2,3,4,5,6,7\}$)，每個偏移係數表支援的提升值設定值如表 7-1 所示。同一個偏移係數表內，提升值 Z 對應的偏移係數根據$P_{a,Z}^{m,n} = P_{a}^{m,n} mod\ Z$進行計算。

表 7-1 不同偏移係數表支援的提升值大小

i_{LS}	提升值 Z
0	$(a = 2)$
1	$(a = 3)$
2	$(a = 5)$
3	$(a = 7)$
4	$(a = 9)$
5	$(a = 11)$
6	$(a = 13)$
7	$(a = 15)$

7.3.6 分割與 CRC 驗證

1. 最大區塊長度

編碼器輸入端的最大區塊長度K_{max}影響碼塊分段和解碼器的實現複雜度，是通道編碼重要的設計參數。LTE 系統中 Turbo 碼的最大區塊長度為 6144，當區塊大小大於 6144 時，對碼塊進行分段處理。針對 LDPC 碼的最大區塊長度，各公司列出了以下幾種設計方案：

- $K_{max} = 12288$ 位元[91]，即一個 IP 資料封包的位數。
- 從硬體實現的角度，選擇K_{max}為 2 的 n 次冪更合理，建議採用$K_{max} = 8192$[94]。
- 對於 LDPC 解碼器，最大區塊長度K_{max}越大記憶體消耗越高，因此建議 LDPC 碼的最大區塊長度與 LTE Turbo 碼類似，即K_{max}滿足$6144 \leq K_{max} \leq 8192$[110]。

最大區塊長度的選擇主要考慮性能和實現複雜度兩個方面。部分公司透過對 8K 和 12K 兩種區塊長度進行模擬[111]，發現 8K 和 12K 兩種長度的程式區塊之間的性能差異可以忽略不計。由於 LDPC 解碼器的記憶體和更新邏輯的數量與最大區塊長度成正比，長度為 12K 的碼塊的實現複雜度比長度為 8K 的碼塊將增加大約 50%。結合 NR 採用的基礎圖，NR 最後同意 LDPC 的最大區塊長度為$K_{max} = 8448$（BG1）和$K_{max} = 3840$（BG2）。

2. CRC 附加位置

如果傳輸區塊（Transport block，TB）大小大於 LDPC 碼的最大區塊長度，傳輸區塊將被分割為幾個分段碼塊（Code block, CB），並獨立進行編碼。對於如何給 TB 和 CB 增加 CRC 驗證碼，不同公司列出了 2 種處理方法：

- TB 級和碼塊群組（Code Block Group，CBG）級的 CRC 附加[112-113]。LDPC 碼具有內建的錯誤檢測功能，在 CB 級利用 LDPC 編碼簿身的特性進行錯誤檢測和停止，可以減少 CRC 的負擔，提高整體性能。這種方案可以提供三層的錯誤檢測（如圖 7-15 所示）：CB 級的 LDPC 同位、CBG 級的 CRC 校正碼 TB 級的 CRC 驗證。

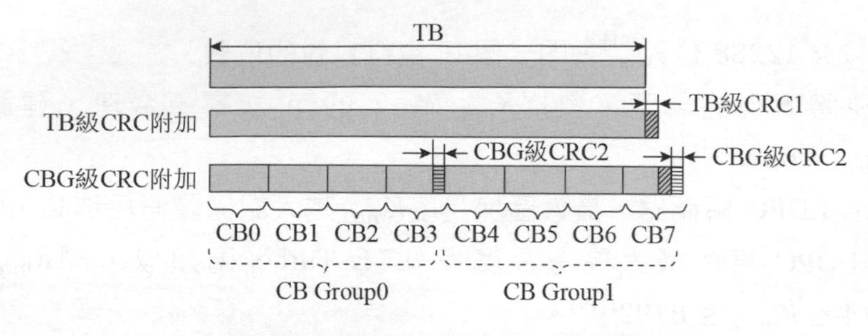

圖 7-15 TB 級和 CBG 級 CRC 附加

- TB 級和 CB 級的 CRC 附加[114-115]。對於中小 TB 大小，可能不會對 CB 進行分組，此時可以考慮不進行 CBG 級的 CRC 附加，而是進行 CB 級的 CRC 附加。對於較大的 TB 大小，如果需要對 CB 進行分組，則可以利用 CB 級的 CRC 檢測來支援 CBG 級的 HARQ。如果一個 CBG 的較早 CB 有錯誤並且被認為不可恢復，則 CBG 中的其餘 CB 不需要解碼，直接生成 NACK 資訊，示意圖如圖 7-16 所示：

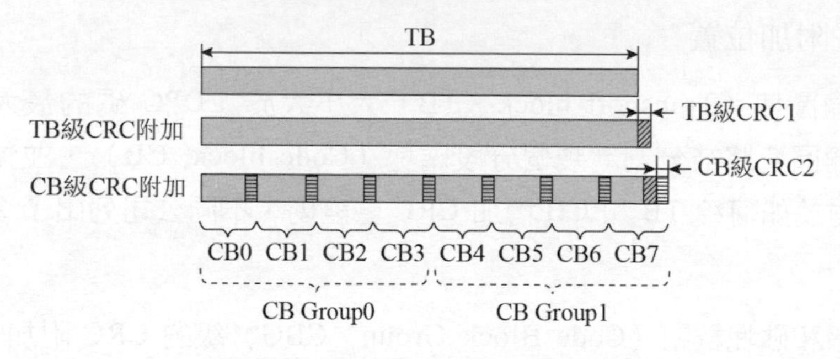

圖 7-16 TB 級和 CB 級 CRC 附加

CBG 級的 CRC 附加僅在以下情況才會發生作用：CBG 中所有 CB 均通過了固有的 LDPC 同位且 CBG 中有至少一個 CB 發生了錯誤。這種情況並不多見，並且 TB 級的 CRC 已經可以有效避免將錯誤的 TB 傳送到高層。另一方面，儘管 CBG 級 CRC 檢測的負擔要低於 CB 級 CRC 檢測，但 CRC 本身負擔並不大，在確定 CRC 附加的位置時負擔不是決定因素。最終 NR 沒有採用 CBG 級的 CRC 增加[116]，而是進行 TB 級和 CB 級的 CRC 附加[115]。

3. CRC 附加長度

對於 LDPC 碼，達到指定的未檢測到的錯誤機率所需的 CRC 位數隨區塊大小和編串流速率而變化。考慮實際性能需求，NR 最終確定當區塊大小 A>3824 時，在傳輸區塊後附加長度為 L=24 位元的 CRC，生成多項式為：

$$g_{CRC24A}(D)=D^{24}+D^{23}+D^{18}+D^{17}+D^{14}+D^{11}+D^{10}+D^{7}+D^{6}+D^{5}+D^{4}+D^{3}+D+1 \tag{7.13}$$

當區塊大小 A≤3824 時，在傳輸區塊後附加長度為 L=16 位元的 CRC，生成多項式為：

$$g_{CRC16}(D)=D^{16}+D^{12}+D^{5}+1 \tag{7.14}$$

如果需要進行碼塊分段（即碼塊數 C>1），則在每個分段碼塊後附加長度為 24 位元的 CRC，生成多項式為：

$$g_{CRC24B}(D)=D^{24}+D^{23}+D^{6}+D^{5}+D+1 \tag{7.15}$$

4. 碼塊分段

對於分段碼塊，可以使用較低的硬體複雜度進行獨立處理。在進行碼塊分段前，需要先根據附加 CRC 之後的傳輸區塊大小$B=A+L$（其中 A 為區塊大小，L 為附加的 TB 級 CRC 的大小）、最大碼塊長度K_{cb}、分段碼塊 CRC 長度CRC_{CB}確定 CB 數目：$C=\left\lceil\frac{B}{K_{cb}-CRC_{CB}}\right\rceil$。對碼塊的分段處理 NR 考慮了三種方式：

- 對除最後 CB 之外的所有 CB 均等劃分 TB[117]。

前 C-1 個 CB 可以包含$\lceil B/C\rceil$個原始位元，而最後一個 CB 可以包含$B-(C-1)\lceil B/C\rceil$原始位元。將$C\lceil B/C\rceil-B$ 個零作為填充位元⁺填充到最後一個 CB，以使其長度與其他 CB 相和。選擇提升值 Z 使得$K_b\cdot Z$（其中K_b是使用的基礎矩陣中的系統列列數）是大於或等於$K=\lceil B/C\rceil+CRC_{CB}$位元的最小值，之後附加填充位元到每個 CB，以匹配選定的 Z 值。填充位元+和填充位元*之間的差別在於，填充位元+與原始位元一起發送，而填充位元*將在 LDPC 編碼後刪除。透過這種方法，保證了所有發送的 CB 的長度都相同，簡化了接收機的操作。其示意圖如圖 7-17 所示。

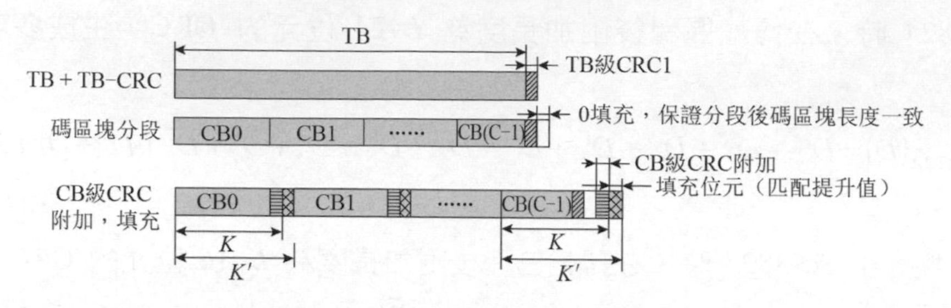

圖 7-17 除最後 CB 之外的所有 CB 均等劃分 TB

■ 為所有 CB 大致均等地劃分 TB[117-119]。

定義兩個碼塊大小$K^{+}=\left\lceil\frac{B+C\cdot CRC_{CB}}{C}\right\rceil$和$K^{-}=\left\lfloor\frac{B+C\cdot CRC_{CB}}{C}\right\rfloor$，讓前個 CB 包含$K^{+}-CRC_{CB}$個資訊，而其餘的 CB 包含$K^{-}-CRC_{CB}$個資訊。選擇提升值 Z 使得$\hat{K}=K_{b,max}\cdot Z$是大於或等於$K^{+}$位元的最小值。對於前的每個 CB，插入$\hat{K}-K^{+}$填充位元。對於其餘的 CB，插入$\hat{K}-K^{-}$填充位元。該方案的缺點在於，實際發送的 CB 的長度可能不同，會在接收側引入額外的操作。其示意圖如圖 7-18 所示。

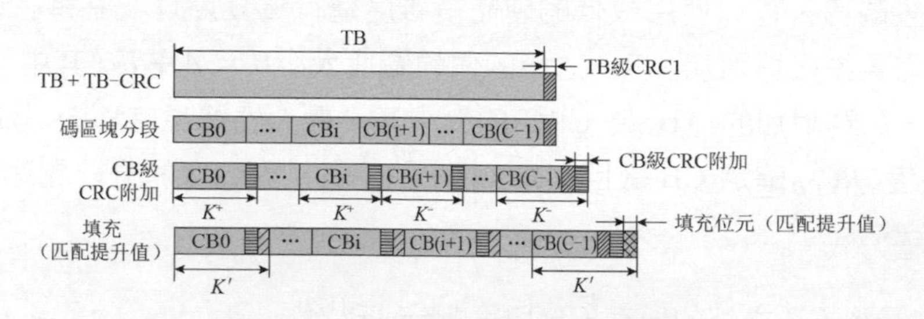

圖 7-18 所有 CB 大致均等地劃分 TB

■ 為所有 CB 均等地劃分 TB[120]。

每個 CB 包含$CBS=\left\lceil\frac{B}{C}\right\rceil$個原始位元。由於$B$通常不是 CBS 的整數倍，需要對一個或多個 CB 進行零位元填充。可以調整 TB 區塊大小，以便在 CB 分割時不需要零填充，如圖 7-19 所示。

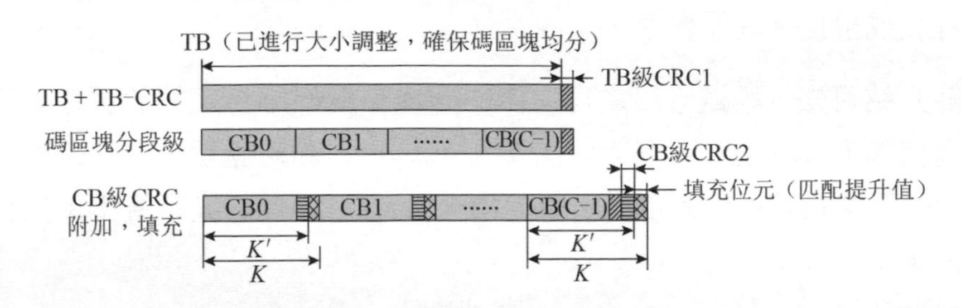

圖 7-19 對所有 CB 均等劃分 TB

最終 NR 中採用等長分割的第三種方式（透過對傳輸區塊大小進行調整，確保分段時不需要進行 0 填充），即碼塊數滿足$C=\left\lceil\frac{B}{K_{cb}-CRC_{CB}}\right\rceil$，分割之後整體傳輸區塊長度為$B'=B+C\times CRC_{CB}$，每個碼塊長度為$K'=B'/C$。在 LDPC 編碼之前，需要根據選擇的 BG 和 B 的大小確定K_b，然後找到最小的提升值 Z（用Z_C表示），使其滿足$K_bZ_C\geq K'$。之後根據Z_C確定參與編碼的分段碼塊的長度 K，對於 BG1，設定 K=22Z_C；對於 BG2，設定 K=10Z_C。如果$K\geq K'$，則需要在原分段碼塊後插入$K-K'$個位元填充位元。在對程式區塊進行分段之後的其餘操作，例如 LDPC 編碼、速率匹配（包括具有容錯版本的循環緩衝區操作和調解符號映射等）等均在碼塊級別執行。

表 7-2 不同 BG 的系統列列數

BG1	BG2			
All B	$B\leq 192$	$192<B\leq 560$	$560<B\leq 640$	$640<B$
$K_b=22$	$K_b=6$	$K_b=8$	$K_b=9$	$K_b=10$

7.3.7 速率匹配與 HARQ

1. 位元填充

一次傳輸中可傳輸的區塊大小是根據可用的物理資源確定的，LDPC 編碼時需要設定靈活的碼長和串流速率，以適應所設定的物理資源。由於提升值的集合是離散的，僅依靠提升值調整往往不能滿足要求，通常還需要縮短、打孔或重複等其他處理。

由上節介紹可知，經過分段處理之後的碼塊長度K'不一定等於實際參與編碼的碼塊長度 K，當$K' < K$時，需要對代碼進行縮短處理，即在長度為K'的系統位元之後進行位元填充。對於填充位元 F 的具體設定值 NR 討論了三種方案：

★方案 1：零填充[121-122]

許多常見標準都使用「零」進行位元填充，即在系統位元最後增加適當數量的零位元。在大多數情況下，這些填充位元在編碼後會被打孔。解碼器將這些打孔的零填充位元與匹配的 LLR 相加，這些 LLR 通常設定為最大/最小 LLR 值。當 CB 的數量很少，填充負擔很大並且需要簡單的操作時，可以將零填充應用於位元填充中。

★方案 2：重複填充[121]

在 LTE 系統中，一個 TB 中只要有一個 CB 傳輸錯誤，整個 TB 就會被重傳。在 NR 系統中，可以透過使用 LDPC 期望的填充位元來提供相同的錯誤保護，從而提高傳輸效率。具體的，可以將相鄰 CB 的資訊位元用作填充位元以滿足編碼要求，然後使用此附加資訊來改善兩個 CB 的性能。在接收端，可以根據哪個 CB 首先透過解碼器並成功透過同位（或 CRC 驗證）來交換用於重複資訊位元的初始 LLR，重複的位元可以作為下一個 CB 的已知位元。透過這種方式，填充位元可以改善所有 CB 的性能，如圖 7-20 所示：

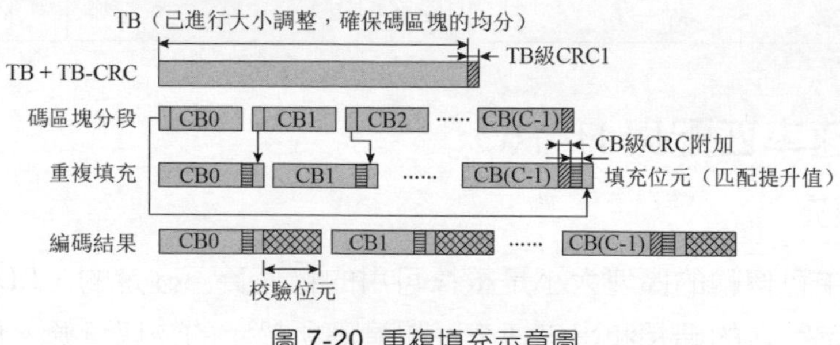

圖 7-20 重複填充示意圖

圖 7-20 中還列出了接收端用於連續處理的解碼過程。當 CB 0 解碼成功時，第二個接收到的 CB 中的重複位元對應的 LLR 將更新，利用更可靠的資訊以開始解碼過程。對於所有其他接收到的 CB，可以重複此過程。如果一個（或幾個）CB 沒有被正確檢測，則解碼器可以繼續解碼下一個 CB，從而可以在下一次嘗試中使用成功解碼的 CB 所攜帶的已知位元來解碼錯誤的 CB。同時，可以將相同的原理應用於平行解碼處理中，此時不再是使用相鄰的 CB 進行填充，而是先進行 CB 分組，利用第二組 CB 對第一組 CB 進行填充。

★方案 3：RNTI 填充[121]

將標識接收器（如 RNTI）和/或發送器的位元用作縮短了通道程式的已知位元，用於位元填充。特別地，資料位元被重複使用或填充已知的 RNTI 位元。

綜合考慮不同填充位元設定值對性能和實現的影響，NR 最終選擇零位元進行填充處理。

2. HARQ 傳輸

與 LTE Turbo 碼類似，NR 透過循環緩衝區實現 HARQ 和速率匹配。編碼後的結果放在緩衝區中，定義容錯版本（Redundant Version，RV）來指示循環緩衝區的位址。每次傳輸時根據 RV 從循環緩衝區中依次讀取，進而實現速率匹配。為了在 QC-LDPC 碼中輕鬆定址 RV，NR 使用提升值 Z 作為 RV 的位置單位。

針對 LDPC 的 HARQ 傳輸，NR 主要考慮了以下 3 個候選方案：

★方案 1：順序傳輸[112] [123]

為了利用 IR-HARQ 的編碼增益，起始索引從上次傳輸結束的位置開始。第一次傳輸長度為 N 的區塊，包含長度為 K 的資訊，重傳過程中從上次傳輸結束的位置處開始傳輸。如圖 7-21 所示：

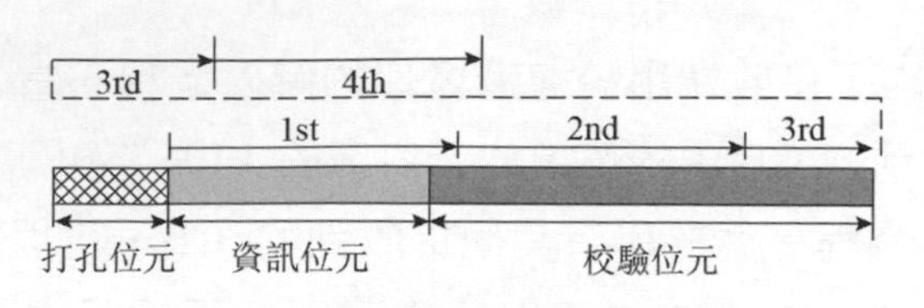

圖 7-21 順序傳輸 HARQ 示意圖

★方案 2：資訊位元重傳

如圖 7-22 所示，在每次傳輸中均包含資訊位元[124]，過程如下：

- 在第 1 次傳輸中，發送除了打孔位元以外的所有資訊位元和部分驗證位元，總長度為 N。
- 在第 2 次傳輸中，發送長度為 I 的資訊位元，包含打孔處理的資訊位元和部分其他資訊位元（其他資訊位元的長度可以為 0），發送長度為 N-I 的新驗證位元。
- 在第 3 次傳輸中，重傳開始點向右偏移長度為 I，包含 I 個資訊位元和長度為 N-I 的新驗證位元。
- 在第 4 次傳輸中，重傳開始點向右偏移長度為 I，包含 I 個資訊位元和長度為 N-I 的新驗證位元。

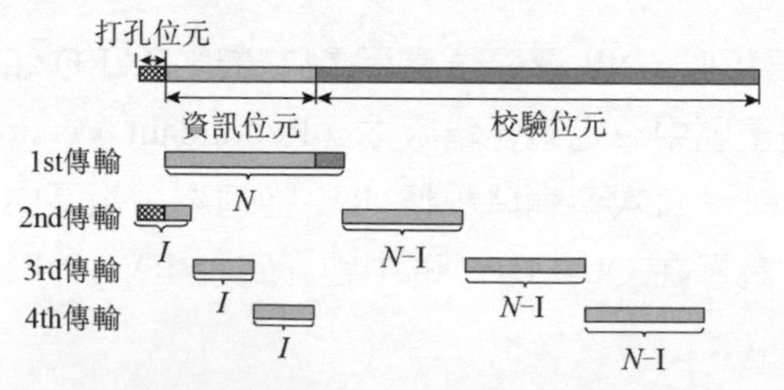

圖 7-22 資訊位元重傳示意圖

★方案 3：基於固定起始位元 RV 的重傳

起始位置的分佈可以是均勻的也可以是不均勻的，根據 RV 的選擇順序可以進一步分為兩種場景：

- 順序選擇 RV（以起始位置均勻分佈為例），循環緩衝區如圖 7-23 所示。

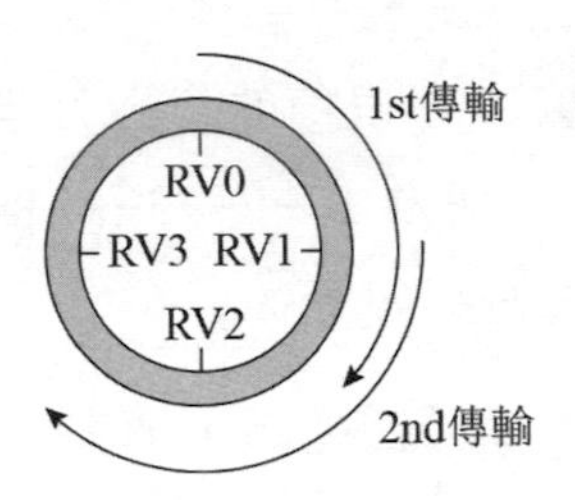

圖 7-23 順序選擇 RV 號

根據打孔位元的傳輸情況可以進一步分為第一次重傳，末次重傳，首末重傳和不傳輸等四種傳輸打孔位元的方式，分別如圖 7-24（a）（b）（c）（d）所示。

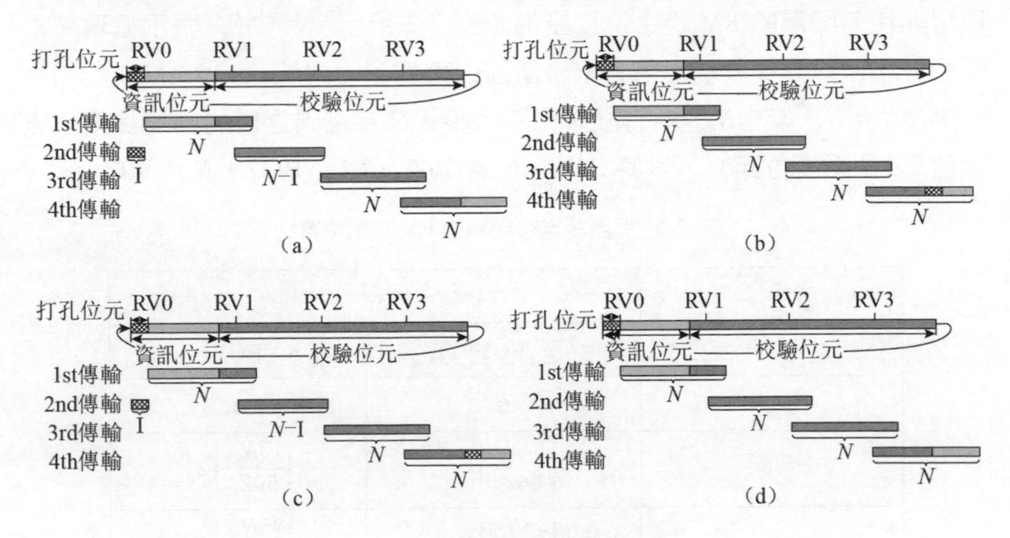

圖 7-24 打孔位元的傳輸方式

- 非連續選擇 RV（以起始位置均勻分佈為例），循環緩衝區如圖 7-25 所示[125-126]：

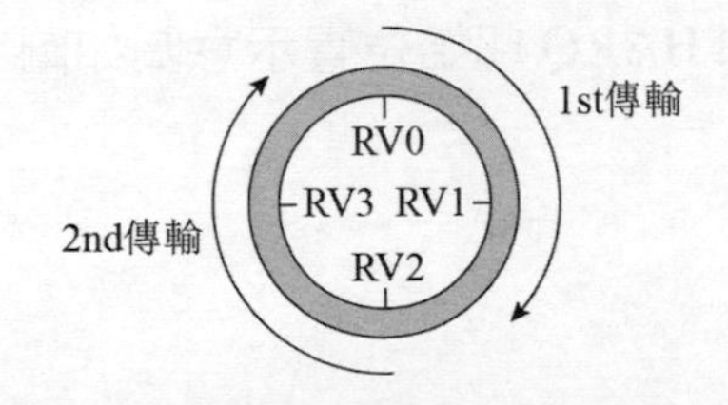

圖 7-25 非連續選擇 RV 號傳輸

綜合考慮重傳對性能的影響、實現複雜度以及自解碼特性等因素，NR 最終採用了非連續選擇 RV（一般為 0→2→3→1 的 RV 傳輸順序）和不傳輸打孔系統位元的方式。具體方案如下：

- 前 2Z 個打孔位元不輸入循環緩衝區，填充位元輸入到循環緩衝區中。
- 重傳起始位元的數目為 4，並且在循環緩衝區中的固定位置上。
- RV#0 和 RV#3 是可以自解碼的（即包含資訊位元和驗證位元）。
- 每個 RV 的起始位置均為 Z 的整數倍，有限緩衝區的 RV 起始位置從完整緩衝區位置進行縮放，同時保證 Z 的整數倍。

採用非均勻間隔的 RV 起始位置設定如表 7-3 所示，其中N_{cb}表示循環緩衝區的大小。如果接收端使用有限緩衝區速率匹配，則$N_{cb} = min(N, N_{ref})$；否則$N_{cb} = N$。其中N_{ref}為有限緩衝區大小，N 為編碼之後的碼塊長度（去除前 2Z 個系統位元），對於 BG1，$N = 66Z_c$，對於 BG2，$N = 50Z_c$。

表 7-3 採用非均勻間隔的 RV 起始位置

RV_{id}	k_0	
	BG1	BG2
0	0	0
1	$\left\lfloor\frac{17N_{cb}}{66Z_c}\right\rfloor Z_c$	$\left\lfloor\frac{13N_{cb}}{50Z_c}\right\rfloor Z_c$
2	$\left\lfloor\frac{33N_{cb}}{66Z_c}\right\rfloor Z_c$	$\left\lfloor\frac{25N_{cb}}{50Z_c}\right\rfloor Z_c$
3	$\left\lfloor\frac{56N_{cb}}{66Z_c}\right\rfloor Z_c$	$\left\lfloor\frac{43N_{cb}}{50Z_c}\right\rfloor Z_c$

NRLDPC 碼最終採用的 HARQ 起始位置示意圖如圖 7-26 所示：

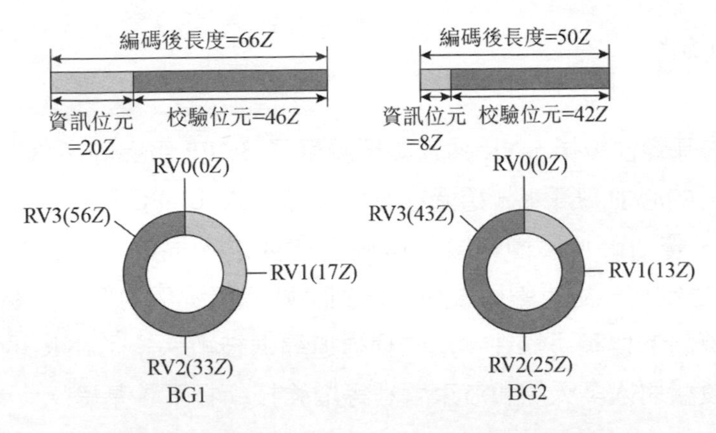

圖 7-26 NR LDPC 碼中 HARQ 起始位置示意圖

3. 交織器設計

在實際傳輸中，某些子載體或 OFDM 符號可能會經歷深度衰落，導致嚴重的代碼突發錯誤。交織器可以消除連續的錯誤，並將其擴充到整個代碼中，這些分散的錯誤可以在解碼器中被校正。當採用高階調解時，位元能量分佈不均，各個位元的可靠性是不同的。一個符號對應的位元中，越靠後的位元可靠性越差。NR 中最終採用的是行數等於調解階數的行列交織器，採用按行寫入，按列讀出的方式，如圖 7-27 所示：

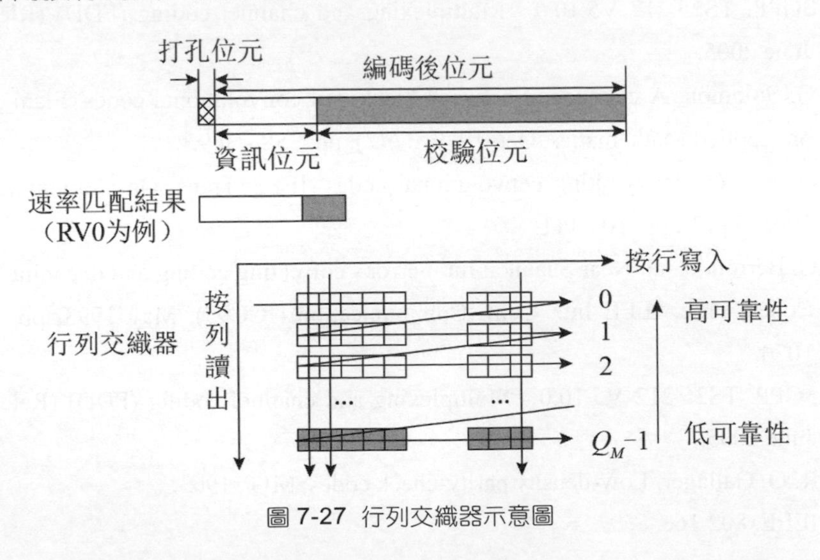

圖 7-27 行列交織器示意圖

7.4 小結

作為 5G 的基礎性技術，NR 通道編碼凝聚了 3GPP 組織許多參與公司和技術研究人員的心血和汗水。透過在資料通道引入 LDPC 碼，滿足了 NR 對高輸送量、靈活碼塊範圍和較小解碼延遲要求。同時，在控制通道採用 Polar 碼對控制資訊進行編碼，可以達到小碼塊情況下的低位元錯誤率，保證了控制資訊的傳輸可靠性。這兩種通道編碼技術保證了 NR 的基本傳輸性能，為後續引入多天線和波束管理等增強技術打下了基礎。

參考文獻

[1] 3GPP. TS36.212 V14.0.0 –Multiplexing and channel coding (Release 14). Sept. 2016

[2] R1-164280, Consideration on Outer Code for NR, ZTE Corp., ZTE Microelectronics, 3GPP RAN1#85, Nanjing, China, 23rd - 27th May 2016

[3] P. Elias. Coding for noisy channels. Ire Convention Record, 1995.6, pp. 33 - 47.

[4] 3GPP2, C.S0002-0 V1.0 Physical Layer Standard for cdma2000 Spread Spectrum Systems. Oct. 1999

[5] 3GPP, TS25.212 V5.10.0 - Multiplexing and channel coding (FDD) (Rlease 5). June 2005.

[6] G. Solomon. A connection between block and convolutional codes. Siam Journal on Applied Mathematics, Oct. 1979, 37 (2), pp. 358 - 369.

[7] H. Ma. On tail - biting convolutional codes. IEEE Trans. On Communications, 2003, 34 (2), pp. 104-111.

[8] C. Berrou, et. al. Near Shannon limit error - correcting coding and decoding: Turbo Codes, Proc. IEEE Intl. Conf. Communication (ICC93), May 1993, pp. 1064 - 1070.

[9] 3GPP. TS25.212 V5.10.0 - Multiplexing and channel coding (FDD) (Release 5). June 2005.

[10] R. G. Gallager. Low-density parity-check codes, MIT, 1963.

[11] IEEE. 802.16e.

[12] IEEE. 802.11a.

[13] ETSI. EN 302 307 V1.3.1 –Digital Video Broadcasting (DVB) Second generation framing structure, channel coding and modulation systems for Broadcasting, Interactive Services, News Gathering and other broadband satellite applications (DVB-S2), 2013.03.

[14] 3GPP, TR 25.814 –V710 –Physical layer aspects for E-UTRA, 2006.9.

[15] E. Arikan. Channel polarization: A method for constructing capacity achieving codes for symmetric binary-input memoryless channels. IEEE Trans. Inform. Theory, vol.55, July 2009, pp. 3051-3073.

[16] R1-162162, High level comparison of candidate FEC schemes for 5G, Huawei, HiSilicon, 3GPP RAN1#84bis, Busan, Korea, 11th –15th April 2016

[17] R1-162230, Discussion on channel coding for new radio interface, ZTE, 3GPP RAN1#84bis, Busan, Korea, 11th –15th April 2016

[18] R1-162397, Outer erasure code, Qualcomm, 3GPP RAN1#84bis, Busan, Korea, 11th –15th April 2016

[19] R1-163232, Performance study of existing turbo codes and LDPC codes, Ericsson, 3GPP RAN1#84bis, Busan, Korea, 11th –15th April 2016

[20] R1-163130, Considerations on channel coding for NR, CATR, 3GPP RAN1#84bis, Busan, Korea, 11th –15th April 2016

[21] R1-163662, Way Forward on Channel Coding Scheme for 5G New Radio, Samsung, Nokia, Qualcomm, ZTE, Intel, Huawei, 3GPP RAN1#84bis, Busan, Korea, 11th –15th April 2016

[22] R1-165637, Way Forward on Channel Coding Scheme for New Radio, Samsung, Nokia, Qualcomm, Intel, ZTE, 3GPP RAN1#85, Nanjing, China, 23rd - 27th May 2016

[23] R1-165598, WF on small block length, Huawei, HiSilicon, Interdigital, Mediatek, Qualcomm, 3GPP RAN1#85, Nanjing, China, 23rd - 27th May 2016

[24] R1-165726, Code type for small info block length in NR, Ericsson, Nokia, ASB, 3GPP RAN1#85, Nanjing, China, 23rd - 27th May 2016

[25] R1-164251, Performance evaluation of binary turbo codes with low complexity decoding algorithm, CATT, 3GPP RAN1#85, Nanjing, China, 23rd - 27th May 2016

[26] R1-164361, Turbo Code Enhancements, Ericsson, 3GPP RAN1#85, Nanjing, China, 23rd - 27th May 2016

[27] R1-164635, Improved LTE turbo codes for NR, ORANGE, 3GPP RAN1#85, Nanjing, China, 23rd - 27th May 2016

[28] R1-165792, WF on turbo coding, LG, Ericsson, CATT, Orange, 3GPP RAN1#85, Nanjing, China, 23rd - 27th May 2016

[29] R1-167999, WF on Channel Coding Selection, Qualcomm Incorporated, Samsung, Nokia, ASB, ZTE, MediaTek, Intel, Sharp, MTI, Interdigital, Verizon Wireless, KT Corporation, KDDI, IITH, CEWiT, Reliance-jio, Tejas Networks, Beijing Xinwei Telecom Technology, Vivo, Potevio, WILUS, Sony, Xiaomi, 3GPP RAN1#85, Nanjing, China, 23rd - 27th May 2016

[30] R1-168040, WF on channel coding selection, Huawei, HiSilicon, CMCC, CUCC, Deutsche Telekom, Orange, Telecom Italia, Vodafone, China Unicom, Spreadtrum, 3GPP RAN1#86, Gothenburg, Sweden, 22nd - 26th August 2016

[31] R1-168164, WF on turbo code selection, LG Electronics, Ericsson, CATT, NEC, Orange, IMT, 3GPP RAN1#86, Gothenburg, Sweden 22nd - 26th August 2016

[32] R1-168164, Final report of 3GPP TSG RAN WG1#86bis, Lisbon, Portugal, 10th - 14th October 2016

[33] R1-1610604, WF on channel codes for NR eMBB data, AccelerComm, Ericsson, Orange, IMT, LG, NEC, Sony, 3GPP RAN1#86bis, Lisbon, Portugal, 10th - 14th October 2016

[34] R1-1610767, Way forward on eMBB data channel coding, Samsung, Qualcomm Incorporated, Nokia, Alcatel-Lucent Shanghai Bell, Verizon Wireless, KT Corporation, KDDI, ETRI, IITH, IITM, CEWiT, Reliance Jio, Tejas Network, Xilinx, Sony, SK Telecom, Intel Corporation, Sharp, MTI, National Instrument, Motorola Mobility, Lenovo, Cohere Technologies, Acorn Technologies, CableLabs, WILUS Inc, NextNav, ASUSTEK, ITL, 3GPP RAN1#86bis, Lisbon, Portugal, 10th - 14th October 2016

[35] R1-1610850, WF on channel codes, Huawei, HiSilicon, Acer, Bell, CATR, China Unicom, China Telecom, CHTTL, Coolpad, Deutsche Telekom, Etisalat, InterDigital, III, ITRI, MediaTek, Nubia Technology, Nuel, OPPO, Potevio,

Spreadtrum, TD Tech, Telus, Vivo, Xiaomi, Xinwei, ZTE, ZTE Microelectronics, 3GPP RAN1#86bis, Lisbon, Portugal, 10th - 14th October 2016

[36] R1-1610607, Way Forward on Channel Coding, ZTE, ZTE Microelectronics, Acer, Bell, CATR, China Unicom, China Telecom, CHTTL, Coolpad, Deutsche Telekom, Etisalat, Huawei, HiSilicon, InterDigital, III, ITRI, MediaTek, Nubia Technology, Neul, OPPO, Potevio, Shanghai Tejet, Spreadtrum, TD Tech, Telus, Vivo, Xiaomi, Xinwei, IITH, IITM, CEWiT, Reliance Jio, Tejas Network, 3GPP RAN1#86bis, Lisbon, Portugal, 10th - 14th October 2016

[37] R1-1613342, WF on channel coding for eMBB data, Samsung, Acorn Technologies, Alcatel-Lucent Shanghai Bell, Ceragon Networks, Cohere Technologies, Ericsson, ETRI, European Space Agency, HCL Technologies limited, IAESI, Intel Corporation, ITL, KDDI, KT Corporation, Mitsubishi Electric, Motorola Solutions, NextNav, NEC, Nokia, Nomor Research, NTT Docomo, Prisma telecom testing, Qualcomm Incorporated, Reliance Jio, Sharp, SK Telecom, Sony, Straight Path Communications, T-Mobile USA, Verizon Wireless, WILUS Inc, 3GPP RAN1#87, Reno, USA, 14th –18th November 2016

[38] R1-1613342, WF on channel coding, Huawei, HiSilicon, Acer, ADI, Aeroflex, Alibaba, Bell Mobility, Broadcom, CATR, CATT, Coolpad, Coherent Logix, CHTTL, CMCC, China Telecom, China Unicom, Dish Network, ETISALAT, Fiberhome, Hytera, IAESI, III, Infineon, InterDigital, ITRI, Irdeto, Lenovo, Marvell, MediaTek, Motorola Mobility, National Taiwan University, Netas, Neul, Nubia Technology, OOREDOO, OPPO, Potevio, SGS Wireless, Skyworks, Sporton, Spreadtrum, SRTC, Starpoint, STMicroelectronics, TD-Tech, Telekom Research & Development Sdn. Bhd, Telus, Toshiba, Turk Telekom, Union Telephone, Vivo, Xiaomi, Xilinx, Xinwei, ZTE, ZTE Microelectronics, 3GPP RAN1#87, Reno, USA, 14th –18th November 2016

[39] R1-168170, WF on coding technique for control channel of eMBB, Ericsson, Nokia, ASB, LG, NEC, Orange, IMT, 3GPP RAN1#86, Gothenburg, Sweden, 22nd - 26th August 2016

[40] R1-166926, Further Discussion on Performance and Complexity of Enhanced TBCC, Ericsson, 3GPP RAN1#86, Gothenburg, Sweden, 22nd - 26th August 2016

[41] R1-168024, WF on code selection for control channel, Huawei, HiSilicon, CMCC, CUCC, Deutsche Telekom, Vodafone, MTK, Interdigital, Spreadtrum, 3GPP RAN1#86, Gothenburg, Sweden, 22nd - 26th August 2016

[42] R1-1613211, WF on Channel Coding, Huawei, HiSilicon, Acer, ADI, Aeroflex, Alibaba, Bell Mobility, Broadcom, CATR, CATT, Coolpad, Coherent Logix, CHTTL, CMCC, China Telecom, China Unicom, Dish Network, ETISALAT, Fiberhome, Hytera, IAESI, III, Infineon, InterDigital, ITRI, Irdeto, Lenovo, Marvell, MediaTek, Motorola Mobility, National Taiwan University, Netas, Neul, Nubia Technology, OOREDOO, OPPO, Potevio, SGS Wireless, Skyworks, Sporton, Spreadtrum, SRTC, Starpoint, STMicroelectronics, TD-Tech, Telekom Research & Development Sdn Bhd, Telus, Toshiba, Turk Telekom, Union Telephone, Vivo, Xiaomi, Xinwei, ZTE, ZTE Microelectronics, 3GPP RAN1#87, Reno, USA, 14th –18th November 2016

[43] R1-1613577, WF on coding technique for control channel for eMBB, LG, AT&T, Ericsson, NEC, Qualcomm, 3GPP RAN1#87, Reno, USA, 14th –18th November 2016

[44] R1-1613248, WF on NR channel coding, Verizon Wireless, AT&T, CGC, ETRI, Fujitsu, HTC, KDDI, KT, Mitsubishi Electric, NextNav, Nokia, Alcatel-Lucent Shanghai Bell, NTT, NTT DOCOMO, Samsung, Sierra Wireless, T-Mobile USA, 3GPP RAN1#87, Reno, USA, November 14th –18th, 2016

[45] R1-1613248, Investigation of LDPC Codes for Control Channel of NR, Ericsson, 3GPP RAN1#87, Reno, USA, 14th –18th November 2016

[46] R1-1706194, On channel coding for very small control block lengths, Huawei, HiSilicon, 3GPP RAN1#88bis, Spokane, USA, 3rd –7th April 2017

[47] R1-1704386, Consideration on Channel Coding for Very Small Block Length, ZTE, ZTE Microelectronics, 3GPP RAN1#88bis, Spokane, USA, 3rd –7th April 2017

[48] R1-1705528, Performance Evaluation of Channel Codes for Very Small Block Lengths, InterDigital Communications, 3GPP RAN1#88bis, Spokane, USA, 3rd – 7th April 2017

[49] R1-1705427, Channel coding for very short length control information, Samsung, 3GPP RAN1#88bis, Spokane, USA, 3rd –7th April 2017

[50] R1-1706184, Evaluation of the coding schemes for very small block length, Qualcomm Incorporated, 3GPP RAN1#88bis, Spokane, USA, 3rd –7th April 2017

[51] 3GPP TS 36.212 V8.8.0 (2009-12), NR; Multiplexing and channel coding (Release 8)

[52] R1-1709154, Coding Techniques for NR-PBCH, Ericsson, 3GPP RAN1#89, Hangzhou, P.R. China, 15th –19th May 2017

[53] R1-1707846, Channel coding for NR PBCH, MediaTek Inc., 3GPP RAN1#89, Hangzhou, P.R. China, 15th –19th May 2017

[54] I. Tal and A. Vardy, "How to Construct Polar Codes," in IEEE Transactions on Information Theory, vol. 59, no. 10, pp. 6562-6582, Oct. 2013.

[55] E. Arikan and E. Telatar, "On the rate of channel polarization," 2009 IEEE International Symposium on Information Theory, Seoul, 2009, pp. 1493-1495.

[56] S. B. Korada, E. Şaşoğlu and R. Urbanke, "Polar Codes: Characterization of Exponent, Bounds, and Constructions," in IEEE Transactions on Information Theory, vol. 56, no. 12, pp. 6253-6264, Dec. 2010.

[57] E. Arikan, "A performance comparison of polar codes and Reed-Muller codes," in IEEE Communications Letters, vol. 12, no. 6, pp. 447-449, June 2008.

[58] R. Mori and T. Tanaka, "Performance of Polar Codes with the Construction using Density Evolution," in IEEE Communications Letters, vol. 13, no. 7, pp. 519-521, July 2009.

[59] P. Trifonov, "Efficient Design and Decoding of Polar Codes," in IEEE Transactions on Communications, vol. 60, no. 11, pp. 3221-3227, November 2012.

[60] Sae-Young Chung, T. J. Richardson and R. L. Urbanke, "Analysis of sum-product decoding of low-density parity-check codes using a Gaussian approximation," in IEEE Transactions on Information Theory, vol. 47, no. 2, pp. 657-670, Feb 2001.

[61] C. Leroux, I. Tal, A. Vardy and W. J. Gross, "Hardware architectures for successive cancellation decoding of polar codes," 2011 IEEE International Conference on Acoustics, Speech and Signal Processing (ICASSP), Prague, 2011, pp. 1665-1668.

[62] A. Alamdar-Yazdi and F. R. Kschischang, "A Simplified Successive-Cancellation Decoder for Polar Codes," in IEEE Communications Letters, vol. 15, no. 12, pp. 1378-1380, December 2011.

[63] G. Sarkis, P. Giard, A. Vardy, C. Thibeault and W. J. Gross, "Fast Polar Decoders: Algorithm and Implementation," in IEEE Journal on Selected Areas in Communications, vol. 32, no. 5, pp. 946-957, May 2014.

[64] I. Tal and A. Vardy, "List decoding of polar codes," IEEE Transactions on Information Theory, vol. 61, no. 5, pp. 2213–2226, May 2015.

[65] K. Niu and K. Chen, "CRC-aided decoding of polar codes," IEEE Communications Letters, vol. 16, no. 10, pp. 1668–1671, October 2012.

[66] T. Wang, D. Qu and T. Jiang, "Parity-Check-Concatenated Polar Codes," in IEEE Communications Letters, vol. 20, no. 12, pp. 2342-2345, Dec. 2016.

[67] K. Niu, K. Chen and J. Lin, "Beyond turbo codes: Rate-compatible punctured polar codes," 2013 IEEE International Conference on Communications (ICC), Budapest, 2013, pp. 3423-3427.

[68] D. Shin, S. Lim and K. Yang, "Design of Length-Compatible Polar Codes Based on the Reduction of Polarizing Matrices," in IEEE Transactions on Communications, vol. 61, no. 7, pp. 2593-2599, July 2013.

[69] R. Wang and R. Liu, "A Novel Puncturing Scheme for Polar Codes," in IEEE Communications Letters, vol. 18, no. 12, pp. 2081-2084, Dec. 2014.

[70] L. Zhang, Z. Zhang, X. Wang, Q. Yu and Y. Chen, "On the puncturing patterns for punctured polar codes," 2014 IEEE International Symposium on Information Theory, Honolulu, HI, 2014, pp. 121-125.

[71] C. Schürch, "A partial order for the synthesized channels of a polar code," 2016 IEEE International Symposium on Information Theory (ISIT), Barcelona, 2016, pp. 220-224.

[72] R1-1705084, Theoretical analysis of the sequence generation, Huawei, HiSilicon, 3GPP RAN1#88bis, Spokane, USA , 3rd - 7th April 2017

[73] R1-1721428, DCI CRC Initialization and Masking, Qualcomm Incorporated, 3GPP RAN1#91, Reno, USA, 27th November - 1st December 2017

[74] R1-1709996, Parity check bits for Polar code, Huawei, HiSilicon, 3GPP RAN1#AH1706, Qingdao, China, 27th - 30th June 2017

[75] R1-1706193, Polar Coding Design for Control Channel Huawei, HiSilicon, 3GPP RAN1#88bis, Spokane, USA, 3rd - 7th April 2017

[76] R1-1708833, Design details of distributed CRC Nokia, Alcatel-Lucent Shanghai Bell, 3GPP RAN1#89, Hangzhou, China, 5th 19th May 2017

[77] R1-1716771, Distributed CRC for Polar code construction, Huawei, HiSilicon, 3GPP RAN1#AH1709, Nagoya, Japan, 18th - 21st September 2017

[78] R1-1718914, Segmentation of Polar code for large UCI, ZTE, Sanechips, 3GPP RAN1#90bis, Prague, Czechia, 9th –13th October2017

[79] R1-1711729, WF on Circular buffer of Polar Code, Ericsson, Qualcomm, MediaTek, LGE, 3GPP RAN1#AH1709, Qingdao, China, 27th - 30th June2017

[80] R1-1715000, Way Forward on Rate Matching for Polar Coding MediaTek, Qualcomm, Samsung, ZTE, 3GPP RAN1#90, Prague, Czech Republic, 21st -25th August 2017

[81] R1-1713705 Polar rate-matching design and performance MediaTek Inc. 3GPP RAN1#90, Prague, Czech Republic, 21st -25th August 2017

[82] R1-1708649, Interleaver design for Polar codes Qualcomm Incorporated, 3GPP RAN1#89, Hangzhou, China, 15th –19th May 2017

[83] Final Report of 3GPP TSG RAN WG1 #AH1_NR, Spokane, USA, 16th-20th January 2017

[84] Final Report of 3GPP TSG RAN WG1 #85 v1.0.0, Nanjing, China, 23rd - 27th May 2016

[85] R1-1612280, LDPC design for eMBB, Nokia, 3GPP RAN1#87, Reno, USA, 14th – 18th November 2016

[86] R1-1611112, Consideration on LDPC design for NR, ZTE, 3GPP RAN1#87, Reno, USA, 14th –18th November 2016

[87] R1-1611321, Design of LDPC Codes for NR, Ericsson, 3GPP RAN1#87, Reno, USA, 14th –18th November 2016

[88] R1-1612586, LDPC design for data channel, Intel, 3GPP RAN1#87, Reno, USA, 14th –18th November 2016

[89] R1-1613059, High performance and area efficient LDPC code design with compact protomatrix, MediaTek, 3GPP RAN1#87, Reno, USA, 14th –18th November 2016

[90] R1-1700092, LDPC design for eMBB data, Huawei, 3GPP RAN1#AdHoc1701, Spokane, USA, 16th-20th January 2017

[91] R1-1700237, LDPC codes design for eMBB, CATT, 3GPP RAN1#AdHoc1701, Spokane, USA, 16th-20th January 2017

[92] R1-1700518, LDPC Codes Design for eMBB data channel, LG, 3GPP RAN1#AdHoc1701, Spokane, USA, 16th-20th January 2017

[93] R1-1700830, LDPC rate compatible design, Qualcomm, 3GPP RAN1#AdHoc1701, Spokane, USA, 16th-20th January 2017

[94] R1-1700976, Discussion on LDPC Code Design, Samsung, 3GPP RAN1#AdHoc1701, Spokane, USA, 16th-20th January 2017

[95] R1-1701028, LDPC design for eMBB data, Nokia, 3GPP RAN1#AdHoc1701, Spokane, USA, 16th-20th January 2017

[96] R1-1701210, High Performance LDPC code Features, MediaTek, 3GPP RAN1#AdHoc1701, Spokane, USA, 16th-20th January 2017

[97] R1-1700111, Implementation and Performance of LDPC Decoder, Ericsson, 3GPP RAN1#AdHoc1701, Spokane, USA, 16th-20th January 2017

[98] Final Report of 3GPP TSG RAN WG1 #88 v1.0.0, February 2017.

[99] R1-1700108, LDPC Code Design, Ericsson, 3GPP RAN1#AdHoc1701, Spokane, USA, 16th-20th January 2017

[100] R1-1700383, LDPC prototype matrix design, Intel, 3GPP RAN1#AdHoc1701, Spokane, USA, 16th-20th January 2017

[101] RAN1 Chairman's Notes of 3GPP TSG RAN WG1 # AH_NR Meeting, January 2017.

[102] R1-1701597, Performance evaluation of LDPC codes for eMBB, ZTE, ZTE Microelectronics, 3GPP RAN1#88, Athens, Greece, 13th - 17th February 2017

[103] R1-1704250, LDPC design for eMBB data, Huawei, 3GPP RAN1#88bis, Spokane, USA, 3rd - 7th April 2017

[104] R1-1706157, LDPC Codes Design for eMBB, LG, 3GPP RAN1#88bis, Spokane, USA, 3rd - 7th April 2017

[105] R1-1705627, LDPC code design for larger lift sizes, Qualcomm, 3GPP RAN1#88bis, Spokane, USA, 3rd - 7th April 2017

[106] Final Report of 3GPP TSG RAN WG1 #88b v1.0.0, Spokane, USA, 3rd - 7th April 2017

[107] 3GPP. TS38.212 V15.0.0 –Multiplexing and channel coding (Release 15). Dec. 2017

[108] Divsalar, S. Dolinar, C. R. Jones and K. Andrews, "Capacity-approaching protograph codes," in IEEE Journal on Selected Areas in Communications, vol. 27, no. 6, pp. 876-888, August 2009.

[109] R1-1700245, Consideration on Flexibility of LDPC Codes for NR, ZTE, 3GPP RAN1#AdHoc1701, Spokane, USA, 16th-20th January 2017

[110] R1-1700247, Compact LDPC design for eMBB, ZTE, 3GPP RAN1#AdHoc1701, Spokane, USA, 16th-20th January 2017

[111] R1-1700521, Discussion on maximum code block size for eMBB, LG, 3GPP RAN1#AdHoc1701, Spokane, USA, 16th-20th January 2017

[112] R1-1701030, CRC attachment for eMBB data, Nokia, RAN1#AdHoc1701, Spokane, USA, 16th-20th January 2017.

[113] R1-1702732, eMBB Encoding Chain, Mediatek, 3GPP RAN1#88, Athens, Greece, 13rd–17th February 2017

[114] R1-1703366, On CRC for LDPC design, Huawei, 3GPP RAN1#88, Athens, Greece, 13rd–17th February 2017

[115] R1-1704458, eMBB Encoding Chain, Mediatek, 3GPP RAN1#88bis, Spokane, USA, 3rd - 7th April 2017

[116] Draft Report of 3GPP TSG RAN WG1 #AH_NR2 v0.1.0, August 2017.

[117] R1-1714167, Code Block Segmentation for Data Channel, InterDigital, 3GPP RAN1#90, Prague, Czech Republic, 21st -25th August 2017

[118] R1-1712253, Code block segmentation, Huawei, 3GPP RAN1#90, Prague, Czech Republic, 21st -25th August 2017

[119] R1-1714373, Code block segmentation principles, Nokia, 3GPP RAN1#90, Prague, Czech Republic, 21st -25th August 2017

[120] R1-1714547, Code Block Segmentation for LDPC Codes, Ericsson, 3GPP RAN1#90, Prague, Czech Republic, 21st -25th August 2017

[121] R1-1701031, Padding for LDPC codes, Nokia, 3GPP RAN1#AdHoc1701, Spokane, USA, 16th-20th January 2017

[122] R1-1712254, Padding for LDPC codes, Huawei, 3GPP RAN1#90, Prague, Czech Republic, 21st -25th August 2017

[123] R1-1701706, LDPC design for eMBB data, Huawei, 3GPP RAN1#88, Athens, Greece, 13rd–17th February 2017

[124] R1-1700240, IR-HARQ scheme for LDPC codes, CATT, 3GPP RAN1#AdHoc1701, Spokane, USA, 16th-20th January 2017

[125] R1-1707670, On rate matching with LDPC code for eMBB, LG, 3GPP RAN1#89, Hangzhou, China, 15th -19th May 2017.

[126] R1-1710438, Rate matching for LDPC codes, Huawei, 3GPP RAN1#AH1706, Qingdao, China, 27th - 30th June 2017

Chapter

08

多天線增強和波束管理

史志華、陳文洪、黃瑩沛、田傑嬌、方昀、尤心 著

從 4G LTE 開始，透過增加天線單元的數量，基於大規模天線陣列的多輸入多輸出（Multiple Input Multiple Output，MIMO）傳輸一直是持續提高頻譜效率的有效手段之一。在 5G NR 中，資料可以在更高的頻段上傳輸，這種新的場景對 MIMO 技術提出了新的挑戰。一方面，高頻段上傳輸頻寬更大，天線陣子更多，但對應的空間傳輸損耗也越大；另一方面，隨著天線數量的增加，MIMO 處理的複雜度也對應增加，導致很多 MIMO 傳輸方案（如大規模的數位預編碼和空間重複使用）在這種場景難以實現。面對這些問題，NR 引入了模擬波束成形作為克服複雜度和覆蓋方面局限性的重要技術手段。透過形成更窄的波束，發送較少的資料流程，得到更大的成形增益，從而抵消高頻傳輸特性上的先天不足。

為了適應新的應用場景，同時保證在 6GHz 以下頻段中也能獲得可觀的增益，NR 針對多天線技術引入了多個方面的增強：更精細化和更靈活的通道狀態資訊（Channel State Information, CSI）回饋、波束管理和波束失敗恢復、參考訊號增強以及多發送接收點（Transmission and Reception Point，TRP）協作傳輸等。其中，NR R15 中的參考訊號設計基本上重用了 4G LTE 的設計原則，只是進行了一些最佳化設計和增強，這裡不詳細介紹。本章重點介紹 NR 相對 4G 新引入的一些特性，包括 R15 類型 2（Type II）編碼簿、R15 和 R16 引入的波束管理和波束失敗恢復，以及

R16 引入的增強類型 2（eType II）編碼簿和多 TRP 協作傳輸等。

8.1 NR MIMO 回饋增強

MIMO 回饋是 NR 多天線增強的重要組成部分。為了支援更多的天線通訊埠、更靈活的 CSI 上報和更準確的通道資訊，NR 針對 CSI 回饋引入了多個方面的增強，比如設定/觸發方式、測量方式、編碼簿設計、UE 能力上報等。本節將介紹 NR 系統對 LTE 系統 CSI 回饋機制所做的一些增強和最佳化，並重點介紹 NR 在 R15 新引入的 Type II 編碼簿。

8.1.1 NR 的 CSI 回饋增強

NR CSI 回饋的整體框架是在 LTE 系統的 CSI 回饋機制上建立起來的。在 NR 標準化討論初期透過的 CSI 設定的初始框架[1]中，透過以下 4 個參數集合支援 CSI 相關的資源設定和上報設定：

- N 個 CSI 上報設定，用於設定 CSI 上報的資源和方式，類似 LTE 的 CSI 處理程序。
- M 個通道測量資源設定，用於設定通道測量所用的參考訊號。
- J 個干擾測量測量資源設定，用於設定干擾測量所用的參考訊號和/或資源，類似於 LTE 的干擾測量資源（Interference Measurement Resource，IMR）。
- 1 個 CSI 測量設定，用於連結上述 N 個 CSI 上報設定以及上述 M 個通道測量資源設定和 J 個干擾測量資源設定。

在 RAN1#AH1701 會議上，上述通道測量資源設定和干擾測量資源設定合併成 CSI 資源設定[2]，同時明確了 CSI 測量設定可以包含 L 個連結指示，每個連結指示用於連結一個 CSI 上報設定和一個 CSI 資源設定。但是，RAN2 在設計對應 RRC 訊號時，並沒有完全採用 RAN1 的設計框架，而是直接在 CSI 上報設定中包含用於對應 CSI 測量的許多個 CSI 資源設定，從而避免額外的訊號指示 CSI 上報設定和 CSI 資源設定之間的連結。UE 可以直接從 CSI 上報設定中，獲得 CSI 測量和上報所需要的所有資訊。其中，每個 CSI 資源設定可以包含許多個用於通道測量的非零功率（Non-Zero Power, NZP）通道狀態資訊參考訊號（Channel State Information Reference Signal，CSI-RS）資源集合（每個集合可以包含許多個 CSI-RS 資源，對應於前述參考訊號設定），以及許多個用於干擾測量的通道狀態資訊干擾測量（Channel State Information Interference Measurement，CSI-IM）資源集合（每個集合可以包含許多個干擾測量的資源，對應於前述干擾測量設定）。對於非週期 CSI 上報，CSI 資源設定還可以進一步包含許多個用於干擾測量的非零功率 CSI-RS 資源集合（如圖 8-1 所示）。

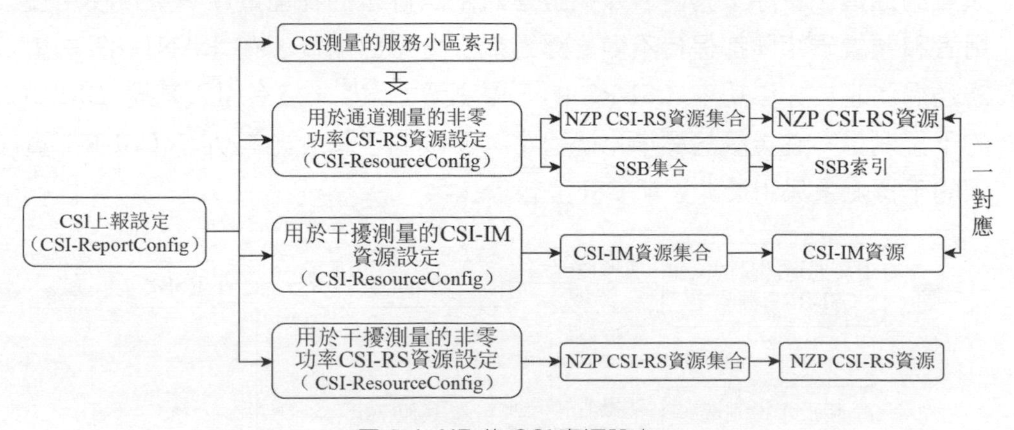

圖 8-1 NR 的 CSI 資源設定

在 CSI 回饋的討論過程中，出現過三種不同的干擾測量方案：

- 採用與 LTE 類似的基於零功率 CSI-RS 的干擾測量資源（Interference Measurement Resource，IMR）進行干擾測量，主要用於測量社區外的干擾。
- 基於非零功率 CSI-RS 資源進行干擾測量[3]，網路側採用預排程的方式對 CSI-RS 通訊埠進行預編碼，令終端基於預編碼後的 CSI-RS 通訊埠測量重複使用使用者的干擾，網路側可以將測量結果用於後續資料的排程。

- 基於解調參考訊號（Demodulation Reference Signal, DMRS）通訊埠進行干擾測量[4]，終端在自身未使用的 DMRS 通訊埠上估計重複使用使用者可能存在的干擾。

其中，第一種方案沿用了 LTE 的方式，在 NR 標準化初期便被同意。後兩種方案作用類似，估計的干擾類型是相同的。其中，CSI-RS 方案的優點是可以基於每個通訊埠進行干擾測量，因此可以較為準確地估計後續排程中每個重複使用通訊埠存在的干擾；缺點在於需要額外的資源用於干擾測量，同時 UE 的測量複雜度較高。基於 DMRS 的方案不需要額外的資源，在連續排程的情況下可以保證很高的測量精度，但由於只能測量當前排程頻寬的通道，實際業務時很難保證連續兩次排程的物理資源、重複使用使用者和預編碼矩陣都保持不變。經過幾次會議討論後，在 RAN1#89 次會議通過了基於非零功率 CSI-RS 的干擾測量方案[5]，沒有引入基於 DMRS 的干擾測量。在後續的標準化過程中，又限制了基於非零功率 CSI-RS 資源的干擾測量只用於非週期 CSI 上報。

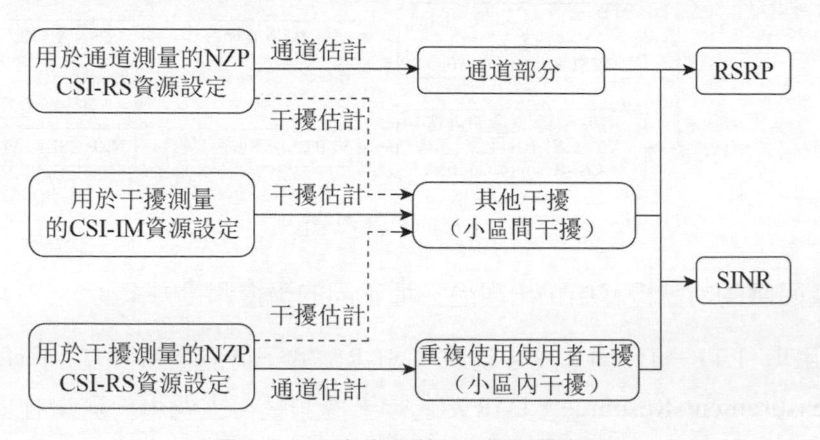

圖 8-2 NR 中的通道和干擾測量機制

在 LTE 系統中支援週期性（Periodic）和非週期性（Aperiodic）兩種 CSI 上報方式，NR 在沿用這兩種方式之外，還進一步支援了半持續性（Semi-persistent）的 CSI 上報，並對非週期性 CSI 上報的機制進行了進一步增強。具體的，NR 支援了以下三種 CSI 上報方式：

- 週期 CSI 上報沿用了 LTE 的方式，基於 RRC 訊號進行 CSI 的設定和上報。
- 半持續 CSI 上報可以細分為兩種不同的方式：基於 DCI 排程的 PUSCH 上報和基於 MAC CE 啟動的 PUCCH 上報。其中，第一種方式在 3GPP 討論時存在較大分歧，最後考慮到 NR 的靈活性，作為妥協兩種方式都支援，具體採用哪種取決於 UE 能力和網路側設定。
- NR 中的非週期 CSI 上報討論了兩種觸發方式：RRC+DCI 和 RRC+MAC+DCI。後者允許更高的設定靈活性，但同時也引入額外的訊號設計複雜度。由於兩種方案都有不少公司支援，在 R15 的最後兩次 RAN1 會議通過了妥協性方案：當 RRC 設定的非週期 CSI 觸發狀態的數量超過 DCI 中的 CSI 觸發訊號能夠指示的數量時，透過 MAC CE 啟動其中的部分狀態以透過 DCI 進行觸發。這樣是否使用 MAC CE 進行啟動完全取決於網路側的設定。另外，如果非週期 CSI 的測量基於非週期性的測量資源（如非週期 CSI-RS），則對應的觸發訊號同時指示用於測量的非週期參考訊號的傳輸和觸發非週期 CSI 的上報（如圖 8-3 所示）。

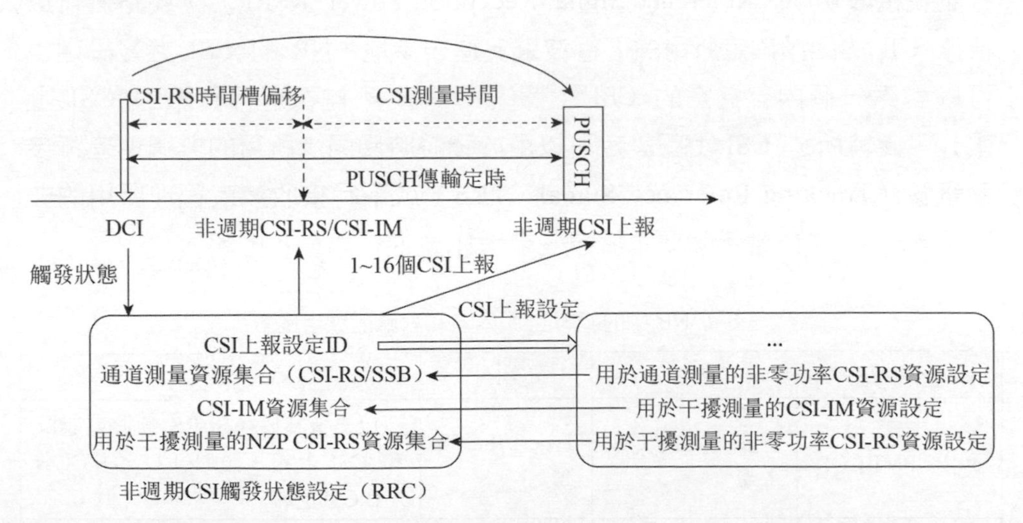

圖 8-3 NR 中的非週期 CSI-RS 觸發和非週期 CSI 上報機制

在與 LTE 類似的基於 PUSCH 的非週期 CSI 上報的基礎上，在 NR#AdHoc1709 會議中，3GPP 透過結論打包的方式同意了 DCI 觸發的基於 PUCCH 的非週期 CSI 上報[6]。一些公司認為需要很高的實現複雜度和標準化工作量，很難在 R15 的時間窗內完成。在 RAN1#90bis 會議上，討論了三種觸發方式用於支援基於 PUCCH 的非週期 CSI 上報[7]：透過排程 PDSCH 的 DCI 觸發、透過排程 PUSCH 的 DCI 觸發（RRC 設定使用 PUCCH 還是 PUSCH）和透過排程 PUSCH 的 DCI 觸發和指示（使用 PUCCH 還是 PUSCH），沒有達成結論。在會後的郵件討論中，各公司對使用哪個 DCI 觸發仍存在很大分歧，最後該方案沒有被標準支援。

除了 CSI 上報方式，NR 對 CSI 上報的內容也做了增強，以使 NR 的 CSI 回饋能夠支援更多的功能。LTE 系統的 CSI 只能上報通道狀態資訊參考訊號資源指示（CSI-RS Resource Indicator，CRI）/秩指示（Rank Indicator，RI）/預編碼矩陣指示（Precoding Matrix Indicator，PMI）/通道品質指示（Channel Quality Indicator，CQI）等用於 PDSCH 排程的通道資訊，而 NR 的 CSI 中引入了波束管理相關的內容，例如 CRI/SSB 索引和對應的參考訊號接收功率（Reference Signal Reception Power, RSRP），網路側可以根據 UE 的回饋確定所用的下行波束。進一步地，NR 的 CSI 上報設定也可以對應一個內容為空的 CSI 上報（即 UE 不需要進行實際的 CSI 上報），此時所述 CSI 上報設定可以用於觸發時頻同步所用的非週期追蹤參考訊號（Tracking Reference Signal，TRS）或下行接收波束管理所用的非週期 CSI-RS，終端不需要基於這些參考訊號進行測量和上報。

表 8-1 NR 中的 CSI 上報內容和對應的應用場景

上報內容	目的	應用於	說明
'cri-RI-PMI-CQI'	基於 PMI 的 CSI 上報	Type I/II 編碼簿	可以支援基於 CSI-RS 的波束選擇和 CSI 上報，類似 LTE 的 Class A/B CSI 上報。
'cri-RI-LI-PMI-CQI'	基於 PMI 的 CSI 上報	Type I/II 編碼簿	增加了最強傳輸層指示 LI，用於確定 DL PTRS 連結的傳輸層。

上報內容	目的	應用於	說明
'cri-RI-i1'	部分 CSI 上報	Type I 編碼簿	只上報寬頻的通道資訊，可以和其他上報內容一起使用
'cri-RI-i1-CQI'	準開環的 CSI 上報	Type I 編碼簿	只上報 W_1 不上報 W_2，UE 在每個 PRG 上從 W_1 對應的多個 W_2 中隨機選擇一個來計算 CQI
'cri-RI-CQI'	基於非編碼簿的 CSI 上報	指示的 CSI-RS 通訊埠	基於網路裝置為每個 rank 指示的 CSI-RS 通訊埠進行 RI 和 CQI 估計
'cri-RSRP'	發送波束管理	RSRP 測量	基於（採用不同波束的）CSI-RS 資源進行 RSRP 測量和上報；
'ssb-Index-RSRP'	發送波束管理	RSRP 測量	基於（採用不同波束的）SSB 進行 RSRP 測量和上報；
'none'	TRS 傳輸或下行接收波束管理	基於 PUSCH 的 CSI 上報	對於不能設定用於 PUCCH 上的 CSI 上報

LTE 系統中終端可以基於沒有經過預編碼的 CSI-RS 通訊埠和預設的傳輸方案上報對應 CQI，其他 CSI 資訊由網路側根據通道互易性確定。NR 為了更好的支援基於通道互易性的下行傳輸，也引入了新的非編碼簿回饋機制。在 RAN1#88bis 會議上，通過了在網路側能夠獲得完整上行通道資訊情況下的非編碼簿回饋方案，即 CSI 中包含 RI 和 CQI，其中 CQI 基於一個編碼簿計算得到，預編碼資訊基於通道互易性得到。關於非編碼簿回饋所假設的編碼簿，經過幾次會的討論後，在 RAN1#90 會議上同意了三個候選方案[8]：採用通訊埠選擇編碼簿，採用單位陣的許多列作為編碼簿和採用現有的編碼簿。在接下來的一次 RAN1 會議上，第三個方案被排除，前兩個方案進一步演變成兩個通訊埠選擇的方式：

- 基於通訊埠選擇編碼簿計算 CQI，每一列用於選擇一個層對應的 CSI-RS 通訊埠。
- 網路側指示通訊埠索引，用於從 CSI-RS 資源包含的 CSI-RS 通訊埠中選擇用於 RI/CQI 計算的 CSI-RS 通訊埠，對於每個 Rank 都指示對應的 CSI-RS 測量通訊埠。

在 RAN1#90bis 會議上同意了使用後一種方法，即網路側基於通道互易性確定預編碼向量，對 CSI-RS 通訊埠進行預編碼，而 UE 基於預編碼後的 CSI-RS 通訊埠進行 RI 和 CQI 的上報。其中，不同 RI 對應的 CSI-RS 通訊埠由網路側預先通知 UE，UE 透過 RI 上報通知網路側當前推薦的 Rank，也即對應的 CSI-RS 通訊埠，同時 UE 基於這些 CSI-RS 通訊埠進行 CQI 計算。同時，在標準化過程中也討論了部分通道互易性（即 UE 的發送天線較少，網路側只能獲得部分上行通道資訊）情況下的 CSI 回饋機制，各公司基於候選的回饋機制做了大量的評估，但由於各公司分歧比較大沒有標準化對應的方案。

8.1.2 R15 Type I 編碼簿

R15 支援兩種類型的編碼簿：Type I 編碼簿和 Type II 編碼簿，R16 在 Type II 編碼簿基礎上進一步引入了增強的 eType II 編碼簿。其中，Type I 編碼簿的設計想法基本沿用了 LTE 的編碼簿設計，用於支援正常的空間解析度和 CSI 精度；Type II 和 eType II 編碼簿採用特徵向量量化和特徵向量線性加權的編碼簿設計想法，用於支援更高的空間解析度和 CSI 精度。本節主要介紹 Type I 編碼簿的設計，Type II 和 eType II 編碼簿的設計將在後面的章節中詳細介紹。

在 NR 討論初期，同意了 Type I 編碼簿使用 LTE 系統中的兩級編碼簿設計，即$\boldsymbol{W}=\boldsymbol{W}_1\boldsymbol{W}_2$，其中$\boldsymbol{W}_1$用於上報波束（組），$W_2$ 用於上報從波束組選擇的波束、波束間的加權係數和極化方向間相位中的至少一個資訊。基於該方案還需要解決兩個問題：波束只基於$\boldsymbol{W}_1$確定（波束組中的波束數量L=1）還是與 LTE 一樣基於$\boldsymbol{W}_1$和$\boldsymbol{W}_2$確定（L=4）；一個層採用單一波束還是採用多個波束的線性加權。其中，L=1 和 L=4（決定了是否用 W_2 來選擇波束）存在較大爭議，而每個層採用單一波束和極化方向間相位的上報方式得到多數公司的支援。在 RAN1#89 會議上，三十多家公司連署的提案[9]提交了一套 NR 編碼簿設計的打包方案，確定了 Type I 和 Type II 編碼簿的大部分設計。該提案的連署公司較多，得到多數公司的支援，雖然有部分細節存在較大爭議，最後還是打包透過。需要注意的是，編碼簿設計中的波束一般指數位域的波束，即數位預編碼形成的波束，與後面介紹的模擬波束成形形成的模擬波束不同。

基於該提案透過的結論，除了 2 通訊埠編碼簿重用 LTE 編碼簿外，Type I 編碼簿中的其他代碼可以用以下公式表示：$\boldsymbol{W} = \boldsymbol{W_1}\boldsymbol{W_2}$，其中 $\boldsymbol{W_1} =$ ，$\boldsymbol{B} = [\boldsymbol{b_0}, \boldsymbol{b_1} \dots, \boldsymbol{b_{L-1}}]$對應 L 個過取樣的 DFT 波束（可以是水平垂直二維波束）。基於類似的運算式，NR 的 Type I 編碼簿相對 LTE 引入了幾個方面的增強：

- 在 Rank=1 或 2 時，支援 L=1 和 L=4 由網路側設定的方式，具體設計基本重用了 LTE 的編碼簿。L=1 時$\boldsymbol{W_2}$只回饋極化間相位，L=4 時$\boldsymbol{W_2}$用於從$\boldsymbol{W_1}$對應的波束組中選擇一個波束並回饋極化間相位，波束組的定義只採用了 LTE 定義的三個波束組圖樣中的，如圖 8-4 所示。

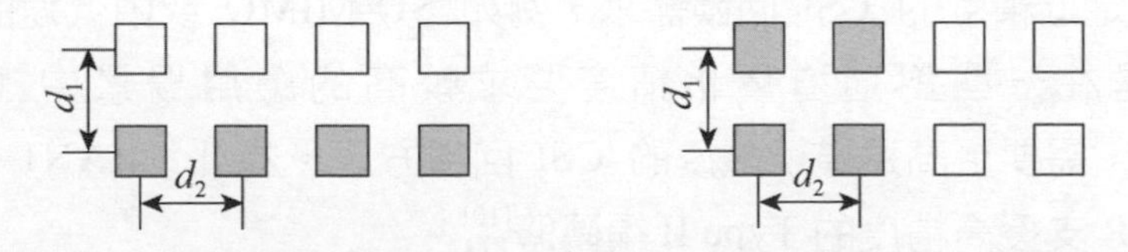

圖 8-4 L=4 支援的波束組($\boldsymbol{B}$)的圖樣（左：水平通訊埠右：二維通訊埠）

- 在 Rank=3 或 4 時，只支援 L=1，在小於 16 通訊埠時重用了 LTE 的編碼簿設計，而 16 和 32 通訊埠的編碼簿在 LTE 編碼簿的基礎上增加了正交波束之間的相位回饋。
- 在 Rank 大於 4 時，只支援 L=1 且採用固定的正交波束。
- 在單 panel 編碼簿的基礎上增加 panel 間相位的上報（可以是寬頻或子頻），從而支援了多 panel 的 Type I 編碼簿，其中每個 panel 仍然採用單 panel 的編碼簿。
- 引入了針對 Type I 編碼簿的編碼簿子集約束（Codebook Subset Restriction, CSR），可以針對每個 DFT 波束和每個 Rank 分別做編碼簿子集約束，被限制的波束對應的 PMI 不能被終端上報。

基於 Type I 的單 panel 編碼簿，NR 中還引入了用於半開環傳輸的 CSI 上報，即終端只上報 CRI/RI 和波束資訊（$\boldsymbol{W}_1$），不上報$\boldsymbol{W}_2$。UE 假設網路側採用$\boldsymbol{W}_1$對應的波束進行下行的開環傳輸。此時，終端計算 CQI 所用的預編碼假設（即開環傳輸假設）可以有多種選擇：分集傳輸（典型的是 SFBC，類似於 LTE 傳輸模式 7 所用的 CQI 假設）、代碼輪詢（類似於 LTE 傳輸模式 3 所用的 CQI 假設）或隨機選擇代碼。在 NR#AdHoc1709 會議上透過的結論[6]中同意了該方案所用的 CSI 上報方式，即 UE 假設在每個 PRG（Precoding Resource Group，預編碼資源群組）中使用的代碼是從上報的$\boldsymbol{W}_1$對應的多個$\boldsymbol{W}_2$中隨機選擇的。其中，所述用於隨機選擇的代碼可以透過編碼簿子集約束來指示。

8.1.3 R15 Type II 編碼簿

上一節介紹了 NR 的 Type I 編碼簿設計，該編碼簿可以透過較低的回饋負擔基本滿足低精度的 CSI 回饋需求，例如 SU-MIMO 或中低速的 CSI 回饋。但是在一些對通道量化精度要求較高的應用場景中（如 MU-MIMO），需要更高通道辨識度的 CSI 回饋方式。為此，RAN1 #86bis 通過了在 NR 支援高精度的 Type II 編碼簿[10]。

Type II 和 Type I 編碼簿之間的主要區別表現在以下方面：

- Type I 編碼簿主要用於 SU-MIMO，可以支援較高的 Rank；Type II 編碼簿主要用於 MU-MIMO，Rank 一般較低，為了保證較低的負擔只支援 Rank=1/2。
- Type I 編碼簿只上報一個波束資訊，Type II 編碼簿上報多個波束的線性組合。
- Type I 編碼簿通訊埠上的功率恒模，Type II 編碼簿由於線性疊加不同通訊埠的功率變化很大。
- Type I 編碼簿各層之間是正交的，Type II 編碼簿沒有層間正交性約束。

- Type I 編碼簿子頻上僅有相位資訊上報，Type II 編碼簿可以透過寬頻+子頻方式上報子頻上的幅度係數。
- Type I 編碼簿的回饋負擔較低，只有幾十位元，可以透過窮舉搜尋得的全域最佳編碼簿；Type II 編碼簿需要幾百位元的負擔(~500 位元)，無法窮舉編碼簿，可以透過求最小均方誤差解出加權係數然後進行量化。
- Type I 編碼簿負擔固定，Type II 編碼簿負擔會隨著通道狀態變化。

下面將詳細介紹 NR Type II 編碼簿的設計。

1. Type II 編碼簿的結構

在 RAN1#AdHoc1701 會上確定了採用線性合併的方式上報高精度通道資訊[11]。線性合併是將空間通道資訊分解到一組基向量上，UE 上報主要的空間分量，包括加權係數等。回饋的內容和形式，包括三種類型：通道相關陣的回饋，預編碼矩陣的回饋，或混合回饋。預編碼矩陣的回饋延續 LTE 的設計，UE 推薦上報預編碼向量和 RI/CQI 資訊，確定該預編碼對應的傳輸速率。基於相關陣回饋的方案中，UE 上報長時/寬頻的通道發端相關陣。混合回饋類似 LTE class B 的方式，選擇波束成形的 CSI-RS 通訊埠來回饋等效通道。從模型上看，基於相關陣的回饋和基於預編碼矩陣的回饋基本類似。

線性合併[12-15]的基本方案如圖 8-5 所示，原理是將空間通道變換到角度域上，合併係數表示每個分量的幅度和相位。一方面，通道本身在空間上是稀疏的，即只有許多方向上有能量。當天線數增大時空間取樣速率提高，可以明顯分辨出各個方向的分量，其中大部分分量上能量為零。利用這一特點，可以僅回饋有限非零分量上的通道，比直接回饋全部通道大大降低了負擔。另一方面，預編碼向量（例如特徵向量）也能夠表示成通道空間向量的線性組合。

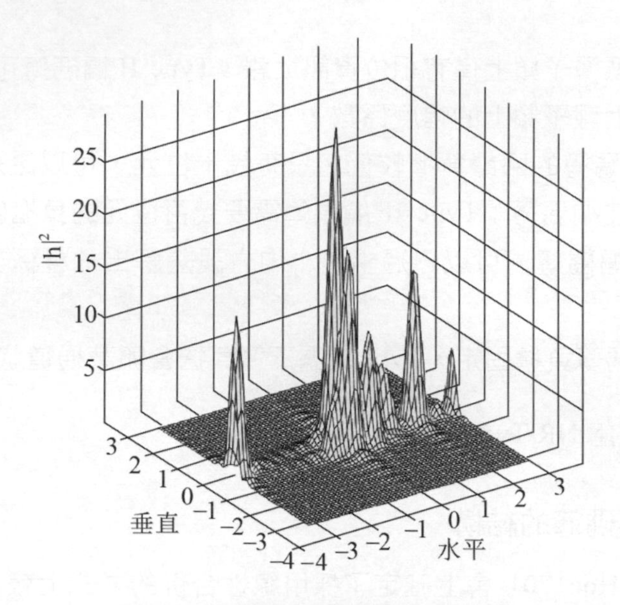

圖 8-5 角度域稀疏的通道係數示意

關於編碼簿結構，多數公司同意 Type II 編碼簿繼續採用雙編碼簿結構[12]

$$W = W_1 W_2 \tag{8.1}$$

RAN1#AH1701 會議上通過了 Type II 編碼簿的候選方案，類似 Type I 選擇寬頻波束W_1的結構主要討論了兩種模型，第一種為：

$$W_1 = \begin{bmatrix} B_1 & B_2 \\ B_1 & -B_2 \end{bmatrix} \tag{8.2}$$

另一種方式採用：

$$W_1 = \begin{bmatrix} B & 0 \\ 0 & B \end{bmatrix} \tag{8.3}$$

這兩種方式沒有太大區別，都是將雙極化通道展開到 DFT 向量上，僅在極化間引入一次正交變換。另一方面對於向量 B 的選擇也有兩種方案，第一種保證 B 是一組正交向量，第二種方案允許 B 可以是非正交的。在 RAN1 89 次會上透過的結論中[16]，多數公司提議兩個極化方向使用相同的波束，從而W_1具有塊對角結構。

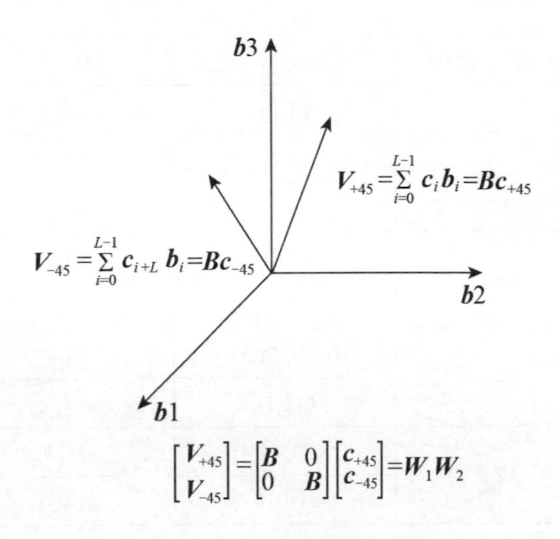

$$\begin{bmatrix} V_{+45} \\ V_{-45} \end{bmatrix} = \begin{bmatrix} B & 0 \\ 0 & B \end{bmatrix} \begin{bmatrix} c_{+45} \\ c_{-45} \end{bmatrix} = W_1 W_2$$

圖 8-6 線性合併增強示意圖

為了提高回饋精度，NR 在水平和垂直兩個方向使用 4 倍過取樣的 2D-DFT 向量來量化波束。類似 LTE R14 引入的編碼簿，約束了 L 個選擇波束的正交性，$L \leq N_1 N_2$。Type II 支援的 CSI-RS 通訊埠數量如表 8-2 所示。

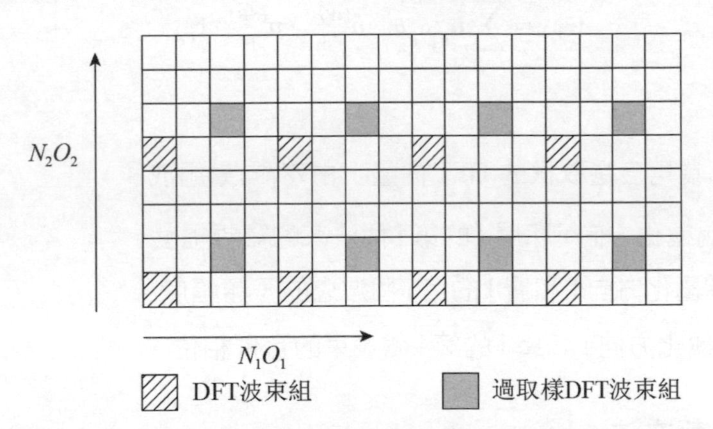

圖 8-7 線性合併示意圖

表 8-2 Type II 編碼簿設定

CSI-RS 通訊埠	(N_1, N_2)	(O_1, O_2)
4	(2,1)	(4,-)
8	(2,2)	(4,4)

CSI-RS 通訊埠	(N_1, N_2)	(O_1, O_2)
	(4,1)	(4,-)
12	(3,2)	(4,4)
	(6,1)	(4,-)
16	(4,2)	(4,4)
	(8,1)	(4,-)
24	(6,2), (4,3)	(4,4)
	(12,1)	(4,-)
32	(8,2), (4,4)	(4,4)
	(16,1)	(4,-)

在上述運算式中，$\boldsymbol{W}_2$為子頻上 L 個波束對應的合併係數資訊，包括幅度和相位，各個層和極化方向上的係數獨立選擇。此時 UE 上報的編碼簿表示成：

$$\widetilde{\boldsymbol{w}}_{r,l} = \sum_{i=0}^{L-1} \boldsymbol{b}_{k_1^{(i)} k_2^{(i)}} \cdot p_{r,l,i}^{(WB)} \cdot p_{r,l,i}^{(SB)} \cdot c_{r,l,i} \tag{8.4}$$

其中：

- $\boldsymbol{b}_{k_1^{(i)} k_2^{(i)}}$為角度過取樣的 DFT 向量，由$\boldsymbol{W}_1$向量組成。
- $p_{r,l,i}^{(WB)}$為極化方向 r 和層 l 的第 i 個波束的寬頻幅度。
- $p_{r,l,i}^{(SB)}$為極化方向 r 和層 l 的第 i 個波束的子頻幅度。
- $c_{r,l,i}$為極化方向 r 和層 l 的第 i 個波束的合併相位。

2. 量化上報方法

在方案討論過程中，一部分公司認為子頻上不需要採用幅度上報，其他公司則認為子頻上報幅度能夠帶來更好的負擔和性能間的折中。前者方式負擔小，但是性能略差；後者從寬頻功率上差分得到子頻幅度[18]，增加一些負擔的同時也帶來了一定系統性能提升。最後 NR 融合了這兩種觀點，支援高層設定兩種幅度上報方法[16]：

- 僅寬頻幅度上模式，UE 不上報子頻上的差分幅度, 即$p_{r,l,i}^{(SB)} = 1$。
- 寬頻+子頻幅度上報，UE 上報子頻上的差分幅度，子頻差分幅度採用 1 位元量化，即$\{1, \sqrt{0.5}\}$ ，其中寬頻幅度採用 3 位元量化，3dB 步進值的均勻量化器以方便實現，$\{1, \sqrt{0.5}, \sqrt{0.25}, \sqrt{0.125}, \sqrt{0.0625}, \sqrt{0.0313}, \sqrt{0.0156},\ 0\}$。

合併係數的相位可以採用 QPSK 和/或 8PSK（8-state Phase Shift Keying，八相相移鍵控）量化，由高層設定參數確定。對於寬頻+子頻幅度上報，Type II 採用了非均勻的相位量化方式[17], 對於相對功率強的波束，採用高精度(8PSK)的相位量化，對於相對功率弱的波束，採用低精度(QPSK)的相位量化，最佳化負擔與性能的折中。當$L = \{2,3,4\}$時, 前$K = \{4,4,6\}$個波束採用高精度相位的量化。預編碼向量只需要反映通訊埠之間的相位和幅度差，維度為$2L - 1$，Type II 編碼簿以寬頻功率最強的波束作為參考"1"，透過$\log_2(2L)$位元指示最強波束，UE 上報$2L - 1$個波束的幅度和相位[18]。類似 UE 選擇上報子頻編碼方式，Type II 採用了組合數上報 L 個選擇的波束($\log_2 C_{N1N2}^{L}$位元)，相比用 Bitmap 方式節省一些負擔，同時編碼帶來一定複雜度[19]。

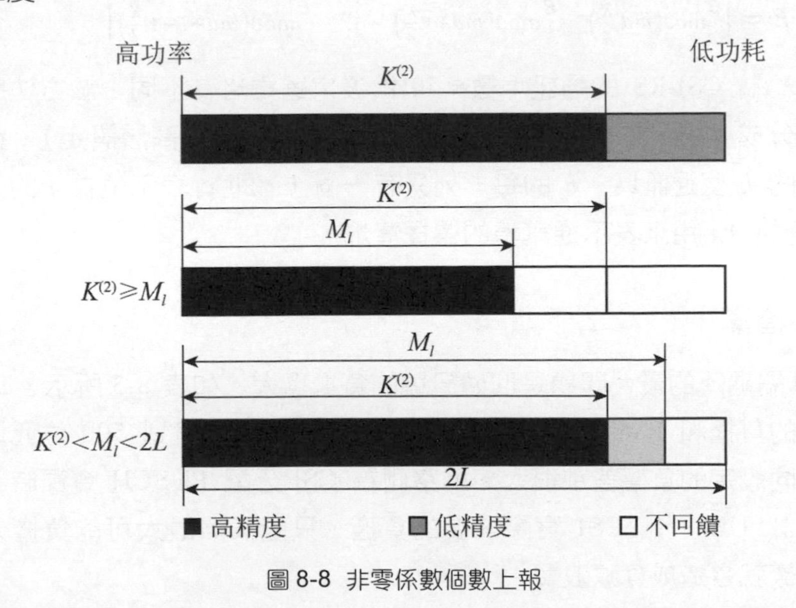

圖 8-8 非零係數個數上報

由於 L 是高層設定參數，實際選擇的波束個數可能小於 L，寬頻幅度量化中需要包含零元素[20]，減少子頻上負擔浪費[21]，兩個極化方向上寬頻幅度是獨立選擇，允許一個極化方向上的功率為零。為了網路側能夠確定資訊長度，UE 同時上報寬頻非零係數的個數[22]，即 L 個波束中功率大於零的數量。如圖 8-8 所示，M_l為上報的非零係數的個數，$K^{(2)}$為高精度量化的波束數量。

3. 通訊埠選擇編碼簿

當網路側知道部分下行通道資訊時，例如透過上下行互易獲得了通道的主要波束後，可以透過對 CSI-RS 進行預編碼，令 UE 測量成形後的 CSI-RS，此時 UE 只測量少數通訊埠的通道，可以降低計算儲存通道的複雜度，同時降低 CSI 的負擔。在 Type II 編碼簿的基礎上，可以將$\boldsymbol{W}_1$換成通訊埠選擇形式[23]：

$$\boldsymbol{W}_1 = \begin{bmatrix} \boldsymbol{E} & \boldsymbol{0} \\ \boldsymbol{0} & \boldsymbol{E} \end{bmatrix}$$

其中矩陣$\boldsymbol{E}$的具體運算式以下

$$\boldsymbol{E} = \left[\boldsymbol{e}_{\mathrm{mod}\left(md,\frac{X}{2}\right)} \quad \boldsymbol{e}_{\mathrm{mod}\left(md+1,\frac{X}{2}\right)} \quad \cdots \quad \boldsymbol{e}_{\mathrm{mod}\left(md+L-1,\frac{X}{2}\right)} \right] \tag{8.5}$$

其中，X 為 CSI-RS 的通訊埠數。和$\boldsymbol{W}_1$波束選擇略有不同，該方法將候選通訊埠分成 d 組，作為選擇通訊埠組的窗起點（d 透過高層設定），從而選擇連續的 L 個通訊埠。$\boldsymbol{E}$ 的每一列只有一個 1，即 e_i 表示位置 i 的元素為 1，其餘為 0，用來表示通訊埠的選擇情況。

4. CSI 捨棄

Type II 編碼簿的最大問題是回饋訊號的負擔過大。如表 8-3 所示，Type II 編碼簿的負擔和 Rank 成正比，在一些設定下負擔會達到 500 位元以上，而且不同設定的負擔差別很大。網路側為 CSI 分配 PUSCH 資源時，很難準確估計 UE 上報 CSI 實際需要的負擔，只能按照最大可能負擔分配資源，這樣就會造成資源浪費。

表 8-3 Type II 編碼簿回饋負擔

Rank1 負擔（位元數）								
波束數量	過取樣	波束選擇	參考波束	寬頻幅度	寬頻負擔	子頻幅度	子頻相位	總負擔
2	4	7	2	9	22	3	9	142
3	4	10	3	15	32	3	13	192
4	4	11	3	21	39	5	19	279
Rank2 負擔（位元數）								
2	4	7	4	18	33	6	18	273
3	4	10	6	30	50	6	26	370
4	4	11	6	42	63	10	38	543

為了解決這個問題，NR 考慮了一些降低資源負擔的方法。由於通道在頻域上的相關性，相鄰子頻上 CSI 變化不大，可以透過頻域降取樣的方法來減少上報 CSI 的子頻個數，效果類似於設定更大的 PMI 子頻。當 PUSCH 資源設定不足時，可以對子頻採用 2 倍取出，從而降低一半左右的負擔，同時保證 CSI 沒有明顯失真。網路側透過 Part 1 CSI 能夠確定整個 CSI 的長度，基於相同的規則即可解析捨棄後的 CSI 資訊。具體的，交錯子頻上的資訊交織後發送，優先捨棄奇數子頻 CSI[24]。

所有上報寬頻CSI	#1上報子頻CSI偶數子頻	#1上報子頻CSI奇數子頻	#2上報子頻CSI偶數子頻	#2上報子頻CSI奇數子頻	...

高優先級 → 低優先級

圖 8-9 CSI 省略優先順序

8.2 R16 編碼簿增強

Type II 編碼簿相比傳統編碼簿可以明顯提高通道資訊的解析度，從而提高下行傳輸特別是下行多使用者傳輸的性能[25][26]。但是，Type II 編碼簿的回饋負擔非常大，例如在 L=4，Rank=2 且子頻數量為 10 的設定下，總回饋負擔達到 584 位元，而其中大部分是子頻回饋的負擔。同時，Type II 編碼簿受限於回饋訊號負擔過高，僅能支援單層和兩層傳輸，從而限制了其應用場景。為了降低 Type II 編碼簿的回饋訊號負擔，並擴充到更多的場景支援更多的傳輸層數，NR 在 R16 引入了增強的 Type II 編碼簿，稱為 eType II 編碼簿。

8.2.1 eType II 編碼簿概述

Type II 編碼簿透過L個 DFT 波束對特徵向量的空間域進行了壓縮，但是對頻域部分沒有壓縮。同時，Type II 編碼簿的回饋負擔主要集中在線性組合的係數矩陣$\boldsymbol{W}_2$部分，可以考慮透過壓縮$\boldsymbol{W}_2$中的線性組合係數來降低 Type II 編碼簿的負擔[27]。因此，R16 引入的 eType II 編碼簿考慮兩種降低回饋負擔的方法：首先對頻域部分進行壓縮，再選擇性上報部分線性組合係數來壓縮係數矩陣的相關性。

在 RAN1#94bis 會議上提出了兩種用於降低 Type II 編碼簿回饋負擔的壓縮方案：頻域壓縮（Frequency Domain Compression, FDC）和時域壓縮（Time Domain Compression, TDC），兩者的關鍵思想在於利用頻域相關或時域稀疏性來減少回饋負擔。其中，FDC 方案利用相鄰子頻間預編碼係數的相關性，引入一組頻域基向量對頻域進行壓縮；TDC 方案則透過 DFT 或 IDFT 將子頻的係數轉為時域內不同分頻的係數。當頻域基向量為 DFT 向量時，FDC 和 TDC 壓縮方案可以認為是等值的。因此，在 RAN1#95 次會議上，引入 DFT 向量作為頻域壓縮矩陣的基向量，將 FDC 和 TDC 兩個方案合併成一個方案[28][29][30]，統一稱為 FDC 方案。

在 RAN1#95 會議上，一些公司還提出了另一種降低回饋負擔的候選壓縮方案，即基於奇異值分解(Singular Value Decomposition, SVD)的壓縮方案[31]。該方案利用對的$\boldsymbol{W}_2$進行奇異值分解來獲得$\boldsymbol{W}_f$和壓縮的$\widetilde{\boldsymbol{W}}_2$。$\boldsymbol{W}_f$是由 SVD 分解得到的，由於其沒有採用一組預先定義的基向量，因此 UE 需要動態上報$\boldsymbol{W}_f$對應的基向量[32]。雖然該方法可以捕捉最大的訊號能量，得到最佳的壓縮效果，但是對於誤差具有更高的敏感性。另外，SVD 方案需要回饋子頻的$\boldsymbol{W}_f$，需要較大的負擔。與前述方案相比，SVD 方案的優勢需要在更大的回饋負擔下才能表現出來，最後 3GPP 採納了 FDC 作為頻域部分的壓縮方案。

基於 FDC 方案，eType II 編碼簿可以表示為$\boldsymbol{W} = \boldsymbol{W}_1\widetilde{\boldsymbol{W}}_2\boldsymbol{W}_f^H$。UE 需要上報的內容包括$\boldsymbol{W}_1 = \{b_i\}_{i=0}^{L-1}, \boldsymbol{W}_f = \{f_k\}_{k=0}^{M-1}$和線性組合係數$\widetilde{\boldsymbol{W}}_2 = \{c_{i,f}\}, i = 0,1,\ldots,L-1$，$f = 0,1,\ldots,M-1$。其中，

- $\boldsymbol{W}$ 的維度為N行N_3列，其中N為 CSI-RS 通訊埠數，N_3為頻域單元的個數。
- 矩陣重用 Type II 編碼簿的設計，每個極化組包含L個波束，即$\boldsymbol{W}_1 = \begin{bmatrix} b_0 \ldots b_{L-1} & 0 \\ 0 & b_0 \ldots b_{L-1} \end{bmatrix}$。
- $\widetilde{\boldsymbol{W}}_2$矩陣與 Type II 編碼簿的設計類似，包含了所有線性組合的$2L \times M$個係數，其中M為頻域基向量的個數。
- $\boldsymbol{W}_f$矩陣由用於頻域壓縮的 DFT 基向量組成，即$\boldsymbol{W}_f = [f_0 \ldots f_{M-1}]$。

舉例來說，對於 Rank=1，eType II 編碼簿的預編碼矩陣可以用以下乘積形式表示[33]：

$\boldsymbol{W}$ $N \times N_3$	=	$\boldsymbol{W}_1$ $N \times 2L$	×	$\widetilde{\boldsymbol{W}}_2$ $2L \times M$	×	$\boldsymbol{W}_f$ $M \times N_3$

圖 8-10 R16 eType II 預編碼矩陣的通用形式

圖 8-11 列出了從 Type II 編碼簿到 eType II 編碼簿的演變過程。相比 Type II 編碼簿，eType II 編碼簿增加了$\boldsymbol{W}_f$部分，其中$\boldsymbol{H}$為通道的特徵向量矩陣，$\boldsymbol{H}$的第 k 列為第 k 個子頻的通道特徵向量[27]。

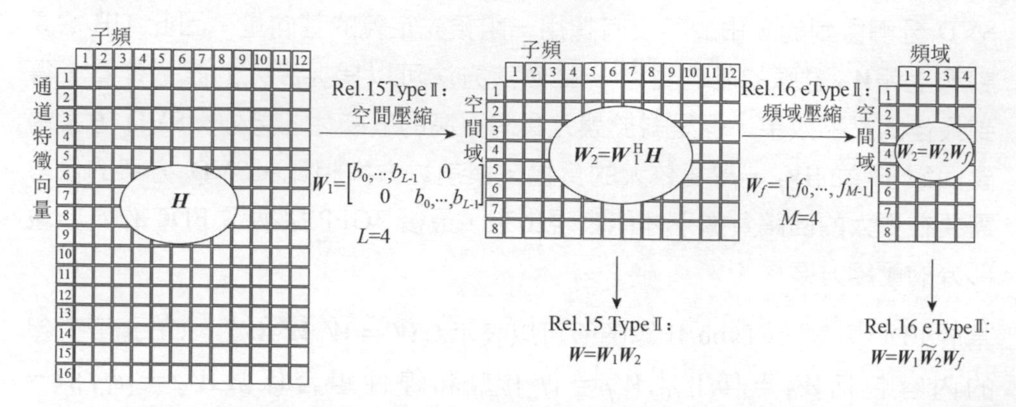

圖 8-11 R15 到 R16 TypeII 的演變過程示意圖

在確定了 eType II 編碼簿的通用形式之後，接下來將介紹$\boldsymbol{W}_1$，$\widetilde{\boldsymbol{W}}_2$，$\boldsymbol{W}_f^H$的具体生成方式。其中，$\boldsymbol{W}_1$矩陣與 Type II 編碼簿的設計相同，本節不再贅述。下面首先介紹 Rank=1 時$\widetilde{\boldsymbol{W}}_2$，$\boldsymbol{W}_f$的設計，再擴充到 Rank>1 的情況。

8.2.2 頻域矩陣設計

$\boldsymbol{W}_f$設計的重點在於 DFT 基向量的選擇，即如何從N_3個頻域單元中選擇M個 DFT 基向量，其中 $N_3=N_{sb}\times R$，$M=\lceil p\times N_3/R\rceil$，$N_{sb}$ 為子頻的個數，R 表示每個子頻包含的頻域單元個數，$R\in\{1,2\}$, p由高層訊號設定，用於確定 DFT 基向量的個數。

對於 Rank=1，3GPP 考慮了以下兩種方案用於 DFT 基向量的選擇：

- 共同基向量[34]：$2L$個波束選擇相同的 DFT 基向量，其中$\boldsymbol{W}_f=[f_0 \cdots f_{M-1}]$，$M$個基向量是動態選擇的，如圖 8-12 所示。

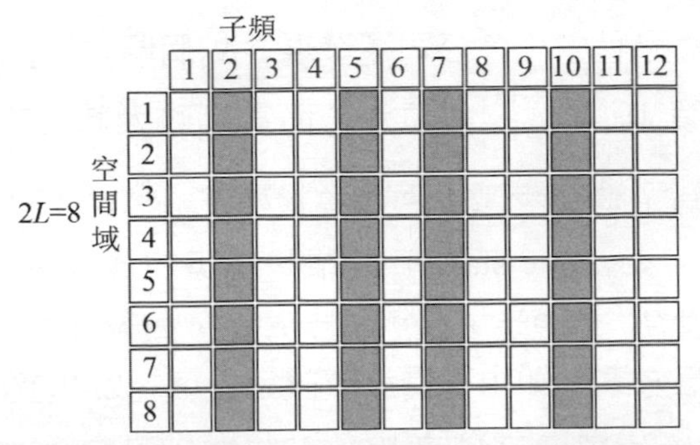

圖 8-12 $2L$個波束採用相同的 DFT 基向量

- 獨立基向量[35]：每一個波束獨立選擇 DFT 基向量，$\boldsymbol{W}_f = \left[\boldsymbol{W}_f(0), \ldots, \boldsymbol{W}_f(2L-1)\right]$，其中 $\boldsymbol{W}_f(i) = \left[\boldsymbol{f}_{k_{i,0}}\, \boldsymbol{f}_{k_{i,1}} \ldots \boldsymbol{f}_{k_{i,M_i-1}}\right]$，$i \in \{0,1,\ldots,2L-1\}$，如圖 8-13 所示。

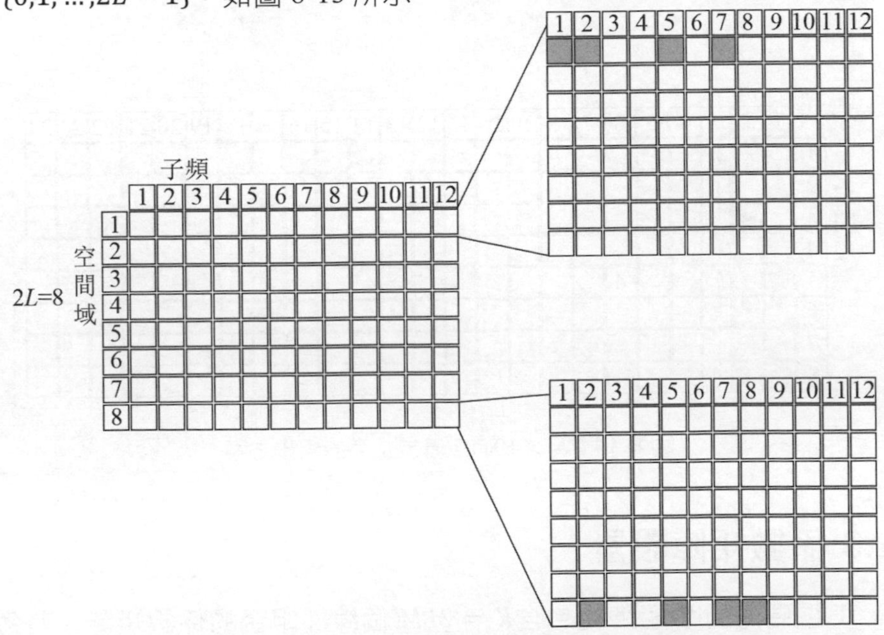

圖 8-13 每一個波束獨立選擇 DFT 基向量

基於以上兩個方案，各公司進行了大量的模擬，發現共同基向量方案的實現更為簡單且負擔相對較小[36]，因此在 RAN1#AH1901 會議上確定了 Rank=1 時採用共同基向量的方案。

另外，在上述討論過程中，各公司還發現從N_3個頻域單元中選擇M個 DFT 基向量時需要回饋$\left\lceil \log_2 \binom{N_3-1}{M-1} \right\rceil$個位元，而當$N_3$較大時，需要回饋的位元數也會隨之增長。為了進一步減少回饋負擔，在 RAN1#97 會議上通過了適用於不同場景的一步（one-stage）方案和兩步加窗（two-stage window）方案[37]。其中，當$N_3 \leq 19$時，採用一步方案，如圖 8-12 所示。當$N_3 > 19$時，採用兩步加窗方案，即由高層訊號設定長度為$2M$的窗，UE 上報$M_{initial}$從而確定窗的起始位置，同時選擇性上報窗內M個 DFT 基向量，其中$M_{initial} \in \{-2M+1, -2M+2, \ldots, 0\}$。如圖 8-14 所示，假設$M=4$，$M_{initial}=-6$，黑色虛框為長度為$2M$的窗，灰格子為窗內選擇上報的$M$個 DFT 基向量。

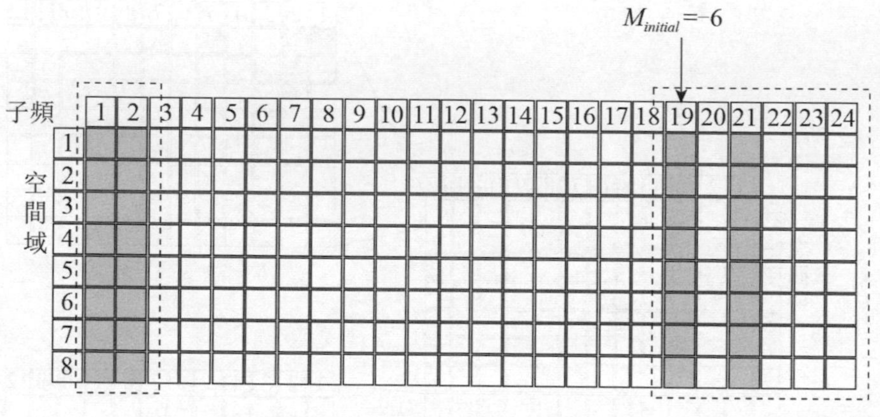

圖 8-14 $N_3 > 19$時，基於加窗的兩步方案

8.2.3 係數矩陣設計

Type II 編碼簿的W_2矩陣為包含$K = 2LM$ 個線性組合的係數矩陣，其每一行中包含了相關的線性組合係數。因此，在 eType II 編碼簿中透過引入了K_0係數以進一步降低 eType II 編碼簿的負擔。K_0係數的定義為$K_0 = \lceil \beta \times 2LM \rceil$，即在大小為$2LM$ 個線性組合係數的集合中最多選擇K_0個非零係數上報，其中β為高層設定參數，決定了K_0的設定值大小。

圍繞如何確定K_0，RAN1 討論了兩種方案[38][39]：

- 自由子集選擇(Unrestricted subset)：在大小為$2LM$ 的集合中自由選擇K_0個非零係數（假設$L = 4, M = 4, \beta = 0.25$）。

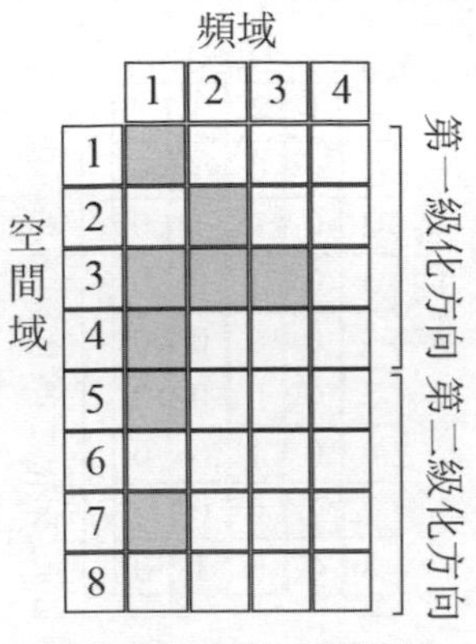

圖 8-15 自由子集選擇

- 公共子集選擇(polarization-common subset selection)：兩個極化方向上的選擇相同的非零係數。

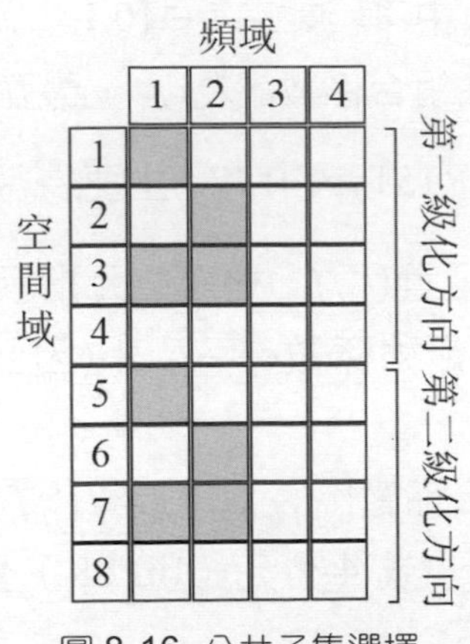

圖 8-16 公共子集選擇

透過模擬評估，各公司發現兩種方案的性能沒有明顯的差距[40][41][42]。儘管公共子集選擇的方案僅需要使用大小為LM 的位元映射來表示零或非零係數的確切位置，但可能出現某一極化方向上係數不為零而另一極化方向上係數為零的情況。為了避免這種情況，在 RAN1#96 次會議上通過了使用自由子集選擇的方案來選擇K_0。透過K_0係數的引入，係數矩陣$\widetilde{\boldsymbol{W}}_2$被壓縮，並透過位元映射來指示$2LM$個係數中非零係數的位置，如圖 8-17 所示。圖中標 1 位置為非零係數，標 0 位置為零係數。

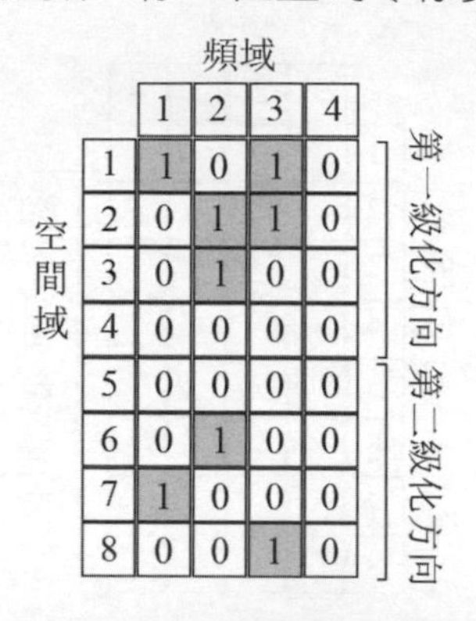

圖 8-17 $2LM$位元映射指示非零係數的位置

透過$2LM$位元的位元映射指示出非零係數的位置之後，UE 需要進一步上報對應非零係數的振幅和相位。NR 中主要考慮了三個方案用於$\widetilde{\boldsymbol{W}}_2$中非零係數的量化[43][44]，其中與波束$i \in \{0,1,\ldots,L-1\}$、頻域單元$f \in \{0,1,\ldots,M-1\}$有關的線性組合係數記為$c_{i,f}$，最強的係數記為$c_{i^*,f^*}$。

★量化方案 1：(類似於 R15Type II $\boldsymbol{W}_2$)主要特徵如下：

- 最強線性組合係數的位置(i^*,f^*)透過位元指示，其中K_{NZ}為實際上報的非零係數個數，其中最強係數$c_{i^*,f^*}=1$ (因此其振幅和相位不需要上報)。
- 對於非最強的線性組合係數$\{c_{i,f},\ (i,f) \neq (i^*,f^*)\}$: 振幅由 3-位元量化，相位由 3-位元（8PSK）或 4-位元（16PSK）量化，其中振幅 3-位元量化集合表與 R15 一致。

★量化方案 2 [45]：主要特徵如下：

- 最強線性組合係數的位置(i^*,f^*)透過位元指示，其中最強係數$c_{i^*,f^*}=1$

(因此其幅度和相位不需要上報)。

- 極化方向參考振幅$p_{ref}(i,f)$：對於包含最強係數的極化方向$c_{i,f^*}=1$，不需要上報參考振幅；對於另一個極化方向，其參考振幅相對於最強係數 c_{i^*,f^*} 的參考振幅由 4 位元量化，量化集合表為$\{1,\left(\frac{1}{2}\right)^{\frac{1}{4}},\left(\frac{1}{4}\right)^{\frac{1}{4}},\left(\frac{1}{8}\right)^{\frac{1}{4}},\ldots,,0\}$。
- 對於非最強係數$\{c_{i,f},\ (i,f)\neq(i^*,f^*)\}$：對於每個極化方向，非零係數的差分振幅$p_{diff}(i,f)$使用 3 位元對其所在極化方向參考振幅進行差分量化，量化集合表為 $\{1,\frac{1}{\sqrt{2}},\frac{1}{2},\frac{1}{2\sqrt{2}},\frac{1}{4},\frac{1}{4\sqrt{2}},\frac{1}{8},\frac{1}{8\sqrt{2}}\}$。最終量化振幅為參考振幅與差分振幅相乘的形式為$p_{i,f}$=$p_{ref}(i,f)\times p_{diff}(i,f)$。
- 每個係數的相位由 3-位元（8PSK）或 4-位元（16PSK）量化。

★量化方案 3[46]：主要特徵如下：

- 最強線性組合係數的位置(i^*,f^*)通過位元指示，其中最強係數$c_{i^*,f^*}=1$ (因此其幅度和相位不需要上報)。
- 對於$\{c_{i,f^*},\ i\neq i^*\}$: 振幅由 4 位元量化，相位由 16PSK 量化，其中 4-位元量化集合表為$\{1,\left(\frac{1}{2}\right)^{\frac{1}{4}},\left(\frac{1}{4}\right)^{\frac{1}{4}},\left(\frac{1}{8}\right)^{\frac{1}{4}},\ldots,,0\}$。
- 對於$\{c_{i,f},\ f\neq f^*\}$: 振幅由 3 位元量化，相位由 8PSK 或 16PSK 量化，其中 3-位元量化集合表為$\{1,\frac{1}{\sqrt{2}},\frac{1}{2},\frac{1}{2\sqrt{2}},\frac{1}{4},\frac{1}{4\sqrt{2}},\frac{1}{8},\frac{1}{8\sqrt{2}}\}$。

各公司基於這幾個方案進行了大量模擬評估[40][47][48][49]，最終在 RAN1#96 會議上同意採用量化方案 2 作為振幅和相位的量化方案。

基於上述量化方案 2，$\widetilde{\boldsymbol{W}}_2$中非零係數的振幅可以表示為極化方向參考振幅和差分振幅相乘的形式。假設最強係數位於第一個極化方向，即圖 8-18 中$c_{1,1}$位置，其極化方向參考振幅$p_0^{(1)}=1$。第二極化方向的參考振幅$p_1^{(1)}$使用 4 位元對c_{i^*,f^*}進行量化，如圖中虛線所示。非零係數的差分振幅$p_{i,f}^{(2)}$使用 3 位元對其所在極化方向參考振幅進行差分量化，如圖中實線所示。基於量化方案 2，當 Rank=1 時，$\widetilde{\boldsymbol{W}}_2$的具體表達形式為：

$$\widetilde{\boldsymbol{W}}_2 = \begin{bmatrix} \sum_{i=0}^{L-1}\sum_{f=0}^{M-1} c_{i,f} \\ \sum_{i=0}^{L-1}\sum_{f=0}^{M-1} c_{i+L,f} \end{bmatrix} = \begin{bmatrix} \sum_{i=0}^{L-1} p_0^{(1)} \sum_{f=0}^{M-1} p_{i,f}^{(2)} \varphi_{i,f} \\ \sum_{i=0}^{L-1} p_1^{(1)} \sum_{f=0}^{M-1} p_{i+L,f}^{(2)} \varphi_{i+L,f} \end{bmatrix} \tag{8.6}$$

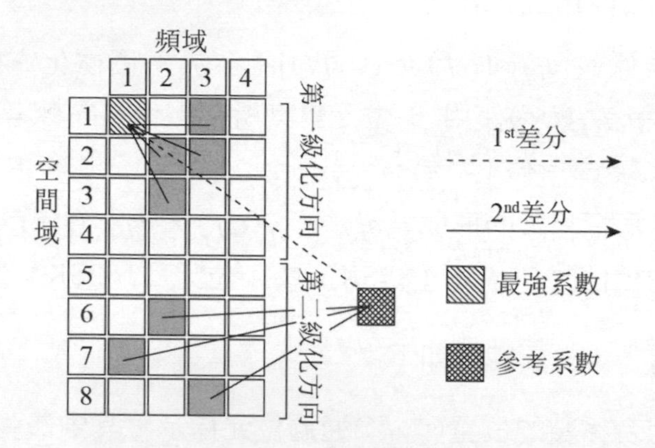

圖 8-18 量化方案 2

其中，$c_{i,f}$為線性組合係數，$p_0^{(1)}$為第一個極化方向的參考振幅，$p_1^{(1)}$為第二個極化方向的參考振幅，$p_{i,f}^{(2)}$為差分振幅，$\varphi_{i,f}$為非零係數的相位。

8.2.4 Rank=2 編碼簿設計

對於 Rank=2，RAN1 進一步討論了空間域（Spatial Domain, SD）子集、頻域（Frequency Domain, FD）子集和係數子集的選擇方法。其中，SD 子集選擇指在N_1N_2的波束集合中選出L個空間域 DFT 向量；FD 子集選擇指在N_3個頻域單元中選擇M個 DFT 基向量；係數子集選擇指在$2LM$ 的線性組合係數集合中實際選擇上報的K_{NZ}個非零係數。儘管一些模擬結果顯示每層獨立選擇 SD 子集會帶來一定的性能增益，出於負擔和複雜度的考慮，R16 仍然採用了與 R15 一致的不同層使用相同波束的方式。FD 子集選擇和係數子集的選擇考慮了三種方案：

★方案 1：FD 子集和係數子集的選擇均是每層通用的。

★方案 2：FD 子集選擇為每層通用的，係數子集的選擇是每層獨立的。

★方案 3：FD 子集和係數子集的選擇均是每層獨立的。

對於 Rank=2，各層獨立的 FD 子集和係數子集選擇能提供充分的設定靈活性，在不增加太多回饋訊號負擔的情況下能獲得可觀的增益。基於性能和負擔的折中考慮，在 RAN1#96 會議上通過了各層獨立的 FD 子集和係數子集的選擇方案[44][50][51]。同時，兩個層的K_0設定值相同，即$K_0 = \lceil \beta \times 2LM \rceil$（$\beta$由高層訊號設定），且每層實際上報的非零係數都不能超過K_0，即$K_l^{NZ} \le K_0$，$l = 1,2$。

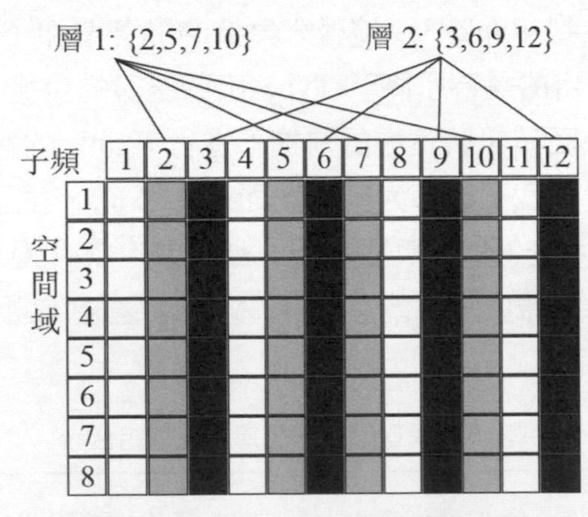

圖 8-19 獨立 FD 子集選擇（Rank=2）

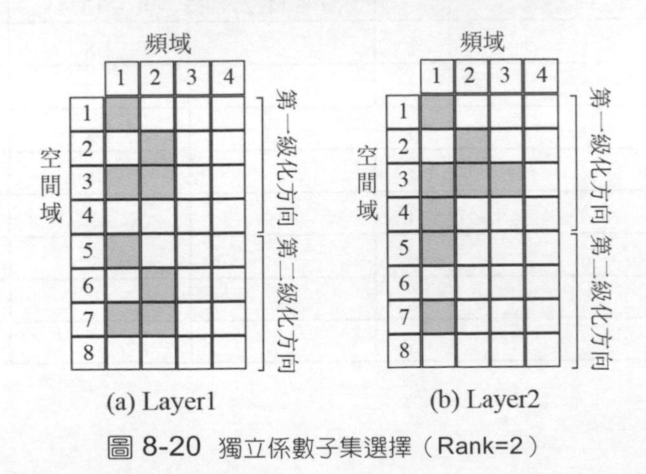

圖 8-20 獨立係數子集選擇（Rank=2）

8.2.5 高 Rank 編碼簿設計

前面介紹了低 Rank 的 eType II 編碼簿設計，相比於 Type II 編碼簿可以顯著降低負擔。為了在通道品質較好的場景中也能透過高解析度的 CSI 回饋獲得更好的性能，eType II 編碼簿引入了針對高 Rank 的增強，將 Rank=1/2 的方案擴充到了 Rank=3/4。高 Rank 的 SD 子集選擇、FD 子集選擇和係數子集選擇遵循和 Rank=2 相同的原則，即 SD 子集選擇是各層相同的，FD 子集選擇和係數子集選擇都是各層獨立的。

由於編碼簿的負擔與非零係數的位元映射以及量化參數的數量成正比，直接將 Rank=2 擴充到 Rank=3/4 將帶來負擔的顯著增加。考慮到 R16 引入 eType II 編碼簿的目的是為了降低 Type II 編碼簿的負擔，RAN1#96bis 次會上決定在不增加回饋訊號負擔的前提下進行 Rank 的擴充。具體的，每層實際上報的非零係數個數不大於K_0，即$K_l^{NZ} \leq K_0$，並且所有層上報非零係數的總和不能大於$2K_0$，即$\sum_{l=1}^{RI} K_l^{NZ} \leq 2K_0$[52][53]。為滿足以上兩筆限制，在綜合考慮了複雜度、性能之後，RAN1 最後確定的參數組合(L, p, β)以下表所示[54]。

表 8-4 eType II 編碼簿的參數組合

paramCombination-r16	L	p_v		β
		$v \in \{1,2\}$	$v \in \{3,4\}$	
1	2	¼	1/8	¼
2	2	¼	1/8	½
3	4	¼	1/8	¼
4	4	¼	1/8	½
5	4	¼	¼	¾
6	4	½	¼	½
7	6	¼	-	½
8	6	¼	-	¾

8.2.6 eType II 編碼簿運算式

基於上面的內容，eType II 編碼簿可以透過表 8-5 表示：

表 8-5 eType II 編碼簿運算式

層數	$\boldsymbol{W}$
$v=1$	$\boldsymbol{W}^{(1)}=\boldsymbol{W}^{1}$
$v=2$	$\boldsymbol{W}^{(2)}=\frac{1}{\sqrt{2}}[\boldsymbol{W}^{1}\boldsymbol{W}^{2}]$
$v=3$	$\boldsymbol{W}^{(3)}=\frac{1}{\sqrt{3}}[\boldsymbol{W}^{1}\boldsymbol{W}^{2}\boldsymbol{W}^{3}]$
$v=4$	$\boldsymbol{W}^{(4)}=\frac{1}{\sqrt{4}}[\boldsymbol{W}^{1}\boldsymbol{W}^{2}\boldsymbol{W}^{3}\boldsymbol{W}^{4}]$

其中，$\boldsymbol{W}^{l}=\boldsymbol{W}_{1}\widetilde{\boldsymbol{W}}_{2}^{l}\left(\boldsymbol{W}_{f}^{l}\right)^{H}=\frac{1}{\sqrt{N_1N_2\gamma_{t,l}}}\begin{bmatrix}\sum_{i=0}^{L-1}v_{m_1^{(i)},m_2^{(i)}}p_{l,0}^{(1)}\sum_{f=0}^{M_v-1}y_{t,l}^{(f)}p_{l,i,f}^{(2)}\varphi_{l,i,f}\\ \sum_{i=0}^{L-1}v_{m_1^{(i)},m_2^{(i)}}p_{l,1}^{(1)}\sum_{f=0}^{M_v-1}y_{t,l}^{(f)}p_{l,i+L,f}^{(2)}\varphi_{l,i+L,f}\end{bmatrix}$，$l=1,\dots,v$，$v$為層數，$i=0,1,\dots,L-1$，$f=0,1,\dots,M_v-1$，$t=0,\dots,N_3-1$，$\gamma_{t,l}=\sum_{i=0}^{2L-1}\left(p_{l,\left\lfloor\frac{i}{L}\right\rfloor}^{(1)}\right)^2\left|\sum_{f=0}^{M_v-1}y_{t,l}^{(f)}p_{l,i,f}^{(2)}\varphi_{l,i,f}\right|^2$。$v_{m_1^{(i)},m_2^{(i)}}$為二維 DFT 波束。$y_{t,l}=\left[y_{t,l}^{(0)}\quad y_{t,l}^{(1)}\quad\dots\quad y_{t,l}^{(M_v-1)}\right]$為$l$層的$M_v$個 DFT 基向量。$p_{l,0}^{(1)}$為$l$層的第一個極化方向的參考振幅，$p_{l,1}^{(1)}$為$l$層第二個極化方向的參考振幅，$p_{l,i,f}^{(2)}$為$l$層上報的非零係數的差分振幅，$\varphi_{l,i,f}$為$l$層上報的非零係數的相位，其中對於為零的係數，$p_{l,i,f}^{(2)}=0$，$\varphi_{l,i,f}=0$。

8.3 波束管理

隨著行動通訊技術的快速發展和行動網路部署的不斷深入，頻譜資源越來越緊缺，尤其是覆蓋好、穿透強的低頻帶段基本已經被使用。為了滿足更高的傳輸速率和更大的系統容量，新一代的行動通訊技術和系統需要考慮更高的頻段，例如 3.5GHz 到 6GHz 之間的中頻段，毫米波高頻段等。這些中頻段和高頻段具有以下幾個特徵：

- 豐富的頻率資源，可以分配連續的大頻寬，有利於系統的部署和應用。
- 頻率較高，導致路損較大，導致覆蓋範圍相對較小，因此空間上隔離度較好，便於實現密集網路拓樸。
- 由於頻段較高，對應的天線等硬體模組體積較小，可以採用更多的接收和發送天線，有利於實現大規模 MIMO 技術。

由上面介紹的特徵可以看到，一方面頻率較高，帶來覆蓋受限的問題，另一方面由於天線數目較多，帶來裝置實現複雜度和成本的問題。為有效解決上述兩個問題，NR 中引入模擬波束成形（Analog Beamforming）技術，在增強網路覆蓋同時，也可以降低裝置的實現複雜度。

8.3.1 模擬波束成形概述

模擬波束成形技術的基本原理是透過移相器來改變各個天線對應通道上的相位，使得一組天線能夠形成不同方向的波束，從而透過波束掃描（Beam sweeping）來實現社區的覆蓋，即在不同的時刻使用不同方向對應的波束來覆蓋社區中的不同區域。透過使用移相器來形成不同方向的波束，避免從基頻進行超大頻寬的全數位成形的高複雜度處理，從而可以有效地降低裝置實現複雜度。

下面列出了不使用模擬波束成形和使用模擬波束成形系統的示意圖 8-21。左圖是傳統的、不使用模擬波束成形的 LTE 和 NR 系統，右圖是使用模擬波束成形的 NR 系統：

- 在左圖中，LTE/NR 網路側使用一個寬的波束來覆蓋整個社區，使用者 1-5 在任何時刻都可以接收到網路訊號。
- 於此相反，右圖中網路側使用較窄的波束（例如圖中的波束 1-4），在不同的時刻使用不同波束來覆蓋社區中的不同區域，例如在時刻 1，

NR 網路側透過波束 1 覆蓋使用者 1 所在的區域；在時刻 2，NR 網路側透過波束 2 覆蓋使用者 2 所在的區域；在時刻 3，NR 網路側透過波束 3 覆蓋使用者 3 和使用者 4 所在的區域；在時刻 4，NR 網路側透過波束 4 覆蓋使用者 5 所在的區域。

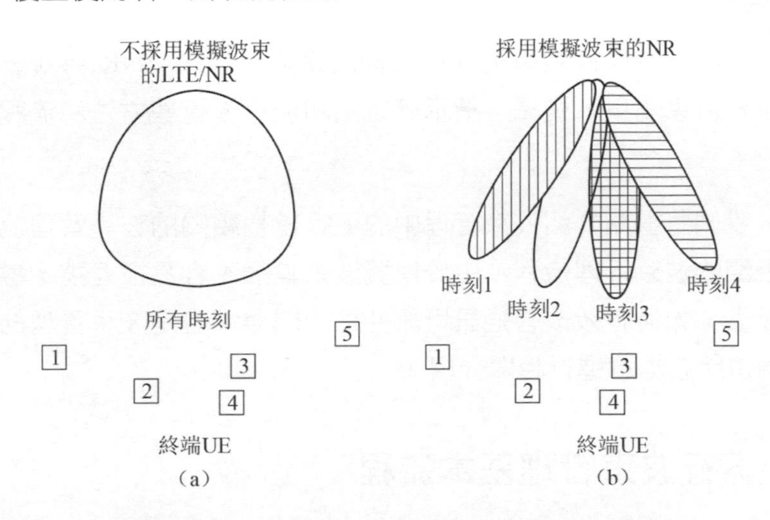

圖 8-21 不使用模擬波速和使用模擬部署系統示意圖

右圖中，由於網路使用較窄的波束，發射能量可以更集中，因此可以覆蓋更遠的距離；同時由於波束較窄，每個波束只能覆蓋社區中的部分區域，因此模擬波束成形是「以時間換空間」。

模擬波束成形不僅可以用於網路側裝置，也同樣可以用於終端。業界普遍認為，對於 2GHz-6GHz 頻段，網路裝置可以選擇是否採用模擬波束成形技術，終端仍然採用傳統的全向天線，不採用模擬波束成形；對於毫米波頻段，無論是網路裝置還是終端都可以選擇採用模擬波束成形技術。同時，模擬波束不僅可以用於訊號的發送（稱為發送波束），同樣也可以用於訊號的接收（稱為接收波束）。

模擬波束成形技術和常用的預編碼技術（precoding，也可以稱為數位波束成形）的差別不在於是用模擬方法還是數位方法來實現波束，因為產品實現時，模擬波束成形也可以透過數位方法來實現。他們主要差別是：

- 模擬波束成形技術中，一個頻帶內（例如一個載體內或頻內載體聚合的多個載體內）所有 PRB 上的都是用同一個模擬波束。
- 預編碼技術中，一個頻段內的不同子頻或甚至每個 PRB 上，都可以使用不同的預編碼（等效地，使用不同的數位波束）。

由於這一不同，為了高效率地使用模擬波束成形技術，NR 系統針對性地設計了模擬波束測量、選擇、指示等方法和流程，這些方法和流程統稱為波束管理。

在本章，我們將重點介紹波束管理中的下行傳輸相關的波束管理流程，上行傳輸相關的波束管理流程。由於模擬波束較窄，容易被遮擋，導致通訊鏈路不可靠，如何有效改善通訊可靠性這一問題，也是波束管理的重要內容，我們也將在本章進行相關介紹。

8.3.2 下行波束管理基本流程

從下行傳輸的角度看，波束管理需要解決以下兩個基本問題：

- 如果網路和終端都採用模擬波束，則為了獲得良好的通訊品質，需要使得發送波束和接收波束對準（即發送波束和接收波束的配對），形成一個波束對。因此如何確定一個或多個波束對，使得波束對對應的鏈路通道品質較好，是波束管理的基本問題。
- 網路選擇某個方向的發送波束時，UE 應需要知道採用哪個最佳接收波束來接收下行訊號。

第一個問題涉及到網路裝置的下行發送波束和終端的下行接收波束：

- 從網路側的角度看，需要知道哪個發送波束給終端傳輸比較好，這依賴於終端對於下行發送波束的測量和上報。
- 從終端的角度看，需要知道網路裝置哪個或哪些下行發送波束對自己傳輸較好，同時對於某個具體的下行發送波束，毫米波終端還需要考慮使用哪個接收波束來進行接收性能較好，這同樣依賴終端的測量。

其中第二個問題涉及到網路如何通知終端波束相關資訊，來協助終端確定對應的下行接收波束，屬於波束指示問題。在本小節，我們將介紹如何來確定下行發送波束和下行接收波束配對的基本流程。下行波束測量和上報將在 8.3.3 小節介紹；波束指示相關內容將在 8.3.4 小節介紹。

下行傳輸中的發送波束和接收波束配對過程，大致可以分為 3 個主要流程（分別記為 P1，P2 和 P3）[55]：

- P1：下行發送波束和接收波束的粗配對。
- P2：網路側下行發送波束的精細調整。
- P3：終端側下行接收波束的精細調整。

圖 8-22 列出了下行發送波束和接收波束的粗配對流程（P1）示意圖。在實際系統中可以有不同的實現方式。舉例來說，在初始連線時，透過 4 步隨機連線流程來實現粗配對，即完成初始連線後，網路和 UE 之間已經能夠建立一個鏈路品質相對較好的波束配對，可以支撐後續的資料傳輸。此時，如果發送波束和接收波束都較窄，則需要較長時間來完成之間的對齊，會給系統帶來較大的延遲時間。因此為了能夠快速完成波束之間的粗配對，對應的發送和接收波束可能會比較寬，形成的波束配對可以獲得較好的性能，但是不是最佳的配對。

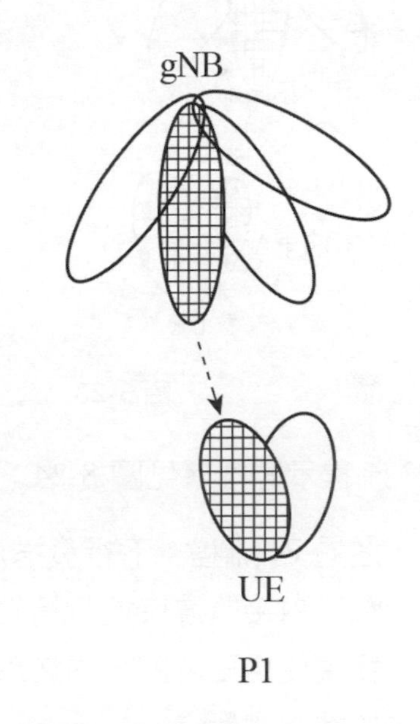

圖 8-22　下行發送波束和接收波束的粗配對（P1）

在 P1 粗配對的基礎上，可以來進行發送波束和接收波束的精細調整（分別對應 P2 和 P3 流程），使用更細的波束來進一步提高傳輸性能。P2 流程示意圖參見圖 8-23：

- 透過 P1 流程，下行發送波束 2 和下行接收波束 A 之間完成了粗同步。
- 為了對發送波束 2 進行精細化調整，網路發送三個更窄的波束 2-1, 2-2, 2-3。
- 終端使用接收波束 A 來分別接收發送波束 2-1，2-2 和 2-3 上傳輸的訊號，並進行 L1-RSRP 測量。
- 根據測量結果，終端向網路上報哪個或哪些窄波束用於傳輸更好。

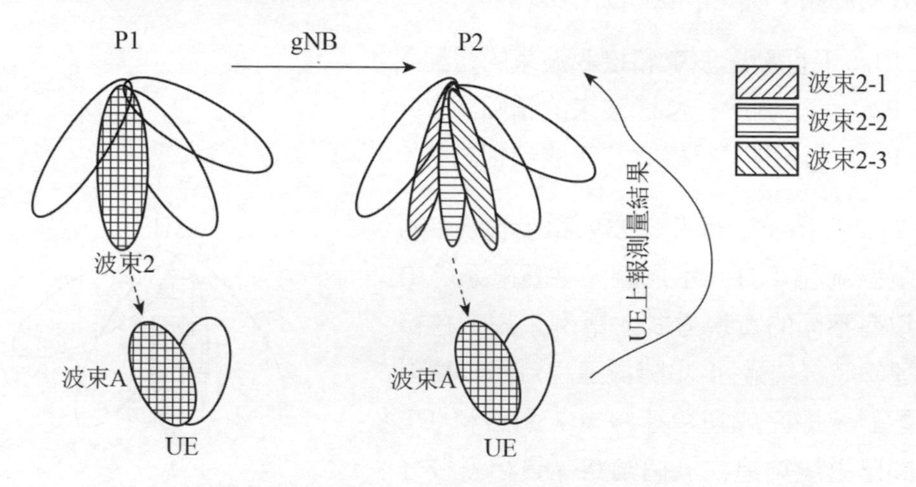

圖 8-23 網路側下行發送波束的精細調整（P2）

P3 流程示意圖參見圖 8-24：

- 透過 P1 流程，下行發送波束 2 和下行接收波束 A 之間完成了粗同步
- 為了對接收波束進行精細化調整，網路在波束 2 上多次發送測量訊號
- 終端使用三個更窄的波束 A-1, A-2, A-3 來接收波束 2 上傳輸的訊號，並進行測量
- 終端根據測量結果，決定針對發送波束 2 採用哪個窄波束更好；此流程中，終端不需要向網路上報自己選擇了哪個窄波束來對發送波束 2 進行接收

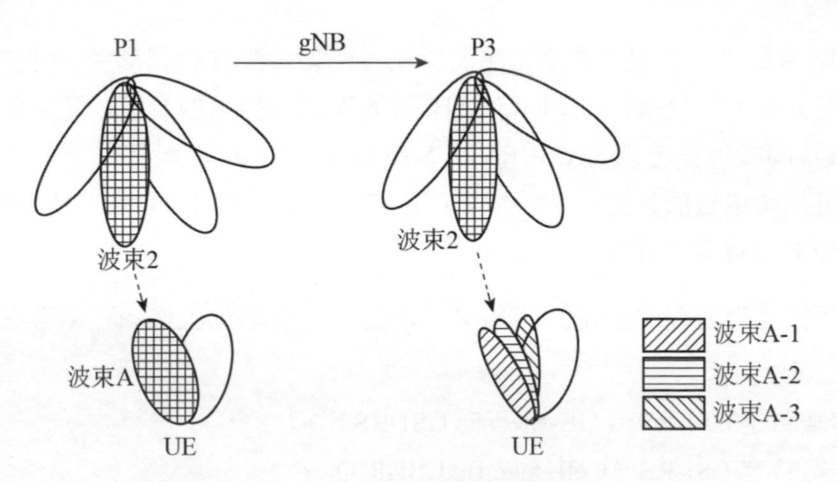

圖 8-24 終端側下行接收波束的精細調整（P3）

上面介紹的 P1，P2 和 P3 流程，在協定中沒有顯性定義，但是透過協定的功能模組（例如波束測量，波束上報，波束指示等），網路和終端可以完成上述流程。下面來詳細介紹對應的功能模組：下行波束測量與上報，下行波束指示。

8.3.3 下行波束測量與上報

本小節講介紹如何來解決以下三個基本問題：

- 測量物件是什麼？
- 測量度量（Metric）是什麼？
- 如何上報測量結果？

1. 測量參考訊號的確定

前面介紹的波束管理基本流程，需要對波束進行對應的測量。波束是一個客觀存在的物理實體，但是在標準化協定（尤其是物理層協定）中一般考慮邏輯概念，不限定具體的物理實體，因此對於一個波束的測量，是透過測量此波束上所傳輸的參考訊號來實現的。

在 NR 系統中，大量的測量相關的功能（例如行動性相關測量，通道狀態資訊測量等）都是基於 CSI-RS/SSB 訊號來完成的。對於下行波束管理，NR 系統同樣也支援基於 CSI-RS 和 SSB 訊號的波束測量[56] [57][58]。為了描述簡單，如不做額外說明，後續提到波束都由此波束上傳輸的 CSI-RS 訊號和 SSB 訊號來間接描述。

對於下行波束管理中使用的 CSI-RS 訊號，在標準化工作過程中存在兩個選項[59]：

- 終端特定 CSI-RS （UE-specific CSI-RS）。
- 社區特定 CSI-RS（Cell-specific CSI-RS）。

在 NR 整個系統設計中，一個基本傾向就是儘量基於每個 UE 來設定特定的參考訊號，避免或減少社區等級的參考訊號。這樣做的好處是，一方面網路可以更靈活地設定參考訊號，另一方面便於網路裝置的節能最佳化。基於這一背景，大部分公司普遍支援利用 UE-specific 的 CSI-RS 訊號來進行波束管理。同時，部分公司則傾向於採用 Cell-specific CSI-RS 來進行波束管理[56]，主要好處在於：

- 初始連線階段性能更好：在初始連線階段，終端可基於 Cell-specific CSI-RS 來選擇性能更好的波束，從而提高鏈路的傳輸性能。而 UE-specific CSI-RS 需要等終端進入 RRC 連接狀態才能設定。
- 時頻資源負擔更低：控制通道對應的發送波束往往需要兼顧多個使用者，因此這些使用者可以使用相同的 Cell-specific CSI-RS 來測量同一個發送波束。
- 設定訊號負擔更低：針對 UE-specific CSI-RS，網路需要給對應的終端發送專用的設定訊號，而 Cell-specific CSI-RS 可以透過一個訊號廣播給所有終端，因此整體訊號負擔更低。

如前所述，在 NR 的設計中，參考訊號設計的原則是儘量減少社區專屬的參考訊號。Cell-specific CSI-RS 的設計理念與這一原則不一致，因此遭到很多公司的反對。經過多次 RAN1 會議的討論後，最終 NR 沒有採用基於

Cell-specific CSI-RS 的下行波束測量。在 NR 的最終協定中，下行波束管理中被測量的參考訊號為 UE-specific CSI-RS 和 SSB。根據網路的設定資訊，終端可能需要測量 UE-specific CSI-RS，或測量 SSB，或需要同時測量 UE-specific CSI-RS 和 SSB。

2. 測量量的確定

在 NR 中，常用的測量主要分為兩大類：

- L3 測量：在行動性管理相關測量、路損測量等機制中，一般都採用層 3（L3）測量。L3 測量一般需要對多個測試樣本進行 L3 濾波操作，會帶來較大的延遲時間。
- L1 測量：對於 CSI，NR 採用物理層測量，即層 1（L1）的測量。L1 測量直接在物理層處理，優點是延遲時間較小。

波束管理流程工作主要是在物理層，因此採用 L1 測量，可以有效降低整個波束管理流程的延遲時間。對於下行波束測量度量（Metric），3GPP 討論過程中出現兩個選項：

- L1-RSRP：層 1 參考訊號接收功率。
- L1-SINR：層 1 訊號干擾雜訊比（訊號與干擾和雜訊的比值）。

其中，採用 L1-RSRP 作為測量度量的好處在於：

- L1-RSRP 測量簡單，複雜度低，便於終端實現。
- L1-RSRP 測量值主要反映下行波束對應的通道品質，其變化相對較慢，便於相對穩定地選擇可靠的下行波束；與此相反，干擾變化快，從而會知道 L1-SINR 波動性更大，用作波束測量可能會導致頻繁的波束切換。
- 在 MIMO 傳輸方案中，CSI 回饋已經表現干擾相關特性，因此基於 L1-RSRP 的波束管理以及 CSI 回饋結合使用已經可以達到與 L1-SINR 相同的目的。

- 和 L1-RSRP 相比，L1-SINR 帶來的額外增益不明顯，在部分情況下甚至會帶來性能損失[60] [61]。

採用 L1-SINR 作為測量度量的好處在於：

- 下行波束接收品質的好壞不僅取決於對應的通道品質，同樣也取決於干擾情況。L1-RSRP 不能真正表現波束傳輸品質[62]。因此基於 L1-SINR 的測量，可以更進一步地考慮波束相互之間的干擾。
- L1-RSRP 測量和 CSI 回饋結合使用，需要波束管理和 CSI 測量回饋兩個流程才能完成，而使用 L1-SINR 透過一個流程就可以完成使用者配對。
- L1-SINR 可輔助網路來協調不同社區或不同 TRP 使用的下行發送波束，從而提高系統整體性能。

經過各公司之間的技術討論，最終在 NR R15 版本中只採用 L1-RSRP 作為下行波束管理的測量度量。同時，在 NR 的增強版本 R16 中，L1-SINR 也被引入身為新的測量度量。因此在 R16 NR 中，如果一個終端支援基於 L1-SINR 的下行波束測量，則網路可以透過設定訊號來指示此此終端 UE 具體採用哪種測量度量：L1-RSRP 或 L1-SINR。

3. 測量上報的方法

終端根據測量結果，向網路上報 K>=1 個資訊，每個資訊包括波束指示資訊（例如 CSI-RS 資源標識，SSB 編號），以及對應的 L1-RSRP 資訊。當 K>1 時，K 個 L1-RSRP 值中的最大值的量化結果直接上報，其他 K-1 個 L1-RSRP 值與最大 L1-RSRP 值的差值量化後進行上報，即其他 K-1 個 L1-RSRP 上報差分值[63]。對於 L1-SINR 的測量，也是類似上報。

根據終端能否接收 K 個下行波束上同時傳輸的資料，波束測量結果的上報方法可以分為以下兩類：

- 不基於組的上報（Non-group based reporting）。

■ 基於組的上報（Group based reporting）[64]。

在不基於組的上報中，終端根據網路設定的 N 個參考訊號進行測量，根據測量結果，選擇上報 *K* 個資訊，*K* 的設定值由網路設定，可以為 1,2,3 或 4。*K* 個參考訊號對應 *K* 個波束。網路不能從 *K* 個波束中的多個波束同時給此終端傳輸訊號，因為此終端無法同時接收多個下行波束上傳輸的訊號。終端在上報 *K* 個資訊時，可以根據自己的實現演算法從 *N* 個參考訊號中選擇 *K* 個，例如可以僅考慮 L1-RSRP 最強的 *K* 個，也可以考慮不同波束的到達方向（即考慮接收到的不同參考訊號之間的空間相關性）來選擇 *K* 個。對此，NR 協定沒有規定，由終端自己來實現。

基於組的上報首先要求終端具備同時接收多個下行發送波束的能力。當網路設定終端進行基於 group 的上報時，終端根據網路設定的 *N* 個參考訊號進行測量，根據測量結果，選擇上報 *K*=2 個資訊，其中每個資訊中包括參考訊號的指示資訊（例如 CSI-RS 資源標識，SSB 編號）和對應的 L1-RSRP 資訊。網路可以同時從上報的 *K*=2 個波束上與終端進行資料傳輸。

在標準化討論過程中，基於組的上報指的是終端在進行波束上報時是基於不同的組來進行：假設有 *G* 個組，針對每個組上報對應的 M_i（i=1,..., *G*）個下行發送波束。基本方案有兩類[65]

★方案 1：終端可以同時接收同一個組對應的多個下行發送波束，但是不能同時接收不同組對應的下行發送波束。

★方案 2：終端可以同時接收不同組對應的多個下行發送波束，但是不能同時接收同一個組對應的多個下行發送波束。

方案一和方案二的不同，表現在產品實現時 group 對應不同的物理實體。一般來說在產品實現時可以採用以下的對應方式：

★方案 1：一個組對應終端側的一組能同時使用的接收波束，而不同組對應的接收波束不能同時使用。因此，一個組中的所有下行發送波束，終端都可以同時接收。

★方案 2：一個組對應 UE 側的天線面板（panel）。當終端同時開啟多個天線面板進行接收時，不同天線面板可以接受不同的下行發送波束，因此終端可以接收不同組對應的下行發送波束。對於一個天線面板，每個時刻只會使用一個接收波束，因此他不能極佳地同時接收多個下行發送波束。

方案一和方案二在不同的場景下，具有各自的優缺點。下面以圖 8-25 和圖 8-26 為例來説明。在所述兩個圖中，假設有兩個 TRP 在進行傳輸（也可以是同一個 TRP 的兩個天線面板），同時 UE 也有兩個天線面板，因此可以同時在兩個方向有不同的接收波束。

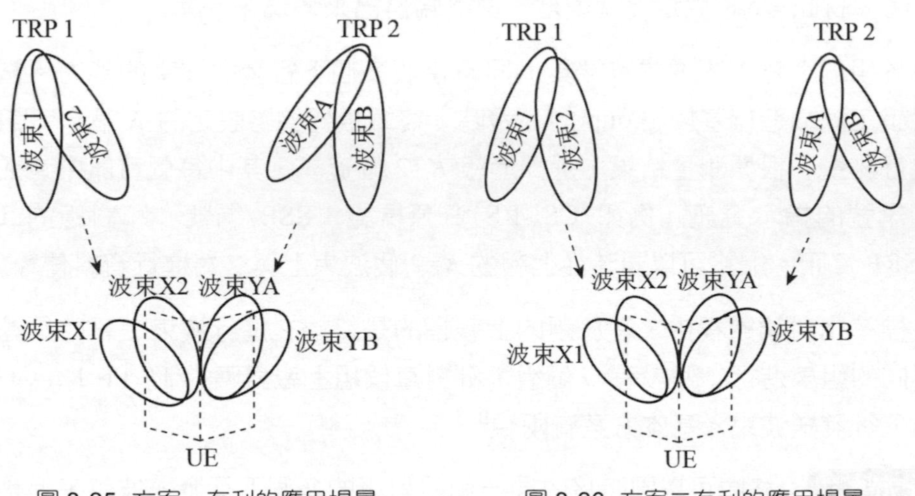

圖 8-25 方案一有利的應用場景　　圖 8-26 方案二有利的應用場景

圖 8-25 中，發送波束 1 對應接收波束 X1，發送波束 2 對應接收波束 X2，發送波束 A 對應接收波束 YA，發送波束 B 對應接收波束 YB。其中接收波束 X1 和 X2 在第一個天線面板上，每次只能使用其中一個；接收波束 YA 和 YB 在第二個天線面板上，每次只能使用其中一個。同時一個時刻，每個天線面板上都可以有一個接收波束，因此在同一個時刻，可能會有四種組合：{波束 X1，波束 YA}，{波束 X1，波束 YB}，{波束 X2，波束 YA}和{波束 X2，波束 YB}。

假設在終端側，波束 2 和波束 A 的訊號會形成較大的干擾，因此波束 2 和波束 A 不能同時傳輸，否則會降低傳輸性能。因此，採用方案一時，終端可以上報 3 個組，分別為{波束 1，波束 A}，{波束 1，波束 B}，{波束 2，波束 B}。網路接收到終端的波束上報後，可以從上面任一個組中的兩個波束同時給終端傳輸訊號，終端可以使用對應接收波束來同時接收。與之相反，如果採用方法二，終端上報 2 個組，其中兩個組中包含的內容可以有以下一些選項：

- 兩個組分別為{波束 1}和{波束 B}，即對應 G=2，M_1=1, M_2=1。這種情況下，網路不知道能同時從波束 2 和波束 B 同時傳輸，從而會影響網路側的負載平衡和排程進一步最佳化。
- 兩個組分別為{波束 1，波束 2}和{波束 B}，即對應 G=2，M_1=2, M_2=1。這種情況下，網路不知道能同時從波束 1 和波束 A 同時傳輸，從而會影響網路側的負載平衡和排程進一步最佳化。
- 兩個組分別為{波束 1}和{波束 A，波束 B}，即對應 G=2，M_1=1, M_2=2。這種情況下，網路不知道能同時從波束 2 和波束 B 同時傳輸，從而會影響網路側的負載平衡和排程進一步最佳化。
- 兩個組分別為{波束 1，波束 2}和{波束 A，波束 B}，即對應 G=2，M_1=2, M_2=2。這種情況下，網路如果同時從波束 2 和波束 A 給終端傳輸資料，這兩個發送波束相互之間會產生較大干擾，從而降低傳輸性能。

從這一例子可以看到，透過方案一，終端可以非常精確的選擇上報哪些波束較為合適同時傳輸，從而可以極佳地控制同時傳輸的波束之間的干擾。終端如果透過方案二來進行上報，需要在網路排程靈活性和同時傳輸波束干擾之間進行折中考慮，在一些情況下可能需要犧牲某個方面，例如降低網路排程靈活性，或忍受同時傳輸波束之間的干擾等。

下面以圖 8-26 為例來說明方案二的一些優勢。圖 8-26 與圖 8-25 類似，差別在於，波束 2 和波束 A 的訊號在終端側不會形成較大的干擾，因此波束

2 和波束 A 可以同時傳輸。採用方案二時終端可以上報 2 個組，分別為{波束 1，波束 2}和{波束 A，波束 B}。網路接收到終端上報後，可以根據情況選擇從下面任意一對波束同時進行資料發送

- 波束 1，波束 A。
- 波束 1，波束 B。
- 波束 2，波束 A。
- 波束 2，波束 B。

如果此時採用方案一，終端可以上報 G=4 個組，分別為{波束 1，波束 A}，{波束 1，波束 B}，{波束 2，波束 A}和{波束 2，波束 B}。可以看到圖 8-26 的場景下，為了達到同樣的效果，方案一需要上報 G=4 個組，每個組包含 2 個波束（M_1=M_2=M_3=M_4=2），而方案二只需要上報 G=2 個組，每個組包含 2 個波束(M_1=M_2=2)。因此此時，方案二上報帶來的負擔更小。

由於兩種方案在不同的場景中具有各自的優缺點，經過長時間討論後，各個公司之間難以達成一致。為了推動進展，在 3GPP 討論中，一些公司提出了相容兩種方案的新提案，主要分為兩個不同的想法：

★想法 1：兩個方案進行融合，形成一個新的方案。透過不同的參數設定，可以退化到方案一或方案二。

★想法 2：同時支援方案一和方案二，網路透過訊號設定終端採用方案一還是方案二來進行上報。

上述討論到 R15 結束都沒有實質進展，最後形成了一個妥協結論：當採用基於 group 的上報時，終端上報的 2 個波束可以同時傳輸。這可以看成是兩個方案共同的特例（或說最小交集）[64]：

★方案 1：G=1，M_1=2。此時，終端上報 K=2 個波束，可以認為 2 個上報的波束都屬於同一個 group 。

★方案 2：G=2，M_1=M_2=1。此時，終端上報 K=2 個波束，可以認為 2 個上報的波束分別屬於 2 個不同的 group，每個 group 含有 1 個波束。

8.3.4 下行波束指示

在 NR 系統中，PDSCH 和 PDCCH 可以獨立使用各自的波束，這為實際商用系統最佳化提供了更大的靈活性和自由度。舉例來說，實際網路部署的一種可能方式為：使用較寬的波束來傳輸 PDCCH，使用較窄的波束來傳輸 PDSCH。從技術角度講，PDSCH 和 PDCCH 可能使用不同波束的原因如下：

- PDCCH 和 PDSCH 對鏈路性能要求不同。PDCCH 需要單次傳輸的高可靠性，但是傳輸速率要求不高。與之相反，PDSCH 傳輸速率要求高，但是可以透過 HARQ 重傳來提升可靠性。
- PDCCH 和 PDSCH 服務的使用者可能會不同。例如部分 PDCCH 服務於一組終端（稱為 group-common PDCCH），而 PDSCH 通常是針對某個終端的，因此對於發送波束的要求也會不同。

在 NR 中，波束的指示是透過 TCI 狀態（TCI-state）和準共址(Quasi-Co-Location，QCL)概念來實現的。網路側可以為每個下行訊號或下行通道設定對應的 TCI 狀態，指示目標下行訊號或目標下行通道對應的 QCL 參考訊號，終端根據該 QCL 參考訊號進行目標下行訊號或目標下行通道的接收。一個 TCI 狀態可以包含以下設定：

- TCI 狀態 ID，用於標識一個 TCI 狀態。
- QCL 資訊 1。
- QCL 資訊 2。

其中，一個 QCL 資訊包含以下內容：

- QCL 類型設定，可以是 QCL type A，QCL typeB，QCL typeC 或 QCL typeD 中的。
- QCL 參考訊號設定，包括參考訊號所在的社區 ID，BWP ID 以及參考訊號的標識（可以是 CSI-RS 資源標識或 SSB 標誌）。

其中，QCL 資訊 1 和 QCL 資訊 2 中，至少一個 QCL 資訊的 QCL 類型必須為 QCL-TypeA，QCL-TypeB，QCL-TypeC 中的，另一個 QCL 資訊（如果設定）的 QCL 類型必須為 QCL-TypeD。

不同 QCL 類型的定義如下：

- 'QCL-TypeA': {都卜勒頻偏（Doppler shift），都卜勒擴充（Doppler spread），平均延遲時間（average delay），延遲時間擴充（delay spread）}。
- 'QCL-TypeB': {都卜勒頻偏（Doppler shift），都卜勒擴充（Doppler spread）}。
- 'QCL-TypeC': {都卜勒頻偏（Doppler shift），平均延遲時間（average delay）}。
- 'QCL-TypeD': {空間接收參數（Spatial Rx parameter）}。

其中，QCL-TypeA，QCL-TypeB 和 QCL-TypeC 對應無線通道的不同大尺度參數集合。如果一個 PDSCH 通道與參考訊號 X 是關於 QCL-TypeA 準共址的，則終端可以認為該 PDSCH 和參考訊號 X 對應的無線通道的 4 個大尺度參數{都卜勒頻偏，都卜勒擴充，平均延遲，延遲擴充}是相同的。因此終端可以根據參考訊號 X 來估計出都卜勒頻偏，都卜勒擴充，平均延遲，延遲擴充四種大尺度參數，並利用這些估計的參數值來最佳化 PDSCH 解調訊號（DMRS）通道估計器，從而提升 PDSCH 的接收性能。

QCL-TypeD 對應終端側如何來接收採用不同發送波束傳輸的訊號。如果一個 PDSCH 通道與參考訊號 X 是關於 QCL-TypeD 準共址的，則終端可以認為 PDSCH 傳輸和參考訊號 X 可以使用同一個接收波束來進行接收。舉例來說，透過前面的波束管理流程，終端可以知道對於參考訊號 X，其最佳匹配的接收波束為接收波束 A。當網路指示一個 PDSCH 通道與參考訊號 X 是關於 QCL-TypeD 準共址的，則終端使用接收波束 A 來接收 PDSCH。對於低頻帶段（例如小於 6GHz），終端側沒有多個模擬波束，使用全向天線來進行接收，因此 QCL-TypeD 的指示不需要。

TCI 狀態可以採用 RRC 訊號、MAC CE 或 DCI 訊號來指示，這三種方法的主要優缺點以下[67]：

表 8-6 不同訊號指示方法

	優點	缺點
RRC 訊號	• 可靠性比 MAC CE 訊號和 DCI 訊號高（RRC：~10^{-6}，MAC CE：~10^{-3}，DCI：~10^{-2}） • RRC 訊號有對應的 ACK/NACK 回饋	• 較大的訊號處理延遲 • 訊號負擔更大
MAC CE 訊號	• 比 DCI 訊號可靠性高 • 有對應的 ACK/NACK 回饋 • 訊號延遲比 RRC 訊號低	• 延遲比 DCI 訊號大 • 訊號負擔比 DCI 訊號大
DCI 訊號	• 延遲小 • 訊號負擔低	• 可靠性差於 MAC CE 訊號和 RRC 訊號

從上面表格可以看到，不同訊號指示方案表現了在延遲、可靠性和負擔之間的不同折中。PDCCH 對於傳輸可靠性要求較高，如果終端在接收波束指示訊號時出現錯誤，會導致無法接受物理層下行控制訊號，對系統性能影響較大，因此 DCI 訊號不適合用來指示 PDCCH 傳輸使用的波束指示，使用 RRC 訊號和 MAC CE 訊號來指示 PDCCH 傳輸使用的波束是一個相對較好的選擇。與之相反，PDSCH 可以使用 HARQ 重傳來提高傳輸成功率；同時，在部分場景下，根據使用者分佈和實際業務需求，系統需要在不同波束之間快速進行切換來給終端進行資料傳輸，從而在各個波束獲得較好的負載平衡。因此延遲小、負擔小的 DCI 訊號指示方案被用來指示 PDSCH 的波束。

對於 PDCCH 通道，NR 採用 RRC 訊號+MAC CE 的方式來指示 TCI 狀態：

- RRC 訊號針對一個 CORESET 設定 N 個 TCI 狀態。
- 若 N=1，則設定的 TCI 狀態用於指示 PDCCH 的接收。
- 若 N>1, 則網路需要進一步透過 MAC CE 訊號啟動其中一個 TCI 狀態，用於指示 PDCCH 的接收。

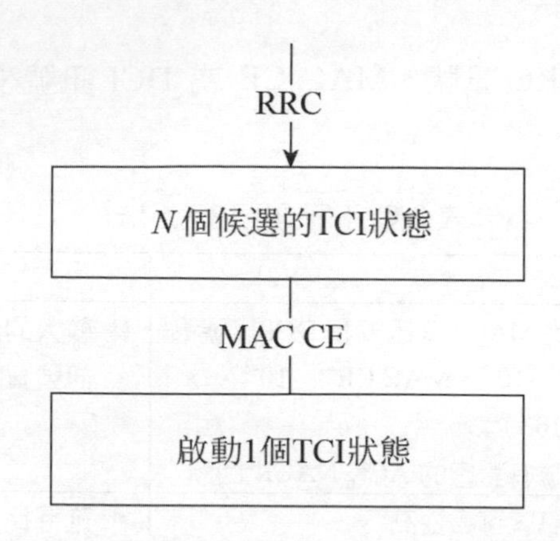

圖 8-27 PDCCH 的 TCI 狀態設定和指示方法

對於 PDSCH 通道，NR 採用 RRC + MAC CE + DCI 指示的方式來指示 TCI 狀態：

- RRC 訊號設定一組 TCI 狀態。
- MAC CE 訊號從這組 TCI 狀態中選擇啟動 *K* 個 TCI 狀態（*K*<=8）。
- PDCCH 在排程 PDSCH 時，透過 DCI 訊號指示當前傳輸使用的 *K* 個狀態中的某一個 TCI 狀態。

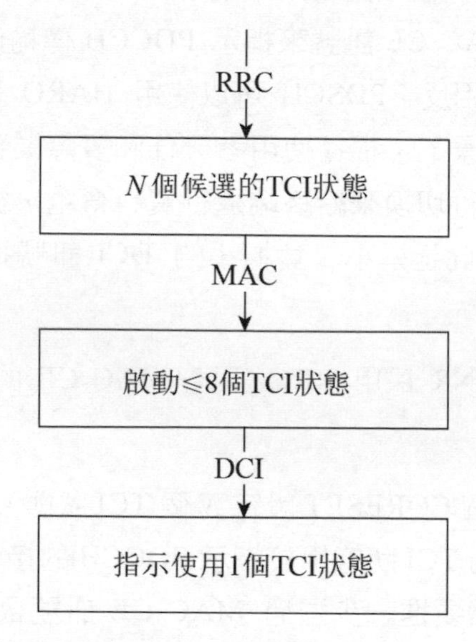

圖 8-28 PDSCH 的 TCI 狀態設定和指示方法

上面描述的是單一 TRP 傳輸情況。後面章節會描述多個 TRP 傳輸的方案，其中 DCI 可以指示 2 個 TCI 狀態。另外，在 R15 中，每個載體上的 TCI 狀態啟動都是透過各自對應的訊號進行的。在 R16，為了降低訊號負擔，引入新的 MAC CE 格式，可以通知對一組載體上的啟動的 TCI 狀態進行變更。

8.3.5 上行波束管理基本流程

在低頻帶段（例如小於 6GHz），終端不會採用多個模擬發送波束。因此上行波束管理只用於高頻帶段上的通訊，例如毫米波頻段的通訊。上行波束管理的主要目的和要解決的問題，和下行管理波束流程類似。對應地，上行波束管理也有 3 個主要流程，分別記為 U1，U2 和 U3（與下行波束管理的 P1，P2 和 P3 對應）[68]

- U1：上行發送波束和接收波束的粗配對。
- U2：網路側上行接收波束的精細調整。
- U3：終端側上行發送波束的精細調整。

與 P1 流程類似，U1 流程在初始連線過程中完成。為了能夠快速完成上行發送波束和上行接收波束之間的粗配對，對應的上行發送波束和接收波束可能會比較寬，因此形成的波束配對可以獲得較好的性能，但是達不到最佳效果。為進一步提升性能，在粗配對的基礎上，可以進行網路上行接收波束和終端上行發送波束的精細調整（分別對應 U2 和 U3 流程），使用更細的波束來進一步提高傳輸性能。U2 流程示意圖參見圖 8-29，具體流程如下：

- 透過 U1 流程，終端上行發送波束 A 和網路側上行接收波束 2 之間完成了粗同步。
- 為了對接收波束進行精細化調整，網路設定終端在波束 A 上多次發送測量訊號。

- 網路使用三個更窄的波束 2-1, 2-2, 2-3 來接收波束 A 上傳輸的訊號，並進行測量。
- 網路根據測量結果，決定針對 UE 的發送波束 A，選擇哪個窄波束做為接收。

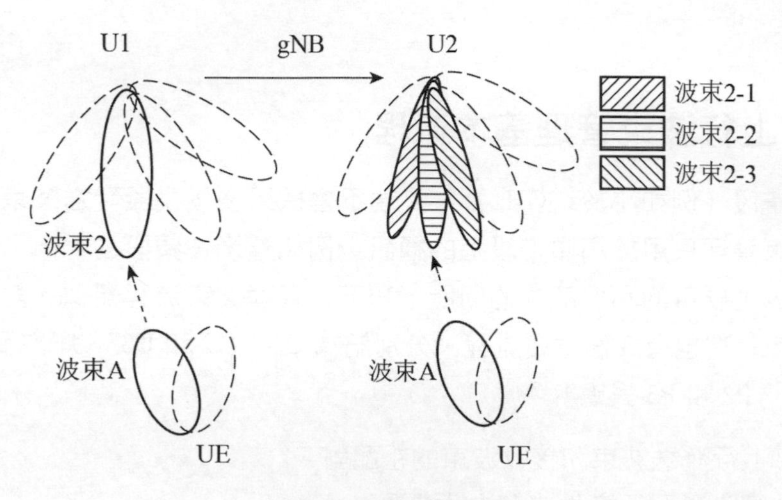

圖 8-29 U2 流程示意圖

U3 流程示意圖參見圖 8-30，具體流程如下：

- 透過 U1 流程，終端上行發送波束 A 和網路上行接收波束 2 之間完成了粗同步。
- 為了對終端上行發送波束進行精細化調整，網路設定終端使用三個更窄的波束 A-1, A-2, A-3 分別發送參考訊號。
- 網路側使用接收波束 2 來分別接收發送波束 A-1，A-2 和 A-3 上傳輸的訊號，並進行測量。根據測量結果，網路側指示 UE 在哪個上行波束上進行資料傳輸。
- 後續網路可以設定或指示終端採用某個發送窄波束來進行上行傳輸。

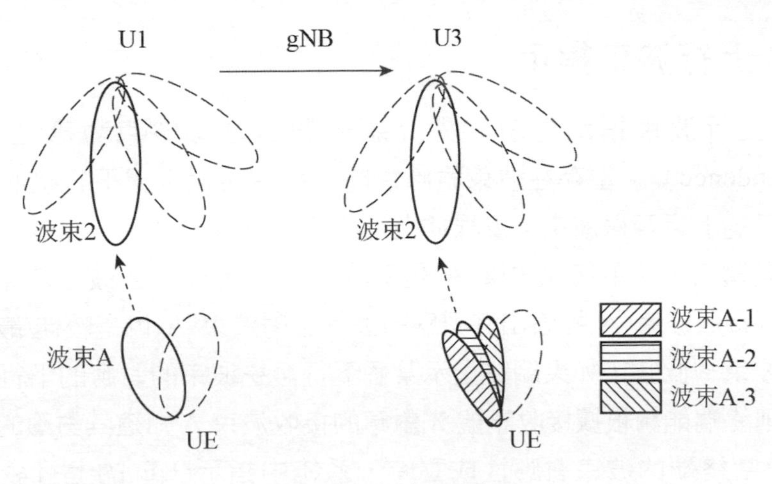

圖 8-30 U3 流程示意圖

8.3.6 上行波束測量

前面已經介紹過，下行波束管理基於 CSI-RS 和 SSB 訊號來進行下行波束測量。對應的，上行波束管理基於探測參考訊號（Sounding Reference Signal，SRS）訊號來進行上行波束測量。例如：

- 圖 8-29 中的 U2 流程：網路設定 3 個 SRS 資源給終端，終端在 3 個不同時刻使用同一個上行發送波束 A 分別發送這 3 個 SRS 資源，網路透過 3 個接收波束（2-1,2-2 和 2-3）依次接收這 3 個 SRS 訊號，進行測量，確定哪個接收窄波束性能更好。
- 圖 8-30 中的 U3 流程：網路設定 3 個 SRS 資源給終端，終端在 3 個不同時刻分別使用 3 個不同的上行發送窄波束（A-1，A-2 和 A-3）來發送這 3 個 SRS 資源，網路透過波束 2 依次接收這 3 個 SRS 訊號，進行測量，確定哪個發送窄波束性能更好。

網路側根據測量結果，確定使用哪個上行發送波束進行傳輸。因為終端只需知道採用哪個上行發送波束進行傳輸，而不需要知道網路具體如何測量以及如何確定上行發送波束。因此上行波束的具體測量和選擇依賴於網路實現，在協定中不規定。

8.3.7 上行波束指示

在介紹上行波束指示之前，先介紹一個概念：波束對應性（beam correspondence）。當存在波束對應性時，終端可以根據下行接收波束來確定自己的上行發送波束，或根據上行的發送波束來確定自己的下行接收波束。具體講，如果接收波束 A 是接收下行訊號的較佳/最佳選擇，終端根據下行接收波束 A 推斷出其對應的上行發射波束 A'也是較佳/最佳的上行發送波束。此時，如果網路指示某個下行發送波束的對應的下行參考訊號 X，則終端能夠根據接收訊號 X 對應的接收波束 A 知道其對應的發送波束 A'。當終端的波束對應性成立時，系統中指示 UE 的上行發送波束 A'，往往可以直接指示下行訊號 X 來間接的指示上行發送波束 A'。

在 NR 系統中，網路可以有兩種方式來指示上行發送波束：

★方式 1：網路設定多個 SRS 資源，讓終端使用不同的上行發送波束進行對應的 SRS 傳輸（不同的上行波束發送不同的 SRS 資源對應的訊號）。網路透過指示 SRS 訊號 S1 來指示上行傳輸所使用的上行發送波束，即此次上行傳輸使用 SRS 訊號 S1 最近使用的上行發送波束來進行傳輸。方式 1 即適用於波束對應性成立終端，也適用於波束對應性不成立的終端。

★方式 2：如果一個終端的波束對應性成立，網路根據這一特性，認為終端可以根據其較佳的下行發送波束，可以知道其對應的接收波束，進一步根據波束對應性知道此 UE 對應的較佳的上行發送波束。方式 2 的好處是，可以不用進行上行波束管理過程，網路可以根據下行波束管理流程來確定確定上行發送波束和上行接收波束，從而降低波束管理流程整體資源負擔和延遲。

在 NR 中，上述指示方式 1 和方式 2 都是透過空間關係資訊（Spatial Relation Information）這一概念來實現的。一個空間關係資訊中包含一個來源訊號資訊，此來源訊號資訊可以是 SRS 資源標識（對應方式 1），CSI-RS 資源標識（對應方式 2）和 SSB 索引中（對應方式 2）的。網路可以給上行通道或上行訊號配清空間關係資訊。若空間關係資訊包含的來源訊號為 X，則終端根據來源訊號 X 按照前述方法確定上行通道或上行訊號傳輸使用的上行發送波束。

- 對於 SRS 訊號，採用 RRC 訊號設定方法來指示上行發送波束，即在 SRS 訊號的設定資訊中，直接包含一個空間關係資訊來指示上行發送波束。對於半持續 SRS 訊號，MAC CE 在啟動其傳輸時，同時也攜帶了對應的空間關係資訊。在 R16 中，MAC CE 可以更新 SRS 空間關係資訊的機制也被應用到非週期 SRS。
- 對於 PUCCH 通道，採用 RRC 訊號+MAC CE 訊號的二級指示方式。在一個 PUCCH 資源中設定 K 個空間關係資訊，如果 K=1，則終端根據此空間關係資訊中的來源訊號確定此 PUCCH 資源上行發送波束；如果 K>1, 則網路進一步透過 MAC CE 啟動其中 K 個空間關係資訊中的 1 個，終端根據此啟動的空間關係資訊中的來源訊號確定此 PUCCH 資源上行發送波束。一些公司認為 R15 的設計是基於每個 PUCCH 資源來指示或更新空間關係資訊，從而導致訊號負擔很大，因此在 R16 中引入了新的方法來降低訊號負擔：設計新的 MAC CE 格式，同時更新一組 PUCCH 資源的空間關係資訊。
- 對不同的 PUSCH，上行波束指示的方法不同。舉例來說，對於動態排程的基於編碼簿傳輸的 PUSCH，如果只設定 1 個 SRS 資源用於 PUSCH 傳輸，終端將此 SRS 資源上所用的發送波束作為 PUSCH 的上行發送波束；如果設定 2 個 SRS 資源用於 PUSCH 傳輸，網路透過 DCI 指示其中 1 個 SRS 資源，終端將網路指示的這個 SRS 資源上所用的發送波束作為 PUSCH 的上行發送波束。

在 R16 協定的增強中，電信業者認為 R15 的協定設計非常靈活，導致在一些典型的現網部署中，RRC 訊號負擔過大，因此提出了要設計一系列規則來確定預設空間關係資訊。對一些沒有配清空間關係資訊的上行通道或訊號（包括 PUCCH 資源和 SRS 資源）透過一些規則確定其對應的空間關係資訊。這些規則主要是用來減少 RRC 訊號負擔，並且主要利用一些常見的方法來確定，對於整個系統的工作方法影響很小，因此不做詳細介紹。

8.4 主社區波束失敗恢復

如前面介紹，模擬波束的重要使用場景是在高頻帶段，例如毫米波頻段。由於高頻段電磁波穿透損耗大，以及模擬波束變窄，會導致通訊鏈路容易被遮擋，從而導致通訊品質變差，甚至造成通訊中斷。

為提升高頻段模擬波束傳輸的堅固性，可採用兩種不同的策略：

- 主動策略：採用多個波束同時傳輸，每個波束來自不同方向，同時被遮擋的可能性較小，因此可以提高傳輸的可靠性。前面介紹的基於組的上報，可用於支援 2 個下行波束同時傳輸。針對不能同時接收多個波束的終端，可以採用多個波束交替傳輸的方式。
- 被動策略：當發現當前波束傳輸品質差到一定程度時，終端主動尋找鏈路品質好的新波束，並且通知網路，從而透過新波束重新建立高品質的可靠通訊鏈路。這一處理方式我們稱為波束失敗恢復（Beam Failure Recovery，BFR）機制，簡稱為波束恢復機制。

在 NR 系統中，波束失敗恢復流程是針對下行發送波束設計的，不考慮上行發送波束被阻擋的問題。主要原因是，若下行鏈路的通訊品質較好，網路可以透過下發指示，讓終端切換到較好的上行發送波束進行傳輸；如果下行鏈路通訊品質不好，終端可能無法接收到網路的指示，因此無法與終端進行有效通訊來確定新的波束配對。

8.4.1 基本流程

在 NR R15 版本中，針對主社區（PCell）和輔主社區（PSCell）設計了波束失敗恢復機制，其主要功能模組（或稱為主要步驟）分為 4 個[69]：

- 波束失敗檢測（Beam Failure Detection，BFD）。
- 新波束選擇（New Beam Identification，NBI）。
- 波束失敗恢復請求（Beam Failure Recovery ReQest, BFRQ）。
- 網路側回應。

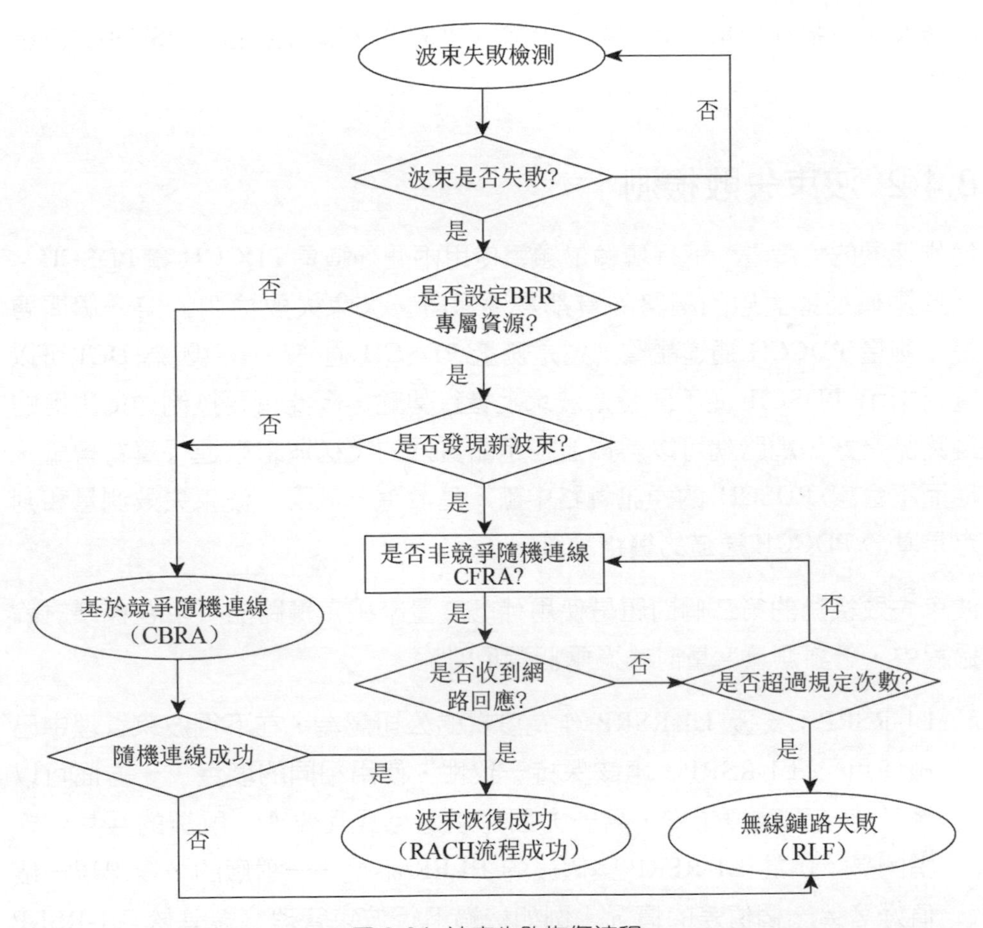

圖 8-31 波束失敗恢復流程

終端對 PDCCH 進行測量，判斷下行發送波束對應的鏈路品質。如果對應的鏈路品質很差，則認為下行波束發生波束失敗。終端還會對一組備選波束進行測量，從中選擇滿足一定門限的波束作為新波束。然後終端透過波束失敗恢復請求流程 BFRQ，通知網路發生了波束失敗，並且上報新波束。網路收到一個終端發送的 BFRQ 資訊後，知道所述終端發生了波束失敗，選擇從新波束上發送 PDCCH，終端在新波束上收到網路發送的 PDCCH 則認為正確接收了網路側的回應資訊。至此，波束失敗恢復流程成功完成。圖 8-31 列出了波束失敗恢復的完整流程。

在後文，為描述簡單，我們把主社區（PCell）和輔主社區（PSCell）統稱為主社區。

8.4.2 波束失敗檢測

從物理層的角度看，下行傳輸最頻繁使用兩個通道是 PDCCH 和 PDSCH。因此兩個通道對應的鏈路品質都需要保證。波束失敗檢測的第一個問題是：測量 PDCCH 通道品質，還是測量 PDSCH 通道品質？因為 DCI 可以靈活指示 PDSCH 從不同發送波束上進行傳輸，因此只要控制通道對應的鏈路品質好，網路就可以選擇並指示品質好的發送波束來進行資料傳輸，從而不會讓 PDSCH 的通訊鏈路中斷。基於這一原因，波束失敗測量和判定是基於 PDCCH 通道的鏈路品質。

波束失敗檢測的第二個問題是使用什麼度量來確定鏈路品質？在標準討論過程中，針對測量度量討論過兩個選項[70][71]：

- L1-RSRP：支援 L1-RSRP 作為度量的公司認為，在下行波束管理中已經使用了 L1-RSRP，應該保持一致性，使用相同的度量，一方面可以降低終端實現複雜度，另一方面可以避免乒乓效應。所謂的乒乓效應指的是：由於 L1-RSRP 與假設的 BLER 不是一一對應的，會出現一個值好，另一個值差的情況。例如透過下行波束管理終端基於 L1-RSRP 上報某個波束品質好，但是在波束失敗檢測基於假設的 PDCCH BLER 認為這個波束品質差。
- 假設的 PDCCH BLER：因為 PDCCH 傳輸的真實 BLER 無法直接獲得，終端都是根據測量的 SINR 來推算出對應的可能的 BLER，因此稱為假設的 PDCCH BLER。支援假設的 BLER 的公司認為，波束失敗與原有的無線鏈路失敗（Radio Link Failure，RLF）類似，需要統一設計，應該採用 RLF 使用的假設的 BLER 作為度量。另一方面即使 L1-RSRP 值很好，但是沒有包含干擾資訊，不能表現真正的鏈路品質。

這兩個方案在 3GPP 進行了長時間的討論，最後為了能按時完成波束失敗恢復機制的標準化工作，雙方同意支援假設的 PDCCH BLER 作為波束失敗檢測的度量。

波束失敗檢測的第三個問題是：終端測量什麼訊號？為了及時獲得較為可靠的假設的 PDCCH BLER，被測量的訊號需要滿足下列要求[72]：

- 週期性訊號：只有週期性訊號，才能保證終端能否及時估計出對應的鏈路品質。
- 能反映 PDCCH 通道的品質。

基於這兩個要求，在 3GPP 討論過程中曾提出過以下訊號用於 BFD：

- PDCCH DMRS：可以較好的表現 PDCCH 通道品質，但是 PDCCH 和對應的 DMRS 不一定會經常發送，不是週期性的訊號，這會導致在某些情況下終端無法及時測量當前 PDCCH 通道的品質。
- SSB：各公司希望設計一個方案，能夠適用 NR 各種部署場景，包括將來可能的新場景，而基於 SSB 的波束失敗檢測在一些情況下不適用。例如多 TRP 場景中，SSB 可能會從多個 TRP 傳輸，但是某個 PDCCH 可能只從 1 個 TRP 傳輸，兩者使用的波束不一樣，不能表現 PDCCH 通道的品質。
- 週期性 CSI-RS：如果週期性 CSI-RS 和 PDCCH 使用同一個發送波束，則 CSI-RS 可以表現 PDCCH 的通道品質，因此在最終的 NR 協定中，各公司一致同意終端透過測量 PDCCH 對應的週期性 CSI-RS 來進行波束失敗檢測。

PDCCH 通道使用單通訊埠，同時用於 RLF 的 CSI-RS 也是單通訊埠的，因此在 NR 中只有單通訊埠的週期性 CSI-RS 可以用於波束失敗檢測。具體講，終端可以有以下兩種不同的方式來確定用於波束失敗檢測的週期性 CSI-RS：

- 顯性設定：網路透過訊號直接設定週期性 CSI-RS 用於波束失敗檢測。
- 隱式獲取：如果網路沒有採用顯性設定，則終端使用 PDCCH 通道對應 CORESET 的啟動 TCI-state 狀態中的週期性 CSI-RS 來進行波束失敗檢測。在 R15 協定中，規定最多檢測 2 個週期性 CSI-RS 訊號。在下一小節（輔小區波束失敗恢復），會詳細討論這一限制存在的潛在問題，以及標準化中討論到的其他相關方案。

前面提到，針對每個 CORESET 可以設定對應的發送波束，因此一個終端對應的 PDCCH 可能會有多個發送波束。這就引出了波束失敗檢測的第四個問題：PDCCH 中幾個波束品質差可以認為是波束失敗？在標準化過程中，主要爭論是下面兩個選項[73]：

★選項 1：PDCCH 有部分波束品質差，則認為是波束失敗。支援的公司認為：當部分波束品質差時，可採用對應機制快速進行鏈路重建、恢復可靠通訊鏈路，這樣可有效降低整個 BFR 流程延遲，同時也可減少通訊中斷的機率；若採用選項 2，因為 PDCCH 所有波束品質都很差，整個波束恢復流程延遲較長，會導致使用者業務品質連續性差等問題。

★選項 2：PDCCH 所有的波束品質差，才認為是波束失敗。支援的公司認為，只有部分波束品質差時，網路可以透過實現的方式來解決更改波束，例如透過 RRC 訊號設定新波束，或透過 MAC CE 訊號啟動新的波束；選項 1 會頻繁觸發對應的波束恢復流程，從而會增大系統的負擔。

在 3GPP 標準討論過程中，同意針對兩個選項都研究和設計對應的流程。最後 NR 只完成了基於選項 2 的波束失敗恢復流程：即只有 PDCCH 所有的波束品質都差時，才認為發生了波束失敗。

在 NR 協定中，確定波束失敗需要物理層和 MAC 層協作完成，具體步驟如下：

- 物理層檢測 PDCCH 對應波束的 Hypothetical BLER，如果所有波束的 Hypothetical BLER 都差於規定的門限，則記為一次波束失敗樣本（Beam Failure Instance，BFI），給 MAC 上報發生一次 BFI。物理層需要週期性地向 MAC 側上報，如果某次沒有上報，則認為沒有 BFI。
- MAC 層維護維護相關的波束失敗檢測計時器（beamFailureDetectionTimer）和波束失敗計數器（BFI_COUNTER）。為保證波束失敗檢測的可靠性，每當 MAC 層收到一次 BFI 上報，則啟動或重新啟動波束失敗檢測計時器，同時波束失敗計數器計數增加 1，若波束失敗檢測計時器逾時，終端會重置計數器為 0，從而確保波束失敗的判斷是基於連續的 BFI 上報。若在計時器運行期間內波束失敗計數器達到了規定的最大值，則終端認為發生了波束失敗，並在對應的主社區上發起隨機連線流程。

8.4.3 新波束選擇

如果終端僅知道發生了波束失敗，並不能與網路快速重新建立新的鏈路。終端還需要知道其他哪個波束品質好，才能利用品質好的波束快速重建鏈路。如果終端透過盲搜尋來尋找可靠的下行發送波束，不僅終端實現複雜度高，而且延遲時間大。因此，為了協助終端省時省力的找到品質好的下行發送波束，網路提前給終端設定一組參考訊號（例如 CSI-RS 訊號，和/或 SSB）。實際上，每個參考訊號對應一個備選下行發送波束，即網路給終端設定了一組備選下行發送波束。終端透過測量這些備選波束的 L1-RSRP 來確定一個新波束。網路會預先設定一個 RSRP 門限值，終端從 L1-RSRP 測量值大於這一 RSRP 門限的備選波束中選擇一個波束作為可用的新波束。

新波束選擇流程的啟動時間，協定沒有規定，取決於終端實現。例如終端可以在波束失敗發生後，再啟動新波束選擇流程，這樣實現的好處是終端處理少，有利於降低功耗，缺點是可能會引入額外延遲。終端的另一種實現是，在波束失敗發生之前，就啟動新波束選擇流程，這樣做的好處是延遲小，因為一旦波束失敗發送，終端可以第一時間發送 BFRQ，缺點是終端對備選波束的測量增多，會消耗額外的功耗。

8.4.4 波束失敗恢復請求

終端需要通知網路找到的可用的新波束，以便網路知道能夠使用這個新波束進行下行傳輸。這一通知流程稱為 BFRQ。對於如何傳輸 BFRQ，標準化過程中討論過 3 種方案[69]，其主要優缺點參考表 8-7。

表 8-7 不同的 BFRQ 傳輸方案比較

方案	優點	缺點
PRACH	• 重用現有 PRACH 訊號，標準化工作量小 • 傳輸可靠性高	• PRACH 長度較長，導致時頻資源負擔大 • 佔用 PRACH 容量，可能會導致 PRACH 不夠 • 傳輸的資訊量少
PUCCH	• 傳輸資訊量大 • 時頻資源負擔小	• 需要引入新的 PUCCH 格式，標準化工作量大 • 與現有回饋使用的 PUCCH 重複使用複雜
PRACH-like	• 時頻資源負擔小 • 傳輸時間短	• 引入新的訊號，標準化工作量大 • 新的訊號性能未得到驗證

在以上方式中，PRACH-like 採用 PRACH 類似的結構，但是部分參數不同，例如使用長度更短。在標準化過程中，三個方案都有不少的公司支援，尤其是基於 PRACH 和 PUCCH 的方案。最後考慮方案的複雜度，在 NR 中只採用了 PRACH 來發送 BFRQ。即當發生波束失敗時，終端會觸發隨機連線流程，透過隨機連線的 MSG1 指示網路側該終端發生了波束失敗以及終端選擇的新波束資訊。具體的，網路為終端預設定一組候選波束（例如 CSI-RS 訊號，和/或 SSB），並且為其中每個 SSB/CSI-RS 設定對應的 PRACH 資源以及隨機前導碼，那麼當終端確定某個波束為新波束時，使用新波束對應的 PRACH 資源發送對應的隨機前導碼，網路收到

後，就知道終端發生了波束失敗，網路會基於收到的 PRACH 資訊確定終端選擇的新波束，並且在新波束上發送隨機連線回應。

上述的隨機連線過程是基於網路預設定的專屬 PRACH 資源，所以隨機連線類型是非競爭的隨機連線。在實際系統中，網路可能未設定專屬 BFR 資源（包括一組候選波束及其對應的專屬 PARCH 資源）給 UE，或說終端可能無法在網路設定的候選波束中找到可用新波束，具體有兩種情況：

- 網路未設定用於 NBI 的參考訊號以及對應的 PRACH 資源，即終端沒有備選波束可以測量。
- 所有候選波束對應的 L1-RSRP 測量值差於網路設定的門限值。

當上述情況發生時，終端會根據社區中的 SSB 訊號品質測量結果，發起現有的基於競爭的隨機連線流程來完成與網路的重新連接。在這種情況下，由於網路沒有為終端預設定用於波束失敗請求的專用 PRACH 資源，當終端發送了對應的 MSG1 後，網路不知道終端是由於波束失敗啟動的隨機連線流程，還是其他原因啟動的隨機連線流程。在 NR 增強版本 R16 中，為了進一步增強這種情況下的波束失敗恢復機制，終端在基於競爭的隨機連線的 Msg3 或 MsgA 中可以攜帶一個專用於指示 BFR 資訊的 MAC CE 來指示網路側該隨機連線過程是由於波束失敗而觸發的，同時該 BFR MAC CE 還可以攜帶 UE 選擇的新波束資訊。

8.4.5 網路側回應

為監測網路側對 BFRQ 的回應，也就是隨機連線回應，終端會在發送完 MSG1 後的第一個 PDCCH occasion 啟動 *ra-ResponseWindow* 並開始監測 PDCCH。如上一節提到，若該 BFR 觸發的是非競爭的隨機連線，UE 會在 BFR 專屬的搜尋空間上使用新波束監測隨機連線回應，也就是說網路事先會設定 BFR 對應 CORESET 以及搜尋空間，此專用 CORESET 只連結了這個專用搜尋空間，不連結其他的搜尋空間。UE 具體操作如下：

- 若在 *ra-ResponseWindow* 內，終端在新波束上監測到網路發給它的 DCI，則認為波束恢復成功。此後，網路和終端可以在新波束上進行通訊，網可以進行正常的波束管理流程，例如指示終端進行波束測量，進行波束指示等。
- 若在 *ra-ResponseWindow* 內，終端在新波束上沒有監測到網路發給它的 DCI，則可以重新發送 BFRQ。這一過程可以重複進行，直到波束恢復流程成功，或重傳 BFRQ 次數超過網路規定的門限。

對於網路未設定 BFR 專屬資源的情況，也就是前面提到的基於競爭的隨機連線，網路不需要設定這個專用的搜尋空間，UE 在公共搜尋空間監測 PDCCH 即可。BFRQ（隨機連線）回應的監測以及重傳與現有基於競爭的隨機連線相同。

8.5 輔小區波束失敗恢復

當終端和網路透過載體聚合（Carrier Aggregation，CA）進行通訊時，可能會同時設定主社區和輔小區（SCell）。前一小節已介紹針對主社區的波束恢復流程，在 R15 標準化工作中，一些公司推動設計針對輔小區的波束失敗恢復流程，認為輔小區上波束失敗後的快速恢復十分重要：

- 波束失敗恢復流程可以快速重建高品質的鏈路，否則會導致輔小區的去啟動。重新啟動輔小區會帶來較大的延遲時間，影響資料速率和使用者體驗。
- 在典型波束場景中，主社區一般會設定在低頻帶段上，而在高頻帶段（例如毫米波頻段）一般設定輔小區。

反對的公司則認為輔小區上額外設計一個波束失敗恢復流程價值不大[74]，具體理由如下：

- 在載體聚合中，只要主社區通訊品質良好，就可保證通訊的可靠性和連續性。當輔小區上波束品質較差時，網路可透過主社區來傳輸相關設定或指令，讓終端進行對應的波束管理流程，選擇和上報品質較好的波束，不會觸發輔小區的去啟動。因此不需要針對 Scell 的設計額外波束相關的流程。

- 在輔小區上進行波束失敗測量，會不必要地額外增加終端實現複雜度。
- 若採用和主社區相同的波束失敗恢復流程，則需要在輔小區上預留非競爭的。PRACH，引起額外的資源浪費；若採用一套不同的設計，則會在 NR 系統中引入兩套不同的波束失敗恢復機制，增加協定複雜度，同時也增加了網路裝置和終端產品的實現複雜度。
- 方案涉及因素較為複雜，R15 標準化沒有足夠時間。

由於雙方僵持不下，在 R15 標準化後期，不同的工作群組達成了相反的結論：RAN1 同意設計針對 Scell 的波束失敗恢復機制[75]；RAN2 建議在後續版本研究。最後，輔小區上的波束失敗恢復機制在 R16 版本中制定完成。

針對輔小區的波束恢復機制，在標準化一開始，定的整體原則是儘量重用 R15 中主社區的波束失敗恢復機制，因此主要功能模組也分為以下四個

- 波束失敗檢測。
- 新波束選擇。
- 波束失敗恢復請求。
- 網路側回應。

其中波束失敗檢測和新波束選擇功能基本上與 R15 主社區波束失敗恢復機制類似；後兩個功能模組做了較大改動，後續會詳細介紹。

8.5.1 波束失敗檢測

各個輔小區的波束失敗檢測是獨立進行的，流程上與其他輔小區或主社區之間沒有連結。與 R15 已有機制一樣，輔小區波束失敗檢測同樣是基於單

通訊埠的週期性 CSI-RS，其中週期性 CSI-RS 可以透過網路側顯性設定，或終端根據 PDCCH 的 TCI 狀態來隱式地確定。波束失敗檢測流程的其他分步驟（例如門限確定，波束失敗確定等）也是重用 R15 的設計。

在輔小區波束失敗檢測流程方案設計中，一個爭論點是關於波束失敗檢測訊號如何確定的問題[76]：

★選項 1：一個 BWP 上的波束失敗檢測訊號最多可以設定 2 個。

★選項 2：一個 BWP 上的波束失敗檢測訊號最多可以設定 2 個，同時制定規當 PDCCH 使用了 2 個以上波束時，如何確定 2 個波束失敗檢測訊號（隱式設定方法）。

★選項 3：一個 BWP 上的波束失敗檢測訊號最多可以設定 3 個。

這一問題其實是 R15 的遺留問題。一個 R15 UE 在一個 BWP 上可以透過 RRC 設定最多 3 個 CORESET，在 R15 波束恢復機制標準化過程中，設想其中有一個 CORESET 專用（對應一個專用的搜尋空間）於監測網路側針對 BFRQ 的回應，不用於波束失敗之前的正常資料傳輸。此時 2 個 CORESET 每個設定獨立的 TCI 狀態，最多可以對應 2 個不同的下行發送波束。因此，當時會上同意了波束失敗檢測訊號最多可以設定 2 個。到 R15 標準化後期，各公司發現把不同工作群組（例如 RAN1 和 RAN2）的結論整合在一起時，PDCCH 可能會使用 2 個以上波束。因為專用的搜尋空間（以及對應的專用的 CORESET）設定是可選的，即可能沒有專用於波束失敗恢復流程的的 CORESET，這時候 PDCCH 最多可以有 3 個下行發送波束。如前面介紹，當沒有設定專用的 CORESET 時，終端檢測到波束失敗後，透過四步隨機連線流程進行後續操作。在 R15 中發現上述問題後，有公司提出修改以前的結論，例如上面提到的選項 2 和選項 3。當時 R15 標準化即將結束，大部分公司不同意花費時間進行額外的性能最佳化，因此最後還是維持原來結論。在 R16 研究輔小區的波束失敗流程時，儘量沿用 R15 的設計，因此上述問題重新提出來被討論。

支援選項 1（即 R15 相同設計）的主要理由如下：

- 和 R15 限制保持一致，如果兩個方案不一樣，會破壞系統設計的一致性。
- 如果增加失敗檢測訊號的最大數量，會增加終端處理複雜度，影響終端功耗。
- 網路可以透過顯性設定來通知終端波束失敗檢測訊號，因此可以保證網路和終端了解一致，如果為隱式方式引入額外的規則（例如選項 2），只會增加不必要的複雜度，不會帶來明顯好處。

支援選項 2 的主要理由如下：

- 在 R16 中，為了支援多 TRP 傳輸，一個終端可以設定 5 個 CORESET，因此 PDCCH 使用的最大發送波束數目為 5。無論是把波束失敗檢測訊號最大數量設為 2 和 3 都存在相同的問題。
- 採用隱式方式確定波束失敗檢測訊號時，如果 PDCCH 使用的發送波束大於 2，則網路不知道終端針對哪 2 個波束進行了波束失敗檢測。這會導致網路和終端雙方了解不一致，影響整個系統的性能，因此需要規定按照何種準則選擇 2 個波束進行波束失敗檢測。

支援選項 3 的主要理由如下：

- 把波束失敗檢測訊號最大數目增加為 3，一方面可以避免選項 2 中建議的複雜規則，另一方面能極佳地處理 PDCCH 可能使用的所有波束。
- 把最大數字從 2 增加到 3，對終端複雜度影響有限，同時終端可以透過上報能力（例如終端上報可同時支援多少個輔小區進行波束恢復流程）來控制整體的複雜度。
- 對應多 TRP 傳輸的場景，目前標準化沒有考慮其與波束失敗回覆的結合，因此暫時不在設計範圍內。

在標準化的過程中，大部分公司都認為直接沿用 R15 的限制，對於部分應用場景確實不夠最佳化，因此需要加以修改或增強。但是對於具體的增強方案，公司主要分為支援選項 2 和選項 3 的兩大陣營，互相爭執不下，結果這兩個方案都沒有被同意，最後還是沿用了 R15 相同的限制：在隱式方式中，若 PDCCH 使用的下行發送波束超過 2 個，則由終端自主選擇 2 個下行發送波束用於波束失敗檢測。

與 R15 主社區波束失敗的確定一致，Scell 波束失敗的判斷由物理層和 MAC 層協作完成，基於物理層的 BFI 上報以及 MAC 層維護的波束失敗檢測計時器（beamFailureDetectionTimer）和波束失敗計數器（BFI_COUNTER）來確定該 Scell 上是否發送波束失敗。

8.5.2 新波束選擇

輔小區波束恢復流程中的新波束選擇基本重用 R15 已有的設計，區別在於網路必須給終端設定用於新波束選擇的參考訊號，而在 R15 設計中網路可以設定，也可以不設定。R15 波束失敗恢復機制針對主社區，因此當網路不設定用於新波束選擇參考訊號時，終端可以發起基於競爭的四步隨機連線流程來重新建立新的鏈路。R16 新的波束失敗恢復機制針對輔小區，而輔小區沒有基於競爭的 PRACH，因此輔小區本身無法發起基於競爭的四步隨機連線流程。

- 如果要從對應的主社區發起基於競爭的四步隨機連線流程，涉及到 R16 新波束失敗恢復流程與主社區波束恢復流程相關之間操作或優先順序確定，協定設計將比較複雜。
- 基於競爭的四步隨機連線流程延遲相對較長，上行資源佔用較多。

基於上述原因考慮，在 R16 中規定，針對輔小區波束失敗恢復機制，網路必須給終端設定對應的用於新波束選擇的參考訊號。

8.5.3 波束恢復請求

在 R15 中，波束恢復流程主要針對主社區，最後標準採用 PRACH 訊號來傳輸 BFRQ。和主社區相比，輔小區具有自身的一些特點，例如輔小區可能只有下行載體，沒有上行載體。因此在 R16 階段對於輔小區 BFRQ 的傳輸，各公司提出了各種設計方案，主要包括以下三種[77]：

★方案 1：採用 PRACH 訊號傳輸 BFRQ（沿用 R15 類似設計）。

★方案 2：採用 PUCCH 傳輸 BFRQ。

★方案 3：採用 MAC CE 訊號來傳輸 BFRQ。

各方案的優缺點如表 8-8 所示。

表 8-8 不同的輔小區 BFRQ 方案比較

方案	優點	缺點
PRACH	• 重用 R15 現有機制，避免針對類似問題設計不同的方案	• PRACH 佔用資源多 • 和主社區不同，輔小區上 PRACH 資源使用相對受限制，例如不能使用基於競爭的 PRACH 資源 • 因為主社區的存在，其他更靈活、更高效的機制可以使用（例如方案二、方案三），不需要使用主社區採用的機制
PUCCH	• 整體流程延遲小 • 資源負擔小 • PUCCH 傳輸資訊比 PRACH 更靈活，是一個靈活性與性能較好的折中	• 輔小區可能沒有上行載體，或上行載體不能設定 PUCCH，這會佔用其他社區上的 PUCCH 資源 • 為了保持低延遲時間，需要佔用 PUCCH 資源，即使波束失一直沒有發生，PUCCH 資源也不能釋放，浪費資源 • 儘管比 PRACH 能傳輸更多的資訊，但是其靈活性比 MAC CE 低 • 與承載其他資訊的 PUCCH 之間的優先順序或重複使用，將使得系統設計更為複雜
MAC CE	• MAC CE 很容易攜帶更多資訊。和 PUCCH 格式相比，MAC CE 格式設計簡單	• 和 PUCCH 相比，MAC CE 訊號傳輸會帶來較大的延遲時間，失去了波束快速恢復的意義

方案	優點	缺點
	• 由於主社區存在，無論輔小區是否有上行載體，MAC CE 都能可靠地從主社區傳輸 • 由於 MAC CE 透過 PUSCH 傳輸，因此波束恢復整體流程簡單，協定設計量小	

其中，支援方案一的公司相對較少，各公司主要是支援方案二或方案三。由於方案二和方案三爭執不下，後來妥協成一個 PUCCH + MAC CE 的新的融合方案。新方案主要包括以下過程：

- 當 Scell 發生了波束失敗，且目前可用的上行資源可以滿足 BFR MAC CE 的傳輸時，終端會基於 BFR MAC CE 上報該 Scell 的波束失敗資訊，包括輔小區標識資訊以及新波束的指示資訊。
- 若當前沒有足夠的上行資源來發送 BFR MAC CE，終端可以透過發送 SR 來請求上行資源來發送 BFR MAC CE。
- 如果終端既沒有可用的上行資源來傳輸 BFR MAC CE，網路也沒有提供 SR 設定，終端會基於 R15 的行為觸發隨機連線過程來獲得上行資源。

和 R15 新波束選擇一樣，輔小區上新波束選擇過程可能選擇不到滿足系統組態的門限要求的波束，這時候終端應該如何上報也是需要解決的問題。在 R15 中，這種情況下終端會啟動基於競爭的四步隨機連線流程。而現在使用 MAC CE 上報具體的資訊，可以具有更多的靈活性，因此針對出現這種情況的輔小區，各公司提出了不同的上報方案

★方案 1：終端上報這一輔小區的標識資訊，以及一個特殊狀態來指示：針對這一輔小區未找到滿足門限的新波束。

★方案 2：終端上報這一輔小區的標識資訊，以及 RSRP 最好的波束和它的 RSRP 值。

★方案 3：終端只上報這一輔小區的標識資訊。

這三個方案都會上報這一輔小區的指示資訊，即通知網路發送波束失敗的是哪個輔小區，差別在於要不要在上報其他的額外資訊。方案一的主要技術邏輯是，把未找到滿足門限的新波束這一情況也告訴網路，便於網路可以做出更好的決策；同時 MAC CE 可以使用同一個格式來支援找到或沒找到新波束的上報內容。支援方案二的出發點是，找不到滿足條件的新波束時，給網路上報一個品質最好的波束，可以協作網路做出更好的判斷。同時，反對方案二的主要技術理由在於：網路可以根據需求靈活設定不同的門限。因此，既然網路已經設定了一個選擇新波束的門限值，那麼就應該尊重網路的設定，而不應該上報不滿足條件的內容；引入不同的上報內容需要讓 MAC CE 支援各種不同的上報內容，導致 MAC CE 格式多樣化，增加系統複雜性。支援方案三的主要好處是：理論上可節省 MAC CE 上報所使用的資源。但很多公司認為實際中很難達到這一目的，同時還會導致 MAC CE 指示不同上報內容，而引入不必要的格式，使系統複雜化。由於方案一比較直觀，同時設計簡單，最後 3GPP 採用了這一方案。也就是說如果終端未找到滿足條件的新波束，也可以透過 BFR MAC CE 指示網路所設定的候選波束中沒有滿足條件的新波束。

另外，終端可能會設定多個輔小區，不同的輔小區可執行各自的波束失敗恢復流程。在 R16 中，終端可支援多少個輔小區同時設定和進行波束失敗恢復流程，屬於終端能力，需要終端上報給網路。當多個輔小區執行各自的波束失敗恢復流程時，可能存在多個輔小區同時發現波束失敗的情況，這時候可把多個輔小區的波束失敗資訊透過同一個 BFR MAC CE 一次性全部上報，從而節省資源負擔，同時也可降低延遲時間。若多個輔小區同時發生了波束失敗，但是當前可用的上行資源無法傳輸所有輔小區的波束失敗資訊，可用透過截短 BFR MAC CE 的方式把發生波束失敗的輔小區標識上報給網路，這樣當網路側收到截短的 MAC CE 後，就可以知道哪些社區發生了波束失敗，並且還知道了 UE 沒有足夠的上行資源來上報波束失敗資訊，從而可以設定上行資源給終端。BFR MAC CE 上報不僅可以透過主社區傳輸，也可以透過輔小區傳輸，協定沒有任何限制，完全取決於當時當前可用的上行資源情況。

8.5.4 網路側回應

因為 MAC CE 訊號透過 PUSCH 來傳輸，網路是否正確接收到 MAC CE 訊號可以透過現有 PUSCH 的 HARQ 相關機制來確定。在 R15 NR，如果終端收到同一個 HARQ 處理程序對應的排程新資料的上行授權，則認為上一次傳輸已經被網路正確接收。針對輔小區波束失敗請求，終端發送完對應的 MAC CE 後，也是按照同一方法來確定網路是否正確接收到 MAC CE。

針對這一機制，部分公司提出需要改進，因為網路可能一段時間沒有新的上行資料需要傳輸，此時終端無法確定網路是否正確接收到 MAC CE 上報。反對公司認為網路側可以做出明智選擇，不需要標準進行其他額外改進。一方面，網路具有自主權，可以根據需求決定什麼時間給終端發送對應；另一方面，即使一段時間沒有新的上行資料傳輸，如果網路認為需要給終端回應，它也可以發起一次 PUSCH 的排程。最後，NR 沒有引入其他任何額外的增強方案。

8.6 多 TRP 協作傳輸

為提升社區邊緣使用者的性能，在覆蓋範圍內提供更為均衡的服務品質，NR 中引入了多 TRP 協作傳輸的方案。多 TRP 協作傳輸透過多個 TRP 之間進行非相干聯合傳輸（Non Coherent-Joint Transmission，NC-JT）或分集傳輸，既可以用於提高邊緣使用者的輸送量，也可以提高邊緣使用者的性能，從而更進一步地支援 eMBB 業務和 URLLC 業務。其中，NR R16 協定版本只支援 2 個 TRP 的協作傳輸，因此下面的介紹都基於 2 個 TRP 協作的假設。

8.6.1 基本原理

根據發送資料流程與多個傳輸 TRP 的對應關係，多 TRP 協作傳輸方案可以分為相干傳輸和非相干傳輸兩種類型：

- 在進行相干傳輸時，發送的資料流程透過多個傳輸點進行聯合成形，協調不同傳輸點的預編碼矩陣（相對相位）來保證同一個資料流程在接收端能夠進行相干疊加，即將多個傳輸點的子陣虛擬成一個維度更高的天線陣列來獲得更高的成形增益。相干傳輸方案，對傳輸點之間的同步和協作的要求較高。在 NR 實際部署環境中，傳輸點之間的協作性能容易受到頻偏等一些非理想因素的影響，同時由於各傳輸點地理位置的差異、路損等大尺度參數的差異也會對聯合成形的性能帶來影響。因此，相干傳輸的實際性能增益很難得到保障。

- 相對於相干傳輸，非相干傳輸（NC-JT）不需要多個傳輸點之間進行聯合成形，每個傳輸點可以獨立對各自傳輸的資料流程進行預編碼，不需要協調相對的相位，因此受以上非理想因素的影響相對較小。因此，NR 系統將非相干傳輸作為提升社區邊緣使用者性能的重要手段進行了研究和標準化。

考慮到多 TRP 傳輸在不同回程鏈路（backhaul）能力和業務需求下的應用，NR 主要研究了以下幾種多 TRP 協作傳輸方案（如圖 8-32 所示）：

- 基於單 DCI 的 NC-JT 傳輸方案（簡稱為單 DCI 方案），主要用於提升 eMBB 業務的資料速率。單 DCI 方案透過單一 PDCCH 排程一個 PDSCH，PDSCH 的每個資料流程只能從一個 TRP 上傳輸，不同的資料流程可以映射到不同的 TRP 上。由於需要動態地進行 TRP 之間的快速協作，該傳輸方案適合於 backhaul 比較理想的部署場景。
- 基於多 DCI 的 NC-JT 傳輸方案（簡稱為多 DCI 方案），主要用於提升 eMBB 業務的資料速率。基於多 DCI 方案中，每個傳輸點透過獨立的 PDCCH 分別排程各自的 PDSCH 傳輸。這種情況下，各 TRP 之間不需要緊密的協作與頻繁的訊號和資料互動，因此該方案更適合非理想 backhaul 的應用場景。

- 基於多 TRP 的分集傳輸方案，主要用於提升 URLLC 業務的傳輸可靠性。基於多 TRP 的分集傳輸方案是利用多個 TRP 重複傳輸相同的資料以提高傳輸可靠性，從而更好的支援 URLLC 業務。

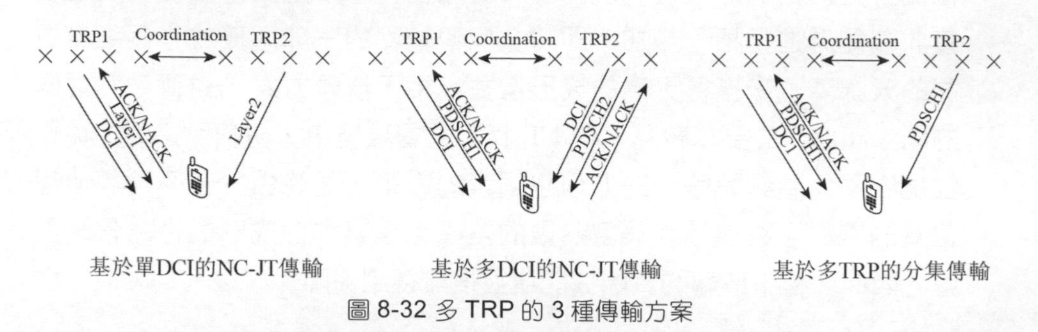

圖 8-32 多 TRP 的 3 種傳輸方案

8.6.2 基於單 DCI 的 NC-JT 傳輸

在單 DCI 方案中，一個 PDSCH 的不同資料流程在相同的時頻資源上透過多個傳輸點平行傳輸，可以有效地提升邊緣頻譜效率。因為 PDSCH 是由單一 DCI 進行排程的，相對於多 DCI 方案而言，其 PDCCH 訊號負擔更小。單 DCI 方案的研究和標準化重點主要包括：代碼映射方案、DMRS 分配指示方案以及 TCI 狀態指示與映射方案。

1. 代碼映射方案

在 R15 中，資料流程數目（即 MIMO 層數）小於 4 時採用單代碼傳輸，層數為 5 到 8 時採用雙代碼傳輸。由於多 TRP 協作的應用場景主要在於提升社區邊緣使用者的性能，並且考慮 4 接收天線將是終端的主流設定，因此多 TRP 協作傳輸主要考慮 4 層及以下的資料傳輸。如果採用 R15 現有的代碼映射規則，在透過多 TRP 進行傳輸時，多 TRP 只能共用一個代碼，這樣帶來的問題是多 TRP 之間無法根據各自的鏈路品質進行各自獨立的 MCS 自我調整調整，因為 NR 協定固定 1 個代碼只能有一個對應的 MCS。但是，考慮到調整現有的代碼映射方案[78][79]會導致標準上較大的改動，而且部分公司[80]列出的模擬結果顯示使用單一代碼不會帶來明顯的性能損失，因此在單 DCI 方案中，代碼映射方案仍然沿用了 R15 的規定。

2. DMRS 通訊埠分配指示方案

由於每個 TRP 的大尺度通道特徵存在差異，為了保證同一個分碼重複使用（Code Division Multiplexing，CDM）組內的 DMRS 通訊埠之間的正交性，要求同一個 CDM 組的 DMRS 通訊埠是 QCL 的。因此在設計多 TRP 協作傳輸的 DMRS 通訊埠分配方案時，需要支援至少兩個 CDM 組的通訊埠分配，即一個 CDM 組用於一個 TRP 的資料傳輸。在 R15 的 TS 38.212 協定中，透過 DMRS 通訊埠指示表格中列出了不同 CDM 組的 DMRS 通訊埠分配，可以透過不同的 DMRS 設定支援以下多 TRP 的傳輸層組合（只考慮 4 層及以下）：

- 1+1：兩個 TRP 上各自傳輸 1 個資料流程。
- 2+1：第一個 TRP 上傳輸 2 個資料流程，第二個 TRP 上傳輸 1 個資料流程。
- 2+2：兩個 TRP 上各自傳輸 2 個資料流程。

為了支援更靈活的排程，R16 中額外支援了{1+2}的傳輸層組合，透過引入 DMRS 通訊埠{0,2,3}來達到了這個目的：第一個 TRP 上傳輸 1 個資料流程，第二個 TRP 上傳輸 2 個資料流程。

在 rank=4 時，一些公司[81]還提出引入一個 CDM 組中包含 1 個 DMRS 通訊埠，而另一個 CDM 組中包含 3 個 DMRS 通訊埠的設定，以支援｛1+3｝或｛3+1｝的傳輸層組合。但是，多 TRP 主要針對社區邊緣使用者，使用者到兩個協作 TRP 之間的訊號強度差別不會過大，此時兩個協作 TRP 的層數也應該是相近的。基於這種假設，部分公司[82]對總 rank 數不超過 4 且允許協作 TRP 傳輸的層數分別為 1 和 3 的情況進行了模擬，其結果顯示這樣的傳輸設定相比不允許該設定並沒有明顯的性能提升。因此 NR 最終沒有支援{1+3}和 {3+1} 的傳輸層組合。

除了 rank 組合問題之外，NR 還討論了是否同時支援 NC-JT 與 MU-MIMO。部分公司[83][84]認為 NC-JT 的傳輸主要針對邊緣使用者的性能提升，而 MU-MIMO 主要用於中心使用者提升輸送量，邊緣使用者採用 MU-MIMO 可能會抵消 NC-JT 的增益。此外，NC-JT 的性能增益主要在系統資源使用率較低時才能得以表現，而 MU-MIMO 性能提升的典型場景為較高資源使用率的情況，二者同時使用的場景很少。同時，有部分公司[85]針對基於單 DCI 方案的多 TRP 多使用者傳輸進行了模擬評估，沒有發現明顯的性能增益，因此最終 NR 沒有支援這一特性。

3. TCI 狀態指示方案

由於不同 TRP 在空間位置上的不同，各 TRP 對應的通道大尺度特性具有明顯的差異。因此在多 TRP 聯合傳輸時，需要分別指示各個 TRP 對應的 QCL 資訊。在 R15 中，DCI 中 TCI 資訊域的狀態僅對應到 1 個 TCI 狀態。為了能夠支援基於多 TRP 的傳輸，在 R16 中對 MAC-CE 訊號進行了增強，DCI 中 TCI 資訊域的狀態最多可以映射到 2 個 TCI 狀態。如果 DCI 中指示的 TCI 資訊域指示了 2 個 TCI 狀態，第一個 TCI 狀態所連結的資料將採用第一個 CDM 組中所指示的 DMRS 通訊埠進行傳輸，第二個 TCI 狀態所連結的資料將採用第二個 CDM 組中指示的 DMRS 通訊埠進行傳輸。

TCI 狀態的設定和指示包括 RRC 設定，MAC-CE 啟動以及 DCI 指示三個步驟，其具體過程如下：

- RRC 透過 PDSCH-Config 為終端設定最多 M 個 TCI 狀態，其中 M 的設定值由 UE 能力確定，M 的最大值可以是 128。
- MAC-CE 啟動最多 8 個 TCI 狀態組用以映射到 DCI 中的 3 位元 TCI 資訊域。其中 MAC-CE 啟動的每個 TCI 狀態組可以包含 1 個或 2 個 TCI 狀態。如果高層參數設定 DCI 中包含 TCI 指示域時，DCI format 1_1

可以從 MAC 啟動的 TCI 狀態組中指示一個 TCI 狀態組。如果高層參數設定 DCI 中不包含 TCI 指示域或資料是透過 DCI format 1_0 來排程時，DCI 中將不包含 TCI 狀態指示域。

- 如果 MAC CE 啟動的 TCI 狀態組中至少有一個 TCI 狀態組包含 2 個 TCI 狀態，且 DCI 和排程的 PDSCH 之間的時間間隔小於 UE 上報的門限 timeDurationForQCL 時，終端採用 MAC-CE 啟動的包含兩個 TCI 狀態的 TCI 狀態組中索引最低的 TCI 狀態組來進行資料的接收。

8.6.3 基於多 DCI 的 NC-JT 傳輸

由於多 TRP 間的 backhaul 容量可能受限，此時 TRP 間的互動會存在較大延遲，無法透過單 DCI 進行多 TRP 的排程。此外，不同傳輸點到使用者間的通道條件相對獨立，透過獨立的 PDCCH 為每個 TRP 獨立進行資源排程和鏈路自我調整可以帶來一定的性能增益。因此，R16 引入了基於多 DCI 的多 TRP 傳輸方案。雖然基於多 DCI 的非相干傳輸主要是針對非理想 backhaul 引入的，但是這種傳輸方案也同樣可以用於理想 backhaul 的情況。在對兩個 PDSCH 進行 HARQ-ACK 回饋時，網路可以基於傳輸點之間的實際 backhaul 情況來設定獨立回饋或聯合回饋。

1. PDCCH 增強

由於來自不同 TRP 的 PDSCH 透過各自獨立的 PDCCH 排程，終端需要分別監測來自不同 TRP 的 PDCCH。在 NR 中，透過不同的 CORESET 來區分不同的 TRP，即每個 CORESET 只對應一個 TRP，不同的 TRP 可以採用不同的 CORESET 組來傳輸 PDCCH。具體地，不同 CORESET 組中的 CORESET 透過設定不同的 CORESET 組索引（*CORESETPoolIndex*）來區分。對於沒有設定 CORESET 組索引的 CORESET，UE 假設其設定值為 0。透過該參數，UE 可以假設具有相同 CORESET 組索引的 CORESET 中的 PDCCH 所排程的資料來自同一個 TRP。相比於 R15，由於每個 TRP 分配的 CORESET 是獨立的，網路需要設定更多的 CORESET 以支援兩個

TRP 獨立的排程。R16 中每個 BWP 可以設定最多 5 個 CORESET（R15 是 3 個），具體支援的數量取決於 UE 能力上報。

基地台可以在每個 BWP 下為每個使用者最多設定 10 個搜尋空間集合，不同的搜尋空間的監測週期可以不同。由於監測週期的不同，基地台在每個搜尋空間可以按照終端最大監測能力進行設定。這樣帶來的問題是當監測時域位置重合時，比如終端需要同時監測公共搜尋空間和 UE 專屬搜尋空間時，可能會導致該使用者需要盲檢的 PDCCH 數目超過使用者的最大能力。為此標準中引入了 overbooking 機制，當使用者盲檢的 PDCCH 數目超過使用者的最大能力時，按照搜尋空間 ID 由大到小的順序來進行捨棄。對於支援多 DCI 排程的社區，每個 TRP 下的最大盲檢和終端通道估計能力不能超過 R15 的規定。當一個服務社區的最大盲檢次數與最大 CCE 數量與每個 TRP 的限制相同時，按照 R15 的 overbooking 原則來進行捨棄處理。如果服務社區的最大盲檢次數與最大 CCE 數量大於一個 TRP 的限制時，僅對 CORESET 組索引為 0 的 CORESET 所連結的 UE 專屬搜尋空間進行 overbooking。

2. PDSCH 增強

當各傳輸點透過各自的 PDCCH 分別排程對應的 PDSCH 時，兩個 PDSCH 的時頻資源的不同交疊情況會對協作傳輸的性能及終端複雜度帶來不同的影響[86][87][88][89]：

- 如果不同 TRP 排程的 PDSCH 的時頻資源完全不重合，從終端實現的角度出發，終端的處理複雜度可以得到降低，PDSCH 間也不會引入額外的干擾。但是，為了保證各 PDSCH 的資源完全不重疊，需要各傳輸點預先協調可用的資源，這樣對傳輸點之間資料互動的即時性要求較高，或需要網路提前進行半靜態的資源協調。
- 不同傳輸點排程的 PDSCH 的時頻資源完全重合時，理想情況下可以提升系統頻譜效率，但是考慮到各傳輸點通道條件的差異，這種方式同樣可能會損失頻率選擇性排程的增益。從終端實現角度考慮，由於在所分配的資源上 PDSCH 之間干擾的統計特性是相對穩定的，其干擾估計和干擾抑制的實現較為便利。為了保證各 PDSCH 的資源完全重疊，也需要各傳輸點預先協調可用的資源，這樣對傳輸點之間資料互動的即時性要求也較高。

- 如果各 PDSCH 的時頻資源部分重合（不完全重合），則不同的資源上 PDSCH 間的干擾將不同，從而會對終端的通道估計和干擾抑制帶來額外的複雜度。

考慮以上因素，如果不對資源設定進行限制，基地台的排程靈活性可以得到滿足，對 backhaul 的要求也會降低，但是終端的實現複雜度將明顯提高。因此，是否支援多 DCI 排程的終端需要同時支援無資源重疊、部分資源重疊和完全資源重疊，成為終端/晶片廠商和網路廠商博弈的焦點。最終，經過多輪 UE 能力的相關討論[90]，部分資源重疊和完全資源重疊作為可選的獨立 UE 能力，由終端上報給網路側。

對於以上幾種資源重疊情況，為了進一步降低終端的實現複雜度並降低 PDSCH 之間的干擾，NR 中引入了以下限制和增強[91]：

- 各 PDSCH 的前置 DMRS 和附加 DMRS 的設定以及所在的位置和所佔的符號數應當保持相同，並且每一個 CDM 組中的資料僅來自同一個 TRP。這樣在發送 DMRS 的符號上，各 PDSCH 的 DMRS 分別使用不同的 CDM 組，從而避免了不同 PDSCH 的 DMRS 之間的干擾。
- 當存在重疊或部分重疊的 PDSCH 排程時，應當避免在一個 PDSCH 的 DMRS RE 位置發送另一個 PDSCH 的資料，這個主要靠基地台排程實現。
- 使用者僅能在相同的 BWP 頻寬和相同的子載體設定下同時接收來自兩個 TRP 的資料。在透過多個 PDCCH 排程時，由於每個傳輸點可以透過各自的 DCI 指示 UE 進行 BWP 的切換，但是由於任一時刻終端在一個載體上僅能在一個 BWP 上進行接收和發送，如果不同的 TRP 在相同時刻指示了不同的 BWP，終端將無法同時在兩個 BWP 上進行接收發送。

- 設定不同 CORESET 組索引的 CORESET 中的 PDCCH 排程的 PDSCH 使用不同的 PDSCH 加擾序列。在透過多個傳輸點進行多 PDSCH 傳輸時，如果仍然按照 R15 的方式來進行加擾，不同 TRP 發送的 PDSCH 的加擾序列是相同的。這樣在 PDSCH 資源重疊或部分重疊時，不同 TRP 發送的 PDSCH 之間會存在持續的干擾。為了隨機化不同的 TRP 上傳輸資料之間的相互干擾，網路裝置可以透過高層訊號設定兩個加擾序列 ID，連結不同的 CORESET 組索引。

NR 中除了考慮多 DCI 排程的 PDSCH 之間的干擾，還要考慮不同 TRP 傳輸的 NR 資料與鄰社區傳輸的 LTE CRS 之間的衝突。如果 NR 和 LTE 被佈置到了相同的頻段，需要透過對 PDSCH 進行速率匹配避免 NR PDSCH 和 LTE CRS 之間的衝突。具體的，在基於 M-DCI 的多 TRP 協作傳輸中，可以為兩個 TRP 分別設定最多三個 CRS 圖樣。如果一個 TRP 傳輸的 PDSCH 與另一個 TRP 傳輸的 CRS 之間沒有顯著的干擾，網路裝置可以分別對每個 TRP 各自的 CRS 圖樣進行獨立的速率匹配，即每個 TRP 僅針對自己傳輸的 CRS 對 NR PDSCH 進行速率匹配，從而減少對輸送量的影響。這種情況下，每個 PDSCH 只需要對排程 PDCCH 連結的 CORESET 組索引對應的 CRS 圖樣集合進行速率匹配，這種處理方式需要獨立的 UE 能力上報。如果終端不支援這種獨立的速率匹配，則需要對網路設定的所有 CRS 圖樣進行速率匹配，即 PDSCH 要對所有 TRP 的 CRS 都進行速率匹配。

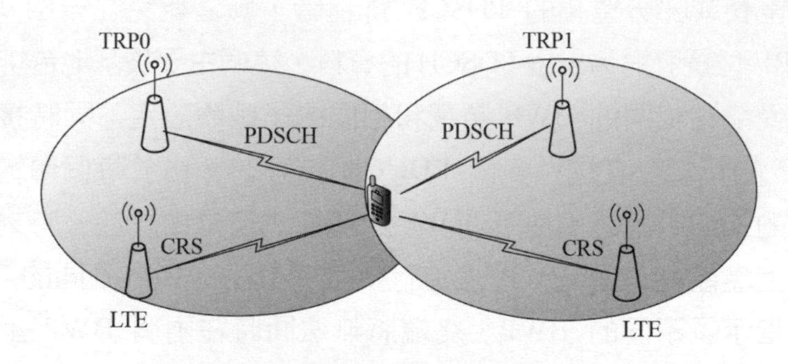

圖 8-33 UE 同時受到兩個 CRS 的干擾

1. HARQ-ACK 增強

對基於多 DCI 的多 TRP 協作傳輸，UE 可以採用兩種方式對各 TRP 傳輸的下行資料進行 ACK/NACK 回饋：獨立的 HARQ-ACK 回饋或聯合的 HARQ-ACK 回饋。如果 UE 上報的能力支援這兩種回饋方式，實際採用的方式可由 RRC 進行設定。在兩種回饋方式中，都需要考慮 HARQ-ACK 的動態和半靜態編碼簿生成方式問題。對於獨立回饋方式，還需要考慮兩個 PUCCH 的資源劃分問題。

■ 獨立 HARQ-ACK 回饋

對於獨立 HARQ-ACK 回饋，UE 分別使用獨立的 PUCCH 資源回饋不同 TRP 的資料對應的 HARQ-ACK，如圖 8-34 所示。

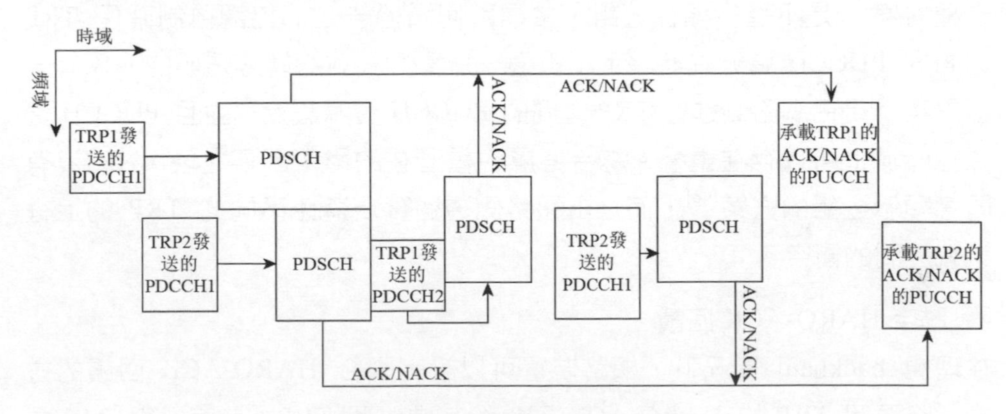

圖 8-34 獨立 HARQ-ACK 回饋

在 R15 的半靜態編碼簿中，HARQ-ACK 編碼簿的大小是預先定義的或是由 RRC 設定的參數來確定的，例如需要根據高層設定的下行資料的接收時刻集合來確定。在半靜態編碼簿中，針對各次下行傳輸的 HARQ-ACK 位元按照預先定義的時域和服務社區順序排列。在 R15 的動態編碼簿中，HARQ-ACK 編碼簿的大小隨著實際 PDSCH 排程情況動態改變。其中，針對各次下行傳輸的 HARQ-ACK 位元是根據時域順序和 DCI 中的 DAI 指示排列的。在 M-DCI 的多傳輸點傳輸中，如果設定了獨立 HARQ-ACK 回饋，各 TRP 的 HARQ 編碼簿仍然按照 R15 的規則獨立生成。具體而言，對於半靜態編碼簿，使用者根據網路側設定的 CORESET 組索引來確定屬於同一個 TRP 的資料傳輸，並生成半靜態編碼簿。當使用動態編碼簿時，每個 CORESET 組索引對應的 DAI 獨立計數。使用者在回饋動態編碼簿時，僅回饋設定同一 CORESET 組索引的 CORESET 中的 PDCCH 所排程的資料。

使用者進行獨立 HARQ-ACK 回饋時，需要保證使用者回饋給不同 TRP 的 PUCCH 資源在時域上不會重合。針對這一問題，有公司[92] [93]提出對 PUCCH 資源集合進行分組，使每個 TRP 的 PUCCH 資源群組在時域上互不重疊。在兩個 TRP 的資料需求不均衡時，這種顯性分組的方案會導致 PUCCH 資源使用率的降低，同時還要考慮 CSI 和 SR 的資源設定問題。另一種方案[94]是不進行顯性分組，由網路側透過一定的協調機制確保 TRP 之間的 PUCCH 資源在時域上不重疊，這種方式對終端是透明的。還有一種方案[95]是由網路側進行 TRP 之間的 PUCCH 資源設定，並且 PUCCH 資源在時域上可以存在重疊。綜合考慮各種潛在的影響因素之後，NR 沒有同意顯示分組的方案[96]，而是由網路側透過實現避免不同的 TRP 的上行訊號之間的衝突。

- 聯合 HARQ-ACK 回饋

在理想 backhaul 情況下，網路裝置可以設定聯合 HARQ-ACK 回饋的方式，將兩個 TRP 的 HARQ-ACK 回饋給其中一個 TRP。此時，與 R15 類似，如果兩個 TRP 的 HARQ-ACK 資源在同一個時間槽內，UE 將兩個 TRP 的 PDSCH 的 HARQ-ACK 位元放在一個 HARQ-ACK 編碼簿中透過相同的 PUCCH 資源回饋。這種回饋機制完全重用了 R15 的 HARQ-ACK 回饋。如果兩個 TRP 的 HARQ-ACK 資源被設定在不同的時間槽上，UE 仍然以獨立回饋的方式分別回饋各 TRP 的 HARQ-ACK 編碼簿。具體的回饋機制如圖 8-35 所示。

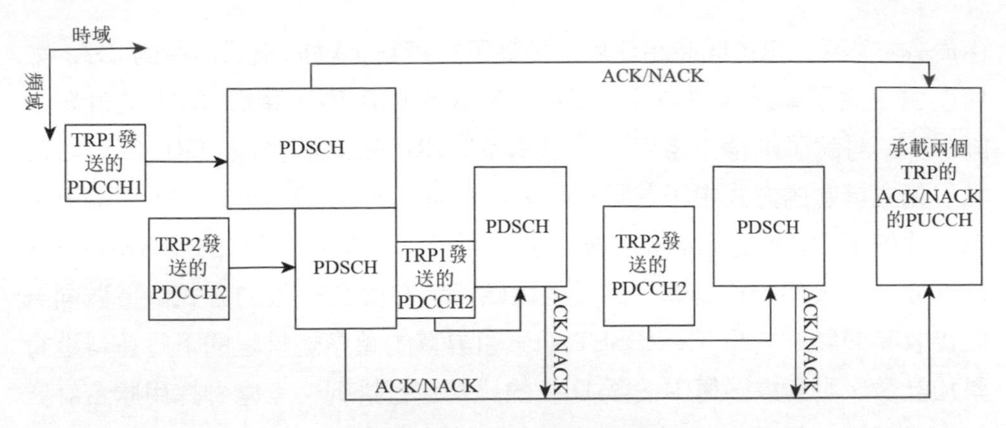

圖 8-35 聯合 HARQ-ACK 回饋

使用聯合回饋時，半靜態編碼簿需要根據 PDSCH 的接收時間、服務社區索引以及連結的 CORESET 組索引（對應於 TRP）進行排序。在 R15 中，靜態編碼簿在排序時先按照接收時間索引值昇冪，然後按照服務社區索引值昇冪進行排列。為了相容 R15 的排序規則，如果網路設定了不同的 CORESET 組索引，半靜態編碼簿的回饋按照 PDSCH 接收時間優先，服務社區索引昇冪其次，最後為 CORESET 組索引昇冪的順序來生成，如圖 8-36 所示。

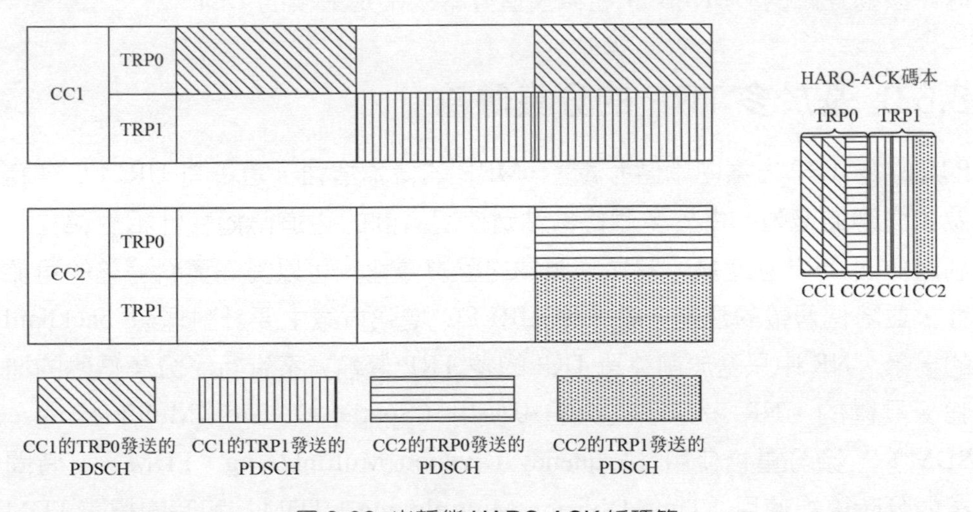

圖 8-36 半靜態 HARQ-ACK 編碼簿

由於存在兩個 TRP 同時給使用者傳輸下行資料，動態編碼簿中的 DAI 如何產生決定了編碼簿中的 HARQ-ACK 位元的順序。關於 DAI 的計數規則，NR 討論了兩種方案[97][98][99]：每個 TRP 獨立計數與 TRP 間聯合計數。獨立計數的方式中，在同一個接收時間點，各 TRP 的 DAI 值隨著各自排程的下行資料分別累加計數，此時可分別生成各 TRP 的 HARQ-ACK 編碼簿，然後串聯得到聯合的動態編碼簿。在聯合計數的方式中，對同一個接收時間點，按照 CORESET 組索引昇冪的順序隨排程的下行資料進行累加計數，動態編碼簿中按照 DAI 的昇冪進行排列。考慮到採用聯合計數的方式時，一個 TRP 的 DCI 發生漏檢可以透過另一個 TRP 的 DAI 來確定，NR 最終採用了聯合計數的方式。針對聯合回饋使用的 PUCCH 資源，R15 協定中確定使用最後一個 DCI 指示的 PUCCH 資源作為聯合回饋的資源。但是由於不同 TRP 發送的 DCI 可能佔用相同的時域資源，此時需要一定的規則確定哪個 DCI 才是最後一個 DCI。NR 具體的，當終端設定多個 CORESET 組索引時，先按照 PDCCH 的監測時刻昇冪來確定；如果相同監測時刻存在多個服務社區的 PDCCH 時，按照服務社區索引值昇冪來確定；如果同時存在相同服務社區的多個來自不同 TRP 的 PDCCH 時，按照連結的 CORESET 組索引值昇冪來確定最後的 DCI。

8.6.3 基於多 TRP 的分集傳輸

R16 的多 TRP 方案中不僅考慮了 eMBB 的傳輸增強，還針對 URLLC 業務做了對應的增強。由於多個傳輸點到使用者間的通道傳播特性相對獨立，利用多個 TRP 在空域、時域、頻域的重複傳輸，可以提高資料傳輸的可靠性，並降低傳輸的延遲。考慮到 URLLC 增強方案主要針對理想 backhaul 的場景，NR 中只基於前述單 DCI 的多 TRP 傳輸方案進行了分集傳輸的增強。具體的，NR 考慮了空分重複使用（Spatial Division Multiplexing，SDM）、頻分重複使用（Frquency Division Multiplexing，FDM）、時間槽內分時重複使用（Time Division Multiplexing，TDM）和時間槽間 TDM 四種分集傳輸方案[100][101][102]：

- SDM 方案：在一個時間槽中，不同 TRP 在相同的時頻資源上分別透過不同的 TCI 狀態和 DMRS 通訊埠集合進行資料傳輸。由於在相同的時頻資源上進行多層資料的傳輸，其資源使用率相對較高，但是層間存在一定的干擾。
- FDM 方案：在一個時間槽中，不同 TRP 在相同的 OFDM 符號上使用不重疊的頻域資源進行資料的重複傳輸。由於多 TRP 的傳輸資源在頻域上不重疊，相互不存在干擾，但是其頻帶使用率較低。
- 時間槽內 TDM 方案：在一個時間槽中，不同 TRP 在相同頻域資源上使用不同的 OFDM 符號進行資料的重複傳輸。由於可用的傳輸的時域資源相對較少，重複次數受限，但可以在很短的時間內完成重複，適用於可靠性要求較高、對延遲敏感且資料量相對較小的 URLLC 業務。
- 時間槽間 TDM 方案：不同 TRP 在相同頻域資源上使用不同的時間槽進行資料的重複傳輸。該方案可靠性較高，但是由於重複傳輸會跨越多個時間槽，適用於對延遲不敏感的 URLLC 業務。

其中，FDM 方案、時間槽內 TDM 方案和時間槽間 TDM 方案之間透過 RRC 訊號進行方案的切換，同時它們都可以透過 DCI 動態切換到 R15 的非重複傳輸方案或 SDM 的分集傳輸方案。

1. SDM 方案

NR 討論過 3 種不同的 SDM 方案：

★方案 1a：同一個傳輸區塊對應的兩組資料層分別透過不同的傳輸點發送，每個傳輸點使用不同的一組 DMRS 通訊埠。

★方案 1b：同一個 TB 透過兩個獨立的 RV 版本由不同的傳輸點發送，每個傳輸點使用不同的一組 DMRS 通訊埠，兩個傳輸點發送的資料的 RV 版本可以相同也可以不同。

★方案 1c：兩個傳輸點使用同一組 DMRS 通訊埠重複地發送相同 RV 版本的資料。

這三種方案中，方案 1a 相對於前述基於單 DCI 方案不需要額外的標準化工作。當所傳輸的兩個 RV 版本都可以自解碼時，方案 1b 的堅固性更高，尤其是某個 TRP 被遮擋的情況下。但是實際上在串流速率較低時，方案 1a 也可能實現每個 TRP 發送資訊的自解碼。對於方案 1c，根據一些公司[103][104]提供的性能評估，其相對於標準化透明的 SFN 傳輸的增益並不明顯。考慮到對協定的影響，NR 最終採用了 SDM 方案 1a，透過單 DCI 方案隱性支援了這種分集方式。

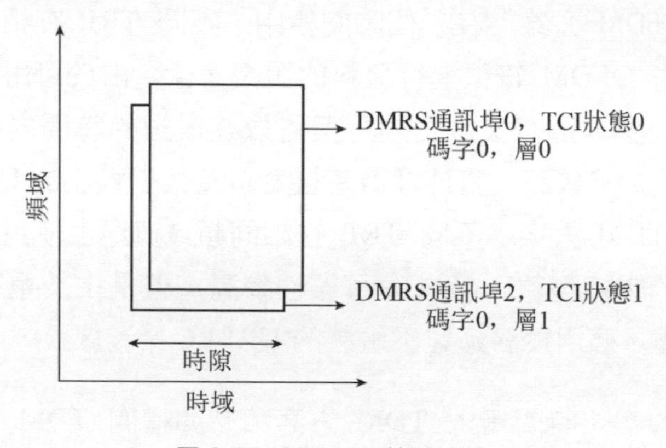

圖 8-37 SDM 1a 傳輸方案

2. FDM 方案

根據在不同頻域資源上發送的資料是否採用相同的 RV 版本，FDM 分為兩種方案：

★方案 2a：單一代碼的同一個 RV 版本被映射在所有 TCI 狀態對應的頻域資源上。每個 TRP 僅傳輸該代碼中的部分資訊位元。

★方案 2b：一個代碼的兩個獨立 RV 版本分別映射到不同 TCI 狀態所對應的頻域資源上，即每個 TRP 透過互不重疊的頻域資源分別傳輸同一個傳輸區塊的不同 RV 版本。

由於各 TRP 的頻域資源互不重疊，不同 TCI 狀態的資料可以使用相同的 DMRS 通訊埠集合。其中，為了保證方案 2b 的性能，終端需要對不同 RV

版本的資料進行軟位元合併，如果終端不支援該能力，該方案的性能會明顯下降。圖 8-38 分別列出了方案 2a 和方案 2b 傳輸示意圖。

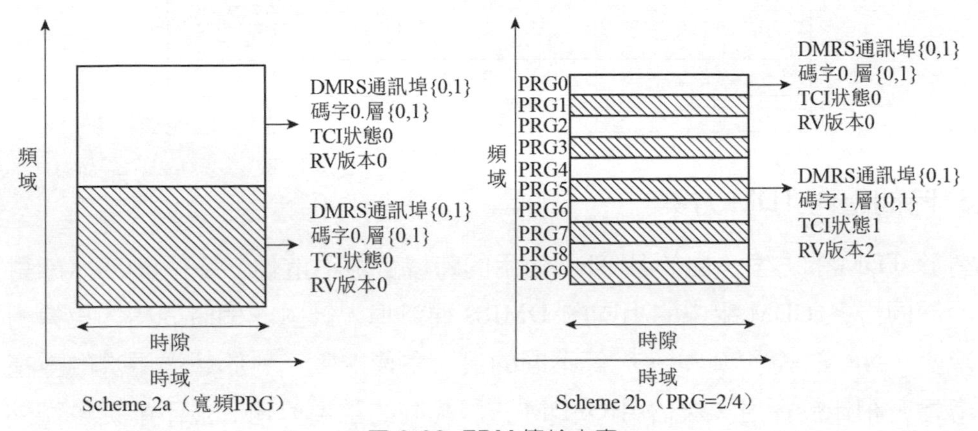

圖 8-38 FDM 傳輸方案

方案 2 中需要解決兩個 TRP 的頻域資源設定問題以及 TCI 狀態和頻域資源的映射問題。由於分集傳輸是透過單 DCI 來排程的，考慮到訊號的負擔，NR 僅支援頻域資源在兩個 TRP 間平均分配的方案。具體的資源設定方式和基地台設定的預編碼顆粒度相關：當預編碼顆粒度為全寬頻時，DCI 指示的頻域資源的前一半 PRB 分給 TCI 狀態 0 對應的資料，後一般 PRB 分給 TCI 狀態 1 對應的資料；當預編碼顆粒度為 2 或 4 時，DCI 指示的頻域資源中編號為偶數的 PRG 分給 TCI 狀態 0 對應的資料，編號為奇數的 PRG 分給 TCI 狀態 1 對應的資料。當兩個 TCI 狀態分配的 PRB 個數不同時，以 TCI 狀態 0 對應的 PRB 數來計算 PDSCH 傳輸區塊的大小。

為了確定方案 2b 中兩個 TRP 發送的資料的 RV 版本，NR 預先定義了 4 組 RV 序列，每組序列中包含 2 個 RV 值，分別用於不同 TRP 傳輸的資料。具體的 RV 指示方式如表 8-9 所示，其中 RV 資訊域的設定值在 DCI 中進行通知。

表 8-9 方案 2b 的 RV 指示

RV 域設定值	RV1	RV2
0	0	2
1	2	3
2	3	1
3	1	0

3. 時間槽內 TDM 方案

對於 TDM 的方案，由於各 TRP 佔用的時域資源不重疊，多個 TCI 狀態對應於同一各 CDM 組中的相同的 DMRS 通訊埠。針對一個時間槽內重傳的次數，NR 討論了 2，4，7 等不同的最大重傳次數。對於超過兩次的重複傳輸，相比於採用 2 次佔用 OFDM 符號相同的重複傳輸，並不能提供額外的分集增益，且會增加 DMRS 負擔，因此 NR 最終確定最大的重複次數為 2。具體的重複傳輸次數透過 DCI 指示的的 TCI 狀態個數隱式指示：如果 TCI 狀態個數為 2，則重複傳輸次數為 2，否則為 1。該方案的 RV 指示方式和前身方案 2b 相同，也是從 4 個預先定義的 RV 組合中進行指示。

在時間槽內 TDM 方案中，UE 透過 DCI 確定使用指示的第一個 TCI 狀態的資料所採用的時域資源，包括傳輸的起始符號的位置及傳輸的長度。使用 DCI 指示的第二個 TCI 狀態的資料的起始符號的位置相對於第一次重複傳輸的最後一個符號的偏移，由網路側透過高層訊號進行指示，其設定值範圍為 0 到 7。

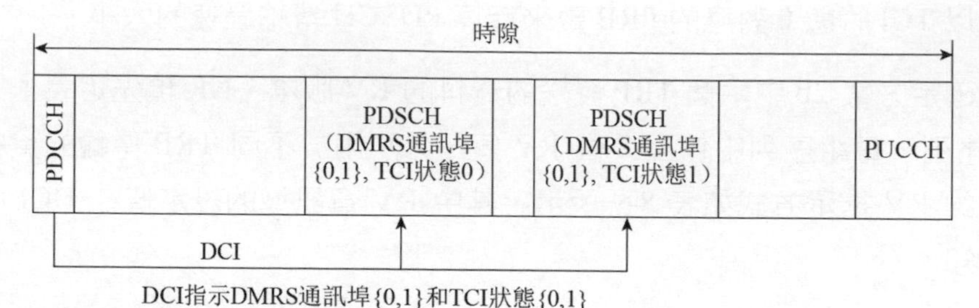

圖 8-39 時間槽內 TDM 傳輸方案

4. 時間槽間 TDM 方案

網路可以透過 DCI 指示一個或兩個 TCI 狀態，並透過 DCI 中用於指示時域資源的資訊域指示所用的重複傳輸次數。每個 TCI 狀態對應於一個或多個時間槽中的傳輸機會，不同 TCI 狀態對應的時域資源上使用同一組 DMRS 通訊埠，並且這組 DMRS 通訊埠屬於同一個 CDM 組。同時，不同的時間槽中採用相同的物理資源傳輸資料，均透過 DCI 進行指示

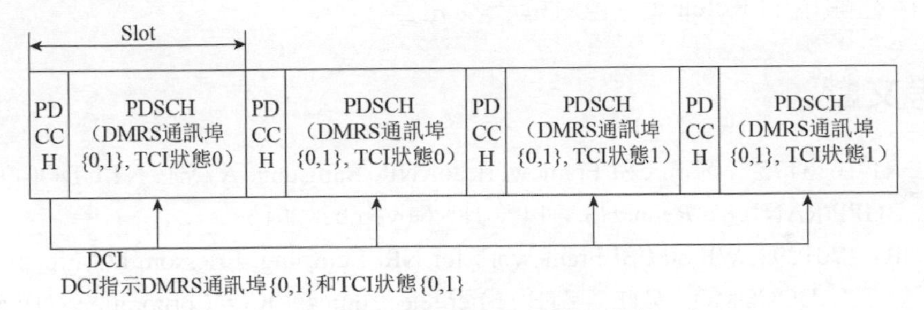

圖 8-40 時間槽間 TDM 傳輸方案

對於時間槽間重複，終端需要確定每個時間槽中的資料傳輸所用的 TCI 狀態及 RV 版本。對於 DCI 指示了兩個 TCI 狀態的情況，NR 中討論了兩種 TCI 狀態到資料傳輸機會的映射方式：循環方式和連續方式。前者將兩個 TCI 狀態循環映射到設定的多個傳輸時間槽上，可以提高終端在更短的時間內正確解調資料的機率；後者將兩個 TCI 狀態連續映射到設定的多個傳輸時間槽上，可以減少終端切換接收波束的次數，從而降低終端複雜度。鑑於兩種方式各有其優缺點，NR 最終決定透過 RRC 訊號設定 UE 使用哪種方式進行 TCI 狀態映射。重複傳輸次數大於 4 時（如 8 或 16），可以重複使用 4 次傳輸的圖樣。

8.5 小結

經過多個 Release（版本）的持續增強，大規模天線技術在 LTE 系統中已經非常成熟。在繼承 LTE 系統的部分多天線技術的基礎上，並結合 NR 的新場景引入必要的 MIMO 增強，NR 的多天線技術可以達到更高的頻譜效

率和傳輸可靠性。舉例來說，透過引入 CSI 回饋和編碼簿的增強，網路可以得到更準確的下行通道資訊，從而進行更精確的排程；透過引入波束管理和波束失敗恢復的機制，模擬波束成形可以在毫米波頻段廣泛應用，提供可觀的成形增益以抵抗通道衰弱；透過引入多 TRP 傳輸的增強，可以利用多個傳輸點的協作，進一步提高社區邊緣使用者的輸送量和傳輸可靠性。多天線技術的增強並沒有止步於此，隨著新的應用場景的出現，多天線技術在隨後的 Release 中也將進一步完善。

參考文獻

[1] R1-1613175, WF on CSI Framework for NR, Samsung, AT&T, NTT DOCOMO, 3GPP RAN1#87, Reno, USA, 14th –18th November 2016

[2] R1-1701292, WF on CSI Framework for NR, Samsung, Ericsson, LG Electronics, NTT DOCOMO, ZTE, ZTE Microelectronics, KT Corporation, Huawei, HiSilicon, Intel Corporation, NR Ad-Hoc, Spokane, USA, 16th–20th January 2017

[3] R1-1706927, Channel and interference measurement for CSI acquisition, Huawei, HiSilicon, 3GPP RAN1#89, Hangzhou, P.R. China, 15th –19th, May 2017

[4] R1-1708455, On CSI measurement for, NR NTT DOCOMO, INC, 3GPP RAN1#89, Hangzhou, P.R. China, 15th –19th May 2017

[5] R1-1709295, WF on NZP CSI-RS for interference measurement, Huawei, HiSilicon, Xinwei, MediaTek, AT&T, CeWiT, Intel, ZTE, ZTE Microelectronics, IITH, IITM, China Unicom, Tejas Networks, Softbank, Qualcomm, LGE, Ericsson, KDDI, Deutsche Telekom, Mitsubishi Electric, InterDigital, NEC, SONY, Spreadtrum, China Telecom, CATR, SHARP, 3GPP RAN1#89, Hangzhou, P.R. China, 15th –19th May 2017

[6] R1-1716901, WF for Open Issues on CSI Reporting, Samsung, Ericsson, Huawei, HiSilicon, ZTE, Sanechips, Mediatek, NTT DOCOMO, Nokia, Nokia Shanghai Bell, KDDI, Vodafone, CEWiT, IITH, IITM, Tejas Networks, Verizon, Deutsche Telekom, Softbank, CHTTL, NEC, WILUS, Sharp, China Unicom, ITL, KRRI, CMCC, ASTRI, KT Corporation, BT, Sprint, LG Electronics, AT&T, NR Ad-Hoc, Nagoya, Japan, 18th –21st September 2017

[7] R1-1719142, Offline session notes CSI reporting (AI 7.2.2.2), Ericsson, 3GPP RAN1#90bis, Prague, CZ, 9th –13th October 2017

[8] R1-1714907, Way forward on reciprocity based CSI, ZTE, Ericsson, Samsung, LG Electronics, Nokia, NSB, 3GPP RAN1#90, Prague, Czech Republic, 21st –25th August 2017

[9] R1-1709232, WF on Type I and II CSI codebooks, Samsung, Ericsson, Huawei, HiSilicon, NTT DOCOMO, Intel Corporation, CATT, ZTE, Nokia, Alc atel-Lucent Shanghai Bell, AT&T, BT, CATR, China Telecom, CHTTL, Deutsche Telekom, Fujitsu, Interdigital, KDDI, Mitsubishi Electric, NEC, OPPOj , Reliance Jio, SK Telecom, Sharp, Sprint, Verizon, Xiaomi, Xinwei, CEWiT, IITH, Tejas Networks, IITM, 3GPP RAN1#89, Hangzhou, P.R. China, 15th –19th May 2017

[10] Final Report of 3GPP TSG RAN WG1 #86bis v1.0.0, Lisbon, Portugal, 10th –14th October 2016

[11] R1-1701553,Final Report of 3GPP TSG RAN WG1 #AH1_NR v1.0.0, (Spokane, USA, 16th –20th January 2017)

[12] R1-1700752, Type II CSI Feedback, Ericsson,Spokane, WA, USA, 16th –20th January, 2017

[13] R1-1609012, Linear combination W1 codebook, Samsung, Lisbon, Portugal 10th – 14th October 2016

[14] R1-1609013, Linear combination W2 codebook, Samsung, Lisbon, Portugal 10th – 14th October 2016

[15] R1-1700415, Design for Type II Feedback, Huawei, HiSilicon, Spokane, USA, 16th -20th January 2017

[16] R1-1709232,,WF on Type I and II CSI codebooks, Hangzhou, China, 15th –19th May 2017

[17] R1-1705076,Design for Type II Feedback,Huawei, HiSilicon,Spokane, USA, 3rd – 7th April 2017

[18] R1-1705899,Type II CSI feedback, Ericsson, Spokane, U.S., 3rd –7th April 2017

[19] R1-1713590, Remaining details of Type I and Type II CSI codebooks, Samsung, Prague, P. R. Czechia, 21th –25th August 2017

[20] R1-1708688,Codebook design for Type II CSI feedback, Ericsson,Hangzhou, China, 15th –19th May, 2017

[21] R1-1716505,Reduced PMI Payload in the NR Type II Codebooks, Nokia, Nokia Shanghai Bell, Nagoya, Japan, 18th –21st September 2017

[22] R1-1716349, On CSI reporting, Ericsson, Nagoya, Japan, 18th –21st , September 2017

[23] R1-1707127,Type II CSI feedback based on linear combination, ZTE, Hangzhou, China, 15th –19th May 2017

[24] R1-1718886,WF on omission rules for partial Part 2, Prague, Czeck Republic, 9th –13th October 2017

[25] Final Report of 3GPP TSG RAN WG1 #94bis, Chengdu, China, 8th –12th October 2018

[26] R1-1811276, CSI enhancement for MU-MIMO support, Qualcomm Incorporated, 3GPP RAN1#94bis, Chengdu, China, 8th –12th October 2018

[27] R1-1810884, CSI enhancement for MU-MIMO, Samsung, 3GPP RAN1#94bis, Chengdu, China, 8th –12th October 2018

[28] R1-1811654, Summary of CSI enhancement for MU-MIMO support, Samsung, 3GPP RAN1#94bis, Chengdu, China, 8th –12th October 2018

[29] Final Report of 3GPP TSG RAN WG1 #95, Spokane, USA, 12th –16th November 2018

[30] R1-1812242, Discussion on CSI enhancement, Huawei, HiSilicon, 3GPP RAN1#95, Spokane, USA, 12th –16th November 2018

[31] R1-1813913, CSI enhancements for MU-MIMO support, ZTE, 3GPP RAN1#95, Spokane, USA, 12th –16th November 2018

[32] R1-1813002, Summary of CSI enhancement for MU-MIMO, Samsung, 3GPP RAN1#95, Spokane, USA, 12th –16th November 2018

[33] R1-1813441, CSI enhancement for MU-MIMO support, Qualcomm Incorporated, 3GPP RAN1#95, Spokane, USA, 12th –16th November 2018

[34] R1-1901276, Samsung, CSI enhancement for MU-MIMO, 3GPP RAN1#AH1091, Taipei, Taiwan, 21st –25th January 2019

[35] R1-1900904, CSI enhancement for MU-MIMO support, Qualcomm Incorporated, 3GPP RAN1#AH1091, Taipei, Taiwan, 21st –25th January 2019

[36] R1-1900265, Enhancements on overhead reduction for type II CSI feedback, OPPO, 3GPP RAN1#AH1091, Taipei, Taiwan, 21st –25th January 2019

[37] Final Report of 3GPP TSG RAN WG1 #97, Reno, USA, May 13-17, 2019

[38] Final Report of 3GPP TSG RAN WG1 #AH_1901 v1.0.0, Taipei, Taiwan, 21st –25th January 2019

[39] R1-1901075, Summary of CSI enhancement for MU-MIMO, Samsung, 3GPP RAN1#AH1091, Taipei, Taiwan, 21st –25th January 2019

[40] R1-1902700, Discussion on overhead reduction for type II CSI feedback, OPPO, 3GPP RAN1#96, Athens, Greece, 25th February–1st March 2019

[41] R1-1902123, Enhancements on Type-II CSI reporting, Fraunhofer IIS, Fraunhofer HHI, 3GPP RAN1#96, Athens, Greece, 25th February–1st March 2019

[42] R1-1901701, Further discussion on type II CSI compression and feedback parameters, vivo, 3GPP RAN1#96, Athens, Greece, 25th February–1st March 2019

[43] R1-1903501, Summary of Offline Email Discussion on MU-MIMO CSI, Samsung, 3GPP RAN1#96, Athens, Greece, 25th February–1st March 2019

[44] Final Report of 3GPP TSG RAN WG1 #96, Reno, USA, May 13-17, 2019

[45] R1-1903343, CSI enhancements for MU-MIMO support, ZTE, 3GPP RAN1#96, Athens, Greece, 25th February–1st March 2019

[46] R1-1900690, Nokia, CSI Enhancements for MU-MIMO, 3GPP RAN1#AH1091, Taipei, Taiwan, 21st –25th January 2019

[47] R1-1901566, Discussion on CSI enhancement, Huawei, HiSilicon, 3GPP RAN1#96, Athens, Greece, 25th February–1st March 2019

[48] R1-1903038, On CSI enhancements for MU-MIMO, Ericsson, 3GPP RAN1#96, Athens, Greece, 25th February–1st March 2019

[49] R1-1902501, Type II CSI feedback compression, Intel Corporation, 3GPP RAN1#96, Athens, Greece, 25th February–1st March 2019

[50] R1-1902304, Summary of CSI enhancement for MU-MIMO, Samsung, 3GPP RAN1#96, Athens, Greece, 25th February–1st March 2019

[51] R1-1902018, Discussions on Type II CSI enhancement, CATT, 3GPP RAN1#96, Athens, Greece, 25th February–1st March 2019

[52] Final Report of 3GPP TSG RAN WG1 #96 bis, Xi'an, China, 12th –16th April 2019

[53] R1-1905724, Feature lead summary for MU-MIMO CSI Tuesday offline session, Samsung, 3GPP RAN1#96bis, Xi'an, China, 12th –16th April 2019

[54] Final Report of 3GPP TSG RAN WG1 #98, Prague, Czech Republic, August 26-30, 2019

[55] Final Report of 3GPP TSG RAN WG1 #86, Lisbon, Portugal, 10th –14th October 2016

[56] R1-1707953, Downlink beam management details, Samsung, 3GPP RAN1#89, Hangzhou, China 15th –19th May 2017

[57] Final Report of 3GPP TSG RAN WG1 #88bis

[58] R1-1706733, WF on use of SS blocks in beam management, Qualcomm, LG, AT&T, Ericsson, Xinwei, Oppo, IITH, CEWiT, Tejas Networks, IITM, ZTE, 3GPP TSG RAN1 #88bis, Spokane, USA, 3rd –7th April 2017

[59] R1-1706457, WF on beam measurement RS, Samsung, 3GPP RAN1 Meeting #88bis, Spokane, USA, 3rd –7th April 2017

[60] R1-1901084, Evaluation on SINR metrics for beam selection, Samsung, 3GPP RAN1 AH-1901,

Taipei, Taiwan, 21st –25th January 2019

[61] R1-1901204, Performance of beam selection based on L1-SINR, Ericsson, 3GPP TSG RAN1 Ad-Hoc Meeting 1901, Taipei, Taiwan, 21st –25th January 2019

[62] R1-1902503, On Beam Management Enhancement, Intel, 3GPP RAN1 #96, Athens, Greece, 25th February –1st March, 2019

[63] Final Report of 3GPP TSG RAN WG1 #92

[64] R1-1700122, Group based beam management,ZTE, ZTE Microelectronic, 3GPP RAN1 NR Ad-Hoc Meeting, Spokane, USA, 16th –20th January 2017

[65] R1-1710183, Discussion on DL beam management, ZTE, 3GPP RAN1 NR Ad-Hoc#2, Qingdao, P.R. China 27th –30th June 2017

[66] Final Report of 3GPP TSG RAN WG1 #93, Busan, Korea, 21st -25th May 2018

[67] R1-1705342, DL beam management details, Samsung, 3GPP TSG RAN1#88bis,Spokane, USA 3rd –7th April 2017

[68] Final Report of 3GPP TSG RAN WG1 #86bis, Lisbon, Portugal, 10th –14th October 2016

[69] Final Report of 3GPP TSG RAN WG1 #88bis, Spokane, U.S., 3rd –7th April 2017

[70] R1-1717606, Beam failure recovery, Samsung, 3GPP RAN1# 90bis, Prague, CZ, 9th –13th October 2017

[71] R1-1718434, Basic beam recovery, Ericsson, 3GPP RAN1#90bis, Prague, CZ, 9th –13th October 2017

[72] R1-1705893, Beam failure detection and beam recovery actions, Ericosson, 3GPP RAN1#88bis, Spokane, U.S., 3rd –7th April 2017

[73] R1-1715012, Offline Discussion on Beam Recovery Mechanism, MediaTek, 3GPP RAN1#90, Prague, Czech, 21th–25th August 2017

[74] R1-1807661, Summary 1 on Remaing issues on Beam Failure Recovery, MediaTek, 3GPP RAN1#93, Busan, Korea, 21th –25th May 2018

[75] R1- 1807725, DRAFT Reply LS on beam failure recovery, RAN1, 3GPP RAN1 #93, Busan, Korea, 21th –25th May 2018

[76] R1-1911549, Feature Lead Summary 3 on SCell BFR and L1-SINR, Apple, 3GPP RAN1#98bis Chongqing, China, 14th –20th October 2019

[77] R1- 1903650, Summary on SCell BFR and L1-SINR, Intel, 3GPP RAN1 #96, Athens, Greece, 25th February –1st March, 2019

[78] R1-1906029, Enhancements on multi-TRP/panel transmission, Huawei, HiSilicon, 3GPP RAN1#97, Reno, USA, 13th - 17th May 2019

[79] R1-1906345, On multi-TRP/panel transmission, CATT, 3GPP RAN1#97, Reno, USA, 13rd - 17th May 2019

[80] R1-1905513, On multi-TRP/panel transmission, Ericsson, 3GPP RAN1#96b, Xi'an, China, 8th -12th April, 2019

[81] R1-1906738, Discussion on DMRS port indication for NCJT, LG Electronics, 3GPP RAN1#97, Reno, USA, 13rd - 17th May 2019

[82] R1-1905166, NC-JT performance with layer restriction between TRPs, Ericsson, 3GPP RAN1#96bis. , Xi'an, China, 8th -12th April 2019

[83] R1-1907289, Multi-TRP Enhancements, Qualcomm Incorporated, 3GPP RAN1#97, Reno, USA, 13rd - 17th May 2019

[84] R1-1909465, On multi-TRP and multi-panel, Ericsson, 3GPP RAN1#98, Prague, Czech Republic, 26th -30th August, 2019

[85] R1-1908501, Enhancements on multi-TRP/panel transmission,Samsung, 3GPP RAN1#98, Prague, Czech Republic, 26th -30th August 2019

[86] R1-1901567, Enhancements on multi-TRP/panel transmission, Huawei, HiSilicon, 3GPP RAN1#96, Athens, Greece, 25th February - 1st March 2019

[87] R1-1902019, Consideration on multi-TRP/panel transmission, CATT, 3GPP RAN1#96, Athens, Greece, 25th February - 1st March 2019

[88] R1-1902091, Enhancements on multi-TRP/panel transmission, LG Electronics, 3GPP RAN1#96, Athens, Greece, 25th February - 1st March 2019

[89] R1-1902502, on multi-TRP/panel transmission, Intel Corporation, 3GPP RAN1#96, Athens, Greece, 25th February - 1st March 2019

[90] R1-2005110, RAN1 UE features list for R16 NR updated after RAN1#101-e, Moderators, 3GPP RAN1#101-e, e-Meeting, 25th -June 5th May 2020

[91] Chairman's Notes RAN1#96 final, 3GPP RAN1#96, Athens, Greece, 25th February - 1st March 2019

[92] R1-1904013, Enhancements on Multi-TRP and Multi-panel Transmission, ZTE, 3GPP RAN1#96b, Xi'an, China, 8th -12th April 2019

[93] R1-1905026, Multi-TRP Enhancements, Qualcomm Incorporated, 3GPP RAN1#96b, Xi'an, China, 8th -12th April 2019

[94] R1-1906029, Enhancements on Multi-TRP Enhancements, Huawei, HiSilicon, 3GPP RAN1#97, Reno, USA, 13rd - 17th May 2019

[95] R1-1906274, Discussion of Multi-TRP Enhancements, Lenovo, Motorola Mobility, 3GPP RAN1#97, Reno, USA, 13rd - 17th May 2019

[96] Final_Minutes_report_RAN1#98b_v200, 3GPP RAN1#98b, Chongqing, China, 14th -20th October 2019

[97] R1-1910073, Enhancements on Multi-TRP Enhancements, Huawei, HiSilicon, 3GPP RAN1#98b, Chongqing, China, 14th -20th October 2019

[98] R1-1910865, Remaining issues for mTRP, Ericsson, 3GPP RAN1#98b, Chongqing, China, 14th -20th October 2019

[99] R1-1911126, Multi-TRP Enhancements, Qualcomm, 3GPP RAN1#98b, Chongqing, China, 14th -20th October 2019

[100] R1-1900017, Enhancements on Multi-TRP, Huawei, HiSilicon, 3GPP RAN1 AH-1901, Taipei, 21th -25th January 2019

[101] R1-1900728, on multi-mRP and multi-panel, Ericsson, 3GPP RAN1 AH-1901, Taipei, 21th -25th January 2019

[102] Final_Minutes_report_RAN1#AH_1901_v100, 3GPP RAN1 AH-1901, Taipei, 21th -25th January 2019

[103] R1-1812256, Enhancements on multi-trp and multi-panel transmission, ZTE, 3GPP RAN1#95, Spokane, USA, 12th -16th November 2018

[104] R1-1813698, Evaluation results for multi-TRP/panel transmission with higher reliability/robustness, Huawei, HiSilicon, 3GPP RAN1#95, Spokane, USA, 12th - 16th November 2018

Chapter

09 5G 射頻設計

邢金強、張治、劉啟飛、詹文浩、邵帥 著

射頻技術是 5G 技術研究及標準化的重要內容，任何物理層及高層協定設計都需要建立在射頻實現能力的基礎之上。

本章將從 5G 頻譜入手，討論 5G 引入的新頻段及頻段組合，進而探討以傳導指標為主的 FR1（Frequency Range 1，頻率範圍 1）終端射頻技術、以 OTA（Over The Air，基於空中介面）指標為主的 FR2（Frequency Range 2，頻率範圍 2）終端射頻及天線技術、終端測試技術以及 5G 終端在實作方式過程中的新挑戰及應對策略等。希望透過本部分的探討能對 5G 終端射頻設計有個概要了解。

9.1 新頻譜及新頻段

頻譜是 5G NR 系統設計需要首先考慮的問題，頻譜及其所代表的電磁波傳播特性在很大程度上決定了潛在的通訊關鍵技術特徵。當前 2G、3G 和 4G 行動通訊系統佔據了 3GHz 以下的低頻段，並鮮有大的頻譜可供 5G NR 系統使用。因此在 5G NR 系統設計之初就將目標頻譜設定為有更多空閒頻譜的高頻段，比如 3GHz 以上頻段及更高頻率的毫米波頻段。

9.1.1 頻譜劃分

考慮到毫米波頻段跟正常的低頻段（7.125GHz 以下頻段）在射頻及天線等方面的巨大差異，為便於描述，3GPP 將頻段在大的維度上進行了劃分，即分為 FR1 和 FR2，具體頻率範圍以下表所示。

表 9-1 頻率範圍定義

標識	對應頻率範圍
FR1	410 MHz –7125 MHz
FR2	24250 MHz –52600 MHz

1. 新頻段定義

FR1 頻譜包含了現有 2G、3G 和 4G 行動通訊系統佔用頻段，以及一些新的頻段等。在 FR1 新頻段上，相對討論比較多或有望用於全球漫遊的新頻段以下表所示：

表 9-2 部分 FR1 頻段示意

頻段	上行頻譜	下行頻譜	制式
n77	3300 MHz –4200 MHz	3300 MHz –4200 MHz	TDD
n78	3300 MHz –3800 MHz	3300 MHz –3800 MHz	TDD
n79	4400 MHz –5000 MHz	4400 MHz –5000 MHz	TDD

在以上頻譜中，n79 頻段目前主要在中國及日本等有需求，相對來說尚無法組成全球漫遊。而 n77 和 n78 頻段是 5G NR 頻段中比較有希望做到全球漫遊的頻段。

在 5G NR 標準制定過程中 n77 和 n78 頻段的劃分相容了不同地區和國家的需求及法規要求。在標準制定之初，中國和歐洲的頻譜劃分主要集中在 3.3GHz 到 3.8GHz 範圍，而日本則會將 3.3GHz 到 4.2GHz 劃分為 5G 使用。因此，為了能夠實現一個全球漫遊的統一頻段，從而利用規模效應降低產業成本，日本電信業者希望能夠將 3.3GHz 到 4.2GHz 的頻譜範圍跟

3.3GHz 到 3.8GHz 的頻譜範圍綁定，並定義成一個頻段。然而，日本國內為保護雷達及衛星等業務有對終端發射功率的限制，即不能採用高功率終端進行發射。相反，在中國及歐洲，為了提升上行覆蓋，高功率是一個十分重要的特性。鑑於此，在 3.5GHz 這個頻譜上分別定義了 n77 頻段和 n78 頻段。

在 FR2，目前很少有應用的系統，這給 5G 採用更大的頻寬來達到相比於 FR1 更高的通訊速率提供了可能。按照香農通道容量的定義，在訊號雜訊比不變的情況下通道容量正比於通道頻寬。增加頻寬的直接好處是終端峰值速率的提升，但在 FR1 實際很難找到更多的空閒頻譜用於 NR。因此毫米波頻段（在 R15 中指 24GHz 以上的毫米波頻段）以其可用頻寬大，且現有系統少的特點而被寄予厚望。在 5G 系統中，最大通道頻寬在 FR1（在 R15 中指 7.125GHz 以下頻段）增加到了 100MHz，在 FR2 則增加到了 400MHz。

在 R15 頻段劃分方面，FR2 根據不同國家的需求定義了 n257、n258、n260 和 n261 等四個頻段。在 R16 中，又增加了 n259 頻段即 39.5GHz - 43.5GHz。

表 9-3 部分 FR2 頻段示意

頻段	上下行頻譜	制式
n257	26500 MHz – 29500 MHz	TDD
n258	24250 MHz – 27500 MHz	TDD
n259	39500 MHz – 43500 MHz	TDD
n260	37000 MHz – 40000 MHz	TDD
n261	27500 MHz – 28350 MHz	TDD

2. 現有頻段的重耕

在 2G、3G 和 4G 時代定義了很多頻段，但實際隨著新通訊系統的部署和應用，舊通訊系統中的使用者會逐漸遷移到新的通訊系統中，導致舊通訊系統的使用者量逐漸減少，其價值也逐步降低。對於這些使用率並不高的頻段，電信業者基於實際情況會逐步重耕並用於部署 5G 系統。

當然，在標準定義過程中，這種重耕頻段的定義往往會遠早於舊通訊系統的退網及新通訊系統的引入。從而，確保在未來某個時間點當電信業者決定用新通訊系統替代舊通訊系統時可以直接拿來使用。基於這種情況，在 R15 標準中對大部分現有的 2G、3G 和 4G 系統中已定義的頻段都進行了重耕，即定義了對應的 5G NR 頻段。同時，在標識上面也進行了更新以便於區分，比如 B8 頻段實際在 5G NR 系統裡面對應為 n8 頻段。當然由於 NR 頻段引入了不同的子載體間隔（scs），雖然 NR 頻段整體跟現有頻段在頻率範圍上保持一致，但所用子載體間隔、通道光柵（channel raster）等系統參數則可能不同。

典型的重耕頻段是 B41 向 n41 的重耕。B41 頻段（2496 MHz –2690 MHz）在中國、日本及美國都有部署 LTE 網路，但該頻段擁有共計 194MHz 頻譜，即使部署了 LTE 網路仍有大量的頻譜可以用於 NR 系統。因此，B41 就很自然的重耕到了 n41 頻段。不過，在 3GPP 討論 B41 頻段的重耕時，只有很少的電信業者對此有明確的規劃，導致該頻段的定義也未能考慮跟 LTE 系統的共存問題。

具體來說，對於絕大部分的重耕頻段為了保持跟 LTE 的通道光柵能夠對齊，都沿用了 LTE 100kHz 的通道光柵。但對於 n41 頻段則不同，它採用了基於 scs（15kHz 或 30kHz）的通道光柵定義，這樣潛在可以有更高的系統頻譜使用率，但也導致了 NR 系統跟 LTE 系統不能很好的相容。為了避免同一頻段內不同系統間的干擾，需要在 LTE 系統與 NR 系統間有一定的保護頻帶。這個問題後來在各地區的 5G 頻譜劃分確定以後，才逐漸顯現出來，導致電信業者希望在有限的頻譜內開展基於 RB 等級精確的 LTE 和 NR 系統動態頻譜共用難以實現。無奈之下，3GPP 經過長時間的討論又重新定義了一個 n41 的翻版即 n90 頻段，才最終解決 NR 系統跟 LTE 系統在 B41 上的相容性問題。

9.1.2 頻段組合

在 NR 中實際有大量的頻段組合存在，其中包括了載體聚合（Carrier Aggregation, CA）、雙連接（Dual Connectivity, DC）以及 LTE 和 NR 雙連接（EN-DC 或 NE-DC）等。透過頻段組合的方式，可以將前面提到的無論是新頻段還是重耕頻段按照實際需求進行組合，從而獲得更寬的組合頻寬及更高的峰值速率。

1. CA 頻段組合

NR CA 基本沿用了跟 LTE 類似的機制，包括頻內連續 CA、頻內非連續 CA、帶間 CA 等。NR 系統為了兼顧實際網路部署中不同的頻寬聚合需求，定義了多種 CA 頻寬等級。相比 LTE，NR 的頻寬組合更複雜，且定義了新的 CA 頻寬等級回復組（Fallback group）。處於同一個 CA Fallback group 中的頻寬等級可以從高頻寬等級向低頻寬等級進行回復。在實際網路中，基地台可以根據需要對終端的載體數量及聚合頻寬進行設定。表 9-4 和表 9-5 分別列出了 R15 裡面 FR1 和 FR2 的 CA 頻寬等級。

表 9-4 NR FR1 CA 頻寬等級

NR CA 頻寬等級	聚合頻寬	連續 CC 數量	Fallback group
A	BWChannel ≤BWChannel,max	1	1, 2
B	20 MHz ≤BWChannel_CA ≤100 MHz	2	2
C	100 MHz < BWChannel_CA ≤2 x BWChannel,max	2	1
D	200 MHz < BWChannel_CA ≤3 x BWChannel,max	3	
E	300 MHz < BWChannel_CA ≤4 x BWChannel,max	4	
G	100 MHz < BWChannel_CA ≤150 MHz	3	2
H	150 MHz < BWChannel_CA ≤200 MHz	4	
I	200 MHz < BWChannel_CA ≤250 MHz	5	
J	250 MHz < BWChannel_CA ≤300 MHz	6	
K	300 MHz < BWChannel_CA ≤350 MHz	7	
L	350 MHz < BWChannel_CA ≤400 MHz	8	

表 9-5 NR FR2 CA 頻寬等級

NR CA 頻寬等級	聚合頻寬	連續 CC 數量	Fallback group
A	BWChannel ≤400 MHz	1	1,2,3,4
B	400 MHz < BWChannel_CA ≤800 MHz	2	1
C	800 MHz < BWChannel_CA ≤1200 MHz	3	
D	200 MHz < BWChannel_CA ≤400 MHz	2	2
E	400 MHz < BWChannel_CA ≤600 MHz	3	
F	600 MHz < BWChannel_CA ≤800 MHz	4	
G	100 MHz < BWChannel_CA ≤200 MHz	2	3
H	200 MHz < BWChannel_CA ≤300 MHz	3	
I	300 MHz < BWChannel_CA ≤400 MHz	4	
J	400 MHz < BWChannel_CA ≤500 MHz	5	
K	500 MHz < BWChannel_CA ≤600 MHz	6	
L	600 MHz < BWChannel_CA ≤700 MHz	7	
M	700 MHz < BWChannel_CA ≤800 MHz	8	
O	100 MHz ≤BWChannel_CA ≤200 MHz	2	4
P	150 MHz ≤BWChannel_CA ≤300 MHz	3	
Q	200 MHz ≤BWChannel_CA ≤400 MHz	4	

2. EN-DC 頻段組合

如前面章節所述，3GPP 根據 NR 基地台連接核心網路的不同定義了 SA 和 NSA 兩種網路結構。在 NSA 網路中，終端需要同時跟 LTE 基地台和 NR 基地台保持連接。這實際就組成了一個 EN-DC 頻段組合，也即 LTE 頻段和 NR 頻段的組合。

根據 LTE 頻段和 NR 頻段是否相同，劃分成了頻內 EN-DC 和帶間 EN-DC。在頻內 EN-DC 中又根據 LTE 載體和 NR 載體是否連續劃分成了頻內連續 EN-DC 和頻內非連續 EN-DC。

在標識上面，以 LTE B3 和 NR n78 為例，組成的帶間 EN-DC 是 DC_3_n78。以 LTE B41 和 NR n41 為例，如果是頻內連續 EN-DC 則標識為 DC_(n)41，頻內非連續 EN-DC 則標識為 DC_41_n41。

另外，如果 LTE 頻段或 NR 頻段分別有多個 CA 載體，那麼標識將變得比較複雜。以 LTE B1+B3 和 NR n78+n79 組成的 EN-DC 為例，該組合的標識為 DC_1-3_n78-n79。

為了進一步描述在 EN-DC 組合中 LTE 和 NR 上面各頻段載體聚合下的成員載體數量，對 LTE 及 NR 中成員載體的連續性及數量進行了定義。

3. Bandwidth Combination Set

Bandwidth Combination Set（頻寬組合集）用於描述在 CA、DC、EN-DC 或 NE-DC 等組合中，不同頻段能夠支援的頻寬組合。終端透過上報 bandwidth combination set 可以明確告知基地台其能支援的頻寬組合，也便於基地台對不同的終端根據其能力分別進行頻寬設定。

以 EN-DC 為例，表 9-6 列出了 DC_(n)41AA 即 LTE B41 跟 NR n41 頻內非連續 EN-DC 下終端可選擇支援的 Bandwidth Combination Set。

表 9-6 EN-DC bandwidth combination sets 範例

<table>
<tr><th rowspan="2">下行 EN-DC 設定</th><th rowspan="2">上行 EN-DC 設定</th><th colspan="3">下述載體以頻率增加的方式排序(MHz)</th><th rowspan="2">最大聚合頻寬 (MHz)</th><th rowspan="2">Bandwidth combination set</th></tr>
<tr><th>E-UTRA 載體頻寬</th><th>NR 載體頻寬</th><th>E-UTRA 載體頻寬</th></tr>
<tr><td rowspan="4">DC_(n)41AA</td><td rowspan="4">DC_(n)41AA</td><td>20</td><td>40, 60, 80,100</td><td></td><td rowspan="2">120</td><td rowspan="2">0</td></tr>
<tr><td></td><td>40, 60, 80,100</td><td>20</td></tr>
<tr><td>20</td><td>40, 50, 60, 80,100</td><td></td><td rowspan="2">120</td><td rowspan="2">1</td></tr>
<tr><td></td><td>40, 50, 60, 80,100</td><td>20</td></tr>
</table>

9.2 FR1 射頻技術

整體來說，FR1 射頻技術跟 LTE 射頻技術比較相似，保持了以傳導指標為基礎的射頻指標系統。但由於 NR 具有比 LTE 更大的工作頻寬，更複雜的 EN-DC 工作場景等，導致 NR FR1 射頻技術具有了區別於 LTE 的特點。

下面將主要從三個典型問題，高功率終端、接收靈敏度和互干擾入手來介紹 NR FR1 的關鍵技術特徵。

9.2.1 高功率終端

1. 終端功率等級

終端功率等級（Power class, PC）用於描述終端的最大發射功率能力。在 3GPP 標準中為不同功率能力的終端定義了不同的功率等級，如表 9-7 所示。在最大發射功率的基礎上，通常會考慮終端發射功率實現的準確度問題而引入一個功率容限（Tolerance）。功率容限的大小跟頻段有關，通常上下容限是+2dB/-3dB，當然對於部分頻段其下限可能為-2.5dB 或-2dB，具體在 3GPP TS38.101-1 中都有詳細定義。

表 9-7 終端功率等級

功率等級	PC 1	PC 1.5	PC 2	PC 3
最大發射功率（dBm）	31	29	26	23

在上述功率等級中，PC3 屬於普通發射功率或正常發射功率的終端，對於比其更高的發射功率終端，通常叫做高功率終端。

另外，除了在單一頻段中定義了功率等級外，在 CA 和 EN-DC 等頻段組合下也分別定義了對應的功率等級用於表示在多個載體發射時其能達到的最大發射功率。

上述功率等級作為終端的基本能力資訊會在初始連線網路時連同其它無線

連線能力一併上報給網路，如終端沒有上報該功率等級能力資訊則預設的終端發射功率能力等級為 PC3。

2. 發射分集

發射分集在 LTE 中已有廣泛應用，但在 3GPP 物理層協定中實際並沒有明確定義，而是透過終端的自主實現來解決，也即標準透明的方式來支援，典型的實現如圖 9-1 所示。當然，3GPP 標準的完全透明是難以做到的，尤其是在射頻指標定義上面。

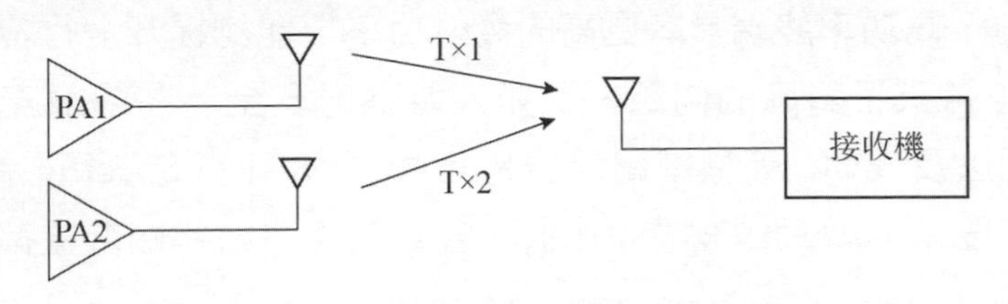

圖 9-1 發射分集示意圖

一個典型的例子是終端透過兩個 PC3 的 PA 來實現 PC2 功率等級。那麼對這個終端來說在 UL MIMO 下可以達到 PC2 的功率等級，而在單天線通訊埠下的功率等級能力則取決於該終端是否支援發射分集。對於支援發射分集的終端，在網路設定為單天線通訊埠時依然可以透過兩個 PA 的功率疊加達到 PC2。但對於不支援發射分集的終端，在網路設定為單天線通訊埠時則只有單一 PA 在工作，其功率能力實際只有 PC3。

透過這個例子可以知道，發射分集雖然在物理層標準中是標準透明的，但卻直接對射頻指標的制定以及後續的一致性測試產生了不可忽略的影響。特別是 3GPP R15 標準中，終端只會上報一個功率等級給網路，而對於這個功率等級在單邏輯通訊埠和雙邏輯通訊埠下最大功率能力不一致時，如何上報功率等級標準並沒有列出明確定義。

在射頻標準制定之初，對於終端的類型還是保持了跟 LTE 比較類似的想法，即整個射頻指標分成了單邏輯通訊埠下的射頻指標和雙邏輯通訊埠（UL MIMO）下的射頻指標。在單天線通訊埠下，終端的狀態實際可以進一步區分為單物理天線發射和雙物理天線工作在發射分集兩種狀態。不過在 R15 標準制定之初，發射分集並沒有引起 3GPP 的注意力，從而在單邏輯通訊埠下的指標都按照單物理天線進行了定義，而在 R15 結束之時關於發射分集的討論才慢慢增多，並在 R15 凍結以後才引發了大規模的激烈討論。問題主要在於如何避免大規模改動 R15 標準，同時時候相容上述透過兩個 PC3 的 PA 來實現 PC2 功率等級的終端實現以及如何相容上面。

3. 高功率終端及 SAR 解決方案

如前面所述，高功率終端具有更高的發射功率，能夠提升上行覆蓋，但高發射功率也帶來了對應的問題，比如人體輻射安全。在輻射安全領域，ISO、IEC 以及 FCC 等標準組織分別定義了 SAR（Specific Absorption Rate）指標要求，即電磁波吸收比值。各類無線發射終端裝置都需滿足該指標要求。

SAR 是終端保持最大發射功率的情況下在一段時間內，人體吸收電磁輻射的平均值，因此 SAR 跟終端的發射功率及發射時間密切相關。發射功率越高且發射時間越長則 SAR 超過標準的可能性越大。這導致 PC1、PC1.5 以及 PC2 等高功率終端在滿足 SAR 指標上面充滿挑戰，需要考慮如何解決高功率終端的 SAR 超過標準問題。

傳統上 LTE 高功率終端透過限制上下行設定可以達到降低 SAR 的目的。以正常功率終端為基準，對 PC2 終端來說其發射功率提高了一倍，那麼對應的發射時間也應降低為正常功率終端的 50%。按照此想法，LTE PC2 高功率終端僅適用於上行發射時間佔比低於 50%的上下行設定中，即排除了表 9-8 中的上下行設定 0 和 6。當網路的上下行設定為 0 或 6 時，高功率終端將回復為 PC3。

表 9-8 LTE 上下行設定

LTE Uplink-downlink configuration	Subframe number									
	0	1	2	3	4	5	6	7	8	9
0	D	S	U	U	U	D	S	U	U	U

LTE Uplink-downlink configuration	Subframe number									
	0	1	2	3	4	5	6	7	8	9
1	D	S	U	U	D	D	S	U	U	D
2	D	S	U	D	D	D	S	U	D	D
3	D	S	U	U	U	D	D	D	D	D
4	D	S	U	U	D	D	D	D	D	D
5	D	S	U	D	D	D	D	D	D	D
6	D	S	U	U	U	D	S	U	U	D

參照 LTE 高功率終端解決 SAR 的想法，NR 標準制定初期也曾嘗試去限制 SA 高功率終端的上下行設定，但跟 LTE 不同的是 NR 的上下行設定是可以網路靈活排程的，並不存在如 LTE 中的固定上下行設定。如表 9-9 所示，其中在 X 符號上網路可以靈活排程終端用於上行發射或下行接收。因此，在討論中電信業者希望保留更大的靈活性，從而傾向將 X 作為下行符號來計算上行時間佔比，而終端廠商則希望保證終端的安全性，在計算上行時間佔比方面傾向於將 X 作為上行符號來計算，最終基於排除部分上下行設定的想法始終難以在電信業者和終端廠商間達成一致。

3GPP 最終在 R15 引入了基於終端上報最大上行時間佔比能力的解決方案。這種方案的想法是不排除任何上下行設定，同時允許終端在檢測到網路排程的上行設定超過其最大上行時間佔比能力時進行功率回復，兼顧了網路排程的靈活性和終端的安全性，但付出的代價是終端需要保持對網路排程的上行時間佔比的即時統計，從而對終端的耗電有影響。

表 9-9 NR 上下行設定

NR Slot Format	Symbol number in a slot													
	0	1	2	3	4	5	6	7	8	9	10	11	12	13
0	D	D	D	D	D	D	D	D	D	D	D	D	D	D
1	U	U	U	U	U	U	U	U	U	U	U	U	U	U
2	X	X	X	X	X	X	X	X	X	X	X	X	X	X
3	D	D	D	D	D	D	D	D	D	D	D	D	D	X
4	D	D	D	D	D	D	D	D	D	D	D	D	X	X
5	D	D	D	D	D	D	D	D	D	D	D	X	X	X

NR Slot	Symbol number in a slot													
Format	0	1	2	3	4	5	6	7	8	9	10	11	12	13
……														
56	D	X	U	U	U	U	U	D	X	U	U	U	U	U
57	D	D	D	D	X	X	U	D	D	D	D	X	X	U
58	D	D	X	X	U	U	U	D	D	X	X	U	U	U
59	D	X	X	U	U	U	U	D	X	X	U	U	U	U
60	D	X	X	X	X	X	U	D	X	X	X	X	X	U
61	D	D	X	X	X	X	U	D	D	X	X	X	X	U
62 –255	Reserved													

上述 SA 下 SAR 的解決方案後來在解決其它高功率終端上面得到廣泛應用，比如 R16 的 EN-DC LTE TDD band + NR TDD band 高功率終端，以及 EN-DC LTE FDD band + NR TDD band 高功率終端等。只不過，區別在於 EN-DC 終端需要同時考慮 LTE 頻段和 NR 頻段的發射功率。

對 LTE TDD 頻段跟 NR TDD 頻段組成的 EN-DC 高功率終端來說，通常終端在 LTE TDD 頻段和 NR TDD 頻段上分別可達到 23dBm 的最大發射功率。終端在初始連線 LTE 社區時會首先連線 LTE 網路並讀取系統廣播訊息，從而獲取該社區的上下行設定資訊，進一步得到終端在 NR TDD 頻段的最大可用發射時間佔比。從這裡可以看到，對 EN-DC LTE TDD 頻段+NR TDD 頻段來說，為滿足 SAR 法規要求需要限制 NR TDD 頻段的發射時間且該時間跟 LTE TDD 頻段的上下行設定一一對應。

表 9-10 EN-DC LTE TDD 頻段+NR TDD 頻段最大上行佔比能力

LTE 上下行設定	0	1	2	3	4	5	6
NR 最大上行發射時間佔比能力	能力 0	能力 1	能力 2	能力 3	能力 4	能力 5	能力 6

9.2.2 接收機靈敏度

接收機靈敏度是最基本也是最關鍵的接收機指標。3GPP 對 FR1 接收機靈敏度指標的定義遵循了正常的靈敏度計算方法，即以熱雜訊為基準，考慮終端解調門限、終端接收機雜訊係數及終端的多天線分集增益，並在此基礎上進一步預留一定的實現餘量得到的。具體計算公式如下：

$$\text{REFSENS (dBm)} = -174 + 10*\lg(\text{Rx BW}) + 10*\lg(\text{SU}) + \text{NF} - \text{diversity gain} + \text{SNR} + \text{IM} \quad (9.1)$$

其中 Rx BW 是終端的接收頻寬；SU（Spectrum Utilization）是滿 RB 下的頻譜使用率；NF（Noise Figure）是跟頻段相關的接收機雜訊係數；Diversity gain 是終端兩天線的分集接收增益；SNR 是終端的基頻解調門限；IM（Implementation Margin）是終端的實現餘量。

透過上述計算公式可以得到各頻段不同頻寬下的接收機靈敏度指標。表 9-11 列出了兩天線接收機靈敏度。對於四天線接收機靈敏度可以在此基礎上進一步考慮額外的兩接收天線帶來的靈敏度增益，具體增益如表 9-12 所示。

表 9-11 兩天線接收機靈敏度

頻段	SCS (kHz)	10 MHz (dBm)	15 MHz (dBm)	20 MHz (dBm)	40 MHz (dBm)	50 MHz (dBm)	60 MHz (dBm)	80 MHz (dBm)	90 MHz (dBm)	100 MHz (dBm)
n41	15	-94.8	-93.0	-91.8	-88.6	-87.6				
	30	-95.1	-93.1	-92.0	-88.7	-87.7	-86.9	-85.6	-85.1	-84.7
	60	-95.5	-93.4	-92.2	-88.9	-87.8	-87.1	-85.6	-85.1	-84.7
n77	15	-95.3	-93.5	-92.2	-89.1	-88.1				
	30	-95.6	-93.6	-92.4	-89.2	-88.2	-87.4	-86.1	-85.6	-85.1
	60	-96.0	-93.9	-92.6	-89.4	-88.3	-87.5	-86.2	-85.7	-85.2
n78	15	-95.8	-94.0	-92.7	-89.6	-88.6				
	30	-96.1	-94.1	-92.9	-89.7	-88.7	-87.9	-86.6	-86.1	-85.6
	60	-96.5	-94.4	-93.1	-89.9	-88.8	-88.0	-86.7	-86.2	-85.7
n79	15				-89.6	-88.6				
	30				-89.7	-88.7	-87.9	-86.6		-85.6
	60				-89.9	-88.8	-88.0	-86.7		-85.7

表 9-12 四天線相比兩天線接收機靈敏度增益

頻段	$\Delta R_{IB,4R}$ (dB)
n1, n2, n3, n40, n7, n34, n38, n39, n41, n66, n70	-2.7
n77, n78, n79	-2.2

9.2.3 互干擾

接收機靈敏度回復是指終端的接收機受到干擾或雜訊等因素的影響，導致其接收機靈敏度有一定的惡化。在 NR 中造成靈敏度回復的情況很多，比較典型的是在 EN-DC 或帶間 CA 下，因諧波或互調干擾帶來的靈敏度回復。下面以 EN-DC 為例來進行簡介。

通常終端內互干擾主要來自射頻前端元件的非線性。非線性元件可劃分為被動和主動兩大類，被動元件產生的諧波及互調干擾一般要弱於主動元件。在主動元件中 PA 是主要的非線性來源。

描述非線性元件輸入輸出訊號的泰勒級數展開式是：

$$y=f(v)=a_0+a_1v+a_2v_2+a_3v_3+a_4v_4+a_5v_5+\ldots, \tag{9.2}$$

其中 v 為輸入訊號，y 為輸出訊號

當輸入為單音訊號 cos(wt)時，輸出訊號就包含了 2wt、3wt 等高次諧波長區分量。如諧波落入接收頻段時就造成了諧波干擾。該干擾多發生在低頻發射和高頻接收同時進行的場景。

當輸入訊號包含多個頻率分量時，輸出就包含了這些頻率分量的各階互調產物。以輸入兩個頻率分量 $\cos(w_1t)$和 $\cos(w_2t)$為例，輸出會包含二階互調$(w_1\pm w_2)$、三階互調$(2w_1\pm w_2,\ w_1\pm 2w_2)$等。如互調產物落入接收頻段就會造成互調干擾。該干擾多發生在高低頻同發場景、外界訊號倒灌入 UE 發射鏈路場景等。

以 B3 與 n77 的互干擾為例，如圖 9-2 所示。B3 上行的 2 次諧波會對 n77 下行造成 2 次諧波干擾。B3 上行與 n77 上行的 2 階互調產物會對 B3 的下行接收造成干擾[6]。

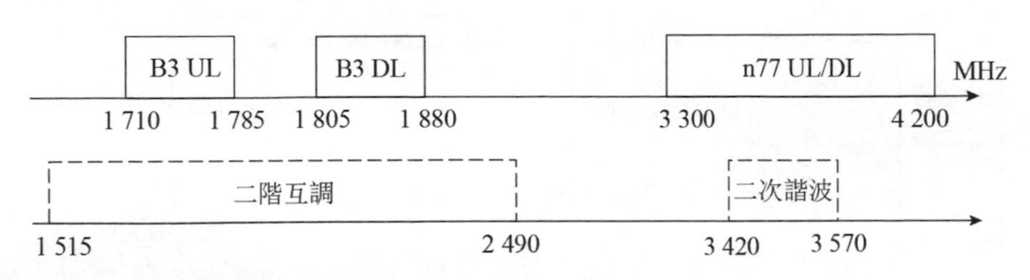

圖 9-2 諧波及互調干擾示意圖

在 NR 中上述諧波及互調干擾對終端的接收性能造成了嚴重影響，尤其是二次諧波及二階互調產物的影響程度更有可能達到數十 dB 的靈敏度惡化。在 NR 中新引入的 n77 及 n78 等 3.5GHz 附近頻段有望成為全球漫遊主力頻段，而該頻段的 1/2 頻率為 1.8GHz 左右，這正是 LTE 的主力中頻段範圍。換句話說，在 EN-DC 下，當 LTE 中頻段和 NR 3.5GHz 頻段同時工作時將有強烈的二次諧波或二階互調干擾問題出現。因此，EN-DC 下的互調及諧波干擾成為 3GPP 標準化過程中特別注意的領域，最終根據干擾情況定義了最大靈敏度回復值，允許終端在這些頻段組合下當干擾發生時進行一定的靈敏度指標放鬆。

另外，在具體射頻設計中，上述諧波及互調干擾的產生，除了經終端發射和接收鏈路反向耦合進來產生的干擾外，經過終端 PCB（Printed circuit board，印刷電路板）直接洩露進入另外一個支路的干擾也成為了不可忽略的影響因素。

圖 9-3 是終端 B3 發射鏈路產生的二次諧波干擾 3.5GHz 接收鏈路的示意圖。其中有一部分正常的二次諧波經過 B3 發射鏈路並經 Triplexer（三工器）洩露進入 3.5GHz 接收鏈路造成干擾；另一部分二次諧波從 B3 發射 PA 直接經過 PCB 洩露進入 3.5GHz 接收鏈路造成干擾。在這兩種干擾中，經 PCB 直接洩露的干擾已經成為不可忽略的重要干擾源[6]。

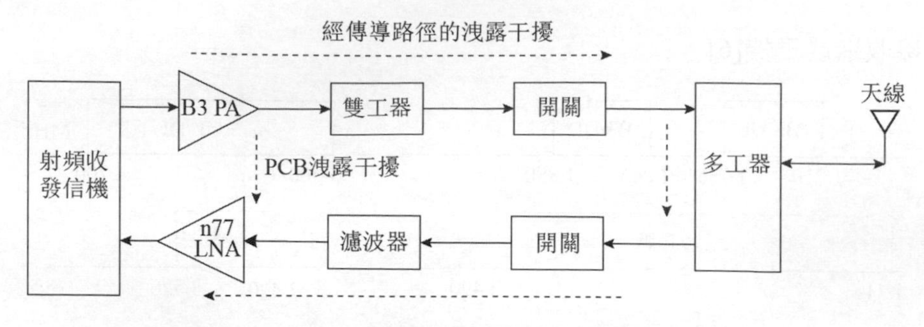

圖 9-3 終端內干擾路徑示意圖

9.3 FR2 射頻及天線技術

FR2 射頻及天線技術相比於 FR1 有了很大變化，不論是終端的射頻天線架構還是終端的指標系統及測試手段等。本部分將對 FR2 射頻及天線技術和指標系統進行簡介。

9.3.1 射頻天線架構

終端在毫米波頻段普遍將射頻前端和天線陣進行了一體化整合和封裝設計。如圖 9-4 所示，天線陣前面會連接一系列的移相器及發射和接收功率放大器，用於對訊號進行放大並形成發射和接收波束。

射頻前端和天線陣的整合化設計導致了射頻測試埠的消失。這表示將無法透過類似 FR1 的射頻測試來驗證終端的發射指標，需要將 FR1 的整個射頻指標系統變換為空中介面輻射指標，也即需要在 OTA 環境下進行測試。

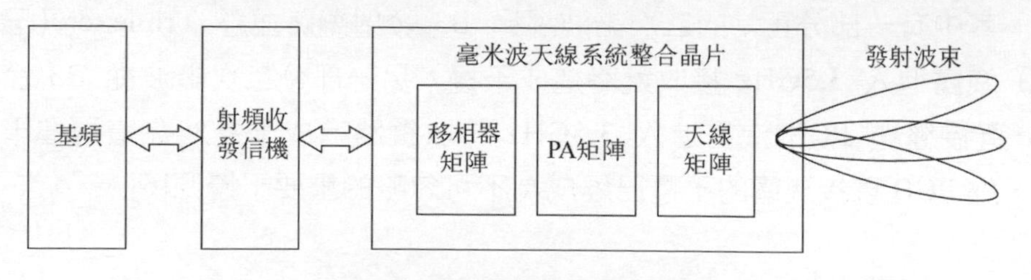

圖 9-4 毫米波終端結構示意圖

9.3.2 功率等級

對基於空中介面輻射的發射指標來說，功率等級是第一個需要定義清楚的指標。在 FR1 中功率等級指的是終端的最大發射功率能力，對應的這個基本原則也應用到了毫米波功率等級的定義中。

1. 指標形式

毫米波終端的典型發射訊號波束如圖 9-5 所示。終端的發射波束具有很強的指向性，在總發射功率相同的情況下，發射波束越窄則峰值訊號越強，當然，在其它方向強度也就越弱。不過考慮到毫米波訊號的空間傳播損耗很大，導致必須採用基於窄波束的通訊方式來集中能量克服空間損耗。這就對終端最強發射波束的訊號強度下限 Minimum peak EIRP（Equivalent Isotropic Radiated Power，等效各向同性輻射功率）提出了要求。

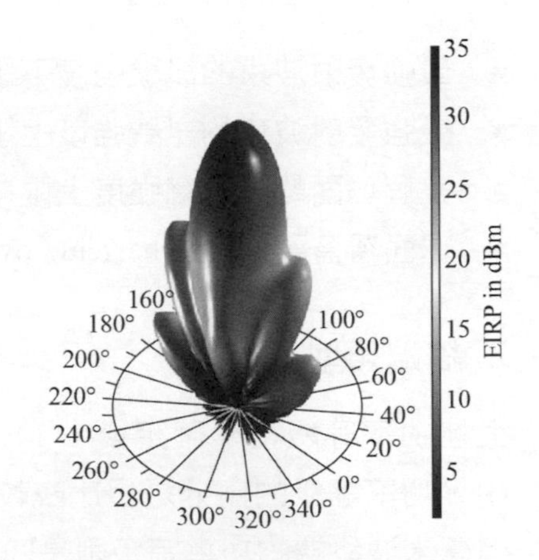

圖 9-5 毫米波終端典型發射波束

進一步考慮到毫米波終端的行動性需求，終端需要在滿足 peak EIRP 的基礎上儘量保障其它方向的訊號強度。為了定義清楚這個要求，3GPP 採用了對發射訊號進行球面取樣，並對取樣值進行 CDF（Cumulative Distribution Function，累積分佈函數）處理，得到終端發射訊號球面的輻射統計結果。終端需要在 CDF 統計曲線中某個百分比位置的發射訊號強度不低於對應指標要求。這就是球面覆蓋要求，即 spherical coverage 指標。

此外，跟 FR1 類似，各國家和地區的法規要求也是 3GPP 指標需要考慮的內容。在 3GPP 討論指標時，國際上除美國外，基本沒有對毫米波的指標要求。因此 3GPP 大量採用了美國在毫米波頻段的法規要求作為指標，其中就包括了最強發射波束的訊號強度上限 Maximum peak EIRP 以及整個球面輻射的總強度上限 Maximum TRP（Total Radiated Power，總輻射功率）。在後續的 3GPP 演進 R17 標準中，也有一些日本的法規要求引入進來，並定義了新的終端類型來跟 R15 的終端進行區分。

綜上所述，毫米波終端的功率等級最終是多個指標的組合，即：

- 最強發射波束的訊號強度下限（Minimum peak EIRP）。
- 最強發射波束的訊號強度上限（Maximum peak EIRP）。
- 整個球面輻射的總強度上限（Maximum TRP）。
- 球面覆蓋要求（Spherical coverage）。

2. 終端類型

上述功率等級指標確定後，下一步是如何就功率等級進行劃分。在 FR1 中，功率等級的劃分是相比較較簡單的，也即透過功率值大小進行區分。但毫米波終端的功率等級則是四個指標的組合，劃分相比較較困難。

在 3GPP 討論如何區分不同發射功率能力終端時，發現涉及的 FR2 終端形態具有很大的差異，包括了 FWA（Fix Wireless Access，固定無線連線）終端、車載終端、手持終端、高功率非手持終端等。鑑於這四類終端的不同應用場景、不同產品形態及需求，3GPP 將每類終端定義為一個功率等級，也即在毫米波射頻標準中每個功率等級在區分發射功率能力的同時也實際代表了一類終端形態。這是跟 FR1 終端功率等級所不同的地方。

3. Peak EIRP 指標定義

完成上述指標形式和終端形態的討論後，開始進入到最艱難的指標定義階段。通常指標定義需要考慮多方面的影響因素，比如電信業者布網中對終端發射功率的切實需求、終端實現中所能達到的能力、以及需要給產線大規模生產預留出來的一些餘量等。這其中各個影響因素的合理性以及設定值的大小等都會經過大量的討論，並最終達成一致。

從指標計算上，peak EIRP 作為空中介面輻射指標，可從傳導功率進行推導，即：

$$\text{peak EIRP} = \text{傳導功率} + \text{天線增益} - \text{實現損失} \tag{9.3}$$

其中，傳導功率的計算需要考慮毫米波終端本身會具備多個 PA，因此需要計算得到總發射功率；而對於天線增益則需要同時考慮單一陣子的增益以及多個陣子組成天線陣後的總增益。這裡不論傳導功率還是天線增益，都是可以透過理論計算得到的數值，不同公司間的差異也不大。而對於最後一項實現損失，則存在較大的討論空間。

實現損失一般包含了射頻元件連接失配損失、傳輸線損失、波束成形不理想帶來的損失、天線整合到手機內部時週邊元件帶來的天線性能損失等。這些實現損失的具體數值範圍取決於終端的設計能力，最後標準定義的實現損失綜合前述因素後共計約 7dB。

因此以具備 4 個天線陣子的手持終端為例，最後定義的 Minimum peak EIRP 是 22.4dBm。對於其它終端類型 peak EIRP 指標的定義原理也比較類似，不過因終端產品形態的差異以及能力的不同，最終定義的 peak EIRP 指標也有所不同。

4. spherical coverage 指標定義

相比 peak EIRP 來說 spherical coverage 的指標討論則要更加複雜且充滿爭議。Spherical coverage 指標定義的核心是希望確保終端在各個方向都能夠達到較高的訊號強度，以滿足終端的行動性需求。這個指標潛在是電信業者部署網路的關鍵參考指標，如果終端不能達到一個較高的 spherical coverage 水準，那麼終端在網路裡面的行動性將很難保證。但從終端實現來看，要保證在各個方向上都有很強的發射功率是很難的。

一個典型的問題是螢幕對終端發射功率的影響。如圖 9-6 所示，大部分的情況下，手機螢幕具有一個金屬背板用於支撐手機螢幕，而這個金屬背板對訊號來說相當於是一個反射面。天線在沒有手機螢幕的情況下可以實現全向覆蓋，而當有螢幕存在時近一半的訊號被遮擋造成輻射面的急劇縮小[7]。

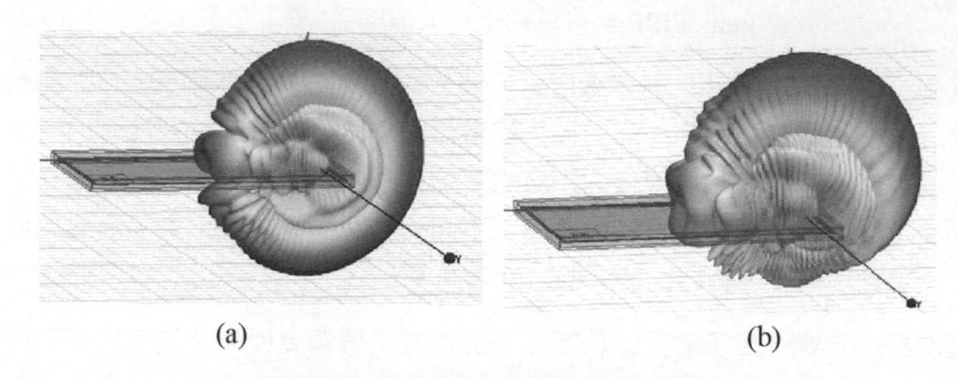

圖 9-6 螢幕對終端發射功率的影響示意圖

此外，天線陣的數量及置放位置也對球面覆蓋帶來很大影響。終端採用的天線陣數量越多球面覆蓋效果越好。終端的天線置放位置也應考慮上述類似顯示幕等終端內週邊元件的影響。

鑑於毫米波終端的天線陣輻射效果受到諸多實現中因素的影響，spherical coverage 的指標定義透過對真實終端實現的模擬得到。

各類型終端的功率等級最終定義以下表所示：

表 9-13 適用於 FWA 終端的 PC1

	Minimum peak EIRP (dBm)	Maximum peak EIRP (dBm)	spherical coverage @85% CDF (dBm)	Maximum TRP (dBm)
n257	40	55	32	35
n258	40	55	32	35
n260	38	55	30	35
n261	40	55	32	35

表 9-14 適用於車載終端的 PC2

	Minimum peak EIRP (dBm)	Maximum peak EIRP (dBm)	spherical coverage @60% CDF (dBm)	Maximum TRP (dBm)
n257	29	43	18	23
n258	29	43	18	23
n261	29	43	18	23

表 9-15 適用於手持終端的 PC3

	Minimum peak EIRP (dBm)	Maximum peak EIRP (dBm)	spherical coverage @85% CDF (dBm)	Maximum TRP (dBm)
n257	22.4	43	11.5	23
n258	22.4	43	11.5	23
n260	20.6	43	8	23
n261	22.4	43	11.5	23

表 9-16 適用於高功率非手持終端的 PC4

	Minimum peak EIRP (dBm)	Maximum peak EIRP (dBm)	spherical coverage @20% CDF (dBm)	Maximum TRP (dBm)
n257	34	43	25	23
n258	34	43	25	23
n260	31	43	19	23
n261	34	43	25	23

5. 多頻段的影響

相比於 FR1，毫米波頻段的顯著特點是頻段非常寬，如圖 9-7 所示單一頻段的寬度達到了 3GHz 以上。

圖 9-7 FR2 各頻段寬度示意圖

對於 28GHz 的頻段組（n257、n258 和 n261）總頻寬達到了 5.25GHz，而且在實現中通常這三個頻段會重複使用同一個天線陣。如果進一步考慮 n260 頻段跟 28GHz 頻段組重複使用同一個天線陣，則總頻寬更是達到了 15.75GHz。在天線設計中，為支援這麼寬的頻率範圍，不得不在性能上做一定的折中。圖 9-8 是天線陣在 28GHz 頻段組和 n260 頻段範圍內天線性能影響的範例[8]，其中當天線根據 24GHz 進行最佳化時，其在 30GHz 的輻射功率球面損失達到近 3dB。

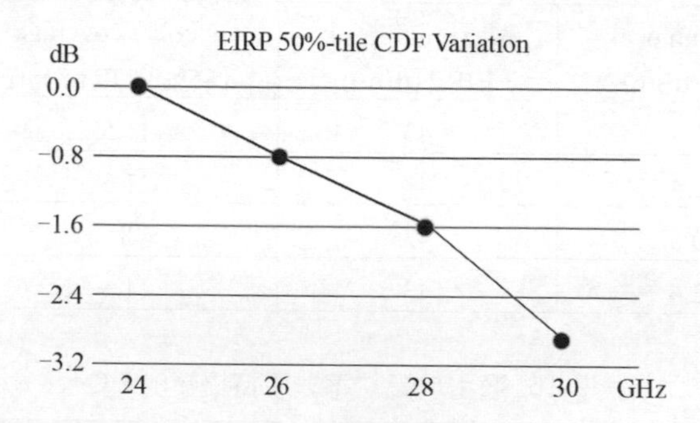

圖 9-8 終端天線在 24GHz 到 30GHz 範圍內的性能波動範例

因此，在 3GPP 討論中最終決定在定義單頻段指標的基礎上，對於支援多頻段的終端引入了一個額外的多頻段放鬆以給予終端設計更多的自由度，來滿足不同國家和地區的市場需求。具體的多頻段放鬆指標如表 9-17 所示[2]。

表 9-17 PC3 終端多頻段放鬆

支援的頻段	Peak EIRP 總放鬆值（$\sum MB_P$ (dB)）	Spherical coverage 總放鬆值（$\sum MB_S$ (dB)）
n257, n258	≤1.3	≤1.25
n257, n260 n258, n260	≤1.0	≤0.75[3]
n257, n261	0.0	0.0
n258, n261	≤1.0	≤1.25
n260, n261	0.0	≤0.75[2]
n257, n258, n260	≤1.7	≤1.75[3]

支援的頻段	Peak EIRP 總放鬆值（$\sum MB_P$ (dB)）	Spherical coverage 總放鬆值（$\sum MB_S$ (dB)）
n257, n258, n261 n257, n258, n260, n261		
n257, n260, n261	≤0.5	≤1.25[3]
n258, n260, n261	≤1.5	≤1.25[3]

9.3.3 接收機靈敏度

跟 FR1 類似，接收機靈敏度也是毫米波接收機指標裡面最核心的指標。該指標包括兩個參量，一個是接收機靈敏度峰值 peak EIS（Equivalent Isotropic Sensitivity，等效各向同性輻射靈敏度），另外一個是接收機靈敏度球面覆蓋（EIS spherical coverage）。

1. Peak EIS

Peak EIS 計算方法跟 FR1 比較類似，可以透過下面公式得到：

$$\text{Peak EIS} = -174 + 10\lg(\text{Rx BW}) + 10\lg(\text{SU}) + \text{NF} + \text{SNR} - \text{Ant.gain} + \text{Ils} \quad (9.4)$$

其中，Rx BW 是終端的接收頻寬；SU（Spectrum Utilization）是滿 RB 下的頻譜使用率；NF 是跟頻段相關的終端接收機雜訊係數；SNR 是終端的基頻解調門限；Ant.gain 是終端的天線陣增益；ILs（Insertion Loss）是終端的插損，它包括了傳輸線損耗、失配損失、天線整合到終端內部的損失以及給大規模生產預留出的餘量等。

下面以 28GHz 頻段中 50MHz 頻寬為例簡單介紹下如何進行靈敏度計算，但需要注意的是下面的部分參數如天線增益 Antenna array gain、ILs 等並沒有統一的標準數值，而是基於不同終端的實現水準得到的，不同公司採用的數值會有所差異。

表 9-18 28GHz 50MHz 頻寬的接收機靈敏度計算

kTB/Hz [dBm]	-174
10lg(Rx BW) [dB]	76.77
Antenna array gain [dB]	9
SNR [dB]	-1
NF [dB]	10
ILs [dB]	8.93
Peak EIS [dBm]	-88.3

R15 中針對手持終端（power class 3）定義的各頻段不同頻寬下的接收機靈敏度指標如下：

表 9-19 FR2 各頻段接收機靈敏度

工作頻段	Peak EIS (dBm)			
	50 MHz	100 MHz	200 MHz	400 MHz
n257	-88.3	-85.3	-82.3	-79.3
n258	-88.3	-85.3	-82.3	-79.3
n260	-85.7	-82.7	-79.7	-76.7
n261	-88.3	-85.3	-82.3	-79.3

2. EIS spherical coverage

毫米波終端的接收機靈敏度球面覆蓋（EIS spherical coverage）在很大程度上參考了發射機球面覆蓋的指標定義。EIS spherical coverage 採用了透過對終端各方向的接收機靈敏度進行取樣並統計得到 EIS CCDF（Complementary Cumulative Distribution Function，互補累計分佈函數）的方法來描述終端的球面覆蓋能力。

在指標定義上面，以手持終端（power class 3）為例，EIS spherical coverage 定義在了 CCDF 50%位置的靈敏度強度。此外，為了簡化標準制定的複雜度，EIS spherical coverage 指標討論重複使用了 EIRP CDF 的模擬結果，即採用了從 peak EIRP 到 EIRP CDF 50%位置點的功率差值作為從 peak EIS 到 EIS CCDF 50%位置點的靈敏度差值。從而獲得了 EIS spherical coverage 指標。具體各終端類型下的 spherical coverage 指標如下所示：

表 9-20 FR2 PC1 FWA 終端各頻段接收機靈敏度

頻段	EIS @ 85th %-tile CCDF (dBm) / 通道頻寬			
	50 MHz	100 MHz	200 MHz	400 MHz
n257	-89.5	-86.5	-83.5	-80.5
n258	-89.5	-86.5	-83.5	-80.5
n260	-86.5	-83.5	-80.5	-77.5
n261	-89.5	-86.5	-83.5	-80.5

表 9-21 FR2 PC2 車載終端各頻段接收機靈敏度

頻段	EIS @ 60th %-tile CCDF (dBm) /通道頻寬			
	50 MHz	100 MHz	200 MHz	400 MHz
n257	-81.0	-78.0	-75.0	-72.0
n258	-81.0	-78.0	-75.0	-72.0
n261	-81.0	-78.0	-75.0	-72.0

表 9-22 FR2 PC3 手持終端各頻段接收機靈敏度

頻段	EIS @ 50th %-tile CCDF (dBm) /通道頻寬			
	50 MHz	100 MHz	200 MHz	400 MHz
n257	-77.4	-74.4	-71.4	-68.4
n258	-77.4	-74.4	-71.4	-68.4
n260	-73.1	-70.1	-67.1	-64.1
n261	-77.4	-74.4	-71.4	-68.4

表 9-23 FR2 PC4 高功率非手持終端各頻段接收機靈敏度

頻段	EIS @ 20th %-tile CCDF (dBm) /通道頻寬			
	50 MHz	100 MHz	200 MHz	400 MHz
n257	-88.0	-85.0	-82.0	-79.0
n258	-88.0	-85.0	-82.0	-79.0
n260	-83.0	-80.0	-77.0	-74.0
n261	-88.0	-85.0	-82.0	-79.0

3. 多頻段放鬆

跟發射功率一樣，在接收機靈敏度中，也面臨著終端支援多個毫米波頻段時難以做到各個頻段最佳從而帶來的相比單頻段指標的放鬆。同樣，為了簡化標準討論的複雜度，接收靈敏度 peak EIS 及 EIS spherical coverage 的多頻段放鬆值重複使用了發射功率多頻段放鬆值，具體可參見 9.3.2 節中關於 peak 值和 spherical coverage 值的放鬆定義。

4. 互干擾

在 FR1 中重點討論了終端內部不同頻率間的諧波及互調等干擾。跟 FR1 不同的是，毫米波系統由於其工作頻率跟現有的通訊系統工作頻率距離很遠，現有系統的發射訊號及其諧波等很難直接落到毫米波頻段範圍內並造成干擾。

不過，終端在將發射訊號上變頻到毫米波頻段時，一般會首先將發射訊號上變頻到 10GHz 左右，再經過一次上變頻到 28GHz 或 39GHz 等的毫米波頻段。當終端內部同時有其它通訊系統在工作時，如 LTE 或 GPS 等系統，如隔離度不夠則此中頻訊號潛在會與這些系統產生相互干擾，造成性能下降。

9.3.4 波束對應性

波束對應性（Beam correspondence）是毫米波終端需要支援的重要 R15 特性，其基本含義是終端需要根據下行波束的來波方向，完成上行發射波束的選擇。該特性可以使終端能夠快速選擇發射波束並完成上行訊號的發射，從而降低回應延遲。如不具備該能力則會導致終端必須採用比較耗時的波束掃描（beam sweeping）過程在基地台的輔助下完成最佳發射波束的選擇。因此，Beam correspondence 成為終端必選支援的特性。

在指標定義方面，Beam correspondence 重複使用了已定義的 peak EIRP 指標和 Spherical coverage 指標並進一步定義了一個放鬆值即 Beam correspondence 容限指標。Beam correspondence 容限指標的定義如下：

- 固定基地台的下行波束方向，終端透過基地台輔助的上行波束掃描過程選取最佳發射波束，並測量得到該發射波束的 peak $EIRP_1$。
- 固定基地台的下行波束方向，終端透過自主 Beam correspondence 選擇發射波束，並測量得到該發射波束的 peak $EIRP_2$。
- 在各基地台下行波束方向，統計得到上述 peak $EIRP_1$ 和 peak $EIRP_2$ 差值的統計 CDF 曲線。取該 CDF 曲線的 85%位置點，作為 Beam correspondence 容限指標。

在 R15 規範中僅定義了手持終端（power class 3）的 Beam correspondence 容限指標，即 peak EIRP 差值 CDF 曲線的 85%位置點應不高於 3dB。需要注意的是，上述 peak EIRP 差值 CDF 曲線並非將所有的波束指向都納入統計，而是選取了 peak $EIRP_1$ 滿足 EIRP spherical coverage 指標的波束方向。

關於 peak EIRP、Spherical coverage 和 Beam correspondence 容限這三個指標的使用遵循了以下原則：

- 如終端透過自主波束選擇能滿足該頻段的 peak EIRP 及 spherical coverage 指標，則認為終端可以滿足 Beam correspondence 要求，即不需要去驗證 Beam correspondence 容限指標。
- 如終端只有在基地台輔助上行波束選擇的情況下才能滿足該頻段的 peak EIRP 及 spherical coverage 指標，那麼該終端需要進一步滿足 Beam correspondence 容限指標，才認為滿足了 Beam correspondence 要求。

9.3.5 MPE

MPE（Max Permissible Emission, 最大允許輻射）是對 FR2 終端電磁輻射從人體安全角度提出的指標要求。該指標目前主要是由 FCC 和 ICNIRP 等標準組織制定，規定了終端在某個方向上的平均最大輻射功率密度，在3GPP 標準制定中需要考慮該指標的限制。

以 FCC 和 ICNIRP 為例，MPE 指標尚在制定中，具體如表 9-24 所示[9]。平均輻射功率密度的計算除了在面積上的平均外，還包括了時間上的平均，其中 FCC 在 28GHz 及 39GHz 頻段上時間較短，大約為數秒內的平均值，而 ICNIRP 則取幾分鐘內的平均值。

表 9-24 MPE 指標

類別	FCC	ICNIRP
f 頻率範圍（GHz）	6 GHz 以上	6 GHz 以上
平均功率密度(W/m2)	10	$55*f^{-0.177}$
平均面積	4 cm2	4 cm^2（6GHz 到 30GHz 範圍） 1 cm^2（30GHz 以上範圍）

1. MPE 對 R15 規範的影響

MPE 指標實際會對終端的發射功率形成一定限制。以手持終端（power class 3）為例，要求發射功率 peak EIRP 大於 22.4dBm 同時小於 43dBm，而 TRP 需要小於 23dBm。終端在此最大功率條件下，當接近人體時為滿足 MPE 指標要求實際是很難一直保持發射狀態的。

在[10]中對終端可用的發射時間進行了理論計算。終端在 30GHz 頻段，如要滿足上述 FCC 指標，可用的最大發射時間佔比為 28.8%，如要滿足上述 ICNIRP 指標可用的最大發射時間佔比為 91.2%。終端在 40GHz 頻段，如要滿足上述 FCC 和 ICNIRP 指標，則可用的最大發射時間佔比僅為 43.7%。

在[11]中同樣分析了終端在 28GHz 頻段，為滿足上述 FCC 及 ICNIRP MPE 指標，可用於發射的最大上行時間佔比更是降低到了驚人的 2%。

當基地台排程終端用於上行發射的時間佔比超過上述值時，終端實際只能透過功率回復來滿足 MPE。因此，為了保證終端能夠以最大功率發射，基地台在進行上行排程時需要保證上行時間佔比低於一定門限，這個門限跟終端的能力有關。因此在 R15 規範中引入了終端上報的最大上行佔比能力（*maxUplinkDutyCycle-FR2*）來輔助基地台排程，同時保證終端能夠滿足 MPE 要求。該能力的可選上報值，包括{15%, 20%, 25%, 30%, 40%, 50%, ..., 100%}。

上述最大上行佔比能力對基地台的排程不具有約束力，當基地台排程的實際上行佔比超過該能力時，終端將進行功率回復。在部分情況下功率回復值可能會達到 20dB[12]，並可能引起無線鏈路失敗，而這正是 R16 中繼續最佳化的地方。

2. R16 無線鏈路失敗最佳化方案

在 R16 中就如何解決上述潛在的無線鏈路失敗問題進行了大量的研究和討論，其中包括在物理層基於波束選擇及切換的解決方案等，但最終對實際增益達不成統一認識而沒有繼續進行標準化。

相比而言，透過上報因 MPE 引起的功率回復 P-MPR（Power Management Maximum Power Reduction，功率管理最大功率回復）來輔助基地台預警並減少無線鏈路失敗問題則逐步趨於收斂。當終端監測到可能面臨 MPE 超過標準並即將採取功率回復時，終端上報其功率回復值，基地台可以採取一定的措施來避免無線鏈路失敗的發生。

9.4 NR 測試技術

測試是整個品質工作中的重要環節，在行動通訊系統當中有著關鍵的作用，終端在連線系統之前都要透過許多的測試。準確和全面的終端測試可以保證終端的功能和性能，確保終端可以在不同的網路環境下正常的工作。

5G 是一個全新的系統，包括了 NSA 和 SA 兩種網路架構以及多種的網路拓樸方案，使得 5G 的測試量大大提升。而且 5G 引入了毫米波，對於毫米波的測試是標準裡面一個全新的課題，特別是毫米波射頻的測試方法會跟傳統的射頻測試完全不同。另外高功率終端（HPUE）、上行雙邏輯通訊埠（UL MIMO）和載體聚合（CA）等 5G 重要特性的引入對終端的測試產生了更大的挑戰。因此 5G 終端的測試相比之前每一代的行動通訊系統都要複雜。

3GPP NR 的一致性測試標準從 2017 年建立專案開始研究制定，到 2020 年中旬依然沒有完成針對 R15 版本核心規範指標的測試使用案例制定。數量龐大的測試例、全新的測試方法和 5G 關鍵特性的引入都是影響 5G 測試標準制定進展的重要原因。在測試使用案例能夠確保終端滿足功能和性能要求的前期下，如何提高測試效率也是在標準制定的時候必須要考慮的問題。

9.4.1 SA FR1 射頻測試

5G SA FR1 射頻測試依舊採用傳統的傳導測試方法，因此 SA FR1 射頻測試與 LTE 相比變化不大，測試使用案例也基本參考了 LTE 的標準。但是 NR 在 R15 的版本引入了 HPUE、UL MIMO、4 天線接收等特性，這些特性的引入對射頻測試使用案例的設計產生了很大的影響。

1. 最大發射功率測試

終端射頻測試裡面最大發射功率是非常重要的測試項，一般來說網路在做建設和規劃的時候都會考慮終端的最大發射功率，因此終端的最大發射功率直接影響了終端的通訊能力。如果終端的最大發射功率過小，基地台的覆蓋範圍就會降低，但如果終端的最大發射功率過大，則有可能會對其他的系統和裝置造成干擾。如前述章節所述，NR FR1 在設計之初就引入了 HPUE 的特性，對於 n41/n77/n78/n79 等頻段定義了支援 power class 2（功率等級 2，即 26dBm）的終端能力。但在終端設計的時候可能會透過不同的方式來實現 HPUE，例如終端可以透過單天線發射 26dBm 或雙天線各發射 23dBm 等方案達到 HPUE 的要求。不同的實現方式表示測試方法也會不同，因此在設計最大發射功率和相關的測試例的時候需要考慮不同的終端實現方式，使測試可以滿足所有終端的測試需求。考慮到在實際的網路部署中，為減少小區間的干擾等原因基地台會將社區內的終端最大發射功率限制到 23dBm，因此要求對 HPUE 的最大發射功率需進一步測試其回復到 23dBm 發射時的能力[13]。

2. 測試點的選取

在測試使用案例的設計中測試點的選取是一個重要的步驟，選擇合適的測試點可以使測試更加準確和高效。對於 NR 的測試，其測試點的選取需要考慮測試環境、頻點、頻寬、子載體間隔（SCS）和上下行設定等因素，選取最具有典型代表意義的設定，盡可能使測試能夠覆蓋更多的場景。同時需要考慮測試時間的問題，可以適當去除一些優先順序不高或可以重複使用的測試點，提高測試效率。考慮到 LTE 的射頻測試已經較為成熟，而且 SA FR1 射頻測試與 LTE 變化不大，因此在選取 SA FR1 測試使用案例的測試點時通常以 LTE 的測試點為參考，再結合 NR 的特點，選出最合適的測試點。

對於個別的測試使用案例可能會出現沒有測試點可以滿足測試要求的情況，例如 UL MIMO 下的最大發射功率測試。在 UL MIMO 下終端只能採用 CP-OFDM 的波形進行發射，但 R15 的標準對於 CP-OFDM 波形都設定了最大功率回復（MPR），導致在使用案例設計的時候沒有辦法獲取無 MPR 的測試點來進行 UL MIMO 下的最大發射功率測試。產生沒有合適測試點的問題的主要原因是在標準在設計的時候並沒有充分考慮測試的需求，最嚴重的後果是測試沒有辦法開展，對應的指標不能得到完整的驗證，會對系統產生潛在影響。因此，在標準和需求的制定過程中我們要儘量考慮測試的需求，如果定義的指標和功能無法開展測試，會導致終端和網路的能力無法得到保證。

9.4.2 SA FR2 射頻測試

毫米波是 5G 新引入的頻段，與傳統的低頻段相比，毫米波波長短，如果採用傳導測試，透過導線會產生很大的插損，嚴重影響測試的準確性。而且毫米波終端的射頻和天線多採用一體化整合設計，在天線和射頻之間沒有可連接測試儀器的測試通訊埠，這也直接導致了毫米波測試不再採用傳統的傳導測試方案，轉而採用 OTA 測試。

1. FR2 OTA 測試方案

3GPP 目前主要定義了直接遠場法（DFF）、間接遠場法（IFF）和近場遠場轉換法（NFTF）三種 OTA 測試方案[16]。

★方案 1：直接遠場法

直接遠場法是較為傳統的 OTA 測試方案，採用直接遠場法測試時需要測試靜區滿足遠場條件，即被測物和測試天線的距離需滿足 $R > \frac{2D^2}{\lambda}$，其中 D 是被測物的對角線尺寸。由於毫米波波長短，當被測物尺寸較大時，測試的遠場距離將非常大。測試距離增加會導致暗室的尺寸也要進一步增加，極大提高了 OTA 測試系統的造價。而且測試距離的增加會導致訊號的傳播損耗也會進一步增加，影響了系統的動態範圍和測試的準確性。因此在進行 FR2 的射頻測試時，直接遠場法較適用於小尺寸的被測物。

★方案 2：間接遠場法

間接遠場法可以透過反射面、天線陣列等間接的方式產生平面波，達到遠場所需的測試條件。標準主要定義了基於金屬反射面的緊縮場方案，如圖 9-9（b）所示，饋源天線發出的球面波經過金屬拋物面反射後可以產生平面波，在較短的距離內形成一個幅度和相位穩定的靜區。間接遠場法不需要滿足遠場的距離要求，靜區的大小主要取決於反射面的大小，因此暗室尺寸較小，能滿足較大尺寸被測物的測試需求，反射面的大小和製造製程很大程度上決定了測試系統的成本和精度。

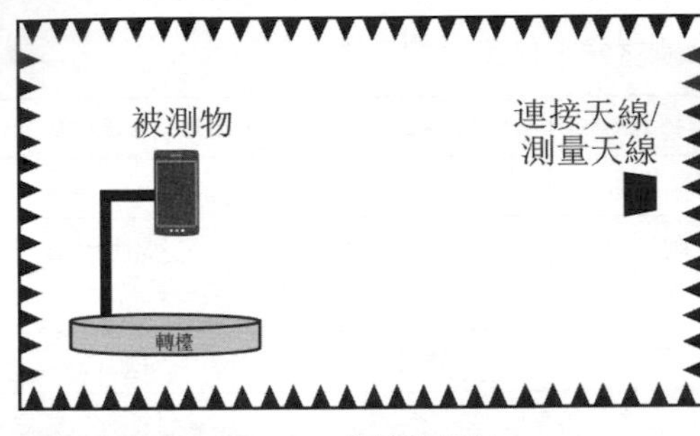

（a）直接遠場法

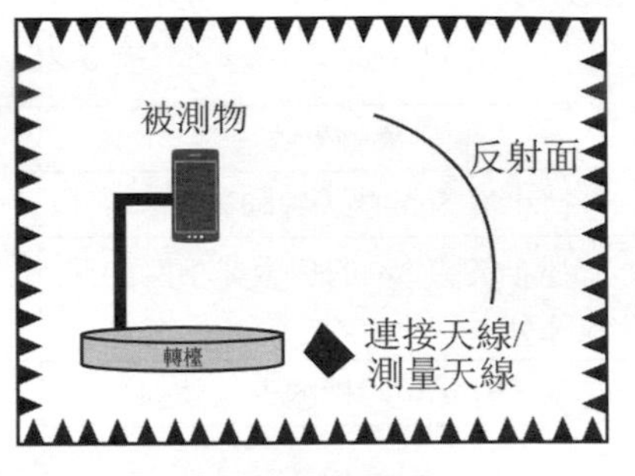

（b）間接遠場法

圖 9-9 FR2 OTA 測試方案

★方案 3：近場遠場轉換法

近場遠場轉換法的原理是透過對被測物在近場區的輻射值和相位資訊進行取樣，然後透過傅立葉頻譜變換計算出遠場的輻射值。這種測試方案所需的暗室尺寸最小，轉換的精度取決於取樣的空間解析度大小，測試較為耗時，而且只適用於 EIRP、TRP 和雜散輻射等少數的幾項射頻測試。

2. FR2 OTA 測試方案適用性

測試系統的不確定度直接反映了測試的準確度，如果測試不確定度過大，會導致測試結果非常不可靠，嚴重影響終端功能和性能的驗證，甚至會導致測試變得沒有意義。相比於低頻的傳導測試，毫米波 OTA 測試系統更為複雜，因此影響測試不確定度的因素也更多，例如被測物的置放位置、測試距離、測試光柵等都會對測試結果產生影響，這也導致毫米波 OTA 測試的不確定度要遠遠大於傳導測試。

不同的測試方案的測試不確定度的計算方式和值都不相同，對直徑小於 5cm 的被測物來說，採用直接遠場法作為基準定義測試不確定度的大小。對於直徑大於 5cm 的被測物，如果採用直接遠場法需要較大的暗室，由於測試距離的增加導致測試不確定度大大提高，因此標準定義採用間接遠場法作為基準定義測試不確定度的大小。標準定義如果其他測試方案的測試不確定度小於基準的測試不確定度，該測試方案也同樣可以適用於一致性測試。

表 9-25 FR2 測試方案適用性

測試終端天線設定	直接遠場法	間接遠場法	近場遠場轉換法
直徑小於 5cm 的天線陣列	適用	適用	適用
直徑小於 5cm 的多個非相關的天線陣列	適用	適用	適用
任意尺寸相位相關的天線陣列	不適用	適用	不適用

3. FR2 OTA 測量光柵

對 EIRP、EIS、TRP 等測試我們都需要獲取被測物在一個封閉球面上的輻射量，對測試系統來說在一個時刻只能測試球面上的點，因此我們需要對封閉球面進行采點取樣。如果取樣點過密則測試時間會大大增加，取樣點過稀疏則會導致測試不夠準確，增加測試的不確定度。因此對 OTA 測試來說，選擇合適的測量光柵對測試非常關鍵。3GPP 定義了兩種類型的測量光柵，如圖 9-10 所示，分別是固定步進值光柵和固定密度光柵。當取樣點數量相同時，選擇固定密度光柵的測試不確定度要更小，但固定步進值光柵對測試轉檯的要求較低。兩種類型的測試光柵都可以滿足毫米波 OTA 測試的需求，選擇哪種類型的光柵主要取決於測試系統的設計。對於具體的測試可以在確保測試不確定度滿足要求的情況下選擇取樣點盡可能少的測量光柵，節省測試的時間。

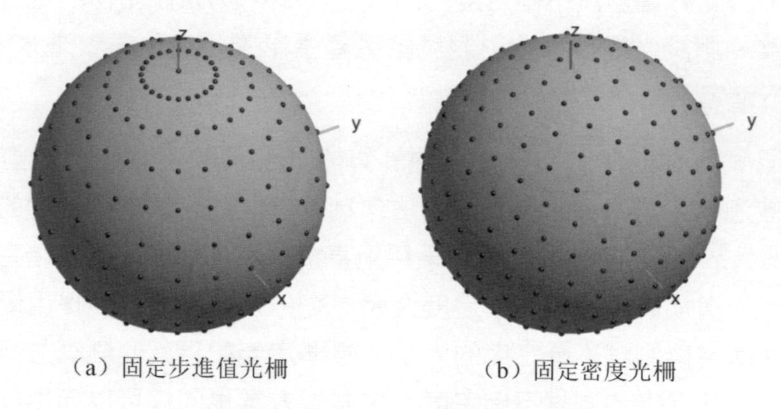

（a）固定步進值光柵 （b）固定密度光柵

圖 9-10 FR2 OTA 測量光柵[14]

FR2 OTA 測試時需要獲得被測物的波束峰值方向資訊，基準的波束峰值方向搜尋方案採用比較細的測量光柵對被測物進行測量，從而找到波束峰值的方向。這就表示即使在知道某一個區域 EIPR/EIS 都較低的時候，仍然需要在這片區域內的所有光柵點進行測量。很顯然這些光柵點的測量是沒有必要的，只會增加測試的整體時間。為了提高波束峰值方向搜尋的效率，標準定義了粗細測量光柵結合的方法[14]。

當採用粗細測量光柵時，先選用步進值較大或密度較低的粗測量光柵進行測量，找到可能存在波束峰值方向的區域，如圖 9-11（a）所示。然後在這些區域內採用細測量光柵，如圖 9-11（b）所示，再一次進行測量，測量到的 EIPR/EIS 最大的點即為波束峰值的方向。採用粗細測量光柵的方法可以顯著減少測試的取樣點，減少測試時間，同時又不會影響測試的準確度。

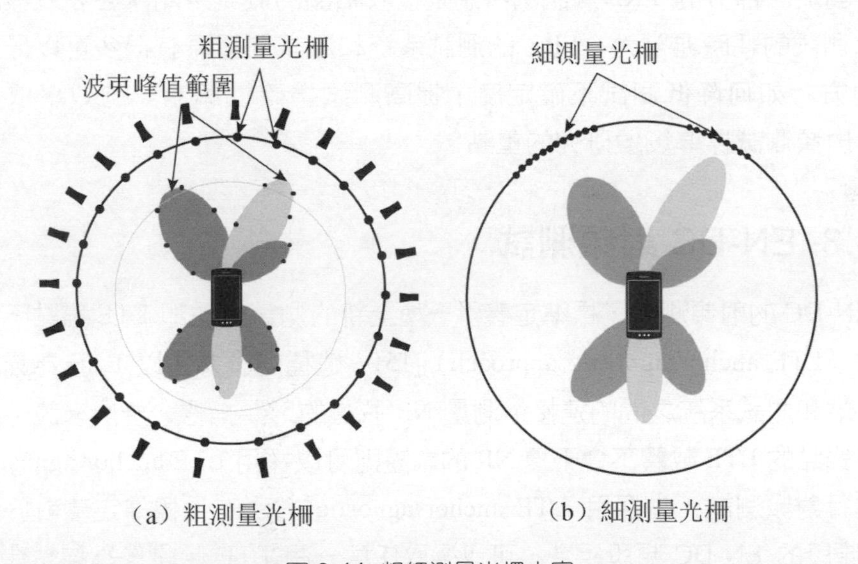

圖 9-11 粗細測量光柵方案

4. FR2 OTA 測試局限性

相對於較為成熟的 FR1 射頻測試，FR2 的射頻測試研究和系統的開發尚處於起步的階段。由於測試環境和系統等因素的影響。對於一些傳統的射頻測試例，毫米波 OTA 系統存在無法測試的問題。以最大輸入電位測試為例，因為毫米波路徑損耗較大，在現有的測試系統硬體條件下無法達到標準定義的最大輸入電位值，所以無法對最大輸入電位的指標進行驗證。

對於終端發射功率較低的測試項，由於毫米波頻段的頻寬更大，所以終端的功率譜密度更低，再加上 OTA 測試雜訊更大，因此到達測試天線的訊號訊號雜訊比很低，測試的不確定度顯著增加，導致測試無法開展。對於這樣的測試例，為了使測試能夠順利開展，標準在選取測試點的時候會適當地排除通道頻寬較大的點，提高訊號雜訊比。但對於功率非常低的測試例，即使採用了較小的頻寬，依然無法達到一個較為理想的訊號雜訊比，對於這樣的測試例在目前只能對測試指標進行放鬆再進行測試。

受限於測試系統的能力等因素，FR2 的射頻測試整體的測試不確定度還較高。對於一部分的 FR2 測試例特別是接收相關的測試，測試點和取樣點較多，測試的耗時非常大。FR2 的測試系統和測試例都還有很多可以最佳化的地方，如何降低測試不確定度，提高測試準確性和測試的效率依然是 FR2 射頻測試標準後續研究的重點。

9.4.3 EN-DC 射頻測試

對 EN-DC 的射頻測試，標準定義了一種全新的測試方法即 LTE 錨點不可知方法（LTE anchor agnostic approach）[15]，這種測試方式以 LTE 為錨點確保終端和測試系統之間的連接，測量 NR 載體的射頻指標。一般來說，如果作為錨點的 LTE 載體不會干擾 NR 的載體則可以採用 LTE anchor agnostic 方法進行射頻測試。當採用 LTE anchor agnostic 方法時，標準定義對於同一 NR 頻段的 EN-DC 頻段組合，可以選取任意一個 LTE 頻段作為錨點進行測試，且同一 NR 頻段的 EN-DC 組合只需進行一次測試。對於 NR 為 FR2 頻段的 EN-DC 組合，同樣需要採用 OTA 的方法進行測試，大多數的測試例可採用 LTE 作為錨點進行測試。EN-DC 的頻段組合許多，LTE anchor agnostic 方法可以極大地提高測試效率，減少測試量，避免重複測試。

EN-DC 雖然有 LTE 和 NR 兩條鏈路，但在標準只定義了終端整體最大發射功率要求。對 EN-DC 終端來說，存在 LTE 和 NR 兩個鏈路同時發射以及 LTE 和 NR 鏈路單獨發射兩種狀態。測試標準定義的時候需要考慮兩種狀態都能夠被測試。

- 當 LTE 和 NR 鏈路單獨發射時，需要滿足 LTE 和 NR 單載體下的最大發射功率要求。
- 當 LTE 和 NR 鏈路同時發射時，對於支援動態功率共用的終端，如果測試的時候不限定 LTE 和 NR 鏈路各自的最大發射功率，當儀表排程終端到最大發射功率時，終端出於保證 LTE 連接有可能會把大多數的功率分配給 LTE 鏈路，NR 鏈路有可能會由於可用的發射功率過小而斷開，這就無法滿足 LTE 和 NR 同時發射的要求。因此對於 LTE 和 NR 同時發射的狀態，標準分別定義 LTE 和 NR 鏈路各自的最大發射功率，例如對於 PC3 的終端設定其 LTE 和 NR 最大發射功率均為 20dBm，這樣確保終端在發射功率最大的時候 LTE 和 NR 鏈路都能保證一定的發射功率，確保測試可以順利開展。

實際的網路中透過基地台指令限制終端的發射功率只是一部分的場景，因此設定 LTE 和 NR 鏈路的最大發射功率並沒有表現所有的應用場景，對於一致性的測試標準，我們很難針對每一種可能的使用場景都定義測試，如何更準確、更高效率地透過測試確保終端的功能和性能滿足網路的需求才是標準定義的宗旨。

9.4.4 MIMO OTA 測試

如前文所述，MIMO 是提升系統容量的有效手段，也是 5G 最重要的關鍵技術之一。由於 MIMO 利用了空間重複使用技術，因此終端 MIMO 性能應該在空中介面下進行驗證，即以 OTA 方式進行。MIMO OTA 測試由 SISO（Single In Single Out，單入單出）OTA 引申而來，SISO OTA 旨在測試終端整機的極限連線能力，包括發射功率（TRP）和接收靈敏度

（TRS），顯然其無法反映終端在多入多出條件下的表現。為了驗證終端的 MIMO 接收性能，借鏡 SISO OTA 測試方法，在全電波暗室中已構造好的「準自由空間」環境基礎上，疊加一個符合某通道傳播特徵的空間通道環境，在這個可控、可複現的多入多出空間無線環境下進行的終端輸送量測試就是 MIMO OTA 測試。

Release16 僅用了 15 個月就基本完成了 NR MIMO OTA 測試方法的研究和制定，其中包含了針對 FR1 的多探針全電波暗室法（MPAC, Multi-Probe Anechoic Chamber）和輻射兩步法（RTS, Radiated Two Stage），以及針對 FR2 的三維多探針全電波暗室法（3D-MPAC, 3D Multi-Probe Anechoic Chamber），同時還確定了用於 MIMO OTA 測試的通道模型。NR MIMO OTA 的標準化實際是建立在 4G 階段長達 8 年的技術儲備和產業累積之上的，包括測試靜區性能的驗證方法、多探針校準和補償方法、通道模型驗證方法、基於 SNR（Signal-Noise Ratio，訊號雜訊比）的輸送量測試與基於 RSRP（Reference Signal Reception Power，參考訊號接收功率）的輸送量測試比對、MIMO 通道模型的選取等。不論 4G 時期還是 5G 階段，MIMO OTA 標準化工作不僅需要研究諸如上述的技術問題及其解決方案，還需要進一步考慮如何簡化測試系統複雜度、縮短測試時長等成本因素，比如探針個數、極化方向、通道模型個數、DUT 測試姿態等，使得這項極其複雜的系統級測試具備工程實現的基礎和產業推廣的價值。

1. NR MIMO OTA 通道模型

為有效且高效率地驗證 NR MIMO OTA 性能，在 NR MIMO OTA 研究中，最基礎、最迫切的問題是如何選定通道模型。有效，在於所選定的通道模型能夠顯性區分出不同終端的 MIMO 性能表現；高效，力求用最少的通道模型覆蓋最典型的應用場景。在 2019 年 8 月 RAN4#92 會議上，各公司對通道模型的選取達成一致[17]，見表 9-26，該結論大大簡化了後續研究的工作量。

表 9-26 NR MIMO OTA 通道模型

	通道模型 1	通道模型 2
FR1	UMi CDL-A	UMa CDL-C
FR2	InO CDL-A	UMi CDL-C

註：

- UMi：Urban Micro，城市微蜂巢場景。
- Uma：Urban Macro，城市巨集蜂巢場景。
- CDL：Clustered Delay Line，簇延遲時間線。
- InO：Indoor Office，室內辦公場景。

2. NR FR1 MIMO OTA 暗室版面配置

在解決了通道模型選擇問題後，接下來要解決最重要、最複雜的問題是探針個數和分佈方式。這個問題在研究課題啟動初期就被提出並進行了多輪討論。

如表 9-27 所示，通道模型在垂直方向上具有一定的能量分佈[18]，基於此，在標準化初期 3GPP 曾討論過三維測量探針方案。

表 9-27 通道模型在俯仰方向上能量分佈角度擴充

類別	能量俯仰角度擴充[deg]	
	CDL-A	CDL-C
無波束方向性方向性基地台	8.2	7.0
8x8 URA, 1 最強波束	5.4	5.3
8x8 URA, 2 最強波束	5.4	5.5
8x8 URA, 4 最強波束	5.6	7.3

註：URA（Uniform Rectangular Array），均勻矩形陣列

但是僅經過 2 次會議的討論，就放棄了三維方案，回到了二維方案的考量上。原因是三維方案需要的探針數量過於龐大，如在基地台天線未使用波束成形、Uma CDL-C 通道模型、終端工作頻率 7.25GHz、終端天線間隔 0.3m 的條件下，需要探針個數達到了 429 個。這不僅表示在全電波暗室中的指定位置需要設定 429 個雙極化探針[19]，在探針背後還需要配備 858

個通道的通道模擬裝置。這顯然不是一個適合產業實現的解決方案。

此後，二維方案聚焦到了三個備選方案上。如圖 9-12 所示。方案一的探針版面配置沿用了 LTE MIMO OTA 的方案，即 8 個雙極化探針均勻分佈在水平環上。方案二在方案一的基礎上將探針密度增加了一倍，即 16 個雙極化探針均勻分佈在水平環上。方案三在方案一的基礎上增加額外 8 個分佈在一定角度範圍內的雙極化探針，來進行 5G FR1 MIMO OTA 通道環境的建構。

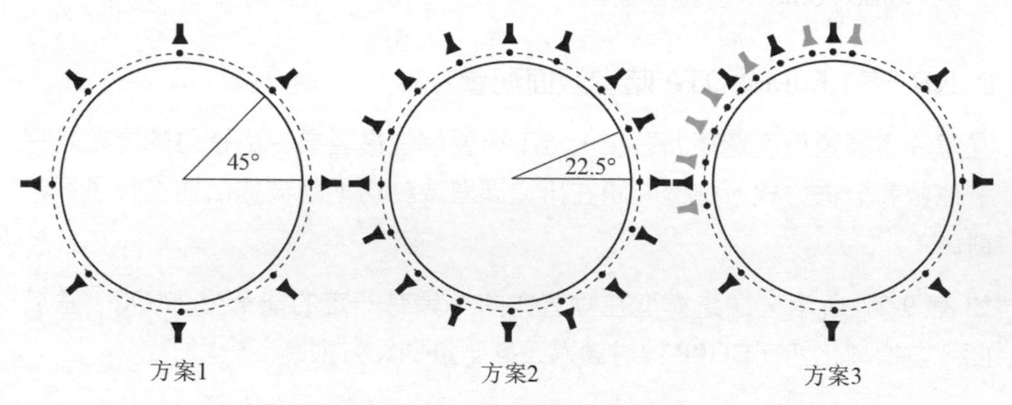

圖 9-12 FR1 MIMO OTA 二維探針版面配置備選方案

方案一的優點是可以完全重複使用 LTE MIMO OTA 暗室的硬體，測試環境改造成本最低，但由於其構造的通道模型的空間相關性係數存在較大誤差（誤差達到 0.25 以上）[20]，被首先排除。

方案二的優點是暗室硬體改造成本較低，很多建成的暗室已經配備或具備升級為 16 個均勻分佈探針的條件。而且，均勻分佈探針有利於轉換上文所列的選定通道模型以外的其它通道模型，使暗室具備更強的可擴充性。

方案三的優點是既相容了 LTE MIMO OTA 的方案，又可以較好的擬合上文所列的被選定 NR MIMO OTA 通道模型 UMi CDL-A 和 UMa CDL-C。

比較方案二與方案三，方案二使用的 16 探針擬合通道模型，與方案三中用 8 個探針擬合的誤差惡化不明顯；此外，均勻分佈探針具備明顯的可擴充性優勢，可以使價值不菲的暗室環境具備更多應用場景。綜合技術指標、成本以及方案的可擴充性，最終選擇方案二作為暗室的版面配置。

3. NR FR2 MIMO OTA 暗室版面配置

對於 FR2 的探針部署方案由於不需考慮與舊版相容問題，方案制定相對簡單。首先，根據毫米波陣列的強方向性特點，探針版面配置不再採用圓環或球面的方式，而是使用覆蓋一定區域的三維磁區。透過不同暗室版面配置對通道模型的模擬，最終確定了使用 6 個雙極化探針的方案[21][22]，探針位置如表 9-28 及圖 9-13 所示。被測終端與測試探針的相對位置關係如圖 9-14 所示。

表 9-28 FR2 三維測量探針版面配置位置

探針編號	Theta 方向角/ZoA（°）	Phi 方向角/AoA（°）
1	90	75
2	85	85
3	85	55
4	85	95
5	95	95
6	90	105

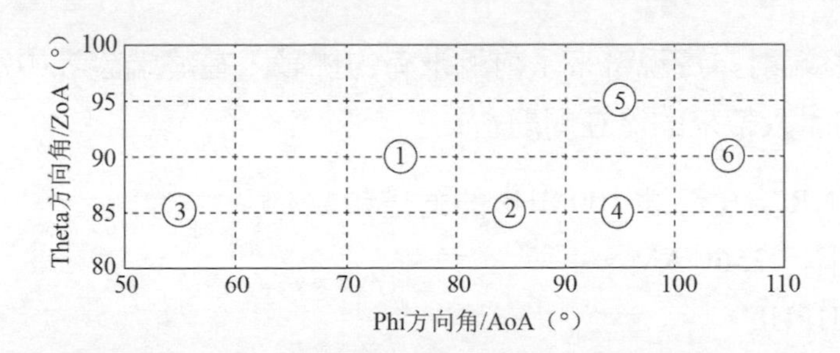

圖 9-13 FR2 三維測量探針版面配置位置

註：

- ZoA：Zenith angle Of Arrival，垂直到達角
- AoA：Azimuth angle Of Arrival，水平到達角

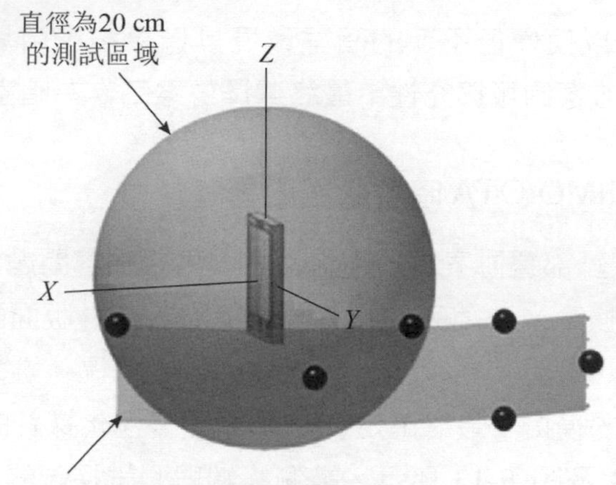

圖 9-14 FR2 三維測量探針與被測終端相對位置關係

2020 年 6 月，NR MIMO OTA 啟動了 Work Item 階段的標準化工作，將具體討論 MIMO OTA 指標定義等內容。

9.5 NR 射頻實現與挑戰

9.5.1 NR 射頻前端

5G NR 給終端射頻實現帶來了前所未有的挑戰，在終端設計中需要考慮以下新功能的引入帶來的潛在問題。

- Sub 6G NR 支援高達 100MHz 的通道頻寬。
- 上行和下行 256QAM。
- 26dBm HPUE。
- EN-DC 帶來的 NR 與 LTE 互干擾。
- NR 與 WIFI 等短距離模組的共存。
- 多天線及 SRS switch。

除了以上新功能外，終端還需要支援 LTE，UMTS，GSM 等蜂巢技術以及

WIFI，藍牙，GNSS（全球衛星導航系統），NFC（近場通訊）等無線通訊模組，如圖 9-15 所示，終端的射頻架構達到了前所未有的複雜度。在這種情況下，在保證射頻性能與指標的同時，進一步兼顧 UE（終端裝置）結構設計的空間限制及整體功耗要求將變得更加困難。

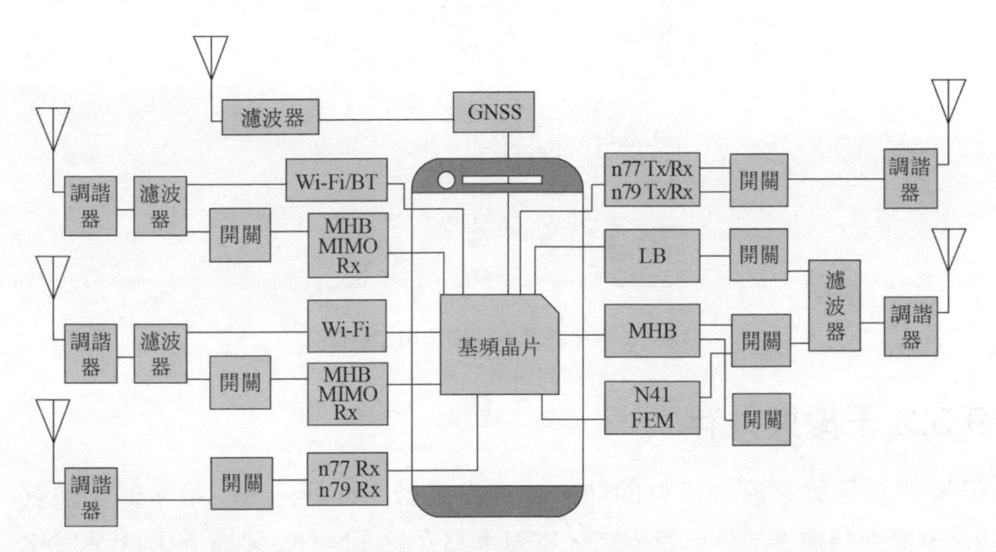

圖 9-15 含有 NR 的射頻終端

為應對上述挑戰，需要在射頻元件的選取以及射頻架構的設計上進行提升，如採用支援更大頻寬的包絡追蹤（Envelope Tracking）晶片，採用線性度更好的 PA（功率放大器）及開關等前端元件降低干擾。

支援 NR 的終端其射頻前端需要從離散型向整合型轉化。如圖 9-16 所示，LPMAiD 模組的使用增加了射頻前端設計的靈活性，在模組中整合了低噪放（LNA bank），多模多頻段 PA（MMPA），以及雙工器（duplexer）等。相比離散設計，整合設計可以有效減少插損，降低雜訊係數（noise figure）從而提升射頻性能。此外，由於手機多天線性能的差別以及 EN-DC 的需要，整合模式可以減少多工器的使用並且滿足射頻前端靈活切換天線的需求。

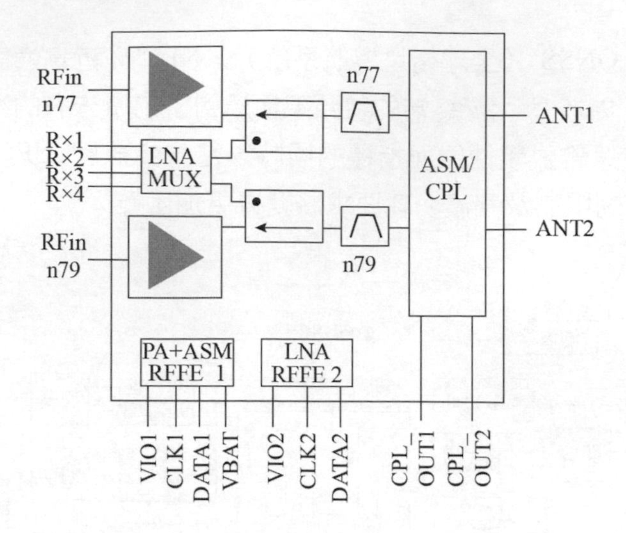

圖 9-16 NR 射頻前端模組示意圖[24]

9.5.2 干擾與共存

干擾問題是終端設計常見問題，也通常是棘手問題。NR 帶來的干擾在 9.2.3 節射頻標準部分已有描述，本節重點介紹 EN-DC 架構下 LTE 和 NR 之間的干擾，以及 NR 對 WIFI 的干擾。

1. EN-DC 互干擾

在 EN-DC 架構下，存在 4G，5G 同時工作的工作狀態，這可能引起兩種制式的互相干擾，如諧波干擾，諧波混頻，以及互調干擾等。

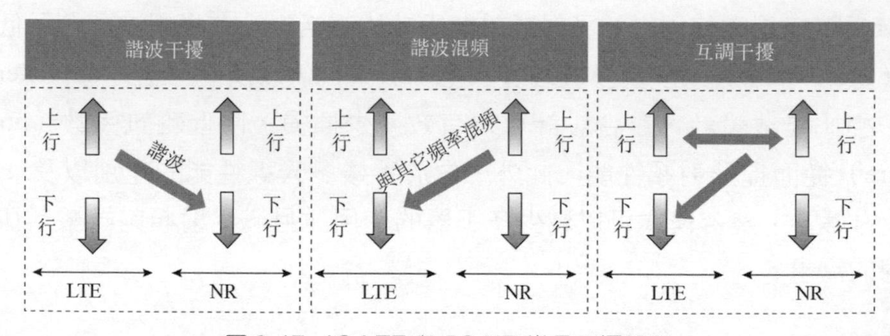

圖 9-17 4G LTE 與 5G NR 常見干擾問題

諧波干擾如 B3+n78 的組合，B3 的上行二次諧波可能會落入 n78 頻內，造成對 n78 的干擾，影響接收機靈敏度。產生干擾的原因有幾點：

- B3 PA 的非線性產生二次諧波。
- B3 發射機通路的開關非線性產生二次諧波。
- n78 接收通路開關非線性產生二次諧波。
- 天線以及天線附近非線性元件如瞬態電壓抑制二極體（transient voltage suppression diode, TVS），天線調諧器（tuner）產生干擾。

解決干擾問題的第一步是排除干擾源，如上文所述產生二次諧波雜訊可能有多處。透過比較試驗判斷出干擾源，才能進行下一步問題解決。對於解決 B3 對 n78 的諧波干擾，目前的主要做法為增加 B3 和 n78 物理天線隔離度、在 B3 發射通路增加低通濾波器、在 n78 接收通路增加高通濾波器、採用線性度好的 PA 以及天線附近採用高線性度的元件等。

高階互調也可是 NR 遇到的棘手問題。以 B1+n3 組合為例，B1 上行頻率的二倍頻與 n3 上行頻率形成的三階互調會落入 B1 接收頻段，造成對 B1 接收機的干擾，降低其靈敏度。產生二次諧波的原因，仍然可能是 PA 及射頻通路上的開關等非線性元件。由此可見，在 NR 終端設計中，需要特別注意元件的非線性。

2. NR 與 WIFI 共存

蜂巢射頻與其他無線制式的共存也是終端設計長期需解決的問題。在 NR 終端中，NR 新頻段 n41 與 WIFI 2.4G 頻段接近因此 NR 發射會對 WIFI 接收造成較大干擾。如採用 100MHz 頻寬的 n41 在發射功率最大的情況下其旁波瓣以及副旁波瓣會直接落入 WIFI 2.4GHz 頻內，造成嚴重的靈敏度惡化。此外 n41 發射頻率二次諧波可以直接落入 WIFI 5GHz 頻內，同樣造成嚴重的靈敏度惡化。

解決這種共存問題一個顯而易見的方式是 WIFI 與 NR 分時工作。但是這種方法會減小每個無線制式使用時間，從而影響無線傳輸輸送量，給使用者體驗造成負面影響。

從硬體設計角度的解決方案有以下幾種：

- 增大 n41 發射機與 WIFI 2.4G 天線的隔離度。
- 在 n41 發射通路增加濾波器，減小頻外噪音發射，如圖 9-18 所示。
- 在 WIFI 接收通路加濾波器，濾除頻外洩露。
- 透過元件內部結構最佳化減小 n41 射頻前端輻射雜散。

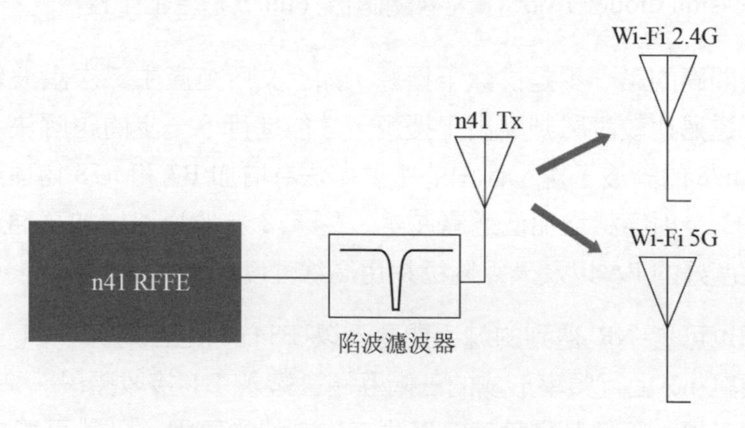

圖 9-18 NR n41 與 WIFI 干擾解決方案

對於以增加新硬體減少頻外洩露的方法，潛在會抬升鏈路的插損，這也是需要考慮的要素。

9.5.3 SRS 射頻前端設計

SRS switch 要求 UE 在所有接收天線上發射參考訊號用於改善 MIMO 通道估計，並進一步提升下行輸送量。SRS switch 需要 UE 能夠快速切換物理天線。在 EN-DC 中，UE 需要兼顧 LTE 與 NR 天線的收發，因此 SRS switch 對天線結構以及切換機制提出了很大挑戰。

在 EN-DC 組合中可能會出現 NR 與 LTE 共物理天線的情況。UE 需要發射 SRS 訊號時，射頻鏈路與天線的對應關係會產生變化，在這種情況下 LTE 甚至會中斷與天線的連接。如何在 SRS 訊號發射的同時確保 LTE 通訊不中斷是需要在射頻前端設計中考慮的因素，[25] 提出了一種天線開關架構可以在保證 LTE 通訊的情況下實現 SRS 訊號發射。

如圖 9-19 所示，透過控制天線開關，NR 發射機與 LTE 收發機均可以連接到物理天線 ant0 和 ant1。在（a）中打開開關 Switch1 中的 1-3 通路，開關 switch2 中的 2-6 通路，開關 switch3 中的 1 通路，可以實現 NR 發射機與天線 ant0 連接，LTE 收發機與 ant1 連接。

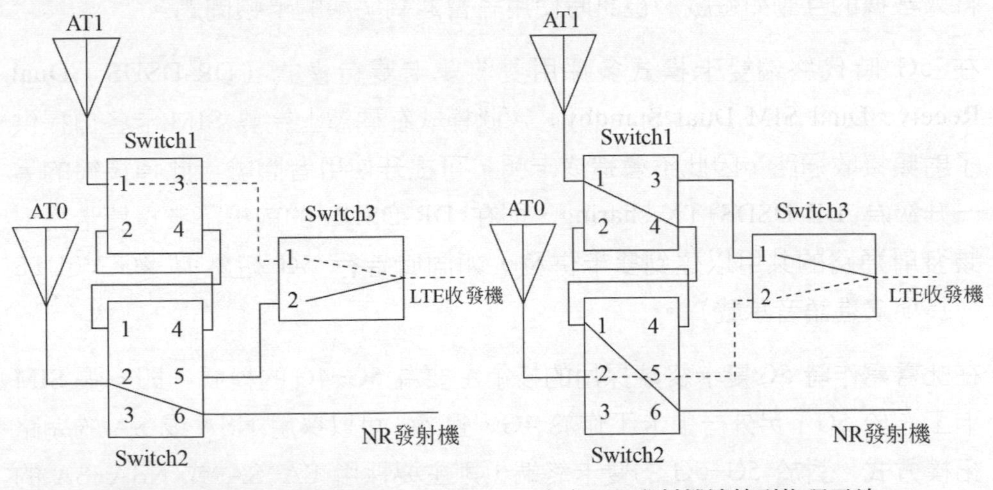

圖 9-19 SRS 訊號發射中 NR 發射機，LTE 收發機與物理天線對應關係

在圖 9-19（b）中打開開關 switch1 中 1-4 通路，開關 switch2 中 1-6，2-5 通路，開關 switch3 中 2 通路，可以實現 NR 發射機與天線 ant1 相連接，LTE 發射機與天線 ant0 相連接。如此便實現了在發射 SRS 訊號時保證 LTE 的收發。

在具體射頻設計中，需要兼顧 UE 天線的性能及版面配置、終端外觀和結構、成本限制等，從而選取最佳的射頻及天線架構。針對不同的 ENDC 組合，不同的 UE 設計需求會產生不同的射頻及天線架構，因此並不存在一種最佳解而是根據具體情況進行射頻，天線，結構，成本的取捨。

9.5.4 其他 NR 挑戰

1. 雙卡支援

5G NR 對於終端支援雙 SIM 卡功能也帶來了新的挑戰。在 4G 時代，多數 UE 採用雙卡雙待（DSDS，Dual SIM Dual Standby）模式。在此種模式下卡 2 在監聽系統尋呼訊息時會對卡 1 進行抽訊框。因此，如果卡 1 正在進行大數據的互動如遊戲、視訊時使用者會遇到明顯的卡頓問題。

在 5G 時代終端雙卡模式多採用雙收雙卡雙待模式（DR-DSDS，Dual Receive Dual SIM Dual Standby）。此模式在硬體上為雙 SIM 卡各自提供了射頻接收通路，因此不會造成卡頓，可提升使用者體驗。此種技術的另一升級為 DR-DSDS+TX sharing，即在 DR-DSDS 的前提下支援雙卡對射頻發射通路的共用以達到雙卡併發，如同時進行 5G 遊戲與 4G VoLTE（長期演進語音承載）。

在此書寫作時 5G 雙卡終端採用的技術主要為 5G+4G 的模式，即一張 SIM 卡工作於 5G，另外一張卡工作於 4G，且 5G 可以採用 NSA 或 SA 的網路拓樸方式。對於 5G+5G 的雙卡終端，則主要採用 SA+SA 或 NSA+SA 的網路拓樸方式。

終端支援 5G+4G 的雙卡模式需要對射頻架構、天線架構進行仔細分析。受限於終端結構、外觀、通訊晶片特性等，需要對五天線或六天線設計進行取捨。無論採用 NSA+LTE 還是 SA+LTE 網路拓樸，整體原則在卡 1 與卡 2 進行工作狀態切換時 NR 通路不需要重新設定。為了到達這一點，射頻前端元件內開關控制也需要支援 MIPI2.1+，以實現 Hardware Mask Write 的功能。

2. 射頻前端開關

對於射頻元件的應用，5G 終端不僅是數量上的增加，更需要元件性能的提升。開關是射頻架構中應用廣泛的元件，既可以單獨使用也可整合於其

他模組中。對於 5G 終端中開關的選取應有以下考慮

- 隔離度。
- 線性度（避免干擾與共存問題）。
- 插損。
- 切換時間（SRS 切換時間要求）。
- MIPI 暫存器控制（是否支援 Hardware Mask Write）。
- VDD/VIO 電壓。
- GPIO/MIPI 控制方式。
- P2P 資源。

9.6 小結

本章從頻譜技術入手介紹了 5G 新頻譜的引入及新頻段的定義，並進一步介紹了 FR1 和 FR2 射頻技術、NR 測試技術以及射頻實現與挑戰等內容。在 FR1 射頻技術章節，重點介紹了高功率終端、接收機靈敏度以及互干擾等關鍵技術及指標要求。在 FR2 射頻及天線技術章節則重點討論了射頻天線架構、功率等級定義、靈敏度、波束對應性、MPE 等區別於 FR1 的技術及標準。在 NR 測試技術章節，重點從 SA 及 NSA 測試技術出發做了介紹，同時說明了 MIMO OTA 測試技術的進展。在 NR 射頻實現及挑戰章節則從終端射頻設計角度出發討論了 NR 帶來的新問題及對應的解決想法。

參考文獻

[1] 3GPP TS 38.101-1 V15.8.2 (2019-12), NR; UE radio transmission and reception; Part 1: Range 1 Standalone (Release 15)

[2] 3GPP TS 38.101-2 V15.8.0 (2019-12), NR; UE radio transmission and reception; Part 2: Range 2 Standalone (Release 15)

[3] 3GPP TS 38.101-3 V15.8.0 (2019-12), NR; UE radio transmission and reception; Part 3: Range 1 and Range 2 Interworking operation with other radios (Release 15)

[4] R4-1707507, UE RF requirements for 3.3-3.8 GHz and 3.3-4.2 GHz, NTT DOCOMO, 3GPP RAN4 #84, Berlin, Germany, 21st –25th August 2017

[5] R4-2002738, WF on UL MIMO PC2, Huawei, 3GPP RAN4 #94e, Feb 24th –Mar 06th, 2020

[6] 邢金強，LTE與 5G NR終端互干擾研究, 行動通訊，2018年2月

[7] R4-1711036, Consideration of EIRP spherical coverage requirement, Samsung, 3GPP RAN4#84-Bis, Dubrovnik, Croatia, 09 –13 October, 2017

[8] RP-180933, Extending FR2 spherical coverage requirement to multi-band UEs, Apple Inc, 3GPP RAN#80, La Jolla, USA, 11-14 June, 2018

[9] R4-1814719, Update on RF EMF regulations of relevance for handheld devices operating in the FR2 bands, Ericsson, Sony, 3GPP RAN4#89, Spokane, WA, US, 12 November –16 November 2018

[10] R4-1900253, Discussion on FR2 UE MPE remaining issues, OPPO, 3GPP RAN4#90, Athens, GR, 25 Feb - 1 Mar, 2019

[11] R4-1900440, P-MPR and maxULDutycycle limit parameters, Qualcomm Incorporated, 3GPP RAN4#90, Athens, GR, 25 Feb - 1 Mar, 2019

[12] R4-1908820, Mitigating Radio Link Failures due to MPE on FR2, Nokia, Nokia Shanghai Bell, 3GPP RAN4#92, Ljubljana, Slovenia, August 26st –30h 2019

[13] 3GPP TS 38.521-1 V16.3.0 (2020-3), NR; User Equipment (UE) conformance specification; Radio transmission and reception; Part 1: Range 1 standalone (Release 16)

[14] 3GPP TS 38.521-2 V16.3.0 (2020-3), NR; User Equipment (UE) conformance specification; Radio transmission and reception; Part 2: Range 2 standalone (Release 16)

[15] 3GPP TS 38.521-3 V16.3.0 (2020-3), NR; User Equipment (UE) conformance specification; Radio transmission and reception; Part 3: Range 1 and Range 2 Interworking operation with other radios (Release 16)

[16] 3GPP TS 38.810 V16.5.0 (2020-1), NR; Study on test methods (Release 16)

[17] R4-1910609, WF on NR MIMO OTA, CAICT, 3GPP RAN WG4 Meeting #92, Ljubljana, Slovenia, 26-30 Aug, 2019

[18] R4-1814833, 2D vs 3D MPAC Probe Configuration for FR1 CDL channel models, Keysight Technologies, 3GPP RAN WG4 Meeting #89, Spokane, USA, 12 –16 November 2018

[19] R4-1900498, 3D MPAC System Proposal for FR1 NR MIMO OTA Testing, Keysight Technologies, 3GPP RAN WG4 Meeting #90, Athens, Greece, 25 Feb - 1 Mar 2019

[20] R4-1909728, System implementation of FR1 2D MPAC, Keysight Technologies, 3GPP RAN WG4 #92, Ljubljana, SI, 26 - 30 Aug 2019

[21] R4-2002471, WF on finalizing FR2 MIMO OTA, CAICT, Keysight, 3GPP RAN WG4 Meeting #94-e, Electronic Meeting, Feb.24th –Mar.6th 2020

[22] R4-2004718, 3D MPAC Probe Configuration Proposal, Spirent Communications, Keysight Technologies, 3GPP RAN WG4 Meeting #94Bis, e-meeting, April 20th –April 30th, 2020

[23] 3GPP TR 38.827 V1.4.0 (2020-06), Study on radiated metrics and test methodology for the verification of multi-antenna reception performance of NR User Equipment (UE) (Release 16)

[24] Skyworks white paper 5G New Radio Solutions: Revolutionary Applications Here Sooner Than You Think

[25] Natarajan, Vimal; Daugherty, John; Black, Gregory; and Burgess, Eddie, "Multi-antenna switch control in 5G", Technical Disclosure Commons, (August 29, 2019)

Chapter

10 使用者面協定設計

石聰、尤心、林雪 著

10.1 使用者面協定概述

使用者面是指傳輸 UE 資料的協定層及相關流程，與之對應的是控制面,控制面是指傳輸控制訊號的協定層及相關流程。關於控制面協定的介紹可以參考第 11 章的介紹，本章主要介紹使用者面協定及相關流程。使用者面協定層如圖 10-1 所示[1]：

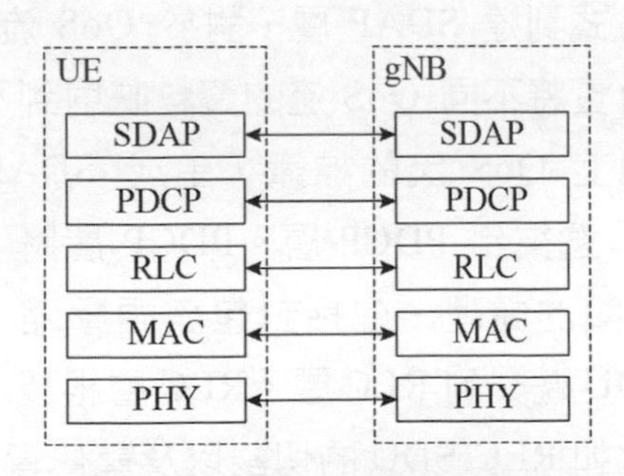

圖 10-1 使用者面協定結構

5G NR 使用者面相對於 LTE 使用者面增加了一個新的協定層 SDAP（Service Data Adaptation Protocol，業務資料轉換協定）層，SDAP 層往下的協定層延續了 LTE 結構。對於 NR 協定層層 2 協定（即 PHY 以上的協定層）的主要特點歸納如下：

- SDAP 層：負責 QoS（Quality of Service，服務品質）流和 DRB（Data Radio Bearer，資料無線承載）之間的映射。
- PDCP（Packet Data Convergence Protocol，分組資料匯聚協定）層：負責加解密，完整性保護，表頭壓縮，序號的維護，重排序及按序遞交等。相對於 LTE，NR PDCP 可以基於網路設定支援非按序遞交功能。另外，為了提高資料封包的傳輸可靠性 NR PDCP 還支援複製資料傳輸等功能，第 16 章會對該功能進行詳細介紹。
- RLC（Radio Link Control，無線鏈路控制）層：負責 RLC SDU（Service Data Unit，業務資料單元）資料封包切割，重組，錯誤檢測等。相對於 LTE，NR RLC 去掉了資料封包串聯功能。
- MAC（Medium Access Control，媒體連線控制）層：負責邏輯通道和傳輸通道之間的映射，重複使用及解重複使用，上下行排程相關流程，隨機連線流程等，相對於 LTE，NR MAC 引入了一些新的特性，比如 BWP 的啟動/去啟動流程，波束失敗恢復流程等。

從使用者面處理資料的流程（以發送端的處理為例）來看，使用者面資料首先透過 QoS 流的方式到達 SDAP 層，對於 QoS 流的描述具體可以參考第 13 章。SDAP 層負責將不同 QoS 流的資料映射到不同的 DRB，並且根據網路設定給資料加上 QoS 流的標識，生成 SDAP PDU（Packet Data Unit，資料封包單元）遞交到 PDCP 層。PDCP 層將 SDAP PDU（也就是 PDCP SDU）進行相關的處理，包括封包表頭壓縮，加密，完整性保護等，並生成 PDCP PDU 遞交到 RLC 層。RLC 層根據設定的 RLC 模式進行 RLC SDU 的處理，比如 RLC SDU 的切割以及重傳管理等，相對於 LTE，NR RLC 去掉了串聯功能，但是保留了 RLC SDU 的切割功能。MAC 層負責將邏輯通道的資料重複使用成一個 MAC PDU（也稱為傳輸區塊），這個 MAC PDU 可以包括多個 RLC SDU 或 RLC SDU 的切割段，這些 RLC SDU 可以來自不同的邏輯通道，也可以是同一個邏輯通道。一個典型的層

2 資料流程如圖 10-2 所示[1]。從圖中可以看出，對於某一個協定層，其從上層收到的資料稱為 SDU，經過該協定層處理之後增加對應的協定層封包表頭所產生的資料稱為 PDU。MAC PDU 可以包含一個或多個 SDU，一個 MAC SDU 可以對應一個完整的 RLC SDU，也可以對應一個 RLC SDU 的切割段。

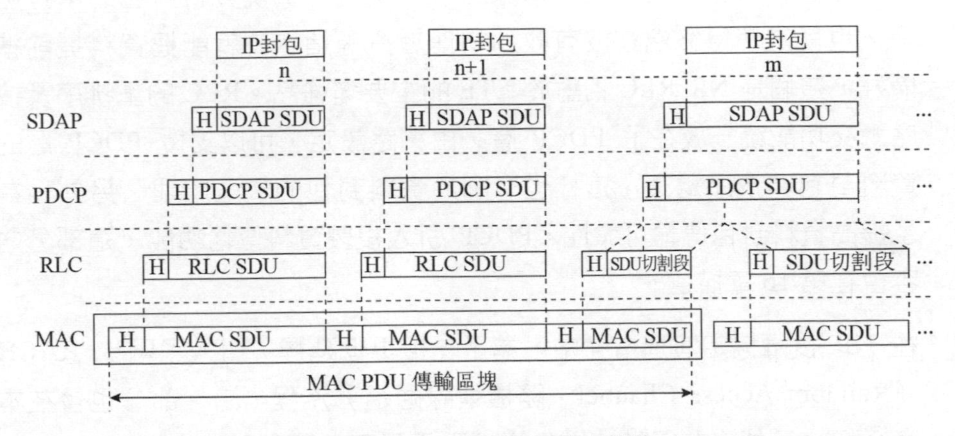

圖 10-2 層 2 資料處理流程範例

從使用者面支援的主要功能來看，5G NR 使用者面的功能在設計之初就考慮了支援更多不同 QoS 類型的應用，比如 URLLC 業務和 eMBB 業務，同時也考慮了支援不同的資料速率，可靠性以及延遲要求[2]。具體來講，為了更好的支援多種 QoS 類型的應用，更高的可靠性以及更低的延遲要求，5G NR 的使用者面主要在以下一些方面做了增強：

- MAC 功能的增強[3]：MAC 層增強了一些 LTE 已有的流程，比如對於上行排程流程，引入了基於邏輯通道的 SR（Scheduling Request，排程請求）設定，這樣 UE 可以根據不同的業務類型觸發對應的 SR，從而使得網路能夠在第一時間排程合適的上行資源。上行設定資源引入了 RRC 預設定即啟動的設定資源（CG, Configured Grant），即所謂的第一類型設定資源（CG Type1）使得終端可以更快速的使用該資源傳輸資料。基於邏輯通道優先順序（LCP, Logical Channel Prioritization）的 MAC PDU 組建封包流程也會根據收到的物理層資源特性選擇設定的邏輯通道，從而更好的滿足該資料的 QoS 要求；最後，MAC PDU 的格式也有增強，採用交織的格式有利於傳輸和接收端的快速處理。

- PDCP 和 RLC 功能的增強[4-5]：大部分的 NR PDCP 和 RLC 功能繼承了 LTE。一方面，為了能夠更快的處理資料，RLC 層去掉了串聯功能而只保留資料封包分段功能，這樣的目的是為了實現資料封包的前置處理，也就是使得終端在沒有收到物理層資源指示時就能把資料提前準備好，這個是 NR RLC 相對於 LTE 的主要增強點。RLC 的重排序及按序遞交功能統一放在了 PDCP 層，由網路設定，可以支援 PDCP 層的資料封包非按序遞交，這樣也有利於資料封包的快速處理。另外，為了提高資料封包傳輸可靠性，PDCP 引入複製資料傳輸功能，這部分內容會在第 16 章描述。
- 在 NR 後續協定演進增強中，為了支援更低延遲，引入了兩步 RACH（Random Access Channel，隨機連線通道）流程，這一部分也會在本章介紹。另外，在行動性增強中，引入了基於雙啟動協定層（DAPS，Dual Active Protocol Stack）的增強行動性流程，這個流程對 PDCP 的影響也會在本章介紹。

下面幾節，我們按照由上往下的順序從各個協定層的角度介紹幾個 NR 相對於 LTE 增強的使用者面功能。

10.2 SDAP 層

首先，SDAP 是 NR 使用者面新增的協定層[6]。NR 核心網路引入了更精細的基於 QoS 流的使用者面資料處理機制，從空中介面來看，資料是基於 DRB 來承載的，這個時候就需要將不同的 QoS 流的資料按照網路設定的規則映射到不同 DRB 上。SDAP 層的引入的主要目的就是為了完成 QoS 流與 DRB 之間的映射，一個或多個 QoS 流的資料可以映射到同一個 DRB

上，同一個 QoS 流的資料不能映射到多個 DRB 上，SDAP 層結構如圖 10-3[6]所示：

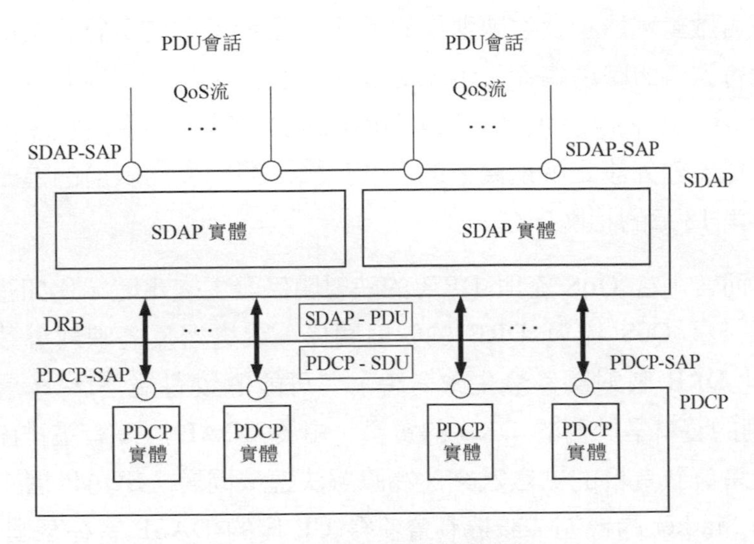

圖 10-3 SDAP 協定層結構

從圖中可以看出，每個 UE 可以支援設定多個 SDAP 實體，每個 SDAP 實體對應一個 PDU 階段。一個 PDU 階段對應一個或多個 QoS 流的資料，關於 PDU 階段的具體細節詳見第 13 章。SDAP 層的主要功能包括兩方面，一方面是傳輸使用者面資料，另一方面是保證資料的按序遞交。

對於上行資料傳輸，當 UE 從上層收到了 SDAP SDU 時，UE 會根據儲存的 QoS 流與 DRB 之間的映射關係來將不同的 QoS 的資料映射到對應的 DRB 上。如果沒有保存這樣的映射關係，則會存在一個預設的 DRB，來負責承接 QoS 流的資料。確定好映射關係之後，UE 基於網路設定生成 SDAP PDU 並遞交底層，在這裡，SDAP PDU 可以根據網路側設定攜帶 SDAP 封包表頭，也可以不攜帶 SDAP 封包表頭。

對於下行資料接收，當 UE 從底層接收了 SDAP PDU，SDAP 層會根據收到該 SDAP PDU 的 DRB 是否設定了 SDAP 封包表頭來進行不同的處理。如果沒有設定 SDAP 封包表頭，則可以遞交到上層。如果設定了 SDAP 封包表頭，則 SDAP 需要去掉 SDAP 封包表頭之後再將資料遞交到上層。在這種情況下，UE 基於資料封包表頭裡的資訊進行處理，比如判斷反向映射功能是否啟動。這裡反射映射指的是 UE 基於接收的下行資料的映射關係確定上行資料的映射關係，也就是說 UE 會判斷下行資料封包表頭中的 QoS 流標識，並儲存該 QoS 流與 DRB 的映射關係，用於後續的上行傳輸，從而節省額外設定映射關係的訊號負擔，關於反向映射的進一步細節可以參考第 13 章的相關描述。

對於上行而言，當 QoS 流與 DRB 的映射關係發生變化時，比如基於網路設定更新一種 QoS 流與 DRB 的映射關係，或透過反向映射導致上行的 QoS 流與 DRB 映射關係發生改變時，有可能導致對端 SDAP 層從新的 DRB 收到的資料早於舊的 DRB 的資料，由於 SDAP 層沒有重排序功能，這樣可能會導致資料的亂數遞交。為瞭解決這一問題，SDAP 層支援一種基於 End-Marker 的機制，該機制會使得 UE 側的 DASP 層在某個 QoS 流發生重映射時，會透過舊的 DRB 遞交一個 End-Marker 的控制 PDU，這樣，接收側的 SDAP 在從舊的 DRB 收到 End-Marker 之前是不會將新的 DRB 的資料遞交到上層，從而確保了 SDAP 層的按序遞交。對於下行而言，QoS flow 與 DRB 之間的映射是基於網路實現，UE 收到 SDAP PDU 後，恢復該 SDAP PDU 至 SDAP SDU 並遞交上層即可。

10.3 PDCP 層

對於上行，PDCP 層主要負責處理從 SDAP 層接收 PDCP SDU，透過處理生成 PDCP PDU 以後遞交到對應的 RLC 層。而對於下行，PDCP 層主要負責接收從 RLC 層遞交的 PDCP PDU，經過處理去掉 PDCP 封包表頭以後遞交到 SDAP 層。PDCP 和無線承載一一對應，即每一個無線承載（包括 SRB 和 DRB）連結到一個 PDCP 實體。大部分 NR PDCP 層提供的功能與 LTE 類似，主要包括[5]：

- PDCP 發送或接收方序號的維護。
- 表頭壓縮和解壓縮。
- 加密和解密，完整性保護。
- 基於計時器的 PDCP SDU 捨棄。
- 對於分裂承載，支援路由功能。
- 複製傳輸功能。
- 重排序以及按序遞交功能。

PDCP 層在資料收發流程上跟 LTE 類似，有一個改進是，NR PDCP 對於資料收發流程的本地變數維護以及條件比較中採用的是基於絕對計數值 COUNT 的方法，這樣可以大大提高協定的可讀性[7]。COUNT 由 SN 和一個超訊框號組成，大小固定為 32bits。需要注意的是，PDCP PDU 的封包表表頭分仍然是包含 SN，而非 COUNT 值，因此不會增加空中介面傳輸的負擔。

具體的，對於上行傳輸，PDCP 傳輸側維護一個 TX_NEXT 的本地 COUNT 值，初始設定為 0，每生成一個新的 PDCP PDU，對應的封包表頭中的 SN 設定為與該 TX_NEXT 對應的值，同時將 TX_NEXT 加 1。PDCP 傳輸側根據網路設定依次對 PDCP SDU 進行封包表頭壓縮，完整性保護及加密操作[5]。這裡需要注意的是，NR PDCP 的封包表頭壓縮功能並不適用於 SDAP 的封包表頭。

對於下行接收，PDCP 接收側根據本地變數的 COUNT 值維護一個接收窗，該接收窗有以下幾個本地變數維護：

- RX_NEXT：下一個期待收到的 PDCP SDU 對應的 COUNT 值。
- RX_DELIV：下一個期待遞交到上行的 PDCP SDU 所對應的 COUNT 值，這個變數確定了接收窗的下邊界。
- RX_REORD：觸發排序計時器的 PDCP PDU 所對應的 COUNT。

在標準制定過程中，討論了兩種接收窗的機制[8]，即基於 PULL 視窗的機制和基於 PUSH 視窗的機制。簡單來說，PULL 視窗是用本地變數維護一個接收窗的上界，下界則為上界減去窗長。PUSH 視窗是用本地變數維護一個接收窗的下界，上界則為下界加上視窗。這兩種視窗機制本質上都能工作，最後由於 PUSH 視窗機制在寫協定的角度更簡便，因此採用了基於 PUSH 視窗的機制。基於 PUSH 視窗機制，PDCP 接收側對於接收的 PDCP PDU 有以下處理步驟：

步驟 1：將 PDCP PDU 的 SN 映射為 COUNT 值；在映射為 COUNT 值時，需要首先計算出該接收的 PDCP PDU 的超訊框號，即 RCVD_HFN。計算出 RCVD_HFN 則獲得了接收 PDCP PDU 的 COUNT 值，也就是 [RCVD_HFN, RCVD_SN]。

步驟 2：PDCP 接收側根據計算出的 COUNT，來決定是否要捨棄該 PDCP PDU，捨棄 PDCP PDU 的條件如下：

- 該 PDCP PDU 的安全性驗證沒有透過。
- 該 PDCP PDU 在 PUSH 視窗之外。
- 該 PDCP PDU 是重複接收封包。

步驟 3：PDCP 接收側會把沒有被捨棄的 PDCP PDU 所對應的 PDCP SDU 保存在快取中，並根據接收封包的 COUNT 在不同的情況下更新本地變數，具體的情況如圖 10-4 所示，分為以下幾種：

- 當 COUNT 處於情況 1 和 4 的時，則捨棄該 PDCP PDU。
- 當 COUNT 處於情況 2 時，也就是在 PUSH 視窗內，但是小於 RX_NEXT，則可能對應的更新本地 RX_DELIV 值，並將保存的 PDCP SDU 遞交到上層。
- 當 COUNT 處於情況 3 時，則更新 RX_NEXT 值。

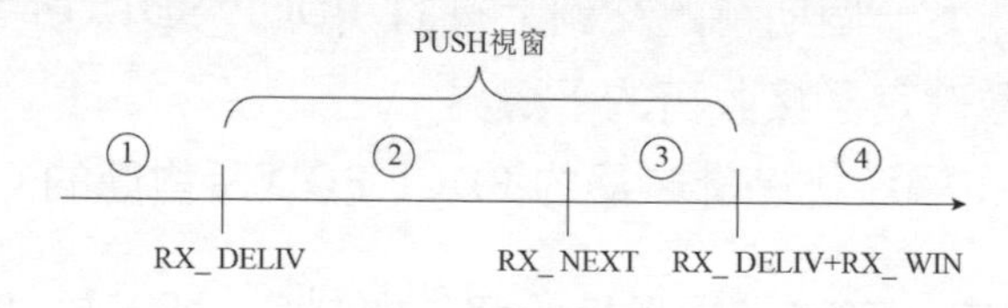

圖 10-4 接收封包的 COUNT

需要注意的是，網路也可以給 PDCP 層設定非按序遞交接收方式。如果網路設定了 PDCP 層以非按序遞交方式接收，則 PDCP 接收側可以直接把生成的 PDCP SDU 遞交到上層而不用等待之前是否有未接收到的資料封包，這樣可以進一步降低延遲。

NR PDCP 還支援複製資料傳輸，簡單的說是可以基於網路側的設定和啟動指令，將 PDCP PDU 複製成為相同的兩份，並遞交到不同的 RLC 實體，這塊的內容在第 16 章有詳細描述，這裡就不再贅述。

另外，在後續標準演進中，基於 DAPS 切換的行動性增強特性也對 PDCP 協定有一定的影響。對 DAPS 切換的具體介紹可以參考第 10 章，這裡只介紹 DAPS 切換對於 PDCP 層的影響。具體的，DAPS 切換指的是在切換過程中，UE 向目標社區發起隨機連線過程的同時保持與來源社區的連接，這個設計對 PDCP 的主要影響在於：

第一：對於設定了 DAPS 的 DRB，該 DRB 對應的 PDCP 實體設定了兩套安全功能和對應的金鑰，以及兩組表頭壓縮協定，其中一套用於與來源社區的資料處理，另外一套用於目標社區的資料處理。DAPS PDCP 實體會基於待傳輸的資料是發送至/接收於來源社區或目標社區，來確定要使用的封包表頭壓縮協定、安全相關演算法來對 PDCP SDU 進行處理。

第二：NR PDCP 的引入了 PDCP 重設定流程，具體的，協定規定 PDCP 實體與 DAPS PDCP 實體之間轉換程式定義為 PDCP 重設定過程。當上層要求對 PDCP 實體進行重設定以設定 DAPS 時（PDCP 實體重設定至 DAPS PDCP 實體），UE 會基於上層提供的加密演算法、完整性保護演算法和表頭壓縮設定為該 DRB 建立對應的加密功能、完整性保護功能以及表頭壓縮協定。也就是說，當 UE 收到了 DAPS 切換命令時，UE 會增加目標社區對應的表頭壓縮協定以及安全相關功能。反之，當上層指示重設定 PDCP 以釋放 DAPS 時（DAPS PDCP 實體重設定至 PDCP 實體），UE 會釋放所要釋放社區對應的加密演算法、完整性保護演算法和表頭壓縮設定。舉例來說，如果 RRC 層在 DAPS 切換完成釋放來源社區時指示重設定 PDCP，那麼 UE 會刪除來源社區對應的表頭壓縮協定以及安全相關的設定功能。如果 RRC 層在 DAPS 切換失敗回復至來源社區時指示重設定 PDCP，UE 會刪除目標社區對應的表頭壓縮協定以及安全相關功能。

第三：DAPS 切換會影響 PDCP 層狀態報告的觸發條件。PDCP 狀態報告主要是用於通知網路側當前 UE 下行資料的接收狀況，用於網路側進行有效的資料重傳或新傳。現有的 PDCP 狀態報告是在 PDCP 重建或 PDCP 資料恢復的時候觸發，而且只針對於 AM DRB。對於 DAPS 切換，來源社區在切換準備期間就可以給目標社區轉發資料，然而 DAPS 切換執行期間 UE 依然保持與來源社區的資料收發，這樣一來，當 UE 與目標社區成功建立連接並開始收發資料時，目標社區可能會下發容錯的資料給 UE，從而帶來額外的負擔。同樣的情況在釋放來源社區的時候也會發生，所以對於 AM DRB，DAPS 切換引入了新的 PDCP 狀態報告觸發條件，即當上層請求了上行資料切換以及當上層指示了釋放來源社區時，都會觸發 PDCP 狀態報告。對於 UM DRB，由於 UM DRB 對於延遲比較敏感且不支援重傳，所以這裡的 PDCP 狀態報告主要是為了避免網路側下發容錯的資料給 UE，UE 只會在上層請求了上行資料切換時觸發 PDCP 狀態報告。

10.4 RLC 層

NR RLC 跟 LTE RLC 的基本功能類似，可以支援 TM（Transparent Mode，透明模式），UM（Unacknowledge Mode，非確認模式）和 AM（Acknolowledge Mode，確認模式）三種模式，三種 RLC 模式的主要特徵概述如下：

- RLC TM：也就是透明模式，當 RLC 處於 TM 模式，RLC 直接將上層收到的 SDU 遞交到下層。TM 模式適用於廣播，公共控制以及尋呼邏輯通道。
- RLC UM：也就是非確認模式，當 RLC 處於 UM 模式，RLC 會對 RLC SDU 進行處理，包括切割，增加封包表頭等操作。UM 一般適用於對資料可靠性要求不高，且延遲比較敏感的業務邏輯通道，比如承載語音的邏輯通道就比較適用於 UM 模式；

- RLC AM：也就是確認模式，當 RLC 處於 AM 模式時，RLC 具有 UM 的功能，同時還能支援資料接收狀態回饋。AM 適用於專屬控制以及專屬業務邏輯通道，一般對可靠性要求比較高。

NR RLC 的基本的功能複習以下[4]：

- 資料收發功能，即傳輸上層遞交的 RLC SDU 以及處理下層收到的 RLC PDU。
- 基於 ARQ 的校正（AM 模式）。
- 支援 RLC SDU 的分段（AM 和 UM）以及重分段（AM）功能。
- RLC SDU 捨棄（AM 和 UM）等功能。

RLC 設定在不同的模式，對應的資料收發流程也有不同，但是基本的流程與 LTE RCL 類似。這裡介紹一下相對於 LTE RLC，NR RLC 的一些增強。

第一個增強是在 RLC 傳輸側去掉了資料封包的串聯功能（concatenation）。在 LTE 中，RLC 支援資料封包串聯，也就是說 RLC 會把 PDCP PDU 按照底層列出的資源大小串聯成一個 RLC PDU，MAC 層再將串聯之後的 RLC PDU 組裝成一個 MAC PDU。這表示資料封包的串聯需要預先知道上行排程資源的大小，對 UE 來說，也就是需要先獲得排程資源，才能進行資料封包的串聯操作。這種處理使得生成 MAC PDU 的時產生額外的處理延遲。

為了最佳化這個即時處理延遲，NR RLC 將串聯功能去掉，這也就表示 RLC PDU 最多只包含一個 SDU 或一個 SDU 的切割部分。這樣 RLC 層的處理可以不用考慮底層的物理資源指示提前將資料封包準備好，同時 MAC 層也能將對應的 MAC 層子封包表頭生成並準備好。唯一需要考慮的即時處理延遲在於，當指定的物理資源不能完整的包含已經生成的 RLC

PDU 時，RLC 仍然需要進行切割封包操作，但是這個延遲相對於傳統的 LTE RLC 處理可以大大減少延遲。

NR RLC 另外一個增強是在 RLC 接收側不再支援 SDU 的按序遞交，也就是說，從 RLC 層的角度，如果從底層收到一個完整的 RLC PDU，RLC 層去掉 RLC PDU 封包表頭之後可以直接遞交到上層，而不用之前序號的 RLC PDU 是否已經收到[15]。這個目的主要是考慮減少資料封包的處理延遲，也就是說，完整的資料封包可以不必等在序號在這個資料封包之前的資料封包表頭到齊之後再往上層遞交。當 RLC PDU 中的 SDU 包含的是切割部分時，RLC 接收側不能將該 RLC SDU 遞交到上層，而是需要等到其他切割段收到之後才能遞交上層。

10.5 MAC 層

MAC 層的主要架構如圖 10-5 所示：

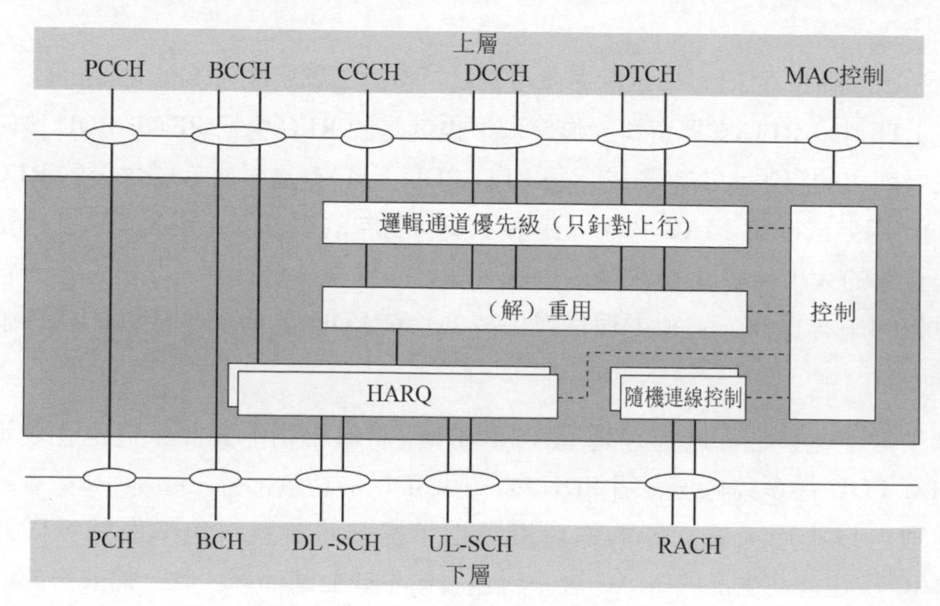

圖 10-5 MAC 層主要架構[3]

大部分 NR MAC 層的功能沿用 LTE 的設計，比如上下行資料相關的處理流程，隨機連線流程，非連續接收相關流程等，但在 NR MAC 中引入了一些特有的功能或是將現有的功能根據 NR 的需求做了一些增強。

對於隨機連線，NR MAC 中基於競爭的四步隨機連線流程是以 LTE 的流程為基礎進行了一些支援波束管理的改進，同時在此基礎上，後續標準的的演進也引入了兩步隨機連線流程，以進一步減少延遲。

在資料傳輸方面，NR MAC 既支援動態排程也支援非動態排程。其中，為了更好的支援 URLLC 業務，在上行動態排程流程上，NR MAC 對 SR 和 BSR 的上報流程做了最佳化，使得 NR MAC 更好的支援 URLLC 業務。另外，基於 LCP 的上行組封包流程也做了對應的最佳化，使得特定的邏輯通道資料能夠重複使用到更加合適的上行資源上傳輸。在非動態排程流程上，LTE 中支援的非動態排程（SPS，Semi-persistent Scheduling）也在 NR 中獲得了沿用，只不過 NR 在此基礎上引入了一種新的上行設定資源，稱為第一類型設定資源（CG Type1），把 LTE 中支援的上行 SPS 稱為第二類型設定資源（CG Type2）。

在終端省電方面，時域上面 NR DRX（Discontinuous Reception，非連續接收）機制是以 LTE 的 DRX 機制為基礎，其基本功能沒有變化。在後續的標準演進中，為了更好的省電，引入了喚醒機制，對 DRX 流程有一定的影響，這部分內容在第 9 章有詳細描述；在頻域方面，NR 最大的特性是引入了 BWP 機制，NR MAC 層也對應的支援 BWP 的啟動和去啟動機制以及對應的流程，這部分內容在第 5 章有詳細介紹。

在 MAC 層的 MAC PDU 格式方面，NR MAC PDU 相對於 LTE 也做了一些增強，具體的表現在支援所謂的交織性的 MAC PDU 格式，以此來提高收發側的資料處理效率。

最後，NR MAC 層支援一些新的特性，比如對於波束失敗的恢復流程，以及對應的複製資料啟動去啟動流程等。

複習來看，NR MAC 相對於 LTE 的一些增強特性以下表所示：

表 10-1 MAC 層的主要功能

功能	LTE MAC	NR MAC
隨機連線	四步競爭隨機連線 四步非競爭隨機連線	四步競爭隨機連線 四步非競爭隨機連線 兩步競爭隨機連線 兩步非競爭隨機連線
下行資料傳輸	基於 HARQ 的下行傳輸	基於 HARQ 的下行傳輸
上行資料傳輸	排程請求（SR） 快取狀態上報（BSR） 邏輯通道優先順序（LCP）	增強的排程請求（SR） 增強的快取狀態上報（BSR） 增強的邏輯通道優先順序（LCP）
半靜態設定資源	下行 SPS 上行 SPS	下行 SPS 第一類型設定資源 第二類型設定資源
非連續接收	DRX	DRX
MAC PDU	上下行 MAC PDU	增強的上下行 MAC PDU
NR 特有		BWP 基於隨機連線的波束恢復流程

下面具體介紹 NR MAC 層的一些增強特性。

1. 隨機連線過程

隨機連線過程是 MAC 層定義的基本過程，NR MAC 沿用了 LTE 的基於競爭四步隨機連線流程與基於非競爭隨機連線流程。在 NR 中，由於引入了波束操作，將前導資源與參考訊號，比如 SSB 或 CSI-RS 進行連結，這樣可以基於 RACH 流程進行波束管理。簡單來說，UE 在發送前導碼時，會測量對應參考訊號並選擇一個訊號品質滿足條件的參考訊號，並用這個參考訊號連結的隨機連線前導資源傳輸對應的前導碼。有了這個連結關係，網路在收到 UE 發送的前導碼時就能知道從 UE 的角度哪個參考通道是比較好的，並用與這個參考訊號對應的波束方向發送下行，具體的流程參考第 8 章；另外，NR 引入了一些新的隨機連線觸發事件，比如基於波束失敗的隨機連線，基於請求系統訊息的隨機連線等。

在後續標準的演進中，為了進一步最佳化隨機連線流程，引入了基於競爭的兩步隨機連線流程以及基於非競爭的兩步隨機連線流程，其目的是減小隨機連線過程中的延遲和訊號負擔。另外，考慮到 NR 也需要支援非授權頻譜，兩步隨機連線過程相對於四步隨機連線過程能進一步減少先佔通道的次數，從而提高頻譜使用率，具體關於非授權頻譜的描述可以參考第 18 章。以基於競爭的隨機連線流程為例，四步隨機連線流程和兩步隨機連線流程如圖 10-6 所示：

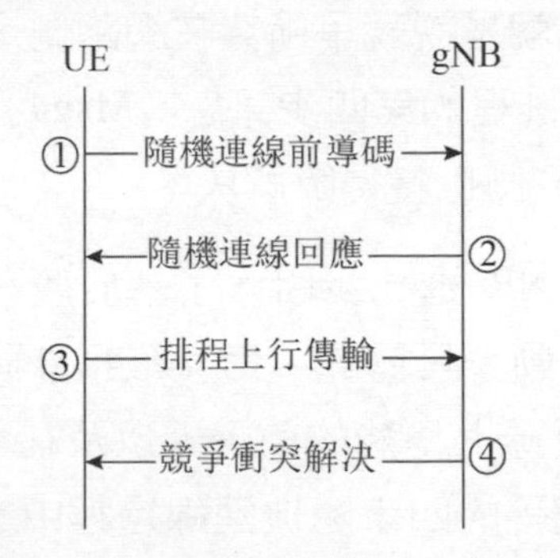

（a）基於競爭的四步隨機連線過程

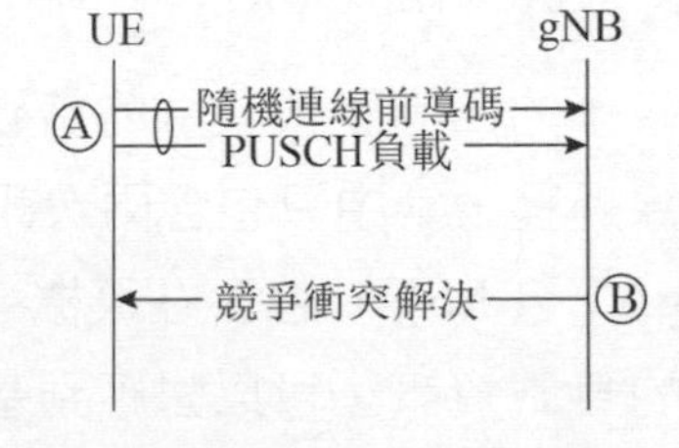

（b）基於競爭的兩步隨機連線過程

圖 10-6 基於競爭的四步和兩步隨機連線過程

基於競爭的四步隨機連線過程需要進行四次訊號互動。

第 1 步：UE 選擇隨機連線資源並傳輸前導碼，這一步訊息稱為第一步訊息（Msg1）。在發送 Msg1 之前，UE 需要測量參考訊號的品質，從而選擇出一個相對較好的參考訊號以及對應的隨機連線資源和前導碼。

第 2 步：UE 在預先設定的接收視窗中接收網路發送的 RAR（Random Access Response，隨機連線回應），這一步訊息稱為第二步訊息（Msg2）。RAR 包含用於後續上行資料傳輸的定時提前量、上行授權以及 TC-RNTI。

第 3 步：UE 根據隨機連線回應中的排程資訊進行上行傳輸，也就是第三步訊息（Msg3）的傳輸，Msg3 會攜帶 UE 標識用於後續的競爭衝突解決；一般來説，根據 UE 所處的 RRC 狀態，這個標識會不一樣。處於 RRC 連接態的 UE 會在 Msg3 中攜帶 C-RNTI，而處於 RRC 空閒態和非啟動態的 UE 會在 Msg3 中攜帶一個 RRC 層的 UE 標識。不管是什麼形式的標識，這個標識都能讓網路唯一的辨識出該 UE。

第 4 步：UE 發送完 Msg3 之後會在一個規定的時間內接收網路發送的競爭衝突解決訊息。一般來説，如果網路能夠成功的接收到 UE 發送的 Msg3，網路就已經辨識出這個 UE，也就是説競爭衝突在網路側是解決了的。對於 UE 側，如果 UE 能夠在網路排程的第四步訊息（Msg4）中檢測到競爭衝突解決標識，則表示衝突在 UE 側也獲得瞭解決。

在基於競爭的四步隨機連線的基礎上，NR 進一步引入了基於競爭的兩步隨機連線過程，其中只包含兩次訊號互動。具體的，第一筆訊息稱為訊息 A（MsgA），MsgA 包含在隨機連線資源上傳輸的前導碼以及在 PUSCH 上傳輸的負載資訊，可以對應到基於競爭的四步隨機連線過程中的 Msg1 和 Msg3。第二筆訊息稱為訊息 B（MsgB），MsgB 可以對應基於競爭的四步隨機連線過程中的 Msg2 和 Msg4，MsgB 在後面會有詳細介紹。

在目前的協定中，基於競爭的四步隨機連線的觸發事件同樣適用於基於競爭的兩步隨機連線。因此，當 UE 同時設定了兩種類型的競爭隨機連線資源時，如果某一個事件觸發了基於競爭的隨機連線過程，則 UE 需要明確知道該選擇哪個隨機連線類型。競爭隨機連線類型的選擇在標準的制定過程中有兩種比較主流的方案[16]。一種方案是基於無線鏈路品質，也就是説網路為 UE 設定用於判斷無線鏈路品質的門限，滿足的門限的 UE 選擇競爭兩步隨機連線，也就是説只有當通道品質足夠好的時候 UE 可以嘗試使用競爭兩步隨機連線流程，這個目的在於提高基地台成功接收到 MsgA 的機率。這種方案弊端在於，當滿足門限的 UE 足夠多時，競爭兩步隨機連線仍然有可能造成較大的資源衝突。第二種方案是基於隨機數的選擇方案，也就是說網路根據隨機連線資源的設定情況向 UE 廣播一個負載係數，UE 利用生成的隨機數與負載係數進行比較，確定隨機連線類型，以實現兩種連線類型間的負載平衡。綜合考慮物理層的回饋以及方案的簡便性，最終確定將基於無線品質的方式作為選擇隨機連線類型的準則。

UE 在選擇兩步隨機連線流程並傳輸 MsgA 之後，需要在設定的視窗內監聽 MsgB。參考基於競爭的四步隨機連線的設計，對不同 RRC 連接狀態的 UE，有不同的 MsgB 監聽行為。一般來說，當 UE 處於 RRC 連接態，也就是說 UE 在 MsgA 中攜帶了 C-RNTI 時，UE 會監聽 C-RNTI 加擾的 PDCCH 和 MsgB-RNTI 加擾的 PDCCH。當 UE 處於 RRC 空閒態或非啟動態時，沒有一個特定的 RNTI，因此 UE 在 MsgA 中攜帶 RRC 訊息作為標識，並監聽 MsgB-RNTI 加擾的 PDCCH。MsgB-RNTI 的計算參考四步隨機連線過程中用於排程 RAR 的 RA-RNTI 的設計，也就是基於 UE 在傳輸 MsgA 時選擇的隨機連線資源的時頻位置。考慮到兩步隨機連線資源和四步隨機連線資源會重用，為了避免不同類型的 UE 在接收網路回饋時產生混淆，MsgB-RNTI 在 RA-RNTI 的基礎上增加一個偏置量。

對於 MsgB 訊息，如前所述，其對應的是基於競爭四步隨機連線過程中的 Msg2 和 Msg4，因此它的設計需要考慮 Msg2 和 Msg4 的功能。一方面，MsgB 要支援競爭衝突的解決，，比如競爭衝突解決標識和對應 UE 的 RRC 訊息。另一方面，MsgB 也要支援 Msg2 的內容，比如隨機避讓指示以及 RAR 中的內容。這裡的原因主要是，對於網路側，在接收解碼 MsgA 時，一方面網路有可能能夠成功解碼出 MsgA 的所有內容，比如前導碼以及 MsgA 的負載訊息，這樣網路可以透過 MsgB 發送競爭衝突解決訊息，也就是對應 Msg4 的功能。還有一種可能性是網路只解出了 MsgA 中的前導碼但是並沒有解出 MsgA 中的負載，對於這種情況，網路並沒有辨識出該 UE，但是網路仍然可以透過 MsgB 發送一個回復指示（對應 Msg2 的功能）來指示這個 UE 繼續發送 Msg3 而不用重新再重傳 MsgA。這種回復也可以稱為是基於 MsgB 的回復，如圖 10-7 所示。

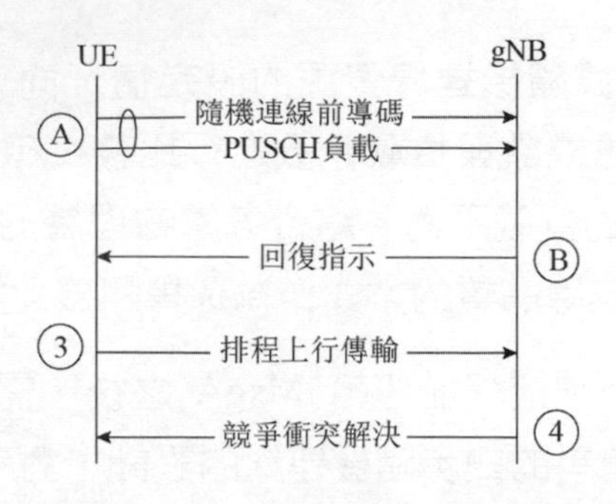

圖 10-7 兩步隨機連線回復過程

如果 UE 在收到 MsgB 的回復指示，並基於回復指示所包含的排程資源傳輸 Msg3 之後，仍未連線成功，則終端可以再重新嘗試 MsgA 的傳輸。此外，網路可以為終端設定 MsgA 的最大嘗試次數，當終端嘗試的 MsgA 的次數超過這個設定的最大次數時，則終端可以切換到基於競爭的四步隨機連線過程繼續進行連線嘗試。

2. 資料傳輸過程

下行資料傳輸過程基本沿用 LTE 的設計，在 NR MAC 中同樣支援基於 C-RNTI 的動態排程以及基於 RRC 設定的非動態排程，由於下行排程的排程演算法取決於基地台實現，這裡不做過多贅述。

上行資料傳輸方面，NR 支援動態排程以及非動態排程。對於上行動態排程，同樣的，NR MAC 支援排程資源請求（SR，Scheduling Request）以及快取狀態上報（BSR，Buffer Statu Report）流程。相對於 LTE，這兩個流程都有對應的增強。

首先對於 SR，其作用是當 UE 存在帶發送上行資料時，用於請求網路側的動態排程資源的。在 LTE 中，SR 只能通知網路 UE 是否有資料要傳，網路在收到 UE 發送的 SR 時，只能基於實現排程一個上行資源。在 NR 中，由於 UE 支援各種不同類型的業務，同時 NR 支援的物理層資源屬性也不一樣，有些物理資源可能更適合傳輸延遲敏感性業務，有些更適合傳輸高輸送量業務等等。因此，為了能夠讓網路在第一時間就知道 UE 想要傳輸的資料類型，從而在排程該 UE 時更有針對性，NR 對 SR 做了增強。具體的，透過 RRC 層設定，可以將不同的邏輯通道映射到不同的 SR 設定上，這樣，當某個邏輯通道觸發了 SR 傳輸，UE 能採用對應的 SR 設定資源來傳輸該 SR。網路側可以根據邏輯通道與 SR 設定的關係來推導出收到的 SR 是對應哪個或哪些邏輯通道，從而能夠在第一時間給 UE 排程更加合適的物理資源。

對於 BSR 上報流程，其作用也跟 LTE 類似，主要適用於 UE 向網路上報當前 UE 的帶傳輸資料快取狀態，以便網路能夠進一步排程上行資源。對於 BSR，NR 在 LTE 的基礎上進一步增加了邏輯通道組的個數，也就是說由 LTE 中的最多支援 4 個邏輯通道組的快取狀態上報到 NR 中最多支援 8 個邏輯通道組的快取狀態上報。主要目的是為了支援精度更高的邏輯通道快取狀態上報，以便於網路更精確的排程。邏輯通道組數量的增加導致了 BSR MAC CE 的格式發生了變化，具體的，NR 主要支援長，短兩種 BSR MAC CE 的格式。其中，對於長 MAC CE 格式，又可以分為可變長度的長 BSR MAC CE（Long BSR MAC CE）以及可變長度的長截短 BSR MAC CE（Long Truncated BSR MAC CE）。短 MAC CE 格式又可以分為短 BSR MAC CE（Short BSR MAC CE）以及短截短 BSR MAC CE（Short Truncated BSR MAC CE）。截短 BSR MAC CE 是 NR 中新引入的 BSR MA CE 類型，主要用於當上行資源不足而 UE 有大於一個邏輯通道組的快取資料要上報時，UE 可以讓網路知道有一些邏輯通道組的資料沒有放在該資源中上報。不同的 BSR MAC CE 的格式主要用於不同的上報場景，跟 LTE BSR 上報場景類似，這裡不再贅述。

上報完 SR 或 BSR 之後，當 UE 獲得上行傳輸資源時，UE 需要根據上行資源的大小組裝對應的 MAC PDU 進行上行傳輸。NR MAC 層採用基於 LCP 的上行組封包流程，相對於 LTE，該流程也做了對應的最佳化。在 LTE 中，對於上行傳輸，MAC 層會根據 RRC 層給邏輯通道設定的優先順序等參數來決定給每個邏輯信分配資源的順序和大小。在 LTE 中，指定的授權資源在物理傳輸特性上，比如子載體間隔等參數，是沒有區別的，LCP 流程針對所有有待傳資料的邏輯通道的處理方式也是一樣的。也就是說對於指定的資源，如果這個資源大小足夠大，理論上所有邏輯通道的資料都可以在該資源上傳輸。在 NR 中，為了支援具有不同 QoS 要求的業務，不同的邏輯通道的資料需要在具有特定物理傳輸屬性的上行資源上傳輸，比如 URLLC 業務需要在子載體間隔足夠大，物理傳輸通道（PUSCH）足夠短的情況才能滿足其延遲要求。為了區別不同的資源屬性，需要對 LCP 流程進行增強。在 NR 研究階段，就已經形成了相關結論，認為網路需要支援某種控制方式使得不同邏輯通道的資料能夠映射到不同屬性的物理資源上[9-10]。

為了實現上述目的，在 NR 標準化階段，討論了一種基於傳輸特徵（Transmission Profile）的機制來達到限制邏輯通道資料在特定物理資源傳輸的目的[11]。也就是說，RRC 給終端設定一個或多個傳輸特徵，每個不同的傳輸特徵具有一個唯一的標識，且映射到一系列物理層參數值上。同時，RRC 也給邏輯通道設定一個或多個傳輸特徵標識，指示該邏輯通道只能在具有對應的的物理層參數的授權資源上傳輸。終端在獲得上行資源時，會根據該資源的屬性推導出一個唯一的傳輸特徵標識，然後從所有邏輯通道中選出可以匹配到該傳輸特徵標識的邏輯通道，再按照 LCP 的流程對這些邏輯通道進行服務。實際上，傳輸特徵的方式是將一系列的物理資源參數打包對應成一個特徵標識，考慮到實現的複雜度以及前向相容性問題，這個方案最終沒有同意。NR 規定了一種更簡單的邏輯通道選擇流程，也就是給每個邏輯通道直接設定一系列的物理層資源參數，這些參數如下所示：

- 允許的子載體間隔列表（allowedSCS-List）：這個參數規定了該邏輯通道的資料只能在具有對應子載體間隔的資源上傳輸。
- 最大 PUSCH 時長（maxPUSCH-Duration）：這個參數規定了該邏輯通道的資料只能在小於該參數的 PUSCH 資源上傳輸。
- 允許 CG type1 資源（configuredGrantType1Allowed）：這個參數規定了該邏輯通道是否允許使用 CG type1 資源進行傳輸。

- 允許的服務社區（allowedServingCells）：這個參數規定了該邏輯通道的資料所允許的服務社區。

MAC 層在收到一個上行資源時，可以根據該上行授權資源的指示或相關設定參數，來決定該授權資源的一些物理屬性，比如這個授權資源的子載體間隔，該授權資源的 PUSCH 時長等。確定了這些物理資源屬性之後，MAC 層會將具有待傳資料的邏輯通道篩選出來使得這些邏輯通道所設定的參數能夠匹配該授權資源的物理屬性。對於這些篩選出來的邏輯通道，MAC 層再基於 LCP 流程將邏輯通道的資料重複使用到上行資源上。

前面提到的上行傳輸資源可以是基於網路動態排程的上行傳輸資源，也可以是基於 RRC 層設定的非動態排程傳輸資源。對於非動態排程傳輸資源，NR 重用了 LTE 的上行 SPS 資源使用方式，也就是說，RRC 設定一組資源的持續週期，HARQ 處理程式數等參數，UE 透過接受 PDCCH 來啟動或去啟動該資源的使用，這種類型的資源在 NR 中成為 CG Type2。另外，在 NR 中，為了更好的支援超低延遲要求的業務，在 CG Type2 的基礎上引入了只需要 RRC 層設定就能啟動使用的資源類型，稱之為 CG Type1。具體的，RRC 提供週期，時間偏移，頻域位置等相關的設定參數，使得 UE 在收到 RRC 設定時，該資源就能啟動使用，可以減少由於 PDCCH 額外啟動所帶來的延遲。

3. MAC PDU 格式

NR MAC PDU 的格式相對於 LTE 也做了增強，早在 NR 研究階段就已經決定了 NR MAC PDU 的格式需要採用一種交織（Interleave）結構，也就是說 NR MAC PDU 中包含的 MAC 子封包表頭與其對應的負載（Payload）是緊鄰在一起的，這不同於 LTE 將所有負載的子封包表頭都放在整個 MAC PDU 的最前面[12-14]。NR MAC PDU 的這種交織結構所帶來的好處是可以使得接收端在處理 MAC PDU 時能夠採用類似「管線」的處理方式，也就是說可以將其中的 MAC 子封包表頭和其對應的負載當成是一個整體去處理，而不用像 LTE 那樣只有等所有的 MAC PDU 中的子封包表頭和負載都處理完才能算是處理完整個 MAC PDU。這樣可以有效的降低資料封包的處理延遲。

在決定了 MAC PDU 的交織結構之後，另外一個問題是 MAC 子封包表頭的位置置放問題，即放置在對應的負載前面和後面的問題[12-13]。一種觀點認為 MAC 子封包表頭應該放置於對應負載的前面，其主要原因是這樣可以加快接收端按「管線」方式的處理速度，因為如果接收端按照從前往後的數序，可以一個一個將 MAC 子 PDU 處理完成。而認為將 MAC 子封包表頭放置在對應負載後面的主要原因是，可以讓接收端從後往前處理，同時考慮到 MAC CE 的位置一般放置在後面，這樣可以有利於接收端快速處理 MAC CE。最後經過討論，認為將 MAC 子封包表頭放在對應負載後面的方案帶來的好處不如放在前面明顯且會增加接收端處理複雜度，因此最終決定將 MAC 子封包表頭放置於對應負載前面。

對 MAC CE 在整個 MAC PDU 中的位置，也有不同的觀點。其中一種觀點認為，對下行 MAC PDU，MAC CE 放置在最前面，對於上行 MAC PDU，MAC CE 放置在最後面[12]。另外一種觀點認為，上下行 MAC PDU 的 MAC CE 位置應該統一，且放置在最後[13-14]。一般來說，合理的方式應該是盡可能的讓接收端先處理控制資訊，對於下行，MAC CE 一般是在排程之前就能產生，因此可以放在最前面。但是對於上行，有一些 MAC CE 並不能預先產生，而是需要等到上行資源之後才能生成，強行讓這些 MAC CE 放置在整個 MAC PDU 的最前面會減緩 MAC PDU 的生成速度。因此，最終在 MAC 層採用的方式是將下行 MAC PDU 的 MAC CE 放置在最前面，而上行 MAC CE 的位置放置在 MAC PDU 的最後面。

10.6 小結

本章主要介紹了使用者面協定層以及相關流程，按照協定層從上往下順序依次介紹了 SDAP 的相關流程，PDCP 層的資料收發流程以及由於 DAPS

的引入對 PDCP 層的影響，RLC 的主要改進，最後具體介紹了 MAC 層相對 LTE 的一些主要增強特性。

參考文獻

[1] 3GPP TS 38.300 V15.8.0 (2019-12), NR and NG-RAN Overall Description; Stage 2 (Release 15)

[2] 3GPP TS 38.913 V15.8.0 (2019-12), Study on Scenarios and Requirements for Next Generation Access Technologies (Release 15);

[3] 3GPP TS 38.321 V15.8.0 (2019-12), Medium Access Control (MAC) protocol specification (Release 15)

[4] 3GPP TS 38.322 V15.5.0 (2019-03), Radio Link Control (RLC) protocol specification (Release 15)

[5] 3GPP TS 38.323 V15.6.0 (2019-06), Packet Data Convergence Protocol (PDCP) specification (Release 15)

[6] 3GPP TS 37.324 V15.1.0 (2018-09), Service Data Adaptation Protocol (SDAP) specification (Release 15)

[7] R2-1702744 PDCP TS design principles Ericsson discussion Rel-15 NR_newRAT-Core

[8] R2-1706869 E-mail discussion summary of PDCP receive operation LG Electronics Inc.

[9] R2-163439 UP Radio Protocols for NR Nokia, Alcatel-Lucent Shanghai Bell

[10] R2-166817 MAC impacts of different numerologies and flexible TTI duration Ericsson

[11] R2-1702871 Logical Channel Prioritization for NR InterDigital Communications

[12] R2-1702899 MAC PDU encoding principles Nokia, Alcatel-Lucent Shanghai Bell

[13] R2-1703511 Placement of MAC CEs in the MAC PDULG Electronics Inc.

[14] R2-1702597 MAC PDU Format Huawei, HiSilicon

[15] R2-166897 Reordering in NR Intel Corporation discussion

[16] R2-1906308 email discussion report: Procedures and mgsB content ZTE Corporation

Chapter

11 控制面協定設計

杜忠達、王淑坤、李海濤、尤心 著

本章介紹了 NR 系統中控制面協定的相關內容，包括系統訊息廣播和更新，尋呼機制，通用連線控制，RRC 狀態和 RRC 連接控制的相關流程，RRM 測量機制和框架以及於此相關的行動性管理。

11.1 系統訊息廣播

5G NR 的系統訊息在內容，廣播、更新，獲取方式和有效性等方面整體上和 4G LTE 之間有很大的相似性，但也引入了一些新的機制，比如隨選請求（on-demand request）的獲取方式，使得 UE 可以「點播」系統訊息。

11.1.1 系統訊息內容

和 LTE 類似，5G NR 系統訊息的內容也是按照訊息區塊 SIB（System Information block）的方式來定義的。可以分成主訊息區塊（MIB），系統訊息區塊 1（SIB1，也稱為 RMSI），系統訊息區塊 n（SIBn，n=2~14）。除了 MIB 和 SIB1 是單獨的 RRC 訊息之外，不同的 SIBn 可以在 RRC 層合併成一個 RRC 訊息，稱為其它系統訊息（OSI，Other System information），而一個 OSI 中所包含的具體的 SIBn 則在 SIB1 中規定。

UE 在初始連線階段，在獲得時頻域同步以後，第一個動作就是獲取 MIB。MIB 所包含的參數的主要作用簡單地說是讓 UE 知道當前社區是否允許駐留以及是否在廣播 SIB1，以及獲取 SIB1 的控制通道的設定資訊是什麼。如果 MIB 指示當前社區上沒有廣播 SIB1，那麼 UE 在這個社區的初始連線階段就結束了。如果廣播了 SIB1，那麼 UE 接下去就會進一步獲取 SIB1。比較特殊的情況是在切換的時候，UE 在獲取了目標社區的 MIB 以後，會先根據收到的切換命令中所包含的隨機連線資訊完成切換，然後才會獲取 SIB1。在 MIB 中有另外兩個重要的細胞和社區選擇和重選有關。CellBarred 細胞表示當前社區是否被禁止連線。如果是的話，那麼處於 RRC_IDLE（RRC 空閒狀態）或 RRC_INACTIVE（RRC 非啟動狀態）狀態的 UE 就無法在這樣的社區駐留。這樣做的原因是因為在網路中有些社區可能不適合 UE 駐留，比如在 EN-DC（LTE NR 雙連接）架構中的 SCG（輔小區群）節點上的社區。SCG 只有在 UE 建立了 RRC 連接以後才可能設定給 UE。讓 UE 在獲取 MIB 以後就知道該社區被禁止連線是為了讓 UE 在這個社區上跳過社區駐留的後續過程從而節省 UE 的功耗。和社區選擇/重選相關的 intraFreqReselection 細胞表示如果當前社區是當前頻率的最佳社區，而又不允許 UE 駐留的時候，是否允許 UE 選擇或重選到當前頻率上的次佳社區上去。如果這個細胞的值是"not allowed"，那麼就表示不允許，也就是說 UE 需要選擇/重選到其他的服務頻率上去，否則就可以。一般情況下如果網路中只有一個頻率的時候，這個值會設為"allowed"，因為別無選擇；否則總是會設為"not allowed"。UE 工作在次佳社區的不利因素是會受到最佳社區訊號的同頻干擾。因為社區被禁止連線而導致社區不可選擇或重選的有效時間是 300 秒，也就是說 UE 在 300 秒以後還需要重新檢查這個限制是否還會有，直到 UE 允許選擇到該社區或離開。

UE 在獲取了 MIB 以後，一般情況下會繼續獲取 SIB1。SIB1 主要包含了以下幾類資訊：

- 和當前社區相關的社區選擇參數。

- 通用連線控制參數。
- 初始連線過程相關公共物理通道的設定參數。
- 系統訊息請求設定參數。
- OSI 的排程資訊和區域有效資訊。
- 其他參數，比如是否支援緊急呼叫等。

其中通用連線控制參數的具體細節請參考 11.3 節，初始連線過程相關公共物理通道的設定參數相關的具體細節請參考第 6 章。系統訊息請求設定參數和 OSI 的排程資訊的具體細節請參考 11.1.2 節，OSI 的有效性請參考 11.1.3 節。

下面表格列出了 OSI 的內容：

表 11-1 OSI 內容

SIB 序號	SIB 內容
SIB2	同頻異頻和 LTE 與 NR 間社區重選的公共參數以及頻率內社區重選需要的除了鄰近社區之外的其他設定參數
SIB3	頻率內社區重選所需要的鄰近社區的設定參數
SIB4	頻率間社區重選所需要的鄰近社區和所在的其他頻率的設定參數
SIB5	重選到 LTE 社區所需要的 LTE 頻率和鄰近社區的設定參數
SIB6	ETWS（地震和海嘯預警系統）的主通知訊息
SIB7	ETWS 的第二通知訊息
SIB8	CMAS（公共移動警示系統）通知訊息
SIB9	GPS（全球定位系統）和 UTC（協調時間時）時間資訊
SIB10	HRNN（私有網路的讀取網路名稱列表）
SIB11	RRC_IDLE 和 RRC_INACTIVE 狀態下提前測量設定資訊
SIB12	側行鏈路通訊的設定參數
SIB13	LTE 側行鏈路通訊的設定參數（LTE 系統訊息區塊 21）
SIB14	LTE 側行鏈路通訊的設定參數（LTE 系統訊息區塊 26）

SIB2/3/4/5 和社區重選有關，具體的相關內容參考 11.4.2 節。SIB6/7/8 是利用了 5G NR 的系統訊息的廣播機制來廣播和公共安全相關的訊息。這 3

個系統訊息的廣播和更新方式有別於其他的 OSI，具體內容請參考 11.1.2 節。SIB9 提供了全球同步時間，可以用於比如 GPS 的初始化或矯正 UE 內部的時鐘等。

11.1.2 系統訊息的廣播和更新

MIB 是透過映射到 BCH（廣播傳輸通道）通道的 BCCH（廣播邏輯通道）通道進行廣播的。SIB1 和 OSI 是透過映射到 DL-SCH（下行共用通道）通道的 BCCH 通道進行廣播的，在使用者面上對層 2 協定，包括 PDCP（分組資料匯聚協定），RLC（無線鏈路控制協定）和 MAC（媒體連線控制）層來說是透明的，也就是說 RRC 層在進行了 ASN.1（抽象語法符號 1）編碼以後直接發送給物理層來進行處理。

MIB 和 SIB1 的廣播週期是固定不變的，分別是 80 毫秒和 160 毫秒。MIB 和 SIB1 在各自的週期內還會進行重複發射，具體內容請參考第 6 章。OSI 訊息的排程資訊包含在 SIB1 裡面，其排程的方式和 LTE 系統類似，即採用週期+廣播視窗的方式。下圖是系統訊息排程的範例：

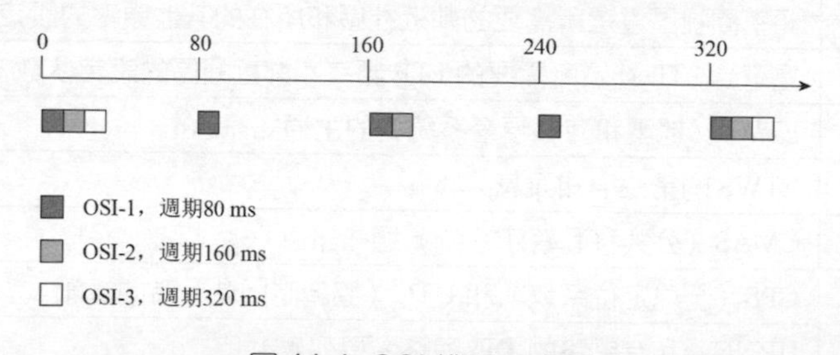

圖 11-1 OSI 排程示意圖

圖中的每個小框代表了一個廣播視窗，最小的視窗值是 5 個時間槽，最大達到 1280 時間槽。視窗的大小和載體的子載體間隔 SCS 以及系統的頻寬有關，FR1 載體的廣播視窗一般要大於 FR2 的廣播視窗。在一個社區中所有 OSI 的廣播視窗是一樣的，在週期重疊的地方按照 OSI 在 SIB1 排程的順序依次排列。OSI 的排程週期範圍是 80 毫秒~5120 毫秒，按 2 的指數增加。

一般來說一個 OSI 可以包含一個或多個 SIBn。但是當 SIB 中包含的內容比較多的時候，一個 OSI 可能只包括一個 SIBn 中的分段。這種情況適用於廣播 ETWS 的 SIB6 和 SIB7，以及廣播 CMAS 的 SIB8。這是因為 5G NR 中系統訊息的大小最大不能超過 372 位元組。而 ETWS 和 CMAS 的通知訊息一般都會超過這個限制，所以在 RRC 層中對這些 SIB 進行了分段。UE 需要在收到 SIB 分段以後，再在 RRC 層進行合併，然後才能得到完整的 ETWS 或 CMAS 的通知訊息。

5G NR 更新系統訊息的時候，會透過尋呼訊息通知給 UE。收到尋呼訊息的 UE 一般會在下一個更新週期獲取新的系統訊息（除了 SIB6、SIB7 和 SIB8 外）。一個更新週期是預設尋呼週期的整數倍。和 LTE 系統不一樣的是，觸發系統訊息更新的尋呼訊息承載在一個 PDCCH 上，稱為簡訊（short message）。這樣做的原因是這個訊息本身需要包含的內容很少，目前只有 2 個位元。另外 UE 也因此無須像接收其他類型的尋呼訊息那樣總是對 PDSCH 進行解碼，從而可以節省 UE 的處理資源和耗電。

簡訊中的位元用來表示 systemModification，用於除了 SIB6、SIB7 和 SIB8 以外的 SIBn 的更新。另外一個位元 etwsAndCmasIndication 如果是 1，那麼 UE 會在當前更新週期就會試圖接收新的 SIB6、SIB7 或 SIB8。這是因為這些系統訊息的內容如前所述是用於廣播公共安全相關的資訊，比如地震、海嘯等，所以基地台在收到這些訊息的時候會馬上廣播，否則會引入不必要的延遲。

從 UE 的角度來看，監聽簡訊的行為和 UE 所在的 RRC 狀態有關。在 RRC_IDLE 或 INACITVE 狀態的時候，UE 監聽屬於它自己的尋呼機會。在 RRC_CONNECTED 狀態的時候，UE 會每隔一個更新週期在任何一個尋呼機會監聽至少一次簡訊。但是協定還規定 UE 會每隔一個預設尋呼週期在任何一個尋呼機會監聽至少一次簡訊用於接收更新 ETWS 或 CMAS 的尋呼簡訊，所以實際上支援接收 ETWS 或 CMAS 的 UE 在 RRC_CONNECTED 狀態會每隔一個預設尋呼週期監聽。

除了週期性廣播這種方式之外，SIB1 和 SIBn 還可以透過專用訊號的方式發給 UE。其原因是 UE 當前所在的 BWP 不一定會設定用於接收系統訊息或尋呼的 PDCCH（物理下行控制通道）通道。在這種情況下，UE 就無法直接接收廣播的 SIB1 或 SIBn。另外除了 PCell 之外的其他服務社區的系統訊息，假如 UE 設定了載體聚合或雙連接，也是透過專用訊號發送給 UE 的，這點和 LTE 系統是一樣的。

NR UE 會發現除了 MIB 和 SIB1 之外的 OSI 可能不在進行廣播，即使 SIB1 中對這些系統訊息進行了排程！這就需要介紹 5G NR 特有的隨選廣播的機制。詳細內容請參考 11.1.3 節。下圖是 3GPP 階段 2 協定 TS 38.300[6]中的插圖，包括了上述 3 種系統訊息的傳送方式：

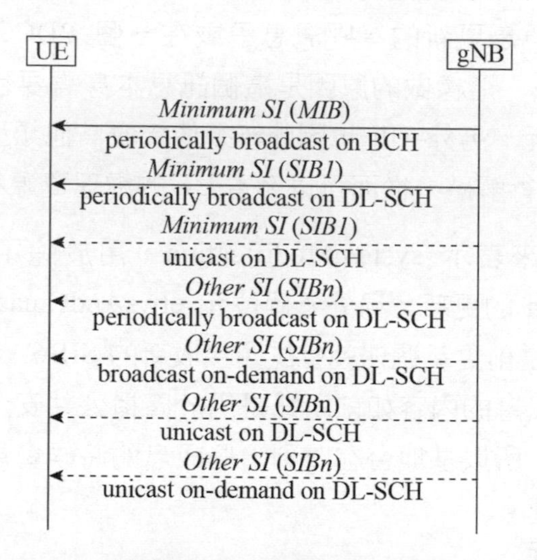

圖 11-2 系統資訊獲取過程

11.1.3 系統訊息的獲取和有效性

從 UE 的角度，獲取系統訊息的基本的原則是如果本地還沒有系統訊息，或系統訊息已經無效，那麼 UE 需要獲取或重新獲取系統訊息。那麼 UE 是怎麼判斷某個 SIB 是否有效呢？

在時間有效性上，5G NR 和 LTE 系統的方式是一樣的。每個 SIBn 都有一個 5 位元長的標籤（value tag），範圍在 0~31。SIBn 的標籤的初值是 0，並且在每次更新的時候加 1。5G NR 還規定一個本地系統訊息最長的時效是 3 個小時。這兩個條件結合在一起要求網路在 3 個小時內更新系統訊息的次數不能多於 32 次，否則 UE 可能會誤以為已經更新的系統訊息是有效的而不進行重新獲取，導致網路和 UE 之間系統訊息不同步。這種可能性會發生在離開某個社區一段時間（小於 3 個小時）以後重新回來的 UE 身上。

5G NR 還引入了區域的有效性。在 SIB1 的排程訊息中有一個參數系統訊息區域標識（systemInformationAreaID）。在每個 SIBn 的排程資訊中會被標注是否在這個區域標識規定的區域內有效。如果 SIB1 中每個區域標識或某個 SIBn 被標注不在當前的區域標識規定的區域內有效，那麼這個 SIBn 的有效區域就是本社區。

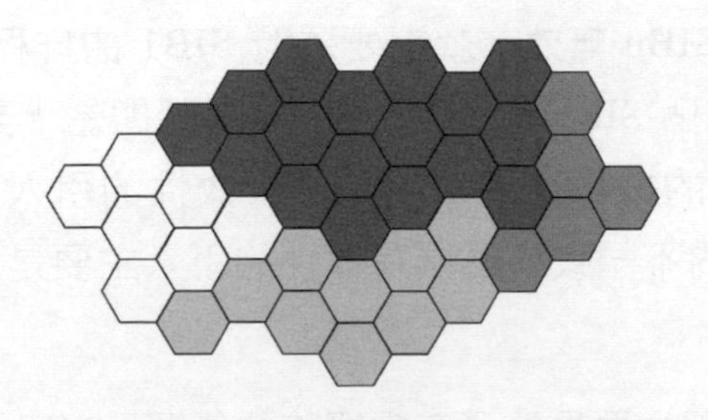

圖 11-3 系統訊息區域有效性示意圖

如圖 11.1.3-1 所示設定有相同區域標識（對應到圖中的顏色）的社區通常形成一個連貫的區域。同一個區域中各個社區上的某個相同的 SIBn 在這個區域內有效。引入區域有效性的原因在於某些系統訊息在不同的社區之間往往是相同的。比如用於社區重選的 SIB2、SIB3 和 SIB4，假如這些訊息中沒有特別的和某個鄰近社區相關的資訊，比如 blacklist（黑名單社區），那麼鄰近社區的描述都是以頻率為細微性進行設定的。對處於同一個頻率的社區來說，這些以頻率為細微性設定的鄰近社區以及相關的參數很有可能在某個區域內是一樣的。在這種情況下 UE 在獲取了該區域中某個社區上的這些 SIB 以後，就沒有必要再次獲取其他鄰近社區相同的 SIB。區域有效性的設定以 SIB 為細微性，而非以 OSI 為細微性的原因是不同社區中 SIB 到 OSI 的映射可能是不一樣的，而且如前所述決定是否具備區域有效性的是系統訊息的內容，而非排程的方式。表格 11-2 顯示了系統性訊息有效性相關的屬性。

表 11-2 系統訊息有效性參數

系統訊息參數	MIB	SIB1	SIBn
有效時間	3 小時	3 小時	3 小時
標籤	N/A	N/A	0~31
有效區域	本社區	本社區	本社區或社區所在區域

回到 11.1.3 節開始提出的 SIB 有效性的問題，答案是如果 UE 在獲取了某個社區的 SIB1 以後，發現所關心的 SIBn 的標籤在 3 個小時內沒有發生改變，而且在有效區域內，那麼這個 SIBn 就是有效的，否則就是無效的。UE 一旦發現某個 SIBn 無效，就需要透過 SIB1 的排程資訊來獲取正在廣播的 SIBn。如果這個 SIBn 在 SIB1 中的廣播狀態是「非廣播」，那麼 UE 需要透過隨選廣播的機制來獲取。時間有效性的引入是為了避免網路和 UE 之間系統參數的不一致，區域有效性的引入主要是為了節省 UE 的耗電。

引入隨選廣播的原因主要是為了節省網路的能源。MIB 和 SIB1 是 UE 在該社區進行通訊所不可或缺的系統訊息，所以必須週期性廣播，否則 UE 無法連線該社區。但是其他的系統訊息，比如用於社區選擇和重選的 SIB，在社區中沒有駐留的 UE 的時候是沒有必要廣播的。這在網路比較空閒的時段，比如深夜的商業區，是每天都會發生的事情。

在 5G NR 系統中隨選廣播是基於隨機連線過程來進行的，一共有兩種方式。第一種方式是透過 RACH 過程中第一個訊息，也就是發送的 Preamble（前導）來表示 UE 想要獲取是哪個 OSI。如果 SIB1 中設定的用於系統訊息請求的 Preamble 的資源只有一個，那麼網路接收到 Preamble 的時候，會認為有 UE 想要所有在 SIB1 中標識為「非廣播」的 OSI。如果 SIB1 中設定的資源多於一個，那麼 Preamble 和標識為「非廣播」的 OSI 之間按照 Preamble 設定的順序和被排程的順序之間有一一對應關係，所以網路可以根據收到的 Preamble 判斷 UE 到底想要那個 SIB。為了防止隨機連線通道的壅塞，在後一種情況下，不同的 Preamble 的發送時機被安排在不同的隨機連線資源連結週期內，最大的發送週期是 16 個隨機連線資源連結週期。

第二種方式是透過 RRC 訊息來表示 UE 想要獲取的 SIB。這個訊息稱為 RRCSystemInfoRequest（系統訊息請求），在 Rel15 和 Rel16 的版本中最大可以請求 32 個 OSI。這個 RRC 訊息總是透過隨機連線過程的第三個訊息（Message 3）發給網路。

網路在接收到 UE 的系統訊息請求的資訊以後，開始系統訊息廣播的過程。而從 UE 的角度，在發送系統訊息請求以後，可以馬上開始準備系統訊息獲取的過程，而無需等待下一個系統訊息更新週期。隨選請求系統訊息的方式在 R15 中只適用於在 RRC_IDLE 和 RRC_INACTIVE 狀態的 UE。在 R16 中 UE 在 RRC_CONNECTED 狀態的時候也可以觸發這個過程，在這種情況網路透過專用訊號把 UE 要求的系統訊息發送給 UE。

11.2 尋呼

NR 系統的尋呼主要有 3 種應用場景，即核心網路發起的尋呼，gNB 發起的尋呼，和 gNB 發起的系統訊息更新的通知。

核心網路發起的尋呼和 RRC_IDLE 狀態下 NAS（非連線層）層的行動性管理是配套的過程，即尋呼的範圍就是 UE 當前註冊的追蹤區（TA，Tracking area）。設定的追蹤區是尋呼的負荷和位置更新的頻度之間的折中。這是因為追蹤區越大，位置更新的頻度越少，但是系統尋呼的負荷就越大。核心網路發起的尋呼通常只是針對處於 RRC_IDLE 狀態的 UE。處於 RRC_INACTIVE 狀態的 UE 會接收到 gNB 發起的尋呼。這是由於在 RRC_INACTIVE 狀態下，NR 引入了和追蹤區類似的概念，即通知區（RNA, RAN Notification Area）。處於 RRC_INACTIVE 狀態的 UE 只有跨越 RNA 移動的時候，才需要透過通知區更新的流程（RNA Update）告訴網路新的 RNA。當有新的下行資料或訊號（比如 NAS 訊號）需要發送給 UE 的時候，會觸發 gNB 發送的尋呼過程。這個尋呼過程的發起者是 UE 在 RRC_INACTIVE 狀態下錨點 gNB，即透過 RRCRelease（RRC 釋放）訊息讓 UE 進入 INACTIVE 狀態的 gNB。由於一個 RNA 下所包括的社區有可能覆蓋了多個 gNB，所以 gNB 發起的尋呼也需要透過 Xn 介面進行前轉。

這兩種尋呼機制之間並不是完全獨立的。核心網路可以提供一些輔助資訊給 gNB 來確定 RNA 的大小。而且核心網路發起的尋呼是 gNB 發起的尋呼的一種回落方案。當 gNB 在發起尋呼以後沒有收到 UE 的尋呼回應，會認為 UE 和網路之間在 RNA 這個層面上已經失去了同步，gNB 因此會通知核心網路。核心網路會觸發在 TA 範圍內的尋呼過程。而 UE 如果在 RRC_INACTIVE 狀態下收到核心網路的尋呼訊息以後，就會先進入 RRC_IDLE 狀態，然後才回應尋呼訊息。核心網路和 gNB 觸發的尋呼訊息可以透過尋呼訊息中包含的 UE 標識來區分。包含 I-RNTI（INACTIVE 狀態下的無線網路臨時標識）的尋呼訊息是 gNB 觸發的尋呼訊息，包含 NG-5G-S-TMSI（5G 系統臨時行動註冊號碼）的是核心網路觸發的尋呼訊息。

系統訊息的更新在 RRC 協定中稱為簡訊（Short Message），實際上是一個包含在 PDCCH 通道裡的 RRC 資訊。裡面包含了 2 個位元，第一個位元表示觸發的是除了 ETWS/CMAS 訊息（SIB6,SIB7,SIB8）之外的其他系統訊息的更新，第二個位元表示觸發的是 ETWS/CMAS 訊息（SIB6,SIB7,SIB8）的更新。系統訊息更新的過程請參考本章第一節的內容。處於任何一個 RRC 狀態的 UE 都可能會接收到這個 Short Message 來更新系統訊息。

上述 3 種尋呼訊息的 PDCCH 通道上都加擾了社區中設定的公共的尋呼標識 P-RNTI（尋呼無線網路臨時標識）。核心網路發起的尋呼訊息和 gNB 發起的尋呼訊息中可以包含多個尋呼記錄（Paging Record）。其中每個 Paging Record 中包含的是針對某個具體的 UE 的尋呼訊息。

表 11-3 尋呼訊息比較

尋呼類型	尋呼的範圍	相關的狀態	卷積的標識	包含的 UE 標識
核心網路發起的尋呼	追蹤區	RRC_IDLE	P-RNTI	NG-5G-S-TMSI
gNB 發起的尋呼	通知區	RRC_INACTIVE	P-RNTI	I-RNTI
Short Message	社區	RRC_IDLE, RRC_INACTIVE, RRC_CONNECTED	P-RNTI	N/A

尋呼訊息的發送機制詳細記錄在[3]的 7.1 節中。其基本的原理對核心網路發起的尋呼和 gNB 發起的尋呼來說是一樣的。從網路的角度來說會在系統訊息更新週期內的每個的尋呼機會（PO，Paging Occasion）上進行發送。而處於 RRC_IDLE 和 RRC_INACTIVE 狀態的終端只會監聽和自己相關的 PO。而處於 RRC_CONNECTED 狀態的 UE 監聽的 PO 不一定和自己的標識相連結，目的是為了盡可能避免和其他專用的下行資料發生衝突。

在介紹具體的尋呼機制之前，需要先介紹 2 個基本的概念，即尋呼訊框（PF，paging frame），尋呼機會（PO，paging occasion）。在 LTE 系統中 PF 和 PO 的定義很簡單，PF 就是在一個 DRX 週期中包含 PO 的無線訊框，而 PO 就是一個在 PF 中可以發送尋呼訊息的子訊框。在 NR 中，如果 PDCCH 的監聽機會（PMO, PDCCH Monitoring occasion）是由 SIB1 中的尋呼搜尋空間定義，那麼 PF 的定義可以 LTE 的保持一致，而 PO 的定義則需要改成包含多個 PMO 的無線時間槽。其中 PMO 的個數和這個社區中 SSB BURST 集合中實際發送的 SSB 的個數是相等的。當 PMO 時由 MIB 中的 0 號搜尋空間來定義的時候，PO 的定義可以沿用新的定義，但是 PF 實際上是指向 PO 的參考無線訊框。這個參考無線訊框實際上包含了 SSB

BURST。而這個參考無線訊框和所連結的 PO 所在無線訊框（以及所在的無線時間槽和 OFDM 符號）之間的關係是固定的，所以 UE 可以根據參考無線訊框精確定位 PO。

協定中定義了確定 PF 的公式，適用於上述兩種情況：

$$(\mathrm{SFN} + \mathrm{PF\_offset}) \bmod T = (T \operatorname{div} N) * (\mathrm{UE\_ID} \bmod N) \tag{11.1}$$

其中的參數含義如下：

- SFN：表示 PF 所在的無線訊框的訊框號。
- PF_offset：無線訊框偏移。
- T：尋呼週期。
- N：在尋呼週期 PF 的個數。
- UE_ID：UE 的標識，等於 5G-S-TMSI mod 1024。

這個公式和 LTE 中 PF 的公式比較多了一個參數，即 PF_offset，這樣做是有原因的。如果尋呼搜尋空間是由 SIB1 設定的，那麼這個 PF_offset 是不需要的。如果搜尋空間是由 MIB 設定的，那麼這個搜尋空間和 UE 獲取 SIB1 的搜尋空間是相同的，而獲取 SIB1 的尋呼搜尋空間和社區中 SSB 在時頻域上的相對位置是固定的，一共有 3 中模式。在模式 1 中，搜尋空間在 SSB（同步訊號區塊）的幾個 OFDM 符號之後，而且搜尋空間必定出現在偶數訊框內，所以在這種情況下 PF_offset 總是等於 0。在模式 2 和 3 中，搜尋空間和 SSB 在相同的時域上，所以 PF 就是 SSB 所在的無線訊框。而 NR 系統允許 SSB 所在的無線訊框可以是任何無線訊框。SSB 的週期可以是{5 毫秒，10 毫秒，20 毫秒，40 毫秒，80 毫秒，160 毫秒}。當週期大於 10 毫秒的時候，SSB 所在的無線訊框可以是滿足下述條件的任何無線訊框：

$$\mathrm{SFN} \bmod (P/10) = \mathrm{SSB\_offset} \tag{11.2}$$

其中 P 是上述 SSB 的週期，SSB_offset 的範圍是 0~(P/10)-1

例如當 P=40 毫秒的時候，這個公式就變成 SFN mod 4= SSB_offset，其中 SSB_offset =0, 1, 2, 3。

在上述計算 PF 的公式中，週期 T 的設定值範圍是{320 毫秒,640 毫秒,1280 毫秒,2560 毫秒}，而 N 是一個總是可以被 T 整除的常數，而且 T/N 總是一個偶數。所以如果公式中沒有 PF_offset 這個參數的話，PF 必須是在偶數訊框內。而這和前述模式 2 和 3 中對 PF 的要求是矛盾的。為了滿足 NR 系統 PF 設定的靈活性，在公式中增加了 PF_offset 參數。從數學上來說，PF_offset 和 SSB_offset 其實是一致的。

計算 PO 的公式如下：

$$i\_s = \text{floor}(UE\_ID/N) \bmod Ns \tag{11.3}$$

其中 UE_ID 和 N 的含義和確定 PF 的公式中的參數是一致的。Ns 表示一個 PF 中 PO 的個數，可以是 1,2 和 4。

如果搜尋空間是由 MIB 中的參數定義，那麼在模式 1 中 Ns=1，在模式 2 和 3 中 Ns=1 或 2。如果搜尋空間是由 SIB1 中的尋呼搜尋空間定義的，那麼 Ns 可以是 1,2 和 4。

在協定中還增加了兩個參數用來定義 PO 的位置。第 1 個參數用來定義和一個 SSB 對應的 PMO 的個數，目的是為 NR-U 社區增加尋呼機會。第 2 個參數用來定義一個 PF 中每個 PO 開始的 PMO 的序號，可以稱為 PO_Start。這個參數只適用於搜尋空間由 SIB1 中尋呼搜尋空間定義的情況。在這種設定下，PF 中所有的 PMO 按照時間先後進行排序。在沒有 PO_Start 參數的時候，每個 PO 所擁有的 PMO 是按序排列的，即第一個 PO 所對應的 PMO 序號是 0~(S-1)個 PMO，第二個 PO 所對應的 PMO 的序號是 S~(2S-1)，依次類推，其中 S 是 SSB BURST 實際發送的個數。這個方法的主要的問題是 PO 所對應的 PMO 總是在 PF 中所有 PMO 中最前面的 PMO，從而使得 PMO 在時間上分佈不均勻。而尋呼過程通常會觸發隨機連線過程，所以又會導致 PRACH 資源使用的不均勻。為了克服這個問題，引入了 PO_Start（尋呼機會開始符號），從而使得每個 PO 開始的 PMO 可以是 PF 中所有 PO 中的任何一個。

11.3 RRC 連接控制

11.3.1 連線控制

UE 在發起呼叫之前，首先要進行連線控制。連線控制從執行者的角度來區分一共有兩種，一種是由 UE 自己執行的，在 NR 系統中統稱為 UAC（Unified access control），另外一種是由基地台根據 RRCSetupRequest（RRC 建立請求）訊息中的「RRC 建立原因」（RRC Establishment cause）來執行。後一種的關鍵在於 UE 的 NAS 層在發起呼叫的時候，會根據連線標識和連線類別映射得到一個「RRC 建立原因」。具體的映射表格可以參見[1]的表 4.5.6.1。然後這個「RRC 建立原因」由 RRC 層編碼在 RRCSetupRequest 訊息中發送給 gNB。而 gNB 如何根據「RRC 建立原因」來進行連線控制則是屬於 gNB 的內部演算法。如果 gNB 接納 UE 發起的 RRCSetupRequest 訊息，那麼會發送 RRCSetup 訊息進行回應，否則會發送 RRCReject（RRC 拒絕）訊息進行拒絕。詳細內容請參見 11.3.2 節。

在這個節中重點來介紹一下 UAC 機制。首先需要明確的是連線標識（Access Identity）和連線類別（Access category）的概念。連線標識表徵了 UE 本身的身份特徵，非常類似於以前的 3GPP 系統中的 Access class 的概念。在 NR 中目前已經標準化的連線標識有 0~15，其中 3~10 是未定義的部分，具體的定義可以參見[1]表格 4.5.2.1。連線類別則表徵了 UE 發起呼叫的業務屬性，從[1]表格 4.5.2.2 中可以看到 0~7 是標準化的連線類別，而 32~63 是電信業者定義的連線類別，其他的則是未定義的連線類別。

NR 社區的 SIB1 會定義具體的連線控制參數，其中關鍵的參數稱為"uac-BarringFactor"、"uac-BarringTimer"和"uac-BarringForAccessIdentity"。和

連線類別之間有映射關係的前 2 個參數。所以 UE 在某個社區執行 UAC 過程的時候，必須先獲得這個社區的 SIB1。

UE 的 AS 層執行 UAC 的過程可以分成 3 個步驟。步驟 1 是要根據 NAS 層所給的連線類別來判斷是否可以直接進入「綠色通道」或「紅色通道」。連線類別 0 表示 UE 發起的回應尋呼的過程，這個連線類別不需要經過 UAC 的過程，而且也會表現在「RRC 建立原因」中。也就是說被叫過程是無條件被接納的。連線類別 2 表示的是緊急呼叫。UE 只有在當前正處於被網路拒絕建立 RRC 連接狀態的時候，即 T302 正在運行的時候，才需要對這個連線類別進行 UAC 的過程，否則也不需要經過 UAC 的過程。也就是說緊急呼叫在網路特別繁忙的時候，也需要經過 UAC 控制過程。除了上述情況以外，如果 UE 發現對應到當前的連線類別網路並沒有廣播任何相關的 UAC 參數，也會認為可以直接進入「綠色通道」。進入「紅色通道」的意思是被直接拒絕。在 T302 運行的時候，除了連線類別 0 和 2 之外，其他所有的連線類別都會被擋住。而當某個連線類別在執行 UAC 的時候沒有透過的時候，UE 內部會針對這個連線類別啟動計時器 T390（其時間長度就定義在 uac-BarringTimer 參數）。當相同的連線類別在 T390 運行的時候被再次發起的時候，就會被直接拒絕。除了上述進入「綠色通道」或「紅色通道」的情況之外，其他的連線類別會進入「黃色通道」，並且執行步驟 2 的過程。

在步驟 2 中要檢驗的是連線標識。連線標識 1, 2, 11~15 對應的通道定義在參數 uac-BarringForAccessIdentity 中。這個參數其實就是一個位元映射，被設定為 1 的連線標識可以直接進入「綠色通道」，被設定為 0 的連線標識直接進入「紅色通道」，只有連線標識 0 沒有對應的位元映射，因為需要在進入步驟 3 中進行判斷。

在步驟 3 中首先要根據連線類別確定唯一的控制參數"uac-BarringFactor"、"uac-BarringTimer"。然後 AS 層會在產生一個介於 0 和 1 之間的隨機數。這個產生的隨機數如果小於對應的 uac-BarringFactor 則認為通過了 UAC

控制，否則會啟動計時器 T390，其長度是（0.7+0.6* uac-Barring Timer）。

11.3.2 RRC 連接控制

在介紹 RRC 連接控制的具體內容之前，首先要介紹一下 NR 系統引入的 RRC_INACTIVE 狀態。RRC_INACTIVE 狀態的引入有 2 個主要目的，第一是為了省電，第二是為了縮短控制面的連線延遲。當 UE 處於 RRC_CONNECTED 狀態的時候，是否發送資料主要取決於當前業務的模型。有些業務，比如微信這樣的社交媒體類的應用，有的時候資料封包之間的間隔時間會比較長，在這種情況下如果讓 UE 一直處於 RRC_CONNECTED 狀態話，對使用者體驗來説並沒有什麼幫助，但是為了保持 RRC 連接，UE 需要持續不斷地對當前的服務社區和鄰近社區進行測量，以便在當前社區保持無線連接，並且在跨越社區的時候透過切換避免掉話。UE 的測量以及測量報告的發送都會要求 UE 的硬體處於活動狀態。在 RRC_CONNECTED 狀態設定 DRX（非連續接收）在一定程度上可以節省不少電池的消耗，但是並不能徹底解決問題。有一種選擇是釋放 RRC 連接，然後在有資料需要發送和接送的時候，再重新建立 RRC 連接。這種解決方案的問題是，使用者的體驗會比較差，這是因為從 RRC_IDLE 狀態建立 RRC 連接需要經過整套的呼叫建立過程，包括建立 gNB 到核心網路的控制連接和傳輸通道，而這個過程通常需要幾十毫秒的過程，甚至更長。另外一個問題是，頻繁的釋放和連接會導致大量的控制訊號。在業務比較繁忙的時候，這樣的訊號會導致所謂的訊號風暴，從而對核心網路的穩定運行造成衝擊。RRC_INACTIVE 狀態可以認為是兩個方案之間的折中。

如圖 11-4 所示，處於 RRC_INACTIVE 狀態的 UE 保持了 NAS 層的上下文和 AS 層無線承載的設定，但是會暫停所有訊號無線承載和資料無線承載，並且釋放半靜態的上行無線資源，比如 PUCCH/SRS 資源等。而 gNB

除了保持 AS 層的無線承載之外，會保留 Ng 介面和這個 UE 相關的上下文。

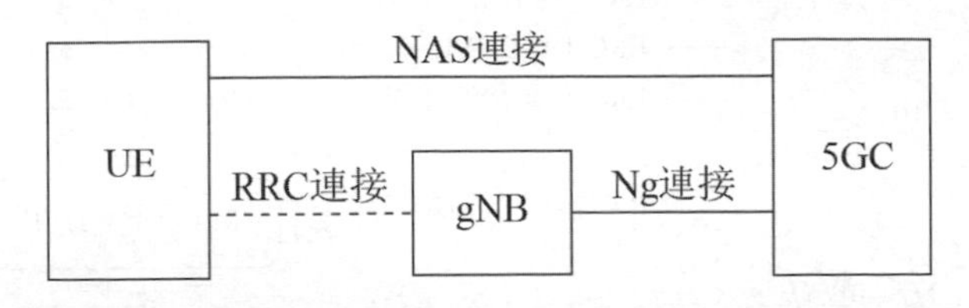

圖 11-4 RRC_INACTIVE 狀態說明

當 UE 需要發送和接收資料的時候，UE 需要重新進入 RRC_CONNECTED 狀態。因為只要恢復 RRC 連接和相關的無線設定，所以可以節省 Ng 連接和 NAS 連接的建立過程，從而使得控制面的延遲縮短到 10 毫秒的等級。在 R16 中引入了在 RRC_INACTIVE 狀態發送和接送小資料封包的方案，從而避免進入 RRC_CONNECTED 狀態。在結合 2-step RACH（2 步隨機連線過程）之後，這樣的方案不僅可以縮短控制面延遲，還可以節省 MAC 層和 RRC 層的訊號，從而達到省電的目的。但是 RRC_INACTIVE 狀態省電的功能主要還在於在這個狀態下需要服從 RRC_IDLE 狀態的行動性管理的規則，而非 RRC_CONNECTED 狀態下的行動性管理規則，從而節省不必要的 RRM（無線資源管理）測量和訊號負擔。

除了服從 RRC_IDLE 狀態下的行動性管理和測量規則之外，UE 還需要在跨越 RNA 的時候或週期性地進行通知區更新過程（RNA Update），目的是為了通知網路當前所在 RNA。當 UE 在 RNA 內移動的時候，除了週期性的 RNA Update 過程之外，在跨越社區的時候，並不需要通知網路。

圖 11-5 列出了不同 RRC 狀態在關鍵指標上定性的比較圖。

RRC 連接控制主要包括兩個部分，一部分是在不同 RRC 狀態之間轉換時候的 RRC 連接維護的過程。另外一部分是指在 RRC_CONNECTED 狀態無線鏈路的維護過程，包括無線鏈路失敗和因此導致的 RRC 重建。在設定了雙連接的前提下，MCG（主社區群）或 SCG（輔小區群）的無線鏈路還可以單獨維護。

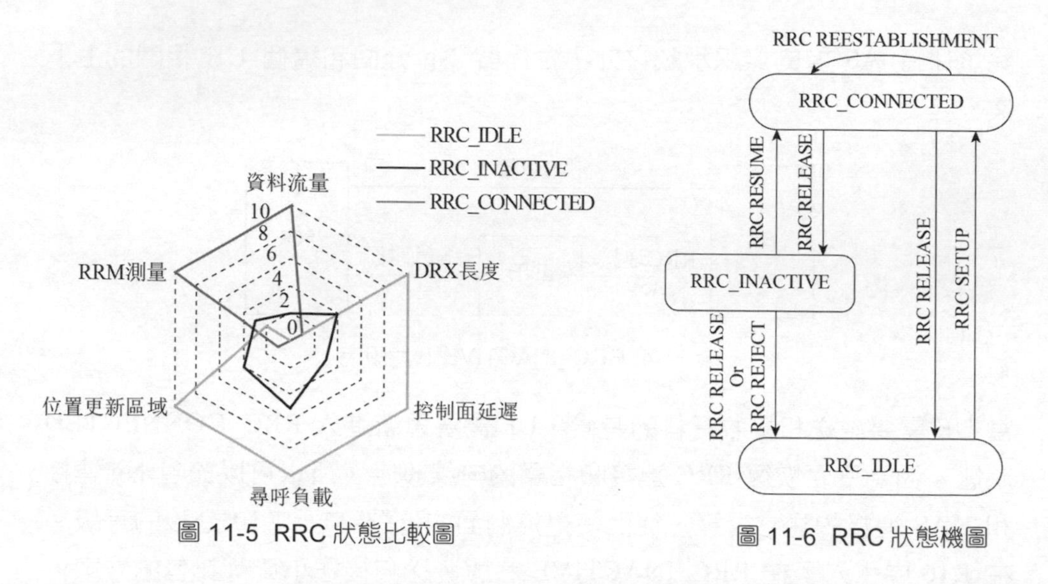

圖 11-5 RRC 狀態比較圖　　圖 11-6 RRC 狀態機圖

在這個狀態機中，RRC_INACTIVE 狀態回復到 RRC_IDLE 狀態是一種比較少見的情況。這種情況實際上從 RRC_INACTIVE 狀態向 RRC_CONNECTED 狀態轉換時候的一種異常情況，也就是說 gNB 在收到 RRCResumeRquest（RRC 恢復請求）訊息以後，gNB 要麼透過發送 RRCReject 訊息來拒絕 UE 連線或 gNB 發送 RRCRelease 訊息讓 UE 進入到 RRC_IDLE 狀態。接下去的章節重點介紹 RRC 連接建立和釋放的過程，UE 在 RRC_INACTIVE 狀態和 RRC_CONNECTED 狀態之間的轉換過程以及 RRC 重建的過程。

RRC 連接過程有 2 個握手過程，下圖是[2]中的圖 5.3.3.1-1：

圖 11-7 RRC 連接過程

RRCSetupRequest 訊息中包含了 UE ID 和「RRC 建立原因」。如果 UE 在當前選擇的 PLMN 中曾經註冊過，那麼 UE ID 是 NAS 層的臨時標識，稱為 "ng-5G-S-TMSI"。這個標識的完整長度是 48 位元。而 RRCSetupRequest 訊息是承載在 MAC RACH 過程的訊息 3 中發送給網路。RACH 過程的訊息 3 受限於上行的網路覆蓋，在沒有 RLC 層的 ARQ 機制幫助下（因為 RLC AM 設定參數是透過後續的 RRCSetup 訊息進行設定的，所以這個訊息只能透過 RLC TM 模式進行發送），訊息 3 本身的大小有限制。當訊息 3 用來承載 RRCSetupRequest 訊息的時候，訊息 3 被限制在 56 位元。在扣除了 8 位元的 MAC 層表頭協定表頭負擔以後，RRCSetupRequest 訊息的大小被限制在 48 位元。為了在同一個訊息中表示 4 位元的「RRC 建立原因」，在訊息中只能包含 ng-5G-S-TMSI 低位元的 39 位元。

在扣除了 RRC 層的協定表頭負擔以後，這個訊息中還保留 1 位元，用於將來的訊息擴充。ng-5G-S-TMSI 的高位元 9 位元將透過 RRCSetup Complete（RRC 建立完成）訊息發送給 gNB。RRCSetupRequest 訊息之所以需要包含 39 位元的 ng-5G-S-TMSI，目的是為了盡可能保證這個訊息中 UE ID 的唯一性，而這樣的唯一性之所以重要是因為這個訊息會作為 MAC 層 RACH 過程的衝突解決的依據。而 ng-5G-S-TMSI 之所以具備唯一性是因為這個 UE ID 是由 5GC 統一分配的。當 UE 在當前的 PLMN 中不曾註冊過時，那麼就只能選擇一個 39 位元的隨機數。UE 產生的隨機數從理論上來說可能會和某個 UE 的 ng-5G-S-TMSI 雷同從而造成 RACH 過程的失敗，但是這樣的機率是很低的，因為只有兩個有雷同 UE ID 的 UE 正好在相同的時候發起 RACH 過程才會發生這樣的衝突。

RRCSetup 訊息中包含了 SRB1,SRB2 的承載設定資訊以及 MAC 層和 PHY 層的設定參數。UE 在按照 RRCSetup 訊息中的設定參數設定了 SRB1 和 SRB2 以後，就會在 SRB1 上發送 RRCSetupComplete 訊息。SRB1 採用了 RLC AM 模式進行發送，所以其大小沒有特殊的限制。在 RRCSetupComplete 訊息中包含了 3 部分的內容。第一部分是 UE ID 資訊。當 RRCSetupRequest 訊息中包含了 39 位元的 ng-5G-S-TMSI 的時候，那麼 UE ID 就是剩餘的 9 位元，否則 UE ID 包含了完整的 48 位元的 ng-5G-S-TMSI。第二部分是一個包含的 NAS 訊息。第三部分是 gNB 需要的路由資訊，包括 UE 註冊的網路切片列表、選擇的 PLMN、註冊的 AMF 等內容。gNB 利用這些資訊確保能夠包含的 NAS 訊息路由到合適的核心網路網路節點，並且把完整的 ng-5G-S-TMSI 和允許的網路透過 Ng 介面的 INITIAL UE MESSAGE（初始 UE 訊息）發送給核心網路。

如果 gNB 在檢查了「RRC 建立原因」以後認為網路比較壅塞的時候不接納當前的這個呼叫，那麼會透過 RRCReject 訊息拒絕 UE 連線。這樣 RRC 連接建立的過程就失敗了。

UE 在 RRC_CONNECTED 狀態的時候，gNB 可以透過 RRCRelease 訊息讓 UE 進入 RRC_INACTIVE 狀態。在這個 RRCRelease 訊息中有一個稱為 "SuspendConfig" 的參數，其中包含了 3 部分的內容。第一部分是分配給 UE 的新的 ID，即 I-RNTI。除了 40 位元的完整的 I-RNTI（稱為 fullI-RNTI）之外，還有一個 24 位元的短 I-RNTI（稱為 shortI-RNTI）。第二部分是和 RRC_INACTIVE 狀態下行動性管理相關的設定參數，包括專用的尋呼週期（PagingCycle），通知區（RNA）和用於週期性 RNA UPDATE 過程的計時器（t380）的長度。這些參數的時候在本章的第一小節中已經介紹過了。第三部分是和安全相關的參數，即 NCC 參數。在後面的 RRCResume 過程的介紹中會詳細介紹這兩個 UE ID 和 NCC 的使用方式。

UE 可能會因為被尋呼，或發起 RNA Update 過程，或發送資料而發起 RRC 恢復的過程。這個過程的流程圖可以參考[2]。

UE 在發送 RRCResumeRequest/RRCResumeRequest1（RRC 恢復請求）之前，也需要進行連線控制過程，有些特別的地方是連線類別的確定。如果 UE 是為了回應 gNB 的尋呼，那麼連線類別設定為 0，如果是因為 RNA Update，那麼連線類別為 8。其他的都和本章介紹的 UAC 機制一致。

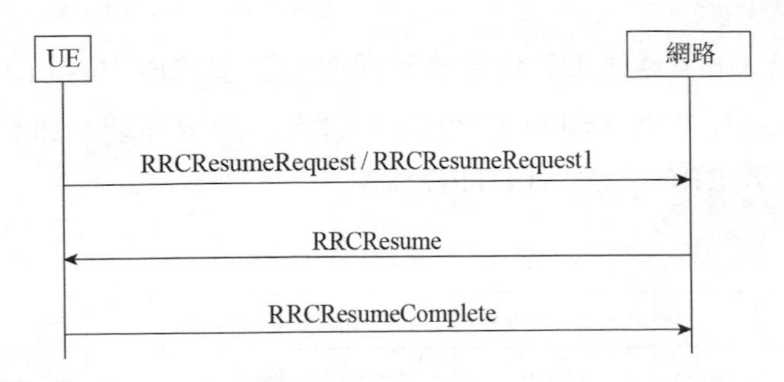

圖 11-8 RRC 恢復過程

發送的 RRCResumeRequest 和 RRCResumeRequest1 之間的差異在於包含的 I-RNTI 的長度。和 RRC 建立過程中的 RRCSetupRequest 的原因類似，這兩個訊息的大小受一定的限制。為了保證覆蓋 RRCResumeRequest 也採用了 48 位元。由於訊息中同時還需要包含 16 位元的 Short-MAC-I（短完整性訊息驗證碼）和 RRC 恢復的原因，所以包含的 I-RNTI 只有 24 位元，也就是前文中提到的 ShortI-RNTI。沒有完整 I-RNTI 的缺陷是 gNB 根據 I-RNTI 確定錨點 gNB（暫停 UE 進入 RRC_INACTIVE 狀態的 gNB）的時候，可能會存在一定的問題。為瞭解決這個問題，比如在覆蓋範圍比較小的社區，UE 會發送包含 40 位元 I-RNTI 的 RRCResumeRequest1。社區的 SIB1 中有一個參數來指明 UE 是否允許發送 RRCResumeRequest1。

這兩個訊息都會包含 Short-MAC-I 用於安全驗證和 UE 上下文的確定。Short-MAC-I 實際上是 16 位元的 MAC-I。在 RRCResumeRequest 或 RRCResumeRequest1 的 Short-MAC-I 計算的物件是{source PCI（來源社區物理社區標識），target Cell-ID（目標社區標識），source C-RNTI（來源社區分配的 C-RNTI）}。採用的是 UE 在錨點 gNB 使用的舊的完整性保護的秘鑰和演算法。假設當前的服務 gNB 就是原來的錨點 gNB，那麼這個 gNB 會按照相同的秘鑰和演算法對前述計算物件進行計算和驗證。如果完整性驗證通過，那麼 gNB 才會根據 UE 的上下文來回應 RRCResume（RRC 恢復）訊息。這個 RRCResume 訊息的目的是為了恢復 SRB2 和所有的 DRB，並且設定 MAC 和 PHY 層的無線參數（SRB1 在接收到 RRCResumeRequest 訊息的時候就認為已經恢復）。RRCResume 訊息透過

SRB1 發送給 UE，然後 UE 會接收和處理了這個 RRCResume 訊息以後會在 SRB1 上回應 RRCResumeComplete（RRC 恢復完成）訊息。至此這個 UE 就在此進入 RRC_CONNECTED 狀態。

表 11-4 尋呼訊息比較

RRC 訊息	承載的 SRB	採用的安全秘鑰	安全措施
RRCResumeRequest(1)	SRB0	無	無
RRCResume	SRB1	K_{gNB} 或 NH 和對應的 NCC	完整性保護和加密
RRCResumeComplete	SRB1	K_{gNB} 或 NH 和對應的 NCC	完整性保護和加密

表格中 K_{gNB} 是根據 NCC 對應的舊的 K_{gNB} 或 NH 採用平行或垂直的秘鑰推算方式進行推算得到的，推算的時候還需要輸入當前服務社區的 PCI 和頻點資訊。詳細內容可以參考協定 33.501 中 6.9.2.1.1 節。

如果當前的服務 gNB 不是錨點 gNB，那麼當前的 gNB 需要把收到的資訊和服務 gNB 的資訊包括 PCI 和臨分時配的 C-RNTI 前轉給錨點 gNB。如果錨點 gNB 根據前轉的資訊完成的 Short-MAC-I 的驗證，那麼會把保留的相關 UE 的上下文，包括安全上下文，前轉給服務 gNB。然後服務 gNB 才會繼續後續的流程。下述圖示參考[4]的圖 8.2.4.2-1，標識在 old NG-RAN node（老下一代無線連線網路節點）和 new NG-RAN node（新下一代無線連線網路節點）之間透過 RETRIEVE UE CONTEXT REQUEST（獲取 UE 上下文請求）訊息和 RETRIEVE UE CONTEXT RESPONSE（獲取 UE 上下文請求回應）訊息來交換 UE 上下文的過程。

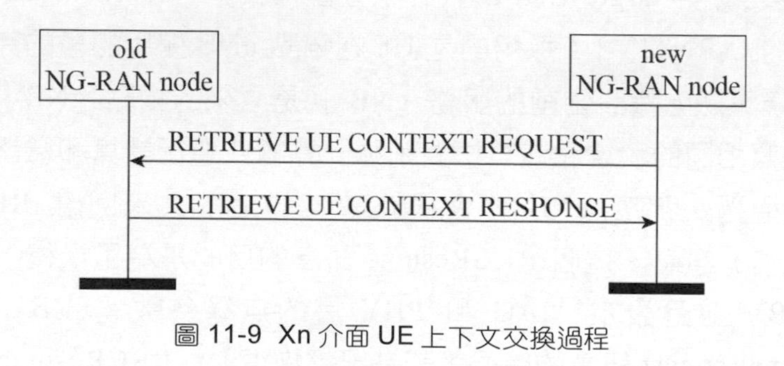

圖 11-9 Xn 介面 UE 上下文交換過程

RRC 連接恢復的流程也可能出現不同的異常流程，下列表格列出了可能的各種情況：

表格 11-5 RRC 連接恢復的流程中的異常流程

gNB 回應的訊息	UE 的處理	進入的 RRC 狀態
RRCSetup	UE 清除原有的上下文，然後開始 RRC 連接的建立過程	RRC_CONNECTED 狀態
RRCRelease	UE 釋放上下文	RRC_IDLE 狀態
RRCRelease（帶有 SuspendConfig）	UE 接收新的進入 RRC_INACTIVE 狀態的設定	RRC_INACTIVE 狀態
RRCReject（RRC 拒絕）	UE 清除原有的上下文，並且啟動 T302 計時器	RRC_IDLE 狀態

NR 的 RRC 重建過程和 LTE 系統的 RRC 重建過程的觸發原因比較類似。其目的也是為了恢復 SRB1 和啟動新的安全秘鑰。

表 11-6 NR 的 RRC 重建過程的觸發原因

RRC 重建過程	LTE 系統	NR 系統
RRCRestablishmentRequest（RRC 重建請求）	在 SRB0 發送，沒有安全保護	在 SRB0 發送，沒有安全保護
RRCRestablishment（RRC 重建）	在 SRB0 上發送，沒有安全保護。包含了 SRB1 的無線設定和 NCC 參數	在 SRB1 上發送，採用了完整性保護，但是沒有加密。SRB1 的設定採用了預設設定，包含了 NCC 參數
RRCRestablishmentComplete（RRC 重建完成）	在 SRB1 上發送，採用了完整性保護和和加密	在 SRB1 上發送，採用了完整性保護和加密。

從這個表格可以看出 NR 的 RRC 重建過程對 RRCRestablishment 訊息的安全保護比較好。SRB1 的設定依賴於預設設定的好處是訊息很簡單，但是因為缺少必要的 PUCCH 資源的設定，gNB 在發送了 RRCRestablishment 訊息以後，必須在適當的時間給 UE 發送一個 UL Grant，讓 UE 能夠在這個 UL Grant 上發送 RRCRestablishmentComplete，否當 UE 處理了 RRCRestablishment

以後，並且需要發送完成訊息的時候，會因為沒有發送 SR（Schedule Reuqest）的 PUCCH 資源而發起 RACH 過程，從而延誤完成訊息的發送。

gNB 如果在收到 RRCRestablishmentRequest 訊息以後，如果無法定位到 UE 的上下文，那麼發送 RRCSetup 訊息發起 RRC 的建立過程。而 UE 在收到 RRCSetup 訊息以後，則會清除現有的 UE 上下文，開始一個 RRC 的建立過程。這個異常處理是 LTE 系統所沒有的。下述流程圖可以參考[2]的圖 5.3.7.1-2：

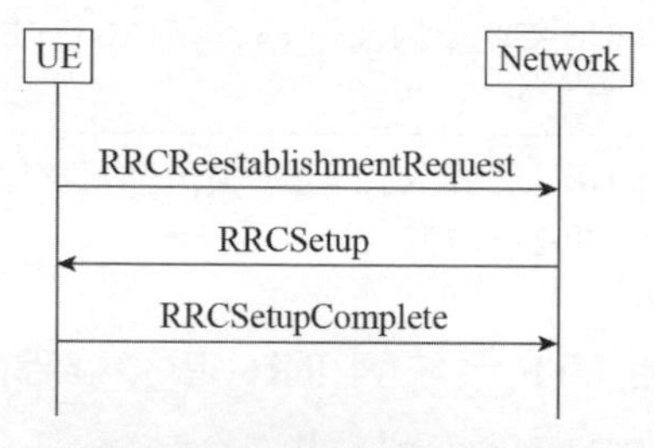

圖 11-10 RRC 重建流程圖

NR 系統 RRC 連接控制在引入 MR-DC（多連線技術雙連接）架構的時候，也對控制面做了一定的改進。從模型的角度，在網路產生 RRC 訊息內容的有兩個地方，即 MCG 和 SCG [5]。下述流程圖可以參考[5]的圖 4.2.1-1，其中 master node（主節點）在後文中也稱為 MN，secondary node 在後文中也稱為 SN：

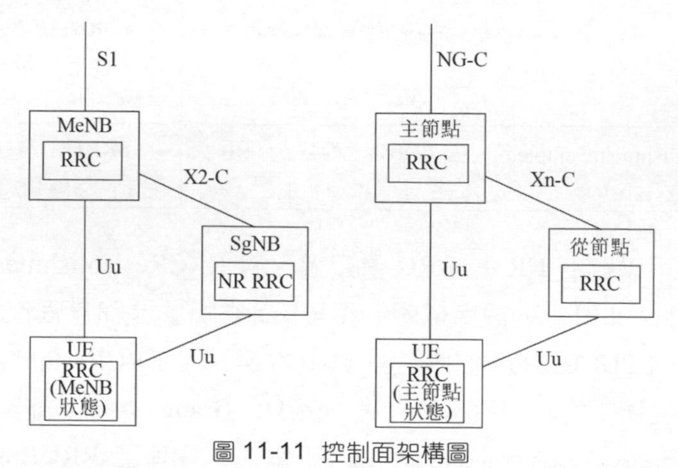

圖 11-11 控制面架構圖

在 MR-DC 架構中，如果 SCG 是 gNB，那麼網路還可以設定一個新的無線訊號承載，稱為 SRB3。SCG 的初始設定訊息總是需要透過 MCG 的 SRB1 發送給 UE 的，在這這種情況下 SCG 只負責 RRC 的內容和 ASN.1 編碼，而 PDCP 的安全處理則有 MCG 負責。之後的其他訊息網路可以選擇承載在 MCG 上的 SRB1 或 SCG 上的 SRB3 上發送。如果採用 SRB3 發送，那麼安全處理則由 SCG 的 PDCP 協定層負責完成，其中秘鑰和 MCG 的設定不一樣，而安全演算法則可能相同。儘管有可能採用 SRB1 或 SRB3 發送 RRC 訊號，RRC 的狀態機還是只有一個。

在 MRDC 的這種架構下，NR 系統引入了 MCG 和 SCG 鏈路單獨維護和恢復的機制。SCG 的無線鏈路失敗的原因可能是：

- 主輔小區（PSCell）發生了無線鏈路失敗。
- 主輔小區（PSCell）上發生了隨機連線失敗。
- SCG 上 RLC AM 的無線承載在 RLC 上重發的次數超過了規定的次數。
- SCG 上 RRC 重配或 SCG 更換流程失敗。
- SRB3 上承載的訊號的完整性驗證失敗。

在發生了這些事件之後，UE 暫時暫停 SRB3 和 DRB 的發送和接收的過程，並且會透過 MCG 上的 SRB1 發送一個 *SCGFailureInformation*（SCG 失敗資訊）給網路。這個訊息包含了發生 SCG 鏈路失敗的原因以及服務社區和鄰近社區的一些測量結果。網路在接收到這個訊息以後，會採用適當的處理方式。

在 R16 中，NR 系統還引入了 MCG 鏈路失敗和恢復的過程，前提是 SCG 的鏈路還在正常執行。MCG 發生無線鏈路失敗以後，UE 會暫停 MCG 上的 SRB 和 DRB 的發送和接收過程，並且透過 SCG 上的 SRB1（假設 SRB1 設定了成了分離式承載）或 SRB3 發送給網路。同理，在這個社區中不但包括了 MCG 鏈路失敗的原因，還會上報服務社區和鄰近社區的一些測量結果。網路在接收到這個訊息以後，會採用適當的處理方式。UE

等待網路處理的時間由一個計時器 T316 來限制。如果 T316 逾時的時候，還沒有得到網路的及時處理，那麼就會觸發 RRC 重建過程。

11.4 RRM 測量和行動性管理

11.4.1 RRM 測量

1. RRM 測量模型

NR 系統由於引入了波束成形的概念，導致在 RRM 測量的實現上 UE 是針對各個波束分別進行測量的。波束測量對測量模型帶來了一些影響，主要表現在 UE 需要從波束測量結果推導出社區測量結果。

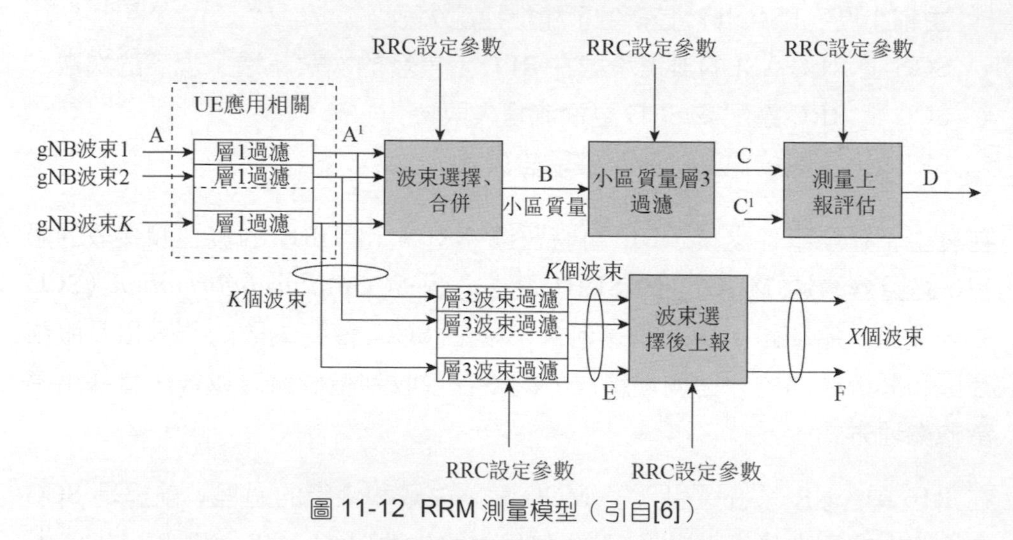

圖 11-12 RRM 測量模型（引自[6]）

如圖 11-12 所示，UE 物理層執行 RRM 測量獲得多個波束的測量結果並遞交到 RRC 層。在 RRC 層，這些波束測量結果經過一定的篩選後只有滿足條件的才作為為社區測量結果的計算輸入。在篩選條件的確定上，3GPP 討論中主要涉及了以下幾類方案[7]：

★方案 1：選擇 N 個最好的波束測量結果。

★方案 2：選擇滿足一定門限值的 N 個最好的波束測量結果。

★方案 3：選擇最好波束以及與最好波束品質相差一定門限值的 N-1 個較好的波束測量結果。

三種方案的初衷都是選擇最好的一些波束來計算社區測量結果。方案 1 對波束測量結果不做品質上的要求，因而不利於網路去準確使用由此計算的社區測量結果。方案 2 和 3 的差別不是很大，只是方案 3 相比方案 2 而言對波束測量結果的絕對值沒有嚴格控制。最終，3GPP RAN2 NR Adhoc June 會議討論透過投票表決採用了方案 2。在方案 2 的實現上，UE 透過 RRC 專用訊號獲取該門限值和最大波束個數 N，並對滿足門限的 N 個最大的波束測量結果取線性平均得到社區測量結果。當網路不設定門限和 N 時，UE 選擇最好的波束測量結果作為社區測量結果。為了降低測量過程中的隨機干擾，生成的社區測量結果要經過 L3 濾波後才能觸發測量上報。以上是 UE 上報社區測量結果的過程，在一些場景中，網路可能要求 UE 上報波束測量結果，此時物理層遞交的波束測量結果仍要經過 L3 濾波操作才能進行測量上報。

針對連接態的 UE，5G 系統的測量基本設定繼承了 LTE 系統的框架，包括以下幾個部分：

測量物件標識了 UE 執行測量所在的頻點資訊，這一點是與 LTE 系統相同的。不同的是，在測量參考訊號方面，NR 系統支援了 SSB 和 CSI-RS 兩種參考訊號的測量（詳見 6.4.1 節）。對於 SSB 測量，頻點資訊是測量物件所連結的 SSB 頻點，由於 5G 系統支援多個不同子載體間隔的傳輸，測量物件中需要指示測量相關的 SSB 子載體間隔。對於 SSB 參考訊號的測量設定，測量物件中還要額外指示 SSB 測量的時間窗資訊，即 SMTC 資訊，網路還可以進一步指示 UE 在 SMTC 內對哪幾個 SSB 進行測量等資訊。對於 CSI-RS 參考訊號的測量設定，測量物件中包含了 CSI-RS 資源的設定。為了使得 UE 從波束測量結果推導出社區測量結果，測量物件中還設定了基於 SSB 和 CSI-RS 的波束測量結果篩選門限值以及線性平均計算所允許的最大波束個數。針對波束測量結果和社區測量結果的 L3 濾波，測量物件中還根據不同的測量參考訊號分別指示了具體的濾波係數。

上報設定主要包括上報準則、參考訊號類型和上報形式等設定資訊。與 LTE 系統一樣，NR 支援週期上報、事件觸發上報、用於 ANR 目的的 CGI 上報和用於測量時間差的 SFTD 上報。對於週期上報和事件觸發上報，上報設定中會指定參考訊號類型（SSB 或 CSI-RS）、測量上報量（RSRP、RSRQ 和 SINR 的任意組合）、是否上報波束測量結果以及可上報波束的最大個數。對於事件觸發上報，上報設定針對每個事件會指定一個測量觸發量，從 RSRP、RSRQ 和 SINR 中選擇其一。目前 5G 系統繼承了 LTE 系統的 6 個 intra-RAT 測量事件（即 A1 到 A6 事件）和 2 個 inter-RAT 測量事件（即 B1 和 B2 事件）。

與 LTE 系統一樣，NR 系統採用測量標識與測量物件和上報設定相連結的方式，如圖 11-13 所示。這種連結方式比較靈活，可以實現測量物件和上報設定的任意組合，即一個測量物件可連結多個上報設定，一個上報設定也可以連結多個測量物件。測量標識會在測量上報中攜帶，供網路側作為參考。

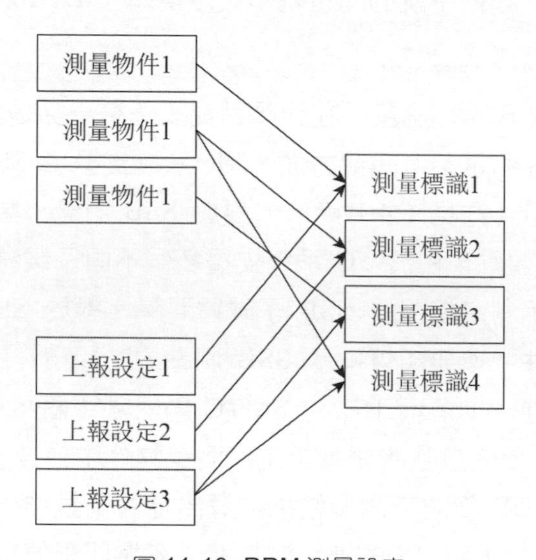

圖 11-13 RRM 測量設定

測量量設定定義了一組測量濾波設定資訊，用於測量事件評估和上報以及週期上報。測量設定中每一個測量量設定都包含了波束測量量設定和社區測量量設定，並分別針對 SSB 和 CSI-RS 定義了兩套濾波設定資訊，而每套濾波設定資訊又針對 RSRP、RSRQ 和 SINR 分別定義了三套濾波係數。具體的設定關係如圖 11-14 所示。測量物件中所使用的 L3 濾波係數就是對應於這裡的測量量設定，透過測量量設定序列中的索引來指示。

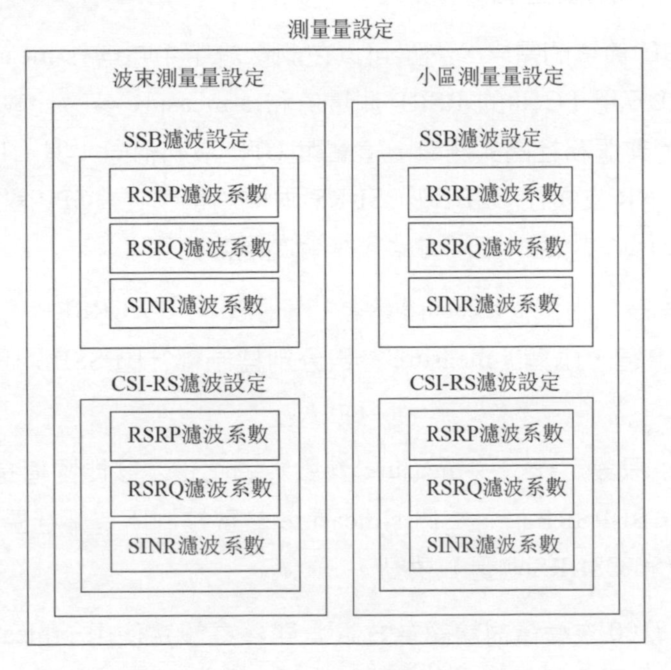

圖 11-14 測量量設定

與 LTE 系統相同，對於連接態的 NR UE，在進行異頻或異系統測量時，需要網路側設定測量間隔（詳見 6.4.2 節）。在測量間隔內，UE 停止所有業務和服務社區的測量等。對於同頻測量，UE 也可能需要測量間隔，例如在當前啟動的 BWP 並沒有覆蓋到待測量的 SSB 頻點時。在設定方式上，NR 支援 per UE 和 per FR 兩種測量間隔。以 EN-DC 為例，在設定 per UE 測量間隔時，輔節點（SN）將要測量的 FR1 和 FR2 頻點資訊通知給主節點（MN），MN 決定最終的測量間隔，並將測量間隔設定資訊通知給

SN。在按頻率範圍設定測量間隔時，SN 將要測量的 FR1 頻點資訊通知給 MN，MN 將要測量的 FR2 頻點資訊通知給 SN，MN 來設定 FR1 的測量間隔，SN 來設定 FR2 的測量間隔。對於 MN 設定的測量間隔，UE 在執行測量時參考的是 PCell 的無線訊框號和子訊框號；對應的，對於 SN 設定的測量間隔，UE 基於 PSCell 的無線訊框號和子訊框號來計算測量間隔。

1. 測量執行和測量上報

為了滿足 UE 節電的需求，網路可以在測量設定中包含 s-measure（RSRP 值）參數。UE 用 PCell 的 RSRP 測量值和 s-measure 參數比較，用於控制 UE 是否執行非服務社區的測量，這點與 LTE 系統相同。與 LTE 系統不同的是，由於 NR 支援了 SSB 和 CSI-RS 兩種測量，在 3GPP 討論中就出現了關於 s-measure 設定的不同方案。複習為兩類方案：

★方案 1：設定兩個 s-measure 參數，一個針對 SSB-RSRP 值，另一個針對 CSI-RSRP 值，兩個 s-measure 參數分別控制鄰社區 SSB 測量和 CSI-RS 測量的啟動。

★方案 2：只設定一個 s-measure 參數，網路指示該門限值是針對 SSB-RSRP 還是 CSI-RSRP 值，一個 s-measure 參數控制所有鄰社區的測量（包括 SSB 測量和 CSI-RS 測量）啟動。

最終 RAN2#100 次會議討論認為方案 1 雖然在設定使用 s-measure 上更靈活，但方案 2 更簡單且足以滿足終端省電的需求，最終通過了方案 2，即 UE 按照設定的 s-measure 值來開啟或停止所有鄰社區的 SSB 和 CSI-RS 測量。

NR 系統的測量上報過程與 LTE 系統大致相同，區別在於 NR 中增加了 SINR 測量結果和波束測量結果的上報。UE 在上報波束測量結果時，同時上報波束索引以作為標識。

2. 測量最佳化

NR 系統的第一筆 RRC 重設定訊息一般情況下無法為 UE 設定合適的 CA 或 MR-DC 功能，因為此時網路側還沒有獲取到 UE 的測量結果。第一筆 RRC 重設定訊息往往會設定測量任務。網路可以根據測量上報的結果來設定合適的 CA 或 MR-DC 功能。在實現過程中，這個過程延遲比較大，因為從 UE 開始執行測量到上報測量結果需要一段時間。為了快速設定 SCell 或 SCG，網路可以要求 UE 在 RRC_IDLE 狀態或 RRC_INACTIVE 狀態下執行提前測量（即 early measurement），並在進入 RRC_CONNECTED 狀態時上報給網路，這樣網路可以根據提前測量結果，快速設定 SCell 或 SCG。gNB 設定的測量目標頻點可以包含 NR 頻點列表和 E-UTRAN 頻點列表。其中，NR 的頻率清單只支援 SSB 的測量，不支援 CSI-RS 的測量，SSB 頻點包含同步 SSB 和非同步兩種 SSB 。

提前測量透過專用訊號 RRCRelease 訊息或系統廣播（原來 SIB4 和新引入的 SIB11）進行設定。其中，系統廣播中的測量設定對於 RRC_IDLE 狀態的 UE 和 RRC_INACTIVE 狀態的 UE 是公用的。如果透過 RRCRelease 接收到提前測量設定，則其內容會覆蓋從系統廣播獲取的測量設定。如果 RRCRelease 設定的 NR 頻點沒有包含 SSB 的設定資訊，那麼會採用 SIB11 或 SIB4 中的 SSB 設定資訊。

只有在社區系統廣播指示當前社區支援提前提前測量上報（也就是 idleModeMeasurements），UE 才會在 RRCSetupComplete 或 RRCResume Complete 訊息透過一個參數（idleMeasAvailable），指示 UE 是否存在可以上報的提前測量的測量結果。然後網路側透過 UEInformationRequest（UE 資訊請求）要求 UE 在 UEInformationResponse（UE 資訊請求回應）訊息中上報提前測量結果。對於 RRC_INACTIVE 狀態的 UE，提前測量結果的請求和上報還可以透過 RRCResume 訊息和 RRCResumeComplete 訊息來完成。

UE 執行提前測量需要在規定的時間內完成，這個時間由 RRC 釋放訊息中設定的 T331 來控制。UE 在獲取了提前測量的測量設定以後，就會啟動這個定時。UE 在 RRC_INACTIVE 和 RRC_IDLE 狀態之間轉換的時候是不需要停止這個計時器的。

提前測量還可能需要在有效區域（validityAreaList）內執行。有效區域可以在專用訊號中設定，也可以在 SIB11 中設定。有效區域由一個頻點和該頻點內社區列表組成。網路側如果沒有設定有效區域，則表示沒有測量區域限制。

11.4.2 行動性管理

NR 系統中 UE 的行動性管理主要包括 RRC_IDLE 或 RRC_INACTIVE 狀態的社區選擇和重選過程以及連接態 UE 的切換過程。

1. RRC_IDLE 或 RRC_INACTIVE 狀態行動性管理

對 RRC_IDLE 或 RRC_INACTIVE 狀態的 UE 來說，能夠駐留在某個社區的前提是該社區的訊號品質（包括 RSRP 和 RSRQ 測量結果）滿足社區選擇 S 準則，這一點與 LTE 系統是一樣的。UE 選擇到合適的社區後會持續進行社區重選的評估，評估社區重選所要執行的測量是按照各個頻點的重選優先順序來劃分並進行的。具體的：

- 對於高優先順序頻點，鄰社區測量是始終執行的。
- 對於同頻帶點，當服務社區的 RSRP 和 RSRQ 值均高於網路設定的同頻測量門限時，UE 可以停止同頻鄰社區測量，否則是要進行測量的。
- 對於同優先順序和低優先順序頻點，當服務社區的 RSRP 和 RSRQ 值均高於網路設定的異頻測量門限時，UE 可以停止同優先順序和低優先順序頻點的鄰社區測量，否則是要進行測量的。

透過測量獲取多個候選社區後，如何確定社區重選的目標社區的過程與 LTE 系統基本是一樣的，採取高優先順序頻點上的社區優先重選的原則。具體的：

- 對於高優先順序頻點上的社區重選，要求其訊號品質高於一定門限且持續指定時間長度，且 UE 駐留在來源社區時間不短於 1 秒。
- 對於同頻和同優先順序頻點上的社區重選，需要滿足 R 準則（按照 RSRP 排序），新社區訊號品質好於當前社區且持續指定時間長度，且 UE 駐留在來源社區時間不短於 1 秒。
- 對於低優先順序頻點上的社區重選，需要沒有高優先順序和同優先順序頻點社區符合要求，來源社區訊號品質低於一定門限，低優先順序頻點上社區訊號品質高於一定門限且持續指定時間長度，且 UE 駐留在來源社區時間不短於 1 秒。

在同頻和同優先順序頻點上的社區重選過程中，當出現多個候選社區都滿足要求時，LTE 系統會透過 RSRP 排序的方式選出最好的社區作為重選的目標社區。考慮到 NR 系統中 UE 是透過波束連線社區的，為了增加連線過程中 UE 透過好的波束連線成功的機率，確定目標社區的時候需要同時兼顧社區訊號品質和好的波束個數。為了達到這一目的，3GPP 會議討論中涉及了以下幾類方案：

★第 1 類方案：將好的波束個數引入到排序值中，例如將好的波束個數乘以一個因數附加到社區測量結果上，UE 選擇排序值最高的社區作為目標社區。

★第 2 類方案：不改變排序值的計算（即仍使用社區測量結果排序），在選擇目標社區前先挑選訊號品質相近的最好幾個社區，然後選擇好的波束個數最多的社區作為目標社區。

最終，RAN2#102 次會議透過投票表決通過了第二類方案。

1. 連接態行動性管理

連接態 UE 的行動性管理主要透過網路控制的切換過程來實現，NR 系統繼承了 LTE 系統的切換流程，主要包括了切換準備，切換執行和切換完成三個階段。

在切換準備階段，來源基地台收到 UE 發送的測量上報後會做出切換判決並向目標基地台發起切換請求，如果目標社區接納了該請求，則會透過基地台間介面發送切換回應訊息給來源基地台，該訊息中包含了目標社區的設定資訊，即切換命令。

在切換執行時，來源基地台將切換命令發送給 UE。UE 收到切換命令後即斷開源社區的連接，開始與目標社區建立下行同步，然後利用切換命令中設定的隨機連線資源向目標社區發起隨機連線過程，並在隨機連線完成時上報切換完成訊息。UE 在連線目標社區的過程中，來源基地台將 UPF 傳來的資料封包轉發給目標基地台，並將轉發前來源社區內上下行資料封包收發的狀態資訊發送給目標基地台。

在切換完成階段，目標基地台向 AMF 發送路徑轉換請求，請求 AMF 將 UPF 到連線網的資料封包傳輸路徑轉換到目標基地台側。一旦 AMF 回應了該請求，則表明路徑轉換成功，目標基地台就可以指示來源基地台釋放 UE 的上下文資訊了。至此，整個 UE 的連接就切換到了目標社區內。

如前所述，在 NR 的 Rel-15 版本中，切換過程相比 LTE 系統沒有做過多的改動和增強。其中，與 LTE 系統切換不同的一點是，NR 系統內的切換不表示一定會伴隨安全金鑰的更新，這主要是針對 NR 系統中 CU 和 DU 分離的網路部署場景。如果切換過程是發生在同一個 CU 下的不同 DU 之間，網路在切換過程中是可以指示 UE 不更換安全金鑰的，即此時在切換前後使用相同的安全金鑰不會造成安全隱憂。當不需要更新安全金鑰時，PDCP 實體也可以不進行重建，因此 NR 系統內切換時 PDCP 重建的操作也是受網路控制的，這一點與 LTE 系統不同，LTE 系統內的切換是一定要執行金鑰更新和 PDCP 實體重建的步驟。

2. 連接態行動性最佳化

針對以上基本的切換流程，NR 技術演進時提出了進一步的最佳化，主要表現在使用者面業務中斷時間縮短和控制面切換堅固性增強的最佳化上。

（1）業務中斷時間縮短最佳化

行動性的中斷時間是指 UE 不能與任何基地台互動使用者面資料封包的最短時間。在現有的 NR 切換流程中，當終端收到切換命令後，UE 會斷開與來源社區的連接並向目標社區發起隨機連線過程，在這段期間內，UE 的資料中斷時間至少長達 5 毫秒。為了縮短使用者資料的中斷時間，NR 引入了一種新的切換增強流程，也就是基於雙啟動協定層的切換（本書稱為 DAPS 切換）。

DAPS 切換的主要思想是，當 UE 收到切換命令後在向目標社區發起隨機連線的同時保持和來源社區的資料傳輸，從而在切換過程中實現接近 0 毫秒的資料中斷時間。在縮短切換中斷時間的標準化討論之初，DAPS 只是其中一種候選方案，另一種候選方案是基於雙連接的切換（本書稱為基於 DC 的切換）[8] [9]。

圖 11-15 列出了現有切換過程中 UE 與網路側協定層的示意圖，UE 同一時間只會保持與一個社區的連接以及其對應的協定層。基於 DC 的切換（圖 11-16）的主要思想是首先將目標社區增加為主輔小區（PSCell），然後透過角色轉換過程將目標社區(主輔小區)轉為主社區（PCell），同時將來源社區（主社區）轉為主輔小區，最後將轉為主輔小區的來源社區釋放達到切換至目標社區的目的。基於 DC 的切換透過在切換期間保持與兩個社區的連接 UE 也可以達到接近 0 毫秒的中斷時間並提高了切換的可靠性，但是由於需要引入新的角色轉換的流程，且支援的公司較少，最終並未被標準採納。

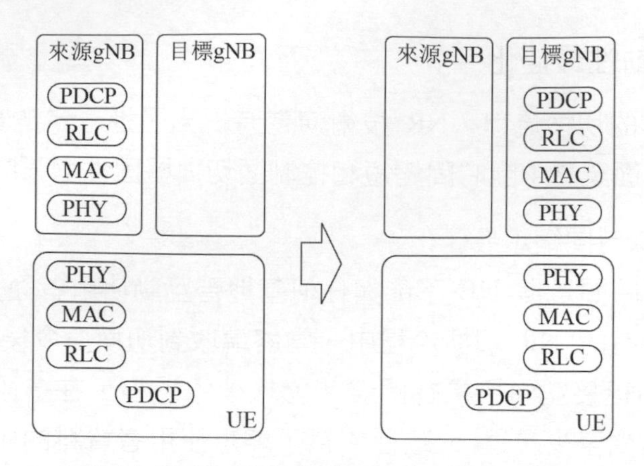

圖 11-15 Rel-15 切換前和切換後的協定層

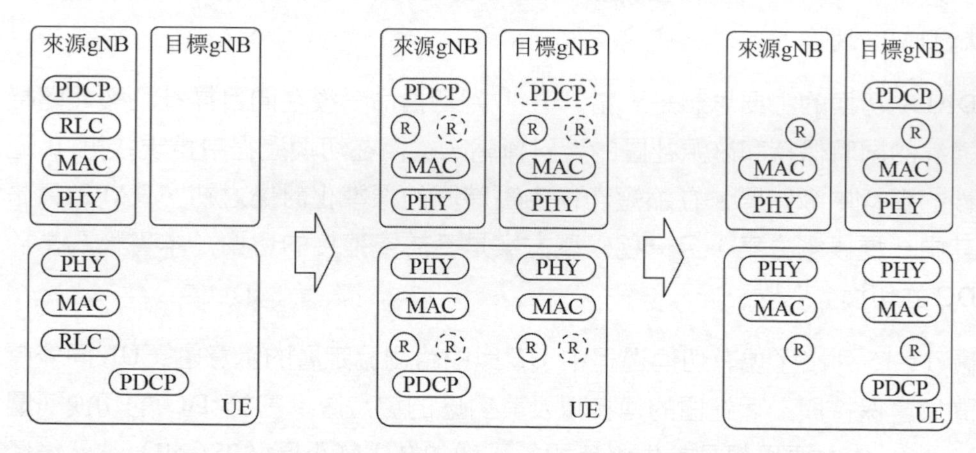

圖 11-16 基於 DC 的切換在切換前、切換中和切換後的協定層

如圖 11-17 所示，DAPS 切換的協定層架構比較簡單，主要包括了建立目標側的協定層，並且在連線目標社區期間保留來源測的協定層，當切換完成時釋放來源測協定層。DAPS 切換的流程和普通切換類似，主要包括了切換準備，切換執行和切換完成幾個階段。DAPS 切換可以基於資料無線承載（DRB）來設定，也就是說網路可以設定部分對業務中斷時間要求比較高的 DRB 進行 DAPS 切換。對於未設定 DAPS 切換的 DRB，執行切換的流程和現有的切換基本一致。

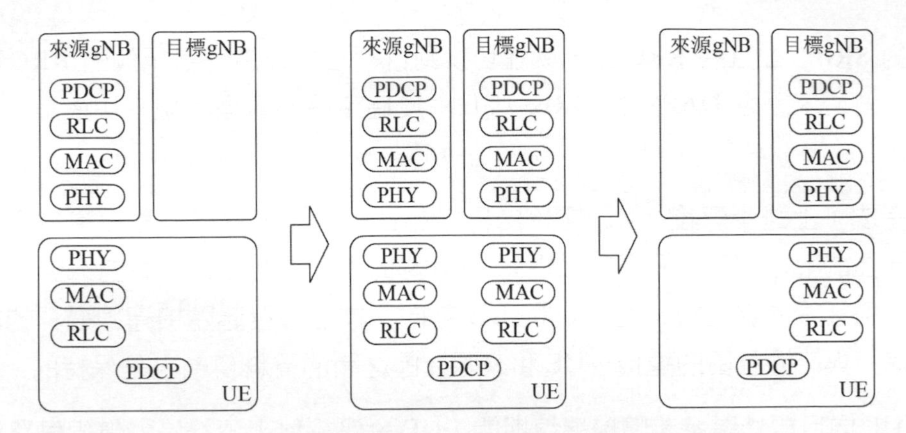

圖 11-17 DAPS 切換前、切換中和切換後的協定層

在切換準備期間，來源社區確定在 DAPS 切換期間的來源社區設定並在切換請求訊息中攜帶該設定資訊，考慮到 UE 能力問題，Rel-16 版本的 DAPS 切換不同時支援雙連接（DC）和載體聚合(CA)，也就是說在 DAPS 切換期間，UE 只維持與來源社區 PCell 和目標社區的 PCell 的連接，那麼來源社區在發送切換請求之前就需要先釋放 SCG 以及所有 SCell。

目標基地台基於收到的來源社區設定以及 UE 能力確定在 DAPS 切換期間的目標社區設定並生成切換命令，然後在切換請求回應訊息中將 DAPS 切換命令發送給來源社區，來源社區收到後會透傳該 DAPS 切換命令給 UE。

UE 收到切換命令後開始執行 DAPS 切換，對於設定了 DAPS 的 DRB，UE 會建立目標側的協定層，具體包括了以下幾點：

- 基於切換命令中的設定將來源社區側的標準 PDCP 實體重設定至 DAPS PDCP 實體，具體請見 10.3 節。
- 建立目標側的 RLC 實體以及對應的邏輯通道。
- 建立目標側的 MAC 實體。

SRB 的處理與 DRB 有所不同，UE 收到切換命令後會基於設定資訊建立目標側 SRB 對應的協定層，由於 UE 只有一個 RRC 狀態，UE 會暫停來源社區的 SRB，並且將 RRC 訊號處理切換到目標社區以處理目標側的 RRC 訊息。對於未設定 DAPS 的 DRB，UE 對於協定層的處理與現有切換是一致的。

當完成了上述步驟後，UE 開始向目標社區發起隨機連線過程以獲得與目標社區的上行同步。我們前面提到 DAPS 的主要思想是同時維持來源社區和目標社區的協定層，也就是說 UE 在向目標社區發起隨機連線過程的同時保持與來源社區的連接，UE 和來源社區之間的資料傳輸也是保持的。

在 UE 向目標社區發起隨機連線期間，UE 會保持對來源社區的無線鏈路監測，如果來源社區鏈路失敗，UE 就會釋放與來源社區的連接並停止與來源社區的資料收發。

反之，若此時 DAPS 切換失敗，UE 未成功連線目標社區，且來源社區未發生無線鏈路失敗，那麼，UE 可以回復到與來源社區的連接，從而避免了由於切換失敗導致的 RRC 連接重建立過程，此時對於協定層的處理包括以下幾部分：

- 對於 SRB，UE 會恢復來源測已暫停的 SRB，並向網路側上報 DAPS 切換失敗，同時釋放目標側 SRB 對應的 PDCP 實體、RLC 實體以及對應的邏輯通道等。
- 對於設定了 DAPS 的 DRB，UE 會將 DAPS PDCP 實體重設定至標準 PDCP 實體，並釋放目標側的 RLC 實體以及對應的邏輯通道等。
- 對於未設定 DAPS 的 DRB，UE 會回復到接收切換命令之前的來源社區設定，包括 SDAP 設定、PDCP 與 RLC 狀態變數、安全設定以及 PDCP 和 RLC 中儲存在傳輸和接收緩衝區中的資料等。
- 同時 UE 會釋放所有目標側的設定。

當 UE 成功連線目標社區後，UE 就會把上行資料傳輸從來源社區側切換到目標社區側了。在標準討論過程中，關於 UE 支援單上行資料傳輸還是同時保持與來源社區和目標社區的上行資料發送經歷了很長時間的討論，一方面考慮到 UE 上行功率受限問題，另一方面由於此時網路側的上行錨點在來源社區側，如果同時發送上行資料給來源社區和目標社區，目標社區向來源社區轉發已收到資料會帶來額外的網路側 X2 介面傳輸延遲。最終同意了單上行資料傳輸的方案。

UE 成功完成隨機連線過程後，就會立即執行上行資料切換，其中上行資料切換包括了向目標側發送待傳輸的以及未收到正確回饋的 PDCP SDU，同時 UE 會繼續來源側 HARQ 和 ARQ 的上行重傳。來源社區維持與 UE 下行資料傳輸，那麼這些下行資料對應的 HARQ 回饋、CSI 回饋,、ARQ 回饋、ROHC 回饋也是會繼續向來源社區上報的。

在 UE 成功連線目標社區之後且釋放來源社區之前，UE 同時保持來源社區和目標社區的連接，UE 會維持正常的目標側無線鏈路監測，來源社區側所有無線鏈路失敗的觸發條件也都保持。若此時目標社區發生了無線鏈路失敗，UE 會觸發 RRC 連接重建立過程；反之若來源社區發生了無線鏈路失敗，UE 不會觸發 RRC 連接重建立過程，同時會暫停來源側所有的 DRB，並釋放與來源社區的連接。

當目標社區指示 UE 釋放來源社區時，UE 會釋放與來源社區連接並停止與來源社區的上行資料發送和下行資料接收，包括重置 MAC 實體並釋放 MAC 的設定、物理通道設定以及安全金鑰設定。對於 SRB，UE 會釋放其對應的 PDCP 實體、RLC 實體以及對應的邏輯通道設定；對於設定了 DAPS 的 DRB，UE 會釋放來源側的 RLC 實體以及對應的邏輯通道，並將 DAPS PDCP 實體重設定為標準 PDCP 實體。

（2）切換堅固性最佳化

切換堅固性最佳化的場景主要是針對高速移動場景，例如蜂巢網路覆蓋的高鐵場景。高速移動場景下 UE 監測到的來源社區通道品質會急劇下降，這樣容易造成切換過晚，從而導致較高的切換失敗率。具體的，表現在以下兩個方面：

- 如果測量事件參數設定不合理，比如測量上報設定值設定過高，容易導致在觸發測量上報時，由於來源社區的鏈路品質急劇變差而無法正確接收測量上報的內容。
- 高速移動給切換準備過程帶來了新的挑戰，目標社區回饋切換命令後，由於來源社區鏈路品質急劇變差，UE 可能無法正確地接收來源社區轉發的切換命令。

條件切換（CHO，Conditional Handover）是在標準化制定過程中公認的能夠提高切換堅固性的一項技術。與傳統的由基地台觸發的立即切換過程不同，條件切換的核心思想是在來源社區鏈路品質較好的時候提前將目標社區的切換命令內容提前設定給 UE，並同時設定一個切換執行條件與該切換命令內容相連結。當設定的切換執行條件滿足時，UE 就可以自發地基於切換命令中的設定向滿足條件的目標社區發起切換連線。由於切換條件滿足時 UE 不再觸發測量上報，且 UE 已經提前獲取了切換命令中的設定，因而解決了前面提到的測量上報和切換命令不能被正確接收的問題。

條件切換過程也分為三個階段。

在切換準備階段，來源基地台收到 UE 發送的測量上報（一般來說設定給 CHO 測量上報的門限會早於正常切換過程所設定的上報門限）後決定發起條件切換準備過程，並向目標基地台發送切換請求訊息，目標基地台一旦接納了切換請求就會響應一套目標社區設定發送給來源基地台，來源基地台在轉發目標社區設定時會同時設定一套切換執行條件給 UE。

展開來說，條件切換設定包含了兩部分，分別是目標社區設定和切換執行條件設定。其中，目標社區設定就是目標基地台響應的切換命令，來源基地台必須將其完整地並且透明地轉發給 UE，不允許對其內容進行任何修改，這一原則是同傳統切換保持一致的。與傳統切換同樣相同的是，切換命令可以採用完整設定的方式，也可以採用增量設定的方式。當採用增量設定方式時，來源社區最新的 UE 設定將作為增量設定的參考設定。

條件切換設定的另一部分是切換執行條件設定，主要是 UE 用來評估何時觸發切換的設定。在條件切換設定的討論中，3GPP 採用了最大化重用 RRM 測量設定的原則，並決定將傳統切換中廣泛使用的測量上報事件引入到切換執行條件設定中，這其中主要是針對 A3 和 A5 兩個測量事件。區別是，當切換執行條件設定中的 A3 或 A5 事件觸發時，終端將不再進行測量上報，而是執行切換連線的操作。為了達到以上區分，在 RRC 訊號設計上，標準討論中決定將 A3 和 A5 事件重新定義到上報設定中的新的條件觸發設定分支上，這樣，切換執行條件就可以透過測量標識的形式設定給 UE，而不會與測量上報相關的測量設定相互影響。在討論過程中，一些網路裝置廠商提出，為了最大限度不偏離傳統切換判決中的網路實現，設定給終端的切換執行條件需要考慮多種因素，例如多個參考訊號（SSB 或 CSI-RS）、多個測量量（RSRP、RSRQ 以及 SINR）和多個測量事件等。相反，終端廠商希望切換執行條件的設定儘量簡單，便於 UE 實現。最終，透過標準會議討論和融合，針對切換執行條件的設定，達成了以下限制和靈活度：

- 最多兩個測量標識。
- 最多一個參考訊號（SSB 或 CSI-RS）。
- 最多兩個測量量（RSRP、RSRQ 和 SINR 中的兩個）。
- 最多兩個測量事件。

由於條件切換設定是提前下發給 UE 的，並且由於終端移動方向具有一定的不可預見性，來源基地台並不能精準地知道 UE 最終會向哪個候選社區發起切換連線。因此，在實際網路部署中，來源基地台會向多個目標基地台發起切換請求，並將多個目標基地台回饋的切換命令都轉發給 UE，同時設定對應的切換執行條件。也就是說，終端通常收到的是一組候選社區的條件切換相關設定。

在切換執行時，UE 會持續評估候選社區的測量結果是否滿足切換執行條件。一旦條件滿足，則 UE 立即中斷和來源社區的連接，與該社區建立同步，然後發起隨機連線過程，並在隨機連線完成時向目標基地臺上報切換完成訊息。

前面提到，由於終端移動方向是不可預見的，網路通常會給終端設定一組目標社區的條件切換相關設定，這實際上也給終端選擇切換執行的目標社區提供了很大的靈活性。在標準討論初期，主要有以下兩類方案：

★方案 1：終端可以進行多次目標社區的選擇，即一個目標社區連線失敗後，終端仍繼續評估其他目標社區是否滿足切換執行條件。

★方案 2：終端只允許進行一次目標社區的選擇，若該目標社區連線失敗，則終端觸發連接重建立過程。

方案 1 的優勢是可以最大化利用網路設定給 UE 的條件切換設定資源，缺點是由於多個目標社區的一個嘗試，整個切換過程的延遲較難控制，網路側可能需要額外設定一個單獨的計時器來控制多社區連線的時長。方案 2 的優勢是簡單，利於終端實現，缺點是由於只能選擇其中一個目標社區連線，會造成網路資源的浪費。最終，3GPP 採納了更為簡單的方案 2，而針對其缺點，3GPP 引入了連接重建立的增強。具體來說，在連接重建立過程中，如果終端選擇到的社區是一個 CHO 候選社區，那麼終端可以直接基於該社區的條件切換設定執行切換連線；不然終端執行傳統的連接重建立過程。這種增強的處理實際上也是融合了方案 1 的一些好處，一定程度上利用了已有的條件切換設定。

上述方案 2 雖然簡單，但也仍然有一些問題需要解決，舉例來說，終端如何從滿足條件的多個目標社區中選擇其中一個？標準討論中一些觀點認為，終端應該選擇通道品質最好的社區作為最終的目標社區。另一些觀點認為，應該模擬 RRC_IDLE/RRC_INACTIVE 狀態社區重選過程中終端選擇目標社區的行為，終端應該優先選擇好的波束個數最多的社區，這樣可以提高連線成功的機率。還有一些觀點認為，網路應該為多個目標社區設定響應的優先順序，這些優先順序可以表現該目標社區所在頻點的優先順序以及該社區的負載情況。由於方案太多難以融合，最終，3GPP 決定不規範終端的行為，即如何選擇目標社區留給終端實現。

切換完成階段與傳統切換過程中類似，包括路徑更換過程等。值得提及的是，由於來源基地台不能準確的預測 UE 何時滿足切換執行條件發起切換連線，因此來源基地台何時進行資料轉發是一個需要解決的問題。基本上來說，有以下兩個方案：

★方案 1：前期轉發，即在發送完條件切換設定時就開始向目標基地台發起資料轉發過程，以使得目標基地台在 UE 連接到目標社區後能夠第一時間進行資料傳輸。

★方案 2：後期轉發，即當終端選擇目標社區進行切換連線後，目標基地台通知來源基地台進行資料轉發。

方案 1 的好處是切換過程中資料中斷時間較短、業務連續性好，缺點是來源基地台需要向多個目標基地台進行資料轉發，網路負擔大。方案 2 恰恰相反，好處是只向一個目標基地台進行資料轉發，節省網路負擔，缺點是終端連線目標社區成功後目標基地台不能立即傳輸資料給終端，需要等到來源基地台轉發資料後才可以。兩個方案各有利弊，最終 3GPP RAN3 討論決定兩類資料轉發方案都支援，具體使用哪種留給網路側實現。

11.5 小結

NR 系統的系統訊息廣播從廣播機制的角度和 LTE 系統相比最大的區別是引入了隨選請求的方式，其目的是為了減少不必要的系統訊息廣播，減少鄰區同頻干擾和能源的消耗。NR 不僅引入了新的尋呼原因，其發送機制也為了適應波束管理進行了對應的最佳化，更加適合在高頻系統使用。RRC 狀態中 RRC_INACTIVE 狀態的引入是在節電和控制面延遲之間做了一個折中，同時也因此引入了新的 RRC 連接恢復流程。RRM 測量基本上沿用了 LTE 的框架，但也引入了新的參考訊號，即基於 CSI-RS 的測量。

RRC_CONNECTED 狀態下的行動性管理最大的亮點是引入了基於基於雙啟動協定層的切換，這樣的機制使得使用者面的中斷之間接近 0 毫秒；而條件切換的方式則很大程度上提高了切換的堅固性。

參考文獻

[1] 3GPP TS 24.501 Non-Access Stratum (NAS) protocpol for 5G System (5GS);

[2] 3GPP TS 38.331 Radio Resource Control (RRC) protocol specification V15.8.0

[3] 38.304 User Equipment (UE) procedures in idle mode and in RRC Inactive state

[4] 38.423 Xn Application Protocol (XnAP)

[5] 37.340 Evolved Universal Terrestrial Radio Access (E-UTRA) and NR; Multi-connectivity

[6] 3GPP TS 38.300 V16.2.0 (2020-06), Study on Scenarios and Requirements for Next Generation Access Technologies (Release 16);

[7] R2-1704832, RRM Measurements open issues, Sony

[8] R2-1910384 Non DC based solution for 0ms interruption time, Intel Corporation, Mediatek Inc, OPPO, Google Inc., vivo, ETRI, CATT, China Telecom, Xiaomi, Charter Communications, ASUSTeK, LG Electronics, NEC, Ericsson, Apple, ITRI

[9] R2-1909580, Comparison of DC based vs. MBB based Approaches, Futurewei,

Chapter

12 網路切片

楊皓睿、許陽 著

網路切片是 5G 網路引入的新特性，也是 5G 網路的代表性特徵。早在 5G 研究的第一個版本（R15 版本）就被寫入標準，並在第二個版本（R16 版本）的研究中進一步最佳化。本章將對網路切片引入的背景、架構、相關流程與參數等進行詳細介紹。

12.1 網路切片的基本概念

本節主要介紹網路切片的基本概念，以幫助對網路切片建立初步的認知。同時，本節也希望為後續更加深入地瞭解網路切片打下基礎。

12.1.1 引入網路切片的背景

隨著通訊需求的不斷提高，無線通訊網路需要應對各種不斷出現的新興應用場景（詳見第 2 章）。目前可以預測的場景主要有增強行動寬頻（eMBB，Enhanced Mobile Broadbrand），超高可靠性低延遲通訊（URLLC，Ultra-Reliable Low Latency Communications），巨量物聯網（MIoT，Massive Internet of Things），車聯網技術（V2X，Verticle to Everything）等。

目前，包括 4G 在內的現有無線通訊網路並不能滿足這些新的通訊需求。首先，現有無線通訊網路部署環境無法根據不同的業務需求進行資源最佳化。這是因為，現有無線通訊網路中的所有業務都共用這張網路中的的網路資源，所有需要路由到相同的外部網路的業務資料傳輸共用相同的資料連接，只能透過不同的業務品質（QoS，Quality of Service）承載而進行區分。但是，不同的業務根據自身提供的服務不同，對資源的需求也差別很大。另外，隨著更多新興業務場景的產生，除了單純的高速率外，還產生更多維度的需求，例如：高可靠性、低延遲等。顯然，一張通用的網路無法滿足不同業務場景的訂製化需求。其次，因為某些業務基於安全等因素考慮，需要與別的業務進行隔離，這樣，一張統一的網路也無法滿足不同業務相互隔離的需求。

為了解決上述問題，網路切片的概念應運而生[6]。網路切片針對不同的業務或廠商進行訂製化地設計，還可以實現網路資源的專用和隔離，在滿足不同業務場景需求的同時，也可以提供更好的服務。

對於網路切片的架構設計，在 5G 網路研究初期，基於網路切片的隔離程度，對於網路切片的架構曾設計了三種可選方案[1]。這三種可選方案對網路切片的分割程度不同，如圖 12-1 所示：

★方案 1：所有的核心網路網路裝置都進行隔離。

★方案 2：只有部分核心網路網路裝置進行隔離。

★方案 3：核心網路的控制面網路裝置共用，使用者面網路裝置進行隔離。

經過各個公司的激烈討論，基於現實部署的可行性和技術複雜度等方面的考量，再根據不同網路裝置的功能和控制細微性，最終決定選擇方案二(方案三可以認為是方案二的子集)。因為 UE 的行動管理和業務資料傳輸管理是獨立的，所以不需要將連線與行動性管理功能（AMF，Access and Mobility Management Function）分割到各個網路切片，而是不同的網路切片共用 AMF。只有針對具體業務傳輸管理的網路裝置，即階段管理功能

（SMF，Session Management Function）和使用者面功能（UPF，User Plane Function）進行隔離。這裡的隔離可以透過虛擬化技術進行軟體層面的隔離，也可以使用部署不同的真實網路裝置來實現物理上的隔離。

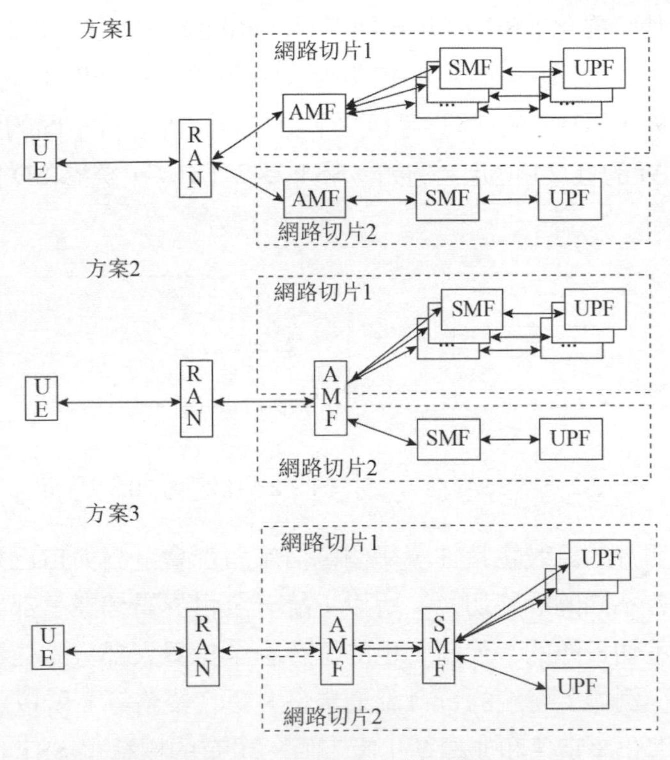

圖 12-1 網路切片架構示意圖

不同的業務需要不同的網路切片，這就表示一個電信業者需要部署多個網路切片來給不同的業務提供服務，另外，對於請求多個業務的使用者裝置（UE，User Equipment），也需要能夠同時連線不止一個網路切片。所以，需要明確如何標識網路切片。

12.1.2 如何標識網路切片

標準中定義的網路切片標識可以為單一網路切片選擇輔助資訊（S-NSSAI，Single-Network Slice Selection Assistance Information）。S-

NSSAI 是一個點對點的標識，即 UE、基地台、核心網路裝置都可以辨識的切片標識。

S-NSSAI 由兩部分組成，即：切片/服務類型（SST，Slice/Service Type），切片差異化（SD，Slice Differentiation），如圖 12-2 [5]。其中，SST 用於區分網路切片應用的場景類型，位於 S-NSSAI 的高 8 位元（bit）。另外，SD 是在 SST 等級之下更加細緻地區分不同的網路切片，位於 S-NSSAI 的低 24 位元。例如：SST 為 V2X 時，透過 SD 區分不同的車企。

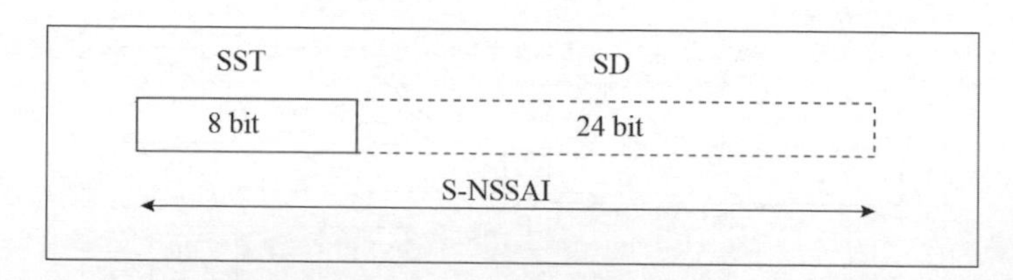

圖 12-2 S-NSSAI 格式（引自 TS 23.122[5]的 28.4.2 節）

考慮到網路切片的訂製化特性，每個電信業者都會針對與自己進行合作的應用廠商部署不同的網路切片。所以，統一全世界電信業者部署的網路切片的標識是不切實際的。但是，也的確存在全世界大部分電信業者都普遍支援的業務。例如：傳統的資料流量業務、語音業務等。所以，SST 的設定值分為標準化設定值和非標準化設定值。現有的標準化 SST 值有 4 個，分別代表 eMBB、URLLC、MIoT、V2X。除了 V2X 在 R16 中引入外，其它三個值都是在 R15 標準中定義。非標準化設定值可以由電信業者根據自己部署的網路切片進行定義。

考慮到 UE 可以使用多個網路切片的場景，S-NSSAI 的組合被定義為 NSSAI。直到 R16，NSSAI 可以分為設定的 NSSAI（Configured NSSAI）、預設設定的 NSSAI（Default Configured NSSAI）、請求的 NSSAI（Requested NSSAI）、允許的 NSSAI（Allowed NSSAI）、暫停的 NSSAI（Pending NSSAI）、拒絕的 NSSAI（Rejected NSSAI）。Default Configured NSSAI 中的 S-NSSAI 只包含標準化設定值的 SST，是所有電信

業者可以辨識的參數。除了 Default Configured NSSAI，其它 NSSAI 中包含的 S-NSSAI 會包含其適用的電信業者定義的設定值，需要和其適用的公共陸地行動網路（PLMN，Public Land Mobile Network）進行連結。UE 只有在其連結的 PLMN 下才可以使用該 NSSAI。

12.2 網路切片的業務支援

網路切片的部署最終目的是為 UE 提供服務。當 UE 需要在網路切片中進產業務資料傳輸時，UE 需要先註冊到網路切片中，收到網路的許可後，再建立傳輸業務資料的通路，即：資料封包單元（PDU，Packet Data Unit）階段。以下詳細介紹 UE 註冊和 PDU 階段建立流程。

12.2.1 網路切片的註冊

UE 需要使用網路切片，必須先向網路請求，在獲得網路的允許後才能使用。詳細的註冊流程圖見 TS 23.502[2]，簡略流程可見圖 12-3. 註冊流程包括以下步驟：

首先，對於不同的網路切片，網路需要控制可以連線該切片的 UE，網路會為 UE 設定 Configured NSSAI。Configured NSSAI 中的網路切片對應於 UE 簽約的網路切片。UE 可以基於 Configured NSSAI 來決定 Requested NSSAI。

Requested NSSAI 由業務對應的或多個 S-NSSAI 組成。UE 獲得 Configured NSSAI 後，當 UE 需要使用業務時，UE 確定當前 PLMN 對應的 Configured NSSAI。如果 UE 保存有當前 PLMN 對應的 Allowed NSSAI，例如：UE 曾註冊到該 PLMN、獲得並保存收到的 Allowed NSSAI，則 UE 從 Configured NSSAI 和 Allowed NSSAI 中選擇業務對應的 S-NSSAI。如果 UE 沒有當前 PLMN 對應的 Allowed NSSAI，則只從 Configured NSSAI 中選擇業務對應的 S-NSSAI。

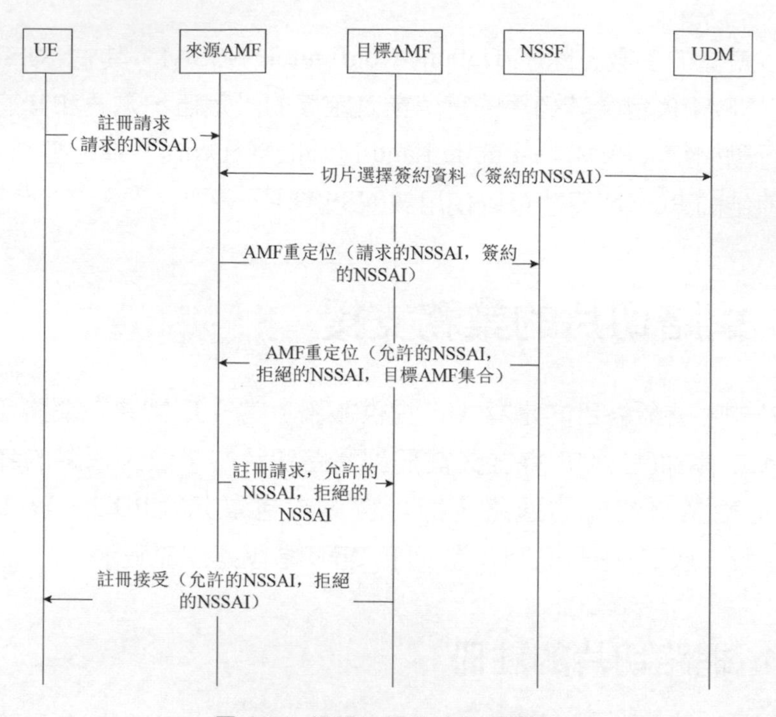

圖 12-3 網路切片註冊流程簡圖

UE 將 Requested NSSAI 攜帶在註冊請求（Registration Request）訊息中發送給 AMF。另外，UE 在沒有具體業務或只需要使用預設網路切片等情況下，可以不攜帶 Requested NSSAI。

當 AMF 收到 Requested NSSAI 後，AMF 需要確定允許 UE 使用的網路切片，即 Allowed NSSAI。在收到 Registration request 後，AMF 首先對 UE 進行驗證，如果透過，則從統一資料管理功能（UDM，Unified Data Management）獲取 UE 的切片選擇簽約資料（Slice Selection Subscription Data）。切片選擇簽約資料封包含 UE 簽約的網路切片（Subscribed NSSAI），其中存在預設網路切片和需要進行二次授權的網路切片。AMF 結合 Requested NSSAI 和 UE 簽約的網路切片確定 Allowed NSSAI，再判斷自己是否可以支援 Allowed NSSAI。如果 AMF 無法支援這些 Allowed NSSAI，AMF 需要觸發 AMF 重新導向來選擇另一個能夠支援這些 Allowed NSSAI 的目標 AMF。確定目標 AMF 可以由來源 AMF 或網路切片選擇功能（NSSF，Network Slice Selection Function）來完成，取決於來源 AMF 是否設定有確定目標 AMF 的設定資訊。如果 AMF 沒有設定確定目標 AMF 的資訊且網路部署了 NSSF，可由 NSSF 來完成 AMF 重定位（AMF relocation）。下麵我們以 NSSF 確定目標 AMF 為例來進一步說明該步驟。

來源 AMF 將 UE 簽約的網路切片和 Requested NSSAI 發送給 NSSF。NSSF 根據收到的資訊，將 Requested NSSAI 中 UE 簽約允許的網路切片作為 Allowed NSSAI，不允許的切片作為 Rejected NSSAI，確定可以支援 Allowed NSSAI 的 AMF 集合（set），再將該 AMF 集合和 Allowed NSSAI 發送給來源 AMF。來源 AMF 再從該 AMF 集合中選擇一個 AMF 作為目標 AMF。目標 AMF 被確定之後，來源 AMF 將從 UE 收到的 Registration request 訊息、Allowed NSSAI、Rejected NSSAI 轉給目標 AMF。

目標 AMF 再把 Allowed NSSAI，Rejected NSSAI 放在註冊接受（Registration Accept）訊息中發送給 UE。針對 Rejected NSSAI，AMF 同時會通知 UE 該被拒絕的網路切片不可使用的範圍。R16 之前，被拒絕的網路切片的不可使用範圍可以是整個 PLMN 或 UE 當前的註冊區域。

另外，R16 中引入網路切片的二次認證，即需要協力廠商廠商和 UE 針對是否允許 UE 使用該網路切片進行再次驗證。AMF 會把在註冊完成時仍需進行二次認證的網路切片作為 Pending NSSAI，把二次認證成功的網路切片放在 Allowed NSSAI，把二次認證失敗的網路切片放在 Rejected NSSAI，再把 Pending NSSAI、Allowed NSSAI、Rejected NSSAI 放在 Registration accept 訊息中發送給 UE。

12.2.2 網路切片的業務通路

UE 在網路切片中註冊成功後，還無法真正地使用網路切片提供的服務，仍需要請求建立業務資料所需的 PDU 階段，在對應的 PDU 階段建立完成後，UE 才能開始使用業務。

1. URSP 介紹

使用者裝置路徑選擇策略（URSP，UE Route Selection Policy）用於將特定的業務資料流程隨選綁定到不同的 PDU 階段上進行傳輸，由於 PDU 階段的屬性參數中包含 S-NSSAI，因此可以使用 URSP 規則實現將特定的業務資料流程綁定到不同的網路切片上的目的。

如圖 12-4 所示，不同的資料流程可以匹配到不同的 URSP 規則上，而每個 URSP 規則對應不同的 PDU 階段屬性參數，包括區分不同網路切片的 S-NSSAI 參數。不同的 PDU 階段可以將資料傳輸到網路外部的應用伺服器（AS，Application Server）。

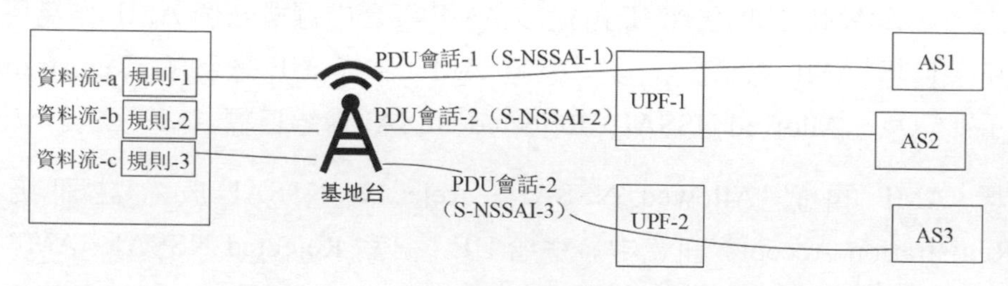

圖 12-4 根據 URSP 規則綁定應用資料流程到對應的階段上傳輸

每個 URSP 策略可以包含多個 URSP 規則，每個 URSP 規則中包含資料描述符號（TD，Traffic Descriptor）用來匹配特定業務的特徵。在 3GPP 的定義中，資料描述符號可以使用以下參數用於匹配不同的資料流程：

- 應用標識（Application Identifier）：包含作業系統（OS，Operation System）ID 和應用程式（APP，Application）ID，其中 OS ID 用於區分不同終端廠商的作業系統，APP ID 用於區分該作業系統下的應用標識。
- IP 描述符號（IP descriptor）：IP 描述符號包含目的位元址、目的通訊埠、協定類型。
- 域描述符號（Domain descriptor）：目標全限定功能變數名稱（FQDN，Fully Qualified Domain Name)，同時帶有主機名稱和功能變數名稱的名稱。
- 非 IP 描述符號（Non-IP descriptor）：用來定義一些非 IP 的描述符

號，常見的就是虛擬區域網路（VLAN，Virtual Local Area Network）ID、媒體連線控制（MAC，Media Access Control）位址。

- 資料網路名稱（DNN，Data Network Name）：DNN 是電信業者決定的參數，不同的 DNN 會決定核心網路不同的出口位置（也就是 UPF），也決定能夠存取的不同的外部網路。比如，IP 多媒體系統（IMS，IP Multimedia System）-DNN，Internet-DNN 等。
- 連接能力（Connection capability）：Android 平臺定義的參數，應用曾在建立連接前可以用該參數告知建立連接的目的，比如用於"ims"，"mms"或"internet"等。

為了實現 URSP，3GPP 在 UE 中引入了 URSP 層。以下圖 12-5 所示，當新的應用發起資料傳輸時，OS/APP 向 URSP 層發起連接請求訊息，其中連接請求訊息會包含該應用資料流程的特徵資訊（前面所述的資料描述符號參數中的或多個）,URSP 層根據上層提供的參數進行 URSP 規則的匹配，並嘗試將該應用資料流通過匹配上的 URSP 規則對應的 PDU 階段屬性參數進行傳輸，這裡如果該 PDU 階段已經存在，則直接綁定傳輸，如果不存在，則 UE 會嘗試為該應用資料建立 PDU 階段然後綁定傳輸。綁定關係確立後，UE 會將後續該應用的資料流程按照該綁定關係進行傳輸。

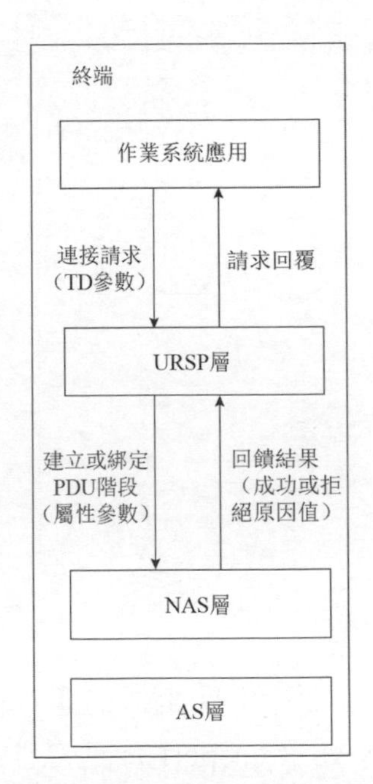

圖 12-5 UE 中引入 URSP 層

關於 URSP 規則的詳細描述可以參見 TS 23.503 [3]。

2. 業務通路的打通

當 UE 內部的業務產生時，如上述章節介紹，UE 根據 URSP 確定該業務對應的 PDU 階段的屬性，例如：DNN，S-NSSAI，階段與服務連續性模式（SSC mode，Session and Service Continuity mode）等。另外，URSP 規則中可能還指示 PDU 階段需要優先使用的連線技術類型：3GPP access 或 Non-3GPP access。3GPP access 包括 LTE、NR 等連線技術，Non-3GPP access 包括無線區域網等連線技術。這是因為 5G 網路支援 UE 透過 3GPP access 或 Non-3GPP access 連線核心網路，所以需要 URSP 中指示 UE 該 PDU 階段應該優先使用哪種連線技術類型連線網路。UE 使用這些 PDU 階段屬性觸發 PDU 階段建立流程，簡略流程可見圖 12-6，詳細流程可參見 TS 23.502[2]。

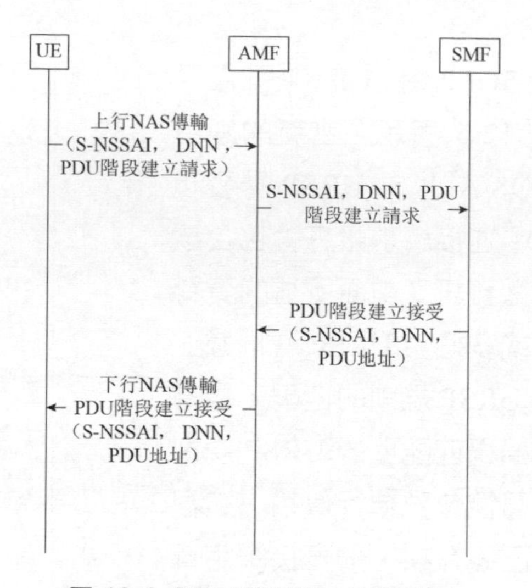

圖 12-6 PDU 階段建立流程簡圖

UE 將 PDU 階段的 DNN，S-NSSAI 等屬性參數放在上行 NAS 傳輸（UL NAS transport）訊息中，並攜帶 PDU 階段建立請求（PDU Session Eestablishment Rrequest）訊息，發送給 AMF。

AMF 根據 DNN，S-NSSAI 等資訊選擇能服務的 SMF，並將 UL NAS transport 訊息中的參數和 PDU 階段 establishment request 訊息發送給選擇的 SMF。SMF 再選擇切片中的 UPF，並打通 UPF 和基地台之間的隧道，用於傳輸使用者資料。

SMF 再將 PDU 階段建立接受（PDU Session Eestablishment Aaccept）訊息發送給 UE，通知 UE 階段建立成功並給 UE 分配一個 PDU type 對應的位址（PDU Address）。PDU Session Establishment Accept 訊息放在下行 NAS 傳輸（DL NAS Transport）訊息中，並由 AMF 轉發給 UE。之後，UE 可以使用該 PDU 階段傳輸對應業務的資料。

當 UE 的簽約資訊或網路部署發生變化時，網路可能會向 UE 更新 Allowed NSSAI。UE 收到 Allowed NSSAI 後，將 Allowed NSSAI 中的 S-NSSAI 與已經建立的 PDU 的 S-NSSAI 進行比對。如果某個 PDU 階段的 S-NSSAI 不在 Allowed NSSAI 中時，UE 需要本地釋放該 PDU 階段。

3. 如何支援與 4G 網路的互動操作

UE 從 4G 網路移動到 5G 網路時，為了資料傳輸不間斷，也就是保證業務連續性，4G 網路中的分組資料網路（PDN，Packet Data Network）連接需要切換到 5G 網路，發送給 UE 的 PDN 連接連結的位址保持不變，例如：IPv4 位址。為了實現連結的位址不變，4G 網路中的 PDN 閘道（PGW，PDN Gateway）的控制面和 5G 網路的 SMF 共同部署，稱為 PGW-C+SMF。

UE 在移動到 5G 網路時需要發起註冊，在註冊請求中攜帶 Requested NSSAI，並獲得 Allowed NSSAI。空閒態的 UE 直接發起註冊，連接態的 UE 在切換流程之後發起註冊。根據 12.2.1 中描述，如果 UE 沒有將現有 PDN 連接對應的 S-NSSAI 放入 Requested NSSAI 中，該 S-NSSAI 也不會被包含在 Allowed NSSAI。這就導致 UE 會本地釋放該 PDN 連接（或說，PDU 階段）。

所以，為保證 UE 移動到 5G 網路時，PDN 連接對應的 PDU 階段不被釋放，UE 需要在註冊時將 PDN connection 連結的 S-NSSAI 加入到 Requested NSSAI，以達到 Allowed NSSAI 包含該 S-NSSAI 的目的。那麼，這就要求 UE 在 5G 網路註冊之前獲得 PDN connection 連結的 S-NSSAI。

為了達到上述目的，當 UE 在 4G 網路建立 PDN 連接時，PGW-C+SMF 會根據網路設定和 APN 等資訊，將該 PDN connection 連結的 S-NSSAI 發送給 UE。

當 UE 在連接態時，4G 基地台會觸發切換流程。切換過程中，行動管理實體（MME，Mobility Management Entity）會根據 TAI 等資訊選擇 AMF，並將保存的 UE 的行動性管理上下文發給 AMF，其中就包含 PGW-C+SMF 的位址或 ID。AMF 定址到 PGW-C+SMF 並從 PGW-C+SMF 獲得和 PDU 階段相關的資訊，例如：PDU 階段 ID，S-NSSAI 等。

但是，MME 選擇的 AMF 不一定可以支援所有 PDN 連接連結的網路切片，這就會導致部分 PDN 連接無法被轉移到 5G 網路，造成業務中斷。在 R15 討論時，大多數公司認為，初期的 5G 網路並不會部署很多網路切片，該問題發生的機率不高，所以在 R15 先不做最佳化。另外在切換過程中，AMF 無法獲取 UE 正在使用的網路切片，所以 AMF 無法根據切片資訊選擇 SMF，在 R15 中的切換過程中 AMF 只能選擇預設 SMF 來為 UE 服務。

在 R16 的協定制定中，該問題獲得瞭解決。在 R16 的 TS 23.502[2]中，當 AMF 從 PGW-C+SMF 獲得 S-NSSAI 後，AMF 可以結合這些 S-NSSAI，按照 12.2.1 中 AMF relocation 的描述，選擇一個更合適的目標 AMF。也就是將 AMF relocation 過程嵌入切換過程。這樣，PDU 階段就可以被盡可能多地保留，使用者也獲得更好的服務體驗。目標 AMF 在獲取 UE 使用的切片資訊後，也可以根據所使用的切片資訊來選擇 SMF 來為 UE 服務。

12.3 網路切片壅塞控制

由於網路切片的負荷有限，當大量訊號同時產生時，網路切片可能出現壅塞。針對這些壅塞的網路切片，AMF 或 SMF 如果收到 UE 發送的階段管理訊號，可以拒絕這些訊號。

為了防止 UE 不斷重複發起訊號從而造成網路切片的進一步壅塞，AMF 或 SMF 在拒絕訊號的同時，可以向 UE 提供回復計時器（back-off timer）。R15 中，UE 將 back-off timer 與 PDU 階段建立過程中攜帶的 S-NSSAI 進行連結。如果 UE 在 PDU 階段建立過程中沒有提供 S-NSSAI 或該 PDU 階段是從 4G 網路轉移過來的，則 UE 將 back-off timer 連結到 no S-NSSAI。

在 back-off timer 逾時之前，UE 不可重複發起針對該 S-NSSAI 或 no S-NSSAI 的階段建立、階段修改訊號。

考慮到 UE 的行動性，除了上述 timer，網路還會指示 UE 該 back-off timer 是否適用所有 PLMN。

但是，網路切片的壅塞控制不適用於高優先順序 UE、緊急業務和 UE 更新行動資料開關（PS data off）狀態的訊號。

12.4 漫遊場景下的切片使用

當 UE 在漫遊時，因為某些業務需要從漫遊網路路由回歸屬網路，所以 PDU 階段會使用漫遊網路和歸屬網路的網路切片。在漫遊場景下，與前述 12 章內容的不同之處在於：

- S-NSSAI 中可以包含漫遊網路 SST、漫遊網路 SD、對應的歸屬網路 SST、對應的歸屬網路 SD。對應的歸屬網路 SST 和 SD 可選。
- UE 在註冊時，如果 UE 有漫遊網路對應的 Configured NSSAI 時，UE 需要提供漫遊網路的 S-NSSAI 和對應的歸屬網路的 S-NSSAI 作為 Requested NSSAI。如果 UE 沒有漫遊網路對應的 Configured NSSAI，但是存有 PDU 階段對應的歸屬網路的 S-NSSAI 時，UE 只需要提供歸屬網路的 S-NSSAI 作為 Requested Mapped NSSAI。
- AMF 將漫遊網路的 S-NSSAI 和歸屬網路的 S-NSSAI 放在 Allowed NSSAI，Pending NSSAI 中發給 UE。
- Rejected NSSAI 適用於當前服務網路。當二次認證失敗需要拒絕 UE 所請求的 S-NSSAI 時，Rejected S-NSSAI 中包含歸屬網路的 S-NSSAI。除了二次認證失敗，需要拒絕 UE 所請求的 S-NSSAI 時，Rejected S-NSSAI 中包括漫遊網路的 S-NSSAI。

- UE 在階段建立時，需要提供漫遊網路的 S-NSSAI 和歸屬網路的 S-NSSAI。
- 如果 Back-off timer 適用於所有 PLMN，則該 Back-off timer 和歸屬網路的 S-NSSAI 進行連結。

12.5 小結

本章介紹了網路切片的背景知識、網路切片的註冊、業務通路建立、網路切片壅塞控制等內容，並且介紹了針對漫遊場景的網路切片相關轉換。透過本章的閱讀，希望為讀者提供有用的網路切片知識，幫助讀者對網路切片建立基礎概念，對網路切片實際部署的意義有所展望。

參考文獻

[1] 3GPP TS 23.799 V14.0.0 (2016-12), Study on Architecture for Next Generation System (Release 14)

[2] 3GPP TS 23.502 V16.3.0 (2019-12), Procedures for the 5G System (5GS) (Release 16)

[3] 3GPP TS 23.503 V16.4.0 (2020-3), Policy and charging control framework for the 5G System (5GS) (Release 16)

[4] 3GPP TS 24.501 V16.4.1 (2020-3), Non-Access-Stratum (NAS) protocol for 5G System (5GS) (Release 16)

[5] 3GPP TS 23.003 V16.1.0 (2019-12), Numbering, addressing and identification (Release 16)

[6] 3GPP TR 22.891 V1.0.0 (2015-09), Feasibility Study on New Services and Markets Technology Enablers (Release 14)

Chapter

13

QoS 控制

郭雅莉 著

13.1 5G QoS 模型的確定

QoS（Quality of Service）即服務品質，5G 網路透過 PDU 階段提供 UE 到外部資料網路之間的資料傳輸服務，並可以根據業務需求的不同，對在同一個 PDU 階段中傳輸的不同業務資料流程提供差異化的 QoS 保障。為了更容易瞭解 5G 網路 QoS 模型的確定，我們首先對 4G 網路的 QoS 模型進行一些回顧。

在 4G 網路中，透過 EPS 承載的概念進行 QoS 控制，EPS 承載是 QoS 處理的最小細微性，對相同 EPS 承載上傳輸的所有業務資料流程進行相同的 QoS 保障。對於不同 QoS 需求的業務資料流程，需要建立不同的 EPS 承載來提供差異化的 QoS 保障。在 3GPP 規範中，4G 網路的 QoS 控制在 TS 23.401[1]的 4.7 節定義。

如圖 13-1 所示，UE 與 PGW 之間的 EPS 承載由 UE 與基地台之間的無線承載、基地台與 SGW 之間的 S1 承載、SGW 與 PGW 之間的 S5/S8 承載共同組成，無線承載、S1 承載、S5/S8 承載之間具有一一映射的關係。每個 S1 承載、S5/S8 承載都由單獨的 GTP 隧道進行傳輸。PGW 是 QoS 保障的決策中心，負責每個 EPS 承載的建立、修改、釋放和 QoS 參數的設定，以及確定每個 EPS 承載上所傳輸的業務資料流程。基地台對於無線承載的操作和 QoS 參數設定完全依照核心網路的指令進行，對於來自核心網路的承載管理請求，基地台只有接受或拒絕兩種選項，不能自行進行無線承載的建立或參數調整。

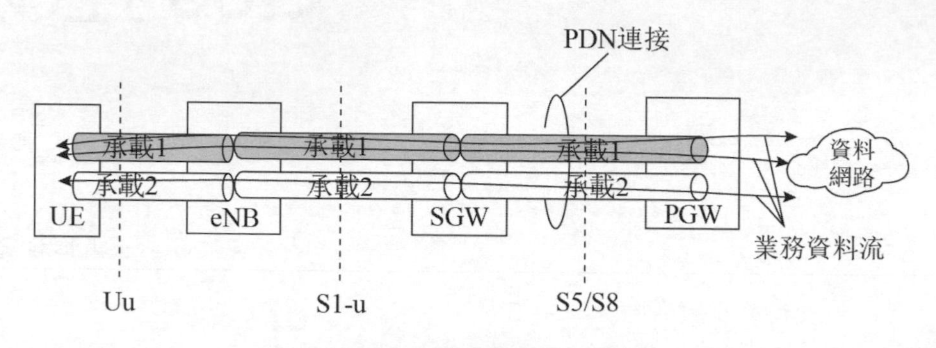

圖 13-1 4G 網路的 EPS 承載

4G 網路中，單一 UE 在空中介面最多支援 8 個無線承載，因此對應最多支援 8 個 EPS 承載進行差異化的 QoS 保障，無法滿足更精細的 QoS 控制需求。多段承載組成的點對點承載在承載管理過程中，對於每個 EPS 承載的處理都要進行單獨的 GTP 隧道的拆建，訊號負擔大、過程慢，對於差異化的應用轉換也不夠靈活。4G 網路定義的標準化 QCI 只有有限的幾個設定值，對於不同於當前電信業者網路已經預配的 QCI 或標準化的 QCI 的業務需求，則無法進行精確的 QoS 保障。隨著網際網路上各種新業務的蓬勃發展，以及各種專網、工業網際網路、車聯網、機器通訊等新興業務的產生，5G 網路中需要支援的業務種類，以及業務的 QoS 保障需求遠超 4G 網路中所能提供的 QoS 控制能力，為了對種類繁多的業務提供更好的差異化 QoS 保證，5G 網路對 QoS 模型進行了調整。

5G 網路的 QoS 模型在 3GPP 規範 TS 23.501[2]的 5.7 節定義，如圖 13-2 所示。

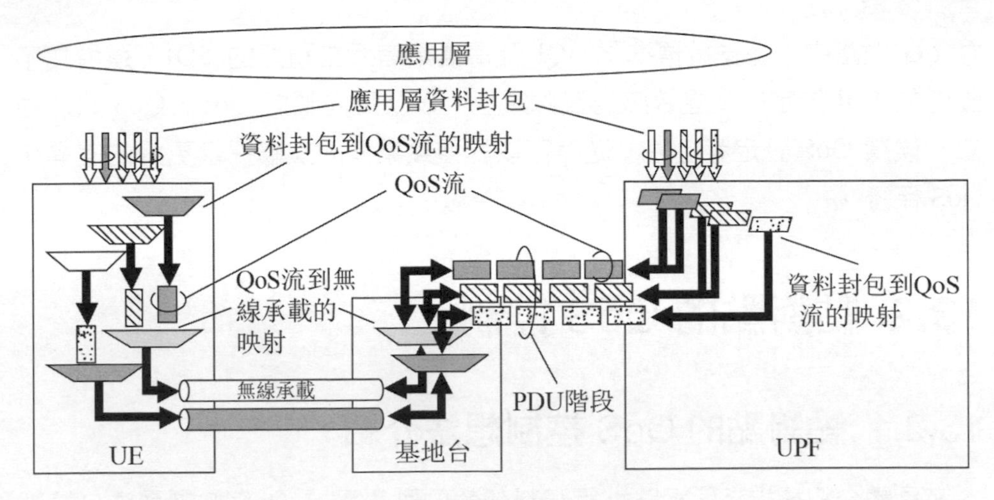

圖 13-2 5G 網路的 QoS 模型

5G 網路在核心網路側取消了承載的概念，以 QoS Flow（QoS 流）進行代替，一個 PDU 階段可以有最多 64 條 QoS 流，5GC 和 RAN 之間不再存在承載，5GC 和 RAN 之間的 GTP 隧道為 PDU 階段等級，隧道中傳輸的資料封包的封包表頭攜帶 QoS 流標識（QFI），基地台根據資料封包表頭中的 QFI 辨識不同的 QoS 流。因此不需要在每次建立或刪除 QoS Flow 時對 GTP 隧道進行修改，減少了階段管理流程處理所帶來的訊號負擔，提高了階段管理流程處理的速度。

空中介面的無線承載數在 5G 網路中也擴充到最大 16 個，每個無線承載只能屬於一個 PDU 階段，每個 PDU 階段可以包括多個無線承載，這樣核心網路中對應最多可以有 16 個 PDU 階段，從而最多支援 16*64=1024 個 QoS 流，相比 4G 網路的最大 8 個 EPS 承載，大大提高了差異化 QoS 區分度，從而進行更精細的 QoS 管理。QoS 流到無線承載的映射在 5G 網路中變成了多到一的映射，具體的映射關係由基地台自行確定，為此在 5G 系統中，基地台增加了專門的 SDAP 層進行 QoS 流和無線承載的映射處理，具體 SDAP 層的技術請參考本書 10.2 節的描述。基地台根據映射關係可以自行進行無線承載的建立、修改、刪除，以及 QoS 參數設定，從而對無線資源進行更靈活的使用。

在 5G 網路中不僅支援標準化 5QI 及電信業者網路預配的 5QI，還增加了動態的 5QI 設定，延遲敏感的資源類型，以及反向映射 QoS、QoS 狀態通知、候選 QoS 設定等特性，從而可以對種類繁多的業務提供更好的差異化 QoS 保證。

13.2 點對點的 QoS 控制

13.2.1 點對點的 QoS 控制想法介紹

本節具體介紹透過 5G 網路進行資料傳輸的點對點的 QoS 控制想法。這裡以 UE 和應用伺服器之間的資料傳輸進行舉例，並且由應用層的應用功能（AF）主動向 5G 網路提供業務需求。5G 網路也可以支援其他場景的通訊，例如 UE 和 UE 之間的通訊，或 UE 主動向 5G 網路提供業務需求等方式，各種場景下基本 QoS 控制方式與本節是一致的。

在業務資料開始傳輸之前，UE 對端的 AF 向 PCF 提供應用層的業務需求。如果是電信業者可信的 AF，可以直接向 PCF 提供資訊，如果是電信業者不可信的協力廠商 AF，可以透過 NEF 向 PCF 提供資訊。應用層業務需求包括例如用於業務資料流程檢測的流描述資訊，對於 IP 類型的資料封包，一般是由來源位址、目標位址、來源通訊埠編號、目標通訊埠編號、IP 層以上的協定類型所組成的 IP 五元組資訊。應用層業務需求還包括 QoS 相關的需求，例如頻寬需求，業務類型等。

PCF 可以根據從 SMF、AMF、CHF、NWDAF、UDR、AF 等各種通路收集的資訊，以及 PCF 上的預設定資訊進行 PCC 規則的制定。並將 PCC 規則發送給 SMF，PCC 規則是業務資料流程等級的。

SMF 根據收到的 PCC 規則、SMF 自身的設定資訊、從 UDM 獲得的 UE 簽約等資訊，可以為收到的 PCC 規則確定合適的 QoS 流，用來傳輸 PCC 規則所對應的業務資料流程。多個 PCC 規則可以綁定到同一個 QoS 流，也就是說，一個 QoS 流可以用於傳輸多個業務資料流程，是具有相同 QoS 需求的業務資料流程的集合。QoS 流是 5G 網路中最細的 QoS 區分細微性，每個 QoS 流用 QFI 進行標識，歸屬於一個 PDU 階段。每個 QoS 流中的所有資料在空中介面具有相同的資源排程和保障。SMF 會為每個 QoS 流確定以下資訊：

- 一個 QoS 流設定（QoS profile），其中包括這個 QoS 流的 QoS 參數：5QI，ARP，串流速率要求等資訊，QoS profile 主要是發給基地台使用的，是 QoS 流等級的。
- 一個或多個 QoS 規則，QoS 規則中主要是用於業務資料流程檢測的流描述資訊以及用於傳輸這個業務資料流程的 QoS 流的標識 QFI，QoS 規則是發給 UE 使用的，主要用於上行資料的檢測，是業務資料流程等級的。
- 一個或多個封包檢測規則及對應的 QoS 執行規則，主要包括用於業務資料流程檢測的流描述資訊以及用於傳輸這個業務資料流程的 QoS 流的標識 QFI，發給 UPF 使用，主要用於下行資料的檢測，但也可以用於上行資料在網路側的進一步檢測和控制，是業務資料流程等級的。

SMF 將 QoS 流設定發送給基地台，將 QoS 規則發送給 UE，將封包檢測規則及對應的 QoS 執行規則發送給 UPF，SMF 還將業務資料流程等級的串流速率要求以及 QoS 流等級的串流速率要求也提供給 UE 和 UPF。

基地台收到 QoS 流設定資訊之後，根據這個 QoS 流的 QoS 參數，將 QoS 流映射到合適的無線承載，進行對應的無線側資源設定。基地台還會將 QoS 流與無線承載的映射關係發送給 UE。

在業務的 QoS 流及無線資源準備完畢之後，業務資料開始傳輸。

對於下行資料的處理機制為：

- UPF 使用從 SMF 收到的封包檢測規則對下行資料進行匹配，並根據對應的 QoS 執行規則在匹配的資料封包表頭增加 QoS 流的標識 QFI，然後透過 UPF 與基地台之間的 PDU 階段等級的 GTP 隧道將資料封包發送給基地台；UPF 會捨棄無法與封包檢測規則匹配的下行資料封包，此外 UPF 還會對下行資料封包進行串流速率控制。

- 基地台從與 UPF 之間的 PDU 階段等級的 GTP 隧道收到資料封包，根據資料封包表頭攜帶的 QFI 區分不同的 QoS 流，從而將資料封包透過對應的無線承載發送給 UE。

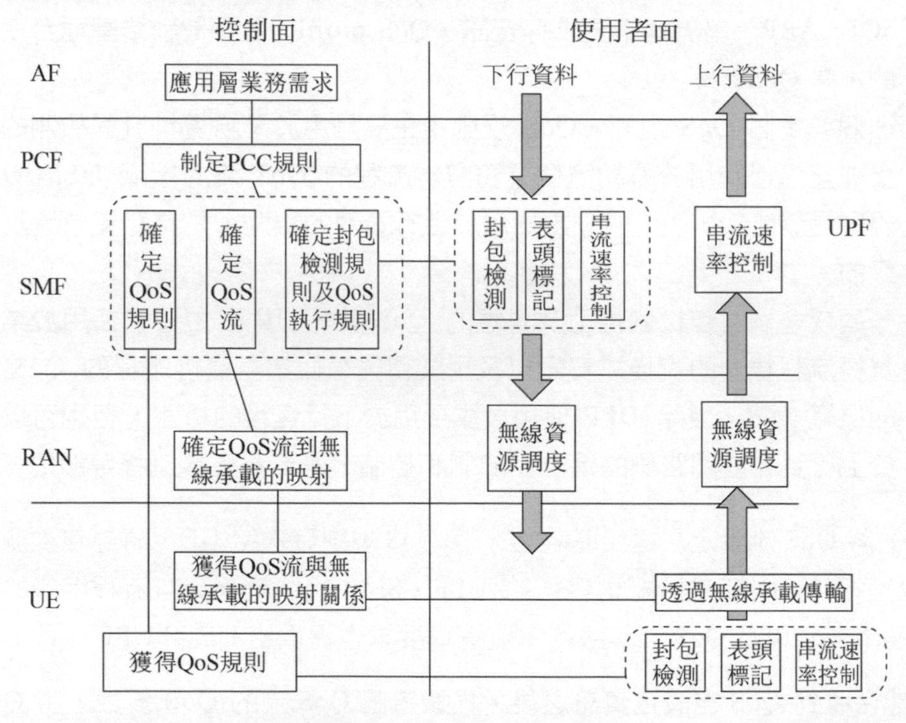

圖 13-3 點對點的 QoS 控制

對於上行資料的處理機制為：

- UE 首先將待發送的資料封包與 QoS 規則中的流描述資訊進行匹配，從而根據匹配的 QoS 規則確定業務資料所屬的 QoS 流，UE 在上行資料封包表頭增加對應的 QFI。之後 UE 的連線層（AS 層）根據從基地台獲得的 QoS 流與無線承載的映射關係確定出對應的無線承載，將上行資料封包透過對應的無線承載發送給基地台。UE 會捨棄無法與 QoS 規則中的流描述資訊相匹配的下行資料封包，此外 UE 還會對上行資料封包進行串流速率控制。

- 基地台將收到的上行資料透過 PDU 階段等級的 GTP 隧道發送給 UPF，發送給 UPF 的上行資料封包表頭中攜帶 QFI。
- UPF 會使用從 SMF 收到的封包檢測規則對收到的上行資料進行驗證，驗證上行資料是否攜帶了正確的 QFI。UPF 也還會對上行資料封包進行串流速率控制。

以上點對點的 QoS 控制想法是以連線網為 3GPP 的基地台的情況下說明的，也可以用於 UE 透過非 3GPP 存取點連線網路的情況。QoS 流的 QFI 可以是 SMF 動態分配的，也可以是 SMF 直接使用 5QI 的值作為 QFI 的值。對於這兩種情況，SMF 都會將 QFI 及對應的 QoS profile 透過 N2 訊號發送給基地台，涉及 PDU 階段建立、PDU 階段修改流程，以及在每次 PDU 階段的使用者面啟動時都會再次將 QoS profile 透過 N2 訊號發送給基地台。

但是 UE 透過非 3GPP 的存取點連線網路的情況下，某些非 3GPP 的存取點可能不支援從 SMF 透過控制面訊號的方式獲得 QFI 及對應的 QoS profile。於是 5G 系統中還設計了另外一種 QoS 控制方式，SMF 直接使用 5QI 的值作為 QFI 的值，SMF 發送給 UPF 的資訊以及 UPF 對資料的處理與上面的介紹一致，但是 SMF 不需要將 QFI 及對應的 QoS profile 透過 N2 訊號發送給基地台。基地臺上預配有 ARP 的設定值，基地台根據從 UPF 收到的下行資料封包攜帶的 QFI 得到對應 5QI 的值，再根據預配的 ARP 的設定值就可以進行對應的無線資源排程。這種 QoS 控制方式只適用於非 GBR 類型的 QoS 流，並且僅適用於非 3GPP 的連線方式。

13.2.2 PCC 規則的確定

在上一節中我們討論了 5G 網路進行資料傳輸的點對點的 QoS 控制想法，其中 PCF 負責 PCC 規則的制定，並將 PCC 規則發送給 SMF，從而影響到

SMF 對 QoS 流的建立、修改、刪除，以及 QoS 參數的設定。那麼 PCC 規則具體包括哪些內容，又是如何產生的呢？

PCC 規則包括的資訊主要用於業務資料流程的檢測和策略控制，以及對業務資料流程進行正確的費率。根據 PCC 規則中的業務資料流程範本檢測出來的資料封包共同組成了業務資料流程。在 3GPP 規範中，5G 網路的 PCC 規則在 TS 23.503[4]的 6.3 節定義。在表 13-1 中僅列出了 PCC 規則中 QoS 控制所需要的主要資訊的名稱和描述。

表 13-1 PCC 規則中的主要 QoS 控制參數

資訊名稱	資訊描述
規則標識	在 SMF 和 PCF 之間一個 PDU 階段中的唯一 PCC 規則標識。
業務資料流程檢測	該部分定義用於檢測資料封包所歸屬的業務資料流程的資訊
檢測優先順序	業務資料流程範本的執行順序
業務資料流程範本	對於 IP 資料: 可以是業務資料流程的篩檢程式集合或是可以連結到應用檢測篩檢程式的應用標識 對於乙太網格式的資料：用於檢測乙太網格式資料的篩檢程式集合
策略控制	該部分定義如何執行對業務資料流程的策略控制
5QI	5G QoS 標識，對業務資料流程所授權使用的 5QI
QoS 通知控制	指示是否需要啟用 QoS 通知控制機制
反向映射 QoS 控制	指示是否對 SDF 使用反向映射 QoS 機制
上行 MBR	業務資料流程的授權上行最大串流速率
下行 MBR	業務資料流程的授權下行最大串流速率
上行 GBR	業務資料流程的授權上行保證串流速率
下行 GBR	業務資料流程的授權下行保證串流速率
ARP	業務資料流程的分配和保持優先順序，包括優先順序、資源先佔能力、是否允許資源被先佔
候選 QoS 參數集	定義業務資料流程的候選 QoS 參數集，一個業務資料流程可以有一個或多個候選 QoS 參數集

PCF 根據從各種網路裝置例如 SMF、AMF、CHF、NWDAF、UDR、AF 等收集的資訊，也包括 PCF 上的預設定資訊進行 PCC 規則的制定。以下舉例一些 PCF 制定 PCC 規則的輸入，需要説明的是，PCF 並不一定需要

所有的這些資訊進行 PCC 規則的制定，下面的舉例只是列舉了一些 PCF 從各種網路裝置可能獲得的用於策略制定的資訊。

- AMF 提供的資訊例如包括：SUPI、UE 的 PEI、使用者的位置資訊、RAT 類型、業務區域限制資訊、網路標識 PLMN ID、PDU 階段的切片標識。
- SMF 提供的資訊例如包括：SUPI、UE 的 PEI、UE 的 IP 位址、預設的 5QI，預設的 ARP、PDU 階段類型、S-NSSAI、DNN。
- AF 提供的資訊例如包括：使用者標識、UE 的 IP 位址、媒體類型、頻寬需求、業務資料流程描述資訊、應用服務提供者資訊。其中業務資料流程描述資訊包括來源位址、目標位址、來源通訊埠編號、目標通訊埠編號、協定類型等資訊。
- UDR 提供的資訊例如特定 DNN 或切片的簽約資訊。
- NWDAF 提供的資訊例如一些網路裝置或業務的統計分析或預測資訊。
- PCF 可以在任何時候對制定的 PCC 規則進行啟動、修改、去啟動操作。

13.2.3 QoS 流的產生和設定

5G 的 QoS 模型支援兩種 QoS 流類型：保證串流速率，也就是 GBR 類型，和非保證串流速率，也就是 Non-GBR 類型。每個 QoS 流，也就是無論 GBR 類型還是 non-GBR 類型的 QoS 流，都對應一個 QoS 流設定，其中至少包括 5G QoS 標識 5QI，及分配與保持優先順序 ARP。對於 GBR 類型的 QoS 流，QoS 流設定中還包括保證流串流速率 GFBR 和最大流串流速率 MFBR。SMF 會將 QoS 流的 QFI 及對應的 QoS 流設定一起發給基地台，用於基地台側的資源排程。

對於每個 PDU 階段，存在一個與 PDU 階段相同生命週期的預設的 QoS 流，預設 QoS 流是 non-GBR 類型的 QoS 流。

SMF 根據 PCC 規則確定一個 PDU 階段範圍內的業務資料流程到 QoS 流之間的綁定關係。最基本的用於 PCC 規則到 QoS 流綁定的參數為 5QI 和 ARP 的組合。

對於一個 PCC 規則，SMF 檢查是否有一個 QoS 流具有與這個 PCC 規則相同的綁定參數，也就是相同的 5QI 和 ARP。如果存在一個這樣的 QoS 流，SMF 將這個 PCC 規則綁定到這個 QoS 流，並可能進行這個 QoS 流的修改，例如將這個 QoS 流現有的 GFBR 增大以支援新綁定的 PCC 規則的 GBR，一般認為 QoS 流的 GFBR 會設定為綁定到這個 QoS 流上的 PCC 規則的 GBR 之和。如果沒有這樣的 QoS 流，SMF 新建一個 QoS 流，SMF 為新建的 QoS 流分配 QFI，並根據 PCC 規則中的參數確定這個 QoS 流對應的 QoS 參數，將 PCC 規則綁定到這個 QoS 流。

SMF 還可以根據 PCF 的指示將一個 PCC 規則綁定到預設的 QoS 流上。

QoS 流的綁定還可以基於一些其他的可選參數，例如 QoS 通知控制指示，動態設定的 QoS 特徵值等，在此不再詳述。

QoS 流綁定完成之後，SMF 將 QoS 流設定發送給基地台，將 QoS 規則發送給 UE，將封包檢測規則及對應的 QoS 執行規則發送給 UPF，SMF 還將業務資料流程等級的串流速率要求以及 QoS 流等級的串流速率要求也提供給 UE 和 UPF。因此，業務資料流程的下行資料就可以在 UPF 側被映射到正確的 QoS 流進行傳輸，業務資料流程的上行資料在 UE 側也可以被映射到正確的 QoS 流進行傳輸。

當 PCC 規則中的綁定參數改變的時候，SMF 就要重新對 PCC 規則進行評估以確定新的 QoS 流綁定關係。

如果 PCF 刪除了一個 PCC 規則，SMF 對應刪除 PCC 規則和 QoS 流之間的連結，當綁定到一個 QoS 流的最後一個 PCC 規則也被刪除的時候，SMF 對應刪除這個 QoS 流。

當一個 QoS 流被刪除的時候，例如根據基地台的指示無法保證空中介面資源的情況下，SMF 也需要刪除綁定到這個 QoS 流的所有 PCC 規則，並向 PCF 報告這些 PCC 規則被刪除。

13.2.4 UE 側使用的 QoS 規則

UE 基於從 SMF 收到的 QoS 規則進行上行資料的封包檢測，從而將上行資料映射到正確的 QoS 流。QoS 規則中包括以下資訊：

- SMF 分配的 QoS 規則標識，這個 QoS 規則標識在一個 PDU 階段中唯一。
- 根據 QoS 流綁定結果，用於傳輸這個業務資料流程的 QoS 流的標識 QFI。
- 用於業務資料流程檢測的流描述資訊，根據 QoS 規則所對應的 PCC 規則中的業務資料流程範本產生，主要包括上行的業務資料流程範本，但是可選的也可以包括下行的業務資料流程範本。
- QoS 規則的優先順序，根據對應的 PCC 規則的優先順序產生。

QoS 規則是業務資料流程等級的，一個 QoS 流可以對應多個 QoS 規則。

對於每個 PDU 階段，會有一個預設的 QoS 規則。對於 IP 和乙太網類型的 PDU 階段，預設 QoS 規則是一個 PDU 階段中唯一的可以匹配所有上行資料的 QoS 規則，並且具有最低的匹配優先順序。也就是一個資料封包在無法與其他 QoS 規則匹配的情況下，才可以透過與預設 QoS 規則匹配的方式進行對應 QoS 流的傳輸。

對於非結構化的 PDU 階段，也就是這個 PDU 階段中的資料封包表頭無法用固定格式進行匹配，這種 PDU 階段僅支援預設 QoS 規則，並且預設 QoS 規則不包括業務資料流程檢測的流描述資訊，從而可以允許所有的上行資料與預設 QoS 規則匹配，並透過預設 QoS 規則進行所有資料封包的 QoS 控制。非結構化的 PDU 階段只支援一個 QoS 流，透過這個 QoS 流傳輸 UE 與 UPF 之間的所有資料並進行統一的 QoS 控制。

13.3 QoS 參數

13.3.1 5QI 及對應的 QoS 特徵

5QI 可以視為指向多種 QoS 特徵值的純量，這些 QoS 特徵值用於控制連線網對一個 QoS 流的 QoS 相關的處理，例如可用於排程權重、連線門限、佇列管理、鏈路層設定等。5QI 分為標準化 5QI、預設定 5QI、動態分配 5QI 幾種。對於動態分配的 5QI，核心網路在向基地台提供 QoS 流的 QoS 流設定時候，不但要在 QoS 流設定中包括 5QI，還要包括這個 5QI 對應的完整的 QoS 特徵值的集合。對於標準化和預設定的 5QI，核心網路只需要提供 5QI，基地台就可以解析出這個 5QI 對應的多種 QoS 特徵值的集合。另外，對於一個標準化或預設定的 5QI，也允許核心網路提供與標準化或預設定所不同的或多個 QoS 特徵值，用於修改對應的標準化或預設定的 QoS 特徵值。標準化 5QI 主要用於比較通用的，使用頻率高的業務，用 5QI 這個純量代表了多種 QoS 特徵值的集合，從而對訊號傳輸進行了最佳化。動態分配的 5QI 主要用於標準化 5QI 無法滿足的不太通用的業務。

5QI 對應的 QoS 特徵值以下列出：

- 資源類型：包括 GBR 類型，延遲敏感的 GBR 類型，non-GBR 類型。
- 排程優先順序。
- 封包延遲預算 PDB：代表 UE 到 UPF 的資料封包傳輸延遲。
- 封包錯誤率 PER。
- 平均時間窗：用於 GBR 和延遲敏感的 GBR 類型。
- 最大資料併發量 MDBV：用於延遲敏感的 GBR 類型。

資源類型用於確定網路是否要為 QoS 流分配專有的網路資源。GBR 類型的 QoS 流和延遲敏感的 GBR 類型的 QoS 流需要專有的網路資源，用於保證這個 QoS 流的 GFBR。Non-GBR 類型的 QoS 流則不需要專有的網路資源。相比 4G 網路，資源類型中增加了延遲敏感的 GBR 類型，用於支援高可靠低延遲的業務，這種業務例如自動化工業控制、遙控駕駛、智慧交通系統、電力系統的能量分配等，對傳輸延遲要求很高，並且對傳輸可靠性要求也比較高。從表 13-2 也可以看出，相比其他 GBR 類型和 non-GBR 類型的 5QI，延遲敏感的 GBR 類型的 5QI 所對應的封包延遲預算 PDB 設定值明顯很低，封包錯誤率也比較低。在 4G 網路中，對於 GBR 業務的串流速率保證，在基地台側計算時候一般是預配一個秒級的時間窗，根據這個時間窗計算傳輸的平均串流速率是否滿足 GBR 的要求，但是因為這個時間窗太長，很可能出現雖然從秒級的時間窗內看串流速率獲得了保證，但是從更短的毫秒級時間窗卻發現一段時間內傳輸串流速率較低的問題，為了更好的支援高可靠低延遲業務，5G 網路對於延遲敏感的 GBR 類型的 5QI 還增加了 MDBV，用於表示業務在毫秒級短時間窗內需要傳輸的資料量，從而更進一步地保證對高可靠低延遲業務的支援。

排程優先順序用於 QoS 流之間的排程排序，既可以用於一個 UE 的不同 QoS 流之間的排序，也可以用於不同 UE 的 QoS 流之間的排序。當壅塞發生的時候，基地台不能保證所有 QoS 流的 QoS 需求，則使用排程優先順序選擇優先需要滿足 QoS 需求的 QoS 流。在沒有壅塞發生的時候，排程優先順序也可以用於不同 QoS 流之間的資源設定，但並不是唯一決定資源設定的因素。

封包延遲預算定義的是資料封包在 UE 和 UPF 之間傳輸的最大延遲，對於一個 5QI，上下行資料的封包延遲預算是相同的。基地台在計算 UE 與基地台之間的封包延遲預算時候，使用 5QI 對應的封包延遲預算減去核心網路側封包延遲預算，也就是減去基地台和 UPF 之間的封包延遲預算。核心網路側封包延遲預算可以是靜態設定在基地臺上的，也可以是基地台根據與 UPF 之間的連接情況動態確定的，還可以是 SMF 透過訊號指示給基地台的。對於 GBR 類型的 QoS 流，如果傳輸的資料不超過 GFBR，網路需要保證 98%的資料封包的傳輸延遲不超過 5QI 所對應的封包延遲預算，也就是 2%以內的傳輸逾時可以認為是正常的。但是對於延遲敏感類型的 QoS 流，如果傳輸的資料不超過 GFBR 並且資料併發量也不超過 MDBV，超過 5QI 所對應的封包延遲預算的資料封包會被認為是封包遺失並計入

PER。對於 non-GBR 類型的 QoS 流，則允許壅塞導致的超過封包延遲預算的傳輸延遲和封包遺失。

封包錯誤率定義已經被發送端的鏈路層處理但是並沒有被接收端成功傳送到上一層的資料封包的比率的上限，用於說明非壅塞情況下的資料封包遺失。封包錯誤率用於影響鏈路層設定，例如 RLC 和 HARQ 的設定。對於一個 5QI，允許的上下行資料的封包錯誤率是相同的。對於 non-GBR 類型和普通的 GBR 類型的 QoS 流，超過封包延遲預算的資料封包不會被計入 PER，但是延遲敏感類型的 QoS 流比較特殊，如果傳輸的資料不超過 GFBR 並且資料併發量也不超過 MDBV，超過 5QI 所對應的封包延遲預算的資料封包就會被認為是封包遺失並計入 PER。

平均時間窗僅用於 GBR 和延遲敏感的 GBR 類型的 QoS 流，用於表示計算 GFBR 和 MFBR 的持續時間。該參數在 4G 網路中也是存在的，但是在 4G 標準中並未表現，一般是預配在基地台側的秒級的時間窗。在 5G 網路中增加了平均時間窗這個特徵值，使得核心網路可以根據業務需要對時間窗長度進行更改，從而更進一步地轉換業務對串流速率計算的要求。對於標準化和預設定的 5QI，雖然已經標準化或與設定了 5QI 所對應的平均時間窗，但是也允許核心網路提供不同設定值的平均時間窗，用於修改對應的標準化或預設定的平均時間窗的設定值。

最大資料併發量僅用於延遲敏感的 GBR 類型的 QoS 流，代表了在基地台側封包延遲預算的週期內，需要基地台為這個 QoS 流支援處理的最大資料量。對於延遲敏感的 GBR 類型的標準化和預設定 5QI，雖然已經標準化或與設定了 5QI 所對應的最大資料併發量，但是也允許核心網路提供不同設定值的最大資料併發量，用於修改對應的標準化或預設定的最大資料併發量的設定值。

UDM 中為每個 DNN 保存有簽約的預設 5QI 設定值，預設 5QI 是 non-GBR 類型的標準化 5QI。SMF 從 UDM 獲得簽約的預設 5QI 設定值之後，用於預設 QoS 流的參數設定，SMF 可以根據與 PCF 的互動或根據 SMF 的本地設定修改預設 5QI 的設定值。

當前 5G 系統中標準化 5QI 與其所指代的 QoS 特徵值之間的對應關係在 3GPP 規範 TS 23.501[2]的 5.7 節定義，如表 13-2 所示。需要說明的是，該表中的數值在 TS 23.501 的不同版本中會略有不同，所以在此僅為範例，便於瞭解標準化 5QI 與其所指代的 QoS 特徵值之間的對應關係，後續不再根據 TS 23.501 的版本變化進行本表格數值的修改。

表 13-2 標準化 5QI 與 QoS 特徵值之間的對應關係

5QI	資源類型	排程優先順序	PDB	PER	MDBV	平均時間窗
1	GBR	20	100 ms	10^{-2}	N/A	2000 ms
2		40	150 ms	10^{-3}	N/A	2000 ms
3		30	50 ms	10^{-3}	N/A	2000 ms
4		50	300 ms	10^{-6}	N/A	2000 ms
65		7	75 ms	10^{-2}	N/A	2000 ms
66		20	100 ms	10^{-2}	N/A	2000 ms
67		15	100 ms	10^{-3}	N/A	2000 ms
71		56	150 ms	10^{-6}	N/A	2000 ms
72		56	300 ms	10^{-4}	N/A	2000 ms
73		56	300 ms	10^{-8}	N/A	2000 ms
74		56	500 ms	10^{-8}	N/A	2000 ms
76		56	500 ms	10^{-4}	N/A	2000 ms
5	Non-GBR	10	100 ms	10^{-6}	N/A	N/A
6		60	300 ms	10^{-6}	N/A	N/A
7		70	100 ms	10^{-3}	N/A	N/A
8		80	300 ms	10^{-6}	N/A	N/A
9		90				
69		5	60 ms	10^{-6}	N/A	N/A
70		55	200 ms	10^{-6}	N/A	N/A
79		65	50 ms	10^{-2}	N/A	N/A
80		68	10 ms	10^{-6}	N/A	N/A
82	延遲敏感 GBR	19	10 ms	10^{-4}	255 bytes	2000 ms
83		22	10 ms	10^{-4}	1354 bytes	2000 ms
84		24	30 ms	10^{-5}	1354 bytes	2000 ms
85		21	5 ms	10^{-5}	255 bytes	2000 ms
86		18	5 ms	10^{-4}	1354 bytes	2000 ms

13.3.2 ARP

分配與保持優先順序 ARP 具體包括優先順序別、資源先佔能力、是否允許資源被先佔三類資訊，用於在資源受限時候確定是否允許 QoS 流的建立、修改、切換，一般用於 GBR 類型的 QoS 流的接納控制。ARP 也用於在資源受限時候先佔現有的 QoS 流的資源，例如釋放現有 QoS 流釋放資源，從而接納建立新的 QoS 流。

ARP 的優先順序別用於指示 QoS 流的重要性。設定值是 1-15，1 代表最高的優先順序。一般來説，可以用 1-8 分配給當前服務網路所授權的業務。9-15 分配給家鄉網路授權的業務，因此可以用於 UE 漫遊的情況。根據漫遊協定也可以不侷限於此他，從而進行更彈性的優先等級的分配。

資源先佔能力指示是否允許一個 QoS 流先佔已經分配給另外一個具有較低 ARP 優先順序的 QoS 流的資源。可以設定為「允許」或「禁止」。

是否允許資源被先佔指示一個 QoS 流已經獲得的資源是否可以被具有更高 ARP 優先順序的 QoS 流所先佔。可以設定為「允許」或「禁止」。

UDM 中為每個 DNN 保存有簽約的預設 ARP 設定值，SMF 從 UDM 獲得簽約的預設 ARP 設定值之後，用於預設 QoS 流的參數設定，SMF 可以根據與 PCF 的互動或根據 SMF 的本地設定修改預設 ARP 的設定值。

對於預設 QoS 流以外的 QoS 流，SMF 將綁定到這個 QoS 流的 PCC 規則中的 ARP 優先順序別、資源先佔能力、是否允許資源被先佔設定為 QoS 流的 ARP 參數，或如果網路中沒有部署 PCF 的情況下，也可以根據 SMF 的本地設定進行 ARP 的設定。

13.3.3 串流速率控制參數

串流速率控制參數包括 GBR，MBR，GFBR，MFBR，UE-AMBR，Session-AMBR。

- GBR 和 MBR 是業務資料流程等級的串流速率控制參數，用於 GBR 類型的業務資料流程的串流速率控制，在 13.2.2 節 PCC 規則所包括的參數中已經進行了介紹。MBR 對 GBR 類型的業務資料流程是必須的，對於 non-GBR 類型的業務資料流程是可選的。UPF 會執產業務資料流程等級的 MBR 的控制。
- GFBR 和 MFBR 是 QoS 流等級的串流速率控制參數，用於 GBR 類型的 QoS 流的串流速率控制。GFBR 指示基地台在平均時間窗內保證預留足夠的資源為一個 QoS 流傳輸的串流速率。MFBR 限制為 QoS 流傳輸的最大串流速率，超過 MFBR 的資料可能會被捨棄。在 GFBR 和 MFBR 之間傳輸的資料，基地台會根據 QoS 流的 5QI 所對應的排程優先順序進行排程。QoS 流的下行資料的 MFBR 在 UPF 進行控制，基地台也會進行上下行資料的 MFBR 的控制。UE 可以進行上行資料的 MFBR 控制。
- UE-AMBR 和 Session-AMBR 都用於 non-GBR 類型的 QoS 流量控制制。
- Session-AMBR 控制的是一個 PDU 階段的所有的 non-GBR 類型的 QoS 流的總串流速率。在每個 PDU 階段建立時，SMF 從 UDM 獲得簽約的 Session-AMBR，SMF 可以根據與 PCF 的互動或根據 SMF 的本地設定修改 Session-AMBR 的設定值。UE 可以進行上行資料的 Session-AMBR 的控制，UPF 也會對上下行資料的 Session-AMBR 進行控制。
- UE-AMBR 控制的是一個 UE 的所有 non-GBR 類型的 QoS 流的總串流速率。AMF 可以從 UDM 獲得簽約的 UE-AMBR，並可以根據 PCF 的指示進行修改。AMF 將 UE-AMBR 提供給基地台，基地台會重新進行 UE-AMBR 的計算，計算方法是，將一個 UE 當前所有 PDU 階段的 Session-AMBR 相加後的設定值與從 AMF 收到的 UE-AMBR 的設定值進行比較，取最小值作為對 UE 進行控制的 UE-AMBR。基地台負責執行 UE-AMBR 的上下行串流速率控制。

13.4 反向映射 QoS

13.4.1 為什麼引入反向映射 QoS

反向映射 QoS 最初是在 4G 網路中引入，用於 UE 透過固定寬頻，例如 WLAN，連線 3GPP 網路的 QoS 控制。固定寬頻網路中可以透過資料封包表頭的 DSCP 進行 QoS 的區分處理。4G 網路的反向映射 QoS 機制在 3GPP 規範 TS 23.139[3] 的 6.3 節定義，如圖 13-4 所示，當 UE 透過固定寬頻連線 4G 核心網路之後，對於下行資料，PGW 基於來自 PCF 的策略獲得業務資料流程範本和 QoS 控制資訊，在匹配的資料封包表頭打上對應的 DSCP 再發送到固定寬頻網路，固定寬頻網路基於 DSCP 進行 QoS 控制併發送給 UE。而對於上行資料，UE 依靠反向映射機制，根據下行資料的封包表頭產生對應的用於上行資料的資料封包篩檢程式和 DSCP 資訊，從而在匹配的上行資料封包表頭打上對應的 DSCP 再發送到固定寬頻網路。UE 根據下行資料的封包表頭產生用於上行資料的資料封包篩檢程式，舉例也就是把下行資料封包表頭的來源 IP 位址、來源通訊埠編號作為上行資料封包篩檢程式的目標 IP 位址、目標通訊埠編號，把下行資料封包表頭的目標 IP 位址、目標通訊埠編號作為上行資料封包篩檢程式的來源 IP 位址、來源通訊埠編號，這樣進行反向映射。

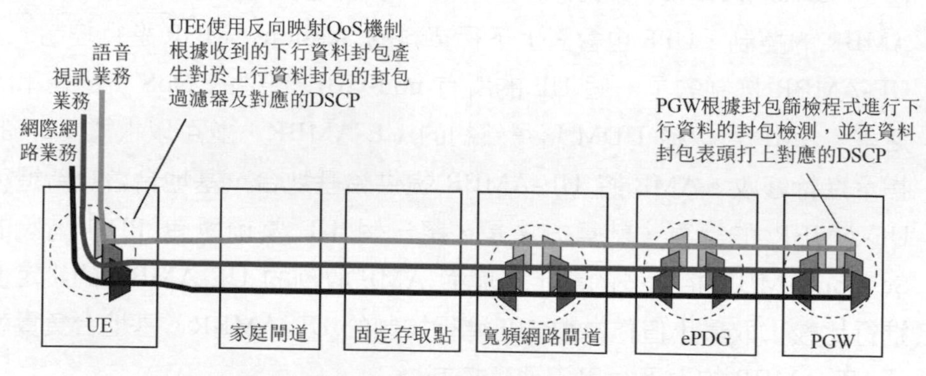

圖 13-4 UE 透過固定寬頻連線 LTE 的 QoS 控制

這種反向映射的 QoS 控制機制也就是透過使用者面封包表頭的指示進行

QoS 控制，避免了控制面為了互動 QoS 參數在核心網路與基地台之間，以及核心網路與 UE 之間所產生的大量訊號互動，提高了網路對業務資料 QoS 控制的反應速度。在 5G 網路中考慮對多種新業務的支援，很多網際網路業務會使用大量非連續的位址/通訊埠資訊，或頻繁變化位址/通訊埠資訊，因此網路向 UE 設定的 QoS 規則中的流描述資訊（也就是流篩檢程式）數量可能非常多，大大增加了網路與 UE 之間 NAS 訊息中需要傳輸的細胞數量，用於更新 QoS 規則中的流描述資訊的 NAS 訊息也會非常頻繁。因此在 5G 網路的 QoS 模型設計之初，把反向映射 QoS 機制引入 5G QoS 模型就是一個重要話題。

另外，在 13.2.1 節中，我們介紹了一種特殊的 QoS 控制方式，也就是直接使用 5QI 的值作為 QFI 的值，因為 UPF 會將 QFI 增加在每個資料封包的封包表頭發送到基地台，基地台根據資料封包表頭的 QFI 就可以對應出 5QI 的設定值，從而進行差異化的 QoS 控制，SMF 也不再需要透過 N2 訊號將 QoS 流設定發送到基地台。如果與這種 QoS 控制方式相配合，則可以在 5G 網路中達到類似圖 13-4 的使用者面 QoS 控制機制，避免了 SMF 與基地台之間以及 SMF 與 UE 之間的 QoS 控制訊號，達到訊號更少，QoS 控制反應速度更快的效果。遺憾的是，這種 QoS 控制方式僅用於 non-3GPP 連線方式，並且僅用於 non-GBR 類型的業務，所以對於大部分的業務，5G 網路還是需要基於 N2 訊號的 QoS 控制方式，但是可以透過反向映射機制取得一部分的使用者面 QoS 控制方式的優勢。

13.4.2 反向映射 QoS 的控制機制

反向映射 QoS 機制可以用於 IP 類型或乙太網類型的 PDU 階段，不需要 SMF 提供 QoS 規則就可以在 UE 側實現上行使用者面資料到 QoS 流的映射。UE 根據收到的下行資料封包自行產生 QoS 規則。反向映射 QoS 機制是業務資料流程等級的，同一個 PDU 階段中，甚至同一個 QoS 流中都可以既存在透過反向映射 QoS 進行控制的資料封包，也存在透過普通 QoS 控制方式進行控制的資料封包。

如果 UE 支援反向映射 QoS 功能，UE 需要在 PDU 階段流程中向網路指示自己支援反向映射 QoS。一般來說，UE 支援反向映射 QoS 的指示在 PDU 階段的生命週期中是不會改變的。但是某些特殊情況下，UE 也可以收回之前發送給網路的支援反向映射 QoS 的指示。這種情況下，UE 需要刪掉這個 PDU 階段中所有 UE 自行產生的 QoS 規則，網路也可以透過訊號向 UE 提供新的 QoS 規則，用於之前透過反向映射 QoS 功能控制的業務資料流程。因為這種場景比較特殊，UE 在這個 PDU 階段的生命週期內不允許再次向網路指示支援反向映射 QoS。

UE 自行產生的 QoS 規則包括：

- 一個上行資料封包篩檢程式。
- QFI。
- QoS 規則的優先順序。

對於 IP 類型的 PDU 階段，上行資料封包篩檢程式基於收到的下行資料封包產生：

- 當協定標識為 TCP 或 UDP 時，使用來源 IP 位址、目標 IP 位址、來源通訊埠編號、目標通訊埠編號、協定標識產生上行資料封包篩檢程式。舉例也就是把下行資料封包表頭的來源 IP 位址、來源通訊埠編號作為上行資料封包篩檢程式的目標 IP 位址、目標通訊埠編號，把下行資料封包表頭的目標 IP 位址、目標通訊埠編號作為上行資料封包篩檢程式的來源 IP 位址、來源通訊埠編號，這樣進行反向映射。
- 當協定標識為 ESP 時，使用來源 IP 位址、目標 IP 位址、安全參數索引、協定標識產生上行資料封包篩檢程式。還可以包括 IPSec 相關資訊。

對於乙太網類型的 PDU 階段，上行資料封包篩檢程式基於收到的下行資料封包的來源 MAC 位址、目標 MAC 位址產生，還包括乙太網類類型資料封包的其他封包表頭欄位資訊。

UE 自行產生的 QoS 規則中的 QFI 設定為下行資料封包表頭所攜帶的 QFI。所有 UE 自行產生的 QoS 規則中的 QoS 規則優先順序設定為一個標準化的值。

當網路確定為一個業務資料流程使用反向映射 QoS 控制方式時，SMF 透過 N4 介面的訊號向 UPF 指示為這個業務資料流程啟用反向映射 QoS 控制。UPF 收到指示後，對這個業務資料流程的所有下行資料封包，在每個資料的封包表頭增加 QFI 同時還額外增加反向映射指示 RQI。封包表頭中增加了 QFI 和 RQI 的資料封包透過基地台發送到 UE。

UE 上會設定一個反向映射計時器，可以採用預設的設定值，或網路為每個 PDU 階段設定一個反向映射計時器的設定值。

UE 收到一個攜帶 RQI 的下行資料封包之後：

- 如果 UE 上不存在對應於這個下行資料封包的 UE 自行產生的 QoS 規則，
  - UE 產生一個新的 UE 自行產生的 QoS 規則，這個規則的資料封包篩檢程式根據這個下行資料封包表頭資訊反向映射生成。
  - 並且為這個自行產生的 QoS 規則啟動一個反向映射計時器。
- 如果 UE 上已經存在對應於這個下行資料封包的 UE 自行產生的 QoS 規則，
  - UE 重新啟動這個 UE 自行產生的 QoS 規則的反向映射計時器。
  - 如果這個 QoS 規則中只有資料封包篩檢程式與下行資料封包表頭對應，但是 QFI 與下行資料封包表頭攜帶的 QFI 不同，UE 使用下行資料封包表頭中所攜帶的新的 QFI 修改 UE 側已經存在的對應於這個下行資料封包的 UE 自行產生的 QoS 規則。

在一個 UE 自行產生的 QoS 規則所對應的反向映射計時器過期之後，UE 刪除對應的自行產生的 QoS 規則。

當網路決定不再為一個業務資料流程使用反向映射 QoS 控制方式時，SMF

透過 N4 介面的訊號刪除發給 UPF 的對這個業務資料流程的反向映射 QoS 指示。UPF 收到刪除指示後，不再對這個業務資料流程的下行資料封包增加 RQI。

使用反向映射 QoS 控制方式的業務資料流程可以與其他使用普通非反向映射 QoS 控制方式的業務資料流程綁定到同一個 QoS 流進行傳輸。只要一個 QoS 流中包括至少一個使用反向映射 QoS 控制方式的業務資料流程，SMF 就會在透過 N2 訊號向基地台提供的 QoS 流設定中增加反向映射屬性 RQA。基地台根據收到的 RQA 可以對這個 QoS 流開啟基地台側對於反向映射 QoS 的控制機制，例如 SDAP 層的反向 QoS 映射設定。

13.5 QoS 通知控制

13.5.1 QoS 通知控制介紹

在 LTE 網路中，對於 GBR 類型的承載，在基地台側資源無法保證承載所需要的 GBR 時，基地台會直接發起承載的釋放。如果業務可以接受降級到更低的 GBR，則可以重新發起新的較低 GBR 的承載的建立，但是這樣會導致業務中斷，業務體驗效果較差。

5G 網路中為了進一步提高業務體驗，而且考慮對一些新的業務，例如 V2X 業務的支援，新業務可能對業務中斷比較敏感，甚至業務中斷會造成實際業務使用中較為嚴重的後果，為此 5G 網路對於 GBR 類型的 QoS 流，增加了 QoS 通知控制機制。

QoS 通知控制機制指示當基地台無法保證 QoS 流的 QoS 需求時候繼續保持 QoS 流並通知核心網路 QoS 需求無法保證的狀況，用於可以根據網路狀況進行 QoS 需求調整的 GBR 業務，例如業務可以根據網路狀況進行串流速率調整。對於這種業務 PCF 在 PCC 規則中設定 QoS 通知控制指示，SMF 在執產業務資料流程到 QoS 流的綁定時除了考慮 13.2.3 節的綁定參數，還需要考慮 PCC 規則中的 QoS 通知控制指示，並根據綁定到 QoS 流的 PCC 規則中的 QoS 通知控制指示為這個 QoS 流設定 QoS 通知控制指示，透過 QoS 流設定發送到基地台。

對於一個 GBR 類型的 QoS 流，如果設定了 QoS 通知控制指示，當基地台發現這個 QoS 流的 GFBR 或 PDB 或 PER 無法保證時，基地台繼續保持這個 QoS 流並繼續努力嘗試為這個 QoS 流分配資源去滿足 QoS 流設定中的參數，同時基地台向 SMF 發送通知訊息，指示 QoS 需求無法保證。之後如果基地台發現 GFBR、PDB、PER 又可以得到滿足的時候，再次發送通知訊息給 SMF 指示可以保證 QoS 需求。

13.5.2 候選 QoS 設定的引入

QoS 通知控制機制雖然解決了 GBR 業務在 QoS 需求無法得到保證時無線資源被立即釋放的問題，但是基地台在向核心網路發送了 QoS 需求無法保證的通知之後，因為核心網路和應用的互動相對較慢，而且應用側是否需要調整業務 QoS 需求或調整成怎樣的 QoS 需求也是不可預測的，基地台只能一邊儘量分配資源去滿足原來的 QoS 需求，一邊等待從核心網路發來的調整指示，這時候基地台對資源的分配其實具有一定的盲目性。5G 網路 QoS 通知控制機制中引入了候選 QoS 設定，用於讓基地台瞭解 QoS 需求無法得到保證時，業務可調整到的後續 QoS 需求，從而進一步提高資源利用的效率，以及提高了業務根據無線資源狀況對 QoS 需求調整的速度。

候選 QoS 設定是依賴於 QoS 通知控制機制的一種可選最佳化，僅用於啟用了 QoS 通知控制的 GBR QoS 流。PCF 透過與業務的互動，在 PCC 規則中設定一組或多組候選 QoS 參數集。SMF 在對應的 QoS 流的 QoS 流設定中對應增加一組或多組候選 QoS 參數集，透過 QoS 流設定發送到基地台。

當基地台發現無線資源無法保證一個 QoS 流的 QoS 需求時，基地台需要評估無線資源是否可以保證某個候選 QoS 參數集，如果可以的話，則在向 SMF 通知 QoS 需求無法保證時也指示可以保證的候選 QoS 參數集。基地台具體操作如下：

- 當基地台發現這個 QoS 流的 GFBR 或 PDB 或 PER 無法保證時，基地台首先按照候選 QoS 參數集的優先順序一個一個評估當前無線資源是否可以保證某個候選 QoS 參數集。如果可以保證某個候選 QoS 參數集，基地台向 SMF 指示最先匹配到的可以保證的候選 QoS 參數集。如果沒有匹配的候選 QoS 參數集，基地台向 SMF 指示 QoS 需求無法保證並且沒有任何可以保證的候選 QoS 參數集。
- 之後當基地台發現可以保證的 QoS 參數集發生變化的時候，基地台再次向 SMF 指示當前最新的 QoS 狀態。
- 基地台總是努力嘗試為比當前狀態更高優先順序的候選 QoS 參數集分配資源。
- SMF 收到基地台側的通知之後需要通知給 PCF。
- SMF 還可以將 QoS 改變的資訊透過給 UE。

13.6 小結

本章介紹了 5G 網路的 QoS 控制，透過對 4G 網路 QoS 控制方式的回顧和比較，説明瞭 5G 網路 QoS 模型的產生原因，並對 5G 網路中的 QoS 控制方式、QoS 參數，以及 5G 網路中所引入的反向映射 QoS、QoS 狀態通知、候選 QoS 設定等特性進行了詳細介紹。

參考文獻

[1] 3GPP TS 23.401 V16.5.0 (2019-12), "General Packet Radio Service (GPRS) enhancements for Evolved Universal Terrestrial Radio Access Network (E-UTRAN) access" (Release 16)

[2] 3GPP TS 23.501 V16.4.0 (2020-03), " System architecture for the 5G System (5GS) Stage 2" (Release 16)

[3] 3GPP TS 23.139 V15.0.0 (2018-06), " 3GPP system - fixed broadband access network interworking Stage 2" (Release 15)

Chapter

14

5G 語音

許陽、劉建華 著

語音業務是電信業者收入中重要的一項，在 2/3/4G 電信業者的「長尾效應」突出，所謂「長尾效應」是指語音、簡訊、流量佔比在很高（通常可以佔據 90%或以上），而其他幾十甚至幾百項加值業務的總收入佔比則很低。因此，語音業務一直是電信業者關注的重點業務，5G 時代仍將是重點業務。

回顧 4G 語音方案，主流方案包括以下幾種：

表 14-1 4G 主流語音方案

語音方案	描述
VoLTE/eSRVCC	語音業務基於 IMS 提供，並支援從 LTE 切換到 2G/3G 網路的語音連續性。 UE 和網路均需支援 IMS 協定層，需支援 SRVCC 功能，改動較大。
CSFB	UE 單待，當語音業務需求時，UE 主動請求回落至 2G/3G，透過電路與建立語音連接。 UE 和網路需支援重新導向或切換方式的回落功能，重用 2G/3G 網路的語音功能，改動適中，但通話建立時間較長
SvLTE	UE 雙待，語音業務有傳統 2G/3G 網路提供。對網路改動小，但 UE 需要支援雙待，對手機晶片有較高要求，且耗電量高。

5G 時代，由於全網路 IP 化的趨勢不可阻擋，傳統的 CS 域語音正逐漸被

淘汰，將被基於 IMS 網路的 4G VoLTE 和 5G VoNR 語音代替。CS 業務以及傳統的簡訊業務在 5G 時代將逐漸被淘汰，取而代之的是 VoNR/VoLTE 業務以及 RCS 業務。這種演進趨勢有助電信業者降低網路的維護成本同時進一步提升相關業務的使用者體驗。

隨著 5G 的到來，雖然，相較於其他業務，語音的重要性相比 4G 有所降低，但是仍然是電信業者的重要收入和服務內容，相比 OTT 的語音功能（如：微信語音），電信業者的 5G 語音具有以下不可替代的優勢：

- 原生態嵌入，不需要安裝協力廠商 APP。
- 使用電話號碼即可撥通電話，不需要 OTT 軟體進行好友認證。
- 可以與 2/3/4G 使用者以及市話使用者互通。
- 具有專有承載和領先的編碼能力，保障使用者的語音品質。相比 OTT 語音資料與普通上網流量同時傳輸，5G 語音資料會在電信業者網路中優先傳輸，且編碼效率具有優勢。
- 緊急呼叫功能。緊急呼叫功能可以讓使用者沒有 SIM 卡或任意電信業者網路下撥通緊急呼叫號碼（如 110、美國的 911），保障緊急情況下的人身安全。

相比 4G 時代，5G 語音業務有以下發展趨勢：

- 更好的通話品質，採用 EVS 高畫質語音編碼，有效提升 MOS 值。語音費率與流量計費合併，即透過語音的 IP 資料流量計費，而非時長費率。
- 業務連續性進一步提升，VoNR 通話中的 5G 使用者移動到 4G 網路下也可以無縫切換。

14.1 IMS 介紹

VoLTE 和 VoNR 是未來 5G 網路下語音的可實現方式，其中，VoLTE 和 VoNR 都是透過 IMS 協定實現的，其區別主要在於 VoLTE 是 IMS 資料封包透過 4G LTE 網路進行傳輸，5G VoNR 是 IMS 資料封包透過 5G NR 網路進行傳輸。

在 5G 網路中，IMS 網路的整體架構與 4G 相同，主要區別在於進一步支援了 EVS WB 和 SWB 兩種超高畫質語音編解碼技術，以便進一步提升通話品質。

本章將介紹 IMS 的基本功能和流程，並著重從 UE 的角度說明支援 IMS 的 UE 所需要具備的能力。

14.1.1 IMS 註冊

為了執行 IMS 業務，IMS 協定層需要支援下面兩個重要的 IMS 層使用者標識：

- PVI（Private User Id）：

  又稱 IMPI，是網路層的標識，具有全球唯一性，儲存在 SIM 卡上，用於表示使用者和網路的簽約關係，一般也可以唯一標識一個 UE。網路可以使用 PVI 進行驗證來辨識使用者是否可以使用 IMS 網路，PVI 不用於呼叫的定址和路由。

  PVI 可以用「用戶名@歸屬網路功能變數名稱」或「使用者號碼@歸屬網路功能變數名稱」來表示。習慣上常採用「使用者號碼@歸屬網路功能變數名稱」的方式。

- PUI（Public User Id）：

  又稱 IMPU，是業務層標識，可由 IMS 層分配多個，用於標識業務簽約關係，費率等，還表示使用者身份並用於 IMS 訊息路由。PUI 不需要驗證。

  PUI 可以採用 SIP URI 或 Tel URI 的格式。SIP URI 的格式遵循 RFC3261 和 RFC2396，如：1234567@domain、Alex@domain。Tel URI 的格式遵循 RFC3966，如：tel:+1-201-555-0123、tel:7042;phone-context=example.com。

為了執行 IMS 語音業務，UE 需要執行 IMS 註冊。註冊過程的目的是在 UE、IMS 網路之間建立一個邏輯路徑，該路徑用來傳遞後續的 IMS 資料封包。IMS 註冊完成後：

- UE 可以使用 IMPU 進行通訊。
- 建立了 IMPU 與使用者 IP 位址之間的對應關係。
- UE 可以獲取當前的位置資訊和業務能力。

註冊過程以下圖所示，UE 在使用 IMS 業務前，應在 IMS 中註冊，IMS 網路維持使用者註冊狀態。使用者註冊到 IMS，註冊由 UE 發起，S-CSCF 進行驗證和授權，並維護使用者狀態；UE 可以透過週期性註冊更新保持註冊資訊，如果逾時未更新，網路側會登出使用者。

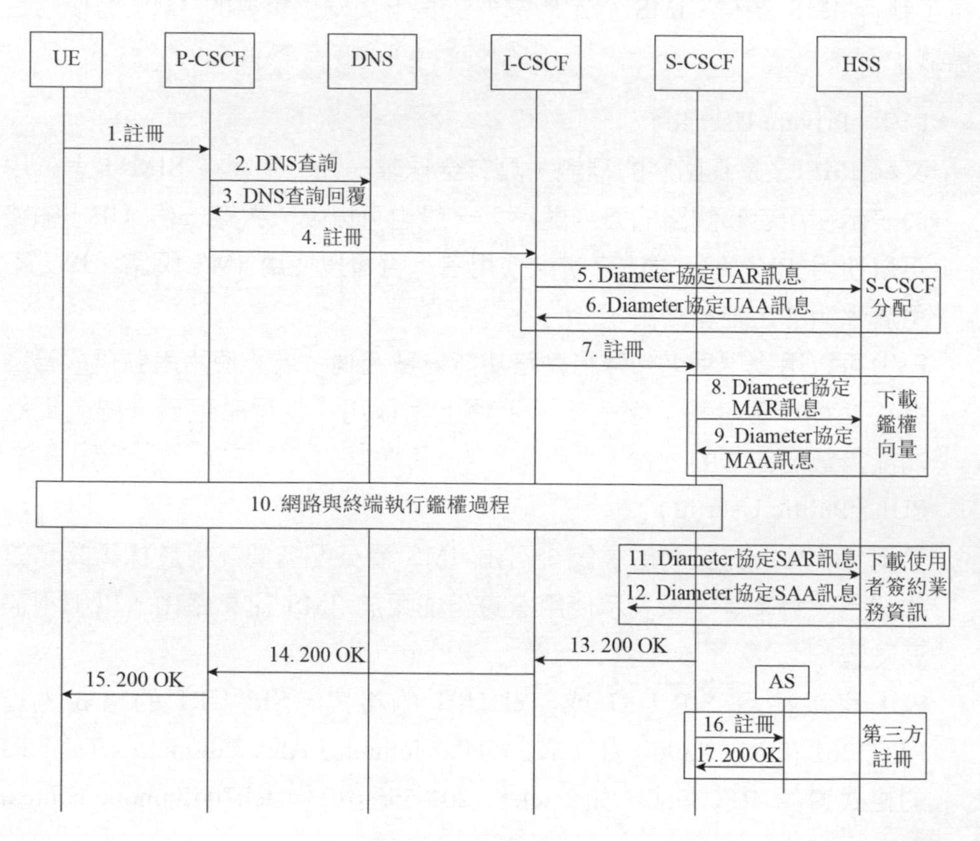

圖 14-1 IMS 註冊過程

註冊完成後，UE、核心網路網路裝置和 IMS 網路裝置將獲得以下資訊（如表 14-2 所示），簡言之，UE 註冊後，各個節點將被打通，IMS 網路裝置具備了找到 UE 的能力，UE 也獲得了執行語音業務的必要參數。

表 14-2 註冊前後 UE 和網路側獲得的資料

網路裝置	註冊前	註冊中	註冊後
UE	IMPU、IMPI、功能變數名稱、P-CSCF 名稱貨位址、驗證密碼	IMPU、IMPI、功能變數名稱、P-CSCF 名稱貨位址、驗證密碼	IMPU、IMPI、功能變數名稱、P-CSCF 名稱貨位址、驗證密碼
P-CSCF	DNS 位址	I-CSCF 位址、UE IP 位址、IMPU、IMPI	I-CSCF 位址、UE IP 位址、IMPU、IMPI
I-CSCF	HSS 位址	S-CSCF 位址	無
S-CSCF	HSS 位址	HSS 位址、使用者簽約業務資訊、P-CSCF 位址、P-CSCF 網路標識、UE IP 位址、IMPU、IMPI	HSS 位址、使用者簽約業務資訊、P-CSCF 位址、P-CSCF 網路標識、UE IP 位址、IMPU、IMPI
HSS	使用者簽約業務資訊、驗證重據	P-CSCF 位址	S-CSCF 位址

IMS 註冊完成後，後續在以下情況下還會發起註冊：

- 週期性註冊。
- 能力改變或新業務請求觸發的註冊。
- 去註冊（去註冊也使用「註冊請求」訊息執行）。

對於更詳細的 IMS 註冊流程描述，請參見 TS23.228 [1]的第 5 章。

14.1.2 IMS 呼叫建立

由於註冊過程已經完成，主叫側（MO 過程）和被叫側（MT 過程）的各 IMS 網路裝置可根據 SIP INVITE 訊息中的被叫 PUI 標識來進行下一次轉發路由。

對於主叫域和被叫域之間的路由，需要透過 ENUM 網路裝置實現。具體地，主叫 I-CSCF 將被叫 PUI 發送至 DNS，以查詢被叫 I-CSCF 位址，被叫 I-CSCF 向被叫 HSS 發送查詢資訊，以獲得被叫 S-CSCF 位址

一個典型的 IMS 呼叫建立流程以下圖 14-2 所示，在呼叫建立過程主要包括以下重要內容：

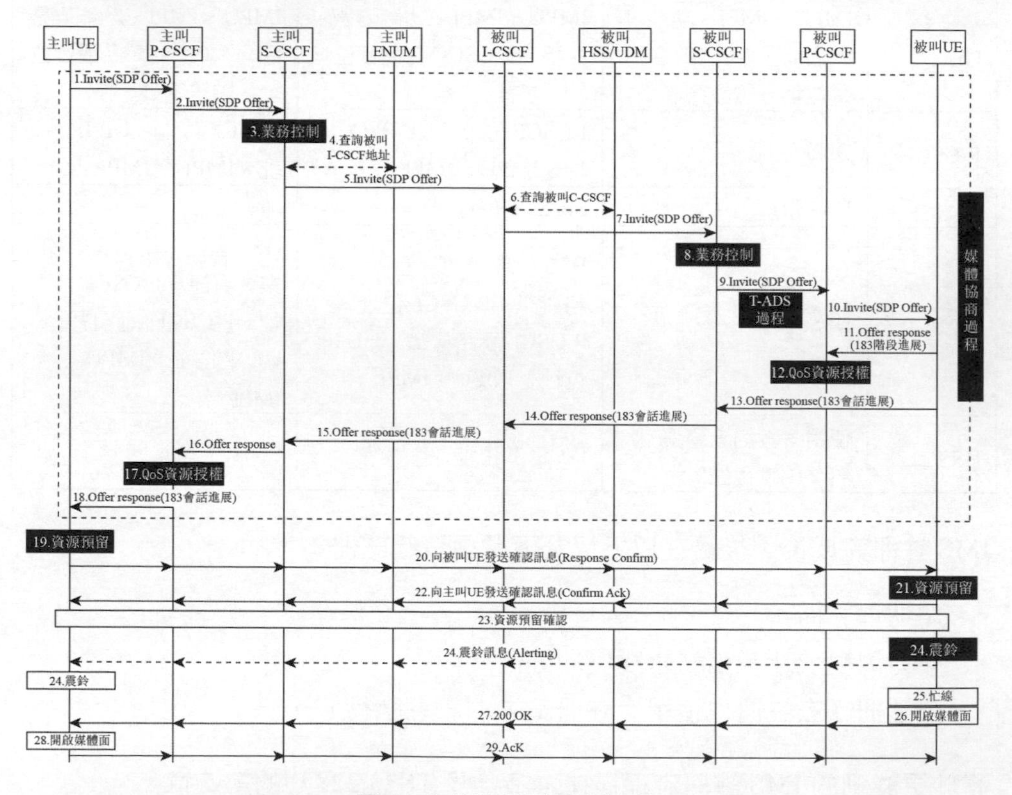

圖 14-2 IMS 呼叫建立流程

- 媒體協商過程

  透過 SDP 協定承載主叫 UE 支援的媒體類型和編碼方案，與被叫 UE 進行協商（一般透過 SIP Invite 和 Response 訊息中的 SDP 請求-回應機制）；雙方所協商的媒體類型包括音訊、視訊、文字等，每種媒體類型可以包括多種編碼制式。

- 業務控制

  主叫和被叫的 S-CSCF 均可以根據在 IMS 註冊過程中獲得的用護簽約資訊來判斷該 SIP Invite 訊息中請求的業務是否允許執行。

- QoS 資源授權

  即專用 QoS 流/承載建立過程，S-CSCF 觸發 UE 的專載/資料流程建立過程，在第一次 SDP 請求回應後觸發核心網路階段修改流程。

- T-ADS（被叫連線域選擇）過程

  判斷被叫使用者最近駐留在哪一個域（比如 PS 域或 CS 域），透過 S-CSCF 觸發 AS 向 HSS 查詢被叫 UE 當前駐留的域（e.g. EPC 或 CS），然後 S-CSCF 根據被叫 UE 的域選擇向指定域發送訊息。

- 資源預留過程

  為了保證協商的媒體面可以成功建立，需要在主叫和被叫側預留資源。資源預留通常發生在媒體協商過程完成並獲得對端確認後。

- 振鈴過程

  發生在資源預留成功之後。

詳細的 IMS 呼叫建立流程及描述請參加 3GPP TS23.228 [1]的第 5 章。

14.1.3 異常場景處理

由於無線網路資源是有限的，並且 UE 具有行動性，在 5G 語音進行的過程中，有一些異常場景將不可以免地出現。常見的異常場景以及 UE 側的處理方式如下：

1. PDU 階段遺失

如果 UE 和網路之間的 PDU 階段遺失，網路側必須終止正在進行的 SIP 階段。為此，UE 應當嘗試重新建立一個 PDU 階段，該情況下網路側會重新為該 UE 建立一個新的 QoS 資料流程。

可以看到，為了支援 IMS 語音業務，UE 的 IP 位址是不能改變的，雖然在 5G 標準中引入了 SSC Mode-2、3（即 IP 位址改變的情況下業務仍然不斷）模式，但是該模式不適用於 5G 語音業務。

2. 語音 QoS 資料流程遺失

一般來説用於語音的 QoS 資料流程是 5QI=1 對應的 QoS 參數建立的。為了實現 5QI=1 的 QoS 資料流程，基地台使用的資源會比用於傳輸普通上網資料的 QoS 資料流程要多。在網路壅塞或弱覆蓋等情況下，基地台資源可能無法保證 5QI=1 的 QoS 資料流程並釋放該 QoS 資料流程。這種情況下，UE 的語音業務資料將根據 QoS rule 被映射到"match-all"的 QoS 資料流程上。雖然該 QoS 資料流程一般沒有 GFBR 保障，但能夠透過"best effort"方式儘量保障 5G 語音資料的傳輸，以便儘量保證語音業務不會被中斷。

3. 網路不支援 IMS voice 的指示

電信業者網路的部署上，可能存在部分地區不支援 IMS 語音的情況。這種情況一般見於電信業者網路中基地台密度和空中介面容量有限的情況下，雖然能夠保障一般上網資料的傳輸（普通上網資料對於 QoS 的要求較低），但無法保障大量的使用者在該地區同時發起語音的需求，即不能支援大量的 5QI=1 的 QoS 資料流程的建立。這種情況下，網路側 AMF 會在 NAS 訊息中指示 UE "IMS Voice over PS Session is not supported"，以便 UE 不要在該區域的 5GS 網路上發起語音業務。

然而，對於在該區域以外已經發起語音業務並移入到該區域的使用者，雖然 UE 仍然會收到 "IMS Voice over PS Session is not supported" 指示，但不影響當前正在進行的語音通話，即 UE 不會釋放當前正在進行的 IMS 語音階段，但當前階段結束後，UE 不會在該區域再次發起語音業務。

4. UE 回落到 EPS 後執行語音業務失敗

考慮到語音業務需要優先保障以及無線網路環境的不確定性，在 3GPP R16 標準中，在 RRC Release 或 Handover Command 訊息中新引入了一個參數"EPS Fallback indication"。該情況下，UE 即使建立與目標社區的連接失敗，仍然優先選擇 E-UTRA 社區再次嘗試連接建立，以此來盡可能保障語音業務的成功率，詳見 TS38.306[3] 第 5 章的描述。

關於 EPS Fallback 流程的描述，請參見本書第 14.2.2 節。

14.2 5G 語音方案及使用場景

除了要支援第 14.1 節所述的 5G 語音的業務功能外，5G 語音的發展還要受核心網路能力和覆蓋問題的影響。

核心網路能力主要考慮以下方面：

- 合法監聽（Lawful Interception, LI）問題。
- 費率問題。
- 漫遊問題。
- 現有網路的升級改造問題。
- 5G 網路與 4G 網路的對接相容性問題。

上述這些問題需要核心網路的支援，而對於普通業務資料則不需要過多考慮上述限制。

覆蓋問題較好瞭解，在 5G 建網初期由於頻段、基地台數等客觀因素的限制，5G 網路的覆蓋範圍必然小於 4G 網路，因此即使 5G 網路先可以支援原生的語音業務，UE 在 5G 網路和 4G 網路之間的頻繁移動也會造成 4G/5G 的跨系統切換，這對於網路負擔和使用者體驗都提出了巨大的挑戰。

根據上述原因，考慮到 5G 網路部署的實際情況，5G 網路下的語音方案分為兩種：VoNR 和 EPS/RAT Fallabck。前者是 UE 使用者直接在 5G 網路上完成 IMS 呼叫的呼叫建立（包括 MO Call 和 MT Call），後者則是 UE 使用者回落至 4G 網路/基地台完成 IMS 的呼叫建立。無論是 VoNR 還是 EPS/RAT Fallback，UE 都是在 5G 網路上進行核心網路註冊以及 IMS 註冊，並在 5G 網路執行資料業務，僅當語音呼叫發生時行為不同。EPS/RAT Fallback 可以較好地滿足電信業者在 5G 建網初期的語音需求，但長期來看 VoNR 才是最終目標。VoNR 和 EPS/RAT Fallback 會在後續章節進行詳細介紹。

此外，可以看到，5G 網路下已不支援 4G 語音 CSFB 方案，也就是說 UE 不能在語音呼叫發生的情況下發送業務請求訊息（Service Request）申請回落至 2/3G 的 CS 域執行呼叫建立。

14.2.1 VoNR

如圖 14-3 所示，VoNR（Voice over NR，透過 NR 執行的語音業務）的前提是 5G 網路支援 IMS 語音業務，UE 在建立呼叫時直接在 5G 網路上完成即可。

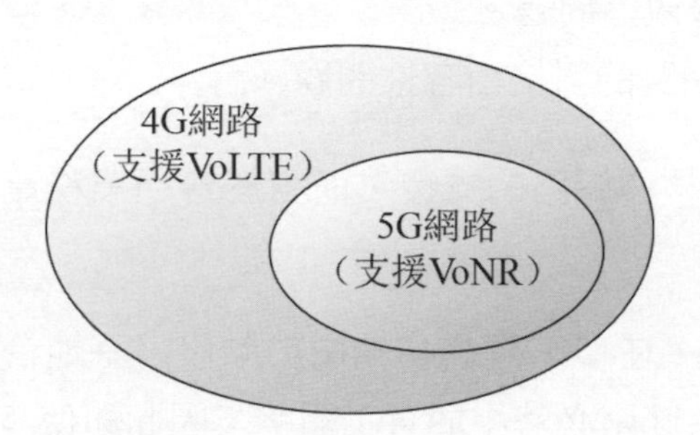

圖 14-3 5G 網路支援 VoNR

為了能夠進行 VoNR 呼叫建立，結合本書第 14.1 節介紹的各層能力，UE 需要完成以下過程。

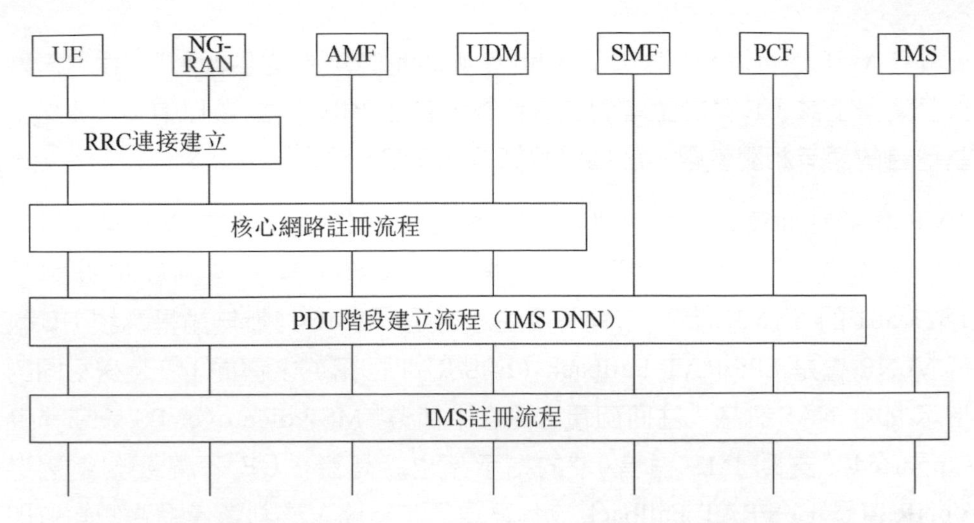

圖 14-4 為了執行 VoNR 業務，UE 需要執行的相關流程

1. RRC 連接建立

UE 透過隨機連線完成與基地台之間的 RRC 連接建立。UE 在 RRC 連接建立完成後，基地台可以向 UE 請求上報語音相關能力參數（IMS Parameters），包括：VoNR 的支援情況、VoLTE 的支援情況、EPS Fallback 的支援情況等。UE 在 AS 層上報的語音能力相關參數，可用於核心網路決定是否支援語音業務，同時核心網路也會儲存相關能力參數供後續使用。

2. 核心網路註冊過程

完成 RRC 建立後，UE 向 AMF 發送註冊請求（Registration Rquest）訊息，註冊請求中包含語音能力相關參數有：Attach with "Handover" flag（攜帶「切換」標識的附著）、Dual Conectivity with NR（與 NR 組成的雙連接）、SRVCC capability（SRVCC 能力）和 class mark-3（分類標記-3）。

AMF 接收到「註冊請求」後，從 UDM 中獲取簽約資訊，簽約資訊中語音相關參數包括：STN-SR（階段轉移編號）、C-MSISDN（連結的基地台國際使用者辨識碼），用於執行 5G-SRVCC（5G 單無線語音連續性）使用。

此外，AMF 還可以發起"UE capability match（UE 能力匹配）"流程，來獲得基地臺上該 UE 對於語音的支援參數，包括 RRC 建立過程中 UE 發送給基地台的語音相關參數，詳細流程請參加 TS23.502[2]的 4.2.8a 節。

AMF 根據註冊請求、簽約資訊、基地臺上的無線能力參數以及本地設定等，判斷是否向 UE 發送指示支援語音業務，詳細的判斷依據請見 TS23.501 的 5.16.3.1 節。這裡需要注意的是，AMF 判斷無論是為該 UE 執行 VoNR 還是 EPS/RAT Fallback（EPS/RAT 回落），都向 UE 發送相同的指示,即在 NAS 訊息「註冊回覆」訊息中攜帶"IMS voice over PS session is supported（支援 IMS 語音）"的指示。也就是說，UE 不需要判斷透過 VoNR 還是 EPS/RAT Fallback 流程實現語音業務，該判斷僅網路側知道即可。對於 UE 側，只要在 AMF 回覆的 NAS 訊息中接收到"IMS voice over PS session is supported"指示後，就認為本網路在該註冊區支援 IMS 語音，並繼續執行 PDU 階段建立流程。

VoNR 即語音呼叫流程在連接 NR 的 5GC 上完成，具體內容在本節說明，EPS/RAT Fallback（EPS/RAT 回落）流程即語音呼叫流程在 EPS 上完成或在連接 E-UTRA 的 5GC 上完成，具體內容在本章後面說明。

對於整個註冊過程的詳細描述可以查閱 3GPP TS23.502[2]的 4.2.2 節。

3. PDU 階段建立

一個 UE 在核心網路註冊過程完成後，可以建立多個 PDU 階段，其中 UE 需要專門發起一個用於語音業務的 PDU 階段建立，即 UE 向 SMF 發送 NAS 訊息「PDU 階段建立請求」，該 NAS 訊息中攜帶以下語音相關參數：

- IMS DNN（IMS 資料網路名稱），專門用於 IMS 業務的 DNN 參數；
- SSC Mode（階段和業務連續性模式），對於 IMS 語音業務當前只能選擇 SSC Mode=1，即 UE 在連接狀態處於通話過程中，其核心網路使用者面閘道（UPF）不能改變；

- PDU Session Type（PDU 階段類型），對於 IMS 業務的 PDU 階段，其 PDU 階段類型只能是 IPv4、IPv6 或 IPv4v6 三種，對於 Ethernet（乙太網）、Unstructure（非結構化）的類型不予支援。此外，由於 IPv4 位址數量的枯竭，5G 系統優先考慮使用 IPv6 類型。

SMF 接收到「PDU 階段建立請求」訊息後，可以從 UDM 中獲取階段管理相關簽約資訊，並且從 PCF 中獲取 PCC 策略，其中 PCC 策略中攜帶用於傳輸 IMS 訊號的 PCC 規則，SMF 根據該 PCC 規則與基地台和 UPF 互動建立 5QI=5 的 QoS 資料流程，用於承載 IMS 訊號。這裡需要注意的是，5QI=5 的 QoS 資料流程是在 PDU 階段建立過程中就完成的，而用於承載 IMS 語音資料的 5QI=1 的 QoS 資料流程則是在語音通話建立過程中完成的，且在語音通話結束後會被釋放。對於 5Q1=1 和 5QI=5 兩個重要的 5G 語音相關資料流程的關鍵參數以下表所示：

表 14-3 VoNR 相關的 QoS 資料流程

5QI 設定值	資源類型	預設優先順序	資料封包延遲時間預算	資料封包錯誤率	預設最大數據突發量	預設平均時間窗	舉例業務
1	GBR	20	100 ms	10^{-2}	N/A	2000 ms	IMS 語音
5	Non-GBR	10	100 ms	10^{-6}	N/A	N/A	IMS 訊號

對於 QoS 資料流程的詳細描述請查看本書第 13 章「QoS 控制」。

除了對語音相關的 QoS 資料流程的建立外，SMF 需要進行的另一件重要的事情是為該 UE 發現 P-CSCF，如 4.1.2 節所述，P-CSCF 是 IMS 網路的存取點，UE 的 IMS 訊號和語音資料均需要透過 P-CSCF 發給 IMS 的其他網路裝置進行路由和處理。

SMF 執行好 PDU 階段的建立過程後，會在發給中的 NAS 訊息「PDU 階段建立回覆」訊息中攜帶以下語音相關參數：

- P-CSCF 的 IP 位址或功能變數名稱資訊，用於 UE 能夠與正確的 P-CSCF 進行通訊。

- UE 的 IP 位址。

  對於完整的 PDU 階段建立的詳細描述可以查看 3GPP TS23.502[2]的 4.3.2.2 節。

4. IMS 註冊

用於 IMS 業務的 PDU 階段建立完成後，UE 即可透過 5QI=5 的 QoS 資料流程向 P-CSCF 發起 IMS 註冊請求過程。具體的 IMS 註冊過程已在 14.1.2 節詳細說明，在此不再贅述。

14.2.2 EPS Fallback/RAT Fallback

1. EPS Fallback（EPS 回落）流程

如 14.2 節開頭所述，由於核心網路能力和覆蓋範圍的原因，5G 網路建設初期執行 VoNR 的難度較大，由於現網上 VoLTE 的建設已經相當成熟，很多電信業者均考慮在 5G 網路建設初期使用 VoLTE 來解決語音需求。換句話說，5GUE 使用者執行非語音業務時可以使用 5G NR 網路，當需要進行語音業務時，將透過 EPS Fallback 過程回落到 4G LTE 網路執行 VoLTE 語音通話。

可能有不少人看到"EPS Fallback"這個詞，就會想起 4G 語音使用的"CS Fallabck（CSFB）"方案，的確，兩者的基本思想都是將 UE 從"n" G 網路回落到 "n-1" G 網路來執行語音業務，但是兩者又存在著一些本質區別，下表從 UE 角度說明瞭兩者的主要區別：

表 14-4 EPS Fallback 和 CS Fallback 的比較

類別	EPS Fallback	CS Fallback
支援 IMS 協定層	需要，屬於 IP 通話	不需要，屬於電路域通話
高畫質語音編碼	支援 EVS、AMR-WB (註釋 1)	最高支援 AMR-WB
在語音通話建立前執行註冊	UE 在核心網路註冊網路後必須進行 IMS 註冊，才可以後續執行語音建立流程	UE 只在核心網路執行聯合附著

類別	EPS Fallback	CS Fallback
第一筆語音通話建立訊息	UE 不需要等待回落完成，在 5G 網路即可發送 SIP Invite/183 Ack 訊息	UE 需要等待回落完成，在 CS 於發送 Call setup 訊息
UE 發起回落請求	不需要，網路側在 IMS 語音建立過程中透過切換或重新導向觸發向 4G 網路的回落	需要 UE 發起 Extended Service Reuqest 請求訊息觸發網路執行向 2/3G 網路的切換或重新導向
註釋 1：對於高畫質語音編碼的詳細描述請參見 3GPP TS26.114 [6]的 5.2.1 節		

在 3GPP 5G 標準討論初期，爭論的焦點是 EPS Fallback 是 UE 觸發（像 CSFB 一樣 UE 發起 Service Request 來觸發），還是由基地台觸發。在討論過程中，大多數公司認為相比於 4G 時借用 CS 域進行語音業務，5G 網路和 4G 網路使用 IMS 協定執行語音業務這一點上是沒有區別的（即同為 PS 域的語音業務），所以，「從 VoLTE 到支援 VoNR」會比「從 CS 域到支援 VoLTE」簡單很多。這也就表示電信業者會在 5G 建網初期使用 EPS Fallback，而不久就可以過渡到在 5G 網路直接發起語音業務（即 VoNR）。因此，為了減少對於 UE 複雜度的影響，最終選擇了基於網路側觸發的方式執行 EPS Fallback，換言之 UE 只需要正常的執行 IMS 協定層流程和 UE 內部的 NAS 和 AS 模組功能，不需要為感知和判斷 EPS Fallback 做任何增強。

EPS Fallback 流程以下圖所示，UE 可以透過觸發重新導向和切換兩種方式實現回落，不管是哪一種回落方式，其使用者面閘道（PGW+UPF）不能夠改變，即 IP 位址不會發生改變。UE 回落到 EPS 後，核心網路會再次觸發專有語音承載的建立以用於語音業務。同時，需要注意的是整個 EPS Fallback 過程不影響 IMS 層的訊號傳輸，即 IMS 層執行的 4.1.3 節所述的 IMS 呼叫建立流程不會因為 EPS Fallback 過程而中斷。

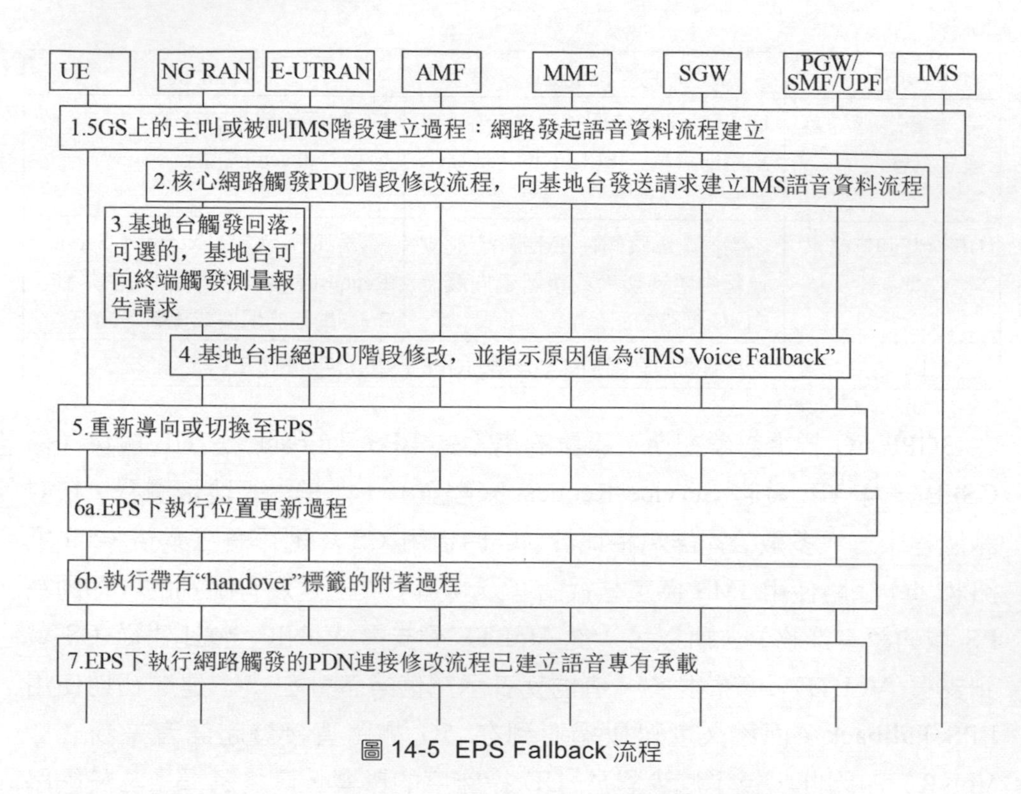

圖 14-5 EPS Fallback 流程

詳細的 EPS Fallback 流程描述，請參考 TS23.502[2]的 4.13.6.1 節。

2. RAT Fallback（RAT 回落）流程

除了 EPS Fallback 外，3GPP 還引入了 RAT Fallback 場景，該場景與 EPS Fallback 過程很像，唯一的區別是核心網路 5GC 不變，即 UE 從連接 5GC 的 NR 基地台回落到同樣連接 5GC 的 E-UTRA 基地台。RAT Fallback 的使用場景也主要是考慮 5G 建網初期的 NR 基地台覆蓋較少，而使用 E-UTRA 將能夠避免頻繁的 Inter-RAT 切換從而減輕網路負擔並保證業務連續性。但是，由於 5G 建網初期，5GS 核心網路也是新部署的網路，正如本書 14.2 章開頭所述，即使是僅 5GC 支援語音業務也不是一件容易的事情，RAT Fallback 存在較大的部署困難。可以預見，在 5G 建網最初幾年，EPS Fallback 會是很多電信業者使用的回落方式，然後在逐漸過渡到 VoNR。

對於 RAT Fallback 的詳細描述請參見 TS23.502[2]的 4.13.6.2 節。

14.2.3 Fast Return（快速返回）

Fast Return（快速返回）是指 UE 在執行 EPS Fallback 或 RAT Fallback 並完成語音業務後能夠快速返回 5G 網路。

使用 Fast Return 功能時，UE 可以接收到 E-UTRA 基地台發來的 LTE 鄰區資訊，並按照基地台的指示執行的重新導向或切換流程回到 NR 社區，省去了 UE 測量鄰區訊號強度、讀取 SIB 訊息等時間。因此，返回速度快，準確率高，可以避免 UE 受到現網複雜環境的影響。

相比之下，如果沒有快速返回功能，UE 在 E-UTRA 基地台下執行完語音業務後，只能等到沒有其他資料業務傳輸並回到空閒態後，按照「頻點優先順序」執行社區重選回到 NR 社區。在外場環境下 UE 容易受到現網複雜環境的影響，連線請求被拒絕的可能性大，這時 UE 需要重新選擇其他社區連線，耗費的時間明顯高於快速返回。

Fast Return 功能的關鍵點是需要 E-UTRA 基地台能夠準確判斷透過重新導向或切換到本社區的 UE 是由於 EPS Fallback 導致的，而非其他原因（如 UE 行動性、NR 社區訊號品質不佳等）導致的。

為此，在 EPS Fallback 或 RAT Fallback 過程中，E-UTRA 基地台會從核心網路側接收到 Handover Restriction List 以及 RFSP Index，其中 HRL 中包含 last used PLMN ID（最後使用的 PLMN 標識），RFSP Index（連線制式和頻率選擇策略索引）用於指示該 UE 是否能夠連線 NR 頻點，基地台結合和兩個參數以及本地的策略設定就可以判斷出該 UE 是否是執行了 EPS Fallback 或 RAT Fallback，從而在語音業務執行完成後（語音業務完成後 5QI=1 的 QoS 資料流程會被刪除）主動發起重新導向或切換流程，使 UE 返回 5G 網路。

快速返回功能雖然簡單，但可以有效提升使用者體驗，能夠儘量讓使用者待在 5G 網路下，體驗更好的服務品質。因此，在 4G CSFB 時，大部分電信業者就部署了 Fast Return 機制，相信在 5G EPS Fallback 和 RAT Fallback 中也會被大量使用。

詳細的描述請見 TS23.501[4]的 5.16.3.10 節。

14.2.4 語音業務連續性

語音業務的重要特徵就是行動性，對於 IMS 語音來講，通話中的語音業務需要保證 IP 位元址不變性，即通話過程中錨定的 UPF 不能改變。雖然在 5G 引入了 SSC Mode-3 模式，也就是先建後切的方式實現業務有 UPF-1 無縫切換到 UPF-2，但是該模式需要應用層的改動。目前 IMS 語音業務仍只支援 SSC Mode-1 模式，即通話過程中的錨定點不能改變，以避免業務的改動。

除了 UPF 錨點不變外，UE 還需要支援以下功能以保障移動過程中的語音業務連續性：

- 5G 系統內切換：UE 按照同系統內跨基地台切換的流程執行操作即可，詳見 3GPP TS 23.502[2]的 4.9 節。
- 5G 與 4G 系統間切換：UE 在 5GS 和 EPS 系統之間切換，詳見 3GPP TS 23.502[2]的 4.11 節。
- 除上述兩個必選功能外，3GPP R16 還定義了可選功能 5G-SRVCC（單無線語音連續性），即正在進行語音業務的 UE 移動出 5G 覆蓋區域的情況下，沒有 4G 覆蓋或 4G 覆蓋不支援 VoLTE，則 5G 基地台觸發 NG-RAN->UTRAN 的 SRVCC 過程，切換到 3G CS 域執行語音業務。由於 SRVCC 涉及到 Inter-RAT handover（跨 RAT 切換）和 Session Transfer（階段轉移）兩個流程，對於空中介面和網路側的部署要求都很高，因此，截至目前沒有任何電信業者考慮 5G-SRVCC 功能。關於詳細的描述和流程，請參見 3GP P TS23.216[7]中的 5G-SRVCC 相關章節。

14.3 緊急呼叫

緊急呼叫是指在撥打緊急救助電話（如美國的 911，119、110）時，UE 即使在沒有 SIM 卡，費率不足、或沒有當前 SIM 卡的電信業者網路覆蓋的情況下，仍可以透過任一支援緊急呼叫業務的電信業者網路撥打緊急呼叫。

緊急呼叫在歐美都是非常重要的功能，雖然寬泛地講，緊急呼叫也是語音業務的一種，但細節上與普通語音呼叫業務的有以下主要區別：

表 14-5 緊急呼叫與普通呼叫的區別

類別	緊急呼叫	普通呼叫
註冊過程中的驗證	不需要	需要
呼叫限制	業務具有最高的先佔優先順序，且一般的連線和行動性不適用於緊急呼叫業務	須遵從連線和行動性限制
主叫和被叫功能	一般僅支援主叫功能（因此不需要提前執行 IMS 註冊），但部分國家有"call back"功能，即在緊急呼叫撥打後，支援被叫端呼叫該使用者	主叫和被叫必選支援，因此必選執行 IMS 註冊
執行呼叫的 IMS 網路	絕大多數情況下，UE 在漫遊地撥打緊急呼叫號碼，將由漫遊地的 IMS 伺服器（專有 CSCF）為其服務	絕大多數情況下，由回歸屬網路的 IMS 執行呼叫流程
PDU 階段的建立	PDU 階段是在執行通話時建立	一般情況下，提前建立好
域選功能	UE 可以根據網路側對於緊急呼叫的支援情況，在執行緊急呼叫時自主離開並選擇其他網路	UE 不能自主選擇其他網路，必須聽從網路側的命令執行
EPS/RAT Fallback 能力	在網路允許的情況下，UE 可以主動發起 EPS/RAT Fallback 流程	是否執行 Fallback 完全由網路側決定，UE 不能主動請求也不需要感知

關於 5G 緊急呼叫，詳細的描述請參見 3GPP TS23.167[5] 以及 3GPP TS23.501[4] 的 5.16.4 節。

14.4 小結

本章對於 5G 語音進行了詳細的介紹，回顧 4G 語音的發展，結合未來語音業務的發展趨勢，從 UE 的角度以及網路部署的實際情況引出 5G 語音的相關重要特性，讓讀者能夠「知其然，更知其所以然」，主要包括：

- 語音業務的演進趨勢以及 5G 語音業務的優勢。
- 從 5G 網路部署角度引出 5G 語音的解決方案：VoNR、EPS/RAT Fallback。
- 從 AS 層、NAS 層和 IMS 層説明瞭 5G 語音的工作過程和重要特性。
- 緊急呼叫業務的主要特點。

參考文獻

[1] 3GPP TS23.228 V16.4.0 (2020-03), IP Multimedia Subsystem (IMS); Stage 2

[2] 3GPP TS23.502 V16.4.0 (2020-03), Procedures for the 5G System (5GS)

[3] 3GPP TS38.306 V16.0.0 (2020-04), NR; User Equipment (UE) radio access capabilities

[4] 3GPP TS23.501 V16.4.0 (2020-03), System architecture for the 5G System (5GS)

[5] 3GPP TS23.167 V16.1.0 (2019-12), IP Multimedia Subsystem (IMS) emergency sessions

[6] 3GPP TS26.114 v16.5.2 (2020-03), IP Multimedia Subsystem (IMS); Multimedia Telephony; Media handling and interaction

[7] 3GPP TS23.216 v16.3.0 (2019-12), Single Radio Voice Call Continuity (SRVCC); Stage 2

Chapter

15

超高可靠低延遲通訊（URLLC）

徐婧、林亞男、梁彬、沈嘉 著

URLLC（Ultra-reliable and low-latency communication, 超高可靠低延遲通訊）是 5G 三大應用場景之一，也是傳統行動通訊網路向垂直產業拓展的重要方向。URLLC 突破傳統網路對速率的追求，更加強調延遲和可靠性的需求，因此，也需要一些新的技術手段支援低延遲高可靠的需求。

URLLC 的標準化是一個循序漸進的過程。在 NR（New Radio，新空中介面）的第一個標準版本 R15 中，URLLC 設計目標場景單一，典型的例子是 32byte 業務封包在 1ms 延遲內傳輸可靠性達到 99.999%。為滿足這個指標，在 NR 靈活設定的基礎上，做了進一步增強，包括：快速的處理能力（處理能力 2），超低串流速率的 MCS（Modulation and Coding Scheme，調解編碼機制）/CQI（Channel QualityIndicator，通道品質指示）設計，免排程傳輸和下行先佔機制，以滿足基本的 URLLC 需求。

在 NR 的第二個標準版本 R16 中, 對 URLLC 單獨建立 SI（Study item，研究項目）和 WI （Work item, 工作項目）項目。在 SI 階段，首先，討論了 URLLC 增強的應用場景，主要包括 4 個場景：AR（Augmented Reality，擴增實境）/VR（Virtual Reality，虛擬實境），工業自動化（Factory automation），交通運輸業（Transport Industry）和電網管理（Electrical Power Distribution）。其次，針對上述 4 個場景，提出了 7 個研究方向，

包括：下行控制通道增強，上行控制資訊增強，排程/HARQ（Hybrid Automatic Repeat Request，混合自動重傳請求）處理增強，上行資料共用通道增強，免排程傳輸增強，上行先佔技術和 IIoT（Industrial Internet of Things，工業網際網路）增強（包括下行半持續傳輸增強和使用者內多業務優先傳輸機制）。在 WI 階段，針對上述 7 個方向，進行了更加深入和細緻的討論，清晰了技術細節。其中大部分方向都落地標準，但也有一些技術方向，舉例來說，排程/HARQ 處理增強和使用者內多業務優先傳輸的部分方案難以達成共識而夭折。

考慮到標準技術可以直接參考 3GPP 38 系列協定，本章儘量避免重複說明，偏重介紹一些關鍵技術點的標準化推動過程，便於讀者瞭解標準方案的著眼點和技術好處。

15.1 下行控制通道增強

15.1.1 壓縮的控制通道格式引入背景

一次完整的物理層傳輸過程至少包括控制資訊傳輸和資料傳輸兩部分。以下行傳輸為例，下行傳輸過程包括下行控制資訊傳輸和下行資料傳輸。因此，下行資料傳輸的可靠性取決於下行控制通道和下行資料共用通道的可靠性，即 $P=P_{PDCCH}\times P_{PDSCH}$，其中 P 為資料傳輸的可靠性，$P_{PDCCH}$ 為下行控制通道的可靠性，P_{PDSCH} 為下行資料共用通道的可靠性。如果考慮重傳，還要考慮上行 HARQ-ACK 回饋的可靠性與第二次傳輸的可靠性。對於 URLLC 的可靠性要求，如 R15 的 99.999%和 R16 的 99.9999%，如果要保證一次傳輸達到 99.999%或 99.99999%可靠性，下行控制通道的可靠性至少也要達到對應的量級。因此下行控制通道可靠性增加是 URLLC 需要考慮的主要問題之一。在 R15 階段，高聚合等級（聚合等級 16）和分散式 CCE（Control-Channel Element，控制通道單元）映射被採納，既適用於 URLLC 也適用於 eMBB（Enhanced Mobile Broadband，增強行動寬頻），詳見第 5 章說明。這裡主要討論 R16 URLLC 增強項目中專門針對 URLLC 的 PDCCH（Physical Downlink Control Channel，物理下行控制通道）增強方案，包括以下 2 種提高 PDCCH 可靠性的方案。

★方案 1：減小 DCI（Downlink Control Information，下行控制資訊）的大小

使用相同的時頻資源傳輸位元數量較小的 DCI 可以提高單位元資訊的能量，進而提高整個下行控制資訊的可靠性。減少 DCI 的大小通常透過壓縮或預設 DCI 中的指示域來實現。

★方案 2：增加 PDCCH 傳輸資源

使用更多的時頻資源傳輸一個 PDCCH，舉例來說，增加 PDCCH 的聚合等級或採用重複傳輸。

方案 1 壓縮 DCI 大小不僅有利於提高下行控制通道的可靠性，而且能夠緩解 PDCCH 的壅塞。但壓縮 DCI 勢必會引入排程限制。結合 URLLC 業務需求和傳輸特徵，舉例來說，資料量小，大頻寬傳輸，下行控制與資料通道緊湊傳輸等，DCI 大小的壓縮對 URLLC 傳輸的限制可忽略。對方案 2，由於在 R15 階段已經引入了比 LTE 更高等級的聚合等級，即聚合等級 16。經評估[1]，該聚合等級已經接近甚至能夠滿足可靠性需求。另外更高的聚合等級勢必增加時頻資源負擔，無法適用小頻寬傳輸。因此，在 R16 階段，沒有考慮進一步增加聚合等級。對重複傳輸方案，重複資源映射方案需要討論，舉例來說，CORESET（Control Resource Set，控制資源集合）內重複和 CORESET 間重複。對於 URLLC，為了滿足低延遲需求，還需要支援靈活的重複起點位置，將會增加終端盲檢測的複雜度。考慮到標準化和實現複雜度問題，PDCCH 重複傳輸沒有被採納。經過 3GPP 討論，在 R16 URLLC 增強專案中，方案 1 被 NR 標準接受。

15.1.2 壓縮的控制通道格式方案

經過模擬評估，綜合考慮了 PDCCH 可靠性，PDCCH 資源使用率，PDCCH 壅塞率，PDSCH/PUSCH（Physical Uplink Shared Channel，物理上行共用通道）容量等方面的衡量，在 3GPP RAN1 96 會議上確定了壓縮 DCI 格式的設計目標：

- 支援可設定的 DCI 格式，該 DCI 格式的大小範圍為：
  - 最大的 DCI 位元數可以大於 DCI format 0_0/1_0 的位元數。
  - 最小的 DCI 位元數比 DCI format 0_0/1_0 的位元數少 10~16 位元。

結合 URLLC 業務需求和傳輸特徵，壓縮 DCI 格式的設計主要考慮以下三個方面：

- 針對大資料傳輸的資訊域取消，包括：
  - 第二個代碼的 MCS。
  - 第二個代碼的 NDI（New Data Indicator，新資料指示）。
  - 第二個代碼的 RV（Redundancy Version，容錯版本）。
  - CBG（Codebook Group，代碼組）傳輸資訊。
  - CBG 清除資訊。

- 針對 URLLC 資料傳輸特徵最佳化設計部分資訊域，包括：
  - 頻域資源配置

    考慮到 URLLC 多採用大頻寬傳輸，不僅可以獲得頻率分集增益，也可以壓縮時域符號數目，降低傳輸延遲。但頻率資源設定類型 1 的指示顆細微性是 1 個 PRB（Physical Resource Block，物理資源區塊），對大頻寬傳輸來說過於精細，因此，考慮提高頻域資源設定類型 1 的指示顆細微性，壓縮頻域資源設定域的負擔。

  - 時域資源配置

    考慮到 URLLC 下行控制資訊和下行資料傳輸多採用緊湊模式，即下行資料傳輸緊隨下行控制資訊之後，降低延遲。因此，採用下行控制資訊位置作為下行資料通道時域資源指示的參考起點，則下行資料通道時域資源的相對偏移設定值有限，進而可以減少時域資源設定域的負擔，或在下行時域資源設定域負擔不變的情況，可以增加下行時域資源設定的靈活度。該最佳化的技術好處主要表現在本時間槽內排程時，因此，該最佳化僅適用於 K0=0 的情況，其中 K0 為下行控制資訊與下行資料之間的時間槽間隔，詳見第五章描述。

- RV 版本指示

RV 版本指示通常採用 2 位元，分別對應｛0,2,3,1｝。當 RV 版本指示域壓縮到 0 位元，採用 RV0 保證其自解碼性質。當 RV 版本指示域壓縮到 1 位元，採用｛0,3｝還是｛0,2｝，有過一番爭論。｛0,2｝可以獲得較好的合併增益，並且被非授權頻譜採納。但 RV2 自解碼特性略差，對於 RV0 沒有接收到的情況，可能會影響到資料的檢測接收。考慮到上行傳輸，若第一次排程訊號漏檢，基地台可在第二次排程時指示 RV0 克服自解碼問題。因此，有些公司建議下行傳輸採用｛0,3｝，上行傳輸採用｛0,2｝，但因為是最佳化非必要的增強並且會增加終端複雜度，在標準討論後期，標準採用了基本方案，即上下行傳輸均採用｛0,3｝。

- 天線通訊埠

考慮到 URLLC 多採用單通訊埠傳輸，MU-MIMO（Multi-User Multiple-Input Multiple-Output，多使用者-多輸入多輸出）也不適用 URLLC 傳輸。因此，消除天線通訊埠指示域，且天線通訊埠預設採用天線通訊埠 0 也是有效減少 URLLC DCI 大小的一種方法。該域是否存在，可以透過是否設定 DMRS（Demodulation Reference Signal，解調參考訊號）設定資訊來區別，這也是一種常見的確定 DCI 域的方式。但是考慮到 DMRS 設定資訊不僅包含 DMRS 設定參數，也包含 PTRS（Phase-tracking Reference Signals，相位追蹤參考訊號）設定參數，所以，直接將 DMRS 設定參數取消，會導致

PTRS 無法設定。因此，標準最後引入了專門的設定訊號指示天線通訊埠域是否存在。

- 大部分資訊域仍然保留 DCI format0_1/1_1 中的可設定特性，包括載波指示，PRB 綁定大小指示，速率匹配指示等。

為了減少終端盲檢測次數，標準約束了 DCI size（DCI 大小）的數目。在 R15 階段，標準規定終端在一個社區中可以監測的 DCI size 不超過 4 個，並且，使用 C-RNTI 加擾的 DCI 大小不超過 3 個，因此，對於不同 DCI format 引入了 DCI size 對齊的規則。在 R16，引入 DCI 格式 0_2/1_2，既要避免增加終端盲檢測複雜度，也要保留引入壓縮 DCI 格式的優勢，標準最終採用以下 DCI size 對齊方案：

- 首先，DCI 格式的對齊順序是：DCI 格式 1_1 和 0_1 優先對齊，如果仍然超過 DCI size 的個數限制，則進一步對 DCI 格式 1_2 和 0_2 對齊
- 其次，DCI 格式 0_1/1_1 與 DCI 格式 0_2/1_2 透過網路設定，保證其 DCI size 不同。這樣做的好處在於基地台在檢測 PDCCH 前就可以區別 DCI 格式。

15.1.3 基於監測範圍的 PDCCH 監測能力定義

理論上，PDCCH 監測能力的增強會提高 URLLC 排程的靈活性，改善 PDCCH 壅塞，降低延遲。然而，PDCCH 監測能力增強也會增加終端複雜度。為了減少對終端複雜度的影響，一種方式是約束設定，舉例來說，限制支援增強 PDCCH 監測能力的載體數，保持多載體上的 PDCCH 監測總能力不變，或避免多載體上的 PDCCH 監測總能力顯著增加。又舉例來說，限制 PDSCH/PUSCH 傳輸，包括 PRB 數目，傳輸層數和傳輸區塊大小等，這樣終端在保持處理時間不變的情況下，透過簡化 PDSCH/PUSCH 傳輸節省出的處理時間，可以用於 PDCCH 的監測。另外一種方式是約束 PDCCH 監測範圍，避免 PDCCH 堆積，即 PDCCH 監測能力針對較短的時

間範圍定義。因此，R16 標準在 R15 標準基礎上，做了增強，採納了第二種方式。具體地，R15 採用基於時間槽的 PDCCH 監聽能力定義，R16 引入基於監聽範圍的 PDCCH 監聽能力定義。

PDCCH 監測能力針對較短的時間範圍定義的方式，其時間範圍的定義包括兩種方案：

★方案 1：PDCCH 監測時機，PDCCH 監測時機的定義詳見第五章介紹。

★方案 2：PDCCH 監測範圍，即在 R15 PDCCH 監測範圍定義的基礎上修訂。PDCCH 監測範圍定義了兩個時間範圍參數（X,Y），其中 X 表示兩個相鄰的 PDCCH 監測機會之間間隔的最小符號數，Y 表示在一個監測間隔 X 內的 PDCCH 監測時機的最大符號數。

考慮到不同搜尋空間中的 PDCCH 監測時機在時域上可能重疊，因此，基於 PDCCH 監測時機定義的 PDCCH 監測能力，無法避免短時間內大量 PDCCH 監測的需求，不能緩解終端監測複雜度。進而，標準採納了基於 PDCCH 監測範圍的 PDCCH 監測能力定義的方式。並在 R15 PDCCH 監測範圍定義的基礎上做了以下修訂：

- 引入子載波間隔 SCS（SubcarrierSpacing，子載波間隔）因素。監測範圍採用符號數標識，PDCCH 監測處理時間用絕對時間衡量。不同 SCS 下，兩者的對應關係不同。
- 去掉組合（X,Y）=（1,1）。從時延需求角度，一個時隙內 7 個監測範圍已經足夠。從實現角度，該組合會增加終端複雜度。

在確定監測範圍的定義後，基於監測範圍的 PDCCH 監測能力的定義也有兩種方案：

★方案 1：直接定義一個監測範圍內的 PDCCH 監測能力。

★方案 2：定義一個時隙內的 PDCCH 監測能力，一個監測範圍內的 PDCCH 監測能力為一個時隙內的 PDCCH 監測能力除以一個時隙內包含的不可為空監測範圍的數目。

方案 1 直接在 R15 能力訊號上拓展，即在上報監測範圍長度和間隔的同時，將該監測範圍的 PDCCH 監測能力一同上報即可，標準化工作量小。方案 2 意在將終端能力的使用率最大化，即對於沒有設定 PDCCH 監測時機的監測範圍，不消耗監測能力，則把這些監測能力平攤到設定了 PDCCH 監測時機的監測範圍（不可為空監測範圍）內。大多數公司認為確定一個 PDCCH 監測範圍內的監測能力，是確定一個時間槽的監測能力的前提。所以，建議優先討論第一個方案。

在確定了基於監測範圍的 PDCCH 監測能力的定義後，基於監測範圍的 PDCCH 監測能力數值的確定主要從 URLLC 靈活排程需求和終端複雜度兩方面考慮，最終確定的基於監測範圍的 PDCCH 監測能力在一個時間槽內的累計能力約為基於時間槽的 PDCCH 監測能力的兩倍。

基於監測範圍的 PDCCH 監測能力包括用於通道估計的非重疊 CCE 的最大數目（C）和 PDCCH 候選最大數目（M）。

15.1.4 多種 PDCCH 監測能力共存

在 R15 已有的基於時間槽的 PDCCH 監測能力的基礎上引入基於監測範圍的 PDCCH 監測能力，兩者的共存問題引起大家關注。尤其考慮到其 PDCCH 監測能力背後對應的下行控制資訊傳輸需求。R15 已有的基於時間槽的 PDCCH 監測能力更適合 eMBB 排程和公共控制資訊傳輸，基於監測範圍的 PDCCH 監測能力更適合 URLLC 排程。為此，標準討論了以下 4 種方案，下面以 PDCCH 候選最大數目為例說明：

★方案 1：上報一個監測範圍內的監測能力，每個監測範圍的監測能力相同。如圖 15-1 所示，監測範圍為｛2,2｝，每個監測範圍內的 PDCCH 候選最大數目均為 M1。

M1	M1	M1	M1	M1	M1	M1

圖 15-1 支援多業務的 PDCCH 監測能力方案 1

★方案 2：上報兩個監測範圍內的監測能力 1 和監測能力 2，監測能力 1 為一個時間槽中第一個監測範圍的 PDCCH 監測能力，監測能力 2 為一個時間槽中第一個監測範圍以外其他每個監測範圍的 PDCCH 監測能力。如圖 15-2 所示，監測範圍為｛2,2｝，第一個監測範圍的 PDCCH 候選最大數目為 M1，其他監測範圍內的 PDCCH 候選最大數目為 M2。通常 M1 大於 M2，M1 考慮了 URLLC，eMBB 排程和公共控制資訊傳輸的需求，M2 僅考慮 URLLC 的排程需求。

M1	M2	M2	M2	M2	M2	M2

圖 15-2 支援多業務的 PDCCH 監測能力方案 2

★方案 3：上報兩套監測範圍內的監測能力，其中一套包含兩個監測能力，監測能力 1 和監測能力 2，監測能力 1 為一個時間槽中第一個監測範圍的 PDCCH 監測能力，監測能力 2 為一個時間槽中第一個監測範圍以外其他每個監測範圍的 PDCCH 監測能力。另外一套僅包含一個監測能力 3

$$\text{監測能力 } 3 = \frac{\text{監測能力 } 1 - \text{監測能力 } 2}{\text{一個時隙內監測範圍的數目}} + \text{監測能力 } 2$$

，每個監測範圍內的監測能力相同。如圖 15-3 所示，監測範圍為｛2,2｝，第一套第一個監測範圍的 PDCCH 候選最大數目為 M1，其他監測範圍內的 PDCCH 候選最大數目為 M2，通常 M1 大於 M2。第二套每個監測範圍內的 PDCCH 候選最大數目為 M3。第一套監測能力為非均勻設定，主要用於第一個監測範圍有公共資訊傳輸的場景，第二套監測能力為均勻設定。

M1	M2	M2	M2	M2	M2	M2
M3	M3	M3	M3	M3	M3	M3

圖 15-3 支援多業務的 PDCCH 監測能力方案 3

★方案 4：對於 eMBB 和 URLLC 分別上報監測能力。如圖 15-4, 基於監測範圍的 PDCCH 候選最大數目 M1 用於支援 URLLC 業務，基於時間槽的 PDCCH 候選最大數目 M2 用於支援 eMBB 業務和公共控制資訊傳輸。

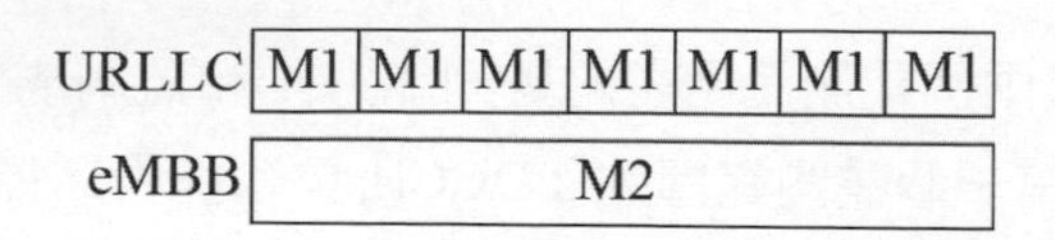

圖 15-4 支援多業務的 PDCCH 監測能力方案 4

對於方案 2 和 3 存在時間上非均勻的監測，非均勻的監測不能將終端能力充分發揮，或需要終端實現非均勻的監測能力，實現複雜度高。因此，方案 2 和 3 被排除。對於方案 4，針對多種業務類型獨立設定監測能力，並且透過多個獨立的處理單元實現，複雜度略高。不過，這一點可以重複使用多載體工作架構實現，減少對終端的影響。但是，終端在 PDCCH 檢測之前如何區別業務也需要進一步研究。URLLC 和 eMBB 的 PDCCH 監測能力獨立，無法共用也會造成處理能量浪費。對於方案 1，實現和標準化簡單，而且 URLLC 和 eMBB 可以共用 PDCCH 監測能力，所以，標準採納了方案 1。但是，如何支援多種業務和公共控制資訊傳輸以及對應的 PDCCH 捨棄規則需要進一步討論。

15.1.5 PDCCH 捨棄規則增強

由上節可知，終端上報一個監測範圍內的監測能力 M，在監測範圍內的候選 PDCCH 數目或用於通道估計的非重疊的 CCE 數目大於監測能力時，則需要捨棄 PDCCH。但 PDCCH 捨棄的實現複雜度高，因此，如何增強 PDCCH 捨棄也成為一個爭論點：

★方案 1：任意監測範圍內都可以執行 PDCCH 丟棄。

★方案 2：有限的監測範圍內可以執行 PDCCH 丟棄，舉例來說，只有一個監測範圍能夠執行 PDCCH 丟棄。

方案 1 支援靈活的排程，但是頻繁的 PDCCH 捨棄評估增加了終端複雜度。方案 2 雖然限制了排程的靈活性，但也比較轉換 eMBB 和公共控制資訊的排程位置，如 15.5 圖所示。考慮到第一個監測範圍內包含了公共控制資訊，甚至還有 eMBB 和 URLLC 業務排程資訊的傳輸，所以，允許第一個監測範圍內的 PDCCH 設定數目大於 PDCCH 監測能力。其他監測範圍內僅包含 URLLC 業務排程資訊傳輸，為其設定的 PDCCH 設定數目必須小於 PDCCH 監測能力。方案 2 是終端複雜度和排程靈活性較好的平衡，標準採納了方案 2。

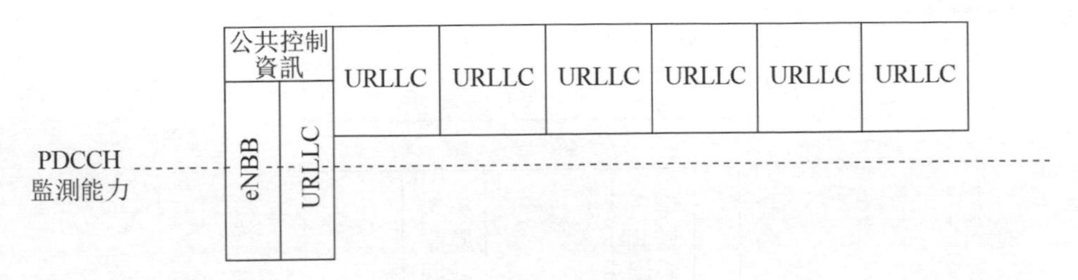

圖 15-5 PDCCH 捨棄規則

15.1.6 多載體下 PDCCH 監測能力

多載體場景下，當設定的載體數大於終端上報的 PDCCH 監測能力對應的載體數時，多個載體設定的 PDCCH 監測數目之和需要小於等於終端上報的 PDCCH 監測能力對應的載體數與單一載體 PDCCH 監測能力的乘積，即 PDCCH 的監測設定需要根據 PDCCH 監測總能力進行縮放。基於監測範圍的 PDCCH 監測能力也存在多載體縮放的問題。但與基於時間槽的 PDCCH 監測能力不同，基於監測範圍的 PDCCH 監測能力對應的監測範圍對不同載體可能存在時間不對齊的問題，如圖 15-6 所示。如果直接採用基於時間槽的 PDCCH 監測能力對應的縮放機制，其只限定了多個載體的 PDCCH 監測能力在載體間縮放，但沒有限定在各個載體的哪些監測範圍內縮放，存在方案不清楚的問題。進一步，如果基於監測範圍的 PDCCH 監測能力的多載體縮放約定在相同編號的監測範圍內，由於多載體的監測範圍不對齊，可能在一定時間範圍內的 PDCCH 監測負荷超過終端的能力。舉例來說，載體 1 的第一監測範圍的 PDCCH 監測能力與載體 2 的第一監測範圍的 PDCCH 監測能力之和小於 M, 但由於載體 1 的第一和第二監測範圍與載體 2 的第一監測範圍都重疊，則在較短的時間範圍內需要對載體 1 的第一監測範圍的 PDCCH 監測，載體 2 的第一監測範圍的 PDCCH

監測和載體 1 的第二監測範圍的 PDCCH 監測，這樣就會超過終端的多載體 PDCCH 監測能力 M（M 為 PDCCH 監測能力對應的載體數*單載體的 PDCCH 監測能力）。

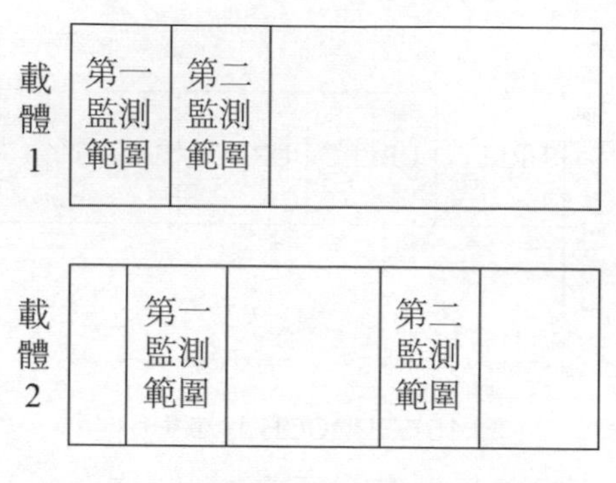

圖 15-6 多載體間監測範圍不對齊範例

因此，對於基於監測範圍的 PDCCH 監測能力在多載體間縮放的問題，引入了一個限制，即對於不同的監測範圍或監測範圍不對齊的多載體，獨立確定各自監測範圍對應的 PDCCH 監測總能力。對於監測範圍相同且對齊的多載體，聯合確定該監測範圍對應的 PDCCH 監測總能力。

此外，對於基於時間槽的 PDCCH 監測能力和基於監測範圍的 PDCCH 監測能力的載體數獨立設定。也支援基於監測範圍的 PDCCH 監測能力的載體數和基於時間槽的 PDCCH 監測能力的載體數的組合上報。具體的約束為：

- pdcch-BlindDetectionCA-R15 最小值為 1，pdcch-BlindDetectionCA-R16 最小值為 1。
- pdcch-BlindDetectionCA-R15 + pdcch-BlindDetectionCA-R16 的設定值範圍 3-16。
- pdcch-BlindDetectionCA-R15 可選值為 1 - 15。
- pdcch-BlindDetectionCA-R16 可選值為 1 - 15。

15.2 上行控制資訊增強

如第 5 章所述，5G NR 相對 LTE 的一大創新，是採用了「符號級」的靈活時域排程，從而可以實現更低延遲的傳輸，包括引入了符號級的「短 PUCCH（Physical Uplink Control Channel，物理上行控制通道）」，以實現快速的 UCI（Uplink Control Information，上行控制資訊）傳輸，包括低延遲的 HARQ-ACK 回饋和 SR（Scheduling Request，排程請求發送）。但針對 URLLC 的低延遲和高可靠傳輸要求，R15 NR PUCCH 在以下幾個方面還有很大提升空間：

- 雖然 R15 NR 的 PUCCH 已經縮短到符號級，但 UCI 的傳輸機會仍然是「時間槽級」的，如在一個時間槽內只能傳輸一個承載 HARQ-ACK 的 PUCCH，無法實現「隨時回饋」HARQ-ACK。
- R15 NR 的 URLLC 業務的 UCI 和 eMBB 業務的 UCI 不能相互獨立的生成，如 URLLC 業務的 HARQ-ACK 和 eMBB 業務的 HARQ-ACK 需要建構在一個編碼簿內，使 URLLC HARQ-ACK 的時延和可靠性被 eMBB HARQ-ACK「拖累」（比如 eMBB HARQ-ACK 通常包含很多 bit，造成合成後的 HARQ-ACK 編碼簿很大，無法實現很高的傳輸可靠性），無法針對 URLLC HARQ-ACK 進行專門的最佳化。
- 即使設計了 URLLC 和 eMBB 業務的 UCI 的分開生成機制，但如果實體層無法區分這兩種 UCI，無法辨識它們的「高、低優先順序」，也無法將 URLLC 和 eMBB UCI 與分配給它們的資源形成一一映射，從而「保護」URLLC UCI 的資源專用性。
- 最後，即使定義了 UCI 的「高、低優先順序」，並為它們分配「專用」資源，但由於基地台排程的「先後」順序，也很難完全避免資源衝突問題。當優先順序高的後排程資源需要「搶佔」優先順序低的先排程資源，需要設計相應的衝突解決機制，以切實保證 URLLC UCI 的優先性。

這些 R15 NR 中的問題，在 R16 URLLC 項目中得以增強，我們將在本節中依次介紹[2-7]。

15.2.1 多次 HARQ-ACK 回饋與子時間槽（sub-slot）PUCCH

R15 NR 雖然引入了長度只有幾個符號的「短 PUCCH」，為快速回饋 UCI 提供了很好的設計基礎，但一個終端在一個時間槽內只能傳輸一個承載 HARQ-ACK 的 PUCCH，大大限制了回饋的時效性。如圖 15-7（a）所示，終端接收 PDSCH 1,並且在上行時間槽 1 回饋 HARQ-ACK，而在稍晚的時刻，終端又收到一個下產業務（PDSCH 2）需要儘快回饋 HARQ-ACK。按 R15 NR 機制，如果 PDSCH2 對應的 HARQ-ACK 也在上行時間槽 1 回饋，為了保證終端有足夠的處理時間，只能在上行時間槽 1 靠後的資源回饋,並且 PDSCH1 的 HARQ-ACK 也要在該 PUCCH 資源傳輸，這樣會延後 PDSCH1 的 HARQ-ACK 回饋。或在下一個上行時間槽回饋，這樣會延後 PDSCH 2 的 HARQ-ACK 回饋。因此，R15 終端在一個時間槽內只能傳輸一個承載 HARQ-ACK 的 PUCCH 的限制，不可避免的造成下產業務的回饋延遲增大。

要解決這個問題，需要在一個上行時間槽中提供多次 HARQ-ACK 回饋機會，如圖 15-7（b）所示，PDSCH 2 的 HARQ-ACK 能夠在同一個時間槽中傳輸，就可以保證 HARQ-ACK 的隨時回饋，滿足 URLLC 下產業務的回饋延遲要求。

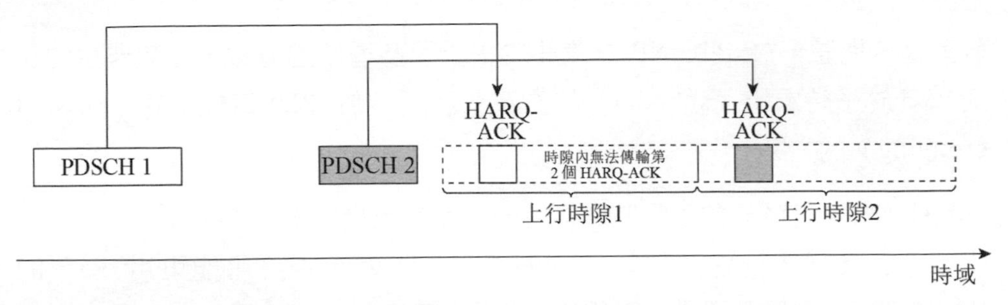

（a）時隙內無法多次反饋HARQ-ACK造成HARQ-ACK反饋延遲

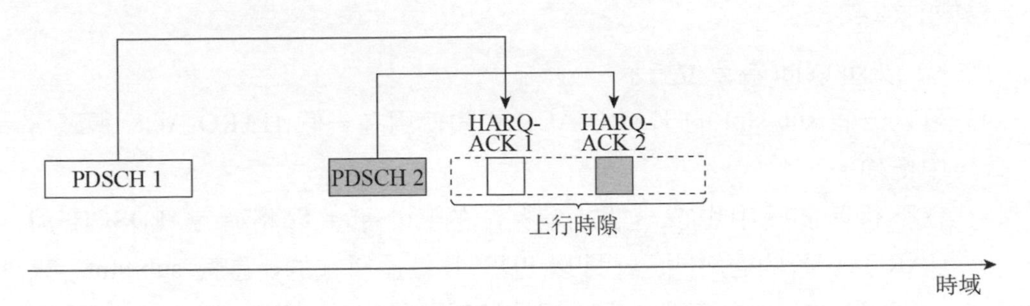

（b）時隙內多次反饋HARQ-ACK可以保證HARQ-ACK隨時傳輸

圖 15-7 為什麼要支援一個時間槽多次回饋 HARQ-ACK

1. 基於子時間槽（sub-slot）的 HARQ-ACK 方案

如 5.5 節所述，R15 NR PUCCH 資源設定仍然是基於時間槽的，雖然從基地台角度，一個時間槽內可以重複使用多個終端的「短 PUCCH」，但一個終端在一個時間槽內只會擁有一個承載 HARQ-ACK 的 PUCCH 資源。要想支援一個終端在一個時間槽內多次回饋 HARQ-ACK，需要對 R15 NR PUCCH 資源設定的諸多方面進行重新設計，包括：

- 如何在一個時間槽內劃分多個 HARQ-ACK？
- 如何將 PDSCH 連結到多個 HARQ-ACK？
- 如何為多個 HARQ-ACK 分配時頻資源？
- 如何指示從 PDSCH 到 HARQ-ACK 的時域偏移（即 K1）？

針對這些問題，在 R16 NR 標準化中提出了多種候選方案，比較典型的包括「基於子時間槽（sub-slot）的方案」和「基於 PDSCH 分組（PDSCH grouping）的方案」。

Sub-slot 方案是將一個上行時間槽進一步劃分為更短的 sub-slot，一個 sub-slot 只包含幾個符號，然後在 sub-slot 這個單元內盡可能重用 R15 的 HARQ-ACK 編碼簿建構、PUCCH 資源設定機制、UCI 重複使用等機制。具體方法為：

- K1 以 sub-slot 為單位指示。
- 落入一個 sub-slot 的 HARQ-ACK 重複使用在一個 HARQ-ACK 編碼簿中傳輸。
- 在下行時間槽中也按一個「虛擬」的 sub-slot 網格確定 PDSCH 與 HARQ-ACK 的連結關係，即以 PDSCH 結尾所在的「虛擬 sub-slot」來計算 K1 的起始參考點。透過起始參考點和 K1 計算出 HARQ-ACK 所在的 PUCCH 開始的 sub-slot。
- PUCCH 所在的符號以 sub-slot 的起點為參考點編號，需要設定「sub-slot 級」的 PUCCH 資源集。

以圖 15-8 為例，假設一個上行時間槽劃分為 7 個 sub-slot，每個 sub-slot 長度為 2 個符號。根據 PDSCH 1 和 PDSCH 2 尾端所在的「虛擬 sub-slot」和 K_1 計算出它們的 HARQ-ACK 均落在 Sub-slot 1 中，起始符號 S 分別為 Symbol 0 和 Symbol 1，因此這兩個 HARQ-ACK 重複使用在一起，在 Sub-slot 1 中傳輸。根據 PDSCH 3 和 PDSCH 4 尾端所在的「虛擬 sub-slot」和 K_1 計算出它們的 HARQ-ACK 均落在 Sub-slot 4 中，起始符號 S 分別為 Symbol 0 和 Symbol 1，因此這兩個 HARQ-ACK 重複使用在一起，在 Sub-slot 4 中傳輸。需要説明的是，PDSCH 實際上不真的存在 sub-slot 結構的，下行的「虛擬 sub-slot」網格僅是用於定位 K_1 的起始參考點的方法。

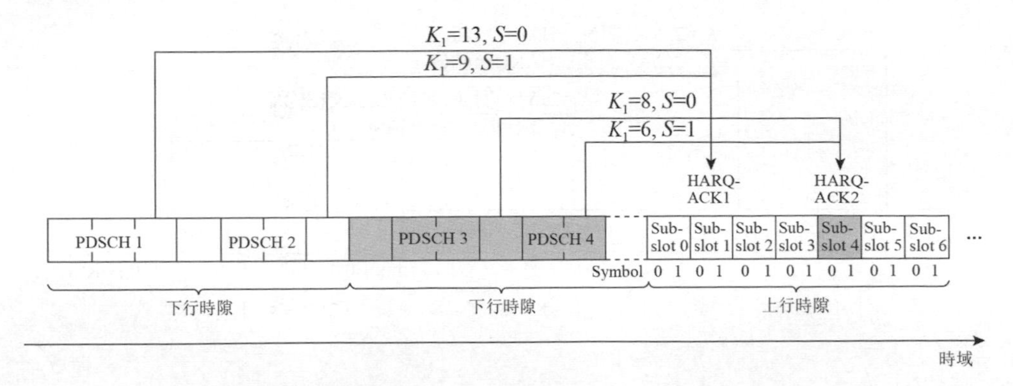

圖 15-8 基於 sub-slot 的 HARQ-ACK 回饋機制示意

PDSCH grouping 方案並不需要將一個上行時間槽劃分為 sub-slot，然後透過 PUCCH 的時域位置來確定哪些 PDSCH 的 HARQ-ACK 重複使用在一起傳輸，而是可以透過更「顯性」的方式確定 PDSCH 到 PUCCH 之間的連結關係。具體方法為：

- K_1 仍以 slot 為單位指示。
- 透過排程 PDSCH 的 DCI 中的指示資訊（如 PRI（PUCCH Resource Indicator，PUCCH 資源指示符號）或新增加的一個 PDSCH grouping 指示符號），確定這個 PDSCH 連結到上行時間槽中的哪個 HARQ-ACK 編碼簿，即對 PDSCH 進行「分組」，分到一組的 PDSCH 的 HARQ-ACK 重複使用到一個 HARQ-ACK 編碼簿中傳輸。
- 保持 R15 的 PUCCH 資源集設定不變，採用「時間槽級」PUCCH 資源，相對時間槽邊界定義 PUCCH 資源。

以圖 15-9 為例，假設在排程 PDSCH 的 DCI 中包含 1bit 的 PDSCH grouping 指示符號，指示這個 PDSCH 連結到哪個 HARQ-ACK 編碼簿。PDSCH 1 和 PDSCH 2 被指示連結到 HARQ-ACK 1，PDSCH 3 和 PDSCH 4 被指示連結到 HARQ-ACK 2。則無需依賴 sub-slot 結構就可以實現在一個 slot 裡多次回饋 HARQ-ACK。

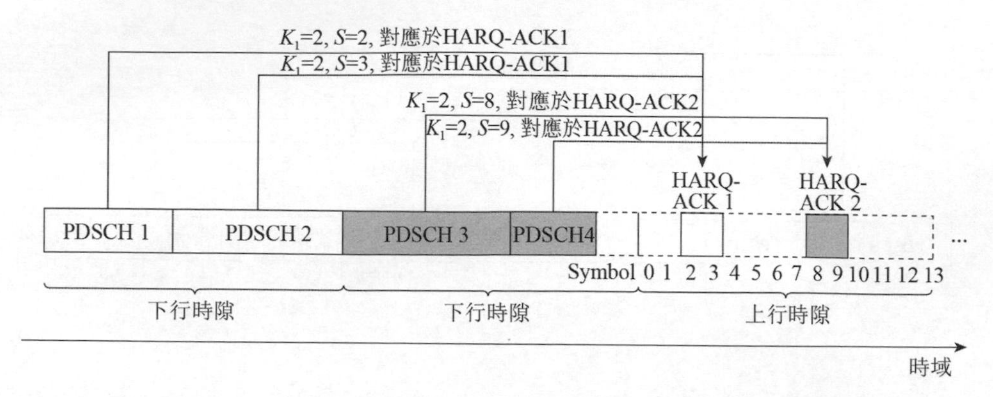

圖 15-9 基於 PDSCH grouping 的 HARQ-ACK 回饋機制示意

可以看到，上述兩種方案都可以實現在一個時間槽內多次回饋 HARQ-ACK。Sub-slot 方案的好處是只要定義了 sub-slot 結構，將操作單位從 slot 改為 sub-slot，就可以重用 R15 的 HARQ-ACK 編碼簿生成方法，無需引入新的機制，但 K_1 和 PUCCH 資源的定義也要改為「sub-slot 級」。PDSCH grouping 方案的優點是可以重用 R15 的 K_1 和 PUCCH 資源的定義和資源集設定方法，且 K_1 具有較大的指示單位 slot，在指示距離 PDSCH 較遠的 HARQ-ACK 時效率更高（但 URLLC 通常採用距離 PDSCH 很近的快速 HARQ-ACK 回饋），但需要設計額外的 PDSCH grouping 機制，如在 DCI 中加入新的指示資訊。PDSCH grouping 方案的 HARQ-ACK 的資源位置不受 sub-slot 網格的限制，似乎更為靈活，但同時也可能帶來更複雜的 PUCCH 資源重疊問題，後續可能要設計更為複雜的資源衝突解決機制。

經過反覆研究和討論，決定採用基於 sub-slot 的方案，實現一個時間槽內多次回饋 HARQ-ACK。

2. Sub-slot PUCCH 資源是否可以跨越 sub-slot 邊界的問題

某個 sub-slot 內的 HARQ-ACK PUCCH 必須從這個 sub-slot 內起始，且 PUCCH 資源的起始符號是相對於這個 sub-slot 的邊界定義的，如圖 15-8 中的 PUCCH 起始符號 S 只有兩個值：Symbo 0 和 Symbol 1。但是還需要確定的是：PUCCH 資源的長度是否也要限制在 sub-slot 內？還是可以跨越 sub-slot 邊界，進入下一個 sub-slot？

★方案 1：不允許 PUCCH 資源跨越 slot 邊界

如果 sub-slot PUCCH 不能跨越 sub-slot 邊界，則表示較長的 PUCCH 是不允許使用的，尤其是這種 2 個符號組成的 sub-slot 結構，只能使用 1-2 個符號長的 PUCCH，從而只能用於有良好上行覆蓋的場景，且承載的 UCI 容量也不能太大。

★方案 2：允許 PUCCH 資源跨越 slot 邊界

R15 NR 標準可以靈活的支援各種長度的長 PUCCH 和短 PUCCH（如 5.5 節所述），如果允許 PUCCH 資源跨越 sub-slot 邊界，即使採用了很短的 sub-slot，也可以使用比較長的 PUCCH 資源，可以支援社區邊緣覆蓋，並承載較大容量的 UCI。

方案 2 引起的疑問是：URLLC 業務是否需要長 PUCCH 來傳輸 HARQ-ACK？長 PUCCH 是否能取得低延遲的效果？應該說即使使用了長 PUCCH 傳輸 HARQ-ACK，方案 2 仍然可以透過在一個時間槽內提供了更多「PUCCH 起始」的機會，從而可以降低 UCI 延遲，只採用短 PUCCH 和降低傳輸延遲沒有必然的聯繫。

但方案 1 確實是比較簡單、夠用的方案，即假設終端的訊號覆蓋品質是相對「慢變」、「穩定」的，如果基地台設定終端採用 2 個符號長的 sub-slot，說明當前的訊號覆蓋可以支撐這樣短的 PUCCH 的上傳，不需要更長的 PUCCH 彌補覆蓋不足，訊號覆蓋品質突然變差不是一個常見的場景。而且 sub-slot PUCCH 主要用於傳輸 URLLC 業務的 HARQ-ACK，很多 HARQ-ACK 重複使用在一起形成很大 HARQ-ACK 編碼簿的情況（如很多時間槽的 HARQ-ACK 重複使用在一起的 TDD 系統、很多載體的 HARQ-ACK 重複使用在一起的載體聚合等）不是需要考慮的主流場景。而方案 2 由於不能把 PUCCH 限制在 sub-slot 內，會延伸到下一個 sub-slot，可能造成複雜的「跨 sub-slot」的 PUCCH 重疊場景，需要設計複雜的衝突解決機制。

因此經過研究討論，最終確定不允許 sub-slot PUCCH 跨越 sub-slot 邊界，即 *S*+*L* 必須小於等於 sub-slot 長度，這也是和 R15 NR 的設計（*S*+*L* 必須小於等於 slot 長度）相似的，只是把 slot 換成了 sub-slot。主要説明的，PUCCH 不允許跨越 slot 邊界，是無論基於 slot 的 PUCCH 還是基於 sub-slot 的 PUCCH 都必須遵守的限制。

需要説明的是，sub-slot 概念是為瞭解決在一個時間槽內多次傳輸 HARQ-ACK 而引入的，因此一個遺留問題是：其他類型的 UCI（如 SR、CSI（Channel Stat Information，通道狀態資訊）報告）是否應該基於 sub-slot？如果一個 PUCCH 設定（即 RRC 參數集 *PUCCH-Config*）是基於 sub-slot 的，那麼是只有用於 HARQ-ACK 的資源不能跨越 sub-slot 邊界，還是 CSI、SR 也不能跨越 sub-slot 邊界？一種意見認為，SR 和 CSI 的長度不應受到 sub-slot 限制，如 R15 SR 本身就可以在一個時間槽內多次傳輸，不需要採用 sub-slot 進行增強，這和 HARQ-ACK 的情況不同。CSI 回饋有可能具有相當大的容量，在一個 sub-slot 中可能無法容納。但另一種意見認為：將 HARQ-ACK 限制在 sub-slot 內是為了避免複雜的「跨 sub-slot」PUCCH 衝突場景，這個問題不僅對 HARQ-ACK 存在，對其他類型的 UCI 也是存在的，只有將所有 UCI 均限制在 sub-slot 內，才能重用 R15 的衝突解決機制，簡單的將單位從 slot 換到 sub-slot。經過討論，最終確定在設定 sub-slot 的 *PUCCH-config* 中，SR、CSI 等 UCI 也不能跨越 sub-slot 邊界。

3. Sub-slot 長度與 PUCCH 資源集的設定問題

接下來的相關的問題是：是否可以為不同的 sub-slot 設定不同的 PUCCH 資源集，還是所有 sub-slot 共用一個 PUCCH 資源集？這涉及到另外兩個問題：是否允許 PUCCH 資源跨越 sub-slot 邊界？是否存在不等長度的 sub-slot 同時使用的場景？

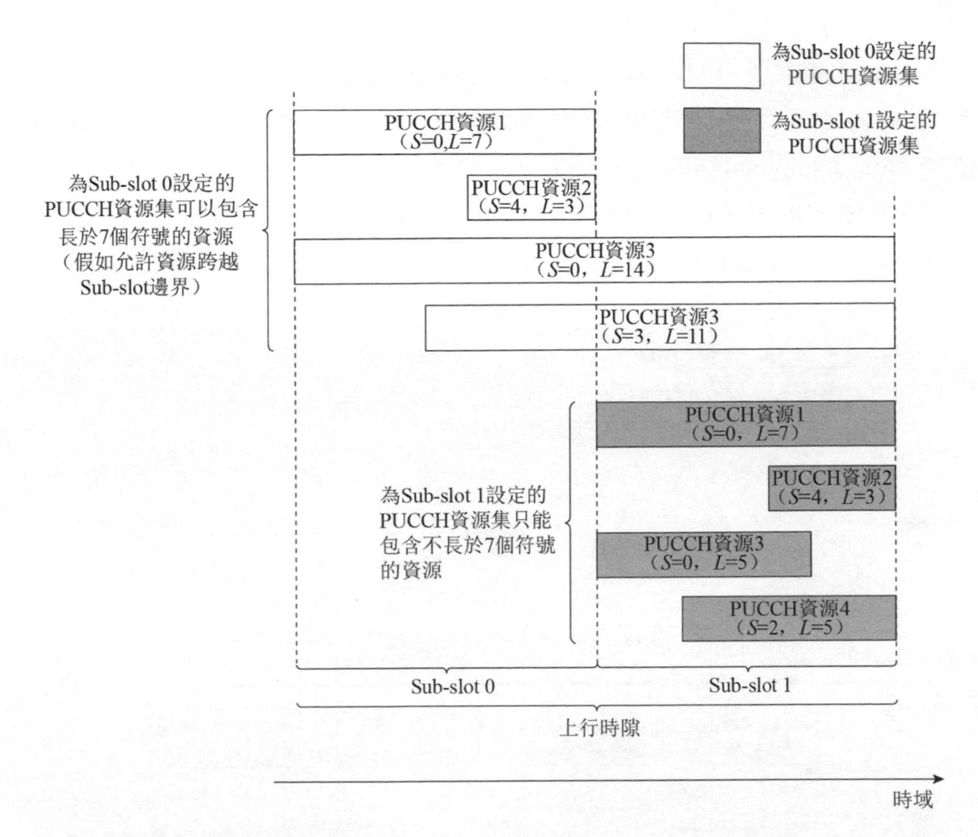

圖 15-10 如果允許 PUCCH 資源跨越 sub-slot 邊界，則應該為不同的 sub-slot 設定不同的 PUCCH 資源集

如圖 15-10 所示，以一個 slot 包含 2 個 sub-slot（sub-slot 長度=7 個符號）為例，如果允許 PUCCH 資源跨越 sub-slot 邊界，則 Sub-slot 0 可以設定長度超過 7 個符號的 PUCCH 資源（如圖中 Sub-slot 的 PUCCH resource 3、4），而 Sub-slot 1 只能設定長度小於等於 7 個符號的 PUCCH 資源。這種情況下，如果兩個 sub-slot 共用一個 PUCCH 資源集，意味 Sub-slot 0 也只能使用 $S+L\leq7$ 的 PUCCH 資源（即允許 PUCCH 資源集跨越 sub-slot 邊界的好處大大縮水），要麼可以在資源集中設定 $S+L>7$ 的 PUCCH 資源，但只能由起始於 Sub-slot 0 的 PUCCH 使用，起始於 Sub-slot 1 的 PUCCH 不能使用，這又減少了 Sub-slot 1 的可用 PUCCH 資源數量。或還要對設定的長 PUCCH 資源做「截斷」處理，供 Sub-slot 1 使用，帶來額外的複雜

度。因此如果允許 PUCCH 資源跨越 sub-slot 邊界，則也應該允許針對不同的 sub-slot 設定不同的 PUCCH 資源集（如位於 slot 表表頭的 sub-slot 與位於 slot 尾部的 sub-slot 可以設定不同的資源集）。但是，正如（1）小節所述，R16 NR PUCCH 資源不允許跨越 sub-slot 邊界，因此設定 sub-slot 特定（sub-slot-specific）的 PUCCH 資源的主要理由也就不存在了。

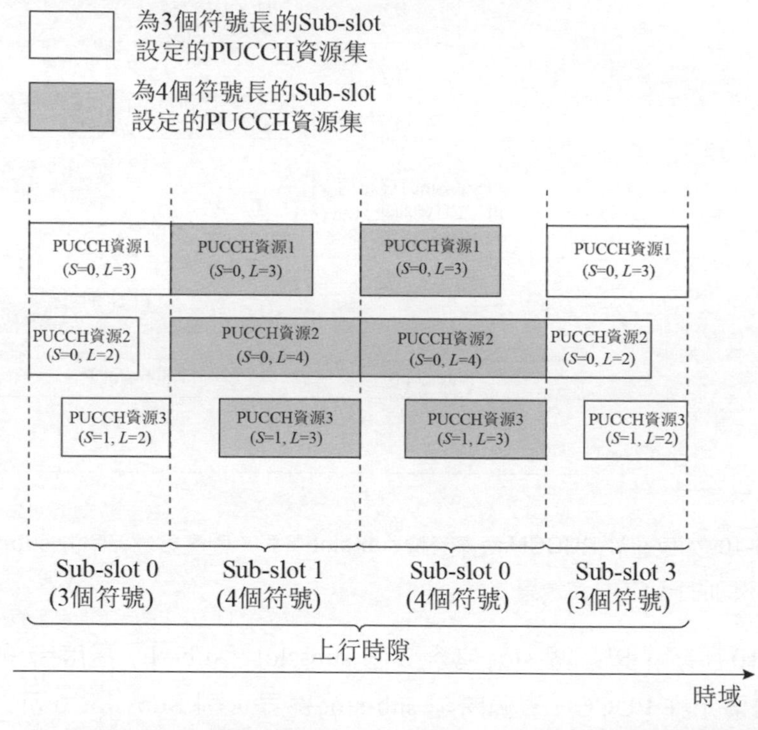

圖 15-11 對於不等長度的 sub-slot，應該設定不同的 PUCCH 資源集

另外一個相關的問題是 sub-slot 的長度，由於一個時間槽包含 14 個符號，2 個符號和 7 個符號的 sub-slot 都可以做到所有的 sub-slot 等長度（1 個時間槽分別包含 7 個和 2 個 sub-slot）。但如果想要支援別的 sub-slot 長度，就會出現不等長的 sub-slot 結構。如圖 15-11，如果一個 slot 包含 4 個 sub-slot，一個 slot 只能分割成 2 個包含 3 個符號的 sub-slot（圖中 Sub-slot 0、3）和 2 個包含 4 個符號的 sub-slot（圖中 Sub-slot 1、2）。而 $S+L=4$ 的 PUCCH 資源只能用於 Sub-slot 1、2，不能用 Sub-slot 0、3。因此，如果

想充分利用 PUCCH 資源集中的資源，最好能為 3 個符號長的 sub-slot 和 4 個符號長的 sub-slot 分別設定一個 PUCCH 資源集。

經過討論，最終決定採用比較簡單的設計，即只支援 2 個符號和 7 個符號兩種 sub-slot 長度，不使用會造成不等長 sub-slot 長度的 sub-slot 結構。一種 sub-slot 結構下，所有 sub-slot 都採用相同的 PUCCH 資源集。這樣針對一種 sub-slot，只要設定一種公共的 PUCCH 資源集即可。

15.2.2 多 HARQ-ACK 編碼簿

建構 HARQ-ACK 編碼簿的目的是為了將多個 PDSCH 的 HARQ-ACK 重複使用在一起傳輸，以提高傳輸效率。這在所有 PDSCH 都是一種業務類型時，是沒有問題的。但 URLLC 是和 eMBB 具有很大差異的另一種業務，要求更高的可靠性和更低的延遲，但並不追求很高的頻譜效率和使用者容量。因此將 URLLC PDSCH 和 eMBB PDSCH 的 HARQ-ACK 重複使用在一個編碼簿中是不太合理的。首先，URLLC 的 HARQ-ACK 要求快速回饋、在一個時間槽內多次回饋，而 eMBB 的 HARQ-ACK 在一個時間槽內僅回饋一次，如果將兩種 HARQ-ACK 重複使用在一個編碼簿中，即使 URLLC HARQ-ACK 採用了 sub-slot 結構，也只能「等到」與 eMBB HARQ-ACK 重複使用在一起以後再傳輸，無法保證低延遲。在可靠性方面，一個編碼簿視窗內的 URLLC HARQ-ACK 編碼簿通常可以保持一個比較小的尺寸，實現高可靠性的傳輸。但如果必須和 eMBB HARQ-ACK 重複使用在一個編碼簿裡，則大容量的 HARQ-ACK 編碼簿無法保證傳輸可靠性。

因此，R16 URLLC 在 PUCCH 方面的另一項增強，就是支援平行建構多個 HARQ-ACK 編碼簿，分別用於不同優先順序的業務（具體的優先順序指示方法見 15.2.3）。為了簡化設計，R16 首先支援平行建構兩個不同的 HARQ-ACK，因為就近期看來，區分兩個優先順序（URLLC 為高優先順序，eMBB 為低優先順序）就夠了。接下來，需要解決兩個問題：一是如何將 PDSCH 以及它們的 HARQ-ACK 連結到這兩個編碼簿？二是這兩個編碼簿採用哪些資源和設定參數建構？

第一個問題類似於 15.2.1 介紹的 PDSCH grouping 問題，最終透過 DCI 中的優先順序指示實現了這種連結關係，詳見 15.2.3。第二個問題關係到 PUCCH 的參數集設定問題。在 R15 NR 中，一個 UL BWP（Bandwidth Part，頻寬部分）只設定有 1 個 PUCCH 的參數集（*PUCCH-Config*）。如果維持只有一個 *PUCCH-Config*，則只能在同一套 RRC 參數集內挑選參數建構兩個 HARQ-ACK 編碼簿，無法實現針對 eMBB 和 URLLC 的分別最佳化。*PUCCH-Config* 中明確應該對 eMBB 和 URLLC 分開設定的參數包括：

- Sub-slot 設定：即採用 2 個符號、7 個符號的 sub-slot 還是 14 個符號的 slot。
- K_1 集合：即從 PDSCH 到 HARQ-ACK 間隔的 slot 或 sub-slot 數量。
- PUCCH 資源集：即在一個 slot 或 sub-slot 內可供 HARQ-ACK 傳輸的 PUCCH 時頻資源。

由於 sub-slot 結構本身是為了 URLLC 業務引入的，eMBB HARQ-ACK 編碼簿和 eMBB HARQ-ACK 編碼簿很大可能性是採用不同的 sub-slot 設定。由於 sub-slot 長度不同，K_1 的指示單位不同（比如分別為 slot 和 sub-slot），共用同一套 K_1 集合時非常不合理的，應該允許分開設定。也是由於 sub-slot 設定不同，PUCCH 資源也應該分開設定。如 15.2.1 節介紹的，因為 PUCCH 資源被限制在 sub-slot 內，兩種不同長度（如 3 個符號和 4 個符號）的 sub-slot 都應該分別配合 PUCCH 資源集，更不要說基於 sub-slot 的 PUCCH 資源集和基於 slot 的 PUCCH 資源集，其起始符號、長度都應該分開設定，才能實現各自最佳化的 PUCCH 資源設定。其他參數，如空間傳輸參數、功率控制參數等，也都適合分開最佳化。因此最終決定，*PUCCH-Config* 中所有和 HARQ-ACK 相關的參數都可以設定兩套。雖然從原理上說，這兩套 *PUCCH-Config* 參數集是分別針對 eMBB 和 URLLC 業務的，但標準中也不做這種限定。

另外，雖然比較合理的設定是一個 *PUCCH-Config* 用於基於 slot 的 PUCCH，另一個 *PUCCH-Config* 用於基於 sub-slot 的 PUCCH，但從標準的靈活性角度考慮，各種組合也都是允許的，以適應各種終端類型的需要，包括：

- 兩個 *PUCCH-Config* 一個基於 slot，一個基於 sub-slot：比如適合約時支援 eMBB 業務和 URLLC 業務的多功能終端。
- *兩個 PUCCH-Config* 均基於 sub-slot：比如適合支援不同等級 URLLC 業務的 URLLC 終端。
- 兩個 *PUCCH*-Config 均基於 slot：比如適合支援不同等級 eMBB 業務的 eMBB 終端。

需要說明的是，並非只有 URLLC 業務需要低延遲傳輸，一些 eMBB 業務（例如 VR（虛擬實境）、AR（擴增實境））也需要低延遲傳輸。從這個角度說，sub-slot HARQ-ACK 回饋在 eMBB 業務中也是有應用場景的。

15.2.3 優先順序指示

為兼顧 URLLC 業務的可靠性及系統效率，3GPP RAN1 確定：針對不同的業務，終端可支援最多兩個 HARQ-ACK 編碼簿，且不同編碼簿可以透過物理層區分。透過下述物理層參數確定 PDSCH（Physical Downlink Shared Channel，物理下行共用通道）或指示 SPS（Semi-persistent Schedulin，半持續排程）資源釋放的 PDCCH 所對應的 ACK/NACK 資訊所屬的 HARQ-ACK 編碼簿的方案隨之被提了出來：

★方案 1：透過 DCI 格式確定對應的 HARQ-ACK 編碼簿

R16 URLLC 下行控制通道增強中，支援引入壓縮的 DCI 格式以提高下行控制通道的可靠性及效率。因此可使用 DCI 格式隱式區分 HARQ-ACK 編碼簿，即 DCI 格式 0_1/1_1 對應編碼簿 1，新 DCI 格式對應編碼簿 2。

該方案的主要缺點是在排程上帶來較大的約束，即 R15 DCI 格式

0_0/0_1/1_0/1_1 只能用於排程 eMBB 業務，新的 DCI 格式只能用於排程 URLLC 業務。另外，強制不同業務使用不同的 DCI 格式，終端需要盲檢更多的 DCI 格式，從而增加 PDCCH 的盲檢次數。

★方案 2：透過加擾 DCI 的 RNTI 確定對應的 HARQ-ACK 編碼簿

R15 中對於資料通道支援了兩種 MCS 表格，其中一個表格的設計初衷是為了保證 URLLC 業務的可靠性，即 MCS 表格中包括更低的編碼速率。若使用該 MCS 表格進行資料傳輸時，基地台將使用一個特定的 MCS-C-RNTI 對 DCI 進行加擾，具體參見 15.4.1 節介紹。由於 MCS-C-RNTI 的引入本身就是為了滿足 URLLC 業務更低可靠性的要求，將該 RNTI 進一步推廣用於指示 URLLC 業務對應的 HARQ-ACK 編碼簿也是一個順理成章的方案。

該方案的缺點同樣是限制了排程的靈活性，即對於 URLLC 業務必須使用低碼率 MCS 表格，而 eMBB 業務則無法使用低碼率 MCS 表格。

★方案 3：透過在 DCI 中設置顯示的指示資訊確定對應的 HARQ-ACK 編碼簿

該方案可以進一步劃分為透過 DCI 已有資訊域或新增資訊域指示 HARQ-ACK 編碼簿。

- **方案 3-1**：透過 PDSCH 的時長/mapping type 區分 HARQ-ACK 編碼簿。例如 PDSCH 時長小於一定長度或 URLLC 使用 PDSCH mapping Type B 時為 URLLC 傳輸。
- **方案 3-2**：透過 HARQ 處理程式號區分 HARQ-ACK 編碼簿。該方案實際上是將一些 HARQ 處理程式號預留給 URLLC 業務使用。
- **方案 3-3**：透過 HARQ 回饋定時 K1 區分 HARQ-ACK 編碼簿。具體地，URLLC 業務使用回饋定時集合中數值小的 K1，eMBB 業務使用回饋定時集合中數值大的 K1。
- **方案 3-4**：透過獨立的資訊域指示 HARQ-ACK 編碼簿。

方案 3-1~3-3 實質上都是為了支援 URLLC 業務而對 eMBB 業務引入排程限制，勢必會造成 eMBB 性能出現一定的損失。很多公司是不認同這樣的設計原則的。方案 3-4 的缺點在於增加 DCI 負擔。但由於終端最多只支援 2 個 HARQ-ACK 編碼簿，因此在 DCI 中增加 1 位元即可。

★方案 4：透過傳輸 DCI 的 CORESET/search space 確定對應的 HARQ-ACK 編碼簿

對 eMBB 與 URLLC 分別設定獨立的 CORESET 或搜尋空間，進而透過 CORESET 或搜尋空間區分 HARQ-ACK 編碼簿。而使用獨立的 CORESET 或搜尋空間排程不同的業務，將會提高 PDCCH 阻塞機率，另外增加終端進行 PDCCH 盲檢的數量。對於基於搜尋空間的確定 HARQ-ACK 編碼簿的方案，還會有搜尋空間時頻資源重疊的問題，進而增加檢測複雜度。

從上述分析可知，除方案 3-4 之外的所有其他方案都會引入排程限制，造成 eMBB 傳輸性能損失或 PDCCH 盲檢增加。而方案 3-4 不會引入任何排程限制且 DCI 實際只會增加 1 位元負擔，對檢測性能影響不大。因此在 3GPP 最終確定在 DCI 中可設定 1 位元資訊域用於指示對應的 HARQ-ACK 編碼簿的優先順序資訊。另外，該優先順序資訊同樣用於解決 ACK/NACK 回饋資訊與其他上行通道時域資源衝突問題。對應地，其他上行通道也要支援優先順序指示，具體地：

- 對於動態排程的 PUSCH，其優先順序資訊透過 DCI 中的獨立資訊域指示。
- 對於高層信號設定的 PUSCH、SR，其優先順序資訊透過高層信號設定。
- 對於使用 PUCCH 傳輸的 CSI 資訊，其優先順序固定為低優先順序。
- 對於使用 PUSCH 傳輸的 CSI，其優先順序資訊取決於 PUSCH 的優先順序資訊。

15.2.4 使用者內上行多通道衝突

在 NR R15 階段，當多個上行通道時域資源衝突時，要將所有上行資訊重複使用於一個上行通道內進行傳輸，而影響重複使用傳輸的兩個主要因素為：重疊通道中 PUCCH 所使用的格式和重複使用處理時間。

在 NR R16 討論初期，為了提高 URLLC 業務可靠性和降低延遲，曾經試圖針對不同上行通道衝突情況分別列出解決方案，表 15.1 列出了當時提出的部分衝突解決方案。本節主要關注物理層解決方案。高層解決方案詳見第 16 章。

表 15.1 不同業務類型上行資訊衝突解決方案

類別	URLLC SR	URLLC HARQ-ACK	CSI	URLLC PUSCH
URLLC SR	----	----	----	----
URLLC HARQ-ACK	重用 R15 機制	----	----	----
CSI	方法 1：捨棄 CSI。 方法 2：若滿足限制條件，進行重複使用傳輸。限制條件包括：時序、延遲、可靠性、CSI 資源優先順序等。		----	----
URLLC PUSCH	支援將 SR（非 BSR）直接重複使用於 PUSCH 中進行傳輸。	重用 R15 機制	方法 1：捨棄 CSI。 方法 2：若滿足限制條件，進行重複使用傳輸；否則捨棄 CSI。限制條件包括：時序、CSI 資源優先順序等。	----
eMBB SR	方法 1：捨棄低優先順序 SR。 方法 2：終端實現解決。	方案 1：捨棄 eMBB SR 方案 2：若滿足限制條件，進行重複使用傳輸；否則捨棄 eMBB SR。限制條件包括：時序、延遲、可靠性、PUCCH 格式等。	R15 已支援	方案 1：捨棄 eMBB SR。 方案 2：若滿足限制條件，進行重複使用傳輸；否則捨棄 eMBB SR。限制條件包括：時序、PUSCH 中是否包括 UL-SCH。

<table>
<tr><th>類別</th><th>URLLC SR</th><th>URLLC HARQ-ACK</th><th>CSI</th><th>URLLC PUSCH</th></tr>
<tr><td>eMBB HARQ-ACK</td><td colspan="2">方案 1：捨棄 eMBB HARQ-ACK。
方案 2：若滿足限制條件，進行重複使用傳輸；否則捨棄 eMBB HARQ-ACK。限制條件包括：時序、延遲、可靠性、PUCCH 格式、動態指示等。</td><td>R15 已支援</td><td rowspan="2">方案 1：擴充 beta 設定值範圍，即 beta 可小於 1。當 beta 取 0 時，表示 eMBB UCI 不可重複使用於 URLLC PUSCH 中傳輸。
方案 2：捨棄 eMBB PUCCH。</td></tr>
<tr><td>eMBB PUSCH</td><td>方法 1：URLLC SR 為正時，捨棄 eMBB PUSCH。
方法 2：若延遲和/或可靠性滿足限制條件，則重複使用傳輸；否則捨棄 eMBB PUSCH。</td><td>方案 1：捨棄 eMBB PUSCH。
方案 2：若延遲和/或可靠性滿足限制條件，則重複使用傳輸。</td><td>R15 已支援</td></tr>
</table>

RAN1 #98bis 會議上以支援多 HARQ-ACK 編碼簿回饋為出發點（參見 15.2.1 節），同意支援兩級物理層優先順序指示，即高優先順序、低優先順序。並在該次會議上針對上行通道衝突問題，僅限控制通道與上行資料通道，控制通道與控制通道之間的衝突問題，的解決方案達成結論：當高優先順序上行傳輸與低優先順序上行傳輸重疊且滿足限制條件時，取消低優先順序上行傳輸。其中的限制條件主要考慮：取消低優先順序上行傳輸所需要的處理時間、高優先順序上行傳輸準備時間。

由於相較於正常的上行傳輸準備，此時終端需要先進行捨棄判斷再開始進行資料準備，因此時序約束相較於 R15 的 PUSCH 準備時間增加了額外的時間量，具體地，高優先順序上行傳輸與對應的 PDCCH 結束符號之間的時間間隔不小於 $T_{proc,2}+d1$，其中，$T_{proc,2}$ 為 R15 定義的 PUSCH 準備時間，$d1$ 設定值為 0、1、2，由終端能力上報資訊報告給基地台。滿足上述約束時，終端在第一個重疊時域符號之前取消低優先順序傳輸。另外，為了降低終端實現的複雜度，R16 進一步規定：終端確定一個低優先順序傳輸與一個高優先順序傳輸衝突後，終端不期待在高優先順序傳輸對應的 DCI 之後再收到一個新到 DCI 再次排程該低優先順序傳輸。

上述結論擴充用於解決多個優先順序不同的上行通道衝突問題時，為了不引入額外的終端處理，終端透過以下步驟確定實際發送的上行通道：

步驟 1：針對每一個優先順序，分別執行 R15 的重複使用處理機制，得到 2 個不同優先順序的重複使用傳輸通道。

步驟 2：若步驟 1 得到的 2 個重複使用傳輸通道重疊，則傳輸其中高優先順序通道。

15.3 終端處理能力

15.3.1 處理時間引入背景與定義

NR 系統為支援多種業務、多種場景，引入了靈活的排程機制，舉例來說，靈活的時域資源設定和靈活的排程時序。同時在標準中也定義了對應的處理能力，確保基地台指示的排程時序能夠給予終端足夠的時間處理資料。R15 標準分別針對超低延遲和正常延遲需求兩類業務定義了兩種處理能力。終端預設支援普通處理能力（UE capability 1）以滿足正常延遲需求，快速處理能力（UE capability 2）需要上報以滿足超低延遲需求。快速處理能力採用終端上報模式，因為快速處理能力需要更加進階的晶片技術，晶片的成本和複雜度也對應增加，針對特定業務需求才是必要的。雖然兩種處理能力是考慮多種業務，如 URLLC 和 eMBB 需求引入的，但協定並沒有約束處理能力和業務之間的對應關係。因此，本節的內容不受限於 URLLC。

目前，標準定義的處理能力包括[9]：

- PDSCH 處理時間 N1，用於定義 PDSCH 最後一個符號結束位置到承載 HARQ-ACK 的 PUCCH 第一個符號起始位置之間的最短處理時間需求。
- PUSCH 處理時間 N2，用於定義 PDCCH 最後一個符號結束位置到 PUSCH 第一個符號起始位置之間的最短處理時間需求。

15.3.2 處理時間的確定

處理時間的確定除了需要考慮業務需求，還要考慮終端的實現成本和複雜度。標準在確定處理時間時，一方面基於理論模型分析結果，另一方面參考各家公司回饋的資料確定。

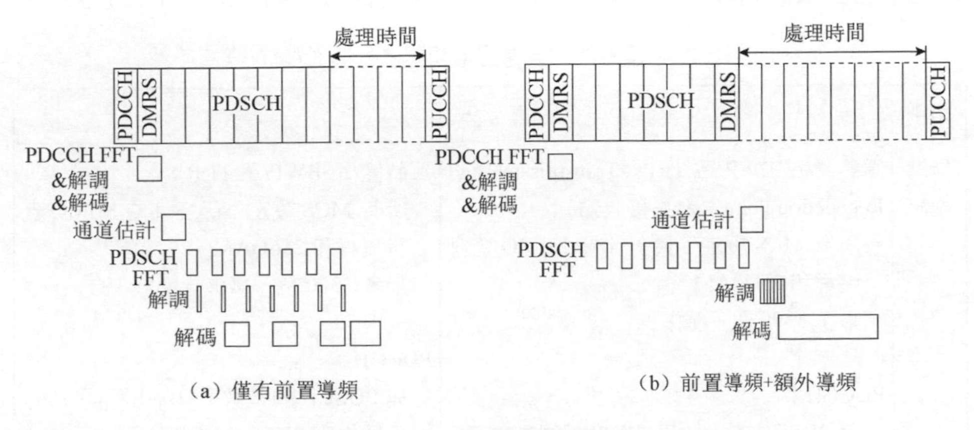

圖 15-12 下行資料處理過程示意圖

下麵以下行資料處理過程為例，簡要說明處理時間的理論模型分析方法[8]。圖 15-12 是一種典型的下行資料處理模型。為了提高處理速度，各個功能模組之間存在一定的平行處理情況，而平行程度受物理層訊號設計影響較大。具體地，左圖為僅有前置導頻的下行資料處理過程，右圖為包含額外導頻的下行資料處理過程。對於左圖，資料的解調、解碼在通道估計之後（即第三個符號）就開始了，可以實現接收和處理平行，因此當資料接收完成後僅需要少量的資料處理時間。對於右圖，因為額外導頻在資料的末端，資料的解調、解碼需要等到資料接收完成之後才能進行，因此當資料接收完成後仍然需要較長的資料處理時間。由此可見，處理時間受導頻位置影響較大。同理，資料的映射方式也會影響到資料的接收檢測。對於先頻後時的映射方式，終端可以在接收到少量符號後就進行 CB（Codelock，碼塊）級的檢測。但對於時域交織的映射方式，終端需要等到所有號接收完後才能重構一個完整的 CB，並進行檢測。

影響處理時間的因素很多，包括：資料頻寬，資料量，PDCCH 盲檢測，DMRS 符號位置，資料映射方式，SCS 設定等。在各家公司回饋處理能力資料前，先對評估假設達成共識，如表 15-2[10]。在此共識的基礎上，各家公司回饋了處理能力資料，經討論確定了最終的終端處理能力。這個過程既是基地台廠商和終端晶片廠商的博弈，也是各個晶片廠商之間的博弈。

表 15-2 處理時間的影響因素和評估假設（N_1,N_2）

類別	N_1	N_2
標準假設	單載體/單 BWP/單 TRP（Transmission and Recepetion Point，發送接收點）： • 所有 MCS 設定；最多 4 層 MIMO 資料流程和 256QAM。 • 最多 3300 個子載波。 PDCCH： • 與 PDSCH 的參數集/ BWP 相同。 • 一個對應 PDSCH 的排程分配。 • 44 次盲檢測，一個符號 CORESET。 PDSCH： • PDSCH 不會先於 PDCCH。 • 時域長度 14 符號。 • 先頻後時，無時域交織。 PUCCH ： • 短 PUCCH 格式。	單載體/單 BWP/單 TRP： • 所有 MCS 設定；最多 4 層 MIMO 資料流程和 256QAM。 • 最多 3300 個子載波。 PDCCH： • 與 PUSCH 的參數集/ BWP 相同。 • 一個對應 PUSCH 的排程分配。 • 44 次盲檢測，一個符號 CORESET。 PUSCH： • 時域長度 14 符號。 • 無時域交織。 • DFTsOFDM 或 OFDM。 • 前置參考訊號。 • 無 UCI 重複使用。
候選因素	• 子載波間隔 SCS。 • DMRS 設定。 • [峰值速率百分比]。 • [資源映射方式]。	• 子載波間隔 SCS。 • 資源映射方式。 • [峰值速率百分比]。

標準中定義的處理能力是基於一定的傳輸參數假設確定的。對於超越上述條件的情況，標準也定義了一些特例，尤其是處理能力 2。對於處理能力

2，定義了一些回復模式，即滿足以下兩種情況時，終端回復到處理能力 1：

- μPDSCH = 1 且排程的 PRB 數目超過 136，終端按照處理能力 1 檢測 PDSCH。如果終端需要接收一個或多個 PDSCH，其 PRB 數目超過 136，則終端至少需要在這些 PDSCH 結束位置後的 10 個符號之後才能按照處理能力 2 接收新的 PDSCH 。
- 設定了額外解調參考訊號（dmrs-AdditionalPosition ≠pos0）。

15.3.4 處理時間約束

如第 5 章所述，NR 支援靈活的排程設定。但為了保證終端有足夠的時間處理，排程設定需要滿足一定的時序條件。該時序條件以處理時間為基準，也將子載體間隔等因素考慮進來。標準中定義了 PDCCH-PUSCH，PDSCH-PUCCH 的時序條件。本節對於上述規則進行詳細介紹。

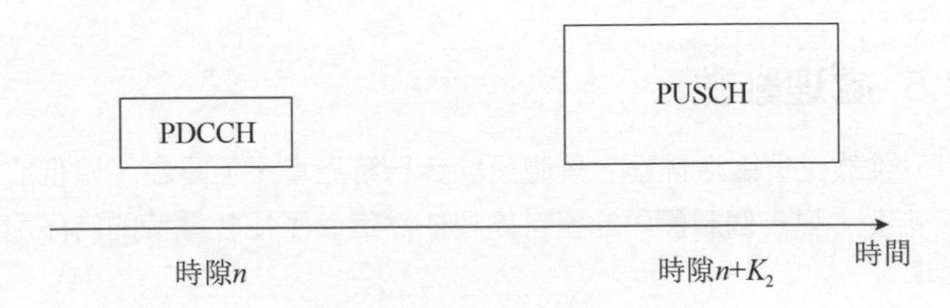

圖 15-13 PUSCH 準備時間示意圖

如圖 15-13，終端在時間槽 n 接收到 PDCCH，當前排程的 PUSCH 傳輸所在的時間槽是時間槽 n+K_2，K_2由 DCI 或高層訊號設定。考慮到終端需要解調 PDCCH、準備 PUSCH，基於 K_2確定的 PUSCH 的起始時間不應該早於對應 PDCCH 結束位置後 $T_{proc,2} = \max\left((N_2 + d_{2,1})(2048+144)\cdot \kappa 2^{-\mu}\cdot T_c, d_{2,2}\right)$時間之後的第一個上行符號。其中，$N_2$是根據終端能力及子載體間隔 μ 確定的。如果 PUSCH 中的第一個 OFDM 符號只發送 DMRS，則 $d_{2,1}$= 0，不然 $d_{2,1}$= 1。如果排程 DCI 觸發了 BWP 切換，$d_{2,2}$等於切換時間，不然 $d_{2,2}$是 0。

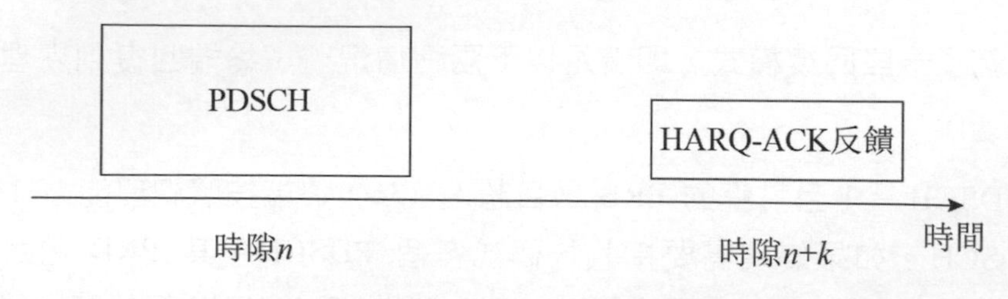

圖 15-14 PDSCH 接收時間示意圖

終端接收 PDSCH 之後，需要向 gNB 發送回饋資訊，告知 gNB 當前 PDSCH 是否正確接收。如圖 15-14，終端在時間槽 n 接收到 PDSCH，則需要在時間槽 n+k 發送回饋資訊，k 是排程 PDSCH 的 DCI 中 PDSCH-to-HARQ_feedback timing 域指示的或由高層訊號設定。考慮到終端處理 PDSCH 的時間，基於 k 確定的承載 ACK/NACK 的 PUCCH 起始符號不早於 PDSCH 結束後 $T_{proc,1}=(N_1+d_{1,1})(2048+144)\cdot\kappa 2^{-\mu}\cdot T_C$ 時間之後的第一個上行符號。其中，N_1 是根據子載體間隔 μ 確定的。$d_{1,1}$ 與終端的能力等級，PDSCH 的資源等資訊相關。

15.3.5 處理亂數

NR R15 雖然支援靈活排程，具體設計參見第五章，但是為了降低終端實現的複雜度，對一個載體內的資料處理依然定義了比較嚴苛的時序關係，包括：

PDSCH 時序滿足以下條件：

- 終端不期待接收兩個相互重疊的 PDSCH。
- 對於 HARQ 處理程式 A，在對應的 ACK/NACK 資訊完成傳輸之前，終端不期待接收到一個新的 PDSCH 其對應的 HARQ 處理程式號與 HARQ 處理程式 A 相同。圖 15-15 所範例子中，終端不期待接收 PDSCH 2，其承載的 HARQ 處理程式與 PDSCH 1 承載的 HARQ 處理程式的編號相同。

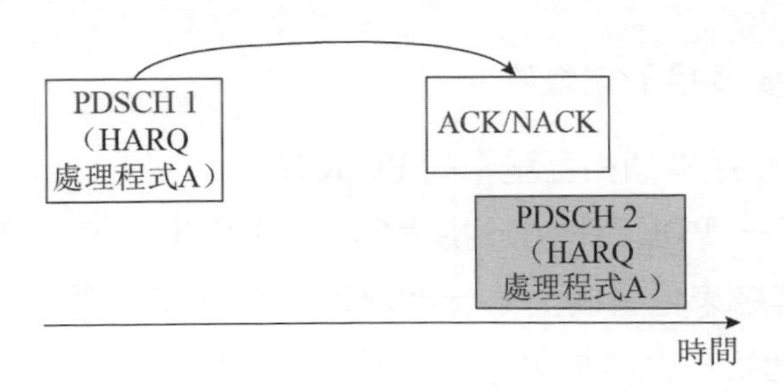

圖 15-15 PDSCH 時序限制示意圖一

- 終端在時間槽 i 中收到第一 PDSCH，其對應的 ACK/NACK 資訊透過時間槽 j 傳輸。終端不期待收到第二 PDSCH，其起始符號在第一 PDSCH 起始符號之後，但對應的 ACK/NACK 資訊透過時間槽 j 之前的時間槽傳輸。圖 15-16 所範例子中，終端不期待收到 PDSCH 2，其對應的 ACK/NACK 資訊在時間槽 j 之前傳輸。

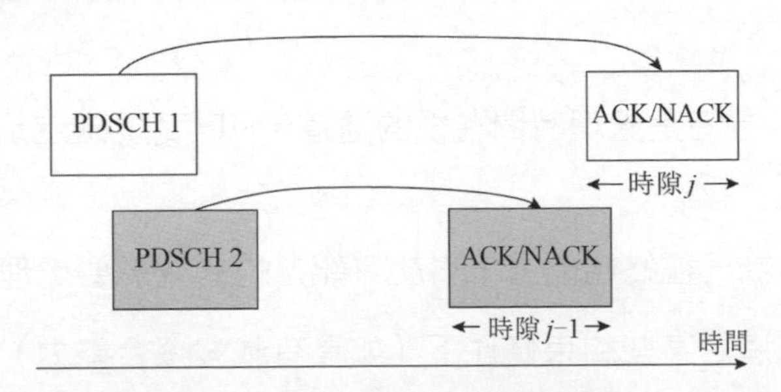

圖 15-16 PDSCH 時序限制示意圖二

- 終端收到第一 PDCCH 用於排程第一 PDSCH。終端不期待收到第二 PDCCH，其結束位置晚於第一 PDCCH 的結束位置，但其排程的第二 PDSCH 的起始位置早於第一 PDSCH 的起始位置，如圖 15-17 所示。

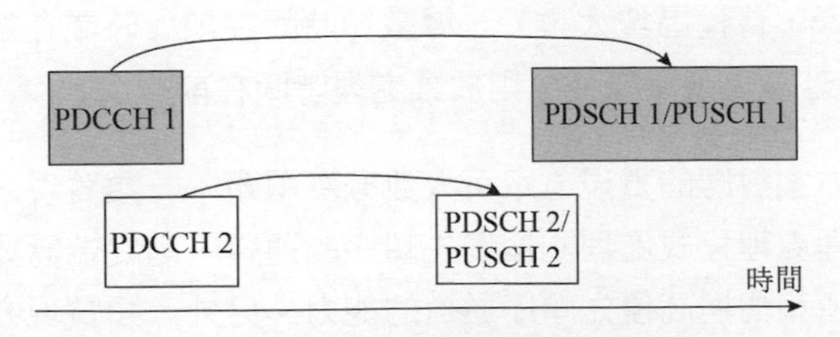

圖 15-17 PDSCH/PUSCH 時序限制示意圖

PUSCH 時序需要滿足下述條件：

- 終端不期待發送兩個相互重疊的 PUSCH。
- 終端收到第一 PDCCH 用於排程第一 PUSCH。終端不期待收到第二 PDCCH，其結束位置晚於第一 PDCCH 的結束位置，但其排程的第二 PUSCH 的起始位置早於第一 PUSCH 的起始位置。圖 15-17 所示例子中，終端不期待收到 PDCCH 2。

NR R16 討論之初，為了更好的滿足 URLLC 業務短延遲需求，曾提出支援亂數排程及回饋（out-of-order scheduling/HARQ），即突破圖 15-16、15-17 所示時序限制，使得晚到達的 URLLC 資料可以更早的傳輸或回饋。此時，UE 優先處理時間在後的高優先順序通道是各公司基本的共識。但標準化過程中，大家主要的爭議點在於如何處理時間在前的低優先順序通道：

★方案 1：終端總是處理時間在後的通道。UE 實現確定是否處理時間在前的通道。

★方案 2：作為一種終端能力，對於有能力的終端需要處理兩個通道。

★方案 3：在滿足某些約束條件下（如具有載波聚合能力），終端處理兩個通道；否則，終端行為不做定義。

★方案 4：終端放棄處理時間在前通道。

- **方案 4-1**：終端總是放棄處理時間在前通道。
- **方案 4-2**：定義一些排程限制條件，如排程的 PRB 數、TBS（Transport Block Size，傳輸區塊大小）、層數、時間在前與時間在後通道之間的間隔等。若滿足限制條件，則放棄處理時間在前通道。

上述標準化方案對應的實現方案可大致分為兩類：一類實現方案是終端採用同一個處理處理程式處理兩個優先順序的通道，則終端需要具備暫停低優先順序通道和切換高優先順序通道的能力。另外一類實現方案是終端採用兩個處理處理程式分別處理兩個優先順序的通道。不同的實現方案對產品研發影響大，經過協商，終端廠商接受透過能力上報支援個性化的實現方案。但多樣的終端類型會增加基地台排程的複雜度，因此基地台廠商強烈反對。由於各家公司的觀點一直不能夠收斂，最終在 R16 沒有支援 out-of-order scheduling/HARQ，即資料排程及回饋依然要遵守 R15 定義的時序限制。

15.4 資料傳輸技術

15.4.1 CQI 和 MCS

一般來說資料傳輸需要設定合適的調解編碼以適應通道品質變化，並滿足業務可靠性需求。URLLC 與 eMBB 的評估場景和覆蓋需求相同，但 URLLC 的可靠性需求更高，因此，針對 eMBB 設計的 MCS 表格無法匹配 URLLC 高可靠性傳輸。R15 後期針對 URLLC 業務，最佳化了 MCS 和 CQI 機制。

1. CQI 和 MCS 表格設計

CQI 表格設計主要為了滿足 URLLC 高可靠性需求，其中，URLLC 的可靠性要求達到 99.999%，其對應的目標 BLER 為 10^{-5}。但是新設計的 CQI 表格中對應最低串流速率的 CQI 是否對應目標 BLER=10^{-5} 存在分歧，在標準討論中主要包括兩種方案：

★方案 1：最低碼率 CQI 對應目標 BLER=10^{-5}。考慮到 URLLC 的低時延需求，在很多情況下，只能有一次傳輸機會。舉例來說，系統資源壅塞時，資料等待傳輸時間過長，只能有一次傳輸機會，或大多數 TDD 設定下，排程傳輸和回饋存在較大的時間間隔，完成一次傳輸的時間間隔拉大，在目標時延要求下，也只能實現一次傳輸。該方案就適用於這種只有一次傳輸機會的傳輸方案。但目標 BLER=10^{-5} 的 CQI 測試方案複雜，相應的終端實現複雜度也高。因此，遭到終端晶片廠商反對。

★方案 2：最低碼率 CQI 對應目標 BLER 大於 10^{-5}，例如 10^{-3} 或 10^{-4}。雖然 URLLC 的目標 BLER=10^{-5}，但是，透過一次傳輸實現，頻譜效率低。滿足時延需求的前提下，盡可能採用自我調整重傳機制，可以明顯地提高系統頻譜效率。因此，URLLC 傳輸也需要設定目標 BLER>10^{-5}，如 10^{-3} 或 10^{-4} 的 CQI。而且目標 BLER>10^{-5} 的 CQI 測試方案相對簡單，且終端實現複雜度也低。

考慮到不同目標 BLER 對應的 CQI 可以折算得到，舉例來說，對於方案 1，基於目標 BLER=10^{-5} 和 BLER=10^{-1} 的第一 CQI 和第二 CQI，可以較好地估算出目標 BLER=10^{-5} 和 BLER=10^{-1} 之間的任意 BLER 對應的 CQI。標準最終採用了方案 1。

CQI 表格設計除了明確最低串流速率，還需要從系統資源效率和 CQI 指示負擔等方面考量 CQI 指示精度和 CQI 元素個數。考慮到標準化工作量，針對 URLLC 設計的 CQI 表格在已有 CQI 表格的基礎上做了簡單修訂，具體地，在最低頻譜效率對應的 CQI 元素前填補了 2 個 CQI 元素針對低 BLER 需求，去掉最高頻譜效率和次高頻譜效率對應的 2 個 CQI 元素，保證 CQI 元素個數不變。

MCS 表格設計類似 CQI 表格設計，與 CQI 表格對應的頻譜效率一致，在已有 MCS 表格的基礎上補充對應低頻譜效率對應的 MCS 元素，去掉高頻譜效率對應的 MCS 元素。

2. CQI 和 MCS 表格設定方法

NR 系統包含多個 CQI 和 MCS 表格，如何設定指示 CQI 和 MCS 表格是一個需要標準化的問題。

對於 CQI 表格設定，透過 *CSI-ReportConfig* 中 cqi-Table 設定 CQI 報告對應的 CQI 表格。

對於 MCS 表格設定，考慮到 URLLC 和 eMBB 業務是動態變化的，一些動態設定方式被提出。但考慮到一個 MCS 表格覆蓋較大範圍的頻譜效率，通道環境變化也是連續的，因此，一些公司認為 MCS 表格無需動態指示設定。

對於半靜態傳輸方式，如 ConfiguredGrant 和 SPS 傳輸，由於傳輸參數是透過 RRC 訊號設定的，因此，MCS 表格透過 RRC 訊號設定也是順理成章。

對於動態傳輸方式，傳輸參數可以透過動態設定方式指示，多種 MCS 表格設定方式被充分討論，經過幾輪討論後，收斂到以下兩種方案：

★方案 1：通過搜尋空間和/或 DCI 格式隱性指示 MCS 表格。

- **方案 1-1**：當新 MCS 表格被設定，則公共搜尋空間中的 DCI format0_0/1_0 對應已有 MCS 表格；使用者專屬搜尋空間中的 DCI format 0_0/0_1/1_0/1_1 對應新 MCS 表格。不然採用已有方案。
- **方案 1-2**：當新 MCS 表格被設定，則公共搜尋空間中的 DCI format0_0/1_0 對應已有 MCS 表格；使用者專屬搜尋空間中的 DCI format 0_0/1_0 對應第一 MCS 表格，DCI format 0_1/1_1 對應第二 MCS 表格。其中，第一 MCS 表格和第二 MCS 表格透過高層訊號設定。不然採用已有方案；

★方案 2：通過 RNTI 指示 MCS 表格。

- 當新 RNTI 被設定，則透過 RNTI 指示 MCS 表格。不然採用已有方案。

方案 1-1 的好處是對虛警機率和 RNTI 空間無影響，但 MCS 表格基本屬於半靜態設定狀態，排程靈活性受限，即對於通道條件好的情況，難以設定高頻譜效率的 MCS。此外，因為依賴 RRC 設定，RRC 重設定期間，存在模糊問題。方案 1-2 在方案 1-1 的基礎上支援基於 DCI 格式指示 MCS 表格設定。當設定兩個 DCI 格式時，MCS 表格設定可以動態切換，但由於檢測 DCI 格式增加，PDCCH 盲檢測預算會受影響。當僅設定一個 DCI 格式時，只能支援一個 MCS 表格設定，排程靈活性的問題仍然存在。方案 2

支援基於 RNTI 指示 MCS 表格設定，能夠快速切換 MCS 表格設定。但該方法消耗了 RNTI，增加了虛警機率。對於虛警機率的影響，可以透過合理的搜尋空間設定控制。兩個方案各有利弊，最後標準對兩者進行了融合，形成以下方案：

★方案 1：當新 RNTI 沒有設定，透過擴充 RRC 參數 mcs-table，支援半靜態的新 MCS 表格設定。當新 MCS 表格被設定，則公共搜尋空間中的 DCI format0_0/1_0 對應已有 MCS 表格；則使用者專屬搜尋空間中的 DCI format 0_0/0_1/1_0/1_1 對應新 MCS 表格。

★方案 2：如果新 RNTI 設定，透過 RNTI 指示 MCS 表格，支援動態的新 MCS 表格設定。具體地，如果 DCI 透過新 RNTI 加擾，則採用新 MCS 表格。

上述規則也適用於 DCI format 0_2/1_2。

15.4.2 上行傳輸增強

在 R15，透過上行傳輸機制最佳化（例如引入免排程傳輸機制）降低上行傳輸延遲。但是，上行傳輸仍然存在一些限制，進而影響排程延遲，包括：

- 一次排程無法跨越時間槽。
- 同一個處理程式資料的傳輸需要滿足一定的排程時序要求。
- 重複傳輸採用時間槽等級的重複機制。

為了減少這些延遲，在 R16 階段，上行傳輸做了進一步增強，引入連續重複傳輸機制。連續重複傳輸機制主要具備以下特點：

- 相鄰的重複傳輸資源在時域首尾相連。
- 一次排程的資源可以跨越時間槽。這樣可以保證在時間槽後部達到的業務分配足夠的資源或進行即時排程。
- 重複次數採用動態指示方式，適應業務和通道環境的動態變化。

針對連續重複傳輸方案，標準討論了三種基本的資源指示方式[11]：

★方案 1：微時間槽重複方案

時域資源設定指示第一次重複傳輸的時域資源，剩餘傳輸次數的時域資源根據第一次重複傳輸的時域資源，上下行傳輸方向設定等資訊確定。每一次重複傳輸佔用連續的符號。

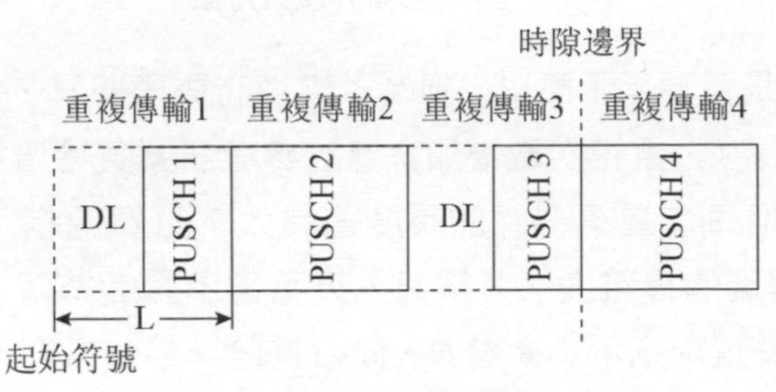

圖 15-18 微時間槽重複方案

★方案 2：分割重複方案

時域資源設定指示第一個符號時域位置和所有傳輸的總長度。根據上下行傳輸方向，時間槽邊界等資訊對上述資源進行切割，進而分割成一次或多次重複傳輸。每一次重複傳輸佔用連續的符號。

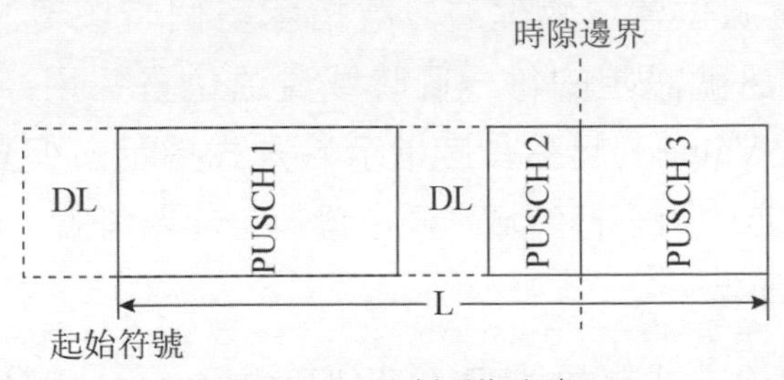

圖 15-19 分割重複方案

★方案 3：多排程重複方案

多個 UL grant 分別排程多個上行傳輸。多個上行傳輸在時域上連續。並且允許第 i 個 UL grant 在第 i-1 個 UL grant 排程的第 i-1 次上行傳輸結束之前發起排程。

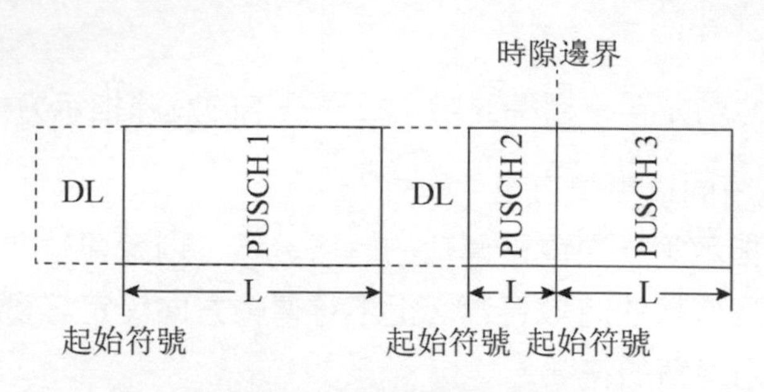

圖 15-20 多排程重複方案

方案 1 的優點是資源指示簡單，但為了轉換時間槽邊界，需要精細劃分每次重複傳輸的長度，重複次數增加會導致參考訊號負擔增加。方案 2，資源指示簡單，但每次重複傳輸的長度差異大，且資源指示長度過長增加 PUSCH 解調解碼的複雜度。方案 3，資源指示靈活準確，但指示負擔最大。方案 3 由於資源指示負擔過大，先被排除。結合方案 1 和方案 2 的優點，最終確定了標準方案，即時域資源設定指示第一次重複傳輸的時域資源，剩餘傳輸次數的時域資源根據第一次重複傳輸的時域資源，上下行傳輸方向設定等資訊確定。遇到時間槽邊界則進行切割，使得每個重複傳輸的 PUSCH 的時域資源屬於一個時間槽。

上行傳輸增強的時域資源指示沿用了 R15 時域資源指示機制，即高層訊號設定多個時域資源位置，物理層訊號指示多個時域資源位置中的。在 R15，對於高層訊號設定的每一個時域資源位置採用 SLIV（Start and Length Indicator Value，起點長度指示）方式指示。但對於上行傳輸增強，高層訊號設定的每一個時域資源位置包含起始符號，時域資源長度和重複次數 3 個資訊域。

上述上行重複傳輸方式為類型 B PUSCH repetition。R16 在引入類型 B PUSCH repetition 的同時，增強了 R15 的時間槽級重複傳輸，即重複傳輸次數可以動態指示，稱為類型 A PUSCH repetition。類型 A 和類型 B PUSCH repetition 透過高層訊號設定確定。

15.4.3 上行傳輸增強的時域資源確定方式

重複傳輸的資源指示方式列出了每一次重複傳輸的時域資源範圍，但該時域資源範圍內可能存在一些無法用於上行傳輸的符號，例如：下行符號，用於週期性上行探測訊號傳輸的符號等。因此，實際可用的上行傳輸資源需要進一步限定。在 R16 上行傳輸增強中，定義了兩種時域資源：

- 名義 PUSCH repetition：透過重複傳輸的資源配置指示資訊確定。不同名義 PUSCH repetition 的符號長度相同。名義 PUSCH repetition 用於確定 TBS，上行功率控制和 UCI 重複使用資源等。
- 實際 PUSCH repetition：在重複傳輸的資源配置指示資訊確定的時域資源內去掉不可用的符號，得到每一次可以用於上行傳輸的時域資源。不同的實際 PUSCH repetition 的符號長度不一定相同。實際 PUSCH repetition 用於確定 DMRS 符號，實際傳輸碼率，RV 和 UCI 重複使用資源等。

注意：實際 PUSCH repetition 並不是最終真正用於傳輸上行資料的資源。對於實際 PUSCH repetition 中的一些特定符號，還會做進一步的不發送處理。下面也分兩部分來介紹真正用於傳輸的 PUSCH repetition 資源：

▩ 步驟 1：實際 PUSCH repetition 資源的確定

對於實際 PUSCH repetition 資源的確定方案，既要避免傳輸資源衝突，也要考慮相關訊號的可靠性問題。標準針對以下 3 種情況分別進行了討論。終端考慮 3 種情況確定出不可用符號，據此對名義 PUSCH repetition 進行分割，形成實際 PUSCH repetition。

- 上下行設定

上下行設定方式包括半靜態設定和動態設定兩種。對半靜態上下行設定，設定資訊可靠性較高，直接根據設定資訊的指示結果將傳輸方向衝突的符號（舉例來說，半靜態設定的下行符號）定義為不可用符號。對於靈活符號和上行符號都當做可用符號。

如圖 15-21 所示，一個上行重複傳輸，重複次數為 4。其中，第一次 PUSCH repetition 所在的符號為半靜態設定的下行符號，則被定義為不可用符號。第二次和第三次 PUSCH repetition 所在的符號為半靜態設定的靈活符號，則被定義為可用符號。第四次 PUSCH repetition 所在的符號為半靜態設定的上行符號，則被定義為可用符號。

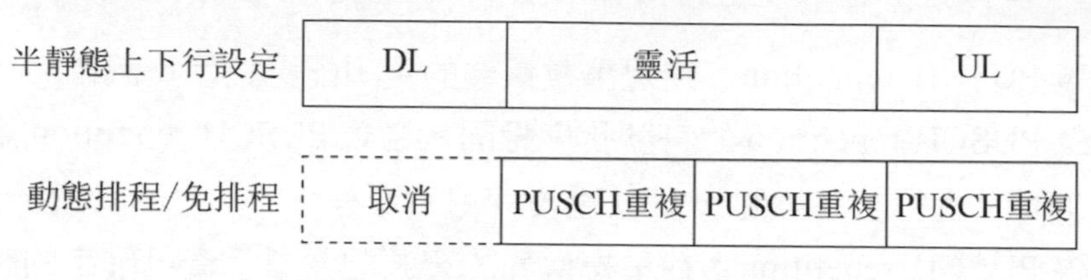

圖 15-21 上行重複傳輸時域資源範例

■ 不可用符號圖樣

除了傳輸方向衝突的時域資源外，還有一些不可用符號，舉例來說，SRS 符號，SR 符號等。為了避免與這些不可用符號的衝突，R16 支援由高層訊號設定不可用符號圖樣 InvalidSymbolPattern，並透過下行控制資訊指示不可用符號圖樣是否生效。具體地，當高層訊號設定不可用符號圖樣，但下行控制資訊沒有包含不可用符號圖樣指示域，則不可用符號圖樣設定的符號為不可用符號。當高層訊號設定不可用符號圖樣，並且下行控制資訊包含不可用符號圖樣指示域，則根據下行控制資訊中不可用符號圖樣指示域確定不可用符號圖樣設定的符號是否為不可用符號。

■ 切換間隔設定

如上下行設定部分的討論，對於上行重複傳輸，靈活符號資源通常是可用的。但下行傳輸到上行傳輸切換過程中需要預留一個保護間隔。該保護間隔可以透過合理分配上行重複傳輸資源，設定不可用符號等方式避讓。對於合理分配上行重複傳輸資源的方案，可能帶來傳輸延遲。對於設定不可用符號圖樣的方案，該方案無法解決動態的上下行切換保護間隔問題。所以，標準引入了切換間隔設定。對於接近下行符號的前 N 個符號為不可用符號，N 為設定的切換間隔。

■ 廣播及相關下行控制資訊

SIB1 中的 ssb-PositionsInBurst 對應的符號，ServingCellConfigCommon 中 ssb-PositionsInBurst 對應的符號,和 MIB 中用於傳輸 Type0-PDCCH CSS 的 CORESET 的符號 pdcch-ConfigSIB1。

▩ 步驟 2：不發送的實際 PUSCH repetition 的確定

確定實際 PUSCH repetition 之後，對於以下兩類實際 PUSCH Repetition 會做不發送處理：

■ 半靜態設定的靈活符號

對於免排程傳輸，如果設定了動態上下行設定，那麼半靜態設定的靈活符號根據動態上下行設定的情況，確定是否不發送。

- 當終端能夠獲得一個實際 PUSCH repetition 的所有號的動態上下行設定資訊，則如果該實際 PUSCH repetition 包含了動態下行符號和動態靈活符號，則該實際 PUSCH repetition 不發送。
- 當終端只能獲得一個實際 PUSCH repetition 的部分符號的動態上下行設定資訊，則如果該實際 PUSCH repetition 包含了半靜態設定的靈活符號，則該實際的 PUSCH repetition 不發送。

■ 單符號處理

對於分割確定的單符號的處理，標準討論了 3 種解決方案。

★方案 1：正常傳輸，不做特殊處理。

★方案 2：捨棄。

★方案 3：與相鄰 PUSCH repetition 合併，形成一個 PUSCH repetition。

方案 1 標準化影響小，並且參考訊號傳輸也有利於提高使用者檢測性能，但單符號的 PUSCH repetition 無法承載 UCI 資訊。方案 2 簡單，且可以避免上行無效傳輸，但捨棄規則還有待討論。方案 3 效率高但方案複雜，且合併後的 PUSCH repetition 可能造成使用者之間的參考訊號不對齊，影響使用者辨識和上行傳輸檢測性能。對於分割確定的單符號，標準最終採納了方案 2。

15.4.4 上行傳輸增強的頻域資源確定方式

一般來說上行傳輸透過跳頻獲得頻率分集增益。在 R15，上行重複傳輸是基於時間槽的重複，所以，採用隙間跳頻或時間槽內跳頻獲得頻率分集增益。對於連續重複傳輸，重複顆細微性變得更加精細，跳頻時域顆細微性是否也對應調整是一個需要討論的問題。標準討論了以下 4 種方案：

★方案 1：時間槽間跳頻。

★方案 2：時間槽內跳頻。

★方案 3：PUSCH repetition 間跳頻，傳輸重複可以是名義 PUSCH repetition 或實際 PUSCH repetition。

★方案 4：PUSCH repetition 內跳頻，傳輸重複可以是名義 PUSCH repetition 或實際 PUSCH repetition。

在考慮跳頻方案時，主要保證上行傳輸資源能夠獲得均等的頻率分集增益，即對應兩個頻域資源上的時域資源長度盡可能相同。另外，儘量避免過多的跳頻導致較多的導頻負擔。最終，標準採納了時間槽間跳頻和名義 PUSCH repetition 間跳頻。

15.4.5 上行傳輸增強的控制資訊重複使用機制

上行傳輸增強定義了兩類時域資源：名義 PUSCH repetition 和實際 PUSCH repetition。而上行控制資訊重複使用傳輸與 PUSCH repetition 資源有直接關係。對應地，上行控制資訊重複使用方案也需要增強，具體包括：重複使用時序，承載上行控制資訊的 PUSCH repetition 選擇和上行控制資訊重複使用資源確定等方面[12]。

1. 重複使用時序

重複使用時序用於保證終端有足夠的時間實現上行控制資訊重複使用。重複使用時序確定包括兩個主要方案：

★方案 1：基於與上行控制通道重疊的第一次實際的 PUSCH repetition 的起始符號確定。

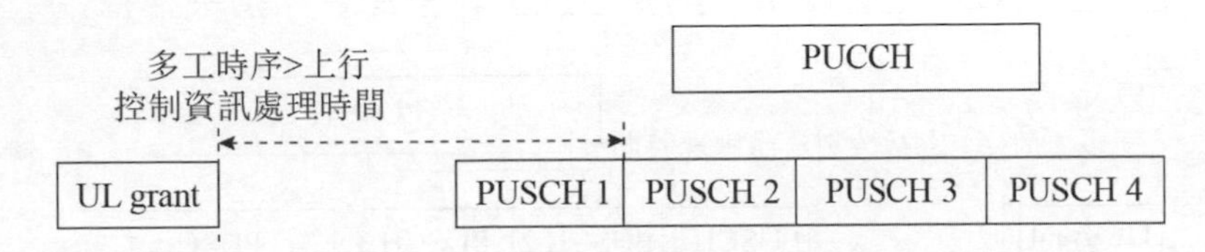

圖 15-22 上行控制資訊重複使用時序範例

★方案 2：基於與上行控制通道重疊的第 i 次實際的 PUSCH repetition 的起始符號確定，其中，第 i 次實際的 PUSCH repetition 的起始符號與最近的下行訊號的間隔不小於上行控制資訊重複使用的處理時間，i 小於等於實際的 PUSCH repetition 的最大次數。

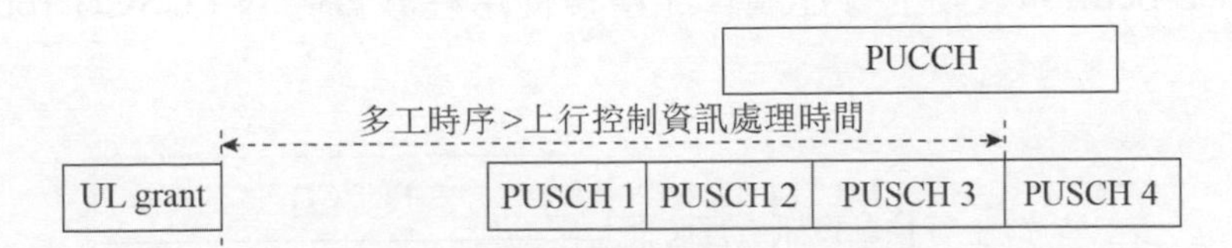

圖 15-23 上行控制資訊重複使用時序範例

方案 1 沿用了 R15 的設計想法，方案 2 允許上行控制資訊重複使用到第一個重疊的實際的 PUSCH repetition 之後滿足處理延遲的其他 PUSCH repetition 上，增強了重複使用資源選擇的靈活度，也就增加了上行控制資訊資源設定和上行資料傳輸排程的靈活度，降低了上行控制資訊或上行重複傳輸的延遲。但是方案 2 需要對 PUSCH repetition 進行選擇，增加了終端的複雜度，並且需要將 TA 考慮進來，而 TA 估計在終端和基地台之間可能存在誤差，可能造成基地台和終端確定的 PUSCH repetition 不同。標準最後採用了方案 1。

2. 承載上行控制資訊的 PUSCH repetition 選擇

★方案 1：與上行控制通道重疊的第一次實際的 PUSCH repetition。如圖 15-24 所示，第二個實際的 PUSCH repetition 是與 PUCCH 重疊的第一個實際的 PUSCH repetition，則上行控制資訊重複使用在該實際的 PUSCH repetition 上。但第二個實際的 PUSCH repetition 的資源可能會比較少無法將所有上行控制資訊重複使用，則會造成上行控制資訊遺失。

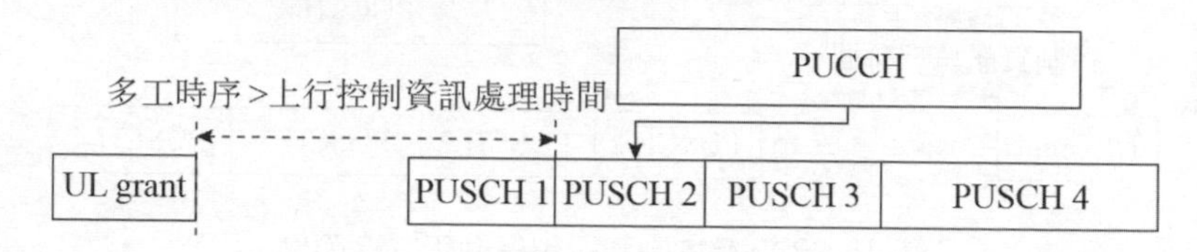

圖 15-24 重複使用上行控制資訊的 PUSCH repetition 選擇範例

★方案 2：與上行控制通道重疊的最近的且上行控制資訊重複使用資源充足的實際的 PUSCH repetition。如圖 15-25 所示，第三個實際的 PUSCH repetition 是與 PUCCH 重疊的第一個能夠承載所有上行控制資訊的實際的 PUSCH repetition，則上行控制資訊重複使用在該實際的 PUSCH repetition 上。

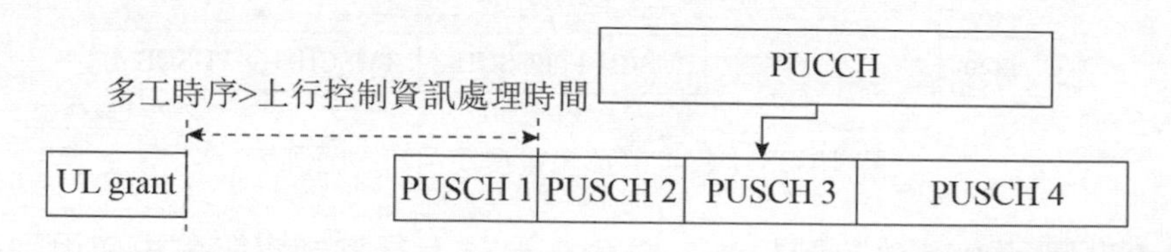

圖 15-25 重複使用上行控制資訊的 PUSCH repetition 選擇範例

★方案 3：與上行控制通道重疊的符號數最多的最近的實際的 PUSCH repetition。如圖 15-26 所示，第四個實際的 PUSCH repetition 是與 PUCCH 重疊的符號數最多的 PUSCH repetition，則上行控制資訊重複使用在該 PUSCH repetition 上。

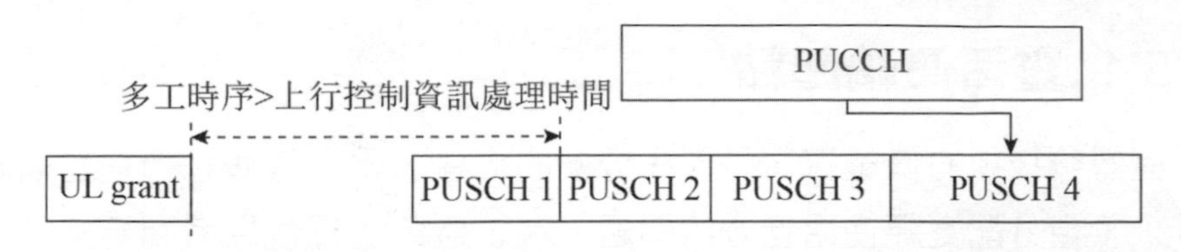

圖 15-26　重複使用上行控制資訊的 PUSCH repetition 選擇範例

方案 1 順延了 R15 設計，實現簡單且上行控制資訊傳輸延遲低，但可能造成上行控制資訊遺失。方案 2 在保證上行控制資訊不遺失的前提下，盡可能降低上行控制資訊傳輸延遲。方案 3 資源選擇策略簡單，且上行控制資訊傳輸資源最大化，避免上行控制資訊遺失損失，但上行控制資訊傳輸延遲不可控。標準最終採用了方案 1。

15.5 免排程傳輸技術

由於上產業務是由終端發起的，一般來説基地台在獲知上產業務需求後才會發起合理的排程。因此，傳統的上行傳輸過程比較複雜，主要包括：終端上報業務請求、基地台發起排程獲知業務需求、終端上報排程請求、基地台基於排程請求發起上行排程、終端基於上行排程傳輸資料。複雜的上產業務傳輸過程不可避免地帶來了排程延遲。對 URLLC 來説，這個排程延遲可能導致業務無法在延遲要求範圍內完成傳輸，或傳輸次數壓縮到 1 次，無法獲得自我調整重傳機制的增益，低效使用傳輸資源。因此，在 NR 階段，針對 URLLC 低延遲的需求，引入免排程傳輸技術。免排程傳輸技術的基本思想是基地台預先為終端分配上行傳輸資源，終端根據業務需求可以在預分配的資源上直接發起上行傳輸。免排程傳輸技術與 LTE 系統的 SPS 技術有相似之處，即資源都是預先設定的，但針對 URLLC 的低延遲特性，免排程傳輸技術在靈活傳輸起點，資源設定，多套免排程資源機制上做了進一步物理層最佳化設計。免排程高層技術詳見第十六章

15.5.1 靈活傳輸起點

免排程傳輸技術的傳輸資源是預先分配的，在簡化上行傳輸過程的同時，也帶來了預分配資源使用低效的問題。為了避免上行使用者間干擾，預分配資源被設定後，一般不會動態排程其他使用者使用。對不確定性業務來說，沒有業務需求時就會造成傳輸資源浪費。一般來說免排程傳輸資源會基於上產業務的到達特性（舉例來說，週期和抖動）和傳輸延遲需求等確定資源傳輸參數，舉例來說，免排程傳輸資源的週期。對於 URLLC，週期設定過長可能導致資源等待的延遲。如圖 15-27 所示，對於一個週期為 8ms，抖動範圍-1 到 1ms 的業務，基地台為其設定了 8ms 週期的免排程資源，即傳輸資來自 2ms 時刻開始每間隔 8ms 出現一次。由於業務到達存在抖動，業務無法正好在第 2ms 時刻前達到，如圖 15-27 所示，該業務在 2.5ms 時刻達到時，則需要等待 7.5ms 才能等到下一個資源。另一方面，週期設定過短會導致系統傳輸資源浪費。如圖 15-28 所示，對於同樣一個業務，基地台為了將等待資源的延遲控制在 1ms 內，為其設定了 1ms 週期的免排程資源。對於一個週期為 8ms 的業務，設定的免排程資源達到需求的 8 倍，造成了大量資源浪費。

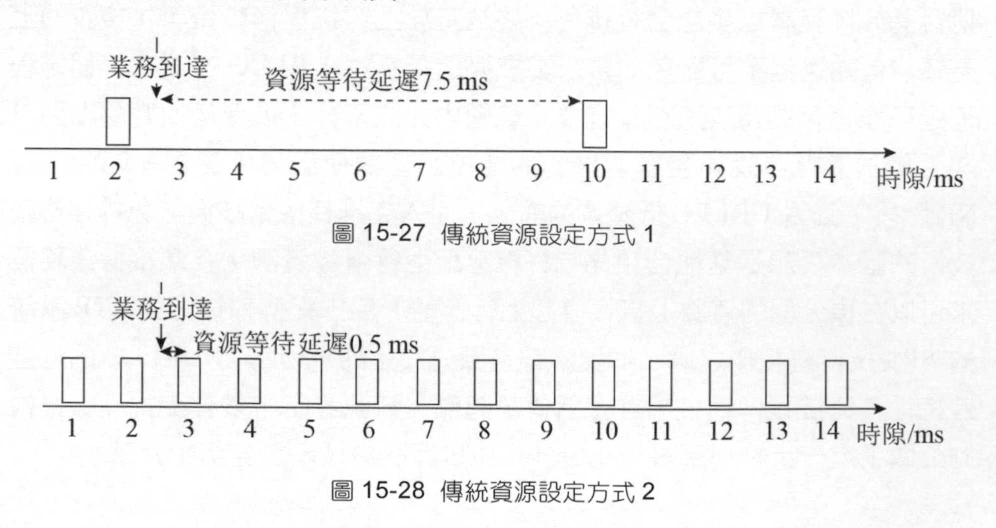

圖 15-27 傳統資源設定方式 1

圖 15-28 傳統資源設定方式 2

為了平衡傳輸延遲和系統資源使用效率，NR 系統在重複傳輸的基礎上引入了靈活傳輸起點,既避免了過多的容錯資源設定，也克服了業務達到抖動造成的過長的資源等待時間。具體地，基地台可以根據業務到達週期設定免排程資源週期，根據業務達到抖動和延遲需求，在一個週期範圍內設定一定重複次數的資源，並且允許終端在這些重複的資源上靈活發起傳輸，即使業務達到發生抖動，也能在較小的時間範圍內發起傳輸，無需等待到下一個資源週期。對於上述例子中同樣的業務，如圖 15-29，基地台為其設定了週期為 8ms,重複次數為 2 的免排程資源。當業務在 2.5ms 到達時，可以在第一週期內的第二個重複資源上傳輸，資源等待延遲為 0.5ms，但系統預留資源僅為所需資源的 2 倍，相比傳統資源設定方式 2 資源負擔縮減到 1/4。

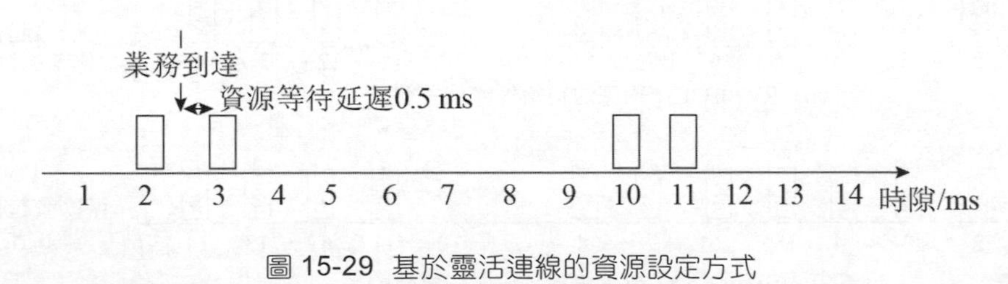

圖 15-29 基於靈活連線的資源設定方式

此外，為了避免資源混疊導致基地台無法區別多個週期上的上行資料的問題，限制了重複傳輸最晚在預設定的結束位置處結束，保證各個週期的傳輸資源是獨立的。

靈活傳輸起點大大減少了資源等待延遲，但是基於傳統 RV 序列｛0,2,3,1｝的重複傳輸，由於資料傳輸不一定都包含 RV0，所以終端可能無法把完整的原始資訊發送出去。

為了保證靈活傳輸起點的上行傳輸能夠把完整的原始資訊發送出去，NR 系統對於靈活連線的初次傳輸的 RV 進行了約束，即初次傳輸的 RV 採用 RV0。同時，為了能夠支援靈活連線，引入了 RV｛0,0,0,0｝和 RV｛0,3,0,3｝兩種序列。對於 RV{0,0,0,0}的情況，終端可以在任意的位置發送初始傳輸，如圖 15-30（a）。重複次數為 8 的最後一次傳輸除外。這種例外情況，考慮到重複次數為 8 的設定通常用於通道品質差的使用者，對於這些使用者，發起一次傳輸，傳輸可靠性，包括參考訊號檢測和資料通道的解調檢測，都難以保證。因此，對於重複次數為 8 的設定，做了特殊處理。對於 RV｛0,3,0,3｝的情況，終端可以在任意 RV0 的位置發起初始傳輸，如圖 15-30（b）。對於 RV ｛0,2,3,1｝的情況，終端僅能在第一個傳輸位置發起初始傳輸, 如圖 15-30（c）。

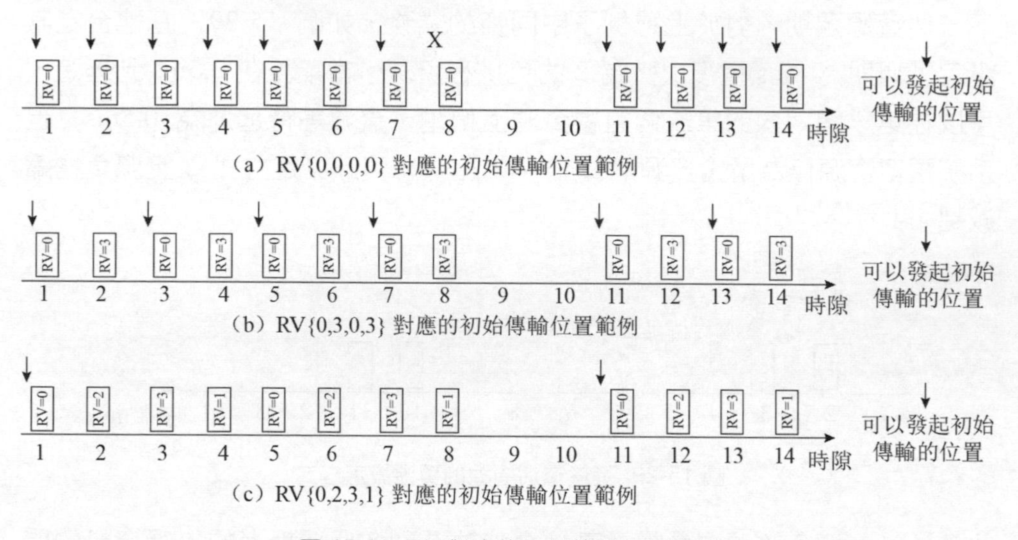

圖 15-30 RV 對應的初始傳輸位置範例

在 R15，一個 BWP 只能啟動一套免排程傳輸，引入靈活傳輸起點機制可以降低 URLLC 業務傳輸延遲。在 R16，支援多套免排程傳輸，對於不同時刻的到達的業務，可以採用與之匹配的免排程資源傳輸，因此，在 R16，是否採用靈活傳輸起點機制透過高層訊號設定。

15.5.2 資源設定機制

免排程資源設定方式包括兩種：類型 1 免排程資源設定方式和類型 2 免排程資源設定方式。其中：

- 類型 1 免排程資源設定方式透過高層訊號設定免排程資源上傳輸所需要的特定資源設定資訊（與動態上行傳輸不同或免排程傳輸特有的資訊）。類型一免排程資源設定方式一旦高層訊號設定完成，免排程資源就被啟動。
- 類型 2 免排程資源設定方式透過高層訊號設定免排程資源上傳輸所需要的部分特定資源設定資訊，透過下行控制資訊啟動並完成剩餘特定資源設定資訊的設定。

類型 2 較類型 1，具有動態資源啟動/去啟動，部分資源參數重設定的靈活性。但是由於需要額外的下行控制資訊啟動過程，引入了額外的延遲。類型 1 和類型 2 各有利弊，可以轉換不同的業務類型。舉例來説，類型 1 可以用於延遲敏感的 URLLC 業務，類型 2 可以用於需求具備時效性的 VoIP（Voice over Internet Protocol，基於 IP 的語音傳輸）業務。

1. 重複傳輸

重複傳輸是保證資料可靠性的一種常見方法，結合靈活傳輸起點，對 URLLC 高可靠和低延遲的需求，更是一舉兩得。因此，也成為重點研究技術點。在 NR 系統，引入了靈活的資源設定方式，舉例來説，符號級的時域資源設定方式。同樣地，在重複傳輸方式上也存在時間槽級重複傳輸和連續重複傳輸兩種方式，如圖 15-31 所示。

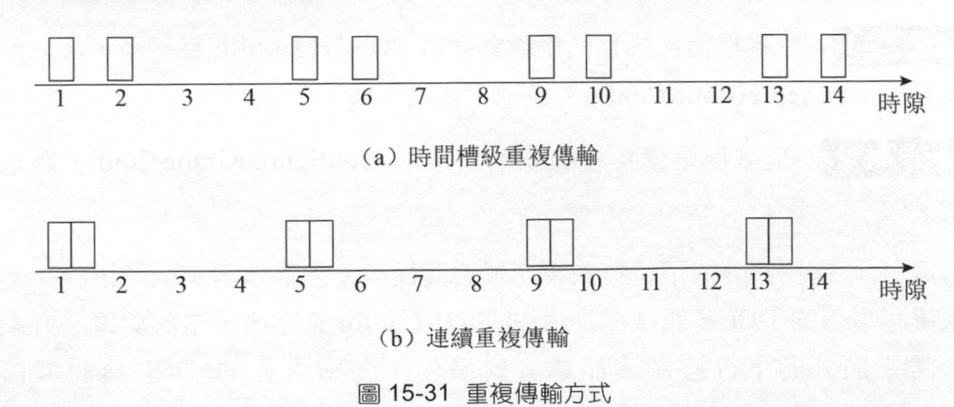

圖 15-31 重複傳輸方式

- 時間槽級重複傳輸的傳輸資源基於時間槽為單位進行重複，重複資源在每個時間槽內的位置是完全相同的。對於一次重複傳輸時域資源少於 14 個符號的情況，多次重複傳輸之間會存在間隙。該方式資源確定簡單，但重複傳輸之間存在間隙，引入一定的延遲。
- 連續重複傳輸的相鄰重複傳輸之間的時域資源是連續的。連續重複傳輸避免了重複傳輸之間的延遲，有利於低延遲業務傳輸。但是，連續重複傳輸資源確定較複雜，舉例來說，跨時間槽，SFI 互動操作等問題需要解決。

考慮到 R15 標準即將凍結，R15 優先採納了時間槽級重複傳輸方案。在 R16 上行重複傳輸增強專案中，針對 URLLC 低延遲需求，引入連續重複傳輸，詳見 15.4.2-15.4.5 節。至此，NR 系統支援了時間槽級重複傳輸和連續重複傳輸兩種傳輸方案。

2. 資源設定參數

動態上行傳輸的傳輸參數主要透過高層訊號 PUSCH-Config 設定，對於免排程傳輸，考慮到免排程傳輸用於 URLLC 業務，業務傳輸需求不同於正常業務，免排程傳輸的傳輸參數主要透過高層訊號 ConfiguredGrant-Config 獨立設定。但對於免排程重傳傳輸，它承載 URLLC 業務，但在動態資源區域傳輸，因此，對於免排程重傳傳輸參數的設定存在兩種方案：

★方案 1：免排程重傳排程的傳輸參數以 PUSCH-Config 為基礎，部分參數基於 ConfigureGrant-Config，最佳化傳輸性能。

★方案 2：免排程重傳排程的傳輸參數以 ConfiguredGrant-Config 為基礎。

方案 1 不需要額外的下行控制資訊域對齊操作，因為無論是動態排程還是免排程重傳的 DCI 資訊域都是由 PUSCH-Config 確定的，自然對齊。方案 2 需要額外的下行控制資訊域對齊操作，動態排程的 DCI 資訊域由 PUSCH-Config 確定的，而免排程重傳的 DCI 資訊域由 ConfiguredGrant-

Config 確定的，兩個高層參數設定獨立，可能導致對應的 DCI 資訊域不同。標準採納了方案 1。

當免排程重傳排程的傳輸參數以 PUSCH-Config 為基礎，而免排程啟動/去啟動的傳輸參數以 ConfiguredGrant-Config 為基礎時，採用同一個 CS-RNTI 加擾的下行控制資訊分別實現免排程重傳排程和啟動/去啟動操作時，只能透過 NDI，區別免排程重傳排程和啟動/去啟動兩類操作。辨識 NDI 的前提是 NDI 在下行控制資訊中的位元位置確定。但是由於兩個功能的下行控制資訊基於不同的高層參數確定，NDI 位置並不是天然對齊的。為了保證 NDI 位置對齊，標準對 ConfiguredGrant-Config 的參數設定做了約定，保證基於 ConfiguredGrant-Config 確定的資訊域長度不大於基於 PUSCH-Config 確定的資訊域長度。對於基於 ConfiguredGrant-Config 確定的資訊域長度小於基於 PUSCH-Config 確定的資訊域長度的情況，相關資訊域採用補零方式對齊[13]。

15.5.3 多套免排程傳輸

在 R15 階段，考慮到系統設計的複雜度和應用需求的必要性，限制一個 BWP 僅能啟動一個免排程傳輸資源。但在 R16 階段，考慮到以下兩種因素，引入了多套免排程資源傳輸機制。

- 存在多種業務類型，其業務達到週期，業務封包大小等業務需求存在較大差異。為了調配各類業務需求，需要引入多套免排程資源。如圖 15-32，免排程資源 1 用於短週期，存在業務抖動且時延敏感的小包業務。免排程資源 2 用於長週期，業務達到時間確定但封包較大的業務。調配業務的資源配置方式既能滿足業務傳輸需求，也能最佳化系統資源效率。

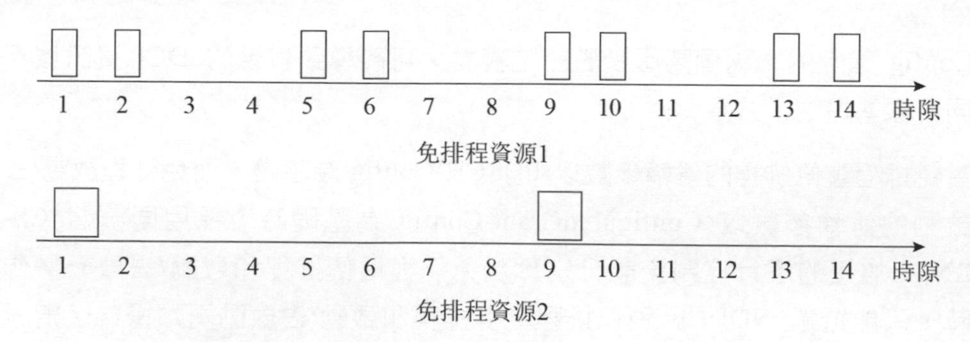

圖 15-32 適應多類型業務的多套免排程資源設定方式

- 靈活傳輸起點技術僅能適應低時延的需求，但由於結束位置固定，實際使用資源減少，業務的可靠性無法保證。為了同時解決時延和可靠性的需求，引入多套免排程資源適應不同時間達到的業務，且保證充分的重複。如圖 15-33，當業務在時間槽 1,5,9,13 到達時，採用免排程資源 1。當業務在時間槽 2,6,10,14 到達時，採用免排程資源 2。

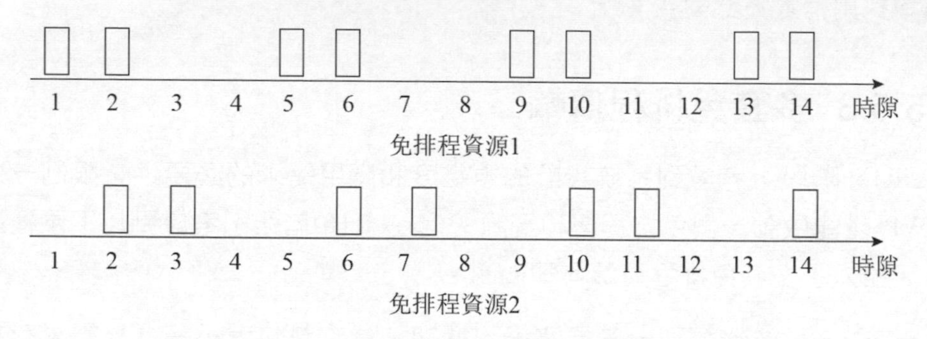

圖 15-33 適應業務到達時間的多套免排程資源設定方式

在 R15 階段，對於一個類型 2 的免排程傳輸機制，分別需要一個下行控制資訊啟動和去啟動類型 2 的免排程傳輸資源。在 R16 階段，引入多套免排程傳輸機制，尤其對於類型 2 的免排程傳輸機制，如果沿用 R15 啟動/去啟動訊號設計方式，則下行控制訊號負擔增加。為了控制下行控制訊號的負擔，對於啟動/去啟動訊號的獨立方案和聯合方案進行討論。

對於啟動訊號，多套免排程傳輸資源聯合方案可以減少訊號負擔，但是多套免排程傳輸資源分享部分資源設定，也會造成傳輸資源約束，對於轉換不同業務類型的免排程資源尤其不適用。為了保證各套免排程傳輸資源的最佳化，下行控制資訊需要最佳化設計，是否需要引入新的下行控制資訊格式也不確定。由於各個公司無法達成共識，R16 也沒有採納聯合啟動機制。

對於去啟動訊號，由於其不存在資源設定功能，僅是一個開關作用，聯合去啟動不需要太多額外的下行控制資訊設計工作，且減少下行控制資訊負擔的好處顯而易見。因此，聯合去啟動機制被採納。為了支援聯合去啟動，需要提前設定聯合去啟動的多套免排程傳輸資源集合映射表，去啟動的下行控制資訊透過指示集合編號造成聯合去啟動的效果。

15.5.4 容量提升技術

對於免排程傳輸，存在資源浪費的問題。為瞭解決這個問題，可以考慮使用 NOMA（Non-orthogonal Multiple Access，非正交多址連線）技術，提升免排程資源的容量。當然，NOMA 身為先進的多址連線技術，也曾是 5G 預選技術中的熱門技術其應用場景非常廣泛[14]。在 RAN1 #84bis 會議討論，確定了 NOMA 的應用場景及其預計效果，具體如表 15-3。

表 15-3 NOMA 應用場景

應用場景	需求	預計效果
eMBB	頻譜效率高 使用者密度大 使用者體驗公平	使用 NOMA 獲得更大的使用者容量 通道衰落和碼域干擾不敏感 鏈路自我調整對 CSI 精度不敏感
URLLC	可靠性高 延遲短 需要與 eMBB 業務重複使用	分級增益提高可靠性，並透過精準的連線設計避免衝突 延遲減少，透過 grant-free 增加傳輸機會 非正交重複使用多重業務
mMTC	巨量連線 小包傳輸 功率效率高	增加連線密度 使用免排程傳輸減少訊號負擔和降低功耗

NOMA 技術發送端處理是在現有的 NR 調解編碼的框架下，在部分模組增加 NOMA 處理實現，如圖 15-34 所示。

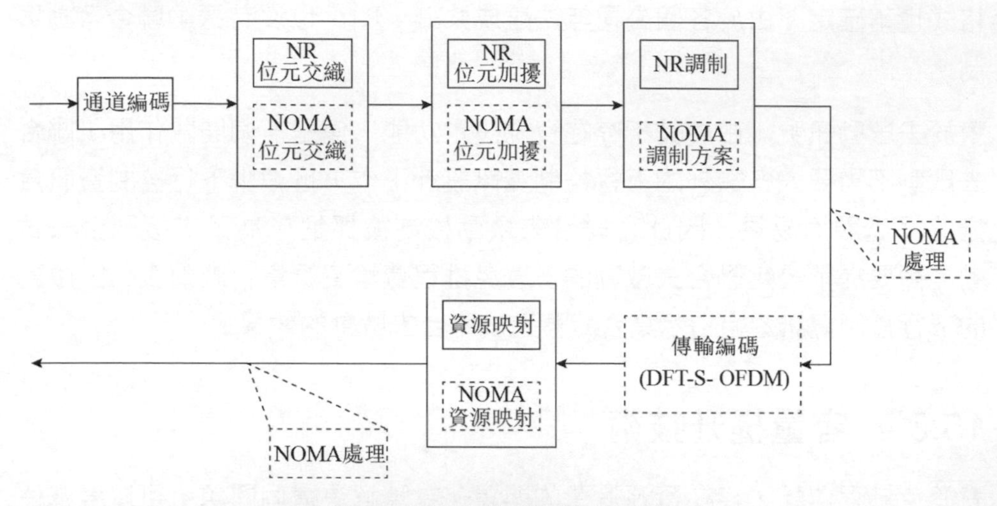

圖 15-34 NOMA 技術發送端處理流程

NOMA 傳輸處理的特徵在於增加了 MA（Multiple Access，多址連線）的標識及其相關的協助工具。討論了 MA 標識的實現方案，MA 標識相關的協助工具和 NOMA 接收演算法，具體內容如下：

1. MA 標識的實現方案有一下幾種：

★方案 1：位元級處理方式

透過位元級處理實現 NOMA 傳輸主要是透過隨機化來區分使用者。隨機化具體的實現方式有加擾和交織兩種：

- 透過位元級加擾的方式實現的 NOMA 傳輸，例如 LCRS（Low Code Rate Spreading，低碼率擴展）和 NCMA（Non-orthogonal Coded Multiple Access，非正交碼多址連線），使用了相同的發送流程，都包括通道編碼、速率匹配、位元加擾以及調解。使用者在位元加擾時使用使用者專屬的方式，因此，位元加擾功能可以作為 MA 標識。

- 透過位元級交織實現的 NOMA 傳輸，有 IDMA（Interleave Division Multiple Access，交織塊多址連線）和 IGMA（Interleave-Grid Multiple Access，交織網多址連線）。使用使用者專屬的交織方式可以是使用者的 MA 標識。舉例來説，使用 NR LDPC 的交織器代替速率匹配模組中的普通交織器，可以透過交織方式的不同區分使用者。

★方案 2：調解符號級處理方式

透過符號級處理時限 NOMA 傳輸主要是透過調整符號的特徵來區分使用者，主要方法有基於 NR 調解方式的擴充，使用者使用特定的調解方式，對於調解符號加擾，和使用零位元填充的調解符號交織方法。

- 基於 NR 調解方式的擴展
  使用低密度和低相關性序列進行的符號擴展，可以作為 MA 標識用來區分使用者。同時，為了調整頻譜效率，可以從 BPSK、QPSK 或高階 QMA 調整的星座圖中選取星座點作為 MA 標識的調解符號。用於符號擴展的序列可以是 WBE 序列、有量化元素的複數序列、格拉斯曼（Grassmannian）序列、GWBE（Generalized welch-bound equality）序列、基於 QPSK 的序列、稀疏傳播矩陣、基於多使用者干擾生成的序列等。
- 使用者使用特定的調解方式
  調整符號的擴展透過修改位元與調解符號的映射方式實現。例如將符號擴展與調解方式結合的 SCMA（Sparse Code Multiple Access，稀疏碼多址連線）技術，將 M 個位元映射到 N 個符號。不同的輸入位元數 M 有不同的映射方法，最終映射成稀疏的調解符號序列。
- 調解符號加擾
  使用調解符號加擾實現 NOMA 傳輸的有 RSMA 技術，其使用混合的短碼擴展和長碼加擾作為 MA 標識。加擾序列可以是根據使用者群組辨識號或社區辨識號生成，對應使用者群組專屬或社區專屬的加擾序列。用於加擾的序列可以是 Gold 碼、Zafoff-Chu 序列，或 2 者的組合。

- 使用零位元填充的調解符號交織方法
  使用使用零位元填充的調解符號交織方法實現 NOMA 傳輸的有 IGMA 技術。使用零填充和調解符號交織，實現稀疏的調解符號到 RE 映射並作為 MA 標識，進而區分不同的使用者。

★方案 3：使用者專屬的 RE 稀疏映射方式

上述 SCMA、PDMA（Pattern Division Multiple Access，模式塊多址連線）和 IGMA 技術中個，都提出了稀疏的調整符號到 RE 映射作為 MA 標識。具體的，都包括了零填充和調解符號的交織與映射，也可以透過稀疏擴展序列來實現稀疏調解符號到 RE 的映射，稀疏擴展序列是可以設定的，並且決定的 MA 標識的稀疏性。

★方案 4：OFDM 符號交錯傳輸方式

在這一方式中，使用者專屬的起始傳輸時間是 MA 標識的一部分。在週期內，透過不同的傳輸起始時間來區使用者。

2. MA 標識相關的協助工具包括以下幾種：

★方案 1：每個使用者多分支傳輸（Multi-branch transmission per UE）

使用者劃分多分支過程可以在通道編碼之前或通道編碼之後進行，在劃分多分支後，每個分支有專屬的 MA 標識，並且分支專屬 MA 標識替代使用者專屬的 MA 標識。不同分支專屬的 MA 標識可以是正交的，也可以的非正交的。不同分支專屬的 MA 標識也可以是共用的。

★方案 2：使用者或傳輸分支特定的功率分配（UE/branch-specific power assignment）

對於 GWBE 和多分支傳輸方案等 NOMA 技術，使用者或分支專屬的 MA 標識設計中考慮了功率分配的問題。

3. NOMA 的接收演算法，主要包括以下幾種方法：

★方案 1：MMSE-IRC

透過 MMSE（Minimum Mean Squared Error，最小均方誤差）演算法可以抑制小區間干擾，可以使用沒有干擾消除的 MMSE 接收演算法進行 NOMA 接收。使用一次 MMSE 檢測和通道解碼來解碼使用者資料。

★方案 2：MMSE-hard IC

使用有干擾消除的 MMSE 接收演算法，使用解碼器輸出的硬資訊進行干擾消除。干擾消除可以連續、平行或混合過程進行。對於連續干擾消除方式，成功解碼一個使用者時，將其從使用者池中刪除，對剩餘的使用者進行解碼。平行干擾消除時，反覆運算的檢測和解碼，每次反覆運算中，多個使用者平行解碼，解碼成功後，將使用者從使用者池中刪除。

★方案 3：MMSE-soft IC

使用有干擾消除的 MMSE 接收演算法，使用解碼器輸出的軟資訊進行干擾消除。干擾消除可以連續、平行或混合過程進行。對於連續和平行干擾消除方式，與 MMSE-hard IC 類似。對於混合干擾消除方式，在每次反覆運算中，使用硬資訊干擾消除成功的使用者才會被從使用者池中刪除。

★方案 4：ESE+SISO

使用反覆運算檢測和解碼，每次反覆運算更新狀態資訊，其狀態資訊包括平均值和方差。

★方案 5：EPA+ hybrid IC

採用反覆運算檢測和解碼。每個 EPA 和通道解碼器之間的外部反覆運算需要 EPA 內部的因數節點/資源元素（FN/RE）和變數節點（VN）/使用者之間的訊息傳遞通。干擾消除可以連續、並行或混合過程進行。

經過長時間的研究討論，NOMA 技術方案仍然比較分散，3GPP 難以就方案選擇達成一致，因此 NOMA 技術最終沒有被標準採納。

15.6 半持續傳輸技術

半持續傳輸技術是用於下行的免排程傳輸技術，主要用於小包週期性業務傳輸，可減少下行控制訊號負擔。在 R15，半持續傳輸基本沿用了 LTE 方案。在 R16, 考慮到 URLLC 的一些特徵，到達時間存在抖動和低延遲需求，半持續傳輸技術以及對應的 HARQ-ACK 回饋進行了增強[16]。本章僅關注物理層增強部分，高層增強技術詳見第 16 章。

15.6.1 半持續傳輸增強

R16 半持續傳輸增強包括多套半持續傳輸和短週期半持續傳輸。與多套免排程傳輸一樣，考慮到業務到達的抖動性，R16 引入多套半持續傳輸機制。多套半持續傳輸資源的啟動/去啟動訊號設計類似於多套免排程傳輸，即多套半持續傳輸資源的啟動是獨立的，但去啟動可以是聯合的。

多套半持續傳輸與多套免排程傳輸設計在以下兩點存在差別：

- 考慮到同一個優先順序的下行傳輸對應同一個 HARQ-ACK 編碼簿的約束，聯合去啟動的多套半持續傳輸也要屬於同一個優先順序。
- 對於多套半持續傳輸時域資源直接重疊的情況，接收半持續傳輸序號較小的半持續傳輸並回饋 HARQ-ACK。透過合理設定保證半持續傳輸序號排序與優先順序保持一致，即半持續傳輸序號越小，優先順序越高。對於間接重疊情況，終端可接收間接重疊的多套半持續傳輸。一個時間槽內接收的下行傳輸數目取決於終端上報的能力。

R15, 半持續傳輸的最小週期為 10ms，難以滿足 URLLC 業務需求。R16,半持續傳輸的最小週期擴充到 1ms。

15.6.2 HARQ-ACK 回饋增強

NR R15 中 UE 只支援一套 SPS PDSCH 設定，其最小週期為 10ms。在不考慮與動態排程 PDSCH 的 ACK/NACK 重複使用傳輸的情況下，每個 SPS PDSCH 根據半靜態設定的 PUCCH 資源（PUCCH 格式 0 或 PUCCH 格式 1）和啟動訊號中指示的 K_1，得到一個獨立的 PUCCH 傳輸對應的 ACK/NACK 資訊，如圖 15-35 所示。

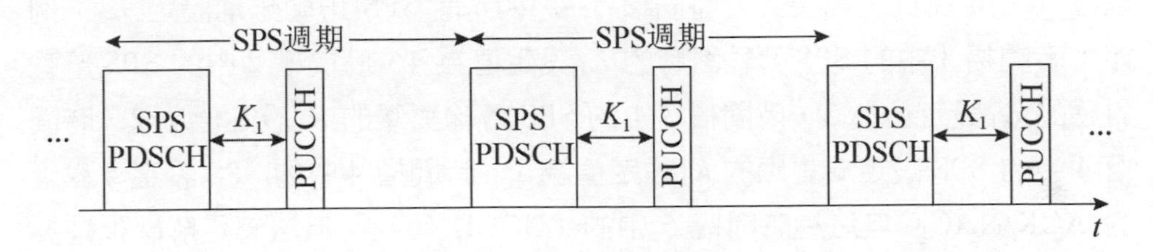

圖 15-35 R15 SPS PDSCH 對應的 ACK/NACK 回饋機制

R16 支援多套 SPS PDSCH 傳輸後，原有的一對一回饋機制將無法適用。3GPP 針對多套 SPS PDSCH 傳輸的 ACK/NACK 回饋增加主要討論了以下兩個問題：

1. 如何確定每個 SPS PDSCH 對應的 HARQ-ACK 回饋時間？

以圖 15-36 為例，基地台設定給終端四套 SPS 資源且 SPS 週期均為 2ms。如何確定每個 SPS PDSCH 對應的傳輸 ACK/NACK 的時間槽，標準化過程中提出了以下方案：

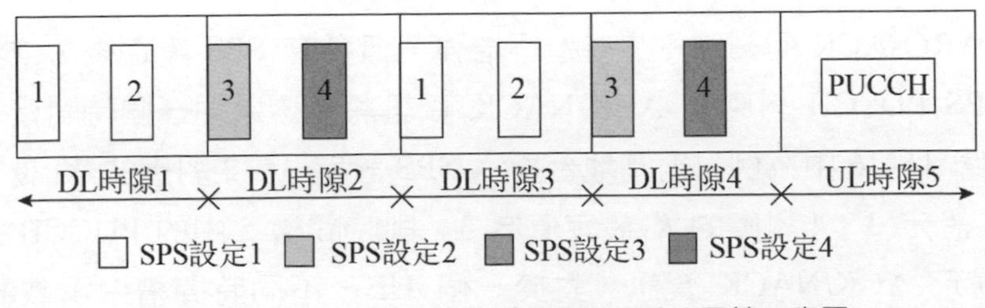

圖 15-36 多套 SPS 設定對應 ACK/NACK 回饋示意圖

★方案 1：將 ACK/NACK 推遲到第一個可用的上行時間槽內傳輸

以圖 15-36 中 SPS 設定 1 為例，若基地台指示 K_1 的設定值為 2，由於時間槽 3 為下行時間槽，則時間槽 1 中的 SPS 設定 1 對應的 ACK/NACK 資訊將從時間槽 3 延後到時間槽 5 進行傳輸。而時間槽 3 中的 SPS 設定 1 對應的 ACK/NACK 資訊不需要延後，仍然在時間槽 5 中傳輸。

★方案 2：針對每個 SPS 傳輸設定 K_1

以圖 15-36 為例，需要針對時間槽 1~4 中所有 SPS 傳輸分別設定 K_1，例如：時間槽 1 中的 SPS 傳輸對應的 K_1 設定值為 4，時間槽 2 中的 SPS 傳輸對應的 K_1 設定值為 3，時間槽 3 中的 SPS 傳輸對應的 K_1 設定值為 2，時間槽 4 中的 SPS 設定 3 對應的 K_1 設定值為 1，時間槽 4 中的 SPS 設定 4 對應的 ACK/NACK 無法在時間槽 5 中的 PUCCH 傳輸（無法滿足解碼延遲要求），需要指示其他設定值。

方案 1 終端實現較為複雜，方案 2 訊號負擔大。在 3GPP RAN1 討論過程中，方案 1、2 都沒有得到透過，最終確定設定多套 SPS 資源時，不對 HARQ-ACK 回饋時序做增強，即沿用 R15 機制，針對每套 SPS 設定指示一個 K_1。以圖 15-36 中 SPS 設定 1 為例，若基地台指示 K_1 的設定值為 2，則時間槽 1 中的 SPS 設定 1 對應的 ACK/NACK 需要在時間槽 3 中傳輸，由於時間槽 3 為下行時間槽，因此該 ACK/NACK 無法傳輸。而時間槽 3 中的 SPS 設定 1 對應的 ACK/NACK 在時間槽 5 中傳輸。

2. 如何設定 PUCCH 資源？

雖然 HARQ-ACK 回饋時序沒有進行增強，但多套 SPS 設定後，依然存在多個 SPS PDSCH 對應的 ACK/NACK 資訊需要透過同一個時間槽進行回饋。以圖 15-36 中為例，若基地台指示 SPS 設定 1、2 對應的 K_1 設定值為 4，SPS 設定 3、4 對應的 K_1 設定值為 3，則時間槽 5 中的 PUCCH 需要承載 4 位元 ACK/NACK 資訊。對於一個 UE，不同時間槽中承載的 SPS PDSCH 對應的 ACK/NACK 資訊的位元數量可能是不同的，如何確定每個時間槽中實際使用的 PUCCH 資源是另一個需要討論的問題。

★方案 1：針對多套 SPS 設定多個公共 PUCCH 資源。根據當前時間槽中實際回饋的 ACK/NACK 位元數目從多個公共資源中選擇一個作為實際使用的 PUCCH 資源。

★方案 2：針對多套 SPS 設定多組公共 PUCCH 資源。根據當前時間槽中實際回饋的 ACK/NACK 位元數目從多組公共資源中選擇一組，並根據最後一個 DCI 啟動訊號中的指示從該組資源中選擇一個作為實際使用的 PUCCH 資源。

對於 SPS PDSCH 基於啟動訊號確定 PUCCH 資源所能夠提供的排程靈活性有限，而設定的 PUCCH 資源負擔卻顯著增加。因此 3GPP RAN1 98bis 會議上同意使用方案 1 確定重複使用傳輸多個 SPS PDSCH 對應的 ACK/NACK 資訊的 PUCCH 資源。

15.7 使用者間傳輸衝突

在 NR 系統設計時，為了支援 URLLC 的靈活部署，不僅考慮 URLLC 和 eMBB 獨立布網，也考慮同一個網路支援 URLLC 和 eMBB 兩種業務。然而，URLLC 業務和 eMBB 業務的需求不同，URLLC 業務需要被快速排程並傳輸，延遲低至 1ms。eMBB 業務相對 URLLC 業務的延遲需求較寬鬆。對應地，URLLC 的排程時序短，eMBB 的排程時序長，如圖 15-37 所示。由於兩者的排程時序不同，可能存在兩種業務間的衝突。尤其為了保證 URLLC 能夠及時排程，系統允許 gNB 排程 URLLC 時，使用已經排程給 eMBB 業務的資源，如圖 15-37。圖 15-37 以上行傳輸為例，對於下行傳輸也存在類似的使用者間資源衝突問題。此時，URLLC 終端和 eMBB 終端在相同的資源上進行資料傳輸，URLLC 終端和 eMBB 終端的資料傳輸會成為彼此的干擾，使得 URLLC 和 eMBB 的可靠性難以滿足需求。為瞭解決這種衝突的情況，3GPP 具體討論了下行先佔技術，上行取消傳輸技術和上行功率調整方案[17-23]。

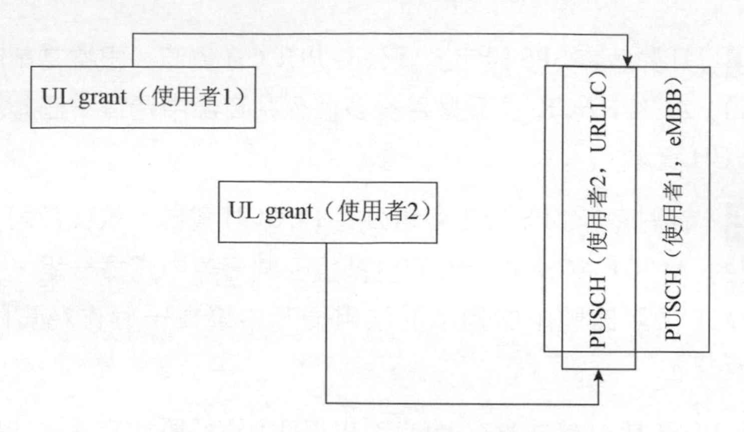

圖 15-37 URLLC 和 eMBB 傳輸衝突

15.7.1 衝突解決方案

在 3GPP 會議討論中，針對 URLLC 和 eMBB 共存並且傳輸資源存在衝突的情況，對下行 PDSCH 傳輸和上行 PUSCH 傳輸分別進行了討論。本節以 URLLC 終端和 eMBB 終端的資料傳輸資源存在衝突的情況為例說明使用者間衝突解決方案。

1. 針對使用者間下行 PDSCH 傳輸，在討論過程中，有以下幾種候選方案：

★方案 1：搶佔 eMBB PDSCH 資源，並丟棄相應傳輸

對於已經排程給 eMBB 終端的 PDSCH，gNB 可以先佔被排程的資源，用於排程 URLLC 終端，並且，gNB 發送訊號，告知 eMBB 終端被先佔的資源。eMBB 終端收到 gNB 發送的先佔訊號後，終端認為訊號指示的資源上沒有發送給自己的資料，也就是說終端會忽略在這些資源上收到的資料。

★方案 2：搶佔 eMBB PDSCH 資源，並延遲發送相應傳輸

對於已經排程給 eMBB 終端的 PDSCH，gNB 可以先佔被排程的資源，用於排程 URLLC 終端。URLLC 的 PDSCH 傳輸結束後，gNB 恢復被先佔資源上 eMBB 資料的傳輸，其使用的資源可以是透過 DCI 顯示指示的，也可以是透過高層訊號的設定。

方案 1 需要增加新的訊號，終端在解調解碼 PDSCH 時，需要對部分資料做特殊處理或不處理。方案 2 需要改變傳統的 PDSCH 處理流程，即一個調解後的資料區塊拆分成多個部分，透過多次排程，排程在到多個時頻資源上發送。由於調解後資料區塊的拆分方式是動態變化的，並不是總能找到一個與先佔資源的資源數和通道條件完全匹配的時頻資源區塊。而且也會帶來資源碎片的問題。方案 1 較方案 2 而言，標準化和實現的複雜度低。經研究討論，方案 1 最終被採納。

2. 針對使用者間上行 PUSCH 的傳輸衝突，在討論過程中，有以下幾種候選方案：

★方案 1：搶佔 eMBB PUSCH 資源，對應的 eMBB PUSCH 取消傳輸

透過 UL CI（Uplink Cancellation Indication，上行取消傳輸訊號），指示 eMBB PUSCH 和 URLLC PUSCH 的衝突資源。終端收到 UL CI，根據自己的傳輸資訊和 UL CI 指示的衝突資源的資訊，確定是否需要取消傳輸以及如何取消傳輸。

★方案 2：對 URLLC PUSCH 進行功率調整

透過開環功率調整指示訊號，在 eMBB PUSCH 和 URLLC PUSCH 存在資源衝突時，更新 URLLC 終端的功率參數，採用較高的發送功率進行資料傳輸。

方案 1 可以將來自 eMBB 的干擾消除乾淨，保障 URLLC 的可靠性。當方案 1 需要 eMBB 終端具備快速停止的處理能力，增加了 eMBB 終端的複雜度，而增益卻在 URLLC 終端。而且考慮到系統中，還會有一些不支援該功能的終端，對於來自這些終端的干擾，是無法消除的。方案 2 透過增強 URLLC 終端的能力克服干擾，避免增加 eMBB 複雜度。並克服了方案 1 無法解決的問題。但方案 2，一方面干擾消除不徹底，另一方面，對於功率受限的使用者，無法保證 URLLC 可靠性。方案 1 和方案 2 各有利弊，而且存在一定的互補性，均被 3GPP 會議採納，並分別進行了討論。

對於方案 1，在討論初期，設定終端收到 UL CI 後，如果 UL CI 指示的資源與自己的傳輸資源存在衝突時，終端取消當前傳輸，不然終端不會取消傳輸。考慮到終端恢復上行傳輸的複雜度，取消傳輸的範圍是從衝突資源的起點開始直到當前傳輸的結束位置。而不僅是衝突資源部分。對於重複傳輸情況，取消傳輸針對每一個重複傳輸獨立執行，如圖 15-38。

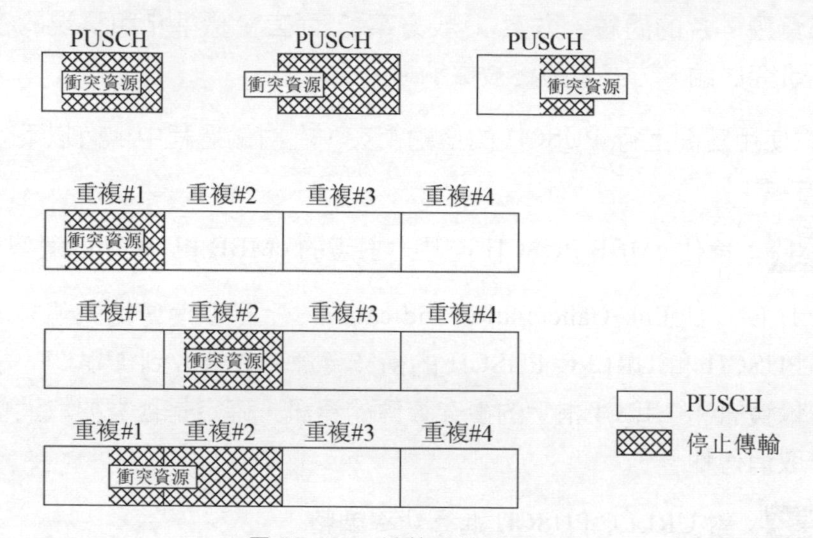

圖 15-38 取消傳輸的 PUSCH

在後期討論過程中，針對 UL CI 指示資源與終端 PUSCH 傳輸資源存在衝突時，是否需要根據 PUSCH 的優先順序確定 PUSCH 是否取消傳輸的問題進行了進一步討論。部分公司支援忽略優先順序直接進行取消傳輸，部分公司支援根據優先順序確定是分批傳輸，如果優先順序指示資訊指示的優先順序為高優先順序，則 PUSCH 不取消傳輸，不然 PUSCH 取消傳輸。忽略優先順序取消傳輸的方案，不論優先順序是高或低，在 UL CI 指示的資源與 PUSCH 資源存在衝突時，PUSCH 取消傳輸。對應的，會降低 URLLC 的傳輸效率。主要原因是，排程資訊中的優先順序指示主要用於同一使用者的不同業務的優先順序指示，對不同使用者存在指示不準確的情況，即同一種業務，對於不同的使用者，可能是不同的優先順序，例如：某種業務對於使用者 1 是高優先順序，對於使用者 2 是低優先順序，此時，如果按照優先順序進行取消傳輸，則會出現同一種業務對不同的使用者有不同的取消傳輸的情況。最終經討論決定，引入高層參數設定是否根據優先順序進行 PUSCH 取消傳輸。

15.7.2 先佔訊號設計

先佔訊號的設計主要考慮先佔訊號的發送時間，與被先佔傳輸的時序關係，先佔訊號的格式，發送週期，需要的檢測能力等，這些問題在 3GPP 會議上進行了詳細討論。

首先對 DL PI（Downlink Pre-emption Indication，下行先佔指示）介紹，對於 DL PI 訊號設計，主要從下面幾個方面討論。

1. 先佔訊號的訊號類型

★方案 1：組公共 DCI

一個或多個終端屬於一個組，接收相同的先佔訊號。採用衝突資源指示的方式，終端接收先佔訊號後，對衝突資源上資料做特殊處理或不接收檢測。

★方案 2：UE 專屬 DCI

一個先佔訊號只發給一個終端。如果多個終端的傳輸資源都受到 URLLC 業務先佔，則需要發送多個先佔訊號。

方案 1 採用多點傳輸方式，多個使用者共用資訊，訊號負擔小。方案 2 採用使用者專屬 DCI，可以針對性地指示衝突資源，指示精度高。而且使用者專屬 DCI 可以採用最佳化的傳輸方式，例如波束成形，提高下行控制資訊傳輸效率。但當多個終端的傳輸資源都受到 URLLC 業務先佔時，訊號負擔較大。考慮到 URLLC 常採用大頻寬資源設定方式，受影響的使用者數不止一個。標準採納了方案 1。

2. 下行先佔訊號的發送時間

DL 用於指示 PDSCH 的資源衝突情況。關於 DL PI 訊號的發送時機，標準中討論了討論了以下 4 種方案，如圖 15-39：

★方案 1：DL PI 在衝突時間槽 n，衝突資源之前發送。

★方案 2：DL PI 在衝突時間槽 n，衝突資源之後發送送。

★方案 3：DL PI 在衝突時間槽的下一個時間槽的 PDCCH 資源上發送；。

★方案 4：DL PI 在衝突時間槽的 k 個時間槽之後的 PDCCH 資源上發送。

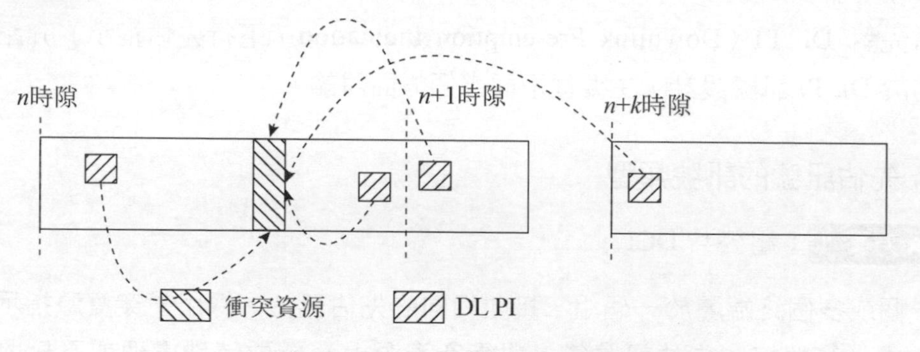

圖 15-39 DL PI 發送時間示意圖

方案 1，2，3，4 在實現時，都需要空閒的 PDCCH 資源用於傳輸 DL PI，其區別主要在於 DL PI 的發送時間與衝突資源或有衝突 PDSCH 資源的時間關係。在 R16 討論時，對以上方案進行的模擬比較，方案 1 對於性能沒有明顯影響，方案 1 和方案 2 的實現複雜度較高。方案 3 和方案 4，DL PI 指示兩個 DL PI 直接的資源先佔情況，DL PI 直接的時間間隔越短，其指示的先佔資訊越及時準確。最終標準標採納了方案 3，並放鬆了 PDCCH 位置的約束。具體地，為 DL PI 設定專屬搜尋空間，發生衝突傳輸時，在衝突時間槽之後的第一個時間槽發送 DL PI。

3. 下行先佔訊號的格式

DL PI 採用 DCI 格式 2_1。DCI 格式 2_1 攜帶多個先佔資訊域，每個資訊域包含 14bit，與一個載體相對應，其對應關係為高層訊號設定。DCI 格式 2_1 的負載大小可變，最小 14bit, 最大為 126bit。

UL CI 訊號設計的討論，與 DL PI 類似。但 UL CI 在 DL PI 之後討論，很多方法參考了 DL PI，見表 15-4。

表 15-4 DL PI、ULCI 訊號設計比較

類別	DL PI	UL CI
訊號類型	組公共 DCI	組公共 DCI
訊號發送時間	衝突資源之後	衝突資源之前
DCI 大小	最小 14bit，最大 126bit	最小 14bit，最大 126bit
資源指示方式	指示顆細微性可設定，指示資源範圍固定	指示顆細微性可設定，指示資源範圍可設定

UL CI 與 DL PI 訊號的主要區別在於訊號發送時間和資源指示方式，其中，資源指示方式詳見 15.7.3 節。對於訊號的發送時間，DL PI 可以在 PDSCH 接收或沖入資源之後發送，終端在解碼 PDSCH 時，設定在重傳合併時，才會參考 DL PI 指示。UL CI 作用是取消 PUSCH 傳輸，故而，只有在衝突資源之前發送 UL CI，才可以造成取消傳輸的作用。因此，UL CI 的傳輸必須在衝突資源之前發送，並且保證終端有足夠的取消傳輸處理時間。

15.7.3 先佔資源指示

先佔訊號指示被先佔的資源，本節主要討論先佔訊號指示的資源範圍是如何確定的。

對於 DL PI 指示的資源範圍，在確定 DL PI 的週期發送方式之後，進行了討論，主要包括：

1. 先佔訊號指示的時域範圍

由於先佔訊號是週期發送的，時域範圍是當前先佔訊號之前的訊號發送週期對應的時間長度對應的一組 OFDM 符號集合，可以確保所有的時域資訊都可以被先佔訊號指示，避免了不能被指示的情況。訊號發送週期對不同的子載體間隔的服務社區對應不同的 OFDM 符號數。

2. 先佔訊號指示的頻域範圍

- 半靜態設定頻域範圍，由高層信號指示搶佔信號指示的頻域範圍，設定靈活。
- 協定約定頻域範圍，比如，協定約定 DL PI 指示的是當前啟動的 DL BWP。

討論決定採用協定約定的方法確定先佔訊號指示的頻域範圍，即當前啟動的 DL BWP。這樣可以使得先佔訊號指示的頻域範圍最大，並節省設定頻域範圍的訊號負擔。

3. 先佔訊號的指示方法

針對先佔訊號的指示方法，研究了以下幾個方案：

★方案 1：時域/頻域分別指示

具體來說，時域指示方法包括：

- 先指示時域範圍中的某個時間槽，再指示被指示的時間槽中的 OFDM 符號。
- 將時域範圍用 bitmap 指示，每個 bit 指示相同的時域長度。

頻域指示方法包括：

- 使用 bitmap 指示 RBG 的佔用情況。
- 使用起點+終點的方法指示 RB 佔用情況。

★方案 2：時域/頻域聯合指示

如圖 15-40，將先佔訊號指示的時頻域範圍劃分為二維格式，每個 bit 指示圖中的格子，每個格子代表 x 個 OFDM 符號和 y 個 PRB 的時頻範圍。

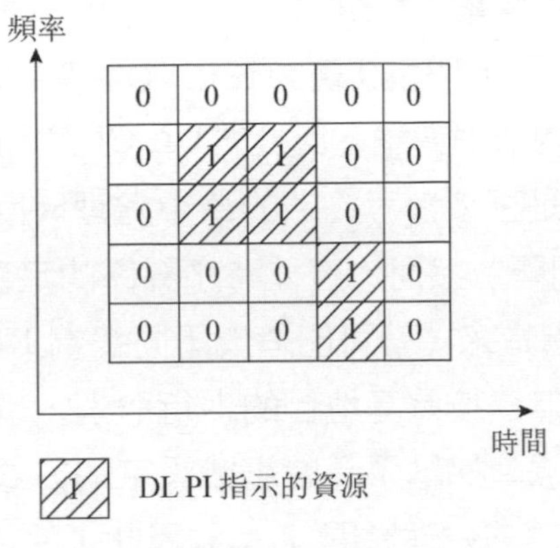

0	0	0	0	0
0	1	1	0	0
0	1	1	0	0
0	0	0	1	0
0	0	0	1	0

圖 15-40 DL PI 資源指示方案

方案 1 指示精度高於方案 2，但負擔大。經過討論決定採用方案 2，並設定{M,N}，M 表示將先佔訊號指示的時域範圍分為 M 個時域組，N 表示將先佔訊號指示的頻域範圍分為 N 個頻域組，{M,N}的設定值有 2 種，{14,1}和{7,2}。

對於 UL CI 如何指示 RUR（Reference Uplink Resource，參考資源範圍），盡可能參考 DL PI 指示方法的設計，降低標準化和實現的複雜度。但是，考慮到 PUSCH 與 PDSCH 的傳輸過程不同，上行取消傳輸與下行先佔過程存在一定差異，因此，在 UL CI 資源指示上還有一額外的考慮：

- RUR 與 UL CI 搜尋空間週期的關係

用於傳輸 URLLC 的 PUSCH 較 PDSCH 有更小的時域資源，為了更加精確的指示取消傳輸的 PUSCH 資源，UL CI 指示的時域資源範圍與指示顆細微性較 DL PI 更加靈活和精確。時域資源確定的具體討論如下：

- 根據 UL CI 的傳輸週期確定，即傳輸週期為 RUR 的時域長度。
- 由高層信令設定 RUR 包含的 OFDM 符號數目。

經過會議討論，如果搜尋空間週期大於 1 個時間槽，則使用搜尋週期作為 RUR 的時域範圍。不然透過高層訊號設定的方法，確定時域範圍。

■ UL CI 與 RUR 起點的時序關係

DL PI 在 PDSCH 之後傳輸，並且對延遲不敏感。而 UL CI 用於指示終端取消傳輸 PUSCH，故而，UL CI 需要在被取消傳輸的 PUSCH 資源之前傳輸並且能夠在短時間內取消傳輸。因此，UL CI 與 RUR 起點的間隔不能太長，一種直觀的方法是直接參考終端的最小處理時間 $T_{proc,2}$，確定 UL CI 到 RUR 起點的時間間隔。然而，這種時序關係的定義通常不會把 TA 考慮進來。如果把 TA 考慮進來，就可能造成不同終端 RUR 起點在基地台側不對齊，這樣干擾可能無法按照基地台的期待取消，或需要過度取消保證干擾消除乾淨。因此，標準採納了高層訊號設定的方式。考慮到取消過程需要滿足處理能力 2 對應的處理時間 $T_{proc,2}$. 因此，採用在 $T_{proc,2}$ 基礎上再加一個偏移量的方式，該偏移量透過高層訊號設定。

■ RUR 的頻域資源確定

用於傳輸 URLLC 的 PUSCH 和 PDSCH 在頻域資源上有很大區別，PDSCH 在頻域上佔用更多的資源，而上行傳輸存在功率受限的問題，因為 PUSCH 的頻域範圍不會太大，故而 UL CI 和 DL PI 相比，其指示範圍和指示顆細微性都有所區別。頻域資源確定的具體討論如下：

- 採用協定約定方式，將終端所在 BWP 上的所有 PRB 作為 RUR。
- 由高層信號設定 RUR 包含的 PRB 的位置和數目。

考慮到終端在進行上行傳輸時，會存在功率限制，PUSCH 的頻域資源不一定會沾滿整個載體頻寬，故而選擇靈活性較好的由高層訊號設定確定頻域資源的方法。

4. 取消傳輸訊號的指示方法

雖然 UL CI 的指示方法，在 R16 階段又進行了新的討論，但最終還是採用了 DL PI 所採用的方法，即時域/頻域聯合指示。

15.7.4 上行功率控制

對於 eMBB PUSCH 和 URLLC PUSCH 的傳輸資源存在衝突時，除了取消 eMBB PUSCH 傳輸，還可以透過調整 URLLC PUSCH 傳輸功率的方法，提高 URLLC PUSCH 的接收訊號雜訊比，進而保證 URLLC PUSCH 的可靠性。

該場景的功率控制目的與傳統的功率控制不一樣，具有突發性，變化範圍大，沒有延續性等特徵，因此，在現有功率控制機制上做了進一步的調整，包括：

1. 功率參數的選擇

★方案 1：設定不同的開環功率參數，透過信號指示使用哪一個參數進行功率計算。

★方案 2：增加閉環功率調整步進值的個數，在資源衝突時，使用較大的閉環功率調整步進值，使得傳輸功率可以快速調整。

閉環功率調整有累計和非累計兩種方式。DCI 中有閉環功率調整資訊時，對於非累計的方式，雖然新的閉環功率調整步進值對於之後的傳輸沒有影響，但是在衝突資源上的干擾大小不固定，不同的干擾情況需要使用不同的的閉環功率調整步進值來提高解碼 SINR（signal-to-noise and interference ratio，訊號雜訊比），因此，需要增加較多的閉環功率調整步進值，並且實現需要根據干擾情況使用不同的調整不成，複雜度較高。對於累計方式，如果按照現有的規則累計，則會影響後續的傳輸功率確定，如果不累計，則需要更改現有的閉環功率調整規則，並且需要增加訊號指示當前的閉環功率調整參數是否需要累計。採用更新開環功率參數的方式，不存在多次傳輸之間的累計問題，而且可以達到相同的功率控制效果，因此，標準採納了開環功率參數調整方式。

2. 功率參數指示方式

★方案 1：組公共 DCI

組公共 DCI 中包含組內每個終端和/每個資源區域需要使用的功率調整參數。當組內有一個終端需要進行功率調整時，組公共 DCI 就需要發送。組公共 DCI 適用於免排程傳輸。

★方案 2：UE 專屬 DCI

在上行排程 DCI 中，增加功率參數指示域，用來指示當前排程傳輸時使用的功率參數。UE 專屬 DCI 適用於動態排程傳輸。

方案 1，各家公司無法達成一致意見，沒有被採納。方案 2 對標準修改較少，被採納。

15.8 小結

本章介紹了 NR 系統中針對 URLLC 最佳化的物理層技術，主要包括 R15 階段的處理能力，MCS/CQI 設計，免排程傳輸和下行先佔技術和 R16 階段的下行控制通道增強，上行控制增強，上行資料共用通道增強，處理時序增強，免排程傳輸增強，半持續傳輸增強和上行先佔技術。

參考文獻

[1] R1-1903349, Summary of 7.2.6.1.1 Potential enhancements to PDCCH, Huawei, 3GPP RAN1 #96, Athens, Greece, February 25 –March 1, 2019

[2] R1-1905020, UCI Enhancements for eURLLC, Qualcomm Incorporated, 3GPP RAN1 #96b, April 8th –12th, 2019, Xi'an, China

[3] R1-1906752, On UCI Enhancements for NR URLLC, Nokia, Nokia Shanghai Bell, 3GPP RAN1#97, Reno, Nevada, US, 13th –17th May 2019

[4] R1-1906448, UCI enhancements for URLLC, OPPO, 3GPP RAN1#97, Reno, Nevada, US, 13th –17th May 2019

[5] R1-1907754, Summary on UCI enhancements for URLLC, OPPO, 3GPP RAN1#97, Reno, US, May 13th –17th 2019

[6] R1-1909645, Offline summary on UCI enhancements for URLLC, OPPO, 3GPP RAN1#98, Prague, CZ, August 26th –30th, 2019

[7] R1-1912519, UCI enhancements for URLLC, OPPO, 3GPP RAN1#99, Reno, US, November 18th –22nd, 2019

[8] R1-1717075, HARQ timing, multiplexing, bundling, processing time and number of processes,Huawei, 3GPP RAN1 #90bis, Prague, Czech Republic, 9th –13th, October 2017

[9] 3GPP TS 38.214, NR; Physical layer procedures for data, V15.9.0 (2020-03)

[10] R1-1716941 Final Report of 3GPP TSG RAN WG1 #90 v1.0.0, MCC Support, 3GPP RAN1 #90bis, Prague, Czech Rep, 9th –13th October 2017

[11] R1-1911695,Summary of Saturday offline discussion on PUSCH enhancements for NR eURLLC , Nokia, Nokia Shanghai Bell, 3GPP RAN1 #98bis, Chongqing, China, 14th –20th October 2019

[12] R1-2001401, Summary of email discussion [100e-NR-L1enh_URLLC-PUSCH_Enh-01], Nokia, Nokia Shanghai Bell, 3GPP TSG-RAN WG1 Meeting #100-e, e-Meeting, February 24th –March 6th, 2020

[13] R1-1808492, Discussion on DL/UL data scheduling and HARQ procedure, LG Electronics, 3GPP RAN1 #94, Gothenburg, Sweden, August 20th –24th, 2018

[14] 3GPP TR 38.812 V16.0.0 Study on Non-Orthogonal Multiple Access (NOMA) for NR

[15] R1-1909608, Summary#2 of 7.2.6.7 Others, LG Electronics, 3GPP RAN1 #98, Prague, Czech Republic, August 26th –30th, 2019

[16] R1-1911554, Summary#2 of 7.2.6.7 others, LG Electronics, 3GPP RAN1 #98bis, Chongqing, China, October 14th - 20th, 2019

[17] R1-1611700, eMBB data transmission to support dynamic resource sharing between eMBB and URLLC, OPPO, 3GPP RAN1 #87,Reno, USA, 14th - 18th November 2016

[18] R1-1611222,DL URLLC multiplexing considerations, Huawei, HiSilicon,3GPP RAN1 #87,Reno, USA, 14th - 18th November 2016

[19] R1-1611895, eMBB and URLLC Multiplexing for DL, Fujitsu,3GPP RAN1 #87,Reno, USA, 14th - 18th November 2016

[20] R1-1712204, On pre-emption indication for DL multiplexing of URLLC and eMBB,Huawei, HiSilicon, 3GPP RAN1 #90, Prague, Czech Republic 21 －25 August 2017

[21] R1-1713649,Indication of Preempted Resources in DL, Samsung, 3GPP RAN1 #90, Prague, Czech Republic 21 －25 August 2017

[22] R1-1910623, Inter UE Tx prioritization and multiplexing, OPPO, RAN1 #98bis, Chongqing, China, Oct. 14th －20th, 2019

[23] R1-1908671, Inter UE Tx prioritization and multiplexing, OPPO, RAN1 #98,Prague, Czech, August 26th －30th, 2019

Chapter

16

超高可靠低延遲通訊（URLLC）-- 高層

付喆、劉洋、盧前溪 著

時間敏感性網路（TSN，Time sensitive network）是工業網際網路場景下的一種典型網路場景。新空中介面（NR，New Radio）R16 版本的一大願景是支援工業網際網路（IIoT，Industry Internet of Things）的業務傳輸。因此，IIoT 專案對 5G 系統如何更好的承載 TSN 的業務進行了研究。首先，各公司一致同意在該項目相關 TR 38.825[1]中明確列出利用 5G 網路承載 TSN 業務時需要滿足的業務傳輸需求，具體見表 16-1。

表 16-1 時間敏感網路使用場景分類和性能要求[1]

場景	使用者數	通訊業務有效性	傳輸週期	允許的點對點延遲	存活時間	包大小	業務區域	業務週期	使用案例
1	20	99.9999% - 99.999999%	0.5ms	小於傳輸週期	傳輸週期	50bytes	15m*15m *3m	週期性	自動控制和控制控制
2	50	99.9999% - 99.999999%	1ms	小於傳輸週期	傳輸週期	40bytes	10m*5m *3m	週期性	自動控制和控制控制
3	100	99.9999% - 99.999999%	2ms	小於傳輸週期	傳輸週期	20bytes	100m*100m *30m	週期性	自動控制和控制控制

同時，由於 TSN 業務通常為延遲敏感型的業務，TSN 業務服務物件如生產管線上的機械臂對於時間同步有其特定需求，3GPP 同樣在這方面進行了研究。具體的，參見 TR 22.804[2]，TSN 業務的時間同步要求見表 16-2。

表 16-2 時鐘同步服務性能要求[2]

時鐘同步精度水準	在一個時間同步通訊組中的裝置數	時鐘同步要求	業務區域
1	多達 300 個	< 1 μs	≤100 m²
2	多達 10 個	< 10 μs	≤2500 m²
3	多達 500 個	< 20 μs	≤2500 m²

為了支援超高可靠低延遲的業務傳輸需求，IIoT 項目還研究了兩個問題，一個是在多個傳輸資源出現衝突時如何優先處理某些使用者（UE，User Equipment）資源的問題，一個是資料如何使用多於兩個路徑進行複製傳輸的問題。本章將對這些問題進行一一解讀。

本章主要關注高層解決方案。物理層解決方案詳見第 15 章。

16.1 工業乙太網時間同步

在典型的應用場景如智慧工廠的環境下，產品線產品組裝首先需要主控制器將動作單元的相關操作指令和指定完成時間等資訊發送給終端。在接收到這些資訊後，終端告知動作單元在規定的時間點做規定的操作指令。可以預見，如若終端、動作單元與主控制器之間沒有進行嚴格的時鐘同步，那麼動作單元會在錯誤的時間點執行操作動作，對產品的品質造成很大的影響。如前所述，TR 22.804[2]中列出了工業乙太網同步需求調研的資料。

從表 16-2 中，我們可以看出最嚴苛的同步精度性能要求是單基地台在覆蓋範圍內為 300 個終端提供小於 1 微秒的時鐘同步性能。在 5G NR R15 中定義的時鐘資訊廣播 *SystemInformationBlock9* 資訊單元（IE，Information Element）[3]的顆細微性為 10 ms，遠遠不能達到工業乙太網的性能要求。可見，5G NR R16 標準為滿足時鐘同步性能要求需要做大量的工作。

TR 38.825[1]中列出 5G NR 支援工業乙太網時鐘同步的方案。該方案中，5G 系統作為 TSN 的橋樑承擔了 TSN 網路系統與 TSN 端站之間的通訊工作。其中，5G 系統邊緣（如 UE 和 UPF）的 TSN 介面卡需要支援 IEEE 802.1AS 時鐘同步協定的功能；而 5G 系統內部的部件如 UE、gNB 和使用者面功能（UPF，User Plane Function）只需與 5G 主時鐘進行同步即可，不需要與 TSN 主時鐘進行同步。這樣看來，除了在 5G 系統邊緣上引入 TSN 轉換層，工業乙太網的時鐘同步的需求對於 5GS 的功能和標準影響都可以說做到了最小化。

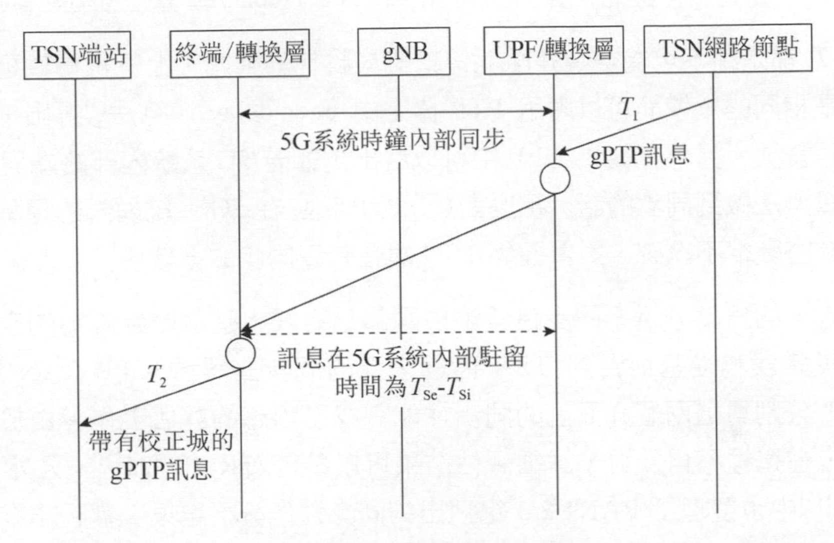

圖 16-1 5G 同步時間敏感時鐘

下面，筆者將主要介紹 TSN 轉換層為 TSN 網路與 TSN 端站提供的時鐘同步機制。在圖 16-1 中，首先右端 TSN 網路中節點需要將時鐘同步訊號發送給 5G 邊緣網路裝置 UPF。之後，UPF 上的 TSN 介面卡在接收到 gPTP 時鐘訊息時用 5G 系統內部時鐘記錄當前時間 TSi。其後，UPF 將此 gPTP 時鐘訊息經由 gNB 傳輸到 UE 端。經過 UE 端上的 TSN 介面卡處理，5G 終端將此訊息繼續向 TSN 端站發送，完成時鐘同步。在發送出去的訊息中終端側轉換層會在校正域增加 5G 系統內部訊息處理延遲，為 T_{Se}-T_{Si}。其中，T_{Se} 為終端側邊緣介面卡用 5G 系統內部時鐘記錄的將 gPTP 時鐘向 TSN 端站發送時的 5G 系統內部時間。左端 TSN 端站的當前時鐘可以表示為：

$$T_{\text{端站}} = T_{\text{TSN 網路節點}} + T_{se} - T_{si} + T_2 + T_1 \qquad (16.1)$$

從公式（16.1）可以看出，端站需要同步到的時鐘資訊為 TSN 網路節點在 gPTP 訊息中寫入的時鐘 $T_{\text{TSN 網路節點}}$ 加上 gPTP 訊息從 TSN 網路節點傳輸到端站所用延遲。傳輸延遲分為兩部分：5G 系統內部傳輸延遲和 5G 系統外部延遲。其中，5G 系統內部傳輸延遲由 T_{Se}-T_{Si} 列出；5G 系統外部傳輸延遲由 $T_2 + T_1$ 列出，具體推算方法可見[4]中 peer-delay 演算法描述。

T_1 和 T_2 都是在不可為空中介面上傳輸資料封包的延遲，上下行傳輸延遲可認為是相同的，繼而可以應用 PTP 協定中 peer delay 演算法[4]得出，在本文不再贅述。另外，從式（1）中可以看出，如若 5G 系統內部終端與 UPF 的時鐘無法做到同步的話，那麼對於 gPTP 訊息在 5G 系統內部的傳輸時間的估計將變得不準確，影響最終 TSN 端站時鐘同步的準確度。

從 RAN 的角度分析，同步錯誤源由兩部分組成：基地台到終端的空中介面同步錯誤和從基地台到 TSN 時鐘來源的同步錯誤。3GPP RAN1/2 和 RAN3 分別對這兩個介面上的同步性能完成了對應的評估工作。由於篇幅所限，在這裡不再贅述，詳細評估結果可以參考 TR 38.825[5]。另外，TR 38.825[5]中也整理了 RAN1/2/3 組列出的同步性能分析結果，複習出在假設 TSN 時鐘來源與基地台之間 100 ns 的時鐘錯誤偏差和 15 kHz 的 SCS 前提下，整體同步準確性誤差為 665 ns，滿足 TR 38.825[1]中列出的工業乙太網最嚴苛的同步性能要求。

如前所述，在 R15 NR 中, TS 38.331[3]定義的時間顆細微性為 10 ms 的系統時鐘同步的資訊廣播 SIB9（即每過 10ms，時鐘資訊的數值加 1）無法滿足工業乙太網的性能要求。所以在 R16 NR 中，3GPP 無線連線網（RAN，Radio Access Network）2 組決定在 SIB9 中新引入一個包含時間顆細微性為 10ns 的系統時鐘資訊 IE—*ReferencetimeInfo*。應用此系統時鐘資訊的機制與 R15 類似—該 IE 中時鐘資訊的實際參考生效點為該 IE 中 *ReferenceSFN* 的邊界點。可以看出，此空中介面同步機制的潛在錯誤來源在於網路發送該下行參考訊框的時間點和終端接收到該下行參考訊框的時間點之間時間差。

在 3GPP RAN2 討論過程中，終端、晶片廠商和網路廠商圍繞究竟是由基地台還是終端承擔補償時間差的責任展開了熱烈的討論，主要有以下兩個方案：

★方案 1：終端透過隨機連線或透過接收定時調整命令媒體連線控制控制單元（TA command MAC CE，Timing Advance command Media Access Control Control Element）等方式從基地臺端獲取定時提前量（TA，timing advance），對時間差做修正。

★方案 2：網路透過檢測 UE 探測參考訊號（SRS，Sounding Reference Signal）等方式推算終端到基地台的距離，依據此資訊在發送給終端的包含高精度時鐘資訊 *ReferencetimeInfo* IE 的無線資源控制（RRC，Radio Resource Control）單一傳播信號中對時鐘資訊進行預調整。

對於方案一，主要的支援力量來自網路裝置廠商，他們認為如果是由基地台承擔所有終端的時間差修正工作，對於基地台負擔比較大，而終端原本就可以透過隨機連線等方式更新 TA，由終端來負責時間差補償比較合適;對於方案二，主要的支援力量來自終端和基頻晶片廠商，他們認為在 NR R16 中將要引入了 5G 定位等特性，網路端在準確推算終端距離資訊上會有一些可用的工具，所以傾向於選擇方案二。最終，考慮到 R16 NR 工業乙太網的主要部署場景為小社區，該時間差不大，對系統內時鐘同步性能影響有限，所以 3GPP RAN2 只是以允許終端可自行決定是否對接收到的時鐘資訊進行調整的方式來解決這個問題，但對具體的實現方式不做標準要求。

此外，R16 NR 允許終端透過接收廣播或 RRC 訊號單一傳播的方式獲取時鐘資訊。當終端處於 RRC_IDLE/RRC_INACTIVE 態，終端透過監聽系統廣播的方式獲取 SIB9；如若在讀取 SIB1 資訊中發現系統當前沒有排程 SIB9 廣播，那麼標準也允許終端可透過適用於 RRC_IDLE/RRC_

INACTIVE 態 on-demand SI 機制請求獲取時鐘資訊, 詳見本書第 11.1 節。

對於處於 RRC_connected 態的終端，如若希望網路向其發送時鐘資訊，則是另一套機制：

- 當終端希望獲取 *ReferencetimeInfo* IE 時，終端在終端輔助資訊訊號中將參考資訊請求相關標識位元（referenceTimeInfoRequired）設為真值。
- 網路給終端單一傳播攜帶有高精度時鐘資訊的下行 RRC 信號或系統廣播 SIB9。

16.2 使用者內上行資源優先順序處理

為了支援多種 URLLC 業務，以及為了滿足 URLLC 業務的嚴苛的延遲要求，NR R16 考慮了更多的資源衝突的場景。對同一使用者內的上行資源衝突來說，R16 主要考慮以下幾種衝突場景：

- 資料和資料之間的衝突：具體的，根據資源的類型，該場景又可以細分為三種子場景：設定授權（CG，Configured Grant）和設定授權之間的衝突，設定授權和動態授權（DG，Dynamic Grant）之間的衝突，動態授權和動態授權之間的衝突。
- 資料和排程請求（SR，Scheduling Request）之間的衝突：同樣的，根據資源的類型，該場景又可以細分為兩種子場景：設定授權和 SR 之間的衝突，動態授權和 SR 之間的衝突。由於在兩種子場景下需要解決的均是資料通道和控制通道之間的衝突問題，因此可以採用相同的衝突解決處理方式。

以下，將對每種場景分別進行說明。

16.2.1 資料和資料之間的衝突

R15 標準在考慮資料和資料之間的衝突時，僅涉及到 DG 和 CG 的衝突場景，且在該場景下，始終要求優先 DG 傳輸。R16 考慮了更加複雜的資源衝突場景，即 CG 與 CG 衝突的場景，CG 與 DG 衝突的場景，DG 與 DG 衝突的場景。為了保證 URLLC 業務的傳輸需求，R16 對這些資源衝突場景中使用者內優先順序處理進行增強。具體介紹如下：

1. DG 和 CG 衝突的場景，以及 CG 和 CG 衝突的場景

為了支援多種 URLLC 業務，以及為了滿足 URLLC 業務的嚴苛的延遲要求，給 UE 預設定的 CG 資源之間，或 CG 和 DG 資源之間存在有資源重疊的情況。由於存在設定的 CG 資源沒有資料需要傳輸的情況，對於涉及 CG 資源的衝突情況，在標準化過程中列出了幾種可能優先順序處理的方式：

★方式 1：媒體連線控制（MAC，Media Access Control）層不做處理，由物理層進行優先順序處理，即物理層選擇優先傳輸的資源。

★方式 2：MAC 層和物理層均參與到優先順序處理中，即 MAC 層也要做優先傳輸資源的選擇。

一些觀點認為，MAC 層僅能解決部分的衝突場景，例如物理上行共用通道（PUSCH，Physical Uplink Shared Channel）和 PUSCH 的衝突，PUSCH 和 SR 的衝突，但是不能解決涉及其他上行控制資訊（UCI，Uplink Control Information）的衝突，如混合自動重傳請求確認（HARQ-ACK，Hybrid Automatic Repeat reQuest Acknowledge）和 PUSCH 衝突。此外，在多種資源衝突的情況下，比如 CG PUSCH，HARQ-ACK 和 DG PUSCH 衝突時，一些公司認為，即使 MAC 層做了衝突處理，選擇優先傳輸 CG PUSCH，物理層還需要再做一次衝突選擇，導致 CG PUSCH 實際上被取消，那麼不如由物理層進行統一處理。而方案一的問題在於，由於存在資源過分配的情況，且待傳的資料的資訊只有 MAC 層才有，物理層

需要先從 MAC 層獲取是不是有資料待傳輸的資訊，才能選擇優先傳輸的資源，這裡本身就有層間互動需求和延遲的問題。並且，若由 MAC 層先做一次優先順序處理，可以避免不必要的組封包和資料傳輸延遲的問題。因此，最終在標準化過程中選擇了方案二。即 MAC 層和物理層都需要參與到優先順序處理過程中。

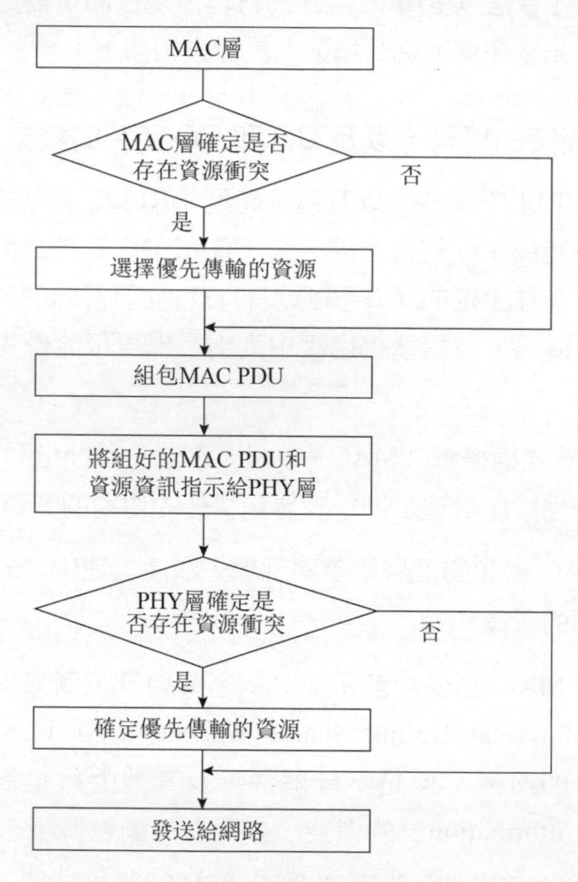

圖 16-2 衝突處理方案範例圖（方式二）

在 MAC 執行優先處理時，採用了基於邏輯通道優先順序的優先處理方式，即 MAC 層將基於邏輯通道優先順序，選擇優先傳輸的資源。

具體的，當對 MAC 實體設定了基於邏輯通道優先順序的優先處理方式，若出現傳輸資源衝突的情況，則 MAC 層優先傳輸承載了高優先級資料的上行傳輸資源。上行傳輸資源的優先順序由重複使用到或可以重複使用到對應該資源中的最高優先順序的邏輯通道的優先順序來確定。而邏輯通道是否能夠重複使用到對應傳輸資源中，取決於該邏輯通道是否有待傳輸的資料以及設定的邏輯通道映射限制。除了現有的邏輯通道映射限制外，R16 基於可靠性需求還分別針對 CG 和 DG 引入了各自的邏輯通道映射限制，用於限制可以使用 CG 進行傳輸的邏輯通道，和，使用 DG 進行傳輸的邏輯通道。

若兩個衝突資源的邏輯通道優先順序相同，那麼在 CG 和 DG 衝突時優先進行 DG 傳輸；在 CG 和 CG 衝突時，選擇哪個 CG 傳輸取決於 UE 實現。

對資源衝突的場景，具體可以細分為以下幾種情況：

- Case1：若發生資源衝突時，還沒有生成任何一個資源的 MAC PDU，則最終僅生成一個 MAC PDU。
- Case2：若發生資源衝突時，已經生成了一個資源的 MAC PDU，若另外一個資源的優先順序低，則 MAC 層不會生成另一個資源對應的 MAC PDU。
- Case3：若發生資源衝突時，已經生成了一個資源的 MAC PDU，若另外一個資源的優先順序高，則 MAC 層將對高優先順序的資源生成另一個 MAC PDU。對應的，已經生成的低優先順序的資源對應的 MAC PDU，就是低優先順序 MAC PDU。

當低優先順序的資源為 CG 資源，且已經對低優先順序的 CG 資源生成了低優先順序 MAC PDU，那麼這類 MAC PDU 可以被稱為對應 CG 的低優先順序 MAC PDU。對此類 MAC PDU，由於網路側並不知道 CG 資源沒有被傳輸是由低優先順序導致的，還是由沒有有用的資料傳輸導致的，因此網路並不一定會對這個 CG 資源進行重傳排程。而一旦此類 MAC PDU 生成但網路不排程對應的重傳，必會導致此 MAC PDU 捨棄，進而造成資料遺失。而為了保證可靠性要求，這樣的資料遺失又是應該儘量避免的。因此，對於此類 MAC PDU，RAN2 引入了一種 UE 自動傳輸的機制，作為對網路重傳排程方式的補充，來避免資料遺失的問題。具體的，網路可以透過設定 *autonomouseReTx* 來指示 UE 是否使用自動傳輸功能。在設定自動傳輸功能使用的情況下，UE 需要使用與低優先順序的 CG 具有相同 HARQ 處理程式的、且與該低優先順序的 CG 屬於同一個 CG 設定的後續的 CG 資源來傳輸此類 MAC PDU。具體選擇後續的哪個 CG 資源來傳輸此低優先順序 MAC PDU，取決於 UE 實現。此外，由於 UE 自動傳輸的機制是網路重傳排程方式的補充，因此在 UE 收到網路排程的針對此低優先順序 MAC PDU 的重傳資源的情況下，即使設定了自動傳輸功能，UE 也不會再對該低優先順序 MAC PDU 進行自動傳輸了。

然而，在 R16 討論的最後，由於 RAN1 不能對部分衝突場景的衝突處理進行支援，RAN2 最終縮小了 R16 RAN2 使用者內上行資源優先順序處理的應用範圍，並最終形成了以下結論：

- 對 DG 和 CG 衝突的場景，不論物理層優先順序是否相同：MAC 僅生成一個 MAC PDU 給物理層。
- 對 CG 和 CG 衝突的場景：
  - 若衝突的 CG 資源的物理層優先順序相同，MAC 僅生成一個 MAC PDU 給物理層。
  - 若衝突的 CG 資源的物理層優先順序不同，MAC 可以生成多個 MAC PDU 給物理層。終端實現保證低優先的資源被取消，高優先的資源被傳輸。

2. DG 和 DG 衝突的場景

通常來說，這個場景可以出現在下述情況中：網路排程了傳輸 eMBB 業務的 DG 資源之後，發現 URLLC 業務可用且其延遲要求很高，網路不得不再次排程對 URLLC 業務的 DG 資源，進而導致兩個 DG 資源至少在時域位置上發生重疊。在標準化過程中，由於 RAN1 認為該衝突場景並不會出現，因此最終確定 R16 不對該場景進行支援。

16.2.2 資料和排程請求之間的衝突

在 R15，當資料和 SR 衝突時，MAC 不會指示物理層發送該 SR。在 R16，為了更進一步地支援 URLLC 業務的傳輸需求，RAN2 討論認為是可以將衝突的 SR 優先傳輸的。而是否優先傳輸衝突的 SR，依然是根據邏輯通道優先順序來確定的，這是為了保證在不同衝突場景下採用一致的衝突處理方案。

具體的，當對 MAC 實體設定了基於邏輯通道優先順序的優先處理方式，若出現 UL-SCH 資源和傳輸 SR 的資源衝突，且觸發 SR 的邏輯通道的優先順序高於 UL-SCH 資源的優先順序，則 MAC 層將優先指示物理層進行 SR 傳輸。若 UL-SCH 資源和傳輸 SR 的資源衝突，SR 在 MAC PDU 生成之前被觸發，且 SR 優先順序高，則 MAC 不會對該 UL-SCH 資源生成對應的 MAC PDU。相反的，若 SR 的傳輸需求是在 MAC PDU 生成之後被觸發，那麼該 MAC PDU 將被認為是低優先順序 MAC PDU。對低優先順序 MAC PDU 的處理，可以參照 16.2.1 中的相關描述。

同樣的，在 R16 討論的最後，由於 RAN1 不能對部分衝突場景的衝突處理進行支援，最終，對 UL-SCH 資源和傳輸 SR 的資源衝突的場景，RAN2 形成了以下結論：

- 若衝突的資源的物理層優先順序相同，MAC 不會指示物理層發送 SR。
- 若衝突的資源的物理層優先順序不同，MAC 有可能指示物理層發送 SR。

為了便於讀者瞭解，筆者對 R16 使用者內上行資源優先順序處理方案進行了複習比較。具體見表 16-3。

表 16-3 UE 內部上行資源優先順序處理比較

類別	R15/R16	DG 與 CG 衝突	CG 與 CG 衝突	DG 與 DG 衝突	CG 與 SR 衝突	DG 與 SR 衝突
支援的場景	R15	✓			✓	✓
	R16	✓	✓		✓	✓
優先順序選擇規則	R15	DG 優先			UL-SCH 資源優先	UL-SCH 資源優先
	R16	DG 與 CG 衝突：MAC 僅生成一個 MAC PDU 給物理層				
		CG 與 CG 衝突：若物理層優先順序不同，可以生成兩個 MAC PDU 給物理層。不然生成一個 MAC PDU。是否生成兩一個 MAC PDU，取決於邏輯通道優先順序。				
		資料與傳輸 SR 的資源衝突：若物理層優先順序不同，可以將 MAC PDU 和 SR 指示給物理層。不然重用 R15 規範。是否將 MAC PDU 和 SR 都指示給物理層，取決於邏輯通道優先順序。				
是否存在低優先順序 MAC PDU	R15	否				
	R16	可能。其中，可以設定對應 CG 的低優先順序 MAC PDU 的自動傳輸功能。				

16.3 週期性資料封包相關的排程增強

根據表 16-1 可以看出，TSN 網路資料封包的發送週期間隔在 0.5 ms 到 2 ms 之間。在 RAN 側，如果透過動態排程的方式獲取上下行資料，訊號負擔很大，那麼最好的方式無疑是用下行半靜態排程（SPS, semi-persistent scheduling）資源和上行設定授權去承載上下行指令和回饋資訊。3GPP RAN2 在回顧 R15 定義的上下行半靜態排程資源時發現需要對其在 QoS 保障上進行多方面的增強，詳情將在以下四個小節分別說明。

16.3.1 支援更短的半靜態排程週期

R15 定義的半靜態排程週期存兩點問題：

- 上/下行半靜態排程資源週期的顆細微性差異過大（下行半靜態排程資

源週期最小為 10 ms，而上行最小值為兩個飽率週期（根據子載體間隔的不同，間隔在 18 us 到 143us 之間））。

- 上/下行半靜態排程週期可選值均有限。

如果半靜態排程資源週期設定的過大，而 IIoT 運算速度較小，則用半靜態排程資源承載網路指令時會出現指令需要等待較長時間才可以從發送端發送出去的問題，如圖 16-3 所示：

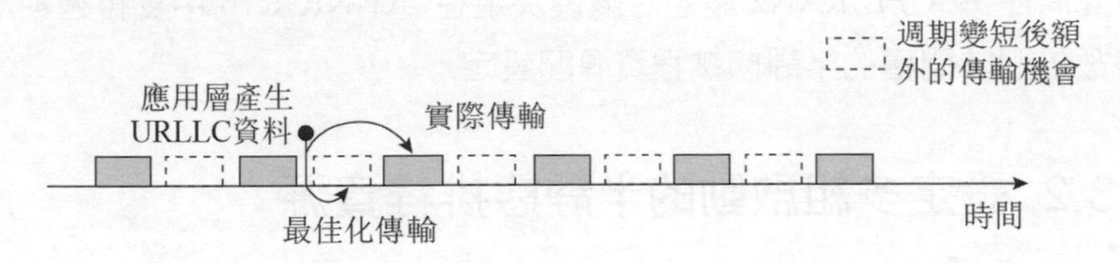

圖 16-3 半靜態排程週期更短的情況下，可將資料更快的發送出去

針對此問題，3GPP RAN1 物理層標準組經研究討論後決定 5G NR R16 對於所有下行 SCS 選項都支援設定最小週期為 1 個時間槽的下行半靜態排程資源。

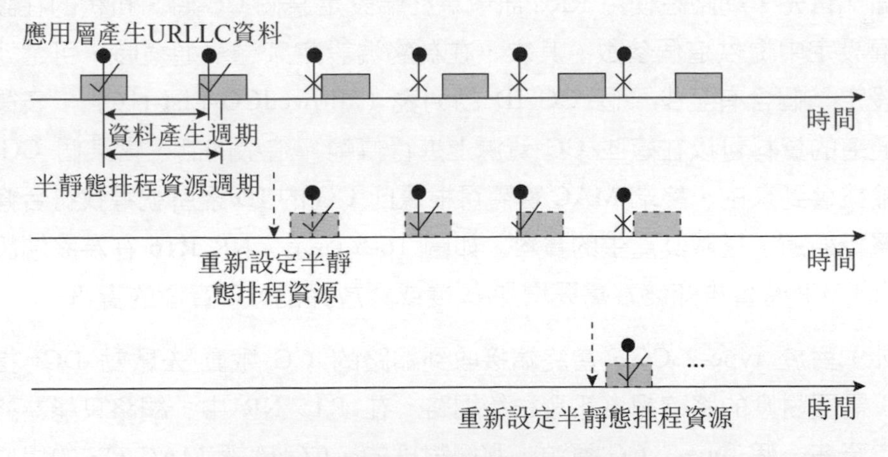

圖 16-4 應用層產生資料的時間點逐漸與半靜態排程資源的出現時間段錯開

其次，如 TR 38.825[1]所述，週期性指令/回饋的資料封包的生成週期是在 1 ms 到 10 ms 這個區間設定值的，且週期具體設定值不固定（根據具體應

用需求而定）。在這種情況下，如果半靜態排程上/下行資源的週期可選設定值較少，或，不支援短週期的設定的話，很有可能會出現資源的週期與資料封包生成週期不匹配的情況。如圖 16-4 所示，網路啟動半靜態排程資源後，URLLC 上行資料到達通訊協定層的時間點會逐漸與半靜態排程資源的出現時間段錯開，繼而會頻繁出現應用資料不能及時發送出去的問題，所以需要網路頻繁地重新設定半靜態排程資源以修正此問題。

針對此問題，3GPP RAN2 經過討論後決定在 5G NR R16 中支援週期為任意整數倍個時間槽的半靜態排程資源配設定。

16.3.2 設定多組啟動的半靜態排程資源

R16 為了支援 URLLC 業務傳輸的需求，支援為終端設定多組半靜態排程資源的特性，具體分析可參見第 15 章。

為了幫助終端將具有不同通訊性能要求的邏輯通道的資料映射到合適的上行半靜態排程資源（CG）上去，R16 NR 決定引入 CG 的 ID。在實際設定方面，首先，網路在使用 RRC 訊號為終端設定某個 CG 時，可選的在設定授權設定中提供這個參數。其次，在為終端設定某邏輯通道時，可選地為其設定一個含有至少一個 CG ID 的列表（allowedCG-List-r16），表徵邏輯通道的資料可以在這些 CG 資源上進行傳輸。這樣的話，當某個 CG 的傳輸機會到來前，終端 MAC 實體可根據此 CG 的 ID 索引號尋找符合條件的邏輯通道，搭載其產生的資料，如圖 16-5 所示。NR R16 在為終端設定上行 BWP 時會告知終端需要增加/改變或釋放掉的 CG 資源的資訊。

另外，對於 type-2 CG，當終端接收到網路的 CG 啟動/去啟動 DCI 指令後，需要對應的將確認資訊發送給網路。在 R15 NR 中，網路只能為終端設定至多一個 type-2 CG 資源，那麼對應的，CG 確認 MAC CE 的組成也就很簡單，只包含有一個專用的邏輯通道 ID 的 MAC PDU 子表頭（負荷為零）。但是，在 R16 NR 中，如上所述，因為網路可以為終端設定多個 CG 資源，那麼終端在回覆網路確認資訊時，也需要告訴網路其收到了哪些 CG 的啟動/去啟動指令。為了使用足夠多的 CG 設定來支援承載不同屬性的業務資料，3GPP 決定 R16 終端每個 MAC 實體最多支援 32 個啟動的 CG 資源。那麼對應的, 多元設定上行確認 MAC CE 長度也為 32 位元，具體淨荷格式在 TS 38.321[6]中可以找到。其中，第 x 位置 1 或 0 代表終端接收或沒有收到網路針對 ID = x 的 CG 的物理下行控制通道（PDCCH，Physical Downlink Control Channel）DCI 指示資訊，該資訊可以指示啟動該 CG 啟動也可以指示去啟動該 CG。

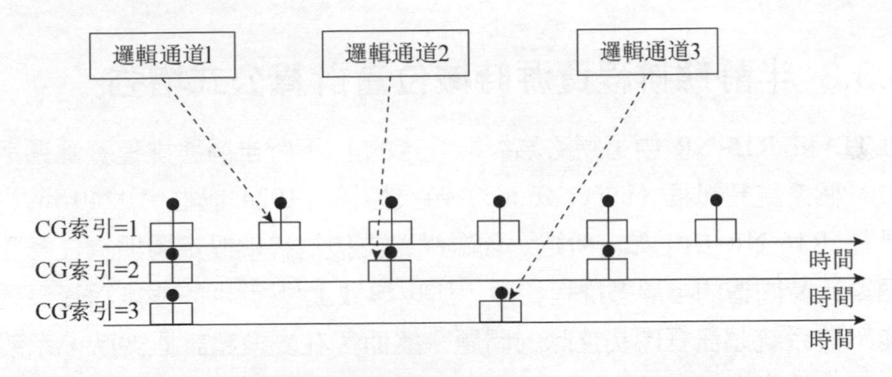

圖 16-5　終端不同的邏輯通道將其資料搭載在不同的 CG

其實，在具體標準化討論過程中，有一些公司對 MAC CE 淨荷中位元位置 0 或置 1 的意義是有異議的：假設終端在短時間內先後收到網路發送的針對 ID=2 的 CG 資源的啟動和去啟動的 DCI 指示，如果在接收到兩個 DCI 指示後終端才發送確認 MAC CE 給網路，該 MAC CE 是無法告知網路側終端確認收到的是第一個還是第二個 DCI 指示。但是按常理來說，基地台一般不會在短時間內連續發送兩個 DCI 指示，所以這個異議提出的問題的假設條件是偏極端的（網路在短期內發送了啟動和去啟動兩個 DCI 指示），最終導致該異議沒有被廣泛接受。這裡也可以看出來，3GPP 作為一個主要由業內通訊工程師所組成的標準化組織的做事原則：在很多時候並不是要追求一個完美無瑕的解決方案，而是期望在解決方案的複雜性和應用範圍之間找到比較理想的平衡點---既不讓方案太複雜，又可以在絕大多數場景下應用即可。

另外需要注意一點的是，雖然 TS 38.321[6]中所示多元設定上行確認 MAC CE 可以標識出 32 個 CG 的 DCI 指示接收狀態。但實際上，網路不但可以為終端分配 type-2 CG 也可以分配 type-1 CG。對於 type-1 CG 來講，終端是在接收到網路的 RRC 訊號設定後即刻啟動的，無需等待 DCI 指示資訊。那麼對應的，在接收到該多元 CG 確認 MAC CE 後, 網路將忽略所有 type-1 CG 的 ID 在 MAC CE 上對應的位元的值，即終端將這些位元上設定為 0 或 1 並無本質差別。

16.3.3 半靜態排程資源時域位置計算公式增強

在 LTE 和 R15 NR 中，網路為終端設定的上/下行半靜態排程資源週期都可被一個系統超訊框（hyper frame）時長整除（1024 訊框=10240 ms）。但是在 R16 NR 中，如前所述，因為網路支援為終端設定週期為任意整數倍個單元時間槽的半靜態排程資源，所以導致上/下行半靜態排程資源週期可能不被系統超訊框時長整除的問題。繼而，在變換超訊框號時，系統存在前後半靜態排程資源的間距異常的問題，具體如圖 16-6 所示。

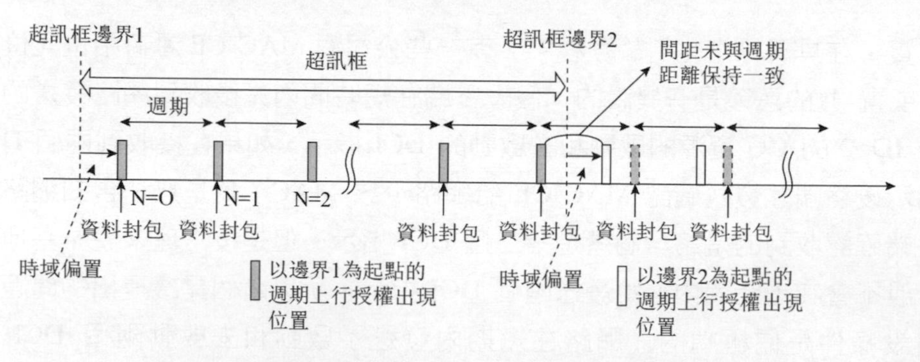

圖 16-6 在跨越超訊框位置，前後上行授權時域間距異常

那麼，為什麼會出現這樣的問題呢？根據 TS 38.321[6]，NR R15 type-1 上行授權的出現位置依賴於推算三個因素：系統訊框號（SFN，System Frame Number）、每訊框中時間槽的數目（slot number in the frame）和每時間槽中飽率數量（symbol number in the slot）。終端透過從 0 遞增 N，

從每個超訊框變換後的 SFN=0 起，依照 *S*、時域偏移值（timeDomainOffset）和週期（periodicity）計算上行授權出現的位置。其中，S 由 SLIV（Start and Length Indicator）[8]推導而來，它列出具體首個上行授權的 OFDM 起始符號位置。從圖 16-6 可以看出，在連續兩個超訊框中，第一個上行授權出現的位置相對於兩個 SFN=0 的邊界都是相同的（與 SFN=0 的邊界的距離都是由時域偏置指定），導致的結果就是每個超訊框邊界後的第一個上行授權與該超訊框邊界前的最後一個上行授權之間的距離與 *periodicity* 參數指定間距不符。同樣的問題也出現於 type-2 CG 上，只不過第一個上行授權的位置是由終端收到的 DCI 啟動指示列出，這裡就不再贅述了。那麼如何解決這個問題呢？其實方法很簡單，在表述上使得後續 SPS 的時域位置只與前一個 SPS 的時域位置保持 *periodicity* 指定的間距即可，且在跨越超訊框邊界時, N 不再重置為 0，進而不再會出現跨越超訊框邊界前後 SPS 之間間隔不符合訊號中週期（periodicity）指定間距的問題。所以在 NR R16 中，3GPP 決定對上行 type-1 和 typ-2 CG 的週期時域確定公式也做對應的表述修改，詳情請見 TS 38.321[6]。

最後需要注意的另一點改動為：對於 type-1 CG, 在 TS 38.321[6]中，時域位置計算公式中加入了 *timeReferenceSFN* 的相關項。主要原因是什麼呢？無線通訊是一種不確定性較大的通訊方式，因為 RLC 重傳或空中介面傳輸延遲不確定可能會導致從網路發送 RRC 設定訊號到終端成功收到該訊號之間延遲過大的問題。假設在發送該訊號時，網路是根據當前超訊框內 SFN=0 的位置和期待的上行授權週期出現位置得出時域偏置等參數並設定給終端，如果終端延遲時間在下一個超訊框到來後才接收到該訊號，它會參照下一超訊框內 SFN=0 的位置使用設定的時域偏置等資訊得出第一個上行授權的時域位置。這樣的話，實際出現的上行授權的時域位置與網路需求的不符，進而影響資料傳輸。那麼如何解決這個問題呢？3GPP 決定在 RRC 訊號中另外為 UE 設定參考 SFN 的值（*timeReferenceSFN*，預設值為 0）。當可能出現終端實際接收到 RRC 訊號的時間與網路實際發送 RRC 訊號的時間分別在超訊框邊界兩端的情況時，網路可以在訊號中將

timeReferenceSFN 設為 512 並且依照該訊框設定時域偏移值等終端參數設定。這樣，如果出現 UE 在下一個超訊框才收到 RRC 訊號的情況，UE 會以上一超訊框中的 SFN=512 作為開始訊框號來計算無線資源的出現位置，從而避免了上述偏差問題。

16.3.4 重新定義混合自動重傳請求 ID

在 R15 NR 中，對於半靜態排程傳輸的上/下行授權，HARQ 處理程序 ID 計算結果只與傳輸時頻資源中的第一個符號的時域起始位置相關。

如 16.3.2 小節所示，NR R16 支援為終端設定多個啟動態的半靜態排程資源。那麼依照 TS 38.321[6]中所示上/下行半靜態排程資源 HARQ 處理程序 ID 計算公式可知，對於網路設定的多個半靜態排程資源在某個時間段中的上行授權，如果它們的第一個符號的時域起始位置（CURRENT_symbol）除以週期的向下取整數運算結果相等的話，那麼它們的 HARQ 處理程序 ID 也就會一樣。這樣導致的結果就是該 HARQ 處理程序的快取需要儲存時域上重疊的上行授權對應的多個 MAC PDU。即使標準允許 HARQ 處理程序的快取可以同時儲存這些 MAC PDU，一旦出現傳輸錯誤且接收端請求發送端重傳（使用 HARQ ID）時，發送端也無法搞清楚接收端到底請求的是對於哪個 MAC PDU 的重傳。

針對這個問題，3GPP RAN2 標準組決定引入 *harq-procID-offset-r16* 參數。對於每組半靜態排程資源，HARQ 處理程序 ID 的計算不僅與第一個符號的時域起始位置相關，也與網路給它設定的 *harq-procID-offset-r16* 有關。從 TS 38.331[3]中，我們可以看出，在網路為終端設定的每個上下行半靜態排程資源的設定中都可選地額外設定設定值範圍為 0 到 15，類型為整數型 HARQ 處理程序偏移。這樣的話，對於時域開始位置相同的多個上/下行半靜態排程資源，搭載在其上的 MAC PDU 會被放入不同的 HARQ 實體和對應的快取中。

16.4 PDCP 資料封包複製傳輸增強

16.4.1 R15 NR 資料封包複製傳輸

早在 R15 NR 版本，3GPP RAN2 為了初步滿足 URLLC 資料傳輸中的高可靠性需求，在標準化過程中確定了分組資料匯聚協定（PDCP，Packet Data Convergence Protocol）資料封包複製傳輸的機制。具體的說，載體聚合場景下，在開啟 PDCP 資料封包複製傳輸後，傳輸端的訊號無線承載（SRB，signaling Radio Bearer）/資料無線承載（DRB，Data Radio Bearer）上的資料封包可以在為此 SRB/DRB 設定的兩個 RLC 實體（其中一個為主 RLC 實體（primary RLC），另一個是輔 RLC 實體（secondary RLC）的對應的邏輯通道上進行傳輸（如果兩個 RLC 實體服務於同一個無線承載，則它們對應的設定 *RLC-BearerConfig* 中的 srb-Identity 或 drb-Identity 將被設為同一值），最後由 MAC 層組建 MAC PDU 時將其映射到對應不同載體的傳輸資源上(透過上行授權的邏輯通道選擇過程)，具體架構如圖 16-7 所示；雙連接場景下，在開啟 PDCP 資料封包複製傳輸後，傳輸端的主 RLC 實體和輔 RLC 實體會將相同的資料封包發送給終端，如圖 16-8 所示。

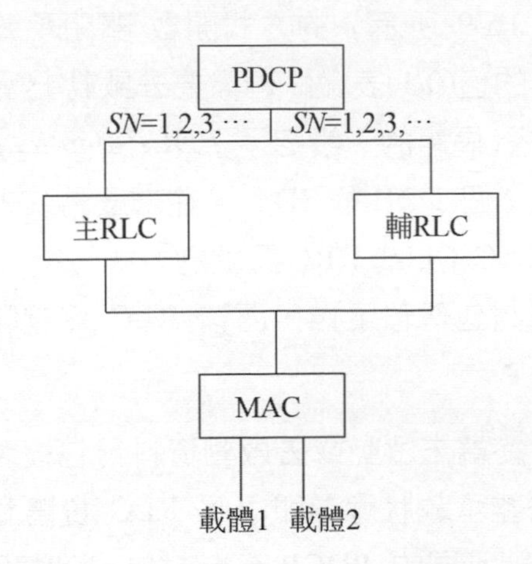

圖 16-7 載體聚合場景下，資料封包複製傳輸（R15 引入）

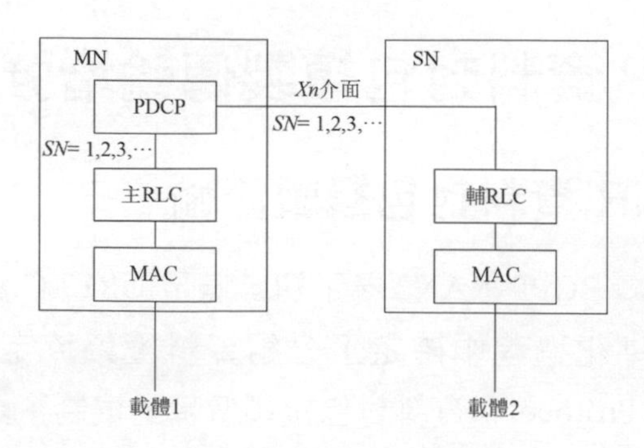

圖 16-8 雙連接場景下，資料封包複製傳輸（R15 引入）

在這兩種場景下，在接收到容錯資料封包後，終端 PDCP 層都需要根據 PDCP SN 號完成容錯封包鑑別與捨棄的任務。此外，如果確認資料封包在其中一條通訊鏈路成功傳輸後，PDCP 層也會告知另一筆資料連結不再進行複製資料傳輸，以節省空中介面傳輸資源。

對於 SRB，複製傳輸的狀態始終為啟動態。而對於 DRB，啟動態是網路可以透過 RRC 訊號或 MAC CE 的方式進行開啟或關閉的。如果使用 RRC 設定訊號，那麼 PDCP 設定資訊 *PDCP-Config* 中的 *pdcp-Duplication* IE 的值可被設為'true'或'false'，分別表示當收到此 RRC 訊號後終端的行為是開啟還是關閉資料封包複製傳輸。另外，網路也可以透過發送複製啟動/去啟動 MAC CE（如圖 16-9 所示）的方式開啟/關閉承載的資料封包複製傳輸。其中,第 *i* 個位元的值(0/1)表徵終端需要去啟動/啟動第 *i* 個 DRB（對應的 DRB ID 為對應該社區組的、設定了 *PDCP-duplication* IE 的多個 DRB 中的按照昇冪排列第 *i* 個 DRB 的 ID）。在未啟動或去啟動 PDCP 資料封包複製傳輸（透過 MAC CE 或 RRC 訊號的方式）後，主 RLC 實體和邏輯通道仍然會承擔資料封包傳輸工作，而輔 RLC 實體和邏輯通道不會被用於資料封包複製傳輸。

對於雙連接場景，當終端未啟動或去啟動資料封包複製傳輸後，終端連接狀態可選地回復到分離承載狀態，即兩個 RLC 實體和對應的邏輯通道可以為此 DRB 傳輸序號不同的 PDCP 資料封包，以達到提高終端輸送量的目的。

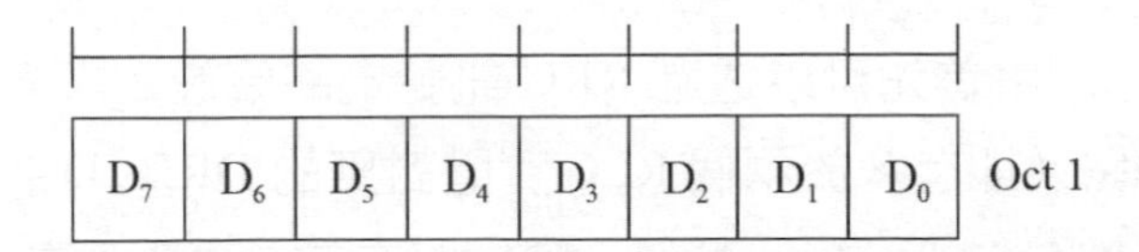

圖 16-9 複製啟動/去啟動 MAC CE 淨荷組成部分

16.4.2 基於網路裝置指令的複製傳輸增強

在 R16 NR 標準化過程中，為了滿足工業乙太網更嚴苛的資料傳輸可靠性要求，一些歐美網路電信業者提出了允許終端在 PDCP 複製傳輸啟動態下使用多於兩筆 RLC 傳輸鏈路進行資料封包複製傳輸的需求。經過多次線上討論後，3GPP RAN2 達成結論，允許網路為終端設定最多四筆 RLC 傳輸鏈路用於同時傳輸複製的資料封包。其中兩種可能的架構如圖 16-10 和圖 16-11 所示：

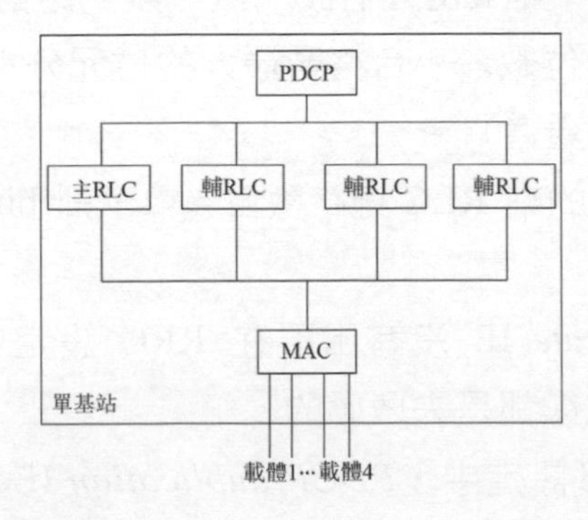

圖 16-10 載體聚合場景下支援多達四筆 RLC 傳輸鏈路用於資料複製傳輸

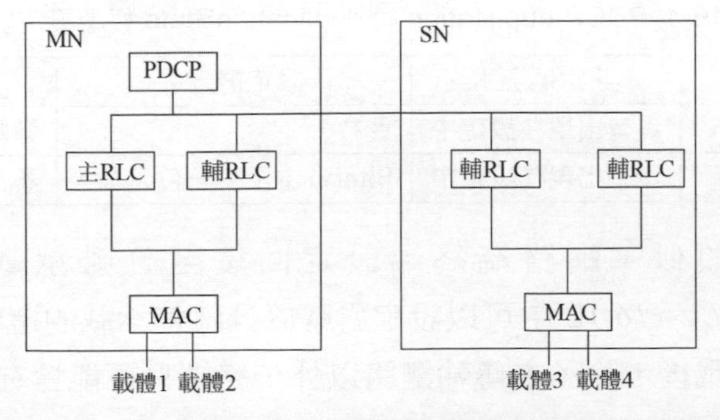

圖 16-11 CA+DC 下支援多達四筆 RLC 傳輸鏈路用於資料複製傳輸

在具體實施中，網路首先可以透過 RRC 訊號為終端設定與各個 DRB 相關的 RLC 傳輸鏈路（即有多於兩個 RLC 實體對應的 DRB ID 或 SRB ID 設為同一個）。與 R15 duplication 類似，當網路在該承載對應的 *PDCP-config* IE 中設定了 *PDCP-duplication* IE，則可視為網路已為終端設定了傳輸複製。對 SRB 來說，當 *PDCP-duplication* IE 設為 1，所有相關 RLC 實體都為啟動態；對於 DRB，當 *PDCP-duplication* IE 設為 1，需要進一步明確 RRC 為 DRB 設定的各個 RLC 實體的傳輸複製狀態是否為啟動的。這主要透過 R16 為終端提供多於兩條 RLC 複製傳輸鏈路設定新引入的 *moreThanTwoRLC-r16* IE 中的 *duplicationState* IE 實現。對於該 IE，需要注意的幾點如下所示：

- 該 IE 的表現形式為具有 3 位元的 bitmap，舉出了各個輔 RLC 傳輸鏈路的當前啟動狀態-----如果位元值設為 1，則對應的輔 RLC 傳輸鏈路為啟動態（bitmap 中位數最小合格數最大的位元分別對應邏輯通道 ID 從最小到最大的邏輯通道）。
- 如果用於複製傳輸的輔 RLC 鏈路數目為 2，則 bitmap 中的最高位元的值將被忽略。
- 如果 *duplicationState* IE 沒有出現在 RRC 設定中，則說明所有的輔 RLC 鏈路的複製狀態都是去啟動的。
- 在網路發送的 RRC 設定中，*PDCP-duplication* IE 和 *duplicationState* IE 的設定情況在一定程度上需要保持一致，如表 16-4 所示。

表 16-4 PDCP-duplication 與 duplicationState 對應設定關係

IE	設定情況 1	設定情況 2	設定情況 3
PDCP-duplication	沒有出現在設定中	置為 1	置為 0
duplicationState	沒有出現在設定中	Bitmap 中至少一位元為 1	不出現或全置為 0

與 R15 NR 類似，網路為終端設定回復至分離承載的選項：在 *morethanTwoRLC-r16* IE 中可以設定對應於分離輔承載的邏輯通道 ID。當回復到分離承載後，除了主傳輸鏈路以外，終端只可能會在該傳輸鏈路上進行資料傳輸。

在 RRC 設定完成後，根據網路對通道情況的偵測或根據終端回饋的通道情況，網路可以動態地為終端變換當前啟動的傳輸鏈路（傳輸鏈路 ID 和/或數目）。針對在 R16 中網路最多為終端設定三筆輔助 RLC 鏈路進行資料封包複製傳輸的需求，R16 新引入了一個 RLC 啟動/去啟動的 MAC CE，用於動態地變換當前啟動的 RLC 複製傳輸鏈路。該 MAC CE 淨荷格式由 DRB ID 和相關 RLC 的啟動狀態標識位元組成，如圖 16-12 所示

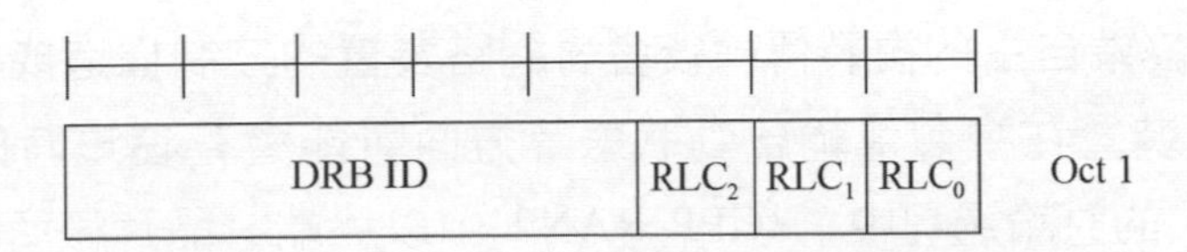

圖 16-12 複製 RLC 啟動/去啟動 MAC CE 淨荷組成部分

圖 16-12 中所示的複製 RLC 啟動/去啟動 MAC CE 中的 DRB ID 標識網路下發此 MAC CE 對應的目標承載。後續位元位置 0/1 指示終端去啟動/啟動對應的 RLC 傳輸鏈路（索引為 0 到 2 的 RLC 傳輸鏈路對應邏輯通道 ID 按昇冪排列的輔 RLC 傳輸鏈路，並遵從先主社區組再輔小區組的原則）。透過 MAC CE 的方式，網路可以快速指示終端用哪幾個已設定的輔 RLC 傳輸鏈路對某指定承載進行資料封包複製傳輸；當所有輔 RLC 傳輸鏈路對應的位元都被置 0 後，對於該承載，存在兩種情況：

- 終端中止資料封包複製傳輸，只應用 RRC 訊號中指定的主 RLC 傳輸鏈路傳輸 PDCP PDU。
- 終端中止資料封包複製傳輸，回復到分離承載 split bearer 狀態。

16.4.3 基於終端自主的複製傳輸增強構想

如前所述，在基於網路裝置指令的複製傳輸增強機制中，終端首先需要上報通道情況等資訊給網路，網路根據終端上報的資訊做出一系列的判斷，如：是否需要啟動複製傳輸機制、啟動幾條 RLC 傳輸鏈路、具體啟動的 RLC 傳輸鏈路是否需要變換等等。之後，網路端會將判斷的結果以圖 16-12 中所示的 MAC CE 的方式發送給終端。最後，終端根據接收到的 MAC

CE 對對應的承載的啟動狀態進行改變（如果需要）。

可以想像，如果在終端發現主傳輸鏈路的通道條件、HARQ 回饋情況或資料封包傳輸延遲等參考資訊滿足一定的條件的情況下，我們允許第一時間由終端自主決定當前複製傳輸啟動狀態，繼而應用在啟動的傳輸鏈路上預先設定的上行半靜態排程資源上的話，複製傳輸會變得更加具有即時性和時效性。但是，一些 3GPP 標準制訂成員，如主流網路裝置廠商，比較擔心如果開放終端自主的複製傳輸後會對網路裝置的控制權造成較大影響，終端和網路裝置在複製傳輸啟動狀態等方面可能會存在短時的不匹配情況。在 R16 的討論過程中，3GPP RAN2 中以終端、晶片廠商為首的支援派與網路裝置廠商為首的反對派圍繞此議題展開了大量的討論，具體細節可見相關郵件討論[7]和 RAN2 第 107 次會主席報告。最後結論是暫延遲後支援基於終端自主複製傳輸增強的標準化方案。

另外值得注意的一點是，有一些標準制訂成員提出終端可以根據單一資料封包的傳輸需要來決定是否開啟傳輸複製，即僅針對特定封包，如某個承載內的特定封包的，開啟複製傳輸。具體地說，IIoT 某些應用存在存活定時（survival time）機制。舉例來說，當存活計時器設為兩個傳輸循環時，對應的關鍵資料封包在第一次沒有傳輸成功的情況下，還具有另外一次傳輸機會。如果第二次傳輸仍然沒有成功的話，則會對整個 IIoT 系統造成嚴重影響（'down state'）。顯然，比較理想的操作是對該資料封包的第二次傳輸啟動複製傳輸以提高通訊傳輸可靠性。很明顯，基於終端自主的複製傳輸增強的殺手鐧---快速回應使之成為能夠解決這個問題的非常具有競爭力的機制。綜上，我們預測在後續版本 R17 標準化過程中，基於終端自主的複製傳輸增強會再次被討論。

16.5 乙太網封包表頭壓縮

時間敏感性傳輸（TSC，Time Sensitive Communication）業務通常採用乙太訊框的封裝格式。考慮到 TSC 業務需要依靠 5G 系統進行傳輸，乙太訊框封包表頭和負載的佔比關係，以及為了提高乙太訊框在空中介面傳輸的資源使用率，R16 引入了針對乙太訊框的乙太網封包表頭壓縮（EHC，Ethernet Header Compression）機制。

由於 R15 NR 並不支援對乙太訊框的封包表頭壓縮，因此首要的問題就是如何實現 EHC。考慮到 5G 已經支援了針對網際網路協定（IP，Internet Protocol）封包表頭的堅固性表頭壓縮（RoHC，RObust Header Compression）機制，一些觀點認為可以採用與 ROHC 相同的實現原則，即 RoHC 的演算法由其他組織規定，5G 網路僅需要設定對應的 RoHC 參數，並利用設定的 RoHC 參數和其他組織規定的演算法，進行表頭壓縮和解壓縮處理。而另一些觀點則認為，若仍然採用相同的原則，則需要觸發其他組織對乙太網封包表頭壓縮予以研究和標準化。RAN2 的工作也將受限於其他工作群組的工作進度。將會帶來大量的延遲和組間溝通工作，不利於 3GPP 標準化的進展。因此，最終 EHC 的全部工作將由 3GPP 獨立完成。

在具體設計時，EHC 採用了與 RoHC 類似的設計原理，即基於上下文資訊來保存，辨識和恢復被壓縮的封包表表頭分。

在上下文資訊的設計過程中，RAN2 最先明確將上下文標識（CID，Context Indentifier）作為 EHC 的上下文資訊，但是就是否包含子協定（profile）標識遲遲沒有達成結論。一些觀點認為可以利用 profile 來區分乙太訊框中是否包含 Q-tag，以及包含幾個 Q-tag。另一些公司認為可以利用 profile 來區分不同的高層協定類型。而反對方則認為我們可以給一個較大的上下文標識的設定值範圍，並利用上下文標識來區分各種資訊。在標準化討論的過程中，以簡化為目的，RAN2 最終確定 R16 版本中壓縮端/解壓縮端不需要對不同的高層協定類型進行區分，並最終僅支援上下文標識作為 EHC 的上下文資訊。

也就是說，解壓縮端基於上下文標識來辨識和恢復壓縮的乙太訊框。具體的，壓縮端和解壓縮端將需要被壓縮的、原始的封包表頭資訊記為上下文，每個上下文被一個上下文標識唯一標識。在 R16 中支援兩種長度的上下文標識，分別為 7 bit 和 15 bit，具體選用哪種長度上下文標識由 RRC 設定。

對壓縮端來說，在上下文未建立時，壓縮端將發送包含完整封包表頭（FH，Full Header）的資料封包給對端。在上下文建立後，壓縮端將發送包含壓縮表頭（CH，Compressed Header）的資料封包給對端。那麼，如何確定上下文已經建立完成呢？或說，如何確定可以開始轉換狀態發送壓縮檔了呢？在標準化過程中，各公司列出了以下兩種可選方式：

★方式 1：基於回饋封包的狀態轉換方式。

★方式 2：基於 N 次完整封包發送的狀態轉換方式。

若採用方式二，3GPP 需要考慮完整封包發送次數 N 的標準化問題。一般來說，若不對 N 進行標準化，而將完整封包發送次數的設定值留給壓縮端實現，將引入解壓縮端尚未建立上下文卻要對壓縮檔進行解壓縮處理的異常情況。而如何確定一個合適 N 值也不是那麼容易的，這需要考慮解壓縮端的處理能力，通道品質等各方面的因素。同時，由於 R16 限制 EHC 的應用場景為雙向鏈路場景，最終 3GPP 採用的基於方式一的狀態轉換方式。

對應的，EHC 壓縮流程如下：對一個乙太訊框封包流來說，EHC 壓縮端先建立 EHC 上下文，並連結一個上下文標識。而後，EHC 壓縮端發送包含完整封包表頭的資料封包，即完整封包，給對端。包含完整封包表頭的資料封包中包含上下文標識和原始的封包表頭資訊。解壓縮端接收到包含完整封包表頭的資料封包後，根據該封包中的資訊建立對應上下文標識的上下文資訊。當解壓縮端建立好上下文後，傳輸 EHC 回饋封包到壓縮端，向壓縮端指示上下文建立成功。壓縮端收到 EHC 回饋封包後，開始發送包含壓縮檔表頭的資料封包，即壓縮檔，給對端。包含壓縮檔表頭的資料封包中包括上下文標識和被壓縮過的封包表頭資訊。當解壓縮端收到包含壓縮檔表頭的資料封包後，解壓縮端將基於上下文標識和儲存的對應這個上下文標識的原始封包表頭資訊，對這個壓縮檔進行原始封包表頭恢復。解壓縮端可以根據攜帶在封包表頭中的封包類型指示資訊，即 F/C，確定接收到的資料封包為完整封包還是壓縮檔。該封包類型指示資訊佔用 1 bit。具體的，EHC 壓縮處理流程示意如圖 16-13。

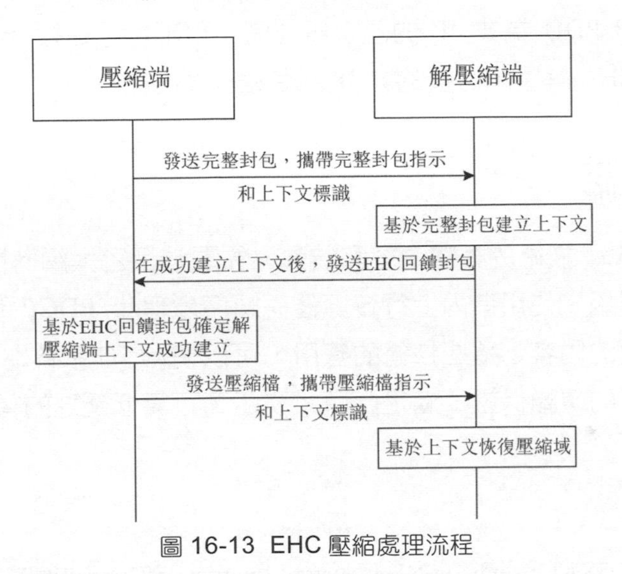

圖 16-13 EHC 壓縮處理流程

在設定 EHC 的情況下，可以對乙太訊框封包表頭中的很多域進行壓縮，包括：目標位址，來源位址，802.1Q-tag，長度/類型。由於前導碼 preamble，訊框開始界定符（SFD，Start-of-Frame Delimiter）和訊框驗證序列（FSC，Frame Check Sequence）不會透過 3GPP 系統空中介面傳輸，因此不需要在 EHC 中考慮這些域的壓縮問題。

與 RoHC 類似，EHC 的功能也是在 PDCP 層實現的。RRC 層可以為連結 DRB 的 PDCP 實體設定分別針對上行和下行的 EHC 參數。若設定了 EHC，壓縮端將對承載在 DRB 上的資料封包進行乙太網封包表頭壓縮的操作。需要說明的是，EHC 不應用於業務資料轉換協定（SDAP，Service Data Adaptation Protocol）封包表頭和 SDAP 控制 PDU。

R16 NR 可以同時支援 EHC 和 ROHC 這兩種表頭壓縮設定。其中，RoHC 用於 IP 封包表頭壓縮，EHC 用於乙太訊框封包表頭壓縮。對一個 DRB 來說，EHC 和 RoHC 是獨立設定的。當對一個 DRB 同時設定了 RoHC 和 EHC 時，RoHC 表頭位於 EHC 表頭後。當從高層接收到的 PDCP 業務資料單元（SDU，Service Data Unit）為非 IP 的乙太訊框時，PDCP 只進行 EHC 壓縮操作，並將經 EHC 壓縮後的非 IP 封包遞交到低層。當從低層接收到的 PDCP PDU 為非 IP 的乙太訊框時，PDCP 只進行 EHC 解壓縮操作，並將經 EHC 解壓縮之後的非 IP 封包遞交到高層。

16.6 小結

本章介紹了 IIoT 技術的相關內容和結論。主要涉及乙太網時間同步，排程增強，表頭壓縮，使用者內上行資源優先順序處理和 PDCP 資料封包複製傳輸幾個方面的內容。這些技術的應用，可以使得 5G 系統為 URLLC/TSC 業務提供更好的傳輸保證，滿足此類業務超高可靠低延遲的傳輸需求。

參考文獻

[1] 3GPP TR 38.825: study on NR Industrial Internet of Things (IOT), V16.0.0, 2019-03.

[2] 3GPP TR 22.804: Study on Communication for Automation in Vertical Domains, V2.0.0, 2018-05.

[3] 3GPP TS 38.331: Radio Resource Control (RRC) protocol specification, V16.0.0, 2020-03.

[4] Lee, Kang B., and J. Eldson. "Standard for a precision clock synchronization protocol for networked measurement and control systems." 2004 Conference on IEEE 1588, Standard for a Precision Clock Synchronization Protocol for Networked Measurement and Control Systems. 2004.

[5] 3GPP TR 23.734: Study on enhancement of 5G System (5GS) for vertical and Local Area Network (LAN) services, V16.2.0, 2019-06.

[6] 3GPP TS 38.321: Medium Access Control (MAC) protocol specification, V16.0.0, 2020-03.

[7] R2-1909444 Summary of e-mail discussion: [106#54] [IIoT] Need for and details of UE-based mechanisms for PDCP duplication, CMCC.

[8] 3GPP TS 38.214: NR: Physical layer procedures for data, V16.1.0, 2020-03.

Chapter

17 5G V2X

趙振山、張世昌、丁伊、盧前溪 著

在 3GPP R14 中研究了基於 LTE 的車聯網技術，即 LTE-V2X（Vehicle to Everything，車聯網），LTE-V2X 是基於側行鏈路（SideLink，SL）傳輸的一種技術，側行鏈路即終端與終端之間的直接通訊鏈路。與傳統的蜂巢通訊系統中資料傳輸方式不同，在 LTE-V2X 中，終端之間透過 SL 直接通訊，具有更高的頻譜效率和更低的延遲。

基於 LTE-V2X 的車聯網可以用於支援輔助駕駛，為駕駛員提供輔助資訊，而隨著時代的進步，人們對技術的要求也越來越高，不再僅滿足於現有的技術，而是期望達到自動駕駛的需求，而 LTE-V2X 很難滿足自動駕駛的需求，因此，基於 NR 的車聯網技術 NR-V2X 受到越來越多公司的關注。

本章將介紹 NR-V2X 中的物理層訊框結構、物理通道和訊號、物理層過程、資源設定方式、高層相關過程等。

17.1 NR-V2X 時間槽結構和物理通道

17.1.1 基礎參數

R16 NR-V2X 可以工作在智慧交通系統（Intelligent Transportation System，ITS）專用頻譜，同時，為了擴大 NR-V2X 的應用範圍，在授權頻段上 NR-V2X 也可以和 NR Uu 或 LTE Uu 操作共存。在頻譜範圍方面，NR-V2X 支援 FR1 和 FR2，然而除支援 PT-RS 之外，R16 中並沒有針對 FR2 進行過多的最佳化，所以，在 R16 NR-V2X 中並不支援波束管理等增強 FR2 性能的複雜功能[1]。NR-V2X 在第一頻率範圍（Frequency Range 1，FR1）和第二頻率範圍（Frequency Range 2，FR2）支援的子載體間隔和對應的 CP 長度和 NR Uu 相同，如表 17-1 所示。在 NR Uu 通訊中，網路為每個終端可以設定獨立的 BWP，對應獨立的子載體間隔，但是從系統的角度來看，在該系統中可以同時支援多個子載體間隔。但是對於 NR-V2X，由於要支援廣播和多點傳輸通訊，如果不同的終端設定了不同的子載體間隔，對於接收終端而言，為了接收所有其他終端發送的資料，就需要同時支援多個子載體間隔。因此為了降低 UE 實現複雜度，在一個側行載體上，僅設定一種 CP 長度類型和一種子載體間隔。

表 17-1 在不同頻率範圍內 NR-V2X 支援的子載體間隔和 CP 長度

	FR1			FR2	
子載體間隔	15kHz	30kHz	60kHz	60kHz	120kHz
CP 長度	僅正常 CP	僅正常 CP	正常 CP 和長 CP	正常 CP 和長 CP	僅正常 CP

在 NR 上行中支援兩種波形，即 CP-OFDM 和 DFT-s-OFDM，在 RAN1#94 和 RAN1#95 次會議上，RAN1 對 NR-V2X 支援的波形進行了討論。其中部分公司建議 NR-V2X 沿用 NR 上行設計，支援上述兩種波形，而多數公司建議 NR-V2X 僅需要支援 CP-OFDM。支援 DFT-s-OFDM 的公司認為，這種波形的峰均功率比（Peak to Average Power Ratio, PAPR）低於

OFDM，有利於增加側行傳輸的覆蓋範圍，尤其是側行同步訊號（Sidelink Synchronization Signal，S-SS），側行控制通道（Physical Sidelink Control Channel，PSCCH）和側行回饋通道（Physical Sidelink Feedback Channel，PSFCH），因為增加 S-SS 和側行廣播通道（Physical Sidelink Broadcast Channel，PSBCH）的覆蓋可以盡可能避免蜂巢網路覆蓋範圍外出現多組採用不同定時的側行通訊 UE，增加 PSCCH 的覆蓋範圍有利於提高資源監聽（sensing）的性能，而由於 PSFCH 僅佔用一個 OFDM 符號，在極端情況下可能需要增加最大發送功率增加覆蓋範圍。然而反對公司認為，如果需要支援兩種波形，則 UE 需要同時支援 DFT-s-OFDM 的發送和接收，而 NR Uu 中 UE 只需要支援 DFT-s-OFDM 的發送，所以支援側行通訊的 UE 的實現複雜度將明顯增加。另外，在 NR-V2X 中，PSCCH 和側行資料通道（Physical Sidelink Shared Channel，PSSCH）將在部分 OFDM 符號上透過 FDM 的方式重複使用，也就是說 UE 需要同時發送 PSCCH 和 PSSCH，這種情況下，DFT-s-OFDM 的低 PAPR 優勢將不復存在，而 S-SS 和 PSFCH 採用的是 ZC 序列，DFT-s-OFDM 在 PAPR 方面不會帶來額外的增益。綜合比較下來，支援 DFT-s-OFDM 的弊端遠大於因此帶來的收益，所以在 RAN1#96 次會議上，RAN1 決定在 R16 NR-V2X 中僅支援 CP-OFDM。

和 NR Uu 介面類別似，在 NR-V2X 載體上也支援側行頻寬分段（SL BWP）設定，由於側行通訊中存在廣播和多點傳輸業務，一個 UE 需要針對多個接收 UE 發送側行訊號，一個 UE 也可能需要同時接收多個 UE 發送的側行訊號，為了避免 UE 同時在多個 BWP 上發送或接收，在一個載體上，最多只能設定一個 SL BWP，而且該 SL BWP 同時應用於側行發送和側行接收。在授權頻段上，如果 UE 同時設定了 SL BWP 和 UL BWP，則兩者的子載體間隔（SCS）需要相同，這一限制可以避免 UE 同時支援兩個不同的子載體間隔。

NR-V2X 中也存在資源池（Resource Pool，RP）的設定，資源池限定了側行通訊的時頻資源範圍。資源池設定的最小時域粒度為一個時間槽，資源池內可以包含時間上不連續的時間槽；最小頻域粒度為一個子通道（sub-channel），子通道是頻域上連續的多個 PRB，在 NR-V2X 中一個子通道可以為 10，12，15，20，25，50，75 或 100 個 PRB。由於 NR-V2X 中僅支援 CP-OFDM，為了降低側行發送的 PAPR，資源池內的子通道在頻域上也必須是連續的。此外，資源池內包含的頻域資源應位於一個 SL BWP 範圍內，如圖 17-1 所示。

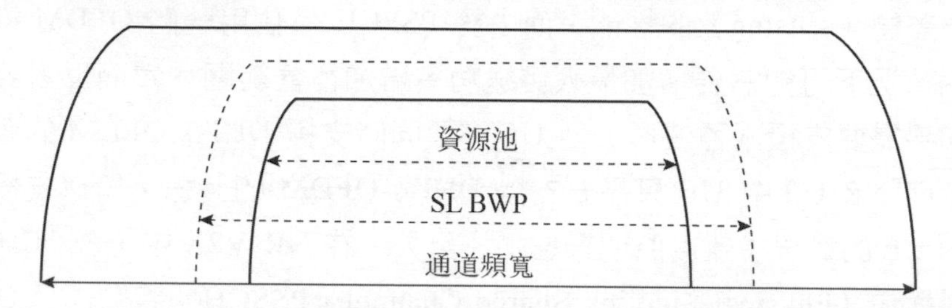

圖 17-1 通道頻寬，SL BWP 及資源池之間的關係

17.1.2 側行鏈路時間槽結構

NR-V2X 中存在兩種不同的時間槽結構，第一種時間槽結構中存在 PSCCH，PSSCH，可能存在 PSFCH，下文簡稱為正常時間槽結構；第二種時間槽結構中，存在側行同步訊號 S-SS 和側行廣播通道 PSBCH (合稱側行同步訊號區塊，Sidelink Synchronization Signal Block，S-SSB)，下文簡稱為 S-SSB 時間槽結構。

圖 17-2 中列出了 NR-V2X 中正常結構的示意圖。可以看到，在一個時間槽內，第一個 OFDM 符號固定用於自動增益控制（Automatic Gain Control，AGC），在 AGC 符號上，UE 複製第二個符號上發送的資訊。而時間槽的最後一個符號為保護間隔（Guard Period，GP），用於收發轉換，用於 UE 從發送（或接收）狀態轉換到接收（或發送）狀態。在剩餘的 OFDM 符號中，PSCCH 可以佔用從第二個側行符號開始的兩個或三個 OFDM 符號，在頻域上，PSCCH 佔據的 PRB 個數在一個 PSSCH 的子頻範圍內，如果 PSCCH 佔用的 PRB 個數小於 PSSCH 的子通道的大小，

或，PSSCH 的頻域資源包括多個子通道，則在 PSCCH 所在的 OFDM 符號上，PSCCH 可以和 PSSCH 頻分重複使用。

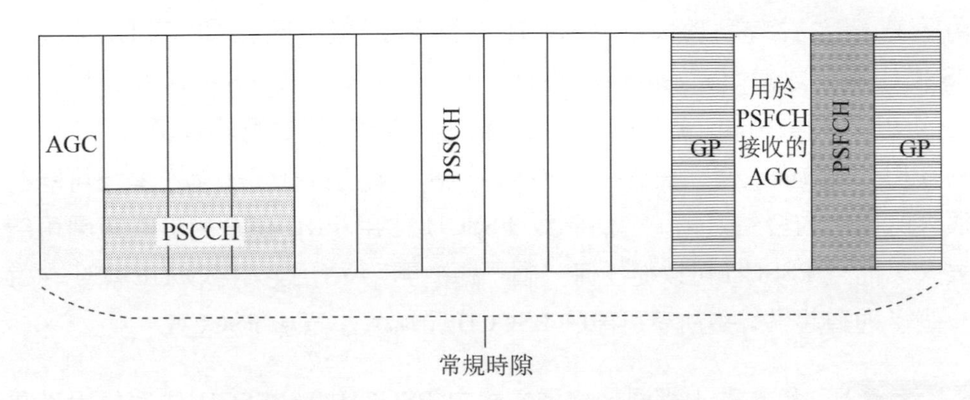

圖 17-2 14 個 OFDM 符號的 NR-V2X 時間槽結構

在 RAN1#94 次會議上，RAN1 曾對 PSCCH 和 PSSCH 之間的重複使用方式進行過討論，會議上共確定了四種備選方案，如圖 17-3 所示。

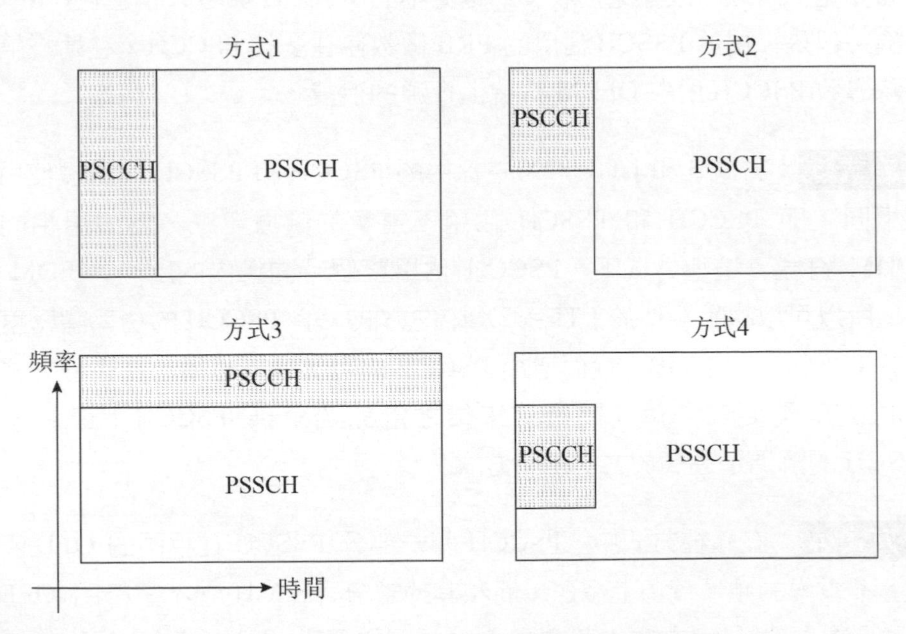

圖 17-3 PSCCH 和 PSSCH 重複使用方案

★方式 1：這種方式中 PSCCH 和 PSSCH 在時域上佔用不重疊的 OFDM 符號，在頻域上佔用相同的 PRB，即兩者之間完全透過分時的方式重複使用。這種方式有利於降低 PSSCH 的解碼延遲，因為 PSCCH 可以在 PSSCH 開始之前便開始解碼。然而，由於 PSCCH 和 PSSCH 在頻域上佔用的 PRB 個數相同，PSCCH 在頻域佔用的 PRB 個數將隨著 PSSCH 佔用的 PRB 個數而改變，由於在 NR-V2X 中，業務負載和串流速率均可能在很大的範圍內發生變化，從而導致 PSSCH 佔用 PRB 個數的動態範圍可能很大，而且 PSSCH 可以從任何一個子通道開始，所以，接收 UE 需要在每一個子通道起點針對所有可能的 PSCCH 頻域大小盲檢 PSCCH。

★方式 2：和方式 1 相同，這種方式中 PSCCH 和 PSSCH 依然佔用不重疊的 OFDM 符號，所以在延遲方面，方式 2 和方式 1 的性能相同。但不同於方式 1 的是，方式 2 中 PSCCH 佔用的 PRB 個數不隨 PSSCH 的頻域大小而變化，所以可以避免接收 UE 根據不同 PSCCH 頻域大小進行 PSCCH 盲檢。但是，由於 PSSCH 佔用的 PRB 個數往往多於 PSCCH，在這種情況下將導致 PSCCH 所在 OFDM 符號上資源的浪費。

★方式 3：方式 3 和 LTE-V2X 中採用的 PSCCH 和 PSSCH 的重複使用方式相同，即 PSCCH 和 PSSCH 佔用不重疊的頻域資源，但佔用相同的 OFDM 符號。這種方式下，PSCCH 佔用整個時間槽內的所有 OFDM 符號，所以可以採用類似於 LTE-V2X 中的方式，將 PSCCH 的功率譜密度相對於 PSSCH 增加 3dB，從而增加 PSCCH 的可靠性。然而，在這種方式中接收 UE 需要在一個時間槽結束後才能開始解碼 PSCCH，最終導致 PSSCH 的解碼延遲高於方式 1 和方式 2。

★方式 4：在這種方式中，PSCCH 和一部分 PSSCH 在相同的 OFDM 符號上不重疊的頻域資源上發送，而和其他部分 PSSCH 在不重疊的 OFDM 符號。方式 4 具備方式 1 和方式 2 低延遲的優點，但由於 PSCCH 的頻域大小恒定，所以可以避免 PSCCH 盲檢，此外，在 PSCCH 所在的 OFDM

符號上，如果 PSCCH 佔用的 PRB 個數小於 PSSCH，則剩餘的 PRB 依然可以用於 PSSCH 發送，所以可以避免方式 2 中資源浪費的問題。由於方式 4 具有兼具其他方式的優勢，最終成為 NR-V2X 採用的 PSCCH 和 PSSCH 重複使用方式。

在 NR-V2X 中，PSFCH 資源是週期性設定的，週期可以為{0, 1, 2, 4}個時間槽，如果為 0，表示當前資源池內沒有 PSFCH 資源設定，而 2 或 4 個時間槽的週期可以降低 PSFCH 佔用的系統資源。如果在一個時間槽記憶體在 PSFCH 資源，則 PSFCH 位於時間槽內的倒數第二個 OFDM 符號，由於在 PSFCH 所在的 OFDM 符號上 UE 的接收功率可能發生變化，所在時間槽內的倒數第三個符號也將用於 PSFCH 發送，以輔助接收 UE 進行 AGC 調整，倒數第三個符號上的訊號是倒數第二個符號上訊號的重複。此外，發送 PSSCH 的 UE 和發送 PSFCH 的 UE 可能不同，因此，在兩個 PSFCH 符號之前，需要額外增加一個符號用於 UE 的收發轉換，如圖 17-2 所示。

為了支援蜂巢網路覆蓋範圍外和全球衛星導航系統（Global Navigation Satellite System，GNSS）覆蓋範圍外 UE 的同步，NR-V2X 中 UE 需要發送同步訊號 S-SS 和 PSBCH，S-SS 和 PSBCH 佔用一個時間槽，該時間槽即為 S-SSB 時間槽，如圖 17-4 所示。在 S-SSB 時間槽中，包括 S-SS 和 PSBCH，其中 S-SS 又分為側行主同步訊號（Sidelink Primary Synchronization Signal，S-PSS）和側行輔同步訊號（Sidelink Secondary Synchronizatio Signal，S-SSS）。S-PSS 佔據該時間槽中的第二、第三個 OFDM 符號，S-SSS 佔據該時間槽中的第四、第五個 OFDM 符號，最後一個符號為 GP，其餘符號用於傳輸 PSBCH。兩個 S-PSS 和 S-SSS 在時域上是連續的，這樣透過 S-PSS 獲取的通道估計結果可以應用於 S-SSS 檢測，利於提高 S-SSS 的檢測性能。

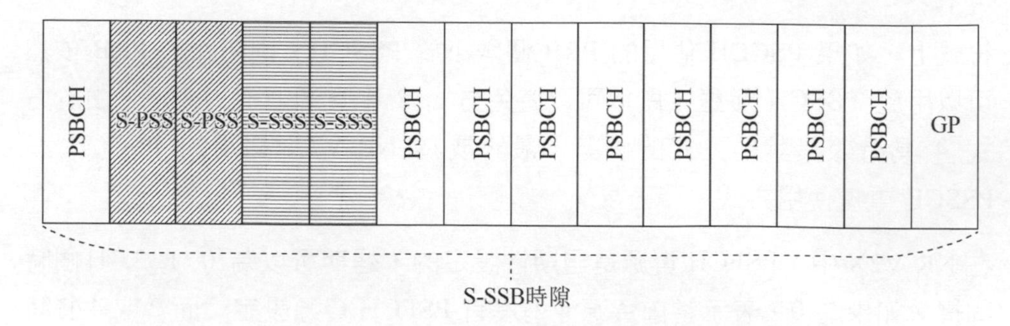

圖 17-4 S-SS/PSBCH 時間槽結構

17.1.3 側行鏈路物理通道和側行鏈路訊號

1. PSCCH

在 NR-V2X 中，PSCCH 用於承載和資源監聽（Sensing，如 17.2.4 節所述）相關的側行控制資訊。在時域上 PSCCH 佔用 2 個或 3 個 OFDM 符號，在頻域上可以佔用{10, 12 15, 20, 25}個 PRB。一個資源池內 PSCCH 佔用的 OFDM 符號個數以及佔用的 PRB 個數均是由網路設定或預設定的，其中，PSCCH 佔用的 PRB 個數必須小於或等於資源池內一個子通道中包含的 PRB 個數，以免對 PSSCH 資源選擇或分配造成額外的限制。

控制通道盲檢測對接收 UE 複雜度影響很大，為了降低 UE 對 PSCCH 的盲檢測，在一個資源池內只允許設定一個 PSCCH 符號個數和 PRB 個數，也就是說，PSCCH 只有一種聚合等級；另外，PSCCH 固定採用 QPSK 調解，並和 Uu 介面中的下行控制通道相同，固定採用 Polar 編碼；而且，對於廣播，多點傳輸和單一傳播，PSCCH 中攜帶的位元數相同。

PSCCH 的 DMRS 圖案和 PDCCH 相同，即 DMRS 存在於每一個 PSCCH 的 OFDM 符號上，在頻域上位於一個 PRB 的 {#1，#5，#9} 個 RE，如圖 17-5 所示。PSCCH 的 DMRS 序列透過以下公式生成：$r_l(m)=\frac{1}{\sqrt{2}}(1-2c(m))+j\frac{1}{\sqrt{2}}(1-2c(m+1))$，其中 $c(m)$由

$c_{\text{init}} = \left(2^{17}\left(N_{\text{symb}}^{\text{slot}} n_{\text{s,f}}^{\mu} + l + 1\right)\left(2N_{\text{ID}} + 1\right) + 2N_{\text{ID}}\right) \bmod 2^{31}$ 進行初始化，這裡 l 為 DMRS 所在 OFDM 符號在時間槽內的索引，$n_{\text{s,f}}^{\mu}$ 為 DMRS 所在時間槽在系統訊框內的索引，$N_{\text{ID}} \in \{0,1,\cdots,65535\}$，在一個資源池內 N_{ID} 的具體值由網路設定或預設定。

	符號#1	符號#2	符號#3
RE#11			
RE#10			
RE#9	參考訊號	參考訊號	參考訊號
RE#8			
RE#7			
RE#6			
RE#5	參考訊號	參考訊號	參考訊號
RE#4			
RE#3			
RE#2			
RE#1	參考訊號	參考訊號	參考訊號
RE#0			

圖 17-5 PSCCH DMRS 時頻域位置

在側行通訊系統中，UE 自主進行資源選擇或基於網路的側行資源排程確定發送資源，均可能導致不同的 UE 在相同的時頻資源上發送 PSCCH，為了保證在 PSCCH 資源衝突的情況下接收方至少能夠檢測出一個 PSCCH，LTE-V2X 中採用了 PSCCH DMRS 隨機化的設計方案。具體的，UE 在發送 PSCCH 時，可以隨機從{0, 3, 6, 9}中隨機選擇一個值作為 DMRS 的循環移位，如果多個 UE 在相同的時頻資源上發送的 PSCCH DMRS 採用不同的循環移位，接收端 UE 依然可以透過正交的 DMRS 至少檢測出一個 PSCCH。出於相同的目的，在 NR-V2X 中引入了 3 個 PSCCH DMRS 頻域 OCC 供發送 UE 隨機選擇，從而達到區分不同 UE 的效果。最終，一個 PRB 內每個 RE 上的 DMRS 符號可以表示為：

$$a_{k,l}^{(p,\mu)}=\beta_{\mathrm{DMRS}}^{\mathrm{PSCCH}}w_{f,i}(k')r_l\left(3n+k'\right)$$
$$k=nN_{\mathrm{sc}}^{\mathrm{RB}}+4k'+1$$
$$k'=0,1,2 \tag{17.1}$$
$$n=0,1,\cdots$$

其中 $\beta_{\mathrm{DMRS}}^{\mathrm{PSCCH}}$ 表示 PSCCH DMRS 發送功率調整因數，$w_{f,i}(k')$ 如表 17-2 所示，i 的值由發送 UE 在{0,1,2}中隨機選擇。

表 17-2 $w_{f,i}(k')$

k'	$w_{f,i}(k')$		
	$i=0$	$i=1$	$i=2$
0	1	1	1
1	1	$e^{j2/3\pi}$	$e^{-j2/3\pi}$
2	1	$e^{-j2/3\pi}$	$e^{j2/3\pi}$

PSCCH 中攜帶的側行控制資訊（Sidelink Control Information，SCI）格式稱為 SCI 格式 1-A，其中包含的資訊位元域以及對應的位元數如下：

- 排程的資料的優先順序:3 位元。
- 頻域資源設定（frequency resource assignment）：
  - 如果一個 PSCCH 可以指示當前傳輸資源和一個重傳資源，則 $\left\lceil \log_2\left(\frac{N_{Subchnnel}^{SL}\left(N_{Subchnnel}^{SL}+1\right)}{2}\right)\right\rceil$ 位元。
  - 如果一個 PSCCH 可以指示當前傳輸資源和 2 個重傳資源，則 $\left\lceil \log_2\left(\frac{N_{Subchnnel}^{SL}\left(N_{Subchnnel}^{SL}+1\right)\left(2N_{Subchnnel}^{SL}+1\right)}{6}\right)\right\rceil$。
- 時域資源設定（time resource assignment）：

    - 如果一個 PSCCH 可以指示當前傳輸資源和一個重傳資源，則為 5 位元。
    - 如果一個 PSCCH 可以指示當前傳輸資源和兩個重傳資源，則為 9 位元。
- PSSCH 的參考訊號圖案，$\log_2 N_{\text{pattern}}$ 位元，其中 N_{pattern} 為當前資源池內允許的 DMRS 圖案個數。
- 第二階 SCI 格式，2 位元。
    - 00 代表 SCI 2-A，01 代表 SCI 2-B，10、11 為用於將來版本的保留狀態。
- 第二階 SCI 串流速率偏移：2 位元。
- PSSCH DMRS 通訊埠數：1 位元。
- MCS: 5 位元。
- MCS 表格指示：0~2 位元，取決於資源池內允許使用的 MCS 表格個數。
- PSFCH 符號數：如果 PSFCH 週期為 2 或 4 個時間槽則為 1 位元，否則為 0 位元。
- 資源預留週期（resource reservation period）：4 位元；當資源池設定中去啟動 TB 間資源預留時，不存在該資訊位元域。
- 保留位元：2~4 位元，具體位元個數由網路設定或預設定（保留位元的值均設為 0）。

2. PSSCH

PSSCH 用於承載第二階 SCI（SCI 2-A 或 SCI 2-B，詳見下文）和資料資訊，在介紹第二階 SCI 之前，有必要首先介紹一下二階 SCI 設計。

由於 NR-V2X 中支援廣播，多點傳輸和單一傳播三種傳輸類型，不同的傳輸類型需要不同 SCI 格式以支援 PSSCH 的傳輸。表 17-3 複習了不同的傳輸類型下可能需要的 SCI 位元域。可以看到，不同的傳輸類型所需的 SCI 位元域存在交集，但是，相對於廣播業務，多點傳輸和單一傳播業務需要更多的位元域。如果採用相同的 SCI 大小，則表示廣播業務中需要在 SCI 中增加很多容錯位元，影響資源利用效率。而如果採用不同的 SCI 大小，則接收 UE 需要盲檢不同的 SCI。

此外，對於單一傳播業務，不同的通道狀態需要不同的 SCI 串流速率，無論採用固定 SCI 串流速率還是根據通道狀態動態調整 SCI 串流速率，都會導致上面的問題。

表 17-3 不同傳輸類型所需的 SCI 位元域

SCI 域	廣播	多點傳輸	單一傳播
時頻域資源指示	✓	✓	✓
PSSCH 優先順序	✓	✓	✓
MCS	✓	✓	✓
HARQ 處理程序號	✓	✓	✓
源 ID	✓	✓	✓
目標 ID		✓	✓
NDI	✓	✓	✓
HARQ 回饋指示資訊		✓	✓
區域（Zone）ID		✓	
通訊距離要求		✓	
CSI 回饋指示			✓

經過數次會議的激烈角逐，最終二階 SCI 設計獲得了多數公司的支援，在 2019 年 8 月 RAN#98 次會議上，最終決定 NR-V2X 支援二階 SCI 設計。二階 SCI 設計的原則是盡可能縮小第一階 SCI 的位元數，並且保證第一階 SCI 的位元數不隨傳輸類型，通道狀態等因素而改變，從而使得 NR-V2X 無需根據不同的應用場景來調整第一階 SCI 的聚合等級。基於這一原則，第一階 SCI 用於承載資源監聽相關的資訊，包括被排程的 PSSCH 的時域和頻域資源，同時指示第二階 SCI 的串流速率，格式等資訊。相比之下，第二階 SCI 提供 PSSCH 解碼所需的其它資訊，由於第一階 SCI 提供了第

二階 SCI 的相關資訊，所以第二階 SCI 可以採用多種不同的格式和串流速率，但接收 UE 不需要對第二階 SCI 進行盲檢。所以，二階 SCI 設計可以有效降低第一階 SCI 的位元數，提高第一階 SCI 的解碼性能從而提高資源監聽的準確性，而且第一階 SCI 的位元數保持不變，可以實現多點傳輸和廣播在同一個資源池內的共存，而不會影響 PSCCH 的接收性能。

第二階 SCI 採用 Polar 編碼方式，固定採用 QPSK 調解，並且和 PSSCH 的資料部分採用相同的發送通訊埠，所以可以利用 PSSCH 的解調參考訊號進行解調。然而，和 PSSCH 資料部分的發送方式不同，當 PSSCH 採用雙流發送方式時，第二階 SCI 在兩個流上發送的調解符號完全相同，這樣的設計可以保證第二階 SCI 在高相關通道下的接收性能。第二階 SCI 的串流速率可以在一定範圍內動態調整，具體採用的串流速率由第一階 SCI 中「第二階 SCI 串流速率偏移」域指示，所以即使在串流速率改變後接收端也無需對第二階 SCI 進行盲檢測。第二階 SCI 的調解符號從第一個 PSSCH 調製解調參考訊號所在的符號採用先頻域後時域的方式開始映射，並在該符號上透過交織的方式和 DMRS 的 RE 重複使用，如圖 17-6 所示。

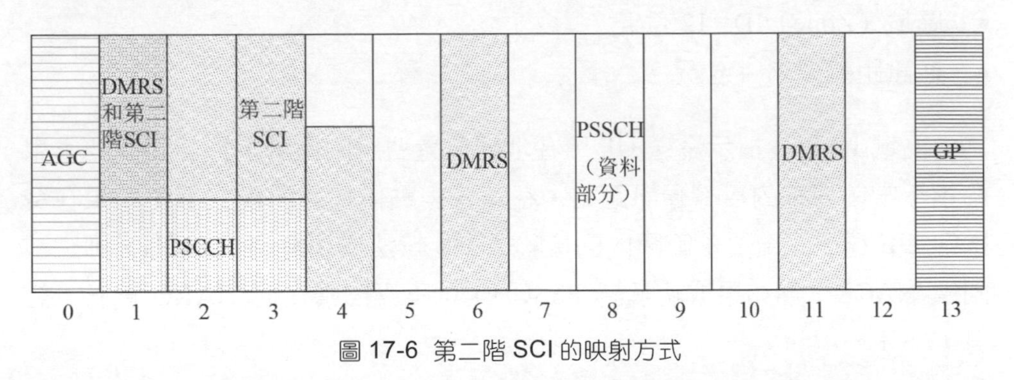

圖 17-6 第二階 SCI 的映射方式

在 3GPP R16 中定義了兩種第二階 SCI 格式，即 SCI 2-A 和 SCI 2-B。SCI 格式 2-B 適用於基於距離資訊進行側行 HARQ 回饋的多點傳輸通訊方式；SCI 格式 2-A 適用於其餘的場景，如，不需要側行 HARQ 回饋的單一傳播、多點傳輸、廣播，需要側行 HARQ 回饋的單一傳播通訊方式，需要回饋 ACK 或 NACK 的多點傳輸通訊方式等。

SCI 2-A 包含以下資訊：

- HARQ 處理程序– $\log_2 N_{process}$ 位元，其中 $N_{process}$ 表示 HARQ 處理程序數。
- NDI –1 位元。
- RV –2 位元。
- 來源 ID –8 位元。
- 目標 ID –16 位元。
- HARQ 回饋啟動/去啟動–1 位元。
- 單一傳播/多點傳輸/廣播指示–2 位元：00 表示廣播，01 表示多點傳輸，10 表示單一傳播，11 預留。
- CSI 回饋請求–1 位元。

SCI 2-B 只用於指示多點傳輸業務發送，所以和 SCI 2-A 相比，SCI 2-B 不包含單一傳播/多點傳輸/廣播指示域和 CSI 回饋請求域，但額外包含以下兩個資訊域：

- 區域（Zone）ID –12 位元。
- 通訊距離要求–4 位元。

其中區域 ID 用於指示發送 UE 所在地理位置對應的區域，通訊距離要求用於指示當前傳輸的目標通訊距離，在這種多點傳輸通訊模式下，如果在發送端 UE 通訊距離要求範圍內的接收端 UE 無法成功解調 PSSCH，則應該回饋 NACK，而如果成功解調 PSSCH，則不應回饋任何 HARQ 資訊，詳見 17.3.1。

PSSCH 的資料部分採用 LDPC 編碼，最高支援到 256QAM 調解和兩個流傳輸。在一個資源池內 PSSCH 可以採用多個不同的 MCS 表格，包括正常 64QAM MCS 表格，256QAM MCS 表格，和低頻譜效率 64QAM MCS 表格[2]，而在一次傳輸中具體採用的 MCS 表格由第一階 SCI 中的「MCS 表格指示」域指示。為了控制 PAPR，PSSCH 必須採用連續的 PRB 發送，由於子通道為 PSSCH 的最小頻域資源粒度，這就要求 PSSCH 必須佔用連續的子通道。

和 NR Uu 介面類別似，PSSCH 支援多個時域 DMRS 圖案。在一個資源池內，如果 PSSCH 的符號數大於等於 10，則可以最多設定 3 個不同的時域 DMRS 圖案，即 2，3，或 4 個符號的時域 DMRS 圖案；如果 PSSCH 的符號數為 9 或 8，則可以設定 2 個或 3 個符號的時域 DMRS 圖案；對於更短的 PSSCH 長度，則只能設定 2 個符號的時域 DMRS 圖案。需要注意的是，上述 PSSCH 的符號數並不包括用作 AGC 的第一個側行符號，用作 GAP 的最後一個側行符號，PSFCH 符號，以及 PSFCH 符號之前的 AGC 和 GAP 符號。如果資源池內設定了多個時域 DMRS 圖案，則具體採用的時域 DMRS 圖案由發送 UE 選擇，並在第一階 SCI 中予以指示，圖 17-7 中列出了 12 個符號長度的 PSSCH 可以採用的時域 DMRS 圖案。這樣的設計允許高速運動的 UE 選擇高密度的 DMRS 圖案，從而保證通道估計的精度，而對於低速運動的 UE，則可以採用低密度的 DMRS 圖案，從而提高頻譜效率。

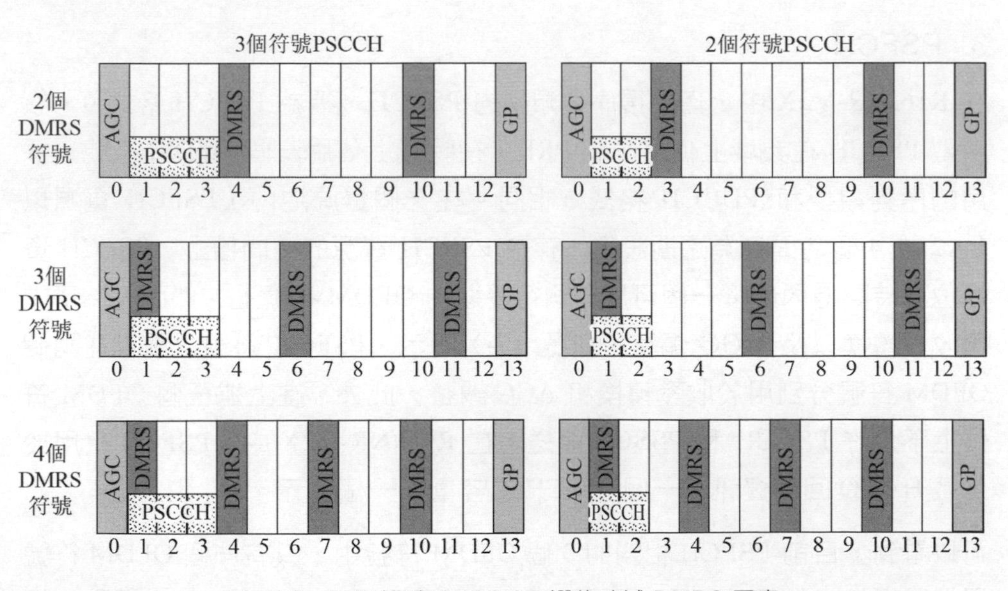

圖 17-7 12 個符號 PSSCH 可選的時域 DMRS 圖案

NR Uu 介面支援兩種頻域 DMRS 圖案，即 DMRS 頻欄位型態 1 和 DMRS 頻欄位型態 2，而且對於每一種頻欄位型態，均存在單 DMRS 符號和雙 DMRS 符號兩種不同類型。單符號 DMRS 頻欄位型態 1 支援 4 個 DMRS 通訊埠，單符號 DMRS 頻欄位型態 2 可以支援 6 個 DMRS 通訊埠，雙 DMRS 符號情況下，支援的通訊埠數均加倍。然而，在 NR-V2X 中，由於最多只需要支援兩個 DMRS 通訊埠，所以，僅支援單符號的 DMRS 頻欄位型態 1，如圖 17-8 所示。

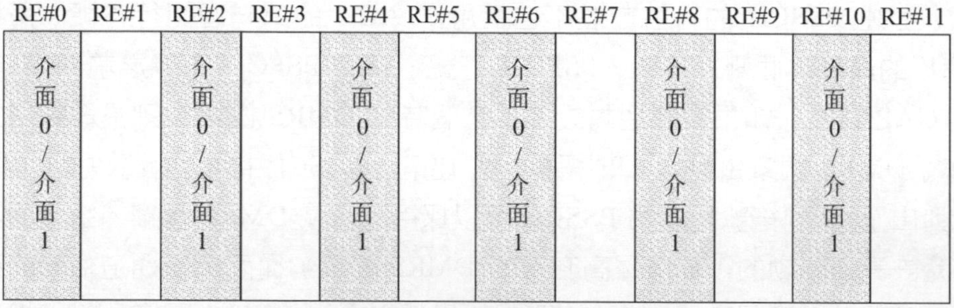

RE#0	RE#1	RE#2	RE#3	RE#4	RE#5	RE#6	RE#7	RE#8	RE#9	RE#10	RE#11
介面0/介面1		介面0/介面1		介面0/介面1		介面0/介面1		介面0/介面1		介面0/介面1	

圖 17-8　單符號 DMRS 頻欄位型態 1 示意圖

3. PSFCH

在 R16 NR-V2X 中，僅支援序列類型的 PSFCH，稱為 PSFCH 格式 0，該類型 PSFCH 在頻域上佔用一個 PRB，在時域上佔用一個 OFDM 符號，採用的序列類型和 PUCCH 格式 0 相同。在一個資源池內，PSFCH 資源以 1，2 或 4 個時間槽為週期設定，存在 PSFCH 資源的時間槽上，PSFCH 資源位於時間槽內最後一個可用於側行發送的 OFDM 符號上。然而，為了支援收發轉換以及 AGC 調整，如圖 17-2 所示，PSFCH 符號之前存在兩個 OFDM 符號分別用於收發轉換和 AGC 調整。此外，在上述三個 OFDM 符號上不允許 PSCCH 和 PSSCH 發送。在 R16 NR-V2X 中，PSFCH 只用於承載 HARQ 回饋資訊，一個 PSFCH 的容量為一個位元。

可以看到，目前 PSFCH 相關的 3 個 OFDM 符號中，只有一個 OFDM 符號用於回饋資訊的傳輸，另外兩個 OFDM 僅用於收發轉換或 AGC 調整，資源使用率比較低。因此，在 NR-V2X 標準制定過程中，一度考慮引入長 PSFCH 結構以提高資源利用效率。如圖 17-9 所示，長 PSFCH 在頻域上佔用一個 PRB，在時域上將佔用 12 個 OFDM 符號（一個時間槽內除 AGC 符號和 GAP 符號外的所有 OFDM 符號）。採用這種結構，假設資源池內需要的 PFSCH 總數為 N ，則用於 PSFCH 的 RE 總數為 $N\times12\times12$ 。而如果為短 PSFCH 結構，假設資源池包含的 PRB 個數為 B ，則資源池內用於 PFSCH 相關的 3 個 OFDM 符號佔據的 RE 總數為 $B\times12\times3$。比較兩者佔用的 RE 數可以發現，當資源池內包含的 PRB 個數較大，而系統內需要的 PSFCH 個數較少時，長 PSFCH 結構可以有效的降低 PSFCH 所需的資源數量。以 $N=10$ ，$B=100$ 為例，長 PSFCH 結構所需的資源數量僅為短 PSFCH 結構的 40%。

然而由於在 NR-V2X 系統中需要支援多點傳輸業務的 HARQ 回饋，對於多點傳輸業務，每一個 PSSCH 可能需要多個 PSFCH 回饋資源（和組內接收 UE 個數有關），隨著系統內需要的 PSFCH 回饋資源的增加，長 PSFCH 結構在資源效率方面的優勢變得不再那麼明顯。此外，長 PSFCH 的延遲大於短 PSFCH，如果要支援長 PSFCH，資源池內還需要設定專用於 PSFCH 的頻域資源，將增加系統設計的複雜度。所以長 PSFCH 結構最終沒有被採用。

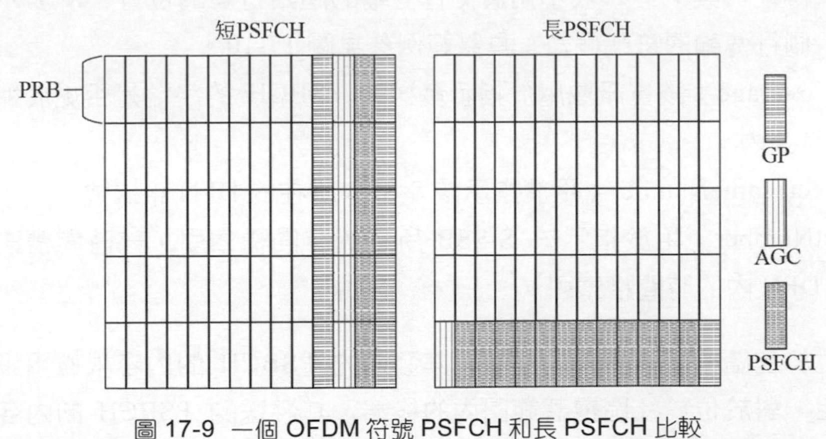

圖 17-9 一個 OFDM 符號 PSFCH 和長 PSFCH 比較

4. PSBCH

在 NR-V2X 中支援多種類型的同步來源，同步來源包括{GNSS，gNB，eNB，UE}，終端從同步來源獲取同步資訊，在側行鏈路上轉發同步訊號和 PSBCH，以輔助其他終端進行同步。終端如果無法從 GNSS 和 gNB/eNB 獲取同步資訊，會在側行鏈路上搜尋其他終端發送的側行同步訊號 S-SS，獲取同步資訊以及 PSBCH 通道承載的系統資訊。終端如果搜尋到其他終端發送的同步訊號，並且將其作為同步來源，在轉發同步資訊時，其發送的 PSBCH 的內容根據檢測到的同步來源的 PSBCH 內容生成。

在 NR-V2X 中 PSBCH 主要用於承載以下資訊：

- sl-TDD-Config：側行 TDD 設定，用於指示可用於 SL 傳輸的上行時間槽資訊，根據網路發送的 TDD-UL-DL-ConfigCommon 資訊確定；該資訊域包括 12 位元，具體的，該資訊包括 1 位元用於指示圖案（pattern）個數，4 位元用於指示 pattern 的週期，7 位元用於指示每個 pattern 內的上行時間槽個數。
  - 如果 TDD-UL-DL-ConfigCommon 設定資訊確定的某個時間槽中的上行符號的個數和位置滿足側行傳輸的要求，即一個時間槽中的符號{Y, Y+1, Y+2,..., Y+X-1}是上行符號，則該時間槽可以用於側行傳輸，其中，Y 表示用於側行傳輸的起始符號的位置，X 表示用於側行傳輸的符號個數；具體範例參見圖 17-10。
- inCoverage：該資訊域用於指示發送該 PSBCH 的終端是否處於網路覆蓋範圍內。
- directFrameNumber：用於指示該 S-SSB 所在的 DFN 訊框號。
- slotNumber：用於指示該 S-SSB 所在的時間槽索引，該時間槽索引是在 DFN 內的時間槽索引。

對於位於社區覆蓋範圍外的終端，其發送的 PSBCH 的內容根據預設定資訊確定。對於位於社區覆蓋範圍內的終端，其發送的 PSBCH 的內容根據網路設定資訊確定。在 NR 系統中，網路透過 TDD-UL-DL-ConfigCommon

半靜態設定社區時間槽配比，該設定參數的指示資訊可以參考 5.6.2 節。在設定資訊 TDD-UL-DL-ConfigCommon 中包括參考子載體間隔，該參數用於確定 TDD-UL-DL-ConfigCommon 訊號中指示的圖案的時域邊界。終端在側行鏈路發送 PSBCH 時，按照側行鏈路的子載體間隔發送該 PSBCH，sl-TDD-Config 資訊域指示的時間槽資訊也是根據側行子載體間隔確定的。因此，終端需要將 TDD-UL-DL-ConfigCommon 訊號指示的以參考子載體間隔大小作為參考的上行時間槽或上行符號轉為以側行鏈路的子載體間隔大小作為參考的上行時間槽和上行符號的個數。

如果 TDD-UL-DL-ConfigCommon 只設定一個圖案：

- 1 位元映射案指示資訊設定為 0。
- 4 位元週期指示資訊以下表所示。

表 17-4 網路設定一個圖案時 PSBCH 中的週期指示資訊

PSBCH 中週期指示資訊索引	週期(ms)
0	0.5
1	0.625
2	1
3	1.25
4	2
5	2.5
6	4
7	5
8	10
9-15	預留

- 7 位元上行資源指示資訊：對於單一圖案，週期最大是 10ms，在側行鏈路採用最大子載體間隔，即 120kHz，最多包括 80 個上行時間槽，可以透過該 7 位元完全指示。

如果 TDD-UL-DL-ConfigCommon 設定兩個圖案：

- 1 位元映射案指示資訊設定為 1。
- 4 位元週期指示資訊: 網路設定 2 個圖案時，兩個圖案的總週期 P+P2（其中 P 表示第一個圖案的週期，P2 表示第二個圖案的週期）能夠整除 20ms，因此，可能的週期組合以下表所示。

表 17-5 網路設定兩個圖案時 PSBCH 中的週期指示資訊

PSBCH 中週期指示資訊索引	總週期（P+P2）(ms)	兩個圖案中每個圖案週期	
		P(ms)	P2(ms)
0	1	0.5	0.5
1	1.25	0.625	0.625
2	2	1	1
3	2.5	0.5	2
4	2.5	1.25	1.25
5	2.5	2	0.5
6	4	1	3
7	4	2	2
8	4	3	1
9	5	1	4
10	5	2	3
11	5	2.5	2.5
12	5	3	2
13	5	4	1
14	10	5	5
15	20	10	10

- 7 位元上行資源指示資訊：對於兩個圖案，週期最大是 20ms，在不同側行鏈路子載體大小的情況下，7 位元難以完全指示所有可能的兩個圖案中上行時間槽數的組合情況，因此需要對指示資訊進行粗粒度化指示，具體的，在不同子載體間隔、不同的週期組合時採用不同的粒度指示上行時間槽和上行符號。

表 17-6 網路設定兩個圖案時 PSBCH 中的時間槽指示粒度

<table>
<tr><th rowspan="2">PSBCH 中週期指示資訊索引</th><th rowspan="2">總週期（P+P2）(ms)</th><th colspan="2">兩個圖案中每個圖案週期</th><th colspan="4">不同側行鏈路子載體間隔時的指示粒度</th></tr>
<tr><th>P</th><th>P2</th><th>15kHz</th><th>30 kHz</th><th>60 kHz</th><th>120 kHz</th></tr>
<tr><td>0</td><td>1</td><td>0.5</td><td>0.5</td><td colspan="4" rowspan="6">1</td></tr>
<tr><td>1</td><td>1.25</td><td>0.625</td><td>0.625</td></tr>
<tr><td>2</td><td>2</td><td>1</td><td>1</td></tr>
<tr><td>3</td><td>2.5</td><td>0.5</td><td>2</td></tr>
<tr><td>4</td><td>2.5</td><td>1.25</td><td>1.25</td></tr>
<tr><td>5</td><td>2.5</td><td>2</td><td>0.5</td></tr>
<tr><td>6</td><td>4</td><td>1</td><td>3</td><td colspan="3" rowspan="8">1</td><td rowspan="8">2</td></tr>
<tr><td>7</td><td>4</td><td>2</td><td>2</td></tr>
<tr><td>8</td><td>4</td><td>3</td><td>1</td></tr>
<tr><td>9</td><td>5</td><td>1</td><td>4</td></tr>
<tr><td>10</td><td>5</td><td>2</td><td>3</td></tr>
<tr><td>11</td><td>5</td><td>2.5</td><td>2.5</td></tr>
<tr><td>12</td><td>5</td><td>3</td><td>2</td></tr>
<tr><td>13</td><td>5</td><td>4</td><td>1</td></tr>
<tr><td>14</td><td>10</td><td>5</td><td>5</td><td colspan="2">1</td><td>2</td><td>4</td></tr>
<tr><td>15</td><td>20</td><td>10</td><td>10</td><td>1</td><td>2</td><td>4</td><td>8</td></tr>
</table>

5. S-SS

NR-V2X 中的 S-SS 包括側行主同步訊號（Sidelink Primary Synchronization Signal, S-PSS）和側行輔同步訊號（Sidelink Secondary Synchronization Signal, S-SSS）。S-PSS 由 M 序列（M-sequence）生成，序列長度為 127 點；S-SSS 由 Gold 序列生成，序列長度為 127 點，S-PSS 和 S-SSS 的具體序列生成公式參見[16]。S-PSS 映射到同步時間槽中的第 2、3 個時域符號上，兩個符號上映射相同的序列；S-SSS 映射到第 4、5 個時域符號上，兩個符號上映射相同的序列。

NR-V2X 支援共計 672 個側行同步訊號標識（Sidelink Synchronization Signal Identity, SL SSID），由 2 個主同步訊號標識和 336 個輔同步標識組成：

$$N_{ID}^{SL} = N_{ID,1}^{SL} + 336 \times N_{ID,2}^{SL} \tag{17.2}$$

其中，$N_{ID,1}^{SL} \in \{0,1,\cdots,335\}$，$N_{ID,2}^{SL} \in \{0,1\}$。

6. SL PT-RS

NR-V2X 在 FR2 支援 SL PT-RS，SL PT-RS 的圖案和 SL PT-RS 序列的生成機制和 NR 上行 CP-OFDM PT-RS 相同，SL PT-RS 物理資源映射過程中，RB 偏移由對應一階 SCI CRC 的 16 位元最低有效位元 LSB 確定，而且，SL PT-RS 不能映射到 PSCCH 佔用的 RE，二階 SCI 佔用的 RE，SL CSI-RS 佔用的 RE，以及 PSSCH DMRS 佔用的 RE。

7. SL CSI-RS

為了更好的支援單一傳播通訊，NR-V2X 中支援 SL CSI-RS，SL CSI-RS 只有滿足以下 3 個條件時才會發送：

- UE 發送對應的 PSSCH，也就是說，UE 不能只發送 SL CSI-RS。
- 高層訊號啟動了側行 CSI 上報。
- 在高層訊號啟動側行 CSI 上報的情況下，UE 發送的二階 SCI 中的對應位元觸發了側行 CSI 上報。

SL CSI-RS 的時頻位置由發送 UE 確定，並透過 PC5-RRC 通知接收 UE。為了避免對 PSCCH 和第二階 SCI 的資源映射造成影響，SL-CSI-RS 不能和 PSCCH 所在的時頻資源衝突，不能和第二階 SCI 在同一個 OFDM 符號發送。由於 PSSCH DMRS 所在 OFDM 符號的通道估計精度較高，而且兩個通訊埠的 SL-CSI-RS 將在頻域上佔用兩個連續的 RE，所以 SL-CSI-RS 也不能和 PSSCH 的 DMRS 發送在同一個 OFDM 符號上。此外，SL-CSI-RS 不能和 PT-RS 發生衝突。

17.2 側行鏈路資源設定

與傳統的蜂巢網路系統中 UE 和網路透過上行或下行鏈路進行資料傳輸不同，車載終端裝置之間透過側行鏈路直接進行資訊的互動。由於在有蜂巢訊號覆蓋和無蜂巢訊號覆蓋的場景下車聯網系統都需要能夠進行資訊的傳輸，因此車聯網系統中的資源設定分為兩種：一種是由基地台為終端分配側行傳輸的傳輸資源，在 NR-V2X 中稱為模式 1（Mode 1）；另一種是終端自主選取傳輸資源，在 NR-V2X 中稱為模式 2（Mode 2）。在模式 1 的側行資源設定方式中，又分為動態資源設定方式和側行免授權資源設定方式。

17.2.1 時域和頻域資源設定

- 時域資源設定

在 NR-V2X 中，PSSCH 和其連結的 PSCCH 在相同的時間槽中傳輸，在一個時間槽中 PSSCH 和 PSCCH 重複使用的方式參見 17.1.2，PSCCH 佔據 2 個或 3 個時域符號。NR-V2X 的時域資源設定以時間槽為分配粒度。透過參數 startSLsymbols 和 lengthSLsymbols 設定一個時間槽中用於側行傳輸的時域符號的起點和長度，這部分符號中的最後一個符號用作 GP，PSSCH 和 PSCCH 只能使用其餘的時域符號，但是如果一個時間槽中設定了 PSFCH 傳輸資源，PSSCH 和 PSCCH 不能佔用用於 PSFCH 傳輸的時域符號，以及該符號之前的 AGC 和 GP 符號（參見圖 17-2）。

以下圖所示，網路設定 sl-StartSymbol=3，sl-LengthSymbols=11，即一個時間槽中從符號索引 3 開始的 11 個時域符號可用於側行傳輸，該時間槽中有 PSFCH 傳輸資源，該 PSFCH 佔據符號 11 和符號 12，其中符號 11 作為 PSFCH 的 AGC 符號，符號 10、13 分別用作 GP，可用於 PSSCH 傳輸的時域符號為符號 3 至符號 9，PSCCH 佔據 3 個時域符號，即符號 4、5、6，符號 3 通常用作 AGC 符號。

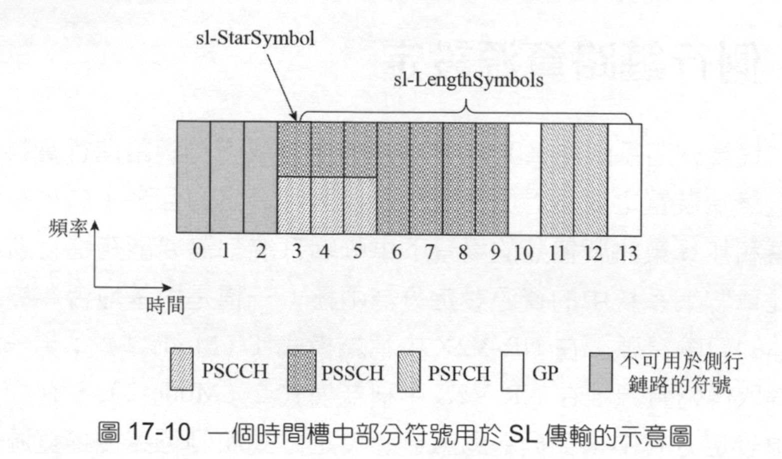

圖 17-10 一個時間槽中部分符號用於 SL 傳輸的示意圖

■ 頻域資源設定

在 NR-V2X 中，PSSCH 的頻域資源設定以子通道（sub-channel）為粒度，一個子通道包括連續的 N1 個 PRB，PSSCH 的頻域資源設定資訊由起始子通道索引和分配的子通道個數確定。PSSCH 和其連結的 PSCCH 的頻域起始位置是對齊的，PSCCH 在 PSSCH 的第一個子通道中傳輸，佔據該子通道中的 N2（N2≤N1）個 PRB，其中 N1、N2 是可設定的參數，N1 設定值範圍是{10, 12，15, 20, 25, 50, 75, 100}，N2 設定值範圍是{10, 12 15, 20, 25}。

17.2.2 模式 1 動態資源設定

動態資源設定方式即網路透過下行控制資訊 DCI 為終端動態分配側行傳輸資源的資源設定方式。在 NR-V2X 系統中，終端的業務主要包括兩種：週期性的業務和非週期性的業務。對於週期性的業務，終端的側行資料通常具有週期性，因此可以利用網路分配的半靜態的傳輸資源進行傳輸；對於非週期性的業務，其資料到達是隨機的，資料封包的大小也是可變的，因此很難利用半靜態設定的傳輸資源進行傳輸，通常是採用動態分配的傳輸資源進行傳輸。在動態資源設定方式中，終端通常向網路發送資源排程請求（Scheduling Request，SR）和快取狀態上報（Buffer Status Report，BSR），網路根據終端的快取狀態為終端分配側行傳輸資源。

LTE-V2X 主要用於輔助駕駛，而 NR-V2X 是用於自動駕駛，因此相對於 LTE-V2X，NR-V2X 系統對傳輸的可靠性要求更高，因此，為了提高側行傳輸的可靠性，引入了側行回饋通道 PSFCH，即發送終端向接收終端發送 PSCCH/PSSCH，接收端終端根據檢測結果向發送端發送 PSFCH，用於指示該 PSSCH 是否被正確接收。在模式 1 的資源設定方式中，側行傳輸資源是網路分配的，因此，發送終端需要將側行 HARQ 回饋資訊上報給網路，從而使得網路可以根據該上報的側行 HARQ 回饋資訊判斷是否需要為該發送終端分配重傳資源。在模式 1 的資源設定方式中，網路為終端分配對應的 PUCCH 傳輸資源，終端在該 PUCCH 上向網路上報側行 HARQ 回饋資訊。

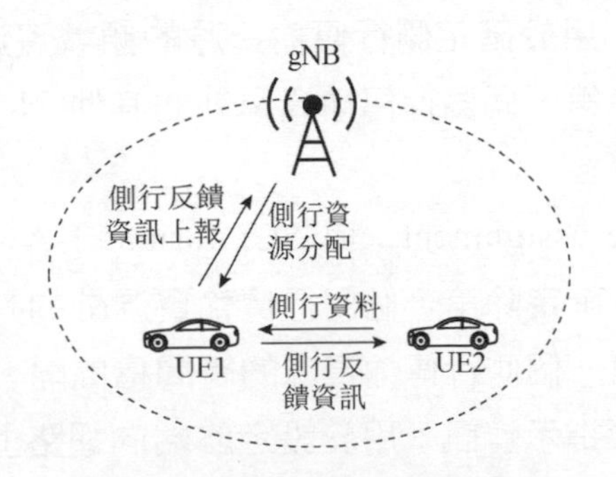

圖 17-11 網路分配側行傳輸資源

為了支援動態資源設定，在 NR-V2X 中引入了新的 DCI 格式，即 DCI format 3_0，在用於動態資源設定時，該 DCI 用 SL-RNTI 加擾，此外，該 DCI 格式也可用於側行免授權的啟動或去啟動（詳見 17.2.3），在這種情況下該 DCI 用 SL-CS-RNTI 加擾。

在 DCI format 3_0 中主要包括以下資訊：

- 資源池索引：如果網路設定多個 Mode 1 的傳輸資源池，在透過 DCI 排程側行傳輸資源時，需要在 DCI 中指示資源池索引資訊，終端根據該資源池索引資訊確定該 DCI 排程的側行傳輸資源是屬於哪個資源池中的傳輸資源。

- 側行傳輸資源指示資訊：網路可以為終端分配 N 個側行傳輸資源，用於傳輸 PSCCH 和 PSSCH，其中，1<=N<=Nmax, Nmax=2 或 3，Nmax 是預設定或網路設定的參數。網路裝置在 DCI 中指示該 N 個側行傳輸資源的時域和頻域資訊，具體的，在 DCI 中透過下面的資訊指示該 N 個側行傳輸資源的時頻資源資訊：
  - Time gap：用於指示第一個側行傳輸資源與該 DCI 所在時間槽的時間槽間隔。
  - Lowest index of the subchannel allocation to the initial transmission：用於指示第一個側行傳輸資源佔據的子通道的最低索引。
  - Frequency resource assignment：與 SCI format 1-A 中指示頻域資源的資訊相同，用於確定側行傳輸資源的頻域資源大小（即子通道個數），以及除第一個側行傳輸資源外的其他 N-1 個側行傳輸資源的頻域起始位置。
  - Time resource assignment：與 SCI format 1-A 中指示時域資源的資訊相同，用於確定除第一個側行傳輸資源外的其他 N-1 個側行傳輸資源相對於第一個側行傳輸資源的時間槽間隔。
- PUCCH 傳輸資源指示資訊：用於設定終端向網路上報側行 HARQ 回饋資訊的 PUCCH 的傳輸資源，在 DCI format 3-0 中透過 2 個資訊域設定 PUCCH 的傳輸資源。
  - PUCCH resource indicator：PUCCH 的資源指示，通常網路透過 RRC 設定訊號設定 PUCCH 的資源集合，透過該資訊域在該資源集合中確定 PUCCH 的傳輸資源。具體的 PUCCH 資源指示方式參見 5.5.4 節。
  - PSFCH-to-HARQ feedback timing indicator：該指示資訊用於指示 PSFCH 和 PUCCH 之間的時間槽間隔，用 PUCCH 子載體間隔所對應的時間槽個數表示；如果網路分配的側行傳輸資源對應至少一個 PSFCH 傳輸資源，則該時間槽間隔表示最後一個 PSFCH 的傳輸資源和 PUCCH 傳輸資源之間的時間槽間隔。

- HARQ 處理程序號：用於指示網路為終端分配的側行傳輸資源所對應的 HARQ 處理程序號。終端使用該側行傳輸資源進行側行資料傳輸，在 SCI 中指示的側行 HARQ 處理程序號（記為第一 HARQ 處理程序號）與網路在 DCI 中指示的 HARQ 處理程序號（記為第二 HARQ 處理程序號）可以不同，如何確定側行 HARQ 處理程序號取決於終端實現，但是終端需要確定第一 HARQ 處理程序號與第二 HARQ 處理程序號之間的對應關係。當網路透過 DCI 排程重傳資源時，在重傳排程的 DCI 中指示第二 HARQ 處理程序號，並且 NDI 不翻轉，因此終端可以確定該 DCI 用於排程重傳資源，並且基於第一 HARQ 處理程序號和第二 HARQ 處理程序號的對應關係確定該 DCI 排程的側行傳輸資源用於第一 HARQ 處理程序號所對應的側行資料傳輸的重傳。
- NDI：用於指示是否是新資料傳輸。
- 設定索引：當終端被設定 SL-CS-RNTI 時，DCI format 3_0 可以用於啟動或去啟動 type-2 側行免授權，網路可以設定多個平行的 type-2 側行免授權，該索引用於指示該 DCI 啟動或去啟動的側行免授權。當 UE 沒有被設定 SL-CS-RNTI 時，該資訊域為 0 位元。
- Counter sidelink assignment index：用於指示網路累積發送的用於排程側行傳輸資源的 DCI 的個數，終端根據該資訊確定在生成 HARQ-ACK 編碼簿時的資訊位元的個數。

下面透過圖 17-12 示意性的列出各個傳輸資源之間的時間關係，該例子中，DCI 用於分配 3 個側行傳輸資源，並且分配了 PUCCH 的傳輸資源。

- A 表示承載側行資源設定資訊 DCI 的 PDCCH 與第一個側行傳輸資源之間的時間間隔，透過 DCI 中的 Timing gap 確定。
- B 表示分配的側行傳輸資源相對於第一個側行傳輸資源之間的時間槽間隔，根據 DCI 中的 Time resource assignment 確定。
- C 表示 PSFCH 傳輸資源與 PUCCH 傳輸資源之間的時間槽間隔，根據 DCI 中的 PSFCH-to-HARQ feedback timing indicator 確定，如果有多個

與 PSSCH 對應的 PSFCH，則按照最後一個 PSFCH 的時間槽位置確定。

- K 表示 PSSCH 的時間槽與其對應的 PSFCH 時間槽之間的時間間隔，該參數根據資源池設定資訊確定。

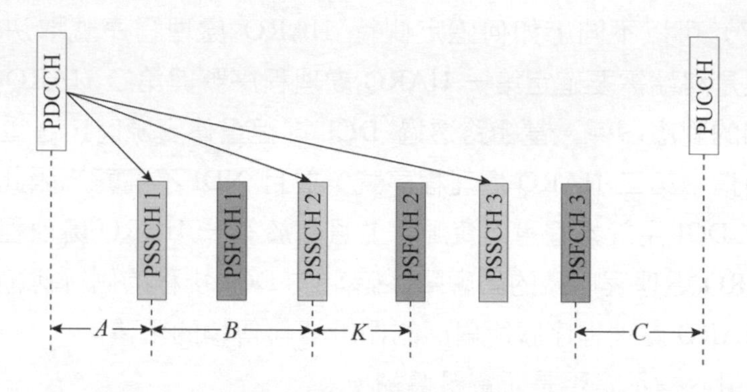

圖 17-12 網路分配側行傳輸資源的時序關係圖

17.2.3 模式 1 側行免授權資源設定

對於週期性的業務，網路通常為終端分配半靜態的傳輸資源。在 LTE-V2X 中，網路為終端設定半靜態（Semi-persistent Static，SPS）的傳輸資源，在 NR-V2X 中，借鏡了 NR 系統中上行免授權（Uplink Configured Grant，UL CG），在側行鏈路中引入了側行鏈路免授權（Sidelink CG，SL CG）。當終端被設定了側行授權傳輸資源，在有側行資料到達時，終端可以使用該側行免授權傳輸資源傳輸該側行資料，而不需要向網路重新申請傳輸資源，因此，側行免授權傳輸資源可以降低側行傳輸的延遲。側行免授權傳輸資源是週期性的傳輸資源，因此可以適用於週期性的側行資料的傳輸，當然也可以用於傳輸非週期的側行資料。

SL CG 分為類型 1（Type-1）側行免授權和類型 2（Type-2）側行免授權。

- Type-1 SL CG：類似於 Type-1 UL CG，即網路透過 RRC 訊號為 UE 設定側行免授權傳輸資源和傳輸參數；

- Type-2 SL CG：類似於 Type-2 UL CG，網路透過 RRC 訊號為 UE 設定部分傳輸參數，透過 DCI 訊號啟動該側行免授權，並且該 DCI 用於設定側行傳輸資源，如果網路希望 UE 上報側行回饋資訊，該 DCI 還用於設定 PUCCH 傳輸資源。

在每個側行免授權週期網路可以透過側行免授權為 UE 分配 N 個側行傳輸資源，其中，1<=N<=Nmax, Nmax=2 或 3，Nmax 是網路設定的參數。如果網路希望 UE 上報側行 HARQ 回饋資訊，在每個側行免授權週期內分配一個 PUCCH 傳輸資源，該 PUCCH 傳輸資源位於該週期內最後一個 PSSCH 所對應的 PSFCH 的時間槽之後，使得 UE 根據該側行免授權週期內的所有側行傳輸資源的傳輸狀況決定向網路上報的側行 HARQ 回饋資訊的狀態。

NR-V2X 支援多個平行的側行免授權，每個側行免授權可以對應多個 HARQ 處理程序，一個側行資料區塊的傳輸只能在一個側行免授權中進行，不能跨不同的側行免授權。在一個側行免授權週期內的側行免授權傳輸資源，只能傳輸一個新的側行資料區塊，如果側行資料需要進行重傳，網路可以透過動態排程的方式為該側行資料分配重傳資源。網路分配的重傳資源的時域範圍可以超過該側行資料所對應的側行免授權週期。

以下圖所示：SL CG 的每個週期內設定了 3 個 PSSCH 傳輸資源（PSSCH1、PSSCH2、PSSCH3），1 個 PUCCH 資源，如果終端在第一個 SL CG 的側行傳輸資源上傳輸了一個資料區塊，但是沒有傳輸成功，透過 PUCCH 向網路上報 NACK，網路透過 DCI 排程重傳資源，並且該 DCI 排程了 3 個重傳資源（PSSCH4、PSSCH5、PSSCH6），這 3 個用於重傳的側行傳輸資源可以延伸到下一個 SL CG 週期中。

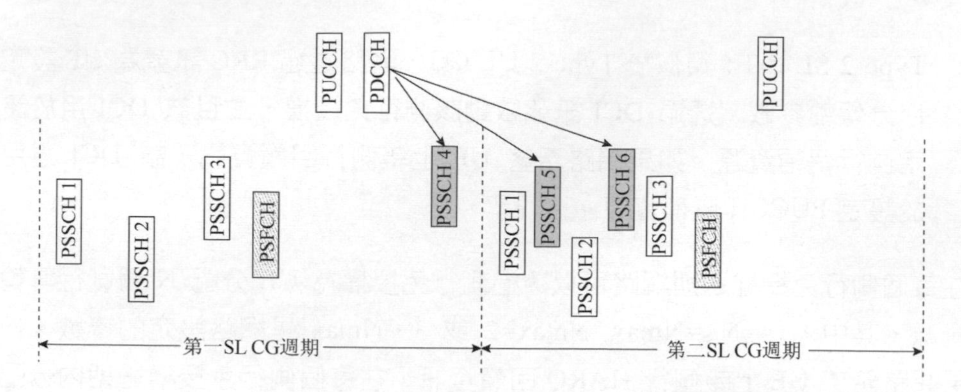

圖 17-13 側行免授權的重傳排程示意圖

對於 type-2 SL CG，網路透過 DCI format 3_0 啟動或去啟動該側行免授權，當 DCI format 3_0 用於啟動或去啟動側行免授權時，該 DCI 透過 SL-CS-RNTI 加擾，NDI 域設為 0，並且

- HARQ 處理程序號資訊域設定為全 0：用於啟動側行免授權。
- HARQ 處理程序號資訊域設定為全 1，且 Frequency resource assignment 資訊域設定為全 1：用於去啟動側行免授權。

17.2.4 模式 2 資源設定

在本節中已經介紹了模式 1 的資源設定方案，即基地台為終端分配用於側行傳輸的時頻資源。本小節將介紹模式 2 的資源設定方案。在模式 2 下，終端依靠資源監聽或隨機選擇自行在網路設定或預設定的資源池中選取時頻資源用於發送側行資訊。因此，模式 2 資源設定更準確地描述應該為資源選擇。

在 NR-V2X 的 SI 階段，曾經提出了四種模式 2 的資源設定方案，分別為模式 2（a）、模式 2（b）、模式 2（c）和模式 2（d）。

模式 2（a）是指，終端透過解碼側行控制資訊以及測量側行鏈路接收功率等方法，在資源池中自行選擇沒有被其他終端預留或被其他終端預留但接收功率較低的資源，從而降低資源碰撞機率，提升通訊可靠性。模式 2

（a）整體上繼承了 LTE-V2X 模式 4 中資源選擇機制的主體設計，基於資源預留，資源監聽以及資源排除等操作進行資源選擇。在整個 SI 階段，該模式獲得了各家廠商一致的認可，並且該模式也成為了 NR-V2X WI 階段重點研究的內容。

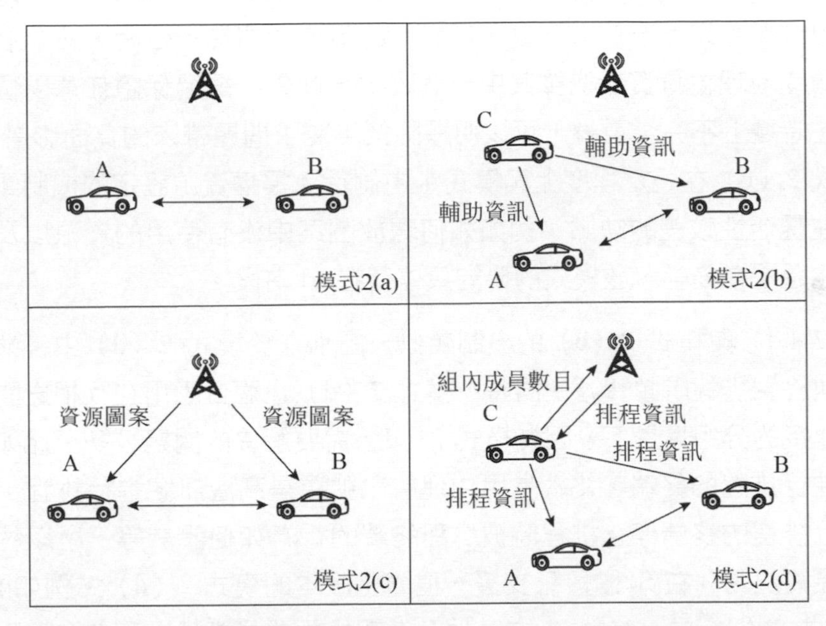

圖 17-14 模式 2（a）、2（b）、2（c）、2（d）機制

模式 2（b）是終端之間透過協作進行資源選擇的模式，即終端發送輔助資訊幫助其他終端完成資源選擇。上述輔助資訊可以是終端進行資源監聽的結果或是建議其他終端使用的資源等。例如圖 17-14 模式 2（b）中，車載終端 C 發送輔助資訊給終端 A 和 B，終端 A 和 B 利用該輔助資訊以及自身資源監聽的結果在資源池中選擇資源。此外，在標準化過程中有公司提出，接收端指示建議的資源給發送端，發送端從接收端建議的資源中選取資源發送資料[3]，這也是模式 2（b）的一種形式。然而，由於模式 2（b）需要終端間傳輸輔助資訊，更適合應用在互相之間存在穩定連接的分組場景下，並且相對於模式 2（a）在資源監聽等步驟上並沒有明顯的區別，最終該模式在 SI 階段沒有被列為獨立的模式進行研究而是被當做其他三種模

式的附加功能。但是，在第 86 次 RAN 全會上，終端間透過協作進行資源選擇的模式又被重新列為 NR-V2X R17 版本的研究目標之一。

模式 2（c）是指網路設定或預設定給終端資源圖案（pattern），終端利用資源圖案中的資源發送初傳和重傳，達到降低發送延遲的效果。網路設定的資源圖案可以是一個或多個，當設定的資源圖案為多個時，終端利用資源監聽或地理位置資訊選擇其中一個圖案。此外，透過保證任意兩個資源圖案在時域上不完全重疊，可以明顯降低半雙工問題帶來的負面影響[4-5]。但模式 2（c）在一定程度上與模式 1 中側行免授權資源設定的機制類似，並存在靈活性較差的缺點，例如如何釋放圖案中沒有使用的資源以及如何適應非週期業務等，該模式的研究只停留在 SI 階段。

模式 2（d）與模式 2（b）的機制類似，區別在於模式 2（d）中終端直接為其他終端排程時頻資源。同時，模式 2（d）也適合應用在互相之間存在穩定連接的分組場景下。因為模式 2（d）需要解決的問題較多，比如如何確定進行排程的終端，終端是用物理層訊號還是高層訊號進行排程，以及當進行排程的終端停止排程時被排程終端的行為如何設計等。所以經過討論後最終決定，在 SI 階段只支援一種簡化版本的模式 2（d）。例如圖 17-14 模式 2（d）中，終端 C 向基地台上報組內成員數目，基地台下發排程資訊，終端 C 將基地台下發的排程資訊轉發給組內其他終端，終端 C 不能修改基地台下發的排程資訊。且上述排程資訊全部透過高層訊號傳輸，例如 RRC 訊號。然而，由於模式 2（d）過於複雜，最終未能進入 WI 階段。

從上述介紹能夠看出，模式 2（a）是 SI 階段各廠商一致認可的方案，也是 WI 階段集中進行研究的方案。在本小節後續內容中，如果不加說明，模式 2 預設指上述模式 2（a）。

模式 2 資源設定的前提是資源預留，即終端發送側行控制資訊預留將要使用的時頻資源。在 NR-V2X 中，支援用於同一個 TB 的重傳資源預留也支援用於不同 TB 的資源預留。

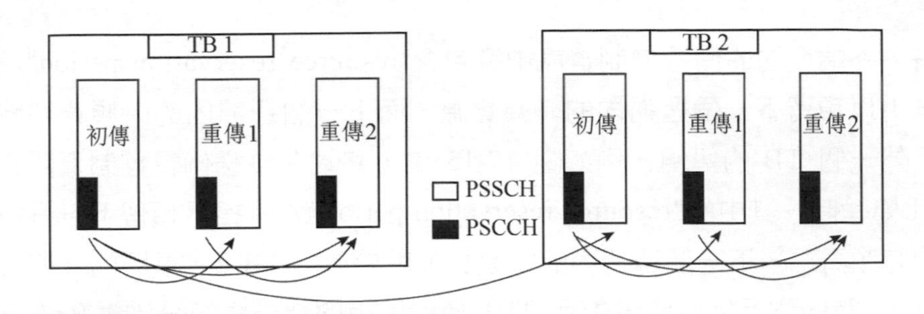

圖 17-15 用於同一個 TB 的重傳資源預留及用於不同 TB 的資源預留

具體的，終端發送的指示一個 TB 傳輸的側行控制資訊（SCI 1-A）中包含 "time resource assignment" 和 "frequency resource assignment" 域，這兩個域指示用於該 TB 當前傳輸和重傳的 N 個時頻資源（包括當前發送所用的資源）。其中 $N \le N_{max}$，在 NR-V2X 中，N_{max} 等於 2 或 3。同時，為了控制 SCI 1-A 中用於預留資源指示的位元數，上述 N 個被指示的時頻資源應分佈在 W 個時間槽內，在 NR-V2X 中 W 等於 32。舉例來説，圖 17-15 中，終端會在指示 TB1 初傳的 PSCCH 中利用上述兩個域指示初傳、重傳 1 和重傳 2 的時頻資源位置（N=3），即預留重傳 1 與重傳 2 的時頻資源，並且初傳、重傳 1 和重傳 2 在時域上分佈在 32 個時間槽內。

在標準化過程中，有公司指出，終端發送側行控制資訊時應盡可能多地指示時頻資源，進而讓其他終端獲知其預留的資源[6-7]。為達到這一效果，在 RAN1#100bis 會議上經討論後決定，$N=\min(N_{select}, N_{max})$，其中 N_{select} 為包括當前傳輸資源在內的 32 個時間槽中 UE 已選擇的時頻資源數量。舉例來説，圖 17-15 TB 1 中，假設 N_{max} 等於 3，當 UE 完成資源選擇後，如果時域上重傳 1 與重傳 2 的時頻資源距離初傳均大於 32 個時間槽，即以初傳的時域位置為參考點，32 個時間槽內只有初傳的傳輸資源，則此時 N_{select} 等於 1，UE 在指示初傳的側行控制資訊中只會指示當前初傳的時頻資源；反之，如果在資源選擇結果中重傳 1 在時域上距離初傳在 32 個時間槽內，即以初傳的時域位置為參考點，32 個時間槽內有初傳和重傳 1 兩個時頻資源，則此時 N_{select} 等於 2，在這種情況下，UE 在指示初傳的側行控制資訊中將指示初傳和重傳 1 的時頻資源位置。

同時，終端發送的側行控制資訊中還包含"resource reservation period"域，該域用以預留下一個週期內的時頻資源，而下一個週期內的時頻資源將用於另外一個 TB 的傳輸。例如圖 17-15 中，終端在發送側行控制資訊指示 TB 1 傳輸時，其中的"resource reservation period"域將指示預留下一個週期內的時頻資源，下一個週期內的時頻資源用於傳輸 TB 2。具體的，假設傳輸 TB1 時的側行控制資訊指示 TB1 傳輸所用的時頻資源分別為{(n1, k1), (n2, k2), (n3, k3)}，其中 n1/n2/n3 分別表示三個傳輸資源所在的時域位置，k1/k2/k3 分別表示三個側行傳輸資源所對應的頻域位置；如果該側行控制資訊中的"resource reservation period"域設定為 100，即表示該側行控制資訊同時預留了{(n1+100, k1), (n2+100, k2), (n3+100, k3)}三個側行傳輸資源，該三個側行傳輸資源將用於傳輸 TB2。在 NR-V2X 中，"resource reservation period"域可能的設定值為 0、1-99、100、200、……、1000ms，相比較 LTE-V2X 更為靈活。但在每個資源池中，只設定了其中的 16 種設定值，UE 根據所用的資源池確定可能使用的值。

進行資源選擇的終端，透過解碼其他終端發送的側行控制資訊，獲知並排除其他終端預留的時頻資源，能夠避免資源碰撞，提升通訊可靠性。

然而，需要特別説明的是，在 NR-V2X 中根據網路設定或預設定側行控制資訊中可以不包含"resource reservation period"域，在這種情況下，指示一個 TB 傳輸的控制資訊不能預留另外一個 TB 的傳輸資源。從圖 17-15 中可以看到，側行控制資訊中不包含"resource reservation period"域時，TB 2 的初傳在發送之前未被任何側行控制資訊指示，因此進行資源選擇的終端無法提前獲知其時頻位置，也就無法排除該資源並可能最終導致資源碰撞。為解決這一問題，在標準制定過程中一些公司提出了獨立（Standalone）PSCCH 的概念[8-9]。

獨立 PSCCH 是指，PSCCH 在其排程的 PSSCH 之前獨立發送。舉例來說，圖 17-16 子圖 1 中，終端提前利用獨立 PSCCH 中攜帶的側行控制資訊向其他終端指示其排程的資料傳輸的時頻資源，從而進行資源選擇的終端可以提前獲知該終端接下來要使用的資源並在資源選擇時予以排除。然而，獨立 PSCCH 方案需要透過方式 2 或方式 3 與 PSSCH 在一個時間槽內重複使用，而最終標準化確定的訊框結構是方式 4（詳見 17.1.2 節）。為了能夠在方式 4 中支援類似於獨立 PSCCH 的資源預留方案，在 RAN1#98 次會議上，有公司提出了圖 17-16 子圖 2 中所示的解決方案，即終端發送一個頻域寬度為單一子通道的 PSCCH+PSSCH 替代子圖 1 中獨立發送的 PSCCH。但這種方案會導致終端多次傳輸所用子通道的數目不一致，從而大幅度增加側行控制資訊中的訊號負擔，所以最終該方案也沒有透過。總之，儘管透過理論分析和模擬驗證，獨立 PSCCH 所實現的方案能夠提供一定的性能增益，但該方案沒有被 3GPP 所採納。

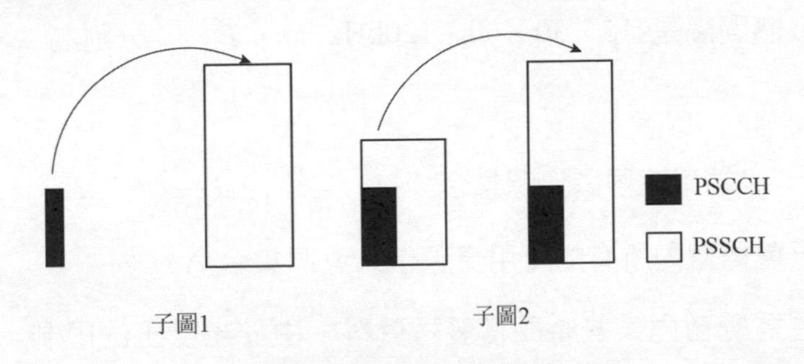

圖 17-16 Standalone PSCCH

下面詳細說明模式 2 資源選擇的步驟：

如圖 17-17 所示，終端的資料封包在時間槽 n 到達，觸發資源選擇。資源選擇窗從 $n+T_1$ 開始，到 $n+T_2$ 結束。 $0 \le T_1 \le T_{proc,1}$ ，當子載體間隔是 15，30，60，120kHz 時，$T_{proc,1}$ 分別為 3，5，9，17 個時間槽。$T_{2\min} \le T_2 \le$ 資料封包延遲預算（Packet Delay Budget，PDB）。$T_{2\min}$ 可能的設定值為 $\{1,5,10,20\} \times 2^{\mu}$ 個時間槽，其中 μ = 0，1，2，3 分別對應於子載體間隔是 15，30，60，120kHz 的情況，終端根據自身待發送資料的優先順序從該設定值集合中確定 $T_{2\min}$ 。當 $T_{2\min}$ 大於資料封包延遲預算時，T_2 等於資料封包延遲預算，以保證終端可以在資料封包的最大延遲到達之前將資料封包發送出去。

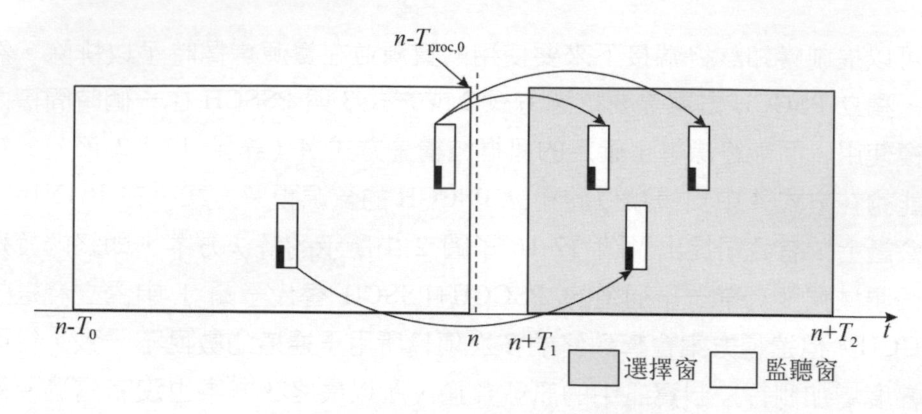

圖 17-17 模式 2 資源選擇示意圖

終端在 $n-T_0$ 到 $n-T_{proc,0}$ 進行資源監聽，T_0 的設定值為 100 或 1100 毫秒。當子載體間隔是 15，30，60，120kHz 時，$T_{proc,0}$ 分別為 1，1，2，4 個時間槽。

★Step 1：終端確定候選資源集合

終端將資源選擇窗內所有的可用資源作為資源集合 A。

如果終端在監聽窗內某些時間槽發送資料，由於半雙工的限制，UE 在這些時間槽上不會進行監聽，因此 UE 需要將這些時間槽所對應的在資源選擇窗內的時間槽上的資源排除掉以避免和其他 UE 的資源衝突。具體的，在確定這些時間槽所對應的資源選擇窗內的時間槽時，終端利用所用資源池設定中的"resource reservation period"域的設定值集合確定選擇窗內與這些時間槽對應的時間槽，並將對應時間槽上的全部資源排除。

如果終端在監聽窗內監聽到 PSCCH，測量該 PSCCH 的 RSRP 或該 PSCCH 排程的 PSSCH 的 RSRP，如果測量的 RSRP 大於 SL-RSRP 設定值，並且根據該 PSCCH 中傳輸的側行控制資訊中的資源預留資訊確定其預留的資源在資源選擇窗內，則從集合 A 中排除對應資源。如果資源集合 A 中剩餘資源少於資源集合 A 進行資源排除前全部資源的 X%，則將 SL-RSRP 設定值抬升 3dB，重新執行 Step 1。上述 X 可能的設定值為

{20,35,50}，終端根據待發送資料的優先順序從該設定值集合中確定參數 X。同時，上述 SL-RSRP 設定值與終端監聽到的 PSCCH 中攜帶的優先順序以及終端待發送資料的優先順序有關。終端將集合 A 中經資源排除後的剩餘資源作為候選資源集合。

★Step 2：終端從候選資源集合中隨機選擇許多資源，作為其初次傳輸以及重傳的發送資源。

整體上，NR-V2X 模式 2 的資源設定機制與 LTE-V2X 中的模式 4 類似，但存在以下幾點不同：

- NR-V2X 中要支援大量非週期業務，所以取消了 LTE-V2X 中資源排除後依據 SL RSSI 對剩餘資源進行排序的步驟。
- NR-V2X 模式 2 可以根據 PSCCH RSRP 或 PSSCH RSRP 與 SL RSRP 設定值比較，資源池內具體採用哪種通道測量結果由網路設定或預設定。
- NR-V2X 模式 2 中監聽窗的長度是 100 毫秒或 1100 毫秒，而 LTE-V2X 中監聽窗長度為 1000 毫秒。此外，NR-V2X 中選擇窗的上限是業務的延遲要求範圍，而 LTE-V2X 中選擇窗上限固定為 100 毫秒。

在上述 Step 2 中，資源選擇需要滿足一些時域上的限制，主要包括以下兩點：

- 在除去一些例外情況後，終端應使選擇的某個資源能夠被該資源的上一個資源指示，即二者之間的時域間隔小於 32 個時間槽。舉例來說，在選擇圖 17-15 TB 1 中的三個資源時，應使得重傳 1 至少可以被初傳的側行控制資訊指示，重傳 2 至少可以被重傳 1 指示。上述例外情況包括資源排除後終端無法從候選資源集合中選擇出滿足該時域限制的資源，以及在資源選擇完成後由於資源先佔或壅塞控制等原因打破該時域上的限制。
- 終端應保證任意兩個選擇的時頻資源，如果其中前一個傳輸資源需要

HARQ 回饋，則二者在時域上至少間隔時長 Z。其中時長 Z 包括終端等待接收端 HARQ 回饋的時間以及準備重傳資料的時間。舉例來說，在選擇圖 17-15TB 1 中的三個資源時，如果初傳需要 HARQ 回饋，則重傳 1 與初傳之間至少間隔時長 Z。當資源選擇無法滿足該時域限制時，取決於終端實現，可以放棄選擇某些重傳資源或針對某些傳輸資源去啟動 HARQ 回饋。

此外，NR-V2X 支援 Re-evaluation 機制。當終端完成資源選擇後，對於已經選擇但未透過發送側行控制資訊指示的資源，仍然有可能被突發非週期業務的其他終端預留，導致資源碰撞。針對該問題，一些公司[10-11]提出了 Re-evaluation 機制，即終端在完成資源選擇後仍然持續監聽側行控制資訊，並對已選但未指示的資源進行至少一次的再次評估。Re-evaluation 機制在 RAN1 98bis 會議上被正式透過。

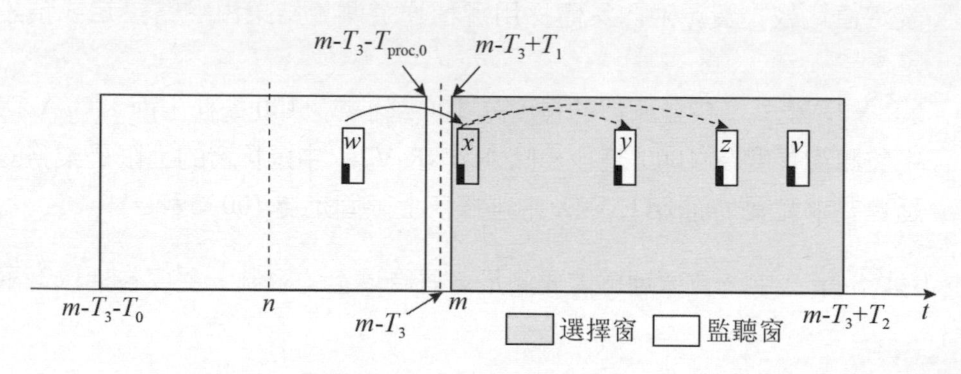

圖 17-18 Re-evaluation 機制

如圖 17-18 所示，資源 w、x、y、z、v 是 UE 已經選擇的時頻資源，資源 x 位於時間槽 m。對於 UE 即將在資源 x 發送側行控制資訊進行第一次指示的資源 y 和 z（資源 x 之前已經被資源 w 中的側行控制資訊指示）。UE 至少在時間槽 $m\text{-}T_3$ 執行一次上述 Step 1，即確定資源選擇窗與監聽窗，並對資源選擇窗內的資源進行資源排除，得到候選資源集合。如果資源 y 或 z 不在候選資源集合中，則 UE 執行上述 Step 2 重選資源 y 和 z 中不在候選資源集合中的時頻資源，也可以重選任何已經選擇但未透過發送側行控制資訊指示的資源，例如資源 y、z 和 v 中的任意幾個資源。上述 T_3 等於 $T_{proc,1}$。（圖 17-18 中虛線箭頭表示即將發送側行控制資訊指示，實線箭頭表示已經發送側行控制資訊指示）

需要說明的是，在標準化處理程序中，一些公司認為 Re-evaluation 的行為要在每個時間槽都執行，如此能夠儘早地發現已選但未指示的資源是否被其他 UE 預留，儘早觸發資源重選，提升通訊可靠性[6][12]。另外一些公司對上述觀點的功耗提出質疑，認為只在 $m\text{-}T_3$ 執行 Re-evaluation[13-14]。此外，還有一些其他觀點，比如每幾個時間槽執行一次或取決於 UE 實現在哪些時間槽執行[15]。因此，最終結論為至少在 $m\text{-}T_3$ 執行一次 Re-evaluation 操作。

NR-V2X 支援 Pre-emption 機制，即資源先佔機制。在 NR-V2X 中，關於 Pre-emption 機制的結論都是以被先佔 UE 的角度描述的。在完成資源選擇後，UE 仍然持續監聽側行控制資訊，如果已經選擇的並且已經透過發送側行控制資訊指示的時頻資源滿足以下三個條件，則觸發資源重選：

- 監聽到的側行控制資訊中預留的資源與 UE 已選且已指示的資源重疊，包括全部重疊和部分重疊。
- UE 監聽到的側行控制資訊對應的 PSCCH 的 RSRP 或該 PSCCH 排程的 PSSCH 的 RSRP 大於 SL RSRP 設定值。
- 監聽到的側行控制資訊中攜帶的優先順序比 UE 待發送資料的優先順序高。

如圖 17-19 所示，資源 w、x、y、z、v 是 UE 已經選擇的時頻資源，資源 x 位於時間槽 m。對於 UE 即將在時間槽 m 發送側行控制資訊指示的且已經被 UE 之前發送的側行控制資訊指示的資源 x 和 y。UE 至少在時間槽 $m\text{-}T_3$ 執行一次上述 Step 1，確定候選資源集合。如果資源 x 或 y 不在候選資源集合中（滿足上述條件 1 和 2），進一步判斷是否是由於攜帶高優先順序的側行控制資訊的指示導致資源 x 或 y 不在候選資源集合中（滿足上述條件 3），如果是，則 UE 執行 Step 2 重選資源 x 和 y 中滿足上述 3

個條件的時頻資源。此外，當觸發資源重選後，UE 為了滿足 Step 2 中需要滿足的時域限制條件，也可以重選任何已選擇但未透過發送側行控制資訊指示的資源，比如資源 z 和 v 中的任意幾個。上述 T_3 等於 $T_{proc,1}$ 。

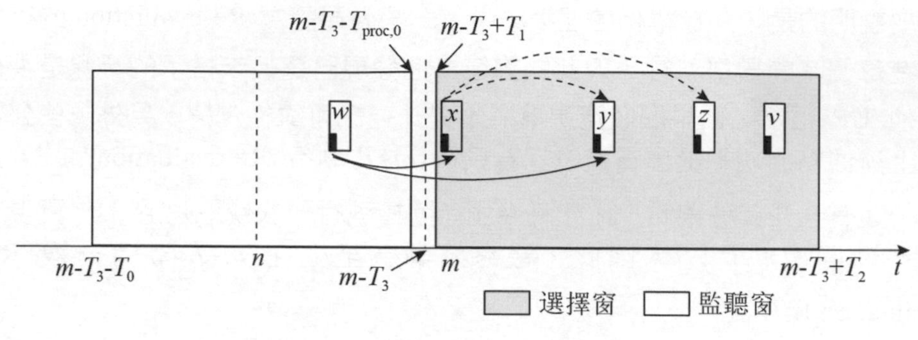

圖 17-19 Pre-emption 機制

17.3 側行鏈路物理過程

17.3.1 側行鏈路 HARQ 回饋

在 LTE-V2X 中，側行鏈路傳輸的資料主要是透過廣播的方式進行發送的，通常採用盲重傳的方式進行側行資料的傳輸，即發送端不需要根據接收端的 HARQ 回饋進行重傳或新傳，而是自主進行一定次數的側行資料重傳，然後進行新傳。在 NR-V2X 中，為了滿足更高的傳輸可靠性的需求，在側行鏈路中引入了側行 HARQ 回饋機制，即接收端 UE 檢測發送端 UE 發送的 PSCCH/PSSCH，根據檢測結果向發送端 UE 發送 HARQ 回饋資訊，該 HARQ 回饋資訊承載在 PSFCH 通道中。發送端在發送側行資料時，透過 SCI 指示接收端是否需要發送側行 HARQ 回饋。

1. 側行 HARQ 回饋方式

在 NR-V2X 中支援三種側行資料的傳輸方式：單一傳播、多點傳輸和廣播。側行鏈路 HARQ 回饋只適用於單一傳播和多點傳輸，不適用於廣播。

在廣播傳輸方式中，和 LTE-V2X 相同，發送端 UE 通常採用盲重傳的方式多次傳輸側行資料以提高傳輸可靠性。

在單一傳播傳輸方式中，發送端和接收端建立單一傳播通訊的鏈路後，發送端向接收端發送側行資料，接收端根據檢測結果向發送端發送 PSFCH，在 PSFCH 中承載側行 HARQ 回饋資訊，如圖 17-20 所示。

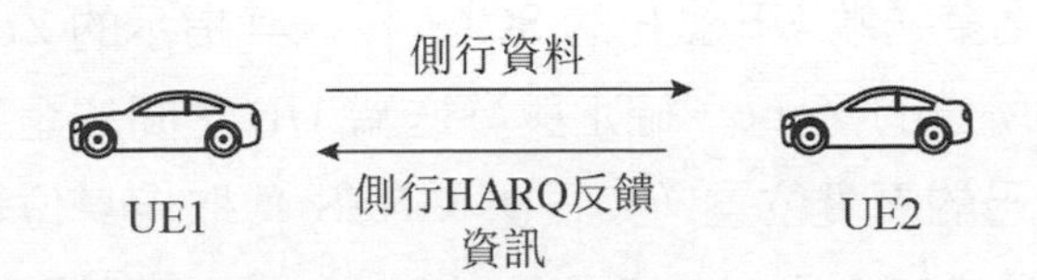

圖 17-20 側行鏈路回饋示意圖

在多點傳輸傳輸方式中，引入了兩種側行 HARQ 回饋方式，即只回饋 NACK 的側行 HARQ 回饋方式和回饋 ACK 或 NACK 的側行 HARQ 回饋方式，發送端在 SCI 中指示接收端的側行 HARQ 回饋方式。

- 第一類側行 HARQ 回饋方式：又稱為 NACK-only。

即當 UE 未成功檢測 PSSCH 時，向發送端 UE 發送 NACK，如果 UE 成功檢測了 PSSCH，不發送側行 HARQ 回饋資訊，並且所有需要發送 NACK 的 UE 使用相同的回饋資源發送 NACK。該側行 HARQ 回饋方式通常適用於無連接（Connection-less）的多點傳輸傳輸，即 UE 之間並沒有建立通訊組。另外，該側行 HARQ 回饋方式通常與通訊距離需求相結合，即，只有和發送端中在一定距離範圍內的 UE 才向發送端 UE 發送側行 HARQ 回饋資訊，而該通訊距離範圍外的 UE 不需要發送側行 HARQ 回饋資訊。在標準制定的後期，也有公司提出這種回饋方式也可以不與通訊距離需求結合，可以適用於基於連接（connection-based）的多點傳輸通訊中。舉例來說，在車輛編隊（Platooning）的場景中，通訊組內的車輛數是確知的，此時，也可以採用第一類側行 HARQ 回饋方式，組內所有的 UE 如果未能成功檢測 PSSCH 則回饋 NACK，否則不回饋。

在 NR-V2X 中，為了支援 NACK-only 的側行 HARQ 回饋方式，引入了區域（Zone）的概念，即將地球表面劃分多個 zone，透過 Zone ID 標識每個 zone，對於 NACK-only 的側行 HARQ 回饋方式，發送端 UE 在 SCI 中攜帶自身所屬的 Zone 對應的 Zone ID 資訊，並且指示通訊距離需求（Communication Range Requirement）資訊。

接收端 UE 接收到發送端 UE 發送的 SCI，根據其指示的 Zone ID 資訊以及接收端 UE 自己所處的 Zone，確定與發送端 UE 之間的距離。具體的，接收端可以獲知自己的真實位置（如根據 GNSS 獲取自身位置資訊），但接收端 UE 只知道發送端 UE 所處的 Zone ID，並不知道其真實的地理位置，因此，接收端 UE 根據自己的真實位置以及發送端 UE 的 Zone ID 所對應的多個 Zone 中距離接收端 UE 最近的 Zone 的中心位置確定兩者之間的距離。如果接收 UE 確定的距離小於等於通訊距離需求資訊指示的距離，並且未成功檢測 PSSCH，則需要回饋 NACK，如果成功檢測 PSSCH，不需要回饋；如果大於通訊距離需求資訊指示的距離，則不需要向發送端 UE 發送側行 HARQ 回饋資訊。

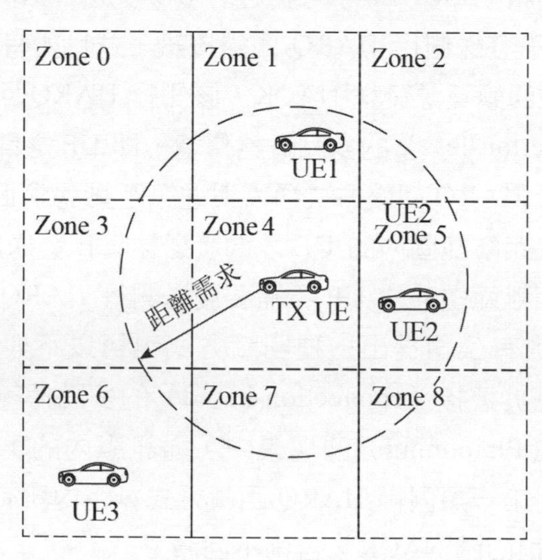

圖 17-21 基於 Zone 和距離需求的多點傳輸通訊側行回饋示意圖

以圖 17-21 所示，發送端 UE（TX UE）在 Zone 4 中，發送側行資料，並且在 SCI 中攜帶 Zone ID 資訊和距離資訊，UE1 和 UE2 確定與 TX UE 的距離小於該距離資訊，因此當檢測 PSSCH 失敗時，向 TX UE 發送 NACK，否則不回饋；UE3 確定與 TX UE 的距離大於該距離資訊，因此 UE3 不會向 TX UE 發送側行 HARQ 回饋。

- 第二類側行 HARQ 回饋方式：即 ACK/NACK 回饋。

當 UE 成功檢測 PSSCH，則回饋 ACK，否則回饋 NACK。該側行 HARQ 回饋方式通常適用於基於連接（Connection-based）的多點傳輸通訊中。在基於連接的多點傳輸通訊中，一組 UE 組成一個通訊組，並且每個組內 UE 對應著一個組內標識。舉例來說，如圖 17-22 所示，一個通訊組包括 4 個 UE，則該組大小為 4，每個 UE 的組內標識分別對應 ID#0、ID#1、ID#2 和 ID#3。每個 UE 可以獲知組成員的個數，以及該 UE 在該組內的組內標識。一個 UE 發送 PSCCH/PSSCH 時，該組內的其他 UE 都是接收端 UE，每個接收端 UE 根據檢測 PSSCH 的狀態決定向發送端 UE 回饋 ACK 或 NACK，並且每個接收端 UE 使用不同的側行 HARQ 回饋資源，即透過 FDM 或 CDM 的方式進行側行 HARQ 回饋。

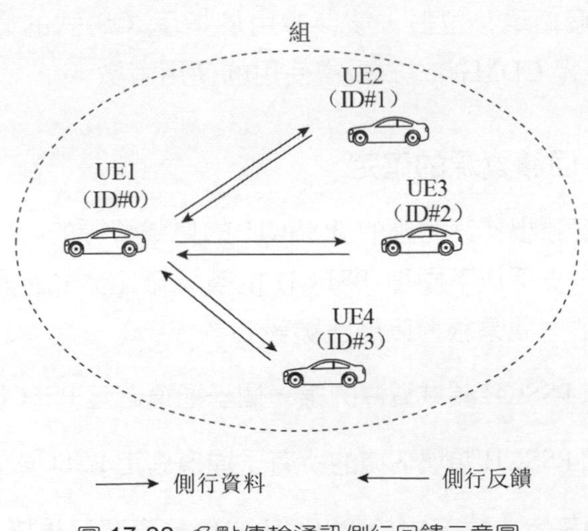

圖 17-22　多點傳輸通訊側行回饋示意圖

2. 側行 HARQ 回饋資源設定

在 PSSCH 資源池設定資訊中可以設定側行 HARQ 回饋傳輸資源，及 PSFCH 資源。側行 HARQ 回饋傳輸資源的設定參數包括以下 4 種：

- 側行 HARQ 回饋資源的週期：側行 HARQ 回饋資源可以設定在每個側行傳輸的時間槽中，但是為了降低側行 HARQ 回饋的負擔，可以設定側行 HARQ 回饋資源的週期 P，其中 P=0，1，2，或 4，用 PSSCH 所在的資源池中的時間槽個數表示，即每 P 個時間槽中有一個時間槽包括 PSFCH 傳輸資源。P=0 即表示該 PSSCH 資源池中沒有 PSFCH 回饋資源。
- 時間間隔：用於指示側行 HARQ 回饋資源和其對應的 PSSCH 傳輸資源的時間間隔，用時間槽個數表示。
- 側行 HARQ 回饋資源的頻域資源集合：用於指示在一個時間槽中可用於傳輸 PSFCH 的 RB 位置和數量，該參數用位元映射的形式指示，位元映射中的每個位元對應頻域的 RB。
- 一個 RB 中循環移位對（CS 對，Cyclic Shift Pair）的個數：由於側行 HARQ 回饋資訊透過序列的形式承載，ACK 和 NACK 對應不同的序列，稱為一個循環移位對，該參數用於指示 CS 對的個數，即，一個 RB 中可以透過 CDM 的方式重複使用的使用者數。

3. 側行 HARQ 回饋資源的確定

PSFCH 的傳輸資源根據其對應的 PSSCH 的傳輸資源的時頻位置確定的。在 NR-V2X 中，支援以下兩種 PSFCH 的資源確定方式，具體採用哪種確定 PSFCH 資源的方式是根據高層訊號設定的。

★方式 1：根據 PSSCH 頻域資源的第一個子通道確定 PSFCH 的傳輸資源。

★方式 2：根據 PSSCH 頻域佔據的所有子通道確定 PSFCH 的傳輸資源。

對方式 1 的資源確定方式，由於 PSFCH 的傳輸資源只根據 PSSCH 佔據的第一個子通道確定，因此，無論 PSSCH 佔據多少子通道，其對應的

PSFCH 的回饋資源個數是固定的；對方式 2，PSFCH 的傳輸資源個數根據 PSSCH 佔據的子通道數確定，因此，PSSCH 佔據的子通道越多，其 PSFCH 的傳輸資源也越多。方式 2 更適用於需要更多側行 HARQ 回饋資源的場景，舉例來說，多點傳輸中的第二類側行 HARQ 回饋方式。

根據傳輸 PSSCH 的時間槽以及子通道可以確定其對應的 PSFCH 傳輸資源集合 $R_{\mathrm{PRB,CS}}^{\mathrm{PSFCH}}$，在該資源集合中的 PSFCH 傳輸資源的索引先按照 RB 從低到高的順序，再按照 CS 對從低到高的順序確定，進一步的，在該資源集合中，透過下面的公式確定 PSFCH 的傳輸資源：

$$(P_{ID} + M_{\mathrm{ID}}) \bmod R_{\mathrm{PRB,CS}}^{\mathrm{PSFCH}} \tag{17.3}$$

其中，P_{ID} 表示發送端 ID 資訊，即 SCI 中攜帶的發送端 UE 的來源 ID，對於單一傳播或 NACK-only 的多點傳輸側行 HARQ 回饋方式，$M_{\mathrm{ID}} = 0$；對於 ACK/NACK 的多點傳輸側行 HARQ 回饋方式，M_{ID} 表示高層設定的接收端 UE 的組內標識。

17.3.2 側行 HARQ 回饋資訊上報

在模式 1 中，側行傳輸資源是由網路分配的，為了讓網路分配重傳資源，發送端 UE 需要向網路上報側行 HARQ 回饋資訊，以指示該側行資料是否被正確接收。網路接收到 UE 上報的 NACK 時，為該 UE 分配重傳資源，如果網路接收到 ACK，則停止對該側行資料的排程。

在 NR-V2X 中，支援透過 PUCCH 和 PUSCH 承載側行 HARQ 回饋資訊的上報方式，不支援側行 HARQ 回饋資訊和 Uu 介面上行控制資訊（Uu UCI）重複使用到同一個 PUCCH 或 PUSCH 通道，以降低上行回饋資訊上報過程的複雜度。

如果網路希望 UE 上報側行 HARQ 回饋資訊，在為 UE 分配側行傳輸資源時，同分時配 PUCCH 傳輸資源，發送端 UE 在該側行傳輸資源上向接收端 UE 發送側行資料，接收端 UE 根據檢測結果向發送端 UE 發送側行

HARQ 回饋資訊，發送端 UE 將該側行 HARQ 回饋資訊透過 PUCCH 上報給網路，如果在該 PUCCH 的時間槽中，網路同時排程了 PUSCH 傳輸，發送端 UE 將該側行 HARQ 回饋資訊承載在 PUSCH 中上報給網路裝置。

對於動態排程的資源設定方式，網路透過 DCI 為 UE 分配側行傳輸資源以及一個 PUCCH 傳輸資源；對於側行免授權的資源設定方式，網路為 UE 在每個側行免授權週期中分配一個 PUCCH 傳輸資源。網路分配的 PUCCH 傳輸資源的時域位置位於該 DCI 排程的最後一個側行傳輸資源連結的 PSFCH 之後。

在 NRUu 介面中支援基於 HARQ 編碼簿的上行 HARQ 回饋，即多個時間槽的 HARQ 回饋資訊重複使用到同一 PUCCH 或 PUSCH 中。NR-V2X 沿用了這種上報機制，支援多個側行 HARQ-ACK 位元重複使用在同一 PUCCH 或 PUSCH 中。

17.3.3 側行鏈路測量和回饋

1. CQI/RI

NR-V2X 的單一傳播通訊中支援 CQI 和 RI 上報，但不支援 PMI 上報，而且在一次 SL CSI 上報中，UE 應同時上報 CQI 和 RI，由於 NR-V2X 中 PSFCH 僅用於 HARQ 回饋，所以，目前 CQI/RI 透過 MAC CE 承載。另外，在側行通道上，如果 SL CSI 回饋 UE 採用的是模式 2 資源設定方式，則無法保證 UE 能夠獲取週期性的資源用於 SL CSI 回饋，所以，在 NR-V2X 中僅支援非週期的 SL CSI 回饋。

SL CSI 由發送 UE 透過第二階 SCI 觸發（「CSI 回饋請求」域），為了保證 SL CSI 上報的有效性，接收 UE 在收到 SL CSI 觸發訊號後應該在特定的最大延遲範圍內回饋 SL CSI，上述最大延遲範圍由發送 UE 確定並透過 PC5-RRC 通知接收 UE。

2. CBR/CR

通道繁忙率（Channel Busy Ratio，CBR）和通道佔用率（Channel Occupancy Ratio，CR）是用於支援壅塞控制的兩個基本測量量。其中，CBR 的定義為：CBR 測量窗$[n-c,n-1]$內 SL RSSI 高於設定門限的子通道佔資源池內子通道總數的比例，其中 c 等於 100 或$100\cdot 2^{\mu}$個時間槽。CR 的定義為：UE 在$[n-a,n-1]$範圍內已經用於發送資料的子通道個數和$[n,n+b]$範圍內已獲得的側行授權包含的子通道個數佔$[n-a,n+b]$範圍內屬於資源池的子通道總數的比例，CR 可以針對不同的優先順序，分別計算。其中 a 為正整數，b 為 0 或為正整數，a 和 b 的值均由 UE 確定，但需要滿足以下三個條件：

(1) $a+b+1=1000$ 或1000個時間槽；

(2) $b<(a+b+1)/2$ ；

(3) $n+b$不超側行授權指示的當前傳輸的最後一次重傳。

對於 RRC 連接狀態下的 UE，應根據 gNB 的設定測量和上報 CBR。UE 應根據測量到的 CBR 和 CR 進行壅塞控制，具體的，在一個資源池內，壅塞控制過程會限制以下 PSCCH/PSSCH 的發送參數：

- 資源池內支援的 MCS 範圍。
- 子通道個數的可選範圍。
- 在 Mode 2 下最大的重傳次數。
- 最大發送功率。
- $\sum_{i\geq k} CR(i) \leq CR_{Limit}(k)$ 。

其中$CR(i)$為時間槽 $n-N$ 測量到的優先順序 i 的側行傳輸的 CR，CR_{Limit}為系統組態的針對優先順序 k 的側行傳輸和時間槽 $n-N$ 測量到的 CBR 的 CR 限制，N 表示 UE 處理壅塞控制所需的時間並和子載體間隔大小參數μ有關，3GPP 定義了兩種 UE 壅塞控制處理能力（處理能力 1 及處理能力 2），如表 17-7 所示。

表 17-7 壅塞控制處理能力

子載體間隔大小 μ	壅塞控制處理能力 1（單位時間槽）	壅塞控制處理能力 2（單位時間槽）
0	2	2
1	2	4
2	4	8
3	8	16

3. SL-RSRP

為了支援基於側行路損的功率控制（詳見 17.3.3），發送 UE 需要透過一定的方式獲取側行路損估計結果。3GPP 標準制定過程中，曾經考慮過兩種不同的側行路損獲取方式：一種是發送 UE 指示參考訊號的發送功率，由接收 UE 估計側行路損，然後將估計的路損上報給發送 UE。另外一種是接收 UE 僅上報測量到的 SL-RSRP，然後將 SL-RSRP 上報給發送 UE，由發送 UE 估計側行路損。由於第一種方式需要在 SCI 中指示參考訊號的發送功率，將明顯增加 SCI 的位元數，所以最終標準採納了第二種方式。

SL-RSRP 由接收 UE 根據 PSSCH DMRS 估計，並對估計結果進行 L3 濾波，SL-RSRP 上報由側行 RRC 訊號承載。

17.3.4 側行鏈路功率控制

NR-V2X 的 PSCCH 和 PSSCH 支援兩種不同類型的功率控制，即基於下行路損的功率控制和基於側行路損的功率控制。

其中，基於下行路損的功率控制主要用於降低側行發送對上行接收的干擾，如圖 17 -23 所示，由於側行通訊可能和 Uu 上行位於相同的載體，UE#2 和 UE#3 之間的側行發送可能對基地台對 UE#1 的上行接收造成干擾，引入基於下行路損的功率控制後，UE#2 和 UE#3 之間的側行發送功率將隨著下行路損的減小而減小，從而可以達到控制對上行干擾的目的。而基於側行路損的功率控制的主要目的是為了降低側行通訊之間的干擾，由於基於側行路損的功率控制依賴 SL-RSRP 回饋以計算側行路損，在 R16

NR-V2X 中只有單一傳播通訊支援基於側行路損的功率控制。

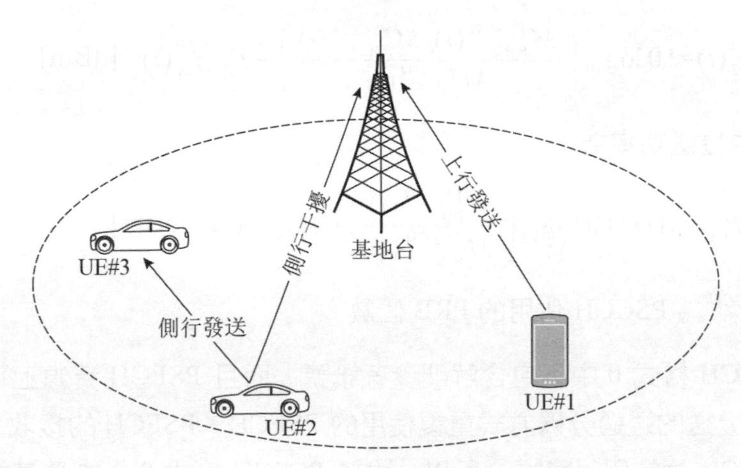

圖 17-23 側行發送對上行接收的干擾

對於僅存在 PSSCH 的 OFDM 符號上 PSSCH 的發送功率可以透過以下方式確定：

$$P_{\text{PSSCH}}(i)=min\left(P_{\text{CMAX}},P_{\text{MAX,CBR}},min\left(P_{\text{PSSCH},D}(i),P_{\text{PSSCH},SL}(i)\right)\right)\ [\text{dBm}] \quad (17.4)$$

其P_{CMAX}中是 UE 允許的最大發送功率，$P_{\text{MAX,CBR}}$表示在壅塞控制情況下，對於當前 CBR 等級和發送資料優先順序所允許的最大發送功率。$P_{\text{PSSCH},D}$和$P_{\text{PSSCH},SL}$分別透過以下公式確定：

$$P_{\text{PSSCH},D}(i)=P_{0,D}+10\log_{10}\left(2^{\mu}\cdot M_{\text{RB}}^{\text{PSSCH}}(i)\right)+\alpha_D\cdot PL_D\ \ [\text{dBm}] \quad (17.5)$$

$$P_{\text{PSSCH},SL}(i)=P_{0,SL}+10\log_{10}\left(2^{\mu}\cdot M_{\text{RB}}^{\text{PSSCH}}(i)\right)+\alpha_{SL}\cdot PL_{SL}\ [\text{dBm}] \quad (17.6)$$

其中$P_{0,D}$和為高層訊號設定的基於下行/側行路損功率控制的基本工作點，α_D和為高層訊號設定的下行/側行路損補償因數，PL_D和PL_{SL}為 UE 估計的下行/側行路損，$M_{RB}^{PSSCH}(i)$表示 PSSCH 佔用的 PRB 個數。

當一個 OFDM 符號即存在 PSCCH 又存在 PSSCH 時，UE 會將發送功率P_{PSSCH}按照 PSCCH 和 PSSCH 的 PRB 個數比例分配到 PSCCH 和 PSSCH，

具體的在這種情況下，PSSCH 的發送功率P_{PSSCH2}為：

$$P_{\mathrm{PSSCH2}}(i)=10\log_{10}\left(\frac{M_{\mathrm{RB}}^{\mathrm{PSSCH}}(i)\text{-}M_{\mathrm{RB}}^{\mathrm{PSCCH}}(i)}{M_{\mathrm{RB}}^{\mathrm{PSSCH}}(i)}\right)+P_{\mathrm{PSSCH}}(i)\quad[\mathrm{dBm}] \tag{17.7}$$

PSCCH 的發送功率為：

$$P_{\mathrm{PSCCH}}(i)=10\log_{10}\left(\frac{M_{\mathrm{RB}}^{\mathrm{PSCCH}}(i)}{M_{\mathrm{RB}}^{\mathrm{PSSCH}}(i)}\right)+P_{\mathrm{PSSCH}}(i)\quad[\mathrm{dBm}] \tag{17.8}$$

其中M_{RB}^{PSCCH}為 PSCCH 佔用的 PRB 個數。

由於 PSFCH 格式 0 中不包含解調參考訊號，而且 PSFCH 資源上可能存在多個 UE 發送的透過分碼方式重複使用的 PSFCH，PSFCH 的接收 UE 無法透過 PSFCH 估計側行路損，所以，對於 PSFCH 格式 0 僅支援基於下行路損的功率控制。S-SS 和 PSBCH 採用的是廣播發送方式，不存在 SL-RSRP 回饋，所以 S-SS 和 PSBCH 也只採用基於下行路損的功率控制。

17.4 高層相關過程

17.4.1 側行鏈路協定層總覽

側行無線承載（SLRB）分為兩類：用於使用者平面資料的側行資料無線承載（SL DRB）和用於控制平面資料的側行訊號無線承載（SL SRB）。其中，對於 SL SRB，使用不同 SCCH 分別設定用於承載 PC5-RRC 和 PC5-S。其連線層協定層如附圖所示，包含 PHY 層，MAC 層，RLC 層，以及

- 對於針對 RRC 的控制面，包含 PDCP 層和 RRC 層（其中較為特殊的是，對於針對 PSBCH 的控制面，不包含 PDCP 層）。
- 對於針對 PC5-S 的控制面，包含 PDCP 層和 PC5-S 層。
- 對於使用者面，包含 PDCP 層和 SDAP 層。

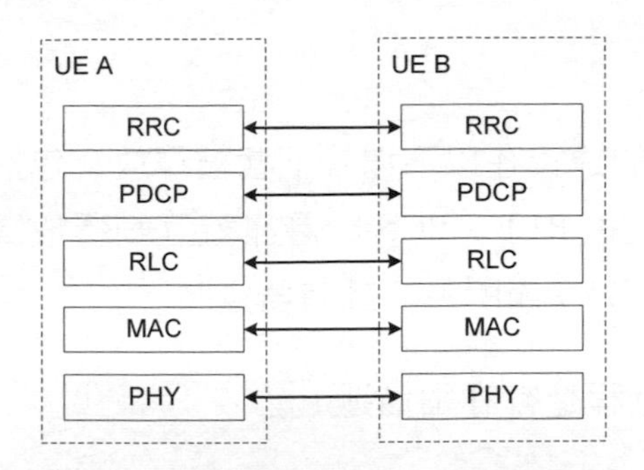

圖 17-24 針對 PC5-RRC 的側行鏈路控制面連線層協定層

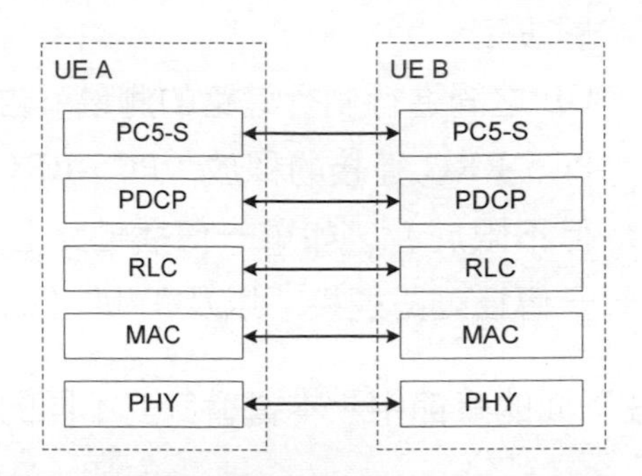

圖 17-25 針對 PC5-S 的側行鏈路控制面連線層協定層

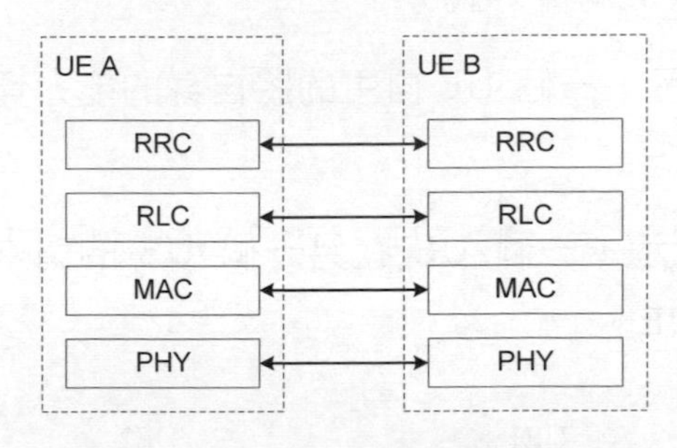

圖 17-26 針對 SBCCH 的側行鏈路控制面連線層協定層

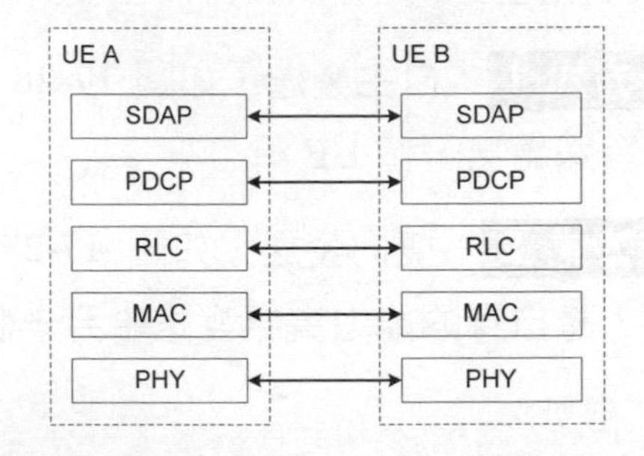

圖 17-27 側行鏈路使用者面連線層協定層

對廣播和多點傳輸來說，UE 不使用 PC5-RRC，即 PC5-RRC 只針對單一傳播鏈路。具體來說，對於單一傳播側行鏈路，PC5-RRC 連接是兩個 UE 之間針對一對來源側層 2 位址和目標側層 2 位址建立的邏輯連接，UE 可以與一個或多個 UE 建立 PC5-RRC 連接。UE 使用單獨的 PC5-RRC 過程和訊息將進行：

- UE 之間的能力互動: 一條單一傳播鏈路上的兩個 UE，可以在兩個方向上使用單獨的 PC5-RRC 過程報告自己的能力。
- UE 之間進行側行鏈路的連線層設定：一條單一傳播鏈路上的兩個 UE，可以在兩個方向上使用單獨的 PC5-RRC 過程進行側行鏈路連線層設定。

- UE 之間進行側行鏈路的測量報告。
- PC5-RRC 連接的釋放：PC5-RRC 的連接在以下場景下會被釋放（包括但不限於），如單一傳播鏈路上發生 RLF、PC5-S 層訊號互動釋放單一傳播鏈路連接、以及 T400（如 17.4.3 節所述）計時器逾時。

在下面的章節中，本書會針對不同的過程進行詳細描述。

17.4.2 能力互動

對於能力互動過程的設計，主要針對以下兩種方式：

★方式 1：自主發送，如圖 17-28 所示，一個 UE 自主的將自身的能力資訊發送給另一個 UE。

★方式 2：雙向發送，如圖 17-29 所示，一個 UE 在另一個 UE 的請求下，將自身的能力資訊發送給另一個 UE。

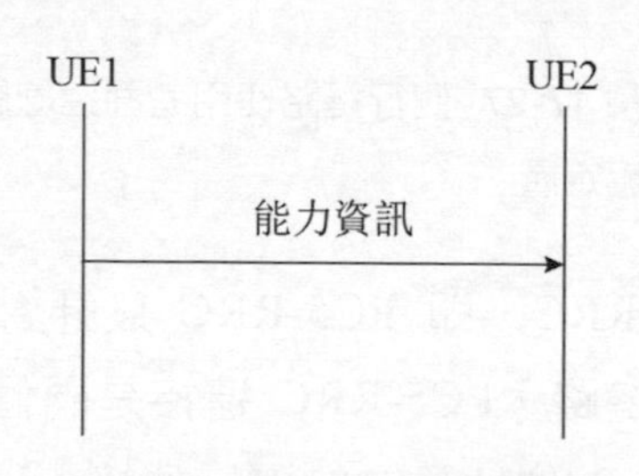

圖 17-28 自主發送式側行鏈路能力互動過程

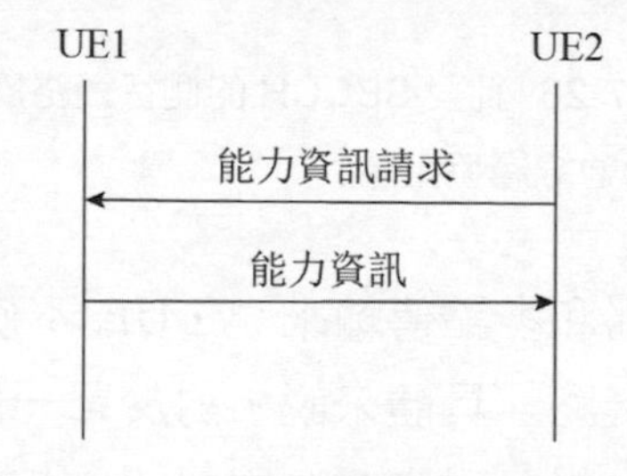

圖 17-29 請求發送式側行鏈路能力互動過程

這兩種方式各有優缺點：

- 對於方式一：其優點在於節省了一筆訊號，這有助在側行鏈路連接建立過程中減小由於能力互動步驟導致的控制面延遲。
- 對於方式二：雖然增加了一筆訊號會導致控制面延遲的增加，但是由於這種方式中能力資訊的發送是基於對方 UE 列出的請求資訊，對方

UE 可以只在有必要的時候發送請求資訊，並且可以在請求資訊中指示對方 UE 需要的能力資訊，因此有助降低由於能力互動步驟導致的訊號負擔。

對於這兩種方式的選擇，實際上是對於延遲和訊號負擔的折中。

在 RAN2#107bis 會議中，考慮以下兩個方面的因素：1）對雙向業務，兩個 UE 都需要將能力資訊發送給對方；2）方式一和方式二，各有優缺點，沒有明確的優劣勢，決定將兩種方式進行融合，舉例來說：

- 首先 UE1 向 UE2 發送請求訊號，要求 UE2 發送能力資訊給 UE1，同時 UE1 在請求訊號中包含 UE1 自身的能力資訊。
- 然後 UE2 向 UE1 回覆能力資訊，包含 UE2 自身的能力資訊。

可以視為，對 UE1 自身的能力資訊發送來說，採用了方式一，而對 UE2 自身的能力資訊發送來說，採用了方式二——透過這種方式，進行了延遲和訊號負擔的折中。

17.4.3 連線層參數設定

對於連線層參數設定過程，協定定義了以下兩個過程

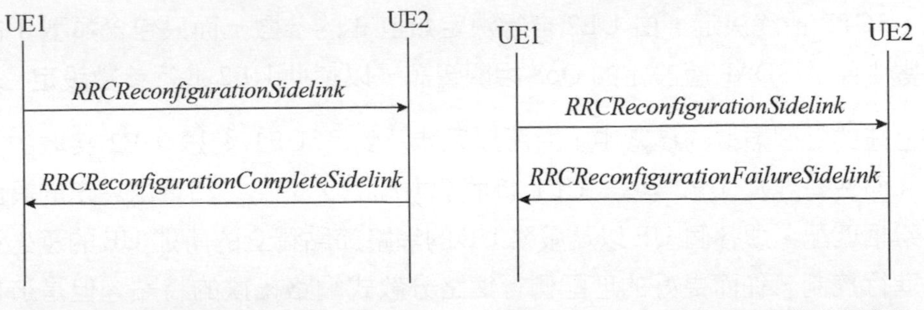

圖 17-30 成功的連線層參數設定過程　　圖 17-31 失敗的連線層參數設定過程

該連線層參數設定過程的目的是建立、修改和釋放側行鏈路 DRB 或設定 NR 側行鏈路測量並報告對方 UE。在以下情況下，UE 可以發起側行鏈路

連線層參數設定過程：

- 釋放與對方 UE 相連結的側行鏈路 DRB。
- 建立與對方 UE 相關的側行鏈路 DRB。
- 對與對方 UE 相連結的側行鏈路 DRB 的 SLRB 參數設定中包含的參數進行修改。
- 針對對方 UE 進行 NR 側行鏈路測量和報告的設定。

首先，3GPP 對於連線層參數設定的訊號內容進行了研究，以 UE1 發送給 UE2 的連線層參數設定訊號為例，其可能涉及的參數包含以下幾個類型：

- 只和 UE1 的資料發送相關、但不和 UE2 的資料接收相關的參數。
- 和 UE1 和資料發送以及 UE2 的資料接收都相關的參數。
- 只和 UE2 的資料接收相關、但不和 UE1 的資料發送相關的參數。

經過分析，由於類型 2 的參數（例如 RLC 模式，RLC 封包表頭序號長度，PDCP 封包表頭序號長度等）需要兩個 UE 使用統一的參數，因此需要保護在連線層參數設定訊號中。相比而言，類型 1 和類型 3 可以分別由 UE1 和 UE2 獨立設定而不需要在連線層設定訊號中表現——尤其對於類型 3 而言，對於多點傳輸和廣播方式而言，由於不具備透過 PC5-RRC 進行側行鏈路連線層參數設定的能力，接收 UE 只能自行決定接收參數設定。因此，3GPP 最終決定，由 UE2 自行決定類型 3 的參數，而只包含類型 1 的參數中關於 SDAP 層設定的 QoS 相關資訊，以輔助 UE2 進行參數設定。

在上述的幾個類型的參數中，之所以只涉及到了 UE1 發送 UE2 接收的方向（而沒有涉及 UE2 發送 UE1 接收的方向），是為了和資源設定的設計框架相匹配，即各個 UE 以及服務 UE 的網路節點獨立的所述 UE 的發送資源進行控制，從而更好的匹配側行鏈路分散式網路拓撲的特點。但是這樣的兩個方向獨立設定的設計引入了一個問題，即對 RLC 模式來說，兩個方向不能獨立設定。換句話說，對於同一個側行鏈路邏輯通道，不論是 UE1 發送 UE2 接收的方向，還是 UE2 發送 UE1 接收的方向，都必須採用同一個 RLC 模式，而不能一個是 RLC UM，另一個是 RLC AM。但是，由於這兩個方向是由兩個 UE、或相關的服務基地台獨立設定的，兩者之間前期並無訊號互動，如何避免兩個方向選擇不同的模式是亟須解決的問題。

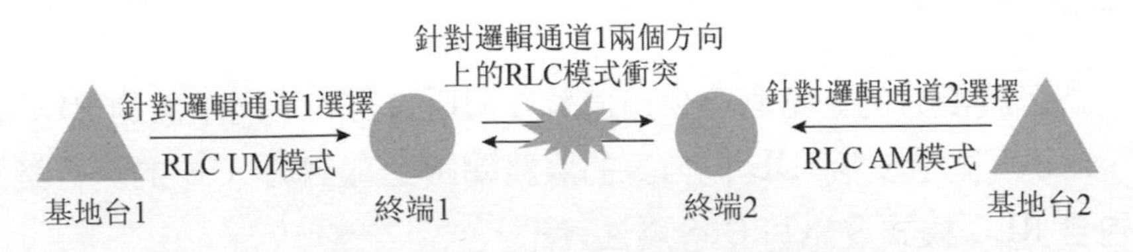

圖 17-32 RLC 模式設定衝突問題

在 RAN2#107bis 會議中，研究了以下幾種解決方案：

- 在協定中固定邏輯通道標識（LCID）和 RLC 模式的對應關係。
- 對於單一傳播通訊，只使用 RLC AM 模式。
- 由 UE 自行分配固定邏輯通道標識（LCID）。
- 網路節點在進行側行鏈路設定前透過 Xn 介面進行設定參數的協調。
- 不解決該問題，如果 RLC 模式衝突發生，按照設定失敗進行處理。

3GPP 對上述幾種解決方案進行了進一步分析：其中方案 1 和方案 2 屬於同一類型，透過在協定中預先定義 LCID 和 RLC 模式的對應關係來避免衝突。其中，方案 2 可以看作方案 1 的簡化模式，即對於所有的 LCID 其對應的 RLC 模式都固定為 RLC AM。考慮到這兩種方案對於設定靈活性的損失較大，最終沒有被採納。方案 4 所述的網路節點間的協調涉及的節點間訊號較為複雜，並且只限於兩個 UE 都處於 RRC 連接態的情況下，複雜度較高且場景較為受限，最終也沒有被採納。

最終，在 RAN2#108 次會，RAN2 採納了類似方案 3 和方案 5 的結合方案。考慮到當任一 UE 處於覆蓋內時，雖然其參數設定資訊來自網路，但是由於網路節點間缺乏協調，也就對側行鏈路對向鏈路的設定資訊無從知曉，並不適合將 LCID 的設定權放在網路側。相反，如果由 UE 進行 LCID 的設定，UE 可以根據對向鏈路的設定資訊自行進行 LCID 和 RLC 模式的選擇。舉例來說，假設 UE1 收到來自 UE2 的針對 LCID=1 的邏輯通道的 RLC 模式設定資訊，為 RLC AM，那麼當 UE1 發送連線層參數設定資訊時，如果需要建立兩個側行鏈路承載，一個為 RLC AM 另一個為 RLC UM，則 UE1 可以將 RLC AM 而非的側行鏈路承載設定為 LCID=1 的邏輯通道上。

同時，為了讓雙方的網路側至少知道對方 UE 的對於不同承載的 RLC 模式設定，3GPP 同意支援 UE 向自身的服務網路上報對方 UE 的側行鏈路設定，包含 RLC 模式資訊和 QoS 屬性資訊。

其次，需要處理連線層參數設定失敗的情況，主要分為兩種情況：

- **情況一**：UE1 在向 UE2 發送了參數設定訊號之後，沒有收到來自 UE2 的確認訊號 RRCReconfigurationCompleteSidelink。
- **情況二**：UE2 收到來自 UE1 的參數設定訊號之後，發現其中包含的參數設定資訊不能適用（包括前文所述的 RLC 模式衝突的情況）。

RAN2#106 會議對上述問題進行了討論：

- 一方面，針對情況一，參數設定訊號的發送端可以維護一個計時器（T400），該計時器用來判斷接收端是否對該參數設定訊號回覆了確認訊號。因此，當該 T400 計時器逾時，發送端判斷接收端沒有回覆參數設定訊號，主要原因為發送端和接收端之間的鏈路出現問題，例如發送端和接收端之間的距離變長或由於遮擋等非視距環境導致路損變大。
- 另一方面，針對情況二，雖然我們也可以透過 T400 計時器來處理，即如果參數設定資訊不能適用，則接收端不向發送端發送確認訊號，但是這種方式會導致發送端不必要的等待延遲（即等待 T400 計時器逾時），並且在情況二中，發送端和接收端的鏈路品質可能並未發生問題，所以統一使用計時器的方法進行處理並不可行。考慮到這些方面，3GPP 引入了顯示的錯誤訊息，即 RRCReconfigurationFailureSidelink，用於接收端 UE 向發送端 UE 報告錯誤訊息。

在引入這兩個錯誤處理機制之後，剩下的問題就是，當計時器逾時或發送端收到 *RRCReconfigurationFailureSidelink* 訊號之後，如何做進一步處理：

- 針對情況一，即 T400 逾時的情況，由於所述情況是由於發送端 UE 和接收端 UE 的鏈路品質惡化導致的，因此當所述情況發生，發送端 UE 進行按照 RLF（如 17.4.5 節所述）進行處理。
- 針對情況二，即收到 RRCReconfigurationFailureSidelink 的情況，由於所述情況是由於參數設定訊號不適用於接收端 UE 的情況。
- 假如此時發送端 UE 處於 RRC 連接態，則說明參數設定訊號來自網路，則該問題可以透過網路更新下發的參數設定訊號解決。為了通知網路發生了收到 *RRCReconfigurationFailureSidelink* 的情況，發送端 UE 需要向網路上報所述錯誤訊息。
- 假如此時發送端 UE 處於 RRC 非啟動態、空閒態、或處於無覆蓋場景，有兩種處理方式：

  ★方式 1：當發送端 UE 收到 *RRCReconfigurationFailureSidelink* 時，發送端 UE 按照發生了無線鏈路失敗進行處理，即主動斷開當前通訊鏈路。

  ★方式 2：當發送端 UE 收到 RRCReconfigurationFailureSidelink 時，發送端 UE 不進行特殊處理。

對於這兩種方式，考慮到方式二給予了發送端 UE 一些自由度，對連線層設定參數進行調整，被 3GPP 最終採納。

由此，3GPP 對於參數設定的成功場景和錯誤場景都完成了相關設計。

17.4.4 測量設定與報告過程

對側行鏈路來說，所述相關的測量主要針對單一傳播鏈路，主要目的是服務於發送端功率控制，即發送端 UE 根據接收端 UE 發送的 RSRP 測量結果，結合自身的發送功率值，對側行鏈路路徑損耗進行估計，進而調整發送功率值。

對 RSRP 報告觸發條件來說：

- 可以透過週期性計時器觸發。
- 可以透過事件觸發：針對側行鏈路的 RSRP 報告，3GPP 定義了兩個事件，S1 和 S2，分別針對當前側行鏈路的 RSRP 測量值高於或低於一個門限值。

17.4.5 RLM/RLF

針對單一傳播鏈路，另一個必要功能為無線鏈路監測（RLM），用以判斷無線鏈路失敗（RLF），即當兩個 UE 中間的鏈路發生問題，例如兩個 UE 彼此遠離，或由於遮擋導致兩個 UE 相互無法通訊，需要對正在活動的鏈路資源和設定進行釋放。

針對這個問題，3GPP 討論了 3 種方案：

★方案 1：PC5-S 層解決方案，如圖 17-33 所示，兩個 UE 透過發送類似於心跳封包的 Keep-Alive 訊號，從而達到監測對方 UE 狀態的目的——若對方 UE 沒有在一定時間內（T4101）回覆所述訊號，說明兩個 UE 之間的鏈路發生了中斷，否則說明兩個 UE 直接的鏈路處於正常狀態。

★方案 2：連線層解決方案

- **方案 2A**：透過 RLC AM 的重傳次數進行判斷，即當 RLC AM 的重傳超出一定次數之後，判斷發生了 RLF，否則就說明當前鏈路品質正常。這和 Uu 介面中透過 RLC AM 判斷 RLF 的方式一樣。
- **方案 2B**：透過物理層指示的方式進行判斷，即透過物理層指示當前鏈路的品質指示來判斷當前鏈路的品質。這裡所說的物理層鏈路品質指示包括類似傳統的 in-sync、out-of-sync 指示，以及由於 HARQ 機制得到的來自收到回饋。

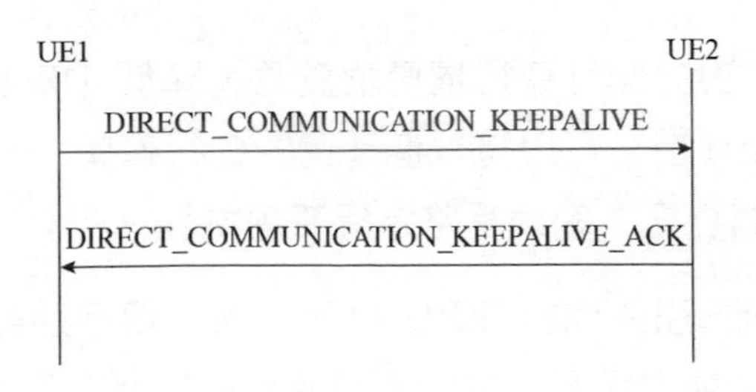

圖 17-33 Keep-Alive 訊號過程

一方面，方案一是必要的，考慮到底層的傳輸方式可能並未採納 RLC AM 和/或帶回饋的 HARQ 傳輸方式。另一方面，方案二 A 和方案二 B 可以作為方案一的補充而存在，這主要是考慮到 PC5-S 層解決方案的回應速度可能較慢，連線層解決方案可以更迅速的檢測無線鏈路失敗。因此，3GPP 最終採納了全部方案，即方案一、方案二 A 和方案二 B。具體的，對方案二 B 來說，鏈路檢測是透過在帶回饋的 HARQ 傳輸過程中，對於接收端的 DTX 檢查完成的，即當發送端 UE 檢測到一定數量的 DTX，即觸發無線鏈路失敗。

17.5 小結

本章介紹了 NR-V2X 的傳輸技術，NR-V2X 支援單一傳播、多點傳輸、廣播等傳輸方式，並且在側行鏈路上引入了側行 HARQ 回饋機制，對於一個側行資料，最大可以支援 32 次的重傳，從而可以提高側行資料傳輸的可靠性。在 NR-V2X 中引入了雙流傳輸，提高系統的傳輸速率。支援 CQI/RI 的回饋，可以進行動態 MCS 選取和調整。對於 PSSCH 通道，支援基於側行鏈路路損和下行鏈路路損的開環功率控制，在保證資料正確接收的基礎上可以降低鏈路間的傳輸干擾。支援不同的側行子載體間隔，側行鏈路子載體間隔越大，越有利於降低傳輸延遲。

NR-V2X 支援網路分配側行傳輸資源和 UE 自主選取傳輸資源，對於網路分配傳輸資源，又分為網路分配側行免授權傳輸資源和動態分配側行傳輸資源的傳輸方式，對於側行免授權傳輸資源，降低 UE 與網路之間的資源設定的訊號負擔和延遲，可以實現低延遲的側行傳輸。支援 UE 向網路上報側行 HARQ 回饋資訊，輔助網路進行資源排程。

對於單一傳播通訊，引入側行 RRC 訊號，單一傳播通訊的 UE 之間透過 PC5-RRC 訊號互動能力資訊、進行連線層參數設定、進行測量設定與報告等。

參考文獻

[1] RP-190766, New WID on 5G V2X with NR sidelink, LG Electronics, Huawei, RAN Meeting #83, Shenzhen, China, March 18-21, 2019;

[2] 3GPP TS 38.214，3rd Generation Partnership Project; Technical Specification Group Radio Access Network; NR; Physical layer procedures for data (Release 16)

[3] R1-1904074, Discussion on mode 2 resource allocation mechanism, vivo, RAN-1 #96bis, Xi'an, China, April 8th –12th, 2019;

[4] R1-1812409, Enhancements of Configured Frequency-Time Resource Pattern in NR-V2X Transmission, Fujitsu, RAN-1 #95, Spokane, Washington, USA, November 12th - 16th 2018;

[5] R1-1812209, Sidelink resource allocation mode 2, Huawei, RAN-1 #95, Spokane, Washington, USA, November 12th - 16th 2018;

[6] R1-2002539, Sidelink Resource Allocation Mechanism for NR V2X, Qualcomm Incorporated, RAN-1 #100bis-e, April 20th –30th, 2020;

[7] R1-2002078, Remaining issues on Mode 2 resource allocation in NR V2X, CATT, RAN-1 #100bis-e, April 20th –30th, 2020;

[8] R1-1906076, Discussion of Resource Allocation for Sidelink - Mode 2, Nokia, Nokia Shanghai Bell, RAN-1 #97, Reno, USA, May 13th –17th, 2019;

[9] R1-1906392, Mode 2 resource allocation mechanism for NR sidelink, NEC, RAN-1 #97, Reno, USA, May 13th –17th, 2019;

[10] R1-1910213, Discussion on mode 2 resource allocation mechanism, vivo, RAN-1 #98bis, Chongqing, China, October 14th –20th, 2019;

[11] R1-1910650, Resource Allocation Mode-2 for NR V2X Sidelink Communication, Intel Corporation, RAN-1 #98bis, Chongqing, China, October 14th –20th, 2019;

[12] R1-2001994, Solutions to Remaining Opens of Resource Allocation Mode-2 for NR V2X Sidelink Design, Intel Corporation, RAN-1 #100bis-e, April 20th –30th, 2020;

[13] R1-2001749, Discussion on remaining open issues for mode 2, OPPO, RAN-1 #100bis-e, April 20th –30th, 2020;

[14] R1-2002126, On Mode 2 for NR Sidelink, Samsung, RAN-1 #100bis-e, April 20th –30th, 2020;

[15] R1-1913029, Considerations on the resource allocation for NR sidelink Mode2, CAICT, RAN-1 #99, Reno, US, November 18th –22th, 2019;

[16] 3GPP TS 38.211，3rd Generation Partnership Project; Technical Specification Group Radio Access Network; NR; Physical channels and modulation (Release 16);

Chapter 18

5G 非授權頻譜通訊

林浩、吳作敏、賀傳峰、石聰 著

18.1 簡介

在 3GPP R15 標準引入的 NR 系統，是用於在已有的和新的授權頻譜上使用的通訊技術。NR 系統可以實現蜂巢網路的無縫覆蓋、高頻譜效率、高峰值速率和高可靠性。在長期演進技術（Long Term Evolution，LTE）系統中，非授權頻譜（或免授權頻譜）作為授權頻譜的補充頻段用於蜂巢網路已經實現。同樣，NR 系統也可以使用非授權頻譜，作為 5G 蜂巢網路技術的一部分，提供給使用者服務。在 3GPP R16 標準中，討論了用於非授權頻譜上的 NR 系統，稱為 NR-unlicensed（NR-U）。NR-U 系統的技術框架主要在 2019 年的 RAN1#96-99 會議完成，歷時一年。

NR-U 系統支援兩種網路拓樸方式：授權頻譜輔助連線和非授權頻譜獨立連線。前者需要借助授權頻譜連線網路，非授權頻譜作為輔載體使用；後者可以透過非授權頻譜獨立網路拓樸，UE 可以直接透過非授權頻譜連線網路。在 3GPP R16 中引入的 NR-U 系統使用的非授權頻譜的範圍集中與 5GHz 和 6GHz 頻段，例如美國 5925 –7125 MHz, 或歐洲 5925 –6425 MHz。在 R16 的標準中，也新定義了 band 46（5150MHz-5925MHz）作為非授權頻譜使用。

非授權頻譜是國家和地區劃分的可用於無線電裝置通訊的頻譜，該頻譜通常被認為是共用頻譜，即通訊裝置只要滿足國家或地區在該頻譜上設定的法規要求，就可以使用該頻譜，而不需要向國家或地區的專屬頻譜管理機構申請專有的頻譜授權。由於非授權頻譜的使用需要滿足各個國家和地區特定的法規的要求，如通訊裝置遵循「先聽後説」(listen-before-talk，LBT)的原則使用非授權頻譜。因此 NR 技術需要進行對應的增強以適應非授權頻段的法規要求，同時高效的利用非授權頻譜提供服務。在 3GPP R16 標準中，主要完成了以下方面的 NR-U 技術的標準化：通道監聽過程；初始連線過程；控制通道設計；HARQ 與排程；免排程授權傳輸等。本章將對這些技術進行詳細介紹。

18.2 通道監聽

為了讓使用非授權頻譜進行無線通訊的各個通訊系統在該頻譜上能夠友善共存，一些國家或地區規定了使用非授權頻譜必須滿足的法規要求。舉例來説，根據歐洲地區的法規，在使用非授權頻譜進行通訊時，通訊裝置遵循「先聽後説（Listen Before Talk，LBT）」原則，即通訊裝置在使用非授權頻譜上的通道進行訊號發送前，需要先進行 LBT，或説，通道監聽。只有當通道監聽結果為通道空閒或説 LBT 成功時，該通訊裝置才能透過該通道進行訊號發送；如果通訊裝置在該通道上的通道監聽結果為通道忙或説 LBT 失敗，那麼該通訊裝置不能透過該通道進行訊號發送。另外，為了保證共用頻譜的頻譜資源使用的公平性，如果通訊裝置在非授權頻譜的通道上 LBT 成功，該通訊裝置可以使用該通道進行通訊傳輸的時長不能超過一定的時長。該機制透過限制一次 LBT 成功後可以進行通訊的最大時長，可以使不同的通訊裝置都有機會連線該共用通道，從而使不同的通訊系統在該共用頻譜上友善共存。

雖然通道監聽並不是全球性的法規規定，然而由於通道監聽能為共用頻譜上的通訊系統之間的通訊傳輸帶來干擾避免以及友善共存的好處，在非授權頻譜上的 NR 系統的設計過程中，通道監聽是該系統中的通訊裝置必須要支援的特性。從系統的布網角度，通道監聽包括兩種機制，一種是基於負載的裝置（Load based equipment，LBE）的 LBT，也稱為動態通道監聽或動態通道佔用，另一種是基於訊框結構的裝置（Frame based equipment，FBE）的 LBT，也稱為半靜態通道監聽或半靜態通道佔用。本節將對 NR-U 系統中的 LBT 機制以及基地台和 UE 的通道監聽介紹。

18.2.1 通道監聽概述

本節在介紹信道監聽前，首先介紹在非授權頻譜上的訊號傳輸所涉及的基本概念：

- 通道佔用（Channel Occupancy，CO）：指在非授權頻譜的通道上 LBT 成功後使用該非授權頻譜的通道進行的訊號傳輸。
- 通道佔用時間（Channel Occupancy Time，COT）：指在非授權頻譜的通道上 LBT 成功後使用該非授權頻譜的通道進行訊號傳輸的時間長度，其中，該時間長度內訊號佔用通道可以是不連續的。
- 最大通道佔用時間（Maximum Channel Occupancy Time，MCOT）：指在非授權頻譜的通道上 LBT 成功後允許使用該非授權頻譜的通道進行訊號傳輸的最大時間長度，其中，不同通道連線優先順序下有不同的 MCOT，不同國家或地區也可能有不同的 MCOT。舉例來說，在歐洲地區，一次 COT 內的通道佔用時間長度不能超過 10 ms；在日本地區，一次 COT 內的通道佔用時間長度不能超過 4 ms。當前，在 5GHz 頻段上的 MCOT 的最大設定值為 10 ms。
- 基地台發起的通道佔用時間（gNB-initiated COT）：也稱為基地台的 COT，指基地台在非授權頻譜的通道上 LBT 成功後獲得的一次通道佔用時間。基地台的 COT 內除了可以用於下行傳輸，也可以在滿足一定條件下用於 UE 進行上行傳輸。

- UE 發起的通道佔用時間（UE-initiated COT）：也稱為 UE 的 COT，指 UE 在非授權頻譜的通道上 LBT 成功後獲得的一次通道佔用時間。UE 的 COT 內除了可以用於上行傳輸，也可以在滿足一定條件下用於基地台進行下行傳輸。

- 下行傳輸機會（DL transmission burst）：基地台進行的一組下行傳輸，一組下行傳輸可以是一個或多個下行傳輸，其中，該組下行傳輸中的多個下行傳輸為連續傳輸，或該組下行傳輸中的多個下行傳輸中有時間空隙但空隙小於或等於 16 μs。如果基地台進行的兩個下行傳輸之間的空隙大於 16 μs，那麼認為該兩個下行傳輸屬於兩次下行傳輸機會。

- 上行傳輸機會（UL transmission burst）：一個 UE 進行的一組上行傳輸，一組上行傳輸可以是一個或多個上行傳輸，其中，該組上行傳輸中的多個上行傳輸為連續傳輸，或該組上行傳輸中的多個上行傳輸中有時間空隙但空隙小於或等於 16 μs。如果該 UE 進行的兩個上行傳輸之間的空隙大於 16 μs，那麼認為該兩個上行傳輸屬於兩次上行傳輸機會。

圖 18-1 中列出了通訊裝置在非授權頻譜的通道上 LBT 成功後獲得的一次通道佔用時間以及使用該通道佔用時間內的資源進行訊號傳輸的範例。

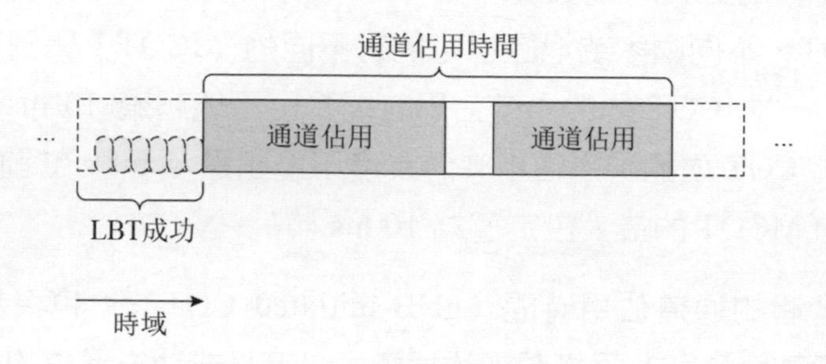

圖 18-1 通道佔用時間和通道佔用的範例

通道監聽過程可以透過能量檢測來實現，大部分的情況下沒有天線陣列的影響。沒有天線陣列影響的基於能量檢測的通道監聽可以被稱為全向

LBT。全向 LBT 很容易實現，並廣泛應用於無線區域網（Wireless Fidelity，Wi-Fi）系統和基於授權輔助連線（Licensed-Assisted Access，LAA）的長期演進技術（Long Term Evolution，LTE）中。在使用非授權頻譜上的資源進行通訊之前進行通道監聽，除了可以使不同的競爭通訊裝置更進一步地在非授權頻譜上共存，還可以對 LBT 設計進行增強，以更進一步地進行通道重複使用。在 NR-U 系統的研究階段，影響 NR-U 系統的 LBT 設計的因素包括：非授權頻譜的通道的不同特性，NR 基本技術的增強以及電信業者之間的同步。對於前一點，由於非授權頻譜上的訊號傳輸可以具有方向性，因此暗示了通道監聽時檢測的能量與實際對接收端造成的干擾可能不匹配，從而造成「過保護」。對於後一點，由於 NR 技術中支援靈活的訊框結構和時間槽結構，因此進一步的增強可以來自於電信業者節點的同步網路，在電信業者節點同步的場景下，不同電信業者可以利用該特性更有效的共用該非授權頻譜，從而達到輸送量、可靠性和服務品質（Quality of Service，QoS）的提高。

基於上述分析，NR-U 系統中研究 LBT 時考慮的因素包括：1）提升空分重複使用能力，例如使用方向性通道監聽、多節點聯合通道監聽等方式，以使一些場景下，可以透過犧牲一定的可靠性來提高通道重用的機率，從而達到可靠性和通道重用機率的折中。2）提升 LBT 結果的可靠性，例如在基於能量檢測的基礎上考慮接收側輔助通道監聽等方式來減小隱藏節點的影響。3）不同的 LBT 機制可以在不同的場景下得到支援，例如不同的法規、不同的電信業者布網場景、或不同的設定下可以使用不同的 LBT 機制，從而實現更好的實現複雜度和系統性能的折中，而非僅支援一種 LBT 機制。

1. 方向性通道監聽

全向 LBT 廣泛應用於 Wi-Fi 系統和 LTE LAA 系統中。然而，由於使用窄的波束成形可以帶來較高的鏈路增益，也可以提高空分重複使用能力，在 NR 系統中支援使用模擬波束成形和數位波束成形來進行資料傳輸。對應地，在 NR-U 系統中也會使用波束成形來進行資料傳輸。在這種情況下，如果還使用全向 LBT，可能會導致「過保護」的問題，舉例來說，使用全向 LBT，只要一個方向上的強訊號被檢測到，所有方向上都不能進行訊號傳輸。由於全向 LBT 會導致空分重複使用能力的下降，在 NR-U 系統研究的 SI（Study item，研究階段）階段，也討論了考慮天線陣列影響的基於能量檢測的通道監聽，也稱為方向性 LBT [1,2]。

如圖 18-2 所示，基地台 1 為 UE1 服務，基地台 2 為 UE2 服務，兩條傳輸鏈路的方向不同。如果使用方向性 LBT，同時使用波束成形進行資料傳輸，可以允許多筆鏈路共存，即實現基地台 1 和基地台 2 使用相同的時間資源和頻率資源分別向 UE1 和 UE2 進行資料傳輸，因此可以增加空分重複使用能力，進而增加輸送量。

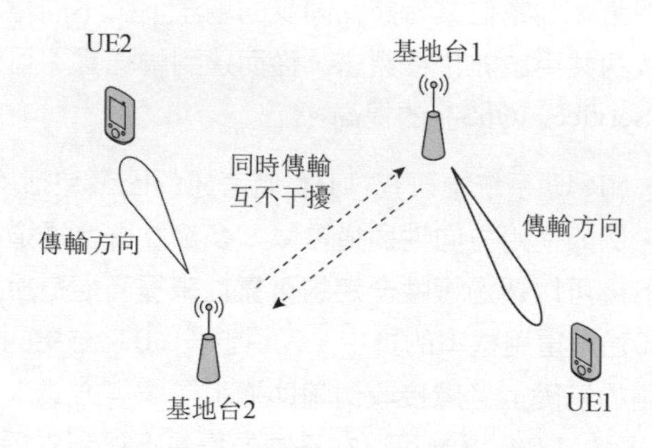

圖 18-2 基於方向性 LBT 的波束成形傳輸

方向性 LBT 最明顯的優點是可以提高成功連線通道的機率，從而增加空分重複使用。然而，在方向性 LBT 的討論過程中，一些問題也被提了出來：

- 由於方向性 LBT 只能監聽有限的方向，隱藏節點問題可能會變得更加嚴重。
- 基地台使用一個波束進行資料傳輸時，只能服務該波束對應方向上的 UE。因此，為了服務不同方向上的 UE，基地台需要進行多次方向性

LBT 嘗試以獲取不同方向上的通道佔用時間。相比於全向 LBT，方向性 LBT 的時間負擔增加了。如何使用較小的負擔來獲取空分重複使用增益是需要進一步研究的問題。

- 通道監聽時的能量檢測門限設定。一方面，由於有波束成形增益，因此基地台的發射功率可以降低，按法規要求，可以使用較高的能量檢測門限。另一方面，能量檢測門限需要滿足干擾公平的原則，舉例來說，較高的能量檢測門限可以獲得較高的通道連線機率，但會對其他節點造成干擾。如何在考慮各種影響因素的情況下設計一個合理的能量檢測門限需要進一步研究。

由於有上述問題，方向性 LBT 是否能全面提升系統譜效率，以及到底能獲得多少增益並不清楚，需要進一步被研究。雖然 SI 階段的結論是方向性 LBT 有益於使用波束成形的資料傳輸，然而由於時間限制等原因，在 WI（Work item, 工作階段）並沒有針對方向性 LBT 繼續研究以及標準化。

2. 多節點聯合通道監聽

在 NR-U 系統部署中，相鄰節點可能屬於相同的電信業者網路，因此多個節點之間可以透過協調進行多節點聯合通道監聽[1,2]。多節點聯合通道監聽機制下，一組基地台節點之間透過回程鏈路（backhaul）進行資訊互動和協調，確定公共的下行傳輸的起始位置。不同的基地台節點可以各自進行獨立的 LBT 過程，並在 LBT 結束後透過延遲（self-deferral）的方式，延遲到公共的下行傳輸起始位置一起傳輸。透過該機制，可以增加頻率重複使用，也可以避免這組基地台節點成為該系統傳輸中的隱藏節點或曝露節點，從而更進一步地獲得各節點在非授權頻譜上的共存。如圖 18-3 所示。

由於多節點聯合通道監聽可以增加頻率重複使用，在 SI 階段，多節點聯合通道監聽獲得了廣泛的研究。對齊傳輸的起始位置、互動和協調不同基地台或 UE 之間的 LBT 相關參數、確定干擾節點來源的方式、UE 的干擾測量和上報、能量檢測門限調整等都被認為是有利於多節點聯合通道監聽，從而提高 NR-U 系統布網下的頻率重複使用的方式，其中上述部分方式在 WI 階段進行了標準化。

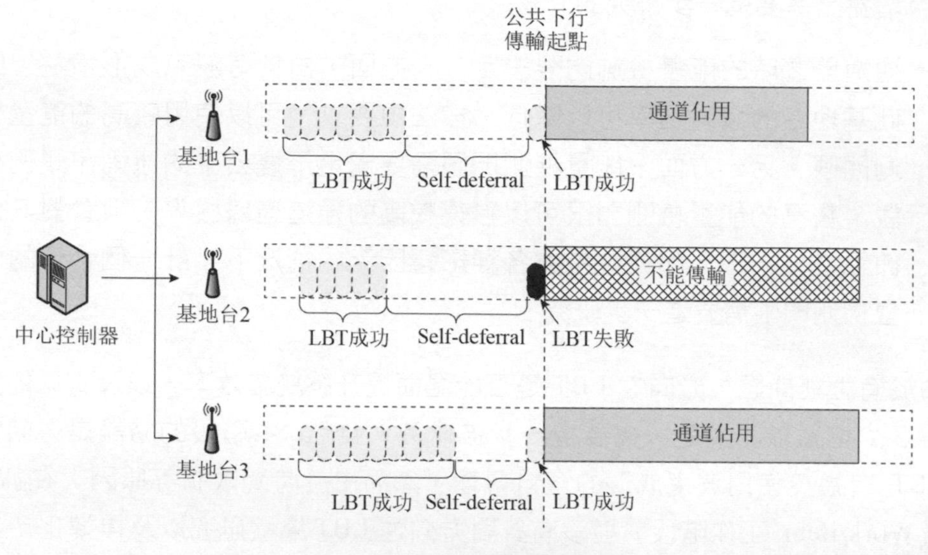

圖 18-3 多節點聯合通道監聽

3. 接收側輔助通道監聽

接收側輔助通道監聽是一種類似於 Wi-Fi 系統的請求發送/允許發送（Request To Send/ Clear To Send，RTS/CTS）機制的 LBT 方式。基地台在進行傳輸前，先發送一個類似於 RTS 的訊號詢問 UE 是否準備好進行資料接收。UE 在收到 RTS 訊號後，如果 LBT 過程成功，則可以向基地台發送一個類似於 CTS 的訊號例如上報自己的干擾測量結果，告知基地台自己已準備好進行資料接收，基地台在收到 CTS 後即可向 UE 進行下行傳輸。或，如果 UE 沒有收到 RTS，或 UE 收到 RTS 但由於 LBT 過程失敗不能發送 CTS，則 UE 不會向基地台發送 CTS 訊號，基地台在沒有收到 UE 的 CTS 訊號的情況下，可放棄向 UE 進行下行傳輸。

接收側輔助通道監聽的好處是可以避免隱藏節點的影響。透過 SI 階段的研究認為，發送端和接收端之間的握手過程可以減小或消除 UE 的隱藏節點的影響。然而隱藏節點的問題也可以透過 UE 的干擾測量和上報等方式得到緩解，在 WI 階段並沒有針對接收側輔助的 LBT 繼續研究以及標準化。

18.2.2 動態通道監聽

動態通道監聽也可以認為是基於 LBE 的 LBT 方式，其通道監聽原則是通訊裝置在業務到達後進行非授權頻譜的載體上的 LBT，並在 LBT 成功後在該載體上開始訊號的發送。動態通道監聽的 LBT 方式包括類型 1（Type1）通道連線方式和類型 2（Type2）通道連線方式。Type1 通道連線方式為基於競爭視窗大小調整的隨機回復的多時間槽通道檢測，其中，根據待傳輸業務的優先順序可以選擇對應的通道連線優先順序（Channel access priority class，CAPC）*p*。Type2 通道連線方式為基於固定長度的監聽時間槽的通道連線方式，其中，Type2 通道連線方式包括 Type2A 通道連線、Type2B 通道連線和 Type2C 通道連線。Type1 通道連線方式主要用於通訊裝置發起通道佔用，Type2 通道連線方式主要用於通訊裝置共用通道佔用。需要說明的一種特殊情況是，當基地台為傳輸 DRS 視窗內的 SS/PBCH block 發起通道佔用且 DRS 視窗內不包括 UE 的單一傳播資料傳輸時，如果 DRS 視窗的長度不超過 1ms 而且 DRS 視窗傳輸的工作週期比不超過 1/20，那麼基地台可以使用 Type2A 通道連線發起通道佔用。

1. 基地台側預設通道連線方式：Type1 通道連線

以基地台為例，基地台側的通道連線優先順序 *p* 對應的通道連線參數如表 18-1 所示。在表 18-1 中，m_p 是指通道連線優先順序 *p* 對應的回復時間槽個數，CW_p 是指通道連線優先順序 *p* 對應的競爭視窗（Contention Window，CW）大小，$CW_{min,p}$ 是指通道連線優先順序 *p* 對應的 CW_p 設定值的最小值，$CW_{max,p}$ 是指通道連線優先順序 *p* 對應的 CW_p 設定值的最大值，$T_{mcot,p}$ 是指通道連線優先順序 *p* 對應的通道最大佔用時間長度。

基地台可以根據待傳輸業務的優先順序選擇對應的通道連線優先順序 *p*，

並根據表 1 中的通道連線優先順序 *p* 對應的通道連線參數，以 Type1 通道連線方式來獲取非授權頻譜的載體上的通道的通道佔用時間 COT，即基地台發起的 COT。具體可以包括以下步驟：

步驟(1)：設定計數器 $N=N_{init}$，其中 N_{init} 是 0 到 CW_p 之間均勻分佈的隨機數，執行步驟（4）。

步驟(2)：如果 N>0，基地台對計數器減 1，即 N=N-1。

步驟(3)：對通道做長度為 Tsl（Tsl 表示 LBT 監聽時間槽，長度為 9 μs）的監聽時間槽檢測，如果該監聽時間槽為空閒，執行步驟 4）；不然執行步驟（5）。

步驟(4)：如果 N=0，結束通道連線過程；不然執行步驟（2）。

步驟(5)：對通道做時間長度為 Td（其中，Td =16+mp*9 μs）的監聽時間槽檢測，該監聽時間槽檢測的結果不是為至少一個監聽時間槽被佔用，就是為所有監聽時間槽均空閒。

步驟(6)：如果通道監聽結果是 Td 時間內所有監聽時間槽均空閒，執行步驟（4）；不然執行步驟（5）。

表 18-1 不同通道連線優先順序 *p* 對應的通道連線參數

通道連線優先順序(*p*)	m_p	$CW_{min,p}$	$CW_{max,p}$	$T_{mcot,p}$	允許的 CW_p 設定值
1	1	3	7	2 ms	{3,7}
2	1	7	15	3 ms	{7,15}
3	3	15	63	8 or 10 ms	{15,31,63}
4	7	15	1023	8 or 10 ms	{15,31,63,127,255,511,1023}

如果通道連線過程結束，那麼基地台可以使用該通道進行待傳輸業務的傳輸。基地台可以使用該通道進行傳輸的最大時間長度不能超過 $T_{mcot,p}$。

在基地台開始上述 Type1 通道連線方式的步驟 1）前，基地台需要維護和

調整競爭視窗 CW_p 的大小。初始情況下，競爭視窗 CW_p 的大小設定為最小值 $CW_{min,p}$；在傳輸過程中，競爭視窗 CW_p 的大小可以根據基地台收到的 UE 回饋的肯定回應（Acknowledgement，ACK）或否定回應（Negative Acknowledgement，NACK）資訊，在允許的 CW_p 設定值範圍內進行調整；如果競爭視窗 CW_p 已經增加為最大值 $CW_{max,p}$，當最大競爭視窗 $CW_{max,p}$ 保持一定次數以後，競爭視窗 CW_p 的大小可以重新設定為最小值 $CW_{min,p}$。

2. 基地台側的通道佔用時間共用

當基地台發起 COT 後，除了可以將該 COT 內的資源用於下行傳輸，還可以將該 COT 內的資源分享給 UE 進行上行傳輸。COT 內的資源分享給 UE 進行上行傳輸時，UE 可以使用的通道連線方式為 Type2A 通道連線、Type2B 通道連線或 Type2C 通道連線，其中，Type2A 通道連線、Type2B 通道連線和 Type2C 通道連線均為基於固定長度的監聽時間槽的通道連線方式。

- Type2A 通道連線：

UE 的通道檢測方式為 25 μs 的單時間槽通道檢測。具體地，Type2A 通道連線下，UE 在傳輸開始前可以進行 25 μs 的通道監聽，並在通道監聽成功後進行傳輸。

- Type2B 通道連線：

UE 的通道檢測方式為 16 μs 的單時間槽通道檢測。具體地，Type2B 通道連線下，UE 在傳輸開始前可以進行 16 μs 的通道監聽，並在通道監聽成功後進行傳輸。其中，該傳輸的起始位置距離上一次傳輸的結束位置之間的空隙大小為 16 μs。

- Type2C 通道連線：

UE 在空隙結束後不做通道檢測而進行傳輸。具體地，Type2C 通道連線下，UE 可以直接進行傳輸，其中，該傳輸的起始位置距離上一次傳輸的結束位置之間的空隙大小為小於或等於 16 μs。其中，該傳輸的長度不超過 584 μs。

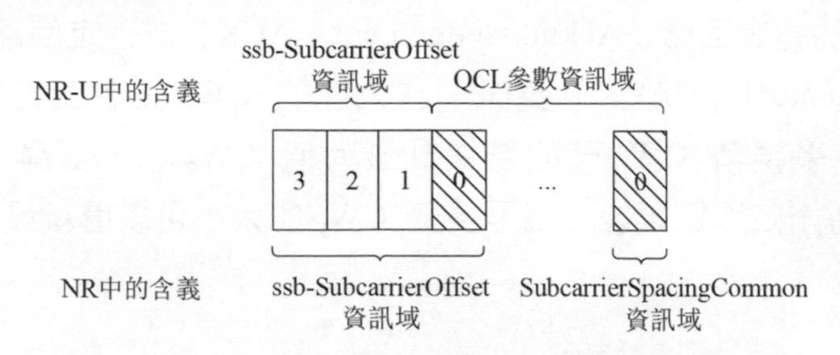

圖 18-4 基地台側的通道佔用時間共用

不同的 COT 共用場景下應用的通道連線方案不同。在基地台的 COT 內發生的上行傳輸機會，如果該上行傳輸機會的起始位置和下行傳輸機會的結束位置之間的空隙小於或等於 16μs，UE 可以在該上行傳輸前進行 Type2C 通道連線；如果該上行傳輸機會的起始位置和下行傳輸機會的結束位置之間的空隙等於 16μs，UE 可以在該上行傳輸前進行 Type2B 通道連線；如果該上行傳輸機會的起始位置和下行傳輸機會的結束位置之間的空隙等於 25μs 或大於 25μs，UE 可以在該上行傳輸前進行 Type2A 通道連線。另外，基地台獲得的 COT 內可以包括多個上下行轉換點。當基地台將自己獲得的 COT 共用給 UE 進行上行傳輸後，在該 COT 內基地台也可以使用 Type2 通道連線方式例如 Type2A 通道連線方式進行通道監聽，並在通道監聽成功後重新開始下行傳輸。圖 18-4 列出了基地台側的 COT 共用的範例。

當基地台將獲取的 COT 共用給 UE 傳輸上行時，COT 共用的原則包括共用給 UE 傳輸的上產業務對應的通道連線優先順序應不低於基地台獲取該 COT 時使用的通道連線優先順序。在基地台側的 COT 共用過程中，一些通道連線方式下，上行傳輸機會的起始位置和下行傳輸機會的結束位置之間的空隙的大小還需要滿足 16 μs 或 25 μs 的要求。上述 COT 共用的原則和空隙大小的要求都可以由基地台來保證和指示，基地台可以將共用 COT 內的通道連線方式透過顯性或隱式的方式指示給 UE。在下一小節中將介紹顯性或隱式指示的方式。

3. 通道連線參數指示

在 NR-U 系統中，當 UE 被排程進行物理上行共用通道（Physical Uplink Shared Channel，PUSCH）或物理上行控制通道（Physical Uplink Control Channel，PUCCH）的傳輸時，基地台可以透過攜帶上行授權（UL grant）或下行授權（DL grant）的下行控制資訊（Downlink Control Information，DCI）來指示該 PUSCH 或 PUCCH 對應的通道連線方式。由於一些通道連線方式需要滿足 16 μs 或 25 μs 的空隙要求，UE 可以透過傳輸延長循環字首（Cyclic Prefix Extension，CPE）的方式來確保兩次傳輸之間的空隙大小，對應地，基地台可以指示 UE 的上行傳輸的第一個符號的 CPE 長度。

在具體指示時，基地台可以透過聯合編碼的方式向 UE 顯性指示 CPE 長度、通道連線方式或通道連線優先順序等通道連線參數。下面介紹不同 DCI 格式下引入的通道連線參數的指示方式的特徵。

- 排程 PUSCH 傳輸的回復上行授權（DCI 格式 0_0）：
  - 標準中預設通道連線方式和 CPE 長度聯合指示的集合，以下表 18-2 所示。
  - 該回復上行授權中包括 2 位元 LBT 指示資訊，該 2 位元 LBT 指示資訊用於從表 18-2 所示的集合中指示聯合編碼的通道連線方式和 CPE 長度。
  - 該通道連線方式和 CPE 長度用於 PUSCH 傳輸。
  - 如果通道連線方式為 Type1 通道連線，UE 根據業務優先順序自行選擇通道連線優先順序（Channel access priority class，CAPC）。

- 排程物理下行共用通道（Physical Downlink Shared Channel，PDSCH）傳輸的回復下行授權（DCI 格式 1_0）：
  - 標準中預設通道連線方式和 CPE 長度聯合指示的集合，以下表 18-2 所示。

- 該回復下行授權中包括 2 位元 LBT 指示資訊，該 2 位元 LBT 指示資訊用於從表 18-2 所示的集合中指示聯合編碼的通道連線方式和 CPE 長度。
- 該通道連線方式和 CPE 長度用於 PUCCH 傳輸，其中，該 PUCCH 可以承載 PDSCH 對應的 ACK 或 NACK 資訊。
- 如果通道連線方式為 Type1 通道連線，UE 確定用於傳輸 PUCCH 的通道連線優先順序 CAPC=1。

表 18-2 通道連線方式和 CPE 長度聯合指示集合

LBT 指示	通道連線方式	CPE 長度
0	Type2C 通道連線	C2*符號長度-16μs-TA
1	Type2A 通道連線	C3*符號長度-25μs-TA
2	Type2A 通道連線	C1*符號長度-25μs
3	Type1 通道連線	0

在表 18-2 中，C1 的設定值是協定規定的，子載體間隔為 15 kHz 和 30 kHz 時，C1=1；子載體間隔為 60kHz 時，C1=2。C2 和 C3 的設定值是高層參數設定的，子載體間隔為 15 kHz 和 30 kHz 時，C2 和 C3 設定值範圍為 1 到 28；子載體間隔為 60 kHz 時，C2 和 C3 設定值範圍為 2 到 28。

- 排程 PUSCH 傳輸的非回復上行授權（DCI 格式 0_1）：
  - 高層設定 LBT 參數指示集合，LBT 參數指示集合中包括至少一項聯合編碼的通道連線方式，CPE 長度和 CAPC。
  - 該非回復上行授權中包括 LBT 指示資訊，該 LBT 指示資訊用於從上述 LBT 參數指示集合中指示聯合編碼的通道連線方式，CPE 長度和 CAPC。
  - 該通道連線方式，CPE 長度和 CAPC 用於 PUSCH 傳輸。
  - 如果指示的通道連線方式是 Type2 通道連線，則同時指示的 CAPC 是基地台獲得該 COT 時使用的 CAPC。
  - LBT 指示資訊最多包括 6 位元。

- 排程 PDSCH 傳輸的非回復下行授權（DCI 格式 1_1）：
  - 高層設定 LBT 參數指示集合，LBT 參數指示集合中包括至少一項聯合編碼的通道連線方式和 CPE 長度。
  - 該非回復下行授權中包括 LBT 指示資訊，該 LBT 指示資訊用於從上述 LBT 參數指示集合中指示聯合編碼的通道連線方式和 CPE 長度。
  - 該通道連線方式和 CPE 長度用於 PUCCH 傳輸，其中，該 PUCCH 可以承載 PDSCH 對應的 ACK 或 NACK 資訊。
  - 如果通道連線方式為 Type1 通道連線，UE 確定用於傳輸 PUCCH 的通道連線優先順序 CAPC=1。
  - LBT 指示資訊最多包括 4 位元。

除了上述顯性指示，基地台還可以隱式指示 COT 內的通道連線方式。當 UE 收到基地台發送的 UL grant 或 DL grant 指示該 PUSCH 或 PUCCH 對應的通道連線類型為 Type1 通道連線時，如果 UE 能確定該 PUSCH 或 PUCCH 屬於基地台的 COT 內，例如 UE 收到基地台發送的 DCI 格式 2_0，並根據該 DCI 格式 2_0 確定該 PUSCH 或 PUCCH 屬於基地台的 COT 內，那麼 UE 可以將該 PUSCH 或 PUCCH 對應的通道連線類型更新為 Type2A 通道連線而不再採用 Type1 通道連線。

4. UE 側的通道佔用共用

當 UE 使用 Type1 通道連線發起 COT 後，除了可以將該 COT 內的資源用於上行傳輸，還可以將該 COT 內的資源分享給基地台進行下行傳輸。在 NR-U 系統中，基地台共用 UE 發起的 COT 包括兩種情況，一種情況是基地台共用排程的 PUSCH 的 COT，另一種情況是基地台共用免排程授權（Configured grant，CG）PUSCH 的 COT。

對於基地台共用排程 PUSCH 的 COT 的情況，如果基地台為 UE 設定了用於 COT 共用的能量檢測門限，那麼 UE 應使用該設定的用於 COT 共用的能量檢測門限進行通道連線。由於在該情況下，UE 的 LBT 連線參數和用於傳輸 PUSCH 的資源是基地台指示的，因此，基地台可以知道 UE 發起 COT 後該 COT 內可用的資源資訊，從而在 UE 透明的情況下實現 COT 共用。

對於基地台共用 CG-PUSCH 的 COT 的情況，UE 傳輸的 CG-PUSCH 中攜帶有 CG-UCI，CG-UCI 中可以包括是否將 UE 獲取的 COT 共用給基地台的指示。如果基地台為 UE 設定了用於 COT 共用的能量檢測門限，那麼 UE 應使用該設定的用於 COT 共用的能量檢測門限進行通道連線。對應地，CG-UCI 中的 COT 共用指示資訊可以指示基地台共用 UE COT 的起始位置、長度以及 UE 獲取該 COT 時使用的 CAPC 資訊。如果基地台沒有為 UE 設定用於 COT 共用的能量檢測門限，那麼 CG-UCI 中的 COT 共用指示資訊包括 1 位元，用於指示基地台可以共用或不能共用 UE 的 COT。在沒有被設定用於 COT 共用的能量檢測門限下，基地台可共用 COT 的起始位置是根據高層設定參數確定的，可共用的 COT 長度是預設的，以及基地台僅可使用該共用的 COT 傳輸公共控制資訊。

在 CG-PUSCH 傳輸且共用 COT 的情況下，UE 應保證連續傳輸的多個 CG-PUSCH 中傳輸的 CG-UCI 中的 COT 共用指示資訊指示相同起始位置和長度的 COT 共用，如圖 18-5 所示。

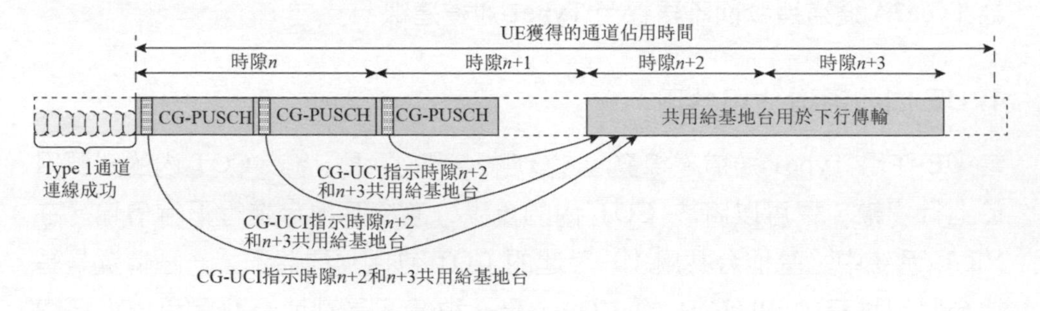

圖 18-5 CG-PUSCH 的 COT 共用

18.2.4 持續上行 LBT 檢測及恢復機制

在 NR-U 中，一個普遍的問題是如何處理 LBT 對於各種上行傳輸的影響。尤其是，當 UE 面臨持續性的 LBT 失敗時，如何處理 UE 由於 LBT 失敗先佔不到通道而進入「無窮循環」的問題，也就是說，UE 將一直持續的進行上行傳輸嘗試，但是這些嘗試由於持續的 LBT 失敗而不能成功[3]。

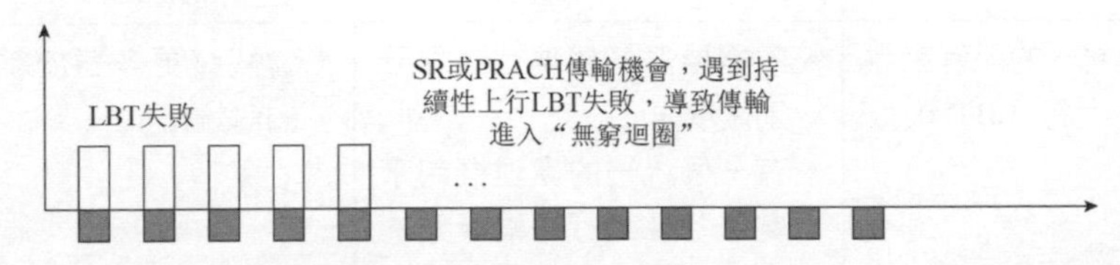

圖 18-8 上行傳輸過程中的持續性先聽後說（Listen before talk，LBT）失敗示意圖

這裡有幾個例子可以說明當 UE 面臨持續性的 LBT 失敗時，一些媒體連線控制（MAC，Media Access Control）層的流程將進入「無窮循環」。比如如圖 18-8 所示，當 UE 進行隨機連線前導碼的傳輸或排程請求（SR：Scheduling Request）傳輸時，由於持續性 LBT 失敗，前導碼傳輸對應的計數器不會計數或說 SR 傳輸相關的計數器不會計數，因此 UE 將一直進行前導碼傳輸或 SR 傳輸的嘗試，從而進入上行傳輸「無窮循環」UE。

為了解決持續性的 LBT 帶來的問題，在標準的討論過程中產生了兩種想法：

第一種是，持續性的 LBT 問題可以由各自的上行傳輸流程去處理。也就是說，當 UE 觸發了排程請求發送，在發送排程請求時遇到了持續性的 LBT 問題，則排程請求流程應該來處理這個問題。同樣的，當上行傳輸由於隨機連線過程導致了持續性的 LBT 問題，則在隨機連線過程中應該採用對應的機制來處理這個問題。

另外一種想法是，當 UE 發送任何一種上行傳輸導致了持續性 LBT 問題時，需要設計一種獨立的機制來解決這個持續性的 LBT 失敗問題。表 18-3 複習了這兩種想法的優缺點：

表 18-3 獨立處理持續 LBT 失敗和統一流程處理持續性 LBT 失敗方案比較

類頁	優點	缺點
在各自的流程中處理持續性上行 LBT 失敗問題	• 只需在已有流程中做增強 • 對於不同流程的增強可以不同	• 對 MAC 層影響較大，各個流程需要進行梳理； • 各個流程觸發的上行傳輸可能會互相影響導致出現更多問題；
設計一個統一的流程來處理持續性上行 LBT 失敗問題	• 不需要對各個現有流程分別做增強 • 有一個統一的處理機制來處理各種上行傳輸導致的持續上行 LBT 失敗問題	• 會觸發更多對於新的機制的討論

最後經過討論，決定設計一種統一的機制來處理持續性的上行 LBT 問題。

在討論採用一種統一的機制來處理持續性上行 LBT 問題的時候，主要考慮的是如何檢測持續性上行 LBT 失敗，另外一個問題當 UE 觸發了持續上行 LBT 失敗時，如何設計恢復機制，因此，討論的方向主要集中在以下幾個方面[4]：

第一方面是，在設計檢測持續上行失敗時，到底是應該考慮所有的上行傳輸還是只需要考慮由 MAC 層觸發的上行傳輸。MAC 層觸發的傳輸包括排程請求傳輸，隨機連線相關的傳輸以及基於動態排程或半靜態排程的 PUSCH 傳輸，除此之外，還有一些上行傳輸主要是由物理層觸發發起，比如包括 CSI，HARQ 回饋以及 SRS 等。經過討論，會議最後決定將所有上行傳輸所導致的 LBT 失敗都考慮到持續上行 LBT 失敗檢測中，因此，需要物理層將對應上行 LBT 失敗的結果指示到 MAC 層[5]。

第二方面是，應該採用什麼樣的機制來檢測持續的上行 LBT 失敗。在方案討論的過程，大部分公司認為需要有一個計時器來決定是否觸發持續上行 LBT 失敗。也就是説，「持續性」應該限制在某一個時間段內，而非任何時間累計的 LBT 失敗都能觸發持續性 LBT 失敗。具體的，網路側會設定一個 LBT 檢測計時器，同時設定一個檢測次數門限。當 UE 遇到的上行 LBT 失敗的次數達到這個設定的檢測門限時，則觸發持續上行 LBT 失敗。不然當計時器逾時的時候，UE 需要重置 LBT 失敗計數，也就是說在規定的時間內如果沒有收到物理層指示的 LBT 失敗指示，則統計 LBT 失敗次數的計數器歸零，重新開始計數。一個具體的例子如下：

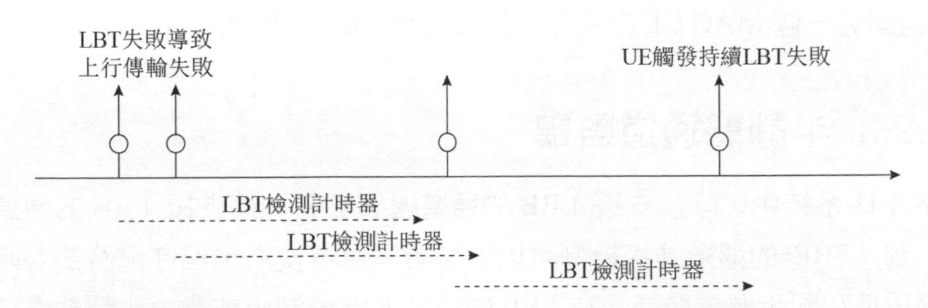

圖 18-9 先聽後說（Listen before talk，LBT）檢測計時器機制示意圖

第三個方面是，MAC 層在統計 LBT 失敗時，應該基於什麼樣的顆粒度？也就是說，是將所有從物理層指示上來的 LBT 失敗次數都統計在一起，統一觸發持續上行 LBT 失敗還是說是基於不同的上行載體，或是只統計某些上行載體。首先，UE 是針對每個上行頻寬分段（bandwidth part，BWP）上的 LBT 子頻獨立進行 LBT 的，而考慮到每個載體上最多只能啟動一個 BWP，可以認為 UE 執行 LBT 是對每個載體獨立進行的。因此，在統計持續上行 LBT 失敗時，可以認為每個載體是獨立的，也就是說可以給每個上行載體獨立的維護一個統計 LBT 失敗的計數器和計時器。

在決定了持續上行 LBT 失敗檢測機制後，剩下的就是考慮怎麼進行持續上行 LBT 失敗恢復[6]。對於恢復機制的設計，考慮到不同上行載體的持續上行 LBT 失敗是獨立觸發的，因此對於不同的載體，其恢復機制是不一樣的。

- 對於 PCell，也就是主社區，當觸發持續上行 LBT 失敗時，UE 可以直接觸發無線鏈路失敗流程，最終透過 RRC 重建流程來恢復持續上行 LBT 失敗問題。

- 對雙連接下的 PSCell，也就是輔小區組的主社區，當觸發持續上行 LBT 失敗時，考慮到主社區組的鏈路是正常的，UE 可以透過主社區組的 PCell 將該持續上行 LBT 失敗事件上報給網路。一般來說，網路可以透過重設定來解決 PSCell 上的持續上行 LBT 失敗問題。
- 對於 SCell，也就是輔小區，當觸發持續上行 LBT 失敗時，UE 可以透過觸發一個 MAC CE 來上報該持續上行 LBT 失敗問題。

18.2.3 半靜態通道監聽

在 NR-U 系統中，除了支援 LBE 的通道連線機制，還支援 FBE 的通道連線機制。FBE 的通道連線機制可以增加頻率重複使用，但在網路部署時對干擾環境和同步要求較高。在 FBE 的通道連線機制，或說，半靜態通道連線模式中，訊框結構是週期出現的，即通訊裝置可以用於業務發送的通道資源是週期性出現的。在一個訊框結構內包括固定訊框週期（Fixed Frame Period，FFP）、通道佔用時間 COT、空閒週期（Idle Period，IP）。其中，固定訊框週期的長度可以被設定的範圍為 1 到 10 ms，固定訊框週期中 COT 的長度不超過 FFP 長度的 95%，空閒週期的長度至少為 FFP 長度的 5%且 IP 長度的最小值為 100 μs，且空閒週期位於固定訊框週期的尾部。

通訊裝置在空閒週期內對通道做基於固定長度的監聽時間槽的 LBT，如果 LBT 成功，下一個固定訊框週期內的 COT 可以用於傳輸訊號；如果 LBT 失敗，下一個固定訊框週期內的 COT 不能用於傳輸訊號。在 NR-U 系統中，在半靜態通道連線模式下，目前只支援基地台發起 COT。在一個固定訊框週期內，UE 只有在檢測到基地台的下行傳輸的情況下，才能在該固定訊框週期中進行上行傳輸。

半靜態通道連線模式可以是基地台透過系統資訊設定的或透過高層參數設定的。如果一個服務社區被基地台設定為半靜態通道連線模式，那麼該服務社區的固定訊框週期的 FFP 長度為 T_x，該服務社區的固定訊框週期中包括的最大 COT 長度為 T_y，該服務社區的 FFP 中包括的空閒週期的長度為 T_z。其中，基地台可以設定的固定訊框週期 FFP 的長度 T_x為 1 ms，2 ms，2.5 ms，4 ms，5 ms，或 10 ms。UE 可以根據被設定的 T_x長度確定 T_y和 T_z。具體地，從編號為偶數的無線訊框開始，在每兩個連續的無線訊框內，UE 可以根據 $x \cdot T_x$確定每個 FFP 的起始位置，其中，$x \in \{0,1,\ldots, 20/T_x - 1\}$，FFP 內的最大 COT 長度為 $T_y=0.95 \cdot T_x$，FFP 內的空閒週期長度至少為 $T_z=\max(0.05 \cdot T_x，100\mu s)$。

圖 18-6 列出了固定訊框週期長度為 4ms 時的範例。如圖所示，UE 在收到基地台設定的 FFP 長度 $T_x = 4$ ms 後，可以根據 $x \in \{0,1,\ldots, 20/T_x -1\}$確定 $x \in \{0,1,2,3,4\}$，進而 UE 可以確定在每兩個連續的無線訊框內每個 FFP 的起始位置為 0 ms、4 ms、8 ms、12 ms、16 ms。在每個 FFP 內，最大 COT 長度為 $T_y = 3.8$ ms，空閒週期長度為 $T_z = 0.2$ ms。

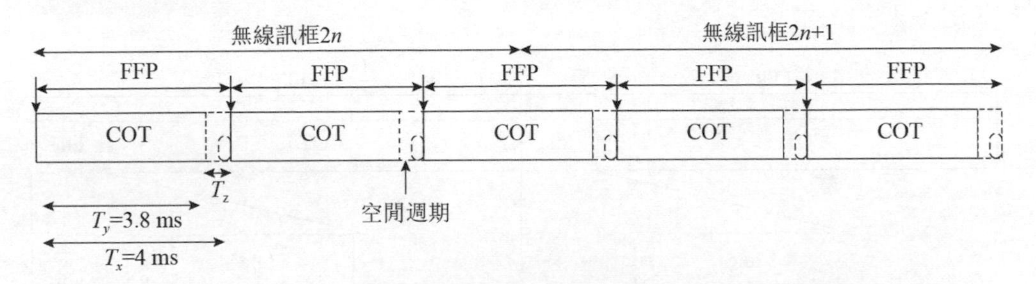

圖 18-6 半靜態通道佔用

上述半靜態通道連線模式的缺點是，由於基地台只能在空閒週期的最後一個監聽時間槽上進行通道監聽，如果在空閒週期的最後一個監聽時間槽上出現其他使用 LBE 模式的干擾節點例如 Wi-Fi 系統的傳輸，那麼會導致下一個 FFP 不能用於訊號傳輸，從而無法為系統內的使用者提供服務。因此，FBE 模式通常應用到周圍環境中沒有 LBE 模式共用非授權頻譜的網路系統中。

如果在某一段非授權頻譜上存在多個電信業者，由於多個電信業者之間在缺乏協調機制的情況下訊框結構是不同步的，因此可能出現一個電信業者的空閒週期和另一個電信業者的通道佔用時間在時域上重疊，從而導致該電信業者的每個固定訊框週期的空閒週期內總是有其他電信業者的訊號傳輸，該電信業者可能在非常長的一段時間內都無法連線通道，從而無法為系統內的使用者提供服務的情況。因此，半靜態通道連線模式下，如果有多個電信業者，那麼該多個電信業者之間也需要是訊框結構同步的。

另外，即使解決了不同電信業者之間的同步問題，不同電信業者的節點在布網時也可能出現相互干擾的情況。因此在 SI 階段，也有公司提出對半靜態通道連線模式進行增強[1]。如圖 18-7 所示，空閒週期內可以包括多個監聽時間槽，不同電信業者的基地台可以從多個監聽時間槽中隨機選擇一個監聽時間槽進行通道監聽，並在通道監聽成功後從 LBT 成功的時刻開始傳輸，從而可以避免相鄰兩個屬於不同電信業者的節點在傳輸時造成的干擾。然而由於時間限制等原因，該方案在 WI 階段並沒有繼續研究以及標準化。

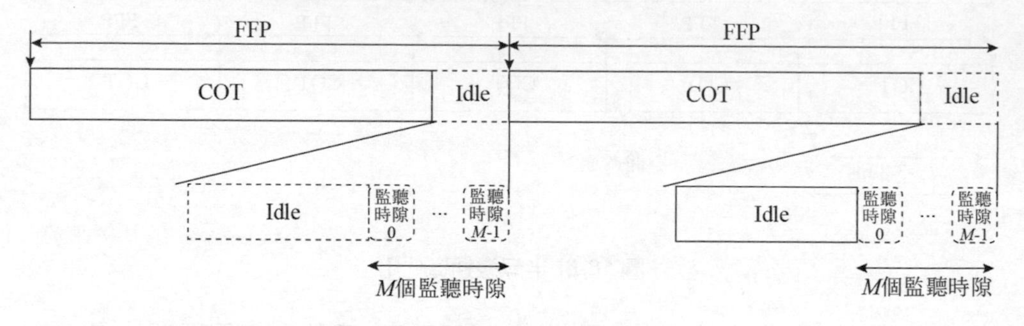

圖 18-7 半靜態通道佔用增強

如前所述，在現有的 NR-U 系統中，如果系統是半靜態通道連線模式，那麼不允許 UE 發起 COT。如果 UE 需要進行上行傳輸，則 UE 只能共用基地台的 COT。

半靜態通道連線模式下，UE 的通道檢測方式為在長度為 9 μs 的監聽時間槽內對通道進行能量檢測，並在能量檢測透過後進行上行傳輸。雖然 UE 的通道連線方式是固定的，但 UE 的上行傳輸的起始位置和基地台的下行傳輸的結束位置之間的空隙大小可以不同。在半靜態通道連線模式下的 LBT 指示方式重用了動態通道連線模式下的 LBT 指示方式，當 UE 被排程進行 PUSCH 或 PUCCH 的傳輸時，基地台可以透過攜帶上行授權或下行授權的 DCI 來指示該 PUSCH 或 PUCCH 對應的通道連線方式以及上行傳輸的第一個符號的 CPE 的大小。其中，如果基地台指示的是 Type1 通道連線或 Type2A 通道連線，UE 都應是在一個長度為 25 μs 的空隙內對通道進行監聽時間槽長度為 9 μs 的 LBT。

18.3 初始連線

本節介紹透過非授權頻譜獨立網路拓樸的方式下，NR-U 技術的初始連線相關的系統設計。NR-U 系統的初始連線過程與 NR 系統是類似的，相關過程可參考第 6 章 NR 初始連線。本節重點介紹 NR-U 系統的初始連線相關的系統設計與 NR 系統的不同之處。

18.3.1 SS/PBCH Block（同步訊號廣播通道區塊）傳輸

與 NR 系統類似，在 NR-U 系統的初始連線過程中，UE 同樣透過搜尋 SS/PBCH Block （Synchronization Signal Block/PBCH Block，同步訊號廣播通道區塊）獲得時間和頻率同步，以及物理社區 ID，進而透過 PBCH 中攜帶的主區塊（Master Information Block, MIB）資訊確定排程承載剩餘最小系統訊息（Remaining Minimum System Information，RMSI）的物理下行共用通道（Physical downlink shared channel，PDSCH）的物理下行控制通道（Physical downlink control channel，PDCCH）的搜尋空間集合（search space set）資訊。其中，RMSI 透過 SIB1 傳輸。

搜尋 SS/PBCH Block 首先要確定 SS/PBCH Block 的子載體間隔。在 NR-U 系統中，若高層訊號沒有指示 SS/PBCH Block 的子載體間隔時，UE 預設 SS/PBCH Block 的子載體間隔為 30kHz。透過高層訊號，可以設定輔小區或輔小區組的 SS/PBCH Block 的子載體間隔為 15kHz 或 30kHz。對於初始連線的 UE，按照預設的 30kHz 子載體間隔搜尋 SS/PBCH Block，這主要是基於 R16 標準引入的 NR-U 技術所使用的載體頻段（5G-7GHz）的範圍考慮的[7]。

對於 NR-U 系統中 SS/PBCH Block 的傳輸方式，在 RAN1#96-RAN1#99 會議期間進行了大量的討論。針對 NR-U 系統的通道連線特點，對 SS/PBCH Block 的傳輸方式進行了增強，這其中包括了 SS/PBCH Block 所在的同步光柵（Synchronization Raster, sync raster）的位置、SS/PBCH Block 在時間槽內的傳輸圖樣，SS/PBCH Block 在發送視窗內的傳輸圖樣，SS/PBCH Block 在發送視窗內的位置之間的準共址(Quasi-Co-Location，QCL)關係等。

在 NR-U 系統中，SS/PBCH Block 所在的同步光柵的位置進行了重新定義，並詳細討論了 NR-U 系統中同步光柵定義的動機和同步光柵的位置[8-12]。首先，為了靈活的支援各種通道頻寬和許可頻譜使用的情況，NR 系統中定義的同步光柵數量比較多。對於 NR-U 系統，通道頻寬和位置相對固定，在指定通道範圍內並不需要過多的同步光柵，原有 NR 系統相對密集的同步光柵設計可做放鬆，以減少 UE 搜尋 SS/PBCH Block 的複雜度。基於這種考慮，在每個通道頻寬內只保留一個同步光柵的位置作為 NR-U 系統的同步光柵。其次，NR-U 系統中通道頻寬內允許的同步光柵的位置是另一個需要討論的問題，主要有兩種方案，即同步光柵大致在通道頻寬的中間還是邊緣。該問題的提出主要考慮因素是 RMSI 與 SS/PBCH Block 之間的相互位置關係。如果同步光柵大致在通道頻寬的中間，則限制了可用於 RMSI 傳輸的 RB 個數，或需要考慮 RMSI 的傳輸圍繞 SS/PBCH Block 的時頻資源做速率匹配。如果同步光柵大致在通道頻寬的邊緣，使得 RMSI 的傳輸不圍繞 SS/PBCH Block 的時頻資源做速率匹配，可用於 RMSI 傳輸的 RB 個數也會更少的受限。綜上，為了便於 RMSI 傳輸，最小化對 NR-U 系統設計的約束，最終 NR-U 系統將同步光柵位置定義在通道頻寬的邊緣位置。

為了減少 LBT 失敗對 SS/PBCH Block 傳輸造成的影響，希望在基地台獲得通道佔用之後，盡可能的發送更多的通道和訊號，這樣可以儘量減少進行通道連線的嘗試次數。NR-U 系統同樣定義了類似於 LTE LAA 中定義的發現參考訊號（Discovery Reference Signal, DRS）視窗。在該 DRS 視窗內，除了 SS/PBCH Block 的傳輸，還希望重複使用 RMSI 傳輸相關的通道，包括 Type0-PDCCH 和 PDSCH，在 DRS 視窗內發送。標準採納了 SS/PBCH Block 和 Type0-PDCCH 採用 TDM 方式進行重複使用，類似 NR 中的 SS/PBCH block 和控制資源集合 0（control resource set，CORESET）#0 重複使用圖樣 1（參考 6.2.2 節）。

SS/PBCH Block 在時間槽內的傳輸圖樣，需要考慮 Type0-PDCCH 和 PDSCH 與 SS/PBCH block 如何重複使用在 DRS 視窗內傳輸。在 RAN1#96 會議上，基於絕大多數公司的一致觀點，首先確定了 SS/PBCH Block 在時間槽內的傳輸圖樣的基準線，即每個時間槽內的兩個 SS/PBCH Block 的符號位置分別為（2,3,4,5）和（8,9,10,11）。在此基礎上，考慮到 SS/PBCH Block 和 Type0-PDCCH 的重複使用中，對於時間槽內的第二個 SS/PBCH Block 對應的 Type0-PDCCH，需要支援在兩個 SS/PBCH Block 之間的連續兩個符號上進行傳輸。為此，各公司提出了 SS/PBCH Block 在時間槽內的傳輸圖樣的方案[13]。在 RAN1#96 會議上，透過以下兩種 SS/PBCH Block 在時間槽內的傳輸圖樣供進一步選擇，如圖 18-10 所示：

圖樣 1：時間槽內的兩個 SS/PBCH Block 的符號位置分別為（2,3,4,5）和（8,9,10,11）。

圖樣 2：時間槽內的兩個 SS/PBCH Block 的符號位置分別為（2,3,4,5）和（9,10,11,12）。

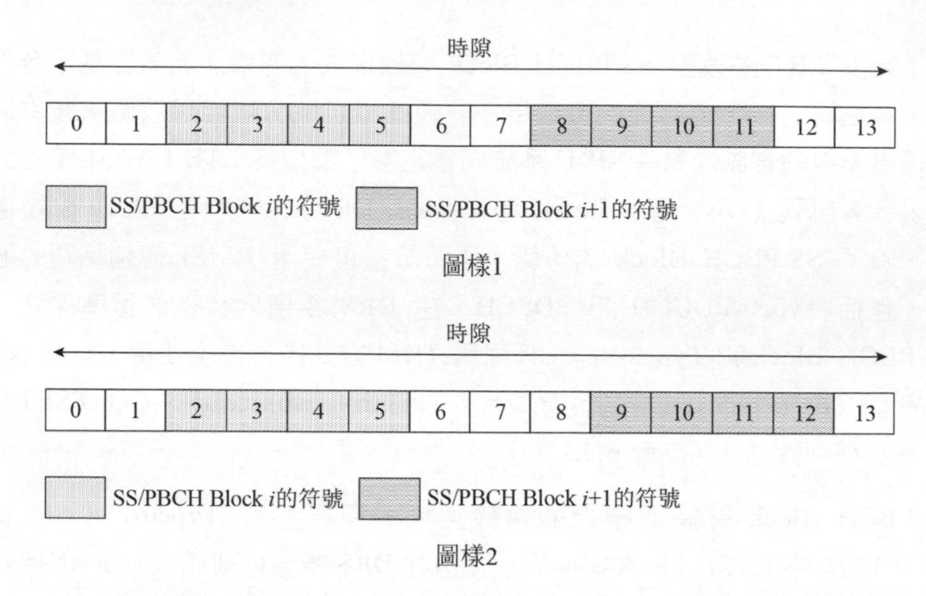

圖 18-10 SS/PBCH Block（同步訊號廣播通道區塊）在時間槽內的傳輸圖樣

在 RAN1#96bis 會議上，針對上述兩種圖樣繼續進行了討論，並分別在兩種圖樣下討論了對應的 Type0-PDCCH 的 CORESET 在時間槽的符號位置的候選方案。在 RAN1#97 會議上，由於各公司在候選方案的選擇上沒有達成一致，決定暫時擱置該問題的討論。最後，SS/PBCH Block 在時間槽內的傳輸圖樣沿用了 NR 中 SS/PBCH Block pattern Case A 和 Case C（參考 6.1.3 節），即上述圖樣 1。雖然標準最終沿用了 NR 中的 SS/PBCH Block pattern，但是該標準討論的過程可以對我們了解 NR-U 系統中 DRS 視窗內的通道和通道的發送時有所幫助的。

對於 SS/PBCH Block 在 DRS 視窗內的傳輸圖樣的設計，同樣是考慮了如何減少 LBT 失敗對 SS/PBCH Block 傳輸造成的影響。這些設計包括了 DRS 視窗的長度、SS/PBCH Block 的傳輸圖樣等。在 NR-U 系統中，DRS 視窗的長度是可以設定的，其最大長度為半訊框，可設定的長度包括 {0.5,1,2,3,4,5}ms。在初始連線階段，當 UE 沒有收到 DRS 視窗長度的設定資訊之前，UE 認為 DRS 視窗長度為半訊框。當基地台發送 SS/PBCH Block 時，由於 LBT 的影響，獲得通道連線的起始時間可能不是 DRS 視窗的起始時間點。基於不確定的通道連線起始時間，如何設計 SS/PBCH Block 在 DRS 視窗內的傳輸圖樣是標準上需要考慮的問題。為此，引入了 DRS 視窗內的候選 SS/PBCH Block 位置的概念。

如前所述，每個時間槽內包含兩個 SS/PBCH Block 的傳輸位置，根據 DRS 視窗包含的時間槽個數，可以得到 SS/PBCH Block 在 DRS 視窗內的傳輸圖樣。以 DRS 視窗的長度為 5ms 為例，對於 SS/PBCH Block 的子載體間隔為 30kHz 和 15kHz，DRS 視窗內分別包含 20 個和 10 個 SS/PBCH Block 位置。該 SS/PBCH Block 位置稱為候選 SS/PBCH Block 位置，是否在該候選 SS/PBCH Block 位置上發送，取決於 LBT 的結果。當 LBT 成功之後，基地台在通道連線的起始時間之後的第一個候選 SS/PBCH Block 位置開始在連續的候選 SS/PBCH Block 位置上實際發送 SS/PBCH Block。SS/PBCH Block 在 DRS 視窗內的候選發送位置和實際發送位置的示意如圖 18-11 所示，其中，每個候選 SS/PBCH Block 位置對應一個候選 SS/PBCH Block 索引。

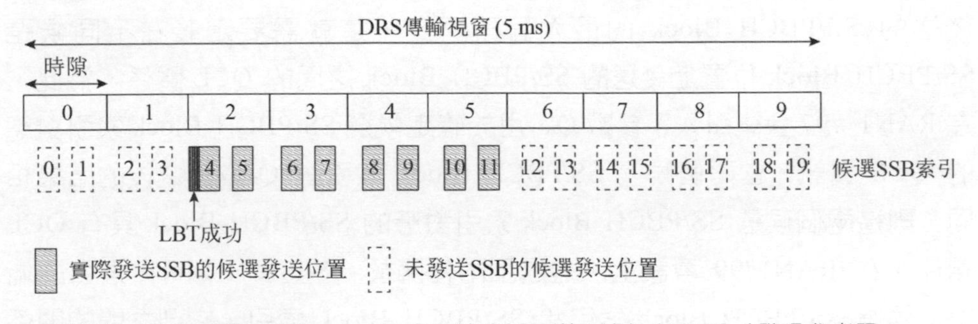

圖 18-11 SS/PBCH Block（同步訊號廣播通道區塊）在 DRS（發現參考訊號）視窗內的候選和實際發送位置

為了根據檢測到的 SS/PBCH Block 完成訊框同步，需要根據 SS/PBCH Block 的索引，以及該索引對應的 SS/PBCH Block 在無線訊框中的位置，確定訊框同步。候選 SS/PBCH Block 索引用於表示 DRS 視窗內的候選位置的索引，假設 DRS 視窗內的候選位置的個數為 Y，則 DRS 視窗內候選 SS/PBCH Block 索引的範圍分別為 0,…,Y-1。候選 SS/PBCH Block 索引承載於 SS/PBCH Block 中，當 UE 檢測到 SS/PBCH Block 時，就可以根據其中攜帶的候選 SS/PBCH Block 索引完成訊框同步。候選 SS/PBCH Block 索引透過 PBCH 指示，指示方法將在第 18.3.2 節具體介紹。

從 DRS 視窗內的候選 SS/PBCH Block 位置的設計可以看出，基地台實際上並不會在所有的候選 SS/PBCH Block 位置上都發送 SS/PBCH Block。在週期性出現的不同的 DRS 視窗內，由於通道連線成功的起始時間可能不同，如何確定在不同的候選 SS/PBCH Block 位置上發送的 SS/PBCH Block 之間的 QCL 關係，是需要解決的問題。在 RAN1 #96- RAN1 #97 會議期間對該問題進行了討論。

首先，具有相同候選 SS/PBCH Block 索引對應的 SS/PBCH Block 之間是具有 QCL 關係的。在 R15 NR 中載體頻段為 3-6GHz 對應的 SS/PBCH Block 最大個數為 8，SS/PBCH Block 索引範圍也為 0-7，與 SS/PBCH Block 的最大個數，以及 SS/PBCH Block 的 QCL 資訊是一一對應的。與 R15 NR 不同的是，R16 NR-U 中候選 SS/PBCH Block 位置的個數相比實際發送的 SS/PBCH Block 的最大個數要多，這就需要定義在不同候選 SS/PBCH Block 位置上發送的 SS/PBCH Block 之間的 QCL 關係。為此，在 RAN1 #97 會議引入了參數 Q，用於確定候選 SS/PBCH Block 索引對應的 QCL 資訊。當兩個候選 SS/PBCH Block 索引對 Q 取模之後的結果相同，則這兩個候選 SS/PBCH Block 索引對應的 SS/PBCH Block 具有 QCL 關係。在 RAN1#99 會議上，通過了兩種關於 SS/PBCH Block 索引的術語：候選 SS/PBCH Block 索引和 SS/PBCH Block 索引，它們之間的關係根據以下公式確定：

SS/PBCH block 索引= modulo（候選 SS/PBCH block 索引, Q） (18.1)

圖 18-12 列出了根據候選 SS/PBCH block 索引和參數 Q 確定對應的 QCL 資訊的示意圖。

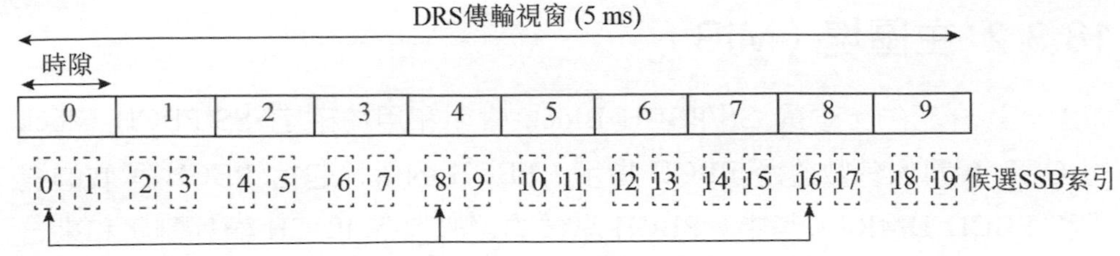

圖 18-12 根據候選 SS/PBCH block（同步訊號廣播通道區塊）索引和參數 Q 確定 QCL(準共址)資訊

即候選 SS/PBCH Block 索引對 Q 取模之後的結果定義為 SS/PBCH Block 索引。SS/PBCH Block 索引不同的 SS/PBCH Block 不具有 QCL 關係。由此可見，參數 Q 表示了該社區發送的不具有 QCL 關係的 SS/PBCH Block 的最大個數。換句話說，參數 Q 表示了 SS/PBCH Block 波束的最大個數。在 RAN1 #98 會議上，關於參數 Q 的設定值範圍進行了討論，主要觀點包括：1-8 中的所有值和其中的部分值[14]。

各公司考慮的因素主要包括社區部署的靈活性、通道連線影響和參數 Q 的指示訊號負擔。最終採取了折中的方案，確定的 Q 的設定值範圍為{1, 2, 4, 8}。在 RAN1#99 會議上，通過了在一個 DRS 視窗內發送的 SS/PBCH Block 到的個數不超過 Q 的限制。在 RAN1#100bis-e 會議上，透過在一個 DRS 視窗內具有相同 SS/PBCH Block 索引的 SS/PBCH Block 最多只發送一次的結論。為了 UE 獲得所檢測到的 SS/PBCH Block 的 QCL 資訊，參數 Q 對 UE 來說是已知的。對初始連線的 UE 來說，本社區的參數 Q 透過 PBCH 指示，指示方法將在第 18.3.2 節具體介紹。對鄰社區來說，參數 Q 可以透過專用 RRC 訊號或 SIB 資訊進行指示，主要用於 UE 在 IDLE、INACTIVE 和 CONNECTED 狀態下對鄰社區進行 RRM 測量。參數 Q 對應標準中定義的參數N_{SSB}^{QCL}。

在確定了 SS/PBCH Block 的子載體間隔、傳輸圖樣、QCL 資訊之後，UE 就可以透過檢測 SS/PBCH Block 完成同步、MIB 的接收，以及進一步的 SIB 的接收和 RACH 過程，完成 NR-U 系統中的初始連線。

18.3.2 主區塊（MIB）

如上一節介紹的，候選 SS/PBCH Block 索引和用於確定 SS/PBCH Block 的 QCL 資訊的參數透過 PBCH 指示。PBCH 的傳輸包括 PBCH 承載的資訊和 PBCH DMRS。其中，PBCH 承載的資訊包括 PBCH 額外酬載和來自高層的 MIB 資訊。其中，PBCH 額外酬載用於承載與定時相關的資訊，如 SS/PBCH Block 索引和半訊框指示。本節介紹在 NR-U 系統中 PBCH 承載的資訊相比於 NR 系統的變化。

由於 DRS 視窗的長度最大為 5ms，DRS 視窗內最多包含 20 個 SS/PBCH Block 位置（子載體間隔為 30kHz），候選 SS/PBCH Block 索引的範圍需要支援 0,...,19。因此，需要在 PBCH 中確定 5 位元用於指示候選 SS/PBCH Block 索引。在標準討論過程中，首先達成的一致的意見是 PBCH 的酬載相比 R15 不增加，為了儘量減少對標準的影響和產品的設計。R15 中 PBCH DMRS 序列存在 8 種，其索引用於指示 SS/PBCH Block 索引的最低 3 位元。NR-U 沿用了這種方式，用於指示候選 SS/PBCH Block 索引的最低 3 位元。剩餘的 2 位元使用 R15 中定義的用於在 FR2 時指示最大 64 個 SS/PBCH Block 索引的 6 位元中的第 4、5 位元的位元。而 R16 NR-U 系統的載體頻段屬於 FR1，在 R15 的 FR1 頻段，PBCH 額外酬載中的這兩個位元是空閒的，因此可以在 R16 NR-U 系統中重新定義該兩位元用於指示候選 SS/PBCH Block 索引的第 4、5 位元。此外，PBCH 額外酬載中的半訊框指示資訊也與 R15 相同。這是對標準影響較小的方案，在標準化過程中各公司的觀點也較一致，在 RAN1#97-98 會議上達成了相關結論。圖 18-13 列出了候選 SS/PBCH Block 索引指示的示意圖。

圖 18-13 候選 SS/PBCH Block（同步訊號廣播通道區塊）索引在 PBCH 中的指示

在 NR-U 系統中，用於確定 SS/PBCH Block 的 QCL 資訊的參數 Q 是需要指示給 UE 的新資訊。在 RAN1#98-99 會議期間，關於參數 Q 的指示產生了多種候選方案，主要包括以下幾種：

★方案 1：系統訊息 SIB1 指示。

★方案 2：MIB 資訊指示。

★方案 3：PBCH 額外酬載指示。

★方案 4：不指示，採用固定設定值。

隨著參數 Q 的設定值範圍{1, 2, 4, 8}的結論的達成，方案 4 首先被排除。剩下的方案主要包含兩大類，一類是透過 SIB1 指示，一類是透過 PBCH 指示。方案的選擇考慮的問題的焦點在於 UE 在接收 SIB1 之前是否需要知道參數 Q。支援透過 SIB1 指示的公司認為如果參數 Q 透過 PBCH 指示，在正確接收到 PBCH 之前，UE 並不能得到參數 Q，其對於 PBCH 的解碼並沒有幫助。對 Type0-PDCCH 的接收，雖然參數 Q 對於確定 Type0-PDCCH 的監聽時機有幫助，但是在很多場景下，如 RRM 測量，參數 Q 是透過 SIB 或專有 RRC 訊號指示的。真正需要參數 Q 的場景是透過 SS/PBCH Block 的 QCL 資訊確定連結的 RACH 資源，此時是在 SIB1 資訊接收之後，因此可以在 SIB1 中指示參數 Q [15]。支援透過 PBCH 指示的公司認為，不同 DRS 視窗的具有 QCL 關係的 SS/PBCH Block 之間需要進行聯合檢測，根據檢測的結果進行社區選擇和波束的選擇，這與 R15 的作用是類似的[16]。經過討論，考慮了大多數公司的傾向方案，在 RAN1#99 會議上同意透過 MIB 中的 2 位元指示參數 Q，具體重用的 R15 MIB 中的 2 位元包括了以下兩個方案，並最終在 RAN1#100 會議上通過了方案 1。其中，由於 NR-U 技術中定義了 Type0-PDCCH 和 SS/PBCH Block 的子載體間隔總是相同的，Type0-PDCCH 的子載體間隔不再需要透過 Subcarrier SpacingCommon 指示。同時，SS/PBCH Block 的 RB 邊界和公共的 RB 邊界之間的滿足偶數個子載體偏移，對於 ssb-SubcarrierOffset 的 LSB 也是不需要的。因此，上述兩個位元可以重用來指示參數 Q 的設定值。

★方案 1：

- 子載體間隔 SubcarrierSpacingCommon（1 bit）。
- 子載體偏移 ssb-SubcarrierOffset 位元域的最低位元（1 bit）。

★方案 2：

- 子載體間隔 SubcarrierSpacingCommon（1 bit）。
- MIB 中的空閒位元（1 bit）。

圖 18-14 列出了參數 Q 透過 MIB 指示的示意圖，表 18-4 列出了參數 Q 的設定值與 MIB 中的 2 位元的對應關係。

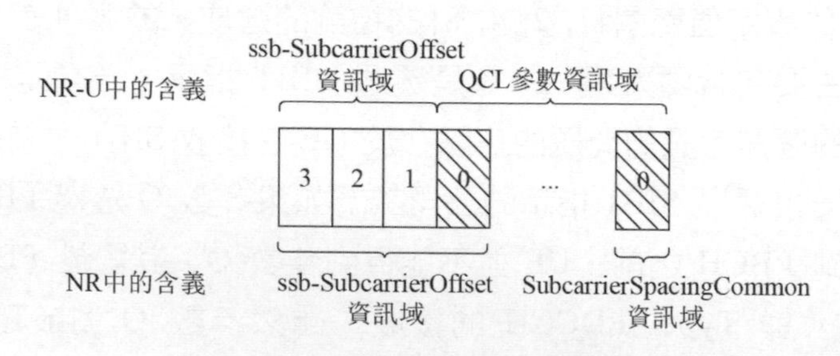

圖 18-14 參數 Q 在 PBCH 中的指示

表 18-4 參數 Q 在 MIB 中的指示

subCarrierSpacingCommon	LSB of ssb-SubcarrierOffset	Q
scs15or60	0	1
scs15or60	1	2
scs30or120	0	4
scs30or120	1	8

由於 MIB 中的部分位元代表的含義在 NR-U 系統中進行重新定義，NR 系統和 NR-U 系統中的 UE 對 MIB 有不同的解讀。但是，由於在 6GHz 頻段在不同的國家和地區規劃的用途可能不同，存在部分頻段在不同的國家和地區分別作為授權頻譜和非授權頻譜使用，如圖 18-15 所示。在這種情況下，需要 UE 去辨識在這部分頻段所檢測到的 SS/PBCH Block 對應的是 NR 系統還是 NR-U 系統。在 RAN1#99 會議上，有公司提出在 BCCH-

BCH-Message 中引入新的 MIB type 指示[17]，用於去區分不同的 MIB 類型。但是這種方案並沒有獲得大多數公司的支援。在 RAN1#100bis-e 會議，對於該問題的解決討論了以下幾種方案[18]：

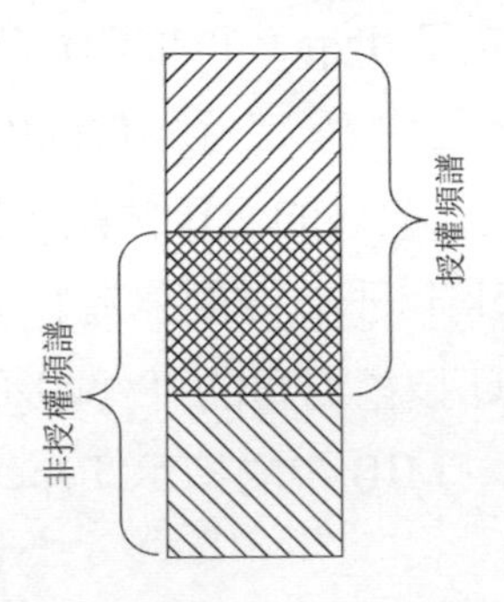

圖 18-15 授權頻譜和非授權頻譜的重疊示意圖

- UE 嘗試兩種 MIB 的解讀。
- 透過對 PBCH 循環容錯驗證（Cyclic Redundancy Check，CRC）進行不同的加擾區分不同的 MIB。
- 授權頻譜和非授權頻譜上定義的同步光柵的位置不同。

截至本書定稿，該問題在標準上仍未達成一致的解決方案，其可能在 R16 或以後的標準版本中解決。

18.3.3 RMSI 監聽

在 UE 檢測到 SS/PBCH Block 並獲得 MIB 資訊之後，透過 SS/PBCH Block 和 Type0-PDCCH CORESET 的重複使用方式，以及 MIB 中指示的 Type0-PDCCH CORESET 和 Search Space 資訊，檢測 Type0-PDCCH，並進而接收 RMSI。在 R15 NR 技術中，SS/PBCH Block 和 Type0-PDCCH CORESET 的重複使用方式包括 3 種圖樣（參考 6.2.2 節）。在 R16 NR-U 技術中，標準採納了 SS/PBCH Block 和 Type0-PDCCH CORESET 採用 TDM 方式進行重複使用，類似 NR 技術中的 SS/PBCH block 和 Type0-PDCCH CORESET 的重複使用方式中的圖樣 1。

在 RAN1 #96 會議上，確定了 Type0-PDCCH CORESET 和 SS/PBCH Block 的子載體間隔總是相同的，並且 Type0-PDCCH CORESET 的頻域資源對於 30kHz 子載體間隔為 48 個 RB，對於 15kHz 子載體間隔為 96 個 RB。在 RAN1 #96bis 會議上，確定了 Type0-PDCCH CORESET 包含 1 或 2 個符號。在 RAN1 #99 會議上，確定了 Type0-PDCCH CORESET 與 SS/PBCH block 的頻域位置之間偏移的 RB 個數，對於 30kHz 子載體間隔為{0, 1, 2, 3}個 RB，對於 15kHz 子載體間隔為{10, 12, 14, 16}個 RB。為此，在 R16 標準中增加 NR-U 技術對應的 Type0-PDCCH CORESET 映射表格，如表 18-5 和 18-6 所示。MIB 中的指示 Type0-PDCCH CORESET 的位元域與 R15 相同。

表 18-5 Type0-PDCCH CORESET 的設定參數：{SS/PBCH block, PDCCH}的 SCS= {15, 15} kHz，非授權頻譜

索引	SS/PBCH block 和 CORESET 的重複使用圖樣	CORESET 的 RB 數量	CORESET 的符號數量	偏移的 RB 數量
0	1	96	1	10
1	1	96	1	12
2	1	96	1	14
3	1	96	1	16
4	1	96	2	10
5	1	96	2	12
6	1	96	2	14
7	1	96	2	16
8	Reserved			
9	Reserved			
10	Reserved			
11	Reserved			
12	Reserved			
13	Reserved			
14	Reserved			
15	Reserved			

表 18-6 Type0-PDCCH CORESET 的設定參數：
{SS/PBCH block, PDCCH}的 SCS= {30, 30} kHz，非授權頻譜

索引	SS/PBCH block 和 CORESET 的重複使用圖樣	CORESET 的 RB 數量	CORESET 的符號數量	偏移的 RB 數量
0	1	48	1	0
1	1	48	1	1
2	1	48	1	2
3	1	48	1	3
4	1	48	2	0
5	1	48	2	1
6	1	48	2	2
7	1	48	2	3
8	Reserved			
9	Reserved			
10	Reserved			
11	Reserved			
12	Reserved			
13	Reserved			
14	Reserved			
15	Reserved			

在 NR-U 技術中，Type0-PDCCH 的 Search Space 資訊在 MIB 中的指示域和指示方式與 R15 相同（參考 6.2.4 節）。對於 SS/PBCH block 和 Type0-PDCCH CORESET 的重複使用圖樣 1，UE 在包含兩個連續的時間槽的監聽視窗監聽 Type0-PDCCH。兩個連續的時間槽中起始時間槽的索引為n_0。每個索引為$\bar{\imath}$的候選 SS/PBCH block 對應一個監聽視窗，$0 \le \bar{\imath} \le \bar{L}_{max} - 1$，$\bar{L}_{max}$為候選 SS/PBCH block 的最大個數。該監聽視窗的起始時間槽的索引n_0透過以下公式確定：

$$n_0 = \text{mod}\, N_{\text{slot}}^{\text{frame},\mu} \tag{18.2}$$

在確定時間槽索引n_0之後，還要進一步確定監聽視窗所在的無線訊框編號SFN_C：

- 當$mod\ 2 = 0$，$mod\ 2 = 0$
- 當$mod\ 2 = 1$，$mod\ 2 = 1$

即根據$(O \cdot 2^{\mu} + \lfloor \bar{\iota} \cdot M \rfloor)/N_{\mathrm{slot}}^{\mathrm{frame},\mu}$計算得到的時間槽個數小於一個無線訊框包含的時間槽個數時，SFN_C為偶數無線訊框，當大於一個一個無線訊框包含的時間槽個數時，SFN_C為奇數無線訊框。由此可見，在 NR-U 技術中，Type0-PDCCH Search Space 的確定與 R15 是類似的，區別在於在 NR-U 技術中每個候選 SS/PBCH block 索引連結一組 Type0-PDCCH 的監聽時機。

在 NR-U 系統中，還有一種 RMSI 接收的情況是在輔小區接收 RMSI。這是為了在 NR-U 系統中支援自動鄰區連結（Automatic Neighbour Relations，ANR）功能，以解決不同電信業者部署社區時可能產生 PCI 衝突的問題[19-21]。由於 ANR 功能依賴於 RMSI 的獲取，需要在輔小區支援 RMSI 的接收。UE 在收到輔小區的 RMSI 之後，可以上報社區全球標識（Cell Global Identity，CGI），用於網路的 ANR 功能。為了在輔小區接收 RMSI，UE 需要接收輔小區上的 SS/PBCH block 來獲得 Type0-PDCCH 資訊。由於輔小區並非用於初始連線的社區，用於攜帶 Type0-PDCCH 資訊的 SS/PBCH block 的頻域位置也並非位於同步光柵上。在這種情況下，需要設計如何透過非同步光柵上接收到的 SS/PBCH block 來獲得 Type0-PDCCH 資訊，從而在輔小區上接收 RMSI。經過討論，在 RAN1#100-e 會議上通過了在輔小區接收 RMSI 的過程：

步驟 1：檢測 ANR SS/PBCH block，解碼 PBCH 獲得 MIB 資訊。

步驟 2：透過 MIB 資訊獲得子載體偏移資訊 ssb-SubcarrierOffset 得到 $\bar{k}_{\mathrm{SSB}}$，根據 $\bar{k}_{\mathrm{SSB}}$ 確定k_{SSE}。

- ssb-SubcarrierOffset 得到 $\bar{k}_{\mathrm{SSB}}$。當 $\bar{k}_{\mathrm{SSB}} \geq 24$，$k_{SSB} = \bar{k}_{\mathrm{SSB}}$；不然 $k_{SSB} = 2 \cdot \lfloor \bar{k}_{\mathrm{SSB}} / 2 \rfloor$。

步驟 3：根據 $\mathrm{k_{SSE}}$ 確定 common RB 的邊界。

步驟 4：根據 MIB 中的 CORESET#0 資訊確定第一 RB 偏移。

步驟 5：根據 ANR SS/PBCH block 的中心頻率和該 LBT 頻寬內定義的 GSCN 之間的頻率偏移，確定第二 RB 偏移。

步驟 6：根據第一 RB 偏移和第二 RB 偏移確定 CORESET#0 的頻域位置。

該過程的示意圖如圖 18-16 所示。

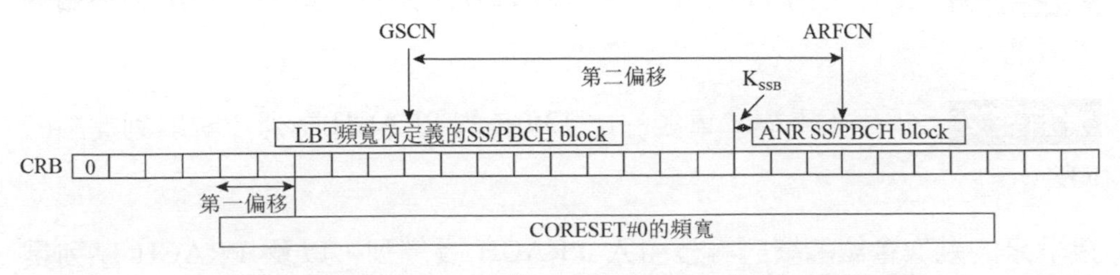

圖 18-16 用於 ANR 的輔小區接收 RMSI 的過程示意圖

18.3.4 隨機連線

在 NR-U 系統中，對於 RACH 過程的增強主要考慮以下幾個方面：

- PRACH 通道的 OCB 問題。
- PRACH 序列。
- PRACH 過程的通道連線。
- PRACH 資源的有效性。
- 2-step RACH 的支援。

為了滿足 PRACH 的 OCB 要求，在 RAN1#93 會議上達成結論，考慮 PRACH 通道頻域資源的交織結構（interlaced PRACH）。RAN1#95 會議討論了幾種 interlace 和非 interlace 方案，其中，interlace 方案在頻域上不連續分配，具體的 interlace 的方式包括 PRB 或 RE 等級的 interlace。非 interlace 方案在頻域上連續分配，透過對 PRACH 序列在頻域上進行重複或引入長 PRACH 序列，來滿足最小的 OCB 要求。在 RAN1#96bis 會議上，多家公司列出了相關的模擬結果，評估不同的方案下的 PRACH 通道的覆蓋和容量[22]。結果表明，頻域連續分配的 PRACH 序列重複或長

PRACH 序列方案具有更好的 MCL 結果，因為 PRACH 佔用了更多的頻域頻寬，但缺點是會造成 PRACH 容量的降低。根據各家公司的模擬結果和觀點，本次會議最終透過不採用 interlace 方案，同時考慮以下的候選方案：

★方案 1：對原有的 139 長度的短 PRACH 序列進行重複，映射到連續的子載體。

★方案 2：採用不重複、單獨的比 139 長的 PRACH 序列，映射到連續的 RB。

接下來的幾次會議繼續討論了引入 PRACH 長序列，以及 PRACH 序列長度的選擇，在 RAN1#99 會議達成了最終的結論：在支援原有的 139 長的 PRACH 短序列的基礎上，支援單獨的 PRACH 長序列：

- 對於 15 kHz 子載體間隔，L_RA= 1151；對於 30 kHz 子載體間隔，L_RA= 571。
- 透過 SIB1 可以指示使用原有的 139 長的 PRACH 序列還是新引入的長 PRACH 序列。

如表 18-7 所示，在現有的 PRACH format 下，增加了對長序列的支援。對於 L_RA= 571，PRACH 佔據 48 個 RB，對於 L_RA= 1151，PRACH 佔據 96 個 RB。

表 18-7 Preamble formats 表格

Format	L_{RA}			Δf^{RA}	N_{u}	$N_{\mathrm{CP}}^{\mathrm{RA}}$
	$\mu \in \{0,1,2,3\}$	$\mu = 0$	$\mu = 1$			
A1	139	1151	571	$15 \cdot 2^{\mu}$ kHz	$2 \cdot 2048\kappa \cdot 2^{-\mu}$	$288\kappa \cdot 2^{-\mu}$
A2	139	1151	571	$15 \cdot 2^{\mu}$ kHz	$4 \cdot 2048\kappa \cdot 2^{-\mu}$	$576\kappa \cdot 2^{-\mu}$
A3	139	1151	571	$15 \cdot 2^{\mu}$ kHz	$6 \cdot 2048\kappa \cdot 2^{-\mu}$	$864\kappa \cdot 2^{-\mu}$
B1	139	1151	571	$15 \cdot 2^{\mu}$ kHz	$2 \cdot 2048\kappa \cdot 2^{-\mu}$	$216\kappa \cdot 2^{-\mu}$
B2	139	1151	571	$15 \cdot 2^{\mu}$ kHz	$4 \cdot 2048\kappa \cdot 2^{-\mu}$	$360\kappa \cdot 2^{-\mu}$
B3	139	1151	571	$15 \cdot 2^{\mu}$ kHz	$6 \cdot 2048\kappa \cdot 2^{-\mu}$	$504\kappa \cdot 2^{-\mu}$

Format	L_{RA}			Δf^{RA}	N_u	N_{CP}^{RA}
	$\mu \in \{0,1,2,3\}$	$\mu = 0$	$\mu = 1$			
B4	139	1151	571	$15 \cdot 2^{\mu}$ kHz	$12 \cdot 2048\,\kappa \cdot 2^{-\mu}$	$936\kappa \cdot 2^{-\mu}$
C0	139	1151	571	$15 \cdot 2^{\mu}$ kHz	$2048\kappa \cdot 2^{-\mu}$	$1240\kappa \cdot 2^{-\mu}$
C2	139	1151	571	$15 \cdot 2^{\mu}$ kHz	$4 \cdot 2048\kappa \cdot 2^{-\mu}$	$2048\kappa \cdot 2^{-\mu}$

相比 R15 NR，在 NR-U 系統中，RACH 過程中的通道發送需要考慮通道連線的影響。為了儘量減少由於 LBT 失敗造成的 RACH 過程的延遲，一方面，在 RACH 過程中同樣支援通道佔用共用（COT sharing，具體細節可參考 18.2.2 節）。當基地台在發送 Msg2 時，可以將基地台獲得的 COT 共用給 UE 進行 Msg3 的發送。不然 UE 在發送 Msg3 時需要進行 LBT 以獲得通道連線，會存在 LBT 失敗的可能，從而帶來 Msg3 的發送延遲。在上述方案中，基地台在發送 Msg2 時，可以根據自身的 COT 情況，在 Msg2 中攜帶 UE 用於發送 Msg3 需要採用的 LBT 的類型。

另一方面，在基地台發送 Msg2 時，考慮到潛在的 LBT 失敗問題，其在 UE 的 RAR 接收視窗內有可能不能及時獲得通道連線從而導致無法發送 Msg2。因此 NR-U 系統中對 RAR 接收視窗的最大長度進行了擴大，即從 R15 定義的最大 10ms 的 RAR 接收視窗擴大到 40ms，以便於基地台可以有更多的時間進行通道連線，避免因為 LBT 失敗造成 RAR 無法及時發送。對應的，由於 R15 的 PRACH 資源的週期最短為 10ms，計算 RA-RNTI 的方法並不需要區分 PRACH 資源所在的 SFN。在採用最大 40ms 的 RAR 接收視窗之後，多個 UE 在多個 RO 發送的 PRACH 對應的 RAR 接收視窗發生重疊，從而這些 UE 可能在 RAR 接收視窗收到透過相同 RA-RNTI 加擾的 RAR 資訊。為了讓這些 UE 區分所收到的 RAR 對應的 PRACH 資源所在的 SFN，在排程承載 RAR 資訊的 PDSCH 的 DCI format 1_0 中定義了 2 個位元用於指示 SFN 的最低兩位元。UE 在收到該 SFN 的最低兩位元之後，可以確認該 RAR 是否對應於該 UE 的 PRACH 傳輸所在的 SFN[23-27]。

PRACH 資源的有效性判斷除了沿用 R15 的定義之外，針對 NR-U 技術中的通道連線過程，增加了額外的定義。在 18.2.3 節介紹了 FBE 的通道連線類型，當設定了 FBE，如果 PRACH 資源與通道佔用開始之前的一組連續的符號發生重疊，則該 PRACH 資源被認為是無效的。

另外，在 R16 引入的特性 2-step RACH，在 NR-U 系統中同樣支援。在 NR-U 系統中針對 4-step RACH 的增強同樣適用於 2-step RACH，包括 RAR 接收視窗擴大、DCI format 1_0 指示 SFN 的最低兩位元、COT sharing 等。

18.4 資源區塊集合概念和控制通道

本節介紹透過非授權頻譜獨立網路拓樸的方式下，NR-U 系統中對於寬頻傳輸的特殊設計以及針對於由於非授權頻譜的 LBT 失敗導致的排程問題做了改進，本小節主要介紹 NR-U 系統對於控制通道設計和偵測增加。

18.4.1 NR-U 系統中寬頻傳輸增強

在 NR-U 系統中，由於非授權頻譜的使用規定的要求，每次傳輸都是基於一個 20 MHz 頻寬的顆粒度去傳輸。而 NR 的設計已經考慮到大頻寬和大輸送量傳輸，因此 NR 在非授權頻譜中的傳輸也不應限於一個 20M 頻寬去傳輸，所以更大頻寬傳輸需要在 NR-U 被支援，這裡的更大頻寬指的是 20 MHz 數倍的數量級。在 3GPP 的討論中，有兩個分支方案分別被提出，且收到了均衡數量的公司的支援。

第一個分支是利用 NR 裡的 CA 的特性。如圖 18-17 所示，每個 20 MHz 的頻寬可以看作是一個載體頻寬(Component Carrier，CC)[28-33]，那麼支援多個 20 MHz 頻寬就如同支援多個 CC。

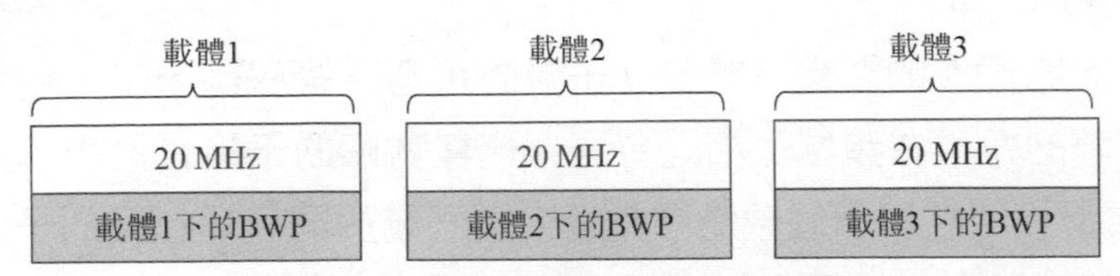

圖 18-17 用 CA 的方式支援大頻寬傳輸

這個方案的優點在於載體聚合（carrier aggregation，CA）的特性在 NR 的 R15 版本裡已經完成，如果按照 CA 的特性去支援大頻寬的傳輸不需要有額外的協定影響，這樣可以大大的節省 R16 協定的制定時間。但相反地，這個方案的缺點在於：首先，在 NR-U 系統中支援大寬頻傳輸的前提是需要支援 CA 特性，而 CA 在 NR R15 裡並沒有這樣的隱性約束。這裡需要提到的是 R15 的 UE 可以無需 CA 能力支援 100MHz 頻寬傳輸，但是如果這個方案被採用，則約束了 UE 要支援大於 20MHz 頻寬傳輸就需要支援 CA 能力。其次，類似 CA 特性的設計需要把 BWP 的頻寬固定配成 20 MHz 頻寬，這樣的設計想法與 NR 相悖。因為 NR 的設計理念是可以靈活的設定 BWP 頻寬，並且可以靈活的在多個 BWP 間切換。所以類 CA 的設計想法在某種程度上來說有一些回復設計，摒棄了 NR 的殺手級靈活性優勢。

第二個分支方案如圖 18-18 所示，UE 可以被設定一個大頻寬的 BWP，該 BWP 覆蓋了多個 20 MHz 的通道頻寬，這些 20 MHz 頻寬在 NR-U 的設計初期被稱為 LBT 子頻，且子頻和子頻間有保護頻帶[34-38]。其中保護頻帶的作用是防止子頻間的由於頻外能量洩漏(out-of-band power leakage)所引起的干擾。這裡的干擾是 UE 在一個子頻上傳輸，與和該子頻相鄰的子頻上的其他 UE 的傳輸甚至於其它系統裝置的傳輸的干擾，這樣的干擾被稱為子頻間的干擾。

60 MHz載體頻寬
20 MHz
20 MHz
20 MHz
LBT子頻1
保護頻
LBT子頻2
保護頻
LBT子頻3

圖 18-18 大頻寬有多個 LBT 子頻組成，子頻間由保護頻帶控制子頻間干擾

要降低子頻間干擾的影響，需要在子頻間預留一些保護頻帶，使得在相鄰子頻上實際的傳輸在頻域上相隔更遠，這樣對應的干擾會更小。同時這些 LBT 子頻都設定在同一個載體頻寬裡，它們屬於同一個社區的子頻，因此這類保護頻帶被稱為社區內保護頻帶(intra-cell guard band)。

經過 3GPP 的會議多次長時間的討論，最後決定採用第二分支的設計想法，其主要的原因在於第二分支的設計更為靈活，並且保持了 NR 的高靈活度的設計初心。

確定了設計想法後，3GPP 立即致力於討論對於第二分支的具體設計方案。首先要解決的問題是社區內保護頻帶以及 LBT 子頻的確定。對於社區內保護頻帶的設計，3GPP 首先考慮了一個預設的靜態社區內保護頻帶數值，這個保護頻帶的設計想法是把 20 MHz 頻寬的中心頻點固定在預設定的頻點上，這些頻點與其他的系統例如 Wi-Fi 使用的中心頻點相差甚微，這樣同時也是為了考慮不同系統在一個共用頻譜友善中共存的原因。然後根據子載體的間隔不同，確定了固定的保護頻帶大小，這些保護頻帶是基於資源區塊數量來確定的，即，整數個資源區塊[39, Table 5.3F.3.1-1]。

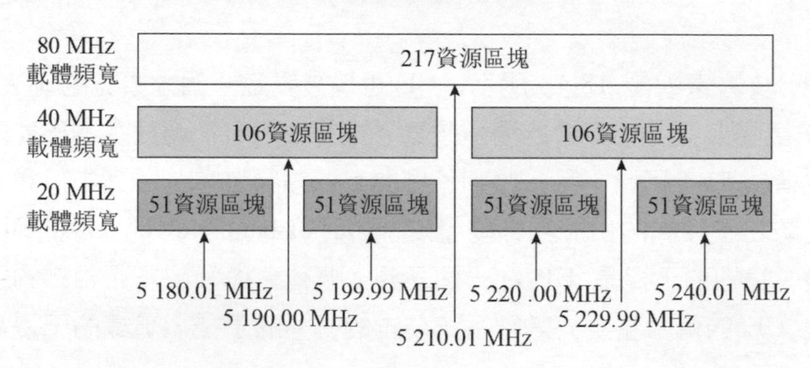

圖 18-19 3GPP NR-U 中的通道光柵(channel raster)設計

基於預設的社區內保護頻帶，系統基本可以滿足子頻間干擾的控制要求，但是並不能解決所有的部署場景的需求。出於 NR 一貫的靈活度設計理念，3GPP 又提出了在預設區間保護頻帶之外，再支援網路對於區間保護頻帶的靈活設定。這樣的優點是當網路遭遇很嚴重的干擾時，網路可以設定更大的區間保護頻帶以損失頻譜效率為代價從而更有效的干預子頻間的干擾。相反的，當系統內子頻間干擾不會對通訊性能造成影響的情況下，可以選擇設定更小的區間保護頻帶從來獲得更大的頻譜效率。這裡需要補充的是在 3GPP 的第四工作群組(working group 4)在定義預設社區內保護頻帶數值的同時也定義了 UE 最低性能，這裡包括了 UE 必須滿足的頻外能量洩漏的抑制性能。然後如果基地台設定了比預設值更小的保護頻帶數值，這樣就需要 UE 提供更強的頻外能量洩漏抑制能力。在 RAN1#101-e 會議上，為了避免引入兩種不同的 UE 能力，最終協定規定基地台僅能設定比預設值更大的保護頻帶數值，而不可以設定比預設值更小的非零保護頻帶。更進一步地，LBT 子頻也被統一稱為資源區塊集合(resource block set)。資源區塊集合和區間保護頻帶的設定方式是，如圖 18-20，基地台在公共資源基準(common resource block grid-CRB)上先設定一個載體頻寬並且在載體頻寬內設定一個或多個社區內保護頻帶，社區內保護頻帶的設定包括起點的 CRB 位置和保護頻帶長度。當設定完成後，整個的載體頻寬被分為了多個資源區塊集合。最後網路透過設定 BWP，再把資源區塊集合映射到 BWP 上。值得注意的是 3GPP 協定要求網路設定的 BWP 必須包括整數個資源區塊集合。類似 BWP 設定方式，上行載體和下行載體內的資源區塊集合分別獨立設定。

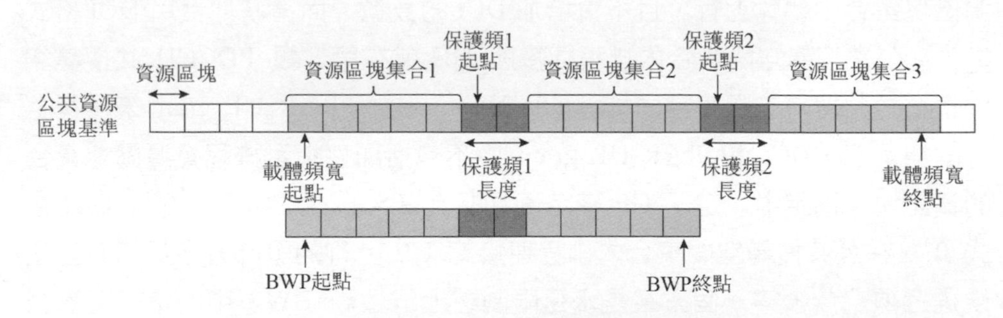

圖 18-20 社區內保護頻帶設定

確定了資源區塊集合的設定後，在上行資料排程的過程中，基地台需要指示 UE 在一個或多個資源區塊集合內傳輸，這種按資源區塊集合來排程 UE

的方式被稱為第二類型排程方式，對於資源區塊集合排程的確定是接下來的重點討論方向。

上行排程可分多個場景，其中包括對連接態 UE 的排程，和對空閒態（idle）UE 的排程。更進一步地對於連接態 UE 的排程還分為在公共搜尋空間集合（common search space set, CSS set）和在 UE 特有搜尋空間集合（UE-specific search space set, USS set）內的排程。在這些不同場景下，排程的方法不完全相同。當基地台在 USS 排程 UE 時，基地台可以用 DCI 格式 0_0 和 0_1 來排程。值得注意的是，3GPP 保留用 DCI 格式 0_2 來排程 NR-U UE 的可能性，但在一些功能上做了限制，其主要原因是支援這些功能需要做進一步的協定規範，鑑於 DCI 格式 0_2 是在 R16 裡對於超高可靠性低延遲通訊（Ultra Reliable Low Latency Communications，URLLC）的增強特性，而對於在非授權頻譜支援 URLLC 業務並非是 R16 NR-U 的重點，因此在 NR-U 裡對於這些 URLLC 增強功能的支援被延後到 R17 討論。並且這兩個 DCI 格式中的頻域資源設定資訊域中均帶有 Y 位元，它們用來指示一個或多個排程的資源區塊集合而 Y 的值是由啟動上行啟動 BWP 上總共的資源區塊集合數量來確定。

選擇引入 Y 位元指示的優點是基地台可以靈活的指示在任意一個或多個資源區塊集合中傳輸上行，且不會增加 DCI 的負擔。而當基地台用 DCI 格式 0_0 在公共搜尋空間集合內排程連接態 UE 或在第一類 PDCCH 共搜尋空間集合內共搜尋空間集合內排程 idle UE，或是用 RAR UL grant 來排程上行的情況下，DCI 和 RAR UL grant 中不包括顯性指示排程資源區塊集合的資訊域。協定中規定了 UE 確定資源區塊集合的方法如下：對於 DCI 格式 0_0 在公共搜尋空間集合內排程連接態 UE 上行的設計方案最初有三個候選選項[40-44]，第一個方案是永遠限制在上行啟動 BWP 中的第一個資源區塊集合（對於 idle UE 來說初始上行 BWP 為上行啟動 BWP），第二個方案是 UE 預設排程在 BWP 中所有的資源區塊集合，第三個方案是 UE 根據收到的下行排程控制資訊在哪個下行資源區塊集合上，確定與之對應的上行的資源區塊集合。在這三個方案中，第一個方案實現簡單，但是排程的限制比較大。特別是當干擾環境對於每個資源區塊集合不同情況下，如果第一個資源區塊集合長時間處於強干擾狀態，那麼 UE 的 LBT 將持續失敗，導致無法傳輸上行。

第二個方案需要 UE 每次都大頻寬傳輸且需要每個資源區塊集合上的 LBT 都成功，這樣增加了上行傳輸的失敗機率。第三個方案增強了 UE 的上行傳輸成功的機率。如圖 18-21 所示，當下行 BWP 包括 4 個資源區塊集合，而上行包括 2 個資源區塊集合，基地台可以將排程 DCI 發送在資源區塊集合 1 或資源區塊集合 2 上，那麼與之對應的上行資源區塊集合 0 或資源區塊集合 1 就是排程的上行資源區塊集合。如果基地台可以在下行資源區塊集合 1 裡成功的完成 LBT 並且發送上行排程 DCI，那麼 UE 就會有很高的機率也成功透過 LBT，並且發送上行。由於這個增強的優勢，第三個方案在 RAN1#100b-e 會議被採納。但是對於這個方案有一個缺陷，即在下行資源區塊集合沒有對應的上行資源區塊集合的情況下，UE 無法判斷上行排程的資源，例如圖 18-21 中，如果 DCI 發送在下行資源區塊集合 0 或 3 中的情況。經過討論在 RAN1#100b-e 中最終規定這種情況下，UE 把上行傳輸確定在上行資源區塊集合 0。

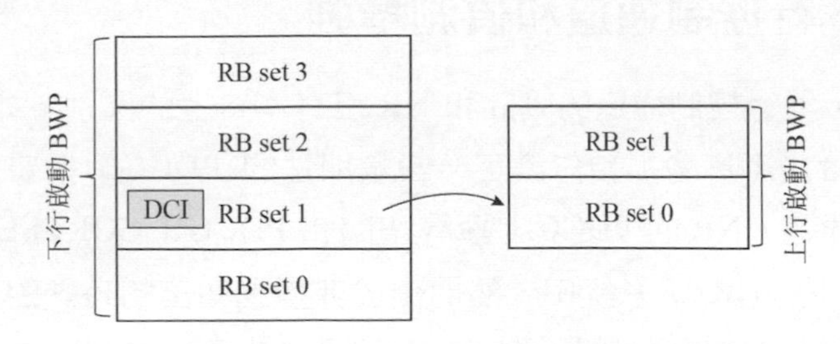

圖 18-21 資源區塊集合排程範例

對 RAR 和第一類 PDCCH 共搜尋空間集合(type 1 PDCCH CSS set)內排程場景，3GPP 討論初期打算重用之前介紹的共搜尋空間集合內排程的方案從而實現統一的設計。然而在討論過程中遇到了問題，即當 idle UE 和連接態 UE 在一個資源區塊集合重合時，基地台只憑藉收到的 PRACH 是無法區分出排程的上行傳輸是來自連接態 UE 還是 idle UE 如圖 18-22 所示。

在這種情況下基地台需要同時盲檢連接態 UE 的資源區塊集合 0 的上行傳輸和 idle UE 在初始上行 BWP 的上行傳輸，並且需要為這兩個傳輸預留兩份資源，導致嚴重的資源浪費。鑑於這個原因，最終在 RAN1#101-e 會議上決定 RAR 和第一類 PDCCH 共搜尋空間集合內排程的上行與 UE 傳輸 PRACH 的上行在同一個資源區塊集合內。採用這個方案的原因是，當 UE 發送了 PRACH 在某一個資源區塊集合，且 PRACH 被基地台接收，這時這個資源區塊集合對 UE 和基地台來說沒有任何問題，且由於 UE 發送了 PRACH，也暗示著 UE 已經在這個資源區塊集合內成功透過 LBT，因此 UE 將面臨較小機率在同一個資源區塊集合內持續 LBT 失敗。

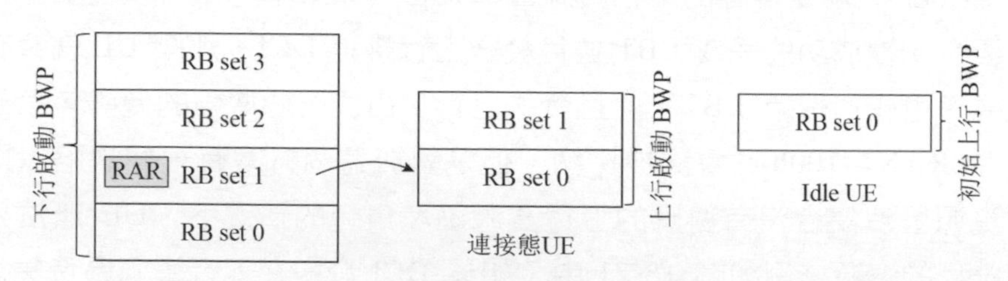

圖 18-22 RAR（隨機連線對應）排程連接態 UE 和 idle UE 範例

18.4.2 下行控制通道和偵測增強

在 NR-U 中，下行控制通道的設計和 NR 沒有本質上的區別。如第 6.2.3 和 6.2.4 節介紹的，UE 會被預先設定一些週期性的 PDCCH 搜尋空間用於接收下行控制通道。NR 的 PDCCH 搜尋空間和 PDCCH CORESET 的概念被完整的沿用到了 NR-U 系統中，然而由於非授權頻譜的特殊的情況，基地台本不能保證每次都在免排程授權的資源裡成功發送控制通道，這取決於基地台的 LBT 成功與否。因此在 NR-U 系統中，控制通道的相關設計主要致力於解決由於 LBT 失敗而帶來的問題。

1. CORESET 和搜尋空間集合設定

在 18.4.1 中我們已經介紹過，NR-U 支援一個 BWP 中設定了多個資源區塊集合，每個資源快集合可以看作是一個 LBT 子頻，所以基地台要在某個資源區塊集合裡發送下行傳輸就必須保證對於這個資源區塊集合 LBT 成功。很顯然在實際的通訊中 LBT 成功與否是不能被提前預判的，這就帶來了一個新的問題。NR 的設計中 CORESET 的資源位置可以在 BWP 裡靈活設定，那麼這也就不可避免的出現一個 CORESET 的資源跨越多個資源區塊集合的情況。與此同時當某個資源區塊集合上的 LBT 沒有成功，基地台就不能在此資源區塊集合內發送下行控制通道。導致出現在同一個 CORESET 內有些資源可用而有些資源不可用的情況，如圖 18-23 所示，當 UE 的下行啟動 BWP 裡包含 3 個資源區塊集合，且設定的 CORESET 跨度 RB set 0 和 RB set 1 兩個資源區塊集合。如果基地台側的 LBT 對於 RB set 1 失敗，那麼 RB set 1 上的 CORESET 和資源不可用[34]。

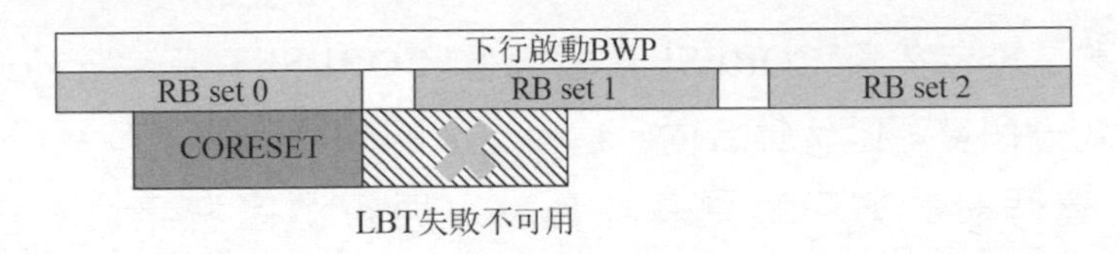

圖 18-23 啟動下行 BWP（頻寬分段）內設定多個資源區塊集合且 CORESET（控制資源集合）橫跨多個資源區塊集合

為了解決這個問題，3GPP 考慮了不同的方案。第一種解決方案是由基地台實現解決，即基地台在發送下行控制通道時自行避開不可用的那些資源。這個方案的優點是沒有任何的協定影響，節省了標準化的時間。但是它的缺點也很顯而易見，即當由 LBT 失敗導致資源無效時，基地台僅有更少的資源來排程 UE。並且當 CORESET 內的交織功能被開啟時，由於某些資源不可用會導致交織後的 PDCCH 候選資源被打孔，這樣嚴重降低下行控制通道的接收可靠性，因此這個方案隱性的導致實現中基地台會設定交織功能的關閉。

隨著這些問題浮出水面，3GPP 也陸續擴充出了多套解決方案。一種方案如圖 18-24 所示，基地台設定大頻寬 CORESET 並且透過交織的方式儘量把每一個候選 PDCCH（PDCCH candidate）資源都分散到每個資源區塊集合中，這樣即使遇到打孔的情況，UE 也有可能利用通道解碼解出承載的

DCI。這個方案雖然很直觀也簡便但是這樣的完全取決於基地台實現的方法無法保證 PDCCH 的傳輸可靠性。因此雖然標準採納了該方案，但由於 DCI 的接收對於整個系統的運作十分關鍵，因此最終 3GPP 還進一步考慮了其他增強性的方案。

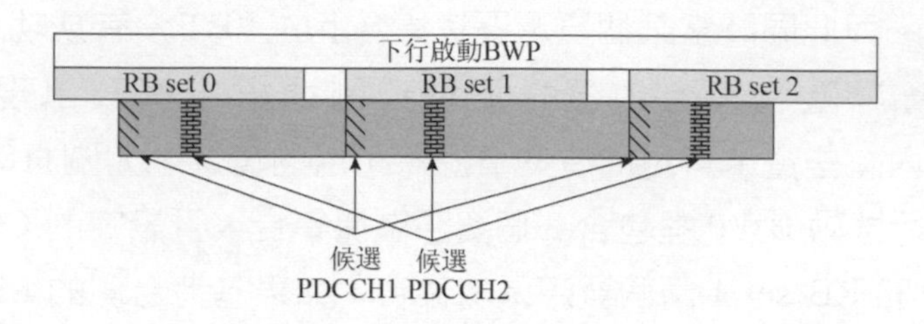

圖 18-24 NR-U 系統中 PDCCH（物理下行控制通道）接收的備選方案 1

另一個方案是設定多個 CORESET, 且每個 CORESET 只包含於一個 LBT 子頻內，或一個資源區塊集合內。這樣交織的問題天然就解決了，但在另一方面，這個設計方案需要基地台設定與資源區塊集合約等數量的 CORESET。在 NR 中當頻點小於 6GHZ，UE 需要支援一個 BWP 的頻寬最大可配至 100MHz，這樣就對應五個資源區塊集合，那麼也就需要設定五個不同的 CORESET 在 BWP 內。這個特性已經超出了 NR 的可支援範圍，因為 NR 在一個 BWP 內最多支援三個 CORESET。同樣地在 NR 中，搜尋空間集合需要和 CORESET 連結，並且同一個搜尋空間集合索引禁止連結不同的 CORESET，這樣如果簡單的把可配的 CORESET 數量增加，也會使得需要支援的可設定的搜尋空間集合索引增加，如圖 18-25 所示。經過反覆的考量後，3GPP 決定基於這個方案的想法進行改版設計，主要聚焦解決如何減少 CORESET 數量和搜尋空間集合數量的問題。

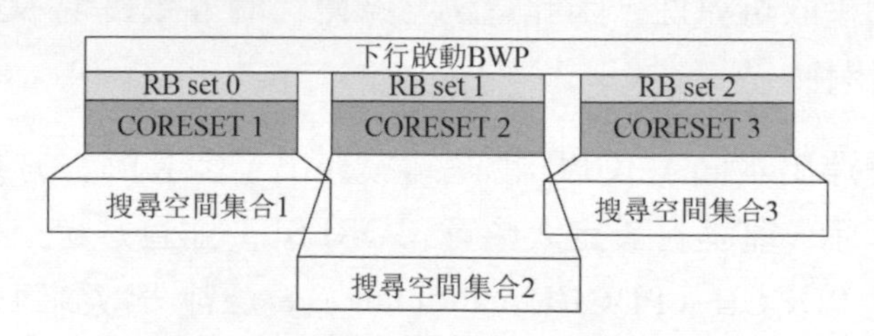

圖 18-25 NR-U 系統中 PDCCH（物理下行控制通道）接收的備選方案 2

在 RAN1#98b 會議中最終被採用的方案解決了設定過多的 CORESET 和搜尋空間集合的問題，具體的方案是當一個 CORESET 被設定並且限制在一個資源區塊集合內的情況下，基地台可以設定一個特殊的搜尋空間集合，使這個搜尋空間集合與該 CORESET 相連結後產生映像檔 CORESET，並且映像檔 CORESET 的資源會被複製到其他的資源區塊集合中去，如圖 18-26 所示，當複製的映像檔 CORESET 資源映射到資源區塊集合後，UE 就可以根據映射後的 CORESET 的時頻域資源和相連結的搜尋空間集合在其他的資源區塊集合內區監聽下行控制通道。這個特殊的搜尋空間集合設定中引入了一個位元映射(bitmap)的參數，其中每一個位元對應了一個資源區塊集合，當一個位元為 1 時 CORESET 就會映射到對應的資源區塊集合中去，當一個位元為 0 時，CORESET 就不需要映射到對應的資源區塊集合。透過這個解決方案，需要被設定的 CORESET 數量和搜尋空間集合數量不需要增加。

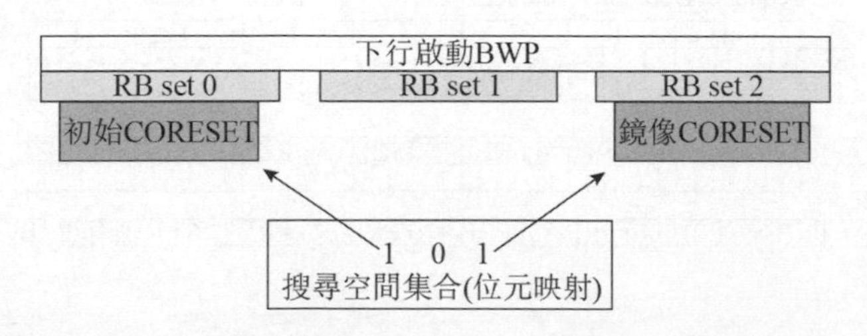

圖 18-26 NR-U 系統中 CORESET（控制資源集合）偵測的最終方案

這個方案實現的條件是初始 CORESET 的頻域資源需要侷限在一個資源區塊集合內，也就是說初始 CORESET 的資源不得超出一個資源區塊集合的範圍。這樣就會又帶來一個新的問題，在 NR 中 CORESET 的資源設定是透過 6 個資源區塊為粒度指示的（關於 NR 的 CORESET 設計細節參見 5.4 小節）。由於這個指示粒度較大，因此為了確保設定後的初始 CORESET 資源不超出資源區塊集合，在實際系統中會出現部分非 6 的整數倍的 PRB 資源不可被用於 CORESET 設定的情況。解決這個問題的方案是引入了一個新的 CORESET 資源設定方法圖 18-27[39]，這個方法直接從 BWP 內的第一個資源區塊為起點，加上一個資源區塊的偏移參數(rb-Offset)確定初始

CORESET 的起點資源區塊，這樣初始 CORESET 的資源可以在一個資源區塊集合內調整，由於這個偏移量是從 0 到 5，那麼它最多可以調整偏移 5 個資源區塊，從而完美的避免了在一個粒度裡部分資源區塊超過資源區塊集合的問題[38][39]。如圖 18-27，對於映像檔 COREST 的資源確定是把初始 CORESET 的資源在頻域上做了偏移至要映射的新的資源區塊集合內，且起點位置對應於新的資源區塊集合的邊界有 rb-Offset 偏移量。當基地台在確定初始 CORESET 資源大小時，需要考慮到映像檔 CORESET 的資源也禁止超過其要映射的資源區塊集合。

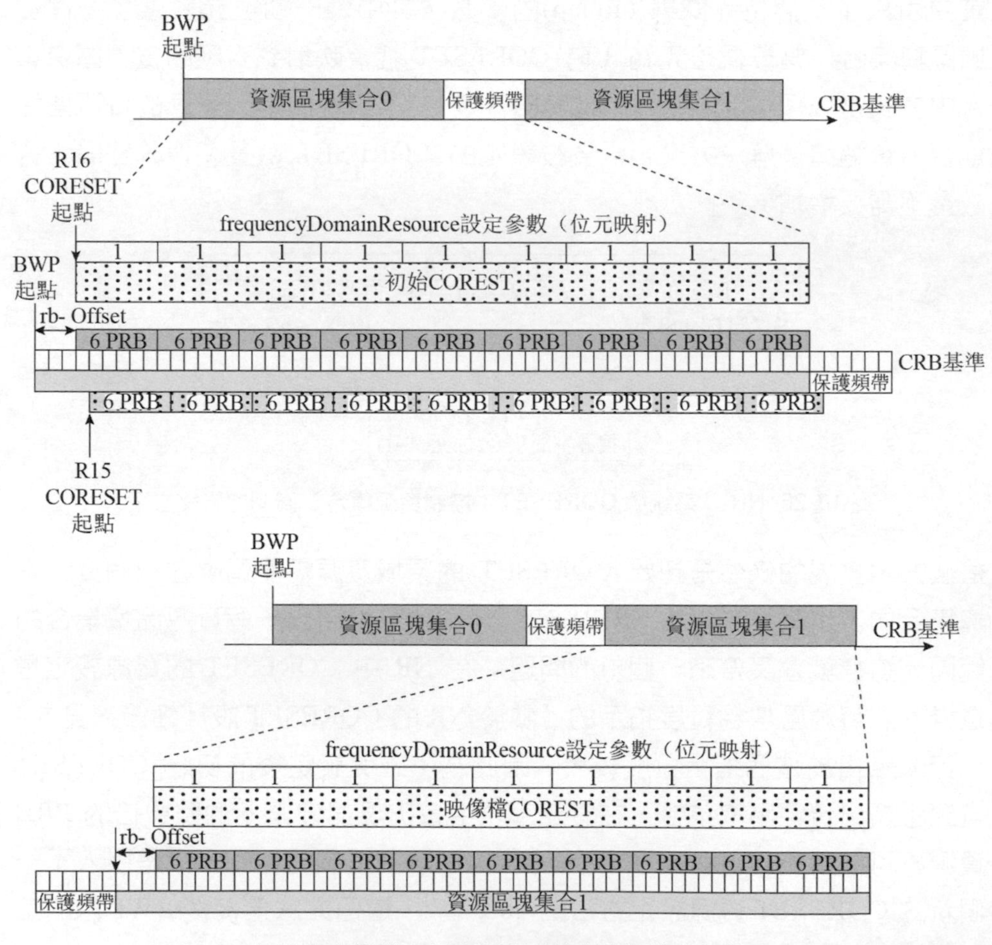

圖 18-27 初始和映像檔 CORESET（控制資源集合）的確定範例

這裡需要說明的是，由於引入了新的 CORESET 的設定和新的搜尋空間集合設定方案，如何保證與舊版相容的問題也在 3GPP 的會議中展開了討論。問題主要圍繞這當一個 R15 版本的搜尋空間集合設定連結到了 R16 版本的 CORESET 上，亦或當一個 R16 版本的搜尋空間集合設定連結到了 R15 版本的 CORESET 上，UE 應該如何解讀這些設定。最終的約定概況在表 18-8。

表 18-8 R16 CORESET 和搜尋空間集合設定

COREST 設定版本	連結的搜尋空間集合設定版本	CORESET 位置按照 R16 或 R15 確定
CORESET 設定裡沒有 rb-offset 參數	R15 版本	CORESET 的位置確定根據 R15 規則
CORESET 設定裡沒有 rb-offset 參數	R16 版本	CORESET 的位置確定根據 R16 規則，且 rb-offset 預設為 0
CORESET 設定裡有 rb-offset 參數	R15 版本	CORESET 的位置確定根據 R16 規則，但是不要求初始 CORESET 的資源侷限在一個資源區塊集合內
CORESET 設定裡有 rb-offset 參數	R16 版本	CORESET 的位置確定根據 R16 規則，且要求初始和映像檔 CORESET 的資源侷限在一個資源區塊集合內

2. 搜尋空間組切換

在本節中我們將介紹 NR-U 系統中的又一個新特性：搜尋空間組切換。在介紹這個特性之前，我們先來回顧一下 18.2 小節說明的非授權頻譜通訊的痛點。由於基地台在得到通道傳輸 COT 前需要透過 LBT，且大部分的情況下基地台會用 LBT Type-1 方式來做通道連線，而 LBT Type-1 的通道連線時長是隨機的。那麼基地台如何可以保證在 LBT 成功的結束點位置就可以傳輸資料，而不需要再等待過長的一段時間，以至於有再次遺失通道傳輸權的風險。這個問題在 Wi-Fi 系統裡不存在，因為 Wi-Fi 系統本質上是一個非同步系統，因此 Wi-Fi UE 可以在 LBT 結束且成功後的任何的位置發起傳輸。然而對 NR-U 系統來說，其本質是一個同步系統，整個系統的運作都基於一個確定的訊框結構，那麼基地台的下行發送，無論是控制通道，資料通道，還是參考訊號，都是有一些具體的位置的規則，在這樣的情況下隨機生成的 LBT 結束位置和同步系統的這些理念不匹配。為了解決這個問題，系統應該儘量多的為基地台留出排程 UE 的位置這樣基地台可以在任意 LBT 結束的位置發送下行控制訊號。但是這樣會引入一個新的問題，UE 為了配合基地台靈活的發送下行控制訊號，需要一直處於頻繁監聽下行控制訊號的狀態，這樣不利於終端側節能[46-49]。最終 3GPP 在 RAN1#98b 會議中決定權衡基地台連線通道的成功率和 UE 的功耗兩個因素，採用搜尋空間組切換的方案，如圖 18-28 所示，即在基地台的 COT 外 UE 基於一個搜尋空間組來進行搜尋，但在基地台 COT 內基地台內 UE 可以切換到另一個搜尋空間組。這兩個搜尋空間組的搜尋頻繁度不同。在 NR-U 的場景下 COT 外的搜尋空間較 COT 內的更為密集。舉例來說，在 COT 外基於部分時間槽(mini-slot-based)監聽控制訊號，UE 的功耗更高，但在基地台 COT 內 UE 將切換到更稀疏的搜尋空間，例如基於全時間槽（slot-based）監聽控制訊號。

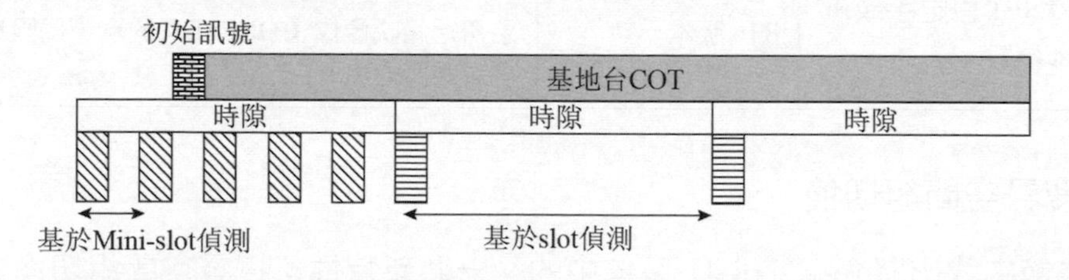

圖 18-28 搜尋空間組切換初步概念

3GPP 引入了 COT 資訊，即基地台可以通知 UE 基地台的 COT 已經建立，並且通知 COT 的長度資訊。關於基地台 COT 的資訊，在前面的章節我們已經了解到，基地台如果 LBT 成功就可以建立一個 COT 在基地台的 COT 內基地台可以進行包括控制通道，資料通道或參考訊號的下行傳輸，同時基地台還可以共用出它的 COT 用於 UE 側的上行傳輸。因此在這樣的情況下，COT 的資訊對 UE 尤為重要，因為在基地台 COT 的外面，事實上 UE

是接收不要任何的有用傳輸的。從這個角度出發，很合理的猜想是，UE 在基地台 COT 內和 COT 外的處理應該不同。一個很合理的解釋是，在基地台 COT 外的處理可以等於功耗的浪費，即由於基地台不能發送傳輸，所以收不到任何有用資訊。從這個角度來說應該儘量把高功耗的處理用於基地台的 COT 內。

這個問題在 3GPP 會議中收到了廣泛的關注。複習多方觀點後基本確定一個共識，即基地台需要通知 COT 何時開始，基於這個 COT 起始點 UE 可以用不同的接收方式。這個是本特性的初始雛形。

確定了這個特性的具體想法後，接下來的問題就如何通知基地台的 COT 資訊。一個比較直觀的方案是需要設計一個參考導頻，也稱為初始訊號如圖 18-28 所示，該參考導頻用於通知 UE 基地台的 COT 起始位置，此參考訊號的設計可以類似 Wi-Fi 系統的初始參考訊號，UE 側需要持續的監聽這個參考導頻。這個設計想法是由 IEEE 標準組織主導，並且 IEEE 在 3GPP 的會議中提議將這個參考導頻設計為和目前 Wi-Fi 所用的參考導頻一致，這樣的優點是兩個不同的系統裝置可以更容易地在共用頻譜中發現對方。

這樣的設計對 Wi-Fi 來說是有利的，但是這樣的設計對 3GPP 系統來說有很大的限制。其中一點是 Wi-Fi 系統的基頻處理機制，包括通道編碼，取樣頻率都和 3GPP 不一樣，簡單地移植 Wi-Fi 的設計會引起嚴重的相容問題，但是如果將 Wi-Fi 的設計做大修改去融合 3GPP 的系統會需要很長的研究時間，最後導致無法在計畫的時間內完成 R16 的標準化工作。由於這個原因，最終 3GPP 放棄了使用新的導頻設計來通知 UE 基地台的 COT 方案。第二個備選方案是基於已有的參考訊號來判斷基地台是否建立了 COT，在 3GPP 的討論中 DMRS 為可以考慮的參考訊號，而以下為兩個關鍵需要解決的問題：第一，如何設計出讓不同的 UE 都能辨識的 DMRS；第二，檢測的可靠性。第一個問題主要可以視為，目前 NR 的系統設計中，除了系統訊息和排程系統訊息的 PDCCH 的 DMRS 是不同 UE 都可以辨識的，其他的控制通道和資料通道上傳輸的 DMRS 都是根據為 UE 專屬訂製加擾的，其他 UE 不能辨識。但是系統訊息都是在規定的時間窗內發送，在其他的時間點上如果基地台新建了 COT，無法用系統訊息的 DMRS 來通知 UE。因此需要一個新設計的公共 DMRS。

對於第二個問題，同時也是最關鍵的問題，UE 基於 DMRS 來判斷基地台是否新建了新的 COT 的具體實現方法是，UE 會持續做對於這個特殊的 DMRS 的檢測，如果檢測到了 DMRS 存在，此 UE 會認為 COT 開始了，並且 DMRS 可以規定發送在 COT 的起始位置。但由於對於參考訊號的存在性檢測只是簡單的能量檢測，這樣很容易發生虛警或漏檢，導致對於 COT 判斷的可靠性有很大的影響。這裡的影響可以視為一旦發生了基地台和 UE 間了解的問題，UE 和基地台可能在不同的搜尋空間組內做控制訊號的收和發，這樣使得整個系統無法正常執行。基於這兩方面的原因，3GPP 在 RAN1#99 會議中最終確定了設計方案是基於 PDCCH 的檢測，其原因如之前所分析，PDCCH 的檢測是需要透過循環容錯驗證(cyclic redundancy check-CRC)驗證，目前 CRC 的位元數為 16 個位元，那麼 CRC 驗證的虛警機率是在 2^{-16} 完全滿足系統要求。基於這個設計想法，在多方的討論下，又擴充出了幾個更細節的分支方案[46-57]。

第一個分支方案是基於公共 PDCCH 的檢測即 DCI 格式 2_0。當 UE 檢測到 DCI 格式 2_0 後，該 DCI 帶有 1 位元搜尋空間組切換指示，UE 根據指示判斷是否切換。這裡需要解釋一下，為什麼會有不切換的狀態。在一般的情況下如我們之前說明，當基地台新建了一個 COT 後，UE 需要在 COT 內換一個搜尋空間組以便於減少盲撿控制訊號的功耗，但是有一個特別的場景是當基地台的 COT 很短的情況下，基地台為了避免 UE 頻繁的在兩個搜尋空間組間切換，基地台可以指示 UE 不做切換的動作而一直保持在原來的搜尋空間組。

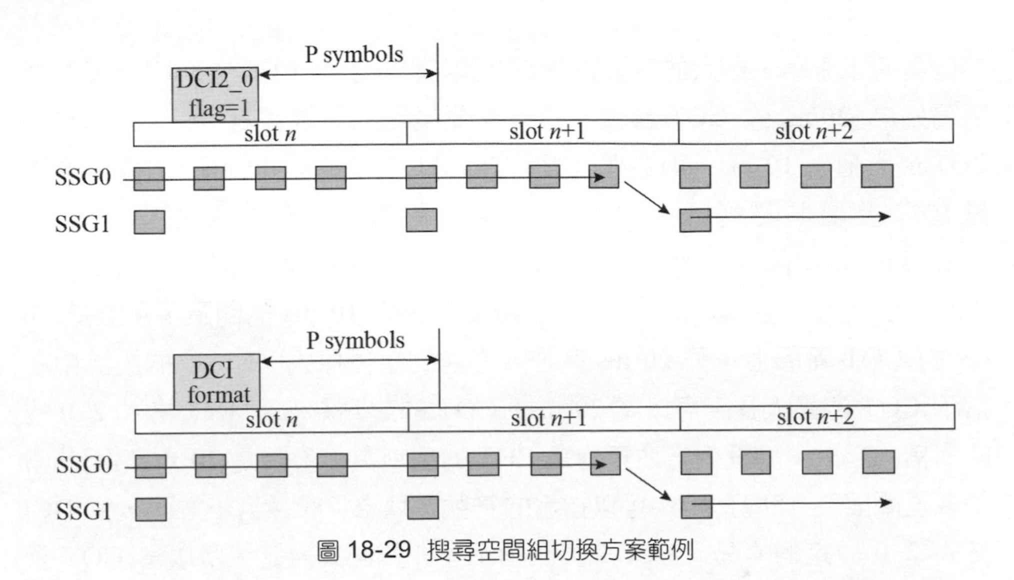

圖 18-29 搜尋空間組切換方案範例

由於 DCI 格式 2_0 不是每個 UE 必設定的，所以當 UE 沒有被設定這個 DCI 格式的時候，UE 也可以基於其他的 DCI 格式做隱性的組切換。所謂隱性也就是說基地台沒有一個指示資訊，當 UE 在一個組中檢測到任意的 DCI 格式，那麼 UE 就會切到另一個組。這裡值得注意的是搜尋空間組的切換需要一定的延遲，也就是說當收到觸發切換的 DCI 格式後需要等待 P 個符號後的第一個時間槽邊界才開始真正地完成切換。如圖 18-29 所示當 UE 在時間槽 n 收到了觸發 DCI 格式，實際切換發生在時間槽 n+2 的邊界。這裡 P 的值是可配值的且和 UE 能力有關。

3. 公共控制訊號 DCI 格式 2_0 增強

DCI 格式 2_0 在 NR R15 中是一個很特殊的 DCI 格式，除了它承載在公共的 PDCCH 中，它攜帶的 SFI 資訊可以用來取消免排程授權的週期性上下行接收或傳輸的資源。在 NR-U 中 DCI 格式 2_0 被指定了更多的功能。以下為除了 SFI 以外的其他新增強的功能。

COT 資訊：如圖 18-30 所示，基地台 COT 長度資訊是在 DCI 格式 2_0 內指示，基地台首先在 RRC 裡設定一個 COT 長度表格，表格最多包括 64 行，需最多 6 個位元指示。每一行設定一個 COT 長度，長度是由 OFDM

符號數量來表示，最大的符號數為 560 個符號，如果換算成 30KHz 子載體間隔則為 20ms 的 COT 長度。這裡需要說明的是根據表 18-1 所示一個 COT 最大值為 10 ms，而這裡可指示的 COT 長度高達 20 ms。其中的原因是在非授權頻譜通訊中法規允許發送端在 COT 內發生傳輸間隙（transmission pause）而間隙的時間不計入有效 COT 的長度。也就是說如果基地台發起一個 10 ms 的 COT，如果中途有 10 ms 的間隙，那麼這 10 ms 的 COT 實際上花了 20 ms 完成。考慮到這個原因，NR-U 的設計中所指示 COT 的最大長度可以為 20 ms。COT 的起點為收到 DCI 格式 2_0 的時間槽的起點。這裡值得注意的是 COT 的絕對長度最長是 20 ms，因此當子載體間隔為 15KHz 時，可以指示的符號數僅為 280。另一方面，當 DCI 格式 2_0 設定的情況下，COT 資訊指示並非要必須設定。所以當 COT 資訊沒有被設定的情況下，UE 可以根據 SFI 的指示判斷 COT 長度，即 SFI 指示到的最後一個時間槽即為 COT 的終點。COT 資訊在 NR-U 系統中非常重要，例如在 18.4.2.2 中的搜尋空間組切換特性中，UE 需要明確知道 COT 的起始位置和長度，這樣 UE 可以在 COT 結束 UE 及時切回初始搜尋空間組。此外，在 18.2.2 中介紹的基地台 COT 共用特性也需要 UE 確定所排程的上行資源是否在基地台的 COT 內從而共用基地台的 COT。

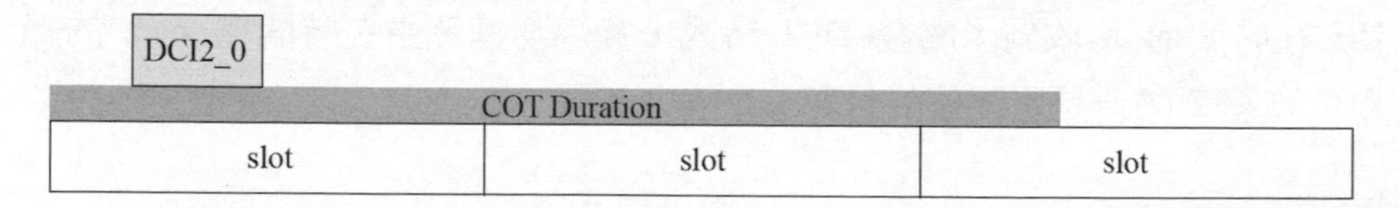

圖 18-30 DCI2_0 中包括 COT（通道佔用時間）長度資訊域用於確定結束位置

搜尋空間組切換觸發資訊：基地台可以在 DCI 格式 2_0 內設定觸發指示資訊。如果設定，指示資訊為 1 位元，由於搜尋空間組的數量一共兩個組即組 0 或組 1，1 位元的指示資訊直接指示組的索引號，如果指示位元為 0，則 UE 在搜尋空間組 0 內檢測，反之則在搜尋空間組 1 內檢測。

資源區塊集合有效指示資訊：基地台可以在 DCI 格式 2_0 內設定資源區塊集合有效指示資訊。如果設定，指示資訊為 X 位元，X 的值由載體上的資源區塊集合的數量確定，例如載體上的資源區塊集合為 5 個，那麼 X 的值為 5，每個位元映射到一個資源區塊集合。當映射的位元為 1 時，則指基地台已經在對應的資源區塊集合上的 LBT 成功，UE 可到對應的資源區塊集合上去接收下行訊號，反之則表示基地台在對應的資源區塊集合中的 LBT 沒有成功，那麼 UE 無需去對應的資源區塊集合中接收下行訊號。到本書撰寫完成時，3GPP 只確定了這裡的下行訊號為週期性設定的 CSI-RS 參考訊號。後續還需要討論是否也適用於 SPS-PDSCH 的接收。

18.4.3 上行控制通道增強

本節介紹 NR-U 系統中的 PUCCH 增強設計。在 NR-U 系統中對於 PUCCH 的特殊需求是滿足非授權頻譜法規的最小傳輸頻寬（occupancy channel bandwidth，OCB)要求，即每次傳輸需要佔滿 LBT 子頻（20MHz）頻寬的 80%。然而從第 5.5 節中我們已經了解到 NR R15 PUCCH 的設計無法滿足 OCB 要求特別是對於 PUCCH 格式 0 和 1，因為它們在頻域上只佔一個資源區塊頻寬，遠遠無法滿足 OCB 的要求。為此 3GPP 考慮採用交織結構 PUCCH 設計，所謂交織結構是指連續的兩個可用資源區塊間隔固定的數量的不可用資源區塊，這樣就可以 PUCCH 可用資源在頻域上拉寬從而達到 OCB 的要求（圖 18-31）。

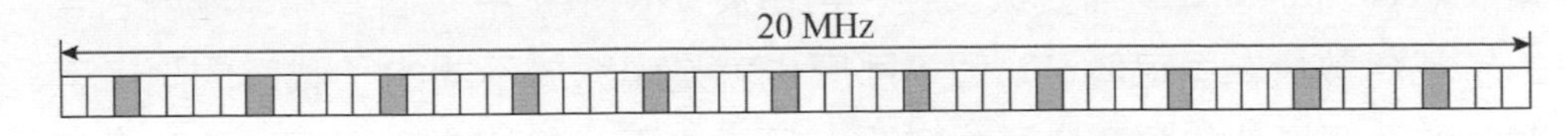

圖 18-31 30KHz 子載體間隔下的交織範例

在討論交織的初期，有兩個不同的備選方案。第一個備選方案為以子載體為顆粒度來設計的交織結構。這樣的交織結構被稱為子資源區塊交織(sub-PRB-based interlace)，它的優點是有利於能量集中。由於在 NR-U 系統中的最大功率譜密度是固定值且此固定值是基於每 1MHz 的單位粒度。那麼在 1MHz 內有效資源用的越少，所用資源上的功率就越大，這樣在該資源上的平均接收訊號雜訊比也越大，最終提高傳輸品質。然而也有公司持不同意見。其反駁的主要理由是子資源區塊交織的優勢主要表現在某些特定的場景，例如上行傳輸的資源很少的情況下。對於 PUCCH 的傳輸的確屬於這個場景，但是如果考慮到上行資料傳輸，可能大頻寬多資源的場景更為普遍，因此上行控制傳輸和資料傳輸的交織設計儘量保持一個統一設計。另一個問題是排程的不匹配，由於 NR R15 的上行排程都是基於最小顆粒度為一個資源區塊，如果在 NR-U 系統中把排程資源化分成比資源區塊更小的子資源區塊，這樣需要對於上行排程的機制重新設計，延長了整個設計的週期，從而會延緩標準制定的處理程序。

由於 NR-U 的設計初心是盡可能地沿用 NR R15 的設計，使得 NR-U 系統可以和 NR R15 完美的融合不僅有利於 UE 廠商開發基頻模組，更有利於電信業者協作營運授權頻譜系統和非授權頻譜系統。出於這個考慮，3GPP 最終放棄了這個備選方案，而採用了以資源區塊為顆粒度的資源區塊交織結構。在下面的章節中我們將介紹基於交織結構的 PUCCH 的設計。

1. 交織設計（interlace）

3GPP 確定了以資源區塊為顆粒度的交織結構後，進一步地對於交織的模式以及設定進行討論。首先 NR 系統已經支援了多子載體的設定，並且在 NR-U 的討論前期已經確定對於載體頻率範圍在 6GHz 以下時，子載體間隔 15KHz 和 30KHz 需要被支援。再由於 NR 系統中一個資源區塊內包含的子載體數量為固定值 12 個，那麼也就是說對於不同的子載體間隔，其對應的資源區塊的頻寬會發生變化。另一方面，對於非授權頻譜，除了特殊的場景外，法規規定其最小的傳輸頻寬為 20MHz，那麼 OCB 的要求也是基於這個最小傳輸頻寬而定的。

結合這兩方面的因素，一個首要設計想法，無論子載體間隔的設定值，UE 在任意一個交織內傳輸，都需要滿足 OCB 要求。為了達到這個目的，3GPP 最終確定了交織的結構由交織索引決定。對於一個確定的交織索引，其交織內包括多個資源區塊，被稱為交織資源區塊(interlaced resource block-IRB)且帶有交織資源區塊索引。對於連續的兩個交織資源區塊間相隔的資源區塊數量固定為 M，其中 M 的具體值由子載體間隔確定。對於 15KHz 子載體間隔，相鄰的 M 為 10，即固定間隔 10 個資源區塊。同樣地，M 個交織可以在頻域上正交重複使用，它們的交織的索引為 0 到 M-1。而對於 30KHz 子載體間隔，由於每個資源區塊的頻寬相比 15KHz 增加了一倍，因此相鄰的交織資源區塊的間隔較少至固定 5 個資源區塊，且 UE 最多可以被分配 5 個交織。在 3GPP 的討論過程中也有公司提出需要支援 60KHz，並且採用間隔一個資源區塊的設計方案，但由於沒有共識而沒有被採用。

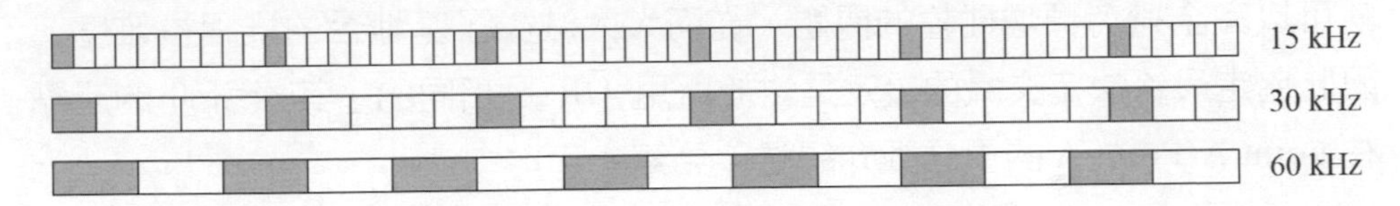

圖 18-32 不同子載體間隔下的交織範例

接下來我們來介紹基地台是如何設定交織的。第 4 章我們已經了解到了對 UE 來說基地台會為其設定 BWP，之後 UE 的資料接收與發送都發生在設定的 BWP 內。那麼比較自然的方案是把交織設定在 BWP 內，也就是說交織的第一個索引的第一個交織資源區塊為 BWP 的第一個資源區塊，交織的起點就隨著 BWP 的確定而確定。這樣的設定優勢在於無需要額外的訊號而達到設定交織的效果。然而這個方案的潛在缺陷是不利於基地台對於不同 UE 的排程。可以簡單的了解為基地台對於不同的 UE 排程時，它們的 BWP 是不必須完全頻域對齊的。

在 NR R15 中，基地台透過實現使不同 UE 在頻域上錯開(即 frequency division multiplexing，FDM 方式)。但是由於交織內有多個資源區塊，且他們是有規律的排列，如果不同 UE 設定的交織沒有對齊，基地台實現會增加很大的複雜度使他們在頻域上完全不重疊。如圖 18-33 所示，當 UE1 在 BWP1 內設定了交織，而 UE2 在 BWP2 設定了交織，那麼基地台在同時排程 UE1 和 2 時，需要計算他們所排程的交織間在頻域上不能有重疊，否則就會出現干擾。

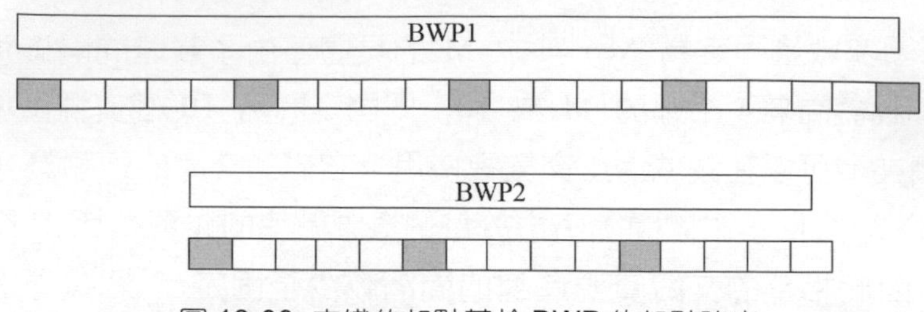

圖 18-33 交織的起點基於 BWP 的起點確定

但是如果交織的設定對於不同 UE 是完全對齊的，且獨立於 BWP 的設定的情況下（圖 18-34），只要基地台在排程不同 UE 時用不同的交織索引就可以完全避免頻域碰撞的問題，從而大大減少了基地台的排程複雜度。因此協定最終決定交織的設定是對於所用 UE 是相同的，其索引 0 的起點在 point A(Point A 的更詳細介紹請參見第 4 章)。

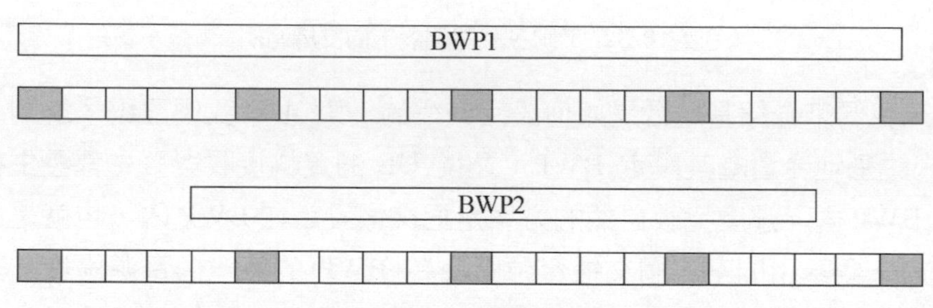

圖 18-34 交織的起點獨立於 BWP（頻寬分段）確定

2. 上行控制訊號（PUCCH）設計

對於 PUCCH 格式的設計，NR-U 系統採用了和 R15 相似的想法。在 R15 協定中 PUCCH 包括格式 0/1/2/3/4，其區別分別表現在承載的位元數，符號長度和頻域上的資源數量。從功能性上分析，格式 0 和 1 是用於初始連線過程中回饋訊息 4 的 HARQ-ACK 回饋和 RRC 設定過程中下行 PDSCH 的 HARQ-ACK 回饋。因此格式 0 和 1 在討論中被認為是必要的 NR-U 支援格式。另一方面格式 2 和 3 用於連接態的 UE 且需要大承載量的回饋，例如大尺寸 HARQ 編碼簿或是 CSI 回饋。而格式 4 在最初 R15 裡的目標場景為小承載量且在覆蓋受限的情況下使用。考慮到 NR-U 在非授權頻譜系統中主要的系統佈署是小型社區，因此在大部分的情況下沒有覆蓋受限問題，所以格式 4 並沒有被 NR-U 支援。並且規定了 PUCCH 的傳輸必須限定在一個資源區塊集合中即限制在一個 LBT 子頻內。

(1) PUCCH 格式 0 和格式 1

PUCCH 格式 0 和格式 1 在 R15 中就採用了比較相似的設計。他們同樣都是基於序列的 PUCCH，這樣基地台無需解碼而只要利用相關性確定 UE 所發的序列。在交織結構下，PUCCH 格式 0 需要在一個交織索引裡回饋，且 PUCCH 的資源限制在一個 LBT 子頻頻寬內。因此一個交織索引在一個 LBT 子頻頻寬內包括 10 個或 11 個交織資源區塊。但是 R15 的設計裡 PUCCH 格式 0 只包含 1 個資源區塊。因此在 3GPP 討論過程中一個重要的設計目標是如何把一個資源區塊擴充到 10 個或 11 個交織資源區塊上。在討論中一個簡單的擴充方案是對於第一個交織資源區塊採用類似 R15 的序列設計，然後將相同序列複製到剩餘的交織資源區塊上。這個方案簡單卻有明顯的缺陷，即由於重複的在頻域上複製資源區塊會導致 PUCCH 格式 0 在時域上產生有較大的峰均功率比(Peak to Average Power Ratio，PAPR)，使得功率放大器的有效放大性能降低導致功率受限，並且還會增加非線性干擾的風險。出於這個原因，3GPP 將的討論重點縮小至如何找到對應的設計方案可以有效控制 PAPR。

表 18-9 R15 中 PUCCH（物理上行控制通道）不同格式的特性複習

<table>
<tr><td colspan="2" rowspan="2"></td><td colspan="2">PUCCH 長度</td><td colspan="2" rowspan="2"></td></tr>
<tr><td>短（1-2 個符號）</td><td>長（4-14 個符號）</td></tr>
<tr><td rowspan="5">上行控制通道位元數</td><td rowspan="2">2bit 以下</td><td>格式 0</td><td></td><td>1</td><td rowspan="5">頻域資源區塊數量</td></tr>
<tr><td></td><td>格式 1</td><td>1</td></tr>
<tr><td rowspan="3">2bit 以上</td><td>格式 2</td><td></td><td rowspan="2">1-16</td></tr>
<tr><td></td><td>格式 3</td></tr>
<tr><td></td><td>格式 4</td><td>1</td></tr>
</table>

這裡我們介紹最主要兩種備選設計，第一個方案是在每個交織資源區塊上調解一個不和的相位偏移，而第二個方案則是在每個交織資源區塊上加上一個固定的相位偏移。這兩個方案的差別在於：

★方案 1：如果在一個交織資源區塊上的初始序列為$S(n)$，那麼調解後的序列為$S_1(n)$，其中α為相位偏移值，這個值在不同的資源區塊上不同。

$$S_1(n) = e^{j\alpha n} \cdot S(n), n = 0, \dots, 11 \tag{18.3}$$

★方案 2：於方案 1 的區別在於方案 2 沒有調解的動作，而只是對於整個的交織資源區塊加上一個相同的相位差。

$$S_2(n) = e^{j\alpha} \cdot S(n), n = 0, \dots, 11 \tag{18.4}$$

方案 2 的優點是接收端在做序列相關檢測的過程中無需相位差的資訊，這樣就無需有協定的影響，有利於標準的處理程序。但是其缺點是 PAPR 的性能對於不同的 UE 實現演算法無法統一，這樣不利於基地台對於終點發射功率的控制，且基地台對於 PUCCH 的相關性檢測基於非相干檢測(non-coherent detection), 導致性能不如方案 1。鑑於以上的理由方案 1 最終被採用。PUCCH 格式 1 的設計想法基本和格式 0 相同，我們在這裡不再重複說明。

(2) PUCCH 格式 2

在 R15 中 PUCCH 格式 2 的頻域資源可以設定 1 到 16 個資源區塊，而在 NR-U 系統中在之前已介紹過由於 PUCCH 限制在一個資源區塊集合內基於交織傳輸，一個交織在一資源區塊集合內的交織資源區塊數量為 10 或 11 個，具體取決於交織索引。例如 PUCCH 格式 2 裡承載的上行控制訊號(uplink control information，UCI)需要滿足一個規定的傳輸串流速率的要求使之可以可靠的被基地台接收。

當 UCI 的位元數量偏少時，所需的資源快數量隨之偏少。反之則需要數量較大的資源區塊來保證所要求的傳輸串流速率。在 NR-U 系統中，當 UCI 的位元數偏小時，用交織型 PUCCH 格式 2 傳輸可以進一步降低 UCI 的傳輸串流速率，提高了傳輸的可靠性，從這點來説交織型不但滿足了傳輸 OCB 要求而且還使得 UCI 的傳輸更可靠。然而當 UCI 的位元數接近於最大時，在 R15 可能需要超過 10 個資源區塊來承載，那麼一個交織索引顯然不能滿足要求資源要求。在這種情況下，基地台可以設定第二個交織索引用於傳輸 UCI，這樣兩個交織索引最多可以有 22 個交織資源區塊，完全滿足了 R15 下同等 UCI 的位元數量級。另一方面，NR-U 對於 PUCCH 格式 2 的交織的索引設定沿用了 R15 的想法即在 RRC 訊號中半靜態的設定，UE 根據具體所需的資源區塊數量選擇用一個交織索引還是用 2 個交織索引。

值得注意的是，NR-U 對於 PUCCH 的資源佔用效率也做了進一步考慮。這裡主要解決的問題是，當 UCI 的位元數很少時，例如極端情況只需要一個資源區塊傳輸就可以滿足可靠性要求，在這樣的情況下仍用一個交織傳輸就會造成資源的浪費。對於提要資源的有效利用問題，3GPP 決定在 RAN1#99 會議中提出可以支援對於同一個交織內多使用者的重複使用。其中多使用者重複使用是基於正交碼（orthogonal cover code，OCC）混碼（如圖 18-35），NR-U 系統支援 OCC 深度 2 和 OCC 深度 4 兩種設定，前者可以重複使用 2 個使用者，後者可以重複使用 4 個使用者。OCC 碼則選擇了傳統 HARDARMA 碼。

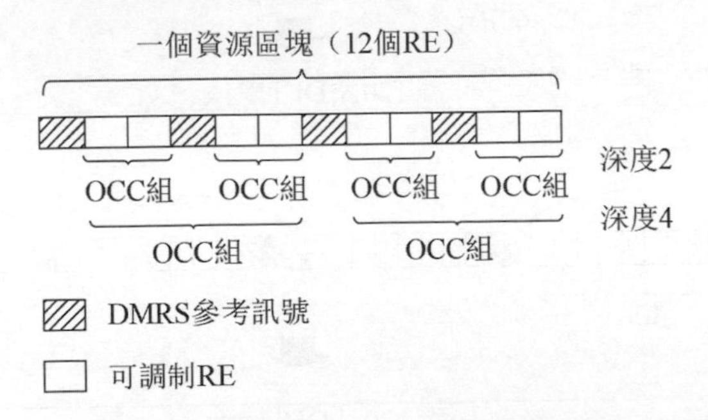

圖 18-35 PUCCH（物理上行控制通道）格式 2 的 OCC（正交碼）混碼範例

然而隨之引入一個新問題，即 OCC 碼序列對於 PAPR 的影響不均勻，例如 UE1 被基地台設定了 OCC 碼[1,1]，而 UE2 被基地台設定了 OCC 碼[1,-

1]，那麼 UE1 會有更高的 PAPR 影響。為了解決這個問題，3GPP 採用了 PUCCH 格式 0 的想法，即對於一個交織內的不同交織資源區塊，UE 會採用輪巡 OCC 碼的方式，由於同一個交織內的重複使用使用者的變化規律相同，OCC 正交性仍然可以保持。

(3) PUCCH 格式 3

對於 PUCCH 格式 3 的設計想法和 PUCCH 格式 2 很相似，同樣可以設定最多兩個交織索引，UE 可以根據 UCI 的位元數量來選擇一個索引或兩個索引傳輸。這裡主要介紹的不同點是 PUCCH 格式 3 採用了 DFT-s-OFDM 波形，所以資源區塊數量的選擇有所限制，即需要滿足 DFT 長度為 2x3x5 原則，這個原則具體為長度需要被 2，3，5 整除。當 PUCCH 用一個交織索引傳輸時，UE 必須選用前 10 個交織資源區塊傳輸而非 11 個。而當 PUCCH 用兩個交織索引傳輸時，UE 必須選用 20 個交織資源區塊。PUCCH 格式 3 同樣支援 OCC，但和 PUCCH 格式 2 不同的是，用於 DFT 的影響，OCC 需要在時域進行（如圖 18-36）。OCC 混碼後的 UCI 再經過 DFT 映射到交織上的資源區塊內。

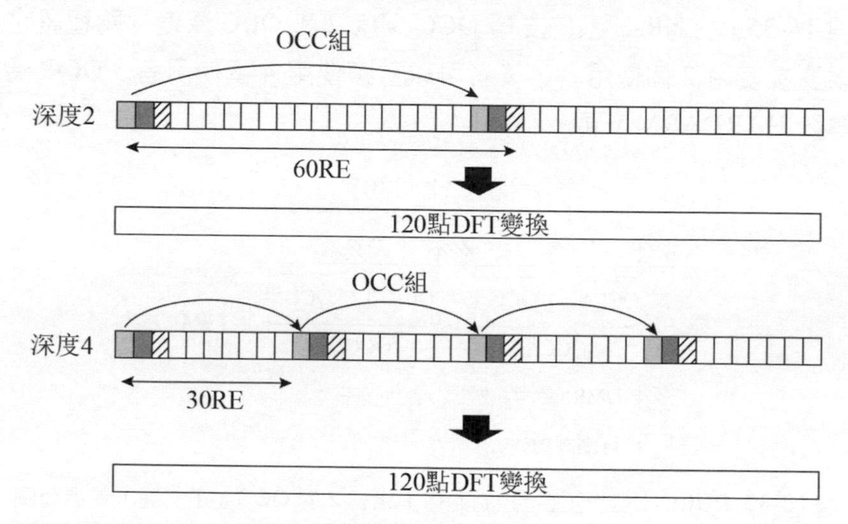

圖 18-36 PUCCH（物理上行控制通道）格式 3 的 OCC（正交碼）混碼範例

18.5 HARQ 與排程

當 NR 系統應用到非授權頻譜上時，可以支援獨立布網，即 NR-U 系統不依賴於授權頻段上的載體提供輔助服務。在這種場景下，UE 的初始連線、行動性測量、通道測量、下行控制資訊和資料傳輸以及上行控制資訊和資料傳輸都是在非授權頻譜上的載體上完成的。由於在非授權載體上的通訊開始前要先進行通道監聽，因此可能會出現待傳輸的通道或訊號因為通道監聽失敗而不能發送的情況。在這種情況下，如何進行 HARQ 與排程的增強，以提高非授權頻譜的載體上的資料傳輸效率，是本節主要討論的問題。

18.5.1 HARQ 機制

在 Rel-15 的 NR 系統中，HARQ 回饋機制支援 Type-1 編碼簿回饋方式和 Type-2 編碼簿回饋方式，其中，Type-1 編碼簿回饋也稱為半靜態編碼簿回饋，Type-2 編碼簿回饋也稱為動態編碼簿回饋。上述 NR 系統中的 HARQ 機制是研究非授權頻譜的載體上的 HARQ 機制增強方案的基礎。

1. HARQ 新問題

在非授權頻譜上的 HARQ 回饋討論過程中，一些新問題被提了出來[58]：

問題 1：通道監聽失敗導致 HARQ-ACK（混合自動重傳請求回應）資訊不能被回饋。

如圖 18-37 所示，在非授權頻譜上，由於任何通訊開始前都要先進行通道監聽，因此可能會出現待傳輸的通道或訊號因為通道監聽失敗而不能發送的情況。因此，對於待傳輸的 PUCCH，如果 UE 的通道監聽失敗，則 UE 在對應的 PUCCH 資源上不能發送 PUCCH。在這種情況下，如果 PUCCH 中應攜帶 PDSCH 解調結果對應的 HARQ-ACK 資訊，由於 UE 未能發送這些 HARQ-ACK 資訊，基地台在沒有接收到這些 HARQ-ACK 回饋資訊的情況下，只能排程這些 HARQ-ACK 資訊對應的 PDSCH 重傳，且一個 PUCCH 時間槽可能對應多個 PDSCH 的回饋，因此可能導致多個 PDSCH HARQ 處理程序的重傳。如果這些 PDSCH 中包括已經成功解碼的 PDSCH，將會極大地影響整個系統的傳輸效率。因此，如何解決因為 UE 側的通道監聽失敗未能發送 HARQ-ACK 資訊從而導致基地台側針對同一個 HARQ 處理程序的 PDSCH 多次重複排程的問題，是需要大家討論和解決的。

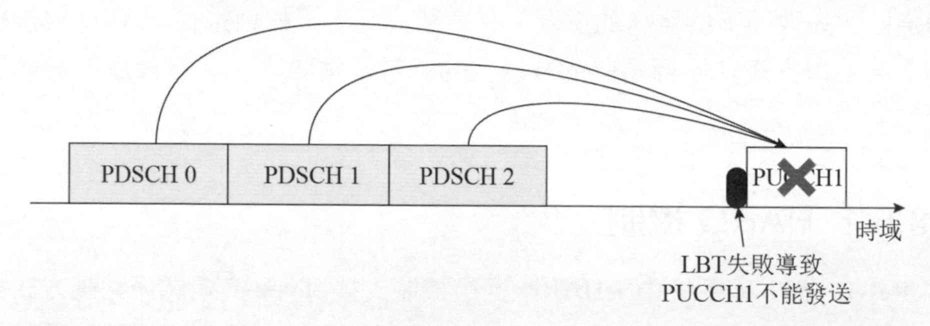

圖 18-37 通道監聽失敗導致 HARQ-ACK（混合自動重傳請求回應）資訊不能發送

問題 2：處理時間不夠導致 HARQ-ACK 資訊不能被回饋。

如圖 18-38 所示，在非授權頻譜上支援多種通道連線方式，其中，如果 UE 可以共用基地台獲得的通道佔用時間，那麼 UE 可以使用 Type-2A 通道連線、Type-2B 通道連線或 Type-2C 通道連線等優先順序較高的通道連線方式，從而有較高的通道連線機率。這些通道連線方式尤其適用於攜帶 HARQ-ACK 資訊的 PUCCH 傳輸，以使 UE 有較高的成功機率向基地台回饋 HARQ-ACK 資訊。但是使用 Type-2A 通道連線、Type-2B 通道連線或 Type-2C 通道連線等通道連線方式需要滿足一定的要求，例如 UE 需要在下行傳輸結束後透過固定時間槽長度例如 16μs 或 25μs 的通道監聽後即開始傳輸 PUCCH。由於該時間太短，UE 通常來不及處理和回饋基地台在下行傳輸的通道佔用時間的結束位置處排程的 PDSCH 對應的 HARQ-ACK 資訊。在這種情況下，如何解決在通道佔用時間的結束位置處排程的 PDSCH 對應的 HARQ-ACK 回饋，是一個需要討論的問題。

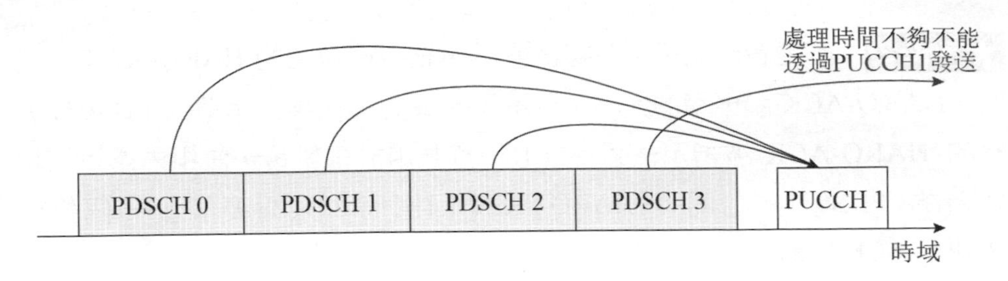

圖 18-38 處理時間不夠導致 HARQ-ACK（混合自動重傳請求回應）資訊不能發送

非授權頻譜的載體上的 HARQ 機制增強方案主要是為了解決上述兩個問題。

2. HARQ-ACK 資訊的重傳

對於上述問題 1，通道監聽失敗導致 HARQ-ACK 資訊不能被回饋，在討論過程中主要有兩大想法，一是在時域或頻域上增加更多的 PUCCH 資源，二是支援 HARQ-ACK 資訊的重傳，兩種方式都可以使 UE 有更多的 PUCCH 回饋機會。在標準化過程中，為了靈活回饋非授權頻譜上被排程的 PDSCH 對應的 HARQ-ACK 資訊，主要考慮了動態重傳 HARQ-ACK 資訊。基於此，引入了兩種新的 HARQ-ACK 編碼簿回饋方式。

一種是基於 Type-2 編碼簿的增強的動態編碼簿回饋，也稱為 eType-2 編碼簿回饋方式。在 eType-2 編碼簿回饋方式中，基地台可以對排程的 PDSCH 進行分組，並透過顯性訊號指示 PDSCH 的分組資訊，以使 UE 在接收到 PDSCH 後根據不同的分組進行基於組的 HARQ-ACK 資訊回饋。

在標準討論過程中，如圖 18-39 所示，基地台排程的 PDSCH 的分組包括以下兩種方式：

★方式 1：基地台分組後，在初傳或重傳該組裡包括的 HARQ-ACK 資訊時，HARQ-ACK 編碼簿的大小不變。或說，如果某組裡的 PDSCH 對應的 HARQ-ACK 被指示一個有效上行資源用於傳輸後，該組內不再增加新的 PDSCH。在觸發 HARQ-ACK 回饋時，可以觸發兩個組的 HARQ-ACK 回饋。

★方式 2：基地台分組後，在初傳或重傳該組裡包括的 HARQ-ACK 資訊時，HARQ-ACK 編碼簿的大小可以不同。或說，如果某組裡的 PDSCH 對應的 HARQ-ACK 被指示一個有效上行資源用於傳輸後，該組內還可以增加新的 PDSCH。在觸發 HARQ-ACK 回饋時，只需要觸發一個組的 HARQ-ACK 回饋。

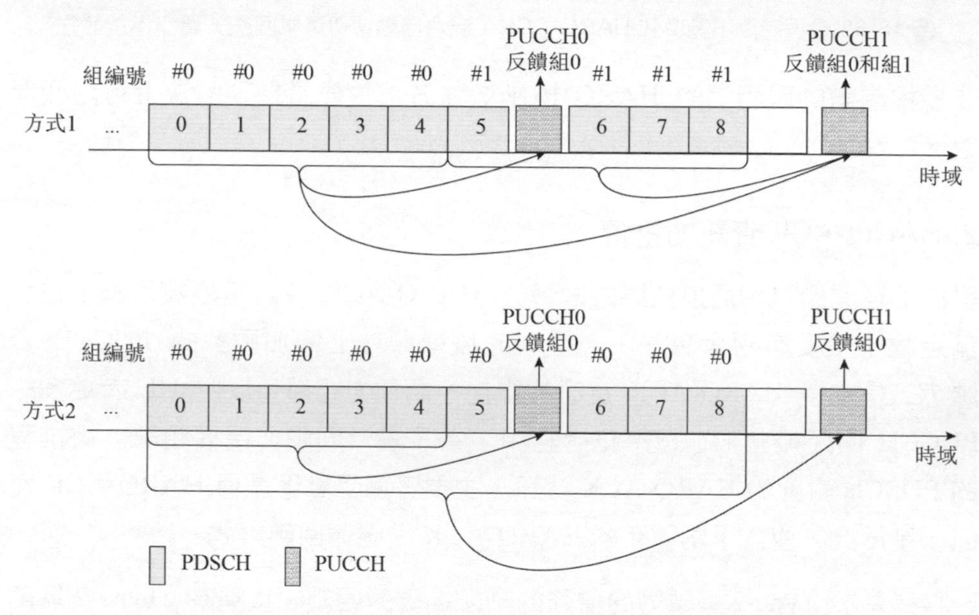

圖 18-39 PDSCH（物理下行共用控制通道）分組的兩種方式

在 HARQ 機制的標準化過程中，上述方式 1 和方式 2 融合成了一種方式，即基地台可以對排程的 PDSCH 進行分組，並透過顯性訊號指示 PDSCH 的分組資訊，以使 UE 在接收到 PDSCH 後根據不同的分組進行對應的 HARQ-ACK 回饋。如果 UE 的某組 HARQ-ACK 資訊在某次傳輸時由於通道監聽失敗未能進行傳輸，或基地台在某個 PUCCH 資源上未能檢測到期待 UE 傳輸的某組 HARQ-ACK 資訊，基地台可以透過 DCI 觸發 UE 進行該組 HARQ-ACK 資訊的重傳。其中，UE 在進行某組 HARQ-ACK 資訊重傳時可以保持和初傳同樣的編碼簿大小，也可以在重傳時增加新的 HARQ-ACK 資訊。對 UE 來說，需要清楚一個組對應的 HARQ-ACK 資訊的起始位置，或說，UE 需要清楚什麼時候可以清除/重置該組裡包括的 HARQ-ACK 資訊。由於每次傳輸的 HARQ-ACK 編碼簿的長度可能不固定，因此可以透過顯性訊號指示的方式來確定一個組對應的 HARQ-ACK 資訊的起始位置。具體地，可以透過 1 位元的訊號翻轉來指示，該 1 位元的訊號即是後面介紹的新回饋指示（New feedback indicator，NFI）資訊。當組#1 對應的 1 位元 NFI 訊號翻轉（該位元由 0 變為 1 或由 1 變為 0）時，表示該組#1 中包括的 HARQ-ACK 編碼簿重置，即清除該組#1 中已有的 HARQ-ACK 資訊，重新組建組#1 對應的 HARQ-ACK 編碼簿。

在 NR-U 系統中，還引入了另一種動態編碼簿回饋方式，即 one-shot HARQ-ACK 編碼簿回饋，也稱為 Type-3 編碼簿回饋方式。Type-3 編碼簿回饋方式下，HARQ-ACK 編碼簿中包括一個 PUCCH 組中所有設定的載體上的所有 HARQ 處理程序對應的 HARQ-ACK 資訊。如果基地台為 UE 設定了 Type-3 編碼簿回饋，那麼基地台可以透過 DCI 中的顯性訊號觸發 UE 進行 Type-3 編碼簿回饋。其中，觸發 UE 進行 Type-3 編碼簿回饋的 DCI 可以排程 PDSCH 傳輸，也可以不排程 PDSCH 傳輸。

3. 無效 K1 的引入及回饋方式

為了解決上述問題 2，處理時間不夠導致 HARQ-ACK 資訊不能被回饋，在非授權頻譜上引入了無效 K1 的指示。在非授權頻譜上，DCI 中的 HARQ 時序指示資訊除了可以用於指示傳輸該 DCI 排程的 PDSCH 對應的 HARQ-ACK 資訊的 HARQ 回饋資源的時間槽，還可以用於指示該 DCI 排程的 PDSCH 對應的 HARQ-ACK 資訊先不進行回饋的狀態。該特性主要用於 DCI 格式 1_1 排程的 PDSCH。具體地，基地台可以在為 UE 設定 HARQ 時序集合時，在免排程授權的 HARQ 時序集合中包括表示無效 K1 的資源指示，當 UE 收到 DCI 格式 1_1 排程的 PDSCH 且該 DCI 格式 1_1 中的 HARQ 時序指示資訊指示 HARQ 時序集合中的無效 K1 時，表示該 PDSCH 對應的 HARQ 回饋資源所在的時間槽暫時無法確定。

無效 K1 指示可以應用於 Type-2 編碼簿回饋，eType-2 編碼簿回饋和 Type-

3 編碼簿回饋。在 Type-1 編碼簿回饋中不支援被設定無效 K1。如果 UE 收到 DCI 格式 1_1 排程的 PDSCH，且該 DCI 格式 1_1 中的 HARQ 時序指示資訊指示免排程授權的 HARQ 時序集合中的無效 K1，那麼對於該接收到的 PDSCH 對應的 HARQ-ACK 回饋資訊，由於該 HARQ-ACK 回饋資訊沒有被指示 HARQ 回饋資源，UE 應該怎麼處理呢？這個問題在標準中也討論了很長時間。

如果 UE 被設定了 Type-2 編碼簿回饋且沒有被設定 eType-2 編碼簿回饋，那麼 UE 收到的指示無效 K1 的 PDSCH 對應的 HARQ-ACK 資訊跟著下一個收到有效 K1 的 PDSCH 對應的 HARQ-ACK 資訊一起回饋。舉例來說，如果 UE 收到 DCI #1 排程的 PDSCH #1，其中 DCI #1 中的 HARQ 時序指示資訊指示 HARQ 時序集合中的無效 K1，那麼 UE 可以在根據 DCI #2 中的 HARQ 時序指示資訊指示的時間槽確定的 HARQ 回饋資源上來傳輸 PDSCH #1 對應的 HARQ-ACK 資訊，其中，DCI #2 是 UE 收到 DCI #1 後檢測到的第一個指示有效 K1 的 DCI。

如果 UE 被設定了 eType-2 編碼簿回饋，那麼 UE 收到的指示無效 K1 的 DCI 中包括組標識指示資訊，指示無效 K1 的 PDSCH 對應的 HARQ-ACK 資訊跟著具有相同組標識的下一個有效 K1 的 PDSCH 對應的 HARQ-ACK 資訊一起回饋。舉例來說，如果 UE 收到 DCI #1 排程屬於組#1 的 PDSCH #1，其中 DCI #1 中的 HARQ 時序指示資訊指示 HARQ 時序集合中的無效 K1，那麼 UE 可以在根據 DCI #2 中的 HARQ 時序指示資訊指示的時間槽確定的 HARQ 回饋資源上來傳輸 PDSCH #1 對應的 HARQ-ACK 資訊，其中，DCI #2 是 UE 收到 DCI #1 後檢測到的第一個指示回饋組#1 對應的 HARQ-ACK 編碼簿且指示有效 K1 的 DCI。

如果 UE 被設定了 Type-3 編碼簿回饋，在 UE 收到指示無效 K1 的 PDSCH 後，如果 UE 被觸發 Type-3 編碼簿回饋，則在滿足處理時序的條件下，無效 K1 的 PDSCH 對應的 HARQ-ACK 資訊在 Type-3 編碼簿中進行回饋。舉例來說，如果 UE 收到 DCI #1 排程的 PDSCH #1，其中 DCI #1 中的

HARQ 時序指示資訊指示 HARQ 時序集合中的無效 K1，假設 UE 在收到 DCI #1 後檢測到觸發 Type-3 編碼簿回饋的 DCI #2，在滿足處理時序的條件下，UE 根據 DCI #2 中的 HARQ 時序指示資訊指示的時間槽確定的 HARQ 回饋資源來傳輸 PDSCH #1 對應的 HARQ-ACK 資訊。

18.5.2 HARQ-ACK 編碼簿

在 NR-U 系統中，除了支援 R15 的 Type-1 編碼簿回饋方式和 Type-2 編碼簿回饋方式，還新引入了增強的類型 2（enhanced Type-2，eType-2）編碼簿回饋方式和類型 3（Type3）編碼簿回饋方式。本節主要介紹 eType-2 HARQ-ACK 編碼簿和 Type3 HARQ-ACK 編碼簿的生成方式。

1. 增強的類型 2（eType-2）HARQ-ACK 編碼簿

如前所述，如果 UE 被設定 eType-2 編碼簿回饋，基地台可以對排程的 PDSCH 進行分組，並透過顯性訊號指示 PDSCH 的分組資訊，以使 UE 在接收到 PDSCH 後根據不同的分組進行對應的 HARQ-ACK 回饋。在 eType-2 編碼簿回饋中，UE 最多可以被設定兩個 PDSCH 組。該特性主要用於 DCI 格式 1_1 排程的 PDSCH。為了支援 eType-2 編碼簿生成和回饋，DCI 格式 1_1 中包括以下資訊域：

- PUCCH 資源指示：用於指示 PUCCH 資源。
- HARQ 時序指示：用於動態指示 PUCCH 資源所在的時間槽，其中，如果 HARQ 時序指示資訊指示無效 K1，則表示 PUCCH 資源所在的時間槽暫不確定。
- PDSCH 組標識指示：用於指示當前 DCI 排程的 PDSCH 所屬的通道組，其中，該 PDSCH 組標識指示的 PDSCH 組也稱為排程組，該 PDSCH 組標識未指示的 PDSCH 組也稱為非排程組。
- 下行分配指示（Downlink assignment index，DAI）：如果是單載體場景，DAI 包括 C-DAI 資訊（DAI 計數資訊，Counter DAI），如果是多

載體場景，DAI 包括 C-DAI 資訊和 T-DAI 資訊（DAI 總數資訊，Total DAI），其中，C-DAI 資訊用於指示當前 DCI 排程的 PDSCH 是當前排程組中對應的 HARQ 回饋窗中的第幾個 PDSCH，T-DAI 資訊用於指示當前排程組對應的 HARQ 回饋窗中一共排程了多少個 PDSCH。

- 新回饋指示（New feedback indicator，NFI）：用於指示排程組對應的 HARQ-ACK 資訊的起始位置，如果 NFI 資訊發生翻轉，則表示當前排程組對應的 HARQ-ACK 編碼簿重置。
- 回饋請求組個數指示：用於指示需要回饋一個 PDSCH 組或兩個 PDSCH 組對應的 HARQ-ACK 資訊，其中，如果回饋請求組個數資訊域設定為 0，那麼 UE 需要進行當前排程組的 HARQ-ACK 回饋；如果回饋請求組個數資訊域設定為 1，那麼 UE 需要進行兩個組即排程組和非排程組的 HARQ-ACK 回饋。

在 UE 被設定 eType-2 編碼簿回饋方式下，由於 UE 最多可以回饋兩個 PDSCH 組對應的 HARQ-ACK 資訊，為了使回饋的編碼簿更準確，基地台還可以透過高層參數在 DCI 格式 1_1 中為 UE 設定用於生成非排程組的 HARQ-ACK 編碼簿的指示資訊：

- 非排程組的 NFI：用於和非排程組的 PDSCH 組標識聯合指示非排程組對應的 HARQ-ACK 編碼簿。
- 非排程組的 T-DAI：用於指示非排程組中包括的 HARQ-ACK 資訊的總數。

基於上述 DCI 中的資訊域，UE 可以動態生成 eType-2 編碼簿並進行 HARQ-ACK 資訊的初傳和重傳，其中，UE 在進行某組 HARQ-ACK 資訊的重傳時可以保持和初傳同樣的編碼簿大小，也可以在重傳時增加新的 HARQ-ACK 資訊。如果 UE 收到 DCI 格式 1_0 排程的 PDSCH，則在滿足一定條件下 DCI 格式 1_0 排程的 PDSCH 可以認為屬於 PDSCH 組 0，否則 DCI 格式 1_0 排程的 PDSCH 可以認為既不屬於 PDSCH 組 0 也不屬於 PDSCH 組 1。

下面對 eType-2 編碼簿生成的幾種情況介紹。

情況 1：UE 收到 DCI 格式 1_1 的排程且被設定非排程組的編碼簿生成指示資訊

假設一個 HARQ 處理程序對應 1 位元 HARQ-ACK 資訊。UE 在社區 1 和社區 2 上被排程 PDSCH 接收，DCI 格式 1_1 中的資訊域中包括組標識（用 G 表示）、排程組的 DAI（用 C-DAT，T-DAI 表示）、排程組的 NFI（用 NFI 表示）、HARQ 時序指示（用 K1 表示，其中無效 K1 用 NNK1 表示）、非排程組的 T-DAI（用 T-DAI2 表示）、非排程組的 NFI（用 NFI2 表示）、回饋請求組個數指示（用 Q 表示）。

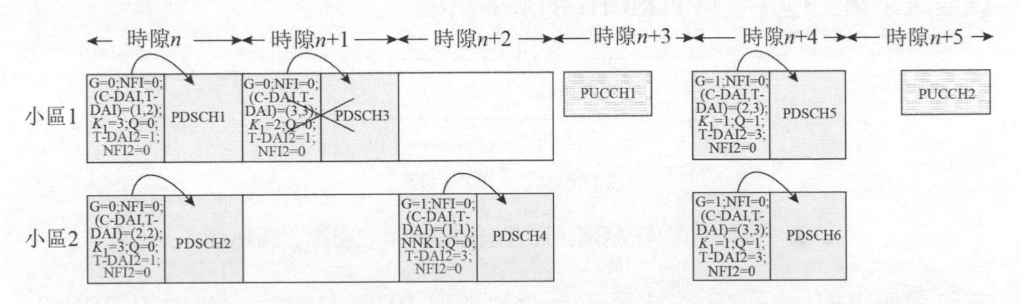

圖 18-40 設定非排程組的編碼簿生成指示資訊下的 eType-2 編碼簿生成

如圖 18-40 所示，在時間槽 n 上，UE 在社區 1 上收到排程 PDSCH1 的 DCI 中的 PDSCH 組標識 G=0、NFI=0 且 C-DAI=1，T-DAI=2，該 PDSCH 1 對應的 HARQ-ACK 資訊被指示透過時間槽 n+3 上的 PUCCH 資源進行回饋，其中，由於回饋請求組個數指示 Q=0，UE 不需要讀取非排程組對應的 T-DAI2 和 NFI2 指示資訊；UE 在社區 2 上收到排程 PDSCH2 的 DCI 中的 PDSCH 組標識 G=0、NFI=0 且 C-DAI=2，T-DAI=2，該 PDSCH 2 對應的 HARQ-ACK 資訊被指示透過時間槽 n+3 上的 PUCCH 資源進行回饋，其中，由於回饋請求組個數指示 Q=0，UE 也不需要讀取非排程組對應的 T-DAI2 和 NFI2 指示資訊。在時間槽 n+1 上，基地台向 UE 排程了 PDSCH3，這裡假設 UE 沒有收到排程 PDSCH3 的 DCI 資訊。在時間槽 n+2 上，UE 在社區 2 上收到排程 PDSCH4 的 DCI 中的 PDSCH 組標識

G=1、NFI=0 且 C-DAI=1，T-DAI=1，該 PDSCH 4 對應的 HARQ 時序指示為無效 K1，即表示 PDSCH4 對應的 HARQ-ACK 資訊的回饋資源暫時不確定，其中，由於回饋請求組個數指示 Q=0，UE 也不需要讀取非排程組對應的 T-DAI2 和 NFI2 指示資訊。

UE 根據 PDSCH1 和 PDSCH2 對應相同的組標識 G=0 和相同的 NFI=0，可以確定 PDSCH1 和 PDSCH2 對應的 HARQ-ACK 資訊均屬於組#0 的 HARQ-ACK 編碼簿。

因此，在上述過程中，UE 為時間槽 n+3 上的 PUCCH 資源 1 生成的 HARQ-ACK 編碼簿以下圖 18-41 所示，其中第一位元對應 PDSCH1 的解碼結果，第二位元對應 PDSCH2 的解碼結果：

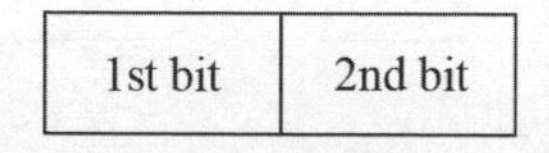

PDSCH1 PDSCH2

圖 18-41 HARQ-ACK（混合自動重傳請求回應）編碼簿

在時間槽 n+4 上，UE 在社區 1 上收到排程 PDSCH5 的 DCI 中的 PDSCH 組標識 G=1、NFI=0 且 C-DAI=2，T-DAI=3，該 PDSCH5 對應的 HARQ-ACK 資訊被指示透過時間槽 n+5 上的 PUCCH 資源進行回饋，其中，由於回饋請求組個數指示 Q=1，UE 讀取非排程組對應的 T-DAI2=3，NFI2=0；UE 在社區 2 上收到排程 PDSCH6 的 DCI 中的 PDSCH 組標識 G=1、NFI=0 且 C-DAI=3，T-DAI=3，該 PDSCH6 對應的 HARQ-ACK 資訊被指示透過時間槽 n+5 上的 PUCCH 資源進行回饋，其中，由於回饋請求組個數指示 Q=1，UE 讀取非排程組對應的 T-DAI2=3，NFI2=0。

UE 根據 PDSCH4、PDSCH5 和 PDSCH6 對應相同的組標識 G=1 和相同的 NFI=0，可以確定 PDSCH4、PDSCH5 和 PDSCH6 對應的 HARQ-ACK 資訊均屬於組#1 的 HARQ-ACK 編碼簿。在排程 PDSCH6 的 DCI 中 Q=1，說明該 DCI 也觸發了另一個組即組#0 的回饋；DCI 中 NFI2=0，說明觸發

回饋的組#0 對應的 NFI 設定值為 0；DCI 中 T-DAI2=3，說明觸發回饋的組#0 中包括的 HARQ-ACK 位元數為 3。因此，UE 確定在 PUCCH 資源 2 上回饋組#0 和組#1 的 HARQ-ACK 編碼簿，且組#0 中包括的 HARQ-ACK 位元數為 3。在標準中，當需要在一個 PUCCH 資源上回饋兩個組的 HARQ-ACK 編碼簿時，組#0 的 HARQ-ACK 編碼簿排列在組#1 的 HARQ-ACK 編碼簿前面。

在上述過程中，UE 為時間槽 n+5 上的 PUCCH 資源 2 生成的 HARQ-ACK 編碼簿以下圖 18-42 所示，其中，對於未被接收到的 PDSCH3 對應的解碼結果為 NACK：

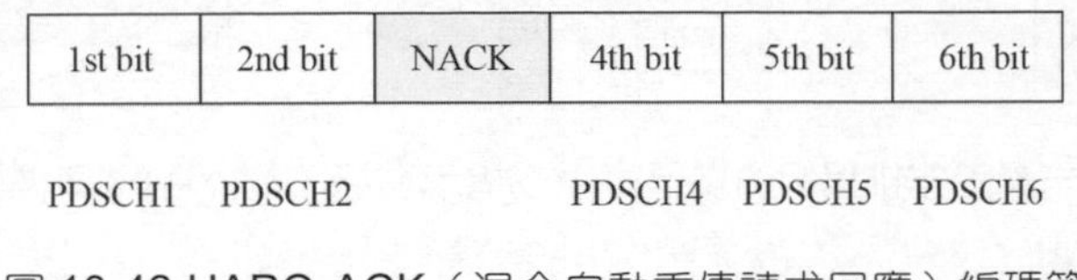

圖 18-42 HARQ-ACK（混合自動重傳請求回應）編碼簿

情況 2：UE 收到 DCI 格式 1_1 的排程且未被設定非排程組的編碼簿生成指示資訊

假設一個 HARQ 處理程序對應 1 位元 HARQ-ACK 資訊。UE 在社區 1 和社區 2 上被排程 PDSCH 接收，DCI 格式 1_1 中的資訊域中包括組標識（用 G 表示）、排程組的 DAI（用 C-DAT，T-DAI 表示）、排程組的 NFI（用 NFI 表示）、HARQ 時序指示（用 K1 表示，其中無效 K1 用 NNK1 表示）、回饋請求組個數指示（用 Q 表示）。

如圖 18-43 所示，在時間槽 n 上，UE 在社區 1 上收到排程 PDSCH1 的 DCI 中的 PDSCH 組標識 G=0、NFI=0 且 C-DAI=1，T-DAI=2，該 PDSCH 1 對應的 HARQ-ACK 資訊被指示透過時間槽 n+3 上的 PUCCH 資源進行回饋，回饋請求組個數指示 Q=0；UE 在社區 2 上收到排程 PDSCH2 的 DCI 中的 PDSCH 組標識 G=0、NFI=0 且 C-DAI=2，T-DAI=2，該 PDSCH 2 對應的 HARQ-ACK 資訊被指示透過時間槽 n+3 上的 PUCCH 資源進行回饋，回饋請求組個數指示 Q=0。在時間槽 n+1 上，基地台向 UE 排程了

PDSCH3，這裡假設 UE 沒有收到排程 PDSCH3 的 DCI 資訊。在時間槽 n+2 上，UE 在社區 2 上收到排程 PDSCH4 的 DCI 中的 PDSCH 組標識 G=1、NFI=0 且 C-DAI=1，T-DAI=1，該 PDSCH 4 對應的 HARQ 時序指示為無效 K1，即表示 PDSCH4 對應的 HARQ-ACK 資訊的回饋資源暫時不確定，其中，回饋請求組個數指示 Q=0。

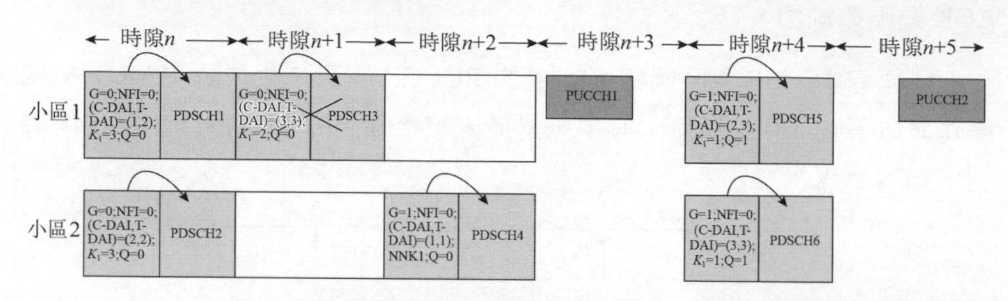

圖 18-43 未設定非排程組的編碼簿生成指示資訊下的 eType-2 編碼簿生成

UE 根據 PDSCH1 和 PDSCH2 對應相同的組標識 G=0 和相同的 NFI=0，可以確定 PDSCH1 和 PDSCH2 對應的 HARQ-ACK 資訊均屬於組#0 的 HARQ-ACK 編碼簿。

因此，在上述過程中，UE 為時間槽 n+3 上的 PUCCH 資源 1 生成的 HARQ-ACK 編碼簿以下圖 18-44 所示，其中第 1 位元對應 PDSCH1 的解碼結果，第 2 位元對應 PDSCH2 的解碼結果：

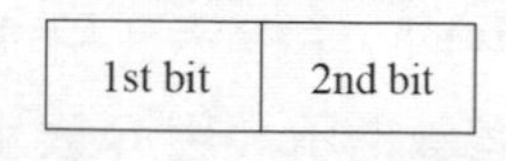

PDSCH1　PDSCH2

圖 18-44 HARQ-ACK（混合自動重傳請求回應）編碼簿

在時間槽 n+4 上，UE 在社區 1 上收到排程 PDSCH5 的 DCI 中的 PDSCH 組標識 G=1、NFI=0 且 C-DAI=2，T-DAI=3，該 PDSCH5 對應的 HARQ-ACK 資訊被指示透過時間槽 n+5 上的 PUCCH 資源進行回饋，回饋請求組個數指示 Q=1；UE 在社區 2 上收到排程 PDSCH6 的 DCI 中的 PDSCH 組標識 G=1、NFI=0 且 C-DAI=3，T-DAI=3，該 PDSCH6 對應的 HARQ-ACK 資訊被指示透過時間槽 n+5 上的 PUCCH 資源進行回饋，回饋請求組個數指示 Q=1。

UE 根據 PDSCH4、PDSCH5 和 PDSCH6 對應相同的組標識 G=1 和相同的 NFI=0，可以確定 PDSCH4、PDSCH5 和 PDSCH6 對應的 HARQ-ACK 資訊均屬於組#1 的 HARQ-ACK 編碼簿。在排程 PDSCH6 的 DCI 中 Q=1，說明該 DCI 也觸發了另一個組即組#0 的回饋，因此，UE 確定在 PUCCH 資源 2 上回饋組#0 和組#1 的 HARQ-ACK 編碼簿。由於排程 PDSCH6 的 DCI 中不包括非排程組的 NFI2 和 T-DAI2 資訊，UE 根據自己的接收情況確定待回饋的組#0 對應的 NFI 資訊為 0，且組#0 中包括的 HARQ-ACK 位元數為 2。如前所述，當需要在一個 PUCCH 資源上回饋兩個組的 HARQ-ACK 編碼簿時，組#0 的 HARQ-ACK 編碼簿排列在組#1 的 HARQ-ACK 編碼簿前面。

在上述過程中，UE 為時間槽 n+5 上的 PUCCH 資源 2 生成的 HARQ-ACK 編碼簿以下圖 18-45 所示：

1st bit	2nd bit	3rd bit	4th bit	5th bit
PDSCH1	PDSCH2	PDSCH4	PDSCH5	PDSCH6

圖 18-45 HARQ-ACK（混合自動重傳請求回應）編碼簿

由於沒有被設定非排程組的指示資訊，一些情況下，當 UE 沒有正確接收基地台發送的排程資訊時，可能會出現基地台和 UE 對生成編碼簿的了解不一致。例如在該範例中，基地台期望 UE 回饋 6 位元 HARQ-ACK 資訊，但 UE 回饋了 5 位元 HARQ-ACK 資訊。

情況 3：UE 收到 DCI 格式 1_0 和對應組 0 的 DCI 格式 1_1 的排程

假設一個 HARQ 處理程序對應 1 位元 HARQ-ACK 資訊。UE 在社區 1 和社區 2 上被排程 PDSCH 接收，DCI 格式 1_1 中的資訊域中包括組標識

（用 G 表示）、排程組的 DAI（用 C-DAT，T-DAI 表示）、排程組的 NFI（用 NFI 表示）、HARQ 時序指示（用 K1 表示）、回饋請求組個數指示（用 Q 表示）。DCI 格式 1_0 中的資訊域中包括 DAI 計數資訊（用 C-DAT 表示）和 HARQ 時序指示（用 K1 表示）。其中，UE 在兩次 PUCCH 回饋資源中間接收到 DCI 格式 1_0 排程的 PDSCH 和 DCI 格式 1_1 排程的屬於組 0 的 PDSCH。

如圖 18-46 所示，在時間槽 n+1 上，UE 在社區 1 上收到排程 PDSCH1 的 DCI 格式 1_0，DCI 格式 1_0 中的 C-DAI=1，該 PDSCH 1 對應的 HARQ-ACK 資訊被指示透過時間槽 n+5 上的 PUCCH 資源進行回饋；UE 在社區 2 上收到排程 PDSCH2 的 DCI 格式 1_1 中的 PDSCH 組標識 G=0、NFI=0 且 C-DAI=2，T-DAI=2，該 PDSCH 2 對應的 HARQ-ACK 資訊被指示透過時間槽 n+5 上的 PUCCH 資源進行回饋，回饋請求組個數指示 Q=0。在時間槽 n+2 上，UE 在社區 1 上收到排程 PDSCH3 的 DCI 格式 1_0，DCI 格式 1_0 中的 C-DAI=3，該 PDSCH3 對應的 HARQ-ACK 資訊被指示透過時間槽 n+5 上的 PUCCH 資源進行回饋。在時間槽 n+3 上，UE 在社區 2 上收到排程 PDSCH4 的 DCI 格式 1_1 中的 PDSCH 組標識 G=0、NFI=0 且 C-DAI=4，T-DAI=4，該 PDSCH4 對應的 HARQ-ACK 資訊被指示透過時間槽 n+5 上的 PUCCH 資源進行回饋，回饋請求組個數指示 Q=0。在時間槽 n+4 上，UE 在社區 1 上收到排程 PDSCH5 的 DCI 格式 1_0，DCI 格式 1_0 中的 C-DAI=5，該 PDSCH5 對應的 HARQ-ACK 資訊被指示透過時間槽 n+5 上的 PUCCH 資源進行回饋。

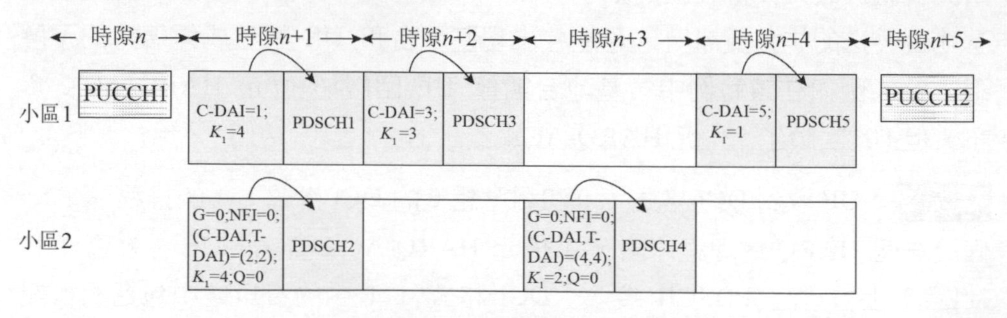

圖 18-46 UE 收到 DCI 格式 1_0 和對應組 0 的 DCI 格式 1_1 的排程

因此，在上述過程中，UE 為時間槽 n+5 上的 PUCCH 資源 2 生成的 HARQ-ACK 編碼簿以下圖 18-47 所示，其中 DCI 格式 1_0 排程的 PDSCH 被認為屬於 PDSCH 組 0：

1st bit	2nd bit	3rd bit	4th bit	5th bit
PDSCH1	PDSCH2	PDSCH3	PDSCH4	PDSCH5

圖 18-47 HARQ-ACK（混合自動重傳請求回應）編碼簿

情況 4：UE 收到 DCI 格式 1_0 的排程且未收到 DCI 格式 1_1 的排程

假設一個 HARQ 處理程序對應 1 位元 HARQ-ACK 資訊。UE 在社區 1 上被排程 PDSCH 接收，DCI 格式 1_1 中的資訊域中包括組標識（用 G 表示）、排程組的 DAI（用 C-DAT，T-DAI 表示）、排程組的 NFI（用 NFI 表示）、HARQ 時序指示（用 K1 表示）、回饋請求組個數指示（用 Q 表示）。DCI 格式 1_0 中的資訊域中包括 DAI 計數資訊（用 C-DAT 表示）和 HARQ 時序指示（用 K1 表示）。其中，UE 在兩次 PUCCH 回饋資源中間接收到 DCI 格式 1_0 排程的 PDSCH 且未接收到 DCI 格式 1_1 排程的屬於組 0 的 PDSCH。

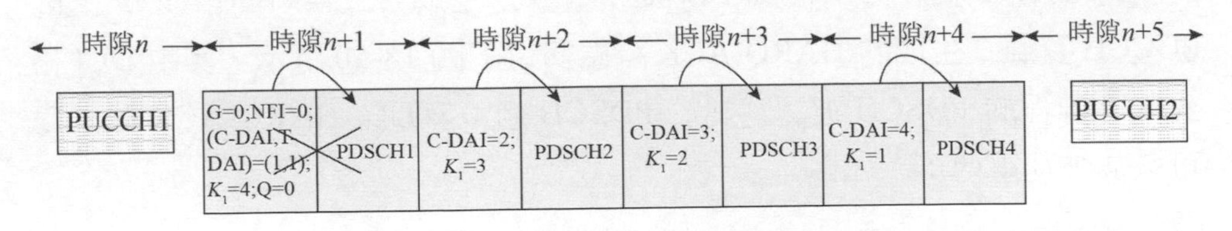

圖 18-48 UE 收到 DCI 格式 1_0 的排程

如圖 18-48 所示，在時間槽 n+1 上，基地台使用 DCI 格式 1_1 向 UE 排程了 PDSCH1，其中，DCI 格式 1_1 中的 PDSCH 組標識 G=0、NFI=0 且 C-DAI=1，T-DAI=1，該 PDSCH1 對應的 HARQ-ACK 資訊被指示透過時間槽 n+5 上的 PUCCH 資源進行回饋，回饋請求組個數指示 Q=0，這裡假設 UE 沒有收到排程 PDSCH1 的 DCI 資訊。在時間槽 n+2 上，UE 收到排程 PDSCH2 的 DCI 格式 1_0，DCI 格式 1_0 中的 C-DAI=2，該 PDSCH2 對應

的 HARQ-ACK 資訊被指示透過時間槽 n+5 上的 PUCCH 資源進行回饋。在時間槽 n+3 上，UE 收到排程 PDSCH3 的 DCI 格式 1_0，DCI 格式 1_0 中的 C-DAI=3，該 PDSCH3 對應的 HARQ-ACK 資訊被指示透過時間槽 n+5 上的 PUCCH 資源進行回饋。在時間槽 n+4 上，UE 收到排程 PDSCH4 的 DCI 格式 1_0，DCI 格式 1_0 中的 C-DAI=4，該 PDSCH4 對應的 HARQ-ACK 資訊被指示透過時間槽 n+5 上的 PUCCH 資源進行回饋。

在上述過程中，由於 UE 沒有接收到 DCI 格式 1_1 排程的屬於組 0 的 PDSCH1，因此 UE 根據 Type-2 編碼簿生成方式為時間槽 n+5 上的 PUCCH 資源 2 生成的 HARQ-ACK 編碼簿以下圖 18-49 所示，其中 DCI 格式 1_0 排程的 PDSCH 被認為不屬於任何 PDSCH 組，即該 HARQ-ACK 編碼簿不支援重傳：

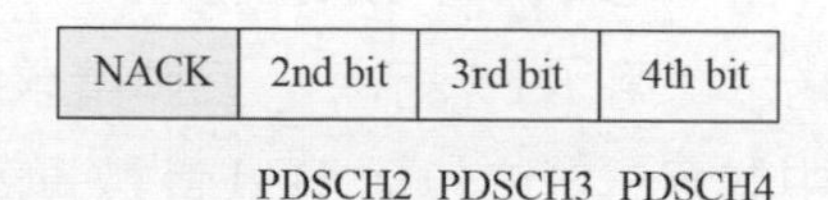

圖 18-49 HARQ-ACK（混合自動重傳請求回應）編碼簿

當然，如果在上述過程中 UE 正確接收到了 DCI 格式 1_1 排程的屬於組 0 的 PDSCH1，那麼 UE 根據 eType-2 編碼簿生成方式為時間槽 n+5 上的 PUCCH 資源 2 生成的 HARQ-ACK 編碼簿以下圖 18-50 所示，其中 DCI 格式 1_0 排程的 PDSCH 被認為屬於 PDSCH 組 0，即該 HARQ-ACK 編碼簿可以被排程重傳：

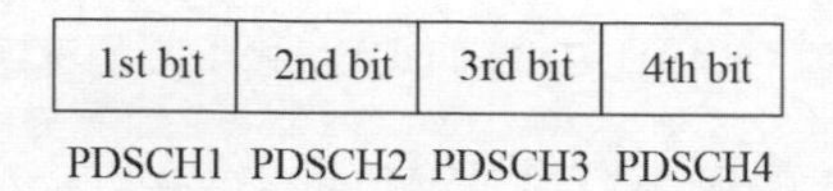

圖 18-50 HARQ-ACK（混合自動重傳請求回應）編碼簿

2. 類型 3（Type-3）HARQ-ACK 編碼簿

如前所述，如果 UE 被設定 One-shot HARQ-ACK 回饋，那麼 DCI 格式 1_1 中可以包括 1 位元的 one-shot HARQ-ACK 回饋請求資訊域（One-shot

HARQ-ACK request）。基地台可以透過將該 one-shot HARQ-ACK 回饋請求資訊域設定為 1 來觸發 UE 進行 one-shot HARQ-ACK 回饋。其中，觸發 UE 進行 one-shot HARQ-ACK 回饋的 DCI 格式 1_1 可以排程 PDSCH 接收，也可以不排程 PDSCH 接收。

如果 UE 收到基地台透過 DCI 觸發的 one-shot HARQ-ACK 回饋，那麼 UE 生成 Type-3 HARQ-ACK 編碼簿，其中，Type-3 HARQ-ACK 編碼簿中包括一個 PUCCH 組中所有設定的載體上的所有 HARQ 處理程序對應的 HARQ-ACK 資訊。

Type-3 編碼簿回饋具體包括兩種類型，一種是攜帶新資料指示（New data indicator，NDI）資訊的 Type-3 編碼簿回饋，一種是不攜帶 NDI 資訊的 Type-3 編碼簿回饋，基地台可以透過高層訊號來設定 UE 在進行 Type-3 編碼簿回饋時是否需要攜帶 NDI 資訊。下面對 Type-3 編碼簿生成的兩種類型介紹。

類型 1：攜帶 NDI 資訊的 Type-3 編碼簿回饋

一個傳輸區塊（Transport Block，TB）對應一個 NDI 值。在該類型下，對於每個 HARQ 處理程序，UE 回饋最近一次收到的該 HARQ 處理程序號對應的 NDI 資訊和 HARQ-ACK 資訊。如果某個 HARQ 處理程序沒有先驗資訊例如沒有被排程，UE 假設 NDI 設定值為 0 且設定 HARQ-ACK 資訊為 NACK。該類型下 Type-3 HARQ-ACK 編碼簿排列順序遵循以下原則：先碼塊群組（Code block group，CBG）或 TB，再 HARQ 處理程序，最後社區，其中，對於每個 TB，先 HARQ-ACK 資訊位元，後 NDI 資訊。

假設一個 HARQ 處理程序對應 1 位元 HARQ-ACK 資訊。一個 PUCCH 組中包括社區 1 和社區 2，其中每個社區上包括 16 個 HARQ 處理程序。UE 在社區 1 和社區 2 上被排程 PDSCH 接收，DCI 格式 1_1 中的資訊域中包括 one-shot HARQ-ACK 回饋請求資訊域（用 T 表示）。

如圖 18-51 所示，在時間槽 n 上，UE 在社區 1 上收到排程 PDSCH1 的 DCI，其中，PDSCH1 對應的 HARQ 處理程序號為 4，NDI 資訊為 1，該

PDSCH 1 對應的 HARQ-ACK 資訊被指示透過時間槽 n+3 上的 PUCCH 資源進行回饋，T=0，即未觸發 one-shot HARQ-ACK 回饋請求；UE 在社區 2 上收到排程 PDSCH2 的 DCI，其中，PDSCH2 對應的 HARQ 處理程序號為 5，NDI 資訊為 0，該 PDSCH 2 對應的 HARQ-ACK 資訊被指示透過時間槽 n+3 上的 PUCCH 資源進行回饋，T=0，即未觸發 one-shot HARQ-ACK 回饋請求。在時間槽 n+1 上，UE 在社區 1 上收到排程 PDSCH3 的 DCI，其中，PDSCH3 對應的 HARQ 處理程序號為 8，NDI 資訊為 0，該 PDSCH 3 對應的 HARQ-ACK 資訊被指示透過時間槽 n+3 上的 PUCCH 資源進行回饋，T=0，即未觸發 one-shot HARQ-ACK 回饋請求。在時間槽 n+2 上，UE 在社區 2 上收到排程 PDSCH4 的 DCI，其中，PDSCH4 對應的 HARQ 處理程序號為 9，NDI 資訊為 1，該 PDSCH 4 對應的 HARQ-ACK 資訊被指示透過時間槽 n+3 上的 PUCCH 資源進行回饋，T=1，即觸發 one-shot HARQ-ACK 回饋請求。

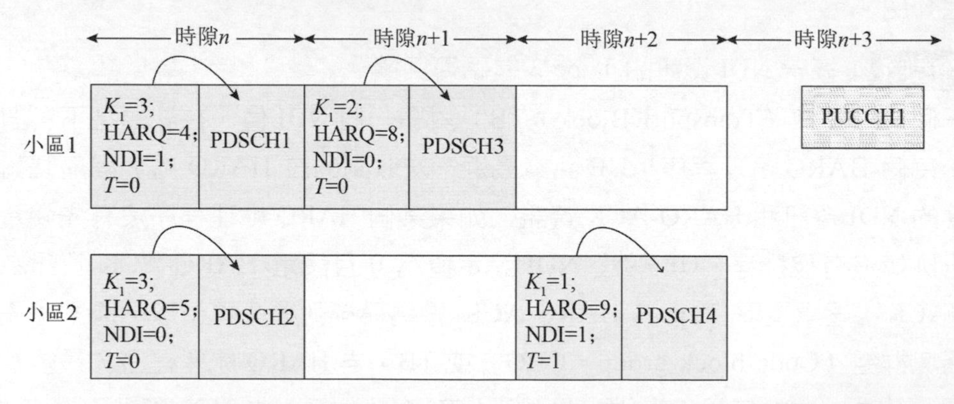

圖 18-51 one-shot HARQ-ACK（混合自動重傳請求回應）回饋

UE 為時間槽 n+3 上的 PUCCH 資源 1 生成的 HARQ-ACK 編碼簿中包括 NDI 資訊，其中第 9 和第 10 位元對應 PDSCH1 的解碼結果和 NDI 資訊，第 17 和第 18 位元對應 PDSCH3 的解碼結果和 NDI 資訊，第 43 和第 44 位元對應 PDSCH2 的解碼結果和 NDI 資訊，第 51 和第 52 位元對應 PDSCH4 的解碼結果和 NDI 資訊。具體以下圖 18-52 所示：

NACK	0	NACK	0	NACK	0	NACK	0	9th bit	10th bit	NACK	0	NACK	0	NACK	0
HARQ0	NDI0	HARQ1	NDI1	HARQ2	NDI2	HARQ3	NDI3	HARQ4	NDI4=1	HARQ5	NDI5	HARQ6	NDI6	HARQ7	NDI7

17th bit	18th bit	NACK	0	NACK	0	NACK	0	NACK	0	NACK	0	NACK	0	NACK	0
HARQ8	NDI8=0	HARQ9	NDI9	HARQ10	NDI10	HARQ11	NDI11	HARQ12	NDI12	HARQ13	NDI13	HARQ14	NDI14	HARQ15	NDI15

NACK	0	NACK	0	NACK	0	NACK	0	NACK	0	43rd bit	44th bit	NACK	0	NACK	0
HARQ0	NDI0	HARQ1	NDI1	HARQ2	NDI2	HARQ3	NDI3	HARQ4	NDI4	HARQ5	NDI5=0	HARQ6	NDI6	HARQ7	NDI7

NACK	0	51st bit	52nd bit	NACK	0	NACK	0	NACK	0	NACK	0	NACK	0	NACK	0
HARQ8	NDI8	HARQ9	NDI9=1	HARQ10	NDI10	HARQ11	NDI11	HARQ12	NDI12	HARQ13	NDI13	HARQ14	NDI14	HARQ15	NDI15

圖 18-52 HARQ-ACK（混合自動重傳請求回應）編碼簿

類型 2：不攜帶 NDI 資訊的 Type-3 編碼簿回饋

在該類型下，對於每個 HARQ 處理程序，UE 回饋該 HARQ 處理程序號對應的 HARQ-ACK 資訊。如果某個 HARQ 處理程序沒有先驗資訊例如沒有被排程，UE 設定 HARQ-ACK 資訊為 NACK。對於某一個 HARQ 處理程序，如果 UE 進行過一次 ACK 回饋後，應對該 HARQ 處理程序進行狀態重置。該類型下 Type-3 HARQ-ACK 編碼簿排列順序遵循以下原則：先 CBG 或 TB，再 HARQ 處理程序，最後社區。

同樣以圖 18-51 所示的情況為例，UE 為時間槽 n+3 上的 PUCCH 資源 1 生成的 HARQ-ACK 編碼簿中不包括 NDI 資訊，其中第 5 位元對應 PDSCH1 的解碼結果，第 9 位元對應 PDSCH3 的解碼結果，第 22 位元對應 PDSCH2 的解碼結果，第 26 位元對應 PDSCH4 的解碼結果。具體以下圖 18-53 所示：

NACK	NACK	NACK	NACK	5th bit	NACK	NACK	NACK	9th bit	NACK	NACK	NACK	NACK	NACK	NACK	NACK
HARQ0	HARQ1	HARQ2	HARQ3	HARQ4	HARQ5	HARQ6	HARQ7	HARQ8	HARQ9	HARQ10	HARQ11	HARQ12	HARQ13	HARQ14	HARQ15

NACK	NACK	NACK	NACK	NACK	22nd bit	NACK	NACK	NACK	26th bit	NACK	NACK	NACK	NACK	NACK	NACK
HARQ0	HARQ1	HARQ2	HARQ3	HARQ4	HARQ5	HARQ6	HARQ7	HARQ8	HARQ9	HARQ10	HARQ11	HARQ12	HARQ13	HARQ14	HARQ15

圖 18-53 HARQ-ACK（混合自動重傳請求回應）編碼簿

18.5.3 連續 PUSCH 排程

由於在非授權載體上的通訊開始前要先進行通道監聽，當基地台要排程 UE 進行 PUSCH 傳輸時，基地台因為通道監聽失敗不能發送上行授權資訊，或 UE 因為通道監聽失敗不能發送 PUSCH，都會導致 PUSCH 傳輸失敗。為了減小通道監聽失敗對 PUSCH 傳輸的影響，在 NR-U 系統中引入了上行多 PUSCH 連續排程，即可以透過一個上行授權 DCI 排程多個連續的 PUSCH 進行傳輸。

上行多通道連續排程可以透過非回復上行授權 DCI 格式 0_1 來支援。基地台可以透過高層訊號為 UE 設定支援多 PUSCH 連續排程的時域資源設定（Time domain resource assignment，TDRA）集合，該 TDRA 集合中可以包括至少一行 TDRA 參數，其中，每行 TDRA 參數中包括 m 個 PUSCH 的 TDRA 分配，該 m 個 PUSCH 在時域上是連續的，m 的設定值範圍為 1 到 8。

如果 m 的設定值為 1，那麼 DCI 格式 0_1 為排程一個 PUSCH 傳輸的上行授權，在這種情況下，DCI 格式 0_1 中包括上行共用通道（Uplink shared channel，UL-SCH）域和碼塊群組傳輸資訊（Code block group transmission information，CBGTI）域，且該 PUSCH 對應 2 位元容錯版本（Redundancy version，RV）指示資訊。

如果 m 的設定值大於 1，那麼 DCI 格式 0_1 為排程多個 PUSCH 傳輸的上行授權，在這種情況下，DCI 格式 0_1 中不包括 UL-SCH 域和 CBGTI 域，且該 m 個 PUSCH 中的每個 PUSCH 分別對應 1 位元 RV 指示資訊和 1 位元 NDI 指示資訊。

如果 DCI 格式 0_1 在排程 m 個 PUSCH 傳輸的同時也觸發了通道狀態資訊（Channel state information，CSI）回饋，那麼對於 CSI 回饋映射的 PUSCH 包括以下兩種情況：

- 如果 m 的設定值小於或等於 2，則 CSI 回饋承載在該 m 個 PUSCH 中的最後一個被排程的 PUSCH 上。
- 如果 m 的設定值大於 2，則 CSI 回饋承載在該 m 個 PUSCH 中的倒數第二個被排程的 PUSCH 上。

18.6 NR-U 系統中免排程授權上行

在本小節中我們將介紹免排程授權(configured grant-CG)上行傳輸在 NR-U 中的擴充。在第 15.5 節我們已經介紹了免排程授權傳輸在 R15 和 R16 在授權頻譜中的設計細節。在本節中我們重點介紹 3GPP 在 NR-U 的特殊場景而對於免排程授權傳輸的必要增強，我們將分為以下幾個部分分別說明：時頻域資源設定，CG-UCI 和重複傳輸，CG 控制訊號，下行回饋訊號，以及重傳計時器。

18.6.1 免排程授權傳輸資源設定

在非授權頻譜中 UE 需要透過通道連線檢測來確定是否可以發送上行資料，由於這個特殊的限制，在 NR-U 系統中對於免排程授權傳輸做了特別的考慮。這裡主要的增強點在於，當 UE 透過通道連線偵測得到通道的使用權後，UE 有一段通道佔用時間，在這段時間內應該盡可能地讓 UE 連續傳輸多個 CG-PUSCH。這樣 UE 就無需再做額外的通道連線偵測，從而大幅的提高了 UE 在非授權頻譜中傳輸的效率。我們在之前的章節中已經了解到了在 R15 中，免排程授權傳輸的資源並沒有在時域裡設定多個連續 CG-PUSCH 的設計，因此在 NR-U 中，時域設定設計的主要目標是如何設定出多個連續的 CG-PUSCH 資源。在 3GPP 的討論中有不同的候選設計方案[59-69]。其中一個方案的設計想法是基地台設定第一個時間槽裡的 CG-PUSCH 資源，以及總共的時間槽數量，從第二個時間槽開始 CG-PUSCH 的資源佔滿整個時間槽。這樣的設計優勢是在設定資訊中只需要包括時間槽的數量以及第一個時間槽內的 CG-PUSCH 的起始符號位置。UE 根據設定資訊確定所有的 CG-PUSCH 資源都首尾相連如圖 18-54 所示。

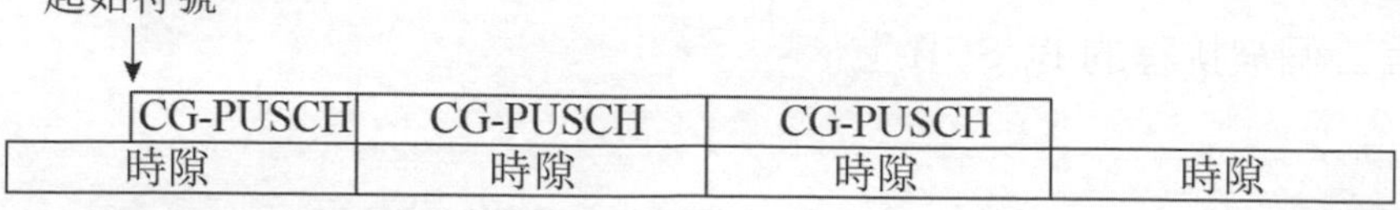

起始符號

CG-PUSCH	CG-PUSCH	CG-PUSCH	
時隙	時隙	時隙	時隙

圖 18-54 NR-U CG（免排程授權）時域資源設定備選方案 1

然而此方案的限制是，從第二個時間槽開始的所有 CG-PUSCH 的傳輸都是全時間槽傳輸，這樣的設計的第一個缺點是 UE 對於第一個 CG-PUSCH 的非全時間槽傳輸的處理和之後全時間槽的不同，因此需要有一個處理上的轉換。第二個缺點是，資源設定的不靈活限制了未來的增強可能，例如在未來要在 NR-U 系統中支援低延遲業務，全時間槽傳輸無法滿足低延遲要求。所以 3GPP 決定需要設計一個更靈活的且與舊版相容的方案。於是轉向第二個方案：在每個時間槽內的 CG 資源都根據第一個時間槽的 CG 資源來設定，這樣避免了之後的時間槽內的 CG 資源都是固定為全時間槽傳輸，提高了靈活性。然而如圖 18-55 所示，這個方案帶來的另一個問題是在連續時間槽內的 CG 資源可能不連續，這樣無法達到對於 NR-U 系統中連續 CG 傳輸過程中不做額外的通道連線檢測的目的。為了解決這個問題，如圖 18-56 所示，一個簡單的修改方案基於第一個時間槽的 CG 資源設定，且把後一個時間槽內的第一個 CG 資源的時域向前延伸直到與前一個時間槽的最後一個 CG 資源相連。

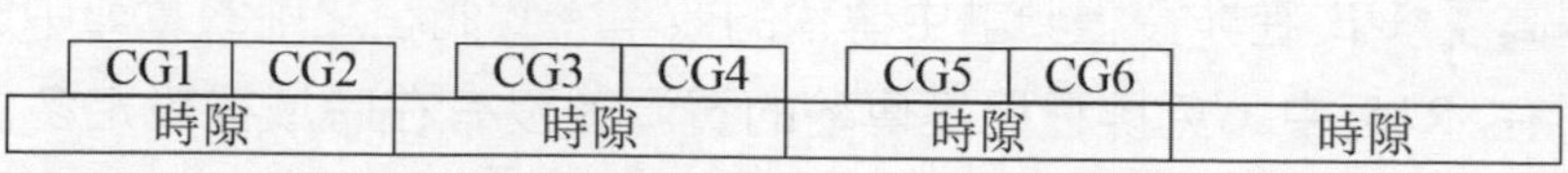

CG1	CG2	CG3	CG4	CG5	CG6		
時隙		時隙		時隙		時隙	

圖 18-57 UE 基於第一個 CG（免排程授權）資源連續映射確定時間槽內的其它資源

此外，另一個問題是關於第一個時間槽內的 CG 資源設定。基地台在設定第一個時間槽內第一個 CG 資源的起始位置和長度時，可以設定第一個 CG 資源在時間槽內的任意位置，這樣 UE 按照第一個 CG 的資源，依次映射出當前時間槽內其他的 CG 資源。例如圖 18-57 所示，當第一個 CG 的資源的起始符號為符號 2 且長度為 3 個符號，此時 UE 可以確定後續的三個 CG 資源。但是如果第一個 CG 的資源的起始符號為 2，且長度為 5 個符號如圖 18-58 所示，很明顯地，UE 無法映射整數個 CG 資源且佔滿該時間槽內後面的所有的符號。在這種情況下，即使是下一個時間槽內的第一個 CG 資源長度伸長，也無法滿足連續的 CG 資源的要求，因為 CG 資源不能跨時間槽設定。所以一個最直接的方案是如圖 18-59 所示把第一個時間槽內的最後一個 CG 資源延長至最後一個符號。

		CG					CG						
0	1	2	3	4	5	6	7	8	9	10	11	12	13
時隙													

圖 18-58 當第一個 CG（免排程授權）資源的位置以及長度設定不合適時，導致時間槽記憶體在資源間隙

		CG					CG						
0	1	2	3	4	5	6	7	8	9	10	11	12	13
時隙													

圖 18-59 當第一個 CG（免排程授權）資源的位置以及長度設定不合適時，導致時間槽記憶體在資源間隙

此方案可以有效解決對於連續的 CG 資源的設定問題。但是在討論中有反對方認為基地台如果需要設定出連續的 CG 資源，那麼基地台應該負責把 CG-PUSCH 的資源大小與時間槽內的位置做完美的匹配，而不需要去做額外的資源延伸處理，相反的，如果基地台沒有設定出連續的資源，那麼基地台有可能故意為之，這樣可以在非連續的符號上再傳輸下行。最終 3GPP 在 RAN1#99 會中決定，在 NR-U 中基地台只需設定時間槽數量（N）和第一個時間槽內的 CG-PUSCH 的數量（M）以及第一個 CG-PUSCH 的起始符號位置（S）和長度（L）。例如圖 18-60 所示基地台可以設定 S=2，L=2，M=6，N=2 四個參數，即 CG 資源佔據 2 個時間槽且每個時間槽內由 6 個 CG-PUSCH 資源，每個 CG-PUSCH 資源佔 2 個 OFDM 符號，且第一個 CG-PUSCH 資源的起始符號為 2。這樣就可以設定出圖

18-58 所示的 CG 資源。

		CG		CG		CG		CG		CG		CG				CG		CG		CG		CG		CG		CG	
0	1	2	3	4	5	6	7	8	9	10	11	12	13	0	1	2	3	4	5	6	7	8	9	10	11	12	13
時隙														時隙													

圖 18-60 CG（免排程授權）資源設定最終方案，透過 4 個參數（起始符號，CG-PUSCH 長度，時間槽數量，時間槽內 CG-PUSCH 數量）共同確定 CG 資源

另一方面，由於在 NR-U 討論的同時，NR R16 URLLC 專案中同時也在討論進一步對於免排程授權傳輸的增強工作，並且最新的設計支援基地台提供多套 CG 資源設定機制（具體參見第 15.3.3 節），因此在 NR-U 系統中基地台也支援了這一機制，其實現的方法是基地台向 UE 設定多套 CG 資源的設定參數，每套設定參數對應一組資源，即多套設定參數對應了多組 CG 資源。如果基地台設定了多套 CG 設定參數，基地台可以全部啟動多套或只啟動部分設定參數，具體的啟動方法直接重用了 URLLC R16 的設計，具體請參見第 15 章。

18.6.2 CG-UCI 和 CG 連續重複傳輸

和 R15 相似地，NR-U 系統中的 CG 傳輸支援對於同一個 TB 的多次傳輸。但由於 NR-U 支援多套 CG 設定參數，這個增強設計使之與 R15 有略微區別。其主要區別在於，如果 UE 要對一個 TB 做多次重複傳輸（如 K 次重複），NR-U 中 UE 可以選擇任意一個 CG 資源開始連續傳輸 K 次 CG-PUSCH，但 R15 只能在指定的位置開始連續的 CG-PUSCH。這裡需要注意的是，UE 所傳輸的 K 次 CG-PUSCH 必須傳輸在連續的 CG 資源，且這些 CG 資源必須屬於同一 CG 資源設定參數。例如圖 18-61 中，基地台提供了兩套 CG 資源的設定（CG 設定 1 和 CG 設定 2），如果 UE 被設定了連續傳輸 4 次，那麼 UE 可以在 CG 設定 1 或 CG 設定 2 下的資源裡選擇對於同一個 TB 做 4 次 CG 傳輸。但是 UE 不允許在跨不同的 CG 設定的資源內選擇 4 個 CG 資源用於重複傳輸。連續傳輸的次數由基地台透過 RRC 參數（repK）設定得到，它的設定候選值包括（1，2，4，8）。當

repK=1 時表示重複 CG 傳輸去使能。除此之外，在 NR-U 系統中進行 CG 傳輸的另一個增強特性是 CG-PUSCH 中包括了上行控制訊號（CG-UCI），即免排程授權上行控制訊號[61-67]。CG-UCI 承載著一些對於 CG-PUSCH 接收所必須的控制訊號，以及 UE 側通道佔用共用資訊。引入 CG-UCI 後使得在 NR-U 系統中的 CG 傳輸靈活度進一步得到提升。下面我們具體説明 CG-UCI 的具體用途。

首先在 R15 裡 CG-PUSCH 傳輸對應預先定義的 HARQ 處理程序，且處理程序號與 CG 的資源做一一映射。這樣如果發生處理程序衝突的時候 UE 無法靈活避免。為了解決這個問題，在 NR-U 系統中 UE 在 CG-UCI 裡加入了 HARQ 處理程序號，這樣 UE 可以靈活的排程不同的處理程序號，也歸功於這個改進，在上一節中我們介紹的當 CG 重複傳輸時 UE 可以任意選擇 CG 資源作為 K 次重複傳輸的起始資源。

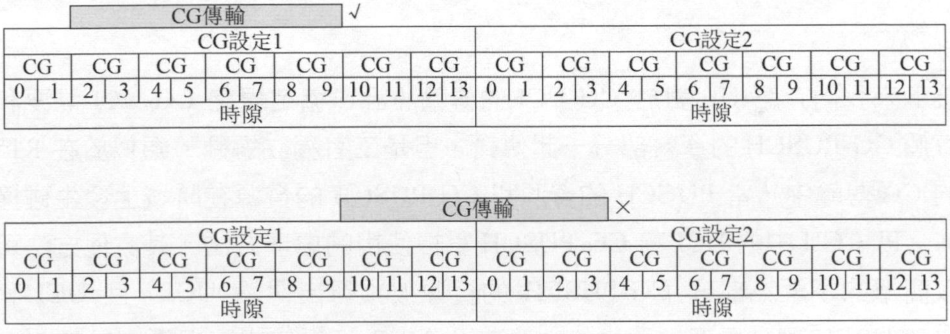

CG傳輸 √

CG設定1														CG設定2													
CG		CG		CG		CG		CG		CG		CG		CG		CG		CG		CG		CG		CG		CG	
0	1	2	3	4	5	6	7	8	9	10	11	12	13	0	1	2	3	4	5	6	7	8	9	10	11	12	13
時隙														時隙													

CG傳輸 ×

CG設定1														CG設定2													
CG		CG		CG		CG		CG		CG		CG		CG		CG		CG		CG		CG		CG		CG	
0	1	2	3	4	5	6	7	8	9	10	11	12	13	0	1	2	3	4	5	6	7	8	9	10	11	12	13
時隙														時隙													

圖 18-61 CG（免排程授權）多次重複傳輸禁止跨不同 CG 設定

另一方面，對於 CG-PUSCH 傳輸時的 RV（redendancy version）值的選擇在 R15 是有嚴格規定的，即基地台嚴格規定 UE 在 CG 重複傳輸時採用具體的 RV 值以及它們的選擇順序，且 CG 的重複起始資源的 RV 值必須等於 0。而在 NR-U 中，UE 可以自行選擇 RV 值並且用 CG-UCI 通知基地台選擇的 RV 值。此外，CG-UCI 裡還包括了 PUSCH 的 NDI 指示，基地台可以根據收到的 HARQ 處理程序號和 NDI 的指示來判斷 CG-PUSCH 裡的資料是新傳資料還是重傳資料。從以上幾個方面我們可以看出 CG-UCI 的引入使得 NR-U 系統中 CG 的靈活性獲得了增強。表 18-10 示出 CG-UCI 裡包括的資訊域和對應的位元數，其中 COT 共用資訊用於指示 UE 的 COT 是否可以共用給基地台以用於傳輸下行（見 18.2.2 小節）。

表 18-10 CG-UCI 資訊域

資訊域	位元數
HARQ	4
RV	2
NDI	1
COT 共用資訊指示	不固定位元數

如果嚴格地從技術層面分析，NR-U 裡的 CG 傳輸的規則可以考慮進一步最佳化。例如既然 CG-UCI 裡已經包括了 HARQ, RV 和 NDI，那麼協定沒有必要進一步規定 UE 在傳輸 K 次重複時必須連續傳輸，基地台可以根據 CG-UCI 裡的指示來確定哪些 CG-PUSCH 裡承載這對於同一個 TB 的重複傳輸。

接下來我們介紹 UE 對於 CG-UCI 的傳輸設計。協定規定 CG-UCI 需要和每個 CG-PUSCH 的資料部分一起傳輸，但是二者獨立編碼。類似於在 R15 的 CG 傳輸中，當 PUCCH 的資源和 CG-PUSCH 的資源在時域上發生碰撞時，PUCCH 中的 UCI 和 CG-PUSCH 重複使用的處理方法。其處理方法可以簡單的了解為部分 CG-PUSCH 的資源被預留出傳輸 UCI，且 UCI 和 CG-PUSCH 獨立編碼。同樣的方法被用於 NR-U 系統中，但區別是當 CG-PUSCH 與 PUCCH 在時間槽內發生碰撞時，UE 需要同時把 CG-UCI, UCI 和 CG-PUSCH 重複使用在一個通道內。這樣導致了優先順序問題，即如果 CG-PUSCH 資源不足以承載所有的資訊時，如何確定上述各部分的傳輸優先順序。

在 R15 中，對這種問題協定規定 HARQ-ACK 資訊為最高優先順序，CSI 第一類資訊次之，最後是 CSI 第二類資訊。也就是說 UE 需要放棄低優先順序資訊而保全高優先順序資訊。在 NR-U 中，由於額外多出了 CG-UCI，因此對於其和 HARQ-ACK 相比誰的優先順序更高引發了激烈的討論。最終在 RAN1#98b 會議上確定 CG-UCI 和 HARQ-ACK 有相同的優先順序，並規定遇到此類碰撞發生時，CG-UCI 和 HARQ-ACK 用聯合編碼的方式。而且如圖 18-62 所示，PUCCH 與時間槽內的第二個 CG 資源傳輸發生碰撞且 PUCCH 裡的 UCI 承載 HARQ-ACK 資訊時，UE 需要使用聯合編碼的方式，CG-UCI 位元在前 HARQ-ACK 位元在後，編碼後二者自然使用同一個 CRC 混碼加擾。當 UCI 裡承載的控制訊號為 CSI 時，重複使用流程參照 R15 規則，此時把 CG-UCI 看作 HARQ-ACK。

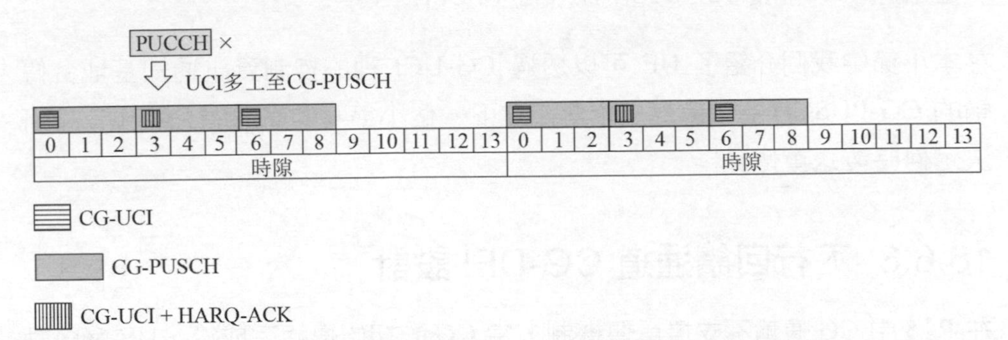

圖 18-62 CG-PUSCH（免排程授權物理上行共用通道）與 PUCCH（物理上行控制通道）碰撞，UCI（上行控制資訊）重複使用在 CG-PUSCH 資源內，且與 CG-UCI（免排程授權上行控制資訊）聯合編碼

在第 18.5 小節，我們已經介紹過 HARQ-ACK 編碼簿的設計。在實際通訊中，基地台和 UE 對於 HARQ-ACK 編碼簿的位元數有時會產生問題，主要的原因是由於可能的一次或多次的排程資訊遺失(DTX)。在產生問題的情況下，基地台無法解碼 CG-UCI 和 HARQ-ACK。所以 3GPP 協定也提供了一套回復方案，即基地台可以選擇在 RRC 的設定裡直接取消 UCI 重複使用在 CG-PUSCH 裡的功能。如果這個功能被禁止的話，UE 遇到 PUCCH 和 CG-PUSCH 傳輸相碰撞的情況下，會選擇在 PUCCH 裡傳輸 UCI。

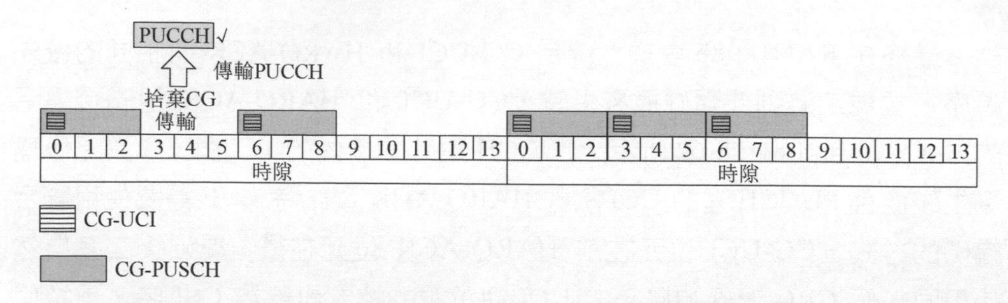

圖 18-63 CG-PUSCH（免排程授權物理上行共用通道）與 PUCCH（物理上行控制通道）碰撞，UE 捨棄 CG-PUSCH 而只傳輸 PUCCH

在本小節中我們介紹了 UE 可以透過 CG-UCI 裡的控制資訊通知基地台傳輸的 CG-PUSCH 為新傳或是重傳。在下一個小節我們將繼續介紹 UE 如何決定何時發送重傳資料。

18.6.3 下行回饋通道 CG-DFI 設計

在 R15 中 CG 傳輸不支援重傳機制，當 CG 的初始傳輸完成後，UE 會啟動名為 CG 計時器(configuredGrantTimer)，當 configuredGrantTimer 過期後如果 UE 沒有收到基地台發來的重傳動態排程，那麼 UE 會認為初始傳輸被基地台成功接收。這時 UE 就會把快取裡的資料清空。在 NR-U 系統中，為了使 UE 獲得對於發送的資料的 HARQ-ACK 回饋資訊，3GPP 引入了免排程授權下行回饋資訊（CG-DFI）[59-69]。該訊號需要在 CG 傳輸功能被設定後才能啟動。引入 CG-DFI 可以達到兩個目的：1）基地台及時提供給 UE CG-PUSCH 的 ACK/NACK 資訊，用於 UE 在下一次傳輸時做 CW 大小的調整（CW 調整相關內容參閱第 18.2.2 小節）；2）基地台及時提供 UE CG-PUSCH 的 ACK/NACK 資訊，UE 可以根據 ACK/NACK 資訊來判斷是否重傳或提前終止 CG-PUSCH 傳輸。

CG-DFI 的 DCI 格式和 DCI 格式 0_1 相同且用 CS-RNTI 加擾。當 UE 在非授權頻率上通訊時，如果被設定了檢測 DCI0_1 且 CG 傳輸功能被啟動時，該 UE 就會同時檢測 CG-DFI。CG-DFI 裡的主要資訊域由以下組成：載體指示資訊，這個資訊域用來指示 DFI 裡的 HARQ-ACK 資訊是針對具體指示的上行載體。在 3GPP 討論初期，方案建議直接重用 Type-3 HARQ-ACK 編碼簿（具體 Type-3 HARQ-ACK 編碼簿細節請閱讀 18.5.2 小節），但由於 Type-3 HARQ-ACK 編碼簿是基於一個 PUCCH 組（PUCCH group）建立的，如果一個組內有多個上行載體，每個上行載體可以設定最多 16 個處理程序，那麼在這樣的情況下回饋的位元數量龐大。由於下行 DCI 的可攜帶的位元數量有限，無法承載如此多的資訊位元，考慮到 DCI 的負擔和傳輸可靠性，在 RAN1#99 會議中，確定最終的方案是在 DCI 裡選擇某一個上行載體的 HARQ 處理程序進行 HARQ-ACK 的回饋。這裡有一個細節需要注意的是，CG-DFI 裡的 HARQ-ACK 資訊是 HARQ 處理程序對應的 TB 的 CRC 驗證結果，即如果驗證通過則為 ACK（1 位元指示為 1），反之為 NACK。因此即使 UE 在一個上行載體上設定了 CBG 傳輸，CG-DFI 對於此載體的 HARQ-ACK 回饋也是基於 TB 的回饋。

表 18-11 CG-DFI 資訊域

DCI 格式指示	1 位元
載體指示	0 或 3 位元
DFI 指示	1 位元
HARQ 處理程序 HARQ-ACK 指示	16 位元

當 UE 收到 CG-DFI 後，就會得到各 HARQ 處理程序對應的 HARQ-ACK 資訊。但是在實際情況下，對於某些 HARQ 處理程序，UE 可能剛剛發送了資料而基地台並沒有足夠的時間處理收到的上行資料，以至於當 UE 收到 CG-DFI 後，需要對於指示的 HARQ-ACK 資訊的有效性先做判斷。這裡的主要設計想法是，如果 UE 知道基地台沒有足夠的時間處理資料那麼 UE 會忽略所指示的 HARQ-ACK 資訊。具體的協定規則是: 基地台在設定 CG 傳輸的同時會設定一個最小處理時間 cg-minDFI-Delay-r16 （D）。UE 每次收到 CG-DFI 後，會根據發送的 CG-PUSCH 的最後一個符號到承載 CG-DFI 的 PDCCH 的第一個符號間的時間長度是否大於 D 來判斷所指示的 HARQ-ACK 資訊是否有效。如果此時間長度大於 D，則說明 DFI 裡指示的對應的 HARQ 處理程序的 HARQ-ACK 資訊為有效，反之則無效。例

如圖 18-64 中，DFI 對於 HARQ0 和 HARQ1 的 HARQ-ACK 資訊有效，而對於 HARQ2 的 HARQ-ACK 資訊無效。

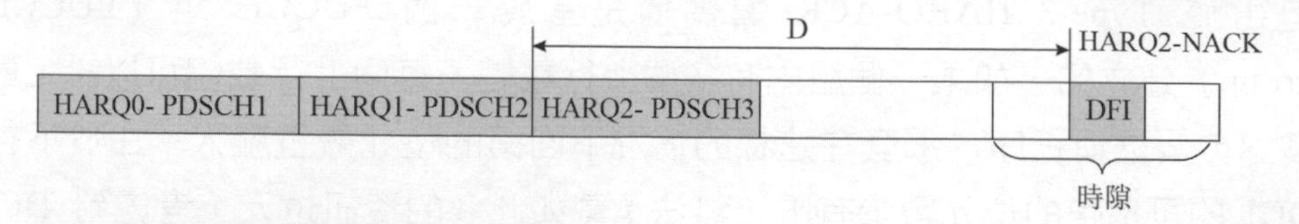

圖 18-64 UE 根據 PUSCH（物理上行共用控制通道）和 CG-DFI（免排程授權下行回饋資訊）之間的時間間隔判斷 HARQ-ACK（混合自動重傳請求回應）資訊是否有效

同樣地，當 CG 傳輸為重複傳輸時，若 DFI 裡指示了一個 HARQ 處理程序對應的 HARQ-ACK 資訊為 ACK 時，只需要重複傳輸的多個 CG-PUSCH 中至少一個 CG-PUSCH 滿足處理時間 D，那麼指示的 HARQ-ACK 資訊則有效。相反地，如果指示的 HARQ-ACK 資訊為 NACK 時，則需要所有的 CG-PUSCH 都滿足處理時間 D，則為有效，反之則確定為無效。

18.6.4 CG 重傳計時器

在非授權頻譜通訊中，接收端的干擾普遍比授權頻譜嚴重，加之 LBT 的影響，在某些情況下基地台無法在 configuredGrantTimer 過期前及時排程 UE 重傳。針對這樣的情況，除了 18.6.3 小節介紹的 CG-DFI 外，3GPP 在 RAN2#105b 會議中建議引入了一個全新重傳計時器(cg-Retransmission Timer)[70]。這個 cg-RetransmissionTimer 在每次 CG-PUSCH 成功傳輸後自動開啟，這裡強調成功傳輸的原因是，當 UE 由於 LBT 失敗而無法傳輸 CG-PUSCH 時，cg-RetransmissionTimer 無需啟動。在 cg-Retransmission Timer 過期後如果沒有收到基地台發來的 CG-DFI 且指示之前的 CG 傳輸為 ACK，那麼 UE 認為之前的 CG 傳輸沒有成功，且自動發起重傳。更進一步地，在 RAN2#107b 會議中確定當 UE 需要自行重傳時，需要在最近可用的 CG 資源裡發起重傳[71]。UE 在 CG 重傳時可以自行選擇 RV 值，基地台根據 NDI 值和 HARQ 處理程序值來判斷是否為 TB 新傳或重傳。這裡需要注意的是，如圖 18-65 所示，configuredGrantTimer 只在 CG 初傳的時候啟動，且在重傳時不重置計時器。但是一旦 configuredGrantTimer 過期時，無論 cg-RetransmissionTimer 是否正在運行，UE 都會停止 cg-RetransmissionTimer 且認為基地台正確收到 CG 傳輸。

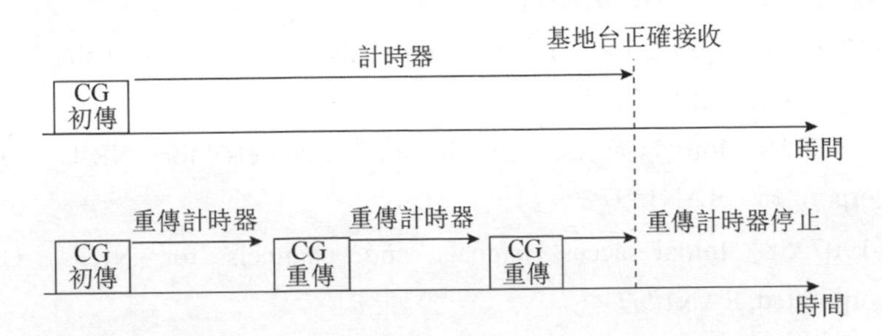

圖 18-65 CG（免排程授權）計時器和 CG 重傳計時器的運作原理

18.7 小結

本章主要介紹了 NR-U 在針對非授權頻譜通訊的增強技術方案。透過 6 小節分別說明了通道監聽過程、初始連線過程、資源區塊集合及控制通道設計、HARQ 與排程、免排程授權傳輸各方面的標準制定過程並解釋了其中重要特性的討論來龍去脈。

參考文獻

[1] R1-1807389, Channel access procedures for NR unlicensed, Qualcomm Incorporated, 3GPP RAN1#93, Busan, Korea, May 21-25, 2018

[2] R1-1805919, Coexistence and channel access for NR unlicensed band operations, Huawei, HiSilicon, 3GPP RAN1#93, Busan, Korea, May 21-25, 2018

[3] R2-1901094 Detecting and handling systematic LBT failures in MAC MediaTek Inc. discussion Rel-16 NR_unlic-Core

[4] R2-1910889 Report of Email Discussion [106#49][NR-U] Consistent LBT Failures

[5] R2-1904114 Report of the email discussion [105#49] LBT modeling for MAC Huawei, HiSilicon discussion Rel-16 NR_unlic-Core

[6] R2-1912304 Details of the Uplink LBT failure mechanism Qualcomm Incorporated

[7] R1-1901332, Feature lead summery on initial access signals and channels for NR-U, Qualcomm，RAN1 #AH-1901

[8] R1-1906672, Physical layer design of initial access signals and channels for NR-U, LG Electronics, RAN1#97

[9] R1-1907258, Initial access signals and channels for NR-U, Qualcomm Incorporated，RAN1#97

[10] R1-1907258, Initial access signals and channels for NR-U, Qualcomm Incorporated, RAN1#97

[11] R1-1907451, Initial access signals and channels, Ericsson, RAN1#97

[12] R1-1906782, "Initial access signals/channels for NR-U", Intel Corporation, RAN1#97

[13] R1-1903404, Feature lead summery on initial access signals and channels for NR-U, Qualcomm，RAN1 #96

[14] R1-1909454, Feature lead summary #1 of Enhancements to initial access procedure, Charter Communications，RAN1 #98

[15] R1-1912710, Enhancements to initial access procedure, Ericsson，RAN1 #99

[16] R1-1912507，Enhancements to initial access procedure for NR-U，OPPO，RAN1 #99

[17] R1-1912710, Enhancements to initial access procedure, Ericsson, RAN1#99

[18] R1-2002028, Initial access signals and channels, Ericsson，RAN1# #100bis-e

[19] R1-1908202, Considerations on initial access signals and channels for NR-U, ZTE, Sanechips, RAN1#100bis-e

[20] R1-1908137, Discussion on initial access signals and channles, vivo, RAN1#98

[21] R1-1909078, Remaining issues for initial access signals and channels, AT&T, RAN1#98

[22] R1-1905634 Feature lead summery on initial access signals and channels for NR-U, Qualcomm Incorporated, RAN1#96bis

[23] R1-1912939, Initial access and mobility procedures for NR-U, Qualcomm Incorporated, RAN1#99

[24] R1-1912198, Enhancements to initial access and mobility for NR-unlicensed,Intel Corporation, RAN1#99

[25] R1-1912286,On Enhancements to Initial Access Procedures for NR-U,Nokia, Nokia Shanghai Bell, RAN1#99

[26] R1-1912710, Enhancements to initial access procedure, Ericsson, RAN1#99

[27] R1-1912765 Initial access procedure for NR-U,Sharp, RAN1#99

[28] R1-1902887 Wideband operation for NR-U Ericsson

[29] R1-1901942 On wideband operation for NR-U Fujitsu

[30] R1-1902261 Wide-band operation for NR-U Samsung

[31] R1-1902475 Wideband operation for NR-unlicensed Intel Corporation

[32] R1-1902591 NR-U wideband operation InterDigital, Inc.

[33] R1-1902872 Discussion on wideband operation for NR-U WILUS Inc.

[34] R1-1908113 NRU wideband BWP operation Huawei, HiSilicon

[35] R1-1908421 Wideband operation for NR-U OPPO

[36] R1-1908688 On wideband operation in NR-U Nokia, Nokia Shanghai Bell

[37] R1-1909249 Wideband operation for NR-U operation Qualcomm Incorporated

[38] R1-1909302 Wideband operation for NR-U Ericsson

[39] TS 38.101-1 NR; User Equipment (UE) radio transmission and reception; Part 1: Range 1 Standalone

[40] R1-2001758 Discussion on the remaining issues of UL signals and channels OPPO

[41] R1-2001651 Remaining issues on physical UL channel design in unlicensed spectrum vivo

[42] R1-2001533 Maintainance on uplink signals and channels Huawei, HiSilicon

[43] R1-2001934 Remaining issues of UL signals and channels for NR-U LG Electronics

[44] R1-2002030 UL signals and channelsEricsson

[45] R1-1905949 Considerations on DL reference signals and channels design for NR-U ZTE, Sanechips

[46] R1-1906042 DL channels and signals in NR unlicensed band Huawei, HiSilicon

[47] R1-1906195 DL signals and channels for NR-U NTT DOCOMO, INC.

[48] R1-1906484 DL signals and channels for NR-U OPPO

[49] R1-1906656 On DL signals and channels Nokia, Nokia Shanghai Bell

[50] R1-1906673 Physical layer design of DL signals and channels for NR-U LG Electronics
[51] R1-1906783 DL signals and channels for NR-unlicensed Intel Corporation
[52] R1-1906918 DL signals and channels for NR-U Samsung
[53] R1-1907085 DL Frame Structure and COT Aspects for NR-U Motorola Mobility, Lenovo
[54] R1-1907159 Design of DL signals and channels for NR-based access to unlicensed spectrum AT&T
[55] R1-1907259 DL signals and channels for NR-U Qualcomm Incorporated
[56] R1-1907334 On COT detection and structure indication for NR-U Apple Inc.
[57] R1-1907452 DL signals and channels for NR-U Ericsson
[58] R1-1807391, Enhancements to Scheduling and HARQ operation for NR-U, Qualcomm Incorporated, 3GPP RAN1#93, Busan, Korea, May 21-25, 2018
[59] R1-1909977 Discussion on configured grant for NR-U ZTE, Sanechips
[60] R1-1910048 Transmission with configured grant in NR unlicensed band Huawei, HiSilicon
[61] R1-1910462 Configured grant enhancement for NR-U Samsung
[62] R1-1910595 On support of UL transmission with configured grants in NR-U Nokia, Nokia Shanghai Bell
[63] R1-1910643 Enhancements to configured grants for NR-unlicensed Intel Corporation
[64] R1-1910793 On configured grant for NR-U OPPO
[65] R1-1910822 Discussion on configured grant for NR-U LG Electronics
[66] R1-1910950 Configured grant enhancement Ericsson
[67] R1-1911055 Discussion on NR-U configured grant MediaTek Inc.
[68] R1-1911100 Enhancements to configured grants for NR-U Qualcomm Incorporated
[69] R1-1911163 Configured grant enhancement for NR-U NTT DOCOMO, INC.
[70] R2-1903713 Configured grant timer(s) for NR-U Nokia, Nokia Shanghai Bell
[71] R2-1912301 Remaining Aspects of Configured Grant Transmission for NR-U Qualcomm Incorporated

Chapter

19 5G 終端節能技術（Power Saving）

左志松、徐偉傑、胡奕 著

19.1 5G 終端節能技術的需求和評估

5G 的 NR 的 R15 為基礎版本。在演進的 NR R16 的標準制定過程中，採用比較全面的方法分析了各種候選的節能技術。對這些候選技術評估和綜合之後，NR R16 標準採用了具有較高節能增益的技術進行增強。

19.1.1 5G 終端節能技術需求

5G 的 NR 標準確保了極高的網路系統資料率，以滿足 ITU 的 IMT-2020 的 5G 資料輸送量最小性能的要求[1]。同時，終端側的能量消耗也是一個 IMT-2020 重要的性能要求指標。從 R16 開始，NR 標準開始專門建立專案致力於終端的節能最佳化。

IMT-2020 的節能需求表述為兩個方面。一方面是在資料有資料傳輸時高能效地進行傳輸。另一方面要求在沒有資料傳輸時能迅速轉入極低耗電狀態。終端的節能透過在多種不同功耗的的狀態之間轉換進行。而這些轉換可以透過網路的指示完成。當有資料服務時，終端需要被網路側迅速「喚醒」且匹配合理的資源高能效地傳輸完資料。當沒有資料服務時，終端又要及時地進入低功耗狀態。

終端收發資料的功耗一般受幾個因素影響：終端的處理頻寬，終端收發的載體數量，終端的啟動 RF 鏈路，終端的收發時間等等因素。根據 LTE 的路測資料，RRC_CONNECTED 模式下的終端功耗佔了終端所有功耗的大部分。RRC_CONNECTED 模式下資料傳輸中，終端的收發處理的上述幾個功耗因素，需要和當前的資料業務模型相匹配。時域上和頻域上所用的資源要去匹配其所接收的 PDCCH/PDSCH 以及所傳輸的 PUCCH/PUSCH 需要的資源。匹配的過程動態化，即每子訊框變化，就能更進一步地達到節能的效果。RRM 測量消耗了終端較多的能量。在終端開機期間的 RRC_CONNECTED/IDLE/INACTIVE 態下都需要進行 RRM 測量。減小不必要的測量對節能也具有重要作用。當終端進入高效傳輸模式時，及時的預先測量也能提高傳輸的效率，減少轉換節能狀態和收發資料的時間。

終端在提高傳輸能效的同時，仍然需要保持較低的資料延遲和較高的輸送量性能。採用的節能技術不能明顯降低網路的性能指標。

19.1.2 節能候選技術

NR 的終端候選節能技術包含了幾組終端進行節能的機制。NR 的第一個標準化版本中提供了一些支援的基礎技術，即 BWP，載體聚合，DRX 機制等等。NR 的終端節能增強進一步完善了基礎技術在節能上的擴充。NR 的節能候選技術分成以下幾大類[6-8]。最終所選擇的節能技術從中篩選。

1. 終端頻率自我調整

載體內，終端透過 BWP 的調整來完成頻率自我調整的功能。調整的依據可以是資料業務量。如第四章種的 BWP 功能的描述，在 NR 中更窄的 BWP 表示更小頻寬收發的的射頻處理，功耗也對應降低。窄的 BWP 也減少了基頻的處理功耗。在多個載體之間，終端支援快速的 SCell 的啟動和去啟動也會降低在 CA/DC 的操作下的功耗。

頻率自我調整過程中，終端也需要對應地調整測量類的 RS。在終端一個時刻只能處理一個 BWP 的前提下，輔助的 RS 能夠幫助終端儘快切換到不同的 BWP。如圖 19-1 所示，如果切換到更大的 BWP 之前在目標 BWP 的頻寬內進行測量，就可以讓基地台為終端進行更有效排程，選用更合適的 MCS，以及佔用更合理的頻率位置。同時，終端不需要在測量穩定之前進入更大頻寬的 BWP。

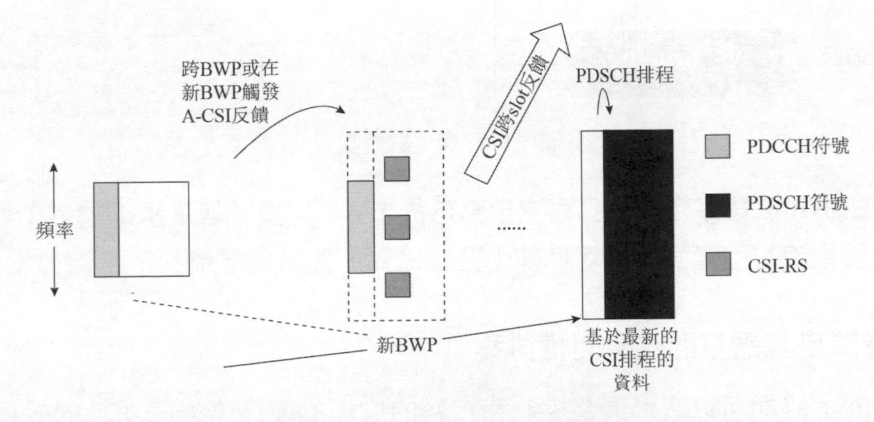

圖 19-1 透過 BWP 調整完成節能

增強的物理層訊號還需要使得終端能夠迅速切換 BWP。進一步的最佳化中，BWP 還可以進一步和 DRX 設定之間建立連結關係[4-5]。

以上這些測量增強等技術，在基礎的 BWP 機制上沒有被充分地支援。在節能增強中，考慮 BWP 切換機制上連結必要的增強功能。

在多載體的作業環境下，以載體為顆粒度的節能最佳化考慮一些快速切換的候選技術。NR 載體最多可以有 15 個輔載體。大量的輔載體在沒有資料的時候需要關掉控制通道、資料通道和測量訊號的接收以實現節能。如圖 19-2 所示，終端在資料不活躍時，只打開一個主載體的下行，其他載體的進入睡眠狀態（如啟動所謂睡眠 BWP）。而且，主載體的下行也可以根據即時業務切換到窄頻的 BWP 上。

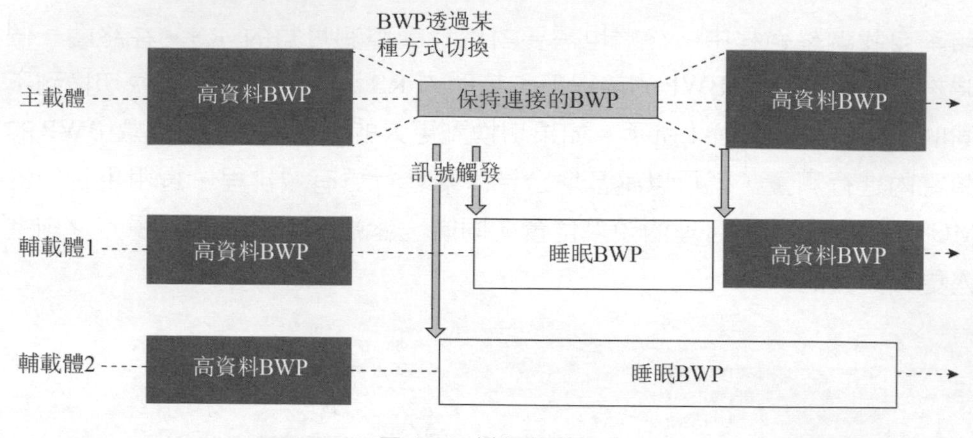

圖 19-2 變化載體數

基礎的 NR 載體聚合技術已經支援動態的 BWP 切換。但是基礎的 NR 載體聚合技術沒有對應的快速切換輔小區（載體）睡眠的機制。

2. 時間自我調整的跨時間槽排程

在時間上終端可以透過調整控制和資料的處理的順序獲得降功耗的效果。透過順序化的控制和資料處理，不必要的射頻和基頻處理功耗被省掉。其射頻功耗自我調整過程如圖 19-3 所示。

為什麼會有這樣的差別呢？原因來自 NR 和 LTE 都支援本 Slot 排程。在 NR 中，如果 PDSCH/PUSCH 設定的時域排程表中含有 K0=0 或 K2=0 的項，終端必須在每個排程 PDCCH 監控機會結束後準備上下行的資料。由於盲檢出 PDCCH 的排程資訊需要時間，終端不得不在 PDCCH 之後快取幾個符號的全 BWP 頻寬上的下行訊號。因此每個 PDCCH 監控機會都會帶來射頻上的功率損耗，即使沒有資料排程。除了了圖 19-3 示意的射頻功耗外，快取 BWP 上的訊號也是有功耗的處理。

根據實際網路的資料統計，絕大多數情況下終端只在其中一小部分的時間槽中有控制通道排程和資料傳輸。為這一小部分資料傳輸終端無謂地消耗了較多的控制通道檢測和快取的所需要的功耗。

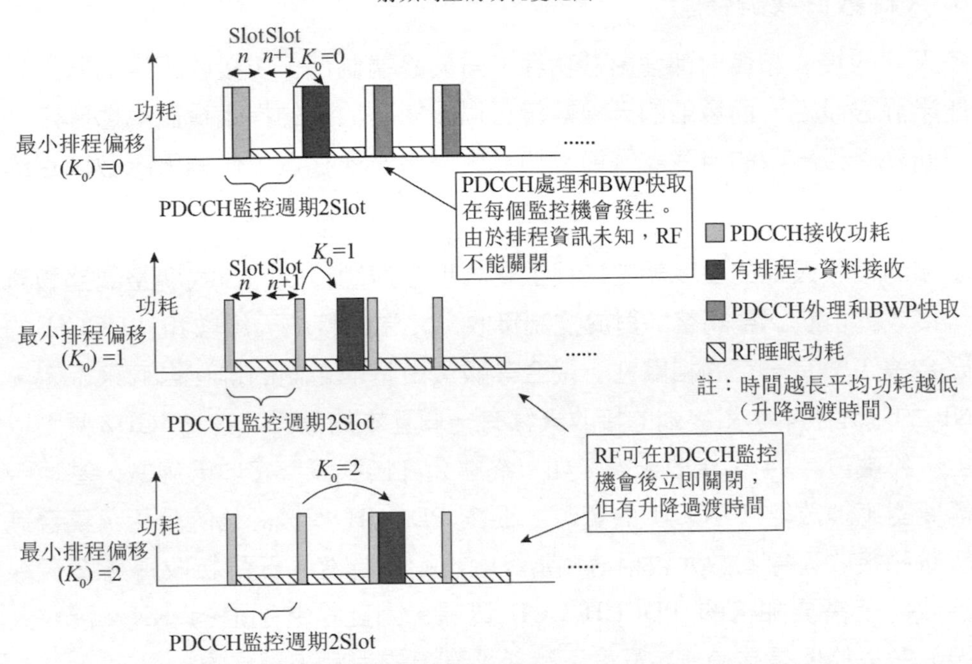

圖 19-3 跨時間槽排程功耗變化示意圖

跨時間槽排程的優勢在於終端可以在 PDCCH 符號之後關閉射頻部分，進入功耗比較低的休眠狀態。由於射頻等硬體的開關有過渡時間，功耗的的降低程度往往和低功耗的時間相關。但是 1 個 Slot 的低功耗時間可以保證有足夠的功率節省。由於和具體的硬體實現也相關，某些設計下，即使只保證 PDCCH 和 PDSCH 之間間隔數個符號的本 Slot 排程也是有節能效果的。如果將排程 PDCCH 和 PDSCH 之間偏移增加到 1 個 Slot 以上，終端還可以直接將基頻硬體處理時鐘，電壓等參數降低。這樣還可以進入更低的維持功耗狀態，適應更低的資料業務到達率的場景。基頻硬體調參的方式下，PDCCH 和 PUSCH 之間的偏移也必須對應地設定成更大的 Slot 數。

由於 PDCCH 的控制資訊不僅觸發資料部分，還觸發下行測量 RS 以及 SRS 發送。因此在對應的下行測量 RS 和 SRS 的所在時間槽也需要有對應的偏移以保障終端進入低功耗狀態。

3. 天線數自我調整

多天線的接收和發射都會影響功耗。對於終端側而言，接收天線的數量只能半靜態設定。而發射的天線數量可以根據基地台的指示資訊動態確定。因此終端天線數的自我調整節省功耗更需要增強在接收側的天線數確定的方式。

終端的接收天線的自我調整過程主要表現在控制接收的自我調整調整和資料接收的自我調整調整。對於控制接收，終端的接收天線數和 PDCCH 的聚合等級數有一定的相關性。聚合等級數由基地台側的排程自適來確定。NR 的基礎版本，對終端的接收天線有一個基本的假設。在 2.5GHz 頻點以上，終端設定 4 個接收天線。如果終端允許自我調整接收天線數，基地台需要對應地改變 PDCCH 的資源。根據 PDCCH 模擬評估的分析，集合等級數和接收天線個數大致相當。當終端被指示為從 4 天線接收轉為 2 天線接收時，需要加倍的 PDCCH CCE 資源。因此控制通道的 RX（接收天線）數以節能是透過一定程度下行無線資源的消耗來實現的。

終端在接收資料時，所需的 RX 數量和當前通道 RANK 相關。當 RANK 很低的時候用單天線或雙天線接收的性能與 4 天線接收單層訊號沒有太大區別。但減少的天線數可帶來一定的節能效果。

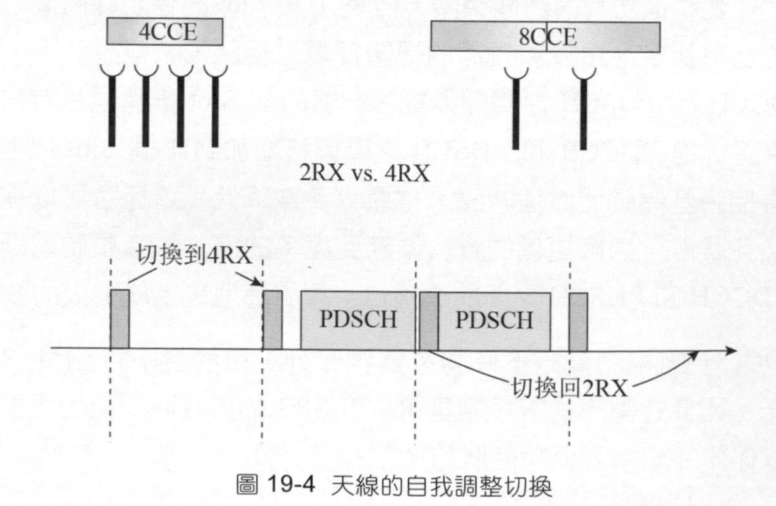

圖 19-4 天線的自我調整切換

NR 的基礎版本下行 MIMO 最大層數是 RRC 設定在每 cell 上，不能動態指定 MIMO 層數。而快速地確定 MIMO 的層數有助終端迅速切換資料部分的接收天線數。

4. DRX 自我調整

NR 和 LTE 都支援設定 DRX 機制。在連接態下設定的 DRX 稱為 C-DRX。在後文中如果不特別說明，我們都把 C-DRX 成為 DRX。一個普通的 DRX 設定是基於計時器控制開關的。純粹的 DRX 的使用很簡單，但是缺乏一種和即時資料到達相匹配的機制。因此，有必要考慮一種指示方式，讓終端在 DRX 週期開始之前知道本週期有下行的資料到達。在收到指示喚醒的情況下，終端才進入 DRX ON 並開始檢測 PDCCH。指示的方式可以透過專有的喚醒訊號或通道來完成。在 DRX ON 期間，還可以透過節能喚醒訊號讓終端提前結束 DRX ON。需要說明的是，NR 的基礎版本已經支援了基於 MAC CE 的睡眠訊號。

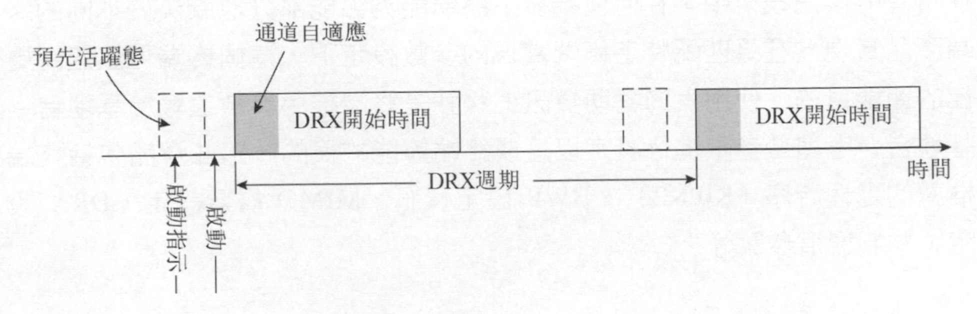

圖 19-5 DRX 自我調整切換

終端收到喚醒訊號或喚醒通道的指示之後，有一定的準備時間來啟動 DRX ON。在這個準備時間終端可以完成初始的測量。傳統的 DRX 往往有通道更新不及時的問題。因為在 DRX OFF 期間，原有的通道測量會變得不可靠。對 NR 而言 Beam 的預追蹤也是通道測量中的一部分。在準備時間中，可以設定一些測量訊號。這個準備時間的定義也可以延申到 DRX ON 開始的幾個 Slot。

5. 自我調整減少 PDCCH 監控

在終端的節能方案中，多數都與減少不必要 PDCCH 監控對應的功耗有關。那麼更直接的節能技術就是減少 PDCCH 監控本身。關於 PDCCH 的監控的討論早在 NR 的初期研究中就進行過。從 LTE 的實測來看，待機時的 PDCCH 監控佔去了每天通訊功耗的大半。因為終端在每一個 Slot 都會進行 PDCCH 檢測和快取，而多數的 Slot 實際只有很少的資料或完全沒有資料。

除了 DRX 自我調整外，可以透過以下方式減少 PDCCH 監控：

- PDCCH 忽略，即讓終端動態地中斷一段時間的 PDCCH 監控。
- 設定多 CORESET/搜尋空間設定，終端快速地切換設定。
- 物理層訊號指示盲檢次數。

6. 使用者輔助資訊上報

在所有的候選技術中，在何種參數下終端能夠節能部分地取決於不同的終端產品實現。在更匹配特定終端實現的參數設定下，這個終端可以達到更佳的節能目的。使用者的輔助資訊上報就是終端推薦參數上報給基地台。基地台參考這些參數進行設定以達成終端節能的目的。這些資訊包括終端推薦的處理時序（K0/K2），BWP 設定資訊，MIMO 層數設定，DRX 設定，控制通道參數等。

7. 節能喚醒訊號/通道

節能喚醒訊號/通道的候選多數基於基礎的 NR 設計。其中包括使用 PDCCH 通道結構，擴充 TRS, CSI-RS 類 RS, SSS 類和 DMRS 訊號以及資料通道類的通道結構。也有新引入的方案--序列指示。

所有的這些訊號都可以觸發終端節能。但是需要進一步考慮訊號的資源效率，重複使用容量，終端檢測複雜度，和其他通道的相容和重複使用以及檢測性能。

對於檢測性能，需要有多個維度的考慮。對於喚醒訊號，一般要求在 0.1% 的漏檢率和 1%的虛警率。喚醒訊號和後繼的 DRX 啟動相關，一旦發生漏檢，終端在緊接的 DRX ON 上都不會檢測控制通道。這樣的連續遺失資料是應該避免的。虛警只會導致少量的功耗升高，因此性能要求相對較低。

除了對檢測性能的考慮，終端的檢測處理行為也需要特別考慮。如果終端在設定的的節能喚醒訊號的資源上沒有檢測到，可以允許終端喚醒 DRX 啟動，這樣也會降低漏檢的影響。

8. 節能輔助 RS

輔助的 RS 主要是為了更好的同步，通道和波束追蹤，通道狀態測量和無線資源管理測量。相對於已有的測量 RS，節能輔助 RS 有助更高效和快速地使終端執行節能過程。也就是說輔助的 RS 會針對性地設定在執行節能過程之前。

9. 物理層節能過程

前述的終端節能技術需要結合對應的終端側的節能過程。多種終端節能技術可以整合在一個節能過程中。典型的方式是，透過節能喚醒訊號觸發不同的 DRX 的自我調整。在啟動 DRX 之前，連結在的節能喚醒訊號的輔助 RS 可以幫助終端迅速測量通道，追蹤波束，來完成一些前置處理工作。

節能喚醒訊號還可以去觸發 BWP 在切換，MIMO 層自我調整，不同頻率位置預測量，終端的低功耗處理模式。

10. 高層節能過程

高層主要考慮 NR 現有高層過程機制下的節能增強。高層的節能過程和前述物理層的節能技術在通訊協定上都有對應關係。

基礎的 NR DRX 週期不支援 10.24s 的設定。R16 考慮延長到 10.24s。基礎的 NR Paging 機制由於支援一個資源上尋呼多個終端，帶來一定虛警率。

Paging 虛警率也有待增強。

在不同的 RRC 態（RRC_CONNECTED/RRC_IDLE/RRC_INACTIVE）間的有效切換也有助終端節能。

DRX 的機制在基礎的 NR 中主要定義在高層的 MAC 層，需要結合物理層的節能喚醒訊號。結合主要透過驅動 MAC 層的 drx-onDurationTimer。並且，節能喚醒訊號需要和 DRX 週期之間定義時間偏移關係來保證終端處理時間。

MIMO 層數/天線數自我調整，降低 PDCCH 檢測，CA/DC 的節能和輔助資訊上報也需要定義對應的高層過程。

11. RRM 測量節能

在不同的 RRC 態下測量的特性可能不一樣，因此減少不必要的測量也可以幫助節能。在終端處於靜止不動或很低速度移動的狀態下，通道的變化相對較慢。因此減小單位時間內測量的頻次對性能影響較小。

基地台設定對應 RRM 的操作來達到終端節能的目的，基地台需要一些類型的資訊來決定對應的設定。這些資訊首先基地台可以直接獲得的：對都卜勒頻移的估計，設定的何種社區類型如巨集社區或微小區。基地台可以借助終端的上報輔助資訊：行動性管理資訊，終端發送 RS 的通道測量和終端對 RS 的測量上報。透過對這些資訊的綜合和門限判斷，基地台可以設定必要的測量以有效地讓終端控制功耗。

19.1.3 節能技術的評估方法

NR 標準的終端節能技術的評估方法建立在一套終端功耗的模型之上[2]。

終端功耗的模型考慮了所有的通訊處理功耗因素。為了便於比較，終端功耗模型基於一定的參數假設，對應 FR1，評估基準的子載體間隔是 30KkHz 子載體間隔，1 個載體，載體佔用頻寬為 100MHz。雙工模式為

TDD。上行最大傳輸功率為 23dBm。

對應 FR2，評估基準的子載體間隔是 120KkHz 子載體間隔，1 個載體，載體佔用頻寬為 100MHz。雙工模式為 TDD。

功耗模型一般考慮 Slot 為單位的平均功耗，對於終端處於不同的狀態或處理不同的訊號時，指定的終端的功耗值如表 19-1。

表 19-1 終端處理狀態與功耗模型

功耗狀態	狀態特性	相對功率設定值	
		FR1	FR2（不同於 FR1 的設定值）
深度睡眠	最低的功耗狀態。一般保持此狀態的時間應該長於進入和離開該狀態的時間。此狀態下可以不必保持精確的定時追蹤。	1 (可選: 0.5)	
輕度睡眠	較低的過度功耗狀態。一般保持此狀態的時間應該長於進入和離開該狀態的時間。	20	
微睡眠	進入和離開此狀態的時間通常認為很短，不在模型之內計算。	45	
僅檢測 PDCCH	無 PDSCH 資料接收和本 Slot 排程。包含了 PDCCH 解碼及進入睡眠過程功耗。	100	175
SSB 或 CSI-RS 處理	SSB 用於精細時頻同步和 RSRP 測量。CSI-RS 包含 TRS。	100	175
PDCCH PDSCH	同時具有 PDCCH + PDSCH 的接收。	300	350
UL	上行的長 PUCCH 或 PUSCH 發送。	250 (0 dBm) 700 (23 dBm)	350

對於三種睡眠方式在轉換時間內有一定的功耗，對應的功耗也定義以下時間如下。

表 19-2 功耗狀態轉換時間

睡眠方式	轉換功耗 (相對功耗 X 毫秒)	總轉換時間
深度睡眠	450	20 毫秒
輕度睡眠	100	6 毫秒
微睡眠	0	0 毫秒

為了在參考的 NR 設定的基礎之上評估不同的設定下終端功耗的變化，還定義了在參考 NR 設定基礎之上的功耗縮放模型，具體以下面描述。

接收 BWP 為 X MHz 頻寬的功耗縮放值= 0.4 + 0.6 (X - 20) / 80。X = 10, 20, 40, 80, 和 100。其他頻寬線性設定值包括：

- 下行 CA：2CC 的功耗縮放值= 1.7x1CC。4CC 的功耗縮放值= 3.4x1CC 。
- CA (UL)　2CC 的功耗縮放值= 1.2x1CC 當發射功率 23dBm 時。
- 接收天線：2RX 的功耗縮放值= 0.7x4RX ，適用於 FR1。1RX 的功耗縮放值= 0.7x 2RX ，適用於 FR2。
- TX（發射）天線（僅限 FR1）：2TX 的功耗縮放值= 1.4x1TX 功耗（0dBm）。1.2x1TX 功耗（23dBm）。
- PDCCH-only　跨時間槽排程的的功耗縮放值= 0.7x 本時間槽排程。
- SSB　接收時 1 個 SSB 為兩個 SSB 功率的 0.75 倍。
- 僅有 PDSCH 的 Slot 的功率：FR1 下 280，FR2 下 325。
- 短 PUCCH 短 PUCCH 的功耗縮放值= 0.3x 上行功率。
- SRS　SRS 的功耗縮放值= 0.3x 上行功率。

終端節能技術的評估建立在功耗模型的基礎上。候選的技術透過功耗模型建模，分析計算出不同候選技術的節能效果。鏈路模擬和系統模擬也用到評估中來作為評估的性能指標。系統模擬的資料到達模型，還可以為功耗分析產生必要的功耗分佈。採用的資料業務到達模型主要分三種。

表 19-3 資料業務模型

	FTP	Instant messaging	VoIP
模型	FTP model 3	FTP model 3	LTE VoIP. AMR 12.2 kbps
包大小	0.5 Mbytes	0.1 Mbytes	
平均到達間隔時間	200 ms	2 sec	
DRX 設定	週期= 160 ms Inactivity 計時器= 100 ms	週期= 320 ms Inactivity 計時器= 80 ms	週期= 40 ms Inactivity 計時器= 10 ms

基於資料到達模型計算出不同類型的 Slot，可以獲得對應 Slot 的功耗。最後可以統計出終端的功耗。

19.1.4 評估結果與選擇的技術

根據上述的模型，多方進行了模擬計算平台的校準。各種候選技術得以評估。節能增益是一項技術的主要的評估目標。使用節能技術的情況下和基準的 NR 技術相比，終端節能技術會帶來一定的性能損失。主要的損失表現在終端體驗輸送量（UPT）上。除此以外，資料點對點的延遲時間也會有所損失。評估的目的是確認終端在節省功耗的情況下不明顯帶來性能損失。

前述終端的各種節能技術都被進行了評估[2]。

1. 節能技術評估結果

終端的各種節能技術封包頻域自我調整方面，對 BWP 切換自我調整評估觀察到 16%~45%的節能增益。對 SCell 自我調整運行的增益達到了12%~57.5%的節能增益，同時資料延遲增加了 0.1%~2.6%

時域自我調整方面，對跨 Slot 排程的評估觀察到多至 2%~28%的節能增益。然而，使用者體驗輸送量會下降 0.3%~25%。使用者體驗輸送量往往和跨 Slot 排程的偏移相關，偏移越大致驗輸送量越小。對於本 Slot 排程，透過增加控制和資料間隔的符號也能帶來一定增益。較少的統計樣本顯示節能增益在 15%左右。然而本 Slot 排程帶來的資源碎片化等問題會帶來高至 93%的資源負擔。多 Slot 排程也會帶來小於 2%的節能。

空間域上，動態 MIMO 層數或天線數的自我調整可以帶來上至 3%~30%的節能增益。評估中觀察到 4%的延遲增加。半靜態的天線自我調整可以帶 6%~30%的節能，但是有比較明顯的延遲和輸送量的損失。另外為了補償較少的收發天線數，基地台側需要為同樣的傳輸資訊給終端設定更多的控制和資料資源。

DRX 域上的自我調整的評估顯示有 8%~50%的增益。這些增益是基於評估假設中的基準 DRX 設定的。延遲增加了 2%~13%。然而，由於不夠最佳化的設計，NR 的基礎技術的 DRX 設定在模擬評估中指定的業務模型下反而會提高 37%~47%功耗。

動態 PDCCH 檢測自我調整增加了 5%~85%的節能增益。延遲和輸送量的損失分別在 0%~ 115%和 5%~43%。

在評估中節能喚醒訊號的主要是用於觸發終端的 DRX 自我調整。在部分的評估中節能喚醒訊號的觸發還用於觸發 BWP 的切換和 PDCCH 監控的切換。

由於實際網路設定和終端實現上的差別，使用者輔助節能資訊的上報在評估中沒有直接表現。但基於高層過程的分析結果，仍然認為對終端節能有很大的幫助。

時域自我調整和放鬆標準的 RRM 測量，RRC CONNECTED 態下的測量節能增益可達 7.4%~26.6%。在 RRC IDLE/INACTIVE 態下的測量節能增益可達 0.89%~19.7%。

頻域內自我調整和放鬆標準的 RRM 測量，RRC CONNECTED 態下的測量節能增益可達 1.8%~21.3%。在 RRC IDLE/INACTIVE 態下的測量節能增益可達 4.7%~7.1%。

額外的 RRM 測量資源的設定的評估也顯示提供可達 19%~38%的測量節能。

在高層尋呼過程的節能分析中，支援上至 10.24 秒 DRX 週期也能帶來終端的節能效果。針對 RRC IDLE/INACTIVE 態下的一些增強的規則也可以節能。

2. NR 標準引入的終端節能技術增強

根據評估和分析的結果，3GPP 綜合考慮選擇了幾種終端節能增強技術用以增強 NR 的基礎版本[3]。

頻域自我調整技術的基礎是 BWP 技術框架。BWP 在設計時本身已經考慮了節能方面的因素。NR 的節能的增強評估綜合在 BWP 基礎上使用了一些最佳化的設定，引入了 BWP 切換時的測量導頻幫助更高效切換 BWP。但評估中沒有證明需要專門為 BWP 增加這些測量導頻才能達到節能增益。要達到測量的最佳化需要另外進行對應的測量設定和上報，而非和 BWP 切換機制進行綁定。BWP 框架本身的增強，如基於 DCI 的 BWP 切換延遲縮短，也尚未被證明為必要的技術。

同樣作為頻域自我調整，輔載體（SCell，在後面標準化中稱輔小區）自我調整顯示了一定的增益，且性能代價很小。輔載體的節能自我調整做 NR 載體聚合增強的一部分進行。

時域自我調整上，本 Slot 排程也不必要對基礎 NR 技術進行修改適應。而且，本 Slot 排程降低了系統的資源使用率。對於跨 Slot 排程，由於多個終端可以被排程在不同的 Slot 間隔使用，基地台的資源使用率不會下降。

空域自我調整上，RX 自我調整雖然有增益，但因為 NR 的協定介面中不是直接定義天線數而是定義 MIMO 層數。因此增強只考慮 MIMO 層數。

RRM 的測量標準考慮對入網性能能的影響，只擴充基礎 NR 版本的測量間隔和對應的觸發條件。

最終 NR 的終端節能技術引入了節能喚醒訊號觸發 DRX 自我調整和跨 Slot 排程，基於 BWP 的 MIMO 層數設定，輔小區（載體）（SCell）休眠，終端輔助資訊上報，以及 RRM 測量放鬆[3]。

觸發 DRX 自我調整的節能喚醒訊號由專門的通道定義，主要用於喚醒訊號下一個 DRX ON 週期的 PDCCH 檢測。節能喚醒訊號的定義基於 PDCCH 的通道結構，重用了 DCI 格式，搜尋空間和控制資源集合等概念。訊號的檢測需要透過解調和 Polar 編解碼。由於跨 Slot 排程的切換的時間顆粒度要求高於 DRX 自我調整的時間粒度，因此跨 Slot 排程的觸發不在喚醒訊號中傳輸。節能喚醒訊號所觸發的 DRX 自我調整在高層執行對應的過程，包括 MAC 的實體過程。

跨 Slot 排程的觸發由 PDCCH 排程 DCI 裡面增加的觸發域來實現。PDCCH 的觸發可以達到動態地跨 Slot 和非跨 Slot 排程的轉換，以保證迅速適應即時的不同的資料業務延遲和節能的需求。

NR 的基礎技術僅支援基於 cell 等級的資料 MIMO 層數設定。引入新的基於 BWP 層的 MIMO 層數設定，可以確保終端在切換到某一 BWP 時，接收較少層數的資料。在終端實現側，則可以用較少的接收天線數接收該 BWP。

高層引入標準化機制使得終端上報轉移出 RRC_CONNECTED 態的終端優選的期待參數。

高層還引入機制使得終端可以上報期待的 C-DRX, BWP 和 SCell 設定。對這些設定而言，不同的設定值與終端側的狀態和終端硬體實現相關。不同終端的上報，可以更進一步地讓基地台設定合理的節能參數。

高層引入 RRM 測量放鬆主要限於 RRC_IDLE/INACTIVE 態。參數包括更長的測量間隔，減少的測量社區，減少的測量載體。測量放鬆的觸發條件時基於終端處在非社區邊緣，固定位置或低行動性狀態。高層定義對應的一些條件和設定值來判斷這些終端狀態。

輔小區（載體）增強的方案在載體聚合增強的框架中引入，主要是觸發輔小區（載體）休眠。輔小區（載體）休眠可在 DRX 週期前，也就是非啟動時間，透過節能喚醒訊號觸發。輔小區（載體）休眠也可透過啟動時間中的 PDCCH 特定域來觸發。

本章下面的內容逐一介紹 NR R16 中具體採納和標準化的節能技術。

19.2 節能喚醒訊號設計及其對 DRX 的影響

19.2.1 節能喚醒訊號的技術原理

由前面的分析可知，由於終端處於連接態的功耗佔 NR 終端功耗的絕大部分，因此 R16 節能喚醒訊號也是用於終端處於 RRC 連接狀態時的節能。

傳統的終端節能機制主要為 DRX。當設定 DRX 時，終端在 DRX ON Duration 檢測 PDCCH，若 ON Duration 期間收到資料排程，則終端基於 DRX 計時器的控制持續檢測 PDCCH 直到資料傳輸完畢；否則若終端在 DRX ON Duration 未收到資料排程，則終端進入 DRX（非連續接收）以實現節能。可見，DRX 是一種以 DRX 週期為時間顆粒度的節能控制機制，因此不能實現最最佳化功耗控制。比如即使終端沒有資料排程，終端在週期性啟動 DRX ON Duration 計時器運行期間也要檢測 PDCCH，因此依然存在功率浪費的情況。

為了實現終端進一步的節能，NR 節能增強引入了節能喚醒訊號。標準化的節能喚醒訊號與 DRX 機制結合使用。其具體的技術原理是，終端在 DRX ON duration 之前接收節能喚醒訊號的指示。如圖 19-6 所示，當終端在一個 DRX 週期有資料傳輸時，節能喚醒訊號「喚醒」終端，以在 DRX ON duration 期間檢測 PDCCH；不然當終端在一個 DRX 週期沒有資料傳輸時，節能喚醒訊號不「喚醒」終端，終端在 DRX ON Duration 期間不需要檢測 PDCCH。相比現有 DRX 機制，在終端沒有資料傳輸時，終端可省略 DRX ON duration 期間 PDCCH 檢測，從而實現節能。終端在 DRX ONduration 之前的時間被稱為非啟動時間。終端在 DRX ON Duration 的時間被稱為啟動時間。

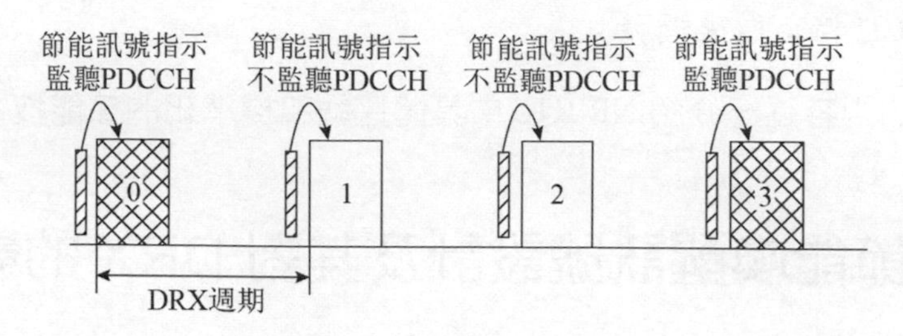

圖 19-6 節能喚醒訊號控制 DRX

此外，當終端工作於載體聚合模式或雙連接模式時，由於終端業務負載量隨著時間的波動，終端傳輸資料的所使用的載體數目的需求也是變化的。然而，目前終端只能透過 RRC 設定/重設定或 MAC CE 啟動載體或去啟動載體的方式來改變傳輸資料的載體數目，由於 RRC 設定/重設定或 MAC CE 的方式所需的生效時間較長，通常不能及時的匹配終端的業務需求的變化。因此導致的結果是：不是是啟動的載體數目較少，在終端需要傳輸資料時再啟動更多的輔載體，從而導致資料傳輸延遲增大；就是啟動的載體數目較多，在終端傳輸資料較少時不能及時去啟動載體導致功耗的浪費。

為了實現頻率域的快速的調節以實現終端的節能，3GPP 討論引入輔小區（載體）休眠功能。所謂的輔小區（載體）休眠功能是指當終端沒有資料傳輸時，終端的部分輔小區（載體）還可以保持「啟動」狀態，但終端將在這些載體上切換至休眠 BWP，終端在休眠 BWP 上不需要檢測 PDCCH，也不需要接收 PDSCH。載體休眠和休眠 BWP 的切換機制在 19.5 節有完整的描述。

節能喚醒訊號可指示輔小區（載體）休眠。而且，節能喚醒訊號實現了動態的發送，其生效延遲相比在 LTE 中的 RRC 設定/重設定或 MAC CE 的方式延遲可縮減，因此實現了終端功耗的及時精確地控制。

19.2.2 R16 採用的節能喚醒訊號

節能喚醒訊號可以採用序列的形式，也可以採用 PDCCH DCI。採用序列的形式作為節能喚醒訊號時，終端可以使用相關檢測的方式接收節能喚醒訊號，且序列訊號的接收對同步的要求一般較低，不需終端在接收節能喚醒訊號之前預先同步，因此從終端產品實現和節能效果上看，序列的形式有明顯的優勢。相比序列的形式，採用 PDCCH 的形式作為節能喚醒訊號，從訊號接收、檢測等方面更加複雜。首先 PDCCH 的解調涉及通道估計、通道均衡以及 Polar 解碼等操作；其次可能存在多個 PDCCH 檢測時刻，每一個 PDCCH 檢測時刻終端需要檢測多個 PDCCH candidate 以及多個聚合等級 AL；再次，在檢測 PDCCH 之前，要求終端實現足夠的時頻同步精度，因此終端需要提前接收同步訊號區塊 SSB 實現同步。

另一方面，採用序列的形式也有其缺點，序列可承載的資訊位元較少，例如 1bit 資訊需要兩種不同的序列來承載，N bits 資訊需要 2^N 個不同的序列來分別承載。因此，當節能喚醒訊號需要承載的資訊位元較多時，終端需要檢測更多的序列。而 PDCCH DCI 則可以承載較多的資訊位元。從標準化角度而言，序列形式需要更多的標準化工作，包括序列的選取，不同終端、不同社區、不同的資訊位元的序列如何設計等；而 PDCCH 則有較成熟的設計，標準化影響較小。

3GPP 權衡上述因素，最終選擇了以 PDCCH 結構作為節能喚醒訊號。

1. 節能喚醒訊號的 DCI 格式

如前一節所述，節能喚醒訊號用於指示終端是否喚醒以接收 PDCCH 以及指示終端輔小區（載體）休眠操作。喚醒指示需要 1 個位元，若位元設定值為"1"，表示終端需要醒來接收 PDCCH；不然若位元設定值為"0"，表示終端不需要醒來接收 PDCCH。NR 終端最多可設定 15 個輔小區（載體）。若對每一個輔小區（載體）採用一個位元指示，則最多需要 15 個 bits，負擔較大。因此，節能喚醒訊號中採用了輔小區（載體）分組的方法，將輔小區（載體）分成最多 5 組，每一組對應一個指示位元。若該位元設定值為"1"，則對應的所有輔小區（載體）應工作於非休眠 BWP，即若輔小區（載體）在節能喚醒訊號指示之前，若處於非休眠 BWP，則該輔小區（載體）保持工作在非休眠 BWP；若處於休眠 BWP，則該輔小區（載體）需要切換至非休眠 BWP。同理，若該位元設定值為"0"，則對應的所有輔小區（載體）應工作於休眠 BWP。需要說明的是，如 19.5 節所述，在啟動時間內還有其他 DCI 格式觸發輔小區（載體）的休眠。節能喚醒訊號的輔助社區（載體）分組與啟動時間內的輔助社區（載體）分組是獨立設定的。

因此，在節能喚醒訊號中，單一使用者所需的位元數目為最多 6 個。其中包括 1 個喚醒指示位元和最多 5 個輔小區休眠指示位元。接下來，需要解決使用者的節能指示位元在 DCI 中如何承載的問題。顯然，一個 DCI 若僅允許攜帶單使用者的節能指示位元，則傳輸效率較低，首先 DCI 自身需要 24 位元的 CRC 驗證位元，其次在位元數目小於 12 位元時，Polar 編碼的效率較低。因此，應允許節能喚醒訊號攜帶多個使用者的指示位元以提升資源使用效率。以下圖 19-7 所示，網路通知每一個使用者的節能指示位元在 DCI 中的起始位置，而單使用者的位元數目可透過設定的輔小區（載體）分組數目隱式得到（喚醒指示位元一定出現，輔小區（載體）休眠指示位元數目可以為 0）。進一步地，網路還會通知終端 DCI 的總位元數目以及加擾 PDCCH 的 PS-RNTI。節能喚醒訊號採用的 DCI 格式為 2_6。

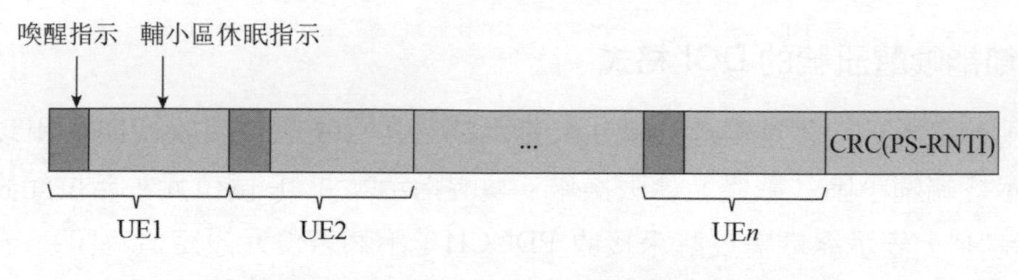

圖 19-7 節能喚醒訊號承載多使用者節能指示資訊

2. 節能喚醒訊號的檢測位置

與其他 PDCCH 一樣，作為節能喚醒訊號的 PDCCH 也是在設定的 PDCCH 搜尋空間中檢測的。為了支援節能喚醒訊號的多波束傳輸，節能喚醒訊號 PDCCH 最多可以支援 3 個 PDCCH CORESET，且 PDCCH CORESET 沿用 R15 PDCCH 的 MAC CE 更新機制。為了減少和控制終端功耗，節能喚醒訊號 PDCCH 使用的聚合等級以及每一個聚合等級所對應的 PDCCH 候選位置數量均是可配的。

3GPP 對於節能喚醒訊號的檢測位置的確定進行了較為詳細的討論。首先涉及的問題是節能喚醒訊號檢測的起始位置。由於節能喚醒訊號位於 DRX ON duration 之前，因此節能喚醒訊號檢測的起始位置可由一個相對於 DRX ON duration 起始位置的時間偏移 PS-offset 得到，然而在標準討論中，有以下兩種方法獲得 PS-offset：

★選項 1：時間偏移 PS-offset 採用顯性訊號設定。

★選項 2：時間偏移 PS-offset 由 PDCCH 搜尋空間的設定得到。

第一種方式是網路直接設定一個時間偏移 PS-offset。第二種方式網路不需要顯性設定，而是透過設定 PDCCH 搜尋空間來隱式獲得時間偏移 PS-offset。例如在設定 PDCCH 搜尋空間後，可以將在 DRX ON 之前且距離 DRX ON 最近的 PDCCH 檢測位置作為 PDCCH 的檢測位置，或將 PDCCH 搜尋空間的週期設定與 DRX 的週期相同，並設定合理 PDCCH 搜尋空間的時間偏移，使得 PDCCH 檢測位置位於 DRX ON 之前。兩種方式均可以得到合適的 PDCCH 檢測位置，然而第二種方式由於現有協定支援的 PDCCH 週期與 DRX 週期的數值範圍不匹配，最終從易於標準化的角度，選擇了方式 1，即採用顯性訊號設定時間偏移 PS-offset。

在確定了 PDCCH 檢測位置的起點之後，還需要進一步確定 PDCCH 檢測的終點，PDCCH 檢測的終點是由終端的裝置能力所確定的。終端在 DRX ON 之前的最小時間間隔內需要執行裝置喚醒以及喚醒後的初始化等操作，因此，在 DRX ON 之前的最小時間間隔內終端不需要檢測節能喚醒訊號。處理速度較快的終端，可以使用較短的最小時間間隔，見表 19-4 中值 1，而處理速度較慢的終端，需要使用較長的最小時間間隔，見表 19-4 中值 2。

表 19-4 最小時間間隔

子載體間隔（kHz）	最小時間間隔（slots）	
	值 1	值 2
15	1	3
30	1	6
60	1	12
120	2	24

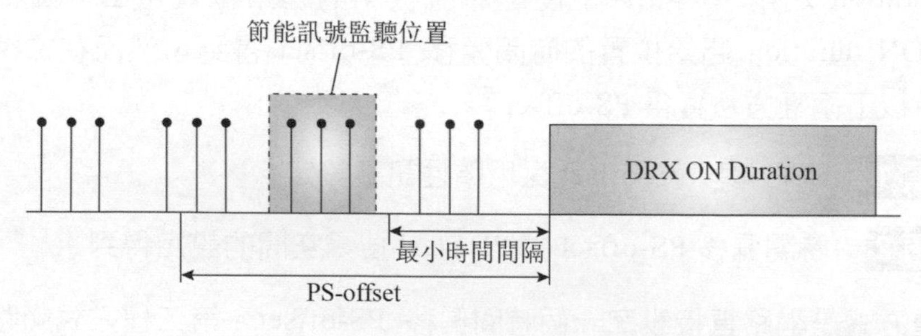

圖 19-8 節能喚醒訊號的檢測位置

因此，節能喚醒訊號以網路設定的 PS-offset 指示的時間位置為起點，在該起點後一個完整的 PDCCH 搜尋空間週期內（有 PDCCH 搜尋空間的參數 "duration"定義）檢測節能喚醒訊號，且所檢測的節能喚醒訊號的位置在最小時間間隔所對應的時間段之前。如圖 19-8 所示，終端檢測虛線框所標示的節能喚醒訊號的時間位置。

3. 是否應用於 short DRX

標準化討論過程中一個重要的問題是節能喚醒訊號是否既可應用於 long DRX 又可應用於 short DRX，還是僅能應用於其中一種。Long DRX 具有較長的 DRX 週期，一般也可設定較長的 DRX ON duration，因此節能喚醒訊號應用於 long DRX 可產生更明顯的節能增益；此外，long DRX 有規律的週期性，有利於將具有相同週期的多個使用者的節能喚醒訊號重複使用在同一個 DCI 中，從而有效節省節能喚醒訊號的負擔。因此，節能喚醒訊號可應用於 long DRX。

然而，各公司對於節能喚醒訊號是否應用於 short DRX 產生了較大分歧。一方面，支援 short DRX 的公司認為，short DRX 也可設定較大的 DRX 週期，因此在這些情況下節能喚醒訊號可帶來進一步的節能增益。另一方面，反對支援 short DRX 的公司的觀點為 short DRX 一般週期較短，本身已經可實現較好的節能，進一步使用節能喚醒訊號帶來的增量節能效果不明顯；且 short DRX 基於隨機到達的資料排程觸發，因此 short DRX 在時間上並不總是週期性出現，導致多個使用者的節能喚醒訊號很難重複使用。

最終，經過反覆討論，3GPP 確定 R16 僅支援節能喚醒訊號應用於 long DRX。該結論的達成主要驅動自物理層設計節能喚醒訊號的考慮，並不是高層設定的原因。

4. DRX 啟動時間期間是否檢測

節能喚醒訊號週期性設定於 DRX ON duration 之前，因此一般情況下終端在 DRX 啟動時間之外檢測節能喚醒訊號。但也存在一些情況，如在 DRX 週期內有持續的資料排程，因此即使 DRX ON duration 計時器逾時，但終端可能已經啟動了 DRX-inactivity 計時器，且隨著資料的持續排程，在下一個 DRX ON 之前的節能喚醒訊號檢測的時間位置 DRX-inactivity 計時器依然在運行，也即是終端還處於 DRX 啟動時間。此時，需要規定終端是否在啟動時間期間還需要檢測節能喚醒訊號。

考慮到終端在 DRX active 期間還可能有資料傳輸，此時 DRX-inactivity 計時器已經可以有效控制終端是否需要繼續檢測 PDCCH。因此進一步採用節能喚醒訊號進行 PDCCH 檢測控制的必要性不大。因此，最終 3GPP 確定終端不需要在 DRX 啟動時間期間檢測節能喚醒訊號。

5. 節能喚醒訊號的檢測與回應

基於節能喚醒訊號的設定，終端接收和檢測節能喚醒訊號，當終端檢測到節能喚醒訊號時，終端基於節能喚醒訊號中終端對應的位元的指示確定是否喚醒並監測 PDCCH 的操作。例如終端檢測到喚醒指示的位元設定值為"1"，則終端的底層向高層發送啟動 DRX On-duration timer 的指示，終端 MAC 層收到指示後啟動 DRX On-duration timer，終端在 timer 運行期間檢測 PDCCH；不然終端檢測到喚醒指示的位元設定值為"0"，則終端的底層向高層發送不啟動 DRX On-duration timer 的指示，終端 MAC 層收到指示後不啟動 DRX On-duration timer，進而終端不檢測 PDCCH。

但也存在一些情況，讓終端不檢測節能喚醒訊號。這些情況在下一節有具體的定義。此時，終端物理層應回饋給 MAC 層回復到傳統的 DRX 方式，即正常啟動 DRX On-duration timer 以進行 PDCCH 檢測。

還有一些異常情況會導致終端檢測不到訊號。舉例來說，由於通道的突然惡化，控制通道的錯誤區塊率等原因導致終端漏檢節能喚醒訊號；或由於網路暫態負載過大沒有多餘的 PDCCH 資源從而不能發送節能喚醒訊號。這些情況下，終端是否啟動 DRX On-duration timer 以進行 PDCCH 檢測是由高層訊號設定確定，具體的設定見下一節。

19.2.3 節能喚醒訊號對 DRX 的作用

節能喚醒訊號的主要作用是指示終端是否喚醒，在隨後的 DRX 週期正常啟動 DRX On-duration timer，從而使得終端可以檢測 PDCCH[13]。也就是說，節能喚醒訊號主要影響 DRX On-duration timer 的啟動狀態。除了 DRX On-duration timer，節能喚醒訊號對其他的計時器的操作都沒有影響。因此，節能喚醒訊號必須與 DRX 結合使用的。只有設定了 DRX 功能的終端才能設定喚醒訊號。

在標準化討論初期，對於使用節能喚醒訊號喚醒終端的方法有以下兩種方案[14]：

★方案 1：終端根據是否收到節能喚醒訊號來決定是否喚醒。即，如果終端在 DRX On-duration timer 啟動時刻之前收到了節能喚醒訊號，則終端在隨後的 DRX 週期正常啟動 DRX On-duration timer；不然終端在隨後的 DRX 週期不啟動 DRX On-duration timer。

★方案 2：終端根據收到的節能喚醒訊號中的顯性指示來決定是否喚醒。即，如果終端在 DRX On-duration timer 啟動時刻之前收到了節能喚醒訊號並且該節能喚醒訊號指示終端喚醒，則終端在隨後的 DRX 週期正常啟動 DRX On-duration timer；如果終端在 DRX On-duration timer 啟動時刻之前收到了節能喚醒訊號並且該節能喚醒訊號指示終端不喚醒，終端在隨後的 DRX 週期不啟動 DRX On-duration timer。

由於節能喚醒訊號是基於 PDCCH 設計的，存在一定的漏檢機率，在終端漏檢節能喚醒訊號的情況下，方案 1 可能會導致終端進一步漏檢隨後網路發送的排程訊號。也就是說，如果網路給終端發送了節能喚醒訊號但終端沒有檢測到該節能喚醒訊號，此時終端的行為是在隨後的 DRX 週期不啟動 DRX On-duration timer，即終端在 DRX 持續期間不檢測 PDCCH。那麼，網路在該 DRX 持續期間排程了終端，終端是收不到網路發送的指示排程的 PDCCH 的，從而影響了排程性能。此外，從節省 PDCCH 資源負擔的角度考慮，節能喚醒訊號可以是基於單一終端發送的，也可以是基於終端分組發送的，對於基於終端分組發送節能喚醒訊號的情況，位於同一個分組的不同終端的喚醒需求有可能是不同的，而方案 1 無法實現針對同一個分組多個終端網路喚醒其中一部分終端同時不喚醒其他終端的功能。考慮到上述兩方面的原因，最終採納了方案 2。

與本節後面列出的的節能喚醒訊號不能進行檢測檢測的幾種情況不同，如果終端進行了檢測但是沒有檢測到節能喚醒訊號，終端的「預設」行為是由高層設定的。其處理方式為：如果終端在 DRX On-duration timer 啟動時刻之前沒有檢測到節能喚醒訊號，則終端在隨後的 DRX 週期是否啟動 DRX On-duration timer 的行為由網路設定。如果網路沒有設定終端行為，則針對這種情況終端的預設行為是在隨後的 DRX 週期不啟動 DRX On-duration timer。

如上一節描述，在時域上，終端在位於 DRX On-duration timer 啟動時刻之前的一段時間內檢測節能喚醒訊號。在高層設定上，網路給終端節能喚醒訊號設定了一個相對於 DRX On-duration timer 啟動時刻的最大時間偏移。同時，終端根據自己的處理能力向網路上報其對於節能喚醒訊號的檢測時刻相對於 DRX On-duration timer 啟動時刻的最小時間偏移。根據這樣的設定，終端就可以在距離 DRX On-duration timer 啟動時刻之前的最大時間偏移和最小時間偏移之間的時間內檢測節能喚醒訊號，如圖 19-9 所述。在頻域上，節能喚醒訊號基於 MAC 實體進行設定，且作用於對應的 MAC 實體。並且，終端只能被設定在 PCell 和 PSCell 上檢測節能喚醒訊號。

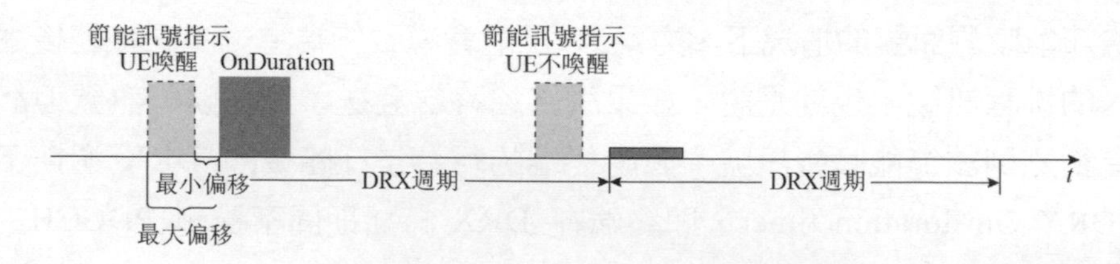

圖 19-9 節能喚醒訊號對 DRX 週期的作用示意圖

此外，規定了以下幾種終端不檢測節能喚醒訊號的場景：

- 節能喚醒訊號的檢測時機處於 DRX 啟動期。
- 節能喚醒訊號的檢測時機處於測量間隔期間。
- 節能喚醒訊號的檢測時機處於 BWP 切換期間。

如果終端沒有檢測節能喚醒訊號，則終端在隨後的 DRX 週期正常啟動 DRX On-duration timer。

在 NR R15 標準中，對於設定了 DRX 功能的終端，終端只在 DRX 啟動期發送週期/半持續 SRS 和週期/半持續 CSI 上報，以達到終端節電的目的。終端發送 SRS 是為了便於網路對終端進行上行訊號估計和實現上行頻選性排程。終端向網路上報 CSI 一方面是為了便於網路對終端進行下行頻選性排程，另一方面是網路對波束管理的需求。在 R15 標準中，對於設定了 DRX 功能的終端，由於終端會週期性的啟動 DRX On-duration timer 從而進入 DRX 啟動期，這樣網路可以透過設定合適的 CSI 上報週期使得終端能夠在每個 DRX 週期都可以向網路上報週期 CSI。在引入節能喚醒訊號後，如果終端在持續相當長一段時間內都沒有上下產業務的需求，則網路有可能在這段時間內都不喚醒該終端，從而使得終端長時間地都處於 DRX 非啟動期。如果終端在這段時間內都一直不上報 CSI，則可能導致網路不能極佳地監測終端的波束品質，嚴重時會導致終端波束失敗。考慮到終端節電需求和網路波束管理需求的折中，在由於節能喚醒訊號導致終端本該啟動但沒有啟動 DRX On-duration timer 的期間，終端是否上報週期 CSI 的行為可以由網路設定決定。

19.3 跨 Slot 排程技術

19.3.1 跨 Slot 排程的技術原理

跨 Slot 排程是一種時域自我調整，在廣義上與 DRX 自我調整同屬於一大類。所不同的是，跨 Slot 排程將排程 PDCCH 和被排程的 PDSCH/PUSCH，在時域上用一個偏移隔離開，可以在終端處理上的避開重疊的時間。NR 的基礎技術的支援 PDCCH 和被排程的 PDSCH/PUSCH 設定以 Slot 為單位的偏移 K0/K2。

當被排程的 PDSCH/PUSCH 和排程 PDCCH 在同一個 Slot 中時，即為本 Slot 排程。對本 Slot 的排程會導致接收方的控制通道和資料通道解調上的時間重疊。如圖 19-10 所示，由於接收方在解調控制通道時，並不知道這一次是否有被排程到的資料。因此，需要在控制通道後面幾個符號儲存整個 BWP 頻寬的訊號或樣點。只有當解碼出了 PDCCH 中的自己的 PDSCH 排程資訊，才能知道 PDSCH 在 BWP 中佔據的 RB 進行解調。

當被排程的 PDSCH/PUSCH 和排程 PDCCH 在不同的 Slot 中時，則是跨 Slot 排程。跨 Slot 的排程極佳地避開了接收方的控制通道和資料通道解調上的時間重疊。如圖 19-10 所示，因為偏移足夠長，解調控制通道時間內不需要去接收的資料。因此，終端不必緩衝存放區整個 BWP 頻寬的訊號或樣點。在控制和資料通道的間隔時間內，終端可以極大簡化處理，還可以關斷射頻模組達到微睡眠或輕度睡眠的功耗狀態。

在更極端的 PDCCH 和 PDSCH 頻域重複使用的設定時，從 Slot 裡第一個符號開始終端就需要快取整數個 BWP。此時的不必要的功耗將更多。

對於典型的資料服務，只有一少部分 Slot 會發生排程。實測的網路中，PDCCH 連續發生排程的 Slot 只佔總子訊框數的 20%左右。然而對於本 Slot 排程，即使 Slot 裡面沒有資料排程，終端也必須在控制通道的時域位置後做一些 BWP 快取的後處理。所以，從統計上看本 Slot 排程對終端的平均功耗有較大的影響。

但是相比較於圖 19-10，在圖 19-11 的跨 Slot 排程的情況下，不必要的後處理功耗將被最佳化掉。

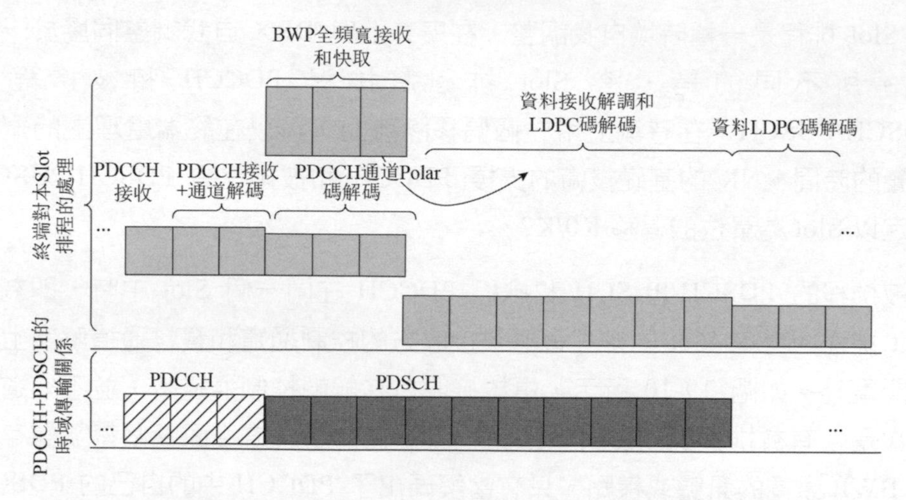

圖 19-10 本 Slot 排程的功耗比例和時間分佈示意圖

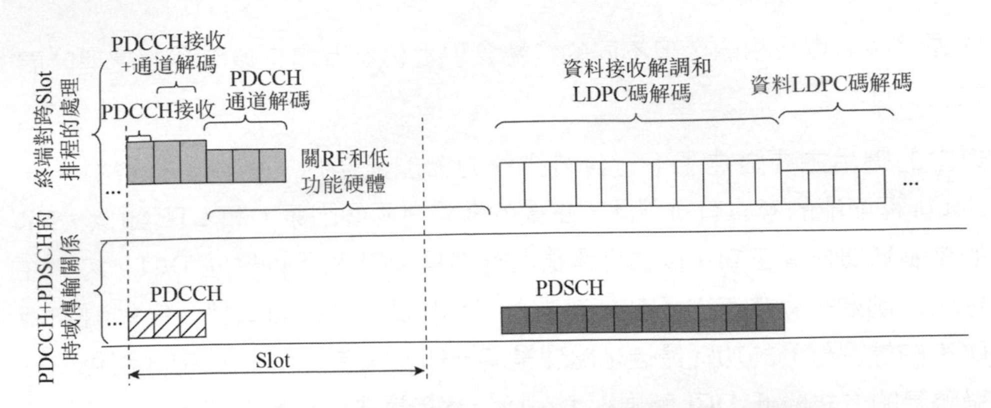

圖 19-11 跨 Slot 排程 K0=1 的功耗比例和時間分佈示意圖

儘管對於不同的終端硬體實現，後處理的佔用時間可能會不同。但是，終端和晶片公司普遍認為基本上近一個 Slot 的間隔足夠完成。如圖 19-11，處理同樣的資料量，跨 Slot 方式可以帶來關閉 RF 及避免快取。但是會帶來一個 Slot 的額外延遲。

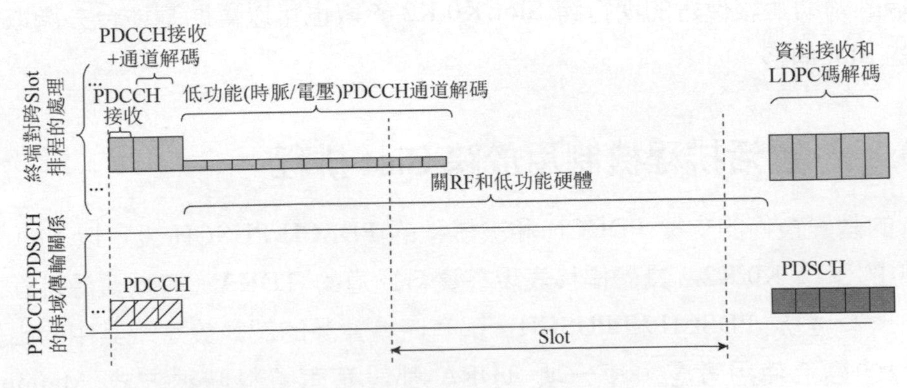

圖 19-12 跨 Slot 排程 K0=2 的功耗比例和時間分佈示意圖

然而，Slot 偏移數大於 1 時，終端還可以進一步地最佳化功耗。在關斷射頻的時刻，終端也可以降低硬體處理的時鐘頻率以及電位。由此帶來更低的功耗。在圖 19-12 中，演示了 K0=2 的最佳化處理。但是此時的編解碼速度明顯放慢，佔用的處理時間也會變長。典型基頻數位處理電路的功耗和電壓的平方成正比關係。但處理的時間和電壓成反比。因此同樣的通道解碼碼長的處理累積功耗會降低。降低功耗的設計和節能幅度同樣與具體的硬體產品實現相關，但不同的終端實現上仍然普遍支援更長的處理時間達成更低功耗。

以上的圖示主要描述了下行資料排程的節能最佳化。對於上行資料，跨 slot 排程節能的考慮有所不同。主要的考慮有兩個因素。和 LTE 類似，NR 的控制通道搜尋空間可以獨立傳輸上行排程 DCI 和下行排程 DCI。終端在檢測控制通道完成前並不知道有排程 DCI 以及排程的類型。終端對控制 DCI 的檢測部分的功耗最佳化處理是統一的。因為 19.1.2 節中提到可以透過調參的方式降低 DCI 解碼速度，所以 K2 需要對應地增加。而且，對於上行跨 Slot 排程，檢測出控制通道後對 PUSCH 的傳輸區塊的準備過程可以單獨地進行節能處理。降低上行資料的準備速度也可以最佳化上行資料處理模組的功耗。

基於這些原因，K2 需要被設定成大於 1 的值，且與 K0 分別設定。

終端的輔助上報優選的期待跨 Slot K0/K2 參數也可以幫助基地台去調取合適的 Slot 偏移。

19.3.2 靈活排程機制用於跨 Slot 排程

NR 的基礎技術的支援 PDCCH 和被排程的 PDSCH/PUSCH 設定以 Slot 為單位的偏移 K0/K2。具體偏移表現在資料通道的 TDRA（時域資源排程）表中[20]。對於 PDSCH 和 PUSCH，都有時域資源的記錄設定。其中的出於資源的靈活使用考慮，每一項 TDRA 都設定有資料映射方式 Mapping Type，時間槽偏移 K0/K2，時間槽內開始符號 S 和符號個數 L。其中 K0/K2 決定了是否是跨時排程。TDRA 可以設定多達 16 項的記錄，這些參數都是獨立的。排程 DCI 中，記錄的 Index 就可以指示本次排程用到的時域資源排程參數，也就是資料所在的 Slot 相對控制 DCI 所在 Slot 之後偏移以及在 Slot 裡面開始和結束的符號。透過設定偏移值大於 1 個 Slot 的 TDRA 項就達到了節能處理的目的。

表 19-5 TDRA 參量

Index	PDSCH mapping type	K_0	S	L
Index	PUSCH mapping type	K_2	S	L

由於設定非常靈活，NR 的基礎技術可以給終端設定多種 TDRA 項，既包含本 Slot 排程，也包含跨 Slot 排程。此時，終端在解出 DCI 之前並不知道本次排程是跨 Slot 排程，而終端必須在每個檢測 DCI 機會為本 Slot 排程做快取 BWP 的準備。因此 NR 的跨 Slot 增強技術針對性引入了動態的 DCI 指示使用者關閉或恢復所有 Slot 偏移小於某一門限值的 TDRA 項。如圖 19-13，這裡的最小門限，即最小 K0 值為 1。

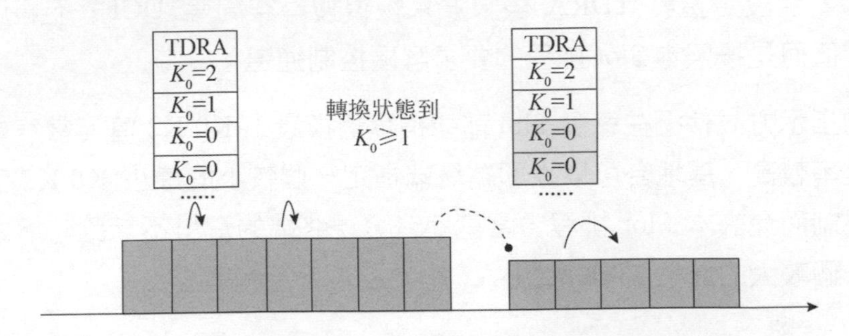

圖 19-13 跨 Slot 排程不同的狀態切換

仍然，對於基礎的 NR 技術可以通過半靜態的方法設定 PDSCH 的全部時域資源設定的 K0>1 來達到終端進入跨時間槽的處理。這種方式下，終端將半靜態地進入更長的資料延遲模式。這不能極佳地回應變化很快的資料服務。基礎的 NR 由於沒有對節能專項增強，這種節能的方式歸於終端的實現。也就是説，此時即使基地台設定項目的所有 K 值都大於 1，也不是所有的終端都能確保節能。

19.3.3 動態指示跨 Slot 排程的處理

NR 跨 Slot 排程的增強主要引入了動態指示跨 Slot 排程的系列處理機制。TDRA 記錄的設定仍然基於 NR 的基礎技術。透過動態的指示，去使能

（禁用）K0/K2 小於預設定值的記錄。這種指示的方法相容了 NR 基礎版本的資料資源時域分配的框架。非回復的 DCI 上行排程 format 0_1 和下行排程 format 1_1 各增加一個位元域用於指示跨 Slot 排程的適用最小 K0/K2 值。最小 K0/K2 不同於 TDRA 中指示的 K0/K2。在本文運算式中，最小 K0/K2 往往記作 $minK_0/minK_2$。

DCI 的指示為聯合指示，即指示一個根據設定確定最小 K0 和 K2 的組合。因為最小 K2 包含的 PUSCH 資料準備時間是有別於最小 K0，因此二者不必相同。當前適用的最小 K0/K2 值不止適用於專用搜尋空間 format0_1 和 1_1，也適用於專用搜尋空間的其他 DCI format。對於公共搜尋空間類型 0/0A/1/2 且設定預設 TDRA 表，波束恢復搜尋空間等 DCI，不適用最小 K0/K2 值而是按照本 Slot 排程的要求解碼控制通道。

動態的指示方式使得在每個 Slot 都能指示切換最小 K0/K2 值。當終端的資料到達率較高，基地台可以立即為終端指定一個較小的最小 K0/K2 值，或不做限制而允許本 Slot 排程。當基地台發現終端的資料不活躍時終端被切換到一個較大的最小 K0/K2 值。

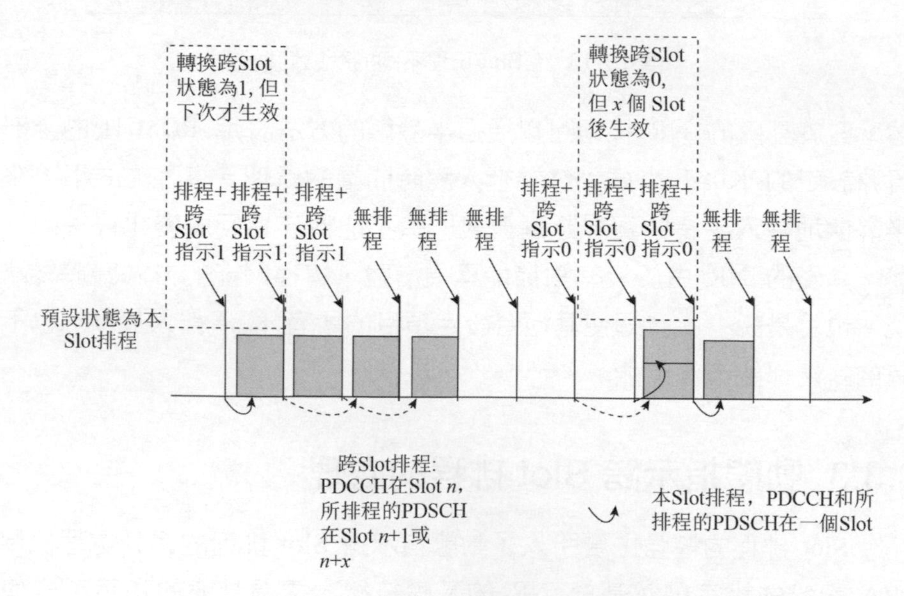

圖 19-14 動態地變化跨 Slot 排程狀態

在圖 19-14 中，展示了動態跨 Slot 排程切換的過程。

仍以排程 PDSCH 為例，圖中的終端設定為：跨 Slot 指示狀態為 1，最小 K0 配為 1；跨 Slot 指示狀態為 0，最小 K0 配為 0。

可以看出，在每個 Slot 都能指示跨 Slot 排程轉換。然而，DCI 中指示的跨 Slot 排程狀態並不是立即生效，而是經過延遲 x。19.3.4 會詳細講解 x 的確定方法。

19.3.4 跨 Slot 排程的作用時間機制

動態的 DCI 指示仍然會帶來微小的延遲。終端側在最小 K 值較大時，控制通道的處理速度變慢，因此需要一定時間解出 DCI 裡面的最小 K 值指示更新。新指示的跨 Slot 排程最小 K 參數的生效時間一般不小於一個 Slot。另一個因素是終端原有假設的最小 K 值，這個值是終端對控制通道解碼的上限值。終端的射頻，硬體電路也需要這個時間來調低或調高處理能力。新指示的更新時間的原則上為常數值和最小 K 值前值中取最大。

由於 NR 支援的 SCS 越大 Slot 長度越小，而控制通道的絕對處理時間並不會因為 SCS 變化而明顯減小。因此最小的更新時間常數值隨著 SCS 而改變。

最小 K0/K2 值和 TDRA 表都是設定在被排程載體的 PDSCH/PUSCH 參數的。PDSCH/PUSCH 參數的是按照每 BWP 設定。跨 Slot 排程用於不同 SCS 間隔的載體聚合時，需要將被排程載體啟動 BWP 的 K 值轉為排程載體啟動 BWP 上的 K 值。其新指示更新時間的轉換需要根據排程和被排程載體的 SCS 係數 u 進行。

轉換的計算以下[20]：

$$Max(ceiling(minK_{0,scheduled} \cdot 2^{\mu_{scheduling}} / 2^{\mu_{scheduled}}), Z) \tag{19.1}$$

表 19-6 最小常數 Z

μ	Z
0	1
1	1
2	2
3	2

其中：$minK_{0,scheduled}$ 為被排程載體當前啟動 BWP 的原最小 K0，$\mu_{scheudling}$ 為 PDCCH 的 SCS 係數，$\mu_{scheudled}$ 為被排程 PDSCH/PUSCH 所在 BWP 的 SCS 係數。如果排程 PDCCH 為 Slot 中前三個符號之後，表中 Z 設定值加一。

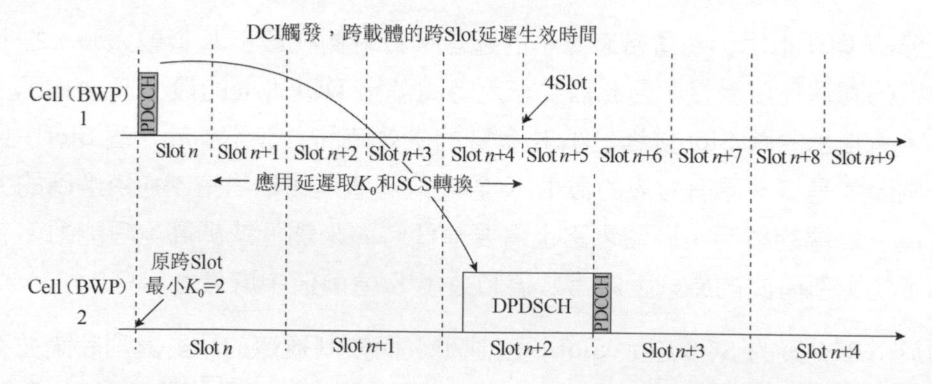

圖 19-15 跨載體排程和跨 Slot 指示的生效延遲，被排程載體最小 K0=2

透過延遲的確認機制，基地台和終端可以在保持對適用最小 K0/K2 值的同步。由於應用延遲只表現在 PDCCH，因此只基於 K0 計算。

19.3.5 跨 Slot 排程的錯誤處理

儘管有了跨 slot 更新的延遲確認，但由於基地台和終端的收發處理，終端不可避免地收到不正確的 DCI 時域排程指示而捨棄 DCI。網路中的控制通道的錯誤區塊率控制在 1%的水準。動態訊號的遺失會導致不正確指示。一種典型的情況就是基地台在更新跨 slot 延遲指示時，第一次的更新指示終端沒有正確地收到。基地台在後面的 slot 繼續發排程 DCI，而 DCI 裡面的跨 Slot 指示域將繼續保持指示。因此，終端了解的跨 Slot 更新時間會晚於基地台的更新時間。由於存在各種基地台和終端了解不一致的情況，有必要對其引入錯誤處理機制。主要的機制有兩種。

第一種是當收到的 DCI 排程中的 PDSCH/PUSCH 的 K0/K2 值小於當前跨 slot 排程適用的最小 K0/K2 值時，終端可以不對資料進行處理。此時終端可能處於射頻關斷狀態，無法按照指定的時間回應。引入這樣的處理機制，也可以幫助基地台透過終端的回應來判斷是否發生了不一致[21]。

在前面的典型例子中，如果發了連續的多次控制通道遺失或排程 slot 間隔較長，終端可能會在一定時間內收到相反的跨 Slot 指示。第二種錯誤處理針對這種情況，定義終端可以不對更跨 slot 更新延遲內的再次更新做出回應[21]。

19.3.6 跨 Slot 排程對上下行測量的影響

跨 slot 排程節能是基於不同訊號的收發間隔。除了 PDCCH/PDSCH/PUSCH 外，一些測量帶來的訊號收發也需要考慮。非週期的下行測量 RS 和上行 SRS 都是由下行控制 DCI 觸發的。終端在確保 PDSCH 的偏移，也需要保證可能非週期觸發的下行測量 RS 也在偏移之後。所觸發的 SRS 發送不能早於 PUSCH。

NR 的基礎版本對下行測量做了一些限制，即 CSI-RS 的偏移是由其資源設定的非週期觸發偏移所決定。但是當測量的 DCI 觸發狀態中不包括 QCL-typeD 時，CSI 的觸發偏移固定為 0。這會導致終端無法進行節能處理。增強的跨 Slot 排程也對 CSI-RS 偏移做了限制，如果設定了最小 K0/K2，還是根據設定觸發偏移，而非本 Slot。

對於非週期 SRS，本身沒有 QCL-typeD 這種的限制。因此，NR 的跨 slot 節能沒有進一步限制觸發偏移值。NR 標準在 SRS 上沒有增強，而是由基地台去合理設定。當基地台給非週期 SRS 設定一個過小的偏移值，而 K2 設定較大，上行的節能處理會受限於 SRS 處理。

19.3.7 BWP 切換與跨 Slot 排程

也因為跨 Slot 排程的最小 K0/K2 和 TDRA 表都是設定在 BWP 上的，當 BWP 發生的切換所生效的最小 K0/K2 也需要根據設定變化。

BWP 作為比較基礎的設定，不論是 RRC 半靜態設定還是動態觸發切換的方式生效了新的 BWP，都會導致最小 K0/K2 和 TDRA 表的更新。

一個 BWP 在沒有初始的最小 K0/K2 指示前，比如初始連線後設定進入的第一個 BWP 時，需要確定一組值。目前的方式是取設定的最小序列的一組。

如果終端收到了 DCI 既有 BWP 切換指示又有最小 K0/K2 指示，則需要同時考慮兩類因素。（1）原來的 BWP 上的最小 K0/K2 狀態如何保持，新的 BWP 的 SCS 係數不同時需要對應的轉換。而且對這個狀態也應該滿足一定的的延遲，且考慮 BWP 的 SCS 係數轉換。（2）新的 BWP 上的最小 K0/K2 設定組合獨立於原 BWP。DCI 中發送的最小 K0/K2 指示，應該根據新 BWP 上的設定上有對應指示。

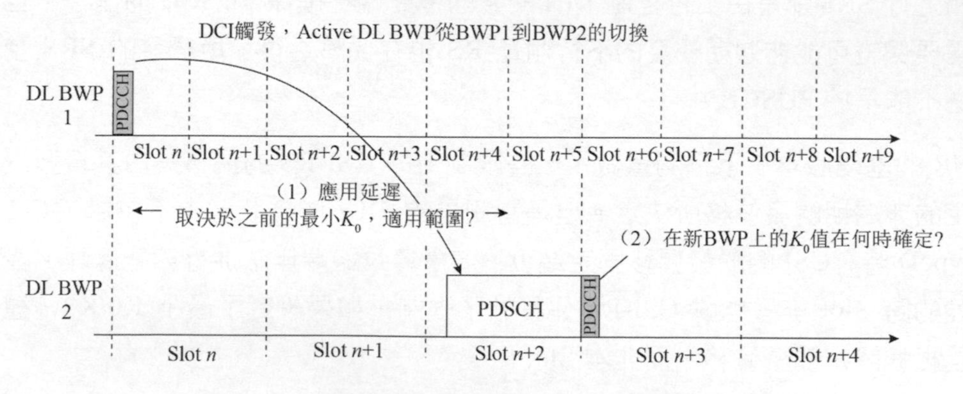

圖 19-16 同時跨 BWP 排程和跨 Slot 指示帶來的問題

對於這兩類因素，需要適當地轉換處理。對於（1），NR 跨 slot 排程利用了 DL（UL）BWP 轉換的延遲中間不能有新的 DL（UL）接收（發送）。由 DCI 觸發的 BWP 轉換 4.3 節可知，這是為了避開 BWP 參數的不確定期的處理。NR 跨 slot 排程只定義了觸發 BWP 切換的這個 DCI 排程需要滿足其排程資料的偏移時間不小現有的基於原 BWP 的 SCS 和最小 K 值計算的偏移時間。也就是滿足：

下行排程中的時域資源設定的

K0 >= $ceiling(minK_{0,scheduling} \cdot 2^{\mu_{scheduled}} / 2^{\mu_{scheduling}})$

其中：$minK_{0,scheduling}$ 為排程 BWP 所指定的原最小 K0，$\mu_{scheudling}$ 為 PDCCH 的 SCS 係數，$\mu_{scheudled}$ 為被排程 PDSCH 的 SCS 係數。

上行排程中的時域資源設定的

K2 >= $ceiling(minK_{2,scheduling} \cdot 2^{\mu_{scheduled}} / 2^{\mu_{scheduling}})$

其中：$minK_{2,scheduling}$ 為排程 BWP 所指定的原最小 K0，$\mu_{scheudling}$ 為 PDCCH 的 SCS 係數，$\mu_{scheudled}$ 為被排程 PUSCH 的 SCS 係數。

對於（2），NR 跨 slot 排程規定了新的 K0（K2）值基於新 BWP 的設定和 SCS，在被排程的 PDSCH（PUSCH）之後開始。這同樣利用了 BWP 切換時間內不需要收發的特徵，具體可參考第 4 章。

如圖 19-17 黑體字所示，標準引入限制條件解決問題（1）和（2）。

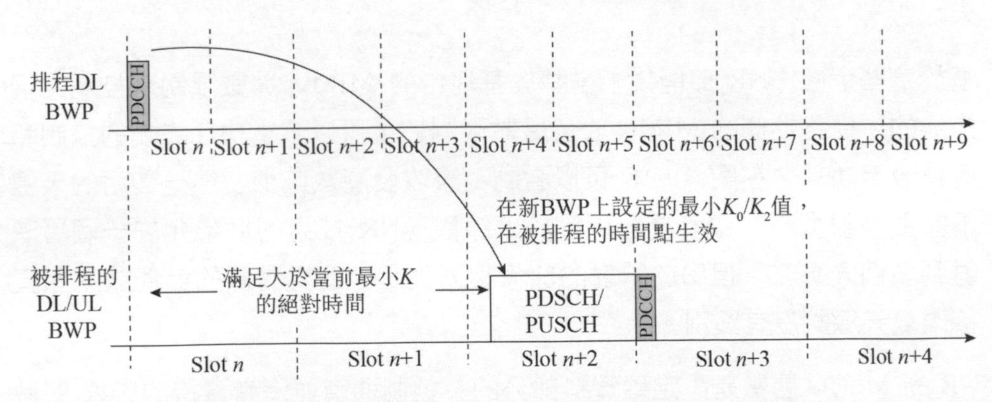

圖 19-17 同時跨 BWP 排程和跨 Slot 指示所滿足的時間要求

一種比較少見的情況是當 DCI 指示跨 Slot 排程之後，另外有一個 DCI 指示了排程載體上的 BWP 轉換並改變了 SCS。此時定義的應用延遲僅基於 K 值確定是不夠了。NR 跨 Slot 排程等於以時間單位定義應用延遲，所以其處理可以涵蓋到這種情況。

19.4 多天線層數限制

19.4.1 發射側和接收側天線數影響功耗

不論是發射側還是接收側的天線數減小，都可以降低裝置的功耗。由圖所示，發射側的 RF 和天線面板有對應關係，減少一組天線則減少了對應 RF 的功率消耗。對發射側而言，RF 包含功放，功耗的比重比較大。對於接收側，RF 鏈路的關斷也有節能作用。在裝置硬體運轉的情況下，關閉一路 RF，並不表示完全不需要耗能。RF 和對應的電路需要進入維持電位。這些不活躍的鏈路也可以天線自我調整打開。從節能評估的方法已經考慮到這些因素。

另外，根據前面的分析表明，這是以一定的性能和無線資源使用率為代價。基地台的排程會充分考慮性能的需要，在必要的時候才允許終端減小天線數。

基於這些考慮，NR 節能技術是基於基地台的 MIMO 層數限制來控制終端節能的。從終端側的 MIMO 收發層數限制完全可以減小功耗終端的控制和資料收發功耗。在圖 19-18 可以看到，讓收發層數減少使得一些組的天線不需要映射資料。儘管層數不等於天線數（NR 技術的框架允許一個層映射到多個天線），但由於映射的關係相對固定，改變層數的節能效果和直接改變天線數沒有區別。

NR 的 MIMO 層數是設定給資料部分的，控制通道並沒有直接的天線/層數設定。但是控制通道的接收層數在實現中可以根據連結的資料層數調整 [9]。

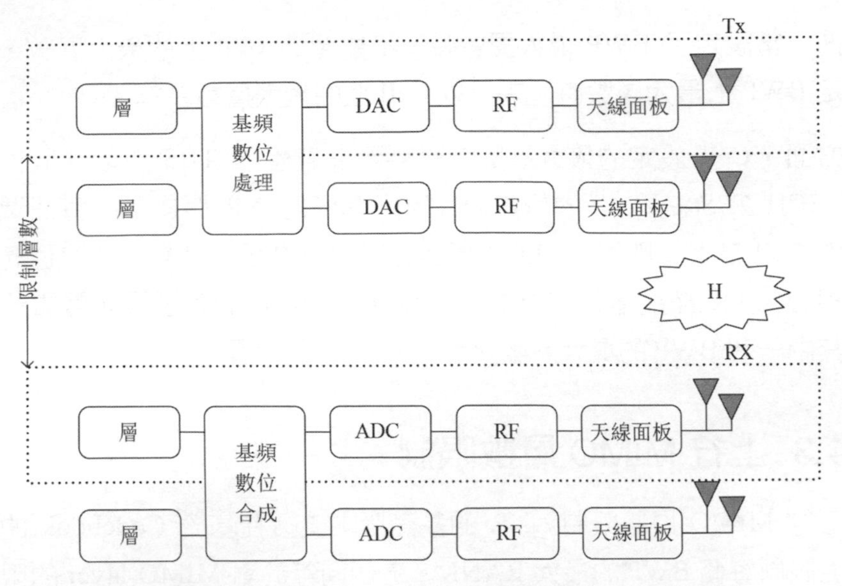

圖 19-18 同時跨 BWP 排程和跨 Slot 指示所滿足的時間要求

NR 的基礎版本主要支援半靜態的 MIMO 層數設定。下行最大 MIMO 層數透過參數 PDSCH-ServingCellConfig 設定到 Cell。NR 的基礎版本對下行最大 MIMO 層數的改變只能透過高層的重配完成。由於重配的負擔大，週期長，實際上重配對無法讓終端自我調整節能。NR 的節能增強則利用 BWP 的框架，引入最大的 MIMO 層數設定到 BWP。BWP 的動態切換達成 NR MIMO 層數自我調整節能。

19.4.2 下行 MIMO 層數限制

如上所述，下行 MIMO 層數限制需要延申到 BWP 的設定框架。解決的方式是設定在每個 BWP 上的 PDSCH-Config 中增加 maxMIMO-Layers-r16 參數。如果每個 BWP 設定不同的 MIMO 最大層數，節能 BWP 設定較少的最大層數而性能 BWP 設定較多的最大層數。透過 BWP 的切換得到層數的變化。其中，DCI 觸發的 BWP 切換可以達成動態的層數切換。

上述每 BWP 最大層數的限制會帶來和每 Cell（載體）的最大層數的相容問題。

一方面，當設定了 BWP 最大層數時，不能超過 Cell 上的最大層數。在沒有設定 BWP 上最大層數時，需要以 Cell 上的最大層數為準。

另一方面，Cell 設定的最大層數會影響到多載體下 TBS 有限快取位元數（DL-SCH TBS_{LBRM}）[19]的係數的計算。基礎的 NR 版本下，每個載體的係數由 Cell 最大層數和 4 的最小值進行計算。為了保持有限快取位元數計算的相容，NR 節能增強技術規定了在 BWP 全部設定了最大層數的情況下，其中一個 BWP 的最大層數要等於 Cell 的最大層數。

19.4.3 上行 MIMO 層數限制

對於上行 MIMO 層數限制，NR 的基礎版本支援在基於 Codebook 的上行傳輸上限制每個 BWP 的最大 RANK。這個同等於對 MIMO layer 的限制。這樣本來就能夠達到對終端發射節能的控制。

對於基於 Non-Codebook 的上行傳輸，基地台仍可以透過在 BWP 上設定的 SRS 資源及通訊埠的設定間接限制上行傳輸的層數。因此 NR 的基礎版本上行 MIMO 也不需要再做增強。

19.5 輔小區（載體）休眠

19.5.1 載體聚合下的多載體節能

如候選技術中描述，當載體聚合時，輔小區（載體）的動態開閉是頻域上自我調整的一種形式。NR 支援多達 16 個聚合的載體（Carrier Aggregation）。同時收發多個載體的功耗較高，而終端的資料並不是在所有 Slot 都需要在多個載體收發。打開的載體上，沒有資料也需要按照搜尋空間的週期檢測設定進行 PDCCH 檢測。和單載體的情況一樣，這裡僅 PDCCH 的檢測就佔用了較多的功耗。在終端節能的可行性研究階段，評估顯示輔小區（載體）的動態休眠可以達到至少 12%的功耗降低。

原則上，載體聚合模式中，只需要有一個載體處於活躍狀態即可。這個載體作為錨點載體來觸發其他載體的休眠和非休眠。載體聚合的主載體很適合作為這樣的錨點。主載體上因為有系統廣播訊息，也無法支援即時的休眠方式。因此，多載體節能技術可透過在 NR 多載體技術的框架上引入輔小區（載體）休眠的方式來支援[10-11]。

由於資料到達的動態特性，輔小區（載體）的啟用和休眠需要快速指示。NR 的載體聚合下引入了動態的訊號支援這一特性。主載體上傳輸的下行控制 DCI 可以一次性觸發多個輔小區（載體）的休眠和退出休眠。在評估過程中發現，動態的觸發比計時器觸發的休眠方式節能增益更高。而且，動態觸發對資料的延遲影響更小。

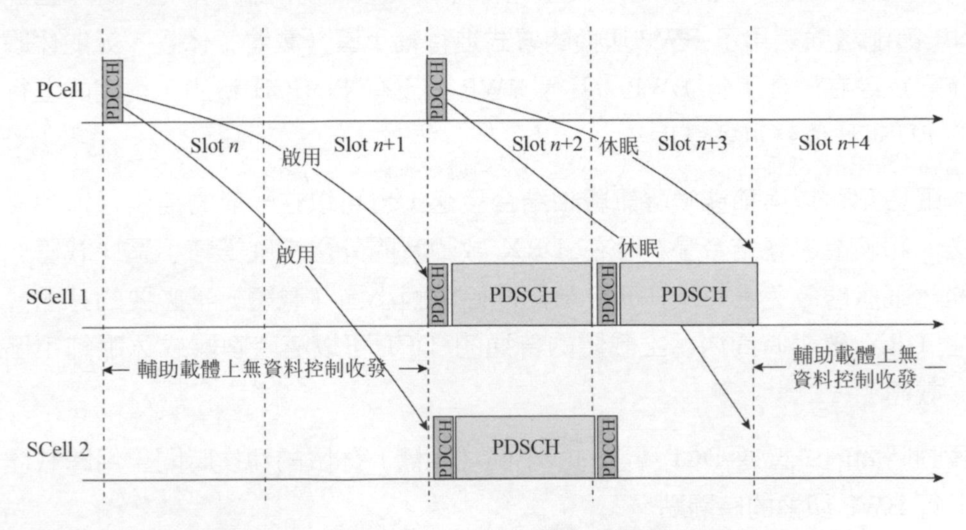

圖 19-19 動態觸發輔小區（載體）休眠和退出休眠

19.5.2 輔小區（載體）節能機制

在 LTE 中，有輔載體休眠態的方式支援節能。休眠態的方式是定義為一種 RRC 狀態。進入和離開休眠態的時間較長，而且狀態轉換較複雜。NR 考慮支援動態切換載體的休眠。有兩種供討論的子方案。

第一種是動態 PDCCH 直接指示。這種方式下，透過主載體 PDCCH 直接指示某一個或一組輔小區（載體）關掉 PDCCH 檢測的方式來關閉主要的上下行資料傳輸。PDCCH 關閉輔載體的 PDCCH 檢測的方式還需要定義對應的延遲生效機制。這種機制在跨 Slot 排程指示中也有引入。

第二種方式是基於 BWP 的切換來完成。NR 的基礎版本根據終端能力可以給每個載體設定多達 4 個 BWP。其中一個 BWP 設定成休眠 BWP，即 BWP 上不設定 PDCCH 檢測。輔小區（載體）在切換到休眠 BWP 上時，則整個載體進入休眠。BWP 的框架和特性可以重用於輔小區（載體）休眠指示。

兩種方案中，後者的複雜度較小也不需要太多的新機制引入討論。因此 NR 節能增強選用了 BWP 切換的方式進行輔小區（載體）休眠。節能休眠僅需定義在一個下行 BWP。下行 BWP 上沒有 PDCCH 檢測，對應的上行的 PUSCH 傳輸也會停止。

休眠指示可以與節能喚醒訊號相結合發送，也可以在一般的控制通道中發送。和喚醒訊號結合是為了在 DRX 啟動時間外之前確認輔小區（載體）的休眠狀態，免去每次 DRX 啟動開始時輔小區（載體）不必要的打開。在 DRX 啟動時間內，主載體的普通的 DCI 可以隨時喚醒或休眠輔小區（載體）

啟動時間內，普通 DCI 觸發的輔小區（載體）休眠的轉換時間重用跨載體下行 BWP 切換的時間點。

休眠的 BWP 仍可以設定週期的 CSI 測量資源。控制和資料的中斷不影響測量。當輔小區（載體）退出休眠時，新的 BWP 上的數排程 MCS 選擇可以依據休眠 BWP 上的測量。

由於重用了 BWP 切換機制，bwp-InactivityTimer 逾時後，已經進入休眠的 BWP 的輔小區（載體）會回復到 default BWP。NR 不排除 default BWP 設定成休眠 BWP 的情況。如果 default BWP 設定成休眠 BWP，會導致 bwp-

InactivityTimer 逾時觸發輔小區（載體）休眠。

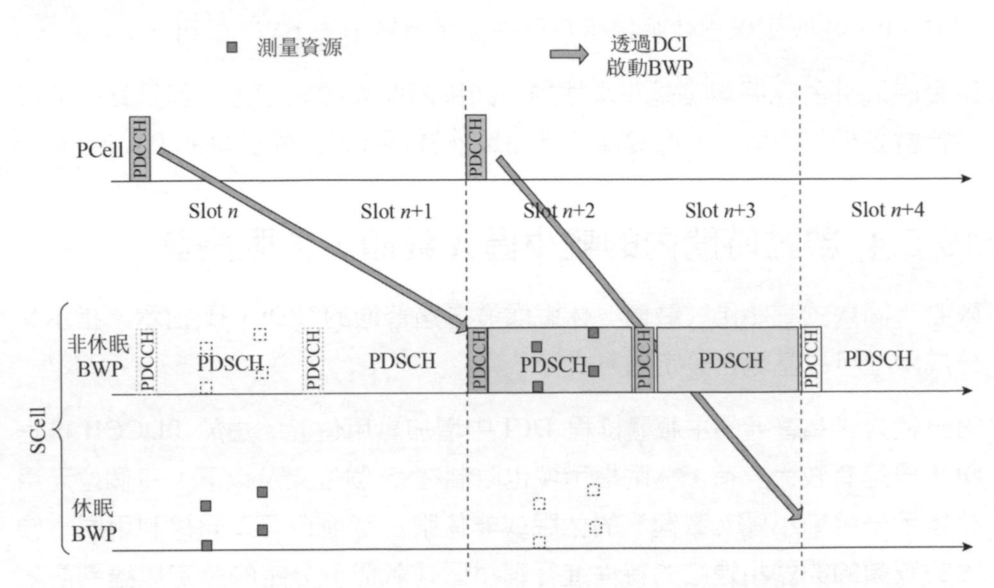

圖 19-20 基於 BWP 機制的載體休眠切換

19.5.3 啟動時間外的輔小區（載體）休眠觸發

啟動時間外的輔小區（載體）休眠觸發透過節能喚醒訊號 DCI 格式 2_6 中的專用位元來指示。由於節能喚醒訊號可為多終端指示等原因，每個終端的休眠指示限制在 5 個位元及以下。每個位元用於指示一組輔小區（載體）的休眠或非休眠。從終端射頻設計的功耗上看，同一頻段的載頻的開關可以相連結。一個頻段內載頻同時打開收發與獨立打開的功耗差別較小。載體分組由基地台設定決定。

終端在一個輔小區（載體）上只能設定一個休眠 BWP。當終端被指示退出休眠 BWP 時，需要選擇是哪一個非休眠 BWP。設定第一 non-dormant BWP 成為必要。和 SCell 的分組類似，這個參數對啟動時間外和啟動時間內分別設定以保證一定靈活性。為了讓終端側和基地台減少不必要的 BWP 切換，NR 規定了終端在當前啟動是休眠 BWP 且收到退出休眠指示的情況下才會切換到第一 non-dormant BWP。終端在當前啟動是某一非休眠 BWP，在收到退出休眠指示時只需要保持當前的 BWP 即可。

啟動時間外的休眠觸發是一次性的，如果節能喚醒訊號遺失但是終端的設定行為是仍然喚醒，此時終端只是簡單地重新進入上次啟動的 BWP。

19.5.4 啟動時間內的輔小區（載體）休眠觸發

啟動時間內的輔小區（載體）休眠觸發透過普通的 PDCCH 指示。指示又分成兩種可由基地台設定的方式。

第一種方式為普通的主載體排程 DCI 中增加專用位元。由於 PDCCH 排程 DCI 已經有較大負荷，休眠指示域也限制在 5 個位元及以下。每個位元用於指示一組輔小區（載體）的休眠或非休眠。基地台可以同樣利用同一頻段的載頻的開關相連結的特性進行輔小區（載體）分組的設定以達到高效使用休眠訊號。專用域增加在 DCI 格式 0_1 和 1_1 兩個格式下。這種方式的特點是主載體上的排程 DCI 可以隨時發起休眠指示。但是，即使在不需要改變輔小區（載體）休眠情況下，主載體的排程 DCI 仍然需要傳輸這個位元域。這就帶來了不必要的負擔。此時可以考慮採用第二種方式。

第二種方式為重定義排程 DCI 中的域，將該 DCI 專門用作輔小區（載體）休眠指示。DCI 格式 1_1 的頻率資源指示域為為全 0 或全 1 時，表示該 DCI 的以下域用於指示 15 個輔小區（載體）的休眠：

- 傳輸區塊 1 的調解和編碼等級數 MCS。
- 傳輸區塊 1 的新資料指示符號。
- 傳輸區塊 1 的容錯版本指示。
- HARQ process 號。
- Antenna port(s)。
- DMRS 序列初始化值。

第二種方式不排程資料，但仍需要佔用整個 DCI 格式。在載體數比較少時，負擔會較大。NR 的 HARQ-ACK 是根據對排程資料的解碼而回饋。排程資料的第一種方式自然可實現基地台和終端的通訊握手，這樣幫助兩側的同步。不排程資料的第二種方式則需要有另一種方式支援握手。因此對於第二種方式，NR 引入基於 PDCCH 的 HARQ-ACK 回饋定時。在不同的 SCS 係數下，採用固定的定時關係。

和啟動時間外類似，基地台設定第一 non-dormant BWP 給終端。不考慮 bwp-InactivityTimer 逾時的情況，在啟動時間內終端只有在當前啟動是休眠 BWP 且收到退出休眠指示的情況下才會切換到第一 non-dormant BWP。終端在當前啟動是某一非休眠 BWP，在收到退出休眠指示時只需要保持當前的 BWP 即可。

啟動時間內，第一種和第二種方式可以根據場景的需求由基地台靈活設定。

在啟動時間內，休眠 BWP 的觸發方法和 NR 的基礎版本 DCI 觸發 BWP 切換的方法高度重合。這會出現一個相容問題，即 DCI 觸發 BWP 的 ID 等於休眠 BWP ID 的處理。NR 不排除這種設定和指示。如果 DCI 觸發的切換的 BWP ID 為休眠 BWP，由於後繼沒有下行資料和 HARQ-ACK 回饋而使得切換不可靠。

19.6 RRM 測量增強

19.6.1 非連接態終端的節能需求

處於非連接態的終端需要基於網路的設定對服務社區以及其他鄰社區進行 RRM 測量以支援行動性操作，例如社區重選等。在 NR R15 中，出於終端節能的考慮，當終端在服務社區的通道品質較好時，終端可以不啟動針對同頻帶點以及同等優先順序或低優先順序的異頻/異技術頻點的 RRM 測量 [15]，同時針對高優先順序的異頻/異技術頻點的 RRM 測量可以增大測量間隔。具體而言：

- 當終端在服務社區上的 RSRP 高於設定 SIntraSearchP（一種高層設定門限參數）且終端在服務社區上的 RSRQ 高於 SIntraSearchQ 時，終端可以不啟動針對同頻帶點鄰社區的 RRM 測量。
- 當終端在服務社區上的 RSRP 高於 SnonIntraSearchP 且終端在服務社區上的 RSRQ 高於 SnonIntraSearchQ 時，終端可以不啟動針對異頻和異系統低優先順序和同等優先順序頻點鄰社區的 RRM 測量。同時，對於異頻和異系統的高優先順序頻點，終端可以啟動放鬆的 RRM 測量，[16] 中列出了該場景下針對每個高優先順序頻點的 RRM 測量間隔要求 $T_{higher\_priority\_search} = (60 * N_{layers})s$，其中 N_{layers} 為網路廣播的高優先順序頻點個數。

對於需要執行鄰社區 RRM 測量的終端，有必要引入一套針對鄰社區的 RRM 測量放鬆機制，以進一步滿足終端省電的需求。

19.6.2 非連接態終端 RRM 測量放鬆的判斷準則

針對非連接終端的 RRM 測量引入了兩套測量放鬆準則，分別是「終端不位於社區邊緣」準則和「低行動性」準則。這兩套準則都是以終端在服務社區上的「社區級」測量結果來進行衡量的。下面分別針對這兩種準則介紹。

1.「終端不位於社區邊緣」準則

針對該準則，網路會設定一個 RSRP 門限，另外還可以設定一個 RSRQ 門限，當終端在服務社區上的 RSRP 大於該 RSRP 門限，並且在網路設定了 RSRQ 門限的情況下，終端在服務社區上的 RSRQ 大於該 RSRQ 門限時，則認為該終端滿足「終端不位於社區邊緣」準則。

網路設定的用於「終端不位於社區邊緣」準則的 RSRP 門限需小於 SIntraSearchP 和 SnonIntraSearchP。如果網路同時設定了「終端不位於社區邊緣」準則的 RSRQ 門限，則該用於「終端不位於社區邊緣」準則的 RSRQ 門限需小於 SIntraSearchQ 和 SnonIntraSearchQ。

2.「低行動性」準則

針對該準則，網路會設定 RSRP 變化的評估時長 TSearchDeltaP 和 RSRP 變化值門限 SSearchDeltaP，當一段時間 TSearchDeltaP 內終端在服務社區上的 RSRP 變化量小於 SSearchDeltaP 時，則認為該終端滿足「低行動性」準則。

終端在完成社區選擇/重選之後，需要在至少一段時間 TSearchDeltaP 內執行正常的 RRM 測量。

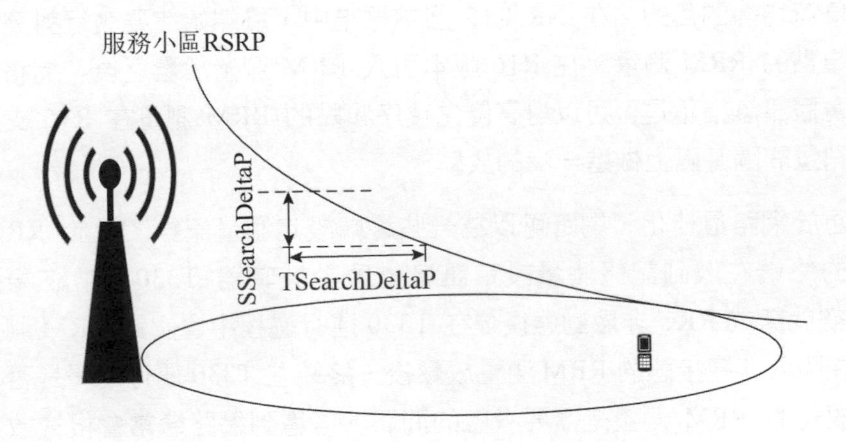

圖 19-21 低行動性判斷準則示意圖

網路透過系統廣播的方式通知終端啟動 RRM 測量放鬆的功能。在設定 RRM 測量放鬆功能的情況下，網路需要設定至少一個 RRM 測量放鬆判斷準則。針對不同的設定，終端使用的 RRM 測量放鬆準則可能出現以下四種情況：

情況 1：網路只設定了「終端不位於社區邊緣」準則，當終端滿足「終端不位於社區邊緣」準則時，終端針對鄰社區啟動放鬆的 RRM 測量。

情況 2：網路只設定了「低行動性」準則，當終端滿足「低行動性」準則時，終端針對鄰社區執行放鬆的 RRM 測量。

情況 3：網路同時設定了「終端不位於社區邊緣」準則和「低行動性」準則，並且網路指示這 2 個準則的使用條件為「或」，當終端滿足這 2 個準則中的其中任意一個準則時，終端針對鄰社區啟動放鬆的 RRM 測量。

情況 4：網路同時設定了「終端不位於社區邊緣」準則和「低行動性」準則，並且網路指示這 2 個準則的使用條件為「和」，當終端同時滿足這 2 個準則時，終端針對鄰社區啟動放鬆的 RRM 測量。

由於針對高優先順序頻點的 RRM 測量通常不受終端行動性的影響，而是為了負荷均衡的目的。在 NR R15 版本標準中，終端始終要執行對高優先順序頻點的 RRM 測量。在 R16 版本引入 RRM 測量放鬆之後，網路可以透過廣播訊息指示是否可以對高優先順序頻點的 RRM 測量在 R15 支援的最大測量間隔基礎上做進一步的放鬆。

為了便於網路最佳化，網路可以為一些終端設定測量記錄。處於 RRC 連接態的終端在收到記錄測量設定訊息後啟動計時器 T330。當終端進入 RRC 空閒態或 RRC 非啟動態後，在 T330 運行過程中會記錄 RRM 測量結果。在引入非連接態的 RRM 測量放鬆後，終端在 T330 運行期間是否可以執行放鬆的 RRM 測量是需要考慮的問題。考慮到網路通常會根據收集到的來自多個終端的測量記錄來實現網路最佳化，並且終端是在滿足 RRM 測量放鬆準則的情況下才會執行放鬆的 RRM 測量，放鬆的 RRM 測量對測量性能通常不會造成太大的影響。因此，標準化討論最終確定在 T330 運行期間終端仍然可以執行放鬆的 RRM 測量。

19.6.3 非連接態終端的 RRM 測量放鬆的方法

對於同等優先順序或低優先順序頻點的 RRM 測量，針對不同的 RRM 測量放鬆準則分別定義了 RRM 測量放鬆的方法。具體以下[17]：

- 當終端滿足「低行動性」準則時，終端在執行對鄰社區的 RRM 測量時使用更長的測量間隔。使用一個固定的縮放因數來增大測量間隔。
- 當終端滿足「終端不位於社區邊緣」準則時，終端在執行對鄰社區的 RRM 測量時使用更長的測量間隔。使用一個固定的縮放因數來增大測量間隔。
- 當終端同時滿足「低行動性」準則和「終端不位於社區邊緣」準則時，終端對同頻帶點，異頻帶點以及異技術頻點的測量間隔都增大為 1 小時。

此外，在不同的通道條件下，終端對於高優先順序頻點和對於同等優先順序或低優先順序頻點的 RRM 測量放鬆在一些場景下需要區別對待。

場景 1：終端在服務社區上的 RSRP 大於 SnonIntraSearchP，並且終端在服務社區上的 RSRQ 大於 SnonIntraSearchQ。

- 如果網路沒有設定「低行動性」準則或網路設定了「低行動性」準則但終端不滿足該「低行動性」準則，則終端對於高優先順序頻點按照 R15 的方法執行放鬆的 RRM 測量。
- 如果網路設定了網路設定了「低行動性」準則並且終端滿足該「低行動性」準則，則終端針對高優先順序頻點的 RRM 測量間隔增大到 1 小時。

場景 2：終端在服務社區上的 RSRP 小於或等於 SnonIntraSearchP，或終端在服務社區上的 RSRQ 小於或等於 SnonIntraSearchQ。

- 當終端滿足網路設定的 RRM 測量放鬆準則時，終端對於高優先順序頻點使用與低優先順序和同等優先順序頻點相同的測量放鬆要求。

19.7 終端側輔助節能資訊上報

19.7.1 終端輔助節能資訊上報的過程

為了更進一步地輔助網路為終端設定合適的參數，以達到終端節能的目的，網路可以為終端設定節能相關的終端輔助資訊上報。NR R16 標準中引入了 6 種類型的節能相關的終端輔助資訊[18]，分別為：

- 以節能為目的的終端期待的 DRX 參數設定。
- 以節能為目的的終端期待的最大聚合頻寬。
- 以節能為目的的終端期待的最大輔載體個數。
- 以節能為目的的終端期待的最大 MIMO 層數。
- 以節能為目的的終端期待的跨時間槽排程的最小排程偏移值。
- RRC 狀態轉換。

終端輔助資訊上報的訊號流程如圖 19-22 所述。

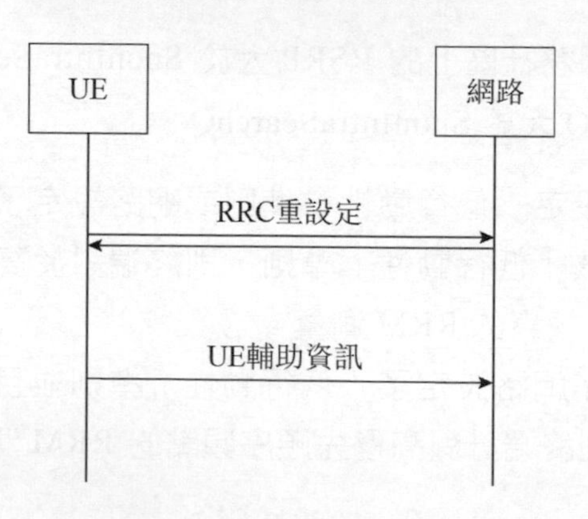

圖 19-22 終端輔助資訊

對於每種類型的終端輔助資訊，終端首先要透過終端能力上報告知網路自己具備上報這種類型的終端輔助資訊的能力，然後網路透過 RRC 重設定訊息給終端設定針對這種類型的終端輔助資訊上報功能。不同類型的終端輔助資訊上報功能是由網路分別設定的。對於每種類型的終端輔助資訊，只有當網路給終端設定了針對這種類型的終端輔助資訊上報功能時，終端才能夠向網路上報這種類型的終端輔助資訊。

為了避免終端頻繁地進行終端輔助資訊上報，對於每種類型的終端輔助資訊上報，網路會針對該類型的終端輔助資訊上報設定一個禁止計時器。終端每次上報該類型的終端輔助資訊後，都會啟動這個禁止計時器。在該禁止計時器運行過程中，終端是不能上報該類型的終端輔助資訊的。只有當該禁止計時器沒有運行，並且滿足該類型的終端輔助資訊的上報觸發條件時，終端才可以上報該類型的終端輔助資訊。對於每種類型的終端輔助資訊，其禁止計時器可以支援的最大時長均為 30s。

為了節省上報的訊號負擔，對於每種類型的終端輔助資訊上報，支援增量的上報方式。即，對於某種類型的終端輔助資訊，如果終端當前對於該特性的期待設定與終端最近一次針對該特性上報的期待設定相比沒有變化，則終端本次可以選擇不上報針對該類型的終端輔助資訊。從網路側的角度，當網路接收到終端針對某種特性的終端輔助資訊上報，則網路會一直維護該上報資訊，直到其收到終端下一次針對該特性的終端輔助資訊的上報。

當終端將針對某種特性的終端輔助資訊上報給網路時，終端會將該特性中所有終端有期待設定的參數包含在針對該特性的終端輔助資訊中，而對於那些終端沒有期待設定的參數則不包含在該終端輔助資訊中。如果終端針對某種特性的終端輔助資訊中的所有參數都沒有期待的設定，則終端可以透過上報一個針對該特性的空的輔助資訊 IE（即針對該特性的輔助資訊 IE 中不包含任何一個參數）告知網路其對於該特性的輔助資訊中的所有參數都沒有期待的設定。

對於 MR-DC 場景，用於節能的終端輔助資訊是基於 CG 進行設定的。對於 MCG 和 SCG，只有在網路給終端設定了針對該 CG 的終端輔助節能資訊上報時，終端才可以向網路上報針對該 CG 的輔助節能資訊。網路可以透過 MCG 側的 SRB1 或透過 SCG 側的 SRB3 給終端設定針對 NR SCG 的輔助節能資訊上報功能。終端可以透過 MCG 側的 SRB1 或透過 SCG 側的 SRB3 向網路上報針對 NR SCG 的輔助節能資訊。

19.7.2 終端輔助節能資訊上報的內容

如上節所述，目前標準中支援 6 種類型的節能相關的終端輔助資訊，下面分別針對每種類型的終端輔助資訊中包含的內容介紹。

1. 以節能為目的的終端期待的 DRX 參數設定

終端期待的 DRX 參數設定這個輔助資訊 IE 中包含的參數有：終端期待的 drx-InactivityTimer、終端期待的 DRX long cycle、終端期待的 DRX short cycle、終端期待的 drx-ShortCycleTimer。這 4 個參數都是可選參數。如前所述，當終端針對某個參數沒有任何期待的設定時，終端可以在上報期待的 DRX 設定的輔助資訊時不包含該參數。

對於每個參數，終端可以上報該參數可支援的值域範圍內的任何值。在網路為終端進行 DRX 設定時，如果網路給終端設定了 DRX short cycle，則對於 DRX long cycle 和 DRX short cycle 設定需滿足 DRX long cycle 設定值為 DRX short cycle 的整數倍。同理，在終端向網路上報期待的 DRX 參數設定時，如果終端同時上報了期待的 DRX long cycle 和期待的 DRX short cycle，則需滿足終端上報的期待的 DRX long cycle 設定值為期待的 DRX short cycle 設定值的整數倍。

2. 以節能為目的的終端期待的最大聚合頻寬

終端可以針對 FR1 和 FR2 分別上報期待的上行最大聚合頻寬和下行最大聚合頻寬。對於某個 FR，只有在網路為終端在這個 FR 上設定了服務社區時終端才可以針對該 FR 上報期待的最大聚合頻寬。

3. 以節能為目的的終端期待的最大輔載體個數

終端可以分別上報期待的上行輔載體個數和下行輔載體個數。在 MR-DC 中，終端可以透過上報期待的最大輔載體個數為 0 並且對於 FR1 和 FR2 期待的最大聚合頻寬都為 0 來向網路隱式的指示該終端期待釋放 NR SCG。

4. 以節能為目的的終端期待的最大 MIMO 層數

終端可以針對 FR1 和 FR2 分別上報期待的上行最大 MIMO 層數和下行最大 MIMO 層數。出於節能的考慮，終端可以上報期待的最小 MIMO 層數為 1。

5. 以節能為目的的終端期待的跨時間槽排程的最小排程偏移值

終端期待的跨時間槽排程的最小排程偏移值這個輔助資訊 IE 中包含的參數有：終端期待的最小 K0 值和終端期待的最小 K2 值。其中，終端期待的最小 K0 值和終端期待的最小 K2 值可以針對不同的子載體間隔分別上報。這 2 個參數都是可選參數。如前所述，當終端針對某個參數沒有任何期待的設定時，終端可以在上報期待的跨時間槽排程的最小排程偏移值的輔助資訊時不包含該參數。

6. RRC 狀態轉換

如果終端在未來一段時間都不期待有下行資料接收和上行資料發送，則終端可以向網路上報期望離開 RRC 連接態。同時，終端可以進一步地向網路指示期望轉換至 RRC 空閒態還是 RRC 非啟動態。

如果終端想要取消之前向網路上報過的期望離開 RRC 連接態，比如，終端有新的上行資料到達，終端會有向網路上報期望留在 RRC 連接態的需求。這種情況下，終端是否可以向網路上報期望留在 RRC 連接態還取決於網路設定。

19.8 小結

5G 的 NR 標準的終端節能技術包括 NR R15 的基礎版本節能和 R16 的節能增強。NR 的基礎版本的 BWP 設計，靈活排程，DRX 設定等功能提供了一定的終端節能基礎。NR 的節能增強在這些基礎上全面完善了終端在頻率自我調整，時域自我調整，天線數自我調整，DRX 自我調整，終端優選的期待設定參數上報，以及 RRM 測量上的節能功能的最佳化。

參考文獻

[1] M.2410-0 (11/2017), Minimum requirements related to technical performance for IMT-2020 radio interface(s), ITU

[2] TR38.840 v16.0.0, Study on User Equipment (UE) power saving in NR

[3] RP-191607, New WID: UE Power Saving in NR, CATT, 3GPP RAN#84, Newport Beach, USA, June 3rd –6th, 2019

[4] R1-1813447, UE Adaptation to the Traffic and UE Power Consumption Characteristics, Qualcomm Incorporated, 3GPP RAN1#95, Spokane, Washington, USA, November 12th - 16th, 2018

[5] R1-1900911, UE Adaptation to the Traffic and UE Power Consumption Characteristics, Qualcomm Incorporated, 3GPP RAN1 Ad-Hoc Meeting 1901, Taipei, Taiwan, 21st - 25th January, 2019

[6] R1-1901572, Power saving schemes, Huawei, HiSilicon, 3GPP RAN1#96, Athens, Greece, February 25th - March 1st, 2019

[7] R1-1903016, Potential Techniques for UE Power Saving, Qualcomm Incorporated, 3GPP RAN1#96, Athens, Greece, February 25th - March 1st, 2019

[8] R1-1903411, Summary of UE Power Saving Schemes, CATT, 3GPP RAN1#96, Athens, Greece, February 25th - March 1st, 2019

[9] R1-1908507, UE adaptation to maximum number of MIMO layers, Samsung, 3GPP RAN1#98, Prague, CZ, August 26th - 30th, 2019

[10] R1-1912786, Reduced latency Scell management for NR CA, Ericsson, 3GPP RAN1#99, Reno, USA, November 18-22, 2019

[11] R1-1912980, SCell dormancy and fast SCell activation, Qualcomm Incorporated, 3GPP RAN1#99, Reno, USA, November 18-22, 2019

[12] R1-2002763, Summary#2 for Procedure of Cross-Slot Scheduling Power Saving Techniques, MediaTek, 3GPP RAN1#100bis, e-Meeting, April 20th - 30th, 2020

[13] TS38.321 v16.0.0, Medium Access Control (MAC) protocol specification

[14] R2-1905603, Impacts of PDCCH-based wake up signaling, OPPO, 3GPP RAN2#106, Reno, USA, 13rd –17th May, 2019

[15] 3GPP TS 38.304 v15.6.0, User Equipment (UE) procedures in Idle mode and RRC Inactive state

[16] 3GPP TS 38.133 v15.9.0, Requirements for support of radio resource management

[17] R4-2005331, Reply LS on RRM relaxation in power saving, 3GPP RAN4#94ebis, 20 –30 Apr, 2020

[18] R2-2004943，CR for 38.331 for Power Savings, MediaTek Inc., 3GPP RAN2#110e, 1st- 12th June 2020

[19] 3GPP TS 38.212 v16.1.0, Multiplexing and channel coding

[20] 3GPP TS 38.214 v16.1.0, Physical layer procedures for data

[21] 3GPP TS 38.213 v16.1.0, Physical layer procedures for control

Chapter

20

R17 與 B5G/6G 展望

杜忠達、沈嘉 著

20.1 Release 17 簡介

在 2019 年 3GPP 忙於完成 R16 標準化的同時，也在籌畫下一個版本的工作計畫。在 2019 年上半年是 R17 課題的預熱期，在此期間的 3GPP 全會上陸陸續續能夠看到 3GPP 成員單位提交的 R17 課題的提案。在 2019 年 6 月，即 RAN#84 次會議上 3GPP 決定開始透過郵件討論的方式來明確各個 R17 課題的細節內容。在 RAN#86 次會議上 3GPP 最終通過了 R17 課題組，並且也決定了整個 R17 的工作週期為 15 個月。不巧的是 2020 年年初的新冠病毒的肆虐直接導致了 2020 年上半年 3GPP 會議的取消。在 RAN#e87 次會議上 3GPP 決定把 R17 的工作計畫整體平移了一個季。在經過這樣調整以後，R17 的工作計畫以下圖所示：

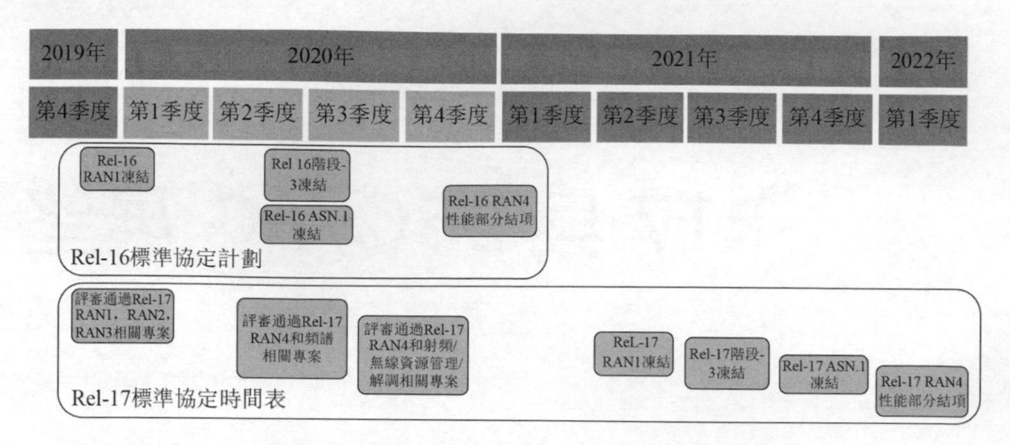

圖 20-1 R17 工作計畫[1]

R17 的課題整體來説繼續保持了對 eMBB 業務的技術改善，並且對 R16 已經引入的垂直產業相關的技術做了進一步的增強。和 eMBB 業務與垂直產業都相關的是網路覆蓋範圍的提高，包括非地面通訊的標準化，使得蜂巢網路呈現出海、陸、空 3 維立體覆蓋。R17 也對 5G NR 在頻譜、應用、廣播通訊機制和網路維護方面做了新的研究和探討。下圖是對整個 R17 課題的分類示意圖：

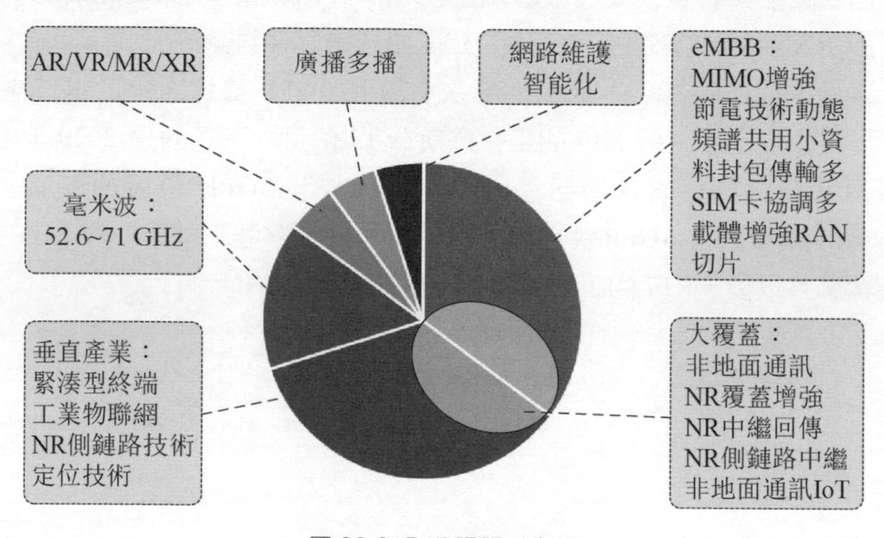

圖 20-2 R17 課題示意圖

在 R17 eMBB 增強技術中，除了多 SIM 卡協調和 RAN 切片之外，其他的課題基本上是 R16 課題的延續或擴充。比如 MIMO[2]在減少控制訊號和延遲上從中低速擴充到 FR2 的高速場景，並且假設 UE 有多個天線面板；在多點發送和多面板接收下波束管理和通道堅固性、可靠性的提升上從 PDSCH 通道擴充到了 PDCCH，PUSCH 和 PUCCH 通道；增加了 SRS 的天線通訊埠以增加 SRS 的覆蓋和容量；在 FDD 頻段進一步探討利用通道互易性來增強 CSI 的測量和上報機制等等。在 R16 中節電技術基於 DCI 的解決方案主要是用來避免無謂地喚醒 UE，在 R17 中則考慮了更高速率業務的需求，尋求在 UE 已經被喚醒的前提下減少對 PDCCH 通道的監聽。在 RRC_IDLE 和 RRC_INACTIVE 兩個狀態下設法減少對尋呼訊息的監聽和參考訊號的系統負擔[3]。在 RRC_INACTIVE 狀態下直接發送小資料封包的想法主要也是為了避免或減少 UE 進入 RRC_CONNECTED 狀態所帶來的訊號和功耗的負擔，這對穿戴裝置尤其適用[4]。

一個 UE 有多個 SIM 卡在 4G 時代就已經比較流行了。兩個 SIM 卡所對應的兩個系統之間的衝突問題往往是由於 UE 有限的射頻資源，比如有限的射頻鏈路和天線，導致的。4G LTE UE 都是透過廠商的產品實現來減少或避開這個問題，也就是說沒有標準化的方案，但是效果不理想。5G NR UE 在射頻資源上有所增加，一般認為比較典型的設定是 2T4R。但是市場上中低端的智慧型手機或穿戴裝置，也會採用相比較較低的設定比如 1T2R，所以類似地問題還是存在的。在 R17 中採用標準化的方案可以盡可能減少兩個系統之間的尋呼衝突，並且在 UE 決定離開當前系統（往往是 5G NR）去回應另外一個系統（往往是 4G LTE）尋呼的時候，減少在當前系統中正在進行的業務的影響，提高網路感知能力[5]。其中回應語音業務的尋呼是重點。

RAN 切片課題的主要目的是 UE 能夠快速連線到一個支援 UE 想要發起的業務切片的社區，包括社區選擇和重選過程中匹配社區能夠支援的切片和 UE 想要發起業務的切片，以及基於切片資訊來發起隨機連線過程。在發生行動性事件，比如切換的時候，能夠保證切片在來源社區和目標社區之間不相容的情況下保持業務的連續性。在 RAN 側對切片這個概念做進一步的深耕也是 5G 網路技術的一種趨勢[6]。

垂直產業相關的技術增強是 R16 的顯著特點，並且在 R17 有了新的突破，包括引入了緊湊型 NR UE 和高精度的室內定位。NR 5G 的 3 大應用場景都有各自的側重點：eMBB 想要的是高速率，mMTC 要求的是廣覆蓋和多連接，而 URLLC 在可靠性和延遲性能上追求極致。在一個終端上最多只能實現其中的兩個維度，因為在同一個通訊系統前提下，這三種需求實際上往往相互矛盾。但是也有一些終端需要兼顧這些需求，只是在支援程度上會大大下降，邏輯上這些緊湊型 NR UE 的需求可以參考下圖：

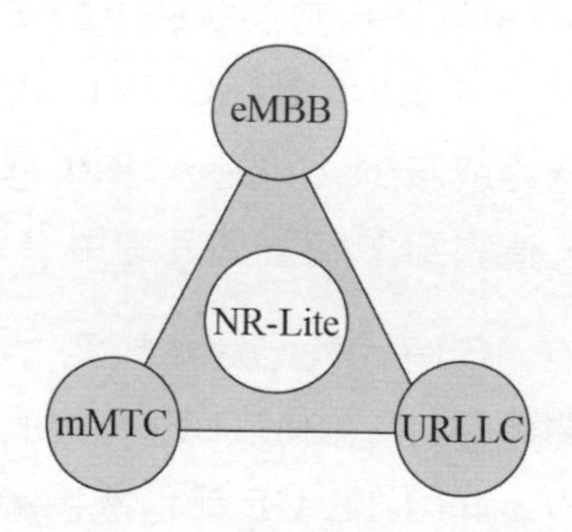

圖 20-3 NR-Lite 定位

在 3GPP 剛開始討論的時候，這樣的 UE 被稱為「NR-Lite」，意思是「輕」終端。「輕」不僅表現在 UE 的體積和重量上，比如其中典型的應用是工業中感測器，也表現在硬體的設定和處理能力上，即與智慧終端機相比具有更少的天線通訊埠、更窄的工作頻寬。在此基礎上還要求超長的待機時間、更多的連接數，同時還需要保持類似地覆蓋範圍。在 3GPP 最終建立專案的時候，這個名字改成了「reduced capability NR devices」，中文稱為緊湊型終端。在 3GPP 的討論過程中，這樣的終端也包括了智慧穿戴裝置，比如智慧手錶，以及用於工業或智慧城市的視訊監控和追蹤裝置。但是不包括已經基於 LTE 系統開發的 NB IoT 和 mMTC，這是為了避免對市場上已經成熟產品的影響，也是為了減少 3GPP 標準化的工作量[7]。

R16 中基於 NR 定位參考訊號的定位技術實際上已經成熟，可以滿足室內 3 公尺（80%機率）和室外 10 公尺（80%機率）的定位精度，同時也引入了基於 UE 的定位方案，即 UE 可以根據網路的輔助資訊來計算出最後的定位資訊。但是 R16 的方案無論是在精度上（<=0.2 公尺），還是在延遲上（<=100 毫秒）均無法滿足工業上室內定位的需求。同時，商業上和定位需求相關的應用也要求低於 1 公尺的定位精度。另外在 R17 的定位課題中第一次提出了定位的可靠性和完整性需求，簡單地說也就是要求定位系統一直可用。如果定位系統出現問題，還需要及時通知正在定位的 UE，避免因為誤信而導致事故。這個要求對於交通、電力或是緊急呼叫所使用到的定位應用尤其重要。在技術上會偏重於提高 R16 中引入的定位參考訊號，定位方法和相關的協定流程[8]。

當然 R17 中和垂直產業相關的技術更多的是在 R16 基礎上的增強。R16 URLLC 在提高可靠性的基本想法是除了增加 PDCP PDU 的重複支路之外（最多是 4 個），基本上是以「插隊」的方式，即犧牲相對來說優先順序較低的邏輯通道的發送或回饋，來達到提高高優先順序邏輯通道可靠性的目的。這樣的做法多少有些「簡單粗暴」。R17 嘗試精細化 R16 的方案，大幅減少對優先順序相對較低的邏輯通道的影響，比如在 UE 內或 UE 間發送優先順序處理的環節上可以採用某種通道重複使用的方式使得優先順序相對較低的邏輯通道在衝突的時候不會被全部捨棄。另外採用非授權頻譜也是一個比較大的突破。一般來說非授權頻譜會因為頻譜共用的原因在通訊可靠性和延遲性能上無法和授權頻譜可比。但是在工業場景裡，在封閉的環境下，基本上可以做到頻譜「獨享」的目的。在這樣的前提下可靠性和延遲性能在一定程度上可以透過技術手段來克服，比如採用 FBE（frame based equipment）的通道連線方式等[9]。

側鏈（sidelink）通訊技術在 R16 中最重要的應用場景是 V2X，也就是車聯網，而 UE 的形式往往是車載式終端。在 R17 中這種基於 PC5 介面的側鏈通訊技術除了車聯網之外，也會拓展到公共安全應用和商業上的應用。在這些新的應用場景中，UE 往往是手持終端，因此側鏈技術在 R17 的重心落在了和節電相關的解決方案上，比如在 PC5 介面引入 DRX 機制，在資源設定方面引入了 UE 之間協調機制和部分感知（partial sensing）的方式來減少 UE 對控制通道的監聽[10]。和側鏈通訊技術直接相關的另外一個課題是基於 PC5 介面的中繼，包括 UE 到網路的中繼以及 UE 到 UE 的中繼。兩種中繼方式對公共安全應用來說都比較重要，而商業上的一些應用，比如智慧手錶或手環透過智慧型手機連接到網路，則對終端到網路的中繼方式最感興趣。對智慧手錶或手環來說，和智慧型手機之間的基於 PC5 介面的短距離通訊幾乎耗電為零，從而大大提高待機時間。在室內場景下，借助智慧型手機比較高的設定，穿戴裝置可以流暢地和網路進行通訊，即可以看成是擴大網路覆蓋的一種技術解決方案[11]。

說到覆蓋問題，無論是 eMBB 業務還是垂直產業，R17 都提供了對應的解決方案。NR 覆蓋增強課題主要是要解決上產業務通道的覆蓋問題。5G NR 中最典型的全球性頻譜是 3.5GHz（band n78、n79）。和用於 LTE 的頻譜相比，3.5GHz 因為傳播路損快、建築物穿透損耗大的原因，即使在波束成形技術的幫助下，在市區的室內覆蓋中也不見得有多少優勢。在建築物中心區域，5G NR 的覆蓋甚至要比 LTE 還要差。目前全世界部署 SA 網路是 5G NR 的趨勢，而且在中國一開始就會大量部署。在這種情況下覆蓋就成了基於 3.5GHz SA 網路的痛點。除了直接在 3.5GHz 上下功夫的同時，借助低頻段頻譜，比如 1.8GHz 或 2.1GHz FDD 頻譜，也可以有效解決上行的覆蓋問題。在這個課題中針對 FR1 頻譜，研究的主要物件是語音業務和中低速率的資料業務。雖然 FR2 的覆蓋問題也會在這個課題中進行研究，但是 FR2 的覆蓋已經有一個比較好的解決方案，就是利用中繼回傳技術[12]。

上述的覆蓋問題，無論是 FR1 還是 FR2 頻譜，針對的還是傳統的基於蜂巢的地面網路。非地面通訊要解決的是廣域覆蓋。在 R16 中非地面通訊的研究物件是高軌衛星（即同步衛星）和低軌衛星。5G NR 通訊系統所面臨的挑戰主要是超長訊號傳輸延遲和比較大的頻譜偏差。需要注意的是，非地面通訊除了要求 UE 具備 GNSS 定位能力之外，在發射功率上並沒有提出額外的要求-還是採用第三類功率等級，即 23dbm。在 R17 對非地面通訊標準化的時候，所採用的方案也可以擴充到高空氣球和空對地通訊。需要注意的是在空對地通訊中，飛機快速移動，類似於較為特殊的 UE；而在衛星通訊中，在空中部署的更像是基地台的射頻部分或 DU[13]。R17 在非地面通訊上的另外一個擴充是把類似地解決方案移植到 LTE 系統的 IoT 領域，用於追蹤遠洋油輪上貨物的位置，並且進行簡單的通訊等場景[14]。非地面通訊逐漸進入市場並且開始產業化的重要原因是空間發射技術的成熟和可靠，使得發射小體積衛星的成本變得比較經濟。

R17 在毫米波、XR、廣播多播和網路智慧化上也進行了大膽的探索。目前 5G NR 所涉及的頻域分成兩段：FR1（400MHz~7.125GHz）和 FR2（24.25GHz~52.6GHz）。在 R17 剛開始的時候，美國的一些公司和電信業者提出對 52.6GHz~114.25GHz 這段頻譜從波形開始進行系統性的研究。在對全球各個區域的頻譜管理條例的整理和研究以後，逐步發現業界最感興趣的是 60GHz 附近的一段頻譜，即 52.6GHz~71GHz。尤其是在不少國家，這段頻譜附近的非授權頻譜（參考表格 20.1-1）有產業化的可能。在 2019 年埃及舉辦的 WARC19 會議上，這段頻譜也被 ITU-R 正式定為蜂巢無線通訊頻譜。

表 20-1 非授權頻域分佈

Region	Frequencies [GHz]	Max TX power[mW]
USA	57-64	500
Canada	57-64	500
Japan	59-66	10
EU	57-66	20
Australia	59.4-62.9	10
South Korea	57-64	10

基於這樣的原因 3GPP 最後決定只對這段頻譜進行研究和標準化。為了減少標準化的工作量，大的原則是在原來 5G NR 的波形基礎上對核心的幾個物理層參數，比如子載體間隔（SCS）和通道頻寬等進行直接的擴充。採

用這種方式，基本上可以直接繼承現有的物理層協定框架。另外該頻段的毫米波波束的發送和接收更加具有方向性，形成所謂的「鉛筆波束」。在這樣的前提下，通道連線的方式將不同於現有的 LBE 和 FBE 的通道連線方式，在空間這個維度上具備更高的共存可能[15-16]。

XR 是一個籠統的術語，可以代表 AR（擴增實境）、VR（虛擬實境）、MR（混合現實）等。要達到視覺上以假亂真的效果，XR 相關的應用要求通訊系統在高流量的同時還要保證相當高的可靠性和比較低的延遲。另外一種類似的應用是雲端遊戲（cloud gaming）。XR 和雲端遊戲對 5G NR 系統來說既是挑戰也是機遇。首先在網路架構上，5G 網路必須要增加邊緣計算節點，也就是拉近雲端運算節點和終端之間的距離，否則延遲的要求往往無法滿足；其次無論是頭盔還是眼鏡都對功耗有比較高的要求，這是因為一方面使用者戴的時間會比較長，另外一方面運算的負載比較高。如何降低功耗、增加待機時間和使用者的舒適度都是值得探討的領域；最後 XR 和雲端遊戲的業務需求看上去有點「既要馬兒跑，又要馬兒不吃草」的架勢。即使是 5G NR 這樣的通訊系統也很難做到長時間給多個使用者提供同時滿足「高流量、低延遲、高可靠」的業務。為了做到「好鋼用在刀刃上」的效果，需要仔細研究 XR 和雲端遊戲的業務模型，特別是資料封包大小分佈範圍以及在時域上的到達規律和相關的性能 KPI，比如延遲和封包遺失率，從而使通訊系統更好的轉換。R17 的 XR 課題的主要目的就是找到合適的評估方法來做上述內容的研究[17]。

廣播多播技術在 3GPP 有悠久的歷史，UMTS 和 LTE 系統都進行了基於 SFN 的 MBMS 方案的標準化，在 LTE 系統中還引入了基於 PDSCH 的單社區廣播技術（SC-PTM）。但是真正在市場上得到廣泛應用的廣播多播技術可以說是鳳毛麟角。而另外一方面，廣播多播可以成為某些技術的有益補充，比如 IoT 和 V2X 技術中，透過廣播的方式可以提高頻譜效率。在視訊點播這樣的應用中，可能會出現一個社區中的多個使用者在點播相同視訊內容的情況，在這樣的前提下把多個單一傳播的執行緒合併成一個廣播多播的執行緒就可以達到節省無線資源的目的。另外和公共安全相關的廣播明顯要比單一傳播更加高效。因為這樣的原因 3GPP 最後決定在 R17 中研究基於 5G NR 的簡化版的廣播多播方案。方案不要求採用傳統的 SFN 的方式來增加社區邊緣覆蓋；可以採用和單一傳播混合網路拓樸的方式，並且會引入廣播多播和單一傳播之間切換的機制；當 UE 在 RRC_CONNECTED 狀態的時候，單一傳播還可以為廣播多播提供上行回饋來增加廣播多播的可靠性[18]。

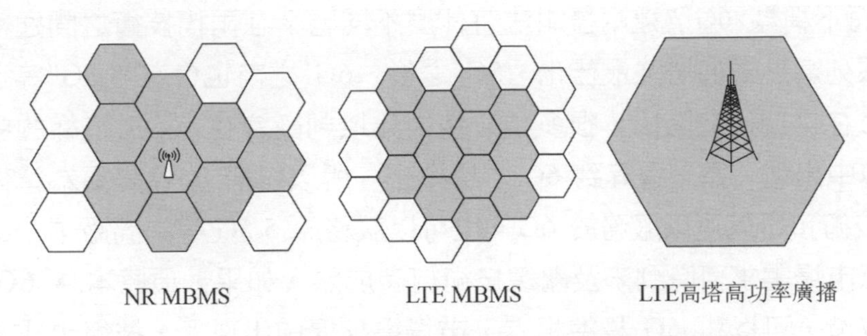

圖 20-4 NR MBMS、LTE MBMS 和高功高塔廣播的比較

上圖中相同顏色的社區組成了廣播多播同步覆蓋區域。NR MBMS 的同步覆蓋區域介於 LTE MBMS 和 LTE 高功高塔廣播之間，在一個基地台內部實現。

最後來說說網路維護的智慧化。3GPP 從 LTE 開始就在系統中引入了 SON 和 MDT 機制，利用 UE 提供的測量和統計資訊來建模網路的運行狀態。隨著人工智慧所要求的算力（硬體）和深度學習演算法（軟體）的逐漸成熟和普及，在網路維護中引入大數據收集和智慧處理水到渠成。在此基礎上，在 3GPP 通訊系統的其他模組中也將逐漸引入人工智慧[19]。

20.2 B5G/6G 展望

行動通訊技術十年一代，通常在一代技術完成第一代標準化後就開始下一代的預研與規劃，這是因為行動通訊標準需要全球統一，在演進方向和核心技術上要國際產業界取得高度共識後才能開始標準化，除去正式標準化一般要耗費 3-4 年的時間，留給預研階段的也就 6-7 年時間。5G NR R15 版本標準化 2015 年啟動，2019 年底正式完成，R16 作為 5G 標準不可或缺的一部分，2020 年才最終完成。假設新一代技術（正式名稱未定，我們姑且稱其為 6G）2025 年開始標準化工作，自今日始，也就還有 5 年左右的準備時間了。實際上針對 6G 的思考、設想和關鍵技術預研從 2019 年就已開始，我們可以統稱為 B5G（Beyond 5G，後 5G）研究。為什麼稱為 B5G 而不稱為 6G？這兩種叫法有什麼不同嗎？在兩代技術之間通常還會有一系列漸進式的增強最佳化，5G 之後、6G 之前也會有"5.5G"等過渡性技術，在早期研究階段，很多預研技術難以判斷會在 5.5G 這樣的中間標準版本中出現，還是會等到 6G 才標準化，所以統稱 B5G 是更為準確的，B5G 技術預研既可以服務於 6G，也可以服務於 5.5G 等中間版本，這取決於實際市場需求何時到來及關鍵技術何時成熟。如果一項原本為 6G 儲備的新技術，可以和 5G 標準相容，市場需求提前出現了，技術也成熟了，當然可以提前在 5.5G 中標準化。所以在現階段，無法劃清 B5G 研究和 6G 研究的界限，也不需要做硬性區分。

1. B5G/6G 願景與需求

研究新一代行動通訊技術，制定新一代行動通訊標準之前，首先要想清楚：新一代技術要達到什麼新的目標？滿足人和社會何種新的需求？什麼業務應用是以前的系統沒有支援而在未來將變得非常重要的？也就是要從 B5G/6G 的願景（Vision）和需求（Requirement）開始研究。

在行動通訊發展歷史上，每一代技術都肩負起了「提升業務性能、擴充應用範圍」的任務，如圖 20-5，一般每一個重要的行動業務會經歷兩代技術從引入走到普及：1G 系統就可以提供行動話音業務，但到 2G 時代移動話音才真正成熟；2G 系統開始支援行動資料（mobile data），但 3G 系統（HSPA）才具備了高速傳輸資料的能力；以視訊為代表的行動多媒體（mobile multimedia）應用從 3G 時代出現，而在 4G 時代才真正流行起來；4G 系統從後期開始引入網際網路（IoT）技術，但真正將 IoT 作為核心業務的是 5G。在話音、資料、多媒體、物聯網業務均以得到較好的支援後，B5G/6G 又能為我們的工作、生活帶來什麼新的價值和意義呢？——我們相信這個新增的部分是智慧的互動（exchange of intelligence），預計這種新型的業務將從 5G 後期引入，並成為 6G 時代的主要特徵。

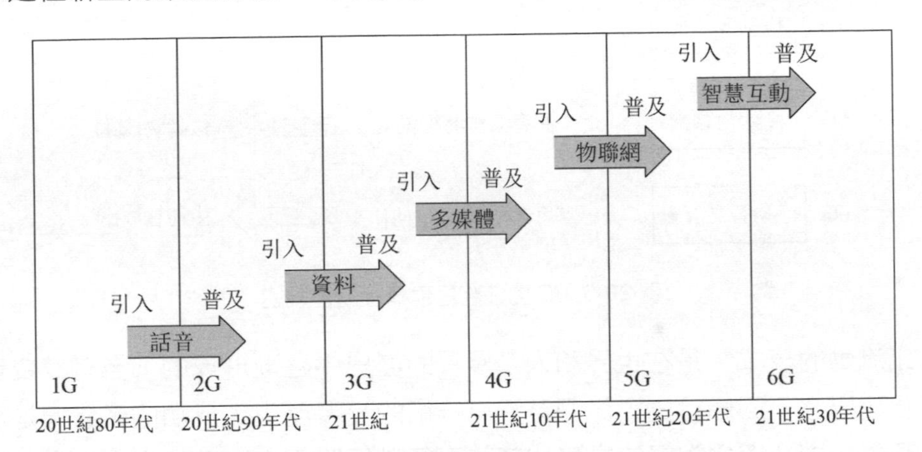

圖 20-5 每代行動通訊技術支援的新業務新應用

行動通訊技術是為了滿足世界上的資訊互動而產生的：

- 在 1G 到 4G 時代，重點主要是實現人與人之間的資訊互動，滿足資訊互通、情感交流和感官享受的需要，部分或全部的將書信交談、書報閱讀、藝術欣賞、購物支付、旅遊觀光、體育遊戲等傳統生活方式轉移到了手機上，相當程度實現了「生活娛樂的行動化」，因此我們可以將 4G 稱為「行動網際網路」。
- 5G 除了繼續提升行動生活的體驗之外，將重點轉移到「生產工作的行動化」上來，基於 5G 的物聯網、車聯網、工業網際網路技術正試圖將千行百業的生產工作方式用「行動物聯網」來替代。
- 但在十年前我們規劃 5G 的目標和需求的時候，始料未及的，是人工智慧（Artificial Intelligence，AI）技術的快速普及。因此 6G 需要補全的缺陷是「思考學習的行動化」，我們可以稱其為「行動智聯網」（Mobile Internet of Intelligence）。

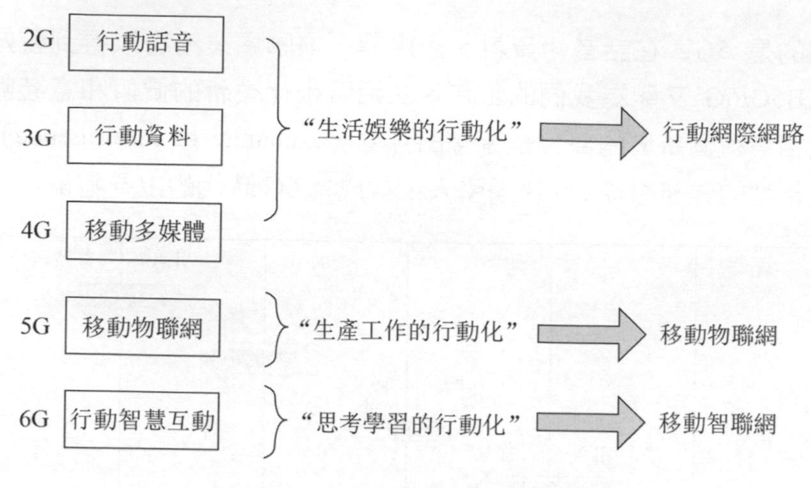

圖 20-6 6G 的任務是建構行動智聯網

資訊流動的模式，是在世界和人類漫長的歷史中逐漸形成的，自有其合理性和科學性。回顧行動通訊乃至資訊技術的發展歷史，成功的業務均是將生產生活中合理的資訊流動模式轉移到行動網路中來。在日常生產生活過程中，資料的互動、感官的互動不能替代智慧的傳遞。這就象現實生活中，如果我們要讓一個人去完成一項工作，不會始終站在他身邊，像「提線木偶」一樣指揮他的一舉一動，而是會將完成此項工作所需的知識、方法和技能教授給他，然後放手讓他用這些學到的智慧去自己完成工作。而目前我們在 4G、5G 系統中實現的仍然是「提線木偶」式的物聯網——終端的每個一個傳感資料都收集到雲端，終端的每一個動作都由雲端遠端控制，只有雲端掌握推理（inference）和決策的智慧，終端只是機械的「上報與執行」，這種工作方式是和真實世界的合理工作方式相悖的，雖然 5G 在低延遲、高可靠、眾連接等方面做了大量突破性的創新，但也需消耗大量的系統資源，僅靠有限的無線頻譜資源想要滿足不斷增長的物聯網終端數量和業務需求，未必是「可持續」的發展模式。

隨著 AI 技術的快速發展，為以更合理的方式實現物↔物資訊交流提供了可能。越來越多的行動終端開始或多或少的具備智慧推理的算力和架構，可以支援「學而後做」式的工作模式，但現有的行動通訊網路還不能很好支援「智慧」這一新型業務流的傳輸。資料資訊（包括關於人的資料和關於機器的資料）和感官資訊（各類音視訊資訊）的互動均已在 4G、5G 系統中得到高效傳輸，但唯有智慧資訊（知識、方法、策略等）的互動尚未被充分考慮。人和人之間的智慧互動（學習、教授、借鏡）自然可以透過資料和感官資訊互動來完成，但其他類型的智慧體（Intelligent Agent）之間的智慧互動則需要更高效、更直接的通訊方式來實現，相信這應該是 B5G/6G 技術的核心目標之一。因此「智慧流」（intelligence stream）可能是繼資料流程、媒體流之後的一種在行動通訊系統中流動的新業務流，是 6G 系統新增的核心業務形式。

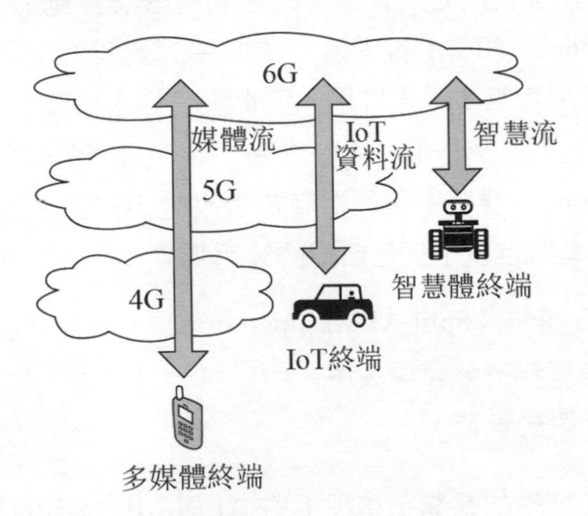

圖 20-7 智慧流將成為 6G 主要的新興業務形式

隨著 AI 技術的快速普及，預計不遠的未來，世界上其他類型的智慧體（如智慧型手機、智慧型機器、智慧汽車、無人機、機器人等）的數量將遠遠超過人的數量，6G 等新一代通訊系統應該是服務於所有智慧體，而不僅是服務於人和無智慧型機器的，因此我們也應該設計一代能夠用於所有智慧體（尤其是非人智慧體）之間「智慧協作、互學互智」的行動通訊系統。

圖 20-8 6G 願景：為所有智慧體服務的行動通訊系統

在當前的 AI 發展階段，非人智慧體的之間的智慧互動的具體形式，主要是 AI 模型（model）和 AI 推理過程中的中間資料的互動。2019 年底，3GPP SA1（系統架構第 1 工作群組，負責業務需求研究）工作群組啟動了「在 5G 系統中傳輸 AI/ML 模型傳輸」研究專案，用於研究 AI/ML（Machine Learning，機器學習）相關業務流在 5G 網路上傳輸所需的功能和性能指標[20]。專案定位了三個典型的應用場景：

- 分割式 AI/ML 操作（Split AI/ML operation）。
- AI/ML 模類型資料的分發與共用。
- 聯邦學習與分散式學習。

本書不是關於 AI 技術的書籍，這裡不對 AI 與 ML 技術的基礎作介紹，僅對 AI/ML 模型和資料在 B5G 及 6G 系統上傳輸的潛在需求作一討論。目前最常用的 AI/ML 模型是深度神經網路（Deep Neural Network，DNN），廣泛與用於語音辨識、電腦視覺等領域。以圖型辨識常用的卷積神經網路（Convolutional Neural Network，CNN）為例，模型的分割式推理（split inference）、模型下載和訓練（training）如果在行動終端和網路上協作進行，均需要實現比現有 5G 系統更高的關鍵性能指標（Key Performance Indicator，KPI）。

Split inference 是為了將終端與網路的 AI 算力有機結合，將 inference 過程分割在兩側完成的技術。相對由終端或網路獨自完成 inference 過程，由終端和網路配合完成 inference 可以有效緩解終端與網路的算力、快取、儲存和功耗壓力，降低 AI 業務延遲，提高點對點推理精度和效率[21-25]。以[24]中的分析的 CNN AlexNet[26]為例（如圖 20-9），可以在網路的中間某幾個池化層（pooling layer）設定候選分割點（split point），即在分割點以前的各層的推理運算在終端執行，由終端算力承擔，然後將生成的中間資料（intermediate data）透過 B5G/6G 網路傳輸給網路側伺服器，由網路側伺服器完成分割點以後的各層的推理運算。可以看到，不同的 split point 要求不同的終端算力投入和中間資料量。在一定的 AI 推理業務延遲要求下，不同的中間資料量帶來不同的上行資料率需求。部分 AI 業務的分割式圖型辨識所要求的行動網路傳輸資料率範例如表 20-2 第二列所示，可以看到，對於某些即時性要求較高的業務，需要在幾十 ms 甚至幾 ms 內完成一訊框圖型的辨識，某些分割方式下的單使用者最高上行傳輸速率需求可超過 20Gbps。

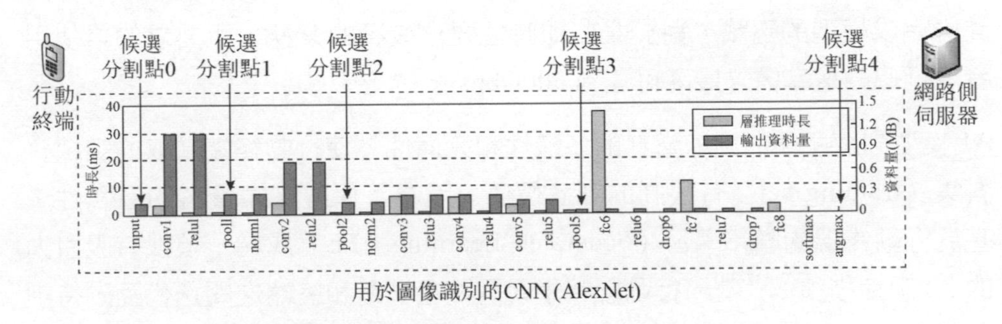

圖 20-9 基於神經網路的 split AI inference 範例

表 20-2 AI/ML 業務的傳輸資料率需求範例

應用場景	Intermediate data 上傳資料率需求	AI 模型下載資料率需求	聯邦學習資料雙向傳輸資料率需求
智慧型手機未知圖型辨識	1.6~240Mbps	2.5~5Gbps	6.5 Gbps
監控系統身份辨識	1.6~240Mbps	2.5~5Gbps	11.1 Gbps
智慧型手機圖型增強	1.6~240Mbps	2.5~5Gbps	16.2 Gbps

應用場景	Intermediate data 上傳資料率需求	AI 模型下載資料率需求	聯邦學習資料雙向傳輸資料率需求
視訊辨識	16Mbps~2.4Gbps	8.3~16.7Gbps	19.2 Gbps
AR 視訊/遊戲	160Mbps~24Gbps	250~500Gbps	20.3 Gbps
遠端自動駕駛	>16Mbps~2.4Gbps	>250~500Gbps	6.5 Gbps
遠端控制機器人	16Mbps~2.4Gbps	250~500Gbps	11.1 Gbps

由於行動終端的算力和儲存容量有限，難以使用泛化能力強的大型 AI 模型，而計算量、記憶體和儲存量較小的 AI 模型又往往只適用於特定的 AI 任務和環境，當任務或環境發生變化時，就需要重新選擇最佳化的模型，如果終端因為儲存空間限制沒有儲存所需的模型，則需要從網路側伺服器上下載，常見的圖型辨識 CNN 模型大小可達到數十至數百 MByte [26-31]。部分 AI 業務的模型下載所要求的行動網路傳輸資料率範例如表 20-2 第三列所示，由於行動終端工作環境的不確定性與突變性，可能需要在 1ms 時間內完成模型的下載，對於某些即時性要求較高的業務，所要求的單使用者下行傳輸速率需求最高可達到 500Gbps。

AI 模型訓練所需的訓練資料的多樣性和完備性，使行動終端擷取的訓練資料集（training set）有很高的訓練價值，而為了保護終端資料的隱私性，基於行動終端的聯邦學習（Federated Learning，FL）成為一項很有吸引力的 AI 訓練技術[26,32-34]。行動聯邦學習需要在網路和終端之間迭代互動待訓練的模型和訓練後的梯度（gradient），一次迭代的典型的傳輸資料量可達到上百 MByte。由於行動終端在適宜訓練的環境中停留的不確定性和訓練資料保存的短期性，應該充分利用聯邦終端的可用算力，在盡可能短的時間內完成一個終端的模型訓練工作，為了跟上終端的 AI 訓練能力，不使行動通訊傳輸成為缺陷，需要在數十 ms 時間內完成一次訓練迭代，所要求的單使用者上下行雙向傳輸速率需求最高也可達到 20Gbps 以上。

由此可見，AI 模型和資料的傳輸需要數十甚至數百 Gbps 單使用者可見傳輸資料率，這是 5G 系統無法達到的，可能組成向 B5G 及 6G 演進的重要的業務類型。另一方面，人的更高層次的感官感受需求也可能繼續推動多媒體業務的需求提升，例如全息視訊（Holographic）業務由於需要一次性傳輸數十路高畫質視訊，也可能需要行動通訊系統提供數十至數百 Gbps 的傳輸速率。當然，使用者對這種消耗大量裝置和無線資源的新型多媒體業務到底有多強的需求，還需要進一步研究。

新一代行動通訊技術在更高資料率方面的追求是始終不變的，以行動 AI、行動全息視訊為代表的 6G 新業務可能需要 1Tbps 等級的峰值速率和幾十上百 Gbps 的終端可見資料率，和 5G 相比需要將近 2 個數量級的提高。

另外，在 4G、5G 階段的「向垂直產業滲透」的努力也不會停止，業內正在探討的性能提升方向包括：

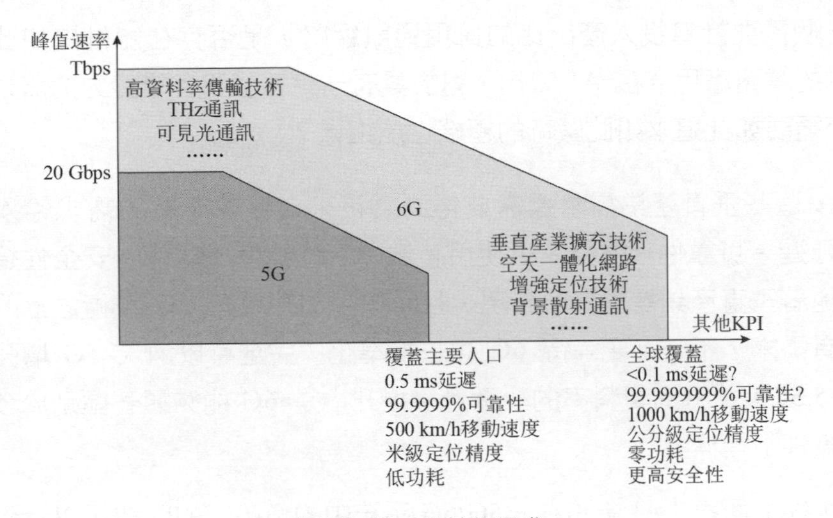

圖 20-10　6G 性能需求

- 覆蓋範圍的全球化擴充：即將以地面行動通訊為主的 5G 系統擴充到能覆蓋空天、荒漠、海洋、水下的各個角落。
- 支援更低延遲（0.1ms 乃至零延遲）和更高可靠性（如 99.9999999%）。
- 支援 1000km/h 的移動速度，覆蓋飛機等應用場景。
- 支援 cm 級的精確定位。
- 每 km^2 範圍內百萬級的終端連接數量。

- 支援極低的物聯網功耗，甚至達到「零功耗」的水準。
- 支援更高的網路安全性。

這些垂直產業的新需求很多還在初步的天馬行空階段，對這些 KPI 的必要性還缺乏紮實、務實的研究分析，例如：

- 「無所不在的 6G 覆蓋」確實可以把目前 5G 系統不能達到的地域、場景也納入行動通訊的覆蓋範圍，但在這些極端場景中到底有多少使用者、多少容量需求？是否存在能支撐 6G 這樣一個商用系統的產業規模性？
- 零延遲和 99.9999999%可靠性從技術上講也並非無法做到，但必然會帶來巨大的通訊容錯，消耗很大系統資源才能換取。而 6G 系統畢竟是一個需要計算投入產出比的民用通訊網路，是否存在能付出如此高成本的業務應用？在 AI 時代，對於具有一定智慧和容錯能力的終端，是否需要如此追求如此嚴苛的極端性能指標？

因此，這些垂直產業需求還需要得到真正來自目標產業的需求輸入。另外，延遲、可靠性、覆蓋率、使用者數、定位精度、功耗、安全性這些需求是隨著垂直產業需求隨時出現，且可以附加在現有 5G 技術之上的。如果確有需求，不一定要等待 6G 再去標準化，完全可以納入 5G 增強版本（如 5.5G）。只有資料率的「數量級提升」是 6G 能夠顯著區別於 5G 的「標識性」指標。

另外，從上面對「AI 業務在 B5G/6G 系統中的傳輸」的介紹可以看到，智慧域（intelligence domain）的資源（如 AI 算力）可以與時域、頻域等傳統維度的資源形成互換。因此，對應的，B5G/6G 性能 KPI 系統中也可能會增加智慧域這個新的維度。AI 與 B5G/6G 的結合將從「為 AI 業務服務」（for the AI）、「用 AI 增強 B5G/6G 技術」（by the AI），最終將應用層的 AI 與無線連線層的 AI 完全融合，形成一個歸一的 AI 6G 系統（of the AI）。隨之，6G 系統的設計目標應該是針對跨層的 AI 操作的效率最大化，而不僅是通訊鏈路的性能最佳化。例如以 AI 推理的精確度

（inference accuracy）和 AI 訓練的精確度（training loss）代替通訊的精確度（error rate），以 AI 推理的延遲（inference latency）和 AI 訓練的延遲（training latency）代替通訊的延遲，以 AI 操作的效率替代資料傳輸的效率。比較 5G 的 KPI 系統（如圖 20-11 左圖，即圖 2-2），6G 的 KPI 系統可能會引入這些智慧域 KPI，如圖 20-11 右圖的範例。

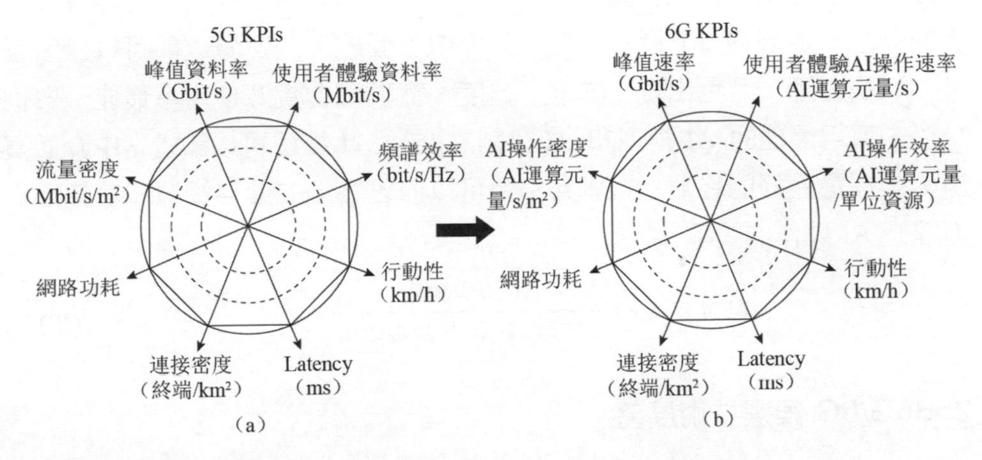

圖 20-11　基於 AI 性能指標的 6G KPI 系統展望

- 比使用者體驗資料率（User experienced data rate）更合理的指標，應該是使用者體驗 AI 操作速率（User experienced AI operation rate）。
- 比頻譜效率（Spectrum efficiency）更合理的指標，應該是 AI 操作效率（AI operation efficiency）。
- 比流量密度（Area traffic capacity）更合理的指標，應該是 AI 操作密度（Area AI operation capacity）。

AI 操作速率可以按公式（20.1）定義，針對這個 KPI，系統的設計目標應該是盡可能提高使用者每秒能夠完成的 AI 操作（推理、訓練）的數量，而不單純追求空中介面每秒傳輸的 bit 數量。為了提高 AI 操作速率，可以採用上面介紹的那些 AI 與 B5G/6G 結合的方法，如在一定的空中介面傳輸資料率下，採用一個適當的分割點進行分割 AI 操作，可以實現更高的 AI 操作速率。將一定的空中介面傳輸資料率用於下載適當的 AI 模型，相對於僅將其用於傳輸傳統資料，可以實現更高的 AI 操作速率。

$$\text{AI 操作速率} = \frac{AI\text{操作數量}}{\text{時間}} \tag{20.1}$$

AI 操作效率可以按公式（20.2）定義，針對這個 KPI，系統的設計目標應該是盡可能提高消耗單位資源（包括時頻域、算力、儲存、功耗等各種維度的資源）實現的 AI 運算元量，分母中各個維度的資源之間可以靈活互換、取長補短，避免出現「缺陷」維度，實現綜合資源使用率最佳。舉例來說，採用最佳的 AI 模型和 AI 分割點進行 AI 推理可以節省空中介面資源，選擇覆蓋好的終端進行聯邦學習可以節省終端的儲存資源和功耗，從而提升 AI 操作的效率。

$$\text{AI 操作速率} = \frac{AI\text{操作數量}}{\text{時間}\cdot\text{頻率}\cdot\text{算力}\cdot\text{儲存}\cdot\text{功耗}} \tag{20.2}$$

2. B5G/6G 候選技術展望

為了實現上述明顯高於 5G 的性能指標，需要找到對應的使能技術。本書並非專門介紹 B5G/6G 候選技術的書籍，這裡對業內研究較多的 B5G/6G 候選技術作一簡單介紹，對應於上述潛在 6G 需求，大致可以分以下幾類來討論：

(1) 高資料率使能技術：

追求更高的傳輸資料率，始終是行動通訊技術的主題。在 4G 以前，主要是透過擴大頻寬和提高頻譜效率兩個手段來提升資料率，在 3G 引入 CDMA（分碼多址）和鏈路自我調整（link adaptation），在 4G 引入 OFDMA 和 MIMO，都獲得了數倍的頻譜效率提升，並分別將傳輸頻寬擴充到 5MHz 和 20MHz。但到了 5G 階段，似乎已經缺乏大幅提高頻譜效率的技術，NOMA（非正交多址）這樣的能小幅提高頻譜效率的技術最終也沒有被採用，資料率提升主要依靠擴充傳輸頻寬這一條路了，而大頻寬傳輸主要在高頻段（如毫米波頻段）實現。預計 6G 將延續「向更高頻譜尋找根大頻寬，換取高資料率」的技術路線，候選技術主要包括 THz 傳輸和無線可見光通訊（VLC，Visible Light Communications）。

在 6G 中使用 THz 技術，延續了行動通訊「逐次提高頻段」的想法，隨著 100GHz 以下的毫米波技術已經在 5G 階段完成標準化，再向上進入到 100GHz 以上頻段，已經進入了泛義上的 THz 頻段。關於 THz（Terahertz）的頻率範圍有不同的說法，一種常見的說法是 0.1THz-10THz，可望提供數十、上百 GHz 的可用頻譜，實現 100Gbps 乃至 1Tbps 的傳輸速率。THz 發射機可能會延續類似毫米波通訊的大規模天線體制，陣元的數量可能達到數百甚至上千個，在 MIMO 技術上與 5G 可能有一定的繼承性，這是無線通訊產業對這個技術最為關注的原因。關於 THz 通訊技術的傳播特性試驗還處於早期階段，THz 電磁波已經在品質、安全檢測等領域用於透視，說明其在很近距離內對衣物、塑膠等一部分材質具有一定的能量穿透性，但這不表示 THz 是一種像 6GHz 以下無線通訊技術那樣可以在 NLOS（Non-Line-of-Sight，非視距）環境工作的寬頻通訊技術，在穿透後的 THz 訊號中是否能還原高速資料，還有待於試驗的驗證。另外，THz 訊號的空間衰減無疑是很大的，其覆蓋距離會比毫米波更小，主要用於很近距離的無線連線或特定場景的無線回傳（backhaul）。最後，THz 的收發信機及相關射頻元件的研發還處於早期階段，短期內還無法實現小型化、實用化，是否能在 2030 年前提供大規模商用的低成本裝置，面臨著較大挑戰。

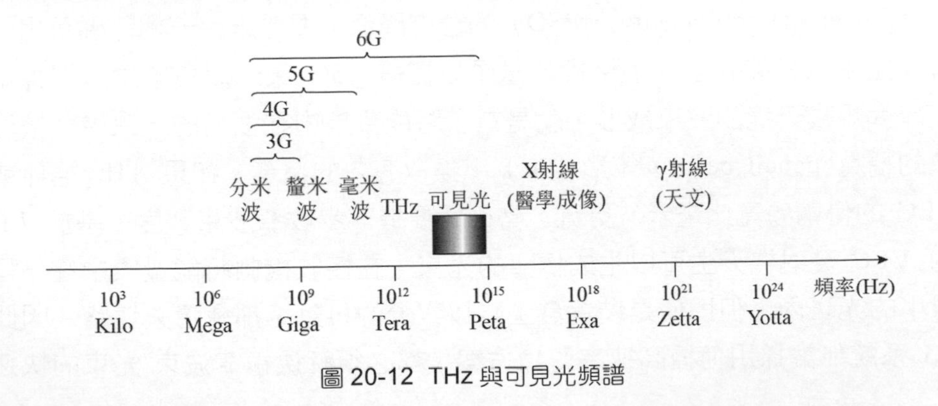

圖 20-12 THz 與可見光頻譜

VLC 是一種使用可見光頻譜的無線通訊技術。光纖通訊已經成為最成功的有線寬頻通訊技術，近些年也逐漸用於無線通訊場景。無線雷射通訊已經用於衛星間和星地間通訊，基於發光二極體（LED）照明的室內寬頻無線連線技術（稱為 LiFi）也已經在產業界研發了十幾年時間。與 THz 一樣，VLC 的最大優勢是可以提供充裕的頻譜資源。可見光頻譜位於 380~750THz，VLC 通訊頻寬主要受限於收發信機的工作頻寬，傳統 LED 發射機的調解頻寬只有數百 MHz，傳輸速率最高也就 1Gbps 左右，在類似照明燈的擴充角範圍內難以實現比高速 WiFi、5G 更高的傳輸速率，這可能是 LiFi 技術尚未普及的主要原因。雷射二極體（LD）發射機可以實現數 GHz 的傳輸頻寬，透過多路平行傳輸（類似 MIMO 光通訊）實現數十 Gbps 傳輸速率是完全可行的。與 THz 通訊相比，VLC 的優點是可以在成熟的光纖通訊元件基礎上研發 VLC 通訊裝置，研發的基礎好的多。但 VLC 也存在容易被自然光干擾、容易受到雲霧遮擋、收發需要不同的元件等缺點。尤其是 VLC 已經完全脫離了傳統無線通訊基於射頻天線進行的收發的技術路線，需要採用光學系統（如透鏡、光柵等），無線通訊產業要適應這套新的技術體制，遠比 THz 通訊（仍沿用大規模天線）難度要大。

無論是 THz 通訊還是 VLC，即使解決了無線鏈路的收發問題，隨之而來的棘手問題，是波束/光束如何對準的問題。從能量守恆的角度可以判斷，在不顯著提升發射功率的條件下，傳輸頻寬的大幅提升必然帶來功率譜密度（power spectral density,，PSD）的急劇降低，要想維持一個起碼可用的覆蓋距離，只能在空間上聚集能量予以補償。5G 毫米波技術之所以採用基於大規模天線的波束成形，就是為了將能量集中在很窄的波束中（被形象的稱為 pencil beam，筆形波束），換取有效的覆蓋。如果 THz 通訊或 VLC 的傳輸頻寬比毫米波更寬，勢必需要進一步收窄波束寬度。基於 LD 的 VLC 發射機天生可以生成極窄的光束，在接收機側將能量集中在一個很小的光斑內，但即使是裝置發生難以察覺的抖動，都會遺失鏈路。因此 6G 系統無論採用何種高速率傳輸方案，都必須解決極窄波束/光束的快速對準、維持和恢復問題。其實，5G 毫米波採用的波束管理（beam management）和波束失敗恢復（beam failure recovery）可以看作一個初步的波束對準和恢復技術。對於 5G 毫米波這樣的 pencil beam 尚且需要設計如此複雜的對準技術，THz 通訊還是 VLC 的極窄波束的對準技術勢必是一個具有很高技術難度的課題。

最後，從網路拓撲角度看，側鏈路（sidelink）可能在 6G 高資料率系統中發揮更重要的作用。由於 100Gbps~1Tbps 的高資料率連接的覆蓋範圍可能進一步縮短（如在 10 公尺以內），採用蜂巢拓撲實現的難度進一步增大，預計採用 sidelink 實現的可行性更大。因此與以前的各代行動通訊技術在 downlink 實現最高峰值速率不同，6G 技術的最高峰值速率很可能在 sidelink 獲得。

(2) 覆蓋範圍擴充技術：

6G 的覆蓋範圍擴充技術大致可以分為兩類：高速傳輸的 LOS（Line-of-Sight，可視徑）擴充技術與特殊場景的廣覆蓋技術。

從 5G 毫米波開始，能獲得大頻寬、高資料率的通訊技術都只能用於 LOS 通道，基本沒有 NLOS 覆蓋能力，造成在建築物較多的環境中（如城區）覆蓋率較低。因此如何盡可能獲取更多的 LOS 通道，將部分 NLOS 通道轉化為 LOS 通道，是一個學術界、產業界正在研究的課題。其中一種有可能實現的技術是智慧反射表面（Intelligent Reflecting Surface，IRS）。IRS 可以透過可設定的反射單元陣列，將照射到表面上波束折射到指定的方向（如圖 20-13 左圖），繞過發射機和接收機之間的障礙物，將 NLOS 通道轉化為 LOS 通道。IRS 不同於普通的反射表面，可以不服從入射角等於出射角的光學原理，可以透過反射單元的設定，改變反射波束的角度，覆蓋障礙物後的不同終端或跟隨終端移動。另外，IRS 也可以將一個窄波束擴充成一個相對寬的波束，同時覆蓋多個終端（如圖 20-12 左圖）。相對中繼站（relay station），IRS 如果能實現更低的部署成本和更簡單的部署環境，則成為一個有吸引力的 LOS 通道擴充技術。

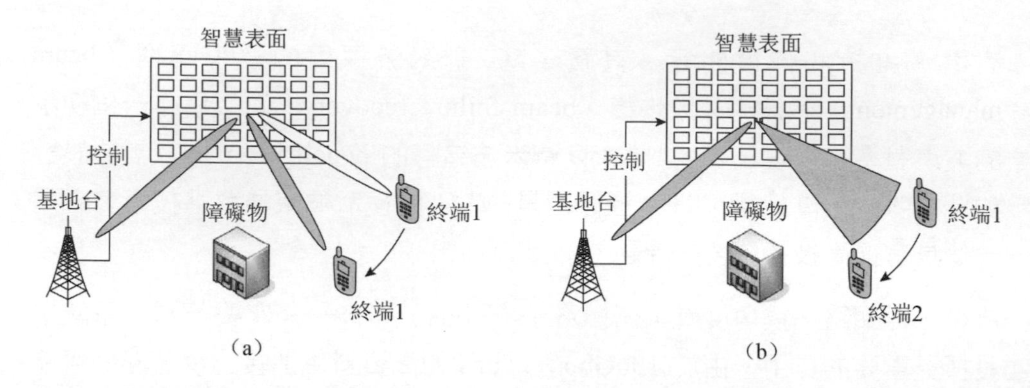

圖 20-13 智慧反射表面示意圖

其它的 LOS 通道擴充技術還包括行動基地台技術，即透過可移動的車載或無人機基地台，根據被服務終端的位置主動移動，繞過障礙物，獲得 LOS 通道，實現毫米波、THz 或 VLC 通訊。

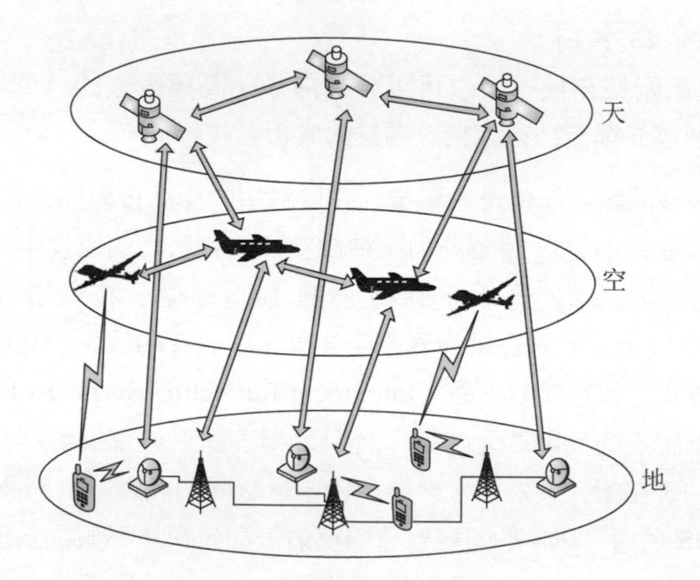

圖 20-14 空天地一體化網路示意圖

特殊場景的廣覆蓋技術的目標是覆蓋空天、海洋、荒漠等特殊的應用環境。這些環境中雖然沒有大量的通訊使用者，但對應急救災、遠洋運輸、勘探開採等特殊場景仍有重要的意義。在 20.1 節已經介紹 R17 NR 標準中將開展 NTN（Non-Terrestrial Networks，非地面通訊網路）標準化工作

[13]，利用衛星通訊網路覆蓋範圍廣、抗毀能力強的特點，實現上述應用場景。但衛星通訊網路也有容量有限、不能覆蓋室內、延遲相對較大、需要專用終端等問題，因此未來 6G 網路的重要方向是建構空天地一體化網路，即將地面行動通訊網路、天基通訊網路（航空器、無人機）、空間網路（衛星）融合在一起，實現互聯互通、優勢互補，實現最大覆蓋廣度和深度的 6G 網路（如圖 20-14 所示）。空天地一體化網路主要是一種網路技術，需要解決的主要是空天、地面兩個網路的聯合網路拓樸和資源靈活設定問題。

(3) 垂直應用使能技術：

和 5G 一樣，B5G/6G 技術也將持續針對各種垂直產業應用進行最佳化。在 4G 中，已經支援 NB-IoT 這樣的窄頻物聯網技術，目標是盡可能低成本、低功耗的實現物物通訊，支援遠端抄表、工業控制等各種垂直應用。但是即使將功耗降到很低水準，可以在數年內不用更換電池，但這種電池壽命仍然不能滿足某些應用場景下的需求。例如很多潛入在封閉裝置、建築內或危險地區的物聯網模組，我們希望能做到在模組的整個生命週期內（如幾十年）都不用更換電池。要做到這一點，完全靠消耗電池裡的電量是不足夠的，必須有借助外部能量進行工作的技術，我們可以統稱為「零功耗」（zero-power）技術。

實現「零功耗」有幾種可能的方法，如能量收割（energy harvesting）、無線功率傳送（wireless power transfer）、背景散射通訊（backscatter communications）等。Power harvesting 是透過收集周圍環境中的能量（如太陽能、風能、機械能甚至人體能量），將其轉化為電能，供物聯網模組收發訊號；Wireless power transfer 類似於無線充電技術，可以遠距離隔空為物聯網裝置傳輸電能；Backscatter communications 已經廣泛用於 RFID 等短距離通訊場景，即透過被動反射並調至受到的環境能量，向外傳遞資訊。傳統的背景散射通訊是由讀寫器（Reader）直接向電子標籤（Tag）發射一個連續波背景訊號，在 Reader 的電路上反射形成一個調解有資訊的反射訊號，由 Reader 進行接收（如圖 20-15 左圖）。但由於 Reader 的發射功率有限，這種傳統的方式只能在很近距離內工作。一種改進的方式是在工作區域內建立一些專門發射背景訊號的能量發射器（Power beacon），Reader 反射來自 Power beacon 的背景訊號（如圖 20-15 右圖），這種方法可能可以在較遠的距離實現背景散射通訊。「零功耗」通訊的核心是研發有效、可靠、低成本的「零功耗」射頻模組，但由於外部能量獲取的非連續性和不穩定性，通訊系統設計也需要作對應的考慮。

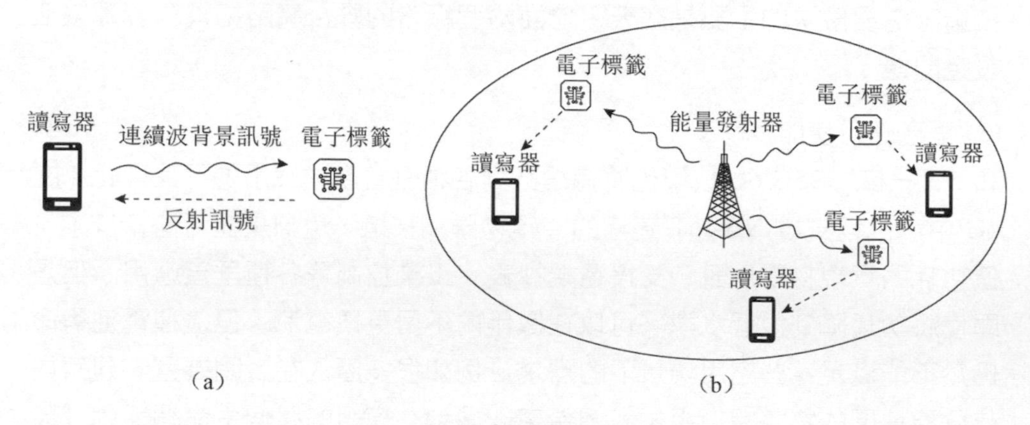

圖 20-15 背景散射通訊示意圖

另一個重要的垂直應用使能技術是高精度的無線定位技術。基於 GNSS（Global Navigation Satellite Syste，全球導航衛星系統）的定位技術廣泛應用於行動通訊業務，但也具有不能覆蓋室內的缺陷。如 20.1 節所述，R16 NR 標準已經支援精度 10 公尺以內的基於 5G 網路的的定位技術，可以用於 GNSS 無法覆蓋的室內場景，R17 NR 正準備將定位精度進一步提高到亞米級。但是針對多種行動業務，這一精度仍然有提升的空間，6G 系統的目標可能是實現公分級的定位精度。目前還不明確採用何種新技術能實現如此高的定位精度。同時，透過無線訊號進行定位也不是高精度定位的唯一技術路線，事實上，目前基於電腦視覺和 AI 技術來進行定位的應用更為廣泛。基於 5G、6G 的高精度定位技術也需要和這些定位技術競爭，看哪種技術最終能在市場中勝出。

除了上述兩例，還有很多潛在的垂直應用使能技術可能包含在 B5G/6G 系統中。當然，像上面曾經談到的，由於這些技術不依賴於 B5G/6G 核心技術，也不採用 6G 新頻譜，因此可能隨時根據市場的需要啟動研發和標準化工作，從而成為 5G 增強技術的一部分，不一定等到 6G 時代再進入國際標準。

總之，6G 關鍵技術的研究還處於早期階段，產業界正在廣泛的檢查、評估各種可能的候選技術，現在談論技術的遴選和整合還為時過早，我們今天看好的技術未必最後真的會成為 6G 的一部分，反之可能還有有競爭力的 6G 技術尚未進入我們的視野，當前的核心工作應該是儘早厘清 6G 的業務需求和技術需求，想清楚我們要設計一個怎樣的 6G 系統，為使用者、為產業帶來哪些新的價值和感受。

最後，一個不確定的問題是：6G 是否會對 5G 已覆蓋的頻譜中的技術進行重新設計？從 2G、3G 到 4G，行動通訊系統都是按照完全替代上一代技術來設計的。在 5G 技術規劃的早期，曾考慮了兩種想法：一是 5G NR 系統只針對高頻段新頻譜（即毫米波頻段）進行設計，6GHz 以下的原有頻譜重用 4G LTE 即可，即 5G 和 4G 是長期共存互補的關係；二是 5G NR 系統對 6GHz 以下的系統也進行重新設計，從而能夠逐步完全替代 4G 系統。顯然，最終的結果是採用了第二種想法，正如本書很多章節中介紹的，這是因為在 2004~2008 年設計 4G 系統時，考慮到當時裝置、晶片的可實現能力水準，LTE 系統只設計了一個簡化的、縮減版本的 OFDMA 系統，沒有充分採擷 OFDMA 在靈活性和效率上的設計潛力。因此 5G NR 有充分的理由重新設計一個能夠充分發揮 OFDMA 潛力的完整版本的 OFDMA 系統，來替代 LTE 系統。但是 6G 和 5G 又會是什麼關係呢？6G 是否還要把 100GHz 以下的 5G 系統進行重新設計、致力於最終替代 5G 呢？還是只需要對 100GHz 以上的新頻譜進行設計，在 100GHz 以下重用 5G 系統，使 6G 和 5G 長期共存互補呢？顯然這取決於在 100GHz 以下是否存在足夠的增強、最佳化的空間，是否值得重新進行系統設計。這要看產業在未來幾年的思考和共識。

20.3 小結

2020-2025 年，5G 標準仍將持續演進，滿足更多垂直產業應用的需求，同時對 5G 基礎設計進行最佳化和改進。按既往規律，6G 標準化可能於 2025 年啟動。對 6G 的業務和技術需求、關鍵技術、系統特性的預研還處於早期階段，但可以預計，很多 5G 技術和設計在 6G 時代還會得到沿用及增強。因此，深入了解 5G 標準，對未來的 6G 的系統設計和標準化也將具有重要的作用。

參考文獻

[1] RP-200493, 3GPP Release timelines，RAN Chair, RAN1/RAN2/RAN3/RAN4/RAN5 Chairman

[2] RP-193133, WID proposal for Rel.17 enhancements on MIMO for NR, Samsung

[3] RP-193239, New WID: UE Power Saving Enhancements, MediaTek Inc.

[4] RP-193252, New WID on NR small data transmissions in INACTIVE state, ZTE Corporation

[5] RP-193263, New WID Support for Multi-SIM devices in Rel-17, vivo

[6] RP-193254, Study on enhancement of RAN Slicing, CMCC Verizon

[7] RP-193238, New SID on support of reduced capability NR, Ericsson

[8] RP-193237, New SID on NR Positioning Enhancements, Qualcomm

[9] RP-193233, New WID on enhanced Industrial Internet of Things (IoT) and URLLC support, Nokia

[10] RP-193257, New WID on NR sidelink enhancement, LG Electronics

[11] RP-193253, New SID: Study on NR sidelink relay, OPPO

[12] RP-193240, New SID on NR coverage enhancement, China Telecom

[13] RP-193234, New WID: Solutions for NR to support non-terrestrial networks (NTN), THALES

[14] RP-193235, New Study WID on NB-IoT/eTMC support for NTN, MediaTek Inc.

[15] RP-193259, New SID Study on supporting NR above 52_6 GHz, Intel Corporation

[16] RP-193229, New WID proposal for extending NR operation up to 71GHz, Qualcomm

[17] RP-193241, New SID on XR Evaluations for NR, Qualcomm

[18] RP-193248, New WID proposal: NR Multicast and Broadcast Services, HUAWEI

[19] RP-193255, New WID: SON/MDT for NR, CMCC

[20] S1-193606, New WID on Study on traffic characteristics and performance requirements for AI/ML model transfer in 5GS, OPPO, CMCC, China Telecom, China Unicom, Qualcomm, 3GPP TSG-SA WG1 Meeting #88, Reno, Nevada, USA, 18 - 22 November 2019

[21] Zhi Zhou, Xu Chen, En Li, Liekang Zeng, Ke Luo, Junshan Zhang, "Edge intelligence: Paving the last mile of artificial intelligence with edge computing", Proceeding of the IEEE, 2019, Volume 107, Issue 8.

[22] Jiasi Chen, Xukan Ran, "Deep learning with edge computing: A review", Proceeding of the IEEE, 2019, Volume 107, Issue 8.

[23] I. Stoica et al., "A Berkeley view of systems challenges for AI", 2017, arXiv: 1712.05855. [Online]. Available: https://arxiv.org/abs/1712.05855

[24] Y. Kang et al., "Neurosurgeon: Collaborative intelligence between the cloud and mobile edge", ACM SIGPLAN Notices, vol. 52, no. 4, pp. 615–629, 2017.

[25] E. Li, Z. Zhou, and X. Chen, "Edge intelligence: On-demand deep learning model co-inference with device-edge synergy", in Proc. Workshop Mobile Edge Commun. (MECOMM), 2018, pp. 31–36.

[26] A. Krizhevsky, I. Sutskever, and G. E. Hinton, "ImageNet classification with deep convolutional neural networks", in Proc. NIPS, 2012, pp. 1097 – 1105.

[27] K. Simonyan and A. Zisserman, "Very deep convolutional networks for large-scale image recognition," 2014, arXiv:1409.1556. [Online]. Available: https://arxiv.org/abs/1409.1556

[28] K. He, X. Zhang, S. Ren, and J. Sun, "Deep residual learning for image recognition," in Proc. IEEE CVPR, Jun. 2016, pp. 770-778.

[29] A. G. Howard et al., "MobileNets: Efficient convolutional neural networks for mobile vision applications," 2017, arXiv:1704.04861. [Online]. Available: https://arxiv.org/abs/1704.04861

[30] C. Szegedy, et al., "Going deeper with convolutions", in Proc. CVPR, 2015, pp. 1-9.

[31] Sergey Ioffe and Christian Szegedy. "Batch normalization: Accelerating deep network training by reducing internal covariate shift", In ICML., 2015.

[32] T. Nishio and R. Yonetani, "Client selection for federated learning with heterogeneous resources in mobile edge", 2018, arXiv:1804.08333. [Online]. Available: https://arxiv.org/abs/1804.08333

[33] "Federated Learning", https://justmachinelearning.com/2019/03/10/federated-learning/

[34] Nguyen H. Tran ; Wei Bao ; Albert Zomaya ; Minh N. H. Nguyen ; Choong Seon Hong, "Federated Learning over Wireless Networks: Optimization Model Design and Analysis", IEEE INFOCOM 2019 - IEEE Conference on Computer Communications